Auf einen Blick

1	Nucleinsäuren, Chromatin und Chromosomen	1
2	Genomstruktur	2
3	DNA-Replikation	3
4	Transkription	4
5	Translation	5
6	Meiose	6
7	Formalgenetik	7
8	Geschlechtsbestimmung	8
9	Rekombination	9
10	Mutation und Reparatur	10
11	Kontrolle der Genexpression und Systembiologie	11
12	Methoden der Molekularbiologie	12
13	Anhang	13

D1688408

Taschenlehrbuch Biologie

Genetik

Herausgegeben von
Katharina Munk

Unter Mitarbeit von
Dieter Jahn
Martina Jahn
Inge Kronberg
Thomas Langer
Regine Nethe-Jaenchen
Harald Schlatter
Beate Schultze
Johannes Siemens
Jörg Soppa
Klaus W. Wolf

344 Abbildungen
42 Tabellen

Georg Thieme Verlag
Stuttgart · New York

Bibliografische Information
Der Deutschen Bibliothek
Die Deutsche Bibliothek verzeichnet diese
Publikation in der Deutschen National-
bibliographie; detaillierte bibliographische
Daten sind im Internet über
http://dnb.ddb.de abrufbar

! Unter www.thieme.de haben Sie die
Möglichkeit, zum jeweiligen Buch online
Ihr „Feedback an den Verlag" zu schicken.

© 2010 Georg Thieme Verlag KG
Rüdigerstraße 14, D-70469 Stuttgart
Unsere Homepage: http://www.thieme.de

Printed in Germany

Umschlaggestaltung: Thieme Verlagsgruppe
Titelbild: mauritius images/Photo
Researchers

Zeichnungen: H. Bernstädt-Neubert, Berlin;
Ch. von Solodkoff, Neckargemünd

Satz: Hagedorn Kommunikation GmbH,
Viernheim
Gesetzt auf 3B2

Druck: Offizin Andersen Nexö Leipzig GmbH,
Zwenkau

ISBN 978-3-13-144871-2   1 2 3 4 5 6

Geschützte Warennamen (Warenzeichen)
werden **nicht** besonders kenntlich gemacht.
Aus dem Fehlen eines solchen Hinweises
kann also nicht geschlossen werden, dass es
sich um einen freien Warennamen handele.
Das Werk, einschließlich aller seiner Teile,
ist urheberrechtlich geschützt. Jede Verwertung außerhalb der engen Grenzen des
Urheberrechtsgesetzes ist ohne Zustim-
mung des Verlages unzulässig und strafbar.
Das gilt insbesondere für Vervielfältigun-
gen, Übersetzungen, Mikroverfilmungen
und die Einspeicherung und Verarbeitung in
elektronischen Systemen.

Vorwort

Für die Studierenden wird es immer schwieriger bei dem wachsenden Informationsangebot und der Flut an täglich neu hinzukommenden Forschungsergebnissen im Rahmen des kurzen Bachelor-Studiums der Biologie, ein Verständnis für biologische Zusammenhänge und Prinzipien zu entwickeln. Die verschiedenen biologischen Fachbücher als Reihe herauszubringen, bietet die Möglichkeit, die Zusammenhänge zwischen den Fachgebieten herauszuarbeiten. Vier Bände enthalten das relevante Grundwissen der **Zoologie**, **Botanik**, **Mikrobiologie** und **Genetik**. Um die Gemeinsamkeiten der Organismen herauszustellen und gleichzeitig die Überschneidungen zwischen den Bänden möglichst gering zu halten, haben wir diesen „klassischen" Fächern zwei übergreifende Bände zur Seite gestellt: Den Band **Biochemie · Zellbiologie**, der sich mit der Zelle als der kleinsten Lebenseinheit beschäftigt, und der Band **Evolution · Ökologie**, der sich mit Interaktionen befasst, die über den einzelnen Organismus hinausgehen und ganze Lebensgemeinschaften und Ökosysteme betreffen.

Die meisten der an der Buchreihe beteiligten über 40 Autoren sind in Lehre und Forschung **erfahrene Dozenten** ihrer Fachgebiete. Ihre Erfahrungen mit den seit einigen Jahren laufenden Bachelor-Studiengängen haben sie in diese Taschenbücher eingebracht, die Stofffülle auf ein überschaubares Basiswissen reduziert und durch eine fächerübergreifende, vergleichende Darstellung und viele Verweise Querverbindungen zwischen den einzelnen biologischen Disziplinen hergestellt. So vermitteln die Bände einen zusammenhängenden Überblick über die Basisinhalte der Biologie.

In dem Band Genetik wird in den Kapiteln zu Nucleinsäuren, Genomstruktur, DNA-Replikation, Transkription und Translation den Unterschieden bzw. Gemeinsamkeiten zwischen Bacteria, Archaea und Eukarya besondere Beachtung geschenkt. Die Vorgänge bei der Meiose und der Geschlechtsbestimmung sowie die Formalgenetik gehören ebenso zu den Grundlagen der Genetik wie die wichtigsten gentechnischen Methoden, die aus der medizinischen und biologischen Forschung nicht mehr wegzudenken sind. Verbesserte gentechnische Methoden erzeugen zunehmende Datenmengen, die, in zahlreichen Datenbanken abgelegt, zur Verfügung stehen. In der Systembiologie werden die Daten der DNA-Sequenzierung, Transkriptomic und Metabolomic zu neuen Modellen zusammengeführt. Angesichts der Flut an neu entdeckten Mechanismen und Faktoren auf dem Gebiet der Rekombination und Regulation ist es den Autoren gelungen, die zahlreichen Einzelergebnisse verständlich auf allgemeingültige und übergeordnete Mechanismen zu reduzieren.

Die Ursprünge dieser Taschenlehrbuch-Reihe zur Biologie gehen auf eine Initiative des Gustav Fischer Verlages im Sommer 1997 zurück. An dieser Stelle möchte ich ganz besonders Herrn Dr. Arne Schäffler danken, der damals das

Zustandekommen der Reihe ermöglichte und mit seinen vielen wertvollen Ratschlägen ihren Werdegang begleitet hat. Ermutigt durch den Erfolg der ersten Auflage, die 2000 und 2001 unter dem Namen Grundstudium Biologie im Spektrum-Verlag erschien, und die starke positive Resonanz von Studenten und Dozenten, haben wir eine neue Auflage in Angriff genommen, die mittlerweile durch zahlreiche neue Autoren unterstützt wird.

Mein besonderer **Dank** gilt dem Georg Thieme Verlag für die neue Herausgabe der Reihe in ihrer jetzigen Taschenbuchform und der großzügigen farbigen Gestaltung. Frau Marianne Mauch als verantwortliche Programmplanerin danke ich für ihre Begeisterung für das Projekt, die effiziente Hilfe und ihre wertvolle Unterstützung bei der Weiterführung des Konzepts. Die Zusammenarbeit macht mir sehr viel Spaß. Frau Elsbeth Elwing hat mit ihrer fröhlichen Ruhe stets alle noch so aussichtslosen Terminprobleme bei der Herstellung gelöst. Auch allen anderen Mitarbeitern des Verlages, die mit ihrer Arbeit zum Gelingen der Bände beigetragen haben, sei gedankt. Besonders auch Michael Zepf, der alle meine technischen Anfragen immer rasch und zuverlässig beantwortet hat und Willi Kuhn für die Sachverzeichnis-Bearbeitung.

Besonders bedanke ich mich auch bei Frau Christiane von Solodkoff sowie bei Frau Henny Bernstädt-Neubert für die sehr persönliche Zusammenarbeit und die kreative und professionelle Umsetzung – zeitweilig im Dauereinsatz – der teilweise chaotischen Vorlagen in die nun hier vorliegenden, hervorragend gelungenen Abbildungen.

Dieter Kapp (Bielefeld), My-Linh Du (Berlin), Tilbert Kosmehl (Berlin), Peter Jeppesen (Edinburgh), Frantisek Marec (Ceske Budejovice, Tschechien), Heinz Winking (Lübeck), Helmut Zacharias (Langwedel), Manfred Rohde (Braunschweig), Adrian Sumner (Edinburgh, UK), Philippe Fournier (Saint-Christol-lez-Alès, Frankreich), Gerald G. Schumann (Langen), Alicja and Andrzej Stasiak (Lausanne) und Eberhard Schleiermacher (Mainz) danke ich ganz herzlich für die zur Verfügung gestellten Originale und Abbildungen.

Für die geniale Unterstützung im Hintergrund danke ich meiner Mutter, die für unser leibliches Wohlergehen sorgte, meiner Tochter, die mich daran erinnerte, dass auch die Familie interessant sein kann, meinen beiden Söhnen für die kompetente und permanente Computerbetreuung ohne jegliche Pannen und Abstürze und meinem Ehemann Matthias Munk für die vielen fachlichen Diskussionen und Ermutigungen.

Das hier vorliegende Werk ist eine Gemeinschaftsleistung aller an der Buchreihe beteiligten Autoren. Mit großem Einsatz haben sie nicht nur die eigenen Kapitel geschrieben, die anderen Kapitel korrigiert, sondern auch mit vielen konstruktiven Anregungen zu den Inhalten der anderen Bände fachübergreifende Zusammenhänge hergestellt. Wir hoffen, dass dadurch ein Gesamtwerk entstanden ist, dessen Lektüre Ihnen nicht nur gute Voraussetzungen für das Bestehen Ihrer Prüfungen vermittelt, sondern auch Ihre Begeisterung für das Fach Biologie weckt.

Wir wünschen Ihnen viel Erfolg in Ihrem Studium!

Dr. Katharina Munk
E-Mail: MunkReihe@web.de
Oktober 2009

So arbeiten Sie effektiv mit der Taschenlehrbuch-Reihe

Die Bücher bieten Ihnen vielfältige didaktische Hilfen, sowohl für die Phase, in der Sie die Grundlagen erarbeiten, als auch für die schnelle und effiziente Stoffwiederholung kurz vor einer Ihrer Prüfungen.

> **Einführende Abschnitte** geben Ihnen einen **ersten Überblick** und nehmen die wichtigsten Schlüsselbegriffe vorweg. Hier erhalten Sie den „Rahmen", in den Sie den folgenden Inhalt einordnen können.

Um Ihnen trotz der Stofffülle alle relevanten Inhalte im handlichen Taschenbuch-Format bieten zu können, sind die Texte möglichst **kurz gefasst**, aber dennoch **verständlich formuliert** – mit vielen **Hervorhebungen** für eine optimale Orientierung und einen raschen Informationszugriff.

Kleingedruckte Abschnitte mit zusätzlichen Details, Beispielen oder weiterführenden Informationen ermöglichen Ihnen einen „Blick über den Tellerrand".

Zahlreiche **farbige Abbildungen** und eindrucksvolle **mikroskopische** oder **elektronenmikroskopische Aufnahmen** helfen Ihnen, sich komplexe Sachverhalte zu erschließen.

> In grün markierten Abschnitten finden Sie Informationen über **Anwendungsmöglichkeiten**, die sich aus den beschriebenen biologischen Prinzipien ergeben. ◀

> Orange gekennzeichnete Abschnitte erläutern konkrete Methoden, die Sie entweder in Ihrer experimentellen Arbeit selbst beherrschen müssen, oder die für Anwendungen z.B. in großtechnischem Maßstab von Bedeutung sind. ◀

> **Repetitorien** am Ende der Abschnitte greifen die wichtigsten neuen Begriffe nochmals auf. Sie sind ideal zum Lernen und zum Nachschlagen! Außerdem erfüllen sie die Funktion eines **Glossars**, da die Definitionen anhand der farbigen Seitenzahl im Sachverzeichnis leicht nachgeschlagen werden können.

Das Zusatzangebot im Internet: www.thieme.de/go/taschenlehrbuch-biologie

Anhand zahlreicher **Prüfungsfragen** zu jedem Kapitel und den ausführlichen Antworten können Sie Ihr Wissen selbst überprüfen.

Die Zahl der Internet-Seiten, die sich mit biologischen Themen befassen, ist groß und steigt stetig. Aus dem unübersichtlichen Angebot haben wir für Sie neben einer Auswahl der wichtigsten **weiterführenden Literatur** einige **Internet-Adressen** zusammengestellt, die Ihnen als nützlichen Einstieg für weiterführende Recherchen dienen sollen.

Wie bei einem Werk diesen Umfanges zu erwarten, ist auch diese Taschenlehrbuch-Reihe sicher nicht frei von Fehlern. Wir sind daher dankbar für Hinweise. Anregungen und Verbesserungsvorschläge können Sie uns jederzeit mailen.

Die uns bekannten **Korrekturen** werden wir auf der oben genannten Internetseite zusammenfassen und aktualisieren.

Adressen

Prof. Dr. Dieter Jahn
Technische Universität Braunschweig
Institut für Mikrobiologie
Spielmannstraße 7
38106 Braunschweig

Dr. Martina Jahn
Technische Universität Braunschweig
Institut für Mikrobiologie
Spielmannstraße 7
38106 Braunschweig

Dr. Inge Kronberg
Möllers Hof 2
25761 Büsum
www.naturverstehen.de

Dr. Thomas Langer
Keltenweg 10
65843 Sulzbach

Dr. Regina Nethe-Jaenchen
Bickenbacher Weg 9
64673 Zwingenberg

Dr. Harald Schlatter
Hugenottenallee 35
63263 Neu-Isenburg

Dr. Beate Schultze
Kirchstraße 9
34519 Diemelsee

Dr. Johannes Siemens
Philippistraße 2
14059 Berlin

Prof. Dr. Jörg Soppa
Goethe Universität
Biozentrum
Institut für Molekulare Biowissenschaften
Max-von-Laue-Str. 9
60438 Frankfurt

Dr. rer. nat. habil. Klaus W. Wolf
The University of the West Indies
(Mona Campus)
Electron Microscopy Unit
Kingston 7
Jamaica, West Indies

Inhaltsverzeichnis

1 Nucleinsäuren, Chromatin und Chromosomen 1
1.1 Die DNA trägt die erblichen Eigenschaften eines Organismus 1
1.2 DNA- und RNA-Bausteine 4
1.3 Bau der Nucleinsäuren 7
1.3.1 Nucleotidketten und Basenpaarung 8
1.3.2 Die DNA-Doppelhelix 9
1.3.3 Die Quadruplex-DNA 14
1.4 Eigenschaften der Nucleinsäuren 16
1.4.1 Absorption von ultraviolettem Licht 16
1.4.2 Schmelzen und Renaturierung der DNA 17
1.4.3 Haarnadelschleife 18
1.5 Organisation der prokaryotischen Chromosomen 21
1.5.1 Organisation der Genome von Bakterien 21
1.5.2 Organisation der Genome von Archaea 23
1.6 Bau eukaryotischer Chromosomen 25
1.6.1 10-nm-Faden (Primärstruktur) 26
1.6.2 30-nm-Faden (Sekundärstruktur) 28
1.6.3 Schleifendomänen (Tertiärstruktur) 28
1.6.4 Chromatiden (Quartärstruktur) 30
1.6.5 Funktionselemente von Chromosomen 30
1.7 Chromosomenanalyse 41
1.7.1 Analyse von sehr kleinen Chromosomen 41
1.7.2 Cytogenetik 42
1.8 Ungewöhnliche Chromosomenformen 48
1.8.1 Lampenbürstenchromosomen 48
1.8.2 B-Chromosomen 49
1.8.3 Mikrochromosomen 49

2 Genomstruktur 50
2.1 Organisation und Größe von Genomen 50
2.2 Virale Genome 51
2.2.1 Bakteriophagen 53
2.2.2 Eukaryoten-Viren 55
2.3 Prokaryotische Genome 59
2.3.1 Das Chromosom der Bacteria 60
2.3.2 Das Chromosom der Archaea 63
2.3.3 Transposons bei Prokaryoten 64
2.3.4 Plasmide 65

2.4	**Eukaryotische Genome**	67
2.4.1	Das Kerngenom	68
2.4.2	Das Plasmon	77
2.5	**Genomik**	83
2.5.1	Das Humangenomprojekt	86

3 DNA-Replikation ... 89

3.1	**Grundschema der Replikation**	89
3.1.1	Semikonservative Verdopplung	91
3.1.2	Semidiskontinuierliche Verdopplung	92
3.1.3	Simultane Verdopplung	94
3.2	**Ablauf der Replikation**	95
3.2.1	Replikationsinitiation	96
3.2.2	Replikationselongation	100
3.2.3	Replikationstermination	103
3.3	**Replikation bei Bacteria**	105
3.3.1	Ablauf der Replikation bei Bacteria	106
3.3.2	Kontrolle der Replikation in Bacteria	110
3.4	**Replikation bei Archaea**	112
3.5	**Replikation bei Viren**	115
3.5.1	Virale Replikationsmechanismen	115
3.6	**Replikation bei Eukarya**	118
3.6.1	Ablauf der mitotischen Replikation	122
3.6.2	Kontrolle von Replikation und Zellteilung in Eukarya	124
3.6.3	DNA-Endoreplikation	129

4 Transkription ... 133

4.1	**Allgemeine Prinzipien der Transkription**	133
4.2	**Transkription bei Bacteria**	136
4.2.1	Initiation	136
4.2.2	Elongation	141
4.2.3	Termination	141
4.2.4	Prozessierung der RNA	146
4.3	**Transkription bei Eukaryoten**	148
4.3.1	Orte der Transkription	150
4.3.2	Promotoren und Enhancer eukaryotischer Gene	151
4.3.3	Faktoren: TF, TBP, TAF, Transkriptionsaktivatoren und Coaktivatoren	153
4.3.4	Initiation	156
4.3.5	Elongation	157

4.3.6	Cotranskriptionales Prozessieren: Capping, Spleißen und Polyadenylierung	159
4.3.7	Termination	169
4.3.8	Nachträgliches Ändern der RNA-Sequenz: Editing	170
4.4	**Transkription bei Archaea**	174
4.4.1	Initiation, Elongation und Termination	174
4.4.2	Spleißen bei Archaea	175

Translation ... 177

5.1	**Allgemeine Prinzipien der Translation**	177
5.1.1	Der genetische Code	179
5.1.2	Der genetische Code ist (fast) universell	180
5.2	**Mittler zwischen mRNA und Protein: die tRNA**	182
5.2.1	Die Struktur der tRNA	182
5.2.2	Prozessierung und Modifikation von tRNAs	184
5.2.3	Beladung der tRNAs: Aminoacyl-tRNA-Synthetasen	185
5.2.4	Variabel aber nicht beliebig: „Wobbeln"	189
5.3	**Orte der Translation: Ribosomen**	190
5.3.1	Struktur der Ribosomen	191
5.3.2	Bildung von Ribosomen in Bacteria	194
5.3.3	Bildung von Ribosomen in Eukarya	195
5.3.4	Bildung von Ribosomen in Archaea	197
5.4	**Verlauf der Translation: Initiation, Elongation, Termination**	198
5.4.1	Initiation bei Bacteria	199
5.4.2	Elongation bei Bacteria	200
5.4.3	Termination bei Bacteria	202
5.4.4	Initiation bei Eukaryoten	205
5.4.5	Elongation und Termination bei Eukaryoten	208
5.4.6	Translation bei Archaea	210
5.4.7	Translationsgenauigkeit: Pedantisch oder „quick and dirty"?	211
5.4.8	Das Ribosom als Angriffspunkt für Antibiotika	212
5.5	**Aus dem Leben eines Proteins: Faltung, Translokation, Degradation**	214
5.5.1	Faltung naszierender Proteine	215
5.5.2	Translokation durch die Membran	218
5.5.3	Posttranslationale Modifikation	221
5.5.4	Das Ende: Degradation	223

6 Meiose ... 229
6.1 Die Bedeutung der Meiose ... 229
6.2 Die Phasen der Meiose ... 232
6.2.1 Leptotän der Prophase I ... 233
6.2.2 Zygotän der Prophase I ... 237
6.2.3 Pachytän der Prophase I ... 237
6.2.4 Diplotän und Diakinese der Prophase I ... 240
6.2.5 Prometaphase I und Metaphase I ... 242
6.2.6 Anaphase I ... 242
6.2.7 Telophase I und Interkinese ... 243
6.2.8 Prophase II bis Telophase II ... 243
6.3 Rearrangierte Chromosomen in der Meiose ... 244
6.3.1 Auswirkungen von Robertson-Translokationen ... 245
6.3.2 Auswirkungen von reziproken Translokationen ... 247
6.3.3 Auswirkungen von Inversionen ... 249
6.3.4 Achiasmatische Meiose ... 251

7 Formalgenetik ... 254
7.1 In der Formalgenetik wichtige Grundbegriffe ... 254
7.1.1 Genotyp und Phänotyp ... 254
7.1.2 Dominanz und Kodominanz ... 255
7.1.3 Vereinbarungen der Schreibweise ... 257
7.2 Probleme bei der genetischen Analyse ... 258
7.2.1 Pleiotropie und Polygenie ... 259
7.2.2 Penetranz und Expressivität ... 259
7.2.3 Umwelteinflüsse und Reaktionsnorm ... 261
7.3 Modellorganismen ... 263
7.3.1 *Pisum sativum* (Erbse) ... 263
7.3.2 *Zea mays* (Mais) ... 264
7.3.3 *Drosophila melanogaster* (Taufliege) ... 265
7.4 Die Mendel-Regeln ... 267
7.4.1 Die Methode Mendels ... 268
7.4.2 Erste Mendel-Regel (Uniformitätsregel) ... 270
7.4.3 Zweite Mendel-Regel (Spaltungsregel) ... 271
7.4.4 Dritte Mendel-Regel (Unabhängigkeitsregel) ... 273
7.5 Gekoppelte Gene und Genkartierung ... 276
7.6 Geschlechtsgebundene Vererbung ... 280
7.7 Stammbaumanalyse ... 282
7.7.1 Autosomal dominanter Erbgang ... 282
7.7.2 Autosomal rezessiver Erbgang ... 284
7.7.3 X-Chromosom-gebundene Vererbung ... 285

7.8	**Formalgenetik bei haploiden Organismen**	286
7.9	**Ausnahmen von den Mendel-Regeln**	289
7.9.1	Formalgenetik der Mitochondrien	289
7.9.2	Formalgenetik der Plastiden	291
7.9.3	Maternale cytoplasmatische Effekte	292
7.9.4	Genomic Imprinting	293

8 Geschlechtsbestimmung … 295

8.1	**Grundlagen der Geschlechtsbestimmung**	295
8.2	**Grundlagen der genotypischen Geschlechtsbestimmung**	297
8.3	**Dosiskompensation**	300
8.4	**Sexuelle Differenzierung in *Drosophila melanogaster***	302
8.5	**Sexuelle Differenzierung in *Caenorhabditis elegans***	304
8.6	**Sexuelle Differenzierung in Säugetieren**	305
8.6.1	Das primäre Signal	305
8.6.2	Die sekundäre Entwicklung (Geschlechtsdifferenzierung)	306
8.7	**Haplodiploidie**	308
8.8	**Geschlechtsbestimmung bei Pflanzen**	309
8.9	**Geschlechtsbestimmung durch Umweltfaktoren**	311
8.10	**Endokrine Ökotoxine**	313

9 Rekombination … 316

9.1	**Einleitung und Übersicht**	316
9.2	**Homologe Rekombination**	318
9.2.1	Formaler Ablauf	318
9.2.2	Biochemie der homologen Rekombination	323
9.2.3	Homologe Rekombination in biologischen Prozessen	331
9.3	**Ortsspezifische Rekombination**	340
9.3.1	Formaler Ablauf	340
9.3.2	Biochemie von zwei konservierten Proteinfamilien	341
9.3.3	Ortsspezifische Rekombination in biologischen Prozessen	345
9.4	**Transposition und Retrotransposition**	351
9.4.1	DNA-Transposons	352
9.4.2	Poly(A)-Retrotransposons	355
9.4.3	LTR-Retrotransposons	358
9.5	**Ein „gezähmtes Transposon" und das Immunsystem höherer Eukaryoten**	359
9.6	**Rekombination und menschliche Krankheiten**	361
9.7	**Evolution durch Rekombination und Evolution der Rekombination**	362
9.7.1	Evolution durch Rekombination	362

9.7.2	Evolution der Rekombination	364
9.8	**Anwendung der Rekombination in Forschung, Biotechnologie und Gentherapie**	366

10 Mutation und Reparatur ... 370

10.1	**Welche Mutationen gibt es?**	370
10.1.1	Punktmutationen	370
10.1.2	Chromosomenmutationen	373
10.1.3	Genommutationen	379
10.2	**Häufigkeit und Richtung spontaner Mutationen**	382
10.2.1	Spontane Mutationen sind ungerichtet	383
10.2.2	Häufigkeit spontaner Mutationen	385
10.3	**Ursachen für Mutationen**	387
10.3.1	Zerfallsreaktionen von Nucleinsäuren	387
10.3.2	Einbau falscher Basen führt zu Fehlpaarungen	389
10.3.3	Reaktionen mit Nucleinsäuren – chemische Mutagenese	391
10.3.4	Basanaloga und interkalierende Substanzen	394
10.3.5	Strahleninduzierte Mutationen	396
10.3.6	Repetitive Trinucleotid-Sequenzen: Dynamische Mutationen	398
10.3.7	Mutationen durch „entsprungene Gene"	400
10.3.8	Zielgerichtete Mutagenese	401
10.4	**Reparatur von DNA-Schäden**	404
10.4.1	Direkte Reparatur modifizierter Basen	405
10.4.2	Die Basen-Excisions-Reparatur	407
10.4.3	Die Nucleotid-Excisions-Reparatur	409
10.4.4	Die Mismatch-Reparatur	412
10.4.5	Reparatur durch Rekombination	414
10.4.6	Reparatur von Einzel- und Doppelstrangbrüchen	414
10.4.7	SOS-Reparatur	415
10.5	**Suppression von Mutationen**	419

11 Kontrolle der Genexpression und Systembiologie ... 421

11.1	**Ebenen der Genexpressionskontrolle**	421
11.2	**Genomstruktur und Genexpression**	423
11.2.1	Regulation der Genexpression über die Genomstruktur in Bakterien	423
11.2.2	Regulation der Genexpression über die Genomstruktur in Eukaryoten	425
11.3	**Transkriptionskontrolle in Prokaryoten**	426
11.3.1	Alternative Sigmafaktoren	429

11.3.2	Zweikomponenten-Regulationssysteme	430
11.3.3	Repressoren und Aktivatoren – negative und positive Kontrolle	431
11.3.4	Regulation des lac-Operons durch den Lac-Repressor und den Crp-Aktivator	432
11.3.5	Komplexe Regulation der Stationärphase und generellen Stressantwort	433
11.4	**Transkriptionskontrolle in Eukaryoten**	436
11.4.1	Chromatinstruktur und Genregulation	438
11.4.2	Promotorelemente und Transkriptionsfaktoren	438
11.4.3	Häufige Regulatoren proximaler Promotorelemente	439
11.4.4	Spezialisierte Transkriptionsregulatoren und ihre Promotorelemente	440
11.4.5	Enhancer und Silencer	442
11.4.6	Kopplung von Transkription und RNA-Prozessierung	444
11.4.7	Methylierung und Epigenetik	445
11.5	**Signaltransduktion in Eukaryoten**	446
11.5.1	Prinzipien der Signaltransduktion	446
11.5.2	Sieben-Transmembranhelix-(7TM-)Rezeptoren und G-Protein-vermittelte Signalwege	449
11.5.3	Intrazelluläre Signalsubstanzen – Second Messenger	450
11.5.4	Signaltransduktion durch pflanzliche Hormone	452
11.5.5	Signalwege über Serin/Threonin-spezifische Proteinkinasen	452
11.5.6	Cytokinrezeptoren und der JAK-STAT-Signalweg	454
11.5.7	Wachstumsfaktoren und Rezeptor-Tyrosinkinase	454
11.5.8	Von der Membran über Ras und MAP-Kinaseweg in den Zellkern	455
11.5.9	Toll-like-Rezeptoren	456
11.6	**Posttranskriptionelle Kontrolle der Genexpression**	458
11.6.1	Alternatives Spleißen	458
11.6.2	MicroRNAs und RNAi in Eukaryoten	460
11.6.3	RNA-abhängige Regulation in Bakterien	462
11.6.4	Regulierte RNA-Stabilität	465
11.6.5	Gesteuerte mRNA-Lokalisation und Translation	465
11.7	**Translationskontrolle in Eukaryoten**	466
11.8	**Systembiologie**	469
11.8.1	Systembiologie	470
11.8.2	Genome und Genomics	471
11.8.3	Transkriptom und Transkriptomics	472
11.8.4	Proteom, Proteomics und Interactomics	472
11.8.5	Metabolom und Fluxom	473
11.8.6	Bioinformatische Modellbildung	474

12 Methoden der Molekularbiologie 476
12.1 Einleitung 476
12.1.1 Entwicklung der Molekularbiologie 476
12.1.2 Molekularbiologisches Arbeiten heute 477
12.1.3 Sicherheit und gesetzliche Grundlagen............. 478
12.2 In-vitro–Methoden der Molekularbiologie 479
12.2.1 Reinigung von Nucleinsäuren 480
12.2.2 Gelelektrophorese................................ 481
12.2.3 Einsatz von Restriktionsendonucleasen 482
12.2.4 Ligation... 483
12.2.5 Polymerasekettenreaktion 484
12.2.6 Sequenzierungsmethoden und Genomsequenzierung.... 487
12.2.7 Reverse Transkription............................ 491
12.2.8 Hybridisierung 492
12.2.9 Mikroarray-Analysen 494
12.2.10 Genom-, cDNA- und Umwelt-DNA-Bibliotheken 495
12.2.11 In-vitro-Transkription und In-vitro-Translation 496
12.2.12 In-vitro-Evolution 497
12.2.13 Chemische DNA-Synthese........................ 497
12.2.14 Molekulare Marker (für die Züchtung und in der Medizin) 498
12.2.15 Genetisches Screening und Genetischer Fingerabdruck .. 500
12.2.16 Analyse von Populationsstrukturen 503
12.3 In-vivo-Methoden der Molekularbiologie 505
12.3.1 Transformation 505
12.3.2 Regeneration vielzelliger Organismen................ 509
12.3.3 Heterologe Produktion von Proteinen................ 510
12.3.4 Expressionsanalysen mittels GFP 510
12.3.5 Analyse von Protein-Protein-Wechselwirkung 512
12.3.6 Deletion von Genen und konditionale Depletion
von Proteinen 513
12.4 In-silico-Methoden der Molekularbiologie 516

13 Anhang
Bildquellen....................................... 523
Sachverzeichnis 525

1 Nucleinsäuren, Chromatin und Chromosomen

Klaus W. Wolf, Jörg Soppa (1.5)

1.1 Die DNA trägt die erblichen Eigenschaften eines Organismus

Desoxyribonucleinsäure (desoxyribonucleic acid, **DNA**) und Ribonucleinsäure (ribonucleic acid, **RNA**) sind in allen Organismen vorhanden. Die DNA stellt als doppelsträngige Helix (DNA-Doppelhelix) das Erbgut der Bacteria, Archaea und Eukarya dar, während die RNA vorwiegend eine Rolle beim Informationsfluss in der Zelle spielt. Eine Ausnahme sind die Viren. Sie besitzen immer nur eine Art von Nucleinsäuren, entweder DNA oder RNA, die sowohl als einzelsträngige als auch als doppelsträngige Genome vorkommen. Die genetische Information wird über die Vorgänge der Transkription und Translation der Zelle zugänglich gemacht.

Der Tübinger Forscher **Friedrich Miescher** gilt als der Entdecker der Nucleinsäuren. Er isolierte in den Sechziger- und Siebzigerjahren des 19. Jahrhunderts aus tierischen und menschlichen Geweben eine Substanz, die er Nuclein nannte, da er diese Substanz aus dem Nucleus, also dem Zellkern, isoliert hatte. Man geht heute davon aus, dass er in seinen Experimenten keine reinen Nucleinsäuren vor sich hatte, sondern eine Mischung aus Proteinen und Nucleinsäuren. Die erste Isolierung von proteinfreien Nucleinsäuren gelang **Richard Altman** im Jahr 1889. Er prägte auch den Begriff Nucleinsäuren. Der Begriff der **Chromosomen**, das sind die Einheiten, in denen das genetische Material organisiert ist, geht auf **Walter Flemming** zurück und bürgerte sich in den Achtziger- und Neunzigerjahren des 19. Jahrhunderts ein. Um die Jahrhundertwende war man sich sicher, dass Chromosomen Nucleinsäuren enthalten.

Obwohl schon Anfang des 20. Jahrhunderts die Vermutung geäußert wurde, dass eine chemische Substanz wie die Nucleinsäuren für die vererbten Eigenschaften eines Organismus verantwortlich sein könnte, brachten erst die Versuche von **Frederick Griffith** und **Oswald Avery** Klarheit.

Griffith übertrug 1928 in einem Verfahren, das wir heute als Transformation bezeichnen (S. 505 und *Mikrobiologie*), eine erbliche Eigenschaft eines Bakterienstamms auf einen anderen. Griffith benutzte einen Wildtypstamm des Bakteriums *Streptococcus pneumoniae*, dessen Zellen von einer Schleimkapsel umgeben sind, wodurch die Kolonien ein glattes Aussehen haben. Daher wird dieser Stamm als **Stamm S** (s = smooth) bezeichnet. Der Stamm S führte bei Mäusen nach Injektion zu einer tödlichen Infektion (Abb. 1.1), während durch Hitze inaktivierte Zellen des S-Stammes keinerlei Wirkung

1 Nucleinsäuren, Chromatin und Chromosomen

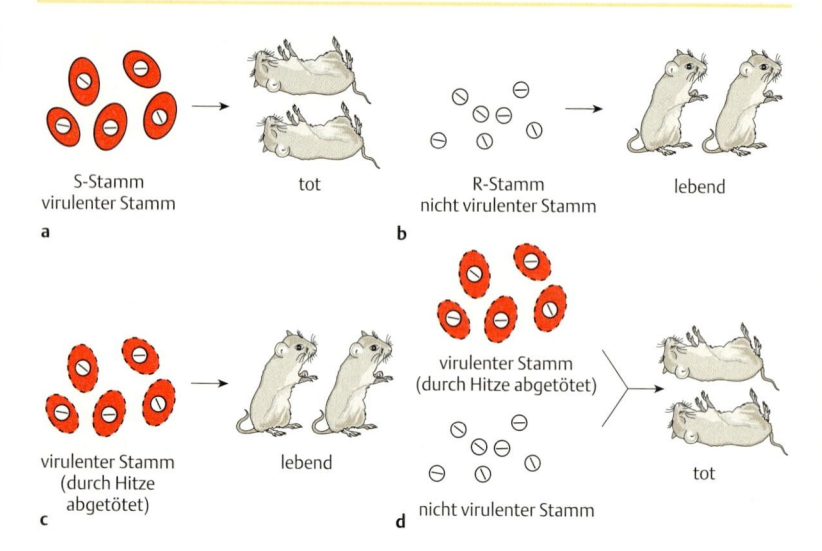

Abb. 1.1 Griffith Experimente. a Bei der Injektion von Bakterien (Stamm S) mit extrazellulärer Schleimkapsel kommt es bei Mäusen zu einer tödlichen Infektion. **b** Bakterien vom Stamm R fehlt die Schleimkapsel. Infizierte Tiere überleben, da das Immunsystem die Bakterien unschädlich machen kann. **c** Werden Bakterien des S-Stammes durch Erhitzen abgetötet, überleben die mit den inaktivierten Bakterien infizierten Mäuse ebenfalls. **d** Erst wenn zu den inaktivierten Bakterien des S-Stammes lebende Bakterien des R-Stammes zugegeben werden, verläuft die Infektion tödlich.

mehr zeigen. Eine Mutante von *S. pneumoniae*, die die Fähigkeit zur Ausbildung der Schleimkapsel verloren hat, wird wegen ihrer unregelmäßigen Kolonien als **Stamm R** (r = rough) bezeichnet. Eine Infektion mit dem Stamm R hatte für die Mäuse keine tödlichen Folgen, da den Bakterien die schützende Schleimkapsel fehlt, sodass die Immunabwehr der Mäuse die Bakterienzellen angreifen kann. (Abb. 1.1b). Wurden die Bakterien des R-Stammes jedoch gemeinsam mit durch Hitze inaktivierten Bakterien des S-Stammes in die Mäuse injiziert, verlief die Infektion tödlich (Abb. 1.1d). Damit war klar, dass eine hitzestabile chemische Substanz, die die Erbinformation trägt, von den abgetöteten Bakterien des S-Stammes in die normalerweise nicht-virulenten des R-Stammes übertragen worden war. Die Bakterien vererbten die durch Transformation erworbene Eigenschaft anschließend auf ihre Nachkommen. Aufbauend auf den Experimenten von Griffith konnten an den Zellen des S-Stammes unter systematischem Einsatz von RNA-, DNA- und Proteinextraktionen sowohl RNA als auch Proteine als Träger des Erbmaterials ausgeschlossen und der Nachweis erbracht werden, dass das Erbmaterial aus DNA besteht. Diese weiterführenden Ergebnisse wurden im Jahr 1944 von Oswald Avery und Mitarbeitern publiziert.

Die Rolle der DNA wurde durch die Experimente von **Alfred Day Hershey** und **Martha Chase** im Jahr 1952 bestätigt. Die beiden Forscher arbeiteten mit dem Bakteriophagen T2, der das Darmbakterium *Escherichia coli* befällt (*Mikrobiologie*).

Die Bakteriophagen bestehen aus einer Proteinhülle, die man im Experiment mit einem Schwefelisotop (^{35}S) markieren kann. Schwefelatome kommen in Nucleinsäuren nicht vor DNA kann dagegen mit einem Phosphorisotop (^{32}P) markiert werden. Phosphoratome fehlen wiederum in Proteinen (abgesehen von einigen seltenen Fällen in denen posttranslational Proteine phosphoryliert werden). In zwei unabhängigen Experimenten infizierten Hershey und Chase Bakterien mit den T2-Phagen, die entweder radioaktiv markiertes Protein oder radioaktiv markierte DNA enthielten. Es stellte sich heraus, dass nur die radioaktiv markierte DNA in den neu gebildeten Phagen auftauchte, nicht aber die radioaktiv markierten Proteine (Abb. 1.**2**). Die Experimente von Frederick Griffith, Oswald Avery, A. D. Hershey und Martha Chase gelten heute als die klassischen Arbeiten, deren Ergebnisse die DNA als Träger der genetischen Information identifizierten.

Bei Eukaryoten befindet sich der Hauptanteil der DNA im Zellkern (**Kerngenom, ncDNA**). Vergleichsweise geringe Mengen an DNA sind in den Mitochon-

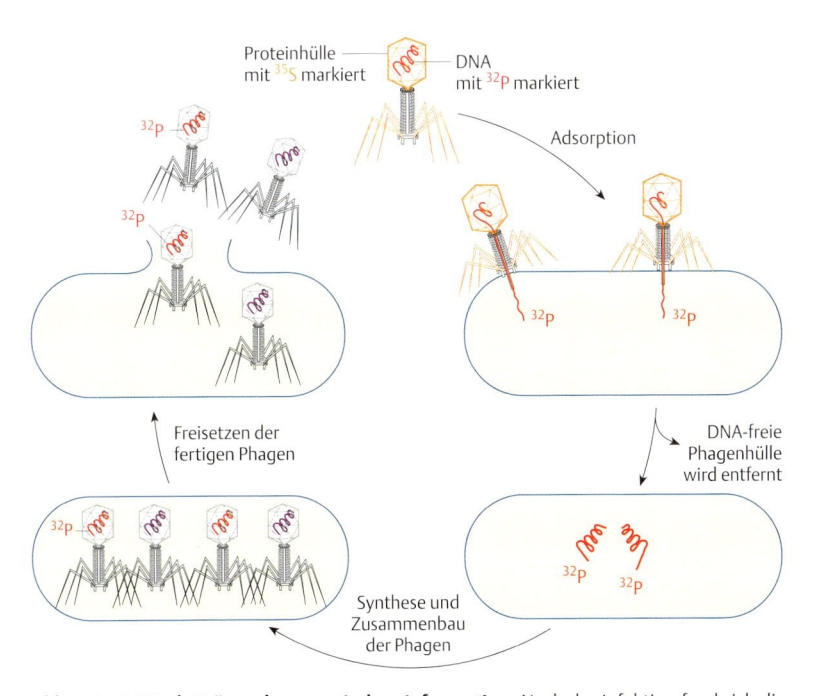

Abb. 1.**2 DNA als Träger der genetischen Information.** Nach der Infektion fand sich die gesamte radioaktiv markierte DNA in den neu gebildeten Phagen, während radioaktiv markierte Proteine nur in Spuren nachzuweisen waren. Daraus schloss man, dass die DNA das Erbmaterial darstellt, das an die nächste Generation der Phagenpartikel weitergegeben wird.

drien (**Mitochondriengenom, mtDNA**) und den Plastiden (**Plastidengenom, ptDNA**) enthalten (S. 77). Die Gesamtheit der in der DNA enthaltenen Information ist in Teilstücke gegliedert: die **Gene**. Ein **Gen** ist ein DNA-Abschnitt, der die Information für die geregelte Synthese eines RNA-Moleküls enthält, das anschließend entweder als Vorlage für die Synthese eines Polypeptids bzw. Proteins dient oder selbst eine Funktion in der Zelle übernehmen kann. Dieser Vorgang, bei dem die in den Genen enthaltene Information der Zelle zugänglich gemacht wird, wird als **Genexpression** bezeichnet. Die in einem Gen enthaltene Information wird zuerst in RNA umgeschrieben (**Transkription**, Kap. 4). Stellt das RNA-Transkript nicht selbst das Endprodukt der Genexpression dar, lenkt das RNA-Molekül, dann als Messenger-RNA (mRNA) bezeichnet, an den Ribosomen die Synthese des Polypeptids, dessen Aminosäuresequenz durch die Nucleotidsequenz der RNA vorgegeben ist (**Translation**, Kap. 5). Bei diesen Vorgängen werden noch andere Formen der RNA benötigt: Die ribosomale RNA (rRNA), die mit Proteinen assoziiert als strukturelle Komponente der Ribosomen an der Proteinbiosynthese (Translation) beteiligt ist, sowie die Transfer-RNAs (tRNAs), die die Anlieferung von Aminosäuren und das Lesen der mRNA übernehmen. Daneben existieren im Kern (snRNA) und im Cytoplasma (scRNA) eine Reihe von kurzen RNAs. Die mit Proteinen assoziierte snRNA spielt eine Rolle beim Splicing (**Spleißen**). Bei der Regulation der Translation verhindert u. a. antisense-RNA über RNA-RNA-Duplexbildung das Ablesen der mRNA (sense-RNA). Bei manchen Viren ist jedoch auch RNA in einzel- und doppelsträngiger Form als Träger der Erbinformation nachgewiesen worden, so z. B. in den Retroviren (S. 56, 📖 *Mikrobiologie*).

> **Nucleinsäuren:** DNA und RNA, Polynucleotide. Speicher und Überträger der genetischen Information. Strukturelemente, können enzymatische Funktion haben.
> **Gen:** DNA-Abschnitt, der die Information für die Synthese eines RNA-Moleküls enthält, das entweder als Vorlage für die Synthese eines Polypeptids bzw. Proteins (Translation) dient oder selbst eine Funktion in der Zelle übernimmt.
> **Genexpression:** Vorgang, bei dem die Information der Gene über Transkription und Translation der Zelle zugänglich gemacht wird.

1.2 DNA- und RNA-Bausteine

> RNA und DNA sind **Polynucleotide**, deren Bausteine aus einem Zuckermolekül, einer Base und einer Phosphatgruppe bestehen. Bei der DNA ist der Zuckerbestandteil 2´-Desoxyribose, bei der RNA Ribose. Die DNA enthält die Basen Adenin, Thymin, Guanin und Cytosin. Bei der RNA ersetzt Uracil das Thymin.

1.2 DNA- und RNA-Bausteine

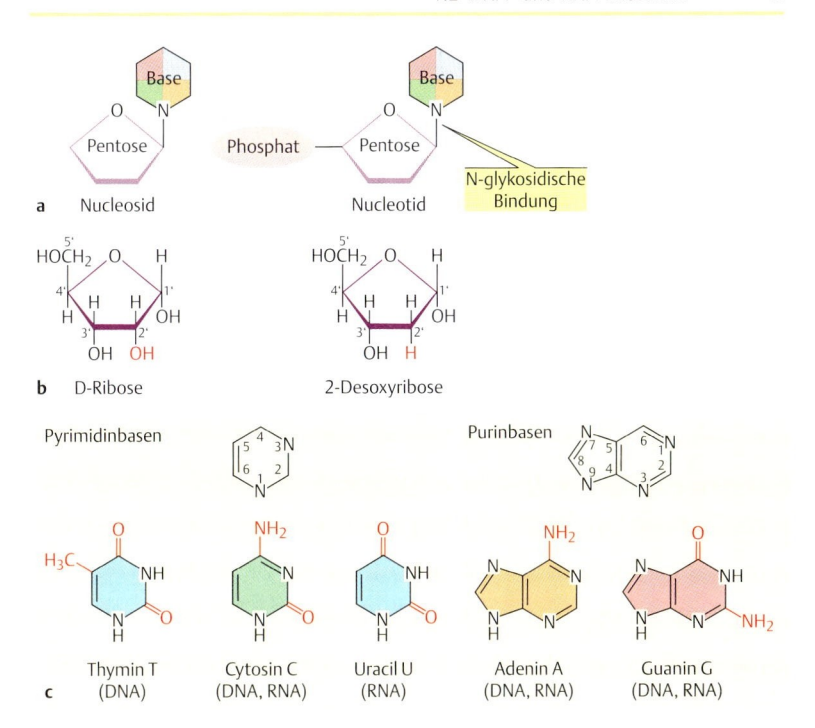

Abb. 1.3 **Grundbausteine der DNA. a** Nucleotide bestehen aus einer Pentose, einer Base und einem Phosphatrest. Die Verbindung aus Zucker und Base wird als Nucleosid bezeichnet. **b** Die Positionsnummern der Kohlenstoffatome im Zuckeranteil der Nucleotide werden mit einem Apostroph (´) gekennzeichnet, um sie von den Positionsnummern der Stickstoff- und Kohlenstoffatome in den Basen zu unterscheiden. Das Kohlenstoffatom in der Position 5´ ist mit der Phosphatgruppe verestert. **c** Strukturformeln der in den Nucleinsäuren vorkommenden Pyrimidin- und Purinbasen.

Wie die meisten biologischen Makromoleküle sind die Nucleinsäuren **Polymere**, die aus vielen relativ einfachen Bausteinen, den **Monomeren**, zusammengesetzt sind. Die Bausteine der Nucleinsäuren sind die Nucleotide. Nucleotide bestehen wiederum aus drei Komponenten, einem Zuckermolekül, einer Base und einer Phosphatgruppe (Abb. 1.3). Der zentrale Bestandteil ist ein **Zuckermolekül** in Form eines 5-gliedrigen Ringsystems (Pentose): die 2´-Desoxyribose bzw. die Ribose (Abb. 1.3b). Dabei besitzt die DNA **2´-Desoxyribose**, eine Desoxypentose (Abb. 1.3), der die Hydroxylgruppe am Kohlenstoffatom in Position 2´ fehlt. In der RNA liegt die Pentose als **Ribose** vor, bei der auch das Kohlenstoffatom in Position 2´ eine Hydroxylgruppe trägt (*Biochemie, Zellbiologie*).

Eine kovalente Bindung vom Kohlenstoffatom in der Position 1´ des Zuckermoleküls zu einem Stickstoffatom der Base verknüpft die **Base** mit dem Zucker.

Diese Art der Bindung wird als N-glykosidische Bindung bezeichnet. Bei den Basen unterscheidet man zwei Typen: die Pyrimidin- und die Purinbasen. Die **Pyrimidinbasen** bestehen aus einem 6-gliedrigen Ringsystem. **Thymin** (**Thy**) und **Cytosin** (**Cyt**) treten in der DNA auf. Die RNA besitzt an Stelle des Thymins die Pyrimidinbase **Uracil** (**Ura**), die sich vom Thymin nur durch das Fehlen einer Methylgruppe in Position 5 unterscheidet (Abb. 1.**3**c). Die **Purinbasen** bestehen aus sich überlappenden Ringsystemen mit 5 und 6 Gliedern. **Adenin** (**Ade**) und **Guanin** (**Gua**) sind die Purinbasen, die sich gleichermaßen in der DNA wie der RNA finden. Die Anfangsbuchstaben der Basen dienen als Abkürzungen für die entsprechenden Nucleoside bzw. Nucleotide. Die eben genannten Basen sind bei weitem am häufigsten in den Nucleinsäuren anzutreffen. Bei Mikroorganismen kommt sowohl in der DNA als auch in der RNA noch in geringer Menge N_6-Methyladenin vor. Bei Tieren und Pflanzen tritt das 5-Methylcytosin auf. Ribosomale- und transfer-RNAs (S. 185, S. 195) enthalten weitere methylierte Purin- und Pyrimidinbasen, die durch die Aktivität spezieller Methylasen nach dem Einbau in die Nucleinsäuren entstehen. Zur Verdeutlichung der Nomenklatur der häufig vorkommenden Nucleoside sei auf Tab. 1.**1** verwiesen.

Durch **Veresterung** der Hydroxylgruppe am Kohlenstoffatom in der Position 5´ der Ribose oder Desoxyribose mit **Phosphorsäure** werden die **Nucleotide** gebildet (Abb. 1.**3**). Auch die Hydroxylgruppe in der Position 3´ steht für die Esterbildung zur Verfügung. In den Nucleinsäuren finden wir nur die Monophosphate der Nucleoside. Als Monomere kommen aber auch die Di- und Triphosphate der Nucleoside in der Zelle vor. Als energiereiche Verbindungen u. a. in Form von ATP stehen sie im Mittelpunkt des Energie- und Baustoffwechsels (*Botanik*, *Biochemie, Zellbiologie*) oder als Regulatormoleküle in Form von cAMP (S. 450) oder ppGpp (Stringent response, *Mikrobiologie*). In Tab. 1.**2** wird die Nomenklatur der Nucleotide in Abhängigkeit von der Position der Phosphatgruppen nur für die Base Adenin wiedergegeben. Daraus lässt sich

Tab. 1.1 **Die Nucleoside der fünf in den Nucleinsäuren vorkommenden Basen mit ihren Abkürzungen, aufgelistet in Abhängigkeit vom enthaltenen Zuckermolekül.**

Base	*Zucker*	*Nucleosid*
Cytosin (Cyt)	Ribose (RNA)	Cytidin (C)
Cytosin (Cyt)	Desoxyribose (DNA)	Desoxycytidin (dC)
Thymin (Thy)	Desoxyribose (DNA)	Desoxythymidin (dT)
Uracil (Ura)	Ribose (RNA)	Uridin (U)
Adenin (Ade)	Ribose (RNA)	Adenosin (A)
Adenin (Ade)	Desoxyribose (DNA)	Desoxyadenosin (dA)
Guanin (Gua)	Ribose (RNA)	Guanosin (G)
Guanin (Gua)	Desoxyribose (DNA)	Desoxyguanosin (dG)

Tab. 1.2 Nomenklatur der Nucleosid-Monophosphate in Abhängigkeit von der Position des veresterten C-Atoms.

Nucleosid	Position des C-Atoms mit Phosphatgruppe	Nucleotid	Abgekürzte Schreibweise
Adenosin (RNA)	5´	Adenosin-5´-monophosphat	5´-AMP
Adenosin (RNA)	3´	Adenosin-3´-monophosphat	3´-AMP
Desoxyadenosin (DNA)	5´	Desoxyadenosin-5´-monophosphat	5´-dAMP
Desoxyadenosin (DNA)	3´	Desoxyadenosin-3´-monophosphat	3´-dAMP

ohne Mühe die Benennung der Cytosin-, Guanin-, Thymin- und Uracil-haltigen Nucleotide ableiten. Die Di- und Triphosphate werden analog bezeichnet. So stehen z. B. Adenosin-5´-diphosphat (5´-ADP) für das Diphosphat und Adenosin-5´-triphosphat (5´-ATP) für das Triphosphat.

Pyrimidinbasen: N-haltiger, 6-gliedriger Ring; Thymin, Cytosin, Uracil.
Purinbasen: N-haltige überlappende Ringsysteme aus 5 und 6 Gliedern; Adenin, Guanin.
Nucleosid: Besteht aus Purin- oder Pyrimidinbase und Pentose (Ribose oder Desoxyribose).
Nucleotid: Besteht aus Nucleosid und Phosphatgruppe.

1.3 Bau der Nucleinsäuren

Die Nucleinsäuren RNA und DNA bilden lange kettenförmige Polymere. Sowohl RNA als auch DNA sind in der Lage unterschiedliche Konformationen einzunehmen. Die bevorzugte Konformation ist hierbei die Ausbildung einer **Doppelhelix**, welche in unterschiedlichen Fomen, als **A-DNA**, **B-DNA** oder **Z-DNA** bezeichnet, vorkommen kann. Die physiologisch vorherrschende Form der DNA ist die B-Form, während bei helikalen RNA-Strukturen die A-Form vorliegt. Die unterschiedlichen Formen der DNA haben auch biologische Bedeutung. An eine DNA-Doppelhelix kann sich ein weiterer Nucleotidstrang unter Ausbildung einer **Tripelhelix** anlagern. Bestimmte Guanosin-reiche Sequenz-Wiederholungen bilden vierstrangige Strukturen, sogenannte **G-Quadruplexe** oder **G-Tetraplexe** aus.

1.3.1 Nucleotidketten und Basenpaarung

DNA und RNA sind Polymere aus Nucleotiden bzw. Desoxynucleotiden. Das Rückgrat dieser Nuclotidketten besteht aus alternierenden **Zuckermolekülen** und **Phosphatgruppen** (Abb. 1.4). Es resultieren zwei unterschiedliche Enden, welche nach der Lage des Kohlenstoffatoms der Ribose bzw. Desoxyribose entsprechend als 3´- oder 5´-Ende bezeichnet werden.

Die Basen der Nucleotide sind in der Lage, mit anderen Basen in Wechselwirkung zu treten. Diese **Basenpaarungen** werden durch **Wasserstoffbrücken-Bindungen** vermittelt, welche sich zwischen Sauerstoff- bzw. Stickstoffatomen der gegenüberliegenden Basen ausbilden. Einer **Purinbase** steht in der Regel eine **Pyrimidinbase** gegenüber. Unter bestimmten Bedingungen sind aber auch andersartige Basenpaarungen, z.B. zwischen zwei Purinbasen, möglich (S. 14). In der DNA liegt der **Purinbase A** die **Pyrimidinbase T** und der **Purinbase G** die **Pyrimidinbase C** gegenüber. Dies hat zur Konsequenz, dass zwei aneinander gelagerte DNA-Stränge zueinander komplementäre Sequenzen besitzen; d.h. die Stränge haben eine entgegengesetzte Basenabfolge. Die Sequenz eines Stranges determiniert somit die Sequenz des gegenläufigen Stranges (**antiparallele Orientierung**). Die Standard-Basenpaarungen werden nach den Wissenschaftlern, die diese Strukturen erstmals vorgeschlagen haben, auch als **Watson-Crick-Basenpaarungen** bezeichnet. Die Menge von A in einem DNA-Doppelstrang entspricht der von T; ebenso korreliert die Menge von C mit der von G. Diese Beziehung ist auch als **Chargaff-Regel** bekannt. Der AT- bzw. GC-Gehalt variiert zwischen unterschiedlichen Organismen und wird auch als Klassifizierungsmerkmal herangezogen (Tab. 1.3). Basenpaarungen können auch innerhalb eines Nucleotidstranges vorkommen. Dies ist häufig bei RNA-Molekülen der Fall, welche durch die Ausbildung solcher intermolekularen Basenpaarungen bestimmte Sekundärstrukturen einnehmen (S. 182).

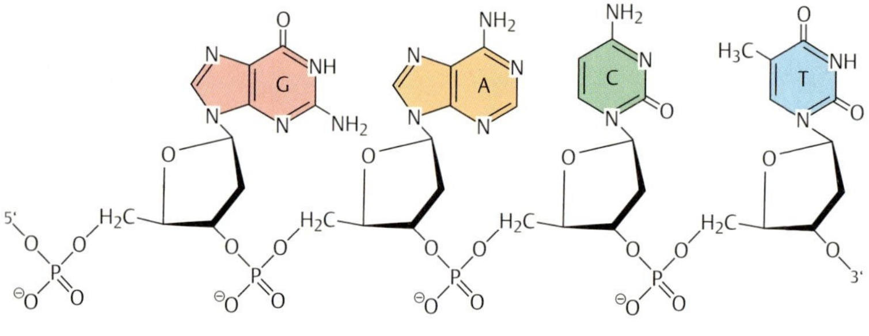

Abb. 1.4 Nucleotidkette. Das Rückgrat wird durch die Kohlenstoffatome 3´ bis 5´ der Zuckermoleküle und die Phosphatgruppen gebildet. Die Basen ragen aus dieser Kette heraus.

Tab. 1.3 Prozentualer Basengehalt der doppelsträngigen DNA verschiedener Organismen und Viren. Aus dem wiedergegebenen AT-Gehalt der Organismen und Viren lässt sich durch Subtraktion von 100 der GC-Gehalt errechnen.

Bakteriophage T7	52,0
Escherichia coli	48,3
Sprosshefe *(Saccharomyces cerevisiae)*	74,3
Mais *(Zea mays)*	54,0
Taufliege *(Drosophila melanogaster)*	70,2
Mensch *(Homo sapiens)*	71,6

1.3.2 Die DNA-Doppelhelix

James Watson und **Francis Crick**, die damals an den Cavendish Laboratorien in London tätig waren, benutzen Daten aus Röntgenbeugungsexperimenten von **Maurice Wilkins** und **Rosalind Franklin**, die in London am King's College arbeiteten, und stellten im Jahr 1953 in zwei Arbeiten in der Zeitschrift „Nature" ein Modell der DNA und ihrer Replikation (S. 89) vor. Dieses Modell hat sich als richtig erwiesen und beschreibt die DNA als eine **rechtsgängige Doppelhelix**. Die abwechselnden Zuckermoleküle und Phosphatgruppen der Einzelstränge bilden ein außenliegendes Rückgrat, während die Basen in das Helixinnere hinein orientiert sind (Abb. 1.5). Da sowohl GC- als auch AT-Paarungen jeweils eine Purin- und eine Pyrimidinbase enthalten, haben sie eine sehr ähnliche Raumausfüllung. Im isolierten Zustand tritt uns die DNA als relativ uniformer Faden mit einem Durchmesser von etwa 2 nm entgegen.

Neben den eigentlichen Basenpaarungen sind auch die Wechselwirkungen zwischen aufeinanderfolgenden Basenpaaren von entscheidender Bedeutung für die Ausbildung bzw. Stabilität einer Doppelhelix. Diese hydrophoben Wechselwirkungen werden als **Stacking Forces** oder **Stacking Interactions** bezeichnet.

Die Basen der DNA sind nicht nur zur Ausbildung der nach innen gerichteten Watson-Crick-Paarungen in der Lage, sondern können über andere Wasserstoffbrücken auch an der Außenseite der Doppelhelix Basen anlagern. Diese ebenfalls spezifische Basenpaarung bezeichnet man als **Hoogsteen-Wasserstoffbrücken**. Es hat sich herausgestellt, dass ein G, gebunden an ein GC-Paar, und ein T, gebunden an ein AT-Paar, besonders stabil sind. Über solche Hoogsteen-Basenpaarungen kann sich ein weiterer DNA-Strang in die große Furche (s. u.) einer DNA-Doppelhelix unter Ausbildung einer **DNA-Tripelhelix**, auch als **H-DNA** bezeichnet, einlagern (Abb. 1.5c).

Bei den ersten kristallographischen Arbeiten mit DNA wurden zwei unterschiedliche Präparationen verwendet, welche auch unterschiedliche Röntgenstreuungsmuster lieferten. Diese unterschiedlichen Formen wurden als „kristalline" DNA (**A-Form**) und als „feuchte" DNA (**B-Form**) bezeichnet. Die Bezeich-

a Adenin Thymin Guanin Cytosin

b Hoogsteen-Paarung

Watson-Crick-Basenpaarung

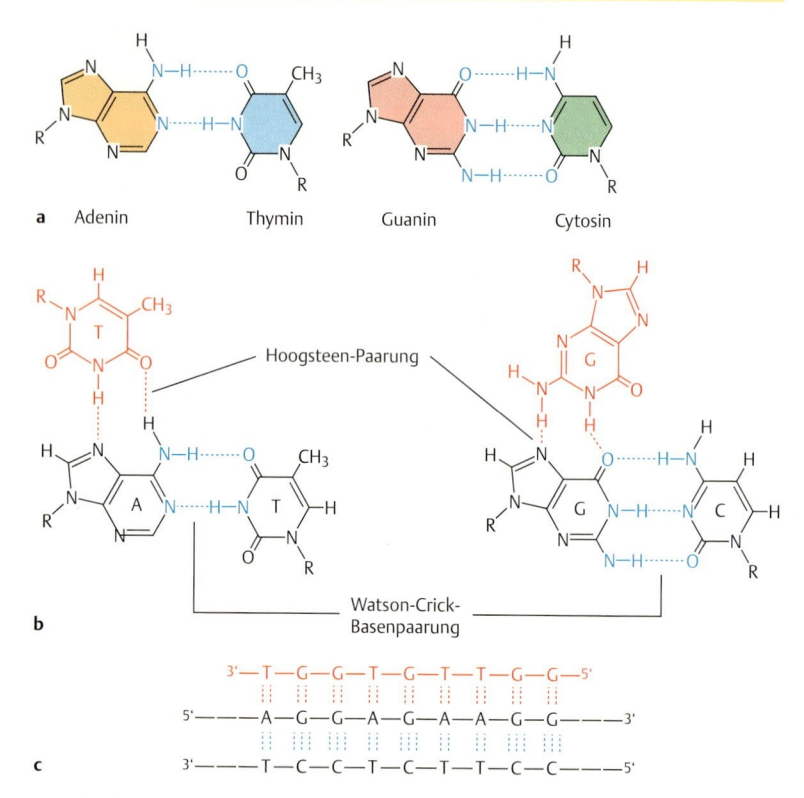

c
3'—T—G—G—T—G—T—T—G—G—5'
5'———A—G—G—A—G—A—A—G—G———3'
3'———T—C—C—T—C—T—T—C—C———5'

Abb. 1.5 Basenpaarungen. a Wasserstoffbrücken-Bindungen sind schwache Bindungen, bei denen sich zwei Atome hoher Elektronegativität ein Wasserstoffatom teilen. Um kovalente Bindungen von den Wasserstoffbrücken zu unterscheiden, werden diese in der Regel durch gestrichelte Linien dargestellt. Im Doppelstrang stehen sich immer eine Purinbase und eine Pyrimidinbase gegenüber. Zwischen Adenin und Thymin beziehungsweise Uracil kommt es zur Ausbildung von zwei, zwischen Guanin und Cytosin zur Ausbildung von drei Wasserstoffbrücken-Bindungen (Watson-Crick-Basenpaarung). **b** Über Hoogsteen-Wasserstoffbrücken-Bindungen können sich auch an der Außenseite der Doppelhelix Basen anlagern, was zur Ausbildung einer Tripelhelix führt (**c**).

nungen A- bzw. B-DNA werden weiterhin verwendet. Heute ist bekannt, dass die B-Form die unter natürlichen Bedingungen überwiegende Konformation der DNA ist. Die A-Form der DNA wird durch Entzug von Wasser hervorgerufen. Beispielsweise erhält man diese Konformation beim Lösen der DNA in Ethanol. Unter natürlichen Bedingungen kommt die A-Form z. B. in den Überdauerungsformen (Sporen) bestimmter Bakterien vor, welche einen stark reduzierten Wassergehalt aufweisen. Die Strukturen beider Formen sind bekannt und unterschei-

1.3 Bau der Nucleinsäuren

a B-Form

eine Windung:
- 3,4 nm
- 10,5 bp

kleine Furche: 1,2 nm

große Furche: 2,2 nm

Desoxyribose-Phosphat-Rückgrat

Basenpaarung

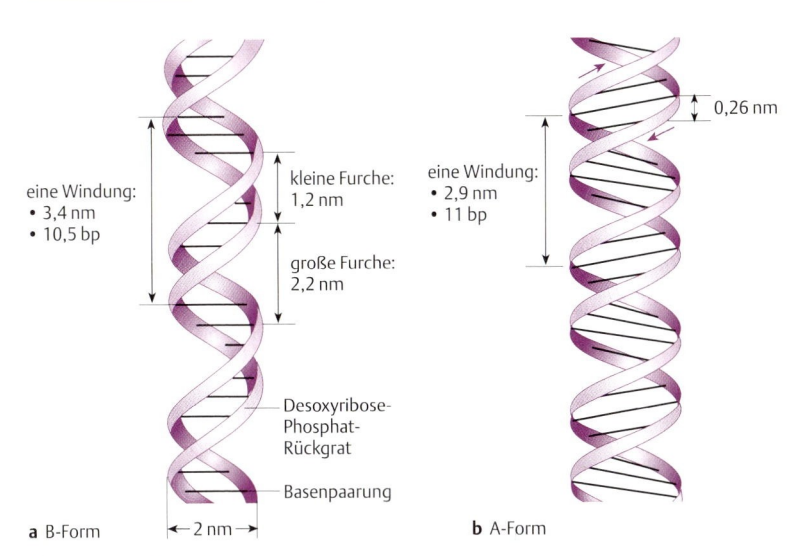

2 nm

b A-Form

eine Windung:
- 2,9 nm
- 11 bp

0,26 nm

Abb. 1.6 **DNA-Struktur.** Sowohl die A- als auch die B-Form bilden rechtsgängige DNA-Doppelhelices aus. Bei der B-DNA (A-DNA) beträgt die Zahl der Basenpaare (bp) pro Windung ca. 10,5 (11). Bei einem Abstand der Basenpaare von 0,34 nm (0,26 m) resultiert somit für die Windung eine Länge von ca. 3,4 nm (2,9 nm).

den sich in der Anzahl der Basenpaare pro Helixwindung, der Länge einer Windung und dem Durchmesser der Helix (Abb. 1.6). Beide Helices bilden eine rechtsgängige Doppelhelix. **Doppelsträngige RNA** bildet Helices aus, welche der Konformation der A-DNA entsprechen.

An der DNA-Doppelhelix bilden sich an der Außenseite zwei Vertiefungen, welche als **große** bzw. **kleine Furche** bezeichnet werden. DNA-bindende Proteine binden in diese Furchen und können hier die DNA-Sequenz „auslesen". Auch kleinere Moleküle können sich, mehr oder weniger selektiv, in die Furchen einlagern. Die Fluoreszenzfarbstoffe **Hoechst 33 258** und **Distamycin** lagern sich z. B. in die kleine Furche der DNA ein. Dabei werden AT-reiche Abschnitte stark bevorzugt.

Die **Zahl der Basenpaare** im Genom wurde für viele Viren und Organismen wenigstens ungefähr bestimmt und ist heute ein übliches Maß für die Genomgröße. Weniger gebräuchlich ist die Angabe des DNA-Gehalts einer Zelle in Picogramm (pg) DNA. 3000 bp entsprechen $3,3 \times 10^{-6}$ pg DNA. Die Beziehung zwischen Basenpaaren und der Länge eines Abschnitts der B-DNA wird oft genutzt, um eine anschauliche Längenangabe für das gesamte Genom zu errechnen (Tab. 1.4, Tab. 1.5). Für Viren, deren Genom aus einzelsträngiger DNA besteht, gilt diese Beziehung naturgemäß nicht (Tab. 1.4). Für größere DNA-Moleküle

Tab. 1.4 Genomgröße und Form der DNA in Viren und Bacteria. Die Werte in der Spalte Nucleotide/Basenpaare geben für einzelsträngige DNA die Zahl der Nucleotide an, bei doppelsträngiger DNA die Zahl der Basenpaare. Der Beziehung zwischen der Zahl der Nucleotide/Basenpaare und der Konturlänge der Doppelhelix liegt das Verhältnis von 10,5 Basenpaaren auf 3,4 nm der DNA-Doppelhelix zu Grunde. Die Beziehung zwischen Basenpaaren und DNA-Gehalt in Picogramm (pg) basiert auf der Entsprechung 3 000 bp (($\triangleq$)) $3,3 \times 10^{-6}$ pg DNA.

	Form der DNA	*Nucleotide/ Basenpaare*	*DNA-Gehalt* (pg)	*Konturlänge der Doppelhelix* (μm)
Simian Virus (SV40)	zirkulär, doppelsträngig	5 243	$5,8 \times 10^{-6}$	ca. 1,7
Bakteriophage M13	zirkulär, einzelsträngig	6 407	$7,0 \times 10^{-6}$	–
Bakteriophage Lambda	linear, doppelsträngig	48 502	$5,3 \times 10^{-5}$	ca. 15,7
Bakteriophage T4	linear, doppelsträngig	ca. 166 000	ca. $1,8 \times 10^{-4}$	ca. 53,7
Escherichia coli	zirkulär, doppelsträngig	ca. 4 720 000	ca. $5,2 \times 10^{-3}$	ca. 1528,4
Bacillus subtilis	zirkulär, doppelsträngig	ca. 4 214 814	ca. $4,6 \times 10^{-3}$	ca. 1364,8
Thermotoga maritima	zirkulär, doppelsträngig	ca. 1 860 725	ca. $2,046 \times 10^{-3}$	ca. 602,5

Tab. 1.5 Genomgrößen und Chromosomenzahlen in Eukaryoten. Die angegebenen Werte gelten für das haploide Genom. Die Beziehung zwischen der Zahl der Basenpaare und der Konturlänge der DNA basiert auf dem Verhältnis von 10,5 Basenpaaren auf 3,4 nm der DNA-Doppelhelix.

	Basenpaare	*Konturlänge (cm)*	*Chromosomenzahl*
Sprosshefe (*Saccharomyces cerevisiae*)	14×10^6	0,45	16
Fadenwurm (*Caenorhabditis elegans*)	80×10^6	2,5	4
Taufliege (*Drosophila melanogaster*)	165×10^6	5,3	4
Krallenfrosch (*Xenopus laevis*)	ca. $3 000 \times 10^6$	97,1	18
Hausmaus (*Mus musculus*)	ca. $3 000 \times 10^6$	97,1	20
Mensch (*Homo sapiens*)	ca. $3 000 \times 10^6$	97,1	23
Mais (*Zea mays*)	ca. $5 000 \times 10^6$	160,2	variabel (ca. 10)
Zwiebel (*Allium cepa*)	ca. $15 000 \times 10^6$	485,7	8

verwendet man die Ausdrücke Kilobasen (kb) oder Megabasen (mb), die 10^3 bzw. 10^6 Basenpaaren entsprechen.

In den 1970er Jahren, als die Synthese kurzer DNA-Sequenzen Routine wurde, gab es auch vermehrt strukturelle Untersuchungen an DNA. Hierbei ergab sich bei dem Hexamer d(CG)$_3$ ein unerwarteter Befund. Die erhaltene Struktur unterschied sich deutlich von den bekannten Strukturen. Die Basen hatten z. B. bezüglich der Zuckerreste andere Ausrichtungen. Liegen bei der A- und B-DNA die Basen bezüglich der Ribose in der anti-Konformation (die Base zeigt vom Zuckerrest weg) vor, so wechseln sich hier die Orientierungen zwischen anti- und syn-Konformation (die Base ist zum Zuckerrest hin orientiert) ab. Eine weitere Auffälligkeit ist der Verlauf des Rückgrates der DNA-Ketten. Diese zeigen einen deutlichen Zick-Zack-förmigen Verlauf, der für diese DNA-Konformation namensgebend wurde: **Z-DNA**. Die Entdeckung dieser weiteren DNA-Konformation wurde zwar zur Kenntnis genommen, führte aber in der Wissenschaft eher ein Schattendasein. Erst als eine Umwandlung der DNA von der B-Form in die Z-Form gezeigt werden konnte, verstärkte dies das Interesse in Struktur und Funktion der Z-DNA (Abb. 1.**7**). Mittlerweile ist bekannt, dass eine alternierende Abfolge von Purin- und Pyrimidin-Basen die Ausbildung der Z-DNA begünstigt. Im Gegensatz zu der B-Form ist die Z-Form thermodynamisch ungünstig, da sich die Phosphatgruppen hier sehr nahe kommen. Durch negatives Supercoiling (S. 19) wird die Ausbildung von Z-DNA begünstigt.

Die Identifizierung spezifischer Z-DNA-bindender Proteine beweist, dass die Z-DNA von biologischer Bedeutung ist. Ein Beispiel für ein Z-DNA-bindendes Protein ist das **E3L-Protein** des Pocken-Virus. Dieses Protein trägt maßgeblich zur Pathogenität des Virus bei. Wird die Z-DNA-bindende Domäne von E3L entfernt, resultiert ein nach wie vor vermehrungsfähiges Virus, eine Infektion mit diesem ist (im Tierversuch) aber nicht mehr letal.

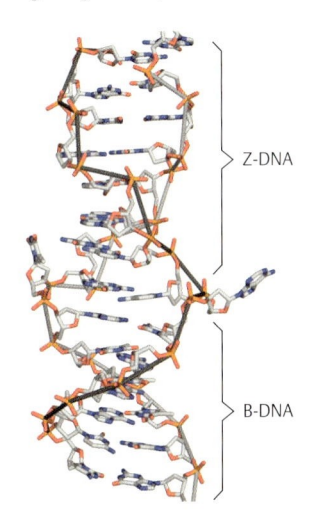

Abb. 1.**7 Übergang von B-DNA zu Z-DNA.** An der Übergangsstelle sind zwei Basen nach außen geklappt. Der Verlauf des Rückgrats der Nucleotidketten ist eingezeichnet. Der Zick-Zack-förmige Verlauf ist bei der Z-DNA deutlich zu erkennen. Im Gegensatz zur B-DNA bildet die Z-DNA eine linksgängige Helix aus und besitzt einen kleineren Durchmesser (pdb: 2ACJ).

Sequenzen, welche mutmaßlich Z-DNA Strukturen ausbilden, sind bei zahlreichen Genen im Bereich des Transkriptionsstartpunktes identifiziert worden. Z-DNA bildet zudem keine Nucleosomen. Diese und weitere Befunde lassen den Schluss zu, dass die Ausbildung der Z-Form von regulatorischer Bedeutung für die Transkription ist.

1.3.3 Die Quadruplex-DNA

Die DNA ist ein flexibles und vielseitiges Molekül, was z. B. durch die unterschiedlichen Konformationsmöglichkeiten zum Ausdruck kommt. Guanosin-reiche DNA kann eine **vierstrangige Helix** bilden. Vier Guanin-Basen liegen hierbei in einer Ebene und sind über Wasserstoffbrücken-Bindungen miteinander verbunden. Diese DNA-Struktur wird daher als **G-Quadruplex** oder **G-Tetraplex** bezeichnet. Diese Strukturen können sich innerhalb eines Stranges oder auch zwischen unterschiedlichen Strängen ausbilden (Abb. 1.**8**).

DNA-Quadruplex-Strukturen sind in der Natur weit verbreitet und üben wichtige Funktionen aus. Die 3´-Enden der linearen DNA eukaryotischer Zellen besitzen spezielle Sequenzen, die **Telomere** (S. 71, S 128). Diese bestehen aus Tandem-Wiederholungen mehrerer hundert bis tausend G-reicher Sequenzen, beim Menschen z. B. $(GGGTTA)_n$. Diese Sequenzen bilden spontan Quadruplex-Strukturen aus und legen die Vermutung nahe, dass die Telomere der Chromosomen ebenso in dieser Konformation vorliegen. Die Ausbildung besonderer Strukturen der DNA-Enden ist für die Zellen von entscheidender Bedeutung, erlaubt dies doch die Unterscheidung zwischen dem normalen Ende eines Chromosoms und dem aus einem DNA-Bruch entstandenen Ende. Somit wird eine Verknüpfung der einzelnenen Chromosomen durch die DNA-Reparaturenzyme verhindert (S. 414).

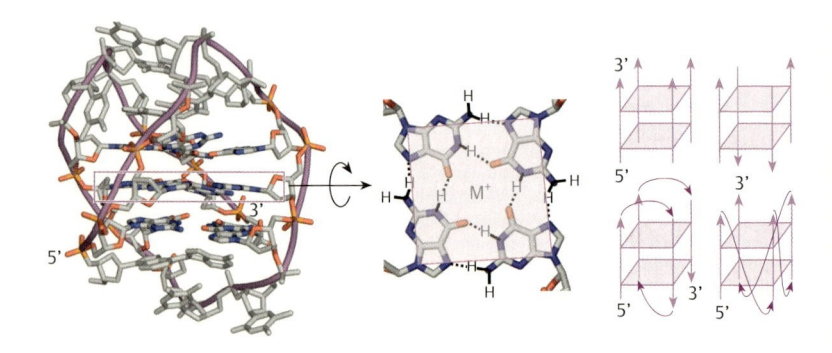

Abb. 1.**8 Quadruplex-DNA. a** Die sich wiederholende Sequenz $(GGGTTA)_4$ bildet eine vierstrangige Quadruplex-Struktur aus. Der Verlauf des DNA-Rückgrates ist eingezeichnet. In der Mitte befindet sich meist ein Kaliumion (pdb: 143D). **b** Beispiele für unterschiedliche Möglichkeiten zur Ausbildung von Quadruplex-Strukturen. Die DNA-Stränge können hierbei parallel oder auch antiparallel zueinander orientiert sein.

Quadruplex-Strukturen bilden sich aber nicht nur an den Telomeren, sondern auch an anderen Bereichen aus. Interessanterweise wurden solche DNA-Sequenzen in den Promotorbereichen von z. B. den Protooncogenen c-myc oder VEGF (vascular endothelial growth factor) gefunden. Die Ausbildungen der Quadruplex-Strukturen verhindern die Transkription der entsprechenden Gene.

▶ Die Kenntnisse über die strukturelle Bedeutung der DNA haben zu neuartigen Ansätzen in der **Entwicklung von Therapeutika** geführt. Der Angriffspunkt bei diesen Strategien ist hierbei die DNA an definierten Stellen. Eine Strategie verfolgt die Fähigkeit von DNA, **dreisträngige Helices** auszubilden. Synthetische Oligonucleotide können sequenzspezifisch mit der DNA interferieren und hierdurch die Genexpression bzw. Replikation verhindern. Die andere Strategie verfolgt die Entwicklung **spezifischer G-Quadruplex bindender Substanzen**. Diese Substanzen stabilisieren die G-Quadruplex-Strukturen. Hierdurch wird z. B. die Funktion der Telomerase, welche für die Verlängerung der Telomere zuständig ist, verhindert. Telomerase ist in vielen Krebsarten dereguliert und ständig aktiv. Ein weiteres Ziel ist die selektive Unterdrückung der Transkription bestimmter Protoonkogene. Eine natürliche vorkommende G-Quadruplex-bindende Substanz ist z. B. das von *Streptomyces anulatus* gebildete **Telomestatin**. Erste G-Quadruplex-bindende Substanzen befinden sich in der klinischen Versuchsphase zur Behandlung bestimmter Krebsformen. ◀

Watson-Crick-Basenpaarung: Basenpaarung zwischen komplementären DNA-Strängen, bewirkt Ausbildung einer rechtsgängigen Doppelhelix, beruht auf Wasserstoffbrücken-Bindungen zwischen einer Purinbase und einer Pyrimidinbase. Zwei Bindungen zwischen A (Purin) und T (Pyrimidin), drei Bindungen zwischen G (Purin) und C (Pyrimidin). Mengenverhältnis von A zu T oder G zu C ist 1 (Chargaff-Regel).
A-DNA: Konformation der DNA-Doppelhelix bei Wasserentzug. Unter natürlichen Bedingungen bisher nur bei Sporen gefunden. Enthält 11 bp pro Windung, Länge der Windung 2,9 nm.
B-DNA: Konformation einer DNA-Doppelhelix unter physiologischen Bedingungen. Enthält 10,5 bp pro Windung, Länge der Windung beträgt 3,4 nm, bildet zwei Vertiefungen aus: große und kleine Furche.
Z-DNA: Lingsgängige DNA-Doppelhelix. Die Ausbildung der Z-DNA wird – zumindest bei Eukaryoten – zu regulatorischen Zwecken genutzt.
H-DNA: Tripelhelikale DNA. Entsteht durch Anlagerung eines weiteren DNA-Stranges in die große Furche. Ausbildung von Hoogsteen-Basenpaarungen zu den Basen der Duplex-DNA.
Hoogsteen-Wasserstoffbrücken: Ausbildung von Wasserstoffbrücken an der Außenseite der Doppelhelix. Führt zur Ausbildung eines dritten DNA-Stranges meist aus G und T (DNA-Tripelhelix).
G-Quadruplex (G-Tetraplex): Viersträngige DNA, welche von Guanosin-reichen Abschnitten gebildet werden kann. Kommt vor allem in den Telomeren und bestimmten Promotor-Regionen bei Eukaryoten vor.

1.4 Eigenschaften der Nucleinsäuren

Aufgrund ihrer Struktur besitzen Nucleinsäuren einige besondere Eigenschaften. Dazu gehört das unterschiedliche Absorptionsverhalten von ultraviolettem Licht bei einzel- bzw. doppelsträngigen DNA- und RNA-Molekülen, die künstlich durch physikalische oder chemische Faktoren induzierbare De- bzw. Renaturierung von doppelsträngigen Nucleinsäuren, die Grundlage vieler genetischer Methoden ist, und die Ausbildung von besonderen Sekundärstrukturen wie Haarnadelschleifen. Bei ringförmigen DNA-Molekülen ergeben sich topologische Besonderheiten.

1.4.1 Absorption von ultraviolettem Licht

Aufgrund des aromatischen Charakters der Basen absorbieren Nucleinsäuren ultraviolettes Licht. Die Zuckerreste und die Phosphatgruppen der Nucleotidketten tragen nicht merklich zur Absorption bei. Die maximale Absorption der DNA und der RNA liegt bei 260 nm (Abb. 1.9); man bezeichnet sie daher als A_{260}. Die Absorption ist für einzeln vorliegende Nucleotide am größten, erreicht ein mittleres Niveau für einzelsträngige DNA und ist am geringsten für doppelsträngige DNA. Die zunehmend engere Nachbarschaft der Basen in der DNA-Doppelhelix im Vergleich zu einzelsträngiger DNA führt zur Abnahme der Absorption, die als **Hypochromie** bezeichnet wird. Doppelsträngige DNA ist also hypochrom im Vergleich zu einzelsträngiger DNA und RNA. Die OLE_LINK1»OLE_LINK2»A_{260} einzelsträngiger RNA ist um 37 % höher als die doppelsträngiger DNA (Abb. 1.9). Die Absorption der DNA wird auch genutzt, um die DNA-Konzentration in einer Lösung anzugeben. Eine Lösung mit 1 mg ml^{-1} doppelsträngiger DNA hat eine A_{260} von 20. Der entsprechende Wert für einzelsträngige DNA und RNA ist etwa 25. Diese Werte werden aber etwas von der Basenzusammensetzung beeinflusst, da Purinbasen eine höhere Absorption besitzen als Pyrimidinbasen.

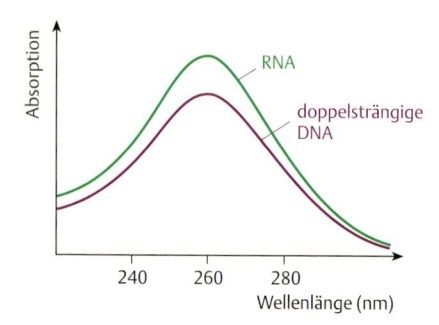

Abb. 1.9 A_{260}. Das Absorptionsverhalten verschiedener Nucleinsäuren im ultravioletten Licht zeichnet sich durch ein Absorptionsmaximum bei einer Wellenlänge von 260 nm aus. Doppelsträngige DNA ist hypochrom zur RNA.

1.4.2 Schmelzen und Renaturierung der DNA

Erhöht man die Temperatur einer DNA-haltigen Lösung, werden die Wasserstoffbrücken-Bindungen zerstört und die beiden Stränge trennen sich voneinander zu Einzelstrang-DNA. Mit zunehmender Temperatur entstehen immer mehr einzelsträngige Bereiche. Dabei nimmt wegen der oben beschriebenen Hypochromie die Absorption von kurzwelligem Licht in der Lösung zu. Wenn A_{260} gegen die Temperatur aufgetragen wird, erhält man eine **Schmelzkurve** der **DNA**. Als **Schmelzpunkt** der **DNA** (T_m) bezeichnet man die Temperatur, bei der das Maximum von A_{260} gerade zur Hälfte erreicht ist (Abb. **1.10**). T_m steigt mit zunehmendem GC-Gehalt an, da GC-Paare wegen der sie verbindenden drei Wasserstoffbrücken-Bindungen schwerer zu trennen sind als AT-Paare. Die Herstellung einzelsträngiger DNA wird auch als **Denaturierung** bezeichnet. Dies kann durch erhöhte Temperatur oder der Zugabe bestimmter Chemikalien wie Harnstoff (H_2NCONH_2) oder Formamid ($HCONH_2$) erreicht werden.

Bei der **Renaturierung**, auch als **Reassoziation** oder **Annealing** bezeichnet, lagern sich die komplementären DNA-Stränge wieder aneinander. Dieser Prozess

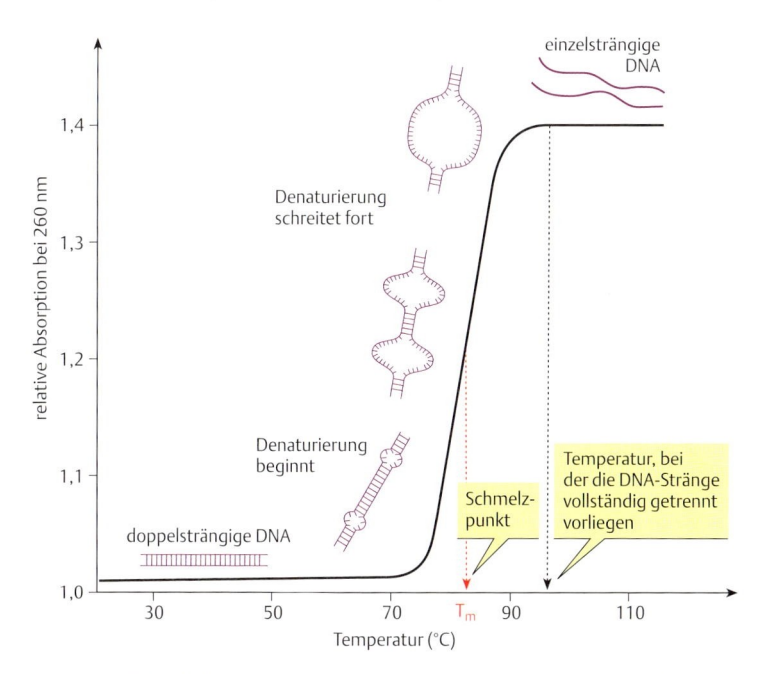

Abb. **1.10 Schmelzkurve.** Mit zunehmender Temperatur treten immer mehr einzelsträngige DNA-Abschnitte auf. Die Absorption bei 260 nm erhöht sich. Wenn nur noch einzelsträngige DNA-Abschnitte vorliegen, steigt die Absorption nicht mehr weiter an. Der Schmelzpunkt T_m der DNA liegt bei der halbmaximalen Absorption der Einzelstrang-DNA.

kann durch die Wahl der Pufferbedingungen (pH-Wert bzw. Salzkonzentration), vor allem aber der Temperatur beeinflusst werden. Meist erfolgt die Renaturierung bei einer Temperatur etwa 20 °C unterhalb von T_m. Die Wahl der richtigen Annealing-Temperatur ist ein wichtiger Parameter bei der PCR (S. 484). Nach vollständiger Renaturierung hat die DNA wieder den ursprünglichen Schmelzpunkt. Fehlpaarungen (mismatches) zwischen den beiden komplementären Strängen äußern sich in einer erniedrigten Schmelztemperatur. Wenn in Experimenten zur Renaturierung ausreichend komplementäre einzelsträngige DNA aus einer anderen Stelle desselben Genoms oder von einer anderen Spezies eingesetzt wird, spricht man von **Hybridisierung**. Unter geeigneten Bedingungen können auch stabile DNA-RNA-Hybride gebildet werden. Die Bedingungen bei einer Hybridisierungsreaktion werden unter dem Begriff **Stringenz** (stringency) zusammengefasst. Wenn die Stringenz hoch ist, d. h. bei einer Temperatur von etwa 42 °C und hohen Formamidkonzentrationen (z. B. 50 %), werden die DNA-Proben nur bei perfekter Komplementarität hybridisieren. Bei niedriger Stringenz, d. h. in Anwesenheit von z. B. 35 % Formamid, wird dagegen eine größere Zahl von Fehlpaarungen toleriert. Wenn die beiden zu hybridisierenden DNA-Proben völlig komplementär sind, wird man unter Bedingungen von hoher Stringenz hybridisieren, um den Hintergrund an Fehlpaarungen niedrig zu halten. Hybridisierung bei geringer Stringenz ist zu empfehlen, wenn der Grad der Komplementarität der beiden DNA-Proben nicht bekannt ist. Mithilfe der Hybridisierung können experimentell komplementäre DNA-Sequenzen nachgewiesen werden, wenn man einen der Reaktionspartner radioaktiv oder durch Einbau einer fluoreszierenden Verbindung markiert hat (S. 492). Dieser Reaktionspartner einer Hybridisierungsreaktion wird als **Sonde** bezeichnet.

1.4.3 Haarnadelschleife

Es gibt in der DNA Konformationen, die an das Vorliegen bestimmter DNA-Sequenzen gebunden sind. Tritt eine beliebige Basensequenz zwei Mal in umgekehrter Orientierung in einiger Entfernung voneinander in einem DNA-Doppelstrang auf, spricht man von einem **Inverted Repeat**. Ein **Palindrom** ist ein Spezialfall des Inverted Repeat, bei dem zwei identische Basensequenzen, eine davon in umgekehrter Orientierung, sehr nahe hintereinander auftreten, also kreuzspiegelsymmetrisch in Bezug auf die Einzelstränge oder komplementär sind (Abb. 1.11). Solche Sequenzwiederholungen sind im Genom nicht ungewöhnlich, und in beiden Fällen kann sich dann durch Paarung der komplementären Basen eine **Haarnadelschleife** (hairpin loop, stem loop) bilden. Es entsteht eine kreuzförmige DNA. In entspannter DNA ist diese Konformation energetisch allerdings ungünstig.

Viele Bakterien und Viren besitzen ringförmige doppelsträngige DNA, an der sich **topologische Besonderheiten** der DNA gut demonstrieren lassen. Die beiden komplementären Stränge der DNA liegen hier als Ringe vor und sind ent-

1.4 Eigenschaften der Nucleinsäuren

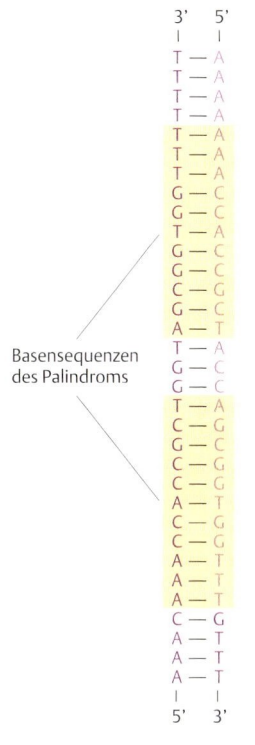

Abb. 1.11 Palindrom. In diesem DNA-Element ist dieselbe DNA-Sequenz in umgekehrter Orientierung, nur von drei Basenpaaren getrennt, hintereinander angeordnet. Unter dieser Voraussetzung ist eine kreuzförmige Konformation zwar möglich, aber energetisch ungünstig.

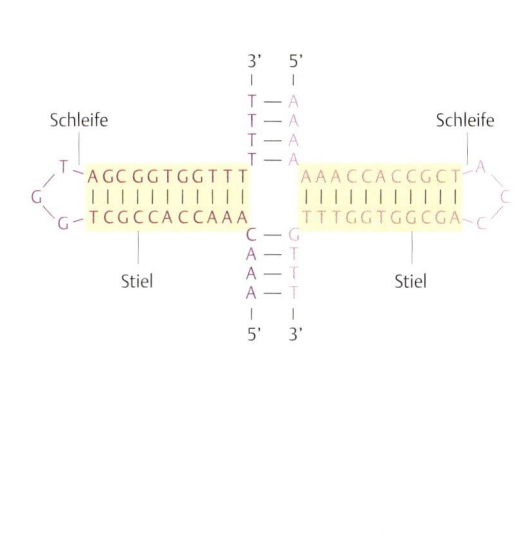

sprechend der helikalen Natur der DNA umeinander gewunden. Um die beiden Stränge voneinander zu trennen, müsste man die DNA in jeder Windung einmal durchschneiden. Dieser Wert wird als **Linking Number**, L_k, bezeichnet und entspricht bei entspannter DNA der Zahl der Windungen in der Doppelhelix, den **Helical Twists**, T_w. Bei entspannter DNA gilt also $L_k = T_w$ (Abb. 1.12). Durchtrennt man jetzt einen Strang in einem doppelsträngigen DNA-Ring, nimmt zwei Windungen heraus und fügt die Enden wieder zusammen, haben in diesem Ring sowohl L_k als auch T_w um den Wert 2 abgenommen (Abb. 1.12). Dieser Ring ist instabil. Um eine vollständige Basenpaarung zu erreichen und eine durchgehende Doppelhelix auszubilden, nimmt er eine negativ superhelikale Konformation ein. Es treten zwei rechtsgängige Windungen auf, für die man einen weiteren Begriff, die **Superhelizität** (**Supercoiling**) oder **Writhing Number**, W_r, eingeführt hat. Es gilt $L_k = T_w + W_r$. W_r liegt nach dem eben geschilderten topologischen Manöver bei einem Wert von –2 (negatives Supercoiling). In elektronenmikroskopischen Präparationen isolierter Plasmide (*Mikrobiologie*) finden sich entspannte und superhelikal gewundene Ringe nebeneinander (Abb. 1.12a). Sie stellen topoisomere Formen eines DNA-Moleküls dar.

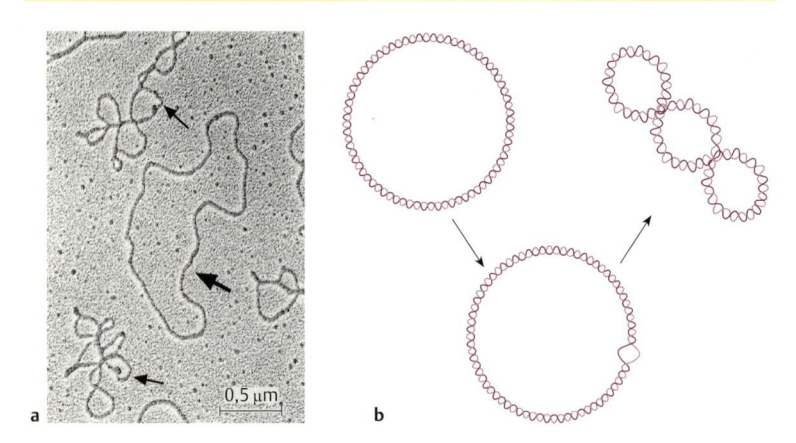

Abb. 1.12 Topologie. a TEM-Aufnahme von gespreiteten Plasmiden (pBR322 aus *Escherichia coli*). Neben einem entspannten Ring (großer Pfeil) liegen zwei superhelikal gewundene Plasmide vor (kleine Pfeile). (Foto von D. Kapp, Bielefeld.) **b** Eine doppelsträngige ringförmige DNA wird um zwei Windungen entwunden. Um sich zu stabilisieren, nimmt das Molekül eine superhelikale Konformation ein.

Die Enzyme, die für die Bildung der topoisomeren Formen verantwortlich sind, bezeichnet man als **Topoisomerasen**. Topoisomerasen sind essentiell für die Veränderung der Topologie der DNA und daher Angriffspunkt für Antibiotika und Cytostatika. Die eben geschilderte Herstellung eines superhelikal gewundenen DNA-Rings wird von der **Topoisomerase I** vermittelt. Sie vermag einen der beiden Stränge einer doppelsträngigen DNA auf der Höhe der Phosphodiesterbindung zu durchtrennen, den intakten Strang durch diese Lücke hindurchzuführen und die Enden wieder miteinander zu verbinden. Die **Topoisomerase II**, auf die bei der Besprechung der Struktur eukaryotischer Chromosomen noch einmal eingegangen wird (S. 29), ist in der Lage, doppelsträngige DNA zu zerschneiden, einen anderen DNA-Doppelstrang durch den Spalt zu führen und die Lücke wieder zu schließen; diese Reaktion ist ATP-abhängig.

Die Topologie von negativ superhelikal gewundenen DNA-Ringen kann von außen durch die Temperatur und die Ionenstärke der Lösung beeinflusst werden. Wichtiger ist aber der Einfluss von sogenannten interkalierenden Verbindungen. Das bekannteste Beispiel dafür ist das **Ethidiumbromid**. Der polyzyklische Aromat lagert sich zwischen die Basenpaare ein (Interkalation). Dabei nimmt die UV-induzierte Fluoreszenz des Ethidiumbromids dramatisch zu. Wegen dieser Eigenschaft benutzt man Ethidiumbromid zum Anfärben von DNA in Gelen. In Folge der Einlagerung von Ethidiumbromid in die DNA werden negativ superhelikal aufgewundene Ringe in die entspannte Ringform übergeführt. Bei weiterer Erhöhung der Konzentration an Ethidiumbromid entstehen dann im Gegensinn (positiv) superhelikal aufgewundene DNA-Ringe.

> **Hypochromie:** Absorptionsverhalten von Nucleinsäuren bei 260 nm. Maximale Absorption nimmt von Nucleotiden, über RNA, einzelsträngige DNA bis zur doppelsträngigen DNA ab.

Denaturierung: Zunehmende Auflösung der Wasserstoffbrücken zwischen den Strängen der Doppelhelix mit steigender Temperatur, wird über zunehmende Absorption bei 260 nm (A_{260}) gemessen, kann in Form einer Schmelzkurve dargestellt werden. Schmelzpunkt (T_m): bezeichnet Temperatur, bei der A_{260} halbmaximal ist. T_m steigt mit zunehmendem GC-Gehalt. Kann auch durch Chemikalien wie Harnstoff und Formamid bewirkt werden, umkehrbar (Renaturierung, Reassoziation).
Hybridisierung: Form der Renaturierung. DNA-Einzelstränge sind unterschiedlicher Herkunft. Es können auch DNA-RNA-Hybride ausgebildet werden.
Stringenz: Experimentelle Bedingungen, die die Ausbildung eines stabilen DNA-DNA-, DNA-RNA- oder RNA-RNA-Hybridmoleküls erlauben. Variierbare Parameter: Temperatur während der Hybridisierung, Temperatur während des Waschvorgangs, Salzkonzentration des Waschpuffers. Je niedriger die Stringenz, desto mehr Fehlpaarungen im Hybridmolekül, je höher die Stringenz, desto weniger Fehlpaarungen werden toleriert.
Inverted Repeat: Identische Basensequenzen, die in einiger Entfernung voneinander und in umgekehrter Orientierung zueinander in einem DNA-Doppelstrang auftreten.
Palindrom: Identische Basensequenzen, die in umgekehrter Orientierung sehr nahe hintereinander in einem DNA-Doppelstrang auftreten. Basensequenzen bilden so eine kreuzspiegelsymmetrische Anordnung bzw. sind zueinander komplementär. Durch Paarung der komplementären Basen kann eine Haarnadelschleife entstehen.
Haarnadelscheife (hairpin loop, stem loop): Kreuzförmige DNA-Struktur, entsteht durch Basenpaarung zwischen komplementären DNA-Sequenzen innerhalb eines DNA-Stranges. In entspannter DNA energetisch ungünstige Konformation.

1.5 Organisation der prokaryotischen Chromosomen

Viele **Archaea** und **Bacteria** enthalten ein **ringförmiges Chromosom**, das in einem abgegrenzten Bereich der Zelle, dem **Nucleoid**, vorliegt. Prokaryotische Chromosomen sind sehr viel länger als die Zellen und müssen daher stark kompaktiert werden. Dies geschieht durch **generelle DNA-Bindeproteine**, die klein und positiv geladen sind und daher als „histon-ähnliche Proteine" bezeichnet werden. Viele archaeale Arten enthalten **Histone**, die homolog zu eukaryotischen Histonen sind.

1.5.1 Organisation der Genome von Bakterien

Mit einer Länge von knapp 1,6 mm ist das ringförmig vorliegende doppelsträngige DNA-Molekül, auch als **Bacteria-Chromosom** bezeichnet, des Darmbakteriums *Escherichia coli*, ungefähr tausendmal länger als die Bakterienzelle selbst.

Die meisten Bakterienarten besitzen, wie *E. coli*, ein zirkuläres Chromosom, dessen Größe artspezifisch von etwa 1/6 bis zu der dreifachen Größe des *E. coli*-Chromosoms variieren kann. Allerdings kommen in einigen Gruppen auch lineare Chromosomen vor (z. B. Streptomyceten). Außerdem besitzen einige Arten zwei oder mehr Chromosomen unterschiedlicher Größe (z. B. *Vibrio*, S. 60).

Die DNA liegt in Bakterien als dicht gepacktes Knäuel in der Zelle vor, wobei elektronenmikroskopische Aufnahmen von *E. coli* zeigen, dass dieses Knäuel in einer räumlich begrenzten Struktur lokalisiert ist, die bis zur Hälfte des Zellvolumens einnimmt und als **Nucleoid** bezeichnet wird (Abb. **1.13a**). Die chromosomale DNA ist superhelikal aufgewunden und in 50–100 Schleifendomänen organisiert. Die DNA liegt in geordneter Form in der Zelle vor, so befinden sich in einer neugeborenen Zelle der **Replikationsursprung** und der **-terminus** an den beiden entgegengesetzten Polen der Zelle. Im Verlauf des **Zellzyklus** findet eine Umorientierung des Chromosoms statt. Der Replikationsursprung wird zur Zellmitte transportiert, wo die Replikation an einem stationären „**Replisom**" stattfindet. Nach der Replikation werden die neu replizierten Chromosombereiche aktiv zu den beiden entgegengesetzten Zellpolen transportiert, wobei der Mechanismus noch ungeklärt ist.

Wie bei den Eukaryoten auch (s. u.), sind zahlreiche Proteine mit der DNA assoziiert (Abb. **1.13b**). **Generelle DNA-Bindeproteine** von Bakterien werden als „histon-ähnliche Proteine" bezeichnet, da sie zwar keine Homologie zu eukaryotischen Histonen (s. u.) haben, aber wie diese auch kleine Proteine mit einem Überschuss positiv geladener Aminosäuren sind und daher gut mit der negativ geladenen DNA in Wechselwirkung treten können. Zu den nucleoid-strukturierenden Proteinen von *E. coli* gehören u. a. H-NS (histone-like nucleoid-structuring proteins) und HU (heat unstable nucleoid protein) (*Mikrobiologie*). Bakterielle generelle DNA-Bindeproteine ermöglichen eine dynamische Verpackung, sodass die Expression der Gene trotz der kompakten Struktur möglich ist.

Die Verpackung der DNA ist nicht konstant und unterscheidet sich z. B. in Abhängigkeit von der **Wachstumsphase**. So enthalten exponentiell wachsende Zellen von *E. coli* hauptsächlich drei generelle DNA-Bindeproteine (HU, HfQ, Fis) mit jeweils ca. 50 000 Kopien je Zelle. In der stationären Phase wird die intrazelluläre Konzentration dieser drei Proteine reduziert. Dafür wird ein anderes DNA-Bindeprotein Dps („DNA-binding protein of starved cells"), stark induziert. In exponentiell wachsenden Zellen sind nur ca. 5000 Dps-Moleküle vorhanden, in der stationären Phase steigt die Kopienzahl auf fast 200 000.

Viele Bakterienarten sind in der Lage, bei Nahrungsmangel spezifische Überdauerungsformen wie Sporen auszubilden (*Mikrobiologie*). Die Verpackung des Genoms in Sporen unterscheidet sich von dem in vegetativen Zellen, es werden sporenspezifische DNA-Bindeproteine gebildet, die zu einer wesentlich stärkeren Kompaktierung führen.

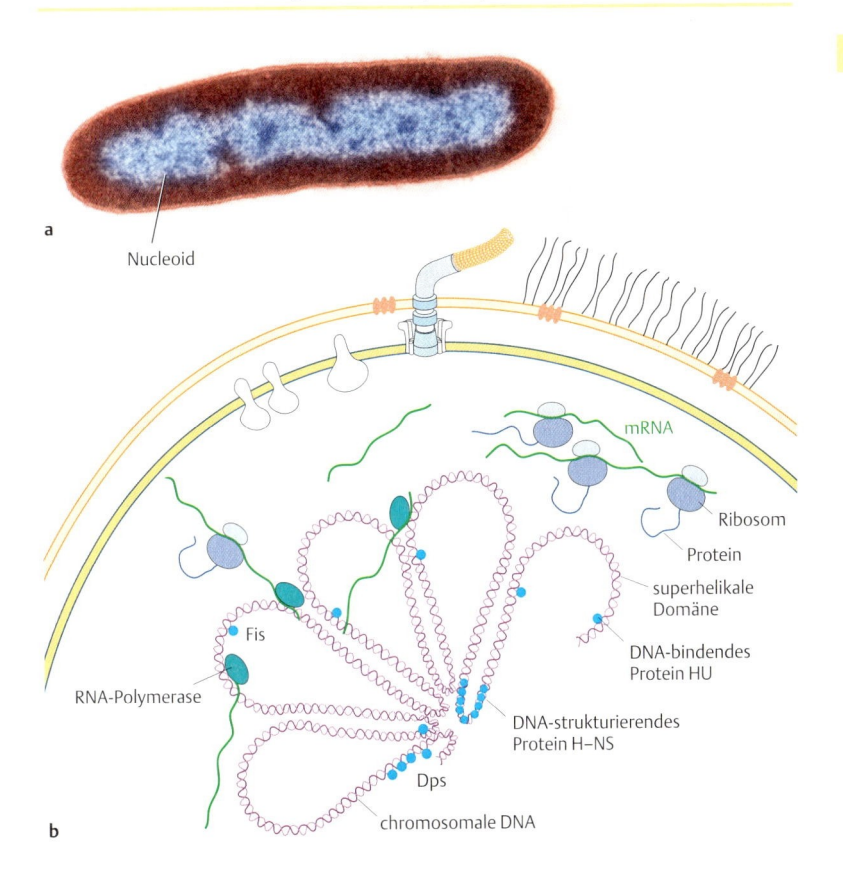

Abb. 1.**13** **Organisation des bakteriellen Nucleoids. a** Das Nucleoid mit der chromosomalen DNA ist an der hellen Kontrastierung in der etwa 2 µm langen *E. coli*-Zelle zu erkennen (EM-Aufnahme von M. Rohde, Braunschweig). **b** Die chromosomale DNA ist in superhelikale Schleifen organisiert und mit zahlreichen Proteinen assoziiert. Noch vor dem Abschluss der Transkription beginnt an den entstehenden mRNAs die Translation.

1.5.2 Organisation der Genome von Archaea

Die **Chromosomen** aller bislang charakterisierten **Archaea** sind zirkulär. Viele Arten enthalten ein Chromosom, einige Arten zwei oder mehr Chromosomen (S. 61). Die Größen liegen in demselben Bereich wie die bakterieller Chromosomen, sodass auch archaeale Chromosomen sehr viel länger als die Zelle sind und eine starke Kompaktierung der DNA notwendig ist.

Viele archaeale Arten enthalten **Histone**, die **homolog** zu eukaryotischen Histonen sind. Daher wird angenommen, dass schon der letzte gemeinsame Vorfahr von Archaea und Eukarya ein Histongen besessen hat. Wie bei anderen biologischen Prozessen, in die bei Archaea und Eukarya homologe Proteine involviert sind (z. B. Transkription, Replikation), spiegeln auch bei der DNA-Kompaktierung die Archaea eine ursprünglichere Version wider, während die Eukarya den Prozess weiterentwickelt haben. Dies sieht man z. B. an der Zahl der unterschiedlichen Histone, die in beiden Organismengruppen vorkommen: Die Genome der Archaea enthalten nur **ein** (**bis zwei**) unterschiedliche **Histongene**, während die Eukarya fünf unterschiedliche Histone enthalten (S. 26). Außerdem sind die Nucleosomen der Archaea aus vier Untereinheiten aufgebaut und binden ca. 80 nt DNA, während die eukaryotischen Nucleosomen aus acht Untereinheiten bestehen und ca. 150 nt DNA binden. Die Histone der Eukarya sind größer und enthalten zusätzliche Sequenzen, die differentiell posttranslational acetyliert werden können und für die Regulation der Kompaktierung und damit auch der Genexpression wichtig sind (S. 438). Es gibt jedoch Hinweise, dass auch archaeale Histone an Lysinen im konservierten Histonbereich differentiell **acetyliert** werden können und daher diese Form der Regulation der Kompaktierung evolutionär sehr alt ist. Allerdings können eukaryotische Histone über die Acetylierung hinaus auf vielfältige Weise posttranslational modifiziert werden (Methylierung, Phosphorylierung, ADP-Ribosylierung, Ubiquitinierung).

Nicht alle archaealen Genome enthalten Histongene. Es wurden in verschiedenen Arten eine Reihe von „histon-ähnlichen" generellen DNA-Bindeproteinen entdeckt, ähnlich wie in Bakterien. Von einem Protein namens ALBA wurde gezeigt, dass es differentiell acetyliert werden kann und dass der Acetylierungsgrad die Affinität der DNA-Bindung beeinflusst. Die Acetylierung von Lysinen, die zur Maskierung der positiven Ladung führt, wird daher von Archaea zur differentiellen Kontrolle unterschiedlicher genereller DNA-Verpackungsproteine eingesetzt.

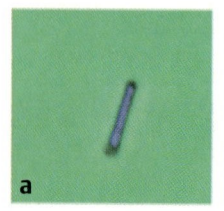

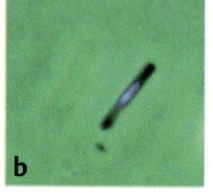

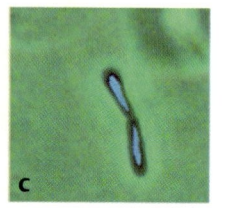

Abb. 1.14 **Dynamische intrazelluläre Lokalisation von DNA.** Kulturen des halophilen Archaeons *Halobacterium salinarum* können synchronisiert werden und alle Zellen durchlaufen dann gleichzeitig den Zellzyklus. Zu verschiedenen Zeiten des Zellzyklus wurden Proben entnommen, die Zellen fixiert und die DNA mit einem blauen Fluoreszenzfarbstoff angefärbt. Die Abbildungen zeigen Überlagerungen von mikroskopischen Bildern (Zelle) und fluoreszenzmikroskopischen Bildern (DNA). Die drei Abbildungen verdeutlichen, dass die DNA zunächst in der Zelle verteilt ist (**a**), danach in der Zellmitte konzentriert wird (vermutlich um dort repliziert zu werden) (**b**), und anschließend an die beiden Zellpole transportiert wird (**c**). Danach wird in der DNA-freien Zellmitte ein Septum gebildet.

Wie bei Bakterien ist auch bei Archaea die intrazelluläre Lokalisation des Chromosoms nicht konstant, sondern variiert im Verlauf des **Zellzyklus** (Abb. 1.14).

Generelle DNA-Bindeproteine: Chromosomen-assoziierte Proteine der Bacteria, sind in ihrer Funktion teilweise den eukaryotischen Histonen ähnlich. Viele Archaea enthalten „echte" Histone, die homolog zu den eukaryotischen Histonen sind. Arten ohne Histone enthalten „histonähnliche" DNA-Bindeproteine, ähnlich wie Bakterien.
Nucleosomen: Die archaealen Nucleosomen sind Tetramere aus einem oder zwei unterschiedlichen Histonen, im Gegensatz zu den eukaryotischen Nucleosomen (Oktamere aus vier unterschiedlichen Histonen)
Reversible Acetylierung: Bei bislang einem Histon und einem histon-ähnlichen DNA-Bindeprotein ist eine reversible Acetylierung nachgewiesen worden (vgl. reversible Histonacetylierung bei Eukaryoten).

1.6 Bau eukaryotischer Chromosomen

Bei den Eukaryoten bilden die **Histone** den Hauptbestandteil der chromosomalen Proteine. Dabei unterscheidet man die vier Core-Histone (H2A, H2B, H3 und H4) von dem sogenannten Linker-Histon (H1). Die mit der DNA assoziierten Proteine sind für die Verpackung der DNA im Zellkern und den Aufbau bestimmter Funktionsdomänen der Chromosomen wichtig. Jedes Chromosom besitzt bestimmte Funktionselemente: **Centromere** und **Telomere**. Sie spielen eine wichtige Rolle bei der Weitergabe der Chromosomen im Zellzyklus bzw. bei der Replikation. Daneben existieren weitere Funktionselemente wie die **Nucleolus-organisierenden Regionen** mancher Chromosomen, die tandemartig die Gene für ribosomale RNA enthalten.

Im Vergleich zur Größe eines Zellkerns sind die Kern-DNA-Fäden eukaryotischer Zellen extrem lang. Gerade für die geordnete Trennung des genetischen Materials in der Mitose (*Biochemie, Zellbiologie*) ist es wegen der dabei auftretenden mechanischen Beanspruchung wichtig, dass die DNA-Fäden in höchst kompakter Form vorliegen. Diese Pakete genetischen Materials sind die **Chromosomen**, und der Verkürzungsfaktor der DNA-Fäden in den Chromosomen beträgt etwa 1 zu 12 000. Mit Ausnahme der Dinoflagellaten, bei denen bestimmte chromosomale Proteine fehlen, sind die mitotischen Chromosomen der Eukaryoten höchstwahrscheinlich einheitlich aufgebaut. Man geht davon aus, dass in jedem Chromosom ein durchgehender DNA-Faden vorliegt. Die kompakte Form der Chromosomen wird in vier Organisationsstufen erreicht, die im Folgenden vorgestellt werden und als Primär-, Sekundär-, Tertiär- und Quartärstruktur bezeichnet werden. Zu beachten ist, dass die Chromosomen während der Meiose vorübergehend eine andere Struktur annehmen (S. 233).

1.6.1 10-nm-Faden (Primärstruktur)

In den Chromosomen liegt die DNA nicht in nackter Form vor, sondern sie ist mit bestimmten Proteinen und in kleineren Mengen mit RNA assoziiert. Die DNA und die mit ihr assoziierten chromosomalen Proteine werden zusammen mit der RNA als **Chromatin** bezeichnet. Wir unterscheiden zwei Klassen von chromosomalen Proteinen: die mengenmäßig überwiegenden **Histone**, die für die Verpackung der DNA zuständig sind, und die **Nicht-Histon-Proteine**, die ein chromosomales Gerüst bilden und für die Organisation von Funktionsdomänen im Chromosom verantwortlich sind. Bei der Verpackung der DNA im Zellkern sind vier Organisationsstufen zu unterscheiden. Die unterste Verpackungsstufe besteht in der Ausbildung der Nucleosomen und führt zu einem 10-nm-Faden. Auf dieser Stufe wird ein Verkürzungsfaktor des DNA-Doppelstrangs von sechs bis sieben erzielt. Ein **Nucleosom** besteht aus einem bestimmten Abschnitt Kern-DNA, der um ein Aggregat aus acht Histon-Proteinen gewickelt ist (Abb. 1.**15**). Diese Histone bezeichnet man auch als **Core-Histone** und das Aggregat als **Histonoktamer**. Nucleosomen enthalten weiterhin einen außerhalb der Core-Histone liegenden DNA-Abschnitt und ein weiteres Histonmolekül, das **Linker-Histon H1** (Abb. 1.**15**).

Die Beziehung zwischen den Histonen und der DNA wurde indirekt durch enzymatischen DNA-Abbau („Verdauung") mit *Micrococcus*-Nuclease an isoliertem Chromatin ermittelt. Nach längerer Einwirkung des Enzyms findet man DNA-Fragmente von 146 bp Länge. Die DNA ist hier in 1,75 Windungen um das Histonoktamer geschlungen (Abb. 1.**15**). Hierdurch ist sie vor dem Abbau durch das Enzym geschützt. Kurze Inkubation mit der *Micrococcus*-Nuclease liefert DNA-Fragmente, die durchschnittlich 200 bp lang sind. Dies bedeutet, dass auch relativ gut zugängliche DNA im Chromatin vorliegen muss. Diese ist zwischen den Histonoktameren angeordnet. Der Ausdruck **Linker-DNA** hat sich für diese freiliegende DNA eingebürgert. Die Länge der Linker-DNA ist nicht einheitlich. Sie variiert sowohl innerhalb der Zellen eines Organismus als auch zwischen verschiedenen Organismen. Werte von 0 bis 80 bp wurden ermittelt.

Es gibt vier verschiedene Core-Histone, die als H2A, H2B, H3 und H4 bezeichnet werden. Alle vier Core-Histone sind im Nucleosom zweimal vertreten und

Tab. 1.**6 Charakteristika der Histone bei Säugetieren.**

Histon	*Zahl der Aminosäuren*	*Anteil Arginin (%)*	*Anteil Lysin (%)*
H2A	129	9	11
H2B	125	6	16
H3	135	13	10
H4	102	14	11
H1	215	1	29

1.6 Bau eukaryotischer Chromosomen

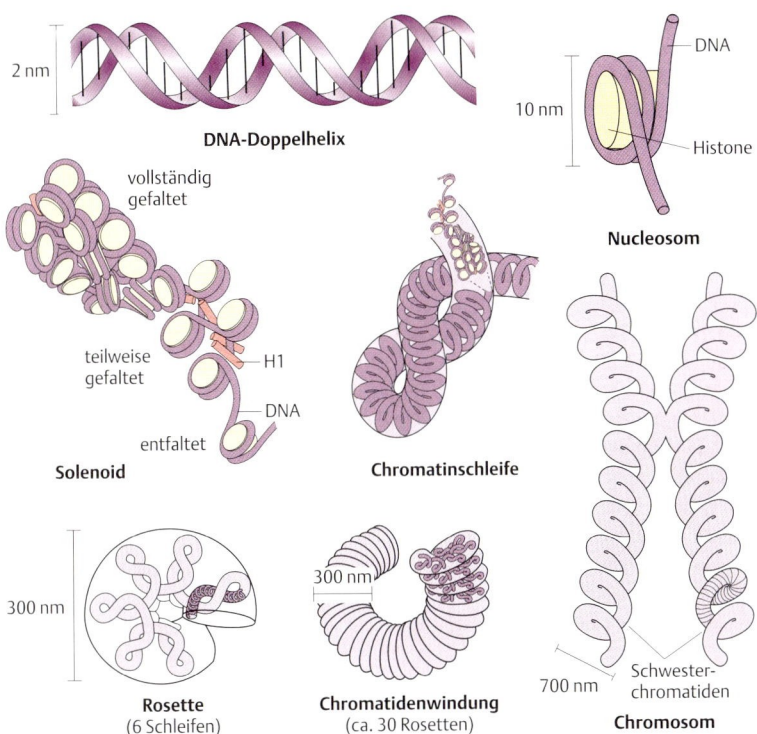

Abb. 1.15 Organisationsstufen des eukaryotischen Chromosoms. DNA-Doppelhelix als 2-nm-Faden. Nucleosom: Die Anordnung von Core-Histonen (Histonoktamer), Histon H1 und der DNA im 10-nm-Faden. Solenoid: Bei steigender Ionenstärke in der Lösung bilden die Nucleosomen eine Überstruktur aus. Es ist eine Superhelix mit nur kleinen Unregelmäßigkeiten, bei der das Histon H1 im Innenraum zu liegen kommt. Chromatinschleifen: Sie werden vom 30-nm-Faden ausgebildet. Sie lagern sich zu mehreren in einer Ebene an (Rosette) und sind in der Mitte über spezifische DNA-Bereiche an ein Proteingerüst gebunden. Rosette: Die Anordnung zahlreicher Rosetten hintereinander führt zu einem 300-nm-Faden. Chromatide: Der 300-nm-Faden ist helikal zur Chromatide aufgewunden. In jeder Chromatidenwindung sind etwa 30 Rosetten enthalten. Chromosom: Es wird von zwei durch Replikation entstandenen Schwesterchromatiden gebildet.

bilden das Histonoktamer, wobei einem zentralen H3-H4-Tetramer auf beiden Seiten je ein H2A-H2B-Dimer angelagert ist. Die Histone haben zwei auffällige Eigenschaften. Sie besitzen einen relativ hohen Anteil (zusammen über 20 %) an den basischen Aminosäuren Arginin und Lysin (Tab. **1.6**), durch deren positive Ladungen die negativen Ladungen der DNA, die den Core-Histonen eng anliegt, neutralisiert werden (Abb. **1.15**). Weiterhin sind die vier Core-Histone in ihrer Molekülgröße und Aminosäurenzusammensetzung in der Evolution außerordentlich konserviert. Histon H4 unterscheidet sich z. B. beim Rind und bei der Erbse nur durch eine einzige Aminosäure. Histon H1 ist etwas variabler: In Erythrocyten des Huhns findet sich eine Variante des Linker-Histons, für die man die Bezeichnung Histon H5 gewählt hat. Durch Modifikationen der Histone wird deren Bindung an die DNA moduliert. Dies ist von entscheidender Bedeutung im Rahmen der Transkription (S. 438).

1.6.2 30-nm-Faden (Sekundärstruktur)

Man war bis vor Kurzem der Auffassung, dass das Histon H1 für die weitere Verpackung der DNA im Zellkern unverzichtbar ist. Experimente mit *Tetrahymena*, einem Vertreter der Protozoa, zeigten jedoch, dass Histon H1 entfernt werden kann (Knock-out-Experiment, S. 368), ohne dass der Kernaufbau sichtbar leidet oder das Überleben der Zellen gefährdet ist. Histon H1 scheint eine sehr subtile Rolle als Aktivator und Suppressor der Transkription zu spielen.

Bei Erhöhung der Ionenstärke lässt sich der 10-nm-Faden in eine höhere Organisationsstruktur, den 30-nm-Faden, überführen. Dessen Aufbau ist noch nicht endgültig geklärt. Die meisten Forscher befürworten ein Modell, das eine relativ regelmäßige superhelikale Anordnung, ein **Solenoid**, vorsieht (Abb. 1.**15**). Die Ausbildung eines Solenoids ist aber nicht unumstritten. Zweifel ergeben sich hauptsächlich aus der Beobachtung, dass die Linker-DNA unterschiedlich lang sein kann (s. o.). Lässt man diese Unregelmäßigkeiten in der Struktur des 10-nm-Fadens stärker in die Modellbildung einfließen, kommt man zu einer eher unregelmäßigen Struktur mit lokalen Verdichtungen, die bis zu sechs Nucleosomen enthalten sollen. Für diese Anordnung, die alternativ zum Solenoid-Modell diskutiert wird, hat man den Begriff **Superbeads** geprägt. Wie auch immer die Struktur des 30-nm-Fadens im Detail aussieht, man rechnet auf dieser Stufe mit einem Verkürzungsgrad des DNA-Doppelstrangs von 40. Dieser Wert zur Verkürzung des DNA-Doppelstrangs beruht, wie auch die im Folgenden angegebenen Werte, auf Schätzungen, und die Angaben weichen in verschiedenen Publikationen voneinander ab.

1.6.3 Schleifendomänen (Tertiärstruktur)

Es spricht vieles dafür, dass eine weitere Verkürzung des DNA-Doppelstrangs erreicht wird, indem der 30-nm-Faden Schleifendomänen einnimmt. Werden Metaphasechromosomen (*Biochemie, Zellbiologie*) durch Behandlung mit 2 M NaCl-Lösung von Histonen befreit, tritt eine faserige axiale Struktur zu Tage, die von einer Wolke aus DNA-Fäden umgeben ist (Abb. 1.**16**). Die DNA-Fäden liegen in dieser Wolke als Schleifendomänen vor, deren Basen in der axialen Struktur verankert sind. Die **Schleifendomänen** sind unterschiedlich groß und bestehen aus 5 bis 200 kb DNA (Durchschnitt 63 kb). Sie können eine oder mehrere Transkriptionseinheiten enthalten. Dies sind Abschnitte der DNA, an denen

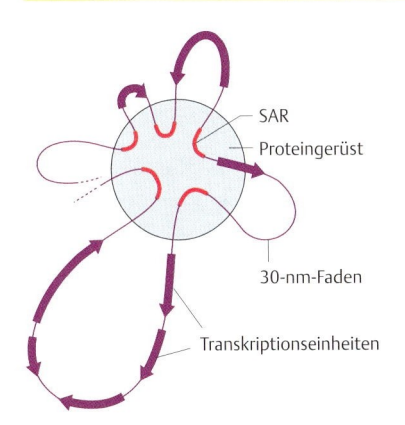

Abb. 1.16 Modell der Organisation des 30-nm-Fadens in Schleifendomänen. Diese sind an den SARs mit einem Proteingerüst verankert. Jede Schleifendomäne, hier nicht helikal gewunden dargestellt (Abb. 1.15), kann eine oder mehrere Transkriptionseinheiten enthalten. Die in einer Ebene am Proteingerüst gebundenen Schleifendomänen bezeichnet man in ihrer Gesamtheit als Rosette.

genetische Information abgelesen (transkribiert) wird. Die faserige axiale Struktur wird als **Proteingerüst** (protein scaffold) bezeichnet und setzt sich aus **Nicht-Histon-Proteinen** zusammen. Es hat sich gezeigt, dass nur bestimmte DNA-Abschnitte mit dem Proteingerüst in Kontakt stehen. Für diese DNA-Abschnitte sind zwei Begriffe in Umlauf. Man nennt sie entweder **Matrix-associated Regions** (**MARs**) oder – und diesen Begriff verwenden wir hier – **Scaffold-associated Regions** (**SARs**).

Die SARs liegen in der Regel in AT-reichen Regionen der DNA. Insbesondere ist die Erkennungssequenz bzw. Schnittstelle für die **Topoisomerase II** (s. o.) in den SARs häufig vertreten. Tatsächlich ist die Topoisomerase II auch das im Proteingerüst mengenmäßig am häufigsten vorkommende Protein. Man schätzt, dass etwa drei Moleküle Topoisomerase II mit jeder Schleifendomäne verknüpft sind. Das Enzym besitzt eine Molekülmasse von 170 kDa und wird wegen seiner Häufigkeit im Proteingerüst auch als Sc 1 bezeichnet (**Sc**affold 1). Es gibt auch Belege dafür, dass die Verknüpfung der DNA mit dem Proteingerüst nicht statisch ist, sondern dass die Schleifendomänen dynamische Strukturen sind. Die Topoisomerase II ist vermutlich an diesen Umbauten im Zuge der DNA-Replikation und des Ablesens der genetischen Information beteiligt. Das nächsthäufige Protein, Sc 2, besitzt eine Molekularmasse von 135 kDa, aber seine Funktion kennt man noch nicht. Das gilt auch für die etwa 30 weiteren Proteine, die im Proteingerüst anzutreffen sind.

Die Gesamtheit der in einer Ebene mit dem Proteingerüst verknüpften Schleifendomänen bezeichnet man auch als **Rosette**. Durchschnittlich sollen sechs Schleifendomänen pro Rosette vorliegen. Denkt man sich nun viele Rosetten hintereinander gestapelt, kommt man wieder zu einem Faden. Er hat einen Durchmesser von 200 bis 300 nm. Schätzungen ergeben, dass auf dieser Stufe der Chromatinverpackung ein Verkürzungsgrad von 300 erreicht wird.

1.6.4 Chromatiden (Quartärstruktur)

Der letzte Schritt führt zum kondensierten Chromosom. Die 200 bis 300 nm dicken Fäden sind vermutlich ein weiteres Mal helikal aufgewunden, wobei in jeder Windung 30 Rosetten vorkommen. Eine Reihe von Windungen ergibt dann eine **Chromatide**, und zwei Chromatiden bilden ein **Chromosom** (Abb. 1.**15**). Auf dieser Stufe ist dann der gesamte Verkürzungsfaktor der doppelsträngigen DNA von schätzungsweise 12 000 erreicht. Die helikale Organisation der Chromatiden lässt sich mit speziellen Mikroskopierverfahren auch direkt sichtbar machen (Abb. 1.**20a**).

1.6.5 Funktionselemente von Chromosomen

Kondensierte Chromosomen besitzen eine Reihe von Bereichen, denen spezielle Aufgaben zufallen. Man nennt sie deshalb auch Funktionselemente der Chromosomen. Zu den wichtigsten gehören die **Centromere**, die für die geordnete Verteilung der Chromosomen in Mitose und Meiose verantwortlich sind. Sie werden hier ausführlich vorgestellt. Die Eigenschaften der Chromosomenenden, der **Telomere**, werden dagegen im Zusammenhang mit der Replikation besprochen (S. 128). Diesen beiden Funktionselementen der Chromosomen ist gemeinsam, dass dort keine genetische Information abgelesen wird. Es liegt transkriptionsinaktives Chromatin vor. Alle funktionsfähigen Chromosomen besitzen Centromere und Telomere. Ein weiteres chromosomales Element, die **Nucleolus-organisierende Region** (**NOR**), kommt nur in einigen Chromosomen des Karyotyps vor. Als **Karyotyp** bezeichnet man die Gesamtheit der Chromosomen eines Organismus. Man hat sich auf eine Standardschreibweise des Karyotyps geeinigt, bei der man zuerst die diploide Chromosomengesamtzahl angibt. Durch ein Komma abgetrennt folgt auf diesen Wert die Geschlechtschromosomensituation. So wird beim Menschen der Karyotyp einer Frau als **46,XX** und der eines Mannes als **46,XY** wiedergegeben (S. 298). Die Nomenklatur von Karyotypen ist aber uneinheitlich. Gelegentlich findet man beim Menschen auch die Bezeichnung 2 n = 46 bezogen auf den diploiden Chromosomensatz und entsprechend steht n = 23 für die haploide Chromosomenzahl.

Die Cytologie der Centromere

Die Centromere sind die **Spindelfaseransatzstellen** der Chromosomen. Über diese Bereiche heftet sich das Chromosom in Mitose und Meiose an den mikrotubulären Spindelapparat an (*Biochemie, Zellbiologie*). Dies geschieht über die **Kinetochore**. Darunter versteht man aus Proteinen bestehende Auflagerungen an den Chromosomenoberflächen, die den jeweiligen Spindelpolen zugewandt sind. Dort sind die Spindelmikrotubuli mit dem Chromosom verknüpft.

Nur durch das hohe Auflösungsvermögen der Transmissionselektronenmikroskopie können die Kinetochore an den beiden polwärtigen Oberflächen der Chromosomen sichtbar gemacht werden. Sie besitzen bei Säugetieren und auch bei vielen Invertebraten eine **trilaminare Organisation**. Dem Chromatin im Centromer – diese Region wird auch als **zentrale Domäne** bezeichnet – ist eine elektronendichte Platte, die **innere Kinetochorplatte**, aufgelagert. Dann folgt eine eher transparente Zone, die **mittlere Kinetochorplatte**. Den Abschluss bildet wieder eine elektronendichte Lage, die **äußere Kinetochorplatte** (Abb. 1.19a, Abb. 1.17a). Manchmal ist der äußeren Kinetochorplatte noch eine Schicht aus diffusem Material angelagert, die als **Corona** bezeichnet wird (Abb. 1.19a). Diesem

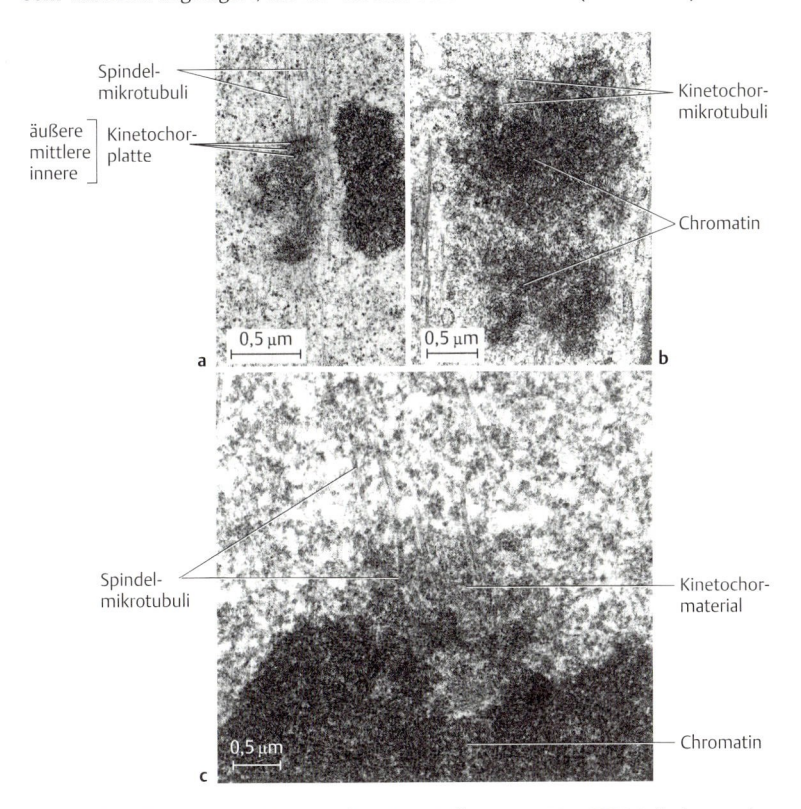

Abb. 1.**17 Organisationsformen des Kinetochors. a** Die TEM-Aufnahme eines Ultradünnschnitts durch ein mitotisches Chromosom einer Buckelfliege (*Megaselia scalaris*) zeigt die trilaminare Organisation der Kinetochore. **b** Trotz des hohen Auflösungsvermögens der TEM sind in den meiotischen Chromosomen des Mehlkäfers (*Tenebrio molitor*) keine Kinetochorplatten zu erkennen. Die Kinetochormikrotubuli inserieren offenkundig direkt im Chromatin. **c** Die Kinetochore in meiotischen Chromosomen einer Grille (*Eneoptera surinamensis*) treten uns im TEM als kugelförmige Strukturen an der polwärtigen Oberfläche des Chromosoms entgegen. Mikrotubuli dringen tief in das Kinetochormaterial ein. (Aufnahmen von K. W. Wolf, Kingston, Jamaica.)

Material wird eine Rolle beim Einfangen der Kinetochormikrotubuli durch die Chromosomen während der Bildung des Spindelapparates zugeschrieben (*Biochemie, Zellbiologie*). Die trilaminare Organisation der Kinetochore ist aber nicht in allen Organismen zu finden. Es gibt Fälle, wo die Kinetochormikrotubuli offenkundig direkt im Chromatin inserieren (Abb. 1.17b). Man kennt auch Organismen, bei denen die Kinetochore kugelförmig ausgebildet sind. Diese Kugel sitzt in einer Vertiefung der polwärtigen Oberflächen der Chromosomen (Abb. 1.17c), und diese Organisationsform wird von manchen Forschern als „cup and ball" bezeichnet.

Abhängig von der Ausdehnung der Kinetochore über das Chromosom unterscheidet man zwei Chromosomentypen. Wenn große Teile der polwärtigen Chromosomenoberflächen von Kinetochoren bedeckt sind, spricht man von **holokinetischen Chromosomen**. Unter diesen Umständen erscheinen die Chromosomen über ihre Länge einheitlich, und die Centromere geben sich im Lichtmikroskop nicht durch eine Konstriktion (s. u.) zu erkennen. Auch in der Anaphase verhalten sich holokinetische Chromosomen auffällig. Bei der Wanderung zu den Spindelpolen sind sie mit ihrer Längsachse senkrecht zur Spindelachse orientiert. Auch kleinere Chromosomenfragmente werden wegen ihrer Ausstattung mit Kinetochoren noch geregelt auf die Tochterzellen verteilt. Deshalb sind Organismen mit holokinetischen Chromosomen weitaus toleranter gegenüber strahleninduzierten Chromosomenbrüchen (S. 396). Holokinetische Chromosomen, deren Struktur sich in Details unterscheidet, wurden z. B. bei einigen Ciliaten (einzellige Tiere), den Nematoden *Parascaris* und *Caenorhabditis*, bei Wanzen wie *Pyrrhocoris apterus* und Vertretern aus zwei Pflanzenfamilien (Juncaceae, Cyperaceae) gefunden. Über den molekularen Aufbau der Centromere holokinetischer Chromosomen ist bisher nur wenig bekannt.

Beschränken sich die Kinetochore auf einen relativ kleinen Chromosomenbereich, liegen **monokinetische Chromosomen** vor (Abb. 1.18). Die überwiegende Mehrzahl der Organismen besitzt diesen Chromosomentyp. Während der Interphase des Zellzyklus dekondensieren die Chromosomen, dagegen liegen sie in der Mitose in kondensierter Form vor (*Biochemie, Zellbiologie*). Diese Aussage gilt allerdings nur für das **Euchromatin**, d. h. die Bereiche des Chromatins, von denen genetische Information abgelesen wird. Man spricht auch von transkriptionsaktivem Chromatin. Die transkriptionsinaktiven Chromosomenregionen liegen dagegen immer im kondensierten Zustand vor. Man bezeichnet diese Chromosomenabschnitte als **Heterochromatin**. Die Centromere eukaryotischer Chromosomen enthalten in der Regel große Mengen an Heterochromatin, das mit speziellen Färbeverfahren im Lichtmikroskop sichtbar gemacht werden kann (S. 45).

In Chromosomenpräparaten zeigen sich bei monokinetischen Chromosomen die Centromere in Form einer prominenten Einschnürung, der **primären Konstriktion**. Dort ist das Chromatin unterkondensiert. Anhand der Position der primären Konstriktion unterscheidet man zwei Typen von Chromosomen. Bei

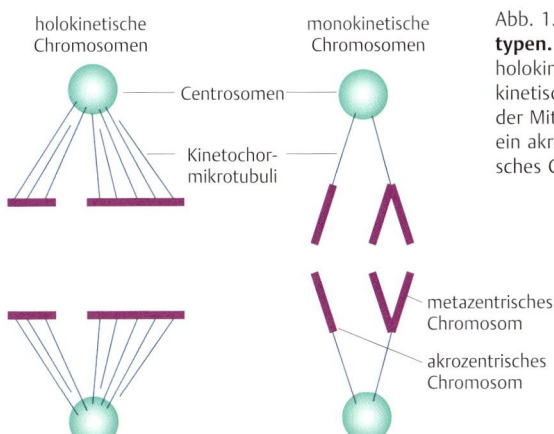

Abb. 1.18 Chromosomentypen. Das Verhalten von holokinetischen und monokinetischen Chromosomen in der Mitose. In diesem Fall sind ein akro- und ein metazentrisches Chromosom dargestellt.

metazentrischen Chromosomen liegen die Centromere etwa in der Mitte, bei **akrozentrischen Chromosomen** befinden sie sich am Ende (Abb. 1.18). Für eine genauere Beschreibung des Karyotyps ist diese grobe Unterscheidung jedoch nicht ausreichend (s. u.). Monokinetische Chromosomen bieten in der Metaphase ein charakteristisches Bild. Metazentrische Chromosomen knicken in dieser Phase ab und erscheinen V-förmig. Akrozentrische Chromosomen treten als Stäbe auf, die parallel zur Verlaufsrichtung der Mikrotubuli orientiert sind.

Die Position des Centromers ist ein wichtiger Markierungspunkt im Chromosom. Deshalb eignet sie sich als Fixpunkt, um **Bereiche im Chromosom** zu definieren. Der Ausdruck **distal** bezeichnet in diesem Zusammenhang einen chromosomalen Bereich, der weiter entfernt vom Centromer liegt, während **proximale** Bereiche in der Nähe der Centromere liegen. Bei metazentrischen Chromosomen werden die beiden Chromosomenarme anhand ihrer Länge unterschieden. In Kurzschreibweise wird der Kürzere der beiden Chromosomenarme als **p-Arm** (franz. petit: klein) und der Längere mit dem im Alphabet folgenden Buchstaben als **q-Arm** bezeichnet (Abb. 1.**19a**). Die Terminologie von Chromosomen ist aber nicht einheitlich, und gerade für den Karyotyp des wichtigsten genetischen Modellorganismus, der Taufliege (*Drosophila melanogaster*) hat man die eben genannten Begriffe nicht übernommen. Hier ist üblich, die Chromosomenarme der beiden metazentrischen Chromosomen als den linken (L) und den rechten Arm (R) zu bezeichnen (Abb. 1.**19b**). Nach der Standardschreibweise wird der Karyotyp der weiblichen Taufliege mit 8,XX und der der Männchen mit 8,XY angeben.

Wenn man bei der Herstellung von Chromosomenpräparaten von kultivierten Zellen ausgeht, wird oft das Spindelgift Colchicin oder eines seiner Derivate eingesetzt (*Biochemie, Zellbiologie*). Es verhindert den Aufbau eines mikrotubulären Spindelapparates. In den behandelten Zellen beginnt die Mitose, wobei

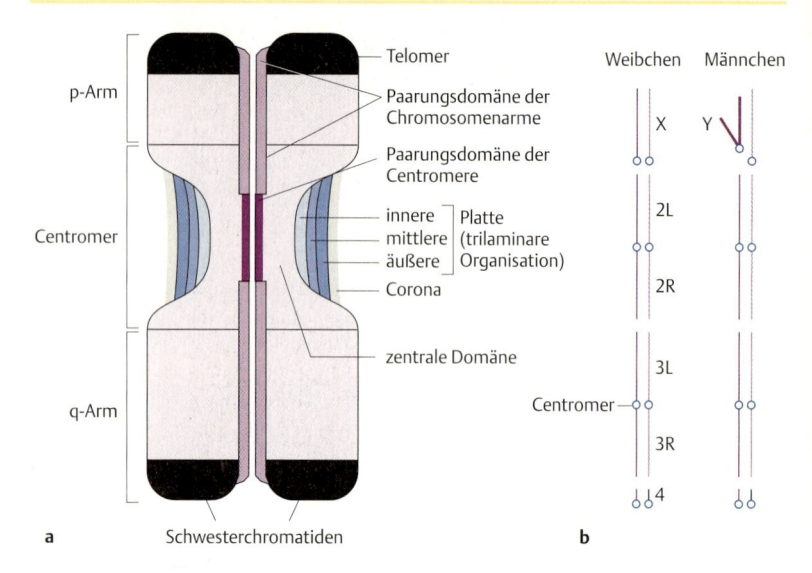

Abb. 1.19 **Metazentrisches Chromosom. a** Schema der wichtigsten strukturellen Komponenten eines Chromosoms. **b** Karyotyp der Taufliege (*Drosophila melanogaster*).

sich die Chromosomen kondensieren. Da der Spindelapparat fehlt, wird der Zellzyklus in dieser Phase angehalten, und kondensierte Chromosomen reichern sich an. Nach längerem Verweilen in kondensiertem Zustand lösen sich die Chromatiden in den Chromosomenarmen voneinander, während sie im Centromer zunächst noch aneinander haften. Deshalb ist es berechtigt, eine **Paarungsdomäne der Chromosomenarme** von der **Paarungsdomäne der Centromere** zu unterscheiden (Abb. 1.19a). Chromosomenpräparate, die unter Einsatz von Colchicin angefertigt wurden, sind an der Trennung der Chromatiden leicht zu erkennen (Abb. 1.20b) und werden als **C-Mitosen** bezeichnet. In unbehandelten Chromosomen sind die Chromatiden in den Chromosomenarmen nicht zu erkennen (Abb. 1.20c).

Die molekulare Architektur der Centromere: In drei Organismen- bzw. Organismengruppen ist die Aufklärung der molekularen Zusammensetzung der Centromere weiter fortgeschritten. Dies sind die sehr kleinen Centromere der Sprosshefe (*Saccharomyces cerevisiae*) und die ausgedehnteren Centromere der Spalthefe (*Schizosaccharomyces pombe*). Recht gut bekannt sind auch die Centromere der Säugetiere, wobei Mensch und Hausmaus an erster Stelle zu nennen sind.

Bei der Sprosshefe besitzt jedes der 16 Chromosomen einen 220 bis 250 bp langen histonfreien DNA-Abschnitt, in dem man vier Elemente unterscheidet. Diese werden als CDE 1 bis 4 bezeichnet (*centromere DNA element*). Dort sind Centromerproteine mit der DNA assoziiert, und es wird jeweils ein Mikrotubulus gebunden. CDE 2 ist eine 78 bis 86 bp lange Sequenz, die zu mehr als 90 % die Basen A und T enthält. CDE 2 wird

1.6 Bau eukaryotischer Chromosomen

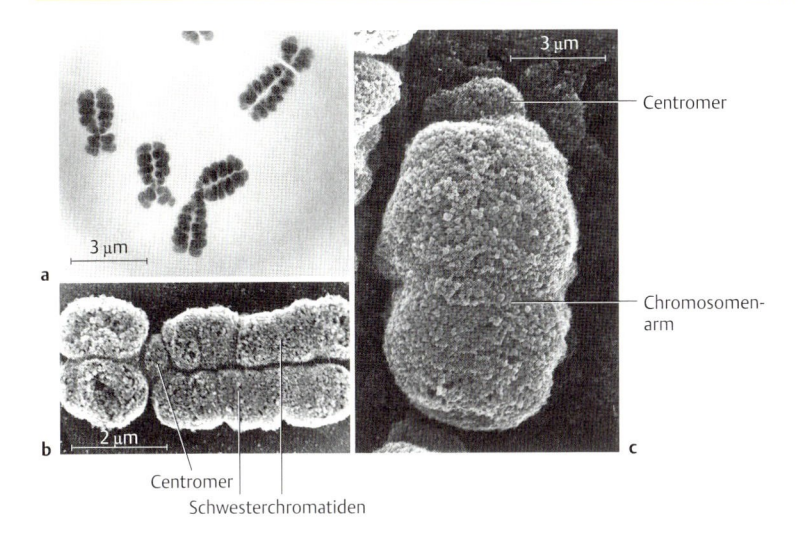

Abb. 1.20 Chromatidenorganisation. a Isolierte mitotische Chromosomen des Menschen wurden mit einer speziellen REM-Technik, dem sogenannten Backscattered Electron Imaging, aufgenommen. Mit dieser Technik wird die helikale Natur der Chromatiden deutlich. **b** Ein isoliertes metazentrisches Chromosom des Menschen in der Mitose (konventionelle REM-Aufnahme). Die Position des Centromers ist an der Einschnürung deutlich zu erkennen. Weil bei der Herstellung der Chromosomenpräparate das Spindelgift Colchicin verwendet wurde, sind in den Chromosomenarmen die beiden Schwesterchromatiden getrennt zu erkennen. **c** Ein isoliertes akrozentrisches Chromosom der Wüstenheuschrecke (*Schistocerca gregaria*) in der Mitose (konventionelle REM-Aufnahme). Das Centromer liegt am extremen Ende des Chromosoms. Die Schwesterchromatiden sind im Chromosomenarm nicht zu erkennen, da bei der Herstellung der Chromosomenpräparate auf den Einsatz von Colchicin verzichtet wurde. (Aufnahmen a, b: von A. Sumner, Edinburgh; c: von K. W. Wolf, Kingston, Jamaica.)

auf der einen Seite von dem 8 bp langen CDE 1 und auf der anderen Seite von dem 26 bp langen CDE 3 flankiert. CDE 4 ist eine 100 bp lange Sequenz neben CDE 3, die in ihrer Länge von Chromosom zu Chromosom variiert. Die Basenabfolge ist für alle diese Elemente bekannt (Abb. 1.**21a**). Experimente mit künstlichen Hefechromosomen in der Mitose zeigten, dass CDE 1 wohl eine geringe Bedeutung besitzt, da der Verlust von CDE 1 kaum Effekte auf die Verteilung des Chromosoms hatte. Die Entnahme von Basenpaaren aus CDE 2 störte jedoch die geordnete Verteilung; sie ließ sich durch Ersatz der natürlichen Sequenz mit zufälligen A- und T-reichen Sequenzen wieder herstellen. In CDE 3 hat dagegen die Veränderung von einzelnen Basen schon den Verlust des Chromosoms in der Mitose zur Folge.

Die Centromere der Spalthefe sind mit 38 bis 97 kb Länge weitaus größer als die der Sprosshefe. Es sind allerdings Unterschiede zwischen verschiedenen Stämmen der Spalthefe entdeckt worden. An jedem Chromosom enden etwa vier Kinetochormikrotubuli. Jedes der drei Chromosomen besitzt ein spezifisches zentrales DNA-Element (*central centromere DNA*, cc1 bis cc3). Die Beschreibung beginnt hier mit Chromosom 2, da dessen Centromer (cen 2) Sequenzelemente enthält, die in modifizierter Form in den anderen

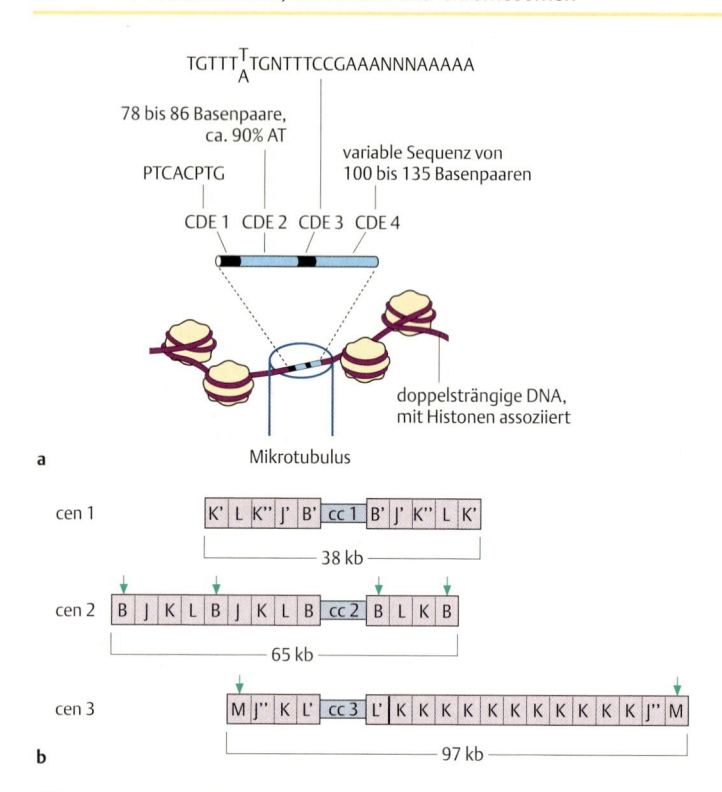

```
                TGTTT T TGNTTTCCGAAAANNNAAAAA
                     A
78 bis 86 Basenpaare,
       ca. 90% AT
                              variable Sequenz von
   PTCACPTG                   100 bis 135 Basenpaaren

       CDE 1   CDE 2  CDE 3  CDE 4
```

Abb. 1.**21** **Die Organisation der Centromere. a** Centromer der Sprosshefe (*Saccharomyces cerevisiae*) und verwandter Hefearten. Ein Mikrotubulus ist an eine nucleosomenfreie DNA-Region geheftet, die in vier Elemente, CDE 1 bis 4, zerfällt. In der Sequenz des CDE 1 kann für jedes P eine der Purinbasen (A, G) vorliegen, während für jedes N in CDE 3 eine der vier in der DNA vorkommenden Basen zu erwarten ist. **b** Die Centromere in den drei Chromosomen (cen 1–3) der Spalthefe (*Schizosaccharomyces pombe*, Stamm Sp223) besitzen alle ein zentral liegendes DNA-Element (cc1 bis cc3). Flankiert wird diese Region von den Sequenzelementen B, J, K, L und M oder Varianten davon, die durch einen Apostroph (´) gekennzeichnet sind. In den Sequenzelementen B und M (Pfeile) liegen t-RNA-Gene.

beiden Chromosomen auftreten. Es finden sich vier Sequenzelemente, die als K, L, B und J bezeichnet werden. Der K-L-B-Komplex ist zwei Mal in derselben Orientierung vertreten und ihm ist jeweils ein Sequenzelement J vorgestellt. Auf der anderen Seite von cc2 liegt ein invertierter K-L-B-Komplex (Abb. 1.**21b**). Die Centromere der Chromosomen 1 und 3 der Spalthefe, cen 1 und cen 3, enthalten Varianten von K, L, B und J neben einem weiteren Sequenzelement, M. In den Sequenzelementen B und M von cen2 und cen3 sind die Gene für die tRNA eingesprengt, die bei der Proteinbiosynthese benötigt werden (S. 154).

Bei der Isolation von DNA aus Zellen sind Scherkräfte, die auf die DNA einwirken, unvermeidlich. Dabei zerbricht DNA in zufälliger Weise in Stücke. Dichtegradientenzentrifugation ist ein Verfahren, das mithilfe einer Ultrazentrifuge die Trennung solcher DNA-Fragmente entsprechend ihrer Dichte in einem CsCl-Gradienten ermöglicht. Wird dieses Verfahren auf leicht gescherte DNA angewendet, erhält man meist eine Hauptbande und eine oder mehrere Nebenbanden; letztere enthalten die hochrepetitive DNA, d. h. DNA mit zahlreichen Kopien derselben Sequenz. Bei menschlicher DNA tritt eine prominente Nebenbande auf, die als **α-Satellit** bezeichnet wird und rund 5 % des Genoms ausmacht. Der α-Satellit repräsentiert das **centromerständige Heterochromatin**. Jedes Centromer besteht aus 300 bis 5 000 kb repetitiver DNA. Mengenunterschiede wurden sowohl zwischen verschiedenen Chromosomen im menschlichen Karyotyp als auch zwischen Individuen einer Population beobachtet. Hier liegen chromosomale Polymorphismen vor, die keine erkennbaren Effekte für den Träger haben. Beim Menschen sind die Centromerregionen der Chromosomen 1, 9 und 16 und der lange Arm des Y-Chromosoms besonders variabel. Man weiß, dass im α-Satelliten eine **171 bp lange DNA-Sequenz** vielfach hintereinander angeordnet ist. Diese Monomere können sich in ihrer Sequenz um 15–30 % unterscheiden, und es sind Sequenzen bekannt, die spezifisch für ein bestimmtes Chromosom sind. Bei der Hausmaus (*Mus musculus*) tritt die centromerständige DNA in Form einer Nebenbande auf, die als kleiner Satellit (**minor satellite**) bezeichnet wird. Der kleine Satellit der Hausmaus ist in der primären Konstriktion der akrozentrischen Chromosomen zu finden (Abb. 1.**22a**). Auch im kleinen Satelliten der Hausmaus findet sich die 171 bp lange Sequenz, wie sie beim Menschen auftritt. Dies deutet darauf hin, dass die Sequenz eine wichtige Rolle bei der Organisation der Centromere spielt.

Unsere Kenntnis der Centromerproteine bei Säugern verdanken wir immunologischen Phänomenen, den **Autoimmunerkrankungen**. Hier richtet sich das Immunsystem aus bislang noch nicht vollständig verstandenen Gründen gegen körpereigene Substanzen. Bei einer bestimmten Autoimmunerkrankung, dem **CREST-Syndrom** (calcinosis cutis, Raynaud's phenomenon, esophageal dysmotility, scleroderma, telangiectasia), bildet das Immunsystem Antikörper gegen Kernproteine und insbesondere Centromerproteine. Man hat diese CREST-Seren benutzt, um Centromerproteine zu charakterisieren. Es hat sich gezeigt, dass die Centromerproteine auch während der Interphase mit der DNA assoziiert bleiben (Abb. 1.**22b**). Mithilfe von CREST-Seren ist man drei Centromerproteinen auf die Spur gekommen, die man CENP-A, CENP-B und CENP-C (centromere protein) genannt hat. CENP-B ist ein 80 kDa-Protein, das mit einem 17 bp langen Abschnitt (CENP-B Box) sowohl aus dem α-Satelliten des Menschen als auch dem kleinen Satelliten der Hausmaus assoziiert. Das Protein scheint in der zentralen Domäne der Chromatiden zu liegen und dort an der Strukturgebung der Centromerregion beteiligt zu sein (Abb. 1.**22c**). In dieser Region darf man auch das CENP-A, ein modifiziertes Histon H3 (S. 26) mit einer Molekularmasse von 17 kDa, vermuten. Es muss aber noch weitere DNA-Elemente geben, die für den Aufbau der Centromere sorgen, da eine CENP-B Box beim Y-Chromosom des Menschen und in Chromosomen anderer Säugerarten nicht nachgewiesen werden konnte, obwohl natürlich auch diese Chromosomen ein funktionsfähiges Centromer besitzen. Das CENP-C, ein 140 kDa-Protein, baut die innere Kinetochorplatte mit auf. Dort wurde auch DNA nachgewiesen. In der äußeren Kinetochorplatte und der Corona vermutet man hochmolekulare, aus mehreren Untereinheiten bestehende Motorproteine (*Biochemie, Zellbiologie*), die für die Orientierung der Chromosomen in der Metaphaseplatte und für den Transport in der Anaphase verantwortlich sind (Abb. 1.**22**).

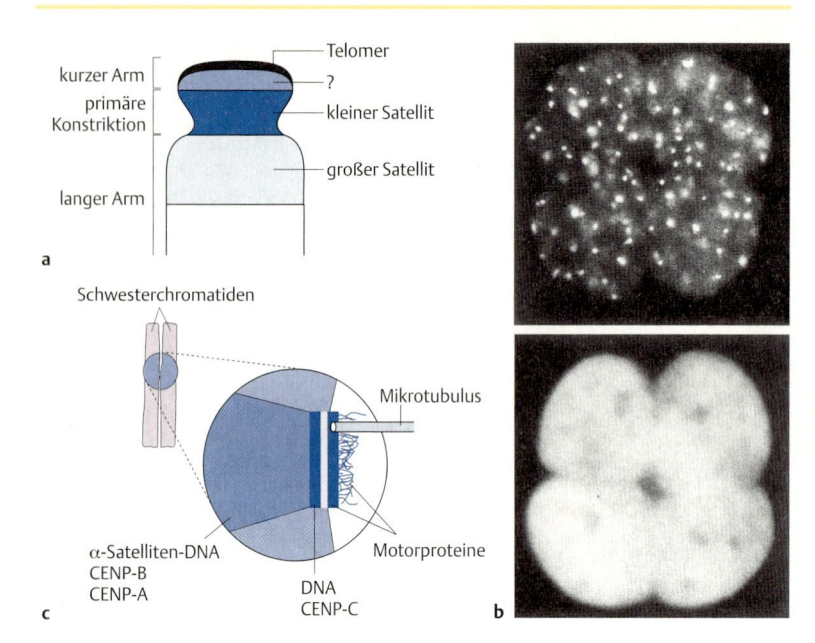

Abb. 1.22 Die Organisation der Centromerregion eines akrozentrischen Chromosoms der Hausmaus (*Mus musculus*). a In der primären Konstriktion ist der kleine Satellit enthalten. Im kurzen Arm liegt zwischen dieser Stelle und dem Telomer noch repetitive DNA unbekannter Bedeutung. Im langen Arm des Chromosoms schließt sich eine weitere Strecke aus repetitiver DNA, der große Satellit, an. **b** Centromerproteine bei Säugern. Die Centromerproteine sind mithilfe eines CREST-Serums und der indirekten Immunfluoreszenz in Interphasekernen sichtbar gemacht worden (oben). An manchen Stellen (Pfeile) erkennt man zwei eng benachbarte Fluoreszenzpunkte. Höchstwahrscheinlich sind hier die Centromere der beiden Chromatiden angefärbt. Der Einsatz eines DNA-spezifischen Fluoreszenzfarbstoffs (unten) zeigt, dass eine vierkernige (K = Kern) Zelle vorliegt. Es handelt sich um eine menschliche Zelllinie, die aus einem Brusttumor isoliert wurde. Bei Tumorzelllinien in Kultur sind vielkernige Zellen nicht ungewöhnlich. (Aufnahmen: K. W. Wolf, Kingston, Jamaica). **c** Die molekulare Architektur eines Säuger-Centromers. In einer Region, die etwa der zentralen Domäne entspricht, liegt der α-Satellit, CENP-B und wahrscheinlich auch CENP-A. Die innere Kinetochorplatte enthält CENP-C und DNA. Die äußere Kinetochorplatte und die Corona enthalten Motorproteine. Dort inserieren die Mikrotubuli. (Aufnahmen: K. W. Wolf, Kingston, Jamaica.)

Nucleolus-organisierende Region

Neben der primären Konstriktion zeigen manche Chromosomen des Karyotyps eine weitere Konstriktion, die **sekundäre Konstriktion**. Diese Verjüngung des Chromosoms ist manchmal kaum wahrnehmbar (z. B. in menschlichen Chromosomen), aber bei pflanzlichen Chromosomen extrem auffällig. Bei der Saubohne

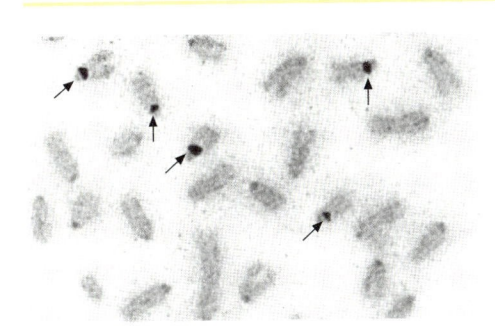

Abb. 1.23 Ausschnitt einer Chromosomenpräparation aus der Hausmaus nach Ag-NOR-Färbung. Die in der vorausgegangenen Interphase aktiven fünf Chromosomen (Pfeile) sind angefärbt. (Aufnahme: H. Winking, Lübeck.)

(*Vicia faba*) zum Beispiel ist die sekundäre Konstriktion so dünn ausgezogen, dass die Verbindung mit dem Chromosom auch nach Anfärbung kaum mehr wahrzunehmen ist. Diese geringe oder fehlende Anfärbung auch mit DNA-spezifischen Farbstoffen hat in den Dreißigerjahren des letzten Jahrhunderts zu der Annahme geführt, dass dort keine DNA vorhanden ist. Man hat diesen chromosomalen Bereich als „sine acido thymonucleinico" (ohne Thymonucleinsäure; Thymonucleinsäure war der damalige Name für DNA) bezeichnet. Aus den Anfangsbuchstaben der lateinischen Bezeichnung hat sich der Ausdruck SAT-Region ergeben, der dann zu **Satelliten** wurde. Obwohl dieser Ausdruck auch für Nebenbanden nach Dichtegradientenzentrifugation der DNA (s. o.) gebraucht wird, halten einige Cytogenetiker noch an dem Begriff fest und bezeichnen Chromosomen mit einer sekundären Konstriktion als Chromosomen mit Satelliten.

Moderner und unverfänglicher für die sekundäre Konstriktion ist in jedem Fall der Ausdruck **Nucleolus-organisierende Region, NOR**. Die Bezeichnung gibt auch einen Hinweis auf die Funktion. Es sind dort tandemartig hintereinander die Gene für ribosomale RNA angeordnet (S. 195). Im Interphasekern wird dort RNA abgelesen, und die Transkripte assoziieren mit Proteinen. Dieser Bereich des Interphasekerns ist der Nucleolus (*Biochemie, Zellbiologie*). Die NORs können in Chromosomenpräparaten mit einem Silberimprägnierungsverfahren, der Ag-NOR-Färbung sichtbar gemacht werden. Sie beruht darauf, dass die in den NORs noch vorhandenen Proteine des interphasischen Nucleolus eine Affinität zu Silbersalzen besitzen und sich so darstellen lassen (Abb. 1.23). Beim Menschen tragen die Chromosomen 13, 14, 15, 21 und 22 NORs. Es wären also wegen des diploiden Chromosomensatzes nach der Ag-NOR-Färbung in Chromosomenpräparaten insgesamt 10 angefärbte Chromosomen zu erwarten. Tatsächlich findet man aber meist weniger angefärbte Chromosomen, weil die Ag-NOR-Färbung nur NORs darstellt, die in der vorausgegangenen Interphase aktiv waren. In der Regel sind aber nicht alle NORs im Karyotyp aktiv.

Chromosomen: Einheiten des Genoms, kompakte Form eines DNA-Fadens. Maximale Verkürzung von 1 : 12 000 wird über vier Organisationsstufen erreicht.
Chromatin: Komplex aus DNA und Proteinen, Proteine sind Histone und Nicht-Histone. Histone dienen der DNA-Verpackung, Nicht-Histone bilden chromosomales Gerüst. Organisiert als Nucleosomen (10 nm), Solenoide (30 nm), Schleifen und Rosetten (200–300 nm) und Chromatiden.
Histone: Proteinbestandteil des Chromatins, vier Core-Histone (H2A, H2B, H3 und H4) und ein Linker-Histon. Basische DNA-Bindungsproteine, Gehalt an basischen Aminosäuren Arginin und Lysin größer als 20 %. Beteiligt an der DNA-Organisation.
Nucleosom: Perlenartige Organisationseinheit des Chromatins. Komplex aus je zwei der vier Core-Histone (Oktamer), um den ein 146 bp langer DNA-Abschnitt gewickelt ist, Linker-Histon H1 und freiliegender DNA-Abschnitt (Linker-DNA).
Solenoid: Modell für den Aufbau des 30-nm-Fadens, superhelikale Anordnung des 10-nm-Chromatinfadens, alternatives Modell Superbeads.
SAR: Abkürzung für Scaffold-associated Region, DNA-Abschnitt, der mit dem Proteingerüst in Kontakt ist. Liegen in AT-reichen Regionen, halten Schleifendomänen am Gerüst fest. Zahl gibt Anzahl der Schleifendomänen pro Rosette an.
Centromere: Funktionselemente der Chromosomen, die für die geordnete Verteilung der Chromosomen in Mitose und Meiose verantwortlich sind. Enthalten große Mengen an Heterochromatin, Spindelfaseransatzstellen, Anlagerungsstellen für Proteine des Kinetochors. Sind bei monokinetischen Chromosomen als primäre Konstriktion sichtbar. Lage im Chromosom dient der Klassifizierung der Chromosomen: meta-, akro- bzw. telozentrisch. Fixpunkt für Benennung chromosomaler Bereiche: distal (entfernt) und proximal (in der Nähe). Replikation findet erst sehr spät statt.
Kinetochor: Bindet Mikrotubuli, Proteinauflagerungen auf den Chromosomenoberflächen, die dem Spindelpol zugewandt sind. Liegen im Bereich der Centromere (zentrale Domäne), können ausgedehnt sein (holokinetische Chromosomen), können eng begrenzt sein (monokinetische Chromosomen). Meist trilaminare Organisation.
Euchromatin: Transkriptionsaktives Chromatin, während der Interphase dekondensiert, während der Mitose oder Meiose kondensiert.
Heterochromatin: Transkriptionsinaktives Chromatin, liegt immer kondensiert vor.
C-Mitosen: Arretierte Mitosen, Colchicin verhindert Aufbau des Spindelapparates, Anreicherung von kondensierten Chromosomen, erkennbar an getrennt liegenden Chromatiden. Ermöglichen Unterscheidung von Paarungsdomänen.
Kinetochorplatte: Trilaminare Organisation des Kinetochors bei Säugern und Invertebraten. Besteht aus innerer, mittlerer und äußerer Platte. Abfolge von elektronendichtem und -transparentem Material, in einigen Fällen diffuses Material, Corona, als vierte Schicht.
NOR (Nucleolus-organisierende Region): Wurde früher auch SAT-Region genannt, sekundäre Konstriktion, enthält Gene für rRNA. Kann über Silberimprägnierung sichtbar gemacht werden. Nicht alle NORs im Karyotyp sind aktiv.

1.7 Chromosomenanalyse

Die **Chromosomenzahl** ist für jeden Organismus konstant, aber zwischen den Organismen ist die Schwankungsbreite sehr hoch (ein Chromosom bis einige Hundert). Die Chromosomen lassen sich aus den Zellen isolieren. Es steht eine Reihe von **Bänderungsverfahren** zur Verfügung, die es erlauben, die einzelnen Chromosomen eines Organismus zu identifizieren und numerische und strukturelle Aberrationen zu erkennen.

1.7.1 Analyse von sehr kleinen Chromosomen

Die sehr kleinen Chromosomen von Hefen und anderen Einzellern sind mit cytologischen Methoden nur sehr schwer zu studieren. Hier setzt man gerne eine molekularbiologische Technik ein, die es erlaubt, große DNA-Fragmente bis zur Größe eines ganzen Hefechromosoms in einem Gel voneinander zu trennen. Die Technik ist als **Pulsfeldgelelektrophorese** bzw. Wechselfeldelektrophorese bekannt. Es sind viele Varianten des Verfahrens in Gebrauch. Diesen ist gemeinsam, dass das elektrische Feld nicht konstant anliegt, sondern in regelmäßigen Abständen für kurze Zeit umgepolt wird. Damit gelingt es, auch große DNA-Fragmente aufzutrennen. Die Hefe *Yarrowia lipolytica* besitzt sechs Chromosomen, die im Pulsfeldgel getrennt werden können. Durch Hybridisierung (S. 492) der Banden z. B. mit Centromer-DNA oder ribosomaler DNA, können die einzelnen Chromosomen charakterisiert werden (Abb. 1.24).

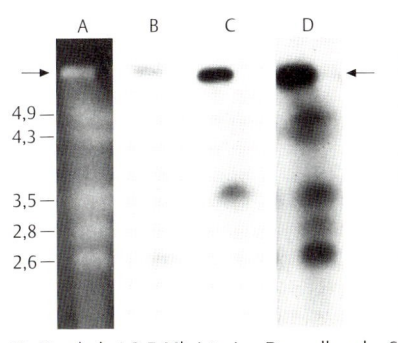

Abb. 1.24 **Pulsfeldgelelektropohorese der Chromosomen der Hefe *Yarrowia lipolytica*.** Es ist üblich, bei der Abbildung von Gelen die Stelle, wo die DNA aufgetragen wurde, oben anzuordnen. In unserem Fall ist in allen vier gezeigten Bahnen an dieser Stelle eine Bande zu erkennen (Pfeile). Es handelt sich um DNA, die nicht in das Gel hineingewandert ist. In der Bahn A sind die einzelnen Chromosomen durch Anfärbung mit Ethidiumbromid sichtbar gemacht worden. Die Molekülgrößen in Mb sind aufgetragen. Die Bande bei 3,5 Mb ist eine Doppelbande. Somit lassen sich insgesamt sechs Chromosomen trennen. In den Bahnen B und C wurde zur Hybridisierung eine DNA-Sonde verwendet, die spezifisch für das kleinste, das dritte Chromosom ist. In der Bahn D wurde ribosomale DNA als Sonde eingesetzt. Es zeigt sich, dass alle Chromosomen hybridisieren. (Aufnahme von P. Fournier, Saint-Christol-lez-Alès, Frankreich).

1.7.2 Cytogenetik

Die Disziplin der Genetik, die sich mit der cytologischen Analyse des Karyotyps beschäftigt, ist die **Cytogenetik**. Auch der Ausdruck **somatische Zellgenetik** ist hier gebräuchlich, weil bei Säugetieren und insbesondere beim Menschen für die Chromosomenanalyse meist auf kultivierte somatische Zellen zurückgegriffen wird. Bei Invertebraten stellen aber gerade die Keimzellen lohnenderes Ausgangsmaterial für Chromosomenanalysen dar. Die Bestimmung der **Chromosomenzahl** und der **Geschlechtschromosomenkonstitution** gehören zu den Aufgaben der Cytogenetik. Von Cytogenetikern wurden spezielle Färbeverfahren entwickelt, die zu einem Bandenmuster im Chromosom führen und die **Identifikation der einzelnen Chromosomen** eines Karyotyps erlauben.

Die Begriffe der Cytogenetik

Bei der Betrachtung von Chromosomensätzen müssen wir Diplonten und Haplonten unterscheiden. Bei **Diplonten** haben alle Zellen des Körpers mit Ausnahme der befruchtungsfähigen Keimzellen einen doppelten (**diploiden**) Chromosomensatz. Von jedem Chromosom ist ein Paar vorhanden. Davon wurde eines von der Mutter und eines vom Vater vererbt. Bei **Haplonten** ist nur die Zelle, die aus der Verschmelzung der beiden Gameten hervorgegangen ist (Zygote) und möglicherweise einige weitere daraus hervorgegangene Zellgenerationen diploid. Es gibt auch **polyploide** Organismen. Sie besitzen mehrere Chromosomensätze. Je nach der Zahl der Chromosomensätze spricht man z. B. von Triploidie, Tetraploidie, Pentaploidie oder Hexaploidie. Polyploidisierung hat eine wichtige Rolle in der Evolution gespielt. Wenn derselbe Chromosomensatz vermehrt wurde, spricht man von **Autopolyploidie**. Pflanzen zeigen eine Besonderheit, da die Chromosomensätze von zwei oder mehreren Elternarten durch Bastardisierung in einer Art auftreten können. Dieses Phänomen wird als **Allopolyploidie** bezeichnet. Der Kulturweizen (*Triticum aestivum*) ist alloploid. Seine 42 Chromosomen stammen von drei verschiedenen Arten. Der Kulturweizen ist damit hexaploid. Als **euploid** bezeichnet man Organismen, die den korrekten Chromosomensatz aufweisen. Bei **aneuploiden Organismen** finden sich numerische Abweichungen vom korrekten Chromosomensatz.

Die gesamte Zahl der Chromosomen ist für Tausende von Organismen aus allen Gruppen des Tier- und Pflanzenreichs bestimmt worden (Tab. 1.5). Das Säugetier mit der kleinsten Chromosomenzahl ist der indische Muntjak (*Muntiacus muntjac*), ein Zwerghirsch. Weibchen dieser Art besitzen sechs Chromosomen und in Männchen sind sieben nachzuweisen. Davon sind in beiden Geschlechtern zwei Chromosomenpaare, die **Autosomen**, gleichermaßen vorhanden. Die Chromosomen werden bei allen Eukaryoten nach abnehmender Länge angeordnet und mit 1 beginnend durchnummeriert. Chromosomenpaar 1 und 2 sind gleichermaßen in beiden Geschlechtern des Muntjaks vertreten (Abb. 1.25). Die Chromosomen, die sich in den beiden Geschlechtern unterschei-

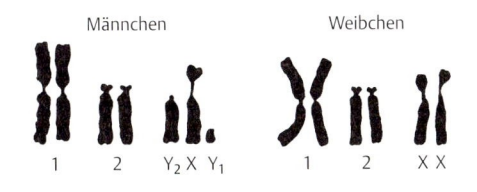

Abb. 1.25 Der Karyotyp des männlichen und weiblichen Muntjaks (*Muntiacus muntjac*).

den, werden **Geschlechtschromosomen, Gonosomen, Heterosomen** oder **Sexchromosomen** genannt. Weibchen des Muntjaks besitzen ein Paar Sexchromosomen, die X-Chromosomen, und stellen damit das **homomorphe Geschlecht** dar. Bei den Männchen finden wir die für Säugetiere etwas ungewöhnliche Situation, dass neben einem X-Chromosom zwei Y-Chromosomen anzutreffen sind. Dies ist auf eine X-Autosomen-Translokation in der Karyotypevolution des Tieres zurückzuführen (S. 298). Die Männchen stellen das **heteromorphe Geschlecht** dar, weil mindestens ein Chromosomenpaar strukturell nicht einheitlich aufgebaut ist. Es muss aber darauf hingewiesen werden, dass die Männchen nicht immer das heteromorphe Geschlecht sein müssen (S. 297). Das Säugetier mit der höchsten Chromosomenzahl scheint ein südamerikanisches Nagetier zu sein (*Tympanoctomys barrerae*, Octodontidae, Rodentia). Dort hat man in beiden Geschlechtern 102 Chromosomen nachgewiesen, und die Geschlechtschromosomenkonstitution ist wie beim Menschen. Mit 2n = 10 besitzt eine Nagerart aus der Gattung *Akodon* (Cricetidae) die für Nagetiere kleinste Chromosomenzahl, und auch hier ist die Geschlechtschromosomenkonstitution wie beim Menschen. Bei einer australischen Ameise hat man nur ein Chromosomenpaar gefunden. Spitzenreiter bezüglich der Chromosomenzahl scheinen bestimmte Farne zu sein, bei denen die Karyotypanalyse einen Wert von n = 720 lieferte.

Die Lage des Centromers ist ein wichtiges Kriterium zum Erkennen einzelner Chromosomen. Darauf aufbauend wurde der Centromer-Index entwickelt, und daraus eine Terminologie der Chromosomen abgeleitet. Der **Centromer-Index** berechnet sich nach der Formel $p \times 100\,\% / (p + q)$. Nach dem Centromer-Index unterscheidet man vier Chromosomentypen (Tab. 1.7). Nach dieser Terminologie ersetzt die Bezeichnung telozentrisch den Ausdruck akrozentrisch, den wir oben kennengelernt haben. Allerdings wird von diesem Formalismus bei der Klassifizierung von Chromosomen oft abgewichen.

Tab. 1.7 **Klassifizierung der Chromosomen anhand des Centromer-Index.**

Chromosomentyp	Centromer-Index (%)
metazentrisch (m)	50,0–37,5
submetazentrisch (sm)	37,5–25
subtelozentrisch (st)	25,0–12,5
telozentrisch (t)	12,5–0

Treten Chromosomen in die mitotische oder meiotische Prophase ein (*Biochemie, Zellbiologie*), erkennt man schon im ungefärbten Zustand und erst recht nach Behandlung mit Farbstoffen im Lichtmikroskop dichtere Stellen entlang der Chromosomenachsen. Diese Verdichtungen zeigen ein spezifisches Muster und werden als **Chromomere** bezeichnet, während die zwischen den Chromomeren liegenden Abschnitte als Interchromomere bezeichnet werden. Man vermutet, dass die Chromomeren auf dem Niveau der Tertiär- und Quartärstruktur der Chromosomen (S. 29, S. 30) ausgebildet werden, aber die genaue Ursache ist nicht klar. Anhand des Chromomermusters gelingt es in manchen Organismen, die einzelnen Chromosomen zu identifizieren. Meist ist dafür jedoch die Herstellung von Chromosomenpräparaten und deren Bänderung nötig.

Das bei Säugetieren und dem Menschen bei weitem am häufigsten eingesetzte Bänderungsverfahren ist die **G-Bänderung**. Die Bänderung beruht auf einer Vorbehandlung der Chromosomenpräparate mit einer Protease (Trypsin) oder heißer Salzlösung und anschließender **Giemsa-Färbung**. In jedem Chromosom

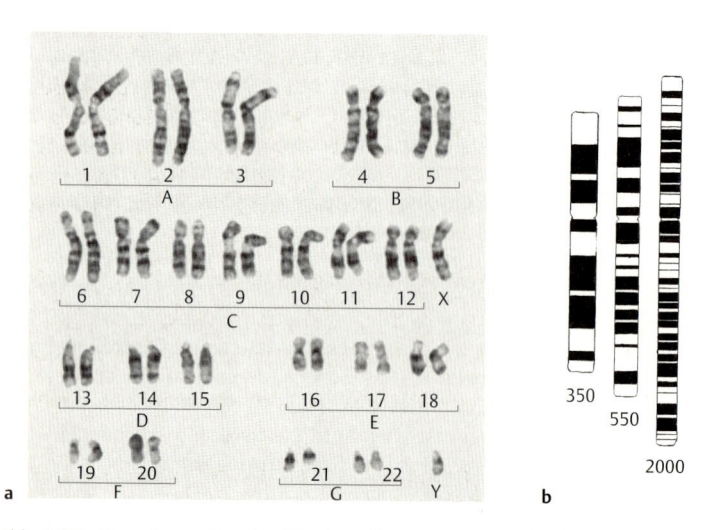

Abb. 1.26 **Karyotyp. a** Der G-gebänderte Karyotyp eines euploiden Mannes wird in der Standardanordnung gezeigt. Dabei sind die Chromosomen so orientiert, dass ihre kurzen Arme jeweils nach oben gerichtet sind. Die Autosomenpaare sind von 1 bis 22 durchnummeriert und sieben Chromosomengruppen (A bis G) zugeordnet. Das X-Chromosom fällt formal in die Gruppe C. Das Y-Chromosom gehört formal zur Gruppe G. **b** Das Chromosom 11 des Menschen ist hier schematisch nach G-Bänderung dargestellt. Es werden drei verschiedene Kondensationsgrade gezeigt. Mit zunehmender Dekondensation erhöht sich die Zahl der auswertbaren Banden. Die Werte 350, 550 und 2000 geben die Zahl der Banden im gesamten Karyotyp bei entsprechendem Kondensationsgrad an. (a: Foto von E. Schleiermacher, Mainz.)

tritt dann in reproduzierbarer Weise ein informatives Muster zu Tage, das aus hellen und dunklen Banden besteht. Dadurch wird es möglich, die Chromosomen zu ordnen und den Karyotyp zu ermitteln (Abb. 1.**26a**). Mit dieser Technik kann man auch aneuploide Karyotypen erkennen oder strukturelle Veränderungen an den Chromosomen diagnostizieren. Die G-Bänderung ist für die pränatale Diagnostik beim Menschen unentbehrlich.

Die Banden, die nach der Färbung auftreten, kann man als **helle** und **dunkle G-Banden** bezeichnen. Material in den hellen und dunklen G-Banden wird aber auch als G-Band-negativ bzw. G-Band-positiv bezeichnet. Mit zunehmendem Kondensationsgrad der Chromosomen sinkt die Zahl der auswertbaren Banden (Abb. 1.**26b**). Für eine hochauflösende Analyse wird man also lang gestreckte Chromosomen heranziehen. Die G-Bänderung ist ein empirisches Verfahren; und die dabei ablaufenden Reaktionen sind bislang nicht im Detail verstanden. Es hat sich aber herausgestellt, dass sich die hellen und die dunklen G-Banden in ihrem Verhalten und der DNA-Zusammensetzung unterscheiden (Tab. 1.**8**). Der Zeitpunkt der Replikation innerhalb der S-Phase des Zellzyklus ist für die beiden G-Banden unterschiedlich. Es ließ sich auch überzeugend zeigen, dass nur helle G-Banden reich an transkribierbaren Genen sind. Ein informatives Muster an G-Banden lässt sich routinemäßig nur bei höheren Wirbeltieren erzeugen. Außerhalb dieser Gruppe ist nur in Ausnahmefällen eine G-Bänderung gelungen.

Man hat auch ein alternatives Bänderungsverfahren, die **R-Bänderung**, entwickelt, das die Verhältnisse der G-Bänderung umkehrt. Helle G-Banden erscheinen also als dunkle R-Banden. Humangenetiker setzen die R-Bänderung gern ein, wenn es um die Analyse der Chromosomenenden geht. Diese sind dann meist als dunkle Banden zu erkennen.

Chromosomenpräparate und weitere Bänderungsverfahren: In aller Regel studieren Cytogenetiker den Karyotyp in Chromosomenpräparaten. Bei Säugetieren geht man dabei von kultivierten somatischen Zellen aus. Am einfachsten ist es, Lymphocyten aus dem peripheren Blut zu kultivieren. Lymphocyten gehören zu den weißen Blutzellen und sind in der G_0-Phase des Zellzyklus (*Biochemie, Zellbiologie*) arretiert. Es gelingt aber durch Zugabe eines die Mitose stimulierenden Mittels (Mitogen), wie es das Phyto-

Tab. 1.**8 Eigenschaften der hellen und dunklen G-Banden.** Unter konstitutiv exprimierten Genen versteht man solche, die permanent abgelesen werden (Housekeeping Genes).

helle G-Banden	dunkle G-Banden
früh replizierend	spät replizierend
reich an transkribierten Genen	arm an transkribierten Genen
reich an konstitutiv exprimierten Genen und vielen gewebsspezifischen Genen	meist gewebsspezifische Gene
GC-reich	AT-reich
entsprechen den Interchromomeren	entsprechen den Chromomeren

hämagglutinin darstellt, die Lymphocyten zur Teilung anzuregen (Abb. 1.**27**). Der genaue Mechanismus, nach dem dieser Inhaltsstoff der Bohne (*Phaseolus vulgaris*) aus der Klasse der Lektine die Teilung anregt, ist unbekannt. Nach kurzer Kultivierung (etwa 3 Tage) in einem komplexen Medium wird die mikrotubuli-destabilisierende Droge Colchicin oder eines seiner weniger toxischen Derivate zugegeben, um Zellen in der Metaphase des Zellzyklus anzureichern. Dann erfolgt eine hypotone Behandlung, durch die die Zellen anschwellen, und die Chromosomen in der Zelle auseinander weichen. In diesem Zustand wird die Zellsuspension auf einen Objektträger aufgetropft. Dabei platzen die Zellen, und die Chromosomen sind mehr oder weniger übersichtlich verteilt. Für Invertebraten und Pflanzen gibt es spezielle Techniken zur Herstellung von Chromosomenpräparaten. Oft hat man schon mit einem einfachen Quetschpräparat Erfolg.

Die Chromosomenanalyse ist nicht nur von wissenschaftlichem Interesse, sondern hat beim Menschen eine sehr große praktische Bedeutung. Mit ihrer Hilfe kann eine pränatale Diagnose erstellt werden, wenn bei einer Schwangeren aufgrund ihres Alters oder aufgrund einer familiär gehäuft auftretenden Erbkrankheit die Gefahr für Chromosomenanomalien erhöht ist. Durch eine Punktion der Fruchtblase (**Amniocentese**) gewinnt man im Fruchtwasser suspendierte Zellen des Embryos, mit denen eine Chromosomenanalyse durchgeführt werden kann (Abb. 1.**27**). Da sich das Choriongewebe auch von der befruchteten Eizelle ableitet und damit die Chromosomenkonstitution des Embryos zeigt, kann man alternativ auch eine Chorionzottenbiopsie durchführen, um Zellen des Embryos zu gewinnen. Die entnommenen Zellen werden kultiviert und wie oben beschrieben für die Herstellung von Chromosomenpräparaten eingesetzt.

Neben den beiden bereits beschriebenen Methoden der G- und R-Bänderung gibt es ein relativ einfaches, aber nicht gut auflösendes Verfahren: die **Q-Bänderung**. Die Chromosomenpräparate werden mit dem für AT-reiche Sequenzen spezifischen Fluoreszenz-

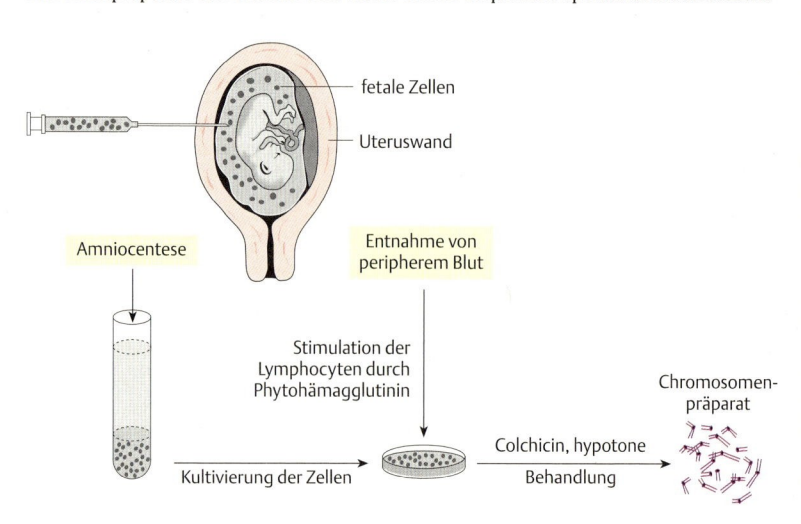

Abb. 1.**27 Zwei mögliche Wege der Chromosomenpräparation.** Geht man von peripherem Blut aus, müssen die Lymphocyten durch Zugabe von Phytohämagglutinin zur Teilung angeregt werden. Bei einer Amniocentese können die gewonnenen Zellen nach einer Waschung direkt in Kultur genommen werden. In beiden Fällen erfolgt diese nach Colchicinzugabe und hypotoner Behandlung.

farbstoff Quinacrin gefärbt. Entsprechend dieser Spezifität fluoreszieren die AT-reichen dunkeln G-Banden bei der Analyse im UV-Licht.

Schließlich steht die **C-Bänderung** zur Verfügung. Hier werden die Chromosomenpräparate vor der Giemsa-Färbung in starker Lauge behandelt. Die C-Bänderung stellt ausschließlich konstitutives Heterochromatin dar. Darunter versteht man Heterochromatin, das in allen Stadien und in allen Zelltypen eines Organismus transkriptionsinaktiv ist. Die Centromere der Säuger enthalten in der Regel große Mengen an konstitutivem Heterochromatin. Als fakultatives Heterochromatin bezeichnet man vorübergehend transkriptionsinaktives Chromatin. Ein Beispiel wäre eines der X-Chromosomen der weiblichen Säugetiere, das aus Gründen der Dosiskompensation in der frühen Embryonalentwicklung inaktiviert wird (S. 300). Das inaktive X der Säuger zeigt sich nicht in der C-Bänderung.

Es gibt noch eine Reihe von spezielleren Färbeverfahren. Dazu gehört die Ag-NOR-Färbung (s. o.). Eine gewisse Bedeutung hat die Analyse der Schwesterchromatidaustausche. Durch Inkubation der sich teilenden Zellen mit dem Basenanalogon Bromdesoxyuridin (BrdU) können die beiden Schwesterchromatiden eines Chromosoms differenziell angefärbt werden. Nun hat sich herausgestellt, dass auch in nicht belasteten Zellen mit einer gewissen Rate Austausch der Schwesterchromatiden stattfindet. Bei Belastung mit mutagenen Agenzien steigt die Rate der Schwesterchromatidaustausche an. Dieser Zusammenhang wird herangezogen, um das mutagene Potential von Agenzien zu testen. Außerdem ist noch das weite Feld der In-situ-Hybridisierung zu erwähnen. Diese Technik wird häufig eingesetzt, um die Lage eines klonierten DNA-Abschnitts in den Chromosomen zu bestimmen. Weiterhin können paraloge und orthologe chromosomale Regionen erkannt werden. Eine **Paralogie** liegt vor, wenn große Ähnlichkeit von verschiedenen chromosomalen Bereichen innerhalb einer Art gegeben ist. **Orthologie** liegt vor, wenn die Ähnlichkeit zwischen den Chromosomen zweier verschiedener Arten besteht.

Autopolyploidie: Polyploidisierung desselben Chromosomensatzes.
Allopolyploidie: Tritt bei Bastardierung von Pflanzen auf. Gemischte Chromosomensätze von zwei oder mehreren Elternarten.
Autosomen: Homologe Chromosomen, treten unabhängig vom Geschlecht in Zweizahl auf.
Heterosomen (Geschlechtschromosomen, Gonosomen, Sexchromosomen): Chromosomen, die sich in den Geschlechtern unterscheiden. Liegen im homomorphen Geschlecht in Zweizahl vor, liegen im heteromorphen Geschlecht in Einzahl oder mit unterschiedlicher Struktur in Zwei- oder Mehrzahl vor.
Centromer-Index: Beziehung zwischen Armlänge und Lage des Centromers. Berechnung als prozentualer Anteil des kleineren Chromosomenarms (p) an der Gesamtlänge des Chromosoms (p + q).
Chromomer: Zu Beginn der meiotischen oder mitotischen Prophase zu beobachten, Muster aus Verdichtungen entlang der Chromosomenachse, chromosomenspezifisch.

1.8 Ungewöhnliche Chromosomenformen

> Zu den ungewöhnlichen Chromosomenformen gehören die **Lampenbürstenchromosomen**, die **B-Chromosomen** und die **Mikrochromosomen** der Vögel.

Es gibt ungewöhnliche Chromosomenformen, die von den Cytogenetikern in den letzten Jahrzehnten ausführlich beschrieben wurden und auch in diesen Tagen noch Interesse auf sich ziehen. Dazu gehören die Polytänchromosomen, die aber im Zusammenhang mit der DNA-Replikation besprochen werden (S. 130).

1.8.1 Lampenbürstenchromosomen

In den Oocyten (Zellen in der Meiose weiblicher Tiere) und seltener in den Spermatocyten (Zellen in der Meiose männlicher Tiere) beobachtet man eine vorübergehende, auf einzelne Segmente beschränkte Dekondensation der Chromosomen. Dies äußert sich in einer deutlichen Längenzunahme der Chromosomen und in der Bildung **paariger Schleifen** seitlich der Chromosomenachse (Abb. 1.**28**). Die Chromosomen ähneln dann den Bürsten, die man früher zum Reinigen der Zylinder von Petroleumlampen benutzt hat bzw. heutigen Flaschenbürsten. Diese Ähnlichkeit hat offenbar bei ihrer Entdeckung im Jahr 1880 zur Namensgebung geführt. Besonders groß und häufig sind **Lampenbürstenchromosomen** in **Oocyten von Amphibien**, wo man bis zu 5 000 Schleifenpaare pro Chromosomensatz beobachtet hat und etwa 5 % des Genoms in den Schleifen enthalten ist. In den Schleifen wird genetische Information abgelesen, die in somatischen Zellen niemals abgelesen wird. Zudem hat man beobachtet, dass Sequenzen mit monotoner Basenfolge abgelesen werden. Diese ergeben keine sinnvollen Proteine. Auch mehr als 100 Jahre nach ihrer Entdeckung ist die biologische Bedeutung der Lampenbürstenchromosomen noch ungeklärt.

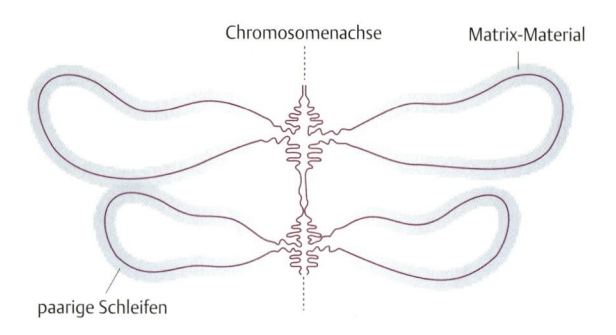

Abb. 1.**28** **Ausschnitt aus einem Lampenbürstenchromosom.** Die paarigen Schleifen gehen von der Chromosomenachse aus. An die DNA-Schleifen wird unterschiedliches Matrix-Material angelagert.

1.8.2 B-Chromosomen

Die Aussage, dass alle Individuen einer Art die gleiche Anzahl an Chromosomen besitzen, ist nur richtig, wenn man sich auf einen Satz von Chromosomen bezieht, die als A-Chromosomen bezeichnet werden. Der Mensch hat 46 A-Chromosomen. Neben den A-Chromosomen können aber bei Tieren und Pflanzen weitere Chromosomen vorkommen, die als **B-Chromosomen**, **überzählige Chromosomen** oder **zusätzliche Chromosomen** bezeichnet werden. Die Zahl der B-Chromosomen schwankt in verschiedenen Individuen einer Population. Bestimmte Auswirkungen sind meist nicht zu erkennen. Besonders häufig sind B-Chromosomen in Grillen und Heuschrecken. Im meiotischen Spindelapparat in Männchen der Heuschrecke *Trimerotropis sparsa* (Orthoptera) sind die Autosomen in der Äquatorialebene der Spindel zu finden. Das Geschlechtschromosom liegt etwas außerhalb und die B-Chromosomen liegen nahe an den Spindelpolen. Wie bei den Lampenbürstenchromosomen liegt der biologische Sinn der B-Chromosomen im Dunkeln.

1.8.3 Mikrochromosomen

Ein weiteres Beispiel für ungewöhnliche Chromosomenformen sind die **Mikrochromosomen** der Vögel. Beim Huhn finden wir insgesamt 39 Chromosomen. Davon sind sechs, die **Makrochromosomen**, relativ groß und einzeln identifizierbar. Die restlichen 33 sind sehr klein und deswegen in Chromosomenpräparaten auch nicht voneinander zu unterscheiden. Man nennt sie Mikrochromosomen. Sie enthalten etwa 25 % der gesamten DNA-Menge. Jüngere Untersuchungen haben zu dem überraschenden Befund geführt, dass ein überproportional hoher Anteil (75 %) der genetischen Information des Huhns auf die Mikrochromosomen entfällt. Der Grund für die Ausbildung der Mikrochromosomen und diese ungleiche Verteilung der genetischen Information ist unklar.

Lampenbürstenchromosomen: Spezifische Chromosomenform in Amphibienoocyten. Bilden sich während der Meiose aus. Transkription von Bereichen in den paarigen Schleifen, die in somatischen Zellen nicht abgelesen werden. Enthalten Sequenzen mit monotoner Basenfolge.
B-Chromosomen: Überzählige Chromosomen neben den A-Chromosomen, in Pflanzen und Tieren zu finden.
Mikrochromosomen: In Vögeln, enthalten etwa 25 % der gesamten DNA und etwa 75 % der genetischen Information.

2 Genomstruktur

Regina Nethe-Jaenchen

2.1 Organisation und Größe von Genomen

Das **Genom** ist die Gesamtheit des genetischen Materials einer Zelle oder eines Viruspartikels. Die meist diploiden Eukaryoten besitzen neben ihrem **Kerngenom** aus linearen Chromosomen zusätzlich das **Plasmon**, bestehend aus dem Mitochondriengenom und bei Phototrophen auch dem Plastom. Prokaryoten besitzen meist ein einziges ringförmiges Chromosom, dessen Kopienzahl pro Zelle zwischen verschiedenen Spezies oder unter unterschiedlichen Wachstumsbedingungen variiert. Viele enthalten zusätzlich extrachromosomale oder in das Chromosom integrierte **Plasmide** und **Prophagen**.

Die **Genomgröße** umfasst einen Bereich von wenigen Hundert bp bei den kleinsten Viren bis zu über 10^{11} bp bei einigen Eukaryoten. Der **C-Wert** entspricht dem DNA-Gehalt des haploiden Chromosomensatzes. Das **C-Wert-Paradox** definiert die wegen der großen Menge an nichtcodierender DNA in vielen eukaryotischen Genomen auftretende Diskrepanz zwischen Genomgröße und Anzahl der Gene.

Das **Genom** umfasst sämtliche in einer Zelle vorhandenen chromosomalen und extrachromosomalen DNA-Moleküle. Eukaryotische Genome umfassen das von linearen Chromosomen gebildete **Kerngenom** und das meist ringförmige **Plasmon**. Zum Plasmon gehören das **Mitochondriengenom** (mt-DNA) und bei phototrophen Organismen zusätzlich das **Plastom** (cp-DNA). Einige eukaryotische Einzeller, Pilze und Pflanzen besitzen zirkuläre oder lineare **Plasmide**. Das Genom von Prokaryoten besteht aus dem meist zirkulären **Bakterienchromosom** in der Nucleoidregion, eventuell vorhandenen zirkulären oder linearen Plasmiden sowie Prophagen, die entweder extrachromosomal vorliegen (Ti-Plasmid in *Agrobacterium tumefaciens*, P1-Prophage bei *Escherichia coli*) oder in das Bakterienchromosom integriert sind (in *E. coli* F-Plasmid bei Hfr-Zellen oder λ-Prophage). Virale Genome bestehen je nach Virustyp aus doppelsträngiger oder einzelsträngiger DNA oder RNA.

Bei den meisten Eukaryoten enthalten die somatischen Zellen von jedem Chromosom zwei homologe Kopien, sie sind diploid. Einige höhere Eukaryoten, insbesondere Pflanzen, sind polyploid. Untersuchungen an Prokaryoten haben gezeigt, dass bestimmte Bacteria und Archaea ebenfalls polyploide Zellen besitzen. Beispielsweise enthält *Deinococcus radiodurans* vier identische Genom-Kopien, *Azotobacter vinelandii* sogar bis zu 80. *Methanocaldococcus jannaschii* ist ebenfalls polyploid, in den Haloarchaea *Halobacterium salinarum* und *Haloferax volcanii* wird die Kopienanzahl in Abhängigkeit von der Wachstumsphase reguliert. Als Bezugsgröße für den Vergleich unterschiedlicher Genome dient deshalb der **C-Wert**, der dem haploiden Chromosomensatz entspricht und als Anzahl der Nucleotide (bp) angegeben wird.

Die **Genomgröße** liegt bei Viren zwischen 200 bp bei einigen Satellitenviren und $1{,}2 \times 10^6$ bp beim Mimivirus von *Acanthamoeba polyphaga*, bei Prokaryoten zwischen ca. 4×10^5 und $1{,}3 \times 10^7$ bp und bei Eukaryoten zwischen ca. 10^6 und über 10^{11} bp. Dabei korreliert bei Eukaryoten die Größe des Genoms nicht mit der Organisationshöhe: Säuger besitzen Genome in einem sehr engen Größenbereich zwischen $1{,}7 \times 10^9$ und 8×10^9 bp, während die Genome einiger Amöben aus über 10^{11} bp bestehen. Das Genom der Erdkröte *Bufo bufo* ist mit $6{,}9 \times 10^9$ bp mehr als doppelt so groß wie das menschliche mit $3{,}4 \times 10^9$ bp, das Genom der Blütenpflanze *Lilium longiflorum* mit 9×10^{10} bp sogar 26-mal so groß. Aus der Menge der von einem Organismus synthetisierten Proteine lässt sich auf Anzahl und DNA-Menge der dazu erforderlichen Gene schließen. Für die meisten Eukaryoten liegt der so ermittelte Wert deutlich unter der tatsächlichen Genomgröße, ein Phänomen, das als **C-Wert-Paradox** bezeichnet wird. Die Diskrepanz ist darauf zurückzuführen, dass eukaryotische Genome häufig große DNA-Bereiche enthalten, die nicht translatiert werden (S. 68). Die viel kleineren Genome von Prokaryoten enthalten nur wenige nicht codierende DNA-Abschnitte (S. 60), bei manchen Viren gibt es sogar überlappende Gene (S. 54).

Genom: Gesamtheit des genetischen Materials einer Zelle.
C-Wert: DNA-Gehalt eines haploiden Chromosomensatzes. Genomgröße bezogen auf den haploiden Chromosomensatz einer Zelle. Angabe in Nucleotidanzahl (bp).
C-Wert-Paradox: Diskrepanz zwischen Genomgröße und Anzahl der Gene in vielen Eukaryoten, wird verursacht durch den hohen Anteil nichtcodierender DNA.

2.2 Virale Genome

Die Genome von **Viren** bestehen aus **DNA oder RNA**. Je nach Virustyp liegt die Nucleinsäure linear oder zirkulär als Einzel- oder Doppelstrang vor. Einige Virusgenome sind segmentiert. Einige sehr kleine Virusgenome enthalten **überlappende Gene**. RNA-Viren besitzen RNA-abhängige RNA- oder DNA-Polymerasen. **Bakteriophagen** folgen entweder dem lytischen Infektionszyklus oder dem lysogenen, bei dem das Phagengenom als **Prophage** mit dem Bakterienchromosom repliziert wird. Der Prophage liegt in der Zelle extrachromosomal oder in das Bakterienchromosom integriert vor. **Retroviren** und **Pararetroviren** sind **virale Retroelemente** und benötigen für ihre Replikation eine Reverse Transkriptase. **Virusoide** sind infektiöse RNA-Moleküle, die für

> ihre Vermehrung auf ein Helfervirus angewiesen sind und als **Satelliten-RNA** oder als **Satellitenvirus** vorliegen. **Viroide** sind nackte infektiöse RNA-Moleküle, die kein Helfervirus benötigen.

Das zirkuläre oder lineare **Virusgenom** besteht aus DNA oder RNA in einzelsträngiger oder doppelsträngiger Form; einige virale Genome sind segmentiert (Tab. 2.1). Als obligate Zellparasiten von Prokaryoten (Bakteriophagen) oder Eukaryoten sind Viren exakt an das genetische System ihres Wirtes angepasst und nutzen seine Enzyme und zellulären Strukturen für ihre Vermehrung. Genomgröße und Anzahl der Gene sind bei Viren sehr unterschiedlich (Tab. 2.1). Viele DNA-Viren nutzen die RNA-Polymerase der Wirtszelle für die Transkription ihres Genoms. Bei RNA-Viren existieren verschiedene Möglichkeiten der Vermehrung (*Mikrobiologie*), bei denen eine viruseigene **RNA-abhängige RNA-Polymerase** beteiligt ist. Bei ssRNA-Viren mit positiver Polarität fungiert der **Plus-Strang** direkt als mRNA für die Translation der viralen Gene. Die Replikation verläuft über einen komplementären Minus-Strang als Matrize für neue Plus-Stränge. Bei ssRNA-Viren mit negativer Polarität schreibt die RNA-abhängige RNA-Polymerase den **Minus-Strang** in einen Plus-Strang um, der dann als mRNA und als Matrize für neue Minusstränge dient. Retroviren besitzen **Reverse Transkriptasen**, **RNA-abhängige DNA-Polymerasen**, die auch im Blumenkohlmosaikvirus, in Bakterien (z. B. *E. coli*) und in eukaryotischen Telomeren (Telomerase, S. 128)

Tab. 2.1 **Genome verschiedener Bakteriophagen und Viren.**

Phage/Virus	Wirt	Nuclein-säure	Genom-struktur	Genom-größe (kb)	Zahl der Protein-Gene
MS2	*E. coli*	ss RNA	linear	3,6	4
φX174	*E. coli*	ss DNA	zirkulär	5,4	11
φ6	*Pseudomonas phaseolica*	ds RNA	linear, 3 Segmente	13,4	13
T7	*E. coli*	ds DNA	linear	39,9	60
λ	*E. coli*	ds DNA	linear	48,5	73
Parvovirus H1	Hamster	ss DNA	linear	5,2	3
Hepatitis B	Säuger	z. T. ds DNA	zirkulär	3,2	7
Tabakmosaikvirus	Pflanzen	ss RNA	linear	6,4	6
Influenzavirus A H1N1	Säuger	ss RNA	linear, segmentiert	13,6	11
Poliovirus	Säuger	ss RNA	linear	7,4	1
Vacciniavirus	Säuger	ds DNA	zirkulär	194,7	223
Mimivirus	*Acanthamoeba polyphaga*	ds DNA	linear	1120	1260

vorkommen. Sie schreiben das einzelsträngige RNA-Genom der Retroviren in doppelsträngige DNA um, die in das Genom der Wirtszelle integriert werden kann (s. u.).

2.2.1 Bakteriophagen

Das Genom von **Bakteriophagen** besteht aus einzel- oder doppelsträngiger DNA oder RNA. Bei einigen Bakteriophagen findet über **komplementäre Sequenzen** an den Enden des DNA-Moleküls innerhalb der Wirtszelle vor der Replikation eine **Zirkularisierung** statt, z. B. bei λ, der in seiner extrazellulären Form ein lineares Genom aus doppelsträngiger DNA besitzt (Tab. 2.**1** und *Mikrobiologie*).

Anhand ihrer Infektionszyklen unterscheidet man virulente und temperente Bakteriophagen (*Mikrobiologie*). **Virulente Phagen** wie T4 folgen stets dem **lytischen** Infektionszyklus, bei dem die Wirtszelle bald nach der Infektion lysiert wird. Dabei wird durch bestimmte Formen der Genregulation sichergestellt, dass alle benötigten Proteine zum richtigen Zeitpunkt zur Verfügung stehen. Bei manchen Bakteriophagen, z. B. φX174, werden alle Gene sofort von der RNA-Polymerase der Wirtszelle transkribiert, sodass sämtliche Genprodukte relativ schnell vorhanden sind. Die meisten anderen Phagen regulieren ihre Genexpression, indem zunächst die **frühen Gene** und erst danach die **späten Gene** abgelesen werden, einige frühe Genprodukte fungieren dabei als Induktoren für die Transkription der späten Gene (Abb. 2.**1**).

Temperente Phagen können, gesteuert über komplexe Regulationsmechanismen, alternativ auch den **lysogenen** Weg einschlagen, für den andere Phagengene transkribiert werden. Unmittelbar nach der Infektion wird zwischen Lysogenie und Lyse entschieden, ausschlaggebend ist dabei die Konkurrenz zweier Kontrollgene. Wird die Expression der frühen Gene, die den lytischen Zyklus einleiten, durch einen Kontrollfaktor inhibiert, läuft der lysogene Zyklus ab. Das Phagengenom wird über mehrere Generationen gemeinsam mit dem bakteriel-

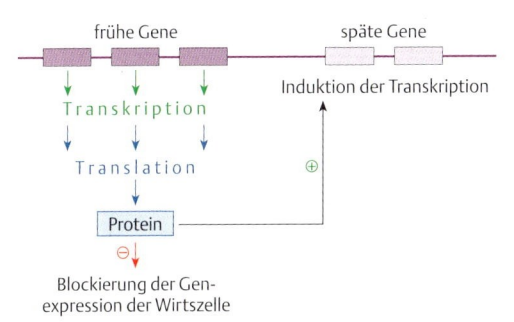

Abb. 2.**1 Regulation der Genexpression beim Bakteriophagen T4.** Die frühen Gene von T4 besitzen *E.-coli*-Promotor-Sequenzen, sodass sie von der wirtseigenen RNA-Polymerase transkribiert werden. Einige der daraufhin synthetisierten Proteine modifizieren anschließend die wirtseigene Polymerase so, dass die Transkription von *E. coli* abgeschaltet und gleichzeitig die Transkription der späten Gene von T4 durch die Polymerase induziert wird.

len Genom repliziert und als **Prophage** an die Tochterzellen weitergegeben. Bei einigen temperenten Phagen wird der Prophage durch Rekombination über homologe Sequenzen in das bakterielle Genom integriert, bei λ immer an derselben Stelle. Für die Aufrecherhaltung des **lysogenen Zyklusses** sorgt der **λ-Repressor**, der durch das an der SOS-Reaktion von *E. coli* beteiligte RecA-Protein inaktiviert wird, sodass der lytische Zyklus eingeleitet und die Bakterienzelle lysiert wird (*Mikrobiologie*).

Phagen mit einem sehr kleinen Genom besitzen häufig **überlappende Gene**. Dabei wird ein Teil der Nucleotidsequenzen durch Verschiebung des Leserahmens mehrmals abgelesen. Das 3569 bp große lineare Genom von MS2 codiert für vier Proteine: ein Reifungsprotein, ein Hüllprotein, ein Polypeptid der RNA-Replicase und ein Lyseprotein, dessen Gen sowohl mit dem Reifungsprotein-Gen als auch mit dem Hüllprotein-Gen überlappt (Abb. 2.**2a**). Die Plus-Strang-RNA des Phagen fungiert in der infizierten Zelle von *E. coli* als mRNA für die Translation der Phagen-Gene. Dabei werden zunächst nur drei Proteine synthetisiert, weil das Startcodon des lytischen Enzyms aufgrund der Sekundärstruktur der RNA für die Ribosomen nicht erreichbar ist. Erst nach Termination der Hüllprotein-Synthese ändert sich die Struktur der RNA so, dass auch das lytische Enzym gebildet werden kann. Auf diese Weise wird eine vorzeitige Lyse der Wirtszelle verhindert. Die RNA-Replicase ist ein Hybridprotein aus einem vom viralen Genom codierten Polypeptid und Polypeptiden, die von der Wirtszelle codiert werden und dort normalerweise an der Translation beteiligt sind. Die zusammengesetzte RNA-Replicase synthetisiert zunächst den komplementären Minus-RNA-Strang, der anschließend als Matrize für die neuen Plus-Stränge dient.

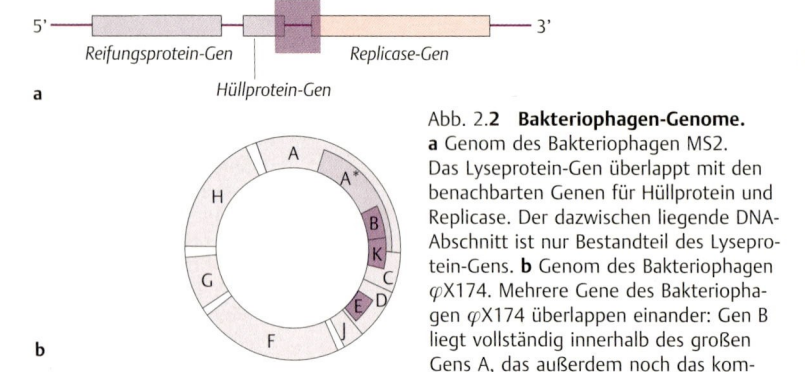

Abb. 2.2 Bakteriophagen-Genome. a Genom des Bakteriophagen MS2. Das Lyseprotein-Gen überlappt mit den benachbarten Genen für Hüllprotein und Replicase. Der dazwischen liegende DNA-Abschnitt ist nur Bestandteil des Lyseprotein-Gens. **b** Genom des Bakteriophagen φX174. Mehrere Gene des Bakteriophagen φX174 überlappen einander: Gen B liegt vollständig innerhalb des großen Gens A, das außerdem noch das komplette Gen A* und einen Teil von Gen K enthält. Ein weiterer Teil von K liegt innerhalb des benachbarten Gens C, sodass Gen K Bestandteil von zwei größeren Genen ist. Das kleine Gen E liegt vollständig innerhalb von Gen D.

Auch das 5386 bp große zirkuläre Genom des *E. coli*-Phagen φX174 aus einzelsträngiger DNA ist kompakt organisiert. Es enthält 11 Gene, von denen einige einander überlappen oder sogar komplett innerhalb eines größeren Gens liegen (Abb. 2.**2b**). Da Gen A* vollständig innerhalb von Gen A liegt, ist die Gen-A*-mRNA in der mRNA von Gen A enthalten. Durch die erneute Translation der Gen-A-mRNA von einem anderen Startcodon aus wird das Protein A* gebildet.

Phagen mit einem großen Genom enthalten deutlich mehr Gene für eigene Enzyme und Capsidproteine. Das 168 903 bp große Genom des Phagen T4 codiert für 278 Proteine, zahlreiche davon Bestandteile des sehr komplex aufgebauten Capsids mit seiner charakteristischen Kopf-Schwanz-Struktur. Die Gene überlappen nicht, in mehreren Genen des *E. coli*-Phagen wurden sogar Introns gefunden (S. 68).

Das Genom des temperenten Bakteriophagen Mu, der eine komplexe Kopf-Schwanz-Struktur besitzt, ist sowohl während des lysogenen als auch während des lytischen Lebenszyklus in das Wirtschromosom integriert, die Einleitung des lytischen oder des lysogenen Zyklusses wird durch phagencodierte regulatorische Proteine gesteuert. Unmittelbar nach der Infektion einer Bakterienzelle wird die doppelsträngige Phagen-DNA durch spezifische Modifizierungen vor dem Abbau durch Wirtsenzyme geschützt. Die Integration der Phagen-DNA in das Wirtschromosom wird durch eine **phagencodierte Transposase** vermittelt, im Unterschied zur Integration des λ-Phagen ist die Integrationsstelle variabel. Liegt sie innerhalb von Wirtszell-Genen, kann die **Integration mutagen** wirken (Name!). Das Phagengenom wird während seiner Replikation mehrfach an verschiedene Stellen des Wirtsgenoms transponiert. Jede Integration führt zur Duplikation einer 5 bp großen Sequenz im Chromosom der Wirtszelle. Mu besitzt ein 36 717 bp großes Genom, jeder Phagenkopf enthält jedoch ca. 39 000 bp großes doppelsträngiges DNA-Molekül. Die zusätzlichen Nucleotidsequenzen, 50 bis 150 bp am linken und 1000 bis 2000 bp am rechten Ende des DNA-Moleküls, stammen aus der Wirtszelle und werden bei der Exzision des Prophagen mitgenommen. Anzahl und Sequenz dieser Nucleotide variieren bei den aus einer Wirtszelle hervorgehenden **Phagennachkommen**, die daher **genetische Unikate** sind.

Die Wirtsspezifität des Phagen wird durch die Leserichtung des **G-Segmentes**, einer speziellen Nucleotidsequenz des Phagengenoms, bestimmt. Von der Orientierung dieses Segmentes hängt es ab, ob die Gene für die Proteine S und U oder die für die Proteine S' und U' exprimiert werden. Dadurch wird die Zusammensetzung der Schwanzfasern determiniert, die für die Adhäsion an die Wirtszelle und damit für die **Wirtsspezifität** zuständig sind. Werden die Proteine S und U gebildet, infiziert der Phage *E. coli* K12, enthalten die Schwanzfasern dagegen S' und U', werden Zellen von *E. coli* C und andere Enterobakterien infiziert.

2.2.2 Eukaryoten-Viren

Der Größenbereich der Genome eukaryotischer Viren reicht von unter 1000 bp bis zu 1,12 Mb beim Mimivirus (Tab. 2.**1**). Bei Eukaryoten werden virale Genome im Zellkern durch Wirtsenzyme repliziert und transkribiert, wobei sie die für eukaryotische RNAs typische Polyadenylierung und Cap-Struktur erhalten. Zur

Tab. 2.2 **Genomstrukturen verschiedener Tierviren.**

Virusfamilie	Genomstruktur	Besonderheiten	Beispiele
Picornaviridae	Einzelstrang-RNA (Plus-Strang)	Polyadenylierung am 3'-Ende, Protein am 5'-Ende, codiert für viruseigene RNA-Polymerase	Rhinoviren, Poliomyelitisviren, Hepatitis-A-Virus
Rhabdoviridae	Einzelstrang-RNA (Minus-Strang)	Virion enthält eigene RNA-abhängige RNA-Polymerase	Tollwutvirus
Orthomyxoviridae	Einzelstrang-RNA (Minus-Strang)	segmentiertes Genom, Virion enthält eigene RNA-abhängige RNA-Polymerase	Influenzaviren
Retroviridae	Einzelstrang-RNA (Plusstrang)	Genom besteht aus zwei identischen RNA-Molekülen, Replikation über DNA-Intermediat, zelluläre tRNA als Primer	HIV, HTLV, Rous-Sarkom-Virus
Reoviridae	Doppelstrang-RNA	segmentiertes Genom, eigene Replikationsenzyme, asymmetrische RNA-Replikation	Rotavirus (Gastroenteritis)
Papovaviridae	Doppelstrang-DNA	DNA liegt im Virion komplexiert mit Wirtszell-Histonen vor, Integration in das Wirtszellgenom führt zur Zelltransformation (Tumorentstehung)	SV40 (Affen-Tumorvirus), Papillomaviren
Herpesviridae	Doppelstrang-DNA	lineares Genom in der Wirtszelle zirkularisiert, dreistufige Kaskade der Proteinsynthese (immediate early, early, late), latente Infektion in Nervenzellen des Wirtes, Lipidhülle aus Kernmembran der Wirtszelle	Epstein-Barr-Virus, Herpes-simplex-Virus
Adenoviridae	Doppelstrang-DNA	lineares Genom enthält an den 5'-Enden kovalent gebundenes Protein, codiert für viruseigene DNA-Polymerase, Replikation erfolgt asynchron	Mastadenovirus (Säuger), Aviadenovirus (Vögel)
Poxviridae	Doppelstrang-DNA	kovalente Verbindung der benachbarten DNA-Stränge durch Phosphodiesterbrücken, Replikation in Einschlusskörpern im Cytoplasma der Wirtszelle	Variolavirus, Vacciniavirus, Myxomatosisvirus (Kaninchen)
Hepadnaviridae	Doppelstrang-DNA mit einzelsträngigen Abschnitten	zirkuläres Genom, stark überlappende Gene, virales Enzym fungiert als DNA-Polymerase und als Reverse Transkriptase	Hepatitis-B-Virus
Parvoviridae	Einzelstrang-DNA	lineares Genom mit endständigen Doppelstrangbereichen durch komplementäre Basenpaarung	Parvovirus B-19 (Ringelröteln), Hunde-Parvovirus, adeno-assoziierte Parvoviren

Translation werden sie aus dem Zellkern ins Cytoplasma transportiert. Während das Genom der meisten **Pflanzenviren** aus einzelsträngiger Plus-Strang-RNA besteht, gibt es unter den **Tierviren** RNA- und DNA-Viren mit linearen, ringförmigen oder segmentierten Genomen, die einzel- oder doppelsträngig sind. Auch Genome aus doppelsträngiger RNA oder einzelsträngiger DNA kommen vor, das DNA-Genom der Hepadnaviren ist nur teilweise doppelsträngig (Tab. 2.**2**).

Virale Retroelemente sind Viren, deren Replikation eine RNA-abhängige DNA-Synthese durch eine **Reverse Transkriptase** erfordert. **Pararetroviren** besitzen ein DNA-Genom, **Retroviren** ein Genom aus zwei identischen RNA-Molekülen, die am 3′-Ende eine Polyadenylierung und am 5′-Ende eine Cap-Struktur tragen. Zu den Pararetroviren gehört das Hepatitis-B-Virus, das sein DNA-Genom über ein **RNA-Intermediat** repliziert, dabei erfolgt die Rückübersetzung in DNA mithilfe der Reversen Transkriptase. Retroviren synthetisieren mithilfe der Reversen Transkriptase als Kopie ihres RNA-Genoms ein doppelsträngiges **DNA-Intermediat**, das nachfolgend durch die Aktivität einer viruseigenen **Integrase** über illegitime Rekombination (S. 351 und 📖*Mikrobiologie*) in das Wirtszellgenom integriert wird. Retroviren wie HIV besitzen die drei Gene *gag*, *pol* und *env*, die erst nach dem Einbau exprimiert werden und für Capsidproteine (*gag*), die Enzyme Reverse Transkriptase, Integrase und Protease (*pol*) und für Proteine der Virushülle (*env*) codieren. Die bei der Transkription der integrierten DNA-Kopie gebildete RNA fungiert als mRNA und liefert auch neue RNA-Genome für Virusnachkommen. Die virale mRNA wird zunächst in Polyproteine translatiert, die durch die virale Protease in funktionsfähige Virusproteine gespalten werden. Die für die Virusvermehrung essentielle Protease ist daher das Ziel von spezifischen **Proteasehemmern** für den therapeutischen Einsatz. Einige Retroviren besitzen zusätzliche *onc*-**Gene**, deren Produkte die Regulation des Zellwachstums beeinflussen und sie zu einer Tumorzelle transformieren (z. B. Rous-Sarkom-Virus bei Hühnern, Affen-Sarkom-Virus).

Virusoide sind infektiöse Nucleinsäuremoleküle, die für ihre Vermehrung auf ein **Helfervirus** angewiesen sind. Sie bestehen entweder aus zirkulärer einzelsträngiger RNA, die als **Satelliten-RNA** zusätzlich zum Genom des Helfervirus in dessen Capsid von Zelle zu Zelle transportiert wird, oder sie begleiten die Helferviren als **Satellitenviren** mit einem meist linearen RNA-Genom, das in ein eigenes Capsid verpackt ist. Als Helferviren von Satellitenviren können verschiedene Pflanzenviren fungieren, dabei wird das typische Krankheitsbild häufig verändert. Beispielsweise sind die durch das Tabaknekrosisvirus (TNV) verursachten Läsionen an befallenen Pflanzen deutlich kleiner, wenn das Virus von seinem Satelliten STNV begleitet wird, der die Ausbreitung von TNV offensichtlich behindert. Auch unter den Tierviren gibt es Virusoide, z. B. die adeno-assoziierten und die herpes-assoziierten Parvoviren oder das **Hepatitis-δ-Virus**, das selbst nur für ein Ribozym und zwei Proteine (δ-Antigen) codiert, für seine Vermehrung jedoch auf die vom Genom des **Hepatitis-B-Virus** codierten Hüllproteine angewiesen ist. Im Unterschied zum Tabaknekrosisvirus verläuft die durch das Hepa-

Abb. 2.3 Basenpaarung bei Viroiden durch hohe Selbstkomplementarität.

tits-B-Virus verursachte Erkrankung bei gleichzeitiger Anwesenheit des Satelliten schwerwiegender.

Viroide sind zirkuläre, infektiöse RNA-Moleküle, die auch außerhalb der Wirtszelle keine Proteinhülle besitzen und **kein Helfervirus** benötigen. Sie wurden bisher ausschließlich als **Krankheitserreger bei Pflanzen** nachgewiesen. Die Genomgröße der bisher komplett sequenzierten 39 Viroide liegt zwischen 240 und 370 bp. Da die RNA eine sehr hohe **Selbstkomplementarität** aufweist, bildet sich durch zahlreiche intramolekulare Basenpaarungen eine charakteristische **Stäbchenstruktur** aus (Abb. 2.3). Sequenzhomologien mit Introns der Gruppe I sprechen für einen gemeinsamen evolutionären Ursprung. Da keines der Viroide für ein Protein codiert, sind vermutlich Wechselwirkungen der RNA mit zellulären RNA-Molekülen ursächlich für die Pathogenität, die durch Veränderungen der Basensequenz eingeschränkt wird oder verloren geht.

Die RNA-Moleküle von Virusoiden und einigen Viroiden besitzen katalytische Aktivität, sie sind **Ribozyme** und zeigen **Selbstspleißung** (📖 *Biochemie*). Dazu bilden sie in der Regel eine **Hammerkopf-Struktur** (hammerhead) aus (Abb. 2.4).

> **Virales Genom:** Besteht entweder aus DNA oder aus RNA. Einzelsträngig oder doppelsträngig, zirkulär oder linear, bei einigen Viren segmentiert.
> – **Virale DNA-Genome:** Meist doppelsträngig. Einzelsträngig bei Parvoviren und einigen Bakteriophagen (z. B. φX174).

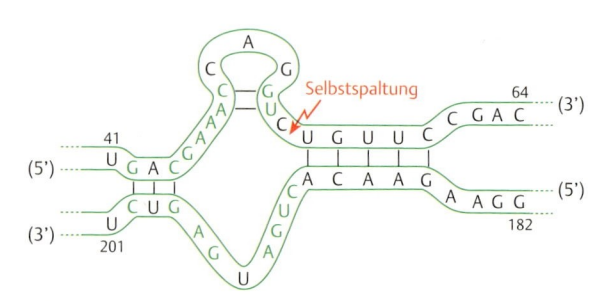

Abb. 2.4 Hammerkopfstruktur des Avocado-Sonnenflecken-Viroids (ASBV). Durch die Ausbildung der katalytisch aktiven Hammerkopfstruktur wird die Selbstspaltung der von Wirtsenzymen synthetisierten RNA-Concatemere des Viroids an einer definierten Spaltstelle ermöglicht.

- **Virale RNA-Genome:** Meist einzelsträngig als Plus- oder Minus-Strang. Plus-Strang-RNA fungiert direkt als mRNA. Replikation und bei Genomen mit negativer Polarität auch Transkription durch viruseigene RNA-abhängige RNA-Polymerase. Doppelsträngige RNA bei Reoviren und einigen Bakteriophagen (z. B. φ6).

Prophage: Genom eines temperenten Phagen während des lysogenen Zyklusses. Liegt in das bakterielle Genom integriert (z. B. Phage λ) oder als separater DNA-Ring vor (z. B. P1). Wird mit dem bakteriellen Genom repliziert.

Überlappende Gene: Gene, die ganz oder teilweise in demselben DNA-Bereich liegen. Dienen in sehr kleinen Genomen der besseren Platzausnutzung.

Virale Retroelemente: Viren, deren Replikation eine RNA-abhängige DNA-Synthese erfordert. Besitzen Reverse Transkriptase. Pararetroviren und Retroviren.

- **Pararetroviren:** DNA-Viren, einzelsträngiges RNA-Intermediat (z. B. Hepatitis-B-Virus).
- **Retroviren**: RNA-Viren, doppelsträngiges DNA-Intermediat, das in das Wirtsgenom integrieren kann (z. B. HIV).

Virusoide: Infektiöse Nucleinsäuremoleküle, die für ihre Vermehrung ein Helfervirus benötigen. Satelliten-RNA oder Satellitenviren.

- **Satelliten-RNA:** Zirkuläre Einzelstrang-RNA im Capsid des Helfervirus.
- **Satellitenviren:** Lineares RNA-Genom in eigenem Capsid.

Viroide: Infektiöse zirkuläre Einzelstrang-RNA ohne Proteinhülle, charakteristische Stäbchenstruktur durch intramolekulare Basenpaarungen. Benötigen kein Helfervirus. RNA codiert nicht für Proteine. Verursachen verschiedene Pflanzenkrankheiten.

2.3 Prokaryotische Genome

Prokaryotische Genome bestehen in der Regel aus einer oder mehreren Kopien eines **zirkulären Chromosoms**, häufig sind zusätzlich **zirkuläre oder lineare Plasmide** vorhanden. Die meisten Gene sind in Operons organisiert und durch nichtcodierende, **intergene Bereiche** voneinander getrennt, die den Replikationsursprung und Proteinbindungsstellen enthalten. **Transposons** sind bewegliche DNA-Elemente mit einem Transposase-Gen, zusammengesetzte und komplexe Transposons enthalten zusätzlich weitere Gene. Einige Bacteria besitzen zwei nicht identische Chromosomen. Alle Bacteria und einige Archaea besitzen das ATP-abhängige Enzym **Gyrase**, das **negative Superhelizität** (**Supercoiling**) der DNA bewirkt. Alle hyperthermophilen Archaea und Bacteria sowie einige thermophile Bacteria codieren für eine **Reverse Gyrase**, die unter ATP-Verbrauch **positive Superhelices** in die DNA einführt. Einige Archaea besitzen Histongene. Bestimmte Gene von Archaea ähneln den entsprechenden Genen von Bacteria, andere denen von Eukarya mit gleicher Funktion.

Prokaryotische Genome bestehen immer aus doppelsträngiger DNA, meist in Form eines **zirkulären Chromosoms**. Sie können bewegliche genetische Elemente, **Transposons**, enthalten. Zusätzlich besitzen prokaryotische Zellen meist noch **extrachromosomale DNA** in Form von zirkulären oder linearen **Plasmiden** (s. u.) in unterschiedlicher Kopienzahl, auf denen weitere Gene lokalisiert sind. Einige Prokaryoten erwerben spezielle Eigenschaften auch durch einen **lysogenen Phagen**, z. B. werden das Diphtherietoxin von *Corynebacterium diphtheriae*, das Scharlachtoxin von *Streptococcus pyogenes* und das Botulinustoxin von *Clostridium botulinum* nur von Stämmen produziert, die einen bestimmten lysogenen Phagen tragen.

2.3.1 Das Chromosom der Bacteria

Das Chromosom der Bacteria ist in zahlreichen Schleifen in der **Nucleoidregion** der bakteriellen Zelle lokalisiert. Das DNA-Molekül ist speziesabhängig zwischen ca. 0,3 und 5 mm lang und durch **Supercoiling**, (S. 19 und 📖*Mikrobiologie*) stark aufgewunden. Alle untersuchten Bacteria-Genome codieren für das Enzym **Gyrase**, eine spezielle **Topoisomerase**, die unter ATP-Verbrauch negative Supercoils in ein DNA-Molekül einführt. **Generelle DNA-Bindeproteine** (S. 22), die unabhängig voneinander an sehr vielen Stellen der DNA binden, verstärken die Kondensation des DNA-Moleküls, sodass es trotz seiner Länge in einer Bakterienzelle von 1–2 µm Durchmesser Platz findet. Die meisten Bacteria besitzen ein ringförmiges Chromosom, das in einer oder mehreren Kopien in der Zelle vorkommt (S. 50). *Rhodobacter sphaeroides* besitzt zwei unterschiedliche ringförmige Chromosomen, *Agrobacterium tumefaciens* ein ringförmiges und ein lineares, wobei sich jeweils ein größeres Hauptchromosom und ein kleines Nebenchromosom unterscheiden lassen (Tab. 2.3). Die linearen Chromosomen von *Streptomyces coelicolor* und *Borrelia burgdorferi* (Lyme-Borreliose) sind an ihren Enden durch eine **Haarnadelstruktur** (*B. burgdorferi*) oder durch kovalent gebundene Proteine (*S. coelicolor*) vor dem Abbau durch Nucleasen geschützt.

Die Anzahl der **Gene** ist speziesabhängig. Bakterien mit ausgeprägten metabolischen Fähigkeiten oder komplexen Differenzierungsvorgängen besitzen relativ große Genome mit zahlreichen Genen, beispielsweise ist das Genom des Endosporenbildners *Bacillus licheniformis* 4,2 Mb groß und codiert für knapp 4200 Proteine, während der Schleimhautparasit *Mycoplasma genitalium*, der nur geringe metabolische Aktivität zeigt und größtenteils auf Wachstumsfaktoren aus der Umgebung angewiesen ist, ein sehr kleines Genom von 0,58 Mb besitzt, das für 477 Proteine codiert. Nicht codierende **intergene DNA-Bereiche**, in denen der **Replikationsursprung** und verschiedene Proteinbindungsstellen lokalisiert sind, trennen als Abstandshalter (spacer) einzelne Gene beziehungsweise Operons voneinander. Innerhalb von Genen treten nicht codierende Sequenzen nur bei einigen Bacteria auf, vor allem in rRNA- und tRNA-Genen. Bei einigen Bacteria wurden innerhalb der intergenen Bereiche relativ kurze repetitive

Tab. 2.3 **Anzahl und Form einiger prokaryotischer Chromosomen.**

Organismus	Anzahl unterschiedlicher Chromosomen	Chromosomenform	Genomgröße (Mb)
Bacteria			
Escherichia coli K12	1	zirkulär	4,6
Bacillus subtilis	1	zirkulär	4,2
Borrelia burgdorferi	1	linear	bis zu 1,52 (Chromosom: 0,91, bis zu 21 Plasmide)
Rhodobacter sphaeroides	2	zirkulär	(Chromosom 1: 3,2; Chromosom 2: 0,94, zusätzlich 5 Plasmide)
Agrobacterium tumefaciens	2	1 zirkuläres, 1 lineares	5,65 (Chromosomen: zirkulär: 2,8; linear: 2,1; 2 Plasmide)
Streptomyces coelicolor	1	linear	9,1 (Chromosom 8,7; 2 Plasmide)
Archaea			
Sulfolobus acidocaldarius	1	zirkulär	2,23
Methanocaldococcus jannaschii	1	zirkulär	1,76 (Chromosom 1,66, 2 Plasmide)
Haloarcula marismortui	2	zirkulär	4,28 (Chromosom 1: 3,13, Chromosom 2: 0,29; 7 Plasmide)
Thermotoga maritima	1	zirkulär	1,86

Sequenzen (Mikrosatelliten, S. 72) gefunden, die an der Regulation der nachfolgenden Gene beteiligt sind.

Einige pathogene Bakterien enthalten **Mikrosatelliten** auch innerhalb von Genen. Die opa-Gene von Neisseria gonorrhoeae, die für verschiedene Oberflächenproteine zur Anheftung der Bakterien an Epithelzellen codieren, enthalten zahlreiche Wiederholungen der Basensequenz CTCTT. Bei der Replikation kann sich in einem der beiden Stränge aus einer einzigen oder mehreren hintereinander liegenden Wiederholungseinheiten eine Schleife bilden, wodurch die Paarung der komplementären Basen der beiden Stränge entsprechend versetzt wird. Als Folge dieser **Versetzungs-Fehlpaarung** (slipped-strand mispairing) wird der repetitive Bereich um mindestens eine Einheit verkürzt oder verlängert, abhängig davon, ob die Schleifenbildung im elterlichen oder im neu synthetisierten Strang auftritt. Da die repetitive Einheit innerhalb der opa-Gene aus 5 Basen besteht, wird durch eine Versetzungs-Fehlpaarung auch das **Leseraster** für alle nachfolgenden Codons **verschoben**, sodass das Genprodukt unvollständig oder stark verändert ist. Durch häufig in einer der nächsten Replikationsrunden stattfindende erneute Versetzungs-Fehlpaarungen in entgegengesetzter Richtung sind diese Mutationen jedoch in hohem Maße reversibel. Vermutlich stellen sie für die Bakterien ein Instrument der schnellen Anpassung an ihre Umwelt dar. Bei Haemophilus influenzae enthalten mehrere Gene für Lipopolysaccharid-Untereinheiten Mikrosatelliten der Basensequenz CAAT. Von der Anzahl der Wiederholungen hängt es ab, ob die gebildeten Lipopolysaccharide (LPS)

Cholinphosphat enthalten, was die Besiedelung der Schleimhäute des Nasen-Rachen-Raumes begünstigt. Bei der Ausbreitung der Bakterien über die Blutbahn wirkt das Cholinphosphat jedoch als Signal für die Immunabwehr, sodass hier Zellen ohne Cholinphosphat im Vorteil sind. Das Umschalten zwischen der Bildung von LPS mit oder ohne Cholinphosphat mithilfe der Versetzungs-Fehlpaarung in ihren Mikrosatelliten ermöglicht daher die schnelle und reversible Anpassung an veränderte Umgebungsbedingungen. Die Gene, die über diese repetitiven Bereiche verändert werden können, werden auch als **Kontingenz-Gene** bezeichnet.

Nur wenige bakterielle Gene liegen einzeln auf dem Chromosom und werden in eine **monocistronische mRNA** transkribiert, die für ein einziges Protein codiert. Häufiger sind mehrere Strukturgene für Proteine eines Stoffwechselweges zu einem **Operon** zusammengefasst, das eine gemeinsame Promotor/Operator-Region besitzt und als Ganzes reguliert wird. Mehrere von demselben Regulatorprotein kontrollierte Operons bilden ein **Regulon** (*Mikrobiologie*). Das gesamte Operon wird in eine **polycistronische mRNA** transkribiert, die die Information für mehrere Proteine enthält.

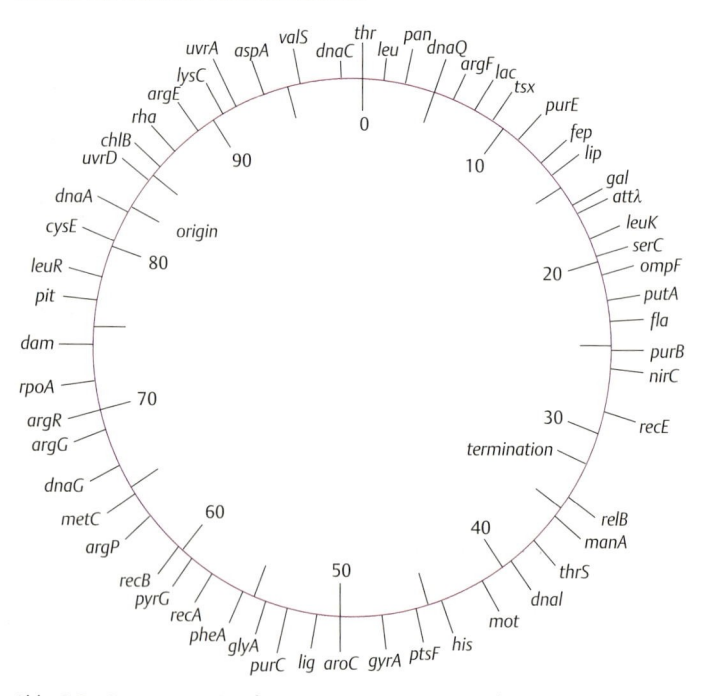

Abb. 2.5 **Genom von *E. coli* K12.** Das Genom von *E. coli* K12 ist 4 693 kb groß. Mithilfe von Konjugationsexperimenten wurde die Lage zahlreicher Gene auf dem ringförmigen DNA-Molekül ermittelt. Abhängig von der Zeit, nach der die Paarung jeweils unterbrochen wurde, ist das Genom in Einheiten von 0 bis 100 Minuten eingeteilt. Als Nullpunkt wurde dabei der *thr*-Locus gewählt.

Die meisten Gene liegen als **Einzelkopie** auf dem Chromosom vor, von den in teilungsaktiven Zellen sehr häufig transkribierten rRNA-Genen existieren jedoch in *E. coli* und *S. typhimurium* sieben Kopien, in *B. subtilis* sogar zehn. Durch die Vervielfältigung der entsprechenden Gene wird die Transkriptionsrate und damit die Menge der verfügbaren rRNA erhöht. Die Anordnung der Gene in Bezug auf den Replikationsursprung ist bei sehr nah verwandten Arten wie *E. coli* und *S. typhimurium* nahezu identisch, in phylogenetisch weiter entfernten Arten, z. B. in *B. subtilis*, sind die Gene dagegen in einer völlig anderen Reihenfolge angeordnet. Die Transkriptionsrichtung vieler Gene entspricht der Replikationsrichtung. Am besten untersucht ist das ringförmige Chromosom von *E. coli* (Abb. 2.**5**).

2.3.2 Das Chromosom der Archaea

Alle bisher sequenzierten Archaea-Chromosomen sind **zirkulär**, ihre Größe liegt zwischen 0,49 Mb bei *Nanoarchaeum equitans* und 5,75 Mb bei *Methanosarcina acetivorans*. Mobile Elemente, die den Transposons (s. u.) der Bacteria entsprechen, wurden bei einigen Haloarchaea nachgewiesen. Die Genome einiger Archaea, z. B. *Methanocaldococcus jannaschii,* enthalten **Gene für Histone** (S. 68), die in Bacteria nicht vorkommen, in Eukarya jedoch für die kompakte Verpackung der DNA essentiell sind. Auch thermophile Euryarchaeota besitzen Histone und entsprechende Gene wurden auch in marinen Crenarchaeota und bei *N. equitans* nachgewiesen. Alle hyperthermophilen Archaea und Bacteria besitzen die **Reverse Gyrase**, eine Topoisomerase, die ATP-abhängig **positive Supercoils** in die DNA einführt und diese so stabilisiert. Auch bei einigen thermophilen Bacteria wurde zusätzlich zur Gyrase (s. o.) eine Reverse Gyrase nachgewiesen, niemals jedoch bei mesophilen. Sequenzvergleiche der entsprechenden Gene deuten darauf hin, dass die Reverse Gyrase ursprünglich aus Archaea stammt und erst durch lateralen Gentransfer von einigen Bacteria erworben wurde. Wie essentiell der Besitz einer Reversen Gyrase für das Überleben bei sehr hohen Umgebungstemperaturen ist, zeigt der Befund, dass eine Knockout-Mutation für das Reverse-Gyrase-Gen zur Temperatursensibilität führt.

Zahlreiche **Plasmide** von Archaea wurden inzwischen sequenziert, darunter auch zwei lineare aus *Methanosarcina acetivorans* und *Methanothermobacter thermoautotrophicus*; *Sulfolobus* besitzt ein konjugatives Plasmid. Einige tRNA-Gene von *Methanocaldococcus jannaschii* sowie tRNA- und rRNA-Gene einiger halophiler und Schwefel oxidierender Archaea enthalten Introns.

Funktionell zusammenhängende Gene sind wie bei Bacteria in **Operons** angeordnet, die in eine **polycistronische mRNA** transkribiert werden. Gene für Stoffwechselwege und Energiekonservierung ähneln den entsprechenden Genen von Bacteria, dagegen zeigen die an Replikation, Transkription und Translation beteiligten Gene größere Übereinstimmungen mit denen von Eukarya.

Bei der Zellteilung von Bacteria spielt das FtsZ-Protein eine entscheidende Rolle, alle bisher sequenzierten Bacteria-Genome enthalten Gene für dieses Protein. Auch in den Genomen der Euryarchaeota *M. jannaschii*, *Pyrococcus abysii* und *Pyrococcus furiosus* wurden Gene für FtsZ-Proteine gefunden, die mit denen der Bacteria große Ähnlichkeit haben. Die teilweise übereinstimmenden Sequenzen der FtsZ-Proteine von Euryarchaeota und Bacteria mit denen der Tubuline von Eukarya sprechen für einen gemeinsamen Vorläufer. In *Sulfolobus solfataricus*, einem Mitglied der Crenarchaeota, wurden dagegen weder FtsZ noch Actin-Homologe gefunden, sondern Homologe der Proteine ESCRT-III und Vps4, die bei Eukaryoten an der Sortierung von Endosomen beteiligt sind. Die beiden Proteine sind bei *S. solfataricus* während der Zellteilung in der Zellmitte lokalisiert und interagieren miteinander, ihre Expression erfolgt in Abstimmung mit dem Zellzyklus. Die experimentelle Überexpression von katalytisch inaktiven Vps4-Proteinen führt zur Entstehung von übergroßen Zellen, die nicht mehr teilungsfähig sind. Diese Befunde sprechen dafür, dass die ESCRT-III- und Vps4-Homologe bei *S. solfataricus* und vermutlich auch bei anderen Crenarchaeota eine Schlüsselrolle bei der Zellteilung spielen.

2.3.3 Transposons bei Prokaryoten

Transposons, auch als springende Gene bezeichnet, sind mobile genetische Elemente, die bei Bacteria, Archaea und Eukarya vorkommen. Mithilfe des Enzyms **Transposase** bewegen sie sich innerhalb eines DNA-Moleküls oder zwischen verschiedenen DNA-Molekülen (illegitime Rekombination). Transposons besitzen immer ein **Transposase-Gen** und eine charakteristische Struktur mit invertierten Wiederholungen von Nucleotidsequenzen an den Enden (inverted repeats, **IR-Paare**). Einige Transposons enthalten zusätzlich Gene für Antibiotika- und Schwermetallresistenzen oder für die Nutzung außergewöhnlicher Energiesubstrate. Die Integration eines Transposons in ein Gen führt wegen der Duplikation einiger Nucleotide an der Insertionsstelle, die auch nach der Exzision des Transposons erhalten bleibt, meist zu einer **irreversiblen Mutation**. Wegen dieses Effektes werden Transposons zur gezielten Mutagenese eingesetzt.

IS-Elemente, z. B. IS1, IS10 oder IS50, bestehen nur aus einem von IR-Paaren flankierten Transposase-Gen (Abb. 2.**6a**). Gleiche IS-Elemente können Rekombinationsvorgänge vermitteln, z. B. zwischen dem bakteriellen Chromosom und einem Plasmid.

Zusammengesetzte Transposons (**Klasse-I-Transposons**) bestehen aus zwei IS-Elementen mit je einem Transposase-Gen, zwischen denen ein oder mehrere Gene liegen (Abb. 2.**6b**), z. B. Tn*5* und Tn*10*. In Tn*5* ist die Transposase des linken der beiden flankierenden IS50-Elemente durch eine Mutation funktionsunfähig, sodass die intakte Transposase des rechten IS50-Elementes die **konservative Transposition** der gesamten Einheit steuert. Dabei integriert sich das ursprüngliche Transposon an einer anderen Stelle des Genoms.

| IR$_L$ | Transposase | IR$_R$ |

a Insertion (IS)-Elemente

| IR$_L$ | Transposase | Resolvase | Resistenzgene | IR$_R$ |

c Klasse II Transposon (komplexes Transposon)

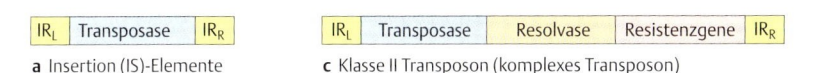

IS-Element · IS-Element

| IR$_L$ | Transposase | IR$_R$ | Resistenzgen(e) | IR$_L$ | Transposase | IR$_R$ |

b Klasse I Transposon (zusammengesetztes Transposon)

Abb. 2.**6 Transposons. a** IS-Element: Das Transposase-Gen wird von IR-Sequenzen flankiert. **b** Zusammengesetztes Transposon: Mehrere Gene werden von zwei IS-Elementen flankiert, die jeweils ein Transposase-Gen enthalten. **c** Komplexes Transposon vom Tn*3*-Typ: Ein oder mehrere Resistenz-Gene und die Transpositionsgene (Transposase und Resolvase) liegen zwischen IR-Sequenzen.

Ein **komplexes Transposon** (**Klasse-II-Transposon**) enthält neben einem Transposase-Gen mindestens ein weiteres Gen. Verschiedene komplexe Transposons besitzen zusätzlich ein **Resolvase-Gen** (Abb. 2.**6c**), z. B. die Tn*3*-Familie. Ihre **Transposition** erfolgt **replikativ**, das intermediär entstehende Cointegrat wird von der Resolvase gespalten, wobei ein Exemplar des Transposons am ursprünglichen Integrationsort verbleibt.

Transponierbare Phagen wie Mu (S. 55) oder D108 integrieren sich in ihrem Replikationszyklus mehrmals an unterschiedlichen Stellen des Wirtschromosoms.

2.3.4 Plasmide

Plasmide, meist zirkuläre, gelegentlich auch lineare DNA-Moleküle, kommen in den meisten prokaryotischen Zellen in jeweils charakteristischer Kopienzahl von 1 bis über 10 vor (*Mikrobiologie*) und replizieren unabhängig. Episomen sind durch Rekombination in das bakterielle Chromosom integrierte Plasmide, die gemeinsam mit dem Chromosom repliziert werden. Plasmide, die derselben **Inkompatibilitätsgruppe** angehören, können nicht gemeinsam in einer Wirtszelle existieren (Inkompatibilität). Kopienzahl und Inkompatibilität werden durch die ***inc*-Gene** auf dem Plasmid kontrolliert (*Mikrobiologie*). Plasmid-Gene codieren für Eigenschaften, die der Zelle unter bestimmten Bedingungen einen Selektionsvorteil verschaffen, z. B. die Erschließung neuer Nahrungsquellen oder Resistenzen.

Fertilitätsplasmide wie das F-Plasmid von *E. coli* verleihen einer Zelle die Fähigkeit zur Konjugation (*Mikrobiologie*). Es liegt entweder extrachromosomal (**F$^+$-Zelle**) oder ins Chromosom integriert (**Hfr-Zelle**) vor. **Resistenzplasmide** tragen ein oder mehrere Resistenzgene, z. B. gegen Antibiotika oder Schwermetalle. Sie sind häufig konjugativ und werden zwischen verschiedenen Bakterien ausgetauscht. **Degradative Plasmide** enthalten Gene für die Nutzung komplexer Verbindungen als Nahrungs- und Energiequelle, z. B. von Toluol durch

Pseudomonas putida. **Virulenzplasmide** codieren für Pathogenitätsfaktoren, z. B. die Fähigkeit zur Kolonisierung von Wirtszellen oder zur Produktion von Exotoxinen wie die Enterotoxine von *E. coli*- und *Staphylococcus*-Stämmen. Auch die Bildung von Siderophoren zur Erhöhung der Eisen-Bindungskapazität (*Mikrobiologie*) ist bei manchen Bakterien plasmidcodiert. **Bakteriocin-Plasmide** befähigen eine Zelle, antibakterielle Proteine gegen Bakterien der gleichen Art und gegen nah verwandte Spezies zu bilden, die um den gleichen Lebensraum konkurrieren. Neben den Synthese-Genen für das jeweilige Bakteriocin enthält das Plasmid die entsprechenden Resistenzgene zum Schutz der Zelle gegenüber ihrem eigenen Bakteriocin.

Prokaryotische Genome: Bestehen immer aus doppelsträngiger DNA, Anzahl der unterschiedlichen Chromosomen meist 1, bei einigen Spezies 2.
Extrachromosomale DNA: Plasmide; nicht ins Chromosom integrierte Prophagen.
Prokaryotische Chromosomen: Meist zirkulär, bei einigen Spezies auch linear. Lineare Chromosomen besitzen Haarnadelstruktur oder kovalent gebundene Proteine.
Intergene DNA-Bereiche: Nichtcodierende DNA zwischen den Genen.
Operon: Funktionseinheit mehrerer Strukturgene eines Stoffwechselweges, gemeinsame Promotor/Operator-Region. Transkription der gesamten Einheit in eine polycistronische mRNA, gemeinsame Regulation.
Transposons: Innerhalb eines oder zwischen verschiedenen DNA-Molekülen mobile genetische Elemente bei Prokaryoten und Eukaryoten.
Prokaryotische Transposons: IS-Elemente, komplexe Transposons, zusammengesetzte Transposons.
- **IS-Elemente:** bestehen aus dem Transposase-Gen und flankierenden IR-Paaren
- **Komplexe Transposons:** bestehen aus IR-Paaren, Transpositions-Genen und weiteren Genen.
- **Zusammengesetzte Transposons:** bestehen aus IS-Elementen mit je einem Transposase-Gen und weiteren Genen.

Transponierbare Phagen: Integrieren sich im Verlauf ihres Replikationszyklusses mehrfach an unterschiedlichen Stellen ins Wirtsgenom, verursachen Mutationen, Beispiel: Bakteriophage Mu.
Plasmide: Doppelsträngige DNA-Moleküle, ringförmig oder linear, unabhängige Replikation. Codieren für zusätzliche Eigenschaften. Vorkommen in Bacteria, Archaea und einigen Eukarya.
Episom: In das bakterielle Chromosom integriertes Plasmid, Replikation mit dem Chromosom.
Plasmidarten:
- **Fertilitätsplasmide:** verleihen einer Bakterienzelle die Fähigkeit zur Konjugation.
- **Degradative Plasmide:** ermöglichen die Nutzung komplexer Verbindungen als Nährstoffquelle.

- **Resistenzplasmide:** verleihen Resistenz gegen Antibiotika oder andere Wirkstoffe.
- **Virulenzplasmide:** codieren für Pathogenitätsfaktoren.
- **Bakteriocin-Plasmide:** codieren für die Synthese antibakterieller Proteine.

Inkompatibilität: Unverträglichkeit zwischen Plasmiden der gleichen Inkompatibilitätsgruppe, verhindert die gemeinsame Replikation in einer Wirtszelle, beruht auf dem Vorhandensein von *inc*-Genen auf den Plasmiden.

2.4 Eukaryotische Genome

Eukaryotische Genome bestehen aus dem **Kerngenom** und dem **Plasmon**. Das Kerngenom enthält neben vollständigen **Genen** auch **Pseudogene** und **Genfragmente**. Viele Gene sind gestückelt, sie bestehen aus **Exons** und **Introns**. Bestimmte Gene sind in **Multigenfamilien** organisiert, oft tandemartig angeordnet oder über das gesamte Genom verstreut. Das Verhältnis von Genen zu **extragener DNA** variiert in den Genomen unterschiedlicher Spezies sehr stark. **Repetitive DNA** besteht aus sich vielfach wiederholenden DNA-Sequenzen. Alpha-Sequenzwiederholungen, Mini- und Mikrosatelliten sind tandemartig an bestimmten Stellen wiederholte **hochrepetitive Sequenzen**, die in der Regel nicht transkribiert werden. SINEs (short interspersed elements) und LINEs (long interspersed elements), sind über das gesamte Genom verteilt liegende **mittelrepetitive Sequenzen**, die in der Regel transkribiert werden. Komplette LINE-Elemente enthalten ein Gen für eine Reverse Transkriptase.

Die Gesamtheit der Organellengenome, das **Plasmon**, besteht aus **Mitochondriengenom** und **Plastom**, die in der Regel zirkulär sind. Die Organisation der Organellengenome entspricht der von Prokaryoten. Die Größenunterschiede bei Mitochondriengenomen verschiedener Eukaryoten werden vor allem durch die unterschiedlich großen nicht codierenden Bereiche verursacht. Nur ein Teil der mitochondrialen Proteine und RNAs wird vom Mitochondriengenom codiert, die übrigen vom Kerngenom. In einigen Mitochondrien weicht der genetische Code vom Standardcode ab. Die Plastome der meisten Pflanzen sind ähnlich aufgebaut und enthalten charakteristische Bereiche. Die cp-DNA codiert für zahlreiche RNAs und Proteine, insbesondere an der Photosynthese beteiligte.

Die **Vererbung** von Mitochondrien und Plastiden erfolgt speziesabhängig maternal, biparental oder paternal.

Das **Kerngenom** eukaryotischer Zellen besteht aus **linearen Chromosomen** im **Zellkern** (S. 25, *Biochemie, Zellbiologie*). Die Anzahl der Chromosomen ist speziesabhängig und beträgt bei *Saccharomyces cerevisiae* 16, bei *Caenorhabditis elegans* 6, bei der Maus 20, beim Menschen 23 und beim Schimpansen 24. *Arabidop-*

sis thaliana besitzt 5 Chromosomen, *Oryza sativa* (Reis) 12. Die sehr langen DNA-Moleküle sind mithilfe von **Histonen** und **Nicht-Histon-Proteinen** über mehrere Organisationsstufen so verpackt, dass einerseits die gesamte DNA im Zellkern untergebracht werden kann und andererseits Replikation und Transkription ungestört ablaufen (S. 26). Die Größe des DNA-Moleküls ist für jedes Chromosom unterschiedlich, beim Menschen beträgt sie beispielsweise 220 Mb für Chromosom 1 und 34 Mb für Chromosom 22. Mit Ausnahme einiger amitochondrialer Einzeller (*Biochemie, Zellbiologie,* u. *Mikrobiologie*) besitzen Eukaryoten zusätzlich meist zirkuläre Organellengenome, das **Mitochondriengenom** und das **Plastom** bei Pflanzen. Einige eukaryotische Zellen, z. B. Hefen, enthalten **Plasmide** (S. 65).

2.4.1 Das Kerngenom

Die Kerngenome unterschiedlicher eukaryotischer Zellen zeigen eine große **Variationsbreite** in Größe und Anzahl der enthaltenen Gene. Im 12,069 Mb großen Genom von *Saccharomyces cerevisiae* wurden bisher rund 6200 Gene gefunden, im mit 3038 Mb etwa 250-mal so großen menschlichen Genom nur die vergleichsweise geringe Anzahl von 20 000 bis 25 000 Genen (2.5). Ursache für das unterschiedliche Verhältnis von Genomgröße und Anzahl der Gene bei verschiedenen Spezies ist die Menge der **extragenen DNA** und die Anzahl der Introns innerhalb der Gene. Das Genom des Menschen besteht zu knapp 30 % aus Genen und Genresten, die restlichen 70 % sind extragene DNA. 80 % der extragenen DNA-Sequenzen liegen als Einzelkopie oder in wenigen Kopien vor. Über ihre Funktion ist noch wenig bekannt, allerdings sprechen neuere Untersuchungen dafür, dass **extragene Sequenzen** verschiedene **regulatorische Funktionen** ausüben und nicht, wie zunächst vermutet, funktionslosen „DNA-Schrott" darstellen. 20 % der extragenen DNA sind repetitive Sequenzen, die anhand ihrer Kopienzahl und ihrer Lage innerhalb des Genoms in verschiedene Gruppen eingeteilt werden (s. u.).

Gene, Genfamilien und Pseudogene

Eukaryotische Gene variieren sehr stark in ihrer Größe, bei den Genen des Menschen reicht die Spannbreite von unter 100 bp bis zu mehr als 2000 kb. Die kleinsten Gene codieren für verschiedene tRNAs und andere kleine RNAs, proteincodierende Gene sind in der Regel größer. Viele Gene sind gestückelt, die codierenden **Exons** sind von nichtcodierenden **Introns** unterbrochen. Die Anzahl der Introns ist unterschiedlich: Das menschliche Insulin-Gen enthält nur zwei Introns, die jedoch zwei Drittel der Gesamtlänge des Gens ausmachen, das menschliche Dystrophin-Gen dagegen 78, was 99 % der Gesamtlänge entspricht. Exons und Introns werden zunächst als Gesamtheit in RNA transkribiert und die Introns anschließend durch **Spleißen** entfernt (S. 161). Erst diese reife mRNA wird an den Ribosomen in funktionsfähige Proteine translatiert. Durch **alterna-**

tives Spleißen** können die Exons eines Gens unterschiedlich kombiniert und so mehrere unterschiedliche Proteine synthetisiert werden. Die einzelnen Exons eines Gens codieren für bestimmte **Domänen**, die im kompletten Protein jeweils eine definierte Funktion haben, z. B. die Substratbindung. Viele dieser Teilfunktionen kommen in unterschiedlichen Proteinen vor. Aufgrund dieser Befunde wurde die Hypothese entwickelt, dass im Verlauf der Evolution durch die Neukombination von Exons für bestimmte Domänen neue Gene für Proteine mit neuartiger Gesamtfunktion entstanden sind (**exon shuffling**). Die Trennung der codierenden Exons durch Introns verringert die Wahrscheinlichkeit, dass dabei codierende Sequenzen verloren gehen.

Bestimmte Gene sind als **Multigenfamilien** organisiert. Die zu einer Genfamilie gehörenden Gene können gemeinsam angeordnet sein wie die Familie der Wachstumshormon-Gene oder die 5S-rRNA-Gene, die tandemartig hintereinander liegen (Abb. 2.7a). Bei anderen Genfamilien liegen die einzelnen Mitglieder über das Genom verstreut wie die Mitglieder der Aldolase-Genfamilie, die auf fünf verschiedenen Chromosomen liegen. In **einfachen Multigenfamilien** sind die einzelnen Gene untereinander identisch. Sie codieren meist für Produkte, die in bestimmten Zellzyklusphasen in großen Mengen benötigt werden. Ein Beispiel sind die 5S-rRNA-Gene, die beim Menschen in circa 2000 Kopien vorliegen, oder die Histongene, die in Clustern zusammengefasst sind, die jeweils ein Gen für jedes Histon enthalten und tandemartig hintereinander angeordnet sind

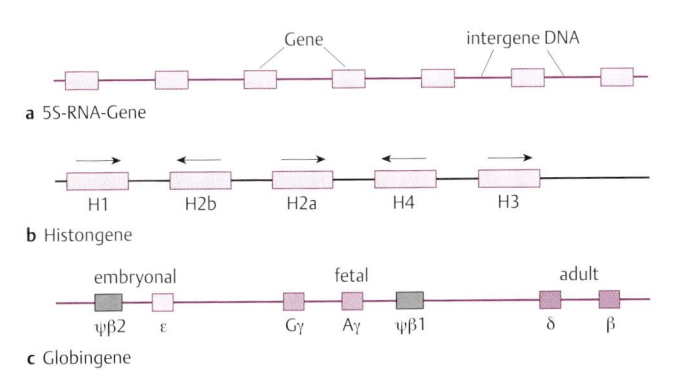

a 5S-RNA-Gene

b Histongene: H1, H2b, H2a, H4, H3

c Globingene: embryonal (ψβ2, ε), fetal (Gγ, Aγ, ψβ1), adult (δ, β)

Abb. 2.7 **Multigenfamilien. a** 5S-rRNA-Gene: Mehrere Kopien des 5S-rRNA-Gens von *Drosophila* liegen von intergenen Bereichen unterbrochen tandemartig hintereinander. **b** Die fünf Histongene liegen hintereinander, die Richtung der Transkription kann gleich oder, wie bei *Drosophila*, unterschiedlich sein. Die gesamte Einheit der Histongene wird tandemartig wiederholt. **c** Die Globingene liegen nicht als Tandem vor, jedoch eng benachbart. Neben den drei Gengruppen aus jeweils mehreren spezialisierten Genen, die in verschiedenen Entwicklungsstufen des Menschen aktiv sind, finden sich auch die beiden Pseudogene Ψβ2 und Ψβ1. Die Anordnung der Gene innerhalb des gesamten Clusters entspricht der Abfolge ihrer Transkription im Verlauf der Entwicklung vom Embryo über den Fötus bis zum adulten Individuum.

(Abb. 2.7b). Die einzelnen Gene werden zu unterschiedlichen Zeiten exprimiert. In **komplexen Multigenfamilien** weisen die Gene zwar einige abweichende Nucleotidsequenzen auf, sind einander aber noch sehr ähnlich. Produkte komplexer Genfamilien sind Proteine, die ein gewisses Maß an Variationsbreite aufweisen. Ein Beispiel ist die Globingenfamilie der Wirbeltiere. α- und β-Globine bilden die Grundstruktur des Hämoglobins. Während der frühen Embryonalentwicklung werden geringfügig andere Globine synthetisiert als in der fetalen Phase und beim erwachsenen Menschen wieder andere. Die Gene für die unterschiedlichen α- und β-Globine sind in Clustern angeordnet, die auf verschiedenen Chromosomen lokalisiert sind (Abb. 2.7c).

Vermutlich ging die Entstehung von Multigenfamilien von der, möglicherweise mehrfachen, **Duplikation eines Gens** aus. Anschließende Punktmutationen veränderten einzelne Gene, die daher untereinander nicht mehr identisch sind. Umlagerungen der so entstandenen veränderten Gene innerhalb des Genoms könnten dann zu der verstreuten Anordnung geführt haben, die bei manchen Genfamilien zu finden ist.

Neben einzelnen Genen und Genfamilien findet man in eukaryotischen Genomen auch **Genreste**. Dabei handelt es sich um verschiedene Formen von Pseudogenen oder um Genfragmente, denen der 3′- oder der 5′-Bereich des kompletten Gens fehlt. **Genfragmente** entstehen vermutlich durch **Deletionen** oder **Rekombinationen**, bei denen ein Gen geteilt wird. **Pseudogene** sind Gene, die ihre ursprüngliche Funktion verloren haben. **Konventionelle Pseudogene** enthalten meist Nonsense-Mutationen, die ein Codon für eine Aminosäure in ein Stoppcodon umändern, sodass bei der Proteinsynthese ein vorzeitiger Kettenabbruch stattfindet, wodurch das Protein in der Regel funktionsunfähig wird. **Prozessierte Pseudogene** entstehen vermutlich mithilfe reverser Transkription. Dabei wird nach der Transkription und anschließender Prozessierung der mRNA über reverse Transkription eine DNA-Kopie hergestellt und zum Doppelstrang ergänzt. Diese nur aus den ursprünglichen Exons bestehende DNA kann wieder in das Genom integrieren, aber nicht mehr transkribiert werden, weil ihr die Promotor-Region fehlt.

Repetitive DNA

Repetitive DNA besteht aus sich vielfach wiederholenden DNA-Sequenzen und ist gehäuft im **Heterochromatin** der Chromosomen lokalisiert. Die jeweils wiederholten Sequenzen können entweder über das gesamte Genom verstreut oder tandemartig angeordnet an bestimmten Stellen des Genoms liegen. Man unterscheidet hoch- und mittelrepetitive Sequenzen, deren Anteil am Genom mithilfe einer **Renaturierungskinetik** bestimmt werden kann. Für diese Untersuchung wird die in Fragmente zerlegte DNA einer Probe durch Hitze denaturiert und anschließend wieder abgekühlt, wobei komplementäre Bereiche wieder zum Doppelstrang renaturieren. Die höchste Renaturierungsrate erreichen die

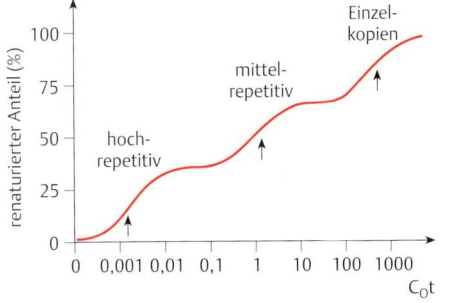

Abb. 2.8 Renaturierungskinetik: Die halblogarithmische Auftragung zeigt das Ausmaß der Renaturierung von hoch- und mittelrepetitiven Sequenzen sowie Einzelkopien von DNA eines eukaryotischen Genoms nach Ablauf der Hälfte der Renaturierungszeit. In der ersten Stufe erscheinen die Sequenzen mit hoher Wiederholungsfrequenz und geringer Komplexität der Wiederholungseinheiten, in der zweiten die mit weniger hoher Wiederholungsfrequenz und höherer Komplexität und in der dritten die mit sehr geringer oder keiner Wiederholungsfrequenz und hoher Komplexität. Abhängig von den Anteilen der jeweiligen Sequenzen am gesamten Genom kann das Aussehen der Kurve variieren. (nach Seyffert, 1998.)

Sequenzbereiche, die in der ursprünglichen Probe in hoher Kopienzahl vorlagen, weil für sie die Wahrscheinlichkeit einer raschen komplementären Paarung am größten ist. Im Idealfall erhält man eine dreistufige Renaturierungskinetik, die das Vorhandensein von hochrepetitiver, mittelrepetitiver und nicht repetitiver DNA in der Ausgangsprobe widerspiegelt. Die hochrepetitiven Sequenzen reassoziieren am schnellsten, die mittelrepetitiven etwas langsamer und die in Einzelkopie vorliegenden DNA-Sequenzen nur sehr langsam (Abb. 2.8).

Hochrepetitive Sequenzen werden häufig auch als **Satelliten-DNA** bezeichnet. Dieser Begriff geht auf die Auftrennung von DNA-Fragmenten anhand ihres relativen GC-Gehaltes in einem CsCl-Dichtegradienten zurück. Die Hauptbande (peak) repräsentiert die vom GC-Gehalt abhängige durchschnittliche Dichte der eingesetzten DNA. Daneben treten häufig noch kleinere Satelliten-Peaks auf. Sie bestehen meist aus zueinander komplementären Fragmenten hochrepetitiver DNA, deren GC-Gehalt und entsprechend ihre Dichte im CsCl-Gradienten sich vom restlichen Genom unterscheiden, sodass sie eine eigene Fraktion bilden. Die zuerst beim Menschen entdeckte **klassische Satelliten-DNA** besteht aus 100 bis 5000 kb und enthält bis zu einer Million Wiederholungen von Sequenzen, die zwischen 5 und 300 bp lang sind. Diese DNA-Bereiche werden in der Regel nicht transkribiert. Zu ihnen gehören die **Alpha-Sequenzwiederholungen** an den Centromeren der Chromosomen (S. 37), die beim Menschen aus tandemartig hintereinander liegenden Wiederholungen einer Sequenz von 171 bp bestehen. Jede Wiederholungseinheit fungiert als Bindungsstelle für das centromerspezifische Protein CENP-B.

Mit einer Gesamtlänge von 100 bp bis zu 20 kb sind die Gruppen der Minisatelliten-DNA deutlich kleiner. Zu den **Minisatelliten**, die aus Einheiten von maximal 15 Basen bestehen, gehört die DNA der **Telomere** an den Chromosomenenden. Sie enthält bis zu 1000 tandemartige Wiederholungen einer kurzen DNA-

Sequenz, die beim Menschen aus 6 Basen (5'-GGGTTA-3') besteht. Dabei ergibt sich stets ein G-reicher Strang, dessen komplementärer Strang entsprechend C-reich ist, wodurch sich Quadruplex-Strukturen ausbilden (S. 14). Sie sind die Bindungsstellen für telomerspezifische Proteine, die die Enden der Chromosomen vor dem Abbau durch Nucleasen schützen und die Fusion zweier Chromosomen verhindern sollen. Der G-reiche Strang der Telomer-DNA ist etwas länger als der komplementäre C-reiche Strang, sodass ein 12 bis 16 Nucleotide langer Abschnitt einzelsträngig vorliegt. An diesen Bereich bindet die in der Telomerase (eine Reverse Transkriptase, S. 57) enthaltene RNA über einen komplementären Sequenzabschnitt. Ihr überstehendes Ende dient anschließend als Matrize für die Verlängerung der Telomer-DNA, wodurch der mit jedem Replikationszyklus stattfindenden Verkürzung der Chromosomen entgegen gewirkt wird. Minisatelliten werden wegen ihrer hohen Variabilität zwischen unterschiedlichen Individuen (**Hypervariabilität**) auch als **VNTR-Loci** (**v**ariable **n**ucleotide **t**andem **r**epeats) bezeichnet.

Simple Sequenzen (simple sequence loci) oder **Mikrosatelliten** sind sehr kurze Einheiten von 1 bis 6 bp, die nur bis zu einigen hundert Mal tandemartig wiederholt werden. Mikrosatelliten stellen selbst repetitive Einheiten dar, die über alle Chromosomen eines Genoms verteilt bis zu 100 000-mal vorkommen können. Man vermutet, dass simple Sequenzen bei der Replikation entstehen, wenn kurzzeitig freie DNA-Enden vorliegen. Diese freien Enden können gegenüber dem komplementären Strang um einige Nucleotide versetzt werden (**slippage**), diese Nucleotide werden dann neu synthetisiert und so dupliziert. Wegen der Zufälligkeit ihrer Entstehung sind Mikrosatelliten bei verschiedenen Individuen unterschiedlich lang (**Längenpolymorphismus**), was man sich bei der Erstellung eines „genetischen Fingerabdrucks" zunutze macht. Durch Vergleich der Längen von Genomregionen, die Mini- und Mikrosatelliten-Loci enthalten, lassen sich Individuen eindeutig identifizieren und verwandtschaftliche Beziehungen aufklären (S. 500).

Etwa 90 % der Mikrosatelliten liegen bei Eukaryoten in intergenen DNA-Bereichen, die restlichen 10 % innerhalb von Genen. Sie bestehen in der Regel aus **Wiederholungen eines Basentripletts**, sodass bei einer Änderung der Wiederholungsfrequenz keine Verschiebung des Leserasters erfolgt. Allerdings ändert sich im synthetisierten Protein die Anzahl der diesem Basentriplett entsprechenden Aminosäuren, häufig Glutamin oder Prolin. Das scheint innerhalb eines gewissen Toleranzbereiches keinen negativen Einfluss auf die Funktion dieses Proteins zu haben. Wird jedoch dieser Bereich deutlich über- oder unterschritten, kommt es bei den betroffenen Individuen zur Ausprägung bestimmter Krankheitsbilder, die häufig das Nervensystem betreffen. Bei der autosomal dominant vererbten neurodegenerativen Erbkrankheit **Chorea Huntington** (Veitstanz) ist das Gen für das Protein **Huntingtin**, dessen physiologische Funktion noch nicht geklärt ist, verändert. Ein Mikrosatellit am 5'-Ende des Gens codiert für eine Kette aus Glutaminresten. Bei einer Kettenlänge bis zu 27 Glutaminresten zeigen sich keine Krankheitssymptome, bei über 39 bricht die Krankheit mit charakteristischen Störungen von Wahrnehmung und Bewegungskoordination im Alter zwischen 30 und 45 Jahren aus, bei über 60 bereits im jugendlichen Alter. Das mutierte Protein wird nicht mehr korrekt gefaltet, verklebt leicht und zerfällt in einzelne Fragmente, die sich amyloidähnlich in Nervenzellen und Axonen anlagern. Untersuchungen haben ergeben, dass der Glucosestoffwechsel der betroffenen Zellen beeinträchtigt ist und sie eine erhöhte Sensibilität gegenüber dem Neurotransmitter Glutamat zeigen. Auch bei weiteren Krankheiten des Nervensystems werden verlängerte oder verkürzte Mikrosatelliten in oder in unmittelbarer Nähe von Genen als Auslöser vermutet.

Für die **Frühdiagnose von Tumorerkrankungen** macht man sich die Beobachtung zunutze, dass bei bestimmten Formen von Dickdarm- und Blasenkrebs die **Mikrosatelliten von Tumorzellen** im Vergleich zu denen gesunder Zellen oft verkürzt oder verlängert sind. Mithilfe einer gelelektrophoretischen Auftrennung der entsprechenden DNA-Bereiche aus Zellen des fraglichen Gewebes werden für einen bestimmten Mikrosatelliten eine väterliche und eine mütterliche Bande ermittelt. Ein Gewebe im Anfangsstadium einer Krebserkrankung besteht aus einem Gemisch von gesunden Zellen und Tumorzellen, daher erhält man hier zusätzlich eine veränderte väterliche bzw. mütterliche Bande. Die Ursache für die Veränderung der Mikrosatelliten in bestimmten Tumorzellen ist wahrscheinlich eine Mutation in einem DNA-Reparatur-Gen. Im Unterschied zu den Befunden bei bestimmten degenerativen Erbkrankheiten des Nervensystems erscheinen die veränderten Mikrosatelliten hier nicht als Ursache, sondern als eine Folge der krankhaften Funktionsstörung.

Mittelrepetitive Sequenzen sind sowohl in der Länge der Wiederholungseinheiten als auch in der Anzahl der Wiederholungen sehr unterschiedlich. Sie liegen typischerweise nicht als Tandem-Wiederholungen vor, sondern sind über das gesamte Genom verteilt und werden im Unterschied zu den meisten hochrepetitiven Sequenzen in der Regel transkribiert. Diese Elemente sind aktiv oder passiv **transponierbar** und liegen daher bei verschiedenen Individuen an unterschiedlichen Stellen des Genoms. Zu ihnen gehört eine Gruppe von DNA-Sequenzen, die aufgrund ihrer Länge in zwei Klassen eingeteilt werden. Kurze Sequenzen von 200 bis 400 bp Länge werden als **SINEs** (**s**hort **in**terspersed **e**lements) bezeichnet. Zu ihnen gehören die ca. 1,1 Millionen **Alu-Elemente**, die den größten Teil der mittelrepetitiven Sequenzen des menschlichen Genoms ausmachen und unterschiedlich alten Subfamilien zugeordnet werden können. Die Alu-Elemente sind untereinander nicht identisch, aber sehr ähnlich. Sie enthalten einen Promotor für die RNA-Polymerase III und am 3'-Ende eine adeninreiche Region, der im Abstand von einigen Basen mindestens vier Thymin-Basen folgen. Ein Modell postuliert, dass die Verbreitung der Alu-Elemente innerhalb des Genoms mithilfe dieser Struktur durch **reverse Transkription** stattgefunden hat (Abb. 2.**9**). Während die Alu-Elemente der älteren Subfamilien inzwischen inaktiv sind, findet bei den ca. 200 000 Alu-Elementen der relativ jungen Subfamilie Y auch heute noch eine aktive Retrotransposition statt, für die ein von LINE-1-Elementen (s. u.) codiertes Protein erforderlich ist. Alle Alu-Elemente enthalten die **Erkennungssequenz AGCT** als Schnittstelle für das Restriktionsenzym AluI aus *Arthrobacter luteus* und sind von kurzen direkten Sequenzwiederholungen flankiert. Sie haben eine Größe von etwa 300 bp und werden 700 000- bis 1 000 000-mal im Genom wiederholt. Wegen der Sequenzähnlichkeit mit der 7SL RNA wird angenommen, dass sie aus einem oder mehreren prozessierten

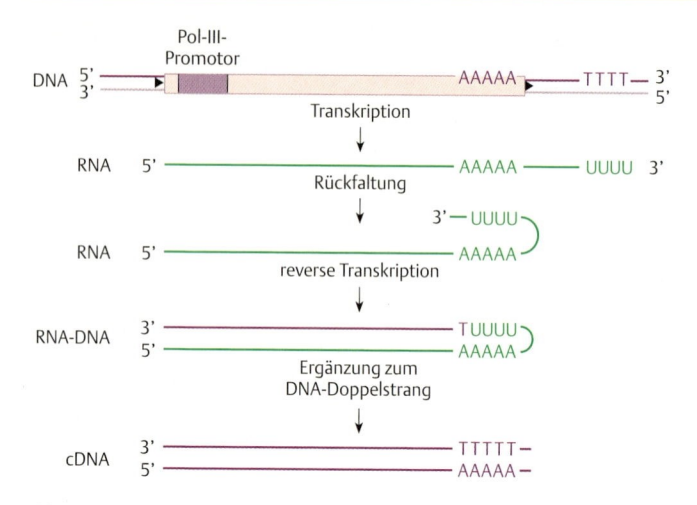

Abb. 2.9 Modell für die Transposition von Alu-Elementen. Die Mitglieder der Alu-Familie sind von direkten Verdopplungen der Sequenzen am Integrationsort im Genom flankiert, die für jedes Element unterschiedlich sind (Dreiecke). Innerhalb des jeweiligen Alu-Elementes liegt ein Polymerase-III-Promotor, den die RNA-Polymerase erkennt und so das Alu-Element transkribiert. Das RNA-Transkript kann sich mithilfe der am 3'-Ende gelegenen komplementären Basen Adenin (A) und Uracil (U) zurückfalten und so einen kurzen Doppelstrang ausbilden, der als Startpunkt für die reverse Transkription dient. Der entstandene DNA-Strang wird nachfolgend zum Doppelstrang komplettiert. Dieser kann an anderer Stelle wieder ins Genom integrieren, wobei durch Duplikation einiger Nucleotide an der Insertionsstelle die flankierenden Wiederholungssequenzen entstehen. Der Polymerase-III-Promotor wird dabei mitgenommen.

Pseudogenen (s. o.) für diese RNA entstanden sind. Interessanterweise existiert ein sehr ähnliches, aber nur halb so großes repetitives Element im Genom der Maus. Da das menschliche Alu-Element aus zwei fast identischen Teilbereichen besteht, könnte es im Verlauf der Evolution durch eine Duplikation des Maus-Elementes entstanden sein.

LINEs (**l**ong **i**nterspersed **n**ucleotide **e**lements) haben eine Länge von mehreren kb und enthalten einen internen RNA-Polymerase II-Promotor. Sie kommen mit einer Kopienzahl von 60 000 bis 100 000 im Genom vor. LINE-1-Elemente besitzen eine durchschnittliche Länge von 1,4 kb, die größten Exemplare sind über 6 kb groß. Die verkürzten Elemente sind **Deletionsvarianten**, denen ein Teil des 5'-Endes fehlt. Aufgrund der unterschiedlichen Längen und Kopienzahlen der LINE-1-Elemente in einem Genom wurden sie früher verschiedenen Familien zugeordnet, die nach jeweils vorhandenen Schnittstellen für ein bestimmtes Restriktionsenzym benannt wurden, z. B. beim Menschen als KpnI-Familie. Vollständige Elemente enthalten ein Gen für eine Reverse Transkriptase, sie sind **nichtvirale Retroelemente**. Allerdings werden heute nur noch etwa 100 LINE-Elemente aktiv transponiert.

Ebenfalls den LINE-Elementen zugeordnet werden die transponierbaren Elemente, die in den Vierzigerjahren des 20. Jahrhunderts von Barbara McClintock bei Mais entdeckt wurden. Diese **eukaryotischen Transposons** werden anhand der Länge ihrer invertierten Wiederholungen in zwei Klassen eingeteilt. Zu den **Transposons mit kurzen invertierten Wiederholungen** gehören die P-Elemente von *Drosophila melanogaster*, die eine genetische Unverträglichkeit zwischen Paarungspartnern verursachen können. Da alte Laborstämme von *D. melanogaster* keine P-Elemente besitzen, wurde dieses Transposon vermutlich erst vor wenigen Jahrzehnten durch horizontalen Gentransfer erworben. **Transposons mit langen invertierten Wiederholungen** wurden ebenfalls in *Drosophila* und in dem Seeigel *Strongylocentrotus* beschrieben. Die langen invertierten Wiederholungen ermöglichen die Bildung einer Haarnadelstruktur durch Rückfaltung bei Einzelsträngen dieser Transposons. Ausgehend von dieser Struktur findet dann eine DNA-Synthese statt. **Retrotransposons** transponieren im Unterschied zu anderen Transposons über eine RNA-Zwischenstufe und stammen vermutlich von Retroviren ab. Sie besitzen unter anderem ein Gen für die Reverse Transkriptase und könnten daher bei der Transposition von **Retroposons** ohne eigene Reverse Transkriptase eine Rolle spielen. Im menschlichen Genom gibt es mehrere Tausend Kopien von **menschlichen endogenen Retroviren** (**HERV**, **h**uman **e**ndogenous **r**etro**v**iruses). Möglicherweise besteht ein Zusammenhang zwischen dem Vorhandensein bestimmter endogener Retroviren und dem Auftreten von Autoimmunkrankheiten wie multipler Sklerose.

> **Eukaryotische Genome:** Doppelsträngige DNA, Kerngenom und Plasmon.
> **Kerngenom**: Gesamtheit aller Chromosomen des eukaryotischen Zellkerns, speziesabhängige Anzahl linearer Chromosomen.
> **Eukaryotische Gene:** Zeigen starke Größenvariationen, bestehen häufig aus Exons (codierende DNA) und Introns (nichtcodierende DNA), werden in monocistronische RNA transkribiert. Introns werden vor der Translation durch Spleißen entfernt. Alternatives Spleißen ermöglicht die Synthese verschiedener Proteine.
> **Exon shuffling:** Neukombination von Exons verschiedener Gene, bewirkt die Entstehung neuer Proteine durch Neukombination von Teilfunktionen.
> **Multigenfamilien:** Organisationsform für mehrere identische oder ähnliche Gene, Anordnung der Gene gemeinsam oder über das gesamte Genom verstreut.
> - **Einfache Multigenfamilien:** Einzelne Gene untereinander identisch, Genprodukt wird zeitweise in großen Mengen benötigt, Beispiele: 5S-rRNA-Gene und Histongene.
> - **Komplexe Multigenfamilien**: Einzelne Gene untereinander ähnlich, aber nicht identisch, Genprodukte weisen eine bestimmte Variationsbreite auf und werden häufig in unterschiedlichen Entwicklungsphasen benötigt, Beispiel: Globingene der Wirbeltiere.

Genfragmente: Genreste und Pseudogene
- **Genreste:** Ihnen fehlt der 3′- oder der 5′-Bereich, entstehen vermutlich durch Deletionen oder Teilung eines Gens durch Rekombination.
- **Pseudogene:** Haben ihre ursprüngliche Funktion verloren. **Konventionelle Pseudogene:** enthalten Nonsense-Mutationen eines Aminosäure-Codons zu einem Stoppcodon. Vorzeitiger Kettenabbruch führt zu funktionslosen Translationsprodukten. **Prozessierte Pseudogene:** entstehen vermutlich über reverse Transkription. DNA-Kopie einer prozessierten mRNA integriert über Rekombination ins Genom, wegen fehlender Promotor-Region keine Transkription möglich.

Repetitive DNA: In einem DNA-Molekül mehrfach wiederholte DNA-Sequenzen, deren Anteil im Genom über eine Renaturierungskinetik bestimmt wird. Hoch- und mittelrepetitive Sequenzen.

Hochrepetitive Sequenzen (Satelliten-DNA): DNA wird in der Regel nicht transkribiert. Klassische Satelliten-DNA, Mini- und Mikrosatelliten.
- **Klassische Satelliten-DNA:** Bis zu einer Million Wiederholungen von 5 bis 300 bp großen Sequenzen, Beispiel: Alpha-Sequenzen an den Centromeren.
- **Minisatelliten:** Bis zu 1000 tandemartige Wiederholungen einer Sequenz von maximal 15 bp, wegen ihrer Hypervariabilität zwischen verschiedenen Individuen auch als VNTR-Loci (variable nucleotide tandem repeats) bezeichnet. Werden zur Erstellung genetischer Fingerabdrücke verwendet, Beispiel: Telomere der Chromosomenenden.
- **Mikrosatelliten** (simple Sequenzen, simple sequence loci): Einige Hundert tandemartige Wiederholungen von Sequenzen mit 1 bis 6 bp. Entstehen vermutlich durch Fehlversetzung (slippage) bei der Replikation. Wegen ihres Längenpolymorphismus zur Erstellung genetischer Fingerabdrücke verwendet. Beispiel: Huntingtin-Gen

Mittelrepetitive Sequenzen: Sehr unterschiedlich in Länge der Wiederholungseinheiten und Anzahl der Wiederholungen, meist über das gesamte Genom verteilt, in der Regel transkribiert.

SINEs (short interspersed elements): Kurze Sequenzen von 200 bis 400 bp Länge, Beispiel: Alu-Elemente (Kopienzahl 700 000 bis 1 000 000).

LINEs (long interspersed elements): Unterschiedlich große Elemente von bis zu 6 kb Länge, Beispiel: KpnI-Familie des Menschen (Kopienzahl 60 000 bis 100 000). Vollständige Elemente enthalten ein Gen für eine Reverse Transkriptase.

Eukaryotische Transposons: Werden den LINEs zugerechnet. Transposons mit kurzen invertierten Wiederholungen (z. B. P-Elemente von *Drosophila*) und Transposons mit langen invertierten Wiederholungen, die durch Rückfaltung der Einzelstränge Haarnadelstruktur als Voraussetzung zur DNA-Synthese ausbilden. Retrotransposons besitzen ein Gen für Reverse Transkriptase, Transposition über RNA-Zwischenstufe, Retroposons besitzen kein Gen für Reverse Transkriptase.

HERV (human endogenous retroviruses): Menschliche endogene Retroviren, stammen vermutlich von inaktivierten Retroviren ab.

2.4.2 Das Plasmon

Das **Plasmon** setzt sich zusammen aus dem **Mitochondriengenom** und dem **Plastom** bei phototrophen Eukaryoten. Die **Organisation** der Organellengenome unterscheidet sich deutlich von der des Kerngenoms und entspricht im Wesentlichen der von **prokaryotischen** Genomen, viele Gene sind wie bei Prokaryoten zu **Operons** zusammengefasst. Die aufgrund zahlreicher Übereinstimmungen mit typischen Merkmalen von Prokaryoten formulierte **Endosymbiontentheorie**, nach der Mitochondrien und Plastiden aus ursprünglich selbstständigen prokaryotischen Endosymbionten hervorgegangen sind, ist inzwischen auch durch Sequenzanalysen belegt worden (*Ökologie, Evolution* u. *Mikrobiologie*). Im Unterschied zur linearen Struktur der eukaryotischen Chromosomen besteht die DNA in den Mitochondrien und Plastiden meist aus einem doppelsträngigen ringförmigen Molekül, von dem jeweils mehrere Kopien in einem Organell vorliegen. Es gibt jedoch auch lineare Mitochondriengenome, z. B. bei einigen Pilzen (*Candida rhagii*), Flagellaten (*Chlamydomonas reinhardtii*) und Protozoen (*Paramecium, Tetrahymena*). Die Größe der mitochondrialen Genome zeigt bei verschiedenen Organismen eine sehr große Variationsbreite, während die Genome der Plastiden bei den meisten photosynthetischen Eukaryoten ähnlich groß sind.

Das Mitochondriengenom

Das menschliche **Mitochondriengenom** wurde bereits 1981 vollständig sequenziert. Es ist 16 569 bp groß und enthält zahlreiche Gene für RNAs und Proteine, die den weitaus größten Teil der mt-DNA beanspruchen (Abb. 2.**10**). In dem sehr geringen Anteil nichtcodierender DNA liegt u. a. der Replikationsstartpunkt. Einige mRNA-Transkripte enthalten zunächst keine vollständigen Terminationscodons, sie werden erst durch eine nachfolgende Polyadenylierung komplettiert. Alle im Mitochondrion benötigten RNAs werden von der mitochondrialen DNA codiert. Sie enthält Gene für eine 16S-rRNA der großen Ribosomen-Untereinheit und eine 12S-rRNA der kleinen Untereinheit, die ribosomalen Proteine werden vom Kerngenom codiert. Die 70S-Ribosomen der Mitochondrien sind nicht identisch mit denen von Prokaryoten, die eine 5S-, eine 16S- und eine 23S-rRNA besitzen. Die mt-DNA enthält außerdem Gene für insgesamt 22 tRNAs. Damit diese geringe Anzahl an tRNAs trotzdem alle für die Proteinsynthese benötigten Aminosäuren zu den Ribosomen transportieren kann, gibt es in den Mitochondrien zahlreicher Organismen **Abweichungen vom genetischen Standardcode** (S. 180), sodass im Unterschied zur cytoplasmatischen Proteinsynthese für bestimmte Aminosäuren eine einzige tRNA alle vier möglichen Codons erkennt. Bei höheren Pflanzen gilt dagegen auch in den Mitochondrien der Standardcode. In den Mitochondrien anderer Organismen existieren zum Teil sehr viel weniger tRNA-Gene als beim Menschen, in *Chlamydomonas reinhardtii* beispielsweise nur drei. Für eine funktionsfähige Proteinsynthese in ihren Mitochondrien benötigen diese Organismen daher zusätzliche tRNAs aus dem Cytoplasma. Ein tRNA-Transport in die Mitochondrien konnte tatsächlich für verschiedene Eukaryoten nachgewiesen werden, z. B. für *Saccharomyces cerevisiae*, *Phaseolus vulgaris* und auch für einige Säuger.

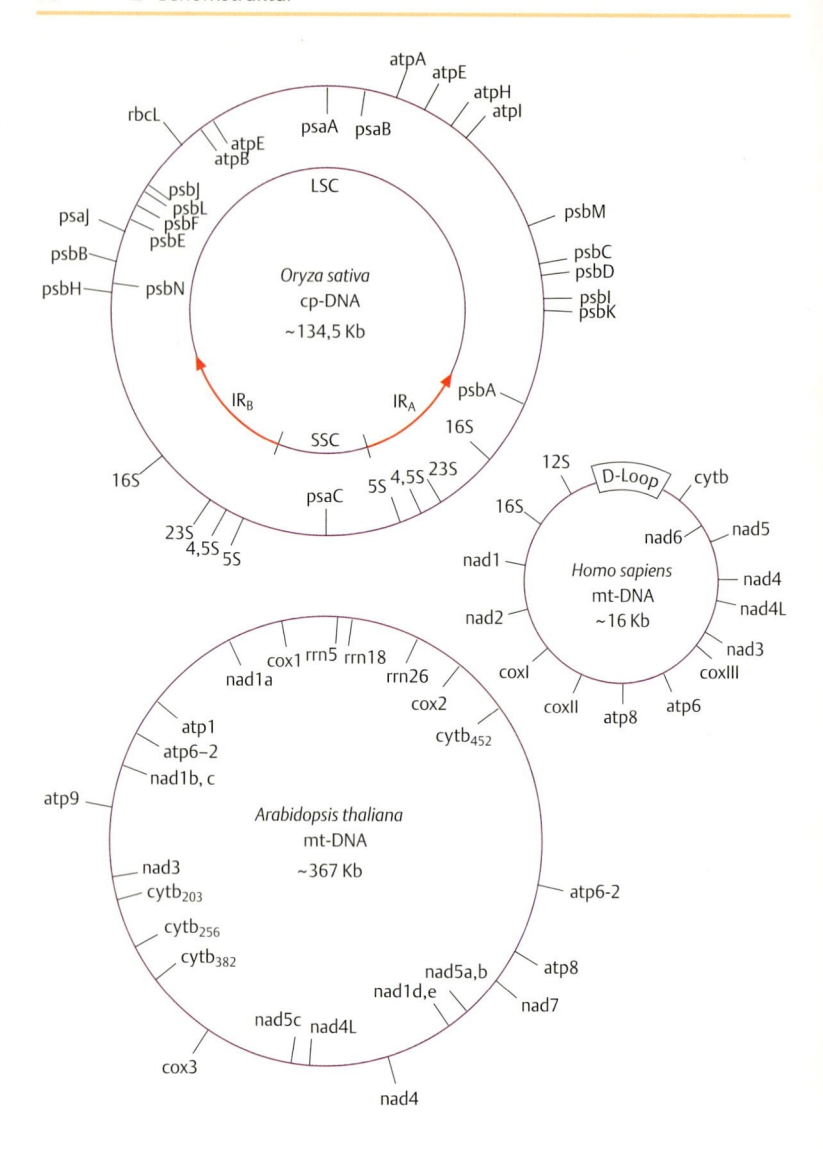

◀ **Abb. 2.10 Plasmon.** Das Mitochondriengenom des Menschen ist etwa 16 kb groß. Es enthält Gene für eine 12S- und eine 16S-rRNA (*rrn*), Gene für 22 tRNAs und 13 proteincodierende Gene für Untereinheiten der NADH-Dehydrogenase (*nad*), der Cytochrom-*c*-Oxidase (*cox*), der ATP-Synthase (*atp*) und von Cytochrom *b* (*cytb*). Das Mitochondriengenom von *Arabidopsis thaliana* (stark vereinfachte Darstellung) ist mit 367 kb mehr als 20-mal so groß wie das menschliche. Es enthält Gene für eine 5S-, eine 18S- und eine 26S-rRNA und Gene für 21 tRNAs. Außerdem enthält es Gene für Untereinheiten der NADH-Dehydrogenase, der ATP-Synthase, der Cytochrom-Oxidase und des Cytochrom *b/c1*-Komplexes. Das Plastom von *Oryza sativa* (stark vereinfachte Darstellung) besitzt die typische Struktur vieler Chloroplastengenome mit zwei umgekehrten wiederholten Segmenten (IR) sowie je einen großen (LSC) und einen kleinem (SSC) Einzelkopiebereich (large and small single copy). Die wiederholten Segmente enthalten jeweils Gene für 5S-, 4,5S-, 23S- und 16S-rRNA sowie Gene für einige tRNAs und Proteine. Die Einzelkopiebereiche enthalten weitere Gene für tRNAs und für verschiedene Proteine, vor allem für Komponenten des Photosyntheseapparates.

Die Proteingene der mt-DNA codieren für insgesamt 13 Proteine, die alle an der mitochondrialen Atmungskette beteiligt sind. Alle übrigen in den Mitochondrien benötigten Untereinheiten und weitere mitochondriale Proteine werden vom Kerngenom codiert und nach ihrer Synthese an den cytoplasmatischen Ribosomen in die Mitochondrien transportiert (📖 *Biochemie, Zellbiologie*).

Die Größe der mitochondrialen Genome bei verschiedenen Eukaryoten unterscheidet sich beträchtlich (Tab. 2.**4**).

Große Mitochondriengenome enthalten im Unterschied zum kompakten menschlichen zahlreiche Introns und intergene DNA-Bereiche. Die vollständige Sequenzierung der mitochondrialen Genome verschiedener Organismen hat außerdem gezeigt, dass die mt-DNA von Angiospermen, Moosen und einigen

Tab. 2.**4 Größe der Mitochondriengenome bei verschiedenen Organismen.**

Organismengruppe	*Organismus*	*Genomgröße (kb)*
Säuger	*Homo sapiens*	16,569
	Mus musculus	16,3
Nematoden	*Caenorhabditis elegans*	13,794
Tierische Einzeller	*Plasmodium falsiparum*	5,967
Pilze	*Aspergillus niger*	31,103
	Saccharomyces cerevisiae	85,779
Moose	*Marchantia polymorpha*	186,608
Höhere Pflanzen	*Brassica napus*	221,853
	Arabidopsis thaliana	366,924
	Zea mays ssp. *parviglumis*	680,603
	Tripsacum dactyloides	704,1

Algen für eine größere Anzahl von Genprodukten codiert als bei Wirbeltieren, beispielsweise zusätzlich für Cytochrom *c*, die Succinat-Dehydrogenase und andere ribosomale Proteine. Häufig werden auch mehr tRNAs vom Mitochondriengenom codiert. Die mt-DNA von *Arabidopsis thaliana*, die mit rund 367 kb mehr als 20-mal so groß ist wie die des Menschen, enthält u. a. zusätzliche Gene für Cytochrom *c*-Untereinheiten und für die ATP-Synthase (Abb. 2.**10**). Bei einigen Pflanzenarten konnten im Mitochondriengenom DNA-Sequenzen nachgewiesen werden, die aus dem Genom der Chloroplasten stammen und als **promiskuitive DNA** bezeichnet werden. Sie enthält in einigen Fällen komplette Chloroplastengene, über deren Aktivität im Mitochondrium und die Art und Weise ihrer Übertragung noch wenig bekannt ist. Viele höhere Pflanzen besitzen lineare oder zirkuläre **mitochondriale Plasmide**, die durch Rekombination in das Mitochondriengenom integriert werden können. Auch innerhalb der mt-DNA sind bei einigen Pflanzen über mehrere gleichgerichtete repetitive Sequenzen **Rekombinationen** möglich, durch die aus dem gesamten Mitochondriengenom, dem **Mastermolekül**, mehrere kleine DNA-Ringe entstehen können, die jeweils Teile der genetischen Information enthalten. Sowohl die Integration von mitochondrialen Plasmiden als auch die intramolekulare Rekombination zwischen repetitiven Sequenzen des Mastermoleküls sind reversible Prozesse.

Die **Vererbung** von Mitochondrien ist unterschiedlich (S. 289). Während bei den meisten Säugern und Angiospermen die Vererbung **uniparental maternal** erfolgt, werden die Mitochondrien bei Hefen, Insekten und einigen Muscheln **biparental** an die Nachkommen weitergegeben. Eine **uniparental paternale** Vererbung der Mitochondrien findet in vielen Gymnospermen statt.

Inzwischen sind zahlreiche Defekte und Krankheitsbilder erfasst worden, die auf **extranucleäre Mutationen** zurück gehen. Beispielsweise wurden in atmungsdefekten Mutanten von *Saccharomyces cerevisiae*, wegen ihrer im Vergleich zum Wildtyp sehr kleinen Kolonien auch als petit-Mutanten bezeichnet (S. 290), verschieden große **Deletionen in der mt-DNA** gefunden, einigen fehlt sogar das gesamte Mitochondriengenom. Bei *Neurospora crassa* konnten Atmungsdefekte auf verschiedene Mutationen in mitochondrialen Cytochrom-Genen zurückgeführt werden. Auch **Punktmutationen** in den entsprechenden mitochondrialen Genen wurden als Ursache von Störungen der Atmung und der oxidativen Phosphorylierung identifiziert. Beim Mais (*Zea mays*) wird die cytoplasmatische Pollensterilität durch umfangreiche Veränderungen der mt-DNA verursacht, bei denen möglicherweise auch mitochondriale Plasmide eine Rolle spielen (*Botanik*).

Beim Menschen werden verschiedene **maternal vererbte Krankheiten** durch **mitochondriale Mutationen** verursacht. Häufig bewirken dabei **Basensubstitutionen** in Genen für Untereinheiten der NADH-Dehydrogenase, der ATP-Synthase oder von Cytochrom *b* den Austausch einer Aminosäure, sodass die Funktionsfähigkeit des betroffenen Proteins und damit Elektronentransport und oxidative Phosphorylierung beeinträchtigt werden. Die resultierende Verminderung der ATP-Synthese führt letztlich zum Zelltod. Ein Beispiel ist die nach dem Heidelberger Augenarzt Theodor Leber als **Leber-Syndrom** bezeichnete Augenkrankheit, bei der es zur Degeneration des Sehnervs kommt. Verschiedene erbliche Muskelerkrankungen sind die Folge von Basensubstitutionen in tRNA-Genen, die Funktionsstörungen der tRNA bewirken. Andere über die mütterliche Linie vererbte Krankheiten gehen auf Deletionen, Insertionen und Duplikationen in der menschlichen mt-DNA zurück.

Das Plastom

Pflanzen besitzen neben Kerngenom und Mitochondriengenom das **Plastom** ihrer sämtlichen Plastiden (cp-DNA), die DNA der Chloroplasten wird gelegentlich auch als ct-DNA bezeichnet. Die cp-DNA ist ein doppelsträngiges zirkuläres Molekül, dessen Größe bei den meisten Angiospermen zwischen 120 und 160 kb liegt, die der Schirmalge *Acetabularia* ist rund 2000 kb groß. Die meisten Plastome sind ähnlich aufgebaut und besitzen eine charakteristische Struktur. Sie enthalten zwei gegensätzlich angeordnete identische Bereiche (**IR**, **i**nverted **r**epeats), die durch eine große (**LSC**) und eine kleine (**SSC**) Einzelkopie-Sequenz getrennt sind (Abb. 2.**10**). Die beiden IR-Abschnitte enthalten Gene für vier rRNAs sowie für einige tRNAs und mehrere Proteine. In der großen und der kleinen Einzelkopie-Sequenz sind weitere tRNA-Gene und Gene für Proteine lokalisiert. Diese Struktur des Plastoms zeigen viele höhere Pflanzen wie Tabak (*Nicotiana tabacum*), Reis (*Oryza sativa*) oder Spinat (*Spinacia oleracea*), aber auch niedere Pflanzen wie die Rotalge *Cyanophora paradoxa* und das Lebermoos *Marchantia polymorpha*. Bei einigen Pflanzen, beispielsweise den Leguminosen *Vicia faba* und *Pisum sativum,* ist nur eine IR-Region vorhanden und bei den Algen *Euglena gracilis* und *Porphyra purpurea* enthält das Plastom anstelle der invertierten Wiederholungen tandemartig angeordnete Wiederholungen der rRNA-Gene.

Insgesamt besitzen Plastome mit bis zu 141 bisher bekannten Genen eine deutlich **höhere Codierungskapazität** als Mitochondriengenome (Tab. 2.**5**). Die

Tab. 2.**5 Plastidencodierte Gene bei Landpflanzen.**

Genprodukt	*Anzahl der Gene*	*Bestandteil von/Funktion*
Ribosomale Proteine	20 oder 21	ribosomale Untereinheiten
RNA-Polymerase	4	Transkription
Maturase	1	Entfernung von Introns
Plastidenspezifische NADH-Dehydrogenase	11	Atmungskette
Rubisco	1	CO_2-Fixierung
Proteinkomponenten von Photosystem I	5	Photosynthese
Proteinkomponenten von Photosystem II	13	Photosynthese
Proteinkomponenten des Cytochrom *b*/*f*-Komplexes	4	Photosynthese
Untereinheiten der H^+-ATP-Synthase	6	Photophosphorylierung
rRNAs	4	Ribosomale Untereinheiten
tRNAs	30	Translation

cp-DNA codiert für sämtliche RNAs der Plastiden. Sie enthält Gene für eine 16S rRNA, die Bestandteil der kleinen ribosomalen Untereinheit ist, sowie für je eine 23S, eine 4,5S und eine 5S rRNA der großen Untereinheit. Auch alle tRNAs werden von der cp-DNA codiert, sodass im Unterschied zu den Mitochondrien einiger Organismen (s. o.) **kein Transport von tRNAs** aus dem Cytoplasma in die Plastiden erforderlich ist. Das Plastom von *Nicotiana* enthält z. B. Gene für 30 tRNAs, von denen sieben innerhalb der beiden invertierten Wiederholungen liegen, also doppelt vorhanden sind. Die vollständig sequenzierten Plastome anderer Pflanzen weisen ähnliche Zahlen auf.

Die proteincodierenden Gene im Plastom von Landpflanzen lassen sich anhand der Funktion ihrer Genprodukte in verschiedene Gruppen einteilen. Etwa ein Drittel der ribosomalen Proteine wird vom Plastom codiert, die restlichen vom Zellkern. Eine **eigene RNA-Polymerase** aus vier verschiedenen Untereinheiten, die große Strukturähnlichkeit mit der RNA-Polymerase von *E. coli* besitzt, wird von Plastidengenen codiert. Zum Entfernen von Introns aus der premRNA besitzt der zu den Orobanchaceae gehörende *Epifagus*, der auf Buchenwurzeln parasitiert, ein Gen für eine **Maturase**. In einigen Landpflanzen existieren Gene für eine **plastidenspezifische NADH-Dehydrogenase**. Der größte Teil der Genprodukte des Plastoms ist direkt oder indirekt an der Photosynthese beteiligt. Die große Untereinheit der **Ribulose-1,5-bisphosphat-Carboxylase** (Rubisco) wird von der cp-DNA codiert, die kleine vom Kerngenom. Außerdem codiert das Plastom für zahlreiche Untereinheiten von Proteinkomponenten der Photosysteme I und II, des Cytochrom *b/f*-Komplexes und der H^+-ATP-Synthase (*Botanik*). Diese Proteinkomplexe sind in den Thylakoiden lokalisiert und werden in der Regel durch weitere Untereinheiten vervollständigt, die vom Kerngenom codiert werden.

Die **Vererbung** von Plastiden erfolgt bei den meisten Angiospermen **uniparental maternal**, bei einigen werden die Plastiden auch **biparental** vererbt, beispielsweise bei den Gattungen *Medicago*, *Oenothera* und *Plumbago*. Biparentale Plastidenvererbung wurde auch bei Gymnospermen nachgewiesen, wobei speziesabhängig mütterliche oder väterliche Plastiden überwiegen, auch etwa gleich große Anteile kommen vor. Einige Gymnospermen, z. B. die Gattungen *Pinus* und *Larix*, zeigen eine **uniparental paternale** Vererbung der Plastiden.

> **Plasmon:** Gesamtheit der Organellengenome. Besteht aus Mitochondriengenom und Plastom. Organisation prokaryotisch.
> **Mitochondriengenom (mt-DNA):** Meist ringförmige, seltener auch lineare Doppelstrang-DNA in Mitochondrien, mehrere Kopien pro Mitochondrion. Codierungskapazität für mehrere tRNAs und rRNAs sowie einige Proteinkomponenten der Atmungskette. Größe sehr variabel zwischen verschiedenen Organismen. Große Mitochondriengenome enthalten mehr nichtcodierende DNA-Bereiche.
> **Promiskuitive DNA:** Chloroplasten-DNA in der mt-DNA einiger Pflanzen. Übertragungsweg und Funktion noch ungeklärt.

Mitochondriale Plasmide: Bestehen aus linearer oder zirkulärer DNA, können reversibel in die mt-DNA integriert werden. Vorkommen bei vielen höheren Pflanzen.
Mastermolekül: mt-DNA einiger Pflanzen, enthält mehrere gleichgerichtete repetitive Sequenzen, Aufspaltung in mehrere kleine DNA-Ringe durch reversible intramolekulare Rekombinationen.
Plastom (cp-DNA): Zirkuläre Doppelstrang-DNA in Plastiden, enthält meist einen großen (LSC) und einen kleinen (SSC) Einzelkopie-Abschnitt mit zwei dazwischen liegenden invertierten Wiederholungen (IR). Einige Pflanzen enthalten nur eine IR oder tandemartige Wiederholungen der rRNA-Gene, Codierungskapazität für sämtliche benötigten tRNAs und rRNAs sowie zahlreiche Proteine, vor allem für Komponenten des Photosyntheseapparates. Nur geringe Größenvariation zwischen verschiedenen Organismen.
Vererbung von Mitochondrien und Plastiden: Speziesabhängig maternal, biparental oder paternal.

2.5 Genomik

Die **Genomik** untersucht Genome unter verschiedenen Aspekten und gliedert sich in die aufeinander aufbauenden Teilbereiche **strukturelle**, **funktionelle** und **vergleichende Genomik**. Grundlage sind die Daten zahlreicher **Komplettsequenzierungen** von viralen, prokaryotischen und eukaryotischen Genomen. Die bisher umfangreichsten **Genomprojekte**, das **Humangenomprojekt** und das **Schimpansengenomprojekt**, wurden in weltweiter Zusammenarbeit von zahlreichen Arbeitsgruppen durchgeführt und ergaben eine fast 99 %ige Übereinstimmung der codierenden Sequenzen. In Europa regelt die **EU-Biopatent-Richtlinie** die Patenterteilung auf menschliche DNA unter definierten Bedingungen.

Die Genomik, auch Genomforschung (Genomics), beschäftigt sich mit der detaillierten Untersuchung von Genomen. Die **strukturelle Genomik** befasst sich mit der Struktur eines Genoms, seiner Größe, seiner Zusammensetzung aus Chromosomen, Organellengenomen und extrachromosomalen Elementen wie Plasmiden, mit der vollständigen Sequenzierung ganzer Genome und mit dem Auffinden von ORFs (**o**pen **r**eading **f**rame) bzw. Genen. Die **funktionelle** oder **analytische Genomik** baut auf den Ergebnissen der strukturellen Genomik auf und analysiert die Funktionen der codierenden und nichtcodierenden Sequenzen eines Genoms, die qualitative und quantitative Genexpression und ihre Regulation. Die **vergleichende Genomik** untersucht die Genome unterschiedlicher Organismen mit dem Ziel, anhand von Gemeinsamkeiten bzw. Unterschieden in Struktur und Funktion Erkenntnisse zu ihrer evolutionären Entwicklung und zu charakteristischen Eigenschaften einer Spezies, z. B. bestimmten Stoffwechselleistungen oder Pathogenitätsfaktoren, zu gewinnen. Mithilfe einer Reihe von neu entwickelten molekularbiologischen Methoden (S. 487) wurden in den vergangenen Jahren zahlreiche Genome von Bacteria und Archaea, von Eukarya und ihren Organellen, aber auch von Viren, Viroiden und Plasmiden vollständig sequenziert und über Sequenzvergleiche der 16S bzw. der 18S rRNA der Stammbaum der drei Urreiche erstellt (*Mikrobiologie*).

1977 wurde das 5386 bp große, 11 Gene enthaltende Einzelstrang-DNA-Genom des **Bakteriophagen φX174** (Abb. 2.2b) als erstes Genom vollständig sequenziert. Inzwischen sind weitere 521 Phagengenome sowie die Genome von 2725 Viren und die RNA von 41 Viroiden sequenziert worden. Das Mitochondriengenom des Menschen, das aus 16 569 bp besteht, wurde bereits 1981 komplett sequenziert. Die vollständige Sequenzierung von bisher 1788 Organellengenomen verschiedener eukaryotischer Organismen, davon 1613 aus Mitochondrien, 150 aus Plastiden sowie 17 Organellenplasmide und 8 Nucleomorphe, lieferte neue Erkenntnisse über ihre phylogenetische Verwandtschaft mit bestimmten Prokaryoten (*Mikrobiologie*). 1718 Plasmide, darunter 1578 aus Bacteria, 58 aus Archaea, 39 aus Eukaryoten sowie 17 aus Organellen, wurden inzwischen komplett sequenziert. Als erstes Bacteria-Genom wurde 1995 das 1,83 kb große Genom von **Haemophilus influenzae** komplett sequenziert, als erstes Archaea-Genom 1996 das 1,78 kb große von **Methanocaldococcus jannaschii**, das aus zwei Chromosomen (1,7 und 0,058 kb) und einem Plasmid (0,017 kb) besteht. Inzwischen sind die vollständigen Genomsequenzen von 751 Bacteria-Spezies und von 55 Archaea-Spezies publiziert worden, weitere 1369 prokaryotische Genome, 1331 aus Bacteria und 38 aus Archaea, werden zurzeit sequenziert. In vielen der sequenzierten Genome wurden Gene identifiziert, denen keine bekannte Funktion zugeordnet werden konnte, darunter auch 1600 proteincodierende Gene im 1997 sequenzierten 4,64 Mb großen Genom von *E. coli*. Durch Vergleiche der Nucleotidsequenzen dieser Gene mit denen anderer Bacteria oder Archaea versucht man, ihre Genprodukte zu identifizieren. **Orphans**, Waisen, sind Gene, die keine Sequenzähnlichkeiten mit bekannten Genen anderer Organismen aufweisen, möglicherweise handelt es sich um sehr schnell evolvierende Gene für artspezifische Anpassungen an den jeweiligen Lebensraum.

Nach der Entwicklung von Sequenzierungsmethoden für größere DNA-Fragmente stieg die Zahl der **Genomprojekte** sprunghaft an und auch eukaryotische Genome wurden vollständig sequenziert (Tab. 2.**6**), als erstes 1996 das aus 16 Chromosomen bestehende Genom von *Saccharomyces cerevisiae*. Unter den etwa 2000 Genen mit unbekannter Funktion zeigen einige große Übereinstimmungen mit den Stickstofffixierungs-Genen des Cyanobacteriums *Anabaena*, jedoch wurde die Fixierung von molekularem Stickstoff bei Hefen noch nie beobachtet. Die Sequenzierungen der Genome von *Caenorhabditis elegans* und *Drosophila melanogaster* folgten 1998 bzw. 2000. Interessanterweise sind 177 der rund 20 000 Gene der Fruchtfliege **Homologe menschlicher Krankheitsgene**, darunter auch solche, die bei Tumorerkrankungen eine Rolle spielen. Ebenfalls im Jahr 2000 wurde die komplette Genomsequenz der ersten Pflanze, *Arabidopsis thaliana*, publiziert, sogar hier wurden ca. 100 Gene gefunden, die Ähnlichkeiten mit menschlichen Krankheitsgenen aufweisen, z. B. für Brustkrebs oder zystische Fibrose.

Tab. 2.6   Komplett sequenzierte Eukarya-Genome (Auswahl).

Spezies	Größe (Mb)	Chromosomenzahl	Jahr der Publikation
Saccharomyces cerevisiae	12,07	16	1996
Plasmodium falciparum	23	14	1998
Caenorhabditis elegans	100,3	6	1998
Drosophila melanogaster	180	5	2000
Arabidopsis thaliana	119,2	5	2000
Homo sapiens	3038	23	2003
Mus musculus	2716	21	2005
Pan troglodytes	3100	24	2005
Pichia stipitis	15,4	8	2007
Rattus norvegicus	2750	21	2007

2003 wurde als Gemeinschaftsarbeit zahlreicher Arbeitsgruppen die komplette Sequenz des menschlichen Genoms publiziert (s. u.). Da die Anordnung vieler Gene in tierischen Genomen der Anordnung im menschlichen Genom entspricht, können diese Genome in einem gewissen Rahmen als Modelle für das Auffinden eines Gens im menschlichen Genom dienen. Ein Beispiel sind die beim Menschen und bei zahlreichen Tierarten in Sequenz, Anordnung im Genom und Expressionsmuster stark konservierten **HOX-Gene**, die Entwicklungsprozesse steuern. Das 2005 vollständig sequenzierte Genom der Hausmaus *Mus musculus*, die bereits seit langem als Versuchstier etabliert ist, stimmt zu 80 % mit dem des Menschen überein, für 99 % der Maus-Gene gibt es Entsprechungen im menschlichen Genom. Mithilfe von **Knockout-Mäusen**, bei denen einzelne Gene gezielt inaktiviert werden, lassen sich Rückschlüsse auf die Funktion des blockierten Gens in der Maus und entsprechend auch beim Menschen ziehen.

Der nächste tierische Verwandte des Menschen (*Homo sapiens*) ist der Schimpanse (*Pan troglodytes*). 2005 veröffentlichte das auf dem **Humangenomprojekt** aufbauende internationale **Schimpansengenomprojekt** einen Vergleich beider Genome, die zu 96 % identisch sind, bezogen auf die codierenden Bereiche sind es fast 99 %. Die Sequenzunterschiede beruhen auf Einzelnucleotid-Polymorphismen (SNPs), Insertionen bzw. Deletionen und Chromosomenumlagerungen, z. B. entstand das menschliche Chromosom 2 durch die Fusion zweier Schimpansenchromosomen.

Heute befassen sich weltweit zahlreiche Genomprojekte, denen die unterschiedlichsten Fragestellungen zugrunde liegen, mit Genomsequenzierungen von einzelnen Mikroorganismen oder mikrobiellen Gemeinschaften (**Metagenomprojekte**), Tieren, Nutzpflanzen und zahlreichen Viren. Voraussetzung für die Bewältigung der riesigen Datenmengen waren die Automatisierung der Sequenzierung, die Entwicklung von Computer-gesteuerten Datenanalysen (Annotation) und nicht zuletzt die Erstellung von Datenbanken, die häufig über das Internet allgemein zugänglich sind.

2.5.1 Das Humangenomprojekt

Im April 1988 gründeten amerikanische und europäische Wissenschaftler unter dem Namen **Human Genome Organization** (**HUGO**) eine Gesellschaft zur Koordinierung der kompletten Sequenzierung des 3 Milliarden Basen großen menschlichen Genoms innerhalb von 15 Jahren durch zahlreiche internationale Arbeitsgruppen. Gemäß der getroffenen Vereinbarung wurden während der gesamten Dauer des 1990 begonnenen **Humangenomprojektes** (**HGP**) neue Sequenzdaten im Internet publiziert und standen so auch privat oder durch Pharmaunternehmen finanzierten Arbeitsgruppen zur Verfügung, die in Erwartung einer kommerziellen Nutzung zahlreiche **Patentanträge** für Gene stellten. Infolge dieser Entwicklung wurde das US-Patentrecht geändert, um rein spekulative Patentanmeldungen auf Nucleotidsequenzen zu unterbinden. In Europa regelt seit 1998 die **EU-Biopatent-Richtlinie** Patenterteilungen auf menschliche DNA unter definierten Bedingungen, wobei insbesondere zwischen biotechnischen Erfindungen und Entdeckungen klar unterschieden wird. Nach anfänglich mit riesigen Geldsummen und enormem technischen Aufwand ausgetragenem Konkurrenzkampf einigten sich die privaten Arbeitsgruppen und die Forscher des Humangenomprojektes auf eine Zusammenarbeit und gaben auf einer gemeinsamen Pressekonferenz im April 2003 die komplette Sequenz des Humangenoms bekannt.

Im Vergleich zu einfacher aufgebauten Eukaryoten besitzt der Mensch mit **20 000 bis 25 000 Genen** deutlich weniger als die aufgrund seiner Komplexität erwarteten 80 000 bis 100 000 (Tab. **2.7**). Eukaryotische Genome bestehen zu einem relativ hohen Anteil aus nicht codierenden Sequenzen, die z.B. bei *D. melanogaster* mit 60 Mb ein Drittel des gesamten Genoms ausmachen. Entsprechend verteilen sich die Gene über einen deutlich weiteren Bereich des Genoms als bei Prokaryoten. Die durchschnittliche **Gendichte** (kb/Gen) ist bei Prokaryoten fast konstant, während der Wert bei Eukaryoten stark schwankt (Tab. **2.7**). Mehrere Hundert ursprünglich prokaryotische Gene im menschlichen Genom stützen die Theorie, dass zwischen den vor der Entstehung der drei Urreiche existierenden Zelllinien ein horizontaler Gentransfer stattfand (📖*Ökologie, Evolution* u. 📖*Mikrobiologie*).

Das Genom stellt die genetische Gesamtausstattung eines Organismus dar. Welche Gene unter bestimmten Bedingungen jeweils aktiv sind, wird mithilfe von Transkriptom und Proteom untersucht (S. 472).

Tab. 2.7 **Gendichte bei verschiedenen Organismen.**
([1] Zahlen aus http://www.genome.jp/kegg/catalog/org_list.html)

Organismus	Genomgröße (Mb)	Anzahl Gene [1]	Gendichte (kb/Gen)
Eukarya			
Homo sapiens	3038	24 224	125
Pan troglodytes	3100	25 211	123
Mus musculus	2716	29 469	92
Rattus norvegicus	2750	26 184	105
Drosophila melanogaster	180	14 168	12,7
Caenorhabditis elegans	100,3	20 210	4,7
Oryza sativa	490	28 662	17,1
Arabidopsis thaliana	119,2	27 285	4,4
Saccharomyces cerevisiae	12,07	6 298	1,9
Bacteria			
Escherichia coli K12	4,64	4 467	1,05
Haemophilus influenzae	1,83	1 789	1,02
Sorangium cellulosum	13,03	9 384	1,4
Mycoplasma genitalium	0,58	525	1,1
Buchnera aphidicola Cc	0,42	397	1,06
Archaea			
Methanocaldococcus jannaschii	1,74	1 830	0,95
Methanosarcina acetivorans	5,75	4 721	1,2
Nanoarcheon equitans	0,49	582	0,84

Genomik: Untersuchung von Genomen.
- **Strukturelle Genomik:** Untersuchung von Struktur, Größe und Zusammensetzung eines Genoms, Genomsequenzierung und Auffinden von ORFs bzw. Genen.
- **Funktionelle Genomik:** Analyse der Funktionen von codierenden und nichtcodierenden Sequenzen eines Genoms, der qualitativen und quantitativen Genexpression und der Regulation.
- **Vergleichende Genomik:** Vergleich der Genome unterschiedlicher Organismen unter evolutionären und phylogenetischen Aspekten.

Humangenomprojekt (HGP): Vollständige Sequenzierung des menschlichen Genoms als internationales Gemeinschaftsprojekt zahlreicher Arbeitsgruppen. Koordinierung durch die „Human Genome Organization" (**HUGO**), Publikation 2003.

Schimpansengenomprojekt: Vollständige Sequenzierung des Schimpansengenoms als internationales Gemeinschaftsprojekt, Publikation 2005. 99 % der codierenden Sequenzen identisch mit dem Humangenom.

Gendichte: Maß für die Verteilung der Gene in einem Genom, Angabe in kb pro Gen. Wert ist bei Eukaryoten aufgrund des hohen Anteils nichtcodierender Sequenzen deutlich größer als bei Prokaryoten.

EU-Biopatent-Richtlinie: Regelt Patenterteilung auf menschliche DNA unter definierten Bedingungen.

3 DNA-Replikation

Inge Kronberg, Jörg Soppa (3.4), Beate Schultze (3.5)

3.1 Grundschema der Replikation

Als **Replikation** bezeichnet man einen zellulären Vorgang, bei dem eine DNA-Doppelhelix mithilfe spezifischer Enzyme identisch verdoppelt wird. Nur unter dieser Voraussetzung entstehen bei einer nachfolgenden Zellteilung Tochterzellen mit gleicher genetischer Ausstattung. Die Regeln der Basenpaarung, der antiparallele Bau der DNA-Doppelhelix und experimentelle Befunde weisen eindeutig auf eine semikonservative, semidiskontinuierliche und simultane Verdopplung der DNA-Moleküle hin. **Semikonservativ**, weil jede DNA-Doppelhelix aus einem übernommenen und einem neu synthetisierten Strang besteht, **semidiskontinuierlich**, weil der eine Strang durchgängig, der andere aber stückweise synthetisiert wird und **simultan**, weil die Synthese trotz dieser Unterschiede an beiden Strängen gleichzeitig erfolgt.

Kennzeichen des Lebens, wie Wachstum und Vermehrung, hängen untrennbar mit der Teilungsfähigkeit der Zelle zusammen. Bei der Teilung von Zellen wird genetische Information an die folgende Zellgeneration weitergegeben. Dafür muss die vorhandene DNA einer Zelle zunächst möglichst fehlerfrei verdoppelt und danach gleichmäßig auf die Tochterzellen verteilt werden.

In der Zelle liegt das genetische Material als **DNA-Doppelhelix** vor, also wie eine Wendel-Strickleiter mit alternierenden Zucker-Phosphatresten als Holmen (Zucker-Phosphat-Rücken) und komplementären Basenpaaren als Sprossen. Schon die Aufklärung dieser DNA-Gestalt durch J. D. Watson und F. C. Crick (1953) gab erste Hinweise auf die Art und Weise, wie in einem Lebewesen die genetische Information verdoppelt wird (Abb. 3.**1**). So schreibt J. D. Watson 1968 in seinen Erinnerungen: „.... even more exciting, this type of double helix suggested a replication scheme... Given the base sequence of one chain, that of its partner was automatically determined. Conceptually, it was thus very easy to visualize how a single chain could be the template for the synthesis of a chain with the complementary sequence."

Diese Form der Selbstverdopplung wird als Reduplikation oder **Replikation** bezeichnet und erfolgt erstaunlich genau und schnell. Obwohl das Grundschema der Replikation unmittelbar einleuchtet, erweisen sich die Details der Replikation als überraschend komplex und vielfältig. Mehrere Besonderheiten müssen berücksichtigt werden:
– Die komplementäre Basenpaarung soll fehlerfrei erfolgen: Adenin paart stets mit Thymin und Guanin stets mit Cytosin.

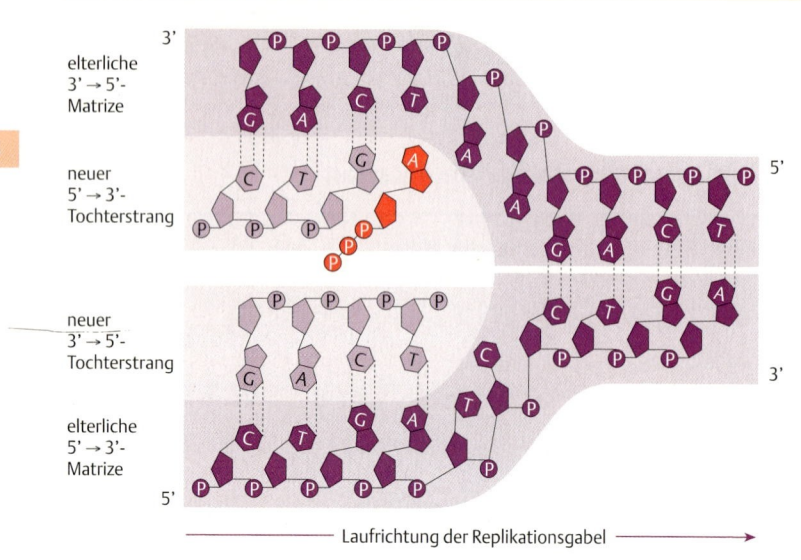

Abb. 3.1 **Grundschema der Replikation.** Die elterliche Doppelhelix legt die Reihenfolge der Basen in den Tochtersträngen fest: Es paart Guanin mit Cytosin und Thymin mit Adenin.

- Alle bekannten Enzyme, die DNA entlang einer Matrize synthetisieren, arbeiten nur in einer bestimmten Richtung. Außerdem können sie einen vorhandenen Strang zwar verlängern, aber nicht neu beginnen.
- Die beiden DNA-Stränge in der DNA-Doppelhelix verlaufen antiparallel, d. h. sie haben eine entgegengesetzte Leserichtung. Die Synthese der beiden Tochterstränge wird sich also unterscheiden.
- Die beiden DNA-Stränge sind wie eine Wendel-Strickleiter umeinander gewunden. Trennt man die beiden Stränge einer Wendel mit freien Enden voneinander, so dreht sich diese um die eigene Längsachse. Bei fixierten Enden wird die Wendel an anderer Stelle überdreht und kann reißen. Rein rechnerisch müsste die DNA-Doppelhelix beim Öffnen mit etwa 6000 Umdrehungen pro Minute rotieren. Dieser Belastung muss entgegengewirkt werden.
- Das lange DNA-Molekül liegt im Zellkern verpackt vor.
- Die Replikation muss zeitlich mit anderen Prozessen an der DNA und in der Zelle abgestimmt sein.

Bei den meisten Lebewesen belegen experimentelle Befunde eine semikonservative, semidiskontinuierliche und simultane Replikation.

3.1.1 Semikonservative Verdopplung

Nach den Regeln der Basenpaarung AT (2 Wasserstoffbrücken-Bindungen) und GC (3 Wasserstoffbrücken-Bindungen) sind theoretisch drei verschiedene Möglichkeiten einer identischen Verdopplung der DNA-Doppelhelix denkbar:

Zunächst ist ein **Replikationstyp** möglich, der als **dispersiv** bezeichnet wird. Dabei entstünden zwei neue DNA-Doppelhelices, jeweils aus einer zufälligen Folge von Eltern- und Tochterfragmenten. Von einer **konservativen** Verdopplung spricht man, wenn eine DNA-Doppelhelix komplett neu synthetisiert wird und die elterliche Doppelhelix unverändert bleibt. Bei einer **semikonservativen** Verdopplung trennen sich die Elternstränge und zu jedem der beiden Elternstränge wird der komplementäre Strang neu synthetisiert. So ergeben sich auch hier zwei identische DNA-Doppelhelices; in diesem Fall besteht aber jeder Doppelstrang jeweils aus einem Elternstrang und einem neu synthetisierten Tochterstrang.

Durch Markierung im Experiment lässt sich das Schicksal der DNA über mehrere Replikationsrunden hinweg verfolgen. Das Verhältnis zwischen markierter und nichtmarkierter DNA spricht für eine **semikonservative Verdopplung** (Abb. 3.**2**).

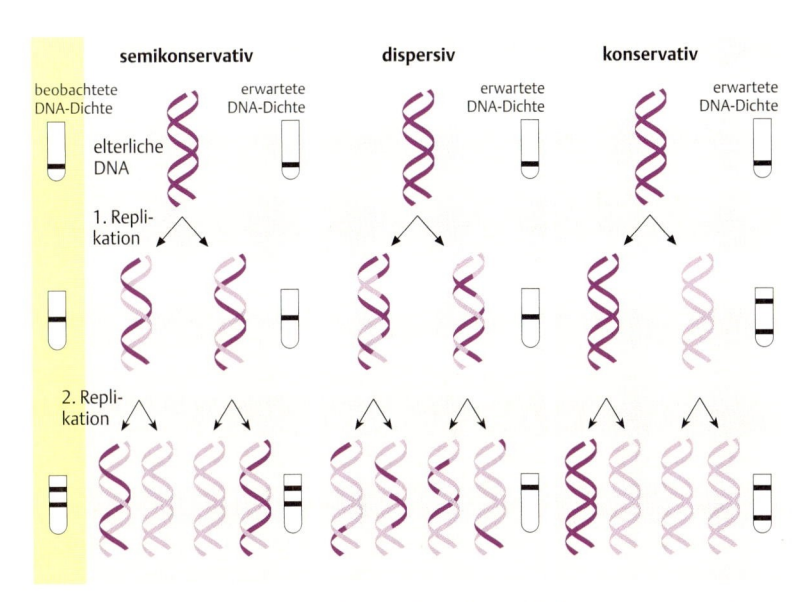

Abb. 3.**2 Semikonservative Replikation (Meselson-Stahl-Experiment).** Die Anteile schwerer DNA, halbschwerer und normaler DNA nach zwei Replikationsrunden lassen sich nur mit der semikonservativen Verdopplung der DNA erklären.

▶ **Experimentelle Nachweise der semikonservativen Replikation.**
Dichtezentrifugation: M. Meselson und F. W. Stahl (1958) ließen *Escherichia-coli*-Kulturen so lange in einem Nährmedium mit schwerem Stickstoff (^{15}N) wachsen, bis in allen Basenbausteinen ^{15}N eingebaut war. Diese Bakterien überführten sie anschließend in ein Nährmedium mit gewöhnlichem Stickstoff (^{14}N) und entnahmen Proben, sobald sich die Bakterienpopulation jeweils verdoppelt hatte. Durch Dichtegradientenzentrifugation ließen sich die Anteile schwerer, halbschwerer und normaler DNA-Doppelhelices ermitteln. Ergebnis: Nach der ersten Replikationsrunde bestand die gesamte Probe aus halbschwerer DNA, nach der zweiten Replikationsrunde zur Hälfte aus normaler und halbschwerer DNA. Dieser Befund ist nur bei einer semikonservativen Verdopplung der DNA zu erklären.
Autoradiografie: H. Taylor gelang es Ende der Fünfzigerjahre, die semikonservative Verdopplung auch für eukaryotische Zellen autoradiografisch nachzuweisen. Bei der Autoradiografie hinterlassen radioaktiv markierte Moleküle ihre Strahlenspuren auf fotografischen Filmen. Taylor züchtete Wurzelzellen höherer Pflanzen (*Bellevalia romana, Hyacinthus romanus, Vicia faba*) so lange in einem Medium mit radioaktiv markierten Nucleotiden (^{3}H-Thymidin), bis diese in die DNA eingebaut waren. Betrachtet man die Metaphasechromosomen der ersten folgenden Mitose, so bestehen diese alle aus zwei radioaktiv markierten Chromatiden, jede Chromatide entspricht einer DNA-Doppelhelix. Anschließend ließ er solche vormarkierten Zellen in einem Medium mit unmarkierten DNA-Bausteinen wachsen. Die Metaphasechromosomen der nächsten Mitose bestanden aus einer markierten und einer unmarkierten Chromatide. Damit war die semikonservative DNA-Replikation auch bei Eukaryoten nachgewiesen.
Antikörperfluoreszenz: Bei diesem Verfahren wird wachsenden Zellkulturen (z. B. Säugerfibroblasten) Bromdesoxyuridin (BrdU) angeboten, das anstelle von Thymin in die DNA eingebaut wird. Fluoreszierende Antikörper gegen die Bromverbindung lassen sich anschließend mikroskopisch nachweisen. ◀

3.1.2 Semidiskontinuierliche Verdopplung

Die äußeren Phosphatrücken der DNA-Doppelhelix werden durch Phosphodiesterbindungen zwischen den Desoxyribose-Molekülen zusammengehalten. Dabei bildet sich eine Phosphatbrücke zwischen dem 5´-C-Atom des einen und dem 3´-C-Atom des anderen Zuckerfünfrings im benachbarten Nucleotid. Jede Polynucleotidkette hat somit ein 5´-Ende mit einer freien Phosphatgruppe und ein 3´-Ende mit einer freien OH-Gruppe (Abb. 3.**1**), damit lässt sich eine Strangrichtung von 3´→5´ bzw. 5´→3´ definieren (S. 8). Die DNA-Doppelhelix ist aus zwei antiparallelen Strängen aufgebaut, aus einem **Vorwärtsstrang** in 3´→5´-Richtung und einem **Rückwärtsstrang** in 5´→3´-Richtung. Durch die **Replikationsgabel** werden diese beiden gegenläufigen Stränge reißverschlussartig voneinander getrennt (Abb. 3.**3**), sodass sie als Synthesematrizen zur Verfügung stehen und nacheinander mit den passenden Nucleotiden besetzt werden können. Wegen der Form der Replikationsgabel spricht man auch von einer **Y-Replikation** oder **symmetrischen Replikation**.

3.1 Grundschema der Replikation

Die Replikation wird von Proteinkomplexen durchgeführt, die im Bereich der Replikationsgabel mit der DNA assoziieren, sie bilden gewissermaßen den Zipper des Reißverschlusses. Ein zentraler Bestandteil dieses Proteinkomplexes ist das Enzym für die DNA-Synthese, die **DNA-Polymerase**. Alle bisher bekannten Polymerasen lesen die Matrize in 3´→5´-Richtung ab, wobei sie den komplementären Strang in 5´→3´-Richtung Nucleotid für Nucleotid synthetisieren (5´→3´-Polymerasen). Daher kann nur der Vorwärtsstrang (3´→5´) kontinuierlich in Laufrichtung der Replikationsgabel abgelesen werden, der Rückwärtsstrang (5´→3´) unterliegt dagegen einem besonderen Synthese-Mechanismus.

R. Okazaki löste dieses Problem im Jahre 1965. Er zeigte experimentell, dass auch der Rückwärtsstrang in 3´→5´-Richtung abgelesen wird – allerdings stückweise. Sobald ein Teil des Rückwärtsstranges nach der Trennung der beiden DNA-Stränge freiliegt, wird er von der DNA-Polymerase in 3´→5´-Richtung abgelesen und komplementär ergänzt. Wenn man sich die DNA als gestrecktes Molekül vorstellt, scheint die DNA-Polymerase von der Replikationsgabel wegzulaufen. Die Synthese stoppt, sobald das zuvor synthetisierte Stück erreicht ist und startet wieder neu an dem inzwischen freigelegten Rückwärtsstrang hinter der Replikationsgabel. Die synthetisierten DNA-Fragmente werden erst später zu einem durchgehenden DNA-Strang verknüpft. Diese sogenannten **Okazaki-Fragmente** bestehen bei Bakterien aus 1000 bis 2000 Nucleotiden, bei Eukaryoten aus etwa 200 Nucleotiden. Die Replikation einer DNA-Doppelhelix verläuft also **semidiskontinuierlich**: Der Vorwärtsstrang wird kontinuierlich, der Rückwärtsstrang diskontinuierlich synthetisiert (Abb. 3.**3**). Der am Vorwärtsstrang neu synthetisierte Tochterstrang heißt **Leitstrang** (leading strand), der am Rückwärtsstrang stückweise synthetisierte Tochterstrang wird **Folgestrang** (lagging strand) genannt.

Bei den kurzen DNA-Molekülen von Viren, Mitochondrien und Plastiden ist das Problem anders gelöst. Hier repliziert zunächst nur ein Strang der DNA, der andere Strang wird später in gegenläufiger Richtung synthetisiert. Sie durchlaufen eine **asymmetrische Replikation** (S. 116, 120).

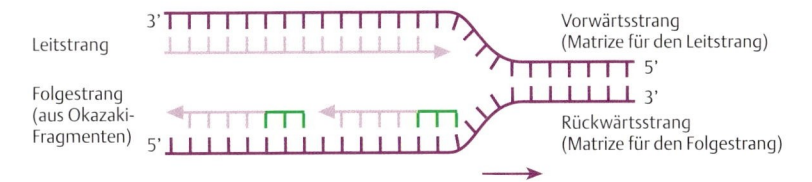

Abb. 3.**3 Semidiskontinuierliche Replikation.** Die DNA-Stränge der elterlichen DNA-Doppelhelix verlaufen antiparallel: Der elterliche Vorwärtsstrang (3´→5´) kann mit der Laufrichtung der Replikationsgabel abgelesen werden; daher wird der Leitstrang kontinuierlich synthetisiert. Die Leserichtung des Rückwärtsstranges (5´→3´) ist entgegengesetzt zur Laufrichtung der Replikationsgabel; der Folgestrang wird daher diskontinuierlich aus Okazaki-Fragmenten synthetisiert, die später verknüpft werden müssen.

3.1.3 Simultane Verdopplung

Trotz der Komplikationen am Folgestrang werden beide Tochterstränge nahezu gleichzeitig, d. h. **simultan** repliziert. Das ist insofern überraschend, als für die Synthese und Verkettung der Okazaki-Fragmente des Folgestranges mehr Schritte nötig sind als für die Leitstrangsynthese. Geht man von gestreckten DNA-Strängen aus, müsste sich der Proteinkomplex mit jeder Fragmentsynthese von der Replikationsgabel wegbewegen und anschließend dorthin zurückkehren, um die Synthese des nächsten Fragmentes aufzunehmen. Der Proteinkomplex müsste sich um eine Fragmentlänge in die eine Richtung und um zwei Fragmentlängen in die andere bewegen. Dazu müsste der Proteinkomplex die DNA-Matrize verlassen und sich an der Replikationsgabel wieder anheften. Experimentell konnte ein Zerfall des Proteinkomplexes nicht nachgewiesen werden. Daher vermutet man, dass die Synthese von Leit- und Folgestrang folgendermaßen koordiniert ist (Abb. 3.**4**):

Der Rückwärtsstrang bildet bei der Synthese der Okazaki-Fragmente eine **Schleife** um den Proteinkomplex: Dadurch stimmt seine Leserichtung im Schleifenbereich mit der des Vorwärtsstranges überein. Die DNA-Polymerase liest die Schleife des Rückwärtsstranges (wie den Vorwärtsstrang) in Laufrichtung der Replikationsgabel ab, also in 3´→5´-Richtung. Die Schleifenlänge entspricht genau der Länge eines Okazaki-Fragmentes. Da die DNA-Polymerase zweifach, also als Dimer im Proteinkomplex vorliegt, können nebeneinander sowohl der Leitstrang, als auch die Okazaki-Fragmente des Folgestranges **simultan** synthetisiert werden, während die Replikationsgabel fortschreitet.

> **Replikation:** Identische Selbstverdopplung der DNA, semikonservativ, semidiskontinuierlich, simultan.
> **Semikonservativ:** Elterlicher DNA-Doppelstrang wird in zwei Matrizenstränge getrennt, replizierte DNA besteht aus jeweils einem Eltern- und einem neuen Tochterstrang.
> **Semidiskontinuierlich:** Kontinuierlich synthetisierter Leitstrang, diskontinuierlich synthetisierter Folgestrang aus Okazaki-Fragmenten.
> **Simultan:** DNA-Polymerase-Dimer synthetisiert Leit- und Folgestrang, die Leserichtung des Rückwärtsstranges wird durch DNA-Schleifenbildung an die des Vorwärtsstranges angepasst.
> **Replikationsgabel:** Y-förmige Öffnung der DNA-Doppelhelix, lokal begrenzte Trennung von elterlichem Vorwärts- (3´→5´) und Rückwärtsstrang (5´→3´), zwei zueinander geöffnete Gabeln bilden eine Replikationsblase.
> **Leitstrang (leading strand):** Kontinuierlich an der 3´→5´-Matrize synthetisierter Tochterstrang.
> **Folgestrang (lagging strand):** Stückweise an der 5´→3´-Matrize synthetisierter Tochterstrang.
> **Okazaki-Fragmente:** DNA-Syntheseteilstücke des Folgestranges, bei Prokaryoten aus 1000–2000 Nucleotiden; bei Eukaryoten aus 200 Nucleotiden.

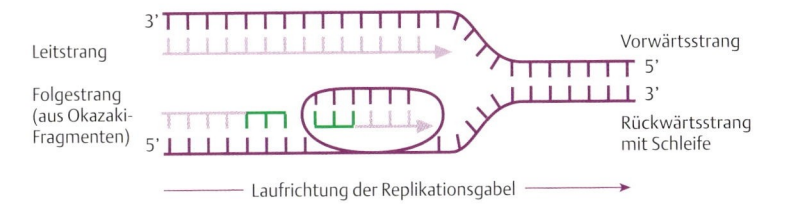

Abb. 3.4 Simultane Replikation. Die Synthese von Leitstrang und Folgestrang kann simultan voranschreiten, wenn der Rückwärtsstrang eine Schleife bildet und die Syntheserichtung so dem Leitstrang angepasst wird.

3.2 Ablauf der Replikation

> Bei allen Lebewesen verläuft die Replikation nach einem ähnlichen Schema, sodass man die Grundprinzipien als sogenanntes **Replikon-Modell** zusammenfassen kann: Eine Replikationsrunde wird in drei Schritte eingeteilt: **Initiation**, **Elongation** und **Termination**. Bei der Initiation erkennt ein Initiatorprotein den Replikationsursprung in der DNA, die DNA-Doppelhelix wird hier durch **Helicasen** geöffnet und durch **Einzelstrang-bindende Proteine** stabilisiert, **Topoisomerasen** gleichen Über- bzw. Untertorsionen aus. **Primasen** synthetisieren RNA-Primer, an die die **DNA-Polymerasen** bei der Elongation anknüpfen. Die Basensequenz der Einzelstränge dient als Matrize für die Synthese von neuen Polynucleotidsträngen. Der Vorwärtsstrang wird kontinuierlich, der Rückwärtsstrang stückweise komplementär verdoppelt. Bei der Termination bindet ein **Terminationsprotein** an die DNA-Terminations-Sequenz und verhindert das weitere Fortschreiten der Helicasen, falls die Replikation nicht automatisch endet.

Für die Replikation des Bakteriengenoms entwickelten F. Jacob, S. Brenner und F. Cuzin im Jahr 1963 das **Replikon-Modell**. Es beschreibt den Replikationsablauf für einen DNA-Abschnitt und die strukturellen Komponenten in drei aufeinander folgenden Schritten: **Initiation**, **Elongation** und **Termination**. An jedem Schritt sind typische Enzyme und Hilfsproteine beteiligt, sie setzen sich zu einem Proteinkomplex (**Replisom**) zusammen, der anschließend wieder zerfällt. Das **Replikon** ist entweder funktionell als autonome, gezielt regulierte Replikationseinheit definiert oder strukturell als DNA-Abschnitt zwischen Replikationsursprung und Replikationsenden.

Bei ringförmigen und auch bei linearen DNA-Molekülen verläuft die Replikation **bidirektional**, also vom Replikationsursprung aus in beide Richtungen. Der Replikationsursprung liegt in der Mitte eines Replikons, die Doppelhelix öffnet sich nach beiden Seiten mit je einer Replikationsgabel zu einer **Replikationsblase**. Der Rückwärtsstrang der rechten Replikationsgabel entspricht dem Vorwärtsstrang der linken Replikationsgabel und umgekehrt. Bei der Schleifenbildung werden an den Replikationsgabeln die jeweiligen Rückwärtsstränge in gleicher Weise verkürzt, sodass keine topologischen Spannungen entstehen. Zur besseren Übersicht beschränkt man sich bei der grafischen Darstellung meist auf nur eine der beiden Replikationsgabeln.

Prinzipiell gilt das Replikon-Modell auch für die DNA-Synthese bei Eukaryoten. Doch durch den linearen Molekülbau, die große DNA-Menge und ihre Verpackung zu Chromatin ergeben sich Besonderheiten.

3.2.1 Replikationsinitiation

Alle Vorbereitungen an der DNA-Doppelhelix, die der eigentlichen Verdopplung vorangehen, werden unter dem Begriff **Initiation** zusammengefasst. Die Initiation umfasst damit die Identifizierung des Replikationsursprungs, die Öffnung und Aufwindung der DNA-Doppelhelix, die Stabilisierung der aufgedrillten DNA-Einzelstränge und die Bereitstellung einer kurzen Nucleotidsequenz.

Zunächst identifiziert ein **Initiatorprotein** den Replikationsstart auf der Doppelhelix (**Replikationsursprung, Origin**, Replikator). Diese Origin-Region zeichnet sich durch eine bestimmte oft AT-reiche Basensequenz aus, die sich besonders leicht öffnen lässt, da Adenin und Thymin nur zwei Wasserstoffbrücken-Bindungen ausbilden, im Gegensatz zu Cytosin und Guanin mit drei Wasserstoffbrücken-Bindungen. Das Initiatorprotein stellt den Kontakt zu dieser Region her und beginnt die DNA-Doppelhelix zu öffnen. Mit der Bereitstellung des Initiatorproteins kontrolliert die Zelle den Replikationsbeginn (Abb. 3.**5**).

Für das Aufspreiten der Doppelhelix sind die sogenannten **DNA-Helicasen** zuständig. Sie sind gleichzeitig der Motor für das Fortschreiten der Replikationsgabel. Helicasen bewegen sich an der DNA entlang und lösen unter ATP-Verbrauch die Wasserstoffbrücken zwischen den komplementären Basen und treiben die Replikationsgabeln voran. Dadurch entstehen DNA-Einzelstränge. **Einzelstrang-bindende Proteine** binden spezifisch an einzelsträngige DNA, die sie etwas spreiten und strecken und somit stabilisieren.

Man unterscheidet verschiedene **Helicase**-Typen, von denen einige in 3´→5´-Richtung und andere in 5´→3´ auf dem DNA-Einzelstrang entlang wandern. Bei Prokaryoten öffnet die vom Gen *dnaB* codierte Helicase DnaB die Doppelhelix. Sie ist ein Hexamer aus 50-kDa-Untereinheiten und wandert in 5´→3´-Richtung. Während der Elongation läuft die replikative DNA-Helicase (Rep-Protein) auf dem Vorwärtsstrang in 3´→5´-Richtung, die Helicase II parallel dazu auf dem Rückwärtsstrang in 5´→3´-Richtung.

DNA-Helicasen sind nicht nur an der Replikation, sondern auch am erfolgreichen Ablauf anderer Prozesse wie der Rekombination (S. 324) oder der DNA-Reparatur (S. 409) beteiligt.

Einzelstrang-bindende Proteine weisen keine ATPase-Aktivität auf; sie sorgen dafür, dass sich die DNA-Doppelhelix nicht sofort wieder schließt. Das bakterielle SSB-Protein

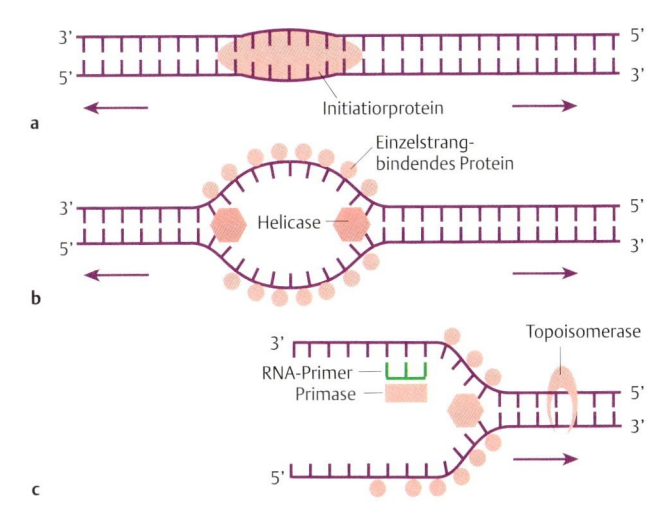

Abb. 3.**5 Replikationsinitiation. a** Der Initiationskomplex bindet am Replikationsursprung und öffnet die DNA-Doppelhelix. **b** Es bildet sich eine Replikationsblase mit zwei Replikationsgabeln. Helicasen winden die DNA-Doppelhelix auf und die DNA-Einzelstränge werden durch Einzelstrang-bindende Proteine stabilisiert. Topoisomerasen entspannen das Molekül. **c** Zur Vereinfachung ist nur noch eine Replikationsgabel dargestellt. Die Primase setzt am Vorwärtsstrang an und synthetisiert den RNA-Primer des Leitstranges.

(single strand binding protein) ist ein 74 kDa-Tetramer aus je 177 Aminosäuren und bedeckt einen Bereich von 8 bis 12 Nucleotiden. Es ist nicht nur an der Replikation, sondern auch an anderen Zellvorgängen beteiligt, bei denen einzelsträngige DNA eine Rolle spielt wie der Rekombination (S. 324) oder der DNA-Reparatur (S. 415). Das Einzelstrangbindende Protein der Eukaryoten RPA (replication protein A) ist funktionell gleichwertig, besteht jedoch aus drei nicht identischen Untereinheiten von 70, 34 und 14 kDa. Auch Viren können spezifische Einzelstrang-bindende Proteine codieren.

Die DNA-Einzelstränge präsentieren nun die Basensequenz und bieten Ansatzflächen für die Enzymkomplexe zur Synthese komplementärer Stränge. DNA-Polymerasen können eine Nucleinsäure allerdings nicht neu beginnen. Sie benötigen zum Anknüpfen weiterer Nucleotide das freie 3´-OH-Ende einer Nucleinsäure, welches in einer Replikationsblase fehlt. Daher stellen spezifische Enzyme (**Primasen**) zunächst eine kurze RNA-Sequenz als **Primer** her. Eine Primase kann Polynucleotide entlang einer Matrize synthetisieren, auch wenn kein freies 3´-OH-Ende vorliegt. Diesen Vorgang der RNA-DNA-Hybridisierung bezeichnet man als **Priming**. Das Priming ist damit streng genommen eine Transkription von DNA in RNA. Der Primer (wörtlich: Zündhütchen, Zünder) dient als Ansatzstelle für die nachfolgende DNA-Synthese, an seinem freien 3´-OH-Ende kann die DNA-Polymerase ansetzen. Der DNA-Leitstrang benötigt nur einen Primer, für den Folgestrang muss dagegen für jedes Okazaki-Fragment ein eigener Primer synthetisiert werden. Die Primase synthetisiert bei der Initiation zunächst den Primer für den Leitstrang, danach synthetisiert sie auf dem Folgestrang nacheinander die Primer für die Okazaki-Fragmente. Die RNA-Primer werden im weiteren Verlauf der Replikation wieder entfernt und durch passende DNA-Nucleotide ersetzt. Manche Autoren bezeichnen auch den Synthesebeginn an einem Okazaki-Fragment als Initiation, es handelt sich aber genau genommen nur um ein Priming, also die Stabilisierung der Einzelstränge und die Synthese des RNA-Primers. Der Begriff Initiation wird besser auf den Synthesebeginn eines Replikons beschränkt und umfasst Erkennen, Öffnen, Stabilisieren und Priming am Replikationsursprung. Die Initiation ist abgeschlossen, sobald die DNA-Stränge mit Einzelstrang-bindenden Proteinen besetzt sind und ein RNA-Primer als Ansatzstelle für die fortschreitende Synthese vorliegt.

Bei Prokaryoten können die Enzyme und Hilfsproteine des Primings zu einem eigenständigen Proteinkomplex (**Primosom**) zusammengesetzt sein. Bei Eukarya übernimmt das Replisom auch die Aufgaben des Primings, ein eigenständiges Primosom fehlt. Viren besitzen funktionell gleichwertige Replikationsenzyme.

Primasen sind RNA-Polymerasen, die die Synthese eines RNA-Primers von etwa 10 Nucleotiden Länge katalysieren, an die die DNA-Polymerase später anknüpfen kann.

Bei Prokaryoten ist die Primase ein monomeres Enzym von 60 kDa. Es wird vom *dnaG*-Gen codiert und daher auch als DnaG-Protein bezeichnet. Die Primase ist Bestandteil des Primosoms und wird durch das *DnaB*-Protein im Primosom aktiviert. Das Primosom wandert in 5´→3´-Richtung auf dem Folgestrang.

Bei Eukaryoten wird die Primase-Aktivität von zwei Untereinheiten der DNA-Polymerase α ausgeübt.

Während die DNA-Doppelhelix aufgedrillt wird, begegnen **DNA-Topoisomerasen** den verstärkten Torsionen. Die Topoisomerasen wirken oft nicht direkt im Bereich der Replikationsgabel, sondern laufen vor der fortschreitenden Replikationsgabel auf der DNA-Doppelhelix entlang. Topoisomerasen können sowohl Unter- als auch Überdrehungen entspannen bzw. neu einführen, sie besitzen eine Nuclease- und eine Ligase-Aktivität (Nicking-closing-Enzyme) und werden in zwei Klassen eingeteilt (Abb. 3.**6**): **Topoisomerasen vom Typ I** öffnen nur einen der beiden DNA-Stränge und erhöhen bzw. erniedrigen die Windungszahl jeweils um 1. Durch erhöhte Verdrillung heben sie ein negatives Supercoiling auf. Solche Unterdrehungen erkennen sie an teilweise getrennten Basenpaarungen. Diese Reaktion benötigt keine Energiezufuhr.

Topoisomerasen vom Typ II spalten vorübergehend beide DNA-Stränge und verringern die Verwindung in der DNA-Topologie um den Faktor 2. Nur wenn dadurch ein negatives Supercoiling entsteht, benötigen sie für diese Funktion ATP; wird die DNA-Doppelhelix dagegen entspannt, ist keine Energiezufuhr nötig. Ohne diese Entspannung der Doppelhelix kann die Replikationsgabel nicht fortschreiten, da das Öffnen der Doppelhelix zu einem Torsionsstress führt. Topoisomerasen II wirken wie ein Drehgelenk im DNA-Molekül und verhindern so unkontrollierte Spannungsbrüche.

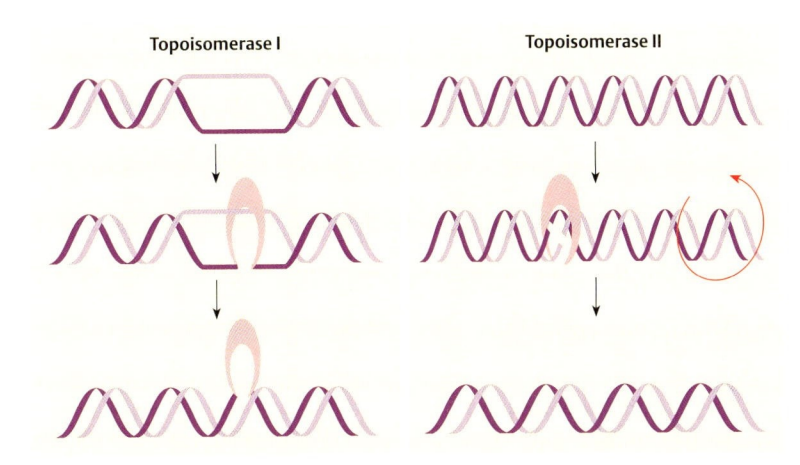

Abb. 3.6 Topoisomerasen. Die Topoisomerase I erhöht (oder erniedrigt) die Windungszahl um die Zahl 1, dabei führt sie vorübergehend einen Einzelstrangbruch ein. Die Topoisomerase II verringert (oder erhöht) die Windungszahl um 2, dabei führt sie vorübergehend einen Doppelstrangbruch ein.

DNA-Topoisomerasen kommen sowohl in Pro- als auch in Eukaryoten vor. Topoisomerasen können nicht nur Überdrehungen entspannen, sondern auch zusätzliche Drehungen in das DNA-Molekül einführen, also die DNA-Doppelhelix überdrehen und dadurch kleinräumig verpacken. DNA-Topoisomerasen sind daher nicht nur wichtig bei der Replikation, sondern spielen auch eine große Rolle bei anderen Reaktionen an der DNA, in deren Ablauf negatives oder positives Supercoiling auftritt. Dazu zählen die Transkription (Kap. 4) und die Rekombination (Kap. 9).

Topoisomerasen I bestehen aus einem einzigen Polypeptid, das bei allen untersuchten Molekülen etwa gleich groß ist. Während in der Bakterienzelle (z. B. *E. coli*) nur ungefähr 1000 Topoisomerase-Moleküle vorliegen, finden sich in Eukaryoten etwa eine Million Moleküle pro Zelle. Der Reaktionszyklus ist bei Pro- und Eukaryoten ähnlich. Die Topoisomerase I öffnet einen Einzelstrang und fixiert diese Lücke, ohne dabei die Phosphodiesterbindung zu hydrolysieren. Vielmehr wird der 5´-Phosphatrest der DNA vorübergehend an einen Tyrosinrest des Enzyms gebunden und erst nach der Entspannung wieder mit dem 3´-OH-Rest der DNA verbunden. Die Entspannung einer Unterdrehung besteht darin, den intakten Einzelstrang durch diese Lücke hindurchtreten zu lassen. Bei der Entspannung einer Überdrehung rotiert das Enzym um den intakten Einzelstrang, diese Arbeitsweise des Enzyms konnte bisher bei Prokaryoten aber nur in vitro nachgewiesen werden. Bei Eukaryoten können die Topoisomerasen I sowohl positives als auch negatives Supercoiling entspannen. Die Aufgabe der Topoisomerase I kann von Topoisomerasen des Typs II übernommen werden.

Die **Topoisomerasen II** bestehen sowohl in Pro- als auch in Eukaryoten aus mehreren Untereinheiten. Die eukaryotische Topoisomerase II hat zwei identische Untereinheiten von etwa 170 kDa. Die Topoisomerase II von *E. coli* wird auch als **Gyrase** bezeichnet und ist in ihrer Aktivität besonders gut untersucht. Es handelt sich um ein 400 kDa-Tetramer aus zwei A-Ketten von 105 kDa und zwei B-Ketten von 95 kDa. Ein Molekül Gyrase kann etwa 100 Überdrehungen pro Minute in die DNA-Doppelhelix einführen. Die Topoisomerase II induziert einen leicht versetzten Doppelstrangbruch, zieht die Doppelhelix ein Stück durch das tetramere Enzym hindurch und verschließt die Lücken dann wieder. Wie bei der Topoisomerase I binden die Phosphatgruppen der DNA-Einzelstrangenden kovalent an die OH-Gruppe einer Tyrosin-Seitenkette: Die Bindungen der Nucleinsäure werden also vorübergehend auf das Enzym übertragen.

3.2.2 Replikationselongation

An der stabilisierten Replikationsgabel setzen nun weitere Enzyme am RNA-Primer an und verlängern ihn zum DNA-Tochterstrang, die Nucleotidabfolge wird gleichzeitig auf ihre Richtigkeit überprüft. **DNA-Polymerasen** sind die zentralen Enzyme im Proteinkomplex für diese **Elongation**. Sie polymerisieren Mononucleotide zu einem DNA-Einzelstrang entlang einer Matrize. Dabei hängen sie Einzelnucleotide an das 3´-OH-Ende einer vorhandenen Kette. In umgekehrter Richtung lesende Polymerasen sind nicht bekannt. Die DNA-Polymerase bindet an den RNA-Primer, dessen freies 3´-OH-Ende im aktiven Zentrum des Enzyms zu liegen kommt. Dann werden fortlaufend monomere Desoxynucleosid-Triphosphate an die Nucleotid-Bindungsstelle der DNA-Polymerase herangeführt. Bei einer zum Matrizenstrang passenden, komplementären Base ändert das Enzym seine Form und katalysiert die Bildung einer Phosphodiesterbindung zwischen der freien 3´-OH-Gruppe des Primers und dem α-Phosphatrest des neuen Nucleotids, dabei werden zwei Phosphatreste als Pyrophosphat abgespalten. Die Mononucleotide liefern damit selbst die für die Reaktion nötige Energie aus der Hydrolyse der Phosphatbindung. Die DNA-Polymerase nimmt wieder die ursprüngliche Form an, rutscht um eine Nucleotidlänge vor, und nimmt in ihr aktives Zentrum das freie 3´-OH Ende des neuangeknüpften Nucleotids auf. Dieses wird nun wieder mit dem α-Phosphatrest des nächsten passenden Nucleotids verknüpft. So wird der DNA-Strang Stück für Stück polymerisiert (Abb. 3.7).

Je länger die Polymerase an der Matrize haftet und die Synthese fortsetzt, umso höher ist die sogenannte **Prozessivität** der Elongation. Verschiedene Hilfsproteine verhindern, dass die DNA-Polymerase vorzeitig von der Matrize dissoziiert, indem sie das Enzym an der DNA-Matrize „festklammern". Da die DNA-Polymerase als Dimer und die Klammer zweifach vorliegen, dienen Vorwärts- und Rückwärtsstrang als Doppelschiene beim Fortschreiten der Replikationsgabel. Leit- und Folgestrang können gleichzeitig und gleichgerichtet synthetisiert werden, wenn der Rückwärtsstrang eine Schleife um den Proteinkomplex bildet und so die Leserichtung an den Vorwärtsstrang anpasst. Sobald die Schleife abgelesen ist, endet die Synthese des Folgestrangstückes am vorherigen Okazaki-Fragment. Die Synthese des nächsten Fragmentes wird durch einen neuen RNA-Primer eingeleitet und dann als DNA verlängert.

In Bakterienzellen sind fünf verschiedene **DNA-Polymerasen** mit unterschiedlichen Strukturen und Funktionen gefunden worden. In der Reihenfolge ihrer Entdeckung unterscheidet man Pol I, Pol II, Pol III, Pol IV und Pol V (S. 107). In Eukaryoten wurden zahlreiche Enzyme (in menschlichen Zellen ca. 15) charakterisiert: u. a. Pol α, Pol β,

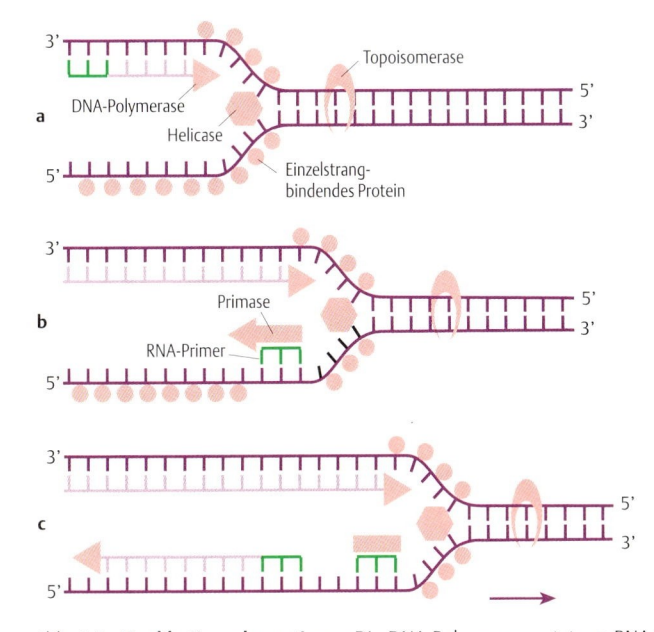

Abb. 3.**7 Replikationselongation. a** Die DNA-Polymerase setzt am RNA-Primer des Leitstranges an und verlängert ihn mit DNA-Nucleotiden. Der RNA-Primer wird durch DNA ersetzt. **b** Die Primase synthetisiert den RNA-Primer für das erste Okazaki-Fragment des Folgestranges. **c** Die DNA-Polymerase setzt am Primer an und verlängert ihn mit DNA-Molekülen bis sie an den Primer des zuvor synthetisierten Okazaki-Fragmentes gelangt. Die Synthese des nächsten Okazaki-Fragmentes beginnt am inzwischen fertig gestellten Primer bei der Replikationsgabel. Später verknüpfen DNA-Ligasen die einzelnen Fragmente zu einem durchgehenden DNA-Strang. Zur Vereinfachung ist die DNA gestreckt dargestellt, tatsächlich wird die Leserichtung von Vorwärtsstrang und Rückwärtsstrang wahrscheinlich durch eine Schleife an die Laufrichtung der Replikationsgabel angepasst.

Pol χ, Pol δ und Pol ε (S. 123). Die an der eigentlichen DNA-Elongation beteiligten DNA-Polymerasen werden oft als DNA-Replicasen von solchen Polymerasen abgegrenzt, die überwiegend für die DNA-Reparatur zuständig sind. Bei Prokaryoten ist Pol III die Replicase, bei Eukaryoten Pol δ und eventuell auch Pol ε (Abb. 3.**8**).

Viele Polymerasen besitzen zusätzliche Exonuclease-Aktivitäten und können somit auch Nucleotide aus einer Kette entfernen. Dabei entfernt die **5´→3´-Exonuclease** die RNA-Nucleotide des Primers und die **3´→5´-Exonuclease** beseitigt falsch gepaarte DNA-Nucleotide. Es gibt daneben auch eigenständige 5´→3´-Exonucleasen, wie RNase H oder MF1, die DNA-RNA-Hybridmoleküle angreifen und den Primer entfernen.

Die neusynthetisierte DNA enthält später keine RNA-Sequenzen mehr, denn die RNA-Primer werden noch während der Replikation durch eine 5´→3´-Exonuclease entfernt und durch DNA ersetzt. Zuletzt schließt die **DNA-Ligase** die Lücke mit einer Phosphodiesterbindung zwischen der 5´-Phosphatgruppe am

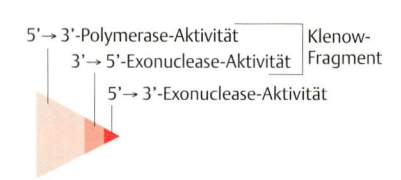

Abb. 3.8 DNA-Polymerasen.

Die DNA-Polymerase I enthält Regionen für 5´→3´-Exonuclease-Aktivität zur Entfernung des RNA-Primers, für 3´→5´-Exonuclease-Aktivität zur Entfernung fehlerhafter Nucleotide (Proofreading) und für 5´→3´-DNA-Polymerase-Aktivität. Proofreading: Nichtkomplementäre Nucleotide stoppen das Fortschreiten der Pol I, die 3´→5´-Exonuclease entfernt das fehlerhafte Nucleotid, sodass die Synthese wieder voranschreiten kann.

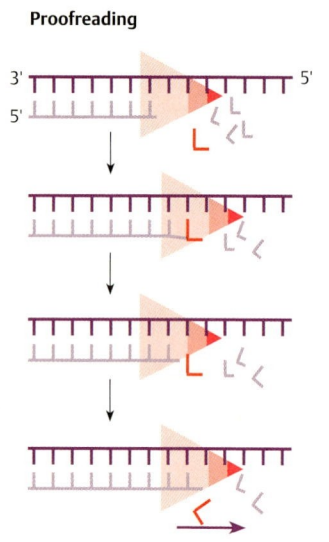

Ende eines Fragmentes und der 3´-OH-Gruppe am benachbarten Fragment. So werden die Okazaki-Fragmente nachträglich zu einem durchgehenden Tochterstrang verbunden.

DNA-Ligasen verknüpfen neu synthetisierte DNA-Abschnitte zu langen Ketten, schließen Einzelstrangbrüche und werden auch bei molekularbiologischen Laborarbeiten als „Kleber" von DNA-Fragmenten benutzt (S. 483). Sie arbeiten stets mit einem Cofaktor zusammen, der das 5´-Phosphatende der DNA aktiviert. Als Cofaktor dient bei Prokaryoten NAD, bei Eukaryoten ATP, ansonsten verläuft die Reaktion bei Pro- und Eukaryoten prinzipiell gleich: Der AMP-Anteil des Cofaktors wird von der Ligase auf das 5´-Phosphatende der DNA übertragen. Das so aktivierte Phosphatende reagiert nun mit dem benachbarten 3´-OH-Ende unter Bildung einer Phosphodiesterbindung. Dabei werden Ligase und Cofaktor wieder freigesetzt. In Ligase-freien ts-Mutanten bleiben die Okazaki-Fragmente unverbunden.

Die Rate der DNA-Synthese liegt typischerweise bei einigen hundert Nucleotiden pro Sekunde; bei dieser Geschwindigkeit scheinen Fehler unvermeidlich. Tatsächlich wird im Verlauf von etwa zehn- bis hunderttausend Syntheseschritten ein falsches Nucleotid eingebaut (**Replikationsfehler**). Diese Fehler werden zum größten Teil noch während der Replikation entfernt: Die 3´→5´-Exonucleaseaktivität der Polymerase erkennt die Fehlpaarung, der Proteinkomplex geht einen Schritt zurück und tauscht das Nucleotid aus. Dieses **Proofreading** reduziert die Fehlerrate von 10^{-4} auf 10^{-9}. Die verbleibenden Replikationsfehler können sich als Mutationen auswirken (Kap. 10).

> **DNA-Elongation in vitro:** Die DNA-Elongation lässt sich auch in vitro durchführen, z. B. in Form der **Polymerasekettenreaktion** (polymerase chain reaction). Die **PCR** dient der Vervielfachung von DNA-Abschnitten (S. 484). Anders als bei der In-vivo-Elongation besteht der Primer bei der PCR allerdings nicht aus RNA, sondern aus DNA-Nucleotiden.
> Bei der **Nick-Translation** nutzt man die Reparaturfunktion der DNA-Polymerase I, die sogenannte „nicks" wieder zu Doppelsträngen ergänzen kann. Nicks sind Einzelstrangbrüche mit einigen fehlenden komplementären Nucleotiden. Stellt man der Polymerase markierte Nucleotide zur Verfügung, werden diese an den betreffenden Stellen eingebaut und sind nachweisbar. ◄

3.2.3 Replikationstermination

Alle Abläufe an der Replikationsgabel, die die DNA-Replikation abschließen, werden als **Termination** bezeichnet. Die Replikation endet am **Terminator**, einer bestimmten Nucleotidsequenz. Die Sequenz des Terminators ist weniger einheitlich als die des Replikationsursprungs, weist aber bestimmte übereinstimmende Basenfolgen auf, eine sogenannte Konsensussequenz. Hier bindet ein **Terminationsprotein** und stoppt die Helicasen. Damit wird ein weiteres Öffnen der DNA-Doppelhelix verhindert, die Replikationsenzyme von der verdoppelten DNA abgelöst und die DNA-Synthese eingestellt. Über die an der Termination beteiligten Proteinkomplexe ist bis heute erst wenig bekannt.

Nach der Termination müssen die beiden neuen DNA-Doppelhelices vollständig voneinander getrennt werden. Angesichts ihrer Länge sind dabei Mechanismen zu erwarten, die ein Reißen oder Verwirren der beiden Tochtermoleküle verhindern. Anschließend wird die DNA unter Mithilfe von Topoisomerasen wieder verpackt. Bei Eukaryoten werden die DNA-Moleküle in spezielle Strukturen eingebunden (Chromatin, Chromatiden, Chromosomen), bevor sie während der Mitose gleichmäßig auf die Tochterzellen verteilt werden.

Replikon: Autonom regulierte Replikationseinheit, DNA-Abschnitt vom Start bis zum Ende der bidirektionalen Replikation.
Replikationsinitiation: Identifizieren des Replikationsursprungs durch Initiatorprotein, Öffnen der DNA-Doppelhelix durch Initiatorprotein, Aufwinden der DNA durch Helicasen, Stabilisieren der Einzelstränge durch Einzelstrang-bindende Proteine, Synthese der Primer durch Primasen, Entspannung der DNA in benachbarten DNA-Regionen durch DNA-Topoisomerasen.
Replikationsursprung (Origin, Replikator): Replikationsstart, charakteristische AT-reiche DNA-Sequenz, DNA-Konsensussequenz.
Primer: RNA-Strang („Zünder"), von Primasen an DNA-Matrize synthetisiert, wird durch DNA-Polymerase am freiem 3´-OH-Ende verlängert, wird später abgebaut und durch DNA ersetzt.
Priming: Einzelstrangstabilisierung, Synthese des RNA-Primers an der DNA-Matrize, vergleichbar einer Transkription. Am Leitstrang nur einmal zu Beginn; am Folgestrang für jedes einzelne Okazaki-Fragment erforderlich.

Replikationselongation: DNA-Synthese durch DNA-Polymerasen, RNA-Primer-Abbau durch 5′→3′-Exonuclease und Auffüllen mit DNA-Nucleotiden, Entfernung von Fehlpaarungen durch 3′→5′-Exonucleasen, Verknüpfung der Okazaki-Fragmente durch DNA-Ligasen.

Prozessivität: Maß für das Fortschreiten der DNA-Synthese, steigt durch Bindungsverstärkung der DNA-Polymerase über Hilfsproteine (Klammer).

Proofreading: Kontrolle der Basenpaarung während der Synthese, erfolgt durch 3′→5′-Exonucleasen.

Replikationstermination: Stopp der Helicasen am Terminator, Replikationskomplex löst sich von der Matrize.

Terminator (Terminus): DNA-Konsensussequenz markiert Replikationsende, Bindungsstelle des Terminationsproteins.

Replisom: Elongationskomplex, besteht aus Polymerasen, Helicasen, Primase (am Folgestrang), Hilfsproteinen.

Primosom: Initiationskomplex des Folgestranges bei Prokaryoten, besteht aus Helicasen, Primasen, Hilfsproteinen.

DNA-Helicasen: Verantwortlich für Entwindung der DNA-Doppelhelix. Trennen die Basenpaare unter ATP-Verbrauch, treiben die Replikationsgabeln voran. Arbeiten in 3′→5′- oder 5′→3′-Richtung. Bei Prokaryoten: DnaB-Protein, Helicase II, Rep-Protein.

Topoisomerasen: Verändern die Verdrillung der DNA über die Windungszahl. Typ I: Einzelstrangbruch, Windungszahl +1 oder -1; Typ II: Doppelstrangbruch, Windungszahl +2 oder −2, kommen in Pro- und Eukaryoten vor.

DNA-Polymerasen: Beteiligt als Replicasen an DNA-Synthese, beteiligt an DNA-Reparatur, bekannt bei Prokaryoten: Pol I, Pol II, Pol III, Pol IV und Pol V, bei Eukaryoten: u. a. Pol α, Pol β, Pol γ, Pol δ, Pol ε.

DNA-Replicasen: DNA-Polymerasen für die Replikationselongation, bei Prokaryoten: Pol III; bei Eukaryoten: Pol δ und Pol ε.

DNA-Polymerase-Aktivitäten: 5′→3′-Exonuclease: entfernt Primer, 5′→3′-Polymerase: polymerisiert DNA, 3′→5′-Exonuclease: Proofreading.

DNA-Ligasen: Verknüpfen Okazaki-Fragmente des Folgestranges, katalysieren Phosphodiesterbindungen. Bei Prokaryoten: mit Cofaktor NAD; bei Eukaryoten: mit Cofaktor ATP.

3.3 Replikation bei Bacteria

Die meisten Erkenntnisse, die in das Replikon-Modell eingeflossen sind, stammen von Experimenten mit dem Bakterium *E. coli*, hier lassen sich viele der beteiligten Proteine bis auf die Gensequenz zurückführen. Das relativ kleine Genom der Bacteria stellt eine einzige Replikationseinheit (Replikon) dar und wird bidirektional repliziert, vorübergehend entsteht die Theta-Form. Für die Initiation sind das **Initiatorprotein DnaA**, die **Helicase DnaB** und die **Primase DnaG** verantwortlich. Zusammen bilden sie einen eigenen Komplex, das **Primosom**. Als Topoisomerase II wirkt die **Gyrase**. Die **Polymerase Pol III** ist das zentrale Enzym der Elongation, **Pol I** tauscht die RNA-Nucleotide des Primers gegen DNA aus. Nach der Termination der Replikation müssen die neu entstandenen DNA-Ringe noch voneinander getrennt werden. Bei der Kontrolle von Replikation und Zellteilung spielen das Initiatorprotein DnaA, die Hemimethylierung des Replikationsursprungs und der Kontakt zur Zellmembran eine wichtige Rolle. Plasmide werden nach dem Prinzip des **Rolling Circle** repliziert.

Das Replikon-Modell liefert lediglich eine schematische Vorstellung vom Ablauf der Replikation. Sobald man den speziellen Aufbau des Genoms eines Lebewesens betrachtet, sind verschiedene Abweichungen vom Grundschema möglich. Wie bei allen einzelligen Lebewesen bereitet die **prokaryotische Replikation** nicht nur die Zellteilung, sondern gleichzeitig die Vermehrung der Art vor. Die meisten Erkenntnisse beziehen sich innerhalb der Bacteria speziell auf *E. coli* und liegen der Formulierung des Replikon-Modells zugrunde. Bei den Bacteria liegt die DNA-Doppelhelix meist als ringförmig geschlossenes Molekül vor (S. 21). Bei *E. coli* ist die DNA ca. 1,5 mm lang und besteht aus etwa $4,6 \times 10^6$ Nucleotiden. Die DNA der Bacteria ist durch verschiedene Nucleoid-assoziierte Proteine mit häufig starker DNA-Bindekapazität, dicht gepackt und wird als **Bacteria-Chromosom** bezeichnet (*Mikrobiologie*). Außerhalb des Nucleoids kann das Bakteriengenom ringförmige oder lineare Plasmide enthalten (S. 65).

Das Bacteria-Chromosom bildet eine einzige Replikationseinheit und wird, vom Replikationsursprung ausgehend, in zwei Richtungen semikonservativ repliziert (**bidirektionale Replikation**). Durch die auseinanderweichenden Replikationsgabeln bildet sich eine wachsende Replikationsblase, bis sich beide Gabeln auf der gegenüberliegenden Seite am Replikationsende treffen. Dabei entsteht vorübergehend eine Molekülstruktur, die dem griechischen Großbuchstaben **Theta** (Θ) ähnelt (Abb. 3.9). Bei *E. coli* lassen sich die an der Initiations-, Elongations- und Terminations-Phase beteiligten Proteine und Enzyme teilweise bis auf den Genort zurückführen und werden entsprechend benannt (z. B. das Protein DnaA nach dem Genort *dnaA*).

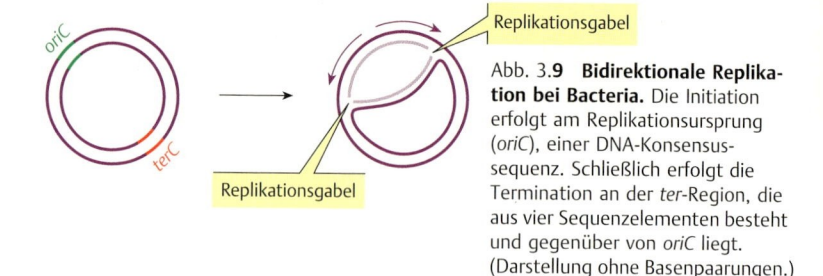

Abb. 3.9 Bidirektionale Replikation bei Bacteria. Die Initiation erfolgt am Replikationsursprung (*oriC*), einer DNA-Konsensussequenz. Schließlich erfolgt die Termination an der *ter*-Region, die aus vier Sequenzelementen besteht und gegenüber von *oriC* liegt. (Darstellung ohne Basenpaarungen.)

3.3.1 Ablauf der Replikation bei Bacteria

Alle Abläufe, die die Replikation einleiten, werden als **Initiation** zusammengefasst. Das Bacteria-Chromosom enthält nur einen einzigen Replikationsursprung. Der **Replikationsursprung** (*oriC*) von *E. coli* besteht aus etwa 245 Nucleotidpaaren und enthält fünf Bindungsstellen aus jeweils neun Basenpaaren für das Initiatorprotein DnaA, genannt **DnaA-Boxen**. Außerdem befinden sich im *oriC*-Bereich drei AT-reiche Nucleotidabschnitte aus jeweils 13 Basenpaaren (13-mer-Sequenzen) in Tandemanordnung. Da AT-Basenpaare nur durch zwei Wasserstoffbrücken-Bindungen zusammengehalten werden, werden sie schneller aufgeschmolzen als GC-Basenpaare mit drei Wasserstoffbrücken-Bindungen. Das Initiatorprotein DnaA bindet an die *DnaA*-Boxen und bildet hier einen Proteinkomplex aus 20–40 DnaA-Monomeren, um den sich die DNA-Doppelhelix wickelt. Dies führt zu einem Aufschmelzen der DNA im Bereich der 13-mer-Sequenzen: Auf einer Länge von etwa 60 Basenpaaren des *oriC* wird die DNA-Doppelhelix in Einzelstränge getrennt.

Die entstandenen Einzelstrangstrukturen werden von der **Helicase DnaB** erkannt, die als Proteinkomplex mit dem Hilfsprotein DnaC vorliegt. DnaC lädt die Helicase DnaB auf beide Einzelstränge und dissoziiert dann ab. Die Helicase DnaB beginnt unter ATP-Verbrauch mit dem Entwinden der Doppelhelix in beide Richtungen. Einzelstrang-bindende Proteine stabilisieren sofort die frei werdenden Einzelstränge und halten das DNA-Molekül offen. Für die Entspannung des DNA-Moleküls sorgt die **Gyrase**, eine Topoisomerase II, die der Replikationsgabel vorausläuft. Im Öffnungsbereich der DNA-Doppelhelix sind nun zwei Replikationsgabeln entstanden, an denen alle weiteren Replikationsereignisse stattfinden. Die Helicase DnaB aktiviert die **Primase DnaG**, welche zunächst den Primer des Leitstranges synthetisiert und danach den Primer für das erste Okazaki-Fragment des Folgestranges. Bei *E. coli* bestehen Primer aus 11–12 RNA-Nucleotiden. Die Primase bildet beim Folgestrang zusammen mit Helicasen und Hilfsproteinen das **Primosom**. Damit ist die Initiation am Replikationsursprung abgeschlossen.

Wie im allgemeinen Replikon-Modell muss man bei der **Elongation** zwischen der Synthese des Leit- und Folgestranges unterscheiden, obwohl die Synthese simultan und durch das gleiche Enzym erfolgt. Für den Leitstrang ist kein weiteres Priming mehr nötig, hier läuft nur die Helicase der Polymerase voraus und legt die Matrizenbasen für die Anknüpfung von DNA-Nucleotiden frei. Am Folgestrang läuft dagegen das Primosom in 5´→3´-Richtung der Polymerase voraus. Seine Primaseaktivität bildet die RNA-Primer der Okazaki-Fragmente. Jedes Okazaki-Fragment besteht aus 1000–2000 Nucleotiden. Die für die Replikation zuständige Polymerase ist **Pol III**. Sie wird mit zwei Klammer-Untereinheiten jeweils am Vorwärts- und Rückwärtsstrang wie an einer Doppelschiene eingeklinkt. Pol III ist ein Dimer. Es kann DNA-Leit- und Folgestrang simultan verlängern, da der Rückwärtsstrang eine Schleife bildet, die seine Leserichtung an den Vorwärtsstrang anpasst. Das Ablesen der Schleife endet am Primer des vorherigen Fragmentes. Die Rückwärtsstrang-Klammer von Pol III wird mithilfe eines enzymatischen Klammerladers gelöst und für jedes Fragment neu eingeklinkt, es bildet sich eine neue Rückwärtsstrang-Schleife und Pol III startet mit der Synthese des nächsten Fragmentes. Hinter der Pol III läuft die **Pol I**, sie entfernt die RNA-Primer und ersetzt sie durch DNA-Sequenzen, bevor die Okazaki-Fragmente von der DNA-Ligase verknüpft werden. Bei *E. coli* beträgt die Replikationsgeschwindigkeit 500–1000 Nucleotide pro Sekunde.

DNA-Polymerasen bei Bacteria:

Die **DNA-Polymerase Pol I** entfernt den RNA-Primer aus den neu-synthetisierten Tochtersträngen, füllt die Lücken mit komplementärer DNA auf und korrigiert falsch eingebaute Nucleotide. Das Enzym muss daher verschiedene enzymatische Aktivitäten besitzen, die jeweils anderen Bereichen der linearen Kette zugeschrieben werden können. Die DNA-Polymerase I der Bakterien wurde von **A. Kornberg** 1956 entdeckt (daher auch die Bezeichnung **Kornberg-Enzym**) und stellt eines der am besten untersuchten Enzyme dar. Eine *E.-coli*-Zelle enthält etwa 400 Moleküle Pol I; Pol I überwiegt damit mengenmäßig alle anderen DNA-Polymerasen. Pol I ist ein Protein von 103 kDa aus insgesamt 928 Aminosäuren. Das N-terminale Ende weist eine **5´→3´-Exonuclease**-Domäne auf, im mittleren Bereich liegt die Domäne für **3´→5´-Exonuclease**-Aktivität, im C-terminalen Bereich findet man die **5´→3´-DNA-Polymerase**-Domäne. Behandelt man den Enzymkomplex mit Proteasen (z. B. Trypsin) zerfällt er in zwei Domänen. Die kleinere Domäne am N-terminalen Ende enthält die 5´→3´-Exonuclease-Aktivität. Die größere am C-terminalen Ende wird als **Klenow-Fragment** bezeichnet und enthält die Aktivitäten für 3´→5´-Exonuclease und die 5´→3´-DNA-Polymerase. Das Klenow-Fragment ist hufeisenförmig aufgebaut; die Schenkel bestehen aus α-Helices, der Bogen aus β-Faltblattstrukturen. Die α-Helices orientieren das freie 3´-OH-Ende einer Nucleinsäure im Zwischenraum, dadurch wird die Enzymkonformation verändert: Das DNA-Molekül ist gewissermaßen eingefädelt.

Die 5´→3´-Exonuclease-Aktivität ist für den Abbau des RNA-Primers zuständig, sie spielt aber auch eine Rolle bei der Reparatur von DNA-Schäden. Dabei werden, am 5´-OH-Ende einer doppelsträngigen DNA beginnend, nacheinander einzelne Nucleotide abgebaut. Die entstandene Lücke wird anschließend von der 5´→3´-DNA-Polymerase-Domäne wieder mit komplementären Nucleotiden gefüllt. Experimentell lässt sich zeigen, dass Bakterienmutanten ohne 5´→3´-Exonuclease empfindlicher gegenüber ultravioletten Strahlen, Röntgenstrahlen oder mutagenen Agenzien sind. Auch bei der Reparatur entfernt die 5´→3´-Exonuclease geschädigte DNA, und die DNA-Polymerase schließt die entstandene Lücke (S. 413).

Die 3´→5´-Exonuclease-Domäne der Pol I erkennt Fehlpaarungen der Basen schon im Verlauf der Replikation und entfernt sie vom 3´-OH-Ende aus. Das Klenow-Fragment ist so gebaut, dass fehlerhafte Basenpaarungen die Vorwärtsbewegung entlang des DNA-Moleküls stoppen. Dadurch kommt das nicht passende Nucleotid in Kontakt zur 3´→5´-Exonuclease und die Phosphodiesterbindung wird hydrolysiert. 3´→5´-Exonucleasen werden daher als Korrekturlese- oder Proofreading-Enzyme bezeichnet: Sie berichtigen Replikationsfehler in der einzelsträngigen DNA während der Synthese.

Die **DNA-Polymerase II** ist für die Replikation offenbar nicht unbedingt notwendig, scheint aber an der **DNA-Reparatur** beteiligt zu sein, ebenso wie **Pol IV** und **Pol V**. Die DNA-Polymerase II ist in *E. coli* ein 88 kDa-Enzym, das bevorzugt während der DNA-Reparatur benötigt wird (z. B. SOS-Reparatur, S. 419).

Die **DNA-Polymerase III** ist für die Elongation des DNA-Moleküls zuständig und damit das zentrale Replikationsenzym der Prokaryoten (**Replicase**). Pol III kann auch eine Exonuclease-Aktivität enthalten, oft ist diese Funktion aber einem unabhängigen, assoziierten Bestandteil zugeordnet. Eine *E.-coli*-Zelle enthält nur 10–20 Moleküle Pol III, sodass ihre Aktivität bei Messungen von der Pol I-Aktivität überdeckt wird. Erst in einer Pol I-freien Bakterienmutante gelang die Isolierung von Pol III. Das Pol III-Holoenzym ist asymmetrisch und zerfällt unter bestimmten biochemischen Bedingungen in mehrere Bestandteile. Die kleinste funktionelle Einheit wird als Pol III-Core (Kern) bezeichnet. Zwei Pol III-Kern-Einheiten sind über ein τ-Protein zu einem Pol III-Dimer bogenförmig miteinander verknüpft. Jeder einzelne Pol III-Kern besteht aus drei Untereinheiten, denen sich jeweils verschiedene enzymatische Aktivitäten zuordnen lassen: Eine α-Untereinheit (130 kDa) mit **Polymerase-Aktivität**, eine ε-Untereinheit (27,5 kDa) mit **3´→5´-Exonuclease-Korrektur**-Aktivität und eine dritte Untereinheit θ (10 kDa) ohne katalytische Aktivität. Diese Untereinheit stabilisiert die ε-Untereinheit. Experimentell kann das Pol III-Dimer eine DNA-Replikation zwar katalysieren, weist jedoch eine sehr geringe Prozessivität auf: Schon nach wenigen Syntheseschritten dissoziiert es von der Matrize und benötigt einen neuen Primer, um die Synthese fortzusetzen. Erst in Verbindung mit zwei weiteren Komplexen (β- und γ-Komplex) erreicht das Pol III-Dimer eine für die Replikation notwendige Synthesegeschwindigkeit. Die aktive Form der β-Untereinheit ist ein Dimer, das sich zu einer Klammer um die DNA schließt. Der γ-Komplex (**Klammerlader**) besteht aus insgesamt 5 Untereinheiten unterschiedlicher Größe, erkennt das 3'-Primer-Ende und belädt die DNA unter ATP-Verbrauch mit der **β-Klammer**. Klammer und Klammerlader bilden zusammen den **Präinitiationskomplex**, an den nun ein Pol III-Kern bindet. Das τ-Protein bindet an diesen bereits an die DNA geklammerten Kern, und ein zweiter Pol III-Kern mit Klammer wird daran gebunden.

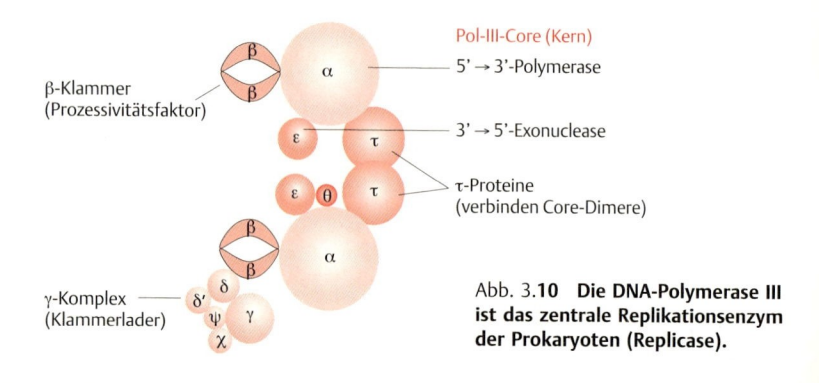

Abb. 3.**10 Die DNA-Polymerase III ist das zentrale Replikationsenzym der Prokaryoten (Replicase).**

Pol-III-Core (Kern)
- 5' → 3'-Polymerase
- 3' → 5'-Exonuclease
- τ-Proteine (verbinden Core-Dimere)

β-Klammer (Prozessivitätsfaktor)

γ-Komplex (Klammerlader)

Jeder Pol III-Kern synthetisiert einen der beiden Tochterstränge. Auf diese Weise ist während der gesamten Elongation ein direkter Kontakt zu beiden DNA-Strängen gesichert. Die Klammern gleiten an den beiden Strängen entlang und erhöhen die Prozessivität. Das Holoenzym ist asymmetrisch gebaut, das längere Ende mit dem γ-Klammerlader synthetisiert den Folgestrang, ist also für die Okazaki-Fragmente zuständig. Hier muss die Polymerase wiederholt auf- und abgeladen werden. Erst wenn das letzte Nucleotid in die neue DNA eingebaut ist, verlässt die Pol III die β-Klammer und kann mit einer anderen β-Klammer an einem neuen Primer-Ende Kontakt aufnehmen. An der fertig replizierten DNA wird die β-Klammer wieder unter Einwirkung des γ-Klammerladers abgelöst.

Mit der Elongation vergrößert sich die Replikationsblase, bis sich schließlich die Replikationsgabeln auf der dem Replikationsursprung gegenüberliegenden Seite des DNA-Ringes nähern. Hier findet die **Termination** der Replikation statt. Links und rechts vom theoretischen Treffpunkt weist die DNA Sequenzen auf, die als **Terminations-Sequenzen** *T1* und *T2* (Terminator, Terminus) angesehen werden und sich im Muster ähneln. Solche mehr oder minder übereinstimmenden Sequenzen bezeichnet man als **Konsensussequenz**, sie haben möglicherweise einen gemeinsamen Ursprung, angegeben wird der Mittelwert für die Nucleotidhäufigkeit an einer bestimmten Position. Jeder dieser spiegelgleichen Termini *T1* und *T2* besitzt jeweils zwei ***ter*-Elemente**: *T1* enthält *terD* und *terA*, *T2* enthält *terC* und *terB*. Jedes *ter*-Element besteht wiederum aus 23 Nucleotidpaaren, an die ein 36 kDa-Terminationsprotein binden kann. Bei *E. coli* ist es das Produkt des *tus*-Gens. Das Tus-Protein bindet an die Konsensussequenz und hindert die Helicase an einer weiteren DNA-Entwindung. Allerdings replizieren auch *ter*- oder *tus*-Mutanten erfolgreich. Die Replikation findet also auch ohne eine solche Termination einen Abschluss. Die beiden Terminatoren treten offenbar nur als "Notbremse" in Aktion, sobald eine der Replikationsgabeln schneller voranschreitet als die andere. Droht diese ihren eigenen Replikationsbereich zu überschreiten, wird sie hinter dem rechnerischen Treffpunkt durch das Terminationsprotein gestoppt. Der Terminator links vom Treffpunkt stoppt die rechte Gabel, der rechte Terminator die linke Gabel.

Am Ende einer Replikationsrunde können die beiden Tochter-DNA-Doppelhelices noch wie Ringe einer Kette zusammenhängen, was eine Verteilung auf die Tochterzellen unmöglich macht. Ineinander verkettete DNA-Ringe bezeichnet man auch als **Catenane**. Sie lassen sich nur durch Ringbruch und Wiederverschluss voneinander trennen. Diese Reaktion wird von Topoisomerasen II katalysiert: Da sie den Replikationsgabeln voranlaufen, treffen sie als Erste im Terminationsbereich ein.

Replikation von Plasmiden: Plasmide sind ringförmige extrachromosomale doppelsträngige DNA-Moleküle. Sie replizieren autonom und codieren in der Regel für das Initiationsprotein der Replikation. Alle anderen Replikationsfunktionen liefert das Bacteria-Chromosom. Einige wenige Plasmide können in das Bacteria-Chromosom integrieren und werden als **Episomen** bezeichnet, sie replizieren mit dem Bacteria-Chromosom. Jeder Plasmidtyp liegt in einer charakteristischen Kopienzahl in der Bakterienzelle vor, was auf eine kontrollierte Anzahl von Replikationsrunden schließen lässt. Als Regulationsmechanismus wird eine Inhibition vermutet. Einzelkopie-Plasmide führen genau eine Replikation pro Zellteilung durch, Mehrfachkopie-Plasmide replizieren auch unabhängig von der Zellteilung. Bei Plasmiden mit wenigen Kopien pro Zelle muss sichergestellt sein, dass die replizierten Plasmide gleichmäßig auf die Tochterzellen verteilt werden. Hier spielt die Anheftung an die Zellmembran eine ähnliche Rolle wie bei der Verteilung der Nucleoid-DNA. Plasmide, die in der elterlichen Zelle mit mehr als 10 Kopien vorliegen, können dagegen auf eine Verteilungskontrolle verzichten: Die statistische Wahrscheinlichkeit, dass eine Tochterzelle ganz ohne Kopie ausgeht, ist äußerst gering.

Im Allgemeinen besitzen Plasmide je einen Replikationsursprung, sie stellen also ein einziges Replikon dar, das semikonservativ repliziert wird. Zwei Plasmide können jedoch auch zu einem dimeren Ring mit zwei Replikationsursprüngen verschmelzen. Die Replikation von Plasmiden erfolgt häufig nach dem **Rolling-Circle-Prinzip** (S. 116 und *Mikrobiologie*).

3.3.2 Kontrolle der Replikation in Bacteria

Die Kontrolle der bakteriellen Replikation betrifft einerseits den Eintritt in eine neue Replikationsrunde und andererseits die gleichmäßige Verteilung der DNA-Replikate auf die Tochterzellen.

Der Eintritt in die Replikation ist eine Alles-oder-Nichts-Reaktion: Ist erst einmal die Replikation initiiert, ist auch Elongation und Termination in dem Replikon nicht mehr zu stoppen. Die Initiation gibt den „Startschuss" für die Replikation, anschaulich spricht man vom „Feuern" der Replikons. Mit der Initiation wird aber nicht nur die Replikation kontrolliert, sondern indirekt auch die Vermehrung der Zelle. Die **Kontrolle der Initiation** entscheidet damit letztlich über den Fortbestand der Art. Verschiedene denkbare **Kontrollverfahren** wie Autoregulation, Inhibition durch Hemimethylierung und/oder eine strukturelle Kontrolle werden alternativ oder parallel diskutiert. Die meisten Erkenntnisse beziehen sich auch hier auf *E. coli*:

Das Initiatorprotein **DnaA** ist das einzige Replikationsenzym, das nur bei der Initiation aktiv ist. Es bindet an die *DnaA*-Boxen des Replikationsursprungs. Da die Replikationsinitiation von der Menge des verfügbaren DnaA-Proteins abhängt, ist DnaA ein Kandidat für die Kontrolle in den Eintritt der Replikation. Außerdem wird die Aktivität von DnaA durch ein Nucleotid moduliert. Nur DnaA mit gebundenem ATP ist aktiv, nach Hydrolyse des ATPs zu ADP und anorganischem Phosphat verliert DnaA seine Fähigkeit zur Initiation der Replikation. *DnaA*-Boxen kommen nicht nur in *oriC*, sondern auch im Promotor des *dnaA*-Gens vor. Hier reprimiert die Bindung von DnaA die weitere Synthese von DnaA. Die DnaA-Menge in einer Zelle wird also durch **Autoregulation** kontrolliert. DnaA löst die Aktivität der Helicase aus und wird von der Polymerase entfernt. Um sicherzustellen, dass die Initiation nur ein einziges Mal in einem bestimmten Zeitintervall gestartet wird, müssen sich bereits replizierte Replikationsursprünge von nicht replizierten unterscheiden, d. h. eine Initiation muss für eine bestimmte Zeit eine erkennbare Spur im Replikationsursprung hinterlassen. Diese Spur befindet sich offenbar in elf GATC-Sequenzen im Bereich des *oriC*. Vor jeder Initiation liegen die beiden Adenine von GATC als **methylierte Adenine** vor. Bei der Replikation werden die methylierten GATC-Sequenzen mit nichtmethylierten Basen komplementär ergänzt. Es entstehen Tochtermoleküle mit zunächst **hemimethylierten** Replikationsursprüngen. Solche hemimethylierten Replikationsursprünge haften durch Vermittlung des Proteins SeqA an der Zellmembran. Sie können erst wieder initiieren, wenn sie durch Methylasen vollständig methyliert wurden. Bei *E. coli* dauert das etwa 13 Minuten. Vollmethylierte Replikationsursprünge dissoziieren von der Zellmembran und sind wieder frei zugänglich für das DnaA-Initiatorprotein. Neben der **Hemimethylierung** ist damit auch die **Membranstruktur** in die Replikationskontrolle eingebunden.

Bei 37 °C dauert die Replikation der gesamten Nucleoid-DNA, unabhängig von den Ernährungsbedingungen, etwa 40 Minuten; d.h. es werden etwa 500 Nucleotide pro Sekunde oder 30 000 Basenpaare pro Minute verknüpft. Die nachfolgende Teilung dauert unter optimalen Bedingungen etwa 20 Minuten. Insgesamt umfasst die Zeitspanne von der Initiation der Replikation bis zu den fertigen Tochterzellen also 60 Minuten. Teilt sich eine Bakterienzelle häufiger als einmal pro Stunde, muss eine neue Replikationsrunde begonnen werden, bevor die vorhergehende abgeschlossen wurde. Dadurch entstehen im DNA-Ringmolekül bäumchenartig strukturierte Replikationsgabeln und die spätere Verteilung der DNA auf die Tochterzellen erfordert eine besondere Koordination.

In Abbildungen stellt man die Replikation meist so dar, als ob das Replisom auf der DNA entlang läuft. Tatsächlich ist der Enzymkomplex stationär und die DNA-Doppelhelix wird hindurchgefädelt.

Replikation bei Bacteria: Semikonservativ, semidiskontinuierlich, simultan. Bidirektional, Theta-Form (Θ), 1 Replikon pro Nucleoid:
- **Initiation:** Initiatorprotein DnaA erkennt Replikationsursprung (*oriC*), Helicase DnaB öffnet Doppelhelix, Gyrase (Topoisomerase II) entspannt, Primase DnaG synthetisiert RNA-Primer.
- **Elongation:** Primase im Primosom übernimmt Priming des Folgestranges, Helicase: Rep-Protein am Vorwärtsstrang, Helicase II am Rückwärtsstrang, Replikase: Polymerase III für beide Stränge, Polymerase I ersetzt RNA-Primer durch DNA, DNA-Ligase verknüpft Okazaki-Fragmente.
- **Termination**: Terminationsprotein Tus erkennt Terminatorsequenzen *ter* gegenüber *oriC*, Linker Terminator ist Notbremse für rechte Replikationsgabel, Rechter Terminator ist Notbremse für linke Replikationsgabel.

Catenane: Ineinander verkettete zirkuläre DNA-Moleküle, werden durch Topoisomerasen II getrennt.

Konsensussequenz: (DNA)-Sequenz, die sich auf ein gemeinsames Muster zurückführen lässt.

Replikationskontrolle bei *E. coli*: Kontrolle am *oriC*, Autoregulation des Initiatorproteins DnaA. Hemimethylierung der *DnaA*-Boxen, Zellmembraneigenschaften.

3.4 Replikation bei Archaea

Archaea besitzen wie Bakterien **ringförmige Chromosomen**. Einige Arten haben einen **einzigen Replikationsursprung**, bei einigen anderen Arten sind dagegen **zwei** oder **drei** Replikationsursprünge entdeckt worden. Die unterschiedlichen Proteine, die die verschiedenen Schritte der Replikation katalysieren, sind zu den entsprechenden Proteinen der **Eukaryoten homolog**. Der **Replikationsapparat** der Archaea ist aber **einfacher aufgebaut**, z.B. enthalten Proteinkomplexe oft eine kleinere Zahl unterschiedlicher Untereinheiten, und er kann daher als ursprünglicheres Modell für die eukaryotische Replikation dienen. Der **Zellzyklus** ist in Archaea **nicht einheitlich** aufgebaut und es gibt Arten mit einer langen G_2-Phase zwischen Abschluss der Replikation und Beginn von DNA-Segregation und Zellteilung.

Archaea haben wie die Bakterien ringförmige Chromosomen und enthalten meist zusätzlich ebenfalls ringförmige Plasmide. Die Größe des Archaea-Chromosoms liegt im selben Größenbereich wie Bacteria-Chromosomen mittlerer Größe (2–5 · 10^6 Basenpaare), die Größe der Plasmide ist sehr variabel von ca. 10^3 Basenpaaren bis >10^5 Basenpaaren. Das Archaea-Chromosom wird durch DNA-bindende Proteine dicht gepackt. Eine Gruppe von Archaea enthält Histone wie die Eukaryoten, während eine andere Gruppe Archaea-spezifische Verpackungsproteine besitzt.

Aufgrund der strukturellen Ähnlichkeit zum Bacteria-Chromosom wurde angenommen, dass auch Archaea-Chromosomen einen einzigen **Replikationsursprung** besitzen, und für die ersten untersuchten Arten konnte das auch bestätigt werden. Überraschenderweise wurden in den letzten Jahren Archaea-Arten gefunden, die mehr als einen Replikationsursprung besitzen, und zwar zwei Arten mit zwei Replikationsursprüngen (*Haloferax volcanii*, *Aeropyrum pernix*) und zwei Arten der Gattung *Sulfolobus* mit drei Replikationsursprüngen. Es wurde nachgewiesen, dass alle drei Replikationsursprünge in jedem Zellzyklus benutzt werden und die Replikation an ihnen gleichzeitig gestartet wird. Die Parallelisierung der Replikation durch die Anwesenheit mehrerer Startpunkte ist somit bei Eukaryoten mit hunderten von Replikationsursprüngen wesentlich ausgeprägter, aber in der Evolution schon von Prokaryoten erfunden worden.

Prinzipiell läuft die **Replikation** bei Archaea ähnlich ab wie bei Bakterien und Eukaryoten und es werden dieselben enzymatischen Aktivitäten gebraucht, z. B. eine Helicase, die die beiden Stränge trennt, eine Primase, die einen RNA-Primer synthetisiert, und mehrere Polymerasen. Im Gegensatz zum Chromosomenaufbau, der dem von Bakterien gleicht, sind die Replikationsproteine der Archaea mit den eukaryotischen Replikationsproteinen verwandt (S. 122). Ähnlich wie bei der Transkription (Kap. 4.4) ist der archaeale Replikationsapparat jedoch einfacher aufgebaut als bei Eukaryoten und kann als ursprüngliches Modell angesehen werden. Da die archaealen Proteine homolog zu den eukaryotischen Proteinen sind, werden sie nach diesen benannt, auch wenn die Bezeichnung in Archaea unter Umständen sinnlos ist (s. u.).

Die Erkennung des Replikationsursprungs erfolgt bei Archaea wie bei Eukaryoten durch einen Proteinkomplex, der **ORC** (origin recognition complex) genannt wird. Während der eukaryotische ORC ein Heterooligomer aus sechs unterschiedlichen Proteinen ist, codieren Archaea nur ein bis drei unterschiedliche ORC-Proteine und die Komplexe sind daher einfacher aufgebaut. Replikationsursprünge liegen typischerweise direkt neben dem Gen für ein ORC-Protein. Sie enthalten Wiederholungen von Sequenzmotiven, die *Origin Recognition Boxes* genannt werden und an die ORC bindet. Die replikative **Helicase**, die die beiden DNA-Stränge trennt, ist wie bei Eukaryoten aus **MCM-Proteinen** (minichromosome maintenance proteins) aufgebaut. Wie bei Eukaryoten bleibt ORC während des gesamten Zellzyklus an den Replikationsursprung gebunden, während MCM nur während der Initiationsphase dort zu finden ist. MCM-Proteine binden über einen nach dem eukaryotischen Homolog GINS genannten Komplex die **Primase**. Diese wird somit an den Ort der Entspiralisierung der DNA gebracht und kann RNA-Primer synthetisieren, was bei der Synthese des Folgestranges für jedes Okazaki-Fragment geschehen muss.

Archaea enthalten mehrere **Einzelstrang-bindende Proteine** mit Ähnlichkeit zu dem eukaryotischen Gegenstück, RPA (replication protein A). Außerdem weisen Archaea mehrere **DNA-Polymerasen** auf, die teilweise denen von Eukaryoten ähneln. Eine Gruppe von Archaea (Euryarchaeota) besitzt allerdings auch eine Polymerase, die bislang nur in dieser Gruppe gefunden wurde und eine eigene Proteinfamilie bildet. Die beiden replikativen Polymerasen werden an der Replikationsgabel jeweils durch Wechselwirkung mit einem Proteintrimer, das einen Ring um die DNA bildet, fest an die DNA gebunden. Durch diese „Klammer" wird die Prozessivität der Polymerasen stark erhöht. Das Trimer besteht aus einem nach dem eukaryotischen Homolog „**PCNA**" (proliferating cells nuclear antigen) genannten Protein, obwohl Archaea natürlich keinen Zellkern besitzen. Für jedes Okazaki-Fragment muss der PCNA-Ring neu um den zu replizierenden DNA-Folgestrang aufgebaut werden, wofür wie bei Eukaryoten ein **RFC** (replication factor C) genanntes Hilfsprotein benötigt wird. Es werden immer mehr Proteine entdeckt, die mit dem PCNA-Ring wechselwirken können und die über diese Wechselwirkung an die Replikationsgabel gebracht werden. Dazu gehören z. B. auch ein Protein, von dem angenommen wird, dass es die RNA-Primer von zuvor synthetisierten Okazaki-Fragmenten durch einen endonucleolytischen Schnitt entfernt, und eine neu entdeckte **DNA-Ligase**, die Okazaki-Fragmente kovalent verbinden kann.

Da viele Archaea thermophil sind und die Strukturaufklärung thermophiler Proteine leichter ist als bei den Proteinen mesophiler Arten, sind in den letzten Jahren hochaufgelöste Strukturen der meisten archaealen Replikationsproteine erzeugt worden. Die Strukturen helfen, die Funktionsweise der Proteine im

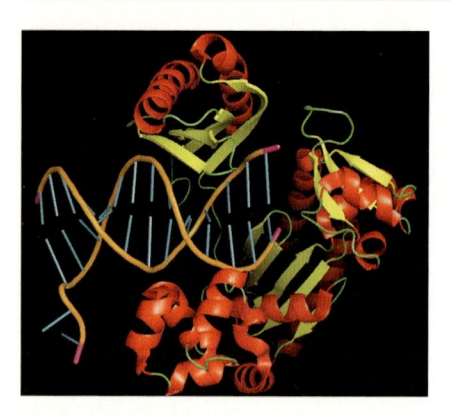

Abb. 3.11 DNA-Polymerase von *Sulfolobus solfataricus* mit DNA. Die Sekundärstrukturelemente der Polymerase sind farblich markiert (α-Helices rot, β-Faltblätter gelb).

Detail zu untersuchen und können manchmal auch als Vorbilder für das Verständnis der homologen eukaryotischen Proteine dienen. Als ein Beispiel ist ein Komplex der DNA-Polymerase von *Sulfolobus solfataricus* mit DNA in Abb. 3.11 gezeigt.

Natürlich ist die Replikation auch in Archaea genau reguliert und mit dem Ablauf des **Zellzyklus** verzahnt, dadurch wird sichergestellt, dass während eines Zellzyklus nur genau einmal initiiert wird. Es gibt auch einen **Kontrollpunkt**, der verhindert, dass die Zelle sich teilt, bevor die Replikation abgeschlossen wurde. Jedoch sind die zugrundeliegenden Mechanismen noch nicht bekannt. Der Aufbau des Zellzyklus ist nicht einheitlich. Einige Archaea haben zwischen Replikation, DNA-Segregation und Zellteilung noch eine ausgedehnte G_2-Phase, die z. B. bei *Sulfolobus* mehr als die Hälfte der Zellzykluszeit ausmacht.

Replikation bei Archaea: Wie bei Bakterien und Eukaryoten semikonservativ, semidiskontinuierlich, simultan, bidirektional.

Replikationsursprünge: Die Chromosomen sind ringförmig. Je nach Art gibt es entweder einen Replikationsursprung oder zwei bis drei Replikationsursprünge.

Replikationsproteine: Die Replikationsproteine sind homolog zu den eukaryotischen und nicht zu den bakteriellen Gegenstücken. Sie werden nach den eukaryotischen Proteinen benannt. Insgesamt ist der Replikationsapparat einfacher (weniger unterschiedliche Untereinheiten).

Replikationsinitiation: ORC1 bindet an Wiederholungsmotive im Replikationsursprung. Damit wird die replikative Helicase MCM an den Replikationsursprung gebracht und über diese mittelbar die Primase.

Replikationselongation: Homologe zu den eukaryotischen Proteinen (RFA, PCNA, RFC, Polymerasen, Ligase).

Replikation und Zellzyklus: Genaue Replikationskontrolle über noch nicht verstandene Mechanismen. Zellzyklus in Archaea nicht einheitlich, manche haben ausgeprägte G_2-Phase zwischen Replikation und DNA-Segregation und Zellteilung.

3.5 Replikation bei Viren

Der Replikationsverlauf von Viren ist abhängig vom **Aufbau des Genoms**. Doppelsträngige ringförmige DNA-Viren replizieren **bidirektional** oder über den **Rolling-Circle**-Mechanismus. Liegt das Genom als linearer Doppelstrang vor, so findet eine **semikonservative Replikation**, ähnlich der von eukaryotischen Zellen, statt. RNA-Viren benötigen eine RNA-abhängige RNA-Polymerase für die hier **konservative Replikation**. Bei den Retroviren verläuft die Replikation über einen **DNA-Zwischenschritt** und bei einigen doppelsträngigen DNA-Viren ist ein **RNA-Zwischenschritt** eingebaut.

Der Replikationsverlauf des viralen Genoms richtet sich nach der Art der Nucleinsäure. Hier wird unterschieden in DNA- und RNA-Viren. Das virale Genom kann als Einzelstrang (ss) oder als Doppelstrang (ds) vorliegen. Viren mit einzelsträngiger RNA können wiederum in Plusstrang(+)- und Minusstrang(−)-Viren unterteilt werden. Bei einer solchen Einteilung (nach **David Baltimore**) sind zwar Viren in einer Gruppe zusammengefasst, die wenig phylogenetisch miteinander zu tun haben, aber die Replikationsmechanismen können so überschaubar erklärt werden (Tab. 3.**1**).

Tab. 3.**1 Einteilung der Viren nach Baltimore.**

Viren	*Beispiele*
DNA-Viren	
dsDNA-Viren	Adeno-, Herpes-, Pocken-, Papovaviren, Phage T4, Phage λ, Phage ΦX174
ssDNA-Viren	Parvoviren
RNA-Viren	
dsRNA-Viren	Reo-, Birnaviren
ss(+)RNA-Viren	Picorna-, Toga-, Calici-, Flavi-, Coronaviren
ss(−)RNA-Viren	Orthomyxo-, Rhabdo-, Paramyxo-, Filo-, Bunya-, Bornaviren
mit Zwischenschritt	
ss(+)RNA-Viren mit DNA-Zwischenschritt	Retroviren
dsDNA-Viren mit RNA-Zwischenschritt	Hepadnaviren

3.5.1 Virale Replikationsmechanismen

Die **viralen Replikationsmechanismen** sind zwar unterschiedlich, aber sie führen immer zu Vielfachkopien von authentischen viralen Nucleinsäuremolekülen.

Replikation von dsDNA-Viren: Die Replikation bei Viren mit doppelsträngiger, linearer DNA verläuft folgendermaßen: Der Initiationspunkt Ori ist vorgegeben. Die DNA-Polymerase arbeitet am Leitstrang kontinuierlich in 5´→3´-Richtung und benötigt zum Start einen Primer. Für die Gegenrichtung 3´→5´ wird ein neuer Strang diskontinuierlich mit Okazaki-Fragmenten synthetisiert. Nach Beendigung der Synthese der Stränge werden die endständigen Primer abgebaut. Dies führt zu überstehenden 3´-Enden auf beiden Seiten. Die komplementären Enden können sich aneinanderlagern und mithilfe von Polymerasen und Ligasen ergänzt werden. Für den Start der Replikation werden sowohl **RNA-Primer** (T7 Phage) als auch **Proteinprimer** (Adenovirus) eingesetzt. Bei der Replikation von Adenoviren werden jedoch keine Okazaki-Fragmente benötigt. Die Proteinprimer binden an die invertierten terminalen Repeats (ITR) und starten eine kontinuierliche Synthese. In Gegenrichtung beginnt am verdrängten DNA-Strang mithilfe der Proteinprimer ebenfalls die kontinuierliche Synthese ohne Okazaki-Fragmente.)

Die doppelsträngige DNA kann auch als Ring vorliegen. Bei einer solchen Replikation wird die Bildung der Überstände am 3´-Ende vermieden. Es sind zwei Methoden möglich: der Rolling Circle oder die bidirektionale Replikation.

Bei dem **Rolling-Circle-Replikationsmechanismus** wird ein langer Strang aus dsDNA gebildet, der sich aus vielen Kopien der ursprünglichen zirkulären dsDNA zusammensetzt. Die Stränge sind aneinandergebunden und werden als **concatemere DNA** bezeichnet. Diese Kopien werden enzymatisch voneinander getrennt. Ein Beispiel für die Rolling-Circle-Replikation mithilfe von Okazaki-Fragmenten ist die Replikation bei Papovaviren (Abb. 3.12).

Zirkuläre doppelsträngige DNA kann auch **bidirektional** repliziert werden, wie bei den Papovaviren, wenn geringe Virusmengen gebildet werden sollen. Hierbei wird ebenfalls die Entstehung von Lücken (Überstände an den 3´-Enden) vermieden. Vom Ori aus bilden sich kontinuierlich zwei Replikationsstränge in 3´-Richtung. In die andere Richtung verläuft die Strangsynthese diskontinuierlich über Okazaki-Fragmente. Die DNA wird vollständig synthetisiert, bis sie an dem Ori doppelt vorliegt. Die beiden dsDNA-Ringe werden durch eine Topoisomerase entwunden und voneinander getrennt.

Replikation von ssDNA-Viren: Autonome Parvoviren, die zu den ssDNA-Viren gehören, nutzen ebenfalls die Wirtszellenzyme zur Replikation. Die DNA-Replikation findet im Kern mithilfe zellulärer DNA-Polymerasen statt. Es wird nur (–)Strang-DNA in die Capside verpackt. Die einzelsträngige DNA besitzt eine Haarnadelstruktur. Als Primer für die Initiation der DNA-Synthese werden die invertierten terminalen Repeats (ITR), die an beiden Enden vorliegen und kom-

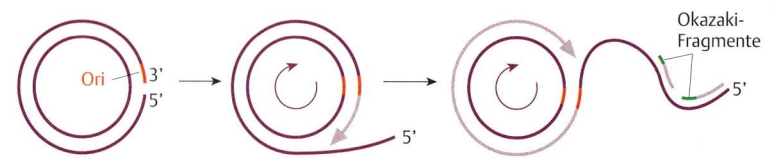

Abb. 3.12 **Rolling-Circle-Replikation der Papovaviren.**

plementäre Basenstruktur aufweisen, zurückgefaltet. Die Replikation läuft über den Rolling-Hairpin-Mechanismus ab (📖 *Mikrobiologie*).

Replikation von dsRNA-Viren: Bei der Replikation von RNA ist eine RNA-abhängige RNA-Polymerase notwendig. Die Viren müssen dieses Enzym mit in die Zelle bringen. Ein Beispiel hierfür ist das Reovirus. Die RNA-abhängige RNA-Polymerase synthetisiert zunächst (+)RNA-Stränge, wobei nur der Negativstrang abgelesen wird. Bei der anschließenden Konvertierung der (+)RNA in die dsRNA ist wieder die RNA-abhängige RNA-Polymerase beteiligt. Es handelt sich hier um eine **konservative Replikation**.

Replikation von ss(+)RNA-Viren: Das Genom besteht aus einem einzigen RNA-Molekül mit positiver Polarität. Die virale RNA kann also direkt als mRNA eine Proteinsynthese starten. Bei den Viren mit polycistronischer mRNA (Picornaviren) entsteht zunächst ein großes Polyprotein, das erst noch gespalten werden muss, um die Polymerase zu erhalten. Dann wird ein durchgehender (–)RNA-Strang synthetisiert, der auch als Matrize für weitere (+)-Stränge dient. Alternativ hierzu kann bei der Proteinsynthese auch nur das 5′-Ende der (+)RNA translatiert werden (Toga- und Coronaviren). Die entstandene virale Polymerase beginnt dann mit der Replikation der (+)RNA.

Replikation von ss(–)RNA-Viren: Bei der Replikation von ss(–)RNA mit **nicht segmentiertem Genom** wird mithilfe der RNA-abhängigen RNA-Polymerase eine (+)RNA gebildet, die wiederum als Matrize für die genomische (–)RNA dient.

Das Umschalten vom Transkriptionsmodus auf den Replikationsmodus mit Bildung einer Full-Length-(+)RNA ist abhängig von der Menge der gebildeten N-Proteine.

Bei den ssRNA-Viren mit **segmentiertem Genom** ist ebenfalls eine RNA-abhängige RNA-Polymerase notwendig. Wenn genug virales N- oder NP-Protein gebildet ist und sich an die (–)RNA anlagert, wird nur noch durchgehende genomische (+)RNA produziert. Diese (+)RNA wird nicht gecapt und dient als Matrize für die virale (–)RNA-Synthese. Danach werden die (–)RNA-Segmente sortiert. Hierbei besteht die Möglichkeit des Reassortments.

Replikation von ss(+)RNA-Viren mit DNA-Zwischenschritt: Bei den Retroviren liegt das Genom in diploider Form vor. Die positive RNA wird jedoch nicht als mRNA genutzt, sondern als Matrize zur reversen Transkription. Sowohl Reverse Transkriptase als auch tRNA-Primer werden vom Virus mitgeführt. Bei der reversen Transkription im Cytoplasma entsteht ein intermediärer RNA/DNA-Komplex. Im Anschluss daran wird die RNA abgebaut und ein DNA-Doppelstrang synthetisiert. Die dsDNA (Provirus) wird in den Kern geschleust und in das Wirtsgenom integriert. Von der DNA ausgehend wird dann Full Length-(+)RNA für die Bildung von Viren transkribiert.

Replikation von dsDNA-Viren mit RNA-Zwischenschritt: Die DNA der Hepadna-Viren ist partiell doppelsträngig, d. h. das Virusgenom besteht aus einem kompletten (–)DNA-Strang und einem unvollständigen (+)DNA-Strang. Kommt es zur Virusvermehrung innerhalb einer Zelle, so wird zunächst das unvollständige Genom repariert. Es werden verschieden lange mRNAs vom Negativstrang abgelesen und die längste, übergenomlange mRNA wird über eine Reverse Transkriptase zum (−)DNA-Strang umgeschrieben. Dazu wird eine Reverse Transkriptase benötigt, die vom Virus selbst stammt. Parallel zur reversen Transkription verläuft die Verpackung dieses mRNA-Polymerasekomplexes in die Capside. Die RNaseH der Reversen Transkriptase baut die mRNA bis auf den „überlangen Rest" ab, der später als Primer für den kurzen Strang dient. Gleichzeitig wird das Capsid durch das ER und den Golgi-Apparat geschleust, was ihm die Hülle verleiht, aber auch den Nachschub an Nucleotiden verhindert. Dadurch bleibt der (+)Strang nur unvollständig.

> **Replikation bei Viren:** Die Replikationsmechanismen sind abhängig von der Genomstruktur.
> **Rolling-Circle-Replikation:** Replikationsprozess von Nucleinsäure, bei dem schnell eine große Anzahl zirkulärer Kopien an DNA oder RNA produziert wird.
> **Rolling-Hairpin-Replikation:** DNA-Replikation mit Haarnadelstruktur als Primer.
> **Reverse Transkription:** Überschreiben der genetischen Information von einem RNA-Genom in DNA.

3.6 Replikation bei Eukarya

> Bei den Eukarya bilden nur die ringförmigen DNA-Moleküle in **Mitochondrien** und **Plastiden** ein einzelnes **Replikon**, während die komplexere **Kern-DNA** aus **mehreren Replikons** zusammengesetzt ist. Heterochromatische Bereiche replizieren später als euchromatische Bereiche. Die Replikation findet in der **Synthesephase** des Zellzyklus statt. Mit der Initiation der Replikation kontrolliert die Zelle auch die Teilung des Zellkerns. Unterbleibt nach der Replikation die Trennung der Tochterkerne, Chromosomen oder Chromatiden entstehen polyenergide, polyploide bzw. polytäne Zellen.

Das Genom kernhaltiger Zellen ist wesentlich größer, komplexer und heterogener aufgebaut als das der Prokaryoten, daher gibt es Abwandlungen des allgemeinen Replikationsschemas. Die namengebende Kernhülle wird erst während der Kernteilung aufgelöst und scheint an der Regulation der Replikation beteiligt zu sein. Die Gesamtlänge der eukaryotischen **Kern-DNA** in einer einzigen Zelle kann über einen Meter ausmachen, sie ist in mehrere lineare DNA-Moleküle (**Chromosomen**, S. 25) unterteilt. Zusammen mit RNA und Histon-Proteinen bildet die Kern-DNA das unterschiedlich stark verdichtete **Chromatin**, dessen Verpackungsgrad lokal, zyklisch sowie aktivitätsbedingt variiert und damit auch den Replikationsablauf beeinflusst. **Heterochromatin** repliziert meist später als **Euchromatin**. Lichtmikroskopisch unterscheidbar sind die Chromosomen während der Mitose. Sie liegen dann bereits in verdoppelter, stark gepackter Form als zweichromatidige Chromosomen vor, deren Spalthälften (**Chromatiden**) zunächst durch Cohesine zusammenhaften. Nachdem Separasen die Chromatiden voneinander getrennt haben, werden sie gleichmäßig auf die Tochterzellen verteilt. Bestimmte Chromosomenregionen verlangen während der Replikation eine Sonderbehandlung. Dazu zählen das Ende eines Chromosoms (**Telomer**) und die Region, mit der die Chromatiden bis zu ihrer Trennung zusammenhängen (**Centromer**).

Jedes Chromosom enthält eine **Vielzahl von Replikationsursprüngen** und ist in entsprechend viele Replikons aufgeteilt. Während der Synthesephase replizieren die Replikons jedoch nicht gleichzeitig, sondern in einem bestimmten zeitlichen Muster, das nicht zuletzt von der jeweiligen Verpackung der DNA abhängt. Die Replikation der Kern-DNA erfolgt semikonservativ und semidiskontinuierlich, innerhalb eines Replikons bidirektional und simultan. Der **Replikationsapparat** von Pflanzen und Tieren stimmt weitgehend überein. Alle beteiligten Proteine sind meist zu einem Komplex vereint, aus dem sich einzelne Komponenten unterschiedlich leicht abtrennen lassen. So fand man im Weizen (*Triticum aestivum*) eine separate Primase, bei der Erbse (*Pisum sativum*) ist die Ligase relativ leicht abtrennbar.

Das Genom der Eukaryoten wird nur in einer bestimmten Phase zwischen zwei Mitosen repliziert. Diesen zentralen Abschnitt der **Interphase** bezeichnet man daher als **Synthesephase** (**S-Phase**). Vor und nach jeder S-Phase gibt es Replikationspausen (**Gap-Phasen**, G_1- bzw. G_2-Phase), in denen Transkription stattfindet. G_1-Phase, S-Phase, G_2-Phase und Kernteilung (Karyokinese) mit anschließender Zellteilung (Cytokinese) bilden als Kreislauf den **mitotischen Zellzyklus** (*Biochemie, Zellbiologie*). Die Dauer der einzelnen Phasen hängt von der Art, der Entwicklungsstufe eines Organismus und dem Gewebetyp ab. Eine Verkürzung der S-Phase (z. B. bei embryonalen Zellen) kann durch eine stärkere Synchronisierung der Replikons oder durch Nutzung von mehr Replikationsstellen erreicht werden. Im Rahmen der Mitose werden die durch Replikation gebildeten Chromatiden verteilt, sodass genetisch identische Tochterkerne entstehen. Nach einer neuen G_1-Phase kann wieder eine Replikation gestartet werden und über eine G_2-Phase zur nächsten Mitose führen.

Sieht man von haploiden Organismen ab, so besitzen mitotische Zellen Zellkerne mit einem doppelten (diploiden) Chromosomensatz aus mütterlichen und väterlichen Homologen. Der DNA-Gehalt eines einfachen (haploiden) Chromosomensatzes in Gameten wird als **C-Wert** der Art bezeichnet (S. 51). Der DNA-Gehalt der Zelle ändert sich im Verlauf des Zellzyklus: Während der G_1-Phase beträgt er 2C, denn mütterliche und väterliche Chromosomen bestehen jeweils aus einer Chromatide. Im Verlauf der S-Phase steigt der DNA-Gehalt von 2C auf nahezu 4C an, die DNA ist (bis auf die Centromeren-DNA) verdoppelt. Da nicht alle Replikons gleichzeitig replizieren, erfolgt dieser Anstieg nicht sprunghaft, sondern kontinuierlich. Der DNA-Gehalt bleibt während der G_2-Phase und der Prophase konstant bei fast 4C. Am Ende der Metaphase erreicht er exakt

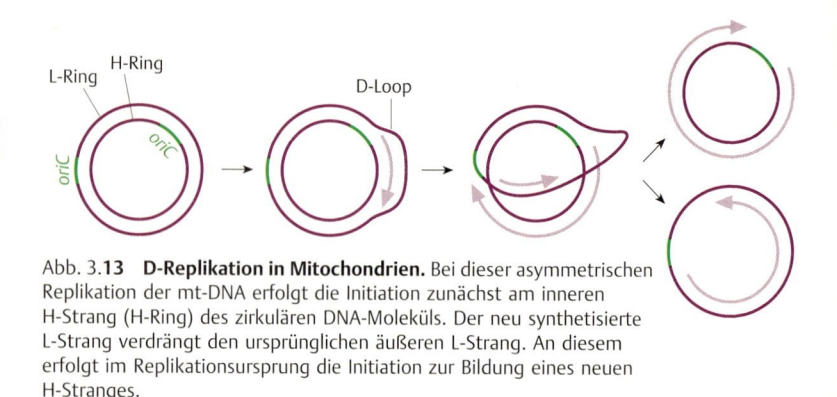

Abb. 3.13 D-Replikation in Mitochondrien. Bei dieser asymmetrischen Replikation der mt-DNA erfolgt die Initiation zunächst am inneren H-Strang (H-Ring) des zirkulären DNA-Moleküls. Der neu synthetisierte L-Strang verdrängt den ursprünglichen äußeren L-Strang. An diesem erfolgt im Replikationsursprung die Initiation zur Bildung eines neuen H-Stranges.

4C, denn nun ist auch die Centromeren-DNA verdoppelt. In der Anaphase wird der DNA-Gehalt wieder auf 2C pro Zellkern halbiert. Abweichungen von diesen zyklischen Veränderungen des DNA-Gehalts ergeben sich, wenn einzelne DNA-Abschnitte mehrmals oder gar nicht repliziert wurden (DNA-Endoreplikation, S. 129).

Die Replikation der **Plastiden- und Mitochondrien-DNA** im Plasma der Organellen ähnelt am ehesten dem für Bakterien entworfenen Replikon-Modell (Abb. 3.**13**).

DNA-Replikation bei Mitochondrien und Plastiden: Mitochondrien und Plastiden der Eukaryoten stammen nach der allgemein anerkannten **Endosymbiontentheorie** (*Ökologie, Evolution*) von endosymbiotischen Bakterien ab. Diese Theorie wird nicht zuletzt dadurch belegt, dass Mitochondrien und Plastiden autonom replizierende DNA enthalten, die wie bei Bakterien aus ringförmig geschlossenen DNA-Doppelhelices besteht, seltener linear ist. Oft liegt die ringförmige Doppelhelix getwistet vor und ist an Membranen gebunden. Die Replikation verläuft **semikonservativ** und **asymmetrisch**. Sie ähnelt damit der **Rolling-Circle-Replikation** bei Viren; es findet jedoch im Allgemeinen kein Einzelstrangbruch statt. Als Replicase arbeitet die DNA-Polymerase Pol γ, die der Pol I der Prokaryoten gleicht. Auch die Einzelstrang-bindenden Proteine der Mitochondrien und Plastiden weisen strukturelle Ähnlichkeiten mit den prokaryotischen SSB-Proteinen auf. Die Replikation der DNA wird über kerngesteuerte Enzyme kontrolliert, ohne an die Phasen des Zellzyklus gebunden zu sein. Der Anteil mitochondrialer DNA (mt-DNA) an der gesamten DNA einer Zelle liegt bei 1–10 %. Bei Tieren sind die mt-DNA-Ringe etwa 5 μm lang, bei Pilzen und Pflanzen 25–30 μm (S. 77). Die Hefe *Saccharomyces cerevisiae* besitzt etwa 50 sehr kleine mt-DNA-Ringe pro Zelle. Jeder mt-DNA-Ring besteht aus einem inneren (*heavy*) H-Strang und einem äußeren (*light*) L-Strang. Die Replikationsursprünge von H- und L-Strang liegen an verschiedenen Stellen des Ringes. Zuerst erfolgt die Initiation am Replikationsursprung des H-Stranges: Er dient nun als Matrize für die Synthese eines neuen L-Stranges. Der alte L-Strang bleibt zunächst einzelsträngig und wird durch die fortschreitende Synthese nach außen verdrängt. Es bildet sich eine seitliche Ausbuchtung in Form des Buchstabens D. Sie wird als D-Loop oder Verdrängungsschleife bezeichnet. Sobald die Verdrängungsschleife etwa 2/3 des Ringes umfasst, erfolgt die Initiation am Replikationsursprung des L-Stranges und in Gegenrichtung wird ein neuer H-Strang komplementär ergänzt. Die Replikation von H- und L-Strang erfolgt also unidirektional, semikonservativ, zeitverzögert und asymmetrisch. Bei der Hefe ließ sich neben der D-Loop-Replikation auch eine Rolling-Circle-Replikation nachweisen. Die Replikation von mt-DNA dauert ein bis zwei Stunden und ist damit deutlich langsamer als die der Kern-DNA oder eines Bacteria-Chromosoms (Abb. 3.**13**).

Die Plastiden-DNA (pt-DNA) ist im Allgemeinen größer, aber weniger variabel als die der Mitochondrien (S. 81). Dabei übertreffen die Algen die Landpflanzen in der Anzahl ihrer pt-DNA-Gene. Auch hier ist die Replikation semikonservativ und asymmetrisch. In den Chloroplasten höherer Pflanzen bilden sich zwei Verdrängungsschleifen, d. h. es gibt offenbar zwei Replikationsursprünge an jedem Ring. Von hier aus verläuft die Replikation jeweils unidirektional und gegenläufig. An die D-Loop-Replikation kann sich noch eine Rolling-Circle-Replikation anschließen.

Eine Zelle teilt sich in der Regel erst, wenn die Chromosomen erfolgreich repliziert haben. Replizieren und teilen sich Einzeller, so führt das gleichzeitig zur Vermehrung der Art. Bei mehrzelligen Eukaryoten ist nicht mehr jede Zelle für die Vermehrung der Art zuständig. Mitotische Zellteilungen führen in erster Linie zum Gewebewachstum. Zellen, aus denen direkt die Keimzellen hervorgehen, teilen sich meiotisch (Kap. 6). Bei der Replikation sind entsprechende **gewebe- und entwicklungsbedingte Varianten** zu erwarten. Mit der Replikation werden also indirekt auch Zellteilung und Gewebewachstum bzw. Vermehrung gesteuert. Gewebewachstum wird meistens nicht durch die Vergrößerung, sondern durch die Vermehrung von Zellen erreicht. Die einzelne Zelle behält dabei eine mehr oder minder einheitliche Größe, die offenbar ein Optimum zwischen dem Kontrollvermögen des Zellkerns und dem Stoffwechsel des Cytoplasmas darstellt. Diese **Kern-Plasma-Relation** hat schon Richard Hertwig im Jahre 1903 beschrieben: Übersteigt das Cytoplasma im Vergleich zum Kern eine bestimmte Größe, so führt das zur Replikation und nachfolgenden Teilung der Zelle.

Die **Zellteilungsfähigkeit bei Eukaryoten** ist wesentlich differenzierter als bei Prokaryoten: Einzellige Eukaryoten bleiben immer teilungsfähig. In den Geweben von Mehrzellern bestimmen Entwicklungsstand und Funktion die Fähigkeit zur Zellteilung und die Teilungsrate. Nur im embryonalen Gewebe sind alle Zellen teilungsfähig. In ausdifferenzierten Geweben behalten lediglich einige Zellen ihre Teilungsfähigkeit: Sie werden als **Stammzellen** bzw. **meristematische Zellen** bezeichnet. In ausdifferenziertem Gewebe verharren die meisten Zellen in einer postmitotischen Phase, die als **G_0-Phase** bezeichnet wird. Sie gleicht zwar der G_1-Phase des Zellzyklus, geht aber normalerweise nicht in eine S-Phase über. Ausdifferenzierte Zellen replizieren und teilen sich also im Allgemeinen nicht mehr, nur unter bestimmten Bedingungen treten einige Zellen aus der G_0-Phase in die G_1-Phase über. Diese Zellen haben eine besondere Bedeutung für die Regeneration von Geweben, aber auch bei der Tumorentstehung.

3.6.1 Ablauf der mitotischen Replikation

Bei Eukaryoten besteht jedes Chromosom aus zahlreichen seriellen **Replikons**, deren Länge bei Pflanzen und Tieren etwa 20–100 kb beträgt. Die Replikons werden **bidirektional** repliziert, sodass entlang der DNA-Doppelhelix blasenartige Strukturen entstehen, die schließlich miteinander verschmelzen. Die Anzahl der aktivierbaren Replikons unterscheidet sich nach Entwicklungsstand und Gewebetyp. Die Proteinkomplexe der Replikation scheinen an Zellkernstrukturen gebunden zu sein und dort stationäre Replikationsapparate zu bilden, durch die die DNA gezogen wird.

Die Startsequenzen für die **Initiation** der Replikation sind bei Eukaryoten weniger genau festgelegt als bei Prokaryoten. Die meisten Untersuchungsergebnisse liegen für Hefe (*Saccharomyces*) vor. Hier wurden DNA-Sequenzen gefunden, die in vitro die Replikation von Plasmiden (ohne plasmideigene Origins) starten und mit 200 bp etwa so lang sind wie das *oriC* bei Bakterien. Sie gelten als Kandidaten für eukaryotische Replikationsursprünge und werden ***ARS*-Elemente** (autonomously replicating sequence) genannt. Die bisher entdeckten *ARS*-Elemente bestehen aus den beiden Elementen A und B. Sie stimmen in der DNA-Sequenz nicht vollkommen überein; es lässt sich aber oft ein Mittelwert für die Nucleotidhäufigkeit an einer bestimmten Position angeben, also eine Konsensussequenz wie 5´-A/TTTATA/GTTTA/T-3´ bei der Hefe. AT-reiche Sequenzen öffnen sich besonders leicht und bilden die Ansatzstelle für das Initiatorprotein. Bei der Hefe findet man diese Konsensussequenz in Abständen von etwa 30–40 kb. Dieser Abstand stimmt gut mit der theoretischen Länge eines Replikons überein, wenn man die DNA-Gesamtlänge auf die Anzahl der Replikationsursprünge umrechnet. Andere experimentelle Befunde vermitteln allerdings den Eindruck, dass die Replikation an beliebigen DNA-Stellen, ohne definierten Replikationsursprung, beginnen kann. Die variable Anzahl von Replikons pro Chromosom stärkt die Hypothese, dass **Replikationszentren** mit zahlreichen Replikationsursprüngen existieren, deren Initiation variiert. Nicht alle Replikationsursprünge sind für eine vollständige Verdopplung der DNA notwendig.

An die – wie auch immer festgelegten – Replikationsursprünge lagern sich nacheinander verschiedene Proteinkomplexe: Zunächst der **Origin-Erkennungskomplex** (**ORC**, origin recognition complex), dann das **Cdc6-Protein**, das Produkt des *cell-division-cycle*-Gens 6, und schließlich **MCM-Proteine** (minichromosome maintenance proteins). Nur Komplexe mit allen drei Komponenten sind replikationsfähig. Im Verlauf der Replikation werden Cdc6- und MCM-Proteine wieder entfernt. Damit ist ein Replikon, an das nur ORC angelagert ist, als bereits repliziert gekennzeichnet.

Durch das eukaryotische Einzelstrang-bindende Protein **RPA** (replication protein A) wird die offene DNA stabilisiert; danach synthetisieren die Primase-Untereinheiten der Pol α den Primer. Der RNA-Primer ist mit 8 bis 10 RNA-

Nucleotiden kürzer als bei den Prokaryoten und wird von der Pol α noch um etwa 20 DNA-Nucleotide verlängert.

Nun folgt die **Elongation** der DNA. Früher dachte man, dass die Polymerase Pol α für die Synthese des Folgestranges und Pol δ für den Leitstrang zuständig sei. Diese Auffassung ließ sich nicht bestätigen: Da Pol δ als Dimer im **Replisom** vorliegt, kann sie simultan sowohl den Leitstrang, als auch den Folgestrang synthetisieren. Eine Schleife im Rückwärtsstrang passt wahrscheinlich auch hier seine Leserichtung an die des Vorwärtsstranges an. Das Pol δ-Dimer ist jeweils durch eine Klammer (**PCNA**-Trimer) an die DNA-Schienen geklinkt. Das **RFC-Protein** (replication factor C) dient als Klammerlader (S. 108). Pol δ verlängert den von Pol α bereitgestellten Primer. Nachdem ein etwa 200 bp langes Okazaki-Fragment synthetisiert wurde, löst der Klammerlader die Klammer und klinkt sie am nächsten Abschnitt ein. Hier beginnt die Synthese des nächsten Fragmentes. Die Primer werden von der 3´→5´-Exonuclease-Aktivität der Pol δ (RNaseH, MF1) durch DNA-Sequenzen ersetzt. **DNA-Ligasen** verknüpfen die Okazaki-Fragmente zu einem durchgehenden DNA-Folgestrang (Abb. 3.**14**).

Eukaryotische DNA-Polymerasen:

Pol α: Diese DNA-Polymerase der Eukaryoten ist für die Synthese des **Primers** und die **Initiation** der DNA-Synthese zuständig. Sie übernimmt also Aufgaben, die bei den Prokaryoten von der Primase und der Polymerase I wahrgenommen werden, bei den Eukaryoten gibt es keine eigenständige Primase. Pol α besteht aus vier Untereinheiten. Die beiden kleineren Untereinheiten üben die Funktion einer Primase aus, die größte Untereinheit mit 180 kDa katalysiert die DNA-Synthese. Die vierte Untereinheit von 86 kDa stellt den Kontakt zu anderen Replikationsproteinen her.

Pol β: Die DNA-Polymerase β ist weniger an der Replikation als an der **DNA-Reparatur** beteiligt.

Pol γ: In **Plastiden** und Mitochondrien findet man die DNA-Polymerase γ.

Pol δ: Die DNA-Polymerase δ ist wie die bakterielle Pol III für die eigentliche Elongation während der Replikation von Eukaryoten verantwortlich (**Replicase**). Ähnlich wie Pol III benötigt Pol δ verschiedene Hilfsproteine, die den Kontakt zur DNA-Matrize sichern und die **Prozessivität** erhöhen. Die gleitende Klammer um die DNA-Matrize

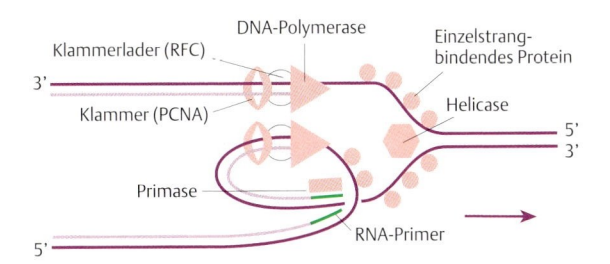

Abb. 3.**14 DNA-Elongation an der Replikationsgabel bei Eukaryoten.** Durch eine Schleife im Rückwärtsstrang stimmt die Leserichtung von beiden DNA-Strängen mit der Laufrichtung der Replikationsgabel überein. (Nach Stillman, 1996.)

wird von drei Molekülen des Proteins **PCNA** (*p*roliferating *c*ell *n*uclear *a*ntigen) gebildet, funktionell entspricht das dem β-Dimer der Prokaryoten, also einem Prozessivitätsfaktor. Dem prokaryotischen γ-Komplex zum Beladen der DNA mit der Klammer entspricht das eukaryotische **RFC**-Protein. Für die Polymerase δ konnte außerdem eine 3´→5´-**Exonuclease**-Aktivität nachgewiesen werden: Sie ist für die Entfernung des Primers zuständig.

Pol ε: Die DNA-Polymerase benötigt ebenfalls das PCNA-Protein zur vollen Entfaltung ihrer Funktion. Sowohl **Pol δ** als auch Pol ε sind gleichberechtigt an der Replikationsgabel zu finden.

Die **Termination** der Replikation erfolgt, sobald zwei wachsende Replikationsblasen im linearen DNA-Molekül aneinander stoßen. Definierte Terminations-Sequenzen sind bisher bei Eukaryoten nicht nachgewiesen und theoretisch auch nicht notwendig. Die replizierten Teilstücke müssen abschließend noch miteinander verknüpft werden. Im Laufe der Replikation erhalten beide Chromatiden jeweils ein halbes Histonoktamer aus den ursprünglichen Nucleosomen und ergänzen die andere Hälfte.

Wie bei der prokaryotischen Replikation können auch bei den Eukaryoten die replizierten Abschnitte der Schwesterchromatiden ringartig ineinander verschlungen sein. Solche **Catenane** werden spätestens während der Mitose von Topoisomerasen II entwirrt.

Meiotische Replikation: Die Meiose besteht aus zwei aufeinander folgenden Teilungen, zwischen denen eine DNA-Synthese unterbleibt (S. 229). Vor der Meiose findet in der S-Phase eine DNA-Replikation der diploiden Keimzellenmutterzelle statt und lässt den DNA-Gehalt kontinuierlich auf nahezu 4C steigen. Im Unterschied zur mitotischen Replikation werden außer der Centromeren-DNA noch weitere DNA-Abschnitte erst zeitverzögert repliziert. Es handelt sich dabei um Sequenzen, die für die Homologenpaarung zuständig sind; sie werden erst im Laufe der Prophase I verdoppelt. In der Anaphase I unterbleibt die Trennung der Centromeren und die Chromatiden haften zusammen. Der Zusammenhalt wird durch das Protein Shugoshin gewährleistet, das die Centromerenregion vor dem Zugriff von Separasen schützt. Folglich bewegen sich zweichromatidige Chromosomen (2C) zu den Polen, die Verteilung der Homologen erfolgt dabei zufällig. Während der Interkinese, also der Zeit zwischen Telophase I und Prophase II, behalten beide Zellkerne den 2C-Gehalt, weil keine Replikation stattfindet. Erst am Ende der Metaphase II werden die Centromeren verdoppelt und die Chromatiden voneinander getrennt. Der DNA-Gehalt ist auf 1C pro Keimzelle reduziert, vier haploide Keimzellen sind entstanden.

3.6.2 Kontrolle von Replikation und Zellteilung in Eukarya

Einzelheiten der Zellteilungs- und Replikationskontrolle sind der Schlüssel zum Verständnis von veränderten Teilungsaktivitäten, z.B. in Tumorzellen. Die **Kontrolle der Zellteilung** setzt an den Phasenübergängen des Zellzyklus an. Es gibt drei **Hauptkontrollpunkte** (check points): G_1/S-Übergang, G_2/M-Übergang und M/G_1-Übergang. Die Bewältigung aller Kontrollpunkte sollte einen vollständigen und korrekten Zellzyklus garantieren. Nicht korrigierte Fehler führen zu pathologischen Mitosen, die die Tumorentstehung begleiten.

Als Schalter zwischen den verschiedenen Phasen fungieren **cyclinabhängige Kinasen** (**CDK**, **c**yclin-**d**ependent **k**inases). Diese **Proteinkinasen** aktivieren andere Enzyme durch Phosphorylierung (S. 450); Phosphatasen heben durch Dephosphorylierung deren Wirkung wieder auf. **Cycline** verdanken ihren Namen charakteristischen Konzentrationsänderungen im Laufe des Zellzyklus; außerdem lassen sich bestimmte Cyclin-Typen den einzelnen Zellzyklusphasen zuordnen. Cycline folgen also einer „inneren Uhr" des Zellkerns (Abb. 3.**15**). Cyclinabhängige Kinasen werden erst aktiv, wenn sie an ein Cyclin gekoppelt sind. Ihre Aktivität steigt und fällt daher zyklisch mit der Konzentration des zugehörigen Cyclins. Als „Empfänger-Kandidat" für die CDK gilt das Initiatorprotein ORC, aber auch Cdc6, Cdc45 oder MCM.

Der **G$_1$/S**-Übergang, also der Einstieg in die Replikation, wird bei der Hefe als **Start**, bei Säugern als **Restriktionspunkt** bezeichnet. Wird dieser Punkt des Zellzyklus überschritten, durchläuft die Zelle in der Regel den Zellzyklus bis zur Mitose. Das Überschreiten des G$_1$/S-Übergangs wird durch innere und äußere Faktoren beeinflusst. In Zellkulturen lösen Ernährungszustand, regulierende Wachstumsfaktoren, Zelldichte sowie verschiedene andere physikalische und chemische Faktoren die Replikation aus. In vivo werden ähnliche äußere Einflüsse vermutet. Ein Komplex von G$_1$-Cyclinen und Proteinkinasen leitet schließlich die S-Phase ein.

Vor dem **G$_2$/M**-Übergang wird die verdoppelte DNA auf Vollständigkeit überprüft und letzte DNA-Reparaturen werden vorgenommen. Das Protein P53 „er-

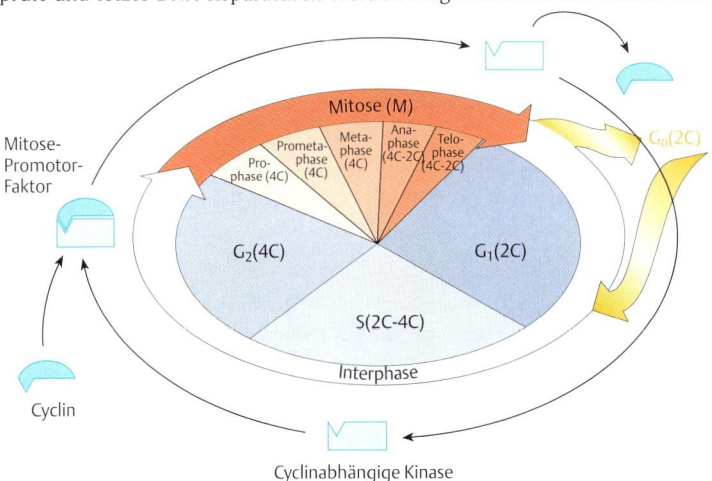

Abb. 3.**15 Kontrolle der Teilungsaktivität durch cyclinabhängige Kinasen.** Am G$_2$/M-Übergang kontrolliert der Mitose-Promotor-Faktor den Eintritt in die Mitose. Er entsteht durch Komplexbildung aus einer cyclinabhängigen Kinase p34^{cdc2} und einem G$_2$-Cyclin. MPF kontrolliert den Abbau der Kernhülle und den Aufbau der Kernspindel. Im Laufe der Mitose werden die Cycline abgebaut und während der Interphase neu gebildet.

kennt" den erfolgreichen Abschluss der Replikation und gibt ein „ok"-Signal. Bleibt das Signal aus, wird die **Apoptose-Kaskade** ausgelöst und die Zelle vernichtet sich selbst. Das P53-Signal beeinflusst die Bildung des **Mitose-Promotor-Faktors** (**MPF**, mitosis promoting factor). MPF ist ein Komplex aus Proteinkinasen und G_2-Cyclinen. Die Zelle beginnt mit der Mitose; dabei wirkt MPF auf den Abbau der Kernmembran und den Aufbau der Kernspindel. Im Laufe der Mitose werden die Cycline des MPF wieder abgebaut und der Komplex deaktiviert. Nach dem **M/G_1**-Übergang ist kein aktives MPF nachweisbar. Die Zelle tritt in eine neue Interphase ein. Zellen, die den Restriktionspunkt nicht überwinden, verharren vorübergehend oder dauerhaft in der G_0-Phase.

In der Zelle muss nicht nur der Zeitpunkt, sondern auch die **Vollständigkeit der Replikation** kontrolliert werden, damit die DNA gleichmäßig auf die Tochterzellen verteilt werden kann.

Die Kern-DNA ist durch Histone und andere Proteine im eukaryotischen Chromatin Platz sparend verpackt und wird zumindest lokal aufgelockert, bevor sie als Matrize dienen kann. Das Aus- und Einpacken der DNA bedeutet einen zusätzlichen zeitlichen Aufwand. Das kann einer der Gründe dafür sein, dass die einzelnen eukaryotischen Replikons langsamer als ein prokaryotisches Replikon replizieren, obwohl sie kürzer sind (Tab. 3.**2**). Außerdem ist das eukaryotische Genom um ein Vielfaches größer als das der Bakterien. Das Genom des Menschen ist z. B. mit 3 Milliarden Basen mehr als 600-mal so groß wie das von E. coli. Ein Eukaryotengenom muss daher in viele Replikons unterteilt sein, um die Dauer der S-Phase zu begrenzen. Durch die gleichzeitige Initiation ganzer **Replikondomänen** kann die DNA-Replikation in einigen Stunden vollzogen werden (beim Kreuzblütler *Arabidopsis thaliana* z. B. in 2,8 Stunden). Je mehr Replikons sich auf einem Chromosom befinden, umso kürzer sind die einzelnen Replikons und umso schneller erfolgt die Replikation des Chromosoms. Länge und Anzahl der aktivierbaren Replikons hängen vom Gewebetyp ab. In embryonalen Zellen von *Drosophila melanogaster* ist die Anzahl der Replikons besonders hoch und der Abstand zwischen den Replikationsursprüngen wesentlich geringer als

Tab. 3.**2 Replikons bei Prokaryoten und Eukaryoten.** Das Genom der Eukaryoten besteht aus vielen Replikons, diese replizieren langsamer als die der Prokaryoten, sind aber deutlich kürzer. (Nach Seyffert, 1998.)

Art	Anzahl der Replikons	Länge eines Replikons [kb]	Replikationsgeschwindigkeit [bp/min]
Bacteria (*E. coli* k12)	1	~4700	50 000
Hefe (*Saccharomyces cerevisiae*)	500	40	3 600
Taufliege (*Drosophila melanogaster*)	3 500	40	2 600
Maus (*Mus musculus*)	25 000	150	2 200

in anderen Zelltypen. Diese embryonalen Zellen replizieren daher in Minutenschnelle.

Die Replikons werden nicht alle gleichzeitig initiiert, sondern in einem bestimmten zeitlichen Muster. Den Anfang machen Replikons, die aktiven oder aktivierbaren Genen zuzuordnen sind. In der Mitte der S-Phase replizieren die DNA-Sequenzen des **Euchromatins**, erst danach werden in der Regel die Replikons im kompakteren **Heterochromatin** aktiv. Bereits replizierte und noch nicht replizierte DNA-Sequenzen grenzen unter Umständen dicht aneinander. Damit eine vollständige Replikation ohne Lücken oder Dopplungen gesichert ist, muss der mitotische Replikationsapparat zwischen bereits replizierten und noch nicht initiierten Replikons unterscheiden. Das Initiatorprotein (ORC) blockiert offenbar die Replikationsursprünge im Anschluss an die Initiation und macht sie als bereits repliziert kenntlich. Erst nach der Mitose wird dieser Komplex wieder entfernt, sodass eine neue Initiation des betreffenden Replikons stattfinden kann. Für die Entfernung des ORC wird ein sogenannter **Lizenzfaktor** des Cytoplasmas verantwortlich gemacht, der zu den Chromosomen vordringt, sobald die Kernmembran zerfällt.

Bei den Bacteria kontrolliert jeder Replikationsursprung nicht nur die Initiation der DNA-Synthese, sondern auch die DNA-Verteilung auf die Tochterzellen. Bei den Eukaryoten ist das anders: Die meisten Replikationsursprünge sind lediglich für die Initiation des zugehörigen Replikons zuständig, die Verteilungskontrolle fällt dagegen dem **Centromer** zu (S. 30). Die Centromeren-DNA wird erst am Ende der Metaphase repliziert; bis zu diesem Zeitpunkt hängen die Tochterchromatiden in diesem Bereich zusammen. Die Centromerenregionen sind damit wohl die einzigen genetisch aktiven DNA-Abschnitte während der Mitose. Hier werden die Kinetochore für den Spindelansatz gebildet (S. 37, Abb. 3.**16**).

Neben dem Centromer zeigt auch jede der chromosomalen Abschlussstrukturen (**Telomer**) eine Besonderheit bei der mitotischen Replikation. **Telomere** bestehen bei Vertebraten aus Hunderten bis Tausenden von Wiederholungen der Sequenz: 5´-TTAGGG-3´; bei den Insekten aus (TTAGG)$_n$, bei Pflanzen aus (TTTAGGG)$_n$, bei dem Ciliaten *Tetrahymena* aus (TTGGGG)$_n$. Die in Klammern

Metaphase · Anaphase

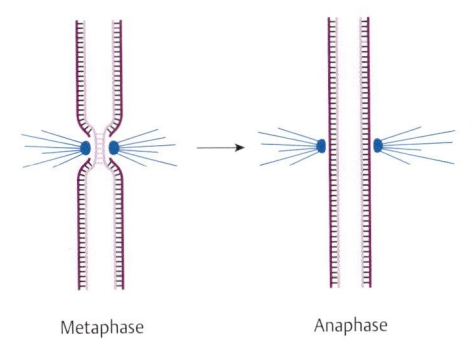

Abb. 3.**16 Replikation der Centromeren.** Von der DNA-Replikation in der S-Phase sind nur die Centromeren der Chromosomen ausgenommen, also die Ansatzstellen der Spindelfasern. Hier hängen die Chromatiden zusammen. Die Centromeren-Replikation findet erst während der Mitose statt und markiert das Ende der Metaphase.

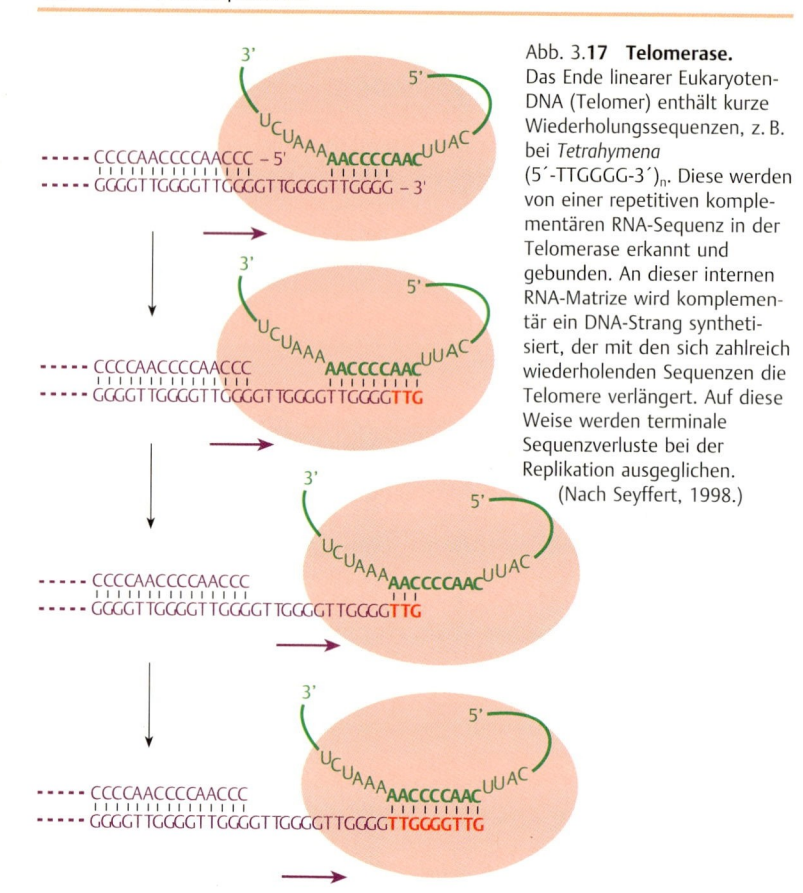

Abb. 3.17 Telomerase.
Das Ende linearer Eukaryoten-DNA (Telomer) enthält kurze Wiederholungssequenzen, z. B. bei *Tetrahymena* (5′-TTGGGG-3′)$_n$. Diese werden von einer repetitiven komplementären RNA-Sequenz in der Telomerase erkannt und gebunden. An dieser internen RNA-Matrize wird komplementär ein DNA-Strang synthetisiert, der mit den sich zahlreich wiederholenden Sequenzen die Telomere verlängert. Auf diese Weise werden terminale Sequenzverluste bei der Replikation ausgeglichen. (Nach Seyffert, 1998.)

angegebene Sequenz ist das DNA-**Motiv der Telomeren**. Nach jeder S-Phase müsste am 5′-Ende eine Synthesolücke bleiben, denn die 3′→5′-Exonuclease kann den RNA-Primer des endständigen Okazaki-Fragmentes nicht gegen DNA austauschen; auch eine Schleifenbildung ist unmöglich. Der normale Replikationskomplex kann die chromosomale DNA daher nicht vollständig verdoppeln. Für die Synthese der Telomer-DNA ist in ein besonderes Enzym zuständig, die **Telomerase**. Telomerasen sind Ribonucleoproteine. Sie enthalten eine interne RNA-Matrize, die komplementär zum Motiv der Telomersequenz, ist. Telomerasen arbeiten als reverse Transkriptasen (Abb. 3.**17**). In ausdifferenzierten Zellen scheint keine Telomerase aktiv zu sein. Wenn diese Zellen nicht auf andere Weise ihre Telomeren replizieren können, gehen bei jedem Teilungsschritt Telomersequenzen verloren. Die schwindende Länge der Telomere begrenzt dann die korrekte Teilungsfähigkeit einer Zelle. Telomere gelten daher auch als „Lebensuhren" des Zellkerns.

Telomerasen gehören im weiteren Sinne zu den Replikationsenzymen. Sie synthetisieren DNA-Wiederholungssequenzen am Ende von Chromosomen, also am **Telomer** (S. 71). Sie kommen daher nur in dauerhaft teilungsfähigen eukaryotischen Zellen vor. Telomerasen enthalten eine kurze RNA-Sequenz, die komplementär zu der Tandemsequenz des Telomers ist. Diese RNA-Sequenz dient als Matrize bei der DNA-Synthese, damit gehört die Telomerase zu den reversen Transkriptasen (Abb. 3.17).

3.6.3 DNA-Endoreplikation

Vor jeder Mitose muss eine Replikation erfolgen, aber nicht jede Replikation führt zwangsläufig zu einer vollständigen Zellteilung. Sowohl bei Pflanzen als auch bei Tieren gibt es Arten, bei denen der mitotische Zyklus in bestimmten Zellen unvollständig abläuft. Solche Abweichungen gehören zum normalen Entwicklungsprogramm, sind also nicht pathologisch, sondern Teil der vorgesehenen Differenzierung.

Mitotische Kontrollpunkte unterteilen die Zellteilung in aufeinander folgende Kontrolleinheiten (Module). Sie erfordern die Aktivität von Zellzyklusgenen, die einzeln oder als Gruppen geordnet zusammenwirken. Bei der Hefe nennt man sie ***cdc*-Gene** (*cell division cycle*). Sie entscheiden, ob ein Modul (Cytokinese, Karyokinese, Anaphase) durchlaufen oder ausgelassen wird.

Unterbleibt nach einem normalen mitotischen Zyklus die Teilung des Cytoplasmas (Cytokinese), entstehen **polyenergide Zellen** mit mehreren Kernen. Nach (r) Durchläufen des Zellzyklus ist die Anzahl der Kerne 2^r. Zweikernige Zellen sind in der Leber von Säugern recht häufig. Vierkernige Zellen werden bei den Agamonten der Foraminiferen *Patellina corrugata* und *Rotaliella heterocaryotica* über ein zweikerniges Stadium erreicht. Das mehrere Zentimeter große Plasmodium der Schleimpilze (*Mikrobiologie*, *Ökologie, Evolution*) besteht aus einer einzigen polyenergiden Zelle, wobei jeder Kern einen eigenen Einflussbereich im zusammenhängenden Cytoplasma besitzt.

Wird die Teilung des Zellkernes (Karyokinese) unterdrückt, verdoppelt sich mit jeder Replikationsrunde (r = 0, 1, 2, 3 ... k) die Anzahl der Chromatiden im Kern, es entstehen **endoreplizierte Zellkerne**. Der DNA-Gehalt eines solchen Riesenkernes beträgt $2^r \times (2C)$. Die S-Phasen der Endozyklen gehen nicht kontinuierlich ineinander über, sondern sind durch längere G-Phasen getrennt. Funktioniert der Rhythmus der Chromatinverpackung weiterhin, werden **Endomitosen** mit auffallenden Metaphasen beobachtet. Trennen sich die Schwesterchromatiden in einer nachfolgenden Anaphase, entsteht ein **polyploider Zellkern** mit einem geraden Vielfachen des diploiden Chromosomensatzes $2^r \times (2n)$. Beim Hochleistungsorgan Spinndrüse des Seidenspinners *Bombyx mori* wurde auf die bisher höchste Polyploidie (etwa 250 000C, Replikationsstufe r = 17) geschlossen. Diese somatische Polyploidie ist auf bestimmte Gewebetypen beschränkt, muss also von der genomisch fixierten Autopolyploidie vieler Kulturpflanzen unterschieden werden (S. 42).

Als weiteres Modul kann während der Endomitose die Anaphase und damit die Trennung der Schwesterchromatiden unterbleiben, die Chromatinverpackung aber weiterhin funktionieren. Das führt zu **polytänen Chromosomen**, also zu Paketen aus mehreren Chromatiden. Bei bis zu 5 Replikationsrunden entstehen Zellen mit zwei Sätzen **gering polytänisierter** Chromosomen (DNA-Gehalt bis zu 64C). Solche „primären Riesenchromosomen" können später in polyploide Strukturen zerfallen (z. B. bei den Nährzellkernen von Dipteren). Tatsächlich kommen in der Natur alle Übergänge zwischen Polyploidie und Polytänie vor. Die bekanntesten Beispiele von **hoher Polytänie** bieten die gigantischen Zellkerne in Speicheldrüsen und Malpighigefäßen vieler Dipteren. Bei manchen Arten assoziieren sogar die homologen Chromosomen, sodass solche Polytänchromosomen nur die haploide Anzahl (n) zeigen. Ein maximaler DNA-Gehalt von etwa 8000C wurde in Speicheldrüsen von Zuckmücken gemessen. Solche **Riesenchromosomen** unterliegen nicht mehr der zyklischen Chromatinveränderung, sie sind also auch während der Interphase lichtmikroskopisch sichtbar. Die Chromosomennatur der Polytänchromosomen bewiesen erstmals E. Heitz und H. Bauer 1933 bei der Gartenhaarmücke *Bibio hortulanus*.

Replikons sind in gemeinsam regulierten Domänen zusammengefasst; entsprechend kann die Endoreplikation auf kürzere DNA-Bereiche beschränkt bleiben. Die **differenzielle Endoreplikation** verursacht C-Werte, die von den 2er-Potenzen abweichen und ist am ehesten an Zellkernen mit Polytänchromosomen zu entdecken.

Werden aktivierbare Gene parallel zur DNA-Matrize vermehrt, spricht man von einer **Amplifikation**. Es entstehen multiple Replikationsgabeln mit einer verzweigten Chromatidstruktur (Abb. 3.**18**). Die Amplifikation ist eine positive Regulation lokaler DNA-Synthese.

Die **Unterreplikation** ist dagegen auf negative Kontrolle zurückzuführen. Hier werden bestimmte Domänen von der Endoreplikation ausgenommen. Bereits 1934 entdeckte E. Heitz, dass *Drosophila virilis* das Heterochromatin aller Chromosomen von der Polytänisierung ausschließt. Die heterochromatische DNA beherbergt zwar wenige Gene, diese sind jedoch für die normale Entwicklung nötig. Der Anteil heterochromatischer DNA am mitotischen Chromosomensatz ist oft erheblich: Bei *D.-simulans*-Weibchen liegen 21 % als Heterochromatin vor, aber 27 % beim Männchen. Die entsprechenden Anteile betragen 40 % bzw. 46 % bei *D. melanogaster*, 47 % bzw. 54 % bei *D. virilis* und sogar 62 % bzw. 67 % bei *D. nasutoides*. Die Unterschiede zwischen den Geschlechtern sind auf vollständig heterochromatische Y-Chromosomen zurückzuführen, die inmitten der polytänen Elemente kaum zu erkennen sind. Unterreplikation ist als molekulare Konvergenz zur somatischen DNA-Elimination zu verstehen.

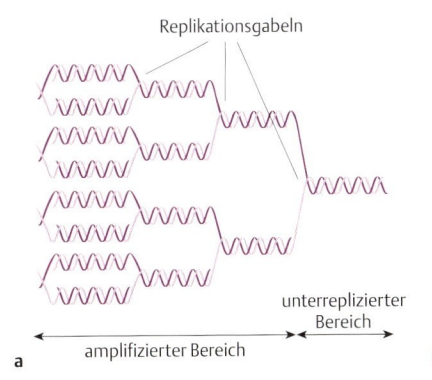

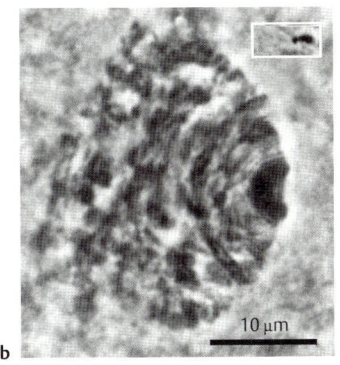

Abb. 3.**18 Amplifikation. a** Die Amplifikation ist eine differenzielle Endoreplikation, bei der nur bestimmte DNA-Bereiche repliziert werden, es entsteht eine verzweigte Chromatidstruktur (nach Seyffert, 1998). **b** Das polytäne XX-Chromosom aus der Speicheldrüse einer weiblichen Zuckmückenlarve (*Prodiamesa olivacea*) ist wesentlich größer als das X-Chromosom einer mitotischen Metaphase aus dem Oberschlundganglion (kleines Foto, gleicher Maßstab). Nur der linke Arm des XX-Chromosoms polytänisiert, der rechte Arm bleibt von der Endoreplikation ausgeschlossen, er ist unterrepliziert. Dadurch entsteht ein fächerförmiges, gebändertes Riesenchromosom mit einem Heterochromatinknopf, der die Kinetochore und die rechten Chromosomenarme verbirgt. Durch die Unterreplikation fällt der relative DNA-Anteil des X-Chromosoms an der Kern-DNA von 20,8 % auf 6 % ab. (Foto von H. Zacharias, Langwedel 1979.)

> **Besonderheiten eukaryotischer Kern-DNA:** DNA bildet mit Histonen und RNA das Chromatin, Heterochromatin stärker verpackt als Euchromatin, lineare DNA-Moleküle (Chromosomen). Chromosomale Sonderstrukturen: Telomer, Centromer.
> **Replikation bei Eukaryoten:** Semikonservativ, semidiskontinuierlich, simultan, bidirektional, während der S-Phase des Zellzyklus, viele kurze Replikons pro Chromosom. Initiation der Replikons erfolgt in bestimmter zeitlicher Abfolge.
> **Replikationsinitiation:** Replikationsursprünge aus ARS-Elementen (eventuell in Replikationszentren); Initiationskomplexe (ORC, Cdc6-Protein, MCM) erkennen Replikationsursprung; RPA stabilisieren Einzelstränge; Pol α-Untereinheit bildet Primer aus RNA- und DNA-Nucleotiden.
> **Replikationselongation:** Pol α bildet Primer der Okazaki-Fragmente; Helicasen treiben Replikationsgabel voran; Replicase: Polymerase δ für beide Stränge; 5′→3′-Exonucleasen: Teil der Pol δ, RNase H, MF1; DNA-Ligase verknüpft Okazaki-Fragmente.
> **Replikationstermination:** Terminationssequenzen nicht nachgewiesen.
> **mt-DNA-, pt-DNA-Replikation:** D-Replikation, ein Replikon.
> **Kern-Plasma-Relation:** Eine Zelle teilt sich, sobald das Cytoplasma im Vergleich zum Kern eine bestimmte Größe überschreitet.
> **Hauptkontrollpunkte des Zellzyklus:** Kontrolliert durch cyclinabhängige Kinasen, G_1/S (Start, Restriktionspunkt); G_2/M; M/G_1.

Cyclinabhängige Kinasen (CDK): Durch Cycline aktivierte Proteinkinasen, aktivieren andere Enzyme durch Phosphorylierung.
Replikondomänen: Gleichzeitig initiierte Replikons.
Lizenzfaktor: Gelangt während der Metaphase vom Cytoplasma zur DNA, entfernt ORC vom Replikationsursprung, ermöglicht erneute Initiation in der nächsten S-Phase.
Telomer: Abschlussstruktur an den (linearen) Chromosomenenden, besteht aus kurzen Sequenzwiederholungen, repliziert durch Telomerase (reverse Transkriptase).
Polyenergide Zellen: Entstehen durch Mitose ohne nachfolgende Cytokinese, enthalten mehrere Zellkerne.
Polyploide Zellen: Entstehen durch Endomitose ohne Karyokinese, enthalten Vielfache des diploiden Chromosomensatzes.
Polytäne Zellen: Entstehen durch Endomitose ohne Anaphase, enthalten Riesenchromosomen aus vielen parallelen Chromatiden.
Telomerase: Funktionell: reverse Transkriptase, strukturell: Ribonucleoprotein, synthetisiert Wiederholungssequenzen des Telomers.

4 Transkription

Thomas Langer

4.1 Allgemeine Prinzipien der Transkription

> Die Expression der genetischen Information beginnt mit der **Transkription**, der Synthese eines der DNA-Sequenz komplementären RNA-Moleküls. Diese Reaktion wird von **RNA-Polymerasen** katalysiert. Der Mechanismus ist bei Bacteria, Archaea und Eukaryoten prinzipiell ähnlich und kann in drei Abschnitte unterteilt werden: **Initiation**, **Elongation** und **Termination**. Bestimmte DNA-Abschnitte haben einen fördernden oder hemmenden Einfluss auf die Transkription und werden entsprechend als **Enhancer** oder **Silencer** bezeichnet. Bei Eukaryoten wird die transkribierte RNA noch besonders umfangreich **modifiziert (prozessiert)**.

Die genetische Information eines jeden Organismus ist in der Nucleotidabfolge der DNA gespeichert. Mit beginnender **Genexpression** werden entsprechende DNA-Bereiche abgelesen und in Form von RNA-Molekülen ausgegeben. Dieser Prozess heißt **Transkription**. Bei der Transkription wird ein komplementäres RNA-Molekül zu einem Strang der DNA, dem **codogenen** oder **Matrizenstrang** (Template), gebildet. Diese Reaktionen erfolgen durch **DNA-abhängige RNA-Polymerasen**, meist einfach nur als RNA-Polymerasen bezeichnet. Im Gegensatz zu den DNA-Polymerasen bei der Replikation benötigen die RNA-Polymerasen keine Primer. Die RNA-Synthese verläuft, dem Ablauf der DNA-Synthese (Kap. 3) entsprechend, in 5´→3´-Richtung. Als Bausteine dienen die vier Ribonucleosidtriphosphate ATP, GTP, CTP und UTP, das anstelle von TTP in die RNA eingebaut wird (Abb. 4.1, S. 6 und 📖 *Biochemie, Zellbiologie*). Die meisten RNA-Moleküle werden für die Proteinbiosynthese benötigt: **ribosomale RNA** (rRNA) ist für die Struktur und Funktion der Ribosomen notwendig, **Boten-RNA** (Messenger-RNA, mRNA) übermittelt die Baupläne für die Proteine von der DNA zu den Ribosomen und die verschiedenen **Transfer-RNAs** (tRNA) liefern die Aminosäuren zu den Ribosomen.

Im Gegensatz zu den DNA-Polymerasen besitzen **RNA-Polymerasen** keine Nuclease-Aktivität; d. h. eine Fehlerkorrektur (**Proofreading**) falsch eingebauter Nucleotide findet **nicht** statt. Im Verlauf der Transkription wird etwa alle 10^4 bis 10^5 Nucleotide ein falsches Nucleotid eingebaut, während bei der Replikation nur alle 10^9 Nucleotide ein Fehler erfolgt (S. 102). RNA-Moleküle haben nur eine begrenzte Lebensdauer in der Zelle. Da Fehler im Verlauf der Transkription nicht auf die Nachkommen weitergegeben werden, ist es für die Zellen ökonomischer diese zu tolerieren, als Zeit und Stoffwechselenergie für eine Korrektur aufzuwenden.

4 Transkription

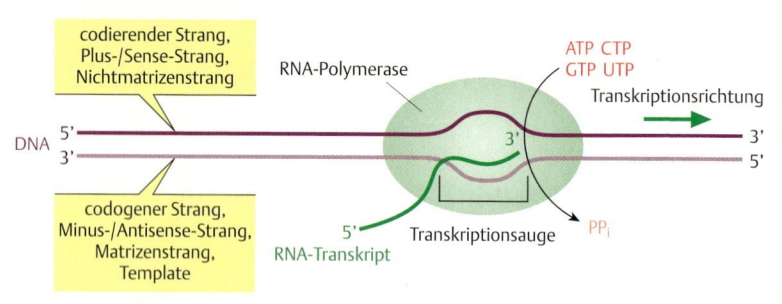

Abb. 4.1 Transkription. In dem Transkriptionsauge oder der Transkriptionsblase bildet sich eine RNA-DNA-Hybridhelix. Bei der Ausbildung der Phosphorsäureester-Bindungen der wachsenden RNA-Kette werden die endständigen Pyrophosphatreste (PP$_i$) der Ribonucleosidtriphosphate abgespalten. Durch die anschließende Hydrolyse der Pyrophosphate wird die Reaktion unter physiologischen Bedingungen irreversibel. Im Reaktionszentrum werden Mg^{2+}-Ionen benötigt. Der nicht an der RNA-Synthese beteiligte 5´→3´-Strang entspricht in der Basensequenz der RNA, wobei Thymin in der RNA durch Uracil ersetzt ist. Bei Angaben von Nucleotidsequenzen wird sich auf den codierenden Strang bezogen.

Der gesamte Vorgang der Transkription wird in drei Abschnitte unterteilt:
- **Initiation**, dem Beginn der Transkription,
- **Elongation**, die eigentliche RNA-Synthesephase und
- **Termination**, dem Abschluss der Transkription.

Die Initiationshäufigkeit kann durch bestimmte DNA-Sequenzen beeinflusst werden. Diese regulatorischen DNA-Abschnitte werden als **cis-Elemente** (lat. cis: diesseits) bezeichnet. An diese Sequenzabschnitte binden bestimmte Proteine, die zusammenfassend **trans-Faktoren** (lat. trans: jenseits) genannt werden und von den **trans-Elementen** codiert werden. Positiv wirkende Elemente heißen **Enhancer** (engl. to enhance: verbessern, verstärken). DNA-Abschnitte, die einen negativen Einfluss auf die Transkriptionshäufigkeit haben, werden als **Silencer** (engl. to silence: zum Schweigen bringen) (Abb. 4.2) bezeichnet. Enhancer und Silencer sind wichtige Elemente bei der Regulation der Genexpression (S. 444).

Die Bezeichnungen „cis" und „trans" haben historischen Ursprung. Cis-Elemente erhielten ihre Bezeichnung daher, dass sie einen Einfluss auf die Genexpression in **unmittelbarer** Nähe liegender Gene haben. Im Gegensatz hierzu wirken trans-Elemente über die trans-Faktoren, z. B. Transkriptionsfaktoren (S. 153), die mehr oder weniger frei durch den Zellkern und die Zelle diffundieren können, auf **entfernt** liegende DNA-Abschnitte oder andere Chromosomen.

Meist wird die RNA posttranskriptional oder noch während der Transkription (cotranskriptional) modifiziert. Solche Mechanismen werden zusammenfassend als **Prozessierung** (**processing**) bezeichnet. Dazu gehört das Anfügen des **Poly(A)-Schwanzes** an mRNA, das **Spleißen** (splicing) (S. 168, S. 161), bei Euka-

4.1 Allgemeine Prinzipien der Transkription

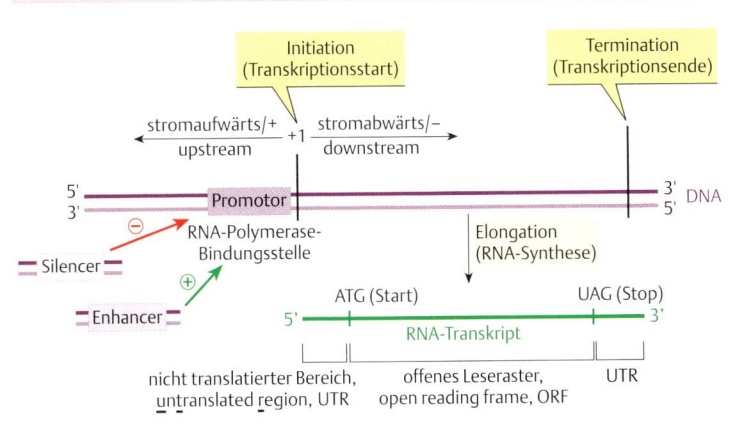

Abb. 4.2 Grundbegriffe der Transkription. Das erste Nucleotid der DNA, welches transkribiert wird, erhält die Bezeichnung +1. Je nach der Lage der Nucleotide bezüglich des Transkriptionsstarts, werden diese als „stromaufwärts" bzw. „stromabwärts" bezeichnet. Die Transkriptionshäufigkeit wird durch Enhancer und Silencer beeinflusst. Proteincodierende RNAs enthalten ober- und unterhalb des offenen Leserasters Abschnitte, welche nicht translatiert und entsprechend als 5′- bzw. 3′-UTRs bezeichnet werden (S. 207, 210).

ryoten das Anfügen einer speziellen Struktur (Kappe, cap) an das 5′-Ende der mRNA (S. 160) sowie das **Redigieren** bestimmter tRNA- oder mRNA-Moleküle (editing, S. 170). Besitzt die mRNA nur ein offenes Leseraster (ORF), handelt es sich um eine **monocistronische RNA**. Dies ist bei Eukaryoten der Fall. Bei den Bacteria und Archaea werden häufig mehrere Proteine von einer mRNA codiert. Solche mRNAs werden als **polycistronische RNAs** bezeichnet (S. 62).

Trotz der erwähnten gemeinsamen Prinzipien der Transkription unterscheiden sich die Vorgänge bei Organismen aus den drei phylogenetischen Gruppen der Bacteria, Archaea und Eukarya teilweise deutlich voneinander. Die Unterschiede betreffen vor allem die Sequenzen der Promotoren, Terminatoren und Enhancer, die Struktur der RNA-Polymerasen sowie die Regulation der Transkription (Kap. 11). Über die Transkriptionsmechanismen bei Archaea ist verhältnismäßig wenig bekannt. Die bisher beschriebenen Eigenschaften ähneln aber eher denen der Eukarya als denen der Bacteria (S. 174).

Codogener Strang: Zur gebildeten RNA komplementärer DNA-Strang, auch Template-, Minus-, Matrizen- oder Antisense-Strang.
Codierender Strang: Zur gebildeten RNA identischer DNA-Strang (T→U), codierender (coding), Plus-, Nichtmatrizen-, Sense-Strang.
Transkription: RNA-Synthese (5′→3′-Richtung) erfolgt durch RNA-Polymerasen. Initiation: Beginn der Transkription, Elongation: RNA-Synthese, Termination: Ende der Transkription.

Enhancer: Positiv wirkende genetische Elemente (cis-Elemente), die die Transkriptionsaktivität regulieren, Bindungsstellen für positiv wirkende trans-Faktoren.
Silencer: Negativ wirkende genetische Elemente (cis-Elemente), die die Transkriptionsaktivität regulieren, Bindungsstellen für negativ wirkende trans-Faktoren.
Prozessierung: Post- und cotranskriptionale Veränderung der RNA, z. B.: Capping, Spleißen, Polyadenylierung, RNA-Editing.
Monocistronische RNA: mRNA, die nur für ein Protein codiert, also nur ein offenes Leseraster enthält.
Polycistronische RNA: mRNA bei Bacteria, die für mehrere Proteine codiert und daher mehrere offene Leseraster enthält.

4.2 Transkription bei Bacteria

Die RNA-Polymerase von *E. coli* besteht aus mehreren Untereinheiten, welche zusammen das Holoenzym bilden. Die **σ-Untereinheit** bindet an den Promotor und ist nur für die Initiation notwendig. Starke Promotoren haben eine hohe Affinität für die σ-Untereinheit. Bei der Initiation wird in dem Transkriptionsauge eine RNA-DNA-Hybridhelix gebildet. In der Elongationsphase ist die σ-Untereinheit nicht mehr mit den anderen Untereinheiten assoziiert; der verbleibende Komplex heißt **Minimal-** oder **Core-Enzym**. Im Verlauf der Elongation wird die RNA gemäß der DNA-Sequenz verlängert. Die **Terminationssignale** in der DNA codieren für einen RNA-Bereich, der eine stabile **Haarnadelstruktur** (hairpin) ausbildet und somit zum Abbruch der Transkription führt. Alternativ kann die Termination auch durch ein RNA-bindendes Protein, den sogenannten **ρ-Faktor** bewirkt werden.

Am besten sind die Mechanismen der Transkription bei *Escherichia coli* untersucht, dessen RNA-Polymerase 1960 von J. Hurwitz und S. Weis unabhängig voneinander entdeckt wurde. Die RNA-Polymerase von *E. coli* besteht aus fünf verschiedenen Untereinheiten, welche als α, β, β´, σ und ω bezeichnet werden; das Holoenzym besitzt die Stöchiometrie $α_2$, β, β´, σ, ω (Tab. 4.1). Alle vorkommenden RNA-Spezies, also tRNA, rRNA und mRNA, werden von dieser RNA-Polymerase synthetisiert.

4.2.1 Initiation

Zunächst bindet das RNA-Polymerase-Holoenzym unspezifisch an die DNA und gleitet an dieser entlang, bis eine entsprechende Bindungsstelle, der **Promotor**, von der σ-Untereinheit erkannt wird. Die meisten Gene in *E. coli* verwenden die σ-Standarduntereinheit $σ^{70}$. Die Promotorsequenzen verschiedener Gene weisen einige Gemeinsamkeiten auf (Abb. 4.3). Neben der $σ^{70}$-Standarduntereinheit gibt es noch andere σ-Untereinheiten mit unterschiedlichen Konsensusse-

Tab. 4.1 **RNA-Polymerase von *E. coli*.** Die Untereinheiten β und β´ bilden jeweils unterschiedliche Kontakte zur RNA, DNA und der RNA/DNA-Doppelhelix aus.

Untereinheit	Gen	Molekularmasse (kDa)	Funktion/Eigenschaften
α	rpoA	36,5	Initiation; wichtig für Zusammenbau des Core-Enzyms durch Bindung an β- und β´-Untereinheit; Bindung an die UAS starker Promotoren; Interaktion mit Transkriptionsaktivatoren
β	rpoB	150	Angriffspunkt von Rifampicin; Nucleotidbindung
β´	rpoC	155	Chelatisierung des Mg^{2+}-Ions im aktiven Zentrum; enthält ein Zinkion (vermutlich strukturgebende Eigenschaft); Bindung des Template-DNA-Stranges
σ^{70}	rpoD	70	Bindung an den Standard-Core-Promotor; notwendig für die Öffnung des DNA-Doppelstrangs im –10-Bereich
ω	rpoZ	10,1	Bindung an β´-Untereinheit; Funktion unklar, evtl. Bindung zu Transkriptionsaktivatoren; Deletionsmutanten sind lebensfähig

Tab. 4.2 σ-Faktoren bei *E. coli*.

σ-Faktor	Gen	Molekularmasse (kDa)	involviert bei	–35 Konsensus	–10 Konsensus
σ^{70}	rpoD	70	σ-Standardfaktor	TTGACA	TATAAT
σ^{54}	rpoN	54	Synthese von Proteinen zur Nutzung alternativer Stickstoffquellen bei NH_4^+-Mangel	CTGGNA	TTGCA
σ^{32}	rpoH	32	Expression von Hitzeschock-Genen (vor allem durch cytoplasmatische Stressfaktoren induziert)	CNCTTGAA	CCCCATNT
σ^{24}	rpoE	24	Expression von Hitzeschock-Genen, Bindung an *rpoH*-Promotor (vor allem durch extracytoplasmatische Stressfaktoren induziert)	GAACTT	TCTGA
σ^{28}	flaI/rpoF	28	Synthese von Proteinen für Flagellen	TAAA	GCCGATAA

quenzen (S. 109, Tab. **4.2**). Die σ-Untereinheiten besitzen alleine aber nur eine geringe Affinität für die DNA.

Promotoren können in **starke** und **schwache** Promotoren eingeteilt werden. Starke Promotoren zeigen eine hohe Übereinstimmung mit der abgeleiteten Konsensussequenz auf. Die σ-Faktoren binden mit hoher Affinität an die entspre-

a Core-Promotor-Sequenzen

		–35 Region		–10 Region (Pribnow-Box)		+1
lac-Operon	5'—	TTTAGA	17 Nucleotide	TATGAT	6 Nucleotide	
trp-Operon	5'—	TTGACA	17 Nucleotide	TTAACT	7 Nucleotide	
tRNA^Tyr	5'—	TTTACA	16 Nucleotide	TATGAT	7 Nucleotide	
recA	5'—	TTGATA	16 Nucleotide	TATAAT	7 Nucleotide	

b Konsensussequenzen

optimaler Abstand: 17 Nucleotide entspricht zwei DNA-Helixwindungen

```
            UP-Element
   -59                      -38   -35                      -10
5'—NNAAA AA T A T TTNNNAAANNN—TTGACA  15-18 Nucleotide  TATAAT  6-7 Nucleotide  +1
         TT   T
```

Core-Promotor

c Promotorregion des rrnB-Operons von E. coli

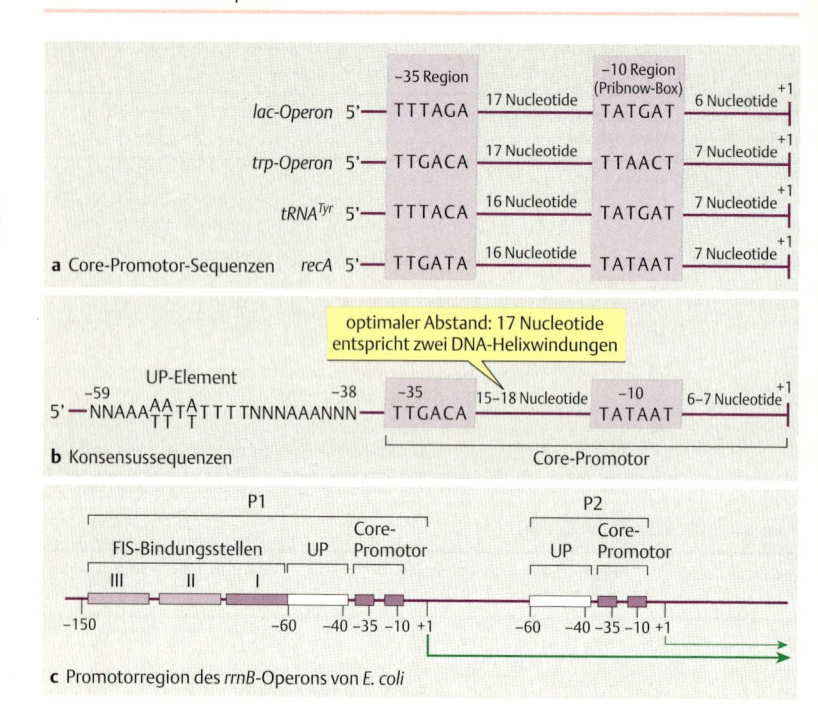

```
           P1                                    P2
  FIS-Bindungsstellen   UP  Core-           UP  Core-
                            Promotor            Promotor
    III    II     I
  -150         -60    -40 -35 -10 +1       -60  -40 -35 -10 +1
```

Abb. 4.3 **Promotorelemente bei E. coli. a** Sequenzen verschiedener Core-Promotoren. **b** Abgeleitete Konsensussequenzen. Die –10-Region wird nach den Entdeckern auch als Pribnow-Schaller-Box bezeichnet. Die *upstream* (UP)-Sequenz wurde früher auch als –43 AT-reiche Region bezeichnet. N = beliebiges Nucleotid. **c** Promotorregion des *rrnB*-Operons von *E. coli*. Das *rrnB*-Operon besitzt zwei Promotoren. Die Core-Promotoren entsprechen nahezu den Konsensussequenzen. Zudem besitzen die Promotoren UP-Elemente. Der P1-Promotor wird durch die Präsenz von drei FIS-Bindungsstellen zusätzlich verstärkt. Die unterschiedliche Stärke der Promotoren wird durch die unterschiedlich dicken Pfeile am Transkriptionsstart symbolisiert.

chenden –10- und –35-Regionen (mit K_D Werten bis zu 10^{-14} M). Die Promotorregion von –40 bis +1 wird auch als **Core-Promotor** bezeichnet. Starke Promotoren besitzen zudem noch sogenannte **UP-Elemente** (**up**stream elements) oder **UAS** (**u**pstream **a**ctivator **s**equences). UP-Elemente werden von der C-terminalen Domäne der α-Untereinheiten erkannt. Mit UAS werden allgemein Bindungsstellen für aktivierende Transkriptionsfaktoren bezeichnet. Die UAS umfassen etwa 20 Nucleotide und sind ebenfalls reich an Adenin und Thymin. Je höher die Affinität der RNA-Polymerase für die Promotoren ist, umso häufiger kommt es zum Start der Transkription. Durch die Präsenz der UAS wird die Transkriptionshäufigkeit um etwa das 30- bis 60fache gesteigert. Zusätzlich zu den UAS kann die Transkriptionshäufigkeit starker Promotoren noch durch den Transkriptionsfaktor **FIS** (**f**actor for **i**nversion **s**timulation) um etwa das 5fache erhöht werden. FIS ist ein Protein mit einer Molekularmasse von 11,2 kDa, welches als Dimer an entsprechende DNA-Sequenzen, sogenannte FIS-Sites, binden kann. Die Transkriptionsaktivierung kommt vermutlich durch eine direkte Wechselwirkung mit der RNA-Polymerase zustande. Bei schwachen Promotoren weichen die −10 und −35 Sequenzen stärker von den Konsensussequenzen ab; zudem sind meist keine UAS- oder FIS-Bindungsstellen vorhanden. Des Weiteren kann die Zugänglichkeit des Promotors für die RNA-Polymerase reguliert werden (S. 155).

Beispiele für starke Promotoren sind die Promotoren in den Operons für rRNA (Abb. 4.3c). In *E. coli* gibt es sieben rRNA-Operons. Bei der Ribosomenbiogenese ist die Synthese der rRNA der limitierende Schritt. Eine schnell wachsende Zelle benötigt aufgrund des erhöhten Proteinbedarfs eine größere Anzahl von Ribosomen. Bei exponenziell wachsenden Zellen besteht deshalb – trotz geschätzter 2000 weiterer Operons – ungefähr die Hälfte der insgesamt vorhandenen RNA aus ribosomaler RNA. Einen Amplifikationsmechanismus wie bei der Translation proteincodierender Gene, eine mRNA kann gleichzeitig von mehreren Ribosomen translatiert werden, gibt es bei der Expression von rRNA-Genen nicht. Um dennoch eine hohe Syntheserate von rRNA zu gewährleisten, haben rRNA-Operons deshalb besonders starke Promotoren. Ein weiteres Beispiel für starke Promotoren mit UAS gibt es in den *nif*-Genen, die für die Stickstofffixierung benötigt werden. Bei *Klebsiella pneumoniae* besitzen die *nif*-Gene etwa 100–200 Basenpaare stromaufwärts vor dem Transkriptionsstart die gemeinsame Sequenz TGTN$_{10}$ACA. Dieses Sequenzmotiv wird auch als NifA-Box bezeichnet, da das transkriptionsfördernde Protein NifA an diesen Bereich bindet.

Solange die DNA-Doppelhelix im Bereich des Promotors nach Bindung der RNA-Polymerase noch ungeöffnet ist, spricht man auch von einem **geschlossenen Promotorkomplex**. Zwei Windungen der DNA-Doppelhelix werden aufgelöst und die beiden DNA-Stränge voneinander getrennt. Der getrennte DNA-Abschnitt erstreckt sich etwa von der Position −12 bis +4. Dieser Zustand wird als **offener Promotorkomplex** bezeichnet. Der Übergang vom geschlossenen in den offenen Promotorkomplex geht mit einer Konformationsänderung der RNA-Polymerase einher. In Anwesenheit der vier benötigten Ribonucleosidtriphosphate werden diese nun komplementär zu dem codogenen Strang miteinander verknüpft. Der Übergang von der Initiationsphase in die Elongationsphase wird als **Promotor-Clearance** bezeichnet (Abb. 4.4).

▶ Bei Viren und Phagen, z. B. dem *E. coli*-Phagen T7, gibt es RNA-Polymerasen, die nur aus einer **einzigen Polypeptidkette** bestehen. Virale-RNA-Polymerasen binden mit sehr hoher Affinität nur an die eigenen viralen Promotoren; dadurch wird eine effiziente Virenvermehrung ermöglicht. Diese Eigenschaften werden bei der **Expression rekombinanter Proteine im Labor** genutzt. Hier ist eine möglichst hohe Expressionsrate ab einem bestimmten Zeitpunkt gewünscht. Vor der Induktion der Proteinsynthese soll keine Proteinexpression erfolgen. Ein weit verbreitetes *E. coli*-Expressionssystem beruht auf der **T7-RNA-Polymerase**. Das Gen für die T7-RNA-Polymerase befindet sich hierbei im Genom der entsprechenden *E. coli*-Stämme und steht unter der Kontrolle eines *E. coli*-Promotors sowie

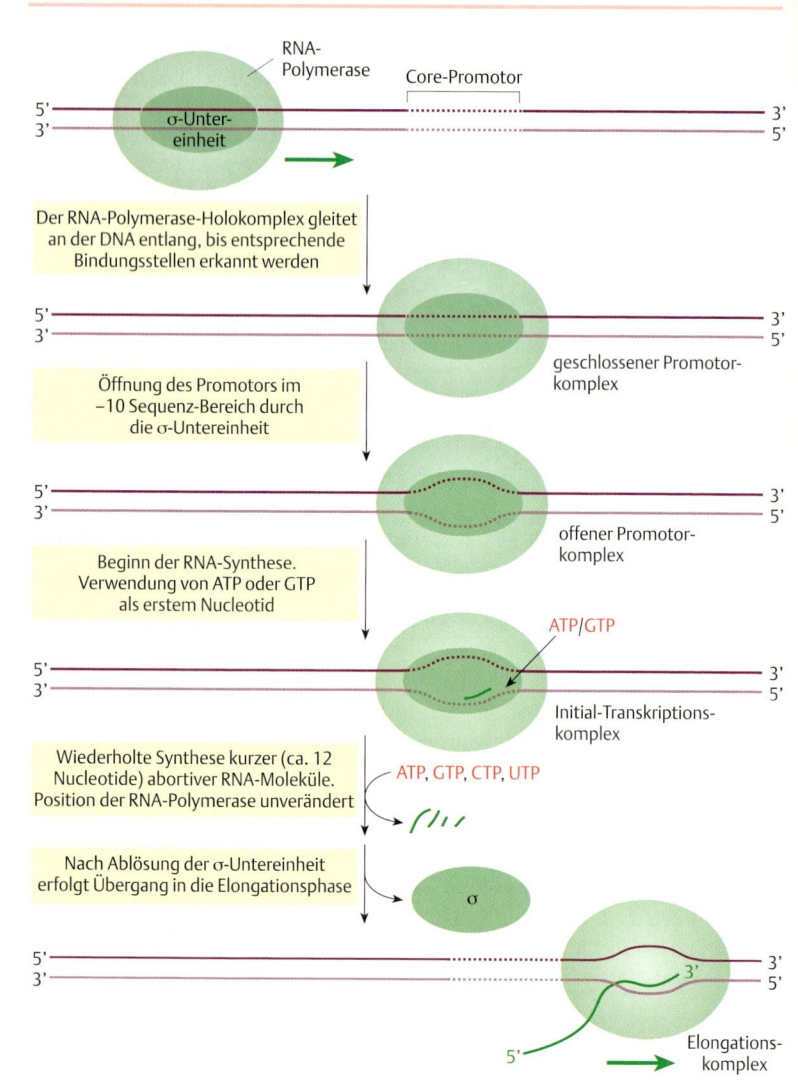

Abb. 4.4 Transkriptionsstart. Sehr häufig geht der Initial-Transkriptionskomplex nicht in die Elongationsphase über, sondern dissoziiert wieder (abortive Initiation). Vermutlich verdrängt die wachsende RNA-Kette die σ-Untereinheit vom Core-Komplex. Durch die Ablösung der σ-Untereinheit erfährt der Core-Komplex erneut eine Konformationsänderung. Der Promotor ist wieder frei und ein neuer Transkriptionszyklus beginnt.

einem Operator (S. 432). Im nichtinduzierten Zustand bindet ein Repressor an den Operator und verhindert die Bindung der *E. coli*-RNA-Polymerase. Das Gen für das gewünschte Protein wird auf einem Plasmid eingebracht, welches unter der Kontrolle eines T7-Promotors steht. Die *E. coli*-RNA-Polymerase bindet nicht an den T7-Promotor; folglich findet keine Proteinexpression statt. Diese wird durch die Zugabe eines **Induktors** initiiert. Als Induktor wird meist **Isopropyl-thiogalactosid** (**IPTG**), einem nicht hydrolysierbaren Analogon der Allolactose, verwendet. IPTG bindet an den Repressor und bewirkt die Ablösung vom Operator. Die *E. coli*-RNA-Polymerase kann nun an den Promotor binden und das Gen für die T7-RNA-Polymerase transkribieren. Nach Bildung der T7-RNA-Polymerase erfolgt die Transkription des gewünschten Gens. Die Affinität der T7-RNA-Polymerase für den T7-Promotor ist so stark, dass das gewünschte Protein bis zu 80 % des vorhandenen Proteins ausmachen kann. ◄

4.2.2 Elongation

In der **Elongationsphase** erfolgt die Synthese der zu dem **codogenen Strang komplementären RNA** mit einer Geschwindigkeit von etwa 60–80 Nucleotiden pro Sekunde. In dem sogenannten **Elongationskomplex**, bestehend aus der an DNA gebundenen RNA-Polymerase und der wachsenden RNA-Kette, können verschiedene Bereiche unterschieden werden (Abb. 4.**5**). Ein stabiler Elongationskomplex entsteht, wenn die wachsende RNA-Kette eine Länge von 9–11 Nucleotiden erreicht hat.

Die Elongation verläuft jedoch nicht mit einer konstanten Geschwindigkeit. Gelegentlich kann es zu einem **Pausieren** oder **Arrest** der RNA-Polymerase kommen (Abb. 4.**6**). Ein wichtiger Faktor hierbei ist die Stabilität der Hybridhelix. Beispielsweise resultiert der Einbau falscher Nucleotide oder des Nucleotids Inosin in einer instabilen Hybridhelix. Durch das Zurücklaufen der RNA-Polymerase oder durch einen Arrest und die anschließende Abspaltung der 3´-ständigen RNA-Nucleotide wird eine gewisse Fehlerkorrektur ermöglicht. Weitere Faktoren, die die Häufigkeit des Zurücklaufens der RNA-Polymerase erhöhen, sind die Stabilität der DNA-Doppelhelix vor oder hinter dem Transkriptionsauge und die Ausbildung von RNA-Sekundärstrukturen (s. u.). Bei einigen Operons können bestimmte Abschnitte der mRNA unter unterschiedlichen Bedingungen verschiedene Sekundärstrukturen einnehmen. Hierdurch kann z. B. ein vorzeitiger Stopp der Transkription erreicht werden (Attenuation, S. 462).

4.2.3 Termination

Bei Bakterien gibt es zwei prinzipiell unterschiedliche Mechanismen der **Termination**. Ein Mechanismus benötigt den **Terminationsfaktor ρ**, der andere Terminationsprozess wird alleine durch die Sequenz der DNA bzw. der gebildeten mRNA bedingt und benötigt keine weiteren Faktoren. Letztgenannte Art der Termination wird **intrinsische** oder **ρ-unabhängige Termination** genannt.

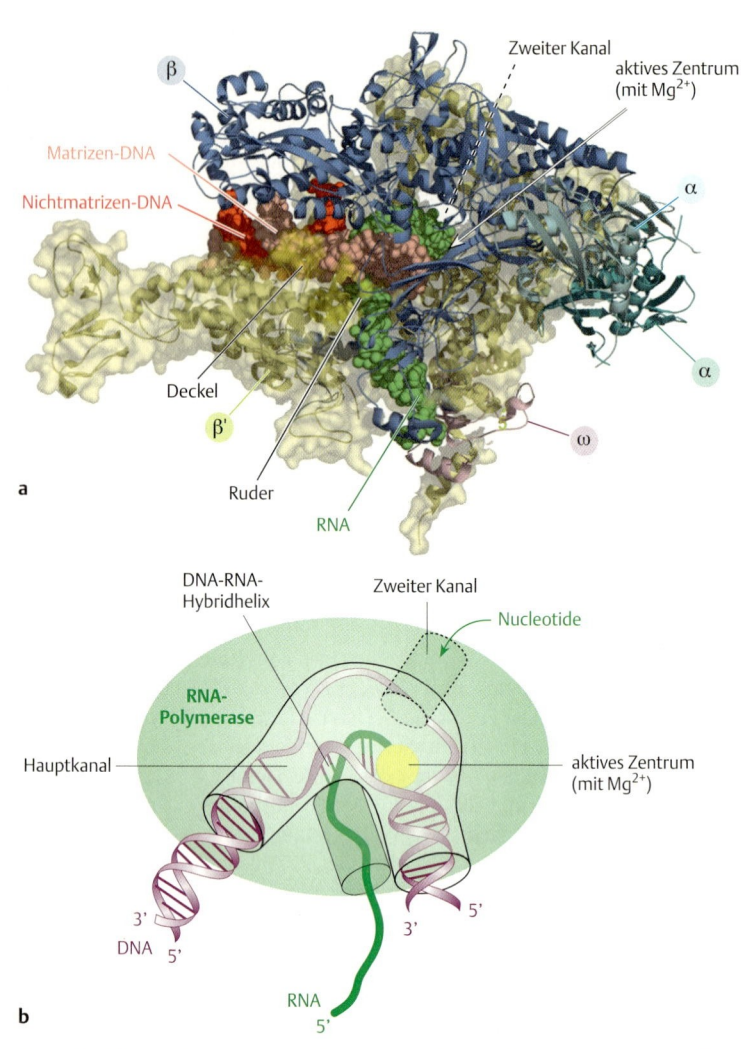

Abb. 4.5 **Elongationskomplex. a** Struktur der bakteriellen RNA-Polymerase. Zur besseren Darstellung ist die Oberfläche der β´-Untereinheit eingezeichnet. Die DNA wird von der β- und β´-Untereinheit klammerartig gebunden. Zwei für die Katalyse wichtige Strukturen sind die als „rudder" (Ruder) und „lid" (Deckel) bezeichneten Schlaufen. Im aktiven Zentrum befindet sich ein Mg^{2+}-Ion. (Pdb: 2O5I). **b** Die RNA-Polymerase bildet mehrere Kanäle aus. In dem Hauptkanal befindet sich die DNA sowie die DNA-RNA-Hybridhelix. Die neu gebildete RNA gelangt über den RNA-Ausgangskanal nach außen. Über den zweiten Kanal gelangen die für die RNA-Synthese benötigten Nucleotide zum aktiven Zentrum. Im Verlauf der Elongation gleitet die RNA-Polymerase an der DNA entlang; während diese wie eine Klammer an die DNA gebunden bleibt (sliding clamp-Modell). (Nach Nudler, 1999.)

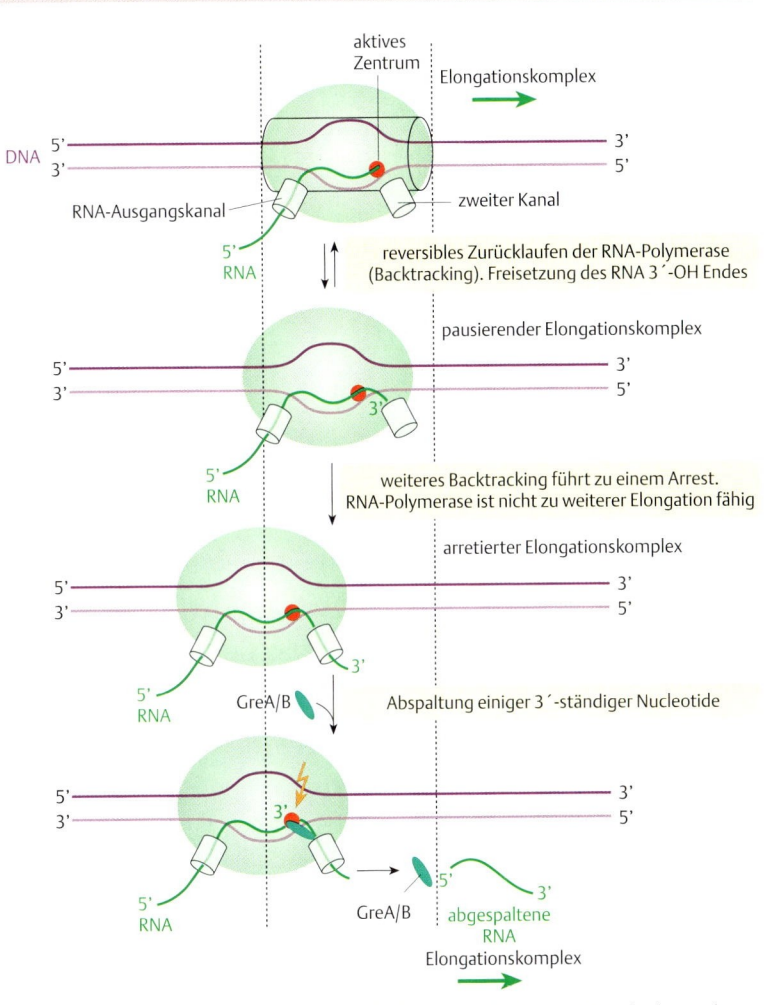

Abb. 4.6 **Elongation.** Im Elongationskomplex befindet sich das 3´-OH-Ende der wachsenden RNA-Kette im aktiven Zentrum. Bei einer arretierten RNA-Polymerase ragt die wachsende RNA-Kette in diesen zweiten Kanal. In diesem Zustand ist die RNA-Polymerase weder zu einer Kettenverlängerung, noch zu einem „Zurückfahren" der RNA-Kette in der Lage. Die Elongationsfaktoren GreA oder GreB können in den zweiten Kanal binden und zusammen mit der RNA-Polymerase die Abspaltung 3´-ständiger Nucleotide bewirken. Weder GreA, GreB noch die RNA-Polymerase alleine sind zur Spaltung von RNA in der Lage. Nach Freisetzung der abgespaltenen RNA kann die Elongation fortgesetzt werden.

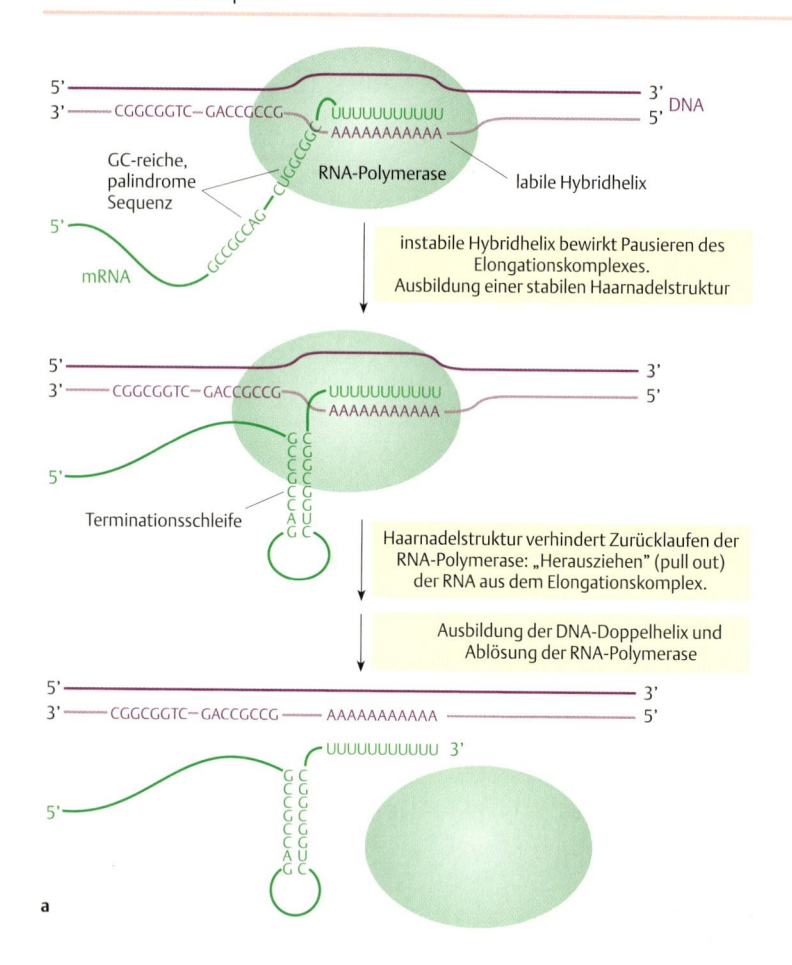

ρ-unabhängige (intrinsische) Termination: Hier bewirken Terminationssignale der DNA das Ende der Transkription. Die Terminationssignale bestehen aus einer GC-reichen palindromen Sequenz (kreuzspiegelsymmetrische Basenabfolge der DNA-Stränge) mit einem nachfolgenden Block von Adeninresten. Durch Ausbildung stabiler und spezifischer Sekundärstrukturen der mRNA, sogenannte Haarnadelstrukturen (Abb. 4.7a), wird ein Abbruch der Transkription bewirkt. Die Terminations-Effizienz kann durch verschiedene Proteine gesteigert werden. Ein solches Protein ist NusA. Nach Bindung an die α-Untereinheit der RNA-Polymerase kommt es zu Konformationsänderungen, welche einen direkten Kontakt mit der neu gebildeten RNA ermöglichen. Durch die Interaktion mit der RNA wird die Transkriptionsgeschwindigkeit verringert und somit die Ausbil-

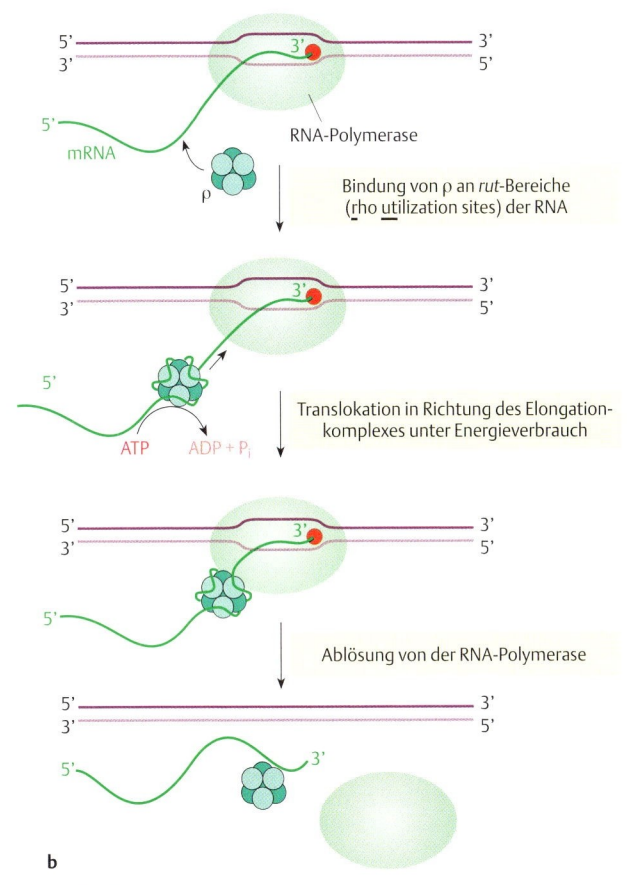

Abb. 4.7 **Termination. a** Intrinsische Termination durch Ausbildung einer Terminationsschleife. Die RNA-Polymerase transkribiert zunächst den Bereich der Terminator-Sequenz. Der Adenin-reiche DNA-Block bildet eine instabile Hybridhelix mit den Uracil-Nucleotiden der neu gebildeten mRNA aus. **b** ρ-vermittelte Termination. Die *rut*-Bereiche bestehen aus Cytidin-reichen Sequenzen. Die Ablösung der RNA-Polymerase von der DNA erfolgt, wenn ρ den Elongationskomplex „eingeholt" hat und die RNA-Polymerase ρ-spezifische Terminationssignale transkribiert. Die Ablösung der mRNA von der DNA wird vermutlich durch eine ATP-abhängige Helicase-Funktion von ρ bewirkt. (Nach Seyffert, 1998.)

dung einer Terminations-Haarnadelstruktur begünstigt. Es gibt aber auch die Möglichkeit, dass Terminationssignale überlaufen werden. Man spricht in diesem Fall von einer **Antitermination**. Solche Vorgänge erfolgen nicht zufällig, sondern werden gezielt gesteuert. Eine Antitermination wird durch bestimmte Proteine erreicht. Ein solcher Antiterminator ist das Protein Q des Phagen λ. Es bindet an die RNA-Polymerase und führt zu einer Stabilisierung schwacher Hybridhelices. Hierdurch wird das Pausieren oder ein Arrest der RNA-Polymerase verhindert, die entsprechende RNA-Sequenz wird ohne zeitliche Verzögerung – und damit ohne rechtzeitige Ausbildung der Haarnadelstruktur – durchgehend transkribiert.

ρ-abhängige Termination: Der Terminationsfaktor ρ ist ein Protein von etwa 50 kDa, welches Hexamere bildet. Für die ρ-abhängige Termination sind spezifische Terminationssignale notwendig. In Abwesenheit von ρ bewirken die entsprechenden Signale zwar ein Pausieren der RNA-Polymerase, aber keine Termination. Der ρ-vermittelte Terminationsprozess erfolgt in drei Stufen (Abb. 4.**7b**). Für eine effiziente ρ-vermittelte Termination wird in vivo zudem noch das Protein NusG benötigt. Die ρ-vermittelte Termination kann unter bestimmten Bedingungen durch Antiterminationsfaktoren verhindert werden.

4.2.4 Prozessierung der RNA

Eine häufige Modifikation bei bakterieller mRNA ist die Anheftung von **Poly(A)-Sequenzen** an das 3´-Ende. Bei *E. coli* sind bisher zwei strukturell verschiedene Poly(A)-Polymerasen bekannt. Diese Enzyme fügen unabhängig von einer DNA-Matrize mehrere Adenosinreste an mRNA-Moleküle an. Im Vergleich zu den Poly(A)-Schwänzen eukaryotischer mRNAs (S. 168) sind die bakteriellen mRNA-Schwänze mit einer Länge von etwa 15–60 Nucleotiden deutlich kürzer. Für die Polyadenylierung sind keine spezifischen Konsensussequenzen notwendig. In den bisher untersuchten Fällen verkürzen die Poly(A)-Schwänze die Lebensdauer der mRNA. Auch bei der mRNA in Mitochondrien und Chloroplasten, welche sich aus endosymbiontischen Prokaryoten entwickelt haben (*Ökologie, Evolution*), kommt eine Polyadenylierung vor.

Häufig vorkommende Modifizierungen von Basen sind die Bildung von **Pseudouridin** (Ψ) oder **Dihydrouridin** sowie **Methylierungen**. Diese Modifikationen kommen vor allem bei tRNAs im Anticodon-Arm vor und sind für die Ausbildung der korrekten dreidimensionalen Struktur notwendig (S. 185).

Umfangreiche Prozessierungen finden bei den rRNA-Genen statt. Diese liegen bei Bakterien in einem gemeinsamen Operon und werden zusammenhängend transkribiert. Bei *E. coli* gibt es sieben *rrn*-Operons, welche ähnlich aufgebaut sind. Zunächst entstehen 30S große **Primärtranskripte**. In diesen Primärtranskripten befinden sich jeweils die Sequenzen für eine 16S und 23S rRNA und, je nach Operon, eine oder mehrere 5S rRNAs sowie mehrere tRNAs. Die zwischen den Sequenzen der reifen RNA-Spezies liegenden Sequenzen werden als **Spacer-Sequenzen** bezeichnet. Bereits während der Transkription erfolgt die Prozessierung des Primärtranskripts (Abb. 4.**8**).

Die verschiedenen rRNA-Spezies werden von RNase III aus dem Primärtranskript geschnitten. Hierbei entstehen pre-16S rRNA, pre-23S rRNA sowie die pre-5S rRNA. An diesen pre-rRNA Spezies erfolgen weitere Prozessierungsschritte, welche schließlich

4.2 Transkription bei Bacteria

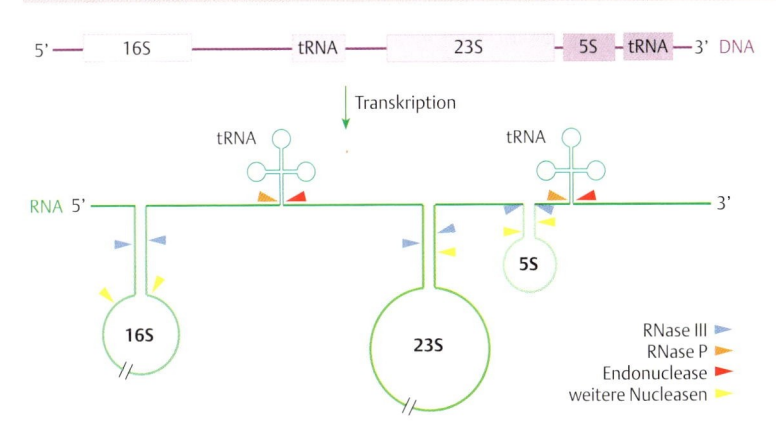

Abb. 4.8 30S Primärtranskript-Prozessierung. Das Primärtranskript bildet an bestimmten Stellen Haarnadelstrukturen aus, die durch Ribonucleasen erkannt werden.

die reifen rRNAs liefern. Das 5´-Ende der pre-tRNA wird von der RNase P erkannt, das 3´-Ende von einer bisher nicht identifizierten Endonuclease. In weiteren Prozessierungsschritten werden am 3´-Ende noch einige Nucleotide von RNase D abgespalten. Schließlich erfolgen noch Modifikationen bestimmter Basen.

Neben den Genen für tRNAs in *rrn*-Operons gibt es noch zusätzliche Gene für tRNAs. An diesen Stellen sind jeweils mehrere tRNA-Gene zu Clustern zusammengefasst, welche in analoger Weise prozessiert werden.

Bei manchen Bacteria gibt es auch (wenige) mRNAs mit nichtcodierenden Abschnitten (**Introns**), welche vor der Translation aus der mRNA entfernt werden. Bei diesen Introns handelt es sich ausschließlich um Gruppe I- oder Gruppe II-Introns. Sie werden autokatalytisch aus der RNA herausgeschnitten. Gruppe I-Introns kommen auch bei Chloroplasten, Mitochondrien und Phagen, z.B. dem Phagen T4 vor. Da Transkription und Translation bei Bakterien räumlich und zeitlich nicht voneinander getrennt sind, erfordert das Spleißen eine besondere Koordination zwischen Transkription, Spleißen und Translation (Kap. 5).

RNA-Polymerase der Bacteria: Transkriptionsenzym für alle RNA-Arten, besteht aus fünf verschiedenen Untereinheiten: α, β, β´, σ und ω.
σ-Faktor: Untereinheit der RNA-Polymerase, kann in verschiedenen Varianten mit unterschiedlicher Erkennungssequenz auftreten. Bewirkt Bindung an Promotor und Entwindung der DNA im offenen Promotorkomplex.
Promotor: Bindungsbereich auf der DNA für die RNA-Polymerase, besteht aus Core-Promotor, UP-Element und evtl. FIS-Bindungsstellen. Core-Promotor umfasst drei Konsensussequenzen: –10-, –35-Region und Transkriptionsstart. Starke Promotoren besitzen eine hohe Affinität für die RNA-Polymerase und haben eine größere Transkriptionshäufigkeit als schwache Promotoren.

Promotor-Clearance: Übergang von der Initiation in die Elongationsphase. Charakterisiert durch Weitergleiten des RNA-Polymerase-Komplexes vom Promotorbereich.
Intrinsische Termination: Terminationsmechanismus der Transkription bei Bacteria, Terminationssignale der DNA (GC-reiche palindrome Sequenz und Adenosin-Block) bewirken das Ende der Transkription.
ρ-abhängige Termination: Terminationsmechanismus der Transkription bei Bacteria in drei Stufen: 1. Bindung des ρ-Hexamers an *rut* (rho utilization sites), 2. Translokation unter ATP-Verbrauch von ρ in 5′→3′-Richtung entlang der neu gebildeten RNA auf den Elongationskomplex zu, 3. Ablösung der RNA-Polymerase durch eine ATP-abhängige Helicase-Funktion von ρ.
Antitermination: „Überlesen" eines Terminationssignals mithilfe von Antiterminationsproteinen.
Primärtranskript: RNA, die durch Transkription ab einem bestimmten Transkriptionsstart entsteht, wurde noch nicht durch co- oder posttranskriptionale Prozesse verändert.

4.3 Transkription bei Eukaryoten

Eukaryoten besitzen **drei unterschiedliche** RNA-Polymerasen. Diese Polymerasen erkennen jeweils eigene Promotoren und transkribieren jeweils ein eigenes Repertoire an Genen. Die Initiation der Transkription wird durch zahlreiche Faktoren reguliert und ist deutlich komplexer als bei Prokaryoten. Die synthetisierte RNA wird umfangreich modifiziert. Je nach Art der RNA beginnt die Prozessierung schon während der Transkription. Das **Capping** sowie die **Polyadenylierung** sind besondere Modifikationen der 5′- bzw. 3′-Termini der RNA. Bei dem **Spleißen** werden bestimmte Abschnitte aus dem Transkript entfernt. Auch eine nachträgliche Änderung der RNA-Sequenz kommt vor. Hierbei werden entweder einzelne Nucleotide in die RNA eingefügt oder herausgeschnitten oder eine Base wird durch eine andere ersetzt, ein Vorgang der **Editing** genannt wird. Die Transkription und verschiedene Modifikationen finden im Zellkern statt; erst dann erfolgt der Transport ins Cytoplasma.

Alle eukaryotischen Zellen, von der Hefe bis zum Menschen, enthalten **drei unterschiedliche RNA-Polymerasen**. Diese Polymerasen werden seit ihrer ersten Beschreibung 1969 aufgrund des Elutionsverhaltens von einer Anionenaustauscher-Säule (*Biochemie, Zellbiologie*) als RNA-Polymerasen I, II und III bezeichnet (gelegentlich auch als A, B und C). Die unterschiedlichen RNA-Polymerasen transkribieren verschiedene Arten von RNA und unterscheiden sich in ihrer Hemmbarkeit durch α-Amanitin (Tab. **4.3**).

Tab. 4.3 Charakteristika eukaryotischer RNA-Polymerasen.

RNA-Polymerase	Transkription von	Empfindlichkeit gegenüber α-Amanitin
RNA-Polymerase I	5,8S rRNA, 18S rRNA und 28S rRNA	unempfindlich
RNA-Polymerase II	proteincodierende Gene (mRNA-Synthese) und kleiner Uracil-reicher RNA-Moleküle (U1, U2, U4, U5 snRNA; **u**racil rich **s**mall **n**uclear RNA); microRNA (miRNA)	hemmbar durch geringe Konzentrationen (K_i 10^{-9} bis 10^{-8} M)
RNA-Polymerase III	5S rRNA, tRNA, 7SL RNA (Bestandteil des **s**ignal **r**ecognition **p**articles, SRP), U6 snRNA und weiterer, kleiner RNAs, welche an der mRNA-Prozessierung beteiligt sind (snoRNA); RNA-Anteil der Ribonuclease P	hemmbar erst durch höhere Konzentrationen (K_i 10^{-5} bis 10^{-4} M)

Die **Transkription** ist ein lebenswichtiger Prozess und als solcher ein idealer Angriffspunkt für antibiotisch wirksame Substanzen. Tatsächlich sind viele Substanzen bekannt, welche die Transkription mehr oder weniger artspezifisch hemmen. **Actinomycine** (Abb. 4.9a) hemmen die Transkription sowohl bei Prokaryoten als auch bei Eukaryoten. Actinomycine schieben sich zwischen die Basen der DNA (Interkalation) und verhindern so die Transkription. **Rifampicin** ist eine aus *Streptomyces mediterranei* gewonnene Substanz (Abb. 4.9b). Es wirkt gegen gramnegative und grampositive Bakterien. Mittel der ersten Wahl ist Rifampicin bei Infektionen mit Mykobakterien z. B. *M. tuberculosis* und *M. leprae*, den Erregern der Tuberkulose bzw. der Lepra. Der Wirkungsmechanismus erfolgt über eine Bindung an die β-Untereinheit der RNA-Polymerase. Hierdurch wird die Promotor-Clearance gehemmt. Der Angriffspunkt von **α-Amanitin** (Abb. 4.9c), einem zyklischen Oktapeptid mit stark toxischer Wirkung aus dem Grünen Knollenblätterpilz (*Amanita phalloides*), ist die RNA-Polymerase II von Eukaryoten. α-Amanitin wird weder durch Kochen noch durch Verdauungsaktivitäten zerstört. Nach der oralen Aufnahme erfolgt der Transport in die Leber. Hier führt die Inhibierung der RNA-Polymerase II zu einem Ausfall der Proteinsynthese. Charakteristisch für eine Vergiftung mit α-Amanitin ist die verzögerte Wirkung, welche erst 15 bis 24 Stunden nach der Aufnahme einsetzt.

Während die bakterielle RNA-Polymerase aus 5 Untereinheiten besteht, besteht die RNA-Polymerase I aus 14, die RNA-Polymerase II aus 12 und die RNA-Polymerase III aus 17 Untereinheiten. Die eukaryotischen RNA-Polymerasen haben jeweils zwei große Untereinheiten die den β- und β´-Untereinheiten der bakteriellen Untereinheiten strukturell und funktionell homolog sind. Auch zu den entsprechenden Untereinheiten der RNA-Polymerase der Archaea gibt es eine gewisse strukturelle Verwandtschaft. Daneben gibt es weitere kleinere Untereinheiten, welche teilweise bei zwei oder allen drei RNA-Polymerasen vorkommen. Dies legt die Vermutung nahe, dass der Mechanismus der Transkription nur einmal und zu einem frühen Zeitpunkt in der Evolution entstanden ist. Über die genauen Funktionen der kleinen Untereinheiten ist wenig bekannt; ihnen kommen vermutlich regulatorische Funktionen zu.

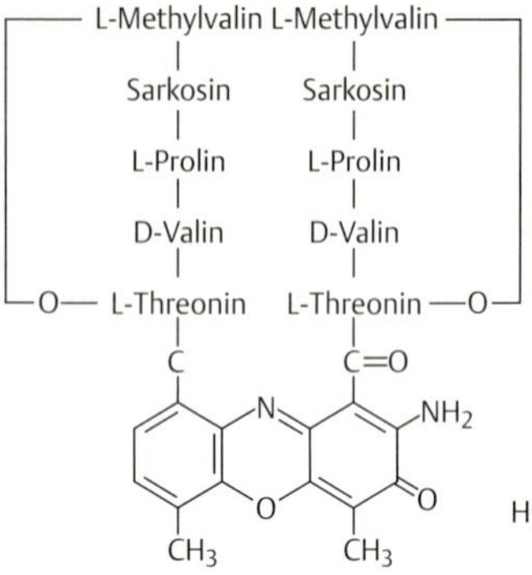

a Actinomycin D

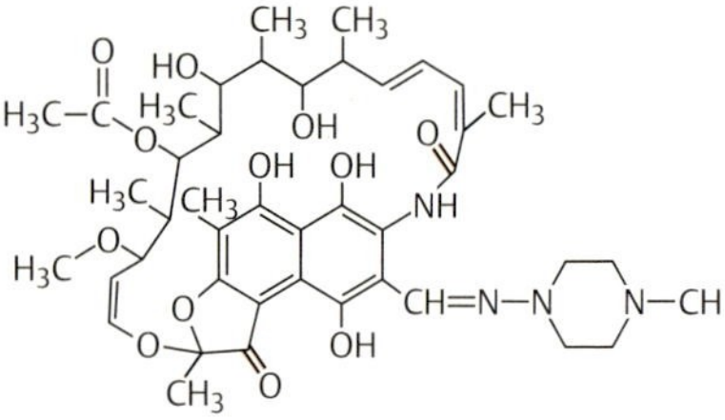

b Rifampicin

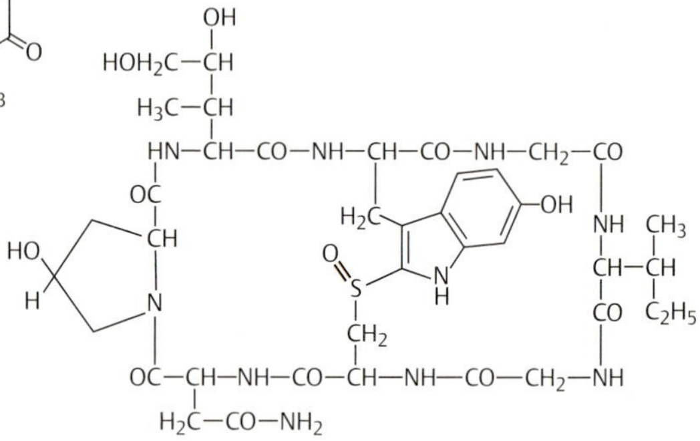

c α-Amanitin

Abb. 4.**9** **Transkriptionsinhibitoren.** **a** Actinomycin D. Die Aminosäuren sind über Peptidbindungen miteinander verbunden. **b** Rifampicin und **c** α-Amanitin.

Eine strukturelle Besonderheit besitzt die größte Untereinheit der RNA-Polymerase II. Die **carboxyterminale Domäne** (**CTD**) dieses Proteins besteht aus mehrfachen Wiederholungen einer kurzen Aminosäureabfolge und spielt eine wichtige Rolle bei der Regulation sowie der RNA-Prozessierung (s. u.). Neben den eigentlichen RNA-Polymerasen sind für eine effektive Transkription eine Reihe weiterer Faktoren notwendig. Zu diesen Faktoren gehören die **generellen Transkriptionsfaktoren**, **Aktivatoren** und **Coaktivatoren**. Manche dieser Faktoren werden von allen drei RNA-Polymerasen benötigt. Aufgrund der hohen Anzahl der hierbei involvierten Faktoren ist die Transkription in Eukaryoten ein hoch komplexer Vorgang.

4.3.1 Orte der Transkription

Obwohl es innerhalb des Zellkerns keine von Membranen umgrenzte Kompartimente gibt, weist der Zellkern dennoch eine bemerkenswerte Kompartimentierung auf. Die Lokalisation der RNA-Polymerase I ist seit langem bekannt. Diese befindet sich in den fibrillären Komponenten der **Nucleoli**, dem Ort der Transkription **ribosomaler RNA** (📖*Biochemie, Zellbiologie*). Obwohl nicht so augenfällig, findet auch die Transkription von RNA-Polymerase II und III an diskreten Stellen innerhalb des Zellkerns statt. Anhand mikroskopischer Untersuchungen in kultivierten humanen Zellen werden für RNA-Polymerase II etwa 8000 und für RNA-Polymerase III etwa 2000 Transkriptionsorte angenommen. Die Transkriptionszentren sind für RNA-Polymerase II und III unterschiedlich. In diesen Zentren sind jeweils mehrere RNA-Polymerasen („**Transkriptosomen**") aktiv. Über das Zustandekommen und die Aufrechterhaltung dieser Transkriptionszentren ist wenig bekannt. Die Enzyme für die Transkription und RNA-Prozessierung gelangen vermutlich über Diffusion an die entsprechenden Stellen und verbleiben bei Bedarf vorübergehend dort. Bei den Transkriptionszentren handelt es sich eher um dynamische als um statische Assoziationen. Viele RNA-Polymerase II-Transkriptionsprozesse finden in der Nähe der Kernmembran bzw. den Kernporenkomplexen statt. Dies ermöglicht einen effizienten Export der RNA in das Cytoplasma.

4.3.2 Promotoren und Enhancer eukaryotischer Gene

Während bei Bakterien immer wiederkehrende Strukturmerkmale in mehr oder weniger einheitlicher Form bei allen Genen zu finden sind, ist dies bei eukaryotischen Genen nur bedingt der Fall. Dies zeigt sich vor allem am Aufbau der Promotoren. Die Promotoren werden nicht von der Polymerase selbst erkannt, sondern durch verschiedene Faktoren. Neben den Promotoren gibt es bei Eukaryoten zahlreiche Enhancersequenzen, an denen **Transkriptionsaktivatoren** binden (s. u.). Somit besitzen bei eukaryotischen Zellen viele Gene eine individuelle Ausstattung an Promotor- und Enhancerelementen. Dies bewirkt, im Zusammenhang mit der großen Anzahl an Proteinen, welche bei der Initiation der Transkription beteiligt sind, dass jedes Gen den umgebenden Bedingungen entsprechend in der notwendigen Menge transkribiert werden kann.

Die Gene für ribosomale RNA werden durch **RNA-Polymerase I** transkribiert. Sie liegen in Gruppen (cluster) vor und sind durch einen DNA-Abschnitt (spacer) getrennt, der als **Intergenic Spacer** (**IGS**) bezeichnet wird. Die Regulationselemente für die Transkription der rRNA-Gene befinden sich in der IGS. Der Core-Promotor beginnt etwa 50 Nucleotide stromaufwärts vom Transkriptionsstart (+1) und enthält das **ribosomale Initiatorelement** (**rInr**), eine AT-reiche, konservierte Sequenz. Die Transkription wird durch das stromaufwärts liegende Promotorelement (**upstream promoter element, UPE**) gesteigert. Vor dem UPE liegt der **Spacer-Terminator**. Die Funktion dieses Terminators liegt darin, den Core-Promotor frei zu halten. Innerhalb der IGS liegen Enhancer und **Spacer-Promotoren**. Die Transkription an diesen Promotoren endet an dem Spacer-Terminator. Die Bedeutung dieser Transkriptionsereignisse ist unbekannt. Hinter den rRNA-Genen befinden sich ebenfalls Terminatoren (Abb. **4.10a**).

Typische Promotorelemente von **RNA-Polymerase-II**-Promotoren sind die **TATA-Box** und/oder das **Initiatorelement** (Inr-Element). Der Transkriptionsstartpunkt liegt innerhalb der Inr-Sequenz. Neben diesen Core-Promotorelementen gibt es, je nach Gen, unterschiedliche Enhancersequenzen (S. 153, Tab. **4.4**). Diese werden aufgrund der Entfernung

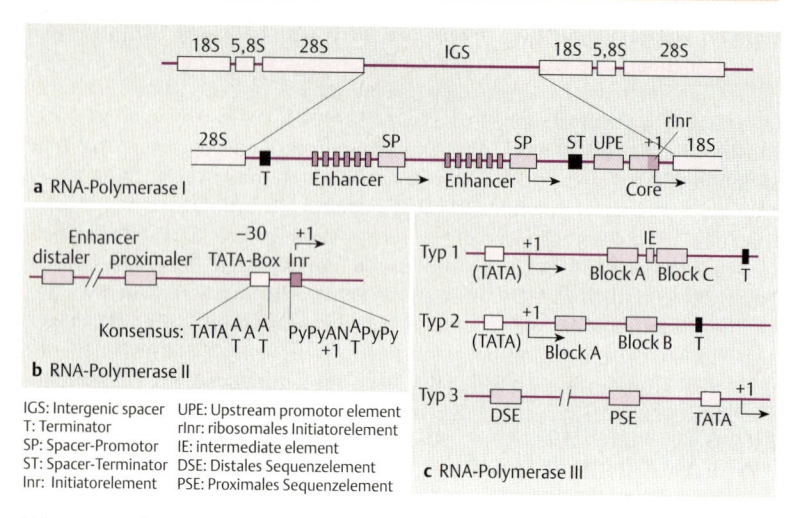

Abb. 4.10 Eukaryotische Promotorelemente. Die Promotorelemente für die verschiedenen RNA-Polymerasen sind unterschiedlich aufgebaut und werden auch unterschiedlich reguliert.

zum Transkriptionsstartpunkt in **distale** und **proximale Enhancer** unterteilt (Abb. 4.10b).

Die Promotorstrukturen für RNA-Polymerase III werden in drei Gruppen unterteilt: Promotoren der Typen 1 und 2 befinden sich überwiegend innerhalb der codierenden Sequenz. Manche dieser Promotoren besitzen eine TATA-Box. Promotoren des Typs 1 befinden sich bei den Genen für die 5S rRNA. Die Core-Promotoren sind durch variable Sequenzabschnitte, den **intermediären Elementen** (intermediate elements) unterteilt. Bei *Xenopus laevis* beispielsweise umfasst der A-Block die Nucleotide +50 bis +64; der C-Block die Nucleotide +80 bis +97. Das intermediäre Element reicht entsprechend von +67 bis +72. Entscheidend für die Transkriptionsaktivität sind die relativen Abstände dieser Elemente zueinander. Der Promotor vom Typ 2 kommt am häufigsten vor. Dieser Typ ist bei tRNA-Genen zu finden und besteht aus einem A- und einem B-Block. Die Sequenzen der A-Blöcke von Typ 1- und Typ 2-Promotoren sind ähnlich. Im Gegensatz zu Promotoren des Typs 1 liegt der A-Block bei Typ 2 näher am Transkriptionsstartpunkt. Typ-3-Promotoren ähneln den RNA-Polymerase II-Promotoren. Dieser Promotortyp findet sich beim U6 snRNA-Gen. Die TATA-Box befindet sich im Bereich –30 und ist zusammen mit dem bei –60 gelegenen **proximalen Sequenzelement** für eine basale Transkriptionsaktivität ausreichend. Durch ein **distales Sequenzelement** bei etwa –240 kann die Transkriptionsaktivität gesteigert werden (Abb. 4.10c).

4.3.3 Faktoren: TF, TBP, TAF, Transkriptionsaktivatoren und Coaktivatoren

Obwohl 80 % der insgesamt in einer Zelle vorliegenden RNA von den RNA-Polymerasen I und III synthetisiert wird, ist die Transkription durch RNA-Polymerase II bei weitem am besten untersucht. Im Folgenden werden daher die geläufigsten Begriffe sowie die Bedeutung der Faktoren am Beispiel der RNA-Polymerase II erläutert. RNA-Polymerase II ist nur sehr bedingt in der Lage in Anwesenheit einer geeigneten Matrizen-DNA und den benötigten Nucleosidtriphosphaten mit der RNA-Synthese zu beginnen. Für eine basale Transkription, d. h. eine Transkription unter minimalen Bedingungen in vitro, sind die **generellen Transkriptionsfaktoren** (general transcription factors, GTF, meist einfach nur **TF** abgekürzt) notwendig. Nach dem Kürzel TF erfolgt die Zuordnung zu der entsprechenden Polymerase, TFII bedeutet z. B. Transkriptionsfaktor für RNA-Polymerase II. Für RNA-Polymerase II wurden sechs Transkriptionsfaktoren TFIIA, TFIIB, TFIID, TFIIE, TFIIF und TFIIH näher charakterisiert. Diese bestehen selbst überwiegend aus mehreren Untereinheiten. Eine zentrale Rolle innerhalb der TFII nimmt der **TFIID** ein. Eine Untereinheit von TFIID bindet an die TATA-Box entsprechender Promotoren und wird folglich als **TATA-Box-bindendes Protein** (**TBP**) bezeichnet (Abb. 4.11). Mit TBP sind weitere Proteine assoziiert, welche als **TBP-assoziierte Faktoren** (**TBP associated factors, TAFs**) bezeichnet werden. Neben TFIID, welcher an den Core-Promotor bindet, bindet auch TFIIB an spezifische DNA-Sequenzen (TFBII response elements, BRE). Diese liegen unmittelbar vor oder aber auch hinter der TATA-Box. Der TFIID entspricht in seiner Funktion der σ-Untereinheit bakterieller RNA-Polymerasen. Für RNA-Polymerase I und RNA-Polymerase III sind ebenfalls spezifische Transkriptionsfaktoren bekannt, das TBP wird jedoch von allen drei RNA-Polymerasen benötigt (Tab. 4.4).

Die Transkription kann durch weitere Faktoren noch gesteigert werden. Zu diesen Faktoren gehören die **Transkriptionsaktivatoren**. Transkriptionsaktivatoren binden an **Enhancersequenzen** der DNA und spielen eine wichtige Rolle in der Regulation der Genexpression (Tab. 4.5). Enhancersequenzen können sowohl weit stromauf- als auch stromabwärts (innerhalb des Gens) vom Transkriptionsstart entfernt liegen. Transkriptionsaktivatoren bewirken eine Steigerung der Transkription durch eine Assoziation mit dem basalen Transkriptionsapparat, vor allem mit den TAFs. In vielen RNA-Polymerase II-Promotoren ist eine TATA-Box und/oder eine Inr-Sequenz nicht vorhanden. Hier erfolgt die Erkennung des Transkriptionsstarts durch TAFs, welche – falls vorhanden – an die Inr-Sequenz binden, ansonsten über GC-Box- bzw. CCAAT-Box-bindende Proteine, die ihrerseits mit TAFs in Verbindung treten (Tab. 4.5). Da GC-Boxen und CCAAT-Boxen zudem meist in der Nähe des Transkriptionsstartpunktes liegen (proximale Enhancer), können diese auch als Promotorelemente aufgefasst werden.

Neben GTFs und Aktivatoren sind noch **Coaktivatoren** oder **Cofaktoren** bei der Transkription beteiligt. Insgesamt bewirken die Coaktivatoren eine verbes-

Tab. 4.4 **RNA-Polymerase-Transkriptionsfaktoren**

Faktor	Untereinheiten	Molekularmasse (kDa)	Eigenschaften/Funktion
RNA-Polymerase I-Transkriptionsfaktoren			
TIF-IB	1 (TBP) 3 (TAF$_I$)	38 48, 70, 96	Bindung an den Core-Promotor, Rekrutierung der RNA-Polymerase, TAF$_I$96 bindet an rInr,. TBP bindet im Komplex mit TAF$_I$ selbst nicht an den Promotor, TIF-IB ist für eine basale Transkription ausreichend
UBF	2	100	UBF (**u**pstream **b**inding **f**actor). Homodimer, bindet an UPE sowie ribosomale Enhancer, stellt über TAF$_I$48 Verbindung zum Core-Promotor her
RNA-Polymerase II-Transkriptionsfaktoren			
TFIIA	3	12, 19, 35	Stabilisierung der Bindung von TBP sowie der Interaktion von TAFs mit DNA
TFIIB	1	35	bindet an TBP und spezifische DNA-Sequenzen um die TATA-Box (BREs). Notwendig für Bindung der RNA-Polymerase II und Determination des Transkriptionsstartpunktes
TFIID	1 (TBP) 12 (TAF$_{II}$)	38 15–250	Erkennung des Core-Promotors durch Bindung an TATA-Box (TBP) sowie des Inr-Elementes (TAF$_{II}$250), regulatorische Funktionen durch Assoziation mit Aktivatoren, manche TAF$_{II}$s bilden Histon-ähnliche Strukturen aus
TFIIE	2	34, 57	notwendig für die Assoziation mit TFIIH, modulierende Wirkung auf TFIIH bezüglich dessen Helicase- und Kinase- bzw. ATPase-Aktivität
TFIIF	2	30, 74	bindet im Komplex mit RNA-Polymerase II an TBP
TFIIH	9	35–89	Öffnung der DNA im Promotorbereich unter ATP-Verbrauch aufgrund der Helicase-Aktivität, Phosphorylierung der CTD von RNA-Polymerase II durch CDK7, Cyclin H und CDK7 (**c**yclin-**d**ependent protein **k**inase) sind Bestandteile von TFIIH
RNA-Polymerase III-Transkriptionsfaktoren			
TFIIIA	1	50	Typ 1-spezifischer Faktor, Bindung an Block C, Rekrutierung von TFIIIC, enthält neun Zink-Finger
TFIIIB	1 (TBP) 2	38 70, 90	70 kDa-Untereinheit ist homolog zu TFIIB, Bindung an TATA-Box (Typ 3-Promotor), Bindung an RNA-Polymerase III
TFIIIC	(?) TFIIIC1 (5) TFIIIC2	200 63–220	notwendig für Erkennung unterschiedlicher Promotortypen TFIIIC1 (nicht aber TFIIIC2), notwendig für Typ 3-Promotoren, TFIIIC2 bindet an Block B von Typ 2-Promotoren, Rekrutierung von TFIIIB, TFIIIC1

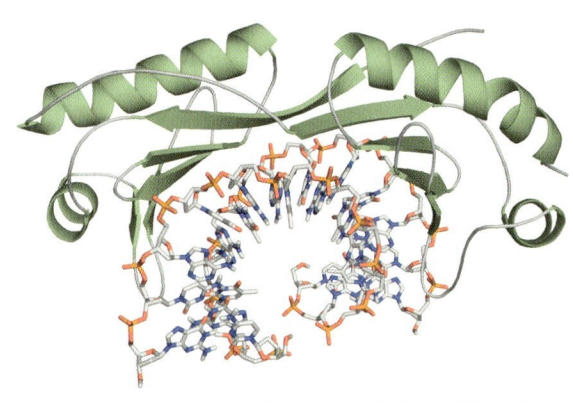

Abb. 4.11 **TATA-Box-bindendes Protein (TBP).** Das TBP besitzt eine sattelförmige Struktur, welche von antiparallelen β-Faltblättern gebildet wird. TBP bindet innerhalb der kleinen Furche der DNA und bewirkt eine Biegung (bending) der DNA-Helix. Hierbei wird die DNA im TBP-Bindungsbereich leicht entwunden, um einen besseren Kontakt zwischen dem Protein und der DNA zu erzielen. (pdb: 1CDW.)

Tab. 4.5 **RNA-Polymerase II-Transkriptionsaktivatoren.**

Protein	erkannte DNA-Sequenz	DNA-Bindungsmotiv	Interaktionspartner
Sp1	GGGCGG (GC-Box)	Zink-Finger	TAF, TBP
CBF	CCAAT (CCAAT-Box)	Histon-ähnliche Struktur	TAF
Oct1	ATGCAATNA	POU-Domäne	TBP
AP1	TGACTCA	Leucin-Zipper	Ets
Ets-1	GGAA/T	ETS-Domäne, Helix-turn-Helix-Motiv mit flügelartigen Schleifen (winged HtH-motif)	Ap1, Sp1
SRF	CC(A/T)$_6$GG	MADS-Box (2 antiparallele α-Helices)	Elk-1

serte Bindung der RNA-Polymerase mit den GTFs bzw. den Transkriptionsaktivatoren an die DNA. Die Cofaktoren können aufgrund ihres unterschiedlichen Wirkungsmechanismus grob in fünf Klassen eingeteilt werden (Tab. 4.**6**).

Der sogenannte **Mediator**, ein Komplex aus etwa 20 unterschiedlichen Proteinen, bindet an den CTD der RNA-Polymerase II und erhöht die basale Transkriptionsaktivität um etwa das 5- bis 10fache. Der Mediator stimuliert zudem die Kinase-Aktivität von TFIIH. Gelegentlich werden Coaktivatoren, welche die Zugänglichkeit des Transkriptionsapparates an die DNA fördern auch als **generelle Coaktivatoren** bezeichnet. Neben den positiv wirkenden Coaktivatoren

Tab. 4.6 **RNA-Polymerase II-Coaktivatoren** (nach Lemon, Tjian, 2000).

Gruppe	Eigenschaften	Beispiele
I	direkte Assoziation mit dem basalen Transkriptionsapparat	TAFs, TFIIA, PC4, NC2
II	Adapterfunktion zwischen Komponenten des basalen Transkriptionsapparates und Aktivatoren oder Repressoren; modulierende Funktion bei der Bindung weiterer Faktoren an die DNA	Notch
III	Interaktion mit RNA-Polymerase II (überwiegend an deren CTD) und/oder bestimmten Aktivatoren	Mediator, SRB (*S. cerevisiae*)
IV	Chromatin-modellierende Eigenschaften	Histon-Acetylasen (HATs) CBP/p300, GCN5, Histon-Deacetylasen HDAC-1, HDAC-2
V	Chromatin-modellierende Eigenschaften unter ATP-Verbrauch	SWI/SNF, ISWI

gibt es auch **negativ wirkende Cofaktoren** (**Repressoren**). Diese verhindern die Assemblierung des basalen Transkriptionsapparates. So bindet etwa NC2 an TBP und verhindert die Rekrutierung von TFIIA und TFIIB.

Der Mechanismus der Transkriptionsaktivierung kann dahingehend interpretiert werden, eine möglichst hochaffine, passende Bindungsstelle für die RNA-Polymerase zu schaffen. Je mehr Faktoren an der Bereitstellung einer „Bindungsplattform" für die RNA-Polymerase beteiligt sind, umso effizienter ist die Transkription. Durch die hohe Anzahl der Faktoren und der damit verbundenen Regulationsmöglichkeiten wird eine äußerst präzise und dem entsprechenden Wachstums-, Entwicklungs- und Differenzierungszustand angepasste Genexpression der Zelle ermöglicht. Der Hauptkontrollpunkt der Genexpression ist dementsprechend die **Initiation** der Transkription. Nach erfolgtem Übergang in die Elongationsphase steht die Entscheidung fest: Das Gen wird transkribiert, die entstehende RNA prozessiert und diese nach Transport in das Cytoplasma translatiert.

4.3.4 Initiation

Der eigentlichen Initiation voraus geht die Assemblierung der RNA-Polymerase mit den generellen Transkriptionsfaktoren am Promotor. Man spricht hierbei auch von einem **Prä-Initiationskomplex** (Abb. 4.12).

Unter ATP-Verbrauch erfolgt durch die Helicase-Aktivität von TFIIH der Übergang vom geschlossenen in den offenen Promotorkomplex. Die Initiation beginnt mit der Bildung der ersten Phosphodiesterbindung. Analog der bakteriellen RNA-Polymerase erfolgt zunächst die Synthese kurzer, bis zu 9 Nucleotide langer RNA-Moleküle (Abb. 4.4). In dieser Phase kann es häufig zum Transkriptions-

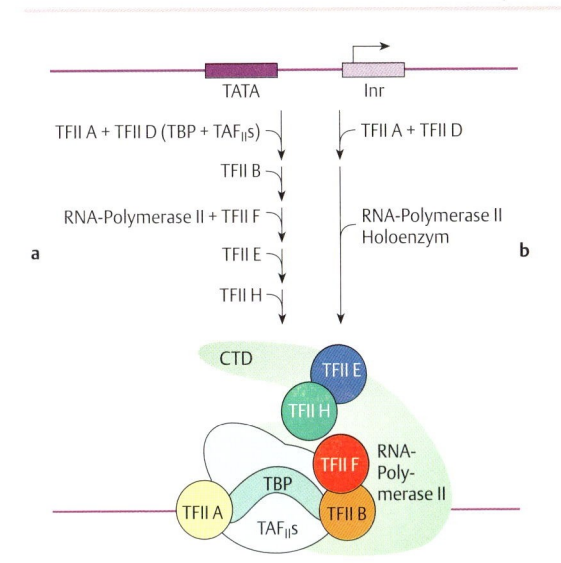

Abb. 4.12 Prä-Initiationskomplex.
a Aufgrund von In-vitro-Experimenten kann eine geordnete, schrittweise Assemblierung des Prä-Initiationskomplexes rekonstruiert werden. **b** Auch eine Bindung von RNA-Polymerase II im Komplex mit einigen Transkriptionsfaktoren (Holoenzym) an den Promotor ist möglich.

abbruch oder zum vorzeitigen Arrest kommen. Eine Funktion von TFIIF liegt darin, die abortive Phase schneller zu überwinden, möglicherweise durch Stimulation der Ausbildung neuer Phosphodiesterbindungen. TFIIE und TFIIH wirken, unter ATP-Verbrauch durch TFIIH, einem vorzeitigen Arrest entgegen. Der Übergang von der Initiation in die Elongationsphase (Promotor-Clearance) geht einher mit der Hyperphosphorylierung der CTD von RNA-Polymerase II. Die Phosphorylierungen erfolgen durch die Kinase-Aktivität von TFIIH, stimuliert durch TFIIE und CTD-Kinase I, und bewirken eine Ablösung vom Mediator (Abb. 4.13).

4.3.5 Elongation

Bei der **Elongation** erfolgt die RNA-Synthese unter In-vitro-Bedingungen mit einer Geschwindigkeit von etwa 2 bis 8 Nucleotiden pro Sekunde, unter In-vivo-Bedingungen mit 20 bis 30 Nucleotiden pro Sekunde. Analog den Verhältnissen bei der bakteriellen RNA-Polymerase (S. 141) kann es durch ein „Zurücklaufen" (backtracking) zu einer Pause oder zu einem Arrest der mRNA-Synthese kommen. Im Vergleich zu den Transkriptionsprodukten prokaryotischer Zellen werden durch RNA-Polymerase II sehr viel längere RNA-Moleküle synthetisiert. Ein Beispiel hierfür ist die Synthese der über 2×10^6 umfassenden Dystrophin-pre-mRNA. In vivo dauert dieser Vorgang etwa 17 Stunden. Die Notwendigkeit der Vermeidung von Elongationsabbrüchen bei solch langen Transkripten ist offensichtlich. Neben strukturellen Eigenschaften der RNA-Polymerase sind für eine effektive Elongation zahlreiche Faktoren, die **Elongationsfaktoren**, notwendig.

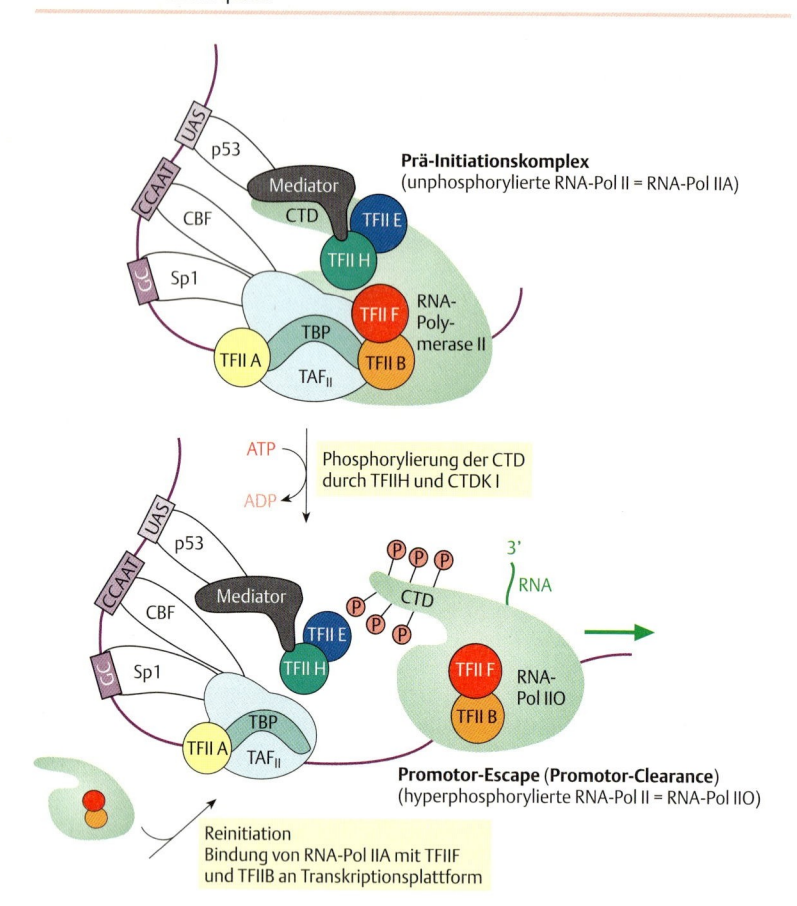

Abb. 4.13 Initiation. Nur mit einer hyperphosphorylierten CTD ist eine produktive Elongation möglich; für die Rekrutierung in den Prä-Initiationskomplex ist jedoch eine überwiegend dephosphorylierte CTD erforderlich. Am Promotor bleibt eine „Plattform", aus den Aktivatoren TFIIA, TFIID, TFIIE, TFIIH und dem Mediator zurück. Durch Assoziation von RNA-Polymerase IIA im Komplex mit TFIIB und TFIIF an diese Plattform kann eine weitere Transkriptions-Initiation stattfinden. Der physiologische Zweck dieser Reinitiation liegt darin, dass dieser Vorgang schneller verläuft als eine „normale" Initiation und somit höhere Transkriptionsraten erreicht werden. Reinitiation kommt auch bei den RNA-Polymerasen I und III vor.

Auch die Elongation ist ein regulierter Prozess. Nach dem Promotor-Escape kommt es bei einigen Genen zu einem **Pausieren** der RNA-Polymerase nach etwa 40 transkribierten Nucleotiden („**promoter proximal pausing**"). Dieses Phänomen kommt z. B. bei den Genen der Transkriptionsfaktoren Fos und Myc vor. Hierdurch wird ein sehr schnelles Ansprechen auf entsprechende Stimuli ermöglicht, da die RNA-Polymerase II schon in den „Startlöchern" sitzt. Das Pausieren wird durch die negativ wirkenden Elongationsfaktoren NELF (negative elongation factor) und DSIF durch Bindung an die transkribierte RNA bzw. die RNA-Polymerase II bewirkt. Der positiv wirkende Transkriptions-Elongationsfaktor b (P-TEFb) phosphoryliert die negativ wirkenden Elongationsfaktoren NELF und DSIF (DRB sensitivity-inducing factor; DRB ist ein Inhibitor der Transkription), welche hierdurch inaktiviert werden und den Elongationskomplex verlassen. Zudem phosphoryliert P-TEFb den CTD der RNA-Polymerase. Andere Elongationsfaktoren beschleunigen die Elongation dadurch, dass diese die Neigung der RNA-Polymerase zum Pausieren unterdrücken. Zu diesen Faktoren gehört z. B. das Elongin. Bei einem **Arrest** ermöglicht der Elongationsfaktor SII eine Reaktivierung der RNA-Polymerase II dadurch, dass dieser die intrinsische Endonuclease-Funktion der RNA-Polymerase II aktiviert. Hierdurch werden 3′-ständige Nucleotide der RNA entfernt und somit ein neues 3′-Ende geschaffen, welches korrekt im aktiven Zentrum platziert ist. Die Wirkung von SII ist dem der Proteine GreA und GreB von *E. coli* vergleichbar. Eine weitere Möglichkeit zur Regulation der Transkription besteht in der „Zugangskontrolle" der RNA-Polymerase II zur DNA. Diese liegt im Zellkern im Komplex mit Histonen vor (S. 26). Durch Modifizierung der Histone, z. B. Acetylierung wird die Bindung zur DNA gelockert und damit deren Zugänglichkeit erhöht. Diese Reaktionen werden von **Histon-Acetyl-Transferasen** (HATs) katalysiert. HATs können im Komplex mit RNA-Polymerase II vorhanden sein, beispielsweise im Elongatorkomplex.

4.3.6 Cotranskriptionales Prozessieren: Capping, Spleißen und Polyadenylierung

Vor allem an der proteincodierenden mRNA, welche im unprozessierten Zustand auch als **pre-mRNA** bezeichnet wird, finden umfangreiche Modifikationen statt. Beim sogenannten **Capping** wird am 5′-Ende der RNA zunächst eine besondere Struktur angefügt. Zudem werden durch das **Spleißen** nicht codierende Abschnitte aus der mRNA entfernt und ein **Poly(A)-Schwanz** angefügt. Enzyme für das Capping, das Spleißen sowie für die Polyadenylierung werden über die **hyperphosphorylierte CTD** an die Stelle der Transkription dirigiert (Abb. 4.**14**). Die Assoziation dieser Enzyme zu einem „**Transkriptosom**" erhöht die Effizienz der Prozessierung dadurch, dass die Zeit für ein Zusammentreffen von Enzym und Substrat minimiert wird. RNA-Polymerase I und III haben keine entsprechende CTD, die Transkripte erfahren hier auch keine korrespondierenden Modifikationen. Wird z. B. ein proteincodierendes Gen unter einen Promotor für RNA-Polymerase III gestellt, wird die entsprechende RNA von RNA-Polymerase III transkribiert; das Transkript wird jedoch nicht prozessiert.

Die CTD besteht aus Wiederholungen der Aminosäureabfolge Tyr-Ser(2)-Pro-Thr-Ser(5)-Pro-Ser. Das Ausmaß dieser Sequenzwiederholungen unterscheidet sich bei verschiedenen Organismen, so sind es bei der Hefe 27 und bei Säugern bis zu 52 Wiederholungen. Zu Beginn der Transkription erfolgt eine Phosphorylierung an Ser(5) durch TFIIH. Eine weitere Kinase, welche Ser(5) phosphoryliert, ist CDK8. Ser(2) wird vorzugsweise durch P-TEFb phosphoryliert. Die Konformation der CTD wird zudem durch Peptidyl-Prolyl-Isomerasen reguliert. Durch das Zusammenspiel von Kinasen, Phosphatasen und Peptidyl-Prolyl-Isomerasen wird der Phosphorylierungsstatus bzw. die Konformation ständig den gegebenen Bedingungen angepasst und ermöglicht die Bindung der gerade benötigten Prozessierungsfaktoren.

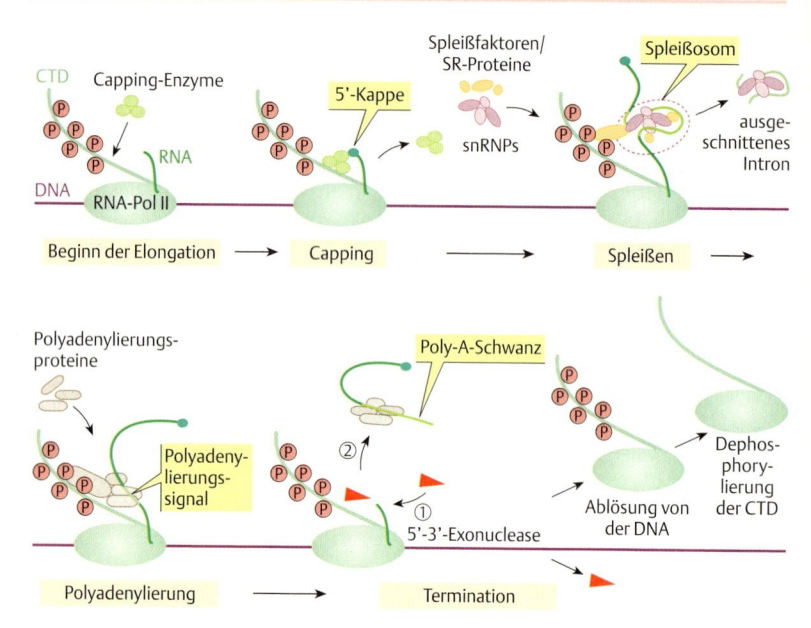

Abb. 4.14 **RNA-Prozessierung.** Überblick über die cotranskriptionalen Prozessierungs-Reaktionen der pre-mRNA zur reifen mRNA. Die Rekrutierung der verschiedenen Proteine für die unterschiedlichen Prozessierungsreaktionen an die CTD ist ein dynamischer Vorgang, der sich im Verlauf der Transkription ändert. Reguliert wird dies vor allem durch den Phosphorylierungsstatus der CTD.

Micro RNAs (**miRNA**) sind etwa 22 Nucleotide große RNA-Moleküle. Die Funktion dieser kurzen, doppelsträngigen RNA liegt in der Modulation der Genexpression. Dies kann auf unterschiedlichen Stufen erfolgen: Auf der Ebene der Transkription, der Regulation der mRNA-Lebensdauer oder durch Inhibierung der Translation. Hierfür hat sich der Begriff der **RNA-Interferenz** (RNA interference, RNAi) durchgesetzt (S. 461). Er beschreibt allgemein die Unterdrückung (silencing) der Genexpression durch kleine RNA-Moleküle, welche an komplementären Stellen der pre-mRNA bzw. mRNA binden. miRNA werden in langen Transkripten von der RNA-Polymerase II transkribiert. Diese primär-Transkripte (**pri-miRNA**) können über 1000 Nucleotide umfassen. In dieser RNA bilden sich bestimmte Haarnadelstrukturen aus, welche von spezifischen Enzymen (Drosha/DGCR8-Heterodimer) erkannt und herausgeschnitten werden. Diese nun als **pre-miRNA** bezeichnete RNA wird im Cytoplasma weiter zur reifen miRNA prozessiert. Viele miRNA-Gene befinden sich in den Introns (s. u.) eukaryotischer Gene. Bei den **siRNAs** (small interfering RNAs) handelt es sich ebenfalls um kurze, doppelsträngige RNA-Moleküle mit ähnlichen, wenn nicht gar gleichen Funktionsmechanismen. Der Unterschied zwischen miRNA und siRNA liegt in deren Entstehung.

Capping: Schutz und Signalfunktion

Die erste Modifikation, die ein RNA-Polymerase II-Transkript erfährt, ist die Anfügung der sogenannten 5′-Kappe (cap). Das **Capping** erfolgt bereits, wenn das Transkript etwa 20–30 Nucleotide umfasst. Die U6 snRNA, ein RNA-Polymerase III-Transkript, erhält hingegen eine γ-Monomethylkappe. Das hierfür zuständige Enzym interagiert nicht mit der RNA-Polymerase III, sondern erkennt eine spezifische Struktur der U6 snRNA (Abb. 4.**15**).

Der Zweck der **5´-Kappen** besteht zum einen im **Schutz** gegenüber dem Abbau durch 5´-3´-Exonuclease, zum anderen besitzt die 5´-Kappe eine wichtige **Signalfunktion**. Im Zellkern wird die m^{7}G-Kappe von einem spezifischen Komplex, dem **C**ap-**b**inding **C**omplex (CBC), gebunden. Der CBC besteht aus zwei Untereinheiten. CBP80 und CBP20 (die Zahl gibt die Molekularmasse in kDa an). CBC bewirkt die Rekrutierung des U1 snRNPs (s. u.) an die pre-mRNA. Fehlt die Kappenstruktur, unterbleibt das Spleißen. CBC ist zudem am Export der fertig transkribierten und prozessierten RNA beteiligt. Die **m^{7}G-Kappe** dient zunächst als Kern-Exportsignal; nach Hypermethylierung im Cytoplasma zur **m^{2,2,7}G-Kappe**, kurz **m$_3$G-Kappe**, dient sie als Kern-Importsignal. Diese Import-/Exportvorgänge sind für den Zusammenbau der Komponenten des Spleißapparates, dem Spleißosom, notwendig. Die Hypermethylierungen finden nur an U snRNAs (außer U6 snRNA) statt; nicht jedoch an der mRNA. Die Information der mRNA wird an den Ribosomen in eine Proteinstruktur übersetzt. Im Cytoplasma bindet an die m^{7}G-Kappe der mRNA ein cytoplasmatischer Cap-binding Complex, auch bekannt als eukaryotischer Initiationsfaktor eIF 4 (S. 206). Die m$_3$G-Kappe der U snRNA verhindert eine „versehentliche" Translation der U snRNA am Ribosom.

Spleißen: Cut and Paste

Die eukaryotischen Gene bestehen, mit wenigen Ausnahmen, aus **Introns** und **Exons** (S. 68). Bei dem als **Spleißen** (splicing) bezeichneten Vorgang werden durch zwei sukzessive Umesterungen RNA-Abschnitte, welche nicht in der fertigen Form vorkommen (Introns), herausgeschnitten und die Exons zu einer zusammenhängenden Sequenz aneinander gefügt. Spleißreaktionen sind weit verbreitet. Sie wurden sowohl bei Prokaryoten, vor allem aber bei Eukaryoten beschrieben. Auch in Mitochondrien und Chloroplasten finden Spleißvorgänge statt.

Die Einteilung erfolgt je nach dem zugrunde liegenden Mechanismus in vier Gruppen. Die Introns der Gruppen I und II können sich autokatalytisch aus der RNA ausschneiden (**Selbstspleißen**, self splicing). Im Unterschied zu Gruppe I-Introns benötigen Gruppe II-Introns keine weiteren Faktoren, sondern verwenden die Hydroxylgruppe eines bestimmten Adenosins als Nucleophil. Das ausgeschnittene Intron bildet eine Lasso-Struktur (Lariat) aus.

Das Selbstspleißen wurde von Thomas Cech bei Untersuchungen zum Spleißmechanismus der rRNA des Ciliaten *Tetrahymena* erstmals beobachtet und war die Entdeckung katalytisch aktiver RNA (Abb. 4.**16**; *Biochemie, Zellbiologie*). Im Zellkern werden Introns in einer besonderen Struktur, dem **Spleißosom**, ausgeschnitten (s. u.). Der Spleißmechanismus im Spleißosom verläuft nach dem gleichen Prinzip der Gruppe II-Introns, benötigt aber an bestimmten Stellen Energie in Form von ATP. Neben rRNA und pre-mRNA können auch tRNAs gespleißt werden. Das tRNA-Spleißen unterscheidet sich deutlich vom Mecha-

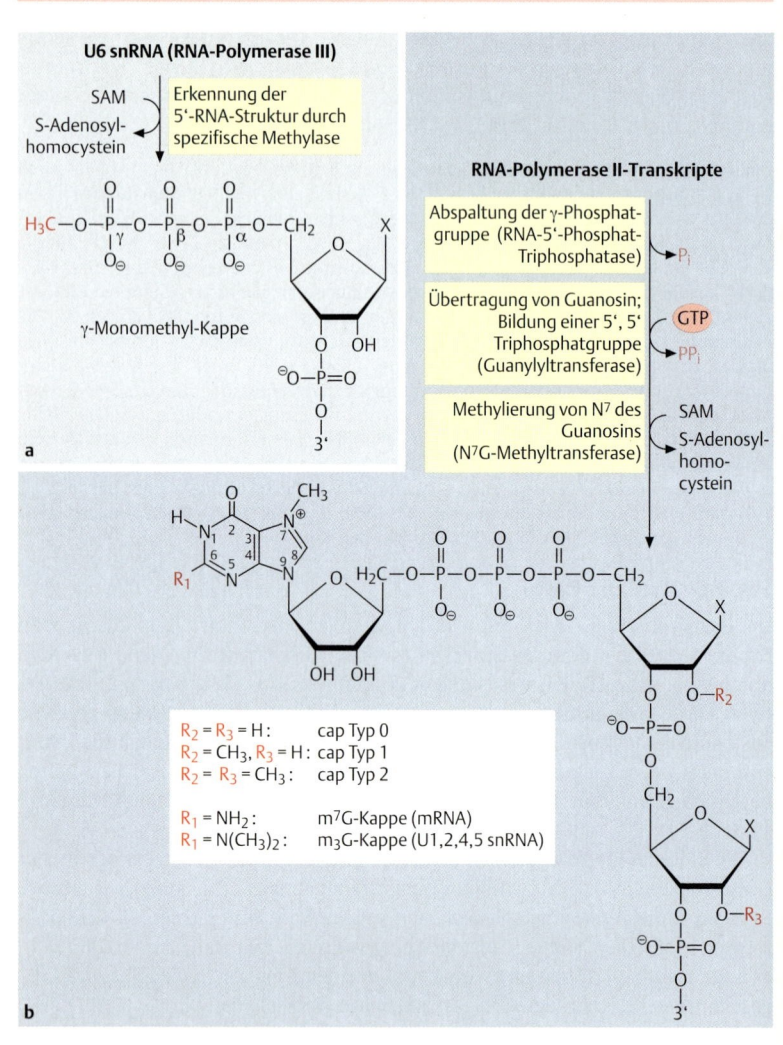

Abb. 4.15 **5´-RNA Kappen. a** U6 snRNA ist das einzige RNA-Polymerase III-Transkript, welches eine 5´-Kappe erhält. **b** Das Capping der RNA-Polymerase II-Transkripte erfolgt während der Transkription. Bei höheren Eukaryoten werden die beiden ersten Reaktionen von einem einzigen Enzym katalysiert, welches auch als Capping-Enzym bezeichnet wird. An die beiden 2´-OH-Gruppen des ersten und zweiten Riboringes kann bei höheren Eukaryoten noch jeweils eine Methylgruppe angefügt werden. Aufgrund dieser Methylierungen werden die 5´-Kappen in drei Typen unterteilt.

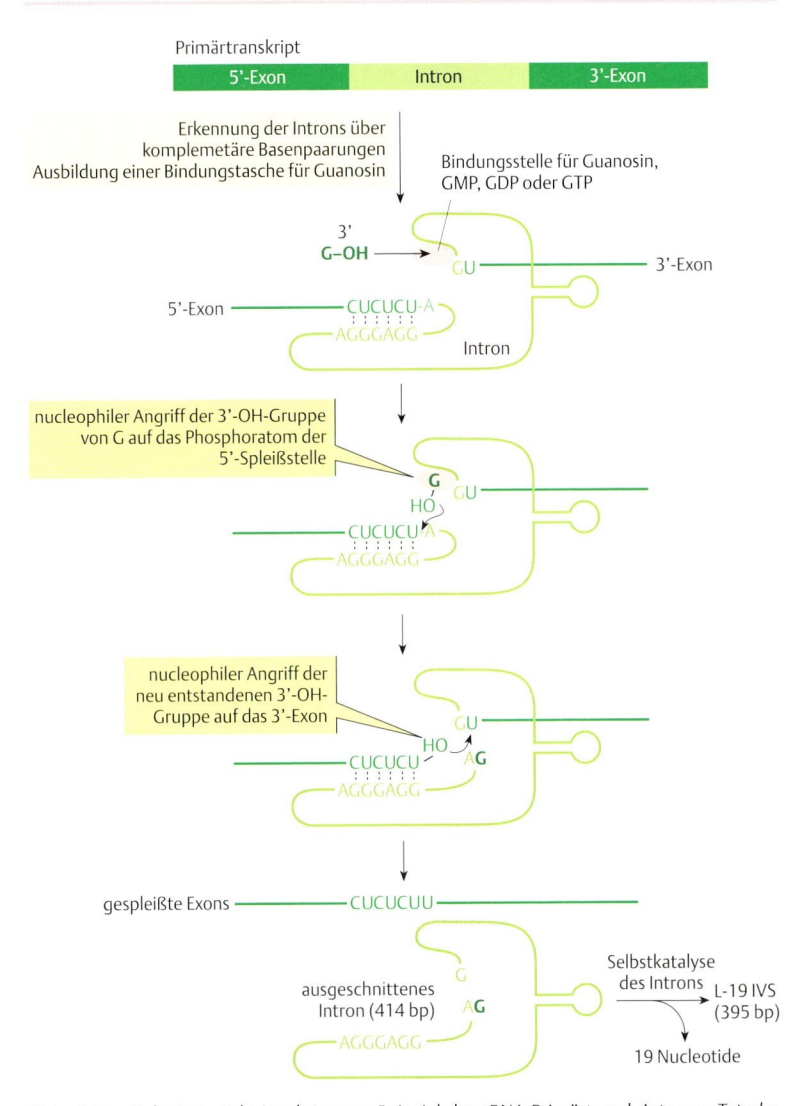

Abb. 4.16 Spleißen. Spleißreaktion am Beispiel des rRNA-Primärtranskripts von *Tetrahymena*. Gruppe I-Introns benötigen für den Spleißvorgang Guanosin oder ein Guanosinphosphat (GMP, GDP oder GTP). Die RNA bildet eine spezielle Bindungstasche für Guanosin aus. Das ausgeschnittene Intron vollzieht an sich selbst noch eine weitere Spleißreaktion, bei der 19 Nucleotide entfernt werden. Das hierbei entstehende Produkt, als L–19 IVS (**l**inear minus **19** **i**nter**v**ening **s**equence) bezeichnet, ist katalytisch aktiv und vermag weitere pre-rRNA-Moleküle zu spalten. (Nach Seyffert, 1998.)

Abb. 4.**17 Spleißosom. a** Erkennungssignale. Angeführt sind die Konsensussequenzen von pre-mRNAs bei höheren Eukaryoten, wie sie in den meisten Introns vorhanden sind. Die GU- und AG-Dinucleotidabfolgen an den Enden des Introns sind hoch konserviert. **b** Spleißvorgang. Die Bindung von U1 snRNP an die pre-mRNA erfolgt über Basenpaarungen des 5´-Endes der U1 snRNA mit konservierten Resten an der 5´-Spleißstelle. Die spätere Bindung von U2 snRNP wird durch U2AF, die aus zwei Untereinheiten besteht, ermöglicht. Die Exon-Festlegung (exon-definition) ist ein präzise regulierter Vorgang, da hier entschieden wird, welche Exons miteinander verknüpft werden. Die Bindung des trimeren Komplexes mit U4/U5/U6 snRNPs initiiert die Aktivierung des Spleißapparates. U6 snRNA bildet auf Kosten der Bindungen zu U4 snRNA Basenpaarungen mit U2 snRNA aus. U5 snRNA bildet Basenpaarungen mit den beiden Exon-Enden aus. Die Bindung von U2 snRNA an die Verzweigungsstelle bewirkt, dass der Adenosinrest der Verzweigungsstelle hervortritt. Nach dem Spleißen werden die Bestandteile des Spleißosoms wieder voneinander getrennt und das Intron abgebaut. Die meisten Schritte benötigen Energie in Form von ATP; welches vermutlich bei Konformationsänderungen verwendet wird. ▶

nismus der Spleißvorgänge der Gruppe I- und II-Introns sowie dem Spleißen im Spleißosom.

Das Spleißen von tRNA kommt sowohl bei Prokaryoten als auch bei Eukaryoten vor. Bei S. cerevisiae enthalten 59 von 272 tRNA-Genen Introns. Diese Introns umfassen 14–60 Nucleotide. Der Unterschied zum Spleißen von Gruppe I- und II-Introns oder dem Spleißen im Spleißosom liegt darin, dass tRNA durch die sukzessive Wirkung dreier Enzyme unter Energieverbrauch gespleißt wird. Weitere RNA-Moleküle sind an diesen Reaktionen nicht beteiligt. Zunächst erfolgt durch eine Endonuclease die Spaltung an den beiden Spleißstellen. Hierbei wird ein lineares Intron mit einer 5´-OH-Gruppe und einem 2´, 3´-cyclischem Phosphat am 3´-Ende freigesetzt. Die gespaltene tRNA besitzt an der 3´-Spleißstelle ebenfalls ein 2´, 3´-cyclisches Phosphat, welches durch die Endonuclease geöffnet wird. Die Ligation der beiden Spaltstellen erfolgt durch die Wirkung der tRNA-Ligase unter Verbrauch von einem GTP sowie einer Phosphotransferase. Neben dem Spleißen finden bei tRNA-Molekülen noch weitere Prozessierungsschritte statt (S. 184).

Das Spleißosom

Bei höheren Eukaryoten kann ein Primärtranskript zahlreiche Introns enthalten. Bei dem Dystrophin-Gen sind es z. B. 78. Im Unterschied zu den Exons, die bis etwa 250 Nucleotide umfassen, können die Introns zum Teil einige Tausend Nucleotide lang sein. So machen die Exons nur etwa 1 % des Dystrophin-Gens aus. Die Signale, welche für die Erkennungsstellen der Spleißstellen in eukaryotischen pre-mRNAs notwendig sind, befinden sich an den Intron/Exon-Grenzen sowie innerhalb des Introns (Abb. 4.17). Das Spleißen eukaryotischer pre-mRNA findet im Zellkern statt und beginnt noch während der Transkription. Für die Rekrutierung der Komponenten des Spleißosoms ist wiederum die hyperphosphorylierte CTD der RNA-Polymerase II notwendig. Die Verbindung zu dem Spleißapparat wird durch die CTD-bindenden, als CASP bezeichneten Proteine, hergestellt (**C**TD-**a**ssociated **S**R-like **p**roteins; SR-Proteine s. u.).

4.3 Transkription bei Eukaryoten

a Primärtranskript

5'-Spleißstelle — Verzweigungsstelle — Pyrimidinreiche Sequenz — 3'-Spleißstelle

5'— 5'-Exon AG | GURAGU | Intron | YNYURAY | Y 10–20 | YAG | 3'-Exon —3'

|← > 48 Nucleotide →|← > 18 Nucleotide →|

b

Bindung der Spleißfaktoren an die Konsensussequenzen

Y: Pyrimidin
R: Purin
U2AF: U2 snRNP auxiliary factor
BBP: branch point sequence (Verzweigungsstelle)-binding protein
SF: Spleiß-Faktor

Annäherung der 5'- und 3'-Spleißstellen durch weitere Spleißfaktoren „Exon-Definition"

Ausbildung von Basenpaarungen der U2 snRNA mit der Verzweigungsstelle

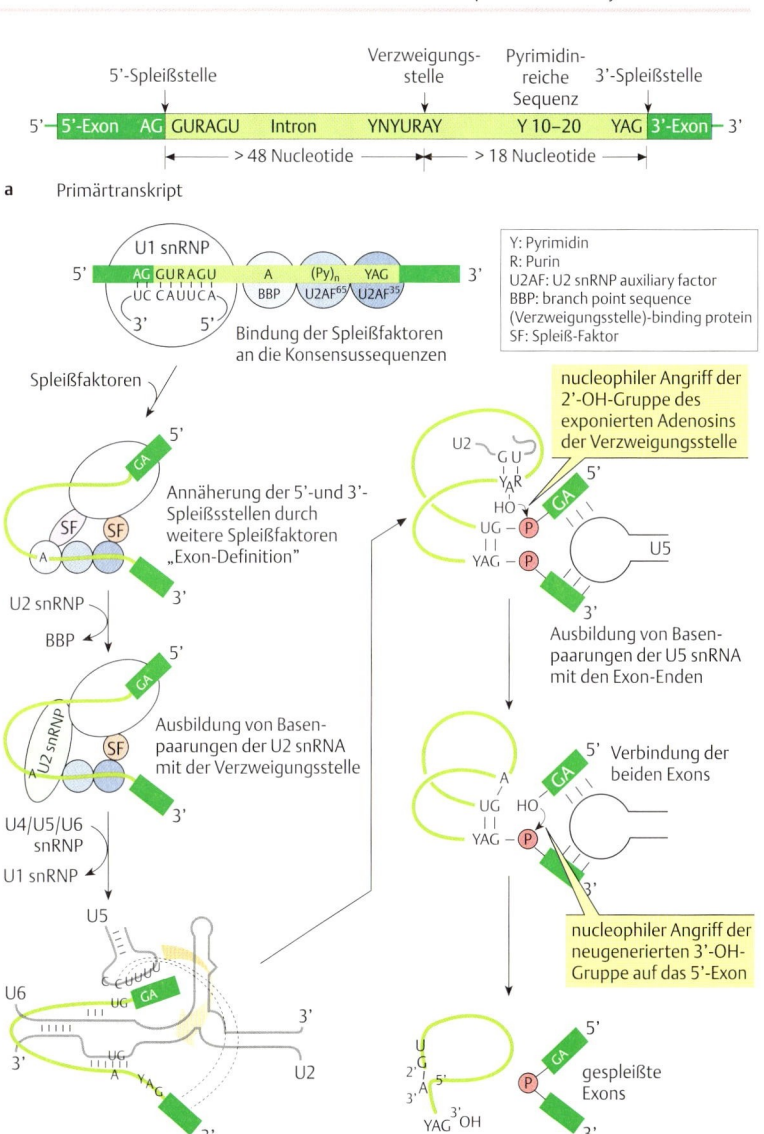

Aktivierung des Spleißapparates; gleichzeitig umfangreiche Konformationsänderungen

nucleophiler Angriff der 2'-OH-Gruppe des exponierten Adenosins der Verzweigungsstelle

Ausbildung von Basenpaarungen der U5 snRNA mit den Exon-Enden

Verbindung der beiden Exons

nucleophiler Angriff der neugenerierten 3'-OH-Gruppe auf das 5'-Exon

gespleißte Exons

Ausbildung einer Lasso-Struktur des ausgeschnittenen Introns. Abbau des Spleißosoms

Das **Spleißosom** ist ein großer Komplex aus Ribonucleinsäuren und etwa 80–100 Proteinen. Die Molekularmasse des gesamten Spleißosoms beträgt etwa 4,8 MDa und liegt damit in der Größenordnung von Ribosomen. Die Hauptkomponente des Spleißosoms sind fünf Ribonucleoproteinkomplexe, welche als U1, U2, U3, U4/U6 und U5 snRNPs bezeichnet werden.

Die Benennung der snRNPs (auch als „snurps" bezeichnet) erfolgt nach der entsprechenden U snRNA. In dem U4/U6 snRNP sind die beiden RNA-Moleküle über viele Basenpaarungen miteinander verbunden. Jede an dem Aufbau des Spleißosoms beteiligte RNA ist mit dem gleichen Grundbesatz an Proteinen ausgestattet, den acht **Sm-Proteinen**. Neben den Sm-Proteinen besitzt jedes snRNP noch einige individuelle Proteine. Die nur mit den Sm-Proteinen assoziierten U snRNAs werden gelegentlich auch als Core-snRNP bezeichnet. Neben den snRNPs sind noch weitere Proteine, sogenannte **Spleißfaktoren**, an dem Spleißvorgang beteiligt. Zu diesen Spleißfaktoren gehören die **SR-Proteine**. Die Spleißfaktoren sowie die individuellen Proteine der snRNPs besitzen regulatorische Funktionen und unterstützen die Bindung an die entsprechenden Stellen innerhalb des Spleißosoms. Die Bindung der snRNP-Partikel an die pre-mRNA erfolgt in sukzessiven Schritten, wobei verschiedene Zwischenkomplexe definiert werden können. Sie beginnt mit der Anlagerung von U1 snRNP. In vivo ist hierzu der CBC notwendig. Das katalytische Zentrum des Spleißosoms wird von den U2, U5 und U6 snRNAs gebildet. Die Frage, ob die katalytische Funktion des Spleißosoms analog zu den Verhältnissen im Ribosom auf einer katalytisch aktiven RNA beruht, ist noch nicht geklärt. Die Aufklärung dieses Sachverhaltes wird dadurch erschwert, dass die aktive Stelle im Spleißosom erst im Verlauf des Zusammenbaus entsteht (Abb. **4.17b**).

Die meisten Introns besitzen an der 5´- und der 3´-Spleißstelle eine invariante GU- beziehungsweise AG-Sequenz. Neben diesen flankierenden Intronsequenzen gibt es auch Introns, welche an diesen Stellen die Sequenzen AU oder AC besitzen. Diese Introns machen etwa 1 % aller Introns aus und werden auch als AT-AC-Introns (nach der DNA-Sequenz) bezeichnet. Diese Introns werden von einem unterschiedlichem Spleißosom prozessiert. Bei diesem kommen an Stelle der U1 und U2 snRNA die als U11 und U12 snRNA bezeichneten RNA-Moleküle vor, welche korrespondierende Funktionen erfüllen. In dem „alternativen" Spleißosom sind auch U4 und U6 snRNA durch alternative RNAs ersetzt (U4atac und U6atac snRNA genannt). Analog zu der U6 snRNA besitzt auch die U6atac snRNA eine m^{7}G-Kappe. Die U5 snRNA kommt hingegen in beiden Spleißosomen vor.

Ein Gen für zwei (oder mehr) Proteine: alternatives Spleißen

Bei einigen Proteinen werden die Exons in der Abfolge miteinander verknüpft, in der sie auf dem Primärtranskript liegen. Häufig ist dies jedoch nicht der Fall. Unterschiedliche Varianten eines Proteins entstehen z. B. dadurch, dass einzelne Exons ausgelassen werden (**exon skipping**) oder, wenn in einem Exon zwei Spleißstellen vorhanden sind, zwischen diesen beiden gewählt werden kann. Diesen Mechanismus, um aus einem Gen zwei oder mehrere Varianten eines Proteins herzustellen, bezeichnet man als **alternatives** oder **differenzielles Spleißen**.

Ein Protein, von dem aufgrund alternativen Spleißens unterschiedliche Varianten entstehen, ist das neuronale Zelladhäsionsmolekül (**n**euronal **c**ell **a**dhesion **m**olecule, NCAM).

Nervenzellen können über homophile, d. h. gegenseitige Bindung von NCAM-Molekülen miteinander in Wechselwirkung treten. Diese Bindungen sind wichtig für das gerichtete Wachstum der Axone. Abhängig vom Entwicklungsstand werden unterschiedliche NCAM-Varianten exprimiert. Das Gen für NCAM besteht aus mindestens 25 Exons; 14 dieser Exons kommen in allen bisher identifizierten NCAM-Varianten vor. Solche Exons bezeichnet man auch als **konstitutive Exons** (Zoologie).

Beim alternativen Spleißen verwendete Exons haben meist suboptimale-Erkennungssequenzen. Bei der Festlegung der Exon-Auswahl sind sowohl cis-wirkende als auch trans-wirkende Squenzelemente beteiligt. Je nachdem, ob die Sequenzelemente einen bestimmten Spleißprozess fördern oder inhibieren, spricht man von **Splicing Enhancer** oder **Splicing Silencer**. Diese befinden sich innerhalb der Exons bzw. den Introns. Die an die regulatorischen Sequenzelemente bindenden Spleißfaktoren, darunter z. B. SR-Proteine, fördern oder verhindern die räumliche Assoziation der 5´- bzw. 3´-Spleißstellen und bestimmen damit die Exon-Festlegung. Auch die Transkriptionsgeschwindigkeit der RNA-Polymerase II hat einen Einfluss auf das alternative Spleißen. Häufiges Pausieren bei der Transkription begünstigt die Verwendung von Exons mit suboptimalen 3´-Spleißsignalen.

Bei den bisher betrachteten Spleißvorgängen befinden sich die zu spleißenden Exons in einem Primärtranskript. Bei einigen Organismen werden hingegen RNA-Abschnitte aus unterschiedlichen Primärtranskripten miteinander gespleißt. Diesen Vorgang bezeichnet man als **trans-Spleißen**; das Spleißen von Exons innerhalb eines Primärtranskripts wird auch als **cis-Spleißen** bezeichnet. Ein Beispiel für trans-Spleißen ist die Herstellung der mRNA für die Nad5-Untereinheit der NADH-Dehydrogenase in den Mitochondrien bei *Arabidopsis* (Abb. **4.18**). Über die Mechanismen, welche das Erkennen und Finden der entsprechenden Exons bewirken, ist wenig bekannt.

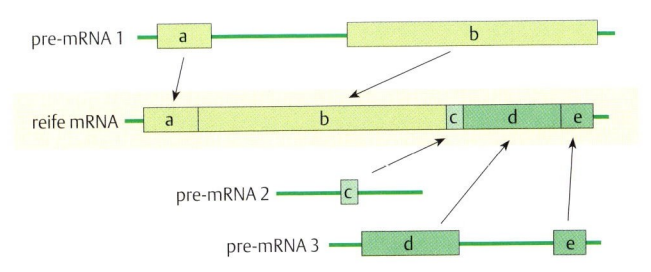

Abb. 4.**18 Trans-Spleißen.** Exons a und b sowie d und e des *nad5*-Gens von *Arabidopsis* werden in cis gespleißt, die reife mRNA entsteht durch trans-Spleißen der Exons a/b mit c beziehungsweise d/e. Die resultierende reife mRNA ist somit das Spleißprodukt von drei pre-mRNAs.

Polyadenylierung

Eine weitere Modifizierung der mRNA ist das Anfügen von mehreren, etwa 100 bis 250 Adensosinresten an das 3´-Ende (**Polyadenylierung**). Die Synthese dieses Poly(A)-Schwanzes kann in drei Stufen unterteilt werden: Der Erkennung des entsprechenden RNA-Abschnittes, der Spaltung der RNA und das Anfügen der Adenosinreste. An diesen Reaktionen sind mehr als 12 verschiedene Proteine sowie die RNA-Polymerase II selbst beteiligt. Der Startpunkt der Polyadenylierung wird durch Sequenzelemente der pre-mRNA determiniert. Bei Säugern sind hierzu drei RNA-Motive notwendig. Die Erkennungssequenz AAUAAA ist eine der konserviertesten Sequenzen bei Säugetieren überhaupt. Die Spaltung erfolgt meist nach der Nucleotid-Abfolge CA. Das dritte Sequenzmotiv besteht aus einem Uridin-reichen Abschnitt. Diese Motive werden von jeweils spezifischen Fakoren erkannt (Abb. 4.**19**).

Eine Gengruppe und deren Transkripte verdient eine nähere Betrachtung: die **Histongene**. Im Verlauf der S-Phase besteht ein erhöhter Bedarf an Histonen für die Bindung an die neusynthetisierte DNA. Entsprechend erfolgt der größte Teil der Histonsynthese

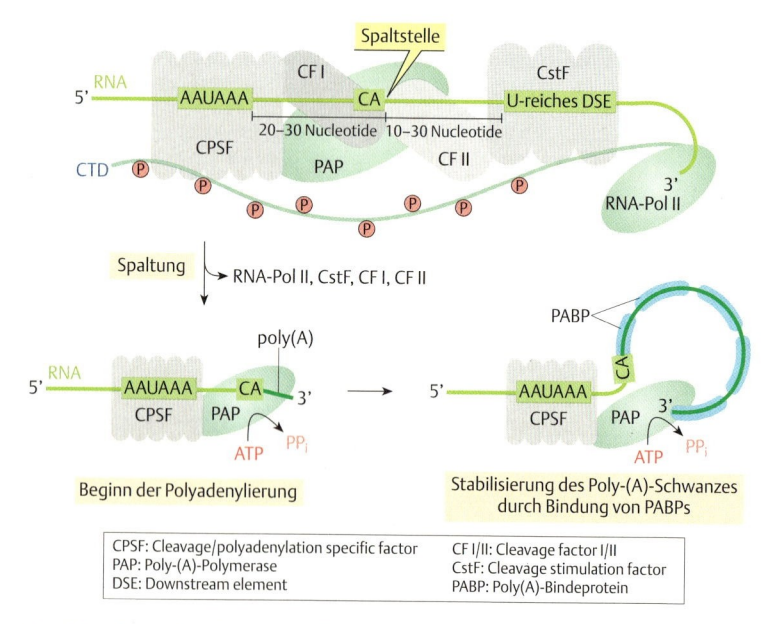

Abb. 4.19 Polyadenylierung. CPSF und CstF werden durch die Interaktion mit der CTD von RNA-Polymerase II an die Polyadenylierungsstelle dirigiert. Die Spaltung wird durch die CTD der RNA-Polymerase II deutlich stimuliert. Die eigentliche Endonuclease ist bis jetzt jedoch noch nicht identifiziert. PAP unterscheidet sich von anderen RNA-Polymerasen dadurch, dass sie in der Lage ist matrizenunabhängig zu arbeiten. Neben einer stabilisierenden Funktion dienen die PABPs der Regulation der Länge des Poly-(A)-Schwanzes.

während der S-Phase, und dafür notwendige Gene werden in Abhängigkeit vom Zellzyklus exprimiert. Neben diesen Histongenen gibt es weitere Histongene, welche konstitutiv, d. h. unabhängig vom Zellzyklus exprimiert werden. Solche Histone werden auch als **Replacement-Histon-Subtypen** bezeichnet. Alle Histongene werden von der RNA-Polymerase II transkribiert. Zwischen diesen beiden Histongruppen gibt es einen bemerkenswerten Unterschied: Die in Abhängigkeit vom Zellzyklus transkribierten Histongene – sie stellen den weitaus größeren Anteil dar – besitzen weder Introns noch einen Poly(A)-Schwanz. Die 3´-Enden dieser mRNA werden auf eine andere Art prozessiert. Einige Nucleotide hinter dem Stoppcodon bildet die mRNA eine Haarnadel-Sekundärstruktur aus. An diese Haarnadelstruktur bindet ein spezielles Protein, der Haarnadel-Bindungsfaktor (hairpin-binding factor, HBF). Hinter der HBF-Bindungsstelle befindet sich die Spaltstelle für eine Endonuclease. Weiter stromabwärts enthält die mRNA eine etwa 10 Nucleotide umfassende purinreiche Sequenz mit der Konsensusabfolge G/AAAAGAGCUG, welche als Histone downstream Element (HDE) bezeichnet wird. Hieran bindet das U7 snRNP, welches aus der U7 snRNA und den core-Sm-Proteinen sowie zwei weiteren U7 snRNP-spezifischen Proteinen besteht. Die U7 snRNA bildet Basenpaarungen zu dem HDE aus. Nach Bindung des HBFs sowie des U7 snRNPs erfolgt die Spaltung durch eine spezifische Endonuclease. Die Prozessierungen finden cotranskriptional statt. Auch nach der Spaltung der RNA bleibt HBF an der RNA gebunden und ist für eine effiziente Translation im Cytosol notwendig. Im Gegensatz zu der Zellzyklus-abhängig exprimierten Histon-mRNA, wird die mRNA der Replacement-Histone polyadenyliert und z. T. gespleißt.

4.3.7 Termination

Die Termination der Transkription erfolgt bei den unterschiedlichen RNA-Polymerasen auf verschiedene Weise. Bei der **RNA-Polymerase I** wird die **Termination** durch ein DNA-bindendes Protein, den **T**ranskriptions-**T**erminations**f**aktor, **TTFI**, herbeigeführt. TTFI bindet etwa 1000 bp stromabwärts vom Ende des 28S rRNA-Gens an spezifische DNA-Sequenzen. Gelangt RNA-Polymerase I an eine solche „blockierte" DNA, bewirkt TTFI die Dissoziation des Elongationskomplexes. Überraschend einfach erfolgt die Termination bei **RNA-Polymerase III**. RNA-Polymerase III erkennt selbst entsprechende Terminationssignale der DNA. Diese Terminationssignale bestehen aus einer Abfolge von 4 oder mehr aufeinander folgenden Thyminresten. Weitere Faktoren sind bei diesem Prozess nicht beteiligt. Der eigentlichen Termination geht ein Pausieren der RNA-Polymerase III an der entsprechenden Stelle voraus. Die Termination bei **RNA-Polymerase II** ist eng mit der Polyadenylierung gekoppelt. Das Polyadenylierungssignal ist auch für die Termination notwendig. Die Signalfunktion ist hier aber indirekt. Nach Polyadenylierung und Abspaltung der prozessierten RNA entsteht ein RNA-Strang mit freiem 5´-Ende an der RNA-Polymerase II. Zu den Proteinen, welche an die phosphorylierte CTD der RNA-Polymerase II bindet, gehört die 5´-3´-Exonuclease Xrn2. Sobald ein freies 5´-Ende einer RNA zugänglich ist, wird dieses von Xrn2 angegriffen. Die RNAse „torpediert" dann die RNA-Polymerase II und nach dem vollständigen RNA-Verdau kommt es zur Dissoziation der RNA-Polymerase II von der DNA.

4.3.8 Nachträgliches Ändern der RNA-Sequenz: Editing

Die nachträgliche Änderung der Nucleotidabfolge einer RNA in eine Form, in der diese nicht im Genom codiert ist, bezeichnet man als **RNA-Editing**. Für eine Änderung der Nucleotidabfolge in der RNA gibt es zwei unterschiedliche Möglichkeiten: das nachträgliche Einfügen oder Entfernen von Nucleotiden sowie die nachträgliche Modifikation von Basen. Beide Möglichkeiten des Editings kommen in der Natur vor. Die **Modifikation** der Basen ist die am weitesten verbreitete Form des Editing. Sie kommt bei allen Eukaryoten vor. Die Reaktionen finden in den Mitochondrien, in den Chloroplasten, aber auch im Zellkern und im Cytoplasma statt. Das nachträgliche **Einfügen** oder **Entfernen** von Nucleotiden in die pre-mRNA wurde bislang nur bei wenigen Organismen, zu denen die Trypanosomen gehören, gefunden.

Modifikation von Basen

Zu den häufigsten Basenmodifikationen, welche auch bei Säugern vorkommen, gehört die **Desaminierung** von Basen. Eine Desaminierung von Cytidin führt zu Uridin (C zu U); eine Desaminierung von Adenosin führt zu Inosin (A zu I), welches am Ribosom als Guanosin interpretiert wird. Letztgenannte Reaktionen werden von den sogenannten ADARs (**a**denosine **d**esaminase **a**cting on **R**NA) katalysiert. Neben diesen Modifikationen sind auch die Konversionen U zu C sowie U zu A bekannt.

Der **AMPA** (α-Amino-3-hydroxy-5-methyl-4-isoxazol-propion-acid)-**Rezeptor** gehört zu den Glutamat-Rezeptoren und besteht aus vier Untereinheiten, die von unterschiedlichen Genen codiert werden: GluR1–GluR4. Die Ionenselektivität des AMPA-Rezeptors hängt von der Untereinheitenzusammensetzung ab. Durch ein A- zu I-Editing in der pre-mRNA der GluR2-Untereinheit wird ein Codon für einen Glutaminrest (CAG) in Exon 11 zu CIG geändert. Inosin paart bevorzugt mit Cytosin; das entsprechende Anticodon zu dem editierten Codon (CIG) lautet GCC. Dieses Anticodon wird von der tRNA^{Arg} verwendet (Abb. 4.20a). Es kommt folglich zu einem Einbau von Arginin anstelle von Glutamin. Diese Aminosäure sitzt an einer entscheidenden Stelle im Ionenkanal und ist verantwortlich für den Selektivitätsunterschied: In Anwesenheit der Untereinheit Glu2R ist der Rezeptor für Ca^{2+}-Ionen impermeabel, während AMPA-Rezeptoren ohne diese Untereinheit auch für Ca^{2+}-Ionen permeabel sind.

Ein weiteres Beispiel ist die C zu U Konversion der pre-mRNA für **Apolipoprotein B**. Dieses Protein ist Bestandteil zweier Lipoproteinpartikel und kommt in zwei unterschiedlichen Varianten vor. Apolipoprotein B-100 (ApoB-100) wird von der Leber gebildet und in Form des sogenannten Very Low Density Lipoproteins (VLDL) an das Blut abgegeben. VDLD dient u. a. der Versorgung der Körperzellen mit Cholesterol. Die andere Form, das Apolipoprotein B-48 (ApoB-48) wird vom Dünndarm gebildet und ist Bestandteil der OLE_LINK1»OLE_LINK2»Chylomikronen. In dieser Form werden mit der Nahrung aufgenommene Triglyceride im Körper zur Leber transportiert. ApoB-48 umfasst den N-terminalen Teil (48 % der Sequenz) von ApoB-100. Beide Proteine werden von einem Gen codiert. Durch Editing wird das Cytidin an Position 6666 zu Uridin desaminiert. Dies hat die Umwandlung des Codons für Glutamin (UAA) zu einem Stoppcodon zur Folge (Abb. 4.20b). Das Enzym, welches die Desaminierung der apoB-pre-mRNA

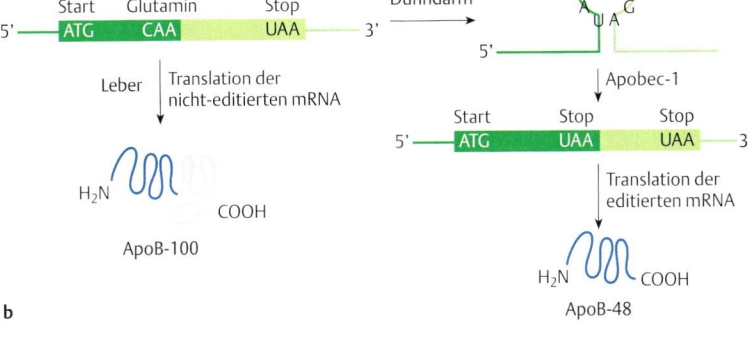

Abb. 4.20 Editing. a Desaminierung von A zu I in der pre-mRNA einer Untereinheit für einen Glutamat-Rezeptor durch ADAR2. **b** Editing der pre-mRNA von Apolipoprotein B führt zu zwei unterschiedlich großen Proteinen (Spleißmechanismen sind nicht berücksichtigt).

durchführt, wird als Apobec-1 (apoB mRNA-editing enzyme catalytic polypetide 1) bezeichnet. Neben Apobec-1 sind noch weitere Proteine am Editing der apoB-pre-mRNA beteiligt. An der Editingstelle bildet sich ein größerer Komplex („Editosom") aus. Als Erkennungssequenz dienen zwei cis-wirkende Elemente: Eine 11 Nucleotide umfassende Sequenz stromabwärts der Editingstelle und eine AU-reiche Apobec-1-Bindungsstelle. Zudem ist die Sekundärstruktur der RNA für die korrekte Erkennung der Editingstelle wichtig. Die apoB-pre-mRNA bildet eine Haarnadelstruktur (Stamm-Schleife, stem-loop) aus, wobei die Editingstelle innerhalb der Schlaufe liegt.

Insertion und Deletion von Nucleotiden

Das RNA-Editing durch **Insertion** oder **Deletion** ist bei Trypanosomen am besten untersucht (S. 338). Trypanosomen gehören zu den ursprünglichsten Eukaryoten, welche Mitochondrien besitzen. Jede Trypanosomenzelle besitzt ein Mitochondrium, welches im Bereich des Basalkörpers des Flagellums liegt (Ökologie, Evolution). Die DNA der Mitochondrien wird auch als **K**inetoplast-DNA (**kDNA**) bezeichnet. Das mitochondriale Genom ist verhältnismäßig groß und besteht aus bis zu einigen Tausenden von kleinen DNA-Ringen (Minicircles), welche

Anlagerung der gRNA an die pre-mRNA über komplementäre Basenpaarungen

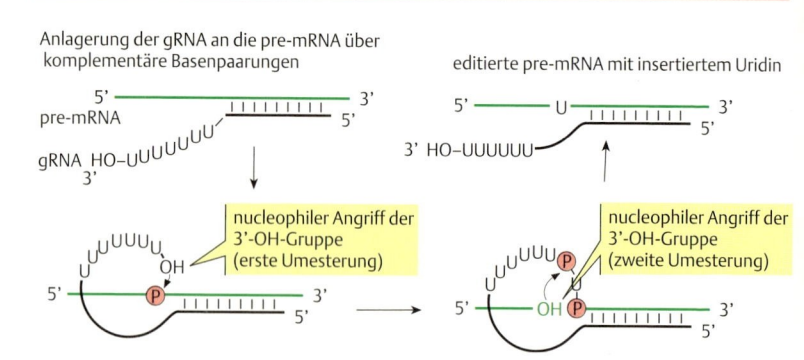

editierte pre-mRNA mit insertiertem Uridin

Abb. 4.21 Insertion von Uridin. Durch die erste Umesterung sind die pre-mRNA und ein Teil der gRNA vorübergehend kovalent miteinander verbunden. Die neu generierte 3´-OH-Gruppe der pre-mRNA greift dann eine Phosphorsäureester-Bindung des chimären gRNA/pre-mRNA-Moleküls an. Als Folge der zwei sukzessiven Umesterungen ist ein U an einer bestimmten Stelle in die pre-mRNA eingebaut worden. Dieser Mechanismus ähnelt dem des pre-mRNA-Spleißens. Die Deletion bestimmter Uridin-Nucleotide aus der pre-mRNA erfolgt auf analoge Art.

als Catenane (kettenförmig verbunden) vorliegen, und großen, in nur wenigen Kopien vorliegenden DNA-Ringen (Maxicircles). Die Maxicircles entsprechen den mt-DNAs anderer Eukaryoten. Bei einigen Maxicircle-Transkripten findet eine nachträgliche Insertion oder Deletion von Uridinresten statt. Durch dieses Editing wird das korrekte Leseraster hergestellt. Woher aber stammen die Informationen für die Editingstellen? Die Information für das richtige Leseraster wird durch **guideRNAs** (**gRNAs**) vermittelt. Diese gRNAs sind zu den reifen, fertig prozessierten mRNAs komplementär und besitzen zudem einen nicht im Chondriom codierten 3´-poly(U)-Schwanz (Abb. 4.21). Interessanterweise befinden sich die Gene für die gRNAs bei Trypanosomen auf der Minicircle-DNA. Vermutlich entstammen die gRNAs reversen Transkripte der ursprünglichen, reifen mRNA, welche in das Chondriom eingebaut wurden. Im Laufe der Evolution ging das Gen für die hypothetische reverse Transkriptase verloren. Der Einbau der reversen Transkripte in das Chondriom stellte gewissermaßen eine „Sicherungskopie" dar. Mithilfe der gRNA ermöglichte dies Mitochondrien, welche Gendefekte in den entsprechenden „Original"-Genen aufwiesen, diese posttranskriptional zu reparieren und damit zu überleben.

Eukaryotische RNA-Polymerasen: Drei verschiedene RNA-Polymerasen, die jeweils ein eigenes Repertoire an Genen transkribieren. **RNA-Polymerase I**: Gene für rRNA, **RNA-Polymerase II**: proteincodierende Gene und einige kleine RNAs, **RNA-Polymerase III**: Gene für 5S rRNA, tRNAs sowie weitere, kleine RNA-Moleküle. Die großen Untereinheiten der eukaryotischen RNA-Polymerasen zeigen Homologien zu den entsprechenden Untereinheiten der RNA-Polymerasen der Bacteria und Archaea, unterschiedliche Empfindlichkeit eukaryotischer RNA-Polymerasen gegenüber α-Amanitin.

CTD: Carboxyterminale Domäne der RNA-Polymerase II, beinhaltet mehrere Sequenzwiederholungen. Notwendig für cotranskriptionale Prozessierungen.

Transkriptionsfaktoren: Faktoren, die für eine effektive Transkription notwendig sind, generelle Transkriptionsfaktoren, Aktivatoren und Coaktivatoren.

Generelle Transkriptionsfaktoren: Transkriptionsfaktoren, mit deren Hilfe die Bindung eukaryotischer RNA-Polymerasen an die DNA erfolgt.

Transkriptionsaktivatoren: Transkriptionsfaktoren, die an Enhancer-Sequenzen der DNA binden und einen Kontakt zum basalen Transkriptionsapparat vermitteln.

Transkriptionale Coaktivatoren: Transkriptionsfaktoren, bewirken eine verbesserte Bindung und Zugänglichkeit der RNA-Polymerase an die DNA.

Prä-Initiationskomplex: Rekrutierung der Komponenten des Transkriptionsapparates am Promotor.

Transkriptionale Elongationsfaktoren: Bewirken eine effektive Elongation der RNA-Polymerase, regulierende Wirkung auf die Elongationsgeschwindigkeit. Ermöglichen eine Reaktivierung arretierter RNA-Polymerasen.

Capping: Anfügen einer Kappenstruktur mit Schutz und Signalfunktion an das 5´-Ende der RNA.

Spleißen: Entfernung nichtcodierender Abschnitte (**Introns**) aus dem Primärtranskript und anschließende Ligation der codierenden Abschnitte (**Exons**) miteinander. Unterschiedliche Spleißmechanismen: **Gruppe-I-Introns**: selbstspleißend; Cofaktor notwendig. **Gruppe-II-Introns**: selbstspleißend; kein Cofaktor notwendig, **Spleißen im Spleißosom**: vermittelt durch verschiedene RNPs. **tRNA-Spleißen**: enzymkatalysiertes Spleißen.

Spleißosom: Aus RNA und Proteinen zusammengesetzter Komplex, in dem das Spleißen eukaryotischer mRNA stattfindet.

Alternatives Spleißen: Unterschiedliche Weise der Zusammensetzung der Exons eines Primärtranskriptes, was zur Bildung unterschiedlicher, aber verwandter Proteine führt.

Polyadenylierung: Abfolge zahlreicher Adenosinreste am 3´-Ende der meisten mRNAs, kommt sowohl bei pro- wie eukaryotischen Organsimen vor. Synthese erfolgt durch matrizenunabhängige Poly(A)-RNA-Polymerasen. In Eukaryoten spezifische Konsensussequenzen erforderlich, in Prokaryoten nicht, reguliert die Lebensdauer der mRNA. In Eukaryoten Signalfunktion.

RNA-Editing: Posttranskriptionale Änderung der Nucleotidabfolge einer RNA-Sequenz. Insertion oder Deletion von Nucleotiden mithilfe von gRNA; Modifikation von Basen.

4.4 Transkription bei Archaea

Obwohl vergleichsweise wenig über den Transkriptionsmechanismus bei Archaea bekannt ist, sind dennoch einige Parallelen zu dem Transkriptionsapparat der Bacteria, vor allem aber zu Strukturen des eukaryotischen Transkriptionsapparates erkennbar: Archaea besitzen nur **eine**, aus mehreren Untereinheiten aufgebaute **RNA-Polymerase**; Promotoren zeigen eukaryotische Strukturmerkmale. Regulatorische Mechanismen ähneln hingegen denen der Bacteria. Sehr wenig ist über die Prozessierung archaealer RNA bekannt. tRNA und rRNA werden nach einem Mechanismus, ähnlich dem **Spleißen** eukaryotischer tRNA, gespleißt.

4.4.1 Initiation, Elongation und Termination

Archaea besitzen nur eine RNA-Polymerase, welche aus 10–14 Untereinheiten zusammengesetzt ist. Die größte Untereinheit der RNA-Polymerase von *S. acidocaldarius* ist homolog zu den größten Untereinheiten der eukaryotischen RNA-Polymerasen und – mit größerem Abstand – zu der β´-Untereinheit der RNA-Polymerase von *E. coli*. Bei den kleineren RNA-Polymerase-Untereinheiten sind Homologien zwischen archaealer und eukaryotischer, nicht aber mit bakterieller RNA-Polymerase erkennbar. Eine CTD mit charakteristischen Sequenzwiederholungen gibt es bei der RNA-Polymerase der Archaea nicht.

Der Promotor der Archaea besitzt etwa 25–30 Nucleotide stromaufwärts vom Transkriptionsstartpunkt als auffälligste Struktur eine **TATA-Box**. An die TATA-Box bindet das TATA-Box-bindende Protein, welches deutliche Homologien zu dem TBP der Eukarya zeigt und entsprechend **aTBP** genannt wird. Der Transkriptionsstart beginnt innerhalb des Initiator-Elementes (Inr). Stromaufwärts der TATA-Box befindet sich die Bindungsstelle für den **Transkriptionsfaktor B** (**TFB**), welche als BRE (TFB response element) bezeichnet wird (vgl. Funktion von TFIIB, S. 153). Durch diese sequentielle Anordnung wird die Transkriptionsrichtung festgelegt. An den Promotor/aTBP/TFB-Komplex kann nun die RNA-Polymerase binden und mit der Transkription beginnen (Abb. 4.22). Archaea besitzen noch einen weiteren Transkriptionsfaktor, welcher der α-Untereinheit des generellen Transkriptionsfaktors TFIIE der Eukarya entspricht: **TFE** hat eine stimulierende Funktion auf die Transkription und wird besonders bei schwachen Promotoren verwendet. Archaea besitzen keine den TAFs der Eukarya homologen Proteine.

Die Bereitstellung einer Bindungsplattform aus den zwei bzw. drei Transkriptionsfaktoren ähnelt dem Mechanismus der Transkription bei Eukaryoten. Im Gegensatz hierzu bindet bei den Bacteria ein RNA-Polymerase-Holoenzym mit einer DNA-bindenden Untereinheit, der σ-Untereinheit, in einem Schritt an die DNA. Die Regulation der Transkription erfolgt durch DNA-bindende Proteine,

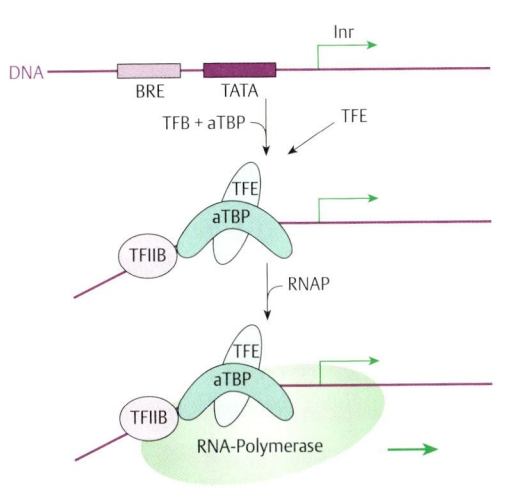

Abb. 4.22 **Transkription bei Archaea.** Die sequentielle Abfolge von BRE und TATA-Box legt die Transkriptionsrichtung fest. TFE unterstützt die Bindung von aTBP an suboptimale-TATA-Box-Sequenzelemente. Bei starken Promotoren wird TFE nicht benötigt.

die an Operator-Sequenzen der DNA binden. Dieser Mechanismus, die Blockierung des Zugangs der RNA-Polymerase zum Promotor, entspricht dem der Bacteria.

Archaea besitzen einen Transkription-Elongationsfaktor, welcher Homologien zu dem Elongationsfaktor SII der Eukaryoten besitzt und **TFS** genannt wird. Analog zu den Funktionen von SII und den bakteriellen GreA- bzw. GreB-Proteinen induziert TFS eine hydrolytische Spaltung 3´-ständiger Nucleotide des Transkripts.

Für die Termination ist bei Archaea eine **palindromförmige T/U-reiche Sequenz** in der DNA bzw. RNA notwendig. Eine intrinsische Termination analog den Gegebenheiten bei Bacteria ist möglich, zudem gibt es experimentelle Hinweise auf Terminationsfaktoren. Ein zu dem ρ-Terminationsfaktor (S. 146) homologes Protein ist bisher nicht bekannt.

Die mRNAs der Archaea erhalten keine 5´-Kappenstruktur, besitzen aber meist einen Poly(A)-Schwanz. Im Gegensatz zu Eukaryoten und den Bacteria sind bisher keine Introns in proteincodierenden Genen gefunden worden. Eine weitere Gemeinsamkeit mit Eukaryoten besteht darin, dass Transkription und Translation bei Archaea – im Gegensatz zur Situation bei den Bacteria – nicht miteinander gekoppelt sind.

4.4.2 Spleißen bei Archaea

Introns der Gruppe I–III wurden bei Archaea bisher nicht beschrieben. Bei Archaea wurden Introns innerhalb der tRNA-Sequenzen und bei Vertretern der Crenarchaeota (*Mikrobiologie*) auch innerhalb von rRNA-Sequenzen gefunden. Diese Introns werden mithilfe von spezifischen Endonucleasen aus der

RNA geschnitten. Als Erkennungsstrukturen für diese Endonucleasen dient eine als „bulge-helix-bulge"-Motiv („Bogen-Helix-Bogen") bezeichnete Sekundärstruktur. Innerhalb der Introns mancher rRNAs befinden sich offene Leseraster, welche für die Endonucleasen der entsprechenden Spleißreaktion codieren. Die Spaltprodukte besitzen jeweils ein 5´-OH-Ende und ein 2´, 3´-cyclisches Phosphat. Bei den rRNA-Introns kommt es zur Zirkularisierung des Introns. Die meisten archaealen tRNA-Introns liegen, wie alle tRNA-Introns der Eukaryoten, ein Nucleotid in 3´-Richtung vom Anticodon. Ein vergleichbarer Spleißprozess wurde bei den Bacteria bisher nicht beschrieben. Dies legt die Vermutung nahe, dass dieser Spleißmechanismus nach der Trennung der Bacteria von dem gemeinsamen Vorfahren der Eukaryoten/Archaea entstanden ist.

> **RNA-Polymerase der Archaea:** Archaea besitzen ein, der eukaryotischen RNA-Polymerase II homologes Enzym aus 10–14 Untereinheiten.
> **Transkriptionsfaktoren:** Für die basale Transkription sind die Transkriptionsfaktoren aTBP und TFB ausreichend. Weitere Stimulation durch TFE.
> **Elongation:** TFS ist ein GreA/B bzw. SII-analoges Protein, welches eine hydrolytische Abspaltung 3´-ständiger Nucleotide ermöglicht.
> **Termination:** Ausgelöst durch T/U-reiche DNA- bzw. RNA-Sequenzen.
> **Spleißen:** Bei Archaea ist bisher nur Protein-vermitteltes Spleißen bekannt.

5 Translation

Harald Schlatter, Thomas Langer

5.1 Allgemeine Prinzipien der Translation

Die **Translation** umfasst den Prozess der **Proteinbiosynthese**. Hierbei erfolgt die Bildung der Proteine nach dem genetisch vorgegebenen Bauplan. Die für die Proteinbiosynthese benötigten Aminosäuren werden mithilfe spezifischer kleiner **tRNAs** zu den **Ribosomen** transportiert. Am Ribosom erfolgt die Verknüpfung der von den tRNAs gelieferten Aminosäuren nach der Basenabfolge der **mRNA** zu einer Polypeptidkette. Die Translation wird in drei unterschiedliche Phasen eingeteilt: **Initiation**, **Elongation** und **Termination**. In allen lebenden Zellen verläuft die Translation nach dem gleichen Prinzip. Die **Faltung** der wachsenden Polypeptidkette zu einer definierten dreidimensionalen und damit funktionsfähigen Form wird durch bestimmte Proteine, **Chaperone**, unterstützt. Nach der eigentlichen Synthese werden viele Proteine nachträglich noch verändert (**posttranslationale Modifikationen**).

Die Translation ist der Mechanismus, bei der die in der DNA gespeicherte Information schließlich in eine Proteinstruktur übersetzt wird. Die genetische Information wird dabei nicht direkt von der DNA abgelesen, sondern zunächst in RNA, der Boten- oder **Messenger-RNA** (**mRNA**), umgeschrieben (Transkription, Kap. 4). Jeweils drei aufeinanderfolgende Basen codieren hier für eine Aminosäure. Diese Basentripletts werden als **Codons** bezeichnet. Als Überbringer der einzelnen Aminosäuren zu den Ribosomen dienen die **Transfer-RNAs** (**tRNAs**). Diese tRNAs besitzen den Codons komplementäre Tripletts, die sogenannten **Anticodons**. An den **Ribosomen**, dem eigentlichen Ort der Proteinbiosynthese wird die Basenfolge der mRNA mithilfe der tRNAs durch Basenpaarungen zwischen Codon und Anticodon abgelesen. Über die tRNAs gelangen die Aminosäuren in das Ribosom und werden dort miteinander zu einer wachsenden Polypeptidkette verknüpft (Abb. 5.1). Ribosomen bestehen zu einem großen Teil aus RNA (ribosomale RNA, rRNA). Die wesentlichen Schritte der Translation werden durch RNA-Moleküle bewerkstelligt.

Vielleicht die Initialzündung zur Entzifferung des genetischen Codes war die Identifizierung der doppelsträngigen DNA-Struktur durch **James Watson** und **Francis Crick** 1953. Ein Jahr später postulierte **Crick** die Existenz bestimmter Moleküle, die zwischen dem Ort der Proteinbiosynthese und den Aminosäuren vermitteln (**Adapter-Hypothese**). 1958 gelang der Nachweis der Aktivierung von Aminosäuren durch Bindung an tRNA durch **Mahlon Hoagland** und **Paul Zamecnik**. Zu dieser Zeit war klar, dass RNA an der Proteinbiosynthese beteiligt ist; die Mechanismen aber waren unbekannt. 1957 formulierte **Crick** das „zentrale Dogma der Biologie": **DNA macht RNA macht Proteine**.

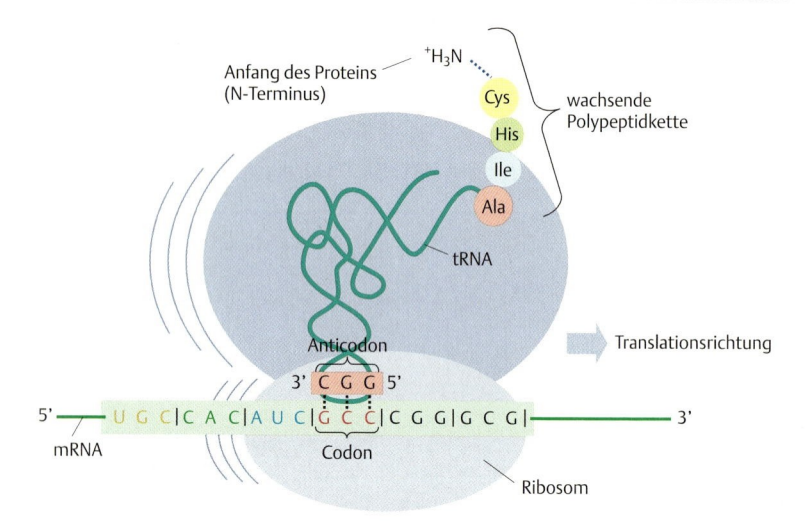

Abb. 5.1 Translation. Übersicht über die an der Translation hauptsächlich beteiligten Komponenten. Die Angabe der Codonsequenz bezieht sich stets auf die Sequenz der mRNA (von 5´ nach 3´). Diese entspricht der Sequenz des codierenden DNA-Strangs (S. 134).

Eine weitere Annahme war, dass alleine die Primärsequenz eines Proteins dessen dreidimensionale Struktur bestimmt. Beide Dogmen mussten in späteren Jahren teilweise revidiert werden. Die Entzifferung des genetischen Codes erfolgte in den frühen 60iger Jahren vor allem durch **Marshall Nirenberg** und **Heinrich Matthaei**. Sie fanden heraus, dass kurze, synthetisch hergestellte Trinucleotide an den Ribosomen gebunden werden und diese Komplexe selektiv die entsprechenden tRNAs binden. Diese Komplexe konnten gereinigt und identifiziert und durch Verwendung aller 64 möglichen Trinucleotidkombinationen diese jeweils bestimmten Aminosäuren zugeordnet werden. Eine ähnliche Strategie wurde von **Gobind Khorana** angewendet. Khorana entwickelte Methoden zur Sequenz-spezifischen Synthese von RNA und benutzte diese als mRNA. Die Verwendung z. B. von Poly-U lieferte nur aus Phe bestehende Polypeptide; UUU codiert somit für Phe. Weitere Versuche mit Poly-(UUC) oder Poly-(UAC) ergaben jeweils aus Phe, Ser oder Leu bzw. Tyr, Thr und Leu bestehende Polypeptide. Durch Kombination verschiedener Di-, Tri- und Tetranucleotid-Sequenzwiederholungen konnte der genetische Code schließlich entschlüsselt werden. 1965 gelang **Robert Holley** die erste Strukturaufklärung einer natürlich vorkommenden RNA: Der **tRNA**^{Ala} aus Hefe. Für ihre Beiträge zur Dechiffrierung des genetischen Codes erhielten Khorana, Nirenberg und Holley 1968 den Nobelpreis für Medizin. Der Nachweis, dass die Knüpfung der Peptidbindung an den Ribosomen erfolgt, gelang 1962 **Robin Monro**. Es dauerte noch fast dreißig Jahre, bis die katalytische Aktivität dem RNA-Anteil zugeordnet werden konnte. Den finalen Beweis hierzu lieferten die entsprechenden dreidimensionalen Strukturen.

5.1.1 Der genetische Code

In der „Sprache" der Nucleinsäuren gibt es vier „Buchstaben": A, T, G und C. Zum Aufbau der Proteine werden in der Regel 20 verschiedene Standardaminosäuren benötigt. Würde jede Base für eine Aminosäure codieren, ergäben sich nur 4^1 Möglichkeiten. Bei der Verwendung von zwei Basen ergäben sich $4^2 = 16$ Möglichkeiten zur Codierung der Aminosäuren. Tatsächlich codieren drei Basen für eine Aminosäure; es bestehen demnach $4^3 = 64$ Möglichkeiten. In der Tat werden die meisten Aminosäuren durch mehrere Codons codiert. Dies wird als **Degeneration des genetischen Codes** bezeichnet. Viele Aminosäuren werden bereits durch die beiden ersten Basen des Codons eindeutig codiert (Abb. 5.2). Häufig ist eine Beschränkung von Organismen auf die Benutzung von einem oder zwei Codons für eine Aminosäure festzustellen. Diese Präferenz ist von Spezies zu Spezies unterschiedlich. Zur Beschreibung hierfür ist der Begriff **„Codon-Usage"** („Codon-Verwendung") üblich geworden. Manche Aminosäuren werden nur durch ein einziges Codon (Trp, Met) repräsentiert. Die Zuteilung der Codons zu den einzelnen Aminosäuren scheint nicht zufällig erfolgt zu sein. Bei den hydrophoben Aminosäuren Ile, Leu, Met, Phe und Val befindet sich ein U an der zweiten Position des Codons. Im Gegensatz hierzu ist bei den hydrophilen Aminosäuren Asn, Asp, Gln, Glu, His, Lys und Tyr ein A als zweite Base im Codon vorhanden. Die chemisch ähnlichen Aminosäuren Asp und Glu werden durch ähnliche Codons repräsentiert. Als **Startsignal** für die Translation dient meistens das **AUG**-Codon, welches für Met codiert (S. 188, 206). Drei Codons codieren für keine Aminosäuren, dies sind die sogenannten **Stoppcodons** (**UAA**, **UGA** und **UAG**). Gelangt ein solches Codon in das aktive Zentrum des Ribosoms

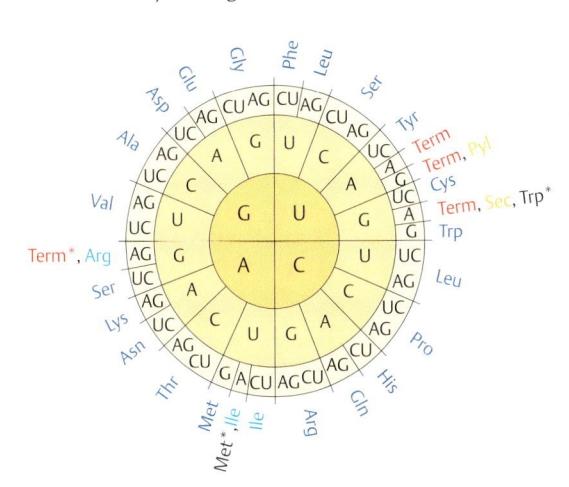

Abb. 5.2
Der genetische Code. Jeweils drei Nucleotide (Triplett) codieren für eine Aminosäure. Durch den Standardcode codierte Aminosäuren sind in blau angegeben, die beiden Nicht-Standardaminosäuren in gelb und die Stoppsignale in rot. Abweichungen vom Standardcode bei humanen Mitochondrien sind in schwarz bzw. mit einem „*" versehen. Hier steht das Standardstoppcodon UGA für Trp; AGA und AGG dienen als Stoppcodon und nicht für Arg. Mit AUA gibt es ein weiteres Codon für Met. Insgesamt besitzen Mitochondrien vier Stoppcodons.

kommt es zur Termination der Proteinbiosynthese (s. u.), da es keine tRNAs mit entsprechendem Anticodon gibt (S. 182).

Für die **Benennung der Stoppcodons** hat sich eine besondere Terminologie entwickelt: Nach dem Forscher Bernstein, welcher bei der Entdeckung des Stoppcodons UAG beteiligt war, wurde dieses als „amber-Codon" (amber: Bernstein) bezeichnet. In Analogie hierzu wurden die beiden anderen Stoppcodons ebenfalls nach Erdfarbtönen bezeichnet: UAA als „ochre" (ocker) und UGA als „opal" (beige-braun).

Ein Codon für zwei Aminosäuren: Der genetische Code besitzt eine bemerkenswerte Variabilität bzw. Interpretationsmöglichkeit. Bei dem Ciliaten *Euplotes crassus* wird Cystein durch drei Codons repräsentiert: UGA, UGC und UGU. Beispielsweise hat dessen Thioredoxin-Reductase 1 sieben UGA-Codons im Leseraster; als Stoppcodon dient UAA bzw. UAG. Anhand der Präsenz einer Selenocystein-Insertion-Sequenz (SEICS) (s. u.) kann die Verwendung von Sec für die siebte UGA-Position vorhergesagt werden. In der Tat wird Sec nur an dieser Position eingebaut. Die anderen UGA-Positionen werden als Cys dechiffriert. Ein Codon innerhalb eines Genproduktes kodiert somit für zwei unterschiedliche Aminosäuren.

5.1.2 Der genetische Code ist (fast) universell

Nach der Entschlüsselung des genetischen Codes stellte sich die Frage: Gilt der genetische Code für alle Lebensformen? Um dies zu überprüfen isolierten und verglichen **Thomas Caskey** und **Richard Marshall** 1967 tRNAs aus *E. coli*, dem Krallenfrosch *Xenopus laevis* und aus Hamster-Leberzellen. Es zeigte sich, dass diese unterschiedlichsten Organismen auf genetischer Ebene eine gemeinsame Sprache verwenden und so wurde der Begriff von der **Universalität des genetischen Codes** geprägt. Untersuchungen an eukaryotischen Mitochondrien, welche einen eigenen Translationsapparat besitzen, zeigen Abweichungen von dem Standardcode. Beispielsweise kodiert hier das Codon UGA nicht als Terminationssignal, sondern für Tryptophan (Abb. 5.**2**).

In natürlich vorkommenden Proteinen wurden bisher über 140 verschiedene Aminosäuren nachgewiesen; meistens werden die Aminosäuren posttranslational modifiziert (S. 221). Zwei Aminosäuren, **Selenocystein** (**Sec**) und **Pyrrolysin** (**Pyl**) (Abb. 5.3) werden jedoch schon als „modifizierte" Aminosäure in die wachsende Polypeptidkette eingebaut. Diese Aminosäuren werden auch als die **21. und 22. Standardaminosäuren** gezählt. Der Einbau in eine wachsende Polypeptidkette am Ribosom setzt die Präsenz einer eigenen tRNA voraus und dies ist für Selenocystein und Pyrrolysin tatsächlich der Fall.

Selenocysteinhaltige Proteine oder **Selenoproteine** kommen sowohl bei Prokaryoten als auch bei Eukaryoten vor. Beim Menschen sind bisher 25 Sec-haltige Proteine identifiziert worden. Einige Organismen, z. B. höhere Pflanzen, kommen ohne Selenoproteine aus. Selen gehört chemisch zur gleichen Hauptgruppe wie Schwefel, unterscheidet sich von diesem aber in einigen Eigenschaften. Im Vergleich zu Cystein hat Selenocystein ein deutlich negativeres Redoxpotential und einen niedrigeren pK_S-Wert. Alle bekannten Selenoproteine sind an **Redoxreaktionen** beteiligt. Beispiele hiefür sind Glutathion-Peroxidase, welche die Reduktion von Peroxiden katalysiert, oder Jodothyronin-Dejodinase,

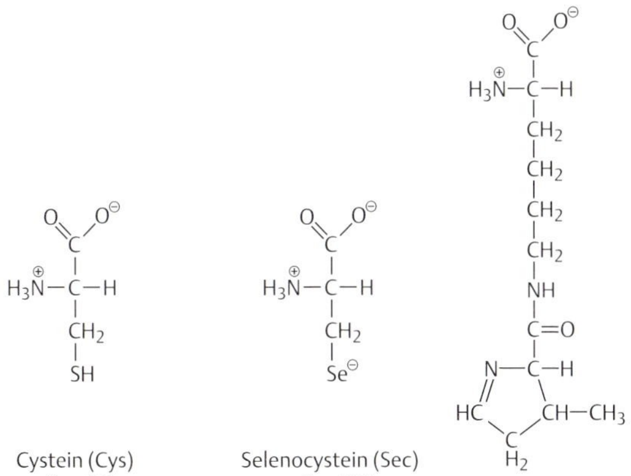

Abb. 5.3 Selenocystein und Pyrrolysin. Unter physiologischen Bedingungen liegt das Selenocystein als anionisches Selenolat vor.

Cystein (Cys)
$pK_S = 8{,}3$
Redoxpotential: -230 mV

Selenocystein (Sec)
$pK_S = 5{,}2$
Redoxpotential: -490 mV

Pyrrolysin (Pyl)

welche die Abspaltung von Jod aus Thyronin katalysiert. Ein Austausch von Sec gegen Cys hat einen drastischen Verlust der katalytischen Aktivität zur Folge. Selenocystein kommt nicht als freie Aminosäure vor. Zunächst erfolgt die Beladung der tRNA^{Sec} mit Serin durch die normale Serin-tRNA-Synthetase. In nachfolgenden Schritten wird Ser zu Sec umgebaut. Sec wird durch UGA codiert. Normalerweise dient dieses als Stoppcodon. Wie erfolgt die Unterscheidung zwischen der Interpretation von UGA als „Stopp" oder als „Sec"? Soll in einem Protein Sec eingebaut werden, folgt unmittelbar hinter dem UGA-Codon eine Sequenz, welche eine Stamm-Schlaufen (stem-loop)-Struktur ausbildet. Diese **Selenocystein-Insertions-Sequenz** (**SEICS**) wird von einem spezifischen Elongationsfaktor, **SelB**, erkannt, der die beladene Sec-tRNA^{Sec} an das Ribosom leitet.

Pyrrolysin kommt nur bei einigen methanogenen Archaea vor. Im Gegensatz zu Selenocystein kommt diese Aminosäure frei vor und wird in dieser Form durch eine spezifische Pyl-tRNA-Synthetase mit der tRNA^{Pyl} konjugiert. Pyl wird durch UAG codiert. Im Gegensatz zu den Verhältnissen bei Sec dient UAG in den entsprechenden Organismen nicht als Stoppcodon, auch scheint eine besondere Struktur der nachfolgenden mRNA für den Einbau von Pyl nicht erforderlich zu sein. Pyl wird hier wie eine der 20 Standardaminosäuren verwendet. Pyl ist essentieller Bestandteil der Methyltransferasen, welche Methylgruppen auf Coenzym M übertragen. Evolutionär gesehen ist Pyl vermutlich eine sehr alte Aminosäure und wurde nur von den Organismen behalten, bei denen entsprechende Reaktionen des Methanstoffwechsels essentiell sind (*Mikrobiologie*).

> **Translation:** Vorgang der Proteinbiosynthese; Verknüpfung von Aminosäuren zu Polypeptiden bzw. Proteinen. Findet an den Ribosomen statt.
> **Genetischer Code:** Jeweils drei Nucleotide (Triplett) codieren für eine Aminosäure; erlaubt die Zuordnung einer Nucleotidsequenz in eine Proteinsequenz. Enthält neben den Aminosäure-codierenden Tripletts auch Start- und Stoppsignale. Der genetische Code ist weitgehend einheitlich, aber doch nicht universell.
> **Standardcode:** Codierung der 20 Standardaminosäuren; es gibt hiervon aber auch Abweichungen (Bsp. Sec, Pyl).

> **Codon:** Drei aufeinanderfolgende Nucleotide der mRNA, die für eine Aminosäure oder Start bzw. Stopp codieren.
> **Anticodon:** Drei dem Codon komplementäre Nucleotide auf der tRNA.
> **Degeneration des genetischen Codes:** Viele Aminosäuren werden durch mehrere Codons chiffriert.

5.2 Mittler zwischen mRNA und Protein: die tRNA

Bindeglieder zwischen RNA und Protein sind die **transfer-RNAs (tRNAs)**. Diese kleinen RNA-Moleküle besitzen stets eine definierte dreidimensionale, L-förmige Struktur. Drei Nucleotide der tRNAs, das **Anticodon**, erkennen die jeweils entsprechenden Basen des **Codons** auf der mRNA. Nach der Transkription der entsprechenden tRNA-Gene werden die Vorläufer-tRNA-Moleküle umfangreich **prozessiert** und **modifiziert**. Erst die fertigen tRNAs werden durch spezifische **Aminoacyl-tRNA-Synthetasen** mit den jeweiligen Aminosäuren beladen. Um die Degeneration des genetischen Codes auszugleichen, hat sich ein spezieller Mechanismus entwickelt, welcher als **„wobbeln"** bezeichnet wird.

5.2.1 Die Struktur der tRNA

Die tRNAs sind kleine RNA-Moleküle mit einer Länge von 74–95 Ribonucleotiden (im Durchschnitt ca. 80 Nucleotide). Viele Abschnitte der tRNAs bilden interne Basenpaarungen aus. In der zweidimensionalen Darstellung resultiert hieraus die bekannte **Kleeblattstruktur** (cloverleaf structure). In der dreidimensionalen Struktur ähnelt die tRNA einem großen „L". Vier Arme werden in der Kleeblattstruktur deutlich: Dies ist der **Aminosäureakzeptor-Arm** mit dem für tRNAs charakteristischen einzelsträngigen 3´-Ende CCA. Die vor dem CCA-Ende liegende ungepaarte Base spielt bei der Erkennung häufig eine wichtige Rolle und wird daher auch als **Diskriminator-Base** (to discriminate: unterscheiden) bezeichnet. Die tRNAs werden am 3´-Ende mit den entsprechenden Aminosäuren beladen (S. 187). Die drei anderen Arme bestehen je aus einer Stem-Loop-Struktur und werden nach charakteristischen Motiven bzw. dort vorkommenden Nucleotiden benannt. Aufgrund der konservierten Sequenz TΨC (Ψ [psi]: Pseudouridin, Abb. 5.**6**) wird eine Schleife entsprechend als **TΨC-Schleife** bezeichnet. Dieser liegt in der Kleeblattstruktur die sogenannte **Dihydrouridin-** oder **D-Schleife** gegenüber. Der **Anticodon-Arm** trägt an exponierter Stelle drei Nucleotide, das Anticodon, welche den Nucleotiden des entsprechenden Codons auf der mRNA komplementär sind (Abb. 5.**4**).

Die Benennung der tRNAs erfolgt nach folgender Regel: Die z. B. zu Phenylalanin gehörige tRNA wird als tRNA^{Phe} bezeichnet, nach Beladung mit Phenylalanin als Phe-tRNA^{Phe}. So

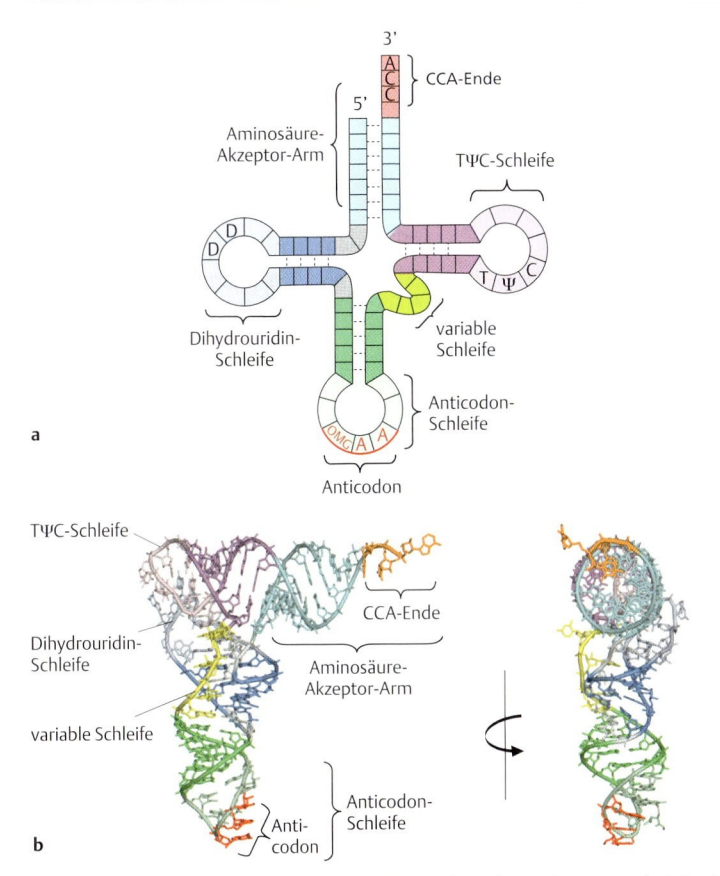

Abb. 5.4 **tRNA. a** Zweidimensionale Kleeblattstruktur. **b** Dreidimensionale L-Struktur der tRNA^{Phe} aus der Hefe *Saccharomyces cerevisiae*. Die entsprechenden Bereiche sind in den gleichen Farben abgebildet. Das Anticodon bzw. das CCA-Ende liegen jeweils an den Enden des „L". Der Abstand zwischen diesen beiden Stellen beträgt etwa 8 nm. Die Basen des Anticodons sind nach außen hin orientiert (pdb: 1EHZ).

bedeutet z. B. Tyr-tRNA^{Phe}, dass die für Phenylalanin codierende tRNA mit einem Tyrosin konjugiert ist. Zusätzlich kann noch das Anticodon angegeben werden, z. B. tRNA$_{UUU}^{Lys}$ bzw. tRNA$_{CUU}^{Lys}$. Diese beiden unterschiedlichen tRNAs werden mit Lys beladen, haben aber zu den Codons AAA bzw. AAG komplementäre Anticodons.

Mutationen im Anticodon der Gene für tRNAs können die Spezifität der tRNAs ändern. Hierdurch wird die Ausprägung der eigentlichen mRNA-Information unterdrückt. Solche tRNAs werden als **Suppressor-tRNAs** bezeichnet (suppression: Unterdrückung). Weitreichende Folgen entstehen, wenn ein Stoppcodon in eine Aminosäure übersetzt wird. Solche tRNAs werden als **nonsense-Suppressor-tRNAs** bezeichnet (nonsense: Unsinn). Solche tRNAs kommen natürlicherweise vor. Besonders Viren machen hiervon Gebrauch und erhöhen damit die Informationsdichte ihrer Genome. Beispielsweise gibt es in dem Genom des Tabak-Mosaik-Virus (TMV) ein 126 kDa großes Protein mit einer mutmaßlichen Methyltransferase/Helicase-Aktivität. Durch Suppression des UAG-Stoppcodons wird die Proteinbiosynthese fortgesetzt und es entsteht ein 183 kDa großes Protein, eine Replicase. Beide Proteine sind für die Vermehrung des TMV essentiell. Die entsprechende Suppressor-tRNA der Tabak-Pflanze ist eine Tyr-tRNA mit GΨA-Anticodon, welches ein Überlesen des UAG-Codons ermöglicht. Zu berücksichtigen ist, dass es meist mehrere Gene für eine tRNA-Spezies gibt, also noch genügend normale tRNAs zur Verfügung stehen. Das Ablesen eines Aminosäurecodierenden Codons durch eine nicht entsprechende tRNA wird als **missense-Suppression** bezeichnet (missense: Fehlsinn).

5.2.2 Prozessierung und Modifikation von tRNAs

Bei der Transkription von tRNA-Genen entstehen zunächst längere **Vorläufer (precursor)-RNA-Moleküle** (Primärtranskripte). Teilweise werden tRNA-Gene gemeinsam mit Genen für ribosomale RNA transkribiert und die tRNA-Gene dann aus diesem Primärtranskript herausgeschnitten (S. 147). In allen Fällen finden weitere **Prozessierungsschritte** an den sogenannten **pre-tRNAs** statt. Die pre-tRNA wird zunächst durch **RNase P** aus dem Primärtranskript herausgeschnitten. RNase P ist ein Komplex aus Protein und RNA, letztgenannte ist für die katalytische Aktivität verantwortlich. Für die Funktion der tRNAs ist die Sequenz CCA am 3´-Ende essentiell. Je nachdem, ob diese Sequenz in dem tRNA-Gen enthalten ist oder nicht, unterscheidet sich die weitere Prozessierung am 3´-Ende. tRNAs, welche diese Sequenz nicht enthalten, werden am 3´-Ende durch **tRNase Z** gespalten, so dass am Aminosäureakzeptorarm am 3´-Ende ein ungepaartes Nucleotid vorhanden ist. Anschließend werden hieran die entsprechenden Nucleotide sukzessive durch eine tRNA-Nucleotidtransferase, das sogenannte **CCA-addierende Enzym**, angefügt. Dies ist bei allen Eukaryoten, den meisten Archaea und bei vielen Bacteria der Fall. Ist die CCA-Sequenz in dem tRNA-Gen enthalten, kann an dieser Stelle entweder direkt durch tRNase Z gespalten werden oder die pre-tRNA wird durch verschiedene Nucleasen bis auf das CCA-Ende gestutzt (Abb. 5.5). In *E. coli* ist z. B. in allen tRNA-Genen die CCA-Sequenz vorhanden. tRNase Z kommt in allen Eukaryoten und Archaea, nicht aber bei allen Bacteria vor. Bei Bacteria, welche nicht über eine tRNase Z verfügen, besitzen alle tRNA-Gene die CCA-Sequenz.

Bei vielen pre-tRNAs befindet sich ein Intron in dem Anticodon-Arm. Dieses Intron wird durch sogenannte **spleißende Endonucleasen** (splicing endonucleases) entfernt. Bis auf RNase P, welches ein Ribozym ist, werden alle Prozessierungsschritte der tRNAs durch Proteine katalysiert.

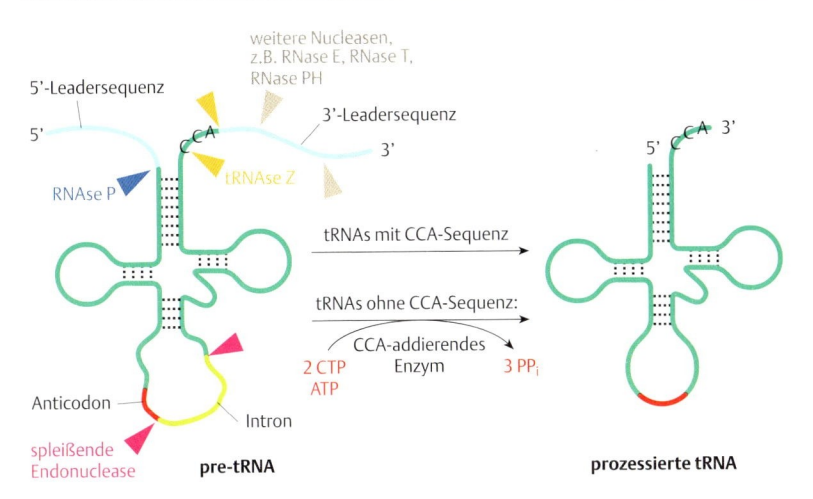

Abb. 5.5 tRNA-Prozessierung. Die eigentliche tRNA wird durch unterschiedliche Nucleasen aus der Vorläufer-(precursor- bzw. pre-) tRNA herausgeschnitten.

Nach dem Prozessieren der RNA werden bestimmte Basen modifiziert. Einige dieser **Modifikationen**, z. B. die Bildung von Ψ oder Dihydrouridin in der TΨC- bzw. D-Schleife, kommen bei allen tRNAs vor. Diese Modifikationen stabilisieren die dreidimensionale Struktur. Weitere Modifikationen sind die Übertragung von Methylgruppen oder anderen Resten, die Abspaltung von Aminogruppen oder der Einbau von Schwefel (Abb. 5.6). Tatsächlich sind über 100 unterschiedliche Modifikationen bekannt. Häufig wird das erste Nucleotid des Anticodons modifiziert (dieses paart mit dem dritten Nucleotid des Codons). Die resultierende Base hat dann veränderte Paarungseigenschaften – eine Voraussetzung für das sogenannte „wobbeln" (S. 189).

5.2.3 Beladung der tRNAs: Aminoacyl-tRNA-Synthetasen

Die Beladung der tRNAs mit den entsprechenden Aminosäuren erfolgt durch die sogenannten **Aminoacyl-tRNA-Synthetasen.** Bei diesem zweistufigen Prozess werden die Aminosäuren zunächst durch Reaktion mit **ATP aktiviert** und dann auf das 3´-Ende der tRNA übertragen. Die entsprechenden Reaktionen sind:

Aminosäure + ATP → Aminoacyl-AMP + PP$_i$
Aminoacyl-AMP + tRNA → Aminoacyl-tRNA + AMP

Beide Reaktionen werden von den Aminoacyl-tRNA-Synthetasen katalysiert; eine Freisetzung von Zwischenprodukten erfolgt nicht (Abb. 5.7). Alle bekannten Aminoacyl-tRNA-Synthetasen katalysieren prinzipiell die gleiche Reaktion. Auf-

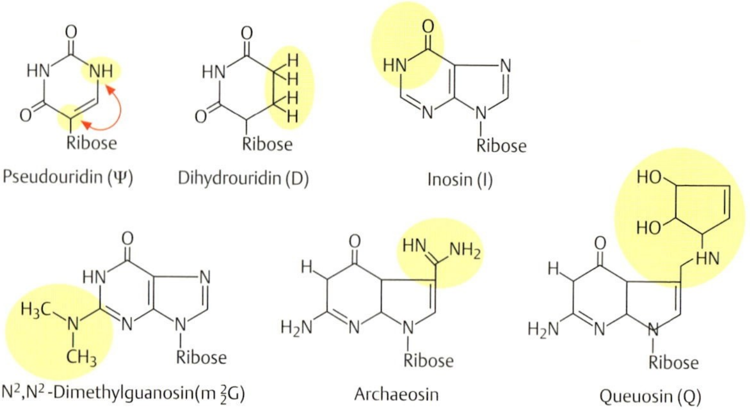

Abb. 5.6 Modifizierte Basen. Die Strukturunterschiede zu den regulären Basen sind hervorgehoben. Pseudouridin und Dihydrouridin stammen von Uridin ab, Inosin ist ein Desaminierungsprodukt von Adenosin. Queuosin und Archaeosin sind Guanosinderivate (7-Deaza-guanosin) mit modifiziertem Puringerüst. Q kommt in Eukaryoten und Bacteria an der ersten Anticodon-Position bei tRNA^{Asn}, tRNA^{Asp}, tRNA^{His} und tRNA^{Tyr} vor. Archaeosin kommt nur bei Archaea im D-Arm vor und dient der Stabilisierung der dreidimensionalen Struktur.

grund struktureller Unterschiede werden die Aminoacyl-tRNA-Synthetasen in zwei Gruppen unterteilt. **Klasse I-Enzyme** übertragen die Aminosäuren auf die 2´-OH-Gruppe der tRNA, **Klasse II-Enzyme** hingegen auf die 3´-OH-Gruppe. Ein weiterer bedeutender Unterschied besteht in dem Bindungsmodus der tRNA: Klasse I-Aminoacyl-tRNA-Synthetasen binden tRNAs im Aminosäureakzeptor-Arm über die kleine Furche der RNA-Doppelhelix, während Klasse II-Enzyme von der anderen Seite her, der großen Furche, mit der tRNA interagieren. Klasse I-Enzyme besitzen im aktiven Zentrum das Rossmann-Motiv, ein weit verbreitetes Protein-Faltungsmotiv zur Bindung von Nucleotiden. Bei Klasse II-Enzymen ist dies nicht der Fall.

Aminoacyl-tRNA-Synthetasen vermitteln zwischen RNA und Protein. Sie müssen unter den verschiedenen tRNAs „ihre" herausfinden und diese mit der passenden Aminosäure zusammenbringen. Erschwert wird dieser Prozess dadurch, dass es für jede Aminosäure mehrere tRNAs geben kann. Manche Aminosäuren unterscheiden sich z. B. nur durch eine Methylgruppe (Ile/Val) oder eine Amidgruppe (z. B. Glu/Gln). Die korrekte Funktion der Aminoacyl-tRNA-Synthetasen ist für die Genauigkeit der Translation entscheidend, da keine weitere Überprüfung der richtigen tRNA-Ladung am Ribosom erfolgt. Tatsächlich liegt die Fehlerrate dieser Enzyme bei etwa 1 : 10 000. Um diese Präzision zu gewährleisten, gibt es unterschiedliche Mechanismen. Bei der Bindung der tRNA kommt es zu weitreichenden Konformationsänderungen, vergleichbar der Induced-fit-Bindung

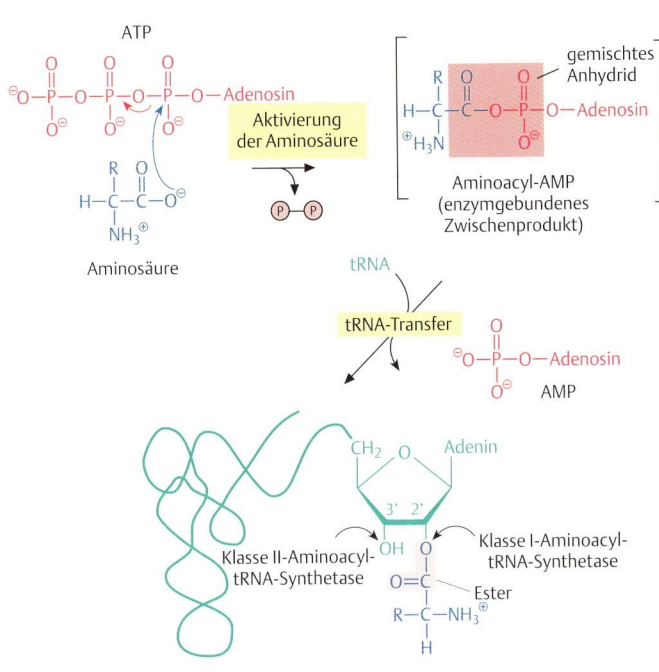

Abb. 5.7 Reaktion der Aminoacyl-tRNA-Synthetasen. Nach Bindung der Aminosäure und ATP wird diese aktiviert und hierbei Pyrophosphat abgespalten. Im zweiten Reaktionsschritt erfolgt die Übertragung der Aminosäure auf die entsprechende tRNA. Bei manchen Aminoacyl-tRNA-Synthetasen, z. B. für Gln, Glu, oder Arg, ist die Bindung der entsprechenden tRNA eine Voraussetzung zur Aktivierung der Aminosäuren.

von Enzym und Substrat (📖 *Biochemie, Zellbiologie*). Beispielsweise werden die Basen des Anticodons nach außen gedreht, um eine optimale Interaktion mit dem Protein zu erreichen (Abb. 5.**8**).

Manche Aminoacyl-tRNA-Synthetasen besitzen einen Fehlerkorrektur (Proofreading)-Mechanismus um fälschlicherweise an die tRNA gebundene Aminosäuren wieder abzuspalten: Die Isoleucyl-tRNA-Synthetase besitzt zwei aktive Zentren. In dem ersten aktiven Zentrum erfolgt die Aktivierung der Aminosäure bzw. die Übertragung auf die tRNA^{Ile}. Dieses aktive Zentrum erlaubt sowohl den Zutritt von Isoleucin als auch den der kleineren Aminosäure Valin. Beide Aminosäuren können aktiviert und auf die tRNA^{Ile} übertragen werden. Das zweite aktive Zentrum, die sogenannte Editing-Stelle, ist sterisch so gebaut, dass nur ein Valylrest, nicht aber ein Isoleucylrest gebunden werden kann. Die Editing-Stelle katalysiert die Hydrolyse der Valyl-tRNA^{Ile}-Bindung. Der Korrekturmechanismus greift auch auf der Stufe der aktivierten Aminosäure.

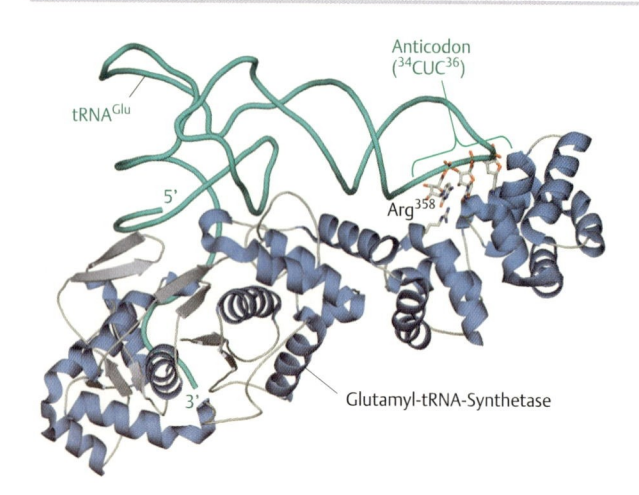

Abb. 5.8 Glutamyl-tRNA-Synthetase im Komplex mit tRNA^{Glu}. Die Basen des Anticodons sind hervorgehoben. Arg^{358} ist von entscheidender Bedeutung um zwischen den Anticodons für Glu (YUC) und Gln (YUG) (Y: beliebige Pyrimidinbase) unterscheiden zu können. Arg^{358} bildet Wasserstoffbrücken-Bindungen mit C^{36} aus, wozu andere Basen nicht in der Lage sind. Eine Purinbase an dieser Stelle führt zu sterischen Problemen (pdb: 1G59).

Nachträgliche Modifikationen von Aminosäuren an der tRNA. Um die tRNAs mit den 20 Standardaminosäuren zu beladen, verfügen nicht alle Organismen auch über 20 unterschiedliche Aminoacyl-tRNA-Synthetasen. Sehr weit verbreitet ist z. B. die **nachträgliche Amidierung** von Glutamat und Aspartat zu Glutamin und Asparagin. Zunächst erfolgt die Beladung von tRNA^{Glu} und tRNA^{Gln} bzw. tRNA^{Asp} und tRNA^{Asn} mit Glutamat bzw. Aspartat durch jeweils ein Enzym. Die entsprechenden „fehlbeladenen" Glu-tRNA^{Gln} bzw. Asp-tRNA^{Asn} werden von spezifischen **Transamidasen** erkannt und unter ATP-Verbrauch die Aminogruppe von einem Donor, z. B. Glutamin, übertragen. Hierbei entstehen dann Gln-tRNA^{Gln} bzw. Asn-tRNA^{Asn}. Dieser Mechanismus kommt bei sehr vielen Archaea und Bacteria vor und wird vermutlich auch von Mitochondrien genutzt. Einige Archaea besitzen keine für Cystein spezifische tRNA-Synthetase sondern eine Phosphoseryl-(Sep)-tRNA-Synthetase. Diese belädt tRNA^{Cys} mit Phosphoserin, das in einer nachträglichen Reaktion zu Cystein umgebaut wird. Dieser Mechanismus ist dem der Bildung von Selenocystein analog (S. 180).

Die Proteinbiosynthese bei Bacteria und Mitochondrien bzw. Chloroplasten beginnt mit einem modifizierten Methionin, dem **N-Formyl-Methionin** (fMet). Zu diesem Zweck gibt es eine spezielle **tRNA^{fMet}**, auch **Starter-** oder **Initiator-tRNA** genannt. Diese wird wie die normale tRNA^{Met} mit Methionin beladen. In einer anschließenden Reaktion erfolgt durch eine Transformidase die Übertragung einer Formylgruppe von N^{10}-Formyl-THF (*Biochemie, Zellbiologie*).

5.2.4 Variabel aber nicht beliebig: „Wobbeln"

Zur Codierung der 20 Standardaminosäuren stehen 61 verschiedene Codons zur Verfügung. Gibt es aber auch für jedes Codon eine entsprechende tRNA? Viele Aminosäuren werden bereits durch die beiden ersten Basen des Codons eindeutig codiert (S. 179) und nicht für jedes Codon gibt es eine entsprechende tRNA. Die meisten Organismen besitzen etwa 40 unterschiedliche tRNA-Gene mit der Konsequenz, dass einige tRNAs mehrere Codons erkennen müssen. Eine diesen Sachverhalt erklärende Hypothese wurde 1966 von **Francis Crick** vorgestellt. Diese besagt, dass die beiden ersten Basen normale Watson-Crick-Basenpaarungen eingehen, bei der dritten Base aber auch andere Paarungen möglich sind. Dieses Modell wurde **Wobble-Hypothese** (to wobble: wackeln) genannt. Demnach kann ein Guanosin im Anticodon an der ersten Position („Wobble-Position") mit Uracil oder Cytosin und ein Uracil mit Adenin oder Guanin paaren. Cytosin paart hingegen nur mit Guanin. Tatsächlich ist die erste Base des Anticodons (paart mit der dritten Codon-Base) sehr häufig modifiziert. Ein Inosin an dieser Stelle kann mit Uracil, Cytosin oder Adenin Basenpaarungen ausbilden. Modifikationen, besonders an Uracil in der Wobble-Position, können die Paarungseigenschaften der Base deutlich verändern. Für diesen Sachverhalt wurde eine **modifizierte Wobble-Hypothese** (modified wobble-hypothesis) aufgestellt. Hiernach können z. B. 2-Thio-Uracil mit A oder G, 5-Oxi-Uracil mit A, C, G oder U, hingegen 5-Methylen-Uracil-Derivate nur mit G paaren.

Auch die Base hinter dem Anticodon, welche stets eine Purinbase ist, spielt bei der Codonerkennung eine wichtige Rolle. Diese Base ist häufig umfangreich modifiziert. Beispielsweise besitzen tRNAs, die ein Codon beginnend mit einem U dechiffrieren, ein N^6-Isopentenyl-Adenin hinter dem Anticodon. Der Einfluss dieser Base auf die Codonerkennung wird auch als **erweiterte Anticodon-Hypothese** (extented anticodon-hypothesis) bezeichnet.

Interessanterweise ist bisher nur eine einzige tRNA gefunden worden, welche an der Wobble-Position im Anticodon ein unmodifiziertes Adenin besitzt. Hierbei handelt es sich um eine Mutation in der tRNA^{Pro}, mit dem Anticodon GGG (tRNA$_{GGG}^{Pro}$). Die mutierte tRNA trägt die Anticodon-Sequenz AGG. Es hat sich gezeigt, dass dieses tRNA$_{AGG}^{Pro}$ genauso gut wie die ursprüngliche tRNA$_{GGG}^{Pro}$ das Codon CCC erkennt.

> **tRNA:** Transfer-RNA, kleine RNA-Moleküle, die mit bestimmten Aminosäuren konjugiert werden. Erkennen das Codon der mRNA über Basenpaarung mit dem Anticodon.
> **Kleeblattstruktur:** In der zweidimensionalen Darstellung ähnelt die tRNA-Struktur einem Kleeblatt. Es werden vier unterschiedliche Arme unterschieden: Aminosäureakzeptor-, Dihydrouridin-, Anticodon- und TΨC-Arm.
> **Suppressor-tRNA:** tRNAs mit verändertem Anticodon, die die Ausprägung der eigentlichen Information der mRNA unterdrücken.
> **tRNA-Prozessierung:** Nach der Transkription der tRNA-Gene entstehen zunächst längere Vorläufer-tRNA-Moleküle, aus denen die tRNA herausgeschnitten wird.

> **Modifizierte Basen:** Viele Basen der tRNAs werden nachträglich umgebaut. Notwendig für Stabilität und Spezifität; z. B. Dihydrouridin und Pseudouridin.
> **Aminoacyl-tRNA-Synthetasen:** Enzyme, die die tRNAs mit den Aminosäuren beladen. Aufgrund struktureller Unterschiede Einteilung in zwei Klassen.
> **Wobble-Hypothese**: Die beiden ersten Basen sind für die Codierung einer Aminosäure meist ausreichend und die dritte Position kann dann mit unterschiedlichen Basen paaren.

5.3 Orte der Translation: Ribosomen

> Ribosomen sind große makromolekulare Partikel aus **ribosomalen Proteinen** und **ribosomaler RNA**. Im funktionsfähigen Zustand bestehen Ribosomen aus einer großen und einer kleinen Untereinheit. Die Synthese der Ribosomen ist ein sehr komplexer Vorgang in dessen Verlauf zahlreiche **Prozessierungs-**, **Modifikations-** und, bei Eukarya, **Transportvorgänge** vorkommen. Die Ribosomen der Prokaryoten werden aufgrund ihrer Größe als **70S Ribosomen** bezeichnet; bei den Eukaryoten sind diese etwas größer und werden als **80S Ribosomen** bezeichnet.

1953 wurde erstmals eine besondere Fraktion an Mikrosomen isoliert, welche aufgrund ihres hohen RNA-Gehaltes als Ribosomen („RNA containing microsomes") bezeichnet wurden (**Richard Roberts**, 1958). Vorstellungen über Struktur und Funktion dieser Partikel lagen damals im Dunkeln. In den folgenden Jahren wurden Struktur und Funktion der Ribosomen intensiv untersucht. Ribosomen sind große Molekülassoziate aus Proteinen und RNA, der **ribosomalen RNA** (**rRNA**). Das Gewichtsverhältnis zwischen Protein und RNA beträgt etwa 1 : 2. Eine Bakterienzelle besitzt je nach Wachstumsrate etwa 7000–70 000 Ribosomen; eukaryotische Zellen etwa die 10-fache Menge. Die Ribosomen sind der **Ort der Proteinbiosynthese**. Hier werden mithilfe der unterschiedlichen tRNAs die Proteine auf der Grundlage der mRNA-Sequenz hergestellt. Die Syntheserate ist beeindruckend: etwa **15–20 Aminosäuren** werden **pro Sekunde** in eine wachsende Polypeptidkette eingebaut. In der Tat sind Ribosomen keine statischen Komplexe, sondern dynamische molekulare Maschinen, die umfangreiche Konformationsänderungen ausführen und mit zahlreichen Molekülen interagieren. Ribosomen kommen in allen lebenden Zellen vor und bestehen aus **zwei Untereinheiten:** Einer **großen** und einer **kleinen Untereinheit**. Experimentell können die Untereinheiten durch Erniedrigung der Mg^{2+}-Ionenkonzentration (< 1 mM) getrennt werden. Bei höheren Mg^{2+}-Konzentrationen lagern sich die Untereinheiten wieder zusammen. Unter physiologischen Bedingungen liegen die Untereinheiten getrennt vor und treten erst zu Beginn der Proteinbiosynthese zusammen.

Eine mRNA wird in der Regel nicht nur von einem Ribosom translatiert, sondern mehrere Ribosomen sind perlschnurartig hintereinander in einem Abstand von etwa 80 Nucleotiden auf der mRNA angeordnet. Solche Zusammenlagerungen werden als **Polyribosomen** oder **Polysomen** bezeichnet.

5.3.1 Struktur der Ribosomen

Die Ribosomen der Prokaryoten sowie der Mitochondrien und Chloroplasten werden als **70S Ribosomen** (nach dem Sedimentationsverhalten bei der Ultrazentrifugation, 📖 *Biochemie, Zellbiologie*) bezeichnet. Sie setzen sich aus einer großen, der **50S Untereinheit** und einer kleinen, der **30S Untereinheit**, zusammen. Die cytosolischen Ribosomen der Eukaryoten sind etwas größer und werden entsprechend **80S Ribosomen** genannt. Diese setzen sich aus einer großen **60S** und einer kleinen **40S Untereinheit** zusammen (Abb. 5.9).

a Prokaryoten

21 nm
29 nm

70S Ribosom
$2,8 \times 10^6$ Da

50S Untereinheit
$1,8 \times 10^6$ Da

30S Untereinheit
$1,0 \times 10^6$ Da

23S rRNA ~31 Proteine
~3000 b (L1–L31)

23S rRNA 21 Proteine
~3000 b (S1–S21)

5S rRNA
~120 b

a Eukaryoten

22 nm
32 nm

80S Ribosom
$4,3 \times 10^6$ Da

60S Untereinheit
$2,9 \times 10^6$ Da

40S Untereinheit
$1,4 \times 10^6$ Da

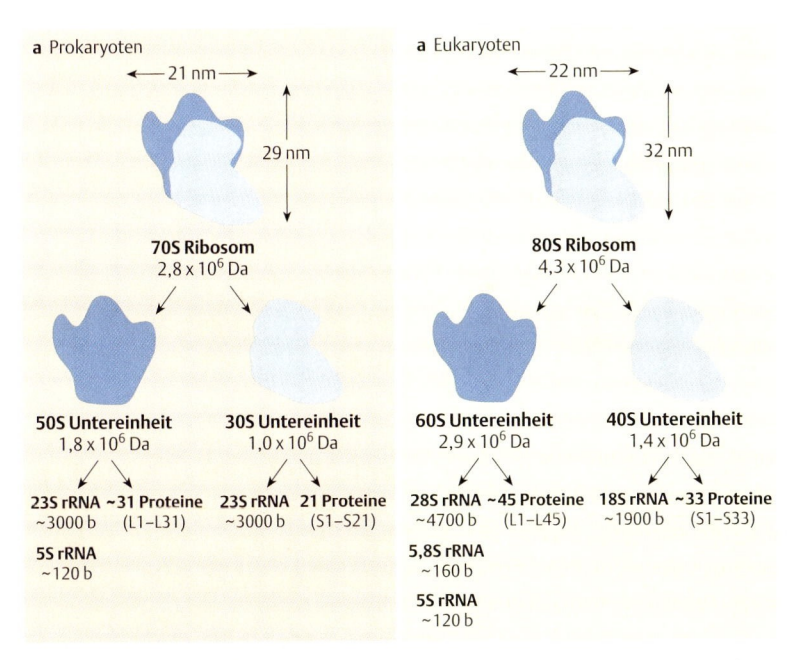

28S rRNA ~45 Proteine
~4700 b (L1–L45)

18S rRNA ~33 Proteine
~1900 b (S1–S33)

5,8S rRNA
~160 b

5S rRNA
~120 b

Abb. 5.**9 Aufbau der Ribosomen.** Prokaryotische und eukaryotische Ribosomen sind aus je zwei Untereinheiten aufgebaut. Die Proteine der kleinen Untereinheiten werden mit einem „S" (small: klein), die der großen mit einem „L" (large: groß) gekennzeichnet. Die Anzahl der zu den Untereinheiten gehörenden Proteine kann bei verschiedenen Organismen unterschiedlich sein. Zudem ist es experimentell schwierig eine Unterteilung in „echte" ribosomale Proteine oder „assoziierte" Proteine vorzunehmen.

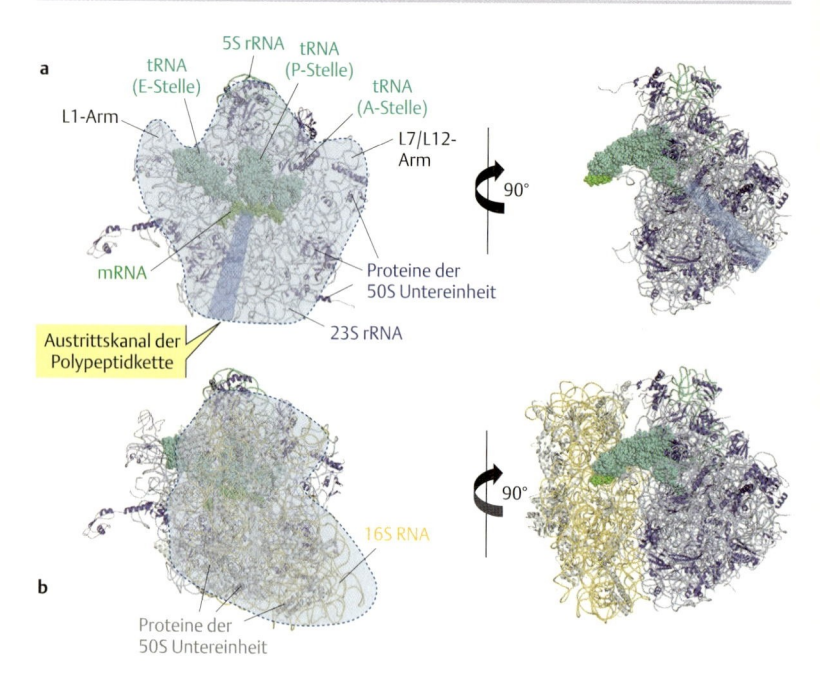

Abb. 5.10 Struktur des Ribosoms von *Thermus thermophilus*. a 50S Untereinheit mit angelagerten tRNAs und mRNA. Die tRNAs und die mRNA sind als Kugelmodell dargestellt; von den ribosomalen RNAs ist nur das Rückgrat gezeigt. Der Verlauf des Proteinaustrittskanals ist hervorgehoben. Die L1- bzw. L7/12-Arme werden nach der Position der entsprechenden Proteine in diesen Bereichen bezeichnet. **b** 70S Ribosom mit tRNAs und mRNA. Die beiden Untereinheiten schließen die mRNA bzw. die tRNA von zwei Seiten her ein. Die tRNA auf der A-Seite ist nur unvollständig dargestellt (pdb: 2J00, 2J01).

Die dreidimensionale Struktur prokaryotischer Ribosomen ist mittlerweile bekannt. Es konnten sogar Komplexe mit tRNAs und einer kurzen mRNA-Sequenz erhalten werden (Abb. 5.10). Aus experimentellen Gründen werden oft Proteine bzw. RNA thermophiler Organismen verwendet. Diese sind bei „tiefen" Temperaturen häufig weniger flexibel und bilden daher leichter Kristalle.

Die Bindung der mRNA und Erkennung der korrekten tRNAs bei der Decodierung erfolgen an der kleinen Untereinheit, ebenso der Weitertransport der mRNA im Verlauf der Translation. In der großen Untereinheit befindet sich das aktive Zentrum des Ribosoms, das **Peptidyl-Transferase-Zentrum**. Hier werden die von den tRNAs angelieferten Aminosäuren miteinander verknüpft. Der Austrittskanal der wachsenden Polypeptidkette befindet sich ebenfalls in der großen Untereinheit. Er ist etwa 10 nm lang und kann eine Polypeptidkette von etwa 40 Aminosäuren umfassen. tRNAs haben sowohl zu der großen als auch zu der

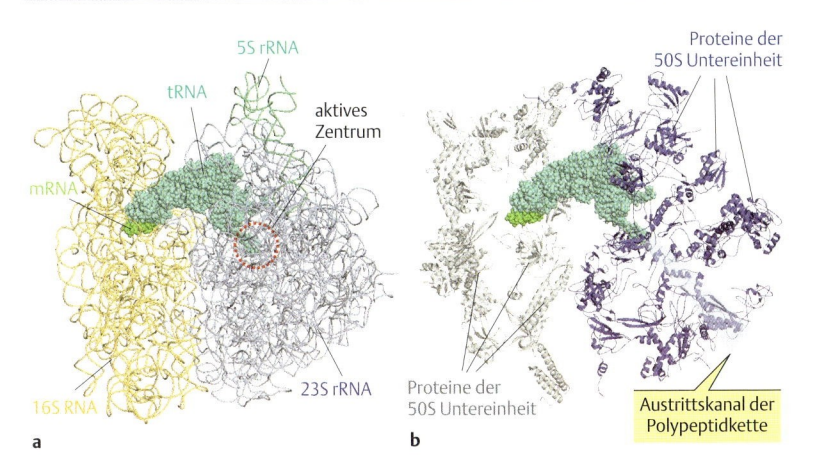

Abb. 5.11 **Verteilung von rRNA und Proteinen im 70S Ribosom. a** Neben den tRNAs und der mRNA ist nur das Rückgrat der rRNAs gezeigt. Deutlich zu erkennen ist der umfangreiche Kontakt der beiden Untereinheiten auf RNA-Ebene. **b** Neben mRNA und tRNAs sind hier nur die ribosomalen Proteine dargestellt. Die ribosomalen Proteine sind meist peripher angeordnet und nur teilweise ragen Proteinschlaufen tiefer in das Innere des Ribosoms. Lage und Darstellung ist entsprechend Abb. 5.**10b**.

kleinen Untereinheit Kontakt. Für die tRNAs können drei Bindungsstellen unterschieden werden:
- **Aminoacyl-Stelle** (**A-Stelle**): Bindung beladener tRNAs im Verlauf der Translation.
- **Peptidyl-Stelle** (**P-Stelle**): Knüpfung einer neuen Peptidbindung.
- **Exit-Site** (**E-Stelle**): Freisetzung der tRNA.

Der Zu- bzw. der Austritt der tRNAs wird durch die flexiblen L7/L12- bzw. L1-Arme kontrolliert.

Im Gegensatz zu früheren Annahmen, wonach die Proteine für die katalytischen Eigenschaften verantwortlich sein sollten und der rRNA lediglich eine strukturgebende Rolle zukommt, hat sich das Bild komplett gewandelt. Die rRNA führt fast alle Funktionen bei der Proteinbiosynthese durch. Hierzu gehört die eigentliche **Dechiffrierung** des genetischen Codes und die **Bildung der Peptidbindung** (Abb. 5.**15**). Das Ribosom ist somit ein **Ribozym**. Den Proteinen kommen vielmehr nur strukturunterstützende bzw. -stabilisierende Funktionen zu (Abb. 5.**11**).

5.3.2 Bildung von Ribosomen in Bacteria

Die Gene für die 5S, 16S und 23S rRNA sowie einige tRNAs werden zunächst in einem gemeinsamen **30S Primärtranskript** transkribiert, aus dem dann die einzelnen rRNA-Moleküle herausgeschnitten werden (S. 146). Die häufigsten Modifikationen der rRNA sind die Einführung von Pseudouridin sowie Methylierungen. Interessanterweise kommen diese Stellen gehäuft im Peptidyl-Transferase-Zentrum und dem Ort der Codon-Anticodon-Bindung vor. Einige Modifikationen werden erst an der assemblierten rRNA eingefügt.

Die **Bildung der Ribosomen** ist ein sehr komplexer Vorgang. Neben den eigentlichen Bestandteilen, der rRNA und den ribosomalen Proteinen, werden noch zahlreiche weitere Proteine für den Aufbau der Ribosomen in vivo benötigt. Hierzu gehören **RNA-Chaperone**, **RNA-Helicasen**, Ribosomen-spezifische **GTPasen** und noch weitere, als **Ribosomen-Reifungsfaktoren** (ribosome maturation factors, „rim"-Proteine) bezeichnete Proteine. Der Aufbau eines Ribosoms dauert in vivo bei 37 °C etwa 2 Minuten. Trotz der Komplexität der Assemblierung ist es prinzipiell möglich, ribosomale Untereinheiten in vitro aus den einzelnen Bestandteilen zu rekonstituieren. Bei diesen Experimenten hat sich gezeigt, dass die Bindung der ribosomalen Proteine an die rRNA in einer bestimmten Reihenfolge stattfindet. Die Rekonstitution in vitro verläuft in mehreren Schritten; zudem sind Inkubationen bei unterschiedlichen Temperaturen (0–42 °C) notwendig. Dies dient vermutlich dazu, die richtige Faltung der RNA zu ermöglichen. In vivo werden diese Vorgänge durch die oben genannten Proteine unterstützt

Die Synthese von Ribosomen stellt für eine Zelle einen beachtlichen Energieaufwand dar. Dementsprechend ist eine genaue Kontrolle der Syntheserate wichtig. Diese erfolgt in erster Linie über die Regulation der **Transkriptionsrate der *rrn*-Operons**. Im Rahmen der **stringenten Kontrolle** (stringent response, *Mikrobiologie*) unterbleibt die Transkription von tRNA- und rRNA-Genen. Die Gene für ribosomale Proteine liegen ebenfalls in Gruppen, teilweise mit anderen an der Translation beteiligten Proteinen, z. B. den Elongationsfaktoren EF-Tu und EF-Ts (S. 200) vor. Die Herstellung von ribosomalen Proteinen wird überwiegend auf **Translationsebene** durch einen **Feedback-Mechanismus** reguliert. Sind genügend ribosomale Proteine vorhanden, binden einige ribosomale Proteine auch an entsprechende mRNAs und verhindern deren Translation.

Korrekt assemblierte Ribosomen sind auch gegenüber Nucleasen recht stabil und stehen für viele Translationsereignisse zur Verfügung. Trotzdem unterliegen auch Ribosomen einem ständigen Auf- und Abbau. Der Abbau erfolgt durch das sogenannte **Degradosom**, einem Komplex vor allem aus RNase E, der Nuclease PNPase und der RNA-Helicase RhlB. RNase E ist auch bei der Prozessierung von pre-tRNAs und pre-rRNAs beteiligt. Über die Signale, die zu einem Abbau im Degradosom führen ist sehr wenig bekannt.

5.3.3 Bildung von Ribosomen in Eukarya

Die Bildung **eukaryotischer Ribosomen** ist gegenüber dem bakteriellen Weg deutlich komplexer. Die deutlichsten Unterschiede sind die **räumliche Aufteilung** in zwei Kompartimente, den **Zellkern** und das **Cytoplasma** sowie die Verwendung **kleiner nucleolärer RNA** (small nucleolar RNA, snoRNA). Die Transkription der rRNA-Gene erfolgt in einer speziellen Region innerhalb des Nucleolus (□ *Biochemie, Zellbiologie*), der sogenannten **Nucleolus-Organisator-Region** (**NOR**). Die Gene für die **5,8S**, **18S** und **28S rRNA** werden von der **RNA-Polymerase I** in einem gemeinsamen Primärtranskript transkribiert. Hieraus werden die entsprechenden rRNAs ausgeschnitten und anschließend noch modifiziert. Bei den Modifikationen handelt es sich überwiegend um die Einführung von Pseudouridin sowie 2´-Ribose-Methylierungen. Die **5S rRNA** wird im Nucleoplasma von der **RNA-Polymerase III** transkribiert und gelangt anschließend in die Nucleoli. Die ribosomalen Proteine müssen ebenfalls in den Zellkern bzw. in die Nucleoli transportiert werden. Die fertig assemblierten 40S bzw. 60S Untereinheiten werden getrennt in das Cytoplasma transportiert und treten erst zu Beginn der Translation zusammen (Abb. 5.**12**).

An der Ribosomengenese sind über 60 verschiedene snoRNAs beteiligt. Diese bilden zusammen mit bestimmten Proteinen die **snoRNPs** (small nucleolar ribonucleoprotein particles). Diese sind für die zahlreichen Prozessierungs- und Modifikationsreaktionen notwendig. Die snoRNAs binden über kurze Abschnitte an entsprechende komplementäre Bereiche der rRNA und legen hierdurch die Orte der Prozessierungs- bzw. Modifikationsreaktionen fest. Aufgrund dieser Eigenschaft werden diese auch als **guideRNAs** bezeichnet (to guide: führen, leiten).

Bisher sind bei der Hefe *Saccharomyces cerevisiae* etwa 170 Proteine bekannt, welche an der Bildung der Ribosomen beteiligt sind. Hierzu gehören vor allem **RNA-Helicasen**, **GTPasen** und **RNA-Chaperone**. Andere Proteine spielen eine wichtige Rolle beim intensiven Transport durch den Kernporenkomplex (□ *Biochemie, Zellbiologie*). Diese sind z. B. spezifische Rezeptoren für ribosomale Bestandteile und ermöglichen somit erst deren gerichteten Transport. Im Gegensatz zu bakteriellen Ribosomen ist eine Rekonstitution eukaryotischer ribosomaler Untereinheiten bisher nicht gelungen.

Der Abbau falsch prozessierter rRNA sowie „alter" rRNA erfolgt durch das im Nucleus lokalisierte **Exosom**. Es besteht aus mehreren Nucleasen unterschiedlicher Spezifität und ist in seiner Funktion dem Degradosom der Bacteria vergleichbar. Neben rRNA werden auch andere RNA-Spezies durch das Exosom abgebaut. Über spezifische Erkennungssignale für das Exosom ist bisher nichts bekannt.

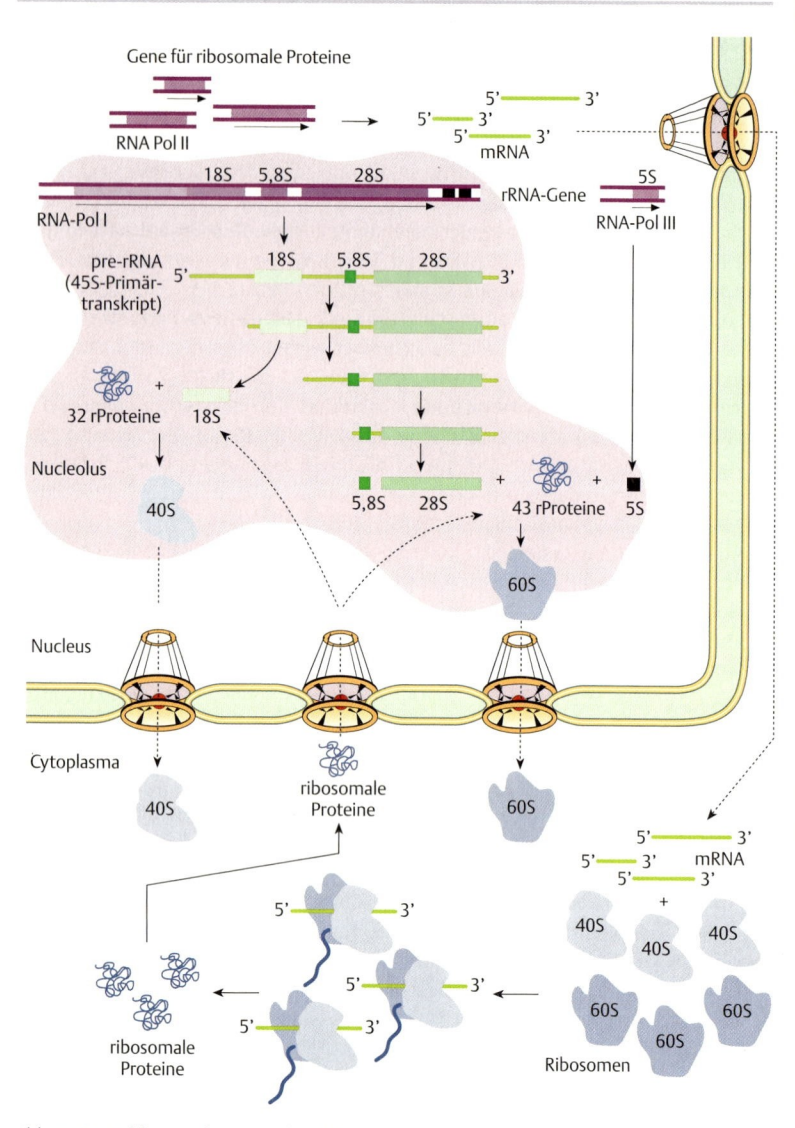

Abb. 5.12 Bildung eukaryotischer Ribosomen. Der Bereich des Nucleolus ist hervorgehoben. Die Gene für die rRNA sind vielfach hintereinander tandemartig angeordnet. Die Länge des 45S-Primärtranskripts variiert bei unterschiedlichen Spezies. Die Gene für ribosomale Proteine werden von der RNA-Polymerase II transkribiert. Die mRNA wird anschließend in das Cytoplasma transportiert. Nach erfolgter Synthese werden die ribosomalen Proteine in den Zellkern importiert und treten mit der rRNA zusammen. Für die zahlreichen Transportvorgänge über die Kernmembran gibt es jeweils spezifische Transportfaktoren.

5.3.4 Bildung von Ribosomen in Archaea

Archaea besitzen Ribosomen mit einem Sedimentationskoeffizienten von 70 (**70S Ribosom**) und ribosomale rRNA der Größen **5S**, **16S** und **23S**. Trotz der zunächst offensichtlich erscheinenden Ähnlichkeit zu den Ribosomen der Bacteria haben die Ribosomen der Archaea mehr Gemeinsamkeiten mit denen der Eukarya.

Die Anordnung der rRNA-Gene innerhalb der Archaea ist unterschiedlich. Beispielsweise sind bei **Euryarchaeota** die rRNA-Gene analog denen der Bacteria angeordnet mit dazwischenliegenden tRNA-Genen. Im Gegensatz hierzu werden bei den **Crenarchaeota** nur die 16S und 23S rRNA-Gene gemeinsam transkribiert. Die Transkription der 5S rRNA erfolgt gesondert.

Eine weitere Gemeinsamkeit mit den Eukarya ist die Verwendung **kleiner, nichtcodierender RNA-Moleküle** bei den Prozessierungs- und Modifikationsreaktionen der pre-rRNA. Diese entsprechen den snoRNAs der Eukarya. Art und Umfang der rRNA-Modifikationen ähneln ebenfalls denen der Eukarya. Die **ribosomalen Proteine** der Archaea sind denen der Eukarya ähnlicher als denen der Bacteria. Für den Abbau bzw. bestimmte Prozessierungsschritte verfügen Archaea über ein **Exosom**, welches strukturell dem der Eukarya entspricht.

> **Ribosomen:** Komplexe aus RNA und Proteinen; Orte der Proteinbiosynthese.
> **Polysom:** Assoziation mehrerer Ribosomen mit einer mRNA.
> **70S Ribosomen:** Ribosomen-Größe bei Prokaryoten sowie Mitochondrien und Chloroplasten. Bestehen aus einer 50S großen und einer 30S kleinen Untereinheit.
> **80S Ribosomen:** Ribosomen-Größe eukaryotischer Zellen. Bestehen aus einer 60S großen und einer 40S kleinen Untereinheit.
> **rRNA: ribosomale RNA.** Bei 70S Ribosomen werden aus einem 30S Primärtranskript die 5S, 16S und 23S rRNA herausgeschnitten. Bei 80S Ribosomen werden aus einem 45S Primärtranskript die 5,8S, 18S und 28S rRNA herausgeschnitten. Die 5S rRNA wird gesondert transkribiert.
> **tRNA-Bindungsstellen:** Drei unterschiedliche Plätze im Ribosom: A-Stelle: Anlagerung beladener tRNAs. P-Stelle: Ausbildung der Peptidbindung. E-Stelle: Austrittsstelle der entladenen tRNA.
> **Peptidyl-Transferase-Zentrum:** Aktives Zentrum im Ribosom. Katalyse der Ausbildung der Peptidbindung.

5.4 Verlauf der Translation: Initiation, Elongation, Termination

Die **Translation** verläuft bei allen Organismen prinzipiell nach dem gleichen Mechanismus und wird in drei Schritte unterteilt: **Initiation**, dem Beginn der Translation, **Elongation**, die Verlängerung der Polypeptidkette und **Termination**, der Beendigung der Translation. Diese Prozesse werden durch zahlreiche **Translationsfaktoren** gesteuert. Die Hauptunterschiede in der Translation zwischen **Bacteria** und **Eukarya** liegen in der Verwendung unterschiedlicher Faktoren. Der Translationsapparat der **Archaea** besitzt Charakteristika sowohl der Bacteria als auch der Eukaryoten. Die Ausbildung der Peptidbindung wird durch die RNA des Ribosoms katalysiert.

▶ **In-vitro-Translation.** Obwohl die Translation ein komplexer Prozess ist, kann dieser recht einfach in vitro durchgeführt werden. Hierzu werden **Zellextrakte** entsprechender Zellen verwendet. Die erforderliche mRNA setzt in der Regel eine **In-vitro-Transkription** (S. 496) voraus, prinzipiell kann natürlich auch eine gereinigte oder synthetische mRNA verwendet werden. In der Tat waren solche In-vitro-Translationsexperimente mit synthetischer RNA die Grundlage für die Entzifferung des genetischen Codes.

Mit dem **Weizenkeimextrakt** und dem **Retikulocytenlysat** stehen zwei Systeme für die eukaryotische In-vitro-Translation zur Verfügung. Diese Extrakte stammen im wesentlichen aus Zellen mit möglichst hoher Ribosomendichte. Der Zellextrakt enthält die benötigten Translationsfaktoren, tRNAs, Aminoacyl-Transferasen etc. Zugesetzt werden in der Regel noch die Aminosäuren und ATP bzw. GTP. Ein großer Vorteil der In-vitro-Translation ist, dass z. B. **Isotopen-markierte Aminosäuren** oder auch an tRNAs gekoppelte derivatisierte Aminosäuren zugesetzt werden können und diese dann selektiv in das Protein eingebaut werden. Die entsprechenden Extrakte können recht einfach hergestellt werden und sind auch kommerziell erhältlich. Mittlerweile gibt es auch ein definiertes In-vitro-Translationssystem. Für dieses System werden alle benötigten Proteine, also alle Translationsfaktoren und Aminoacyl-tRNA-Synthetasen rekombinant hergestellt. Aus natürlicher Quelle stammen lediglich gereinigte Ribosomen und tRNAs aus *E. coli*. Komplettiert wird das System durch Zugabe der Aminosäuren, Salze und energiereichen Verbindungen. Alle Proteine dieses Systems besitzen eine kurze konsekutive Abfolge von Histidinen ("His-tag") und können von den nativen, in vivo translatierten Proteinen mithilfe der IMAC-Technik (Immobilisierte Metall-Ionen Affinitäts-Chromatographie) abgetrennt werden.

Die In-Vitro-Translation ist zudem zeitsparend (ca. 60 Minuten Inkubationszeit) gegenüber einer rekombinanten Expression (einige Tage). Mit dieser Technik kann bequem eine große Anzahl unterschiedlicher RNA- bzw. DNA-Sequenzen in Protein übersetzt und dieses dann nach gewünschten Eigenschaften analysiert werden. ◀

5.4.1 Initiation bei Bacteria

Für die **Initiation** der Proteinbiosynthese gibt es bei Bacteria drei **Initiationsfaktoren**: **IF1**, **IF2** und **IF3**. Des Weiteren werden die **mRNA**, die beladene **Initiator-tRNA** (fMet-tRNA^{fMet}, S. 188) und die **ribosomalen Untereinheiten** benötigt. IF1 und IF3 binden direkt an die 30S ribosomale Untereinheit, während IF2 an fMet-tRNA^{fMet} gebunden ist. IF2 ist eine GTPase und benötigt zur Bindung der tRNA GTP.

IF3 verhindert eine vorzeitige Assoziation mit der großen Untereinheit. IF1 bindet an die A-Stelle, an der im Verlauf der Elongation neue beladene tRNAs eintreten (s.u). Die Bindung an die A-Stelle verhindert, dass die Initiator-tRNA an diese Position bindet. Es folgen Bindung der Initiator-tRNA mit IF2 an die P-Stelle und Anlagerung der mRNA. Es entsteht der sogenannte **30S Präinitiationskomplex**. Die mRNA besitzt stromaufwärts des Startcodons eine sogenannte **Shine-Dalgarno-Sequenz** (AGGAGG). Diese Sequenz lagert sich an einen komplementären Bereich innerhalb der 16S-rRNA an, der entsprechend **Anti-Shine-Dalgarno-Sequenz** genannt wird. Nach einigen Konformationsänderungen ist die mRNA und die Codon-Anticodon-Paarung korrekt ausgerichtet und der Komplex geht in den **30S Initiationskomplex** über. IF1 und IF3 verlassen den 30S Initiationskomplex und IF2 stimuliert die Assoziation mit der 70S Untereinheit, wobei es zur GTP-Hydrolyse und dem Ablösen von IF2 kommt. Der resultierende **70S Initiationskomplex** ist bereit zur Aufnahme weiterer acylierter tRNAs (Abb. 5.13).

Die Initiation ist der **geschwindigkeitsbestimmende Schritt** bei der Proteinbiosynthese. Die Funktion der Initiationsfaktoren besteht darin, die mRNA sowie die fMet-tRNA^{fMet} korrekt an der 30S-Untereinheit auszurichten. Hervorzuheben

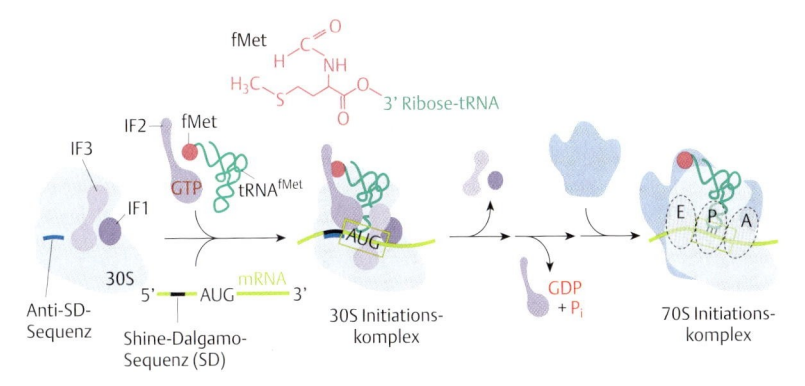

Abb. 5.13 Initiation bei Bacteria. Bei den Bacteria beginnt die Proteinbiosynthese stets mit einem formylierten Methionin. Die Formylierung ist wichtig für die Bindung an IF2. Die GTPase-Aktivität von IF2 wird durch IF1 stimuliert. IF3 sorgt für die Überprüfung der richtigen Codon-Anticodon-Ausrichtung.

ist hierbei die Anlagerung der Initiator-tRNA direkt an die P-Stelle. Eine fehlerhafte Positionierung der Initiator-tRNA führt unweigerlich zu einem fehlgebildeten Protein.

Alternative Startmöglichkeiten. Neben dem am häufigsten verwendeten Startcodon AUG werden auch **GUG** und gelegentlich **UUG** oder **UUU** als Startcodon verwendet. Dies ist möglich, da aufgrund der Shine-Dalgarno-Sequenz die mRNA am Ribosom positioniert wird. IF3 lässt entsprechende Paarungen an dieser Position zu. Bei einer Platzierung anderer Codons an dieser Stelle bewirkt IF3 eine Dissoziation des Komplexes. Auch bei der Verwendung alternativer Startcodons beginnt die Proteinbiosynthese immer mit fMet-tRNA^{fMet}.

Neben dem beschriebenen Mechanismus gibt es bei Bacteria noch eine weitere, jedoch selten vorkommende Initiationsmöglichkeit. Hier besitzt die mRNA stromaufwärts des Startcodons keine weiteren oder nur sehr wenige (<15) Nucleotide. Die 30S Untereinheit bindet im Komplex mit IF2 und fMet-tRNA^{fMet} direkt an das Startcodon der 5´-UTR-freien „leaderless" mRNA.

5.4.2 Elongation bei Bacteria

Nach Bildung des 70S Initiationskomplexes schließt sich die **Elongation** an, in deren Verlauf weitere Aminoacyl-tRNAs entsprechend der Codonabfolge der mRNA an das Ribosom angelagert und die Aminosäuren miteinander verknüpft werden. Die Elongation erfolgt mithilfe von **Elongationsfaktoren**. Diese liefern die entsprechenden tRNAs an das Ribosom, überprüfen die Passgenauigkeit und erleichtern Konformationsänderungen des Elongationskomplexes.

Der Elongationsfaktor **EF-Tu** erkennt beladene tRNAs (außer der Initiator-tRNA, s.o) und liefert diese an die A-Stelle im Ribosom. EF-Tu ist eine GTPase und benötigt für diese Funktion ein gebundenes GTP. Die Erkennung einer korrekten Codon-Anticodon-Paarung erfolgt durch das Ribosom selbst; vergleichbar der Substraterkennung eines Enzyms. Eine Überprüfung der richtigen Codon-Anticodon-Erkennung erfolgt nur an dieser Stelle. Ein weiterer Elongationsfaktor ist **EF-Ts**. Dieser ist ein Guanylnucleotid-Austauscher von EF-Tu und bewirkt dessen Neubeladung mit GTP. Der dritte Elongationsfaktor ist **EF-G**. EF-G benötigt für seine Funktion ebenfalls GTP. Vermutlich wird die bei der Hydrolyse freiwerdende Energie für Konformationsänderungen bzw. das Weiterrutschen der mRNA verwendet. Nach diesem Prozess verlässt EF-G den Komplex. Die deacylierte tRNA ist nun in der E-Position und dissoziiert vom Ribosom (Abb. 5.**14**).

Stolpern erwünscht: Rasterschub bei der Translation. In einem offenen Leseraster (ORF) werden die Codons nacheinander abgelesen. Wird ein Nucleotid ausgelassen oder übersprungen, kommt es zu einem **Rasterschub** mit entsprechenden Konsequenzen für das gebildete Protein. In der Regel ist dies nicht erwünscht; aber die gezielte Verwendung dieses Mechanismus erlaubt die Bildung zweier Proteine von einer mRNA oder auch eine zusätzliche Regulations- bzw. Kontrollmöglichkeit. Hierdurch wird auf einfache Weise eine Erweiterung des genetischen Repertoires erreicht: Beispielsweise ist zur Bildung eines Terminationsfaktors (RF2, S. 202) ein gezielter Rasterschub um –1 Position nötig, um das funktionsfähige Protein zu bilden. Bei einem solchen Rasterschub

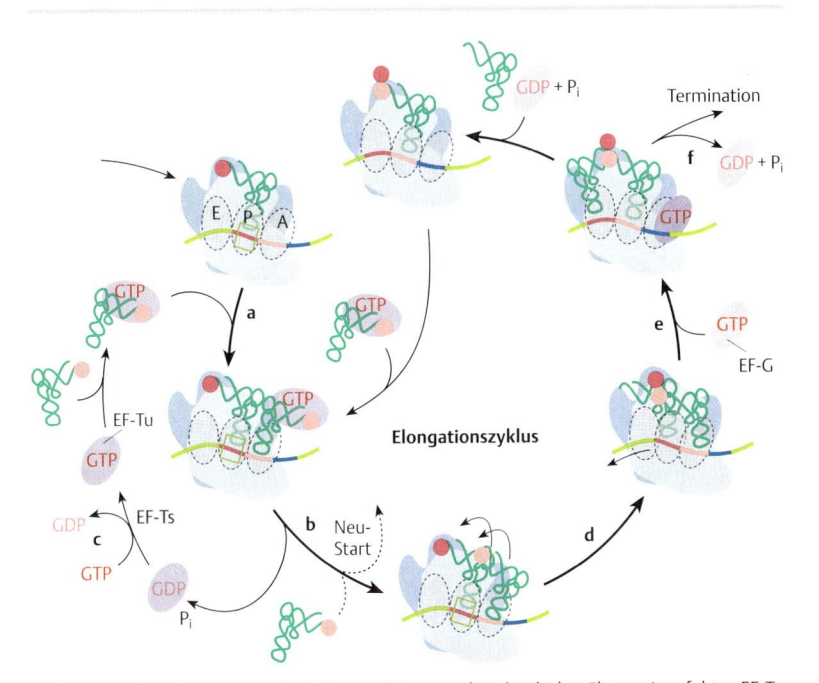

Abb. 5.14 Elongation. a Die beladenen tRNAs werden durch den Elongationsfaktor EF-Tu an die A-Stelle geleitet. **b** Nach der Anlagerung wird zunächst die Codon-Anticodon-Basenpaarung überprüft. Bei einer Fehlpaarung dissoziiert der Komplex wieder. Handelt es sich um eine passende tRNA, gemessen an der Verweilzeit im Ribosom, wird durch das Ribosom die GTPase-Aktivität von EF-Tu aktiviert und EF-Tu verlässt den Komplex. Die GTPase-Funktion von EF-Tu kann mit einem Zeitschalter verglichen werden. Nun erfolgt eine zweite Überprüfung der Passgenauigkeit: Der Aminoacylrest muss richtig positioniert werden, ansonsten verlässt die beladene tRNA den Komplex. **c** Nach dem GDP-GTP Austausch durch EF-Ts kann EF-Tu wieder eine aminoacylierte tRNA binden. **d** Ausrichtung der Aminoacylgruppen im aktiven Zentrum und Peptidyl-Transferase-Reaktion. **e** Neupositionierung der tRNAs sowie Weiterrutschen der mRNA mithilfe von EF-G. **f** Das Auftreten eines Stoppcodons verhindert eine weitere Elongation.

kommt es nicht zu einem Verrutschen der mRNA, vielmehr wird die tRNA an der P-Stelle neu positioniert.

Durch die Aufklärung der dreidimensionalen Ribosomenstruktur wurde der definitive Nachweis erbracht, dass die Peptidyl-Transferierung durch RNA katalysiert wird. Die katalytische Strategie entspricht der „normalen" Strategie von Enzymen: Katalyse durch **optimale Substratausrichtung** und **Stabilisierung des Übergangszustandes** (Abb. 5.15). Für diesen Vorgang ist die 23S rRNA verantwortlich. In der Tat ist der Raum um das Peptidyl-Transferase-Zentrum praktisch frei von Protein.

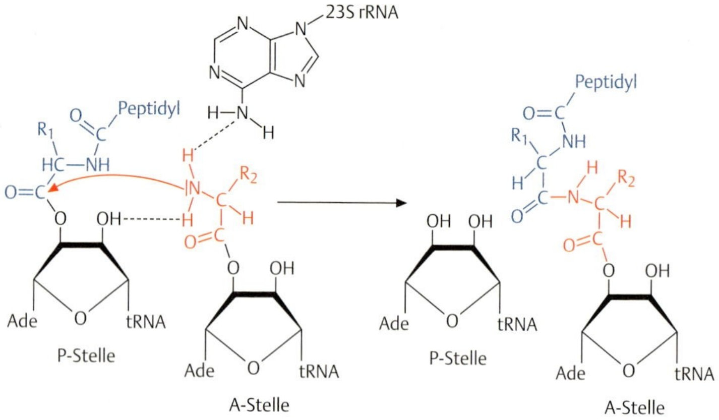

Abb. 5.15 Peptidyl-Transfer. Die Aminogruppe der Aminoacyl-tRNA an der A-Stelle bildet Wasserstoffbrücken-Bindungen zu einem Adeninrest der 23S rRNA und zu einer OH-Gruppe an dem letzten Nucleotid der tRNA an der P-Stelle aus. Hierdurch wird die Nucleophilie des Stickstoffatoms erhöht und ein nucleophiler Angriff auf die Carbonylgruppe der Esterbindung erfolgt. Durch die Reaktion wird die wachsende Polypeptidkette auf die tRNA an der A-Stelle übertragen; die Polypeptidkette ist um eine Aminosäure verlängert.

5.4.3 Termination bei Bacteria

Gelangt ein Stoppcodon an die A-Stelle, kann die normale Elongation nicht weitergehen, da es für die regulären Stoppcodons keine passenden tRNAs gibt, es kommt zur **Termination** der Translation. Die Stoppcodons werden bei Bacteria durch bestimmte Proteine erkannt, den **Terminationsfaktoren** (release factors). Bei *E. coli* gibt es zwei verschiedene Terminationsfaktoren. **RF1** erkennt spezifisch UAG, **RF2** erkennt spezifisch UGA. Das Stoppcodon UAA wird von beiden erkannt. RF1 und RF2 besitzen ähnliche Struktur und funktionieren nach dem gleichen Mechanismus. RF1/RF2 binden an die P-Stelle im Ribosom. Es hat sowohl Kontakt zum Codon als auch zum Peptidyl-Transferase-Zentrum. Bei korrekter Platzierung erfolgt eine Konformationsänderung, wobei die konservierte Sequenz GlyGlyGln, welche sich am Ende einer langen Helix befindet, noch weiter in das Peptidyl-Transferase-Zentrum gelangt. Hierdurch wird nun die Esterbindung, über die die Polypeptidkette mit der tRNA verbunden ist, für die Hydrolyse ausgerichtet und der Eintritt eines Wassermoleküls in das aktive Zentrum ermöglicht. Nach erfolgter Hydrolyse löst sich das gebildete Protein vom Ribosom. Weitere Schritte und Faktoren sind notwendig, um die ribosomalen Untereinheiten bzw. die tRNA und mRNA voneinander zu trennen. RF3 ist für die Freisetzung von RF1/RF2 notwendig. Der Elongationsfaktor **EF-G** sorgt gemeinsam mit dem **Ribosome Release Factor** (RRF) für die Dissoziation der beiden ribosomalen Untereinheiten. Es folgt die Bindung von **IF3**, einhergehend

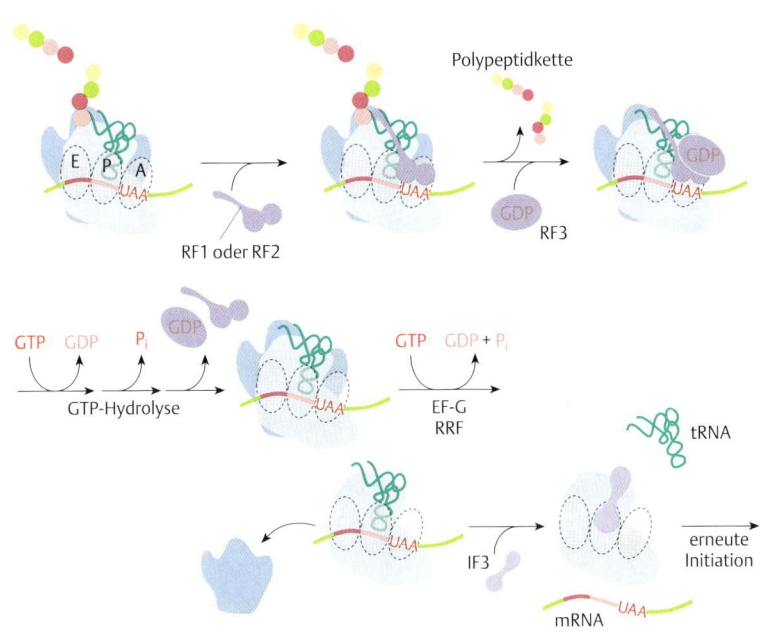

Abb. 5.16 Termination bei Bacteria. RF1 bzw. RF2 bewirken die Ablösung der Polypeptidkette. Um RF1/RF2 vom Ribosom zu entfernen ist RF3 notwendig. RF3 ist ein G-Protein, das zusammen mit GDP an den RF1/RF2-Ribosomenkomplex bindet. Dieser Komplex hat eine Guanylnucleotid-Austauscher-Funktion für RF3. Nach Austausch von GDP gegen GTP wird dieses hydrolysiert und die Energie zur Ablösung von RF1/RF2 verwendet. Für die Trennung der beiden ribosomalen Untereinheiten muss Energie, in Form von GTP-Hydrolyse durch den Elongationsfaktor EF-G, aufgewendet werden. Dieser Vorgang wird durch RRF unterstützt.

mit der Freisetzung von mRNA und tRNA (Abb. 5.16). Ein neuer Initiationszyklus kann beginnen.

Vorzeitiger Abbruch: tmRNA. Wenn ein translatierendes Ribosom längere Zeit eine freie A-Stelle besitzt, kann dies ein Mangel oder aber ein Zeichen für ein „sonstiges" Problem bei der Translation sein. In Anbetracht des Energieaufwandes, den eine Zelle für die Proteinbiosynthese betreibt, muss ein solcher Zustand schnell und effizient beendet werden. Zu berücksichtigen ist, dass eine mRNA von mehreren Ribosomen gleichzeitig translatiert werden kann. Für dieses Problem hat die Evolution eine Lösung gefunden: Die **tmRNA**. Die tmRNA besteht bei *E. coli* aus etwa 350 Nucleotiden und besitzt einen den tRNAs entsprechenden Aminosäureakzeptor-Arm und vergleichbare Strukturen der beiden Seitenarme. Anstelle des Anticodon-Stammes befindet sich ein sogenannter **Verbindungs-Stamm** (connector stem) mit einer großen RNA-Schleife. Wie funktioniert nun die tmRNA? Die tmRNA wird mit einem Alanin beladen und bindet so an die A-Position im Ribosom. Die Peptidyltransferase-Reaktion läuft normal ab. Beim Wechsel auf die P-Stelle gelangt die große RNA-Schleife anstelle der mRNA in das Ribosom. Diese codiert die Sequenz AANDENYALAA, welche auch in weiteren normalen Elongationsschritten an die bestehende Polypeptidkette angefügt wird. Der tRNA-ähnliche Bereich verlässt hierbei das Ribosom, während die große Schlaufe als mRNA dienend durch das Ribosom gezogen wird. An dem enthaltenen Stoppcodon kommt es zur Termination. Das Resultat der tmRNA-Wirkung: Aufhebung der Elongationsblockade und Anfügung oben genannter Sequenz an das Polypeptid. Dieses stellt ein Abbausignal für das – sehr wahrscheinlich funktionsuntüchtige Protein – dar. Die Bezeichnung tmRNA leitet sich von der gleichzeitigen Funktion als tRNA und als mRNA ab.

Vorzeitiger Abbruch: RF2. Nach erfolgter Transpeptidierung gelangt die tRNA mit der Polypeptidkette von der A-Stelle auf die P-Position. Dies geschieht auch, wenn zuvor eine falsche tRNA akzeptiert und somit eine falsche Aminosäure eingebaut wurde. Das Ribosom besitzt jedoch eine gewisse Fähigkeit zur Korrektur solcher Fehler. Liegt eine Fehlpaarung zwischen Codon und Anticodon an der P-Stelle vor, kann RF2 an die A-Seite binden – unabhängig von der Präsenz eines Stoppcodons. RF2 bewirkt, seiner Funktion entsprechend, die Hydrolyse zwischen tRNA und Polypeptidkette. Hierdurch wird im letzten Moment die Bildung eines fehlerhaften Proteins verhindert.

▶ **Erzeugung neuer Proteine mit neuen Eigenschaften.** Um die Eigenschaften von Proteinen zu verändern, gibt es unterschiedliche Möglichkeiten. Beispielsweise kann mit einer gewollt **Fehler-anfälligen** (**error-prone**) **Polymerase-Ketten-Reaktion** (PCR, S. 484) das entsprechende Gen amplifiziert werden. Hierbei entstehen zahlreiche Mutanten mit unterschiedlichen Eigenschaften.

Antikörper spielen eine immer wichtigere Rolle in der Medizin. Z. B. werden bestimmte Krebs-Krankheiten dadurch behandelt, dass der den Krebs auslösende Rezeptortyp durch einen Antikörper blockiert und zugleich die betroffene Zelle für das Immunsystem markiert wird. Um einen solchen Antikörper zu erzeugen, werden Tiere gegen das Antigen (in diesem Fall der Rezeptor) immunisiert, d. h. das Antigen wird injiziert und der Organismus bildet zahlreiche Antikörper. Die Antikörper unterscheiden sich in ihrer Sequenz und dadurch in ihren Bindungseigenschaften. Diese Variabilität wird durch eine Rekombination der Immungene bewirkt (Zoologie, 5).

Bei beiden genannten Beispielen existiert eine sehr hohe Anzahl unterschiedlicher Proteine mit unterschiedlichen Eigenschaften. Wie kann gezielt ein Protein mit den gewünschten Eigenschaften zusammen mit dessen Bauplan selektiert werden? Dies geschieht über sogenannte **Display-Techniken** (to display: anzeigen). Bei diesen Techniken wird der **Phänotyp** (Proteineigenschaften) mit dem **Genotyp** (Bauplan) gekoppelt. Am weitesten verbreitet sind das sogenannte **Phagen-Display-System** (PhD-System) oder das **Ribosomen-Display**. An dieser Stelle soll das Ribosomen-Display näher erläutert werden. Ausgangspunkt sind meist cDNA-Bibliotheken (S. 495), welche bis zu 10^8–10^{14} Sequenzvarianten enthalten. Die DNA wird durch In-vitro-Translation synthetisiert. Um eine Assoziation der gebildeten Peptidkette mit ihrer mRNA zu erreichen, gibt es unterschiedliche Methoden. Am einfachsten ist es, das Stoppcodon zu deletieren. Ohne Stoppcodon können die Terminationsfaktoren nicht angreifen und es resultiert ein stabiler **mRNA-Protein-Ribosom-Komplex**, bei dem Genotyp und Phänotyp direkt miteinander verbunden sind. Diese Komplexe können nun nach den gewünschten Eigenschaften selektioniert werden (Abb. 5.**17**). ◀

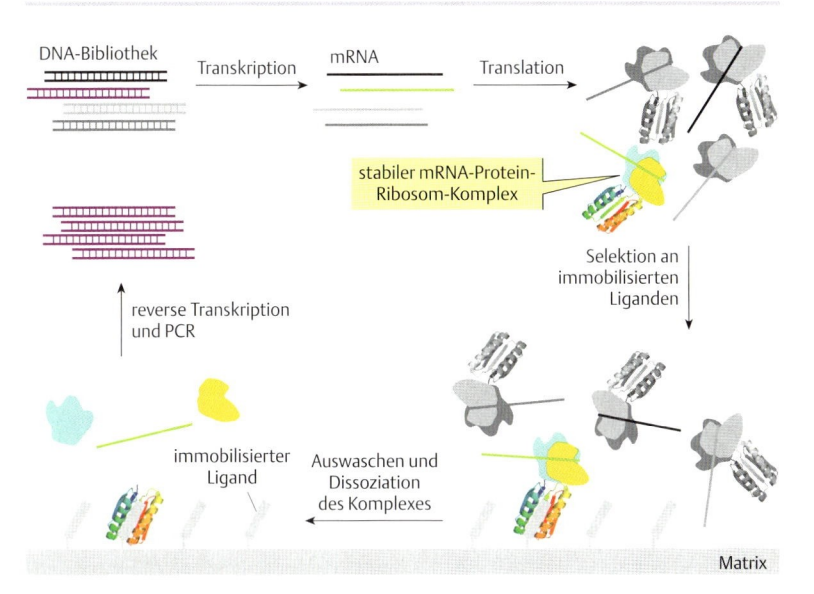

Abb. 5.**17 Ribosomen-Display.** Durch das Fehlen eines Stoppcodons entsteht ein stabiler mRNA-Protein-Ribosom-Komplex. Das Protein bleibt mit der mRNA über das Ribosom verbunden und über einen immobilisierten Liganden können die entsprechenden Proteine selektiert und nach reverser Transkription der RNA in DNA das entsprechende Gen amplifiziert werden. Zur Gewinnung möglichst hoch-affiner Proteine kann der Zyklus mit der amplifizierten DNA mehrmals durchlaufen werden.

5.4.4 Initiation bei Eukaryoten

Das Ergebnis der **Initiation** bei Eukaryoten entspricht dem der Bacteria: Bereitstellung eines **Initiations-Komplexes** aus den beiden assoziierten **ribosomalen Untereinheiten**, einer **Initiator-tRNA** und einer **mRNA** mit einem Startcodon an der P-Stelle. Der Ablauf der Initiation unterscheidet sich aber deutlich von denen der Bacteria. Etwa 12 verschiedene Faktoren, die aus über 20 Proteinen bestehen, sind für den Initiationsprozess bei Eukaryoten notwendig. Der Hauptgrund hierfür ist wohl, dass eukaryotische mRNA keine den Shine-Dalgarno-Sequenzen entsprechende Abschnitte besitzen, welche mit komplementären Nucleotidabfolgen ribosomaler rRNA paaren. Somit kann die mRNA nicht aufgrund einer Sequenz positioniert werden. Bei Eukaryoten wird die mRNA vom 5´-Ende beginnend durch das Ribosom nach einem Startcodon abgetastet. Das erste AUG-Startcodon wird für die Initiation verwendet. Diesen Prozess mit der notwendigen Präzision durchzuführen, erfordert die Verwendung zahlreicher **eukaryotischer Initiationsfaktoren** (**eIFs**). Viele Initiationsfaktoren ermöglichen zudem umfassende Regulationsmöglichkeiten (S. 466). Auch bei Eukaryoten ist die Initiation der **geschwindigkeitsbestimmende Schritt** der Translation.

Die Translation beginnt, wie bei Bacteria, mit dem Startcodon **AUG**. Die erste Aminosäure ist aber ein normales, an die **Initiator-tRNA** gebundenes Methionin (Met-tRNA$_i$). Met-tRNA$_i$ wird von **eIF2** gebunden. eIF2 besteht aus drei Untereinheiten: **eIF2α**, **eIF2β** und **eIF2γ**. eIF2γ besitzt eine GTP-Bindungsstelle und zeigt gewisse Ähnlichkeiten zu dem bakteriellen Faktor EF-Tu. eIF2α ermöglicht eine effiziente Bindung von Met-tRNA$_i$. eIF2β bildet Interaktionen mit anderen Initiationsfaktoren aus. Der Komplex aus Met-tRNA$_i$ mit eIF2 und GTP wird als **ternärer Komplex** (ternary complex, TC) bezeichnet. Für die Bindung des ternären Komplexes an die 40S-Untereinheit sind **eIF1** (12 kDa), **eIF1A** (17 kDa) und **eIF3** erforderlich. eIF3 ist ein großer multimerer Komplex, welchem vermutlich eine grundlegende Gerüstfunktion (scaffold) beim Zusammenbau zukommt. Möglicherweise bindet **eIF5** zusammen mit dem ternären Komplex schon zu diesem Zeitpunkt an das Ribosom. eIF5 ist ein GTPase-aktivierendes Protein (GAP) für eIF2. Es entsteht der **43S-Prä-Initiationskomplex**. Hieran erfolgt die Anlagerung der mRNA. Bei Eukaryoten besitzt die mRNA eine spezifische 5´-Kappen-Struktur (S. 160). Der dort bindende „cap-binding-complex" ist identisch mit **eIF4F**, einem großen, aus drei Untereinheiten bestehenden Komplex: **eIF4A**, einer ATP-verbrauchenden RNA-Helicase, **eIF4E**, dem eigentlichen 5´-Kappenbindendem Protein und **eIF4G**, welches für die Bindung an das Ribosom notwendig ist. eIF4G steht ebenfalls mit den Poly-A-bindenden Proteinen (PABPs) in Kontakt, welche an den Poly-A-Schwanz der mRNA binden (S. 168). Hierdurch entsteht eine ringförmige Struktur, die sich positiv auf die Initiation auswirkt.

Nachdem die mRNA gebunden ist, beginnt das Ribosom die mRNA abzutasten (**ribosome scanning**). Für die Erkennung des Startcodons sind eIF1 und eIF1A wichtig; vermutlich tasten diese die mRNA direkt ab. Ist das Startcodon gefunden, kommt es quasi zu einer „Arretierung"; es bildet sich der **48S-Prä-Initiationskomplex**. Mit der Assoziation der 60S Untereinheit, ermöglicht durch das G-Protein **eIF5B**, entsteht der **80S Initiationskomplex** (Abb. 5.**18**). Die Wiederbeladung von eIF2 mit GTP erfolgt durch den Guaninnucleotid-Austauscher **eIF2B**. eIF2B ist ein Pentamer aus 5 unterschiedlichen Untereinheiten (eIF2Bα-ε). Die Untereinheiten α, β, δ haben regulatorische Funktionen; für die Aktivität sind die Untereinheiten γ und ε zuständig.

Alternative Startmöglichkeiten. Auch bei Eukaryoten werden gelegentlich alternative Startcodons, ACG oder CUG (z. B. ein alternatives Translationsprodukt von c-myc) verwendet. Auch kommt es vor, dass das erste 5´-gelegene AUG-Codon ausgelassen wird und ein nachfolgendes AUG als Startcodon verwendet wird, sogenanntes **leaky scanning** (leaky: undicht; durchlässig). Es hat sich gezeigt, dass es „starke" und „weniger starke" Startsignale gibt. Entscheidend hierfür ist die **unmittelbare Sequenz** um das Startcodon. Die optimale Sequenz für ein Startcodon ist GCCRCCAUGG (R ist eine Purinbase, das Startcodon ist unterstrichen). Die Purinbase an Position –3 (die Zählung beginnt mit dem A des Startcodons) ist ebenso wie das Guanosin an der Stelle +4 hochkonserviert. Diese Konsensussequenz wird als **Kozak-Sequenz** bezeichnet. So kann z. B. ein „falsches" Startcodon innerhalb einer optimalen Kozak-Sequenz als Startpunkt ausgewählt werden, während ein „richtiges" Startcodon in einer veränderten, abgeschwächten Kozak-

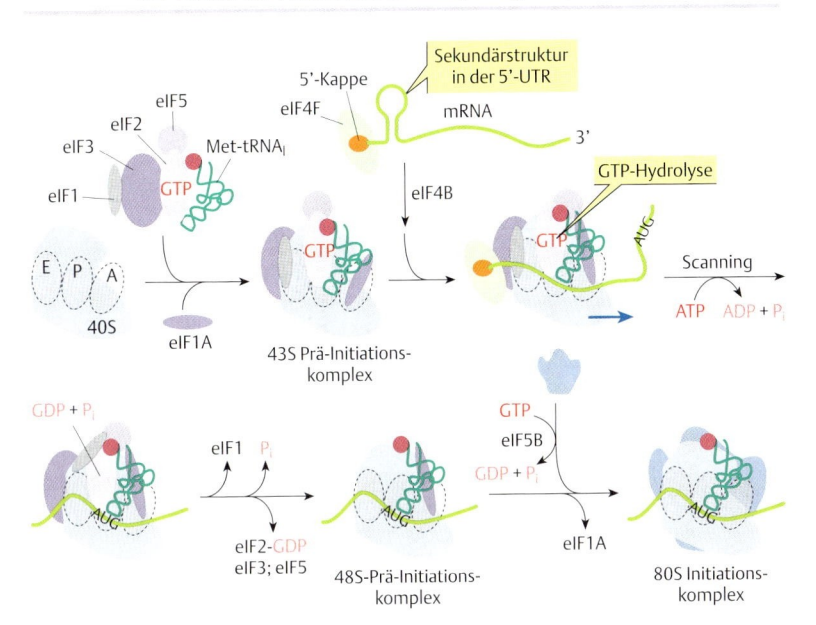

Abb. 5.18 Initiation bei Eukaryoten. Die Anlagerung der mRNA erfolgt an den 43S-Prä-Initiationskomplex. Eukaryotische mRNA besitzt am 5′-Ende vor dem Startcodon einen nicht translatierten Bereich (5′ untranslated region, 5′UTR), häufig mit Sekundärstrukturen, die von eIF4B entwunden werden. Nach der mRNA-Anlagerung beginnt die Suche nach dem ersten Startcodon. In dem Verlauf kommt es zur GTP-Hydrolyse. Für die AUG-Erkennung sind eIF1 und eIF1A verantwortlich. Diese Proteine arbeiten „antagonistisch": eIF1A ist für die Erkennung des AUG-Codons notwendig; vermutlich durch Verlängerung der Verweilzeit an entsprechenden Stellen. eIF1 hat eine inhibitorische Funktion auf eIF5. Sowohl eIF1A als auch eIF1 haben Einfluss auf die Aktivität von eIF5. Das genaue Zusammenspiel ist noch unbekannt. Erst nach Festlegung des Startcodons kommt es zur Freisetzung von eIF1 und P_i. Dieser Vorgang macht den bis dahin reversiblen Scanning-Prozess irreversibel. Nach Anlagerung der 60S Untereinheit verlässt eIF1A den Komplex.

Sequenz überlesen wird. Eine Basenpaarung von Nucleotiden mit Abschnitten auf der rRNA konnte bisher nicht nachgewiesen werden. Vermutlich erkennen eIF1 und eIF1A diese Sequenzen und koordinieren die Verweilzeit an diesen Stellen mit der Aktivität von eIF5. Beispielsweise führen bestimmte Mutationen in eIF1 zu einer verstärkten Verwendung von UUG als Startcodon. Solche Mutationen werden als „Sui"(suppresor of initiation codon)-Mutationen bezeichnet. Die Proteinbiosynthese bei Verwendung alternativer Startcodons beginnt auch bei Eukaryoten stets mit der Initiator-tRNA (Met-tRNA$_i$).

Interne ribosomale Eintritts-Stellen (internal ribosomal entry sites, IRES). An diesen Stellen können eukaryotische Ribosomen unter Umgehung der Erkennung der 5′-Kappen-Struktur und dem Scanning-Mechanismus direkt an die mRNA andocken und mit der Proteinsynthese beginnen. Die IRES bilden bestimmte Sekundärstrukturen aus, die von der 40S-Untereinheit und teilweise noch von weiteren Faktoren (IRES trans acting factors, ITAFs) erkannt werden. IRES kommen häufig bei viralen mRNAs vor.

5.4.5 Elongation und Termination bei Eukaryoten

Die **Elongation** läuft entsprechend den Verhältnissen bei Bacteria ab. Der **eukaryotische Elongationsfaktor eEF1A** vermittelt den Transport von beladenen Aminoacyl-tRNAs an das Ribosom. eEF1A ist ein G-Protein und entspricht in der Funktion EF-Tu der Bacteria. Der Nucleotidaustauschfaktor von eEF1A ist **eEF1B**. Dieser entspricht in der Funktion dem bakteriellen EF-Ts, setzt sich aber aus drei Untereinheiten zusammen: **eEF1Bα** (25 kDa) der eigentlichen katalytischen Domäne, **eEF1Bβ** (31 kDa) und **eEF1Bγ** (50 kDa). eEF1Bβ und eEF1Bγ können durch unterschiedliche Protein-Kinasen phosphoryliert werden und sind wichtige Regulationspunkte.

eEF2 bewirkt analog dem bakteriellen EF-G die **GTP-abhängige Translokation** des Ribosoms entlang der mRNA. eEF2 sowie EF-G bestehen aus einer Polypeptidkette (95 kDa). Im Gegensatz zu den prokaryotischen homologen Proteinen besitzen Eukaryoten eine besondere Aminosäuremodifikation an eEF2: das **Diphthamid**. Bei Diphthamid handelt es sich um einen in mehreren Schritten modifizierten Histidinrest. Dieser Rest befindet sich an einer exponierten Stelle am Protein. Die Funktion dieser Modifikation ist unklar, vermutlich hat sie einen stabilisierenden Effekt auf die Codon-Anticodon-Basenpaarung im Verlauf der Translokation und beugt somit einem Rasterschub (frame-shift) vor. Mutationsexperimente haben jedoch gezeigt, dass Diphthamid für die eEF2-Funktion nicht essentiell ist.

Diphthamid ist Angriffspunkt für das Toxin von *Corynebacterium diphtheriae*, dem Verursacher der Infektionskrankheit Diphtherie. Das **Diphtherietoxin** überträgt einen ADP-Ribosylrest irreversibel auf Diphthamid (Abb. 5.**19**). Der molekulare Mechanismus der inhibitorischen Wirkung ist bisher unbekannt.

Die Funktionalität von eEF2 kann durch **Phosphorylierung** reguliert werden. Die Phosphorylierung an zwei Threoninresten reduziert die Affinität für GTP; als Konsequenz hiervon ist die Translationsgeschwindigkeit herabgesetzt. Das für die Phosphorylierung von eEF2 zuständige Protein ist die **eEF2-Kinase**. Dieses Protein benötigt für seine Aktivität das Ca^{2+}-bindende Protein Calmodulin. An der eIF2-Kinase laufen unterschiedliche Signalwege zusammen, deren Botschaften (hoher Energiestatus – niedriger Energiestatus) dort integriert werden. Beispielsweise wirkt **Insulin**, ein anabolisch wirkendes Hormon (Zoologie), stimulierend auf die Translation (Abb. 5.**19**).

Viele Säugetiere überdauern den Winter im **Winterschlaf** (Hibernation, Zoologie). Hierbei kann der Stoffwechselumsatz auf <10% des normalen Umsatzes gesenkt werden, zudem fällt die Körpertemperatur ab. In solchen Zeiten besteht auch ein geringerer Bedarf an neusynthetisierten Proteinen. Es hat sich gezeigt, dass unter diesen Bedingungen **eEF2 verstärkt phosphoryliert** vorliegt, während mRNA- und rRNA-Level mehr oder weniger unverändert bleiben. Dies unterstreicht die Bedeutung von eEF2 bzw. eEF2-Kinase als wichtige Kontrollstellen für die Translationsrate.

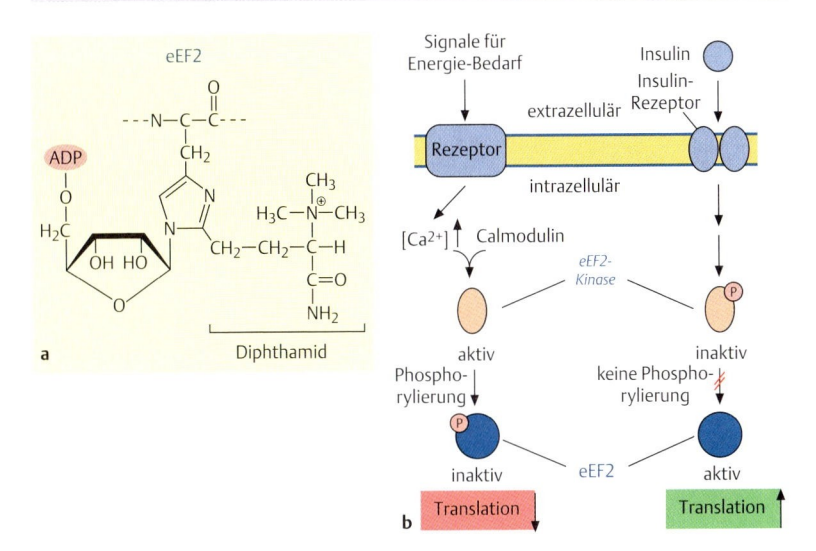

Abb. 5.19 Modifikationen bei eEF2. a ADP-Ribose wird durch das Diphtherietoxin von NAD unter Abspaltung von Nicotinamid auf Diphthamid übertragen. **b** Prinzip der Regulation von eEF2 durch Phosphorylierung. Erhöhung der intrazellulären Ca^{2+}-Konzentration führt über mehrere Schritte zur Inaktivierung von eEF2. Die Bindung von Insulin aktiviert den Insulin-Rezeptor (eine Tyrosin-Kinase) und eine Phosphorylierungskaskade wird initiiert, bei der eEF2-Kinase phosphoryliert und dadurch inhibiert wird. Tatsächlich ist die Regulation deutlich komplexer, da die zahlreichen Regulationswege stark vernetzt sind und es unterschiedliche Phosphorylierungsstellen an der eEF2-Kinase gibt.

Die **Termination** bei Eukaryoten ist der bei Prokaryoten prinzipiell ähnlich. Bei Eukaryoten gibt es aber nur ein Stoppcodon-erkennendes Protein, den **eukaryotischen Terminationsfaktor eRF1**. Dieser erkennt die Stoppcodons UAA, UAG und UGA und bewirkt die Hydrolyse der Polypeptidbindung von der tRNA. Obwohl funktionell analog zu RF1/RF2 der Bacteria unterscheidet sich eRF1 strukturell deutlich von diesen. Der zweite Terminationsfaktor ist **eRF3**, ein essentielles G-Protein. Die GTPase-Aktivität wird durch die Interaktion mit eRF1 und dem Ribosom gesteuert. eEF1 und eEF3 bilden in Anwesenheit von GTP einen stabilen Komplex. Auch eEF3 unterscheidet sich strukturell deutlich von dem bakteriellen Gegenpart. Eine besondere Funktion von eRF3 ist die Bindung an Poly(A)-bindende Proteine (PABPs). Da auch eIF4G mit PAPBs interagiert, werden Start- und Terminationspunkte in räumliche Nähe gebracht. Somit findet ein Ribosom nach erfolgter Translation schnell wieder einen neuen Initiationspunkt (Abb. 5.**20**).

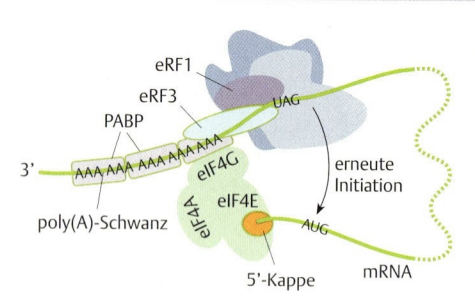

Abb. 5.20 Termination bei Eukaryoten. Durch die Bindung von sowohl eIF4G (Bestandteil von eIF4F) als auch eRF3 an PABPs gelangen Start- und Terminationspunkte in unmittelbare Nähe.

Die Terminationsfaktoren RF1/RF2 sowie eRF1 werden häufig auch als **Klasse I**-Terminationsfaktoren zusamengefasst. Diesen werden die als **Klasse II** bezeichneten Terminationsfaktoren RF3, RRF und eRF3 gegenübergestellt. Bisher wurde noch kein cytoplasmatisches Protein identifiziert, welches in der Funktion dem bakteriellen RRF entspricht. Pflanzen besitzen zwar ein nukleär codiertes RRF-ähnliches Protein; dieses übt seine Funktion aber in den Chloroplasten aus.

5.4.6 Translation bei Archaea

Die Translation bei Archaea hat Gemeinsamkeiten mit den Bacteria und den Eukarya. Deutliche Übereinstimmungen mit den Eukarya gibt es bezüglich der **Initiationsfaktoren**. Elf Faktoren sind bei Archaea an der Initiation beteiligt, bei den Bacteria sind es nur drei. Beispielsweise wird die Initiator-tRNA bei Archaea von **aIF2** (archaea Initiationsfaktor), einem ebenfalls trimeren Protein gebunden. Des Weiteren gibt es homologe Proteine zu eIF1A, eIF2Bα, eIF2Bδ, eIF5 und eIF4A (RNA-Helicase), nicht aber zu anderen eIF4-Proteinen. Eine analoge **Shine-Dalgarno-Sequenz**, die mit der rRNA paart, gibt es bei vielen, aber nicht bei allen Genen. Archaea besitzen ebenso wie Bacteria **polycistronische mRNAs**, d. h. mRNAs mit mehreren offenen Leserastern (ORFs). Interessant ist, dass ORFs ohne Shine-Dalgarno-Sequenz stets am Anfang der mRNA vorkommen, weiter stromabwärts gelegene ORFs hingegen eine Shine-Dalgarno-Sequenz besitzen. Archaea verfügen über (mindestens) zwei Möglichkeiten der Initiation: Neben der Verwendung der Shine-Dalgarno-Erkennungssequenz beginnt die Initiation häufig auch an mRNAs ohne 5´-UTR-Bereiche (leaderless). Dieser Mechanismus ist bei Archaea weit verbreitet. Bei der Initiation einer leaderless-mRNA wird das komplett assemblierte Ribosom mit der beladenen Initiator-tRNA benötigt. Über die Verwendung weiterer Faktoren bei diesem Mechanismus ist bisher wenig bekannt. Einen Scanning-Mechanismus, analog dem bei Eukarya, wurde bei Archaea bisher nicht identifiziert. Bei den **Elongationsfaktoren** gibt es sowohl Homologien zu bakteriellen (EF-Tu) als auch zu eukaryotischen Faktoren (eEF1A; EF2). Bisher wurde nur ein Eukaryoten-ähnlicher **Terminationsfaktor** identifiziert. In Tab. 5.1 sind einige allgemeine Eigenschaften der Translation bei Bacteria, Eukarya und Archaea gegenübergestellt.

Tab. 5.1 **Translation bei Bacteria, Eukarya und Archaea.**

Eigenschaft	Bacteria	Eukarya	Archaea
Ribosom	70S	80S	70S
erste Aminosäure	N-Formyl-Methionin	Methionin	Methionin
mRNA-Aufbau	polycistronisch und monocistronisch	monocistronisch	polycistronisch und monocistronisch
Shine-Dalgarno-Sequenz	ja	nein	nicht überall
5´-mRNA-Kappen-Struktur	nein	ja	nein
Initiationsfaktoren	3 (IF1, IF2, IF3)	>12 (?) (eIF)	11 (aIF)

Interessanterweise können leaderless-mRNAs prinzipiell sowohl von bakteriellen, eukaryotischen und archaealen Ribosomen translatiert werden. Dies legt die Vermutung nahe, dass es sich um einen evolutionär sehr alten Mechanismus handelt. Bei Eukaryoten wurde die Verwendung von leaderless-mRNAs bisher nur bei dem urtümlichen Protisten *Giardia lamblia* (Zoologie) beschrieben. Obwohl ohne Leitsequenz, besitzt die mRNA hier eine 5´-Kappe.

5.4.7 Translationsgenauigkeit: Pedantisch oder „quick and dirty"?

Wie **genau** muss die Translation sein? Die ständige Überprüfung der Translation bzw. der daran beteiligten Schritte und gegebenenfalls deren Korrektur, dies kann der Abbau einer fast fertig gebildeten Polypeptidkette sein, ist ein energie- und zeitintensiver Prozess. Im Gegensatz zur Replikation der DNA (Fehlerquote 10^{-8} bis 10^{-10}) kann eine höhere Fehlerquote toleriert werden, da etwaige Fehler nicht weitervererbt werden. Gelegentliche Protein-Fehlbildungen haben in der Regel keine Konsequenzen, da diese nur in geringen Mengen gebildet werden und die Anzahl korrekter Proteine überwiegt. Da sich die Proteine einer Zelle im ständigen Auf- und Abbau befinden, werden fehlgebildete Proteine rasch entfernt. Beeinträchtigt der Einbau falscher Aminosäuren die Proteinfaltung, wird dies von der Zelle erkannt und das Protein abgebaut (S. 223). Bezüglich der Proteinsynthese kommt es also auf eine sinnvolle **Kosten-Nutzen-Betrachtung** an. Bei einer Fehlerquote von 10^{-2} wäre jede 100ste eingebaute Aminosäure falsch. In einem „durchschnittlichen" Protein von 36 kDa (ca. 300 Aminosäuren) wären hierbei drei falsche Aminosäuren enthalten. Die Wahrscheinlichkeit ein funktionsunfähiges Protein zu generieren ist zu hoch. Tatsächlich liegt die Fehlerquote der Translation bei *E. coli* im Bereich von 10^{-3} bis 10^{-4}. Gelegentliche Fehler werden also in Kauf genommen. Eine Erhöhung der Translationsgenauigkeit würde auch zu Lasten der Translationsgeschwindigkeit gehen. Der gefundene Kompromiss zwischen Zeit- und Energieaufwand sowie akzeptabler Fehlerquote hat sich anscheinend in der Evolution bewährt.

5.4.8 Das Ribosom als Angriffspunkt für Antibiotika

Die **Proteinbiosynthese** am Ribosom ist eine essentielle Funktion aller lebenden Zellen. Obwohl der grundsätzliche Mechanismus der Proteinbiosynthese bei Prokaryoten und Eukaryoten ähnlich ist, gibt es dennoch einige strukturelle Unterschiede zwischen deren Ribosomen. Diese bieten somit einen idealen Angriffspunkt für bestimmte **Antibiotika**. Es gibt Substanzen, welche bevorzugt oder ausschließlich an bakterielle 70S Ribosomen binden und dadurch die Proteinbiosynthese stören oder inhibieren. Solche Substanzen sind klinisch relevante Antibiotika gegen bakterielle Infektionen. Es gibt aber auch Substanzen, welche spezifisch an eukaryotische 80S Ribosomen binden (Abb. 5.21).

- **Streptomycin:** Hat eine bakterizide (abtötende) Wirkung. Bindet an das Protein S12 der 30S Untereinheit, führt hierdurch zu Ablesefehler und stört den Elongationsschritt. Intrazelluläre Bakterien werden, ebenso wie Mitochondrien, nicht erfasst, da Streptomycin kaum von eukaryotischen Zellen aufgenommen wird.
- **Tetracyclin:** Besitzt eine bakteriostatische (wachstumshemmende) Wirkung. Bindet an die A-Stelle und verhindert die Anlagerung weiterer Aminoacyl-tRNAs.
- **Erythromycin:** Gehört zur Substanzklasse der Makrolide und wirkt bakteriostatisch. Erythromycin bindet im Protein-Ausgangskanal und blockiert diesen. Eine weitere Elongation der Polypeptidkette ist nicht mehr möglich.
- **Chloramphenicol:** Bindet an die 50S Untereinheit und interferiert mit der Peptidyl-Transferase-Aktivität, wodurch die Elongation gestört wird. Inhibiert auch Ribosomen der Chloroplasten und Mitochondrien. Inaktivierung durch Acetylierung; welches die Bindung an das Ribosom verhindert.
- **Puromycin:** Ähnelt strukturell einer beladenen tRNA. Bindet an die A-Stelle und wird im aktiven Zentrum mit der Peptidyl-Kette verbunden. Hierdurch kommt es zum vorzeitigen Abbruch der Proteinsynthese; das Peptidyl-Puromycin-Konjugat wird freigesetzt.
- **Cycloheximid:** Bindet spezifisch an 80S Ribosomen und inhibiert die Peptidyl-Transferase-Aktivität.

Erreger bilden gegenüber diesen Antibiotika **Resistenzen** aus. Hierzu gibt es unterschiedliche Mechanismen. Häufig werden die Antibiotika selbst **modifiziert**, sodass sie nicht mehr an ihrem Wirkort z. B. an das Ribosom (Bsp.: Chloramphenicol) binden können. Aber auch **Mutationen**, die die **Protein-/RNA-Struktur** am Wirkort verändern, verhindern spezifisch eine Anlagerung der Antibiotika. Dies ist beispielsweise bei bestimmten Streptomycin-Resistenzen der Fall (Veränderungen im Protein S12 bzw. der 30S rRNA). Eine Modifikation am Wirkort kann ebenfalls Grundlage einer Resistenz sein. Ein Beispiel hierfür ist das Resistenzgen gegen Erythromycin. Es codiert eine **Methyl-Transferase**, die das Ribosom so modifiziert, dass Erythromycin nicht mehr bindet.

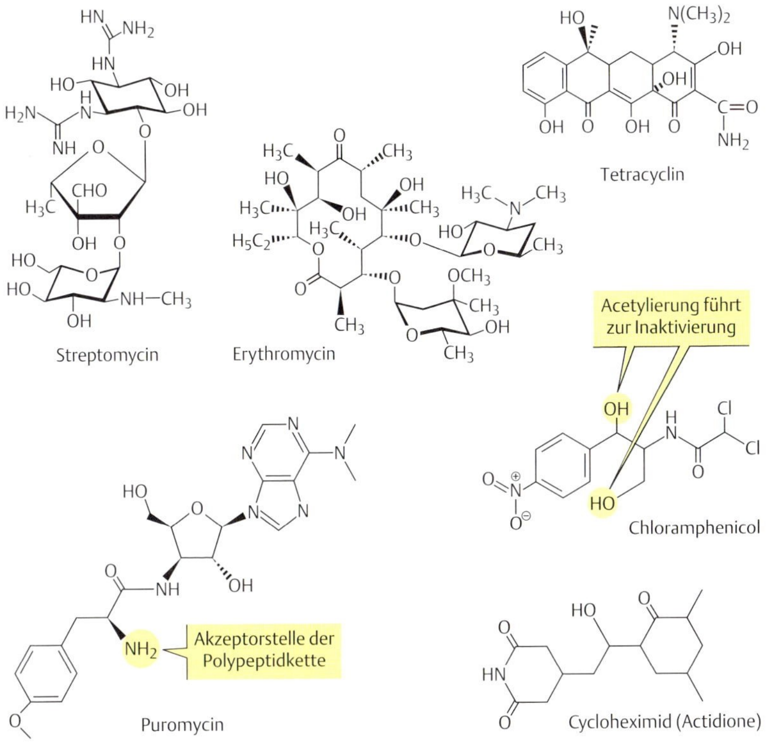

Abb. 5.**21** **Am Ribosom angreifende Antibiotika.**

Initiationsfaktoren (IFs): Proteine, die bei der Initiation der Translation benötigt werden. Notwendig für den Zusammenbau des Initiationskomplexes, eines „startbereiten" Ribosoms mit mRNA und Initiator-tRNA.
Shine-Dalgarno-Sequenz: Sequenz auf der mRNA oberhalb des Startcodons bei Prokaryoten. Bildet Basenpaarungen mit der 16S-rRNA aus und positioniert dadurch die mRNA am Ribosom.
Anti-Shine-Dalgarno-Sequenz: Zur Shine-Dalgarno-Sequenz komplementärer Abschnitt innerhalb der 16S rRNA.
fMet: N-Formyl-Methionin. Erste Aminosäure der Polypeptidkette bei Bacteria.
Ribosomen-Scanning: Abtasten der mRNA vom 5´-Ende her bei Eukaryoten durch das Ribosom nach dem ersten AUG-(Start-)Codon.
Kozak-Sequenz: Konsensussequenz um das Startcodon bei Eukarya. Wichtig für die Erkennung des Startcodons. Im Gegensatz zur Shine-Dalgarno-Sequenz keine Basenpaarung mit der rRNA.

Elongationsfaktoren (EFs): Proteine, welche für die Elongation benötigt werden. Sorgen für die Belieferung des Ribosoms mit beladenen tRNAs und ermöglichen das Durchfädeln der mRNA.
Terminationsfaktoren (RFs): Proteine, welche die Termination der Proteinsynthese einleiten. Erkennen das Stoppcodon und bewirken eine Ablösung der Polypeptidkette von der tRNA.
Antibiotika: Ribosomen als Angriffspunkt für Antibiotika: Streptomycin, Tetracylin, Chloramphenicol, Puromycin, Erythromycin, Cycloheximid.

5.5 Aus dem Leben eines Proteins: Faltung, Translokation, Degradation

Proteine benötigen zur Ausführung ihrer Funktion eine definierte dreidimensionale Struktur. Obwohl durch die Primärsequenz prinzipiell vorgegeben, unterstützen spezielle Proteine, die **Chaperone**, andere Proteine darin, die korrekte Faltung einzunehmen. **Sekretorische Proteine** und **Membranproteine** werden zur Membran bzw. durch diese hindurch transportiert. Der **Signalerkennungs-Komplex** erkennt hierfür spezifische Signalsequenzen und dirigiert das Protein zur Membran. An der Membran wird das Protein, abhängig von der Sequenz, **cotranslational** durch die Membran sekretiert oder in die Membran eingebaut. Neben diesem Mechanismus gibt es noch einen alternativen **posttranslationalen** Sekretionsweg. Nach vollendeter Translation werden zahlreiche Proteine verändert. Diese **posttranslationalen Modifikationen** sind für Funktion, Struktur, Regulation bzw. Lokalisation der entsprechenden Proteine notwendig. Ebenso wie die Synthese ist auch der **Abbau (Degradation)** der Proteine ein kontrollierter und regulierter Prozess. Der Abbau findet im **Proteasom** oder in den **Lysosomen** statt.

Die Information zur Ausbildung der **dreidimensionalen Struktur** liegt in der Abfolge der Aminosäure-Sequenz (**Primärstruktur**, *Biochemie, Zellbiologie*). Theoretisch bestehen unzählige Möglichkeiten, wie die dreidimensionale Struktur eines Proteins aussehen könnte. Trotzdem gibt es für jedes Protein genau eine funktionelle, physiologisch aktive räumliche Struktur. Für einige Proteine ist tatsächlich nur die Aminosäuresequenz ausreichend, um nach Denaturierung wieder die native Form einnehmen zu können. Dies wurde am Beispiel der Ribonuclease von **Christian Anfinsen** gezeigt (*Biochemie, Zellbiologie*). Bei vielen Proteinen ist die Denaturierung aber ein irreversibler Prozess. Dies bedeutet, dass diese Proteine nicht in der Lage sind, von alleine (wieder) die richtige, funktionsfähige Form einzunehmen. Vermutlich sind sogar die meisten Proteine hierzu nicht imstande. In den Zellen gibt es daher Proteine, welche die Faltung denaturierter oder neusynthetisierter Proteine unterstützen. Diese Proteine werden zusammenfassend als **Chaperone** (chaperone: Kindermädchen) bezeichnet. Es gibt verschiedene Arten von Chaperonen. Diese unterscheiden sich vor allem durch die Art, mit der diese anderen Proteinen zu einer korrekten Faltung verhelfen.

Die Hauptfunktion der Chaperone, die Unterstützung der Proteinfaltung, wurde über einen Umweg entdeckt. Es war bekannt, dass Zellen unter Stressbedingungen z. B. bei Hitze oder in Anwesenheit von Chemikalien, bestimmte Proteine verstärkt exprimieren. Diese Proteine wurden zusammenfassend als **Hitze-Schock-Proteine** (**heat shock proteins, Hsps**) bezeichnet. Die weitere Benennung erfolgt durch Angabe des ungefähren Molekulargewichts. Beispiele sind Hsp100, Hsp90, Hsp70, Hsp60 und „kleine" Hsps (small Hsps, z. B. Hsp25). Die Annahme war, dass diese Proteine eine **Schutzfunktion** gegenüber anderen Proteinen bzw. Zellstrukturen ausüben. Dies hat sich als richtig herausgestellt, aber Hsps haben nicht nur eine Bedeutung unter Stresseinwirkung, sondern sie sind auch unter normalen Umständen essentiell. Hsps bzw. Chaperone kommen sowohl bei Prokaryoten als auch bei Eukaryoten vor. Prinzipiell gibt es **zwei unterschiedliche Funktionsmechanismen** der Chaperone: Eine Bindung an exponierte hydrophobe Bereiche teil- bzw. ungefalteter Proteine um diese vor vollständiger Denaturierung zu schützen oder „echte" Faltungshelfer, welche unter ATP-Verbrauch Konformationsänderungen der teil- bzw. ungefalteten Proteine bewirken. Hierfür wurden die Begriffe „Holdasen" und „Foldasen" geprägt. Eine funktionelle Abgrenzung ist aber nicht immer eindeutig.

Als **Chaperonine** werden besondere Komplexe bezeichnet. Diese multimeren Komplexe bilden einen von der Umgebung abgeschlossenen „Faltungsraum" und ermöglichen den Proteinen dort die korrekte Faltung anzunehmen. Das am besten untersuchte Chaperonin ist **GroEL/GroES** aus *E. coli*. Homologe Komplexe gibt es in Mitochondrien und Chloroplasten. Der analoge Komplex eukaryotischer Zellen wird als **CCT** oder **TRiC**, aufgrund der Größe der Untereinheit auch als **Hsp60**, bezeichnet. Bei Archaea gibt es funktionell analoge Komplexe, welche gegenüber den anderen Chaperoninen als **Typ II Chaperonine** abgegrenzt werden. Gelegentlich wird auch die Bezeichnung **Thermosom** benutzt.

5.5.1 Faltung naszierender Proteine

Der **Faltungsvorgang** beginnt unmittelbar mit dem Beginn der Proteinbiosynthese. Möglicherweise können sich α-Helices schon im Protein-Austrittskanal des Ribosoms bilden; für die Ausbildung von β-Faltblättern ist er jedoch zu eng. Direkt an dem Austrittskanal ist bei *E. coli* der sogenannte **Triggerfaktor** gebunden. Dieser bindet direkt an das ribosomale Protein L23 und interagiert vermutlich zunächst mit allen neu entstehenden Proteinen. Er hat eine Präferenz für Peptide mit aromatischen und basischen Aminosäuren und bewahrt diese durch Bindung vor Aggregation. Er dient als „Auffänger" der naszierenden Polypeptidkette. Die Polypeptidkette wird dann zum nächsten Chaperon weitergereicht. Dies ist häufig **DnaK**, das unter ATP-Verbrauch die Faltung fördern kann. Für die Funktion von DnaK sind die **Co-Chaperone DnaJ** und **GrpE** notwendig. Der eingeschlagene Weg hängt auch von dem gebildeten Protein ab. Kleine Proteine mit nur einer Domäne können auch ohne Faltungsunterstützung auskommen. Diese lösen sich dann recht schnell von dem Triggerfaktor bzw. anderen Chaperonen ab. Ein weiterer Abnehmer für ungefaltete Proteine ist **GroEL** (Abb. 5.**22**).

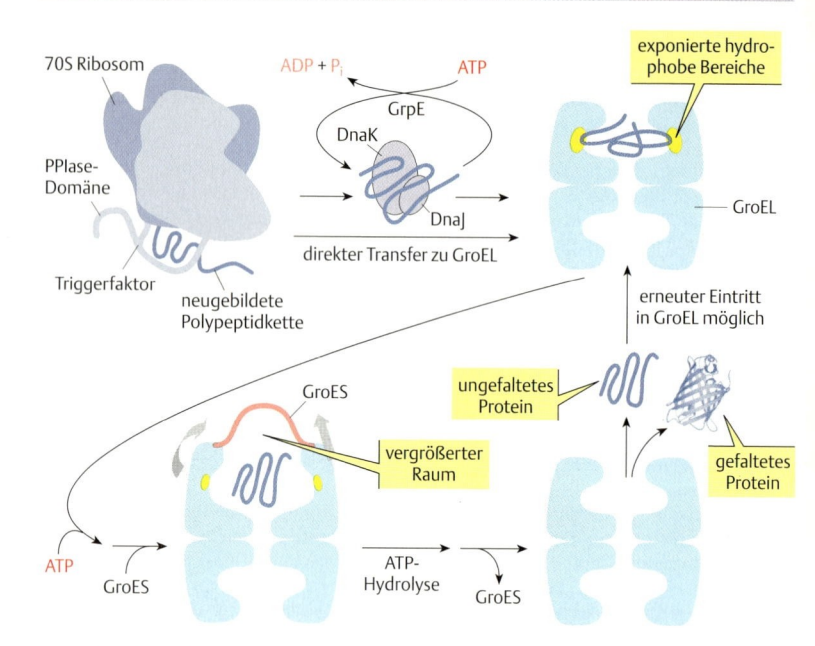

Abb. 5.**22 Proteinfaltung.** Unmittelbar nach Austritt aus dem Ribosom wird die Polypeptidkette von dem Triggerfaktor „aufgefangen". Je nach Protein kann die native Form an jedem Schritt entstehen und das Protein freigesetzt werden. Nach dem Triggerfaktor kann die Polypeptidkette mit DnaK in Kontakt treten. Dies bewirkt unter ATP-Verbrauch Konformationsänderungen an der Polypeptidkette und kann so die Faltung begünstigen. GroEL bildet einen Hohlraum mit exponierten hydrophoben Bereichen. Der Raum ist ausreichend für die Aufnahme eines etwa 30 kDa großen Proteins. Nach ATP-Bindung kommt es zu deutlichen Konformationsänderungen, wobei sich die GroEL-Untereinheiten nach oben strecken. Fixiert wird dieser Zustand durch Bindung von GroES. Die exponierten hydrophoben Bereiche werden deutlich verkleinert und gleichzeitig der für das Protein zur Verfügung stehende „Faltungsraum" mehr als verdoppelt. Das Protein hat nun Gelegenheit sich zu falten. Nach einiger Zeit wird ATP-hydrolysiert und GroES verlässt den Komplex. Ist das Protein nicht gefaltet, kann der Zyklus erneut durchlaufen werden. Entsprechende Reaktionen laufen auch im unteren Ring, allerdings nicht gleichzeitig, ab.

Andere Faltungshelfer sind **Peptidyl-Prolyl-cis-trans-Isomerasen** (PPIasen). Diese Enzyme sind in der Lage, die an der Stelle eines Prolins fixierte ϕN-C_α-Bindung zu lösen und damit das Polypeptidrückgrat am Prolin kurzfristig frei drehbar zu machen. Somit können cis-Prolyl-Konfigurationen in trans-Prolyl-Konfiguration überführt werden und umgekehrt. Ein Beispiel für eine PPIase ist der Triggerfaktor. OLE_LINK1»

Tatsächlich sind etwa 10–15 % der neugebildeten Proteine auf die Funktion von GroEL/GroES angewiesen. GroEL (L für „large", Monomer 60 kDa, auch als Cpn60 für chaperonin 60 bezeichnet) und GroES (S für „small", cpn10) liegen

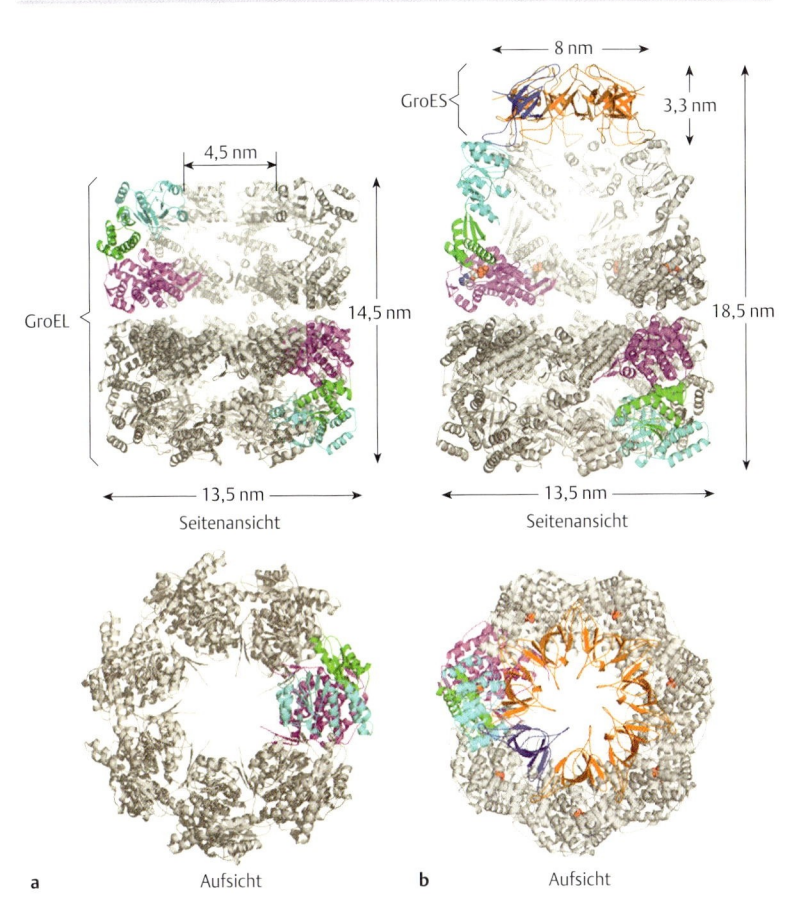

Abb. 5.23 **GroEL und GroES. a** GroEL-Apo-Struktur. Eine Untereinheit in jedem Ring ist hervorgehoben. Ein GroEL-Protein besteht aus drei Bereichen: Der apikalen (cyan), intermediären (grün) und äquatorialen Domäne (pdb 1J4Z). **b** GroEL/GroES-Komplex mit ADP. Die Nucleotidbindung bewirkt eine Drehung und Streckung besonders der intermediären und apikalen Domäne. GroES (orange) besteht ebenfalls aus 7 identischen Untereinheiten. Eine Untereinheit ist blau hervorgehoben (pdb: 1AON). In den oberen Ringen sind jeweils die drei vorderen Untereinheiten weggelassen.

in *E. coli* in einem Operon (*GroE*). Der GroEL-Komplex besteht aus zwei aufeinander liegenden Ringen mit je sieben identischen Untereinheiten. Die Aktivität wird durch das ebenfalls heptamere GroES reguliert (Abb. 5.23).

Der dem Triggerfaktor analoge Komplex heißt bei Eukaryoten **NAC** (nascent chain-associated complex) und besteht aus mehreren Untereinheiten. Das analoge Protein zu DnaK/DnaJ ist **Hsp70** bzw. **Hsc70** und **Hsp40**. GrpE dient als Nucleotidaustauschfaktor für DnaK. Bei Eukaryoten gibt es mehrere Proteine mit dieser Funktion. Im Gegensatz zu DnaK interagieren Hsp70 bzw. Hsc70 direkt mit dem Chaperonin-Komplex (CCT) und übergeben hierbei quasi die Polypeptidkette.

Da die unterschiedlichen Chaperone redundante Funktionen haben, sind einzelne Chaperone unter bestimmten Bedingungen verzichtbar. Beispielsweise kann E. coli bis zu einer Temperatur von 30 °C auch ohne Triggerfaktor wachsen. Dessen Funktion wird dann von anderen Chaperonen, wohl DnaK, übernommen. GroEL ist hingegen ein lebensnotwendiges Protein. Nicht jedes Protein muss während seiner Entstehung zwangsläufig mit jedem Chaperon in Kontakt treten. Große, aus mehreren Domänen bestehende Proteine sind meist auf die Hilfe der Chaperone angewiesen.

▶ Die **heterologe Expression** rekombinanter Proteine in E. coli gehört heutzutage zum Standardrepertoire eines molekularbiologischen Labors. Vielfach gibt es aber Probleme mit der Expression: Die Proteinfaltungsmaschinerie der Zellen ist überlastet und die in großer Anzahl anfallenden neuen (gleichen) Polypeptidketten werden nicht richtig gefaltet. Diese werden dann quasi „auf Halde" gelegt. Es entstehen unlösliche **Proteinaggregate**, sogenannte **Inclusion Bodies** (Einschlusskörper). Die gleichzeitige Überexpression von Chaperonen kann helfen, die Bildung von Inclusion Bodies zu vermindern bzw. zu vermeiden. Ihre Bildung kann aber auch erwünscht sein. Dies erlaubt die Expression in großen Mengen, und das rekombinante Protein kann, da es als unlösliches Aggregat vorliegt, leicht durch Zentrifugation angereichert bzw. gereinigt werden. Um ein funktionsfähiges Protein zu gewinnen, muss dieses dann in vitro zurückgefaltet werden. Dies funktioniert auch in großtechnischem Maßstab. Ein Beispiel hierfür ist die Erzeugung von **Insulin** aus E. coli. ◀

5.5.2 Translokation durch die Membran

Nicht alle Proteine verbleiben im Cytosol. Viele Proteine sind **integrale Membranproteine** oder werden durch die Membran transportiert und ins **Periplasma** (bei Bakterien) bzw. in das **Lumen des endoplasmatischen Retikulums** (Eukaryoten) sekretiert. Bei E. coli codieren etwa 20 % aller Gene für integrale Membranproteine. Diese Proteine werden co-translational in die Membran eingebaut. Solche Proteine besitzen eine **N-terminale Signalsequenz** (leader peptide), die unmittelbar nach dem Austritt aus dem Ribosom von dem **Signalerkennungs-Komplex** (signal recognition particle, **SRP**) erkannt wird. Der SRP besteht bei E. coli aus einem Protein (Ffh, „fifty-four-homolog", s. u.) und einer 4,5S schweren RNA. Die Erkennung der Signalsequenz erfolgt über das Protein. Die Bindung des SRPs an das Ribosom verhindert zunächst die weitere Translation. SRP bindet an den Membran-assoziierten SRP-Rezeptor FtsY und dieser dirigiert den Komplex an das sogenannte **Sec-Translocon**, einen multimeren Transportkomplex. Für die gegenseitige Bindung ist sowohl bei dem SRP-Rezeptor als auch bei dem SRP selbst die Anwesenheit von GTP erforderlich. Nach Assoziation an das Sec-

Translocon kommt es zur GTP-Hydrolyse und sowohl der SRP-Rezeptor als auch das SRP verlassen den Komplex. Die Pore des Sec-Translocons wird geöffnet und die wachsende Proteinkette dringt hier ein. Die Translation kann nun fortgesetzt werden. Die entstehende Proteinkette gelangt unmittelbar von dem Protein-Austrittskanal des Ribosoms in das Sec-Translocon und wird so über die Membran geschoben. Je nach der Proteinsequenz bilden sich **Transmembran-Helices** aus und verankern das Protein in der Membran. Der genaue Ablauf dieses Vorgangs ist weitgehend unbekannt. Das Signalpeptid wird von einer **Signalpeptidase** abgespalten. Nach Beendigung der Translation dissoziiert der Komplex wieder (Abb. 5.**24**). Neben dem Einbau integraler Membranproteine können über den SRP-Weg Proteine auch sekretiert werden.

Die meisten sekretorischen Proteine werden jedoch über einen andern Weg, den sogenannten **Sec-Weg** (Sec-pathway) durch die Membran transportiert. Im Gegensatz zu dem SRP-Weg erfolgt hier der Transport **posttranslational.** Das Protein muss für den Transport solange in einem ungefalteten Zustand gehalten werden. Gefaltete Proteine können nicht mittels des Sec-Weges durch die Membran transportiert werden. Die wachsende Proteinkette wird von **SecB** gebunden, unmittelbar darauf folgt die Bindung von **SecA**, welches das Signalpeptid erkennt. SecA besitzt ebenfalls eine Andockstelle für das Sec-Translocon. Nach dem Andocken hieran verlässt SecB den Komplex und SecA schiebt in einem ATP-abhängigen Prozess die Polypeptidkette durch die Membran (Abb. 5.**24**). Als Energiequelle für die Einfädelung der Signalsequenz in die Pore dient neben der ATP-Hydrolyse auch das **Membranpotential**. Im Periplasma kann sich das Protein dann falten. Hier gibt es weitere Chaperone, die diesen Vorgang unterstützen, z. B. **Protein-Disulfid-Isomerasen** (**PDIs**), welche die korrekte Ausbildung von Disulfidbrücken (diese kommen im Cytoplasma ja nicht vor) erleichtern (S. 222).

Neben den genannten Wegen gibt es noch einen dritten Weg, über den auch gefaltete Proteine transportiert werden können, der sogenannte **Tat-Weg** (twin-arginine-translocation). Proteine, welche über diesen Weg transportiert werden, besitzen die Konsenssussequenz SRRxFLK (namensgebend sind die beiden hintereinander liegenden Arginine, x: beliebige Aminosäure) vor einer hydrophoben Sequenz. Energiequelle für den Transport ist vor allem das Membranpotential. Den Tat-Mechanismus gibt es bei Bacteria und Archaca, nicht aber bei Eukaryoten.

Eukaryoten verfügen ebenfalls über einen **SRP-abhängigen Weg**, um Proteine in das Lumen des ERs zu transportieren. Das SRP besteht aber aus einer deutlich größeren, etwa 300 Nucleotide langen RNA, der **7S-RNA**, und sechs unterschiedlichen Proteinen (SRP54, SRP19, SRP72, SRP68, SRP14, SRP9). Das Protein SRP54 (davon leitet sich der Name Ffh ab, s. o.) entspricht funktionell dem Protein des bakteriellen SRPs. Der weitere Verlauf ist sehr ähnlich, was darauf schließen lässt, dass dieser Mechanismus sehr früh in der Evolution entstanden ist. Der SRP-Rezeptor besitzt bei Eukaryoten noch eine zweite, membranständige Untereinheit, als SRβ bezeichnet. **Archaea** zeigen auch hier Charakteristika der beiden

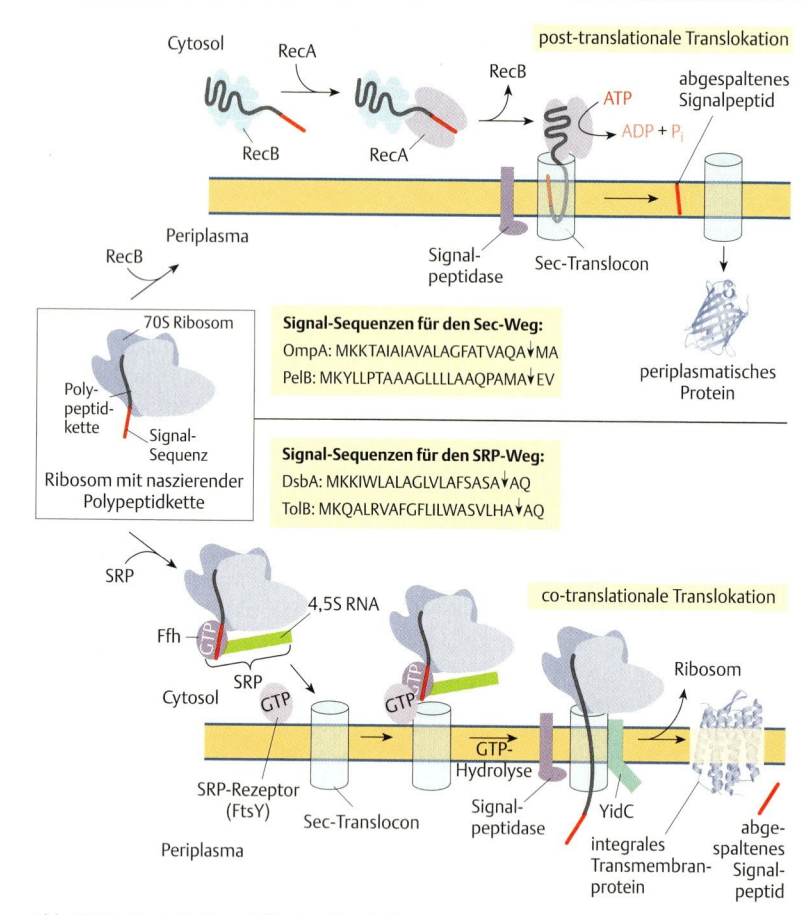

Abb. 5.24 Protein-Translokation durch die Membran. Integrale Membranproteine werden über den SRP-Weg cotranslational in die Membran eingebaut. Hierfür ist das Protein YidC essentiell. Der Hauptsekretionsweg verläuft mithilfe von SecA und SecB posttranslational. Das Sec-Translocon besteht aus den Untereinheiten SecY, SecE und SecG. Die Signalsequenzen bestehen aus ein oder zwei positiv geladenen Aminosäuren, gefolgt von einer hydrophoben Sequenz und einer Erkennungssequenz für die Signalpeptidase (der Pfeil zeigt die Schnittstelle an). Weitgehend unbekannt sind die Erkennungsmechanismen für die entsprechenden Rezeptoren bzw. wie diese in Konkurrenz zu dem Triggerfaktor stehen.

anderen Domänen. Deren SRP besitzt eine 7S-RNA aber nur zwei dazugehörige Proteine: SRP54 und SRP19.

5.5.3 Posttranslationale Modifikation

Viele Proteine werden nach erfolgter Translation und Faltung noch verändert (**posttranslationale Modifikationen**). Durch diese Veränderungen wird die **Variabilität** des **Proteoms** deutlich erhöht (Abb. 5.**25**). Anhand der Bedeutung für das Protein können die Modifikationen grob in drei Gruppen unterteilt werden: Funktion, Lokalisation und Regulation.

Für die **Funktion** des Proteins notwendige Modifikationen sind z. B. die **Addition funktioneller Gruppen**, etwa Biotin, Liponsäure oder FAD an Flavoproteine

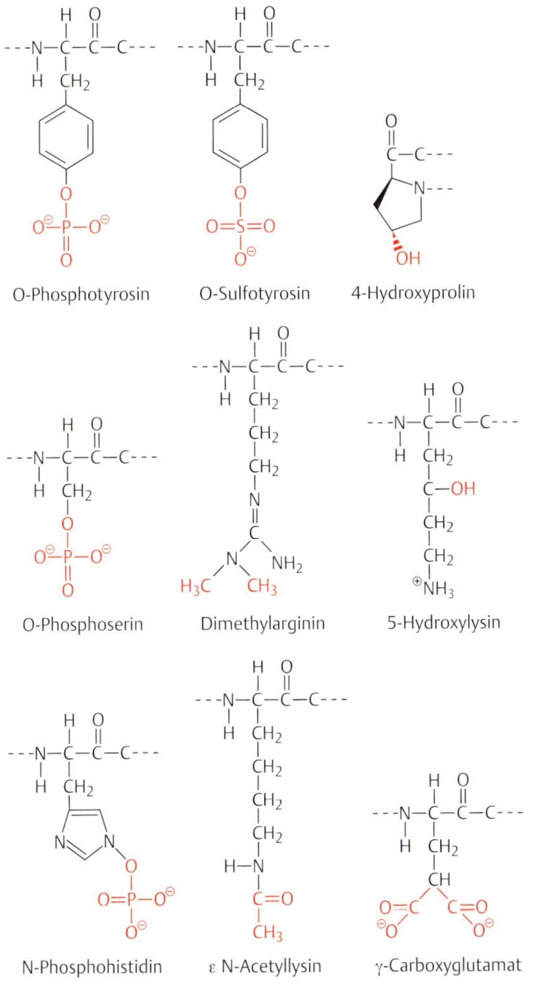

Abb. 5.**25**
Beispiele posttranslationaler Modifikationen. O-Phosphoserin und O-Phosphotyrosin kommen bei der eukaryotischen, N-Phospho Histidin bei der bakteriellen Signaltransduktion vor. O-Sulfotyrosin kommt bei manchen eukaryotischen extrazellulären Proteinen vor und ist wichtig für die Bindung an andere Proteine. Über Methylierungen und Acetylierungen von Lysin und Arginresten an Histonen wird die Zugänglichkeit des Chromatins reguliert. Hydroxylierungen an Prolin und Lysin dienen der Quervernetzung von Kollagen. Die γ-Carboxylierung kommt z. B. bei den Gerinnungsfaktoren Faktor IX und X vor und dient der Chelatisierung von Ca^{2+}-Ionen.

(📖 *Biochemie, Zellbiologie*). Viele Modifikationen unterstützen indirekt die Funktion, indem die Struktur stabilisiert wird. Beispiele hierfür sind die Einführung von Disulfidbrücken oder die Konjugation mit Zuckerresten (Glykosylierung, Bsp.: Antikörper).

Durch Konjugation mit Fettsäuren, z.B. Myristinsäure oder Palmitinsäure werden die Proteine in der Membran verankert und damit ihre **Lokalisation** festgelegt.

Nach der **Art** der Modifikation lassen sich zwei Typen unterscheiden: **Änderungen an Aminosäure-Seitenketten** oder eine **Spaltung des Polypeptidrückgrates**. Hierbei kann es sich um eine aktivierende Spaltung innerhalb der Polypeptidkette, z.B. die Überführung von Chymotrypsinogen zu Chymotrypsin, handeln (Zymogenaktivierung, 📖 *Biochemie, Zellbiologie*). Ein weiteres Beispiel ist die Abspaltung der N- und C-terminalen Propeptidsequenzen bei Kollagenen. Diese Strukturen verhindern eine Zusammenlagerung der langen Kollagenmoleküle innerhalb der Zellen. Die Propeptidsequenzen werden erst im Verlauf der Sekretion abgespalten; außerhalb der Zellen lagern sich die Kollagenmoleküle zu Fibrillen und Fasern zusammen und bilden einen wichtigen Teil der extrazellulären Matrix.

Auf einzelne Aminosäuren beschränkte Modifikationen können entweder **vorübergehend** oder **dauerhaft** sein. Dauerhafte Modifikationen sind für die Struktur und prinzipielle Funktion des Proteins wichtig. Hierzu gehören z.B. die Glykosylierungen, die Hydroxylierung bestimmter Prolin- und Lysinreste des Kollagens oder die Bildung nicht membranständiger Chinone (📖 *Biochemie, Zellbiologie*).

Extrazelluläre Proteine besitzen häufig intramolekulare **Disulfidbrücken**. Hierbei entsteht Cystin aus zwei Cysteinen. Diese Modifikation dient der zusätzlichen Stabilisierung der Proteinstruktur. Bei Eukaryoten findet die Bildung der Disulfidbrücken im Lumen des endoplasmatischen Retikulums statt. Bei Prokaryoten erfolgt dies im Periplasma. Die Ausbildung der Disulfidbrücken wird durch **Protein-Disulfid-Isomerasen** unterstützt.

Freie SH-Gruppen „neuer" periplasmatischer Proteine werden durch das Redox-Enzym **DsbA** unter Ausbildung von Disulfidbrücken oxidiert. DsbA selbst gibt die Elektronen an **DsbB** weiter, welches diese in den Ubichinon-Pool überträgt. Um die Ausbildung der richtigen Disulfidbrücken zu erleichtern, katalysiert **DsbC** deren Isomerisierungen. Die energetisch stabilste Konformation ist in der Regel die „richtige" Form. DsbC wird durch **DsbD** im reduzierten Zustand gehalten.

Vorübergehende Modifikationen dienen der **Regulation**. Durch **Phosphorylierungen** an Serin-, Threonin- oder Tyrosinresten werden viele Enzyme in ihrer Aktivität gesteuert. Die Übertragung der Phosphorylgruppen erfolgt durch jeweils spezifische **Protein-Kinasen.** Phosphorylgruppen-Donor ist ATP. Durch **Protein-Phosphatasen** werden die Phosphorylgruppen wieder abgespalten. Protein-Kinasen und Phosphatasen werden wiederum durch andere Kinasen und

Phosphatasen reguliert. Phosphorylierungen sind ein wichtiger Mechanismus der intrazellulären **Signaltransduktion** (S. 448, *Biochemie, Zellbiologie*). Protein-Phosphorylierungen spielen des Weiteren eine wichtige Rolle bei **Protein-Protein-Interaktion**. Beispielsweise werden phosphorylierte Tyrosine selektiv von der weit verbreiteten SH2-Domäne gebunden (S. 454).

Bei Bakterien spielen Phosphorylierungen an Serin-, Threonin- und Tyrosinresten keine Rolle. Hier erfolgt die Signalübertragung durch **Histidin-Kinasen**.

Histidin-Kinasen dienen bei Bakterien und Archaea als Akzeptor für Umweltreize. Sie können sowohl im Cytoplasma und in der Membran als auch im Periplasma vorkommen. Die Aktivierung der Histidin-Kinase führt zur Autophosphorylierung an einem Histidinrest. Diese Phosphorylgruppe wird dann auf einen Aspartatrest eines **Regulatorproteins** (response regulator) übertragen. Durch Bindung des Regulatorproteins an die DNA wird die Genexpression entsprechend verändert. Da an diesem einfachen Signaltransduktionsweg nur jeweils zwei Proteine beteiligt sind, wird dieses System entsprechend als **Zweikomponenten-Regulationssystem** (two component system, TCS) bezeichnet (S. 430).

Durch **Methylierungen** und **Acetylierungen** von Lysin- und Argininresten an Histonen wird die Zugänglichkeit der DNA reguliert (chromatin remodeling). Lysinreste können hierbei einfach, zweifach oder auch dreifach methyliert werden.

Nicht nur einzelne Molekülgruppen, sondern auch größere Polypeptide werden als Signal bzw. zur Regulation auf Proteine übertragen.

5.5.4 Das Ende: Degradation

Jede Zelle verwendet viel Energie und Baustoffe um Proteine zu generieren. Diese unterliegen während, aber auch nach ihrer Synthese, einer strengen Qualitätskontrolle. Ungefaltete oder gealterte Proteine werden erkannt und abgebaut. Zudem muss – in einer normalen, ausgewachsenen Zelle – die Kapazität der Proteindegradation der der Proteinbiosynthese entsprechen. Anderenfalls würden die Zellen mit der Zeit (überflüssige) Proteine anhäufen, was zu massiven Störungen der Zellfunktion führen würde.

Unterschiedliche Proteine haben zudem unterschiedliche **Halbwertszeiten** ($t_{1/2}$). Proteine, die entscheidende Funktionen im Stoffwechsel oder der Zellteilung haben, sind meist sehr kurzlebig. Hierzu gehören z. B. Cycline und bestimmte Transkriptionsfaktoren mit Halbwertszeiten von einigen Minuten. Andere „Haushalts-Proteine" des Grundstoffwechsels oder Gerüstproteine haben deutlich längere Halbwertszeiten. Beispielsweise liegt $t_{1/2}$ von Cytochrom c bei etwa 150 Stunden. Es hat sich gezeigt, dass die N-terminale Aminosäure einen entscheidenden Einfluss, entweder **stabilisierend** oder **destabilisierend**, auf das Protein hat. Das Prinzip dieser sogenannten N-terminalen Regel (N-terminal rule) ist bei allen Organismen verbreitet. Eine destabilisierende Aminosäure bewirkt den Abbau des Proteins. Degradationssignale, hierzu gehören nicht nur die destabilisierenden Aminosäuren, werden auch als „**Degron**" bezeichnet.

Die Proteinbiosynthese beginnt mit einem Met bzw. fMet, welches eine **stabilisierende Aminosäure** ($t_{1/2} > 600$ min) ist. Häufig wird das N-terminale Met abgespalten. Dies ist der Fall, wenn die zweite Aminosäure nur eine kurze Seitenkette hat (Gly, Ala, Val, Ser, Thr, Cys, Val, Pro). Die genannten Aminosäuren sind ebenfalls stabilisierend. Durch weitere Modifikationen oder Spaltungen des Polypeptidrückgrates können aber Peptide mit **destabilisierenden N-terminalen Aminosäuren** ($t_{1/2} < 3$ min) entstehen. Dies sind bei *E. coli* die hydrophoben Aminosäuren Phe, Tyr, Trp und Leu. Von diesen **primär destabilisierenden** Aminosäuren werden die **sekundär destabilisierenden** Aminosäuren unterschieden. Dies sind in *E. coli* Lys und Arg. Diese werden mit einer primär destabilisierenden Aminosäure (Leu oder Phe) konjugiert. Aminosäure-Donor für diese Reaktion ist die entsprechende Aminoacyl-tRNA, welche durch eine Transferase auf das Protein übertragen wird. Alle sonstigen Aminosäuren wirken stabilisierend.

Bei Eukaryoten sind neben Phe, Tyr, Trp und Leu auch His, Ile, Lys und Arg primär destabilisierend ($t_{1/2} < 5$ min). Sekundär destabilisierend wirken hier Glu und Asp. Diese werden mit der primär destabilisierenden Aminosäure Arg konjugiert. Bei Eukaryoten gibt es noch die **tertiär destabilisierenden** Aminosäuren Asn und Gln. Diese werden durch entsprechende Desamidasen in die sekundär destabilisierenden Aminosäuren Glu und Asp umgewandelt. Die übrigen Aminosäuren sind stabilisierend ($t_{1/2} > 1200$ min).

Degradation im Proteasom

Die meisten Proteine einer eukaryotischen Zelle werden durch das Proteasom abgebaut. Das Proteasom baut aber nicht zufällig eintreffende Proteine ab, sondern nur solche die mehrfach ubiquitiniert sind. **Ubiquitin** besteht aus 76 Aminosäuren (ca. 8,5 kDa) und wird über die C-terminale Carboxylgruppe auf eine bestimmte Lysin-Seitenkette eines abzubauenden Proteins übertragen. Anschließend werden noch weitere Ubiquitinmoleküle an das angehängte Ubiquitin angefügt. Das hierbei entstehende **poly-ubiquitinierte Protein** ist für den Abbau im Proteasom vorgesehen.

Die Konjugation mit Ubiquitin erfolgt in drei Schritten. Zunächst wird Ubiquitin von dem **Ubiquitin-aktivierendem Enzym** (E1) aktiviert. Hierbei erfolgt unter ATP-Verbrauch und Ausbildung eines Thioesters eine Übertragung auf E1. Von hier aus wird Ubiquitin auf die **Ubiquitin-konjugierenden Enzyme** (E2) übertragen. Die Übertragung von E2 auf die abzubauenden Proteine erfolgt durch **Ubiquitin-Protein-Ligasen** (E3). Weitere Ubiquitinketten können durch E3- oder E4-Ubiquitin-Ligasen angefügt werden. Im Gegensatz zu den E3-Enzymen sind E4-Enzyme nur in der Lage, an schon vorhandenes Ubiquitin weitere Ubiquitine anzuhängen. Zu beachten ist, dass es in Eukaryoten ein (evtl. einige) E1-Enzyme, mehrere (> 30) E2-Enzyme und viele (> 500) E3-Enzyme gibt. Die E3-Enzyme sind diejenigen, welche die abzubauenden Proteine erkennen, z. B. über deren N-terminale Aminosäure oder exponierte hydrophobe Bereiche. Jedes E3-Enzym wird hierbei von einem eigenen Satz von E2-Enzymen bedient.

Die Bezeichnung **Ubiquitin** (lat. ubique: überall) wurde in den 1970iger Jahren von **Gideon Goldstein** geprägt. Es wurde damals angenommen, dass dieses kleine Protein in allen Domänen vertreten sei. Dies hat sich nicht bewahrheitet. Ubiquitin kommt nur in Eukaryoten vor (*Ökologie, Evolution*). Für die Bedeutung von Ubiquitin bezüglich der Proteindegradation erhielten **Irwin Rose**, **Avram Hershko** und **Aaron Ciechanover** 2004 den Nobelpreis für Chemie. In jüngerer Zeit wurde deutlich, dass eine Mono-Ubiquitinierung nicht automatisch zur Degradation führt. Mono-Ubiquitinierung bei Histonen hat z. B. eine regulatorische Funktion. Ubiquitin kann auch wieder abgespalten werden. Dies erfolgt durch sogenannte **Deubiquitinierende Enzyme** (**DUBs**). Neben dem Ubiquitin gibt es andere, Ubiquitin-ähnliche Proteine, welche zur Modifikation von Proteinen verwendet werden. Hierzu gehört z. B. **SUMO** (small ubiquitin-like modifier) oder **Nedd8** (neural precursor cell expressed developmentally downregulated protein 8). Die Konjugation mit diesen Proteinen („sumoylation" bzw. „neddylation") verläuft nach einem ähnlichen Mechanismus, jedoch haben die Modifikationen regulatorische Funktionen. Beeinflusst wird vor allem die Interaktion mit anderen Proteinen. Zu berücksichtigen ist, dass unterschiedliche Möglichkeiten zur Modifikation an einem Protein miteinander in Konkurrenz stehen, sich also gegenseitig ausschließen können.

Das Proteasom ist ein großer, multimerer Proteinkomplex. Er besteht aus einem **20S zentralen Komplex** (core-complex) mit jeweils zwei assoziierten 19S regulatorischen Teilkomplexen. Das voll assemblierte Proteasom wird nach seinem Sedimentationsverhalten nach entsprechend als **26S Proteasom** bezeichnet.

Der 20S Komplex besteht aus den zwei unterschiedlichen Untereinheiten α und β. Jeweils sieben dieser Untereinheiten lagern sich zu einem Ring zusammen. Es gibt zwei aus α-Untereinheiten und zwei aus β-Untereinheiten bestehende Ringe, welche einen zylinderförmigen Komplex bilden (Abb. 5.**26**).

Dem 20S zentralen Komplex ähnliche Strukturen gibt es auch bei Bacteria und Archaea; sind hier jedoch einfacher aufgebaut.

Degradation im Lysosom

Neben dem Abbau im Proteasom gibt es bei Eukaryoten noch einen zweiten Weg, über den Proteine abgebaut werden. Dies geschieht in den Lysosomen. Lysosomen sind intrazelluläre Kompartimente, welche von einer einfachen Membran umgrenzt sind (*Biochemie, Zellbiologie*). Das Innere der Lysosomen besitzt einen sauren pH-Wert (ca. 4). Hier befinden sich abbauende Enzyme, z. B. Proteasen, Lipasen, Glucosidasen, Nucleasen, deren optimale Enzymaktivitäten diesem pH-Wert angepasst sind. Die meisten dieser Enzyme werden durch saure pH-Werte erst aktiviert. Die Lysosomen sind der Hauptabbauort von Proteinen mit hoher Halbwertszeit und von Membranproteinen. Der Abbau bzw. Verdau zelleigener Bestandteile wird übergreifend Autophagie genannt. Bisher wurden drei unterschiedliche Autophagie-Wege identifiziert, auf denen zelluläre Proteine in die Lysosomen gelangen: Bei der **Chaperon-unterstützten Autophagie** (chaperone-mediated autophagy) werden die abzubauenden Proteine vom Cytosol aus mithilfe von Chaperonen unter Energieverbrauch durch die Lysosomen-Membran transportiert. Zu den hieran beteiligten Chaperonen gehören z. B. Hsc70 und Hsp40.

Bei der **Mikroautophagie** bilden sich in die Lysosomen ragende Membraninvaginationen aus. Von diesen werden Membranbläschen abgeschnürt, welche mitsamt der Membran zersetzt werden.

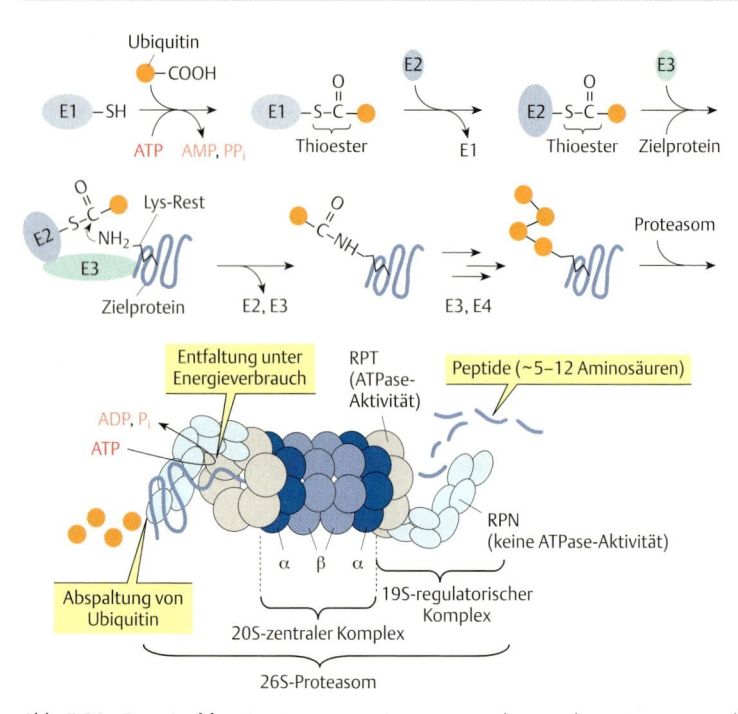

Abb. 5.26 Proteinabbau im Proteasom. Bevorzugte Substrate des Proteasoms sind Proteine mit vier oder mehr Ubiquitin-Einheiten. Die ubiquitinierten Proteine werden von den RPN-Untereinheiten des regulatorischen Komplexes erkannt und Ubiquitin wird abgespalten. Der basale Unterkomplex der 19S Untereinheit bildet einen hexameren Ring. Deren Proteine, als RPT bezeichnet, gehören zur Klasse der sogenannten AAA+ ATPasen (ATPase associated with diverse cellular activities). Sie entfalten das abzubauende Protein unter ATP-Verbrauch und dirigieren dieses in das Zentrum des Proteasoms. Die aktiven Zentren liegen bei den β-Untereinheiten und sind zum Lumen des Zylinders hin orientiert. Als Degradationsprodukte bleiben etwa 5–12 Aminosäure kleine Peptide übrig. Diese werden durch cytosolische Peptidasen weiter abgebaut. Bestimmte Zellen des Immunsystems präsentieren diese Abbau-Peptide auf der Zelloberfläche (📖 *Zoologie*).

Die **Makroautophagie** ist ein Mechanismus, über den ganze Organellen verdaut werden können. Zum Abbau bestimmte Bereiche des Cytoplasmas werden von einer doppelten Membran umgeben. Es entstehen sogenannte **Autophagosomen**. Die Membranen haben ihren Ursprung vermutlich vom endoplasmatischen Retikulum oder vom Golgi-Apparat. Die Autophagosomen verschmelzen mit den Lysosomen und setzen deren Inhalt dort frei. Nur die äußere Membran der Autophagosomen verschmilzt mit der Lysosomen-Membran, die innere Membran wird abgebaut.

Makro- und Mikroautophagie kommen verstärkt bei hungernden Zellen vor. Für die Zelle sind dies sehr wichtige und ökonomische Prozesse. Die Bildung und der „Betrieb" vieler Zellorganellen ist ein energieverbrauchender Prozess. Durch Verringerung ihrer Anzahl kann die Zelle Energie sparen, zudem gewinnt sie durch deren Abbau Bau- und Brennstoffe.

Neben den genannten Abbaumechanismen können Proteine auch durch cytoplasmatische Proteasen abgebaut werden. Solche Proteasen sind z. B. **Calpaine** und **Caspasen**. Zu den typischen lysosomalen Proteasen gehören z. B. die **Cathepsine**. Die unterschiedlichen Degradationsmechanismen schließen sich nicht gegenseitig aus. Sie haben einen überlappenden Substratbereich. Je nach physiologischem Status (Hunger, Stress, Zellzyklusphase) kann ein Protein durch unterschiedliche Wege abgebaut werden. Allerdings werden einige Proteine bevorzugt, vielleicht sogar ausschließlich, über einen bestimmten Weg abgebaut.

> **Chaperon:** Spezielle Proteine, welche anderen Proteinen helfen die korrekte Faltung einzunehmen bzw. deren vorzeitige Aggregation vehindern.
> **Hitze-Schock-Proteine:** Gehören zu den Chaperonen. Werden unter Stressbedingungen verstärkt exprimiert und schützen andere Proteine vor Aggregation.
> **Triggerfaktor:** Ein Chaperon von *E. coli*, welches an das Ribosom bindet und die neuentstehende Polypeptidkette „auffängt". Bei Eukaryoten übernimmt diese Funktion der Komplex NAC (nascent chain associated complex).
> **GroEL/GroES:** Zylinderförmige Proteinkomplexe (Chaperonine). Unterstützen die Proteinfaltung anderer Proteine im Inneren des Zylinders durch Abschirmung von der Umgebung.
> **Signalerkennungs-Komplex (signal recognition particle, SRP):** Komplex aus RNA und Protein, welcher Signalsequenzen von sekretorischen bzw. membranständigen Proteine erkennt. Bindet an die naszierende Polypeptidkette und leitet das Ribosom zur Membran.
> **Sec-Translocon:** Multimerer Transportkomplex in der Membran von *E. coli*, über den Proteine co- oder posttranslational in das Periplasma geschleust werden.
> **Posttranslationale Modifikationen:** Nachträgliche Veränderungen am Protein. Z. B. Methylierungen, Phosphorylierungen, Einbau einer prosthetischen Gruppe. Benötigt für Funktion, Struktur, Regulation oder Lokalisation des Proteins.
> **Peptidyl-Prolyl-cis-trans-Isomerasen (PPIasen):** Chaperone, welche speziell die Isomerisierung einer Prolyl-Peptid-Bindung katalysieren.
> **Protein-Disulfid-Isomerasen (PDIs):** Chaperone, welche speziell die Ausbildung von Disulfidbrücken fördern.
> **Degron:** Erkennungsmerkmal eines Proteins. Bewirkt dessen Abbau.
> **Proteasom:** Multimerer Proteinkomplex in dem Proteine abgebaut werden. Bei Eukaryoten ist hierzu eine Markierung der Proteine durch Ubiquitin notwendig.
> **Ubiquitin:** Kleines Protein, welches nur bei Eukaryoten vorkommt und zur Modifikation verwendet wird. Bei mehrfacher Anheftung (Polyubiquitinierung) ist dies ein Signal für den Abbau im Proteasom.

Autophagie: Selbstverdau zelleigener Proteine in den Lysosomen. Unterschiedliche Wege: Mikroautophagie, Makroautophagie, Chaperon-vermittelte Autophagie.

Autophagosom: Membranumhülltes Kompartiment, welches Organellen enthalten kann, dessen Inhalt zum Verdau bestimmt ist. Fusioniert mit Lysosomen.

6 Meiose

Klaus W. Wolf

6.1 Die Bedeutung der Meiose

Die **Meiose** (**Reduktionsteilung**) ist eine besondere Form der Zellteilung, die mit der **sexuellen Fortpflanzung** verknüpft ist. Sie besteht aus zwei aufeinander folgenden Teilungen (**Meiose I**, **II**) und führt zur Reduktion des diploiden Chromosomensatzes auf den **haploiden** Satz der Keimzellen (Gameten) bzw. Meiosporen. Durch die Verschmelzung von zwei Gameten im Zuge der Befruchtung wird der **diploide** Chromosomensatz wieder hergestellt.

Schon im ausgehenden 19. Jahrhundert fiel verschiedenen Zellbiologen (E. van Beneden, T. Boveri, E. Strasburger, J. U. Guignard) auf, dass in bestimmten Geweben neben der „normalen Mitose" eine „heterotype Mitose" abläuft, welche sich durch abweichende Kernteilungsfiguren auszeichnet. Diese besondere Zellteilung besteht aus zwei Teilungszyklen, und wird als **Reduktionsteilung** oder **Meiose** (griech. meiosis: Reduktion, Minderung) bezeichnet. Die Meiose ist untrennbar an die **sexuelle Fortpflanzung** gebunden, bei der durch die Verschmelzung von Gameten mütterliches und väterliches Genom fusionieren (Zoologie, Botanik). Die durch diese **Befruchtung** (**Fertilisation**) entstandene **Zygote** enthält in der Regel zwei komplette Chromosomensätze: Sie ist **diploid**. Von jedem Chromosomentyp gibt es ein mütterliches und ein väterliches Exemplar, die als **Homologe** bezeichnet werden. Da sich die Anzahl der Chromosomensätze in der Generationenfolge normalerweise nicht vergrößert, muss ein Mechanismus existieren, der den diploiden Chromosomensatz auf den **haploiden** Satz der Gameten (griech. haploos: einfach) reduziert. Diese Reduktion findet im Rahmen der Meiose statt: Mitotische Teilungen liefern diploide Zellen (2n), deren Chromosomen nach der S-Phase des Zellzyklus (S. 119) jeweils aus zwei Chromatiden bestehen und so in die Meiose eintreten (4C). Zwischen den meiotischen Teilungszyklen findet keine DNA-Replikation statt. Im Verlauf der Meiose wird der **C-Wert** (S. 51) also von 4C auf 1C pro Zelle reduziert (Tab. 6.1). Vier haploide

Tab. 6.1 **C-Werte in den verschiedenen Stadien der Meiose.**

Stadium der Meiose	n	C-Wert
Metaphase I (Meiocyte I)	2	4
Metaphase II (Meiocyte II)	1	2
Gameten, Meiosporen	1	1

Zellen, die von jedem Chromosom jeweils eine Chromatide besitzen, sind entstanden. Nach ihrem weiteren Schicksal bezeichnet man diese haploiden Zellen als Gameten oder Meiosporen. **Gameten** verschmelzen (Syngamie) zu einer diploiden **Zygote**, bevor sie sich mitotisch teilen. **Meiosporen** teilen sich mitotisch ohne eine vorherige Befruchtung. Sie können zu haploiden Organismen (Haplonten) heranwachsen, die dann durch Mitose haploide Gameten für die Fertilisation hervorbringen (Abb. 6.1, *Botanik*).

Meiose und Kernphasenwechsel: Bei Arten mit sexueller Fortpflanzung können Meiose und Befruchtung an unterschiedlichen Stellen im Lebenszyklus liegen (*Botanik*). Es erfolgt ein Wechsel zwischen diploiden und haploiden Zellen (Abb. 6.1). Dieser Kernphasenwechsel ist oft mit einem Generations- und Gestaltswechsel verbunden. Bei den **Diplonten**, wie den meisten vielzelligen Tieren, teilt sich die aus der Befruchtung entstandene diploide Zygote vielfach in somatische Zellen, und es entsteht z. B. der Körper der Tiere (Soma). In speziellen Organen, den Keimdrüsen (Gonaden) oder diffus in Körperhohlräumen flottierend, durchlaufen die diploiden Zellen die Meiose. Aus der Meiose gehen unmittelbar die haploiden Gameten hervor. Ist eine Unterscheidung der beiden Geschlechter nicht möglich, werden sie als Plus-Gameten (Donatoren, männliche Gameten) oder Minus-Gameten (Rezeptoren, weibliche Gameten) bezeichnet. Die Verschmelzung von Plus- und Minus-Gameten führt wieder zu einer diploiden Zygote.

Bei **Haplonten** – viele einzellige Eukaryoten fallen in diese Kategorie – ist nur die Zygote diploid, alle anderen Entwicklungsstadien sind haploid. Die Zygote tritt ohne weitere mitotische Zellteilungen sofort in die Meiose ein. Die daraus entstehenden haploiden Zellen, auch Meiosporen genannt, teilen sich durch Mitose. Bei bestimmten Umweltfaktoren, z. B. Nahrungsmangel, differenzieren sich die haploiden Zellen zu Gameten, deren Fusion wieder zu einer Zygote führt. Die Zygote kann als Dauerstadium dienen und ungünstige Umweltbedingungen überstehen.

Organismen mit einem Wechsel von diploiden und haploiden Generationen nennt man **Haplo-Diplonten**: Zu diesem Typus gehören die höheren Pflanzen. Aus der Zygote entsteht durch Mitose der diploide **Sporophyt**. Bestimmte diploide Zellen durchlaufen eine Meiose. Die entstehenden Meiosporen teilen sich mitotisch und bauen den haploiden **Gametophyten** auf, der bei den Moosen zu einer selbstständigen Pflanze heranwächst und bei den Samenpflanzen aus nur wenigen Zellen besteht. Bestimmte haploide Zellen entwickeln sich nach mehr oder weniger zahlreichen mitotischen Teilungen zu Gameten. Nach der Befruchtung entsteht eine neue Zygote.

Trotz des erhöhten Aufwandes hat sich die sexuelle Fortpflanzung in der Evolution als vorteilhaft erwiesen, denn sie trägt erheblich zur **genetischen Vielfalt** in einer Population bei. Meiose und Befruchtung stellen neue Genkombinationen zusammen, deren Träger in der Folgegeneration der natürlichen Selektion auf Überlebens- und Anpassungsfähigkeit unterworfen sind. Unter den Nachkommen gibt es möglicherweise Individuen, die aufgrund ihrer genetischen Ausstattung besser mit veränderten Umweltbedingungen zurecht kommen. Die Neukombination der Gene kann außerdem verhindern, dass vorteilhafte Gene dauerhaft mit nachteiligen Genen gekoppelt auftreten. Reichern sich nachteilige Gene in einem Individuum an, mindern sie seine Reproduktionsfähigkeit und werden so aus dem Genpool entfernt. Die Kenntnis der Genverteilung und -kombination während der Meiose und Befruchtung ist für ein Verständnis der Vererbungs-

6.1 Die Bedeutung der Meiose

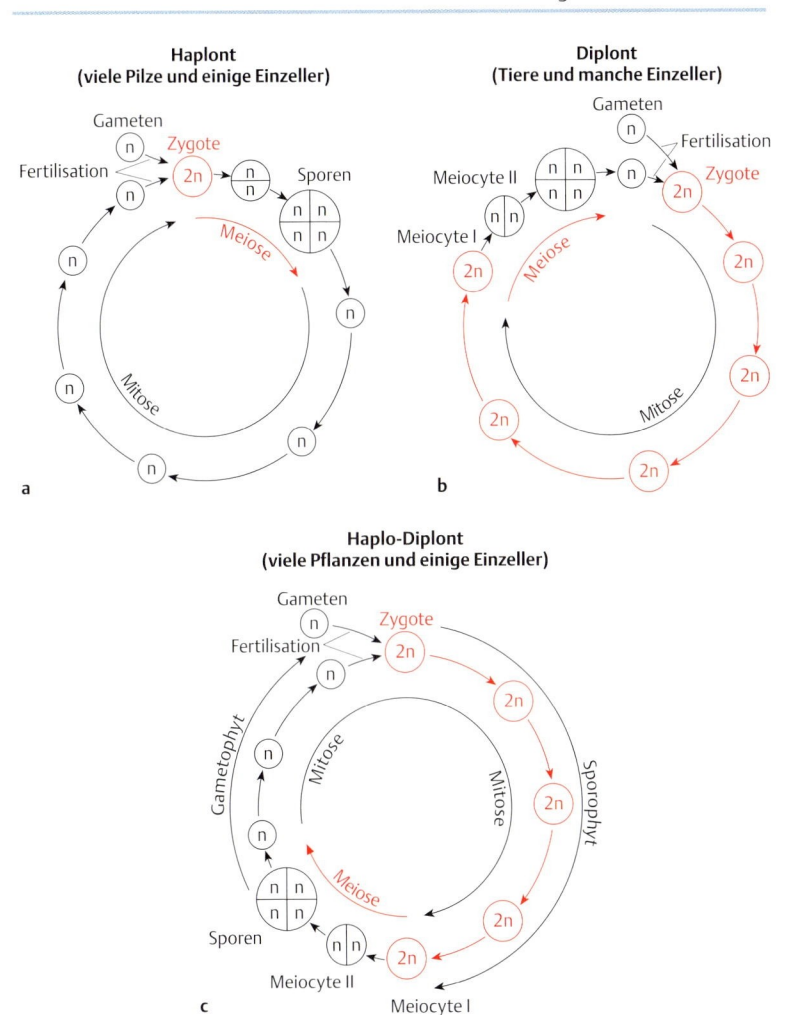

Abb. 6.1 Kernphasenwechsel. Meiose und Befruchtung liegen an unterschiedlichen Stellen im Lebenszyklus. **a** Lebenszyklus eines Haplonten (viele Pilze und einige Einzeller); **b** Lebenszyklus eines Diplonten (Tiere und einige Einzeller); **c** Lebenszyklus eines Haplo-Diplonten (viele Pflanzen und einige Einzeller).

regeln von G. Mendel unerlässlich (S. 267). Neue Genkombinationen (**Rekombinationen**) entstehen in der Meiose durch zwei verschiedene Mechanismen:
- Homologe Nichtschwester-Chromatiden werden auf gleicher Höhe durchtrennt und kreuzweise wieder zusammengefügt. Dieser **reziproke Stückaus-**

tausch (**Crossover**) führt zu Chromosomen, die abschnittsweise aus mütterlichen und väterlichen Anteilen bestehen. Die Überkreuzungsstellen sind später vorübergehend als **Chiasmata** erkennbar. Crossover verändert die Kopplungsgruppen von Genen (S. 276, S. 240).
- Die zufällige Orientierung der mütterlichen und väterlichen Chromosomen in der Metaphase I zieht eine **zufallsgemäße Verteilung der homologen Chromosomen** auf die beiden Tochterzellen nach sich (S. 242). Beim Menschen mit einem haploiden Satz von 23 Chromosomen sind insgesamt 2^{23} = 8 388 608 Kombinationen in den Gameten eines Geschlechts zu erwarten. Diese Zahl von Kombinationen gilt natürlich für beide Geschlechter; in der Zygote sind dann rechnerisch $(2^{23})^2 = 2^{46}$ verschiedene Kombinationen möglich.

Meiose: Reduktionsteilung, besteht aus zwei Teilungszyklen. Reduktion des diploiden Chromosomensatzes auf den Haploiden, da keine Replikation zwischen den Teilungszyklen stattfindet. Reduktion des C-Wertes von 4 (vor der Meiose) auf 1 (in Keimzellen oder Meiosporen). Integriert: Rekombination der Gene.
Rekombination: Reziproker Stückaustausch zwischen homologen Nichtschwester-Chromatiden (Crossover), zufallsgemäße Verteilung (Segregation) der Chromosomen.

6.2 Die Phasen der Meiose

Bei den beiden Teilungen der Meiose wird wie in der Mitose jeweils zwischen **Pro-**, **Meta-**, **Ana-** und **Telophase** unterschieden. Vor der Meiose findet eine DNA-Replikation statt, aber zwischen den beiden Teilungszyklen unterbleibt die DNA-Replikation, sodass aus einer diploiden Zelle (4C) vier haploide Zellen (jeweils 1C) entstehen. Der Verteilung der Chromatiden auf die Tochterzellen geht eine Paarung der homologen Chromosomen voraus, die durch eine besondere Zellstruktur, den **synaptonemalen Komplex**, unterstützt wird. Im Verlauf der Meiose werden neue Genkombinationen gebildet, die den Phänotyp der Nachkommen beeinflussen und der Selektion unterworfen sind. Diese Rekombination der Gene ist auf den Stückaustausch zwischen mütterlichen und väterlichen Chromosomen (**Crossover**) zurückzuführen. Diese werden in der späten Prophase I cytologisch als **Chiasmata** erkennbar.

Die **Meiose** ist ein kontinuierlicher Prozess aus zwei unmittelbar aufeinander folgenden Teilungen. Die erste Teilung der Meiose wird oft vereinfachend „Meiose I", die zweite Teilung „Meiose II" genannt. Die Meiose lässt sich, ähnlich wie die Mitose (S. 121 und 📖 *Biochemie, Zellbiologie*), in verschiedene mikroskopisch unterscheidbare Phasen unterteilen: Prophase I, Metaphase I, Anaphase I, Telophase I, Prophase II, Metaphase II, Anaphase II und Telophase II.

In einem kurzen Überblick lässt sich der Verlauf folgendermaßen darstellen (Abb. 6.**2**, Abb. 6.**3**): Nach einem normalen Zellzyklus mit G_1-, S- und G_2-Phase tritt die Keimzellmutterzelle (**Meiocyte I**, 2n, 4C) in die Meiose ein. In der Meiose ist die Prophase I aufgrund der in diesem Stadium ablaufenden Vorgänge weiter unterteilt. Man unterscheidet das **Leptotän**, in dem die homologen Chromosomen meist noch ungepaart vorliegen, vom darauf folgenden **Zygotän**, in dem die Paarung der Homologen erfolgt. Der synaptonemale Komplex, ein für die Meiose spezifischer Zellbestandteil, vermittelt diese Paarung. Im **Pachytän** ist die Paarung abgeschlossen, und es findet **Crossover** statt. In der späten Prophase I, die in **Diplotän** und **Diakinese** unterteilt wird, verdichten sich die Chromosomen und Chiasmata werden sichtbar. In der Metaphase I ordnen sich die homologen Chromosomen in der Äquatorialebene des Spindelapparates an und die Kernhülle wird aufgelöst. In der Anaphase I trennen sich die rekombinierten Homologen, dabei werden mütterliche und väterliche Chromosomen zufallsgemäß verteilt. Schließlich werden in der Telophase I zwei Tochterzellen gebildet (**Meiocyten II**, 1n, 2C). Ohne Replikation des Genoms schließt sich der zweite Teilungszyklus an, und die beiden Meiocyten II durchlaufen erneut die Stadien der Prophase II bis Telophase II. Diesmal werden die Schwesterchromatiden in der Centromerenregion voneinander getrennt und bewegen sich zu den Spindelpolen. Es folgt die Teilung des Zellplasmas (**Cytokinese**): Vier haploide Zellen, die von jedem Chromosom eine Chromatide erhalten haben, sind entstanden (1n, 1C).

6.2.1 Leptotän der Prophase I

Im Leptotän sind die Chromosomen bereits leicht verdichtet. Ihr Aufbau aus zwei Chromatiden wird erkennbar. Entlang der Chromosomenachsen entsteht eine aus Proteinen bestehende Struktur, das **axiale Element** (Abb. 6.**3a**, **c**, Abb. 6.4). Aus diesem axialen Element wird später das laterale Element des synaptonemalen Komplexes. Das genetische Material ist in Schleifendomänen mit den axialen Elementen verbunden. Beide Enden der Chromosomen (**Telomere**, S. 72, 128) sind in der inneren Membran der Kernhülle verankert und an einem Kernpol konzentriert, während die Chromosomen in Schleifen von dieser Stelle in das Kernlumen vorspringen. Diese Organisation der Chromosomen im Kern bezeichnet man als (Chromosomen-)**Bouquet**. Die Enden aller Chromosomen liegen also in enger Nachbarschaft zueinander, und die räumliche Nähe der Telomere begünstigt die Erkennung homologer Chromosomen und den Beginn ihrer Paarung (Abb. 6.**2b**).

Bei den meisten Organismen liegen die homologen Chromosomen zu Beginn des Leptotäns noch ungepaart im Zellkern vor. Nur bei Organismen, die eine sogenannte somatische Paarung zeigen, sind die homologen Chromosomen bereits in diesem Stadium gepaart. Unter **somatischer Paarung** versteht man die Assoziation homologer Chromosomen im mitotischen Zellzyklus. Somatische Paarung der Chromosomen beobachtet man bei den meisten Dipteren (Zweiflügler), z. B. bei der Taufliege (*Drosophila melanogaster*).

Abb. 6.2 **Meiose.** Es sind drei autosomale Chromosomen, ihre Homologen (violett) und ein Heterosom (schwarz, X-Chromosom) dargestellt. Die Centromere sind als offene Kreise gezeichnet.

a Interphase: In der Meiocyte I findet vor der Meiose während der S-Phase des Zellzyklus die DNA-Replikation statt.

b Leptotän: Die drei autosomalen Chromosomenpaare sind ungepaart. Die Enden aller Autosomen sind an einem Kernpol mit der inneren Membran der Kernhülle verknüpft (Chromosomenbouquet). Dort liegt auch das X-Chromosom.

c Zygotän: Die Paarung der homologen Chromosomen hat von den Enden her begonnen, dabei kann es zu Interlockings kommen, d. h. einzelne Homologe werden zwischen den Schleifen anderer sich paarender Chromosomen eingeschlossen. Da die Chromosomenenden mit der Kernmembran verknüpft sind, ist eine Auflösung der Interlockings nur nach Durchtrennung eines homologen Strangs möglich. Tatsächlich werden mithilfe von Topoisomerasen bis zum Pachytän die allermeisten Interlockings beseitigt.

d Pachytän: Die Paarung der homologen Chromosomen ist abgeschlossen, drei autosomale Bivalente und das X-Univalent liegen vor.

e Späte Prophase I: Die Homologen weichen auseinander, dabei werden die Crossover-Bereiche als Chiasmata sichtbar. Im kurzen autosomalen Bivalent liegt ein Chiasma vor, und das Chromosom hat eine kreuzförmige Konformation angenommen. Das mittlere Chromosom besitzt zwei und das lange Chromosom drei Chiasmata; hier liegen die Chiasmata relativ weit voneinander entfernt.

f Anaphase I: Die Homologen werden zufallsgemäß auf die Pole verteilt. Sie bestehen in Abhängigkeit von der Lage der Crossover aus neu kombinierten Abschnitten. Das X-Univalent ist bereits zu einem Spindelpol gelangt. Eine der beiden Meiocyten II enthält das Univalent, welches sich mit den anderen Chromosomen in die Äquatorialebene einordnet. Die andere Meiocyte II erhält nur Autosomen.

g Metaphase II: Nach der Rekonstitution der Tochterzellkerne in der Telophase I, einer Übergangsphase ohne Replikation (Interkinese) und der normal verlaufenden Prophase II ordnen sich die Chromosomen in der äquatorialen Ebene an.

h Anaphase II: Die Chromatiden bewegen sich auf die Spindelpole zu.

j Telophase II: Es sind vier haploide Keimzellen bzw. Meiosporen entstanden, die von jedem Chromosom eine Chromatide enthalten.

6.2 Die Phasen der Meiose

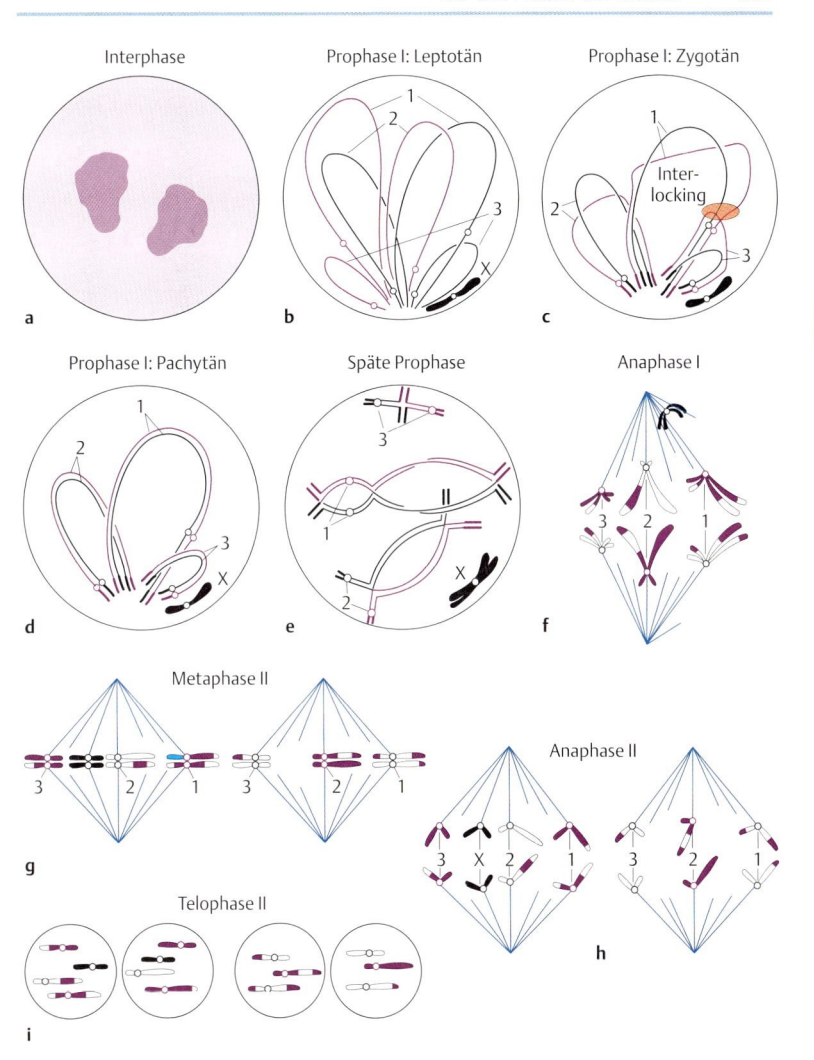

a Interphase
b Prophase I: Leptotän
c Prophase I: Zygotän — Interlocking
d Prophase I: Pachytän
e Späte Prophase
f Anaphase I
g Metaphase II
h Anaphase II
i Telophase II

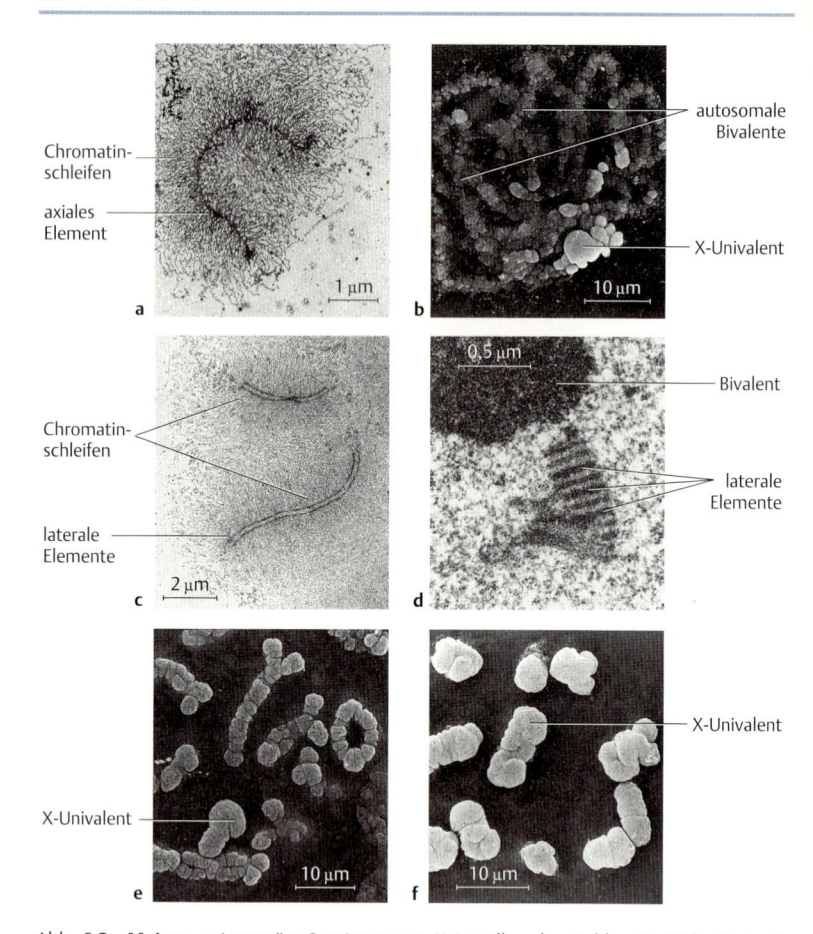

Abb. 6.3 **Meiose. a** Leptotän: Spreitung von Keimzellen der Mehlmotte (*Ephestia kuehniella*). Ein Chromosom im Leptotän der meiotischen Prophase. Das axiale Element und die Schleifen, in denen das genetische Material organisiert ist, sind zu erkennen. Man geht davon aus, dass hier sogenannte 30 nm Fäden (S. 28) vorliegen. (TEM-Aufnahme) **b** Pachytän: gespreiteter Pachytänkern aus der Wüstenheuschrecke (*Schistocerca gregaria*) mit den Schleifen der autosomalen Bivalente und das X-Univalent. (REM-Aufnahme) **c** Gespreitete Bivalente im Pachytän der Mehlmotte. Synaptonemaler Komplex zwischen den beiden lateralen Elementen und den Chromatinschleifen. (TEM-Aufnahme) **d** Polykomplex in einer Spermatocyte I der Grille *Eneoptera surinamensis*. In Nachbarschaft zu einem Bivalent liegt eine Struktur, in der sich dickere laterale Elemente und dünnere zentrale Elemente abwechseln. (TEM-Aufnahme) **e** Gespreiteter Kern in der Prophase I aus der Wüstenheuschrecke. Neben den autosomalen Bivalenten liegt das X-Chromosom. (REM-Aufnahme) **f** Gespreitete Chromosomenplatte in der Metaphase I aus der Wüstenheuschrecke. Die Chromosomen sind stark kondensiert. Das X-Univalent kann von den autosomalen Bivalenten unterschieden werden. (REM-Aufnahme) (Aufnahmen von a, c: F. Marec, Ceske Budejovice, Tschechien; b, d, e, f: K. W. Wolf, Kingston, Jamaica.)

6.2.2 Zygotän der Prophase I

Im **Zygotän** vollzieht sich die Chromosomenpaarung (**Synapsis**). Bei den relativ kurzen Chromosomen der meisten Tiere beginnt die Synapsis an beiden Enden und schreitet reißverschlussartig zur Chromosomenmitte fort (Abb. 6.**2c**). Bei den längeren Chromosomen mancher Pflanzenarten hat man den Beginn der Homologenpaarung auch an mehreren Stellen entlang der Chromosomen beobachtet. Die molekularen Hintergründe der Erkennung der homologen Chromosomen über weite Distanzen im Zellkern sowie die Kräfte, die die homologen Chromosomen mechanisch zusammenführen, sind noch weitgehend unverstanden. Zwischen den homologen Chromosomen wird ein **synaptonemaler Komplex** aufgebaut, dem man eine wichtige Rolle bei der Aufrechterhaltung der Chromosomenpaarung zuschreibt. Er wird im nächsten Abschnitt im Detail beschrieben. Im Zygotän kommt es relativ häufig vor, dass einzelne Chromosomen oder beide Homologen zwischen den Bouquetschleifen eingeschlossen werden, die von sich gerade paarenden homologen Chromosomen eines anderen Chromosomenpaars gebildet werden. Diese sogenannten **Interlockings** werden mithilfe von Topoisomerasen (S. 99) bis zur vollständigen Chromosomenpaarung im Pachytän wieder aufgelöst.

6.2.3 Pachytän der Prophase I

Das Hauptmerkmal des **Pachytäns** ist die vollständige Paarung (**vollständige Synapsis**) der homologen Chromosomen von Telomer zu Telomer (Abb. 6.2**d**). Die Anzahl der chromosomalen Elemente entspricht jetzt der haploiden Chromosomenzahl des Organismus. Da zwei homologe Chromosomen in dieses Gebilde eingegangen sind, spricht man auch von einem **Bivalent**. Jedes Bivalent enthält vier Chromatiden und wird gelegentlich auch als **Tetrade** bezeichnet. Das Bouquet der Chromosomen ist zwar im frühen Pachytän noch anzutreffen, wird aber bei den meisten Organismen im Verlauf des Pachytäns aufgegeben.

Der **synaptonemale Komplex** ist eine für die Meiose spezifische Struktur, die zwischen den gepaarten Chromosomen liegt und aller Wahrscheinlichkeit nach die Homologenpaarung stabilisiert (Abb. 6.**4**, Abb. 6.**3c**). Details im Bau lassen sich im Transmissionselektronenmikroskop (TEM) klar analysieren. Der synaptonemale Komplex ist bei Tieren und Pflanzen ähnlich strukturiert; es gibt jedoch im Feinbau und in den Dimensionen artspezifische Unterschiede. Es handelt sich um dreilagige Strukturen mit zwei durchgehenden Fäden, die parallel zueinander angeordnet sind. Diese **lateralen Elemente** leiten sich von den axialen Elementen ab, sind 20–52 nm stark und an den Telomeren etwas verdickt. Für den Abstand der lateralen Elemente zueinander wurden Werte von 75–134 nm gemessen. Bei der Ratte hat man Proteine mit den Molekularmassen 30, 33 und 190 kDa in den lateralen Elementen gefunden. Erst in Ultradünnschnitten wird ein weiterer Bestandteil der synaptonemalen Komplexe deutlich: Das

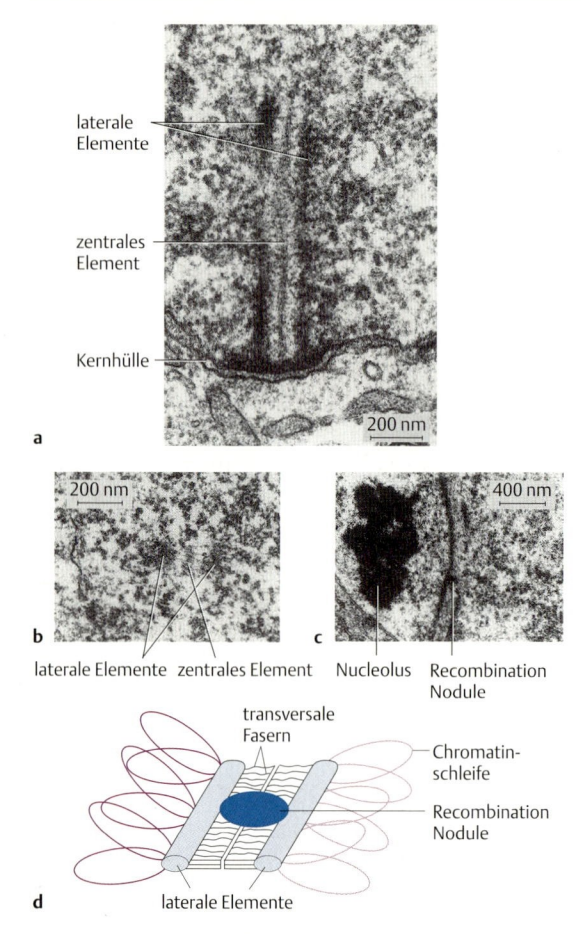

Abb. 6.4 **Synaptonemaler Komplex. a** Ausschnitt aus dem Pachytänkern der männlichen Hausmaus (*Mus musculus*). Der synaptonemale Komplex ist längs getroffen. Man sieht die beiden lateralen Elemente und das zentrale Element. Auch die transversalen Fasern sind zu erkennen. Die Verknüpfung der Struktur mit der Kernhülle wird deutlich. **b** Quergeschnittener synaptonemaler Komplex im Pachytänkern der Hausmaus. Seine Bestandteile (laterale und zentrale Elemente und transversale Fasern) sind zu erkennen. **c** Ausschnitt aus einem Pachytänkern eines männlichen Schmetterlings (*Inachis io*). Ein mit dem synaptonemalen Komplex vergesellschaftetes Recombination Nodule ist getroffen. (TEM-Aufnahmen von K. W. Wolf, Kingston, Jamaica.) **d** Schematische Darstellung des synaptonemalen Komplexes mit seinen Komponenten.

zentrale **Element** zwischen den lateralen Elementen. Quer verlaufende Strukturen, die **transversalen Fasern**, verknüpfen die lateralen mit den zentralen Elementen. Das genetische Material ist in **Schleifendomänen** (Chromatinschleifen) mit den lateralen Elementen verbunden. Die Größe der Schleifen ist innerhalb einer Art relativ einheitlich. Bei der Hausmaus, der Ratte und einer Motte beträgt die Länge der Schleifen ca. 3 µm, bei der sehr DNA-reichen Heuschrecke *Chloealtis conspersa* wurden ca. 14 µm gemessen.

Ein recht unauffälliges Element liegt dem synaptonemalen Komplex an. Es sind kugelförmige Strukturen über dem zentralen Element: die sogenannten **Recombination Nodules** oder **Rekombinationsknoten**. In den Pachytän-Oocyten von *Drosophila melanogaster* sind sie 100 nm dick. Ihre Anzahl und Verteilung entlang der Bivalente entspricht der Zahl und Position der Chiasmata, die in der späten Prophase I sichtbar werden. Außerdem ist die Anzahl der Rekombinationsknoten in rekombinationsdefekten Taufliegen reduziert. Deshalb vermutet man, dass die Rekombinationsknoten am reziproken Austausch zwischen homologen Chromosomen beteiligt sind. Wahrscheinlich stellen die Rekombinationsknoten **Multienzymkomplexe** dar, die im Bivalent die **Crossover** herstellen.

Paarung der Geschlechtschromosomen: Von den Interlockings abgesehen, gibt es bei normal ausgebildeten autosomalen Bivalenten während der Paarung bis zum Pachytän keine Auffälligkeiten. Anders sieht es bei den Sex-Chromosomen (Geschlechtschromosomen, Gonosomen) im heterogametischen Geschlecht aus (S. 297, Abb. 6.**5**). Wie die X- und Y-Chromosomen der Säugetiere zeigen, können die Sex-Chromosomen unterschiedlich lang und ungleich aufgebaut sein. An bestimmten Stellen der Y-Chromosomen liegt eine Region, die Homologien mit einem Teil des X-Chromosoms aufweist. Dort paaren sich die beiden Sex-Chromosomen, und es wird mindestens ein Crossover angelegt. Die in dieser homologen Region enthaltenen Gene verhalten sich wie autosomale Gene, und man bezeichnet den entsprechenden Abschnitt der Sex-Chromosomen als **pseudoautosomale Region**. Beim Menschen liegt die pseudoautosomale Region an den Enden der kurzen Arme der Y- und der X-Chromosomen (S. 306). Meist beobachtet man bei Säugetieren, dass die Paarung der Sex-Chromosomen vorübergehend über die pseudoautosomale Region hinausgeht. Hier liegt nichthomologe Paarung vor. Die Interpretation drängt sich auf, dass auf diese Weise geprüft wird, wie weit Homologie zwischen den Chromosomen tatsächlich gegeben ist. In den allermeisten Fällen werden nur im homologen Bereich Crossover angelegt. Ausnahmen sind aber bekannt und können schwerwiegende Konsequenzen wie die Geschlechtsumkehr haben (S. 306). Außerhalb der pseudoautosomalen Region unterscheiden sich die Sex-Chromosomen in ihrer Genzusammensetzung, und man bezeichnet diese Abschnitte als **differenzielle Segmente**. Diese differenziellen Segmente bleiben wegen fehlender Homologie ungepaart. Bei Organismen mit einem XX/X0 Geschlechtschromosomensystem (S. 298) bleibt das X-Chromosom in einem Geschlecht notwendigerweise ungepaart (**Univalent**). Das X-Univalent besitzt nur ein Kinetochor und kann sich deshalb in der Metaphase I nicht in der Äquatorialebene der Spindel anordnen. Es gelangt sofort zu einem Spindelpol.

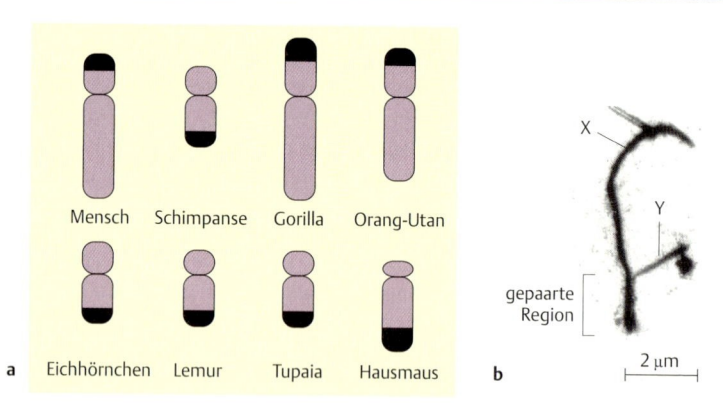

Abb. 6.5 Pseudoautosomale Region von Heterosomen. a Die Lage der pseudoautosomalen Region ist in den Y-Chromosomen einer Reihe von Säugetieren und dem Menschen eingezeichnet. **b** Die lichtmikroskopische Aufnahme zeigt ein gespreitetes, gefärbtes XY-Paar im Pachytän der Hausmaus. Die beiden unterschiedlich langen Chromosomen sind unvollständig gepaart. Die Ausdehnung der gepaarten Region überschreitet jedoch die eigentliche pseudoautosomale Region. Es liegt nicht-homologe Paarung vor. (Aufnahme von H. Winking, Lübeck.)

6.2.4 Diplotän und Diakinese der Prophase I

Auf das Pachytän folgen in der ersten Teilung zwei sehr ähnliche Stadien, **Diplotän** und **Diakinese**, die oft auch als **späte Prophase I** zusammengefasst werden. Die Hauptmerkmale der späten Prophase I sind (Abb. 6.2e):
- Verdichtung der Chromosomen,
- Herausbildung der Chiasmata,
- Abbau der synaptonemalen Komplexe,
- Vergrößerung des Zellvolumens (besonders im weiblichen Geschlecht).

In der späten Prophase I können die einzelnen Chromatiden der Bivalente im Lichtmikroskop aufgelöst werden. Weiterhin weichen die homologen Chromosomen auseinander. Dabei geben sich die Bereiche mit Crossover als Kreuzungen (**Chiasmata**) zu erkennen. Diese garantieren den **Zusammenhalt** der Homologen. Ein Chiasma ist stets die Folge des Crossover und nicht umgekehrt (Abb. 6.6a). In jedem homologen Chromosomenpaar wird normalerweise mindestens ein Chiasma ausgebildet. Je nach seiner Position relativ zum Centromer (S. 30) ergeben sich unterschiedliche kreuzförmige Strukturen. In längeren Bivalenten sind mehrere Chiasmata möglich. Grundsätzlich liegen Chiasmata immer in einiger Entfernung voneinander. Nahe benachbarte Chiasmata sind ausgeschlossen. Dieses Phänomen bezeichnet man als **Chiasmainterferenz** (S. 279). Die zugrunde liegenden Mechanismen sind nicht bekannt.

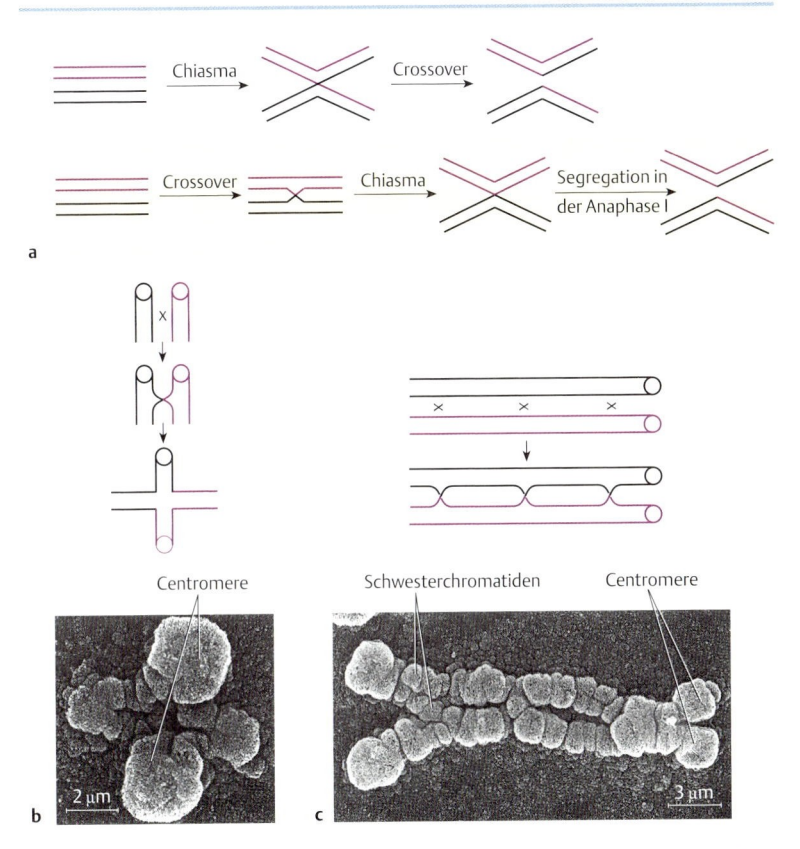

Abb. 6.**6 Chiasmata und Crossover. a** Wenn das Crossover erst nach dem Chiasma stattfände, würde das Bivalent schon vor der Anaphase in zwei Teile zerfallen. Tatsächlich beobachtet man aber, dass die Bivalente erst durch die Spindelkräfte in der Anaphase I auseinander gezogen werden. Das Crossover findet also vor einem Chiasma statt. **b** Crossover in der Nähe des Centromers: In der späten Prophase I bildet das Bivalent eine kreuzförmige Paarungsfigur. **c** Dreifaches Crossover: In der späten Prophase I bildet das Bivalent eine charakteristische Paarungsfigur. Die Aufnahmen der Bivalente stammen aus Spreitungspräparationen der Wüstenheuschrecke. (REM-Aufnahmen von K. W. Wolf, Kingston, Jamaica.)

Der synaptonemale Komplex wird in der späten Prophase I allmählich abgebaut. Bei manchen Organismen treten aber sogenannte **Polykomplexe** auf, die man als Abbauprodukte der synaptonemalen Komplexe interpretiert (Abb. 6.**3d**). Sie bestehen aus lateralen und zentralen Elementen, die in Stapeln organisiert sind. Sie können im Cytoplasma oder in den Kernen der Keimzellen während der Gametogenese sehr lange erhalten bleiben. Ihre Funktion ist unklar.

6.2.5 Prometaphase I und Metaphase I

Für die Organisation der meiotischen Spindelapparate und das Verhalten der Kernhülle und der Chromosomen gelten dieselben Prinzipien wie in der Mitose (*Biochemie, Zellbiologie*). Man beobachtet aber oft, dass die meiotischen Spindelapparate größer sind und eine höhere Zahl an Mikrotubuli enthalten als die mitotischen Spindeln. In der **Prometaphase I** der Meiose löst sich die Kernhülle auf, und die Bivalente beginnen, sich in der **Äquatorialebene** des **Spindelapparates** anzuordnen. In der **Metaphase I** sind die Chromosomen maximal verdichtet, und die Schwesterchromatiden hängen in der Centromerenregion zusammen. In den meisten Organismen kann wegen der starken Verdichtung die Organisation der Bivalente nicht mehr direkt nachvollzogen werden.

6.2.6 Anaphase I

In der **Anaphase I** erfolgt die Trennung, die **Segregation**, der durch Crossover rekombinierten Chromosomenpaare. Dabei werden die Partner zufällig auf die Zellpole verteilt (Abb. 6.2f). Je nach Zahl und Position der Chiasmata entstehen Chromosomen, die in unterschiedlichem Muster mütterliche bzw. väterliche Chromosomenabschnitte besitzen.

Betrachtet man nur die Centromeren der gepaarten Chromosomen, lassen sich in der Anaphase zwei Segregationsformen unterscheiden: Präreduktion und Postreduktion. Bei der **Präreduktion** trennen sich die homologen Chromosomen voneinander, und je zwei rekombinierte Schwesterchromatiden bewegen sich gemeinsam zu den Spindelpolen. Dies ist bei den allermeisten Organismen der Fall. Es gibt aber auch die Möglichkeit, dass in der Anaphase I die Verbindung zwischen den Schwesterchromatiden gelöst wird. Je zwei homologe Nichtschwester-Chromatiden bewegen sich dann gemeinsam zu den Polen, und man spricht von **Postreduktion**. Als eigentliche Reduktion des Chromosomensatzes wird also die Trennung der homologen Centromere angesehen. Die Trennung der Chromatiden ist wie bei der Mitose die Äquation. Betrachtet man nur

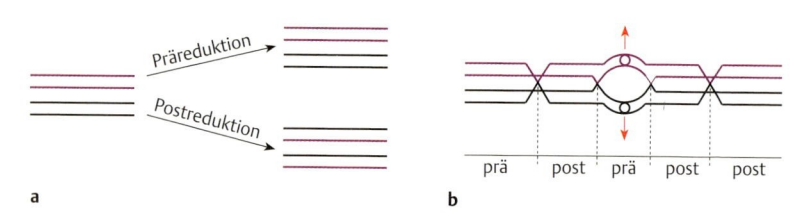

Abb. 6.7 **Prä- und Postreduktion. a** Trennen sich die Homologen vor den Chromatiden, spricht man von Präreduktion, trennen sich erst die Chromatiden und dann die Homologen, spricht man von Postreduktion. Dargestellt sind ein Bivalentabschnitt ohne Centromer sowie ein Querschnitt des Bivalents, also eine Tetrade aus vier Chromatiden. **b** Ein längeres Bivalent ist aus prä- und postreduktionellen Abschnitten zusammengesetzt.

die Centromere, kann bei den beiden meiotischen Teilungen zwischen Äquations- und Reduktionsteilung unterschieden werden. Tatsächlich ist aber jedes Chromosom aus prä- und postreduktionellen Abschnitten zusammengesetzt (Abb. 6.**7**).

6.2.7 Telophase I und Interkinese

In der meiotischen **Telophase I** werden die Kernhüllen der Tochterzellen (Meiocyten II) aufgebaut, und die Zellkerne bilden sich. Wie in der Mitose wird auch hier zwischen den Tochterkernen eine **Interzonalspindel** aus zwei überlappenden Mikrotubulipopulationen angelegt (*Biochemie, Zellbiologie*). Das Chromatin lockert sich beim Übergang zur zweiten meiotischen Teilung manchmal nur unwesentlich auf. Eine Replikation der DNA findet nicht statt, und in den meisten Fällen schließt sich die Prophase II unmittelbar an. Die Übergangsphase wird oft als **Interkinese** bezeichnet.

6.2.8 Prophase II bis Telophase II

Nachdem sich die Chromosomen in der **Prophase II** wieder verdichtet haben, ordnen sie sich in der Metaphase II in der Äquatorialebene an. Unabhängig davon, ob nun Prä- oder Postreduktion vorliegt, wandern in der **zweiten meiotischen Teilung** Chromatiden zu den Spindelpolen (Abb. 6.**2g**, **h**, **j**). Damit gleicht diese Teilung einer Mitose. Nach Abschluss der Meiose sind insgesamt vier Teilungsprodukte (Gameten bzw. Meiosporen) entstanden. Sie enthalten einen haploiden Satz von Chromatiden, die aus rekombinierten mütterlichen und väterlichen Abschnitten bestehen. Nach der Meiose differenzieren sich die Gameten bzw. Meiosporen bei Pflanzen, Pilzen und Tieren unterschiedlich (*Botanik*, *Zoologie*). Bei bestimmten Pilzen (Ascomyceten) teilen sich die vier haploiden Zellen z. B. mitotisch und bilden acht Ascosporen (S. 286 *Mikrobiologie*). Außerdem hängt die weitere Entwicklung vom Geschlecht ab (Kap. 8). Bei männlichen Tieren entstehen aus einer Meiocyte I vier Gameten gleicher Größe. Im weiblichen Geschlecht sind die beiden meiotischen Teilungen jedoch asymmetrisch. Ein Teilungsprodukt, die zukünftige Eizelle, erhält die Hauptmasse des Cytoplasmas zur späteren Versorgung des Embryos. Das extrem cytoplasma-arme zweite Teilungsprodukt wird als **Polkörperchen** bezeichnet. Auch die zweite meiotische Teilung der cytoplasmareichen **Oocyte** ist asymmetrisch, und es entsteht ein zweites Polkörperchen, während sich das erste Polkörperchen ebenfalls teilt. Alle drei Polkörperchen degenerieren.

> **Phasen der Meiose:** Prophase I: (Lepto-, Zygo-, Pachy- und Diplotän, Diakinese), Prometa- und Metaphase I, Anaphase I, Telophase I und Interkinese, Prophase II, Metaphase II, Anaphase II und Telophase II.

> **Leptotän:** Bukettphase: Telomere an einem Pol des Kerns konzentriert, an Membran assoziiert, Verdichtung der Chromosomen, Schleifendomänen der DNA bilden Bukett, Ausbildung des axialen Elements.
> **Zygotän:** Beginn der Chromosomenpaarung (Synapsis), Bildung des synaptonemalen Komplexes.
> **Pachytän:** Vollständige Synapsis, Bildung der Bivalente, Crossover.
> **Bivalent:** Homologenpaar, Tetrade (aus 4 Chromatiden).
> **Bau des synaptonemalen Komplexes:** Dreilagige Zellstruktur stabilisiert Synapsis, 2 laterale, 1 zentrales Element, dazwischen transversale Fasern, Rekombinationsknoten an Crossover-Stellen.
> **Crossover:** Bruch und reziproke Wiedervereinigung von Nichtschwester-Chromatiden, vermittelt durch Multienzymkomplexe (Rekombinationsknoten), im Diplotän als Chiasmata sichtbar.
> **Diplotän und Diakinese:** Herausbildung der Chiasmata, Abbau des synaptonemalen Komplexes.
> **Chiasma:** Plural: Chiasmata, kreuzförmige Chromsomenfiguren während des Diplotäns. Folge des Crossover, bewirken Zusammenhalt der Homologen.
> **Metaphase I:** Ausbildung des Spindelapparates, Zerfall der Kernhülle, Anordnung der Bivalente in der Äquatorialebene.
> **Anaphase I:** Segregation der Chromosomen, zufallsgemäße Verteilung der Homologen, Chromatiden aus prä- und postreduktionellen Abschnitten.
> **Telophase I:** Bildung von 2 Meiocyten II,
> **Interkinese:** Übergang von erster zu zweiter meiotischer Teilung, keine Replikation.
> **Prophase II bis Telophase II:** Zweite meiotische Teilung, Segregation der Chromatiden, Bildung von 4 Gameten oder Meiosporen.

6.3 Rearrangierte Chromosomen in der Meiose

> Die Homologen werden zufallsgemäß auf die Tochterzellen verteilt. Nach Chromosomenumbauten (**Chromosomenmutationen**) kann die Meiose abweichende Muster aufweisen. Größere Chromosomenaggregate (**Multivalente**) erhöhen das Risiko für eine Fehlverteilung der Chromosomen. Schließlich gibt es Organismen, bei deren Chromosomen die Paarung der Homologen unterbleibt. Bei dieser **achiasmatischen Meiose** sorgen andere zellulären Mechanismen für die geordnete Verteilung der homologen Chromosomen.

Als Folge von bestimmten **Chromosomenmutationen** entstehen rearrangierte Chromosomen, die – obwohl die Grundregeln der Meiose auch für sie gelten – in dieser Phase Besonderheiten zeigen. Bei **Translokationen** können Chromosomen entstehen, die zu mehr als einem weiteren Chromosom Homologien aufweisen. Bei der meiotischen Paarung finden sich dann mehr als zwei Chromosomen zusammen, und die entstehenden Gebilde werden als **Multivalente** bezeichnet. Man nennt sie präziser Tri-, Quadri-, Penta- oder Hexavalente, wenn drei, vier, fünf oder sechs Chromosomen beteiligt sind. Weiterhin können homologe Chromosomen infolge von Chromosomenmutationen (Deletionen, Duplikationen, Inversionen) strukturell verschieden sein. Bei solcher **struktureller Heterozygotie** verläuft die Paarung der Homologen nur dann problemlos, wenn sich die beiden Homologen aneinander anpassen. Unterschiedlich lange homologe Chromosomen können sich z. B. in ihrer Länge angleichen. Das Phänomen wird als **Synaptic Adjustment** bezeichnet. Vor allem bei größeren Chromosomenumbauten können die strukturellen Unterschiede zwischen den homologen Chromosomen aber nicht ausgeglichen werden. Spezifische Paarungsfiguren, veränderte Rekombination und Segregation sind die Folge.

6.3.1 Auswirkungen von Robertson-Translokationen

Bei einer Translokation wird ein Chromosomenabschnitt auf ein nichthomologes Chromosom übertragen. Ein Spezialfall ist die Verschmelzung von zwei akrozentrischen Chromosomen zu einem metazentrischen Chromosom. Die Chromosomenzahl ist dann um eins reduziert. W. R. B. Robertson entdeckte diese **zentrische Fusion** Anfang des 20. Jahrhunderts bei Heuschrecken, und ihm zu Ehren werden sie auch als **Robertson-Translokation** bezeichnet. Robertson-Translokationen sind recht häufig und kommen wahrscheinlich in allen Organismen mit akrozentrischen Chromosomen vor. Besonderes oft werden sie bei der Hausmaus (*Mus musculus*) und der Spitzmaus (*Sorex araneus*) gefunden. Man geht davon aus, dass strukturelle Veränderungen der Chromosomen nicht einfach durch Verkleben der Chromosomenenden entstehen. Vielmehr gehen Chromosomenbrüche voraus, deren Bruchstellen wieder miteinander verkleben. Bei der Robertson-Translokation liegen die Bruchpunkte im inerten Heterochromatin der Centromeren von zwei akrozentrischen Chromosomen, und es geht kein genetisches Material verloren. Deshalb äußert sich die Translokation in der Regel nicht im Phänotyp des Trägers. Besonderheiten ergeben sich allerdings bei der Homologenpaarung in der Meiose von Heterozygoten.

Kommt es z. B. in einer Mauspopulation zur Paarung zwischen Individuen mit zentrisch fusionierten (Chromosom 1+2) und nichtfusionierten akrozentrischen Chromosomen (Chromosom 1`, 2`), tritt im Pachytän der Meiose der heterozygoten Nachkommen ein sogenanntes **Trivalent** auf: Neben den autosomalen Bivalenten und dem Sex-Chromosomenpaar gibt es ein Gebilde, das aus der Paarung der beiden akrozentrischen Chromosomen mit dem metazentrischen Chromosom entstanden ist (Abb. 6.**8**). Es ist wahrscheinlich, dass in jedem der beiden Arme des metazentrischen Chromosoms Crossover mit akrozentrischen Chromosomen angelegt werden, die zu Chiasmata führen. Als Folge davon geht das Trivalent in den Spindelapparat der Metaphase I ein. In einem Bivalent mit zwei Centromeren wird in den allermeisten Fällen jeweils ein Centromer auf einen

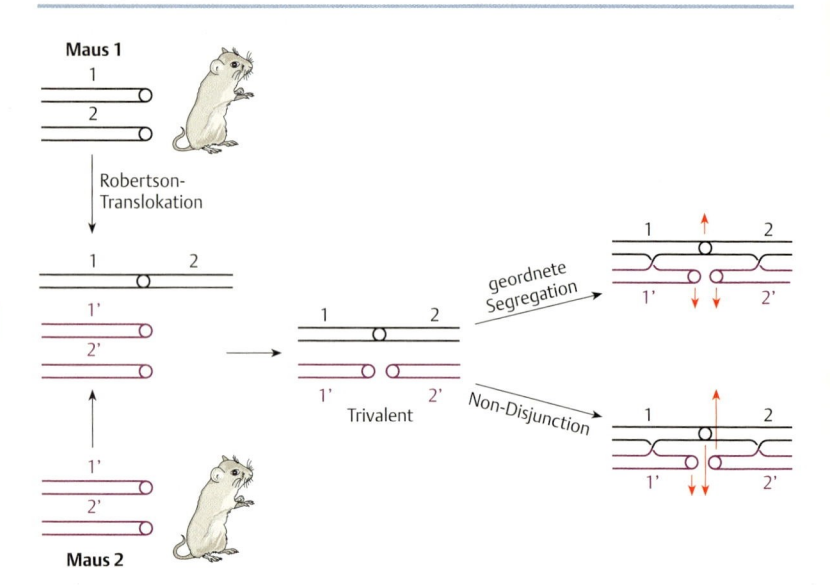

Abb. 6.8 Robertson-Translokation und Non-Disjunction. Durch eine Robertson-Translokation entsteht aus zwei nichthomologen, akrozentrischen Chromosomen (1, 2) ein metazentrisches Chromosom. Bei der Homologenpaarung kommt ein Trivalent zu Stande: Die beiden zugehörigen akrozentrischen Chromosomen (1, 2) paaren im Pachytän vollständig mit dem metazentrischen Chromosom. Bildet sich je ein Crossover in den beiden Chromosomenarmen, gibt es in der Anaphase I zwei Segregationsmöglichkeiten: Das metazentrische Chromosom wandert in eine Tochterzelle, und die beiden akrozentrischen Chromosomen gelangen in die andere Tochterzelle (geordnete Segregation) oder eines der akrozentrischen Chromosomen segregiert zusammen mit dem metazentrischen Chromosom (Non-Disjunction).

Spindelpol hin orientiert sein. Die geordnete Segregation ist damit in den meisten Fällen sichergestellt. Da im Trivalent **drei Centromeren** vorliegen, gibt es verschiedene Möglichkeiten zur Segregation: Die beiden akrozentrischen Chromosomen (1`, 2`) können miteinander in die eine und das metazentrische Chromosom (1+2) jeweils in die andere Tochterzelle gelangen. Die entstehenden Zellen hätten dann einen korrekten Chromosomensatz. Es ist aber auch denkbar, dass das metazentrische Chromosom zusammen mit einem akrozentrischen Chromosom in eine Tochterzelle der ersten meiotischen Teilung gelangt. Diese Tochterzelle enthielte dann Chromosom 1+2 und 1`, während Chromosom 1 in der zweiten Tochterzelle fehlt. Solche Fehlsegregationen in der Meiose bezeichnet man allgemein als **Non-Disjunction**. Non-Disjunction ist bei Bivalenten selten und bei Multivalenten häufig. In unserem Beispiel wäre nach der Befruchtung eine **Trisomie 1** und eine **Monosomie 1** zu erwarten. Man kann generell nicht voraussagen, welche Orientierung ein Multivalent im Spindelapparat der

Metaphase I einnimmt. Dies variiert mit der Art der Chromosomen und der Art der untersuchten Organismen. Es bleibt aber festzuhalten, dass bei der Anwesenheit von Multivalenten im Chromosomensatz von Meiocyten das Risiko für Non-Disjunction oft ansteigt.

6.3.2 Auswirkungen von reziproken Translokationen

Das Trivalent ist das einfachste Multivalent. Deutlich komplizierter ist die Analyse des Verhaltens von **Quadrivalenten**, die sich aus vier Chromosomen zusammensetzen. Quadrivalente sind z. B. die Folge einer **reziproken Translokation**. Dabei brechen zwei nichthomologe Chromosomen an beliebigen Stellen, und die entstehenden chromosomalen Segmente werden reziprok ausgetauscht (Abb. 6.**9**).

Auch hier geht kein genetisches Material verloren. Wenn aber die Bruchpunkte in genetisch aktiven Regionen liegen, kann sich die Mutation im Phänotyp des Trägers direkt äußern. Liegen die Bruchpunkte in inertem Material, bleibt der Phänotyp des Trägers unbeeinflusst. In diesem Fall sind dann aber möglicherweise die Gameten betroffen, denn das meiotische Paarungsverhalten der an der reziproken Translokation beteiligten Chromosomen ist verändert. Da ein chromosomales Segment zwischen zwei nichthomologen Chromosomen ausgetauscht wurde, und außerdem die intakten Homologen dieser Chromosomen beteiligt sind, weisen insgesamt vier Chromosomen homologe Abschnitte auf. Diese paaren sich entsprechend ihrer Homologie, und es entsteht eine kreuzförmige Struktur; man spricht hier auch von einem **Translokationskreuz**. Werden in jedem der Arme Crossover angelegt, entsteht in der Metaphase I ein ringförmiges Gebilde (**Ringmultivalent**), an dem vier Chromosomen mit ihren Centromeren beteiligt sind.

Bei der Segregation in der Anaphase I sind bei Multivalenten mit mehr als drei Chromosomen prinzipiell zwei Möglichkeiten gegeben:
- Wandern unmittelbar benachbarte Centromeren zum selben Spindelpol, spricht man von **Adjacent Segregation** (adjacent: angrenzend, benachbart).
- Wandern alternierend angeordnete Centromere zum selben Spindelpol, lautet die Bezeichnung **Alternate Segregation** (alternate: abwechselnd).

Beide Bezeichnungen sind in die deutsche Fachliteratur unverändert übernommen worden. **Adjacent Segregation** eines Ringquadrivalents führt zu Gameten, die einen unbalancierten Chromosomensatz besitzen. Das bedeutet, dass in den Tochterzellen der ersten meiotischen Teilung Chromosomensegmente fehlen oder doppelt vorhanden sind. Nach der Befruchtung sind **Trisomien** und **Monosomien** für diese Chromosomensegmente zu erwarten. **Alternate Segregation** führt zu normalen und balancierten Chromosomensätzen. Die balancierten Chromosomensätze enthalten zwar translozierte Chromosomen, aber es sind alle Chromosomensegmente in einfacher Zahl vorhanden.

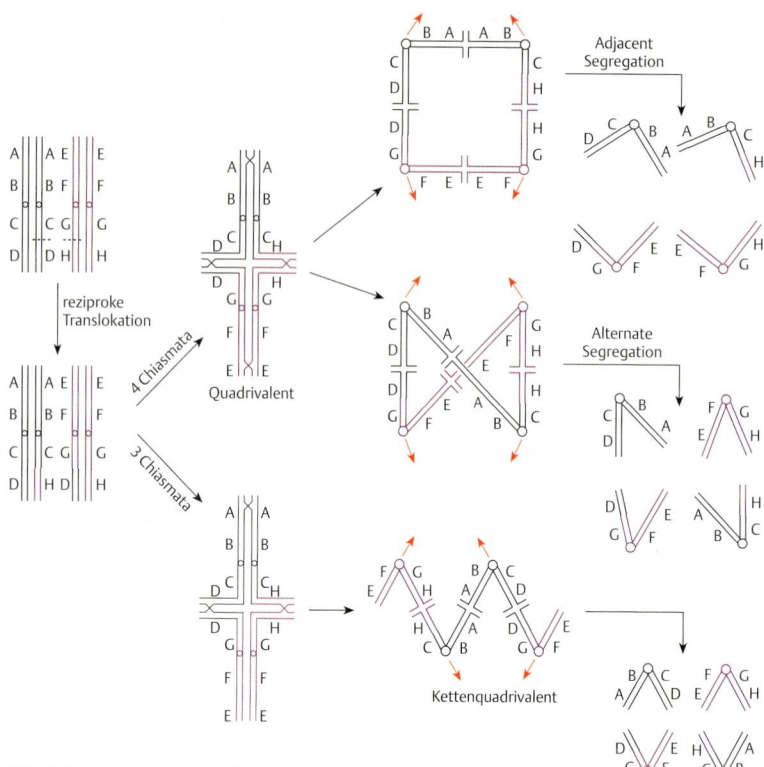

Abb. 6.9 Reziproke Translokation.
Dabei entstehen Brüche in zwei nichthomologen Chromosomen (Chromosom 1 mit den Genorten A bis D, Chromosom 2 mit den Genorten E bis H und die homologen Chromosomen), und die Bruchstücke werden untereinander ausgetauscht. Bei der meiotischen Chromosomenpaarung bildet sich eine kreuzförmige Struktur aus vier Chromosomen (Quadrivalent). Werden in allen vier Armen dieses Translokationskreuzes Crossover angelegt, gibt es unterschiedliche Segregationsmöglichkeiten: Segregieren im Ring benachbarte Centromeren gemeinsam (adjacent), entstehen zwei Tochterzellen mit unbalancierten Chromosomensätzen. Segregieren alternierend angeordnete Centromeren (alternate) entsteht eine Tochterzelle mit balancierten Chromosomensätzen. Sind im Quadrivalent nur drei Chiasmata, entsteht ein Kettenquadrivalent. Eine der möglichen Segregationsformen ist ausgeführt.

Wird nicht in allen Chromosomenarmen ein Crossover angelegt, bleibt die Chiasmabildung in einem Arm aus, so entsteht eine Kette aus Chromosomen (**Kettenmultivalenten**); hier sind verschiedene Segregationsformen vorstellbar, die nicht alle zu normalen, balancierten Chromosomensätzen führen.

Komplex-heterozygote Organismen: In einigen Organismen gibt es unter natürlichen Bedingungen Multivalente in den Meiocyten. Zu den in dieser Hinsicht am besten untersuchten Organismen gehören Pflanzen aus der Gattung *Oenothera* Subsektion *Euoenothera*. *Oenothera biennis* besitzt insgesamt 14 Chromosomen. In der Prophase I der Meiose nehmen in den meisten Sippen dieser Art alle Chromosomen eine ringförmige Anordnung ein. Diese Anordnung ist nur unter der Annahme zu verstehen, dass als Folge zahlreicher reziproker Translokationen der eine Arm eines metazentrischen Chromosoms homolog zum Arm eines anderen metazentrischen Chromosoms ist und der andere Arm wiederum homolog zu einem weiteren Chromosom. Als Folge liegen im Ring väterliche und mütterliche Chromosomen alternierend vor. Da aber nebeneinanderliegende Chromosomen zu verschiedenen Spindelpolen gezogen werden (**Alternate Segregation**), ist die Segregation geordnet. Bei der meiotischen Paarung muss nicht notwendigerweise ein Ring zustande kommen. Auch eine Kette von Chromosomen kann geordnet segregieren. In allen Fällen ist Alternate Segregation in der Anaphase I der Meiose nötig, um einen balancierten Chromosomensatz in den Tochterzellen herbeizuführen. Ähnlich wie bei Arten aus der Gattung *Oenothera* liegt auch bei Pflanzen aus der Gattung *Datura* Komplex- bzw. Struktur-Heterozygotie vor. Das Phänomen wurde außerdem bei einer Termite (*Incisitermes schwarzi*) beobachtet.

6.3.3 Auswirkungen von Inversionen

Bei **Inversionen** wird ein Chromosomenabschnitt umgedreht wieder in das Chromosom eingebaut. Es gibt keine Genverluste, aber die Reihenfolge der Gene ist verändert (S. 375). Inversionen führen ebenfalls zu recht komplizierten Paarungsfiguren, selbst wenn nur zwei homologe Chromosomen beteiligt sind. Man unterscheidet zwei Typen der Inversion (Abb. 6.**10**):
– Bei der **parazentrischen Inversion** liegen die Bruchpunkte innerhalb eines Chromosomenarms, und die Lage der Centromeren im Chromosom bleibt unverändert.
– Bei der **perizentrischen Inversion** liegen die Bruchpunkte in den beiden Chromosomenarmen. Die Centromeren befinden sich im invertierten Chromosomensegment, und der Centromer-Index (S. 43) kann sich ändern.

Neben dem Inversionstyp beeinflusst auch **Lage und Anzahl der Chiasmata** das Segregationsverhalten. Somit ist bei der Segregation mit einer großen Zahl von Alternativen zu rechnen, die sich relativ einfach entwickeln lassen. Dies wird an zwei Beispielen, einer parazentrischen und einer perizentrischen Inversion mit je einem Chiasma im invertierten Segment demonstriert. Man beginnt am Besten, indem man die beiden homologen Chromosomen, wobei eines die Inversion zeigt, aufzeichnet. Als Nächstes entwirft man die Paarungsfigur der beiden Homologen, wie sie für die meiotische Prophase I zu erwarten ist. Um den Homologien gerecht zu werden, zeigen die Paarungsfiguren invertierter Chromosomen eine Schleife (**Inversionsschleife**). Dann führt man ein Crossover ein, indem man homologe Chromatiden auf gleicher Höhe durchtrennt und reziprok wieder miteinander verknüpft. Das sich ergebende Chiasma lässt sich hier nicht als klare kreuzförmige Struktur erkennen, da das vorliegende Chromosom nicht wie ein normales Bivalent eine entspannte Lage einnehmen kann. Schließlich

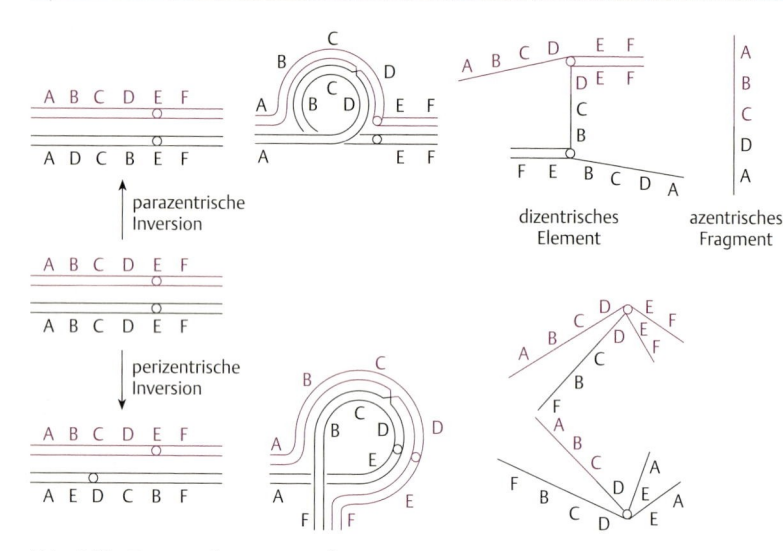

Abb. 6.10 Para- und perizentrische Inversion. Bei einer Inversion wird ein Chromosomenabschnitt umgedreht wieder in das gleiche Chromosom eingebaut, eine parazentrische Inversion findet außerhalb des Centromers statt, eine perizentrische Inversion schließt das Centromer ein. Bei der meiotischen Chromosomenpaarung bildet der invertierte Chromosomenabschnitt eine charakteristische Inversionsschleife. Bei einem Crossover innerhalb einer parazentrischen Inversion entsteht ein dizentrisches Chromosom oder Element und ein azentrisches Fragment. Bei einem Crossover innerhalb einer perizentrischen Inversion entstehen monozentrische unbalancierte Chromosomen.

wird der Verlauf der Chromatiden analysiert, und man stellt sie idealerweise in einer Form dar, wie sie in der Anaphase I zu erwarten ist. D. h. die homologen Centromeren wandern in entgegengesetzte Richtungen.

Bei der **parazentrischen Inversion** entsteht ein dizentrisches Chromosom. Dieses wird im Spindelapparat der Anaphase I eine sogenannte Anaphasebrücke bilden, die im Verlauf der Bildung von Tochterkernen an einer beliebigen Stelle reißen wird. Daneben entsteht ein azentrisches Fragment, das vermutlich in keine der Tochterkerne gelangt, sondern einen **Mikronucleus** bildet. Analysiert man die **perizentrische Inversion** auf entsprechende Weise, erhält man zwar zwei Chromosomen mit Centromeren, die jeweils in die beiden Tochterkerne wandern werden; die Betrachtung der Armzusammensetzung zeigt aber, dass in den Chromatiden bestimmte Segmente doppelt vorhanden sind, während andere fehlen. In beiden Fällen liegt in den Gameten ein unbalancierter Chromosomensatz vor.

Crossover in invertierten Chromosomenabschnitten führen also zu unfruchtbaren Heterozygoten; invertierte Abschnitte lassen sich nicht erfolgreich rekombinieren. Nur nichtrekombinierte Inversionen werden als sogenannte „**Supergene**" vererbt, was bedeutende populationsgenetische Konsequenzen hat (Ökologie, Evolution).

6.3.4 Achiasmatische Meiose

Bei den meisten Organismen bildet sich in jedem homologen Chromosomenpaar wenigstens ein Chiasma. Dies ist für den Zusammenhalt der homologen Centromeren bis zur Metaphase I nötig. Ohne Chiasmata würden auch Chromosomen mit einem homologen Paarungspartner in der Meiose zu diesem Zeitpunkt als Univalente vorliegen. Ist mehr als ein Univalent im Spindelapparat vorhanden, ist das Risiko für eine meiotische Non-Disjunction groß, da beide Univalente in der ersten meiotischen Teilung in dieselbe Tochterzelle gelangen können.

Wegen dieser Zusammenhänge überrascht es auf den ersten Blick, dass in manchen Organismen keine Chiasmata gebildet werden. Es können einzelne Chromosomenpaare betroffen sein, wobei es sich dann oft um die Sex-Chromosomen handelt. Es können aber auch im gesamten Chromosomensatz in einem Geschlecht die Chiasmata fehlen. In jedem Fall spricht man von einer **achiasmatischen Meiose**. Für die geordnete Segregation der Chromosomen sind verschiedene Mechanismen verantwortlich. Wenn man etwas vereinfacht, lassen sich diese zwei verschiedenen Klassen zuordnen (Abb. 6.**11**).

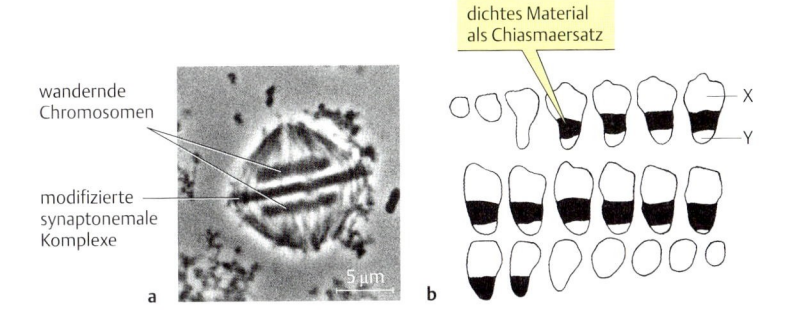

Abb. 6.**11 Achiasmatische Meiose. a** Phasenkontrastaufnahme einer isolierten Anaphase I Spindel aus der weiblichen Mehlmotte (*Ephestia kuehniella*). Die Chromosomen wandern zu den Spindelpolen. Dadurch wird eine kompakte Platte aus modifizierten synaptonemalen Komplexen in der Äquatorialebene der Spindel sichtbar. **b** Das Sex-Chromosomenpaar in der Metaphase I eines männlichen Mehlkäfers (*Tenebrio molitor*). Eine lückenlose Serie ultradünner Schnitte durch das Chromosomenpaar ist hier vereinfacht in Zeichnungen wiedergegeben. Es wird deutlich, dass zwischen dem X- und dem Y-Chromosom dichtes Material liegt (Pfeil). Es darf als Chiasmaersatz interpretiert werden. (Aufnahmen von K. W. Wolf, Kingston, Jamaica.)

Der **Spindelapparat** scheint in manchen Fällen in der Lage zu sein, auch Univalente geordnet zu verteilen. Ein Beispiel dafür ist die weibliche Meiose bei *Drosophila melanogaster*. Bei dieser Taufliege ist eines der vier Chromosomenpaare relativ klein (Abb. 7.**6**). In diesem kleinen Chromosom (Chromosom 4, dot chromosome) werden meist keine Chiasmata gebildet. In 5 % der Fälle fehlt das Chiasma auch im X-Chromosomenpaar. Über 99 % der entstehenden Gameten sind aber euploid. Durch Mutationen in einem Gen, das für ein Mikrotubuliassoziiertes Motorprotein codiert, wird speziell die Segregation der achiasmatischen Chromosomen in der weiblichen Meiose gestört. Diese Beobachtung ist ein starker Hinweis auf eine Rolle des Spindelapparates bei der geordneten Segregation von Univalenten.

Auch die physikalische Verknüpfung der homologen Chromosomen durch andere Mittel als Chiasmata bis einschließlich zur Metaphase I sichert die geordnete Segregation. Unterschiedliche Substanzen dienen der Verknüpfung. Bei der achiasmatischen Meiose weiblicher Schmetterlinge hat man beobachtet, dass die synaptonemalen Komplexe in der Prophase I nicht abgebaut werden. Die lateralen Elemente verdicken sich stattdessen und verschmelzen miteinander. Es entsteht eine verbindende Platte zwischen den homologen Chromosomen. In der Anaphase I lösen sich die homologen Chromosomen von dieser Platte aus **modifizierten synaptonemalen Komplexen** ab, die als gut sichtbares Element in der Äquatorialebene der Spindel verbleibt. Bei manchen Käfern finden sich in der männlichen Meiose achiasmatische Sex-Chromosomen. Transmissionselektronenmikroskopie zeigt hier, dass vom Chromatin strukturell unterscheidbares Material zwischen dem X- und dem relativ kleinen Y-Chromosom eingelagert ist (Abb. 6.11b). Die Herkunft des Materials ist unklar. In allen diesen Fällen spricht man von **Chiasmaersatz**.

Abweichende Meiosen: Multivalente: Homologien zwischen mehreren Chromosomen als Folge von Translokationen. Strukturelle Heterozygotie: Änderungen in der Struktur durch Chromosomenmutationen erfordern Anpassungen zwischen Homologen (Synaptic Adjustment).
Robertson-Translokation: Auswirkungen zentrischer Fusion, Trivalent aus einem metazentrischen und zwei akrozentrischen Chromosomen. Drei Centromere, daher möglicherweise Probleme bei der Segregation.
Non-Disjunction: Fehlsegregation während der Meiose, häufig bei Multivalenten. Befruchtung führt zu Trisomie oder Monosomie.
Auswirkungen reziproker Translokation: Quadrivalente aus zwei nichthomologen Chromosomenpaaren, Translokationskreuz, Ringmultivalent oder Kettenmultivalent. Führt zu Adjacent oder Alternate Segregation.
Auswirkungen parazentrischer Inversion: Centromer liegt nicht im invertierten Bereich, Inversionsschleife bei der somatischen Paarung, Crossover bewirkt unbalancierte Chromosomen bei den Gameten.

6.3 Rearrangierte Chromosomen in der Meiose

Auswirkungen perizentrischer Inversion: Centromer liegt im invertierten Bereich, Inversionsschleife bei der somatischen Paarung, Crossover bewirkt unbalancierte Chromosomen bei den Gameten.
Achiasmatische Meiose: Homologensegregation ohne Chiasmata, Spindelapparat verteilt auch Univalente korrekt, struktureller Chiasmaersatz verknüpft Homologe.

7 Formalgenetik

Klaus W. Wolf

7.1 In der Formalgenetik wichtige Grundbegriffe

Die Formalgenetik beschäftigt sich mit den Gesetzmäßigkeiten bei der Weitergabe genetischer Information von einer Generation zur nächsten. Die Analyse dieser Gesetzmäßigkeiten erfolgt an Hand der **Phänotypen**, die sich aus Kreuzungsexperimenten ergeben und Rückschlüsse auf den **Genotyp** zulassen. Gene, die für die Ausprägung eines Merkmals verantwortlich sind, können in mehreren Varianten, **Allelen**, vorliegen, die rezessiv, dominant oder kodominant zueinander sind bzw. einen intermediären Phänotyp erzeugen.

Die **erblichen Merkmale** eines Organismus sind in den **Genen**, die man früher auch als Erbfaktoren bezeichnete, niedergelegt. In der Formalgenetik spricht man gern von einem **Genort** oder **Genlocus** (Plural = Genloci) und meint damit die Position eines Gens im Chromosomensatz. Bei den vielfach tandemartig hintereinander geschalteten DNA-Abschnitten, die für die ribosomale RNA codieren, spricht man auch von **Transkriptionseinheiten**. Es werden keine Polypeptide gebildet, und wegen der großen Kopienzahl führt auch der Wegfall oder die Veränderung einzelner ribosomaler Transkriptionseinheiten nicht unbedingt zu einem erkennbaren Effekt beim Träger.

7.1.1 Genotyp und Phänotyp

Der Ausdruck **Genotyp** beschreibt die Gesamtmenge der Gene, die ein Organismus ererbt hat. Bei Organismen, die sich asexuell fortpflanzen, sowie bei eineiigen Mehrlingen und Klonen liegen Individuen mit identischem Genotyp vor, bei allen anderen Organismen ist er je nach Verwandtschaftsgrad mehr oder weniger gleich, ähnlich oder verschieden.

Die Ausprägung des Genotyps bestimmt das Erscheinungsbild des Lebewesens (**Phänotyp**). Der Phänotyp beschreibt alle Merkmale der Morphologie, Physiologie, Ökologie und des Verhaltens eines Organismus. Organismen zeigen den gleichen Phänotyp, wenn die Gene in ähnlicher Weise ausgeprägt werden. Da Umweltfaktoren auf die Ausprägung einwirken, gibt es keine phänotypisch exakt gleichen Individuen. Ein bestimmter Genotyp wird in der Regel also leicht verschiedene Phänotypen hervorbringen. In der Tier- und Pflanzenzüchtung, aber auch in der Medizin, wird deshalb mit der **Heritabilität** (Symbol h^2) ein Maß für die Erblichkeit bzw. Umweltprägung von Eigenschaften insbesondere für quantitativ vererbte Merkmale verwendet.

Die Ausdrücke Geno- und Phänotyp beziehen sich eigentlich auf den gesamten Satz an Genen bzw. Merkmalen eines Individuums. In der Praxis stehen die Begriffe Genotyp und Phänotyp aber fast immer für ein bestimmtes gerade interessierendes Gen bzw. Merkmal, z. B. die Augenfarbe der Taufliege oder die Blütenfarbe der Erbse. Streng genommen müsste man dann von **partiellem Genotyp** und **partiellem Phänotyp** sprechen.

Gene können mutieren (Kap. 10) und in mehreren Varianten, den Allelen, vorkommen. Das in einer natürlichen Population häufigste Allel oder das zuerst analysierte Allel wird als Wildtypallel definiert. Rote Augen und voll entwickelt gerade verlaufende Flügel sind bei der Taufliege der Ausdruck von Wildtypallelen. Durch Mutation entstandene weitere Allele sind bei der Taufliege für die Ausbildung weißer oder brauner Augen oder für verkürzte oder gekrümmte Flügel verantwortlich. Ein Gen kann also in mehreren Allelen auftreten, und von manchen Genen sind Hunderte von Allelen bekannt (**multiple Allele**). Liegen im diploiden Chromosomensatz zwei gleichartige autosomale Allele vor, spricht man von **Homozygotie**, unterscheiden sich die homologen Allele, von **Heterozygotie**. Liegt das betrachtete Gen auf einem Sexchromosom, kann das homologe Allel im heterogameten Geschlecht fehlen. In diesem Fall spricht man von **Hemizygotie**.

7.1.2 Dominanz und Kodominanz

Bei Organismen, die für ein bestimmtes Gen heterozygot sind, kann eines der beiden Allele sich nicht im Phänotyp äußern. Es wird dann als **rezessives Allel** bezeichnet. Das Allel, das im Phänotyp zu erkennen ist, ist unter diesen Umständen das **dominante Allel**. Die Beziehung zwischen rezessiven und dominanten Allelen in diploiden Organismen kann leicht veranschaulicht werden. Bei dominanten Allelen genügt eine Kopie oder die einfache Gendosis, um den Phänotyp hervorzubringen. Rezessive Allele haben nur in Abwesenheit des dominanten Allels Einfluss, also hemi- oder homozygot, d. h. mit doppelter Gendosis. Es gibt keine Regeln dafür, welche Allele dominant oder rezessiv sind. Dies muss in Kreuzungen für jeden Einzelfall ermittelt werden. So ist z. B. die rote Blütenfarbe von *Primula julia* gegenüber der gelben von *P. aculis* dominant, gegenüber der gelben Blütenfarbe von *P. elatior* jedoch rezessiv.

Werden beide Allele nebeneinander im Phänotyp sichtbar, spricht man von **Kodominanz**. Ein gutes Beispiel dafür ist das **AB0-Blutgruppensystem** beim Menschen. Die Blutgruppensubstanzen sind in der Zellmembran der roten Blutkörperchen verankerte Glykoproteine. In 80% der Individuen werden die Blutgruppensubstanzen auch in Körpersekrete wie Speichel abgegeben. Dafür sind aber weitere Gene verantwortlich, auf die hier nicht weiter eingegangen wird. Für die Phänotypen A, B und 0 ist ein einziges Gen mit drei Allelen verantwortlich. Ausgehend von der Substanz H führt das Allel IA durch Ankopplung eines N-Acetylgalactosamins zur Substanz A. Das Allel IB vermittelt die Ankopplung

Genotyp	Phänotyp (Blutgruppe)	Antigene	Antikörper
$I^A I^A$	A	A	anti-B
$I^A i$	A	A	anti-B
$I^B I^B$	B	B	anti-A
$I^B i$	B	B	anti-A
$I^A I^B$	AB	A und B	keine
i i	0	keine	anti-A und anti-B

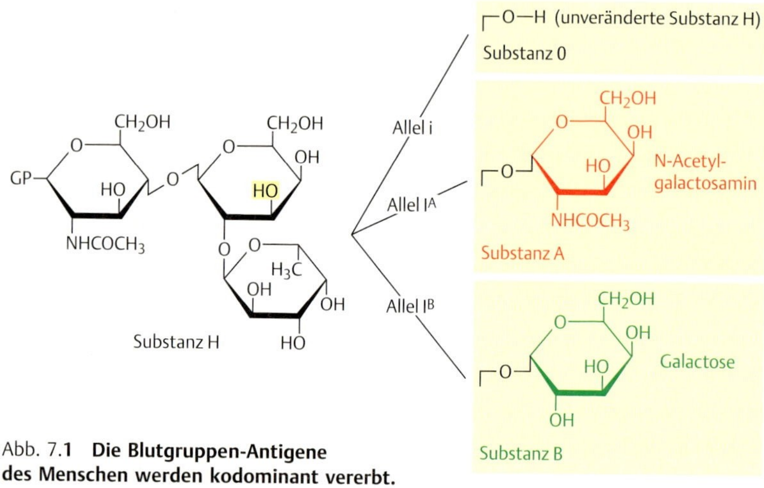

Abb. 7.1 Die Blutgruppen-Antigene des Menschen werden kodominant vererbt.
Bei Anwesenheit der einzelnen Allele I^A und I^B erscheinen entweder die Antigene B oder A im Phänotyp. Die Antigene im AB0-Blutgruppensystem sind auf Modifikationen der Substanz H zurückzuführen: Es werden nur die relevanten endständigen Zuckerreste des Glykoproteins (GP) gezeigt. Ausgehend von der Vorläufersubstanz H führt die Aktivität der Allele I^A bzw. I^B durch Übertragung eines N-Acetylgalactosamin- oder Galactoserests zu den Substanzen A oder B. Ist das Allel *i* vorhanden, bleibt die Substanz H unverändert.

einer Galactose, und es entsteht die Substanz B. Das Allel i lässt die Substanz H unverändert. Diese kann dann als Substanz 0 angesprochen werden, denn sie führt zur Blutgruppe 0 (Abb. 7.1). Die Substanzen A, B und 0 werden mit dem in der Immunologie verwendeten Begriff „Antigene" belegt, da im Blut des Menschen definierte Antikörper gegen die Glykoproteine der Erythrocytenmembranen zirkulieren. Träger der jeweiligen Blutgruppen bilden Antikörper gegen die Antigene anderer Blutgruppen, und diese führen bei einer Bluttransfusion zu Unverträglichkeitsreaktionen. Erhält ein Patient mit der Blutgruppe A Blut von einem Spender mit der Blutgruppe B, werden die im Empfängerblut zirkulierenden anti-B-Antikörper die roten Blutkörperchen des Spenderbluts agglutinieren. Die Antigene werden deshalb als Isohämagglutinine mit den Gensymbolen I (dominant) und i (rezessiv) bezeichnet, die oben schon verwendet wurden. Ein Individuum besitzt zwei Allele, und es sind insgesamt sechs verschiedene Genotypen möglich. Bei der Blutgruppe AB sind die Allele IA und IB gleichermaßen aktiv. Folglich finden sich im Blut die Antigene A und B. Hier liegt Kodominanz vor. Isohämagglutinine fehlen bei der Blutgruppe 0. Die Kombination der Allele IA oder IB mit dem Allel i führt nur zu den Antigenen A oder B.

Neben dieser Kodominanz gibt es auch eine **unvollständiger Dominanz**, bei der die einfache Gendosis zu einem abgeschwächten, oft intermediären Merkmal im Phänotyp führt (S. 271).

7.1.3 Vereinbarungen der Schreibweise

In der Formalgenetik haben sich bestimmte Vereinbarungen in der Schreibweise bewährt. **Allele** werden durch einzelne Buchstaben oder durch kurze Buchstabenfolgen symbolisiert. Dabei sind die kursiven Großbuchstaben (z. B. *A* oder *Cy*) für das dominante und die kursiven Kleinbuchstaben (*a* oder *cy*) für das rezessive Allel vorgesehen. Das Wildtypallel wird meistens durch ein hochgestelltes Pluszeichen ($^+$) hinter der Buchstabenfolge gekennzeichnet; auch ein einzelnes Pluszeichen (+) kann ein Wildtypallel kennzeichnen. Sind für einen Genort mehr als zwei Allele bekannt, können diese sogenannten Allelserien z. B. durch die Folge a^1, a^2, a^3 bezeichnet werden. Ist die genetische Konstitution eines Organismus unklar, trägt man an der fraglichen Position einen Querstrich ein: Der Genotyp *AaB–* ist heterozygot für das Gen A, es ist aber nicht bekannt, ob das Individuum die genetische Konstitution *BB* oder *Bb* besitzt.

Wenn mehrere Gene auf einem Chromosom gekoppelt vorliegen (S. 276), werden sie hintereinander geschrieben; durch einen Schrägstrich getrennt folgt die Reihe der Gene auf dem homologen Chromosom: Im Genotyp RYU/ryu trägt ein Chromosom des diploiden Satzes die dominanten Allele der drei Gene, das andere Chromosom besitzt die rezessiven Allele. Für diese Kombination ist auch die Bruchschreibweise gebräuchlich: $\frac{RYU}{ryu}$.

Es gibt mehrere Möglichkeiten, **Kreuzungen** mithilfe der Allelsymbole darzustellen: Man kann die Genotypen der Eltern in der ersten Zeile auftragen, in der zweiten Zeile werden die von ihnen gebildeten Gameten eingetragen. Bei homozygoten Eltern produziert jeder Elter nur einen Gametentyp. Deren Fusion in der Zygote führt zu einem heterozygoten Organismus in der dritten Zeile. Insbesondere bei Kreuzungen mit mehreren Gametentypen greift man gern zu einem Schema, das der britische Cytogenetiker R. C. Punnett um 1900 eingeführt hat, um die möglichen Geno- und Phänotypen und die zwischen ihnen zu erwartenden Zahlenverhältnisse theoretisch abzuleiten (**Punnett-Schema**). Dazu werden die Genotypen der Gameten der Eltern als Zeile und Spalte eines Rechteckschemas gegeneinander aufgetragen und Genkombinationen gebildet. Man ist übereingekommen, die Genotypen des weiblichen Partners (♀) in der Horizontalen und die des männlichen Partners (♂) in der Vertikalen einzutragen (Abb. 7.**8**).

Erbliche Merkmale: Werden von Generation zu Generation weitergegeben, in Genen niedergelegt.
Genort: Genlocus (Plural = Genloci), Position eines Gens auf einem Chromosom.
Genotyp: Erbbild eines Organismus, Gesamtheit der Gene, genetische Konstitution des Organismus.
Phänotyp: Erscheinungsbild eines Organismus, Merkmalsausprägung des Genotyps, beeinflusst durch Umwelt.
Heritabilität (Symbol: h^2): Maß für die Erblichkeit von Eigenschaften, bei deren phänotypischer Ausbildung sowohl die Gene als auch Umwelteinflüsse eine Rolle spielen.
Allel: Variante eines Gens an einem bestimmten Genlocus. Homozygot: alle homologen autosomalen Allele sind gleich; heterozygot: homologe autosomale Allele sind verschieden; hemizygot: heterosomales Allel fehlt im heterogameten Geschlecht.
Rezessives Allel: Ist nur in doppelter Gendosis im Phänotyp erkennbar, da durch dominantes Allel überdeckt, homozygot rezessive Allele wirken oft letal.
Dominantes Allel: Ist auch in einfacher Dosis voll wirksam, überdeckt im Phänotyp das rezessive Allel.
Kodominantes Allel: Erscheint im Phänotyp neben einem anderen Allel.
Unvollständig dominantes Allel: Liefert ein aktives Genprodukt, ist in einfacher Dosis nur abgeschwächt wirksam, führt oft zu einem intermediären Phänotyp.
Punnett-Schema: Schreibvereinbarung bei einer Kreuzung (Rechteckschema), Genotyp mütterlicher Gameten als Zeile, väterliche Gameten als Spalte, Genotyp und Phänotyp der Zygote im Schnittpunkt Zeile/Spalte.

7.2 Probleme bei der genetischen Analyse

Probleme bei der genetischen Analyse treten auf, wenn ein einzelnes Gen die Ausprägung verschiedener Merkmale steuert (**Pleiotropie**) oder ein Merkmal von verschiedenen Genen beeinflusst wird (**Polygenie**). Das Ausmaß der Ausprägung kann ebenfalls variieren. **Penetranz** und **Expressivität** beschreiben die Art und Weise, in der sich eine Erbanlage manifestiert. **Umwelteinflüsse** können dabei als Modifikatoren eine Rolle spielen.

Bei der genetischen Analyse bemüht man sich darum, die Vererbung von Genen in aufeinander folgenden Generationen anhand der von ihnen hervorgebrachten phänotypischen Merkmale nachzuvollziehen. Komplikationen bei der Interpretation entstehen, wenn einzelne Gene mehrere Merkmale beeinflussen oder bestimmte Merkmale von mehreren Genen bestimmt werden. Nicht jeder Genotyp äußert sich in gleicher Weise im Phänotyp. Das Erscheinungsbild ist außerdem Modifikationen durch die Umwelt unterworfen.

7.2.1 Pleiotropie und Polygenie

Ein einzelnes Gen zeigt sich nicht immer eindeutig im Phänotyp, denn es kann auf mehrere scheinbar unabhängige Merkmale Einfluss nehmen (**Pleiotropie**).

Ein Beispiel dafür ist die **Phenylketonurie** (**PKU**). Diese genetisch bedingte Erkrankung des Menschen tritt in Europa durchschnittlich bei einem von 10 000 Neugeborenen auf. PKU wird durch eine Mutation im Gen für das Enzym Phenylalanin-Hydroxylase verursacht, welches die Aminosäure Phenylalanin in Tyrosin umwandelt. Das nicht metabolisierte Phenylalanin reichert sich im Körper an und führt zu Entwicklungsstörungen und Schäden im Zentralnervensystem. PKU führt in 75 % der Fälle vor dem 30. Lebensjahr zum Tod, wenn die Betroffenen nicht eine phenylalaninarme Diät zu sich nehmen. Viele PKU-Patienten haben hellbraunes oder blondes Haar, weil die vorliegende Mutation auch den Melaninstoffwechsel beeinflusst. Außerdem finden sich bei PKU-Patienten im Blut und im Urin Verbindungen, die bei nicht betroffenen Individuen nur in geringer Konzentration vorkommen oder völlig fehlen. Vielfache Effekte eines Gens auf den Phänotyp sind häufig und lassen sich auf die vielfältigen Verzahnungen der biochemischen Stoffwechselwege zurückführen.

Bei der **Polygenie** wird ein Merkmal dagegen von vielen Genen beeinflusst. Im einfachsten Fall eines polygenen Erbgangs addieren sich die Effekte mehrerer Gene, von denen jedes für sich allein genommen nur einen kleinen Beitrag zum Phänotyp liefert. Die **Hautpigmentierung beim Menschen** folgt einem polygenen Erbgang (Abb. 7.**2**).

Außerdem kann ein bestimmter Phänotyp auf verschiedenen voneinander unabhängigen Wegen zustande kommen. Die Beobachtung des Phänotyps lässt dann keine Rückschlüsse auf den zugrunde liegenden Genotyp zu. So kann z. B. bei Insekten das Merkmal „Resistenz gegen das Pestizid DDT" vollkommen verschiedene Ursachen haben:

– In den Insekten ist der Gehalt an Körperfett erhöht. Durch Speicherung im Fettgewebe – DDT ist gut fettlöslich – kann die Konzentration von DDT in der zirkulierenden Körperflüssigkeit unter die Wirkschwelle sinken.
– In den Insekten haben sich Enzymvarianten gebildet, die das Pestizid effektiver inaktivieren können.
– In den Insekten sind die Zellmembranen von Nervenzellen verändert, sodass sie weniger empfindlich auf das toxische DDT reagieren.
– Das chitinöse Exoskelett der Insekten ist verändert, und DDT kann schlechter in die Gewebe eindringen.

7.2.2 Penetranz und Expressivität

Auch ein dominant vorliegendes Gen muss sich nicht grundsätzlich im Phänotyp ausprägen. Ein Beispiel ist die **Osteogenesis imperfecta**. Die genetisch bedingte Krankheit zeigt sich schon beim Neugeborenen und betrifft eine von 10 000 Per-

					aa Bb CC		
				AA Bb Cc	aa BB Cc	aa Bb Cc	
				Aa BB Cc	Aa Bb Cc	Aa bb Cc	
				Aa Bb CC	Aa bb Cc	Aa Bb cc	
			Aa BB CC	AA BB cc	Aa BB cc	aa bb CC	aa bb Cc
			AA Bb CC	AA bb Cc	AA bb cc	aa BB cc	aa Bb cc
		AA BB CC	AA BB Cc	aa BB CC	AA Bb cc	AA bb cc	Aa bb cc	aa bb cc

Stärke der Hautpigmentierung

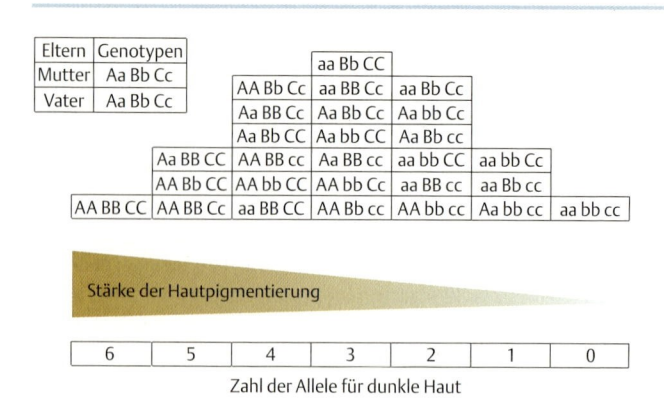

6	5	4	3	2	1	0

Zahl der Allele für dunkle Haut

Abb. 7.2 Die Hautpigmentierung beim Menschen ist ein Beispiel für ein polygenes Merkmal. Beim Menschen gibt es mindestens drei an verschiedenen Orten im Kerngenom liegende Gene, die Einfluss auf die Pigmentierung der Haut nehmen. Jedes Gen tritt in zwei verschiedenen Allelen auf. Großbuchstaben (*A*, *B* und *C*) kennzeichnen die dominanten Allele, die maximale Pigmentierung zur Folge haben, und Kleinbuchstaben (*a*, *b* und *c*) die rezessiven Allele, bei denen die Pigmentbildung ausbleibt. Es ergeben sich 27 mögliche Genotypen und sieben denkbare Phänotypen bei den Nachkommen von dreifach heterozygoten Eltern. Die Stärke der Hautpigmentierung wird von der Anzahl der dominanten Allele für Pigmentierung bestimmt. Der dunkelhäutigste Phänotyp besitzt alle sechs dominanten Allele, während der hellhäutigste Phänotyp alle sechs rezessiven Allele trägt.

sonen. Erkrankte besitzen besonders brüchige Knochen: Im Deutschen wird die Krankheit deshalb als **Glasknochenkrankheit** bezeichnet. Es gibt verschiedene Formen der Osteogenesis imperfecta, aber in den meisten Fällen sind autosomale Gene betroffen, die dominant vererbt werden. Dann sollten homo- und heterozygote Träger die Krankheit im Phänotyp gleichermaßen ausbilden. Es wurde aber beobachtet, dass in einer Familie zwar Großeltern und Enkel, nicht aber die Eltern den Phänotyp zeigten. Man spricht hier von fehlender **Penetranz** des Gens in der Elterngeneration. Die **Penetranzrate** gibt den Prozentsatz der Individuen in einer Population an, der bei Anwesenheit eines bestimmten Gens den Phänotyp ausbildet. Man beachte, dass Penetranz ein „Alles-oder-Nichts-Phänomen" darstellt: Individuen zeigen entweder Penetranz oder nicht. Die Penetranz sollte nicht mit einem weiteren Begriff der Genetik, der Expressivität, verwechselt werden. Bei der Osteogenesis imperfecta sind manche Individuen nur mild betroffen. Sie leiden nicht unter extremer Brüchigkeit der Knochen, und erst bei einer Röntgenaufnahme wird eine veränderte Knochenstruktur erkennbar. Die **Expressivität** beschreibt das Ausmaß der Ausprägung eines genetischen Merkmals im Individuum. Die von der Osteogenesis imperfecta nur mild betroffenen Personen zeigen also eine geringe Expressivität. Die kombinierte Wirkung von Penetranz und Expressivität bezeichnet man als **Manifestation**.

7.2.3 Umwelteinflüsse und Reaktionsnorm

Der Genotyp ist über die Lebensspanne eines Organismus im Wesentlichen fixiert. Damit wird jedoch nur die Primärwirkung der Gene festgelegt. Unter dem Einfluss von **Umweltfaktoren** wie Licht, Temperatur, Nährstoffangebot oder Standort kann sich ein bestimmter Genotyp unterschiedlich ausprägen. Der Genotyp legt also nur die **Reaktionsnorm** fest, in deren phänotypische Ausprägung die Umwelt modifizierend eingreift. Bei der Taufliege sind drei verschiedene Allele bekannt, die die Form der Augen kontrollieren. Bei Anwesenheit des Wildtypallels (B^+) besitzen die Tiere normale runde Augen. Das Allel B^i (*infrabar*) bedingt schmalere Augen mit einer etwas verringerten Zahl von Ommatidien. Das **Bar-Allel** (B) führt schließlich zu bandförmigen Augen mit stark reduzierter Zahl von Ommatidien. Wachsen die Tiere bei unterschiedlichen Temperaturen heran, ändert sich die Anzahl der Ommatidien bei den drei Genotypen in einem Rahmen, der von der Reaktionsnorm vorgegeben wird (Abb. 7.3).

Umweltbedingte Modifikationen von Insektenflügeln sind besonders eindrucksvoll. Beim Landkärtchen (*Araschnia levana*, Lepidoptera) findet man z. B. Frühjahrs- und Sommerformen, die sich so deutlich unterscheiden, dass man von einem **Saisondimorphismus** spricht. Die Reaktionsnorm ist hier besonders groß. Umwelteinflüsse können so weit gehen, dass man im Phänotyp die Wirkung eines bestimmten Gens zu erkennen glaubt, obwohl das beobachtete Merkmal nicht vererbt wurde. Die betroffenen Individuen nennt man **Phänokopien**. Die Zuckerkrankheit **Diabetes mellitus Typ II**, eine erbliche Stoffwechselkrankheit beim Menschen, kann durch Gabe des Hormons Insulin behandelt werden. Insulinabhängige Diabetiker kann man als Phänokopien von gesunden Menschen ansehen: Ein Umweltfaktor in Form der Hormongabe hat den Phänotyp eines gesunden Individuums hervorgebracht.

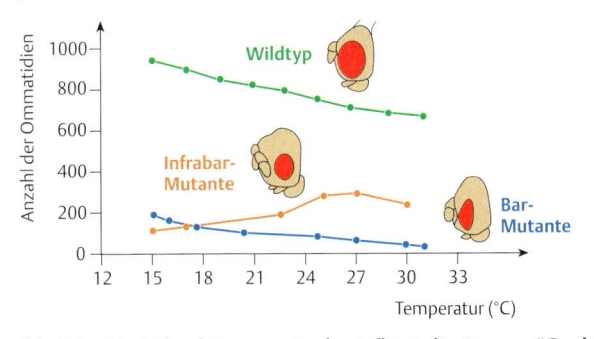

Abb. 7.3 **Die Aufzuchttemperatur beeinflusst die Augengröße der Taufliege, gemessen an der Anzahl der Ommatidien.** Beim Wildtyp und bei der Mutante *Bar* sinkt die Zahl der Ommatidien mit zunehmender Temperatur. Bei der Mutante *infrabar* steigt die Zahl der Ommatidien mit zunehmender Temperatur zunächst an. Es gibt daher einen Temperaturbereich (Schnittpunkt der Kurven), in dem die beiden Mutanten trotz verschiedenen Genotyps einen übereinstimmenden Phänotyp aufweisen.

Bei der Ausprägung von Merkmalen wirken also Umwelt und Gene zusammen. Einer der ersten Schritte bei einer genetischen Analyse ist die Klärung der Frage, ob das interessierende Merkmal überhaupt genetisch bedingt ist und nicht von Umwelteinflüssen verursacht wird, also lediglich eine **Modifikation** darstellt. Bei Tieren und Pflanzen kann diese Überprüfung durch Kreuzungen in einer kontrollierten Umgebung erfolgen. Beim Menschen hat man eine Reihe von Kriterien entwickelt, um Umwelteinflüsse von genetisch bedingten Merkmalen und insbesondere Krankheiten mit einem genetischen Hintergrund zu unterscheiden. Je mehr der folgenden Kriterien zutreffen, umso wahrscheinlicher ist es, dass ein Merkmal eine genetische Ursache hat:

– Das Merkmal kommt bei miteinander verwandten Individuen häufiger vor als in der Allgemeinbevölkerung.
– Das Merkmal fehlt bei nicht miteinander verwandten Individuen, die den gleichen Umwelteinflüssen ausgesetzt sind.
– Das Merkmal zeigt sich auf einer bestimmten Altersstufe.
– Das Merkmal ist in verschiedenen Populationen unterschiedlich häufig.
– Das in Frage stehende Merkmal beim Menschen ähnelt einem Merkmal, für das man bei Tieren schon eine genetische Ursache nachgewiesen hat.
– Eineiige Zwillinge haben das Merkmal häufiger als zweieiige Zwillinge.

Der letzte Punkt spricht die **Zwillingsforschung** an, die in der Vergangenheit häufig Hinweise auf eine genetische Grundlage von Merkmalen beim Menschen geliefert hat. Die Rate für Zwillingsgeburten liegt bei ca. 1 %. Zwillingsstudien umfassen zwangsläufig nur kleine Kollektive und sind deshalb nicht unumstritten. Eineiige Zwillinge sind genetisch identisch, da sie sich aus einer Zygote entwickeln. Sie zeigen immer dasselbe Geschlecht. Bei zweieiigen Zwillingen hat doppelter Eisprung stattgefunden, und beide Eier wurden befruchtet: Zweieiige Zwillinge entwickeln sich also aus verschiedenen Zygoten. Die Individuen verhalten sich genetisch wie nacheinander ausgetragene Geschwister und können sich in ihrem Geschlecht unterscheiden. Man spricht von **Konkordanz**, wenn beide Zwillinge das in Frage stehende Merkmal zeigen. **Diskordanz** liegt vor, wenn ein Zwilling das Merkmal besitzt und es beim anderen Zwilling fehlt. Die Konkordanzwerte für einige Merkmale beim Menschen sind in Tab. 7.1 angegeben. Die hohe Konkordanzrate für Diabetes mellitus Typ II bei eineiigen Zwillingen ist ein sehr starker Hinweis darauf, dass diese Krankheit genetisch bedingt ist.

Tab. 7.1 **Konkordanzwerte einiger Merkmale für ein- und zweieiige Zwillinge beim Menschen.**

Merkmal	*eineiige Zwillinge Konkordanz (%)*	*zweieiige Zwillinge Konkordanz (%)*
Kieferlippenspalte	35	5
Schizophrenie	45	15
Diabetes mellitus, Typ I	50	5
Diabetes mellitus, Typ II	95	25

Pleiotropie: Ein Gen beeinflusst mehr als ein Merkmal.
Polygenie: Viele Gene bewirken ein Merkmal.
Gen-Penetranz: Wahrscheinlichkeit, mit der sich ein dominantes Allel im Phänotyp ausprägt.
Penetranzrate: %-Anteil der Merkmalsträger unter den Genträgern, fehlende Penetranz: dominantes Allel erscheint nicht im Phänotyp.
Gen-Expressivität: Ausmaß der phänotypischen Ausprägung bei gleichem Genotyp, beeinflusst durch andere Gene und äußere Faktoren.
Gen-Manifestation: Phänotypische Auswirkung von genetischer Expressivität und Penetranz.
Reaktionsnorm: Vom Genotyp festgelegter Rahmen möglicher Phänotypen, Umweltfaktoren entscheiden Merkmalsausprägung innerhalb dieses Rahmens.
Phänokopie: Phänotyp entspricht einem anderen Genotyp als dem vererbten.

7.3 Modellorganismen

Die Gesetzmäßigkeiten der Formalgenetik wurden an einer Reihe von Modellorganismen erarbeitet: Mendel wählte die **Erbse** (*Pisum sativum*) für seine Experimente. Wegen seiner landwirtschaftlichen Bedeutung spielt auch der **Mais** (*Zea mays*) in der genetischen Grundlagenforschung eine große Rolle. Die kurze Generationenfolge ist ein bedeutender Vorteil der **Taufliege** (*Drosophila melanogaster*) und der **Modellpflanze** *Arabidopsis thaliana*.

So wichtig Erbse und Mais in der Formalgenetik sind, so offenkundig sind auch die Nachteile dieser Modellorganismen: Sie besitzen einen langen Generationszyklus und das Verhalten von an Sexchromosomen gebundenen Merkmalen kann nicht untersucht werden (S. 280). Deshalb überrascht es nicht, dass schon früh nach anderen Organismen für Kreuzungsexperimente Ausschau gehalten wurde. Die Wahl fiel vor etwa 100 Jahren auf die Taufliege, *Drosophila melanogaster* (Drosophilidae, Diptera). Zwar wurde sie schon zuvor für Experimente herangezogen, aber erst die Arbeiten von Thomas. H. Morgan (1866–1945) und seinen Schülern machten die Taufliege zum wohl wichtigsten Modellorganismus der Genetik. Eine ähnliche Rolle spielt heute auf botanischem Gebiet *Arabidopsis thaliana* (Ackerschmalwand, *Botanik*).

7.3.1 *Pisum sativum* (Erbse)

Die Zellen der **Erbse** (*Pisum sativum*) enthalten sieben Chromosomenpaare. Die Erbse erwies sich als sehr gut geeignet, da wegen Besonderheiten im Blütenbau unter natürlichen Bedingungen Selbstbefruchtung die Regel ist. Erbsenrassen weisen daher eine hohe Inzuchtrate auf und sind für die meisten Gene homozygot. Die genetische Variabilität von Generation zu Generation ist entsprechend

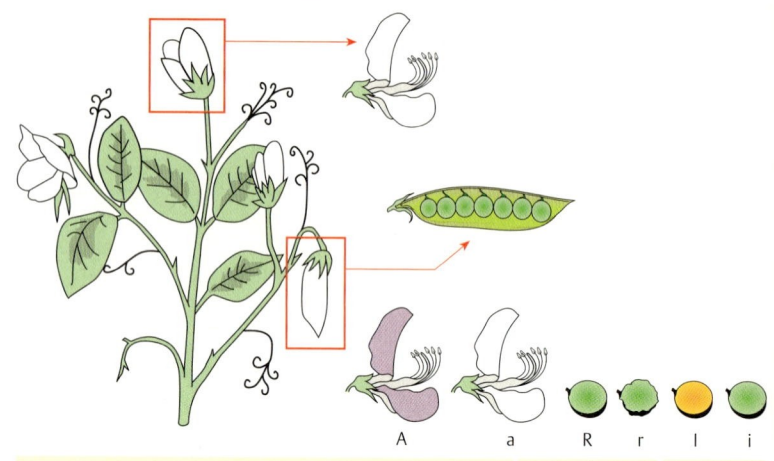

Merkmalspaare	moderne Allelbezeichnung	Chromosom
glatte oder runzlige Oberfläche der Samen	R–r	7
gelbe oder grüne Farbe der Samen	I–i	1
Blütenblätter purpur oder weiß	A–a	1
Hülsen im reifen Zustand glatt oder segmentiert	V–v	4
Hülsen im unreifen Zustand grün oder gelb	Gp–gp	5
Blütenstände tiefer am Spross achselständig (axial) oder endständig	Fa–fa	4
lange (etwa 1 m) oder kurze Sprosse (etwa 0,5 m)	Le–le	4

Abb. 7.**4 Modellorganismus Erbse (*Pisum sativum*).** Die Erbse eignet sich besonders gut für Vererbungsexperimente, da es viele für zahlreiche Merkmale homozygote Rassen gibt.

gering. Mendel hatte sogenannte reine Linien vor sich und wählte Erbsenrassen, deren Pflanzen sich in klaren äußeren Merkmalen wie Größe, Form und Farbe der Blüte unterschieden. Er arbeitete mit Rassen, die sieben Merkmalspaare ausprägten (Abb. 7.**4**).

7.3.2 *Zea mays* (Mais)

Kreuzungen sind beim **Mais** (*Zea mays*) im Vergleich zur Erbse etwas leichter durchzuführen, da die weiblichen und männlichen Blütenstände auf der Pflanze räumlich voneinander getrennt sind. Selbstbestäubung und unkontrollierte Fremdbestäubung lassen sich leicht verhindern. Beim Mais sind eine Reihe von Mutanten bekannt, die Form und Farbe der Samen betreffen. Es wurden Allele gefunden, die zu einer glatten oder runzligen Oberfläche der Samen führen. Ebenso sind Allele bekannt, die zu einer dunkelroten (*coloured*) oder ungefärbten Samenschale führen. Dies erleichtert die Auswertung von Kreuzungen, da die entsprechenden Phänotypen direkt am Maiskolben ausgezählt werden können (Abb. 7.**5**).

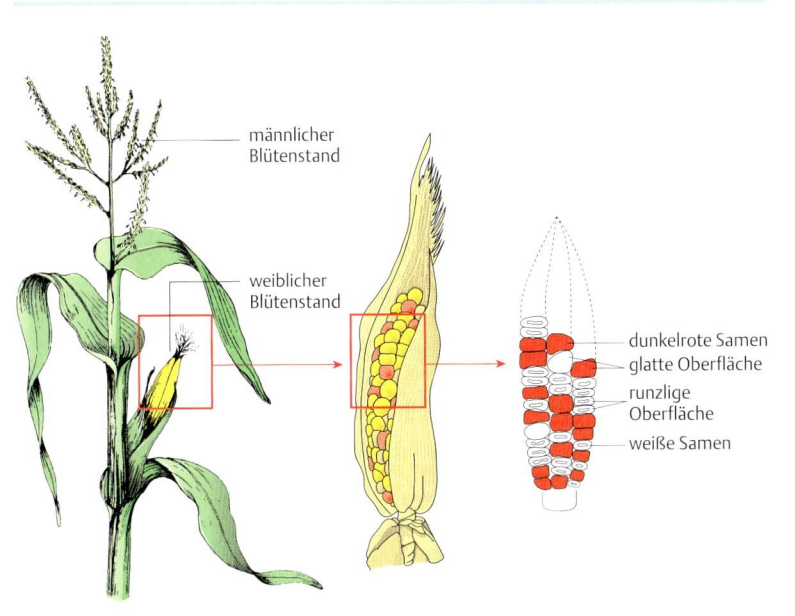

Abb. 7.5 **Modellorganismus Mais (*Zea mays*).** Die räumliche Trennung von weiblichen und männlichen Blütenständen macht den Mais zu einem beliebten Modellorganismus in der Formalgenetik. Kreuzungsergebnisse, die die Form und Farbe der Samen betreffen, können am Maiskolben bequem ermittelt werden.

7.3.3 *Drosophila melanogaster* (Taufliege)

Die **Taufliege** (*Drosophila melanogaster*) hat in der experimentellen Genetik und Entwicklungsbiologie noch nichts von ihrer Bedeutung eingebüßt. Ihre Vorteile liegen in der relativ einfachen Haltung und dem kurzen Generationszyklus. Vom Ei über drei Larvalstadien und Verpuppung zur Imago dauert er nur wenige Tage. Zudem besitzt die Taufliege mit drei autosomalen Chromosomenpaaren und einem Sexchromosomenpaar einen recht einfachen Chromosomensatz (Abb. 7.**6**). Cytogenetische Analysen werden durch das Auftreten von Riesenchromosomen (S. 130) in den Speicheldrüsen erleichtert. Nach einiger Übung sind Weibchen und Männchen gut voneinander zu unterscheiden. Es sind außerdem sehr viele Mutanten bekannt, die teilweise durch experimentelle Einwirkung (Mutagenese) erzeugt wurden. Bei der Taufliege sind zahlreiche Allele der ungefähr 13 600 Genen beschrieben. Darunter sind viele Merkmale, die den Körperbau betreffen und schon mit bloßem Auge zu erkennen sind, z. B. die Veränderungen im Bau der Flügel (Abb. 7.**6**).

Drosophila melanogaster

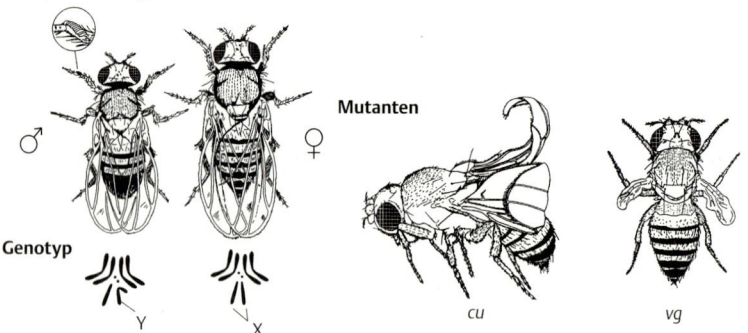

Mutanten

Genotyp

Y · X · cu · vg

Symbol des Allels	Chromosom	Name der Mutante	Beschreibung der Mutante
w	I (X)	white	Augenfarbe: weiß
m	I (X)	miniature	kleine Flügel
f	I (X)	forked	Borsten knorrig und missgestaltet
al	II	aristaless	Fehlen von Borsten an einem Fühlerglied
cu	II	curled	Flügel am Ende gebogen
b	II	black	schwarze Körperfarbe
pr	II	purple	Augenfarbe: rot
vg	II	vestigial	verkümmerte missgestaltete Flügel
bw	II	brown	Augenfarbe: braun
se	III	sepia	Augenfarbe: sepia
st	III	scarlet	Augenfarbe: scharlachrot

Abb. 7.6 **Modellorganismus Taufliege (*Drosophila melanogaster*).** Männchen und Weibchen der Taufliege unterscheiden sich in der Form des Abdomens deutlich voneinander. Zudem tragen die Männchen an ihren Vorderbeinen charakteristische Geschlechterkämme. Der Chromosomensatz beider Geschlechter besteht aus drei autosomalen Chromosomenpaaren. Eines der Autosomen ist sehr klein und wird gern als dot-chromosome bezeichnet (dot: Punkt). Die Männchen besitzen zudem ein XY-Chromosomenpaar, während der weibliche Karyotyp zwei X-Chromosomen aufweist. Bei den neben den Wildtyptieren dargestellten Mutanten der Taufliege sind die Flügel gekrümmt (*curled*) bzw. verkümmert (*vestigial*).

Modellorganismen in der Formalgenetik:
Erbse: viele reinerbige Rassen durch hohe Inzuchtrate.
Mais: getrennte (♀) und (♂) Blütenstände, landwirtschaftliche Bedeutung.
Taufliege: einfacher Chromosomensatz mit Geschlechtschromosomen, kurze Generationenfolge.
Ackerschmalwand: kurze Generationenfolge.

7.4 Die Mendel-Regeln

Der Augustinermönch Gregor Johann Mendel erarbeitete schon im vorletzten Jahrhundert drei nach ihm benannte Regeln zur Vererbung bei Eukaryoten: die **Uniformitätsregel**, die **Spaltungsregel** und die **Unabhängigkeitsregel**. Die Zahlenverhältnisse, auf denen Mendels Regeln beruhen, gelten für nicht gekoppelte Gene. Unter den Nachkommen von Kreuzungen sind aber auch Individuen mit neuen Merkmalskombinationen (Rekombinanten).

Die klassische Vererbungslehre ist untrennbar mit dem Namen **Gregor J. Mendel** (1822–1884) verknüpft. Sein großes Verdienst liegt unter anderem in der quantitativen Analyse von Kreuzungsergebnissen. Die Ergebnisse der Kreuzungsversuche, die Mendel im Jahr 1866 unter dem Titel „Versuche mit Pflanzen-Hybriden" in den Verhandlungen des naturforschenden Vereins Brünn (Bd. 4, 3–47) publizierte, wurden von den Zeitgenossen nicht beachtet. Erst um 1900 wurden die Ergebnisse von drei Botanikern, **Hugo de Vries** (Holland), **Carl Correns** (Deutschland) und **Eric von Tschermak-Seysenegg** (Österreich) bestätigt und dann auch schnell allgemein akzeptiert.

Der Augustinermönch Gregor Johann Mendel war einer der wichtigsten Pioniere der Genetik. Das Geburtsdatum von Johann Mendel ist nicht ganz sicher. Wahrscheinlich kam er am 22. Juli des Jahres 1822 in einer kleinbäuerlichen Familie in Heinzendorf (Mähren) zur Welt und wurde auf den Namen Johann Mendel getauft. Den Namen Gregor erhielt er bei seiner Aufnahme in den Augustinerorden, und er führte ihn dann als ersten Vornamen. Sein Vater betrieb Obstanbau, und es ist wird angenommen, dass der junge Mendel früh mit gärtnerischer Tätigkeit in Kontakt kam. Er war ein guter Schüler, durfte weiterführende Schulen besuchen und begann ein Studium an der Universität Olmütz, das ihn wohl auf den Priesterberuf vorbereiten sollte. Die wirtschaftliche Not der Familie zwang ihn aber im Jahr 1843, vorzeitig in das Augustinerstift in Altbrünn einzutreten.

Nach der Priesterweihe unterrichtete er die Fächer Latein, Griechisch, deutsche Literatur und Mathematik. Bei dem Versuch, an der Universität Wien die Prüfung für das Gymnasiallehramt in Naturgeschichte (hauptsächlich Biologie, Chemie und Physik) abzulegen, fiel Gregor Mendel durch. Er hatte sein Prüfungswissen ausschließlich autodidaktisch erworben; vermutlich lag darin die Ursache für sein Scheitern. Mendel durfte aber an der Universität Wien vier Semester Naturgeschichte studieren. Er arbeitete dann als Lehrer an der Oberrealschule in Brünn. Im Jahr 1856 trat er noch einmal zur Lehramtsprüfung an und scheiterte wieder. Es könnte sein, dass Mendel die Prüfung wegen einer Erkrankung abgebrochen hat oder wegen abweichender wissenschaftlicher Anschauungen vom Prüfer zum Rücktritt von der Prüfung bewogen wurde. Genaue Angaben liegen nicht vor, aber ein Schulstreit könnte durchaus eine Rolle gespielt haben. Damals war die Bedeutung von weiblichen und männlichen Gameten für den Beginn der Embryonalentwicklung nicht klar. Es wurde z. B. die These vertreten, dass die weiblichen Keimzellen nur der Ernährung des Embryos dienen und sonst keinen Beitrag leisten. Mendels Prüfer an der Universität Wien war Anhänger dieser Lehrmeinung. Mendel selbst war aber der zutreffenden Überzeugung, dass sich der Embryo aus der Verschmelzung von weiblichen und männlichen Gameten entwickelt. Nach der fehlgeschlagenen Prüfung begann Mendel mit seinen systematischen Kreuzungsversuchen an Erbsen, und die Prüfungserfahrungen könnten durchaus den Anstoß für die Arbeiten gegeben haben. Diese Vermutung wird dadurch gestützt, dass Mendel alle Kreuzungen reziprok durchführte. Im Jahr 1868 wurde Mendel zum Abt des Augustinerklosters in Brünn geweiht, und es blieb ihm kaum mehr Zeit für seine wissenschaftliche Tätigkeit. In der Nacht zum 6. Januar 1884 starb Mendel an einem Nierenleiden.

7.4.1 Die Methode Mendels

Mendel benutzte ausschließlich Pflanzen, die homozygot für rezessive oder dominante Allele waren. Er kreuzte eine Reihe von Erbsenrassen, die sich nur in einem Merkmal voneinander unterschieden (Abb. 7.4). Weichen die Elterngenerationen in nur einem Merkmal voneinander ab oder interessiert man sich nur für ein bestimmtes Merkmal, spricht man von einer **monohybriden Kreuzung**. Aus einer Kreuzung zwischen Eltern, die sich in einem oder mehreren Merkmalen unterscheiden, geht eine **Hybride**, auch Bastard genannt, hervor.

Mendel hatte bei der Wahl seiner beobachteten Merkmalspaare außerordentliches Glück: Er beobachtete in keinem Fall Kopplung von Merkmalen, was zu schwierig interpretierbaren Zahlenverhältnissen geführt hätte (S. 276). Tatsächlich sind bei der Erbse drei der verwendeten Allele auf Chromosom 4 und zwei Allele auf Chromosom 1 lokalisiert. Es hat sich aber gezeigt, dass die beiden Allele A und I an entgegengesetzten Enden von Chromosom 1 liegen (Abb. 7.4). Auf einem Chromosom weit voneinander entfernt liegende Gene verhalten sich im Grunde wie ungekoppelte Gene, also wie Gene auf verschiedenen Chromosomen, da die Wahrscheinlichkeit eines Crossover-Ereignisses zwischen ihnen sehr hoch ist (S. 276). Die Allele V und Le liegen an einem Ende von Chromosom 4 und Fa am gegenüberliegenden Ende. Somit sind nur die Allele V und Le gekoppelt. Mendel hat aber keine Kreuzungsergebnisse zu diesen Allelen publiziert und vermutlich diese Kreuzungen nicht durchgeführt.

Um seine Vorgehensweise zu illustrieren und um relevante Begriffe einzuführen, wird eines der Experimente etwas genauer beschrieben. Mendel kreuzte eine Erbsenrasse mit purpurfarbenen Blüten mit einer weißblühenden Pflanze: Sie stellen die **Eltern-** oder **Parentalgeneration** (P) dar. Die beiden Erbsenrassen ließen sonst keine weiteren Unterschiede erkennen. Um Selbstbefruchtung zu vermeiden, wurden bei der Pflanze mit purpurnen Blüten die Staubgefäße entfernt (kastriert) (Abb. 7.7). Pollen von der weißblütigen Pflanze wurde mithilfe eines Pinsels auf die Stempel der kastrierten purpurnen Blüten übertragen. Die Früchte aus dieser Kreuzung wurden gesammelt und wieder ausgesät. In den Pflanzen der nachfolgenden Generation (**Erste Filialgeneration**, kurz F_1) wertete er die Blütenfarbe aus. Es ist bezeichnend für Mendels Experimente, dass meist auch eine **reziproke Kreuzung** durchgeführt wurde: Dazu wurden bei der weißblühenden Pflanze die Staubgefäße entfernt, und mit Hilfe eines Pinsels Pollen der purpurn blühenden Pflanzen auf ihren Blütenstempel übertragen. Wieder wurden die Erbsen gesammelt, ausgesät und die Blütenfarben ausgezählt.

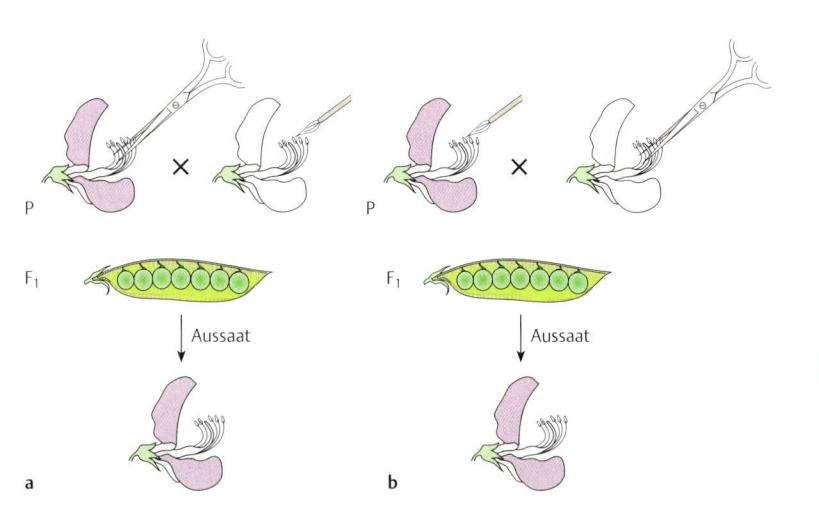

Abb. 7.7 Mendels Methode. Ein typisches von Mendel durchgeführtes Kreuzungsexperiment mit der Erbse (Parentalgeneration mit purpurnen oder weißen Blütenblättern) ist schematisch dargestellt. In **a** werden die Staubgefäße beim Elter mit den purpurnen Blüten entfernt und mit einem Pinsel Pollen vom weißen Elter auf den Stempel übertragen. In der reziproken Kreuzung **b** werden bei der Pflanze mit den weißen Blüten die Staubgefäße entfernt, der Pollen stammt von der Pflanze mit den purpurnen Blütenblättern. In beiden Fällen liefert die Aussaat der Samen nur Pflanzen mit purpurnen Blüten; die Eltern sind beide in Bezug auf die Blütenfarbe homozygot.

Mendel ging in seinen Experimenten noch einen Schritt weiter, indem er die F_1-Pflanzen miteinander kreuzte, hier ließ er **Inzucht** durch **Selbstbefruchtung** zu. Er erhielt damit die **zweite Filialgeneration** (F_2) und bestimmte in den herangezogenen Pflanzen den Anteil mit purpurner und weißer Blütenfarbe. Bei dominanten Allelen stellt sich die Frage, welche Individuen der F_2 homozygot (*AA*) und welche heterozygot (*Aa*) für dieses Allel sind. Schon Mendel hat eine Kreuzung durchgeführt, die eine Antwort auf diese Frage liefert. Man kreuzt Individuen der F_2, die den Phänotyp des dominanten Elters ausprägen, mit Individuen, die homozygot rezessiv für das Allel sind. Die Kreuzung wird als **Test-** oder **Rückkreuzung** bezeichnet und die entstehende Generation ist die so genannte F_{2R}. Dabei lassen die beobachteten Zahlenverhältnisse folgende Rückschlüsse zu: Ist das zu testende Individuum homozygot (*AA*), gibt es eine uniforme F_{2R}. Ist das zu testende Individuum heterozygot (*Aa*), erfolgt eine Aufspaltung der Phänotypen im Verhältnis 1 : 1.

7.4.2 Erste Mendel-Regel (Uniformitätsregel)

Mendel kreuzte homozygote Erbsenrassen mit weißen oder purpurnen Blüten und erhielt eine F_1 mit ausschließlich purpurnen Blüten. Die F_1 einer monohybriden Kreuzung ist in ihrem Phänotyp also uniform. Deshalb wird die erste Mendel-Regel auch als **Uniformitätsregel** bezeichnet. Auch die reziproke Kreuzung führte zu diesem Ergebnis. Die Kreuzung belegt außerdem, dass das Allel für purpurne Blütenblätter dominant ist. Ihm wird das Symbol *A* zugeordnet; das Allel für weiße Blütenfarbe ist rezessiv und erhält das Symbol *a*. Das Punnett-Schema für die F_1 einer monohybriden Kreuzung zeigt, dass eine genotypisch einheitliche F_1 gebildet wird und – wie beobachtet – einheitliche Phänotypen zu erwarten sind. Das Punnett-Schema bestätigt ebenfalls, dass die reziproke Kreuzung, d. h. der Austausch der väterlichen und mütterlichen Gameten gegeneinander, dasselbe Ergebnis liefert (Abb. 7.**8**).

Nicht in allen Fällen ist die F_1 in ihrem Phänotyp identisch mit einem der beiden Eltern: Kreuzt man z. B. homozygote rotblühende Löwenmäulchen (*Antirrhinum sp.*) mit homozygoten weißblühenden, erhält man bei den Nachkommen rosa Blüten. Es liegt **unvollständige** oder **partielle Dominanz** vor, und ein intermediärer Phänotyp ist zu beobachten. Die erste Mendel-Regel ist insofern bestätigt, als die F_1 uniform ist. Die scheinbare Vermischung zweier Gene lässt sich molekulargenetisch erklären: Beim Löwenmäulchen codiert das Allel für rote Blütenfarbe ein Enzym, das für die Synthese von rotem Pigment notwendig ist. In Pflanzen mit weißer Blütenfarbe ist das Enzym inaktiv. Folglich wird kein Pigment gebildet. Bei der Kreuzung entstehen heterozygote Pflanzen mit nur einem Allel für rote Blütenfarbe. Diese Gendosis reicht beim Löwenmäulchen nicht aus, um genügend Enzym zu bilden und die Blüten vollständig rot zu färben: Es resultiert ein blasses Rot (Rosa). Unvollständige Dominanz kommt bei Pigmentierun-

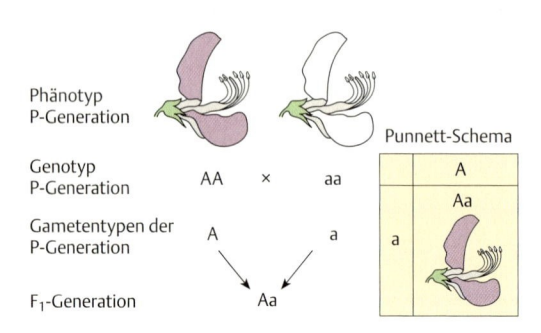

Abb. 7.8 Uniformitätsregel. Bei einer monohybriden Kreuzung bringen die homozygoten (*AA* und *aa*) Individuen der P-Generation jeweils nur einen Gametentyp (*A* und *a*) hervor. Im Punnett-Schema werden die Gametentypen der beiden Eltern gegeneinander aufgetragen und die Allelkombinationen gebildet: Die F_1-Generation ist in ihrem Geno- und Phänotyp uniform.

gen recht oft vor, z. B. bei der japanischen Wunderblume (*Mirabilis jalapa*) oder der Gefiederfarbe von Vögeln. Liegt der Phänotyp genau zwischen dem der beiden Eltern, spricht man von **fehlender Dominanz**.

7.4.3 Zweite Mendel-Regel (Spaltungsregel)

Für die weitere Analyse der Nachkommen seiner monohybriden Kreuzungen erlaubte Mendel Selbstbefruchtung der genetisch einheitlichen F_1-Pflanzen. Kreuzte er die Pflanzen der purpurfarbenen F_1-Generation untereinander, traten in der F_2 wieder Erbsen mit den Blütenfarben weiß und purpur der Parentalgeneration auf. Das Punnett-Schema zeigt ihre Genotypen (Abb. 7.**9**). Das Allel für purpurne Blüten ist dominant und erscheint deshalb sowohl bei homozygot dominanten Pflanzen als auch bei heterozygoten Pflanzen im Phänotyp. Nur die Pflanzen, die homozygot rezessiv sind, haben weiße Blütenblätter. Mendel ermittelte die Anteile der Pflanzen mit den beiden Blütenfarben. In der vorliegenden Kreuzung zählte er 705 Pflanzen mit purpurner und 224 Pflanzen mit weißer Blütenfarbe. Dies führt zu einem Verhältnis von 3,15 : 1. Die Analyse weiterer Merkmalspaare nach der gleichen Methode ergab in der F_2 immer ein Verhältnis der beiden Phänotypen, das nahe bei 3 : 1 lag (Tab. 7.**2**). Dieses Verhältnis ist in Übereinstimmung mit den Genotypen und der Dominanz bzw. Rezessivität der beiden Allele. In allgemeiner Form besagt die **zweite Mendel-Regel**, dass die aus der Selbstbefruchtung der uniformen F_1 hervorgehenden Individuen in ihren Phänotypen in bestimmten Zahlenverhältnissen aufspalten (**Spaltungsregel**). Bei vollständiger Dominanz liegen die Phänotypen im Verhältnis 3 : 1 vor. Wie aus dem Punnett-Schema ebenfalls zu ersehen, ist bei unvollständiger Dominanz ein anderes Verhältnis der Phänotypen zu erwarten. Hier ist das Verhältnis von

Tab. 7.2 Ergebnisse der von Mendel ausgeführten monohybriden Kreuzungen an Erbsenrassen.

Merkmale der Eltern	Phänotyp der F_1	Anzahl der verschiedenen Phänotypen in der F_2	Verhältnis der verschiedenen Phänotypen in der F_2
Blütenfarbe purpur × weiß	purpur	705 purpur 224 weiß	3,15 : 1
Samenform glatt × runzlig	glatt	5474 rund 1850 runzlig	2,96 : 1
Samenfarbe gelb × grün	gelb	6022 gelb 2011 grün	3,01 : 1
Form der Hülsen glatt × segmentiert	glatt	882 glatt 299 segmentiert	2,95 : 1
Farbe der unreifen Hülsen grün × gelb	grün	428 grün 152 gelb	2,82 : 1
Position der Blütenstände axial × endständig	axial	651 axial 207 endständig	3,14 : 1
Wuchshöhe der Pflanzen klein × groß	groß	787 groß 277 klein	2,84 : 1

Phänotyp F₁-Generation

Genotyp F₁-Generation   Aa × Aa

Gametentypen der F₁-Generation   A a A a

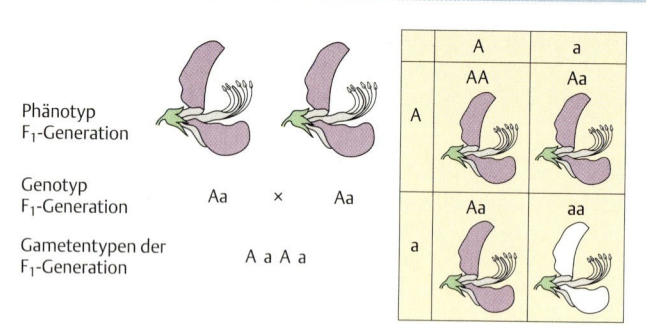

	A	a
A	AA	Aa
a	Aa	aa

Abb. 7.9 Spaltungsregel. Bei einer monohybriden Kreuzung bringen die heterozygoten (*Aa*) Individuen der F₁-Generation zwei Gametentypen hervor. Eine Kreuzung innerhalb der F₁-Generation führt bei Vorliegen eines dominanten Allels zu drei Phänotypen, die dem dominanten Elter gleichen. Nur ein Phänotyp gleicht dem rezessiven Elter (3:1-Spaltung).

dominantem zu intermediärem zu rezessivem Phänotyp = 1 : 2 : 1. Die Hälfte der Nachkommen wird einen Phänotyp ausbilden, der intermediär zwischen dem der Eltern liegt.

Ursachen für abweichende Zahlenverhältnisse: Gene, die für den Ausfall bestimmter Klassen von Phänotypen verantwortlich sind, bezeichnet man als Letalfaktoren. Sie liefern nicht die erwarteten Zahlenverhältnisse, obwohl die Mendel-Regeln im Prinzip gültig sind. Ein klassisches Beispiel dafür sind Gene, die die Fellfarbe bei der Hausmaus (*Mus musculus*) kontrollieren. Bei Kreuzungen von Mausstämmen mit dem dominanten Allel *Yellow* (*Y*) erhielt man nie Tiere, die homozygot für das Allel *Yellow* sind. Das liegt daran, dass homozygote (*YY*)-Mausembryonen früh in der Embryonalentwicklung absterben. Die Kreuzung der heterozygoten Tiere untereinander führte nicht zu dem erwarteten 3:1-Verhältnis zwischen *Yellow* und dem Wildtyp. Auf zwei Tiere, die den Phänotyp Yellow ausprägen, kam eines mit dem Wildtyp, also ein 2:1-Verhältnis.

Abweichungen von den Zahlenverhältnissen der Mendel-Regeln können auch auf Ereignisse während der Entwicklung der Gameten, d. h. noch vor der Zygotenbildung und Embryogenese, zurückzuführen sein. Dazu gehört die **meiotische Drift**. Dabei ist die zufallsgemäße Verteilung der Chromosomen auf die Tochterzellen während der Meiose gestört. Manche Gene werden daher mit einer größeren Häufigkeit (> 50%) vererbt, als zu erwarten ist. Besonders auffällig ist eine meiotische Drift von Sexchromosomen im heterogameten Geschlecht, denn das Geschlechterverhältnis wird dadurch verschoben. Es ist aber unklar, ob meiotische Drift bei Sexchromosomen tatsächlich häufiger als bei Autosomen auftritt. Ein Beispiel für meiotische Drift von Autosomen stellt das *SD*-Chromosom (*segregation distorter*) bei der Taufliege dar, das in einer geringen Rate in Wildpopulationen der Fliege vorhanden ist. Männliche Tiere mit dem Genotyp *SD/SD*⁺ liefern fast nur Nachkommen mit dem *SD*-Chromosom. In Tieren mit dem *SD*⁺-Chromosom liegt eine Störung der Chromatinkondensation vor, und es werden kaum befruchtungsfähige Spermien gebildet.

7.4.4 Dritte Mendel-Regel (Unabhängigkeitsregel)

Mendel beschränkte sich nicht auf die Betrachtung von einem einzelnen Merkmalspaar, sondern analysierte auch das Verhalten von mehreren Merkmalen bei einer Kreuzung. Verfolgt man das Verhalten von zwei verschiedenen Merkmalen, spricht man von einer **dihybriden** oder **Zwei-Faktor-Kreuzung**. Mendel hatte eine Erbsenrasse ausgesucht, die glatte und zugleich gelbe Samen zeigte, und kreuzte sie mit einer Rasse, die runzlige und zugleich grüne Samen ausbildet. Es wird vorausgeschickt, dass die für die Bildung gelber (I) und glatter Samen (R) verantwortlichen Allele dominant sind; weiterhin sind die beiden Gene nicht gekoppelt, d. h. sie liegen auf zwei verschiedenen Chromosomen (Abb. 7.**4**). Nach der Homologenpaarung in der meiotischen Prophase I segregieren die beiden Chromosomen in der Anaphase I unabhängig voneinander, und es entstehen vier verschiedene Gametentypen (S. 242).

Bei dieser Kreuzung ist die **F$_1$** genotypisch einheitlich, was die erste Mendel-Regel bestätigt (Abb. 7.**10**). Trägt man die vier möglichen Gametentypen zusammen mit den sich daraus ergebenden Gametenkombinationen in ein Punnett-Schema ein, erhält man bei den Phänotypen ein Verhältnis von gelben glatten Samen zu gelben runzligen Samen zu grünen glatten Samen zu grünen runzligen Samen = 9 : 3 : 3 : 1. Dieses Verhältnis bezeichnet man als Mendels Verhältnis bei dihybriden Kreuzungen. In allgemeiner Form besagt die **dritte Mendel-Regel**, dass nicht gekoppelte Allele unabhängig voneinander segregieren (**Unabhängigkeitsregel**).

Chi-Quadrat-Test: Bei statistischen Auswertungen in der experimentellen Genetik steht man vor der Frage, ob die ermittelten Zahlenverhältnisse der Phänotypen zufällig oder tatsächlich mit den theoretisch erwarteten Verhältnissen übereinstimmen. Auch Mendel hat in seinen F$_2$-Generationen immer leichte Abweichungen vom 3 : 1 Verhältnis erhalten (Tab. 7.**2**). Mit einer Variante des sogenannten Chi-Quadrat-Tests (χ^2-Test) kann man abschätzen, wie stark die Zählwerte von einem hypothetischen Zahlenverhältnis abweichen. Die Hypothese bei einer monohybriden Kreuzung ist ein Phänotyp-Verhältnis von 3 : 1, bei einer Testkreuzung ein Zahlenverhältnis von 1 : 1 und bei einer dihybriden Kreuzung von 9 : 3 : 3 : 1. Der χ^2-Test muss mit den tatsächlich ermittelten Zählwerten und nicht mit Prozentwerten durchgeführt werden, damit der Stichprobenumfang in die Formel einfließt. Der χ^2-Quadrat-Test berücksichtigt also die Größe der Stichprobe und führt zu falschen Ergebnissen, wenn eine sehr kleine Stichprobe (< 5) vorliegt. Der χ^2-Test-Wert führt zu einer Aussage über die Wahrscheinlichkeit, ob die Abweichung von der Hypothese zufällig oder bedeutsam (signifikant) ist, und wird nach folgender Formel berechnet:

$$\chi^2 = \sum_{i=1}^{n} \frac{(O_i - E_i)^2}{E_i}$$

mit: O_i = ermittelter Zählwert, E_i = erwarteter Wert, i = 1, 2, ..; n = Anzahl der Phänotypklassen.

Zum Verständnis soll eine monohybride Kreuzung bei der Taufliege mit einem erwarteten Verhältnis der Phänotypen (Hypothese) von 3 : 1 dienen. Es werden Tiere mit normalen Flügeln und Tiere mit verkümmerten Flügeln gekreuzt: Die Anzahl der Phänotyp-

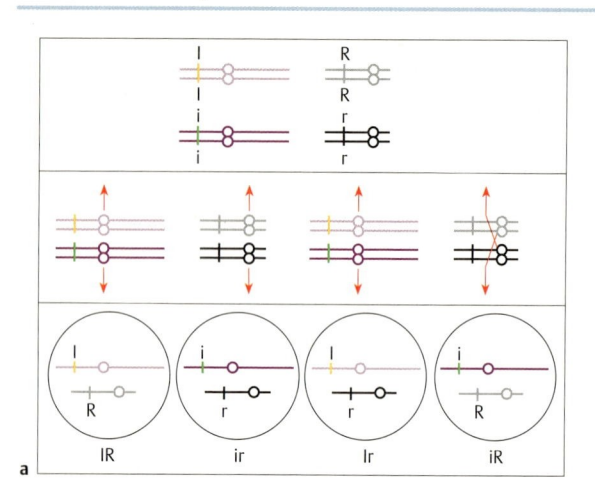

Abb. 7.**10 Unabhängigkeitsregel. a** Bei einer dihybriden Kreuzung bringen die heterozygoten (*Ii, Rr*) Individuen der F$_1$-Generation vier verschiedene Gametentypen (*IR, Ir, iR, ir*) hervor. Die betrachteten Allelpaare bedingen gelbe oder grüne Farbe der Samen (*I-i*) und glatte oder runzlige Oberfläche der Samen (*R-r*). Die Gene segregieren unabhängig voneinander, da sie auf verschiedenen Chromosomen liegen. Dargestellt sind die Paarung der homologen Chromosomen im Pachytän der Meiose und die vier möglichen Gametentypen. **b** Das Punnett-Schema illustriert die Geno- und Phänotypen in der F$_1$- und F$_2$-Generation. Bei den Nachkommen sind neue Merkmalskombinationen entstanden, die bei der P- und F$_1$-Generation nicht vorkamen.

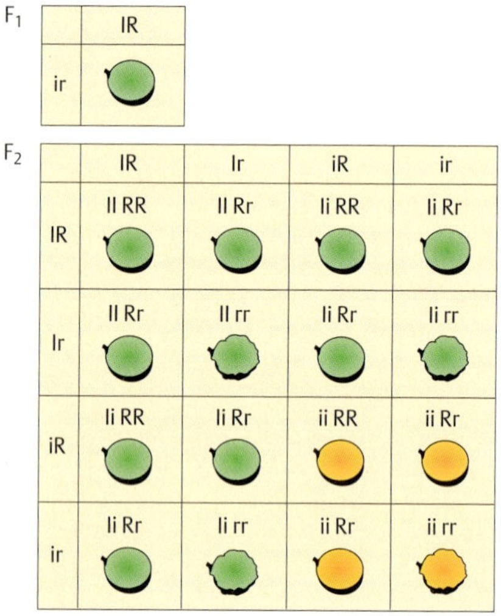

klassen ist also n = 2 (Abb. 7.**6**). In der F$_2$ zählt man 429 Tiere mit normalen Flügeln und 127 Tiere mit verkümmerten Flügeln (Tab. 7.**1**). Insgesamt wurden also 556 Tiere ausgewertet, bei einer 3 : 1 Spaltung hätte man 417 : 139 Individuen erwartet. Der berechnete χ^2-Wert von 1,37 wird mit tabellierten χ^2-Werten verglichen (Tab. 7.**3**). Bei zwei Phänotypklassen gibt es nur eine Möglichkeit des unabhängigen Vergleichs: Die Anzahl der Freiheitsgrade ist folglich 1, denn die Anzahl der Freiheitsgrade entspricht der Zahl der Phänotypklassen minus 1 (n–1). Die Wahrscheinlichkeit p (probability), bei der

Tab. 7.3 χ^2-Test für die F_2 einer monohybriden Kreuzung bei der Taufliege.

Phänotypklassen	O	E	O–E	$(O-E)^2/E$
normale Flügel	429	417	+12	0,34
verkümmerte Flügel (vestigial)	127	139	–12	1,03
Summe	556	556	0	χ^2 = 1,37

Tab. 7.4 Ausschnitt aus einer χ^2-Verteilung (p = probability, Wahrscheinlichkeit).

Freiheitsgrade	p = 0,3	p = 0,2	p = 0,05	P = 0,01
1	1,074	1,642	3,841	6,635
2	2,408	3,219	5,991	9,218
3	3,665	4,642	7,815	11,345

man generell eine Hypothese akzeptiert oder verwirft, wurde in der beurteilenden Statistik bei 5 % (p = 0,05) festgelegt. Der berechnete χ^2-Wert von 1,37 liegt zwischen 1,62 (p = 0,2 oder 20 %) und 1,073 (p = 0,3 oder 30 %), d. h. bei wiederholten Kreuzungsversuchen würde sich eine zufällige Abweichung vom erwarteten Verhältnis in mehr als 20 % der Fälle (d. h. in einem von fünf Fällen) ergeben. Die Hypothese, dass ermitteltes und erwartetes Zahlenverhältnis übereinstimmen, wird somit akzeptiert: Die Abweichung ist nicht signifikant. Erst bei einem χ^2-Wert > 3,841 (Anzahl der Freiheitsgrade = 1, p = 0,05) müsste man die Hypothese ablehnen. Hier wäre die Abweichung nur in 5 % der Fälle zufällig, d. h. in einem von 20 Fällen. Es liegt also eine signifikante Abweichung vor. Signifikante Abweichungen vom erwarteten Zahlenverhältnis können dadurch entstehen, dass Kopplung von Genen vorliegt (S. 276) oder dass die untersuchten Allele auf den Sexchromosomen liegen (S. 280).

> **Vererbungsregeln:** 1. Uniformitätsregel, 2. Spaltungsregel, 3. Unabhängigkeitsregel. Aufgestellt von G. J. Mendel (1866), bestätigt von Correns, Tschermak, de Vries (um 1900).
> **Monohybride Kreuzung:** Kreuzung von Eltern, die sich in nur einem zu beobachtenden Merkmal unterscheiden.
> **Reziproke Kreuzung:** Wechsel der Geschlechter in einer Kreuzung in Bezug auf Merkmalsträger. Zur Unterscheidung mütterlicher und väterlicher Effekte bei der Vererbung.
> **Rückkreuzung:** Zur Unterscheidung von Homozygoten und Heterozygoten in der F_2. Testkreuzung der F_2 mit homozygot rezessiven Individuen.
> **Erste Mendel-Regel (Uniformitätsregel):** Kreuzt man homozygote Eltern (P), die sich in einem oder mehreren Merkmalen unterscheiden, so sind alle Nachkommen (F_1) untereinander gleich. Das gilt auch für die reziproke Kreuzung.

> **Zweite Mendel-Regel (Spaltungsregel):** Kreuzt man die F_1 untereinander, so erhält man in der F_2 eine Aufspaltung der Phänotypen in einem festen Zahlenverhältnis (3 : 1 im dominant-rezessiven Erbgang, 1 : 2 : 1 im intermediären Erbgang).
> **Dritte Mendel-Regel (Unabhängigkeitsregel):** Kreuzt man homozygote Eltern (P), die sich in mehreren Merkmalen unterscheiden, so entstehen in der F_2 neue Merkmalskombinationen. Sind die Gene für diese Merkmale nicht gekoppelt, erhält man ein festes Zahlenverhältnis.

7.5 Gekoppelte Gene und Genkartierung

> Bei **gekoppelten Genen** ergeben sich andere Zahlenverhältnisse als nach den Mendel-Regeln zu erwarten wären. Die Rekombinationshäufigkeit zwischen gekoppelten Genen steigt mit zunehmendem Genabstand und lässt Rückschlüsse auf die relative Position der Gene auf dem Chromosom zu (**map unit**).

Gene, die auf demselben Chromosom liegen, sind gekoppelt. Ein Chromosom kann deshalb auch als eine **Kopplungsgruppe** von Genen bezeichnet werden. Die Kopplung von Genen verhindert naturgemäß ihre unabhängige Segregation. Somit ist beim Vorliegen gekoppelter Gene in dihybriden Kreuzungen Mendels Zahlenverhältnis der Phänotypen nicht zu erwarten. Erst in Folge eines meiotischen Crossovers kann die Kopplung aufgehoben werden. Die aus der Meiose hervorgegangenen Gameten besitzen dann einen neu kombinierten Genotyp, und man bezeichnet sie als **Rekombinanten**. Die Rekombinationshäufigkeit steigt proportional mit der Entfernung der Gene zueinander. Liegen die Gene sehr nahe beieinander, ist die Wahrscheinlichkeit, dass sie durch meiotische Rekombination getrennt werden, sehr gering, und man spricht von **vollständiger Kopplung**. Die auf dem sehr kleinen Chromosom IV der Taufliege liegenden Gene zeigen z.B. vollständige Kopplung. Rekombinanten treten hier praktisch nicht auf. Liegen die Gene weiter voneinander entfernt, erhält man dagegen oftmals Rekombinanten (Abb. 7.11). Die Häufigkeit der Crossover, auch als **Rekombinationshäufigkeit** bezeichnet, spiegelt also die Entfernung der Allele voneinander auf dem Chromosom wieder. Der Anteil der Rekombinanten kann maximal 50 % erreichen. Dieser Wert wird nicht überschritten, da immer wenigstens 50 % der elterlichen Gametentypen auftreten. Bei längeren Chromosomen ist zwischen zwei Genen nicht nur ein Crossover zu erwarten, sondern es können mehrfach Crossover auftreten. Diese **mehrfachen Crossover** führen zu einer Verringerung der Zahl der erkennbaren Rekombinanten bei weit voneinander entfernt liegenden Genen. Bei den meisten Organismen beobachtet man, dass ein Crossover die Ausbildung eines weiteren Crossovers in unmittelbarer Nachbarschaft verhindert. Dieses Phänomen bezeichnet man als Chiasmainterferenz (S. 278).

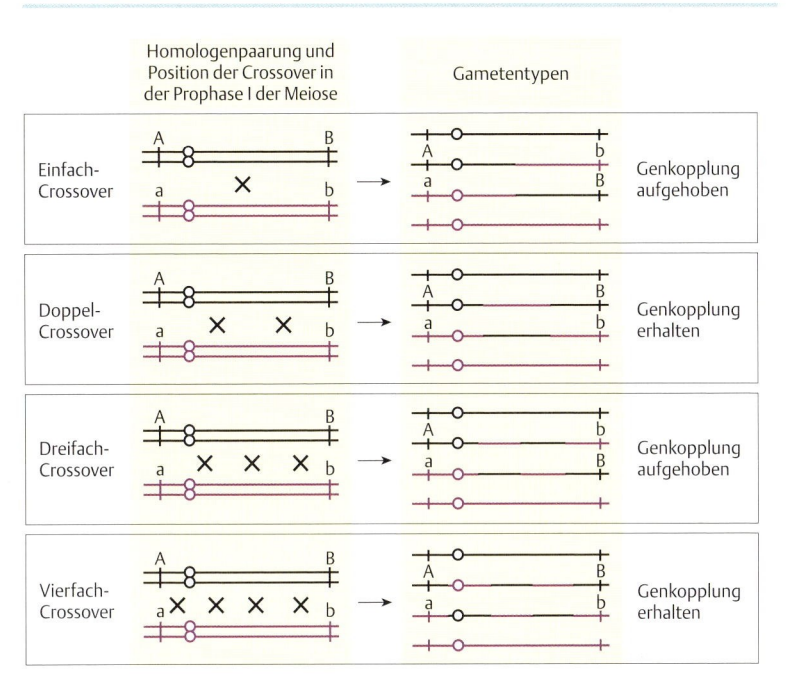

Abb. 7.11 **Kopplungsgruppen.** Crossover zwischen den Chromatiden mit den Kopplungsgruppen *AB* und *ab* führt zu vier Gametentypen: Zwei davon sind Rekombinanten, in den beiden anderen finden wir die elterlichen Genotypen wieder. Bei gerader Anzahl der Crossover bleibt die ursprüngliche Genkopplung erhalten, bei ungerader wird sie aufgehoben.

Die Analyse von gekoppelten Genen erlaubt die Erstellung von sogenannten **relativen Genkarten** (Abb. 7.**12**). Diese Idee wurde bereits um 1910 von **Alfred Henry Sturtevant** im **Thomas H. Morgan** Labor ausgearbeitet. Damals stellte man sich Gene wie auf einer Perlenkette aufgereiht vor und vermutete, dass die Austauschhäufigkeit durch Crossover ein Maß für den Abstand der Gene ist. Sturtevant publizierte 1913 die erste Genkarte dieser Art für *Drosophila*. Bei der Genkartierung macht man sich die Beziehung zwischen der Rekombinationshäufigkeit und der Entfernung der Allele voneinander zu Nutze. Bei der Taufliege sind die Allele für Körperfarbe (*b*) und eine Flügelanomalie (*vg*) auf Chromosom II lokalisiert. In Kreuzungen beobachtet man, dass diese Allele in 180 von 1000 Fällen voneinander getrennt werden (18 %). Für eine Rekombinationshäufigkeit von 1 % haben die Genetiker die Bezeichnung eine **Kartierungseinheit** (**map unit**) eingeführt. Zu Ehren von T. H. Morgan wird eine Kartierungseinheit auch als **1 Centimorgan** (**cM**) bezeichnet. In unserem Fall sind die Allele *b* und *vg*

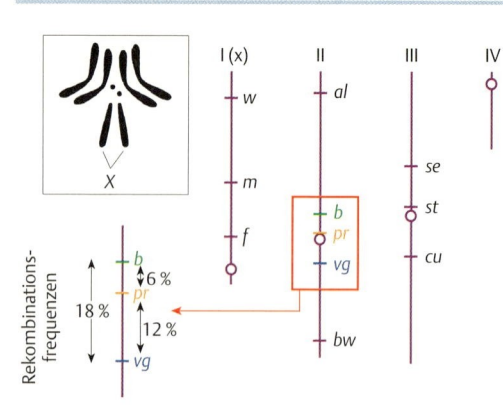

Abb. 7.12 Der Karyotyp von *Drosophila melanogaster* mit einigen Genloci (Abb. 7.6). Aus den Rekombinationshäufigkeiten kann die Abfolge von Genen in einer Kopplungsgruppe abgeleitet werden. Dargestellt am Beispiel der Gene *b*, *pr* und *vg* auf Chromosom II. Bei 18 cM Abstand werden Doppel-Crossover die sichtbare Rekombinationsfrequenz verkleinern.

18 cM voneinander getrennt. Die Rekombinationshäufigkeit erlaubt nicht nur eine Aussage über den Abstand von Genen in einer Kopplungsgruppe, sondern lässt auch die Reihenfolge der Gene erkennen. Man betrachtet z. B. neben den Genen *b* und *vg* ein drittes Gen: Es kontrolliert die Augenfarbe, wird *purple* (*pr*) genannt und liegt ebenfalls auf Chromosom II. Kreuzungsexperimente zeigten, dass die Rekombinationshäufigkeit zwischen *vg* und *pr* 12 cM beträgt. Die Rekombinationshäufigkeit zwischen *b* und *pr* liegt bei 6 cM. Diese Werte lassen folgende Reihenfolge zu: *b*, *pr* und *vg* bzw. *vg*, *pr* und *b* (Abb. 7.12).

Wenn man den Anteil an Rekombinationen mit der Variable x beschreibt, dann ist x = 0 bei absoluter Kopplung, da die beiden Gene wie ein Genort vererbt werden; bei unabhängiger Vererbung nach Mendel ist x = 0,5, da dann alle Gameten mit der gleichen Häufigkeit gebildet werden. Auf dieser Basis kann man die Häufigkeit der verschiedenen Gameten (Abb. 7.13a) und, wenn man die Häufigkeiten in ein Punnett-Schema überträgt, die Aufspaltungsverhältnisse in der F_2-Generation errechnen (Abb. 7.13b). Die Komplexität der F_2-Aufspaltung mit den phänotypisch nicht erkennbaren Rekombinanten wird gerne vermieden, indem man in einer Rückkreuzungspopulation mit dem doppelt-rezessiven Elter kreuzt. In einer solchen Rückkreuzungspopulation entspricht die Häufigkeit der Phänotypen der Häufigkeit der verschiedenen Gametentypen. Normalerweise bestimmt man daher die Rekombinationsfrequenz bei der Analyse einer Rückkreuzung als die Anzahl der rekombinanten Individuen dividiert durch die Gesamtzahl (N). Die beobachtete Rekombinationsfrequenz spiegelt aber nur dann den genetischen Abstand wider, wenn der Abstand der betrachteten Gene sehr klein ist, sodass Doppel-Crossover ausgeschlossen bzw. sehr unwahrscheinlich sind. Dieses Problem der Genkartierung durch Rekombinationsanalysen wurde bereits in den zwanziger Jahren des letzten Jahrhunderts von dem englischen Biologen **J. B. S. Haldane** gelöst, indem er die Kartierungsfunktion ableitete. Später präzisierte der indische Mathematiker **D. D. Kosambi** die Funktion, um die Wechselwirkung zwischen benachbarten Crossover (**Interferenz**) zu

mögliche Gameten der F1-Pflanzen		AB	Ab	aB	ab
Häufigkeit der Gameten		$1/2(1-x)$	$1/2 x$	$1/2 x$	$1/2(1-x)$
Gesamt		AB	Ab	aB	ab
	Häufigkeit	$1/2(1-x)$	$1/2 x^2$	$1/2 x^2$	$1/2(1-x)$
AB	$1/2(1-x)$	$1/4(1-x)^2$	$1/4(x-x)^2$	$1/4(x-x)^2$	$1/4(1-x)^2$
Ab	$1/2 x$	$1/4(x-x)^2$	$1/4 x^2$	$1/4 x^2$	$1/4(x-x)^2$
aB	$1/2 x$	$1/4(x-x)^2$	$1/4 x^2$	$1/4 x^2$	$1/4(x-x)^2$
ab	$1/2(1-x)$	$1/4(1-x)^2$	$1/4(x-x)^2$	$1/4(x-x)^2$	$1/4(1-x)^2$
Gametenhäufigkeit		Vg B $1/2(1-x) = 0{,}44$	Vg b $1/2 x = 0{,}06$	vg B $1/2 x = 0{,}06$	vg b $1/2(1-x) = 0{,}44$
theoretische Häufigkeit der Phänotypen in einer Rückkreuzungspopulation		Genotyp Vg B/vg b 0,44	Genotyp Vg b/vg b 0,06	Genotyp vg B/vg b 0,06	Genotyp vg b/vg b 0,44
theoretische Häufigkeit der Phänotypen in einer F2-Population		Phänotyp Vg B 0,694	Phänotyp Vg b 0,056	Phänotyp vg B 0,056	Phänotyp vg b 0,194

Abb. 7.**13 Rekombinationsanalysen. a** Häufigkeit der Gameten der F_1-Pflanze (Genotyp AB/ab) für die gekoppelten Gene A und B. **b** Häufigkeit der Genotypen in einer F_2-Generation für die gekoppelten Gene A und B. **c** Häufigkeiten, die sich für das Beispiel *Drosophila* und die Gene *vg* und *b* mit 12 cM Abstand ergeben.

berücksichtigen. Die mathematisch komplexere Kosambi-Funktion wird heute in nahezu allen Kartierungsprogrammen verwendet.

Es muss betont werden, dass die auf Rekombinationshäufigkeiten beruhenden Chromosomenkarten relativ sind. Bei dieser Methode wird eine Reihe von Faktoren vernachlässigt, die die beobachteten Rekombinationsereignisse beeinflussen. Dazu gehören die Chiasmainterferenz, das Auftreten von mehrfachen Crossover, die Tatsache, dass Rekombination während der Meiose in Weibchen meist häufiger ist als in Männchen, und die ungleiche Verteilung von Rekombinationsereignissen über die Länge des Chromosoms. In der Nähe der Telomere ist Rekombination in der Regel häufiger als in der Nähe der Centromeren. Genkarten auf der Basis von Rekombination geben somit die Anordnung der Gene gut wieder, aber der physikalische Abstand von 1 cM kann aufgrund dieser Phänomene stark variieren. Nachdem die Genomsequenzen einiger Modellorganismen bekannt waren, konnte man die Einheit cM zwar mit einem Durchschnittswert von Basenpaaren verknüpfen, aber dieser Wert schwankt von Art zu Art.

> **Kopplung von Genen:** Gemeinsam vererbte Gene desselben Chromosoms, Crossover kann Kopplungsgruppen aufheben. Je geringer der Genabstand, umso vollständiger die Kopplung.
> **Relative Genkarte:** Relativer Abstand der Gene auf dem Chromosom. Erstellt durch Analyse von Kreuzungen über gekoppelte Gene. Einheit: Centimorgan (cM).

7.6 Geschlechtsgebundene Vererbung

> Bei der Vererbung von Merkmalen, deren verantwortlichen Gene auf den **Geschlechtschromosomen** lokalisiert sind, sind Abweichungen von Mendels Zahlenverhältnissen zu beobachten.

Ein von T. H. Morgan im Jahr 1910 durchgeführtes Experiment führte zur Entdeckung der **geschlechtsgebundenen Vererbung**. Er beobachtete in seinen Kulturen von *Drosophila melanogaster* eine Fliege mit weißen Augen. Der Wildtyp besitzt rote Augen. Die Vererbung des Merkmals „weiße Augen" war ungewöhnlich. Wie sich herausstellte, liegt das dafür verantwortliche Allel (*w*) auf dem X-Chromosom (Abb. 7.**6**, Abb. 7.**14**). Geht man von Weibchen (XX) aus, die homozygot für das Allel *w* sind (w/w), und kreuzt sie mit Wildtyp-Männchen (XY: +/Y), erhält man abweichend von der ersten Mendel-Regel keine uniforme F_1. Alle Weibchen sind rotäugig und alle Männchen sind weißäugig. Dies lässt sich nach dem Anlegen eines Punnett-Schemas (Abb. 7.**14**) verstehen: Die **hemizygoten** Männchen (XY) haben nur das *w* Allel (w/Y). Das Y-Chromosom besitzt keinen Locus für *w*, und die Männchen prägen notwendigerweise den Phänotyp „weiße Augen" aus. Die reziproke Kreuzung von homozygoten Wildtyp-Weibchen (+/+) mit weißäugigen Männchen (w/Y) führt zu anderen Ergebnissen: Alle Nachkommen haben rote Augen, da jetzt die Männchen ein X-Chromosom mit dem Wildtypallel erhalten haben.

Auch in der F_2 sind Abweichungen von Mendels Zahlenverhältnissen zu beobachten. Die Phänotypen bei der aus der oben zuerst besprochenen Kreuzung resultierenden F_2 spalten auf. Man erhält das Verhältnis von rotäugigen Weibchen zu weißäugigen Weibchen zu rotäugigen Männchen zu weißäugigen Männchen = 1 : 1 : 1 : 1. Bei der F_2 aus der oben entwickelten reziproken Kreuzung beobachtet man folgende Aufspaltung: rotäugige Weibchen zu rotäugigen Männchen zu weißäugigen Männchen = 2 : 1 : 1. Auch hier liefern die Punnett-Schemata die Erklärung. Weibchen, die heterozygot für das Allel *w* sind, haben rote Augen; hemizygote Männchen sind weißäugig.

Experimente mit den weißäugigen Fliegen, die von C. B. Bridges, einem Schüler Morgans, durchgeführt wurden, sind auch in einem anderen Zusammenhang wichtig. Sie belegten die heute unumstrittene Tatsache, dass Gene auf den Chromosomen lokalisiert sind. Bei der Kreuzung zwischen weißäugigen Weib-

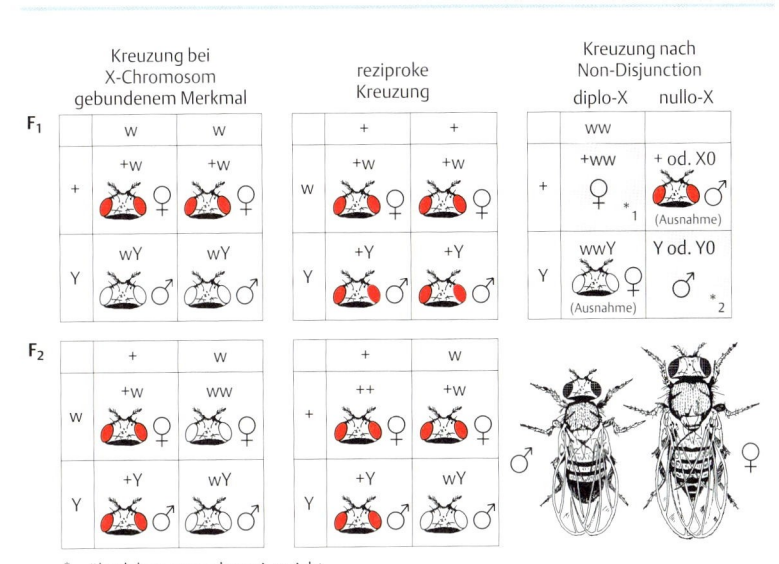

7.6 Geschlechtsgebundene Vererbung

	Kreuzung bei X-Chromosom gebundenem Merkmal		reziproke Kreuzung		Kreuzung nach Non-Disjunction	
					diplo-X	nullo-X
F₁	w	w	+	+	ww	
+	+w ♀	+w ♀	+w ♀	+w ♀	+ww ♀ *₁	+ od. X0 ♂ (Ausnahme)
			w			
Y	wY ♂	wY ♂	+Y ♂	+Y ♂	wwY ♀ (Ausnahme)	Y od. Y0 ♂ *₂
F₂	+	w	+	w		
w	+w ♀	ww ♀	++ ♀	+w ♀		
Y	+Y ♂	wY ♂	+Y ♂	wY ♂		

*₁ überleben normalerweise nicht
*₂ überleben nicht

Abb. 7.**14 Geschlechtsgebundene Vererbung.** Das Merkmal „weiße Augen" (w) liegt bei der Taufliege auf dem X-Chromosom. Daher ergeben sich bei reziproken Kreuzungen unterschiedliche Verhältnisse bei den Phänotypen der F₁ und F₂. Durch Non-Disjunction in der Meiose können bei der Taufliege diplo-X und nullo-X Eier entstehen. Dabei entscheidet nicht das Fehlen des Y-Chromosoms über die weibliche Geschlechtsausprägung, sondern die Anwesenheit von zwei X-Chromosomen: XXY ist (♀), X0 ist (♂).

chen und Wildtyp-Männchen traten nämlich ausnahmsweise auch rotäugige Männchen und weißäugige Weibchen auf. Bridges erklärte dies mit dem abnormalen Verhalten der X-Chromosomen in der Meiose der Mütter der Ausnahmetiere. Normalerweise sollten sich die beiden X-Chromosomen in der meiotischen Anaphase I voneinander trennen (disjoin). Gelegentlich bleibt diese Trennung aber aus, sodass nach der Meiose Eier mit einer abnormalen Zahl von X-Chromosomen entstehen: Eiern mit zwei X-Chromosomen (**diplo-X Eier**) stehen Eier ohne X-Chromosom gegenüber (**nullo-X Eier**). Der Vorgang ist als **Non-Disjunction** bekannt. Non-Disjunction ist für eine Vielzahl von numerischen Chromosomenaberrationen verantwortlich (S. 380). Werden Eier mit einer abnormalen Zahl von X-Chromosomen befruchtet, gibt es mehrere Möglichkeiten. Wie die cytogenetische Analyse der Ausnahmetiere zeigte, besitzen die weißäugigen Weibchen zwei X-Chromosomen und ein Y-Chromosom (XXY). Die ausnahmsweise auftretenden rotäugigen Männchen haben nur ein X-Chromosom. Um das Fehlen eines weiteren Sexchromosoms zu verdeutlichen, spricht man in dieser Situation gern von **X0-Tieren**. Die Anwesenheit oder das Fehlen von X-Chromosomen mit dem *w*-Allel führt also zu weiß- bzw. rotäugigen Tieren. Damit war eindeutig belegt, dass Gene auf den Chromosomen liegen. Da auch X0-Tiere Männchen sind, zeigt diese Kreuzung außerdem, dass das Y-Chromosom bei der Geschlechtsbestimmung von *Drosophila* keine entscheidende Rolle spielt (S. 303).

> **Geschlechtsgebundene Vererbung:** Erbgang von heterosomal codierten Merkmalen, hemizygotes Allel beim heterogameten Geschlecht. Reziproke Kreuzung liefert andere Zahlenverhältnisse.

7.7 Stammbaumanalyse

> Die Charakteristika einer Reihe definierter Erbgänge beim Menschen (autosomal dominant, autosomal rezessiv und X-Chromosom gebunden) lassen sich anhand von **Stammbäumen** nachvollziehen.

Für das Verständnis der genetischen Hintergründe von Merkmalen sind kontrollierte Kreuzungen und die Analyse einer größeren Zahl von Nachkommen bzw. Generationen nötig. Dies ist beim Menschen naturgemäß nicht möglich und auch bei größeren Säugetieren technisch schwierig. Einen Ausweg stellen in diesen Fällen Stammbaumanalysen dar, die gerade in der Humangenetik von großer Bedeutung sind, denn in vielen Fällen werden erbliche Krankheiten als Merkmale beobachtet. Dabei werden die lebenden Familienmitglieder untersucht und befragt, um krankheitsbezogene Informationen auch über verstorbene Familienmitglieder zu erhalten. Ist der Stammbaum erstellt, analysiert man das Verhalten eines Merkmals über mehrere Generationen hinweg und zieht dann Schlüsse über Dominanz und Rezessivität von Genen und ihre Lokalisation auf Autosomen oder Sexchromosomen. Ist die Art des Erbgangs bestimmt, kann die Häufigkeit abgeschätzt werden, mit der das Merkmal an die Nachkommen vererbt wird. Der amerikanische Humangenetiker Victor McKusick hat sich die Aufgabe gestellt, die **genetisch bedingten Merkmale des Menschen** in einer Liste zu erfassen. Diese Liste ist mittlerweile als **McKusick-Katalog** (http://www.ncbi.nlm.nih.gov/omim/) bekannt und enthielt im Mai 2009 insgesamt fast 20 000 Einträge zu Genen und phänotypischen Merkmalen.

7.7.1 Autosomal dominanter Erbgang

Autosomal dominant vererbte Merkmale sind beim Menschen recht häufig. Auch einige Krankheiten wie das **Retinoblastom** (Tumor der Retina), die **Neurofibromatose** und die familiäre Hypercholesterolämie, die hier als Beispiel dienen soll, zeigen diesen Erbgang.

Die familiäre **Hypercholesterolämie** ist die Folge einer Genmutation auf dem kurzen Arm von Chromosom 19. Das Gen codiert für ein Rezeptorprotein, das für

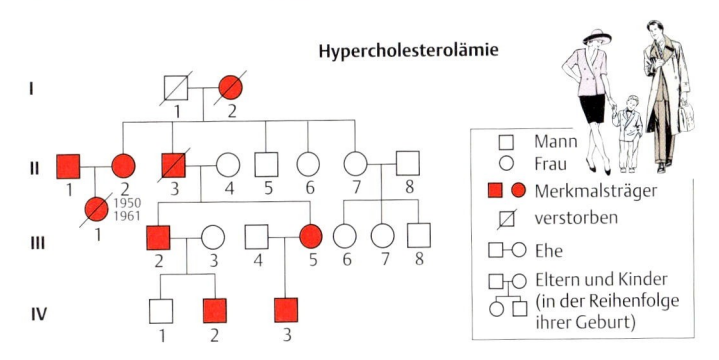

Abb. 7.15 Autosomal dominanter Erbgang. Stammbaum einer Familie mit Hypercholesterolämie. Es sind vier Generationen (I bis IV) erfasst, wobei die Urgroßeltern bereits verstorben sind. Das Individuum III-1 war homozygot (AA) für das dominante Allel und ist jung verstorben. Die anderen Merkmalsträger sind heterozygot (Aa).

die Aufnahme von sogenannten Low Density Lipoproteins (LDL) in die Zellen sorgt. Fällt das Rezeptorprotein aus, ergeben sich anormal hohe Blutwerte für LDL. Die Hauptsymptome bestehen in der Ausbildung von knotenartigen verschiebbaren Fetteinlagerungen in der Haut (Xanthome), und die Patienten leiden in relativ frühem Alter an Erkrankungen der Herzkranzgefäße. Familiäre Hypercholesterolämie tritt bei einem von 500 Individuen auf. Der Stammbaum einer betroffenen Familie zeigt die Charakteristika autosomal dominanter Erbgänge (Abb. 7.**15**). Frauen wie auch Männer zeigen das Merkmal zu gleichen Anteilen. Liegt vollständige Penetranz vor, tritt das Merkmal in allen Generationen auf und wird von Frauen und Männern gleichermaßen an die Nachkommen weitergegeben. Personen, die das Merkmal nicht zeigen, übertragen es auch nicht. Somit ist ein autosomal dominanter Erbgang relativ leicht zu entdecken. Bei einer autosomal dominant vererbten Krankheit besteht für die Nachkommen ein relativ hohes Risiko ebenfalls zu erkranken. Es hat Heiraten zwischen Individuen mit Hypercholesterolämie gegeben, und entsprechend der Mendel-Regeln waren dann 25 % der Nachkommen nicht betroffen (*aa*), 50 % waren heterozygot (*Aa*) für das Merkmal und 25 % waren homozygot (*AA*) für das Merkmal. Bei der familiären Hypercholesterolämie entwickeln homozygote Merkmalsträger die Krankheitssymptome bereits in der Kindheit, und die Patienten versterben, bevor sie das Erwachsenenalter erreichen. Bei der Heirat zwischen einem heterozygoten Merkmalsträger und einem nicht betroffenen Individuum sind 50 % heterozygote (*Aa*) Merkmalsträger und 50 % gesunde Individuen (*aa*) zu erwarten.

7.7.2 Autosomal rezessiver Erbgang

Beispiele für den **autosomal rezessiven Erbgang** finden wir beim Menschen in der **Adenosindeaminasedefizienz** (**ADA**), einer Erkrankung, die ein nicht funktionsfähiges Immunsystem nach sich zieht, der **zystischen Fibrose** (**Mukoviszidose**), eine Funktionsstörung der schleim- und schweißproduzierenden Drüsen, und der **Sichelzellenanämie** (Anämie = Blutarmut), beruhend auf einer zu geringen Zahl an Erythrocyten (□ *Biochemie, Zellbiologie*).

Bei erwachsenen Menschen ist das Blutpigment Hämoglobin A (Allel *HbA* oder kurz *A*) ein Tetramer aus zwei α-Globinen und zwei β-Globinen. Die **Sichelzellenanämie** wird durch eine Punktmutation in den Genen für die β-Globine verursacht. Es resultiert ein verändertes Pigment, das als Hämoglobin S (Allel *HbS* oder kurz *S*) bezeichnet wird. Rote Blutkörperchen mit HbS nehmen bei niedrigem Sauerstoffpartialdruck eine charakteristische Sichelzellform an, die zum Namen der Erkrankung geführt hat. Homozygote Träger (*SS*) für das *S*-Allel leiden an chronischer Blutarmut und erhöhtem Infarktrisiko, da die verformten Blutkörperchen dazu neigen, Blutgefäße zu blockieren. Die Krankheit tritt gehäuft bei Afrikanern und Afroamerikanern auf. Man geht davon aus, dass HbS die Viskosität des Cytoplasmas verändert. Dadurch wird die Infektion mit dem Malariaparasiten *Plasmodium falciparum* verhindert. In malariagefährdeten Gebieten haben also die heterozygoten Träger des HbS-Allels einen Vorteil. Die heterozygoten Träger (*AS*) sind unauffällig und benötigen in der Regel keine medizinische Betreuung. Im Stammbaum einer von Sichelzellenanämie betroffe-

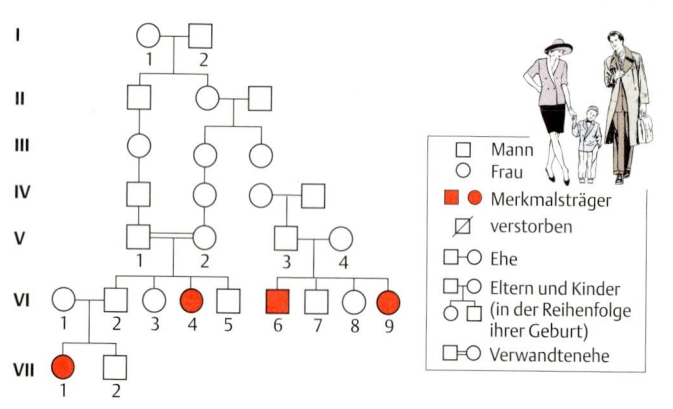

Abb. 7.16 **Autosomal rezessiver Erbgang.** Stammbaum einer Familie mit einem seltenen autosomal rezessiv vererbten Merkmal. In dieser Familie ist Verwandtenehe (=) in der fünften Generation dafür verantwortlich, dass das Individuum VI-4 homozygot für ein rezessives Allel ist. Das Allel ist höchstwahrscheinlich durch Spontanmutation in einem der beiden Eltern (I-1, I-2) in der ersten erfassten Generation entstanden. Auch wenn ein Merkmal selten ist, kommt es natürlich vor, dass auch bei Heirat mit einem nicht verwandten Überträger (V-4) homozygote Individuen entstehen (VI-6 und VI-9).

nen Familie wird offenbar, dass die Eltern der Merkmalsträger nicht betroffen sind. Es ist typisch für rezessive Allele, dass sie unvorhersehbar auftreten. Sie können über mehrere Generationen durch nicht betroffene sogenannte **Überträger** (**Konduktoren**) weitergegeben werden (Abb. 7.**16**). Erst bei der Heirat zwischen zwei Überträgern wird das Merkmal im Phänotyp ihrer Kinder sichtbar. Dabei sind nach den Mendel-Regeln 25 % Betroffene (*SS*), 50 % Überträger (*AS*) und 25 % gesunde Individuen (*AA*) zu erwarten. Wie beim autosomal dominanten Erbgang sind auch beim autosomal rezessiven Erbgang beide Geschlechter gleichermaßen betroffen, und das Allel wird von beiden Geschlechtern weiter vererbt. Treten seltene autosomal rezessiv vererbte Merkmale im Phänotyp auf, spielt oft **Verwandtenehe** (**Konsanguinität**) eine Rolle. Das Allel ist wahrscheinlich in einem gemeinsamen Vorfahren entstanden.

7.7.3 X-Chromosom-gebundene Vererbung

Sowohl Y-Chromosom-gebundene Merkmale als auch dominante an das X-Chromosom gebundene Merkmale sind sehr selten, so dass auf eine Darstellung hier verzichtet wird. Wichtig sind dagegen rezessive Merkmale, die vom X-Chromosom kontrolliert werden. Dazu gehören die **Rot-Grün-Blindheit**, das **Lesh-Nyhan-Syndrom** (Störung im Purinstoffwechsel), zwei Formen der **Hämophilie** (Bluterkrankheit) und die **Duchenne-Muskeldystrophie** (**DMD**). Die sogenannte Hämophilie A ist bei Angehörigen europäischer Königshäuser häufig und wahrscheinlich auf eine Spontanmutation bei einem der Eltern von Königin Viktoria zurückzuführen.

DMD ist eine Erkrankung mit voller Penetranz, die Jungen mit einer Häufigkeit von 1 zu 3 500 bis 4000 betrifft. Die Krankheit ist durch fortschreitenden Verfall der Muskulatur gekennzeichnet und beginnt sich zu zeigen, wenn die Jungen ein Alter von etwa sechs Jahren erreicht haben. Wenige Erkrankte werden älter als 20 Jahre. Wenn – wie im Fall der DMD – das Allel nicht häufig ist, sind weitaus mehr männliche als weibliche Individuen betroffen. Im Stammbaum (Abb. 7.**17**) ist keine erkrankte Frau zu finden, aber fünf betroffene männliche Individuen. Diese sind hemizygot für das Krankheitsallel. Es gibt in keinem Fall eine Übertragung des Krankheitsallels vom Vater auf die Söhne. Im Fall der DMD sind die männlichen Individuen steril. Bei weniger schwer wiegenden X-chromosomal vererbten Krankheiten wie der Rot-Grün-Blindheit haben die betroffenen Männer bei einer Heirat mit einer Nicht-Überträgerin nur gesunde Söhne. Alle Töchter erkrankter Männer sind jedoch Überträgerinnen. Bei der Heirat zwischen einer Überträgerin und einem gesunden Mann haben die Söhne der Überträgerinnen eine 50 %ige Chance, das Krankheitsallel zu bekommen. Die Töchter aus einer Heirat zwischen einer Überträgerin und einem gesunden Mann sind nicht betroffen, aber 50 % von ihnen sind wieder Überträgerinnen. Da Überträgerinnen erst erkannt werden, wenn unter ihren Nachkommen wieder betroffene männliche Individuen auftreten, kann über den Status von Frauen in manchen Linien des Stammbaums keine Aussage gemacht werden.

Duchenne-Muskeldystrophie

Abb. 7.17 X-chromosomal-gebundener Erbgang. Stammbaum einer Familie mit Duchenne-Muskeldystrophie, eine X-chromosomal rezessiv vererbte Krankheit. Die Überträgerinnen (Konduktorinnen) (I-1, II-3, II-9, III-7 und IV-14) geben das Krankheitsallel an die Hälfte ihrer Söhne weiter.

- ☐ Mann
- ○ Frau
- ■ ● Merkmalsträger
- ⊘ verstorben
- ☐―○ Ehe
- Eltern und Kinder (in der Reihenfolge ihrer Geburt)
- ⊙ Konduktoren
- • Abort

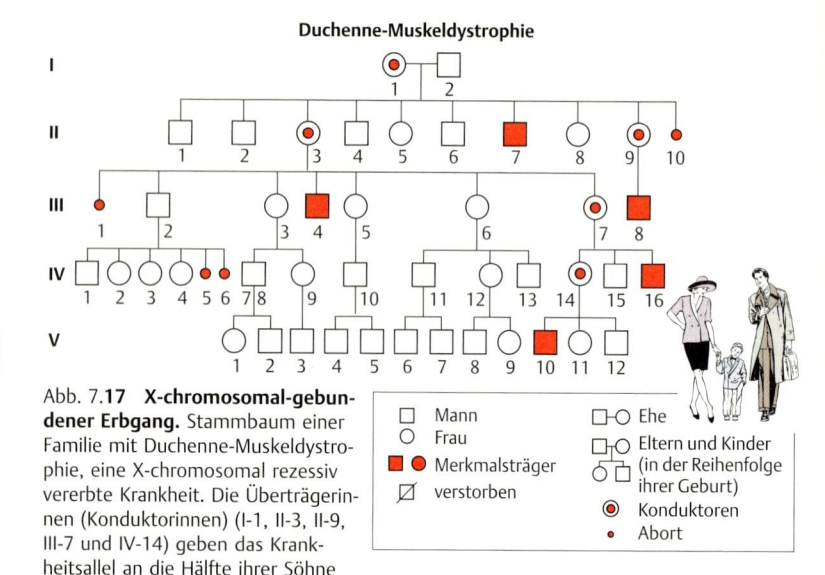

autosomal dominante Erbgänge: Beispiele: Retinoblastom, Neurofibromatose, familiäre Hypercholesterolämie.
autosomal rezessive Erbgänge: Beispiele: Adenosindeaminasedefizienz, Zystische Fibrose (Mukoviszidose), Sichelzellenanämie.
Konduktor: Nicht erkrankter Überträger eines krank machenden rezessiven Allels.
heterosomal rezessive Erbgänge: Beispiele: Rot-Grün-Blindheit, Lesh-Nyhan-Syndrom (Störung im Purinstoffwechsel), Hämophilie, Duchenne-Muskeldystrophie.

7.8 Formalgenetik bei haploiden Organismen

Organismen, die in ihrem vegetativen Lebenszyklus nur einen **haploiden Chromosomensatz** besitzen, eignen sich recht gut für genetische Experimente, da jedes Allel im Phänotyp ausgeprägt ist.

Da jedes Allel im Phänotyp ausgeprägt ist, kann man bei haploiden Organismen naturgemäß nicht von Homo- oder Heterozygotie sprechen. Insbesondere haploide Ascomyceten wurden gerne für Kreuzungsexperimente herangezogen (📖 *Mikrobiologie*). Ihr Vorteil liegt darin, dass die aus der Meiose hervorgehenden Zellen, die **Ascosporen**, als eine Reihe von haploiden Zellen in einem sackartigen Gebilde, dem **Ascus**, vereint bleiben. Die Ascosporen können bei geringer Vergrößerung im Lichtmikroskop bequem analysiert werden. Der Wildtyp besitzt z. B. schwarze Sporen. Es sind aber Mutanten bekannt, bei denen die Sporen anders gefärbt sind. Die Pigmentbildung wird von jeder Spore autonom gesteuert. Die Anordnung der verschieden gefärbten Sporen im Ascus zeigt dann in leicht zugänglicher Weise, wie die für die Pigmentierung verantwortlichen Gene in der Meiose segregieren. Diese Untersuchung bezeichnet man als **Tetradenanalyse**.

Der Brotschimmel, *Neurospora crassa*, und Pilze aus der Gattung *Sordaria* werden häufig für Kreuzungen von Haplonten herangezogen. Es handelt sich um saprophytische Pilze, die leicht in Petrischalen auf mehlhaltigem Agar gehalten werden können. Die Pilze bilden ein Myzel aus haploiden Zellen. Unter ihnen gibt es heterothallische Formen, d. h. es treten zwei verschiedene Paarungstypen auf. Eine Kultur von *Sordaria* kann in einer Petrischale mit kleinen Myzelstücken beider Paarungstypen gestartet werden (Abb. 7.**18**). Durch partielle Auflösung der Zellwände kommt es zur Fusion von Zellen beider Paarungstypen. Es entstehen dabei zweikernige Zellen, die sich weiter teilen (**Heterokaryon**). Erst wenn die beiden Kerne einer Zelle sich vereinigen (Fertilisation = Karyogamie) liegt eine echte diploide Zelle vor, die sofort in die Meiose eintritt. Es entstehen vier Teilungsprodukte (Meiosporen), die anschließend eine mitotische Teilung durchlaufen. Im voll entwickelten Ascus sind somit acht haploide Zellen aufgereiht. Um eine Reihe von Asci bildet sich ein sogenannter Fruchtkörper (**Perithecium**).

Die Tetradenanalyse lässt die Segregation von Merkmalen klar werden. Liegt das Crossover außerhalb des chromosomalen Segments zwischen Centromer und Genlocus, zeigt sich eine bestimmte Anordnung der unterschiedlich gefärbten Ascosporen (*Mikrobiologie*). Die Segregation der beiden Genloci erfolgte in der ersten meiotischen Teilung. Findet Crossover im Segment zwischen Centromer und Genlocus statt, beobachtet man eine andere Verteilung der unterschiedlich gefärbten Ascosporen. Hier erfolgte die Segregation der beiden Genloci in der zweiten meiotischen Teilung (Abb. 7.**18**).

> **Tetradenanalyse:** Analyse vollständiger Gruppen von Meiosporen, Formalgenetik bei Haplonten.

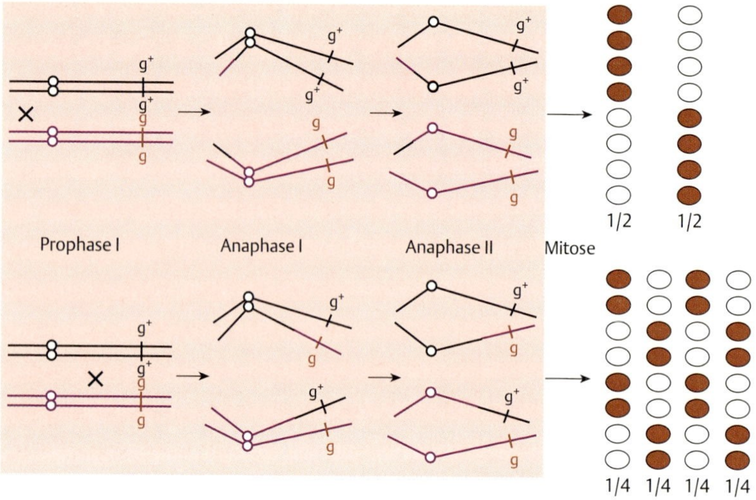
g⁺
g⁺
g
g
×
Prophase I
Anaphase I
Anaphase II
Mitose
1/2
1/2
1/4
1/4
1/4
1/4

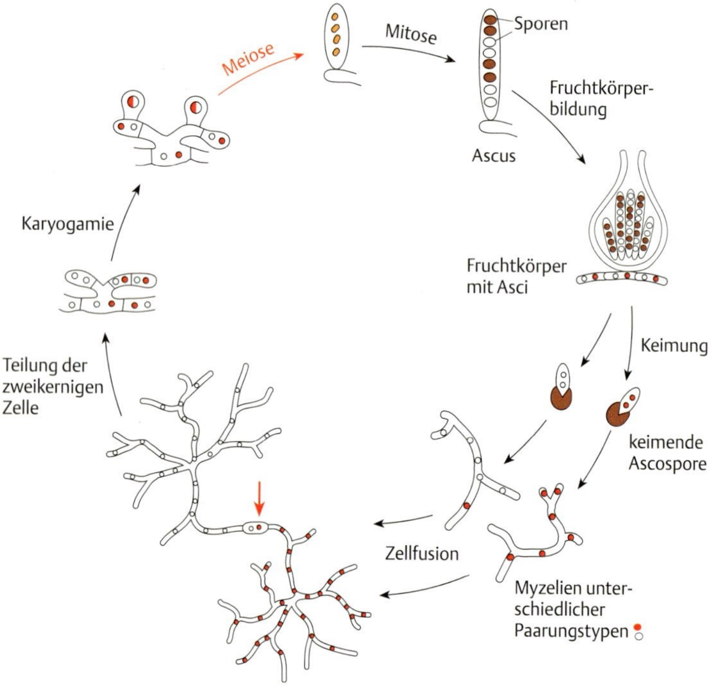
Meiose
Mitose
Sporen
Ascus
Fruchtkörper-
bildung
Fruchtkörper
mit Asci
Keimung
keimende
Ascospore
Myzelien unter-
schiedlicher
Paarungstypen
Zellfusion
Teilung der
zweikernigen
Zelle
Karyogamie

Abb. 7.**18 Formalgenetik mit haploiden Organismen.** Lebenszyklus des haploiden Ascomyceten *Sordaria*. Die Segregationsmöglichkeiten während der Meiose sind detailliert dargestellt: In Abhängigkeit von der Position des Crossovers sind die verschieden gefärbten Sporen im Ascus unterschiedlich angeordnet. Eine Tetradenanalyse lässt daher Rückschlüsse auf die Vorgänge während der Meiose zu.

7.9 Ausnahmen von den Mendel-Regeln

Zu den erblichen Merkmalen, die den Mendel-Regeln nicht gehorchen, gehören die von extranucleärer DNA in Mitochondrien und Plastiden kontrollierten Merkmale. **Maternale Effekte**, **letale Gene**, **meiotische Drift**, mit dem **Cytoplasma übertragene Organismen**, ungleichwertige mütterliche und väterliche Gene (**Genomic Imprinting**) führen ebenfalls zu Abweichungen von den Mendel-Regeln.

Die meisten Merkmale der Eukaryoten werden von Genen kontrolliert, die im Zellkern lokalisiert sind, in der Meiose segregieren und somit den Mendel-Regeln folgen. In diesem Zusammenhang haben sich die Ausdrücke **mendelnde Merkmale** (mendelnde Gene, Allele) eingebürgert. Neben dieser DNA im Zellkern gibt es aber auch DNA in den Zellorganellen, den Plastiden und Mitochondrien, und in symbiontischen cytoplasmatischen Bakterien. Diese **extranucleäre** oder **cytoplasmatische Vererbung** fasst man mit einigen weiteren Effekten oft als **Nicht-Mendel-Vererbung** zusammen.

7.9.1 Formalgenetik der Mitochondrien

Mitochondrien sind von einer Doppelmembran umgebene eukaryotische Organellen zur Herstellung energiereicher Phosphatverbindungen. Sie besitzen histonfreie DNA unterschiedlicher Größe (**mitochondriale DNA, mt-DNA**), die für ribosomale RNA, transfer-RNA und einige Proteine codiert (S. 77). Die mt-DNA ist meist zirkulär, gelegentlich aber linear wie bei der Grünalge *Chlamydomonas reinhardtii* oder beim Pantoffeltierchen *Paramecium aurelia*. Die mt-DNA von Hefezellen besitzt Introns, wogegen die mt-DNA tierischer Zellen frei von Introns ist. Für die meisten mitochondrialen Funktionen werden aber auch Genprodukte, die vom Zellkern codiert werden, benötigt. Schätzungen haben ergeben, dass die Eizelle eines Vertebraten 10^8 Kopien der mt-DNA enthält. Bei somatischen Zellen liegt die Kopienzahl wahrscheinlich unter 1 000.

Die mt-DNA tierischer Zellen wird vorwiegend über die mütterliche Linie vererbt, da die Zygote im Allgemeinen nur die **mütterlichen Mitochondrien** enthält (**maternale Vererbung**). Bei Seeigeln wird zwar bei der Befruchtung das gesamte Spermium in das Cytoplasma des Eies aufgenommen, aber die Mitochondrien des Spermiums degenerieren und deren DNA geht verloren. Bei Hefen, vielen

Bedecktsamern, einigen Muscheln und Insekten stammen die Mitochondrien dagegen von beiden Eltern, bei einigen Nacktsamern nur vom Vater. Bei der Zygote der Hausmaus schätzt man, dass nur eines von 10 000 Mitochondrien vom Spermium stammt. Somit tragen bei vielen Tieren und dem Menschen die Eltern zwar zu gleichen Teilen zum Kerngenom bei, aber die mt-DNA stammt in ihrem weit überwiegenden Teil vom mütterlichen Elternteil. Die Besonderheiten der extranucleären Vererbung der mt-DNA sollen an zwei Beispielen vorgeführt werden (S. 80).

Zu den Krankheiten des Menschen, die durch Mutationen der mt-DNA hervorgerufen werden, gehört das **Leber-Syndrom**. Die Krankheit ist durch plötzliche Erblindung aufgrund der Atrophie des Sehnervs charakterisiert. Als Ursache dafür hat man eine Funktionsstörung der Mitochondrien in Folge von Mutationen der mt-DNA erkannt. Stammbaumanalysen betroffener Familien zeigten, dass die Krankheit nur von der Mutter, nicht dagegen vom Vater auf die nächste Generation vererbt wird (Abb. 7.**19**).

Bei Hefen kennt man Mutanten, die auf glucosehaltigem Medium relativ kleine Kolonien bilden. Sie werden deshalb **petit-Mutanten** genannt (franz. petit: klein); Wildtyp-Hefen zeigen im Vergleich dazu große Kolonien. Die Mutation betrifft die mt-DNA, die den Glucosestoffwechsel der Mitochondrien steuert. Die petit-Mutanten haben die Fähigkeit verloren, aeroben Stoffwechsel durchzuführen. Es gibt zwei Klassen von petit-Mutanten. So genannte **neutrale petit-Mutanten** sind nicht in der Lage, den petit-Phänotyp bei Kreuzungen mit Wildtyp-Hefen zu vererben. Bei ihnen ist die mt-DNA vollständig verloren gegangen. Bei einer Kreuzung mit Wildtyphefen steuern die neutralen petit-Mutanten somit keine DNA bei; die Sporen besitzen nur die mt-DNA des Wildtyps und entwickeln sich folglich zu großen Wildtypkolonien. Die sogenannten **suppressiven petit-Mutanten** vererben dagegen den petit-Phänotyp. Sie besitzen stark

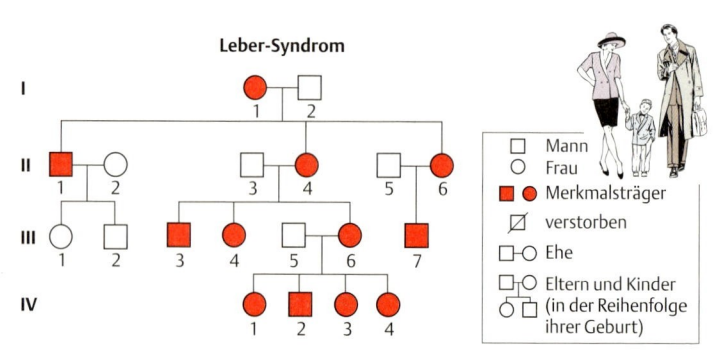

Abb. 7.**19 mt-DNA gebundener Erbgang.** Stammbaum einer Familie mit Leber-Syndrom. Die Krankheit, die durch Mutationen der mt-DNA hervorgerufen wird, wird nur über die weibliche Linie vererbt. Nachkommen betroffener Männer sind gesund (III-1 und III-2).

mutierte mt-DNA, und alle aus einer Kreuzung mit dem Wildtyp hervorgehenden Sporen entwickeln sich zu kleinen Kolonien, obwohl diese auch die mt-DNA des Wildtyps besitzen. Die mutierte mt-DNA der petit-Mutante unterdrückt in noch nicht vollständig geklärter Weise die mt-DNA der Wildtyphefen. Diese Unterdrückung (Suppression) hat zur Namensgebung geführt.

7.9.2 Formalgenetik der Plastiden

Plastiden sind pflanzliche Organellen, deren chlorophyllhaltige Varianten (Chloroplasten) die Photosynthese übernehmen. Auch sie besitzen eigene DNA (**Chloroplasten-DNA, cp-DNA**), die meist zirkulär ist, und bei höheren Pflanzen eine Größe von 120 bis 160 kb besitzt. In Algen wurden cp-DNAs mit einer Größe von 85 bis 400 kb gefunden (S. 81).

Insbesondere bei Zierpflanzen wird die dekorative Wirkung von panaschierten Blättern mit unterschiedlich gefärbten Sektoren geschätzt. Man spricht dann von **Farbvariegation** der Blätter. Die einzelnen Pflanzenzellen enthalten von unterschiedlicher cp-DNA determinierte Plastidenformen, die für die Färbung der Zellen verantwortlich sind. Sind zwei verschiedene Organellentypen – seien es nun Mitochondrien oder Plastiden – in einer Zelle vorhanden, spricht man von **Heteroplasmie**, bei einer einheitlichen Ausstattung der Zelle mit Organellen von **Homoplasmie**. Teilt sich eine heteroplasmatische Pflanzenzelle, können die beiden Plastidenformen durch Zufall in ihrer Mehrzahl in die eine oder andere Tochterzelle geraten. Es ist also möglich, dass in einem Bezirk von grünen Zellen plötzlich farblose Zellen auftauchen. Da sie die Plastidenform, die zu grüner Färbung führt, verloren haben, wird die Teilung der farblosen Zellen nur weitere farblose Zellen hervorbringen. Im Blatt entsteht ein farbloser Sektor. Die Vererbung der cp-DNA ist meist maternal, kann aber auch paternal oder biparental sein.

Auch bei haploiden pflanzlichen Organismen trifft man auf extranucleär vererbte Merkmale. Ein schon seit den Fünfzigerjahren bekanntes Beispiel dafür ist die **Streptomycinresistenz** bei der einzelligen Grünalge *Chlamydomonas reinhardtii*. Die Alge besitzt zwei verschiedene Paarungstypen, die als mt^+ und mt^- bezeichnet werden (**m**ating **t**ype). Die Reaktion auf das Antibiotikum Streptomycin wird bei der Alge von der cp-DNA gesteuert. Kreuzt man streptomycinresistente mt^+-Algen mit streptomycinsensitiven mt^--Algen, sind alle Nachkommen resistent gegen das Antibiotikum, während bei der reziproken Kreuzung alle Nachkommen sensitiv gegen das Antibiotikum sind. Zum Verständnis dieses Phänomens muss man wissen, dass die cp-DNA der mt^--Algen bei der Zygotenbildung degradiert. Alle Information auf der cp-DNA dieses Paarungstyps geht also verloren, und der Phänotyp wird ausschließlich von der cp-DNA der mt^+-Algen bestimmt.

Neben Plastiden und Mitochondrien finden sich weitere Formen cytoplasmatischer Vererbung. Bei dem Protozoon *Paramecium* gibt es Stämme, die in ihrem Cytoplasma **symbiontische Bakterien** beherbergen. Diese Bakterien aus der Gattung *Caedibacter* vermehren sich im Cytoplasma der Paramecien, und werden als **Kappa-Partikel** bezeichnet. Man kann die Kappa-Partikel mit Mitochondrien vergleichen, die aber noch nicht zum Zellorganell „degeneriert" sind. Manche Arten der symbiontischen Bakterien sind nämlich auch außerhalb der Wirtszelle noch überlebensfähig. Besitzen Paramecien Kappa-Partikel, dann werden sie zu sogenannten Killer-Paramecien. D. h. sie scheiden Bakterien aus, die andere Paramecien als Nahrung aufnehmen. Bei der Verdauung der Bakterien wird ein Protein freigesetzt, das toxisch auf die Paramecien wirkt. Killer-Paramecien sind immun gegen das Toxin. Um zu Killer-Paramecien zu werden, benötigen die Protozoen bestimmte Allele im Kerngenom. Nur in Paramecien, die das Allel K entweder homozygot (KK) oder heterozygot (Kk) besitzen, können sich die Kappa-Partikel vermehren. Individuen mit dem Genotyp kk verlieren ihre Symbionten. Alle Paramecien (KK, Kk und kk) ohne Kappa-Partikel sind gegen die von diesen freigesetzten Toxine sensitiv.

7.9.3 Maternale cytoplasmatische Effekte

Die Entwicklung eines Embryos wird nicht nur von seinen eigenen Genen bestimmt. Sowohl bei höheren Pflanzen als auch bei Tieren spielt das **Cytoplasma** des Eies eine wichtige Rolle in der Embryonalentwicklung. Das Cytoplasma der Zygote geht auf das des Eies zurück und enthält Stoffe, deren Produktion vom mütterlichen Genom kontrolliert wurde. Gene aus dem Kern der Zygote werden oft erst mit einer gewissen Verzögerung transkribiert, oder das von der Mutter stammende Material dominiert über die Aktivität der zygotischen Genprodukte. Solche **maternalen Effekte** sind aber vorübergehend und werden nicht vererbt. Ein Beispiel findet sich in der leicht rötlichen Farbe der Larven und der rotbraunen Farbe der Augen bei der Mehlmotte (*Ephestia kuehniella*, Lepidoptera). Ein chromosomales Gen (A) ist für die Bildung von **Kynurenin**, einer Vorstufe des roten Pigments, verantwortlich. Eine Mutation (Allel a) verhindert die Bildung von Kynurenin. Die Kreuzung von heterozygoten Weibchen mit homozygot rezessiven Männchen führt zu einem Verhältnis der Genotypen von (Aa) : (aa) = 1 : 1. Da die Tiere kein Wildtyp-Allel besitzen (Abb. 7.**20**), sollten die homozygot rezessiven Nachkommen unpigmentiert sein. Alle Nachkommen sind aber pigmentiert. Dies kann mit der Annahme erklärt werden, dass die heterozygoten Mütter (Aa) genügend Pigment bilden und auch in die Eier einlagern,

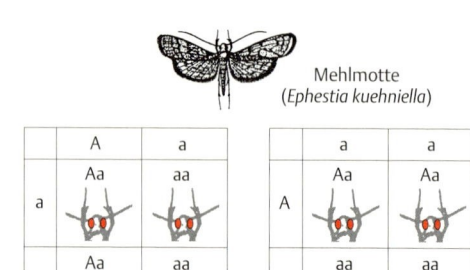

Abb. 7.**20** **Der maternale Effekt wird am Beispiel der Pigmentierung bei der Mehlmotte vorgeführt.** Man beachte in den beiden reziproken Kreuzungen (**a**, **b**), dass die homozygot rezessiven Tiere nur dann pigmentiert sind, wenn die Mutter ein Wildtyp-Allel besaß.

um bei den Larven Pigmentierung hervorzurufen. Die reziproke Kreuzung, bei der von homozygot rezessiven Weibchen ausgegangen wird, bestätigt diese Annahme. In diesem Fall sind auch die homozygot rezessiven Nachkommen unpigmentiert.

7.9.4 Genomic Imprinting

Bei mendelnden Genen sollte es keine Rolle spielen, ob das entsprechende Allel von der Mutter oder vom Vater übertragen wurde. Es gibt aber eine Anzahl von Genen, deren Aktivität davon abhängt, ob sie über das Ei oder das Spermium in die Zygote gelangten. Das Phänomen wird auch im Deutschen als **Genomic Imprinting** bezeichnet, und kann ein Gen, ein chromosomales Segment oder das ganze Chromosom betreffen. Man geht davon aus, dass die betreffenden Gene beim Durchlaufen der männlichen oder weiblichen Keimbahn in einen aktiven oder inaktiven Status versetzt werden. Auf das Phänomen des Genomic Imprinting wurde man z. B. nach Kerntransplantationen in Zygoten der Hausmaus aufmerksam. Man ging von zwei natürlich befruchteten Eiern aus, in denen die weiblichen und männlichen Vorkerne noch nicht fusioniert waren. In Kontrollexperimenten wurde der weibliche Vorkern einer Zygote gegen den einer anderen Zygote ausgetauscht. Hier wie beim Austausch des männlichen Vorkerns gegen einen männlichen Vorkern aus einer anderen Zygote gab es keine Probleme mit der Embryonalentwicklung nach Implantation in den Uterus. Die Transplantation selbst bleibt also für die Zygoten ohne Folgen. Zygoten, bei denen ein weiblicher Vorkern durch den männlichen Vorkern einer anderen Zygote ersetzt wurde, zeigten jedoch eine anormale Embryonalentwicklung. Ebenfalls Probleme gab es beim Ersatz eines männlichen Vorkerns durch den weiblichen Vorkern einer anderen Zygote. Obwohl in allen Fällen formal diploide Zygoten vorliegen, ist die Embryonalentwicklung also zum Teil gestört.

Genomic Imprinting hat auch in der Humangenetik Bedeutung. Das fiel erstmals auf bei der Untersuchung der Schwester-Syndrome Prader-Willi-Syndrom und Angelman-Syndrom. Beim **Prader-Willi-Syndrom**, das in einem von 10 000 Individuen vorkommt, beobachtet man in 50 % der Fälle eine kleine Deletion im Bereich 15q11–13. Als Symptome werden beim Neugeborenen niedriger Blutdruck und Probleme beim Schlucken beschrieben. Dazu kommen ein flaches Gesicht und relativ kleine äußere Genitalien. Beim Heranwachsen stellt sich normaler Blutdruck ein, aber es besteht eine starke Tendenz zu Fettleibigkeit. Der durchschnittliche Intelligenzquotient der Betroffenen liegt bei 50. Beim Prader-Willi-Syndrom wurde das deletierte Chromosom in allen Fällen vom Vater ererbt. Im Gegensatz dazu findet man beim **Angelman-Syndrom** (Häufigkeit 1 von 20 000 Individuen), bei dem in 50 % der Patienten eine Deletion im Bereich 15q12 beobachtet wurde, dass das deletierte Chromosom von der Mutter ererbt wurde. Beim Angelman-Syndrom finden wir andere Symptome. Es wurden Entwicklungsstörungen, Sprachprobleme, unkoordinierte Bewegungen, unangemessenes Lachen und Abnormalitäten im EEG beschrieben. Obwohl bei beiden Krankheiten dasselbe chromosomale Segment betroffen ist, variieren die Symptome in Abhängigkeit von der Herkunft der deletierten Chromosomen von der Mutter oder vom Vater. Diese beiden Syndrome zeigten, dass auch beim Menschen väterliche und mütterliche Gene unterschiedlich abgelesen werden und partiell durch Methylierung oder Modifikation der Histone stillgelegt werden. In der betroffenen Region vom Chromosom 15 sind normalerweise bei gesunden Menschen ebenfalls väterliche und mütterliche Gene stillgelegt.

Weitere Beispiele für Genomic Imprinting beim Menschen sind die Gene Insulin-ähnlicher Wachstumsfaktor 2 (IGF2/Igf2), bei denen nur das väterliche Allel abgelesen wird, und Cyclin-abhängiger Kinaseinhibitor 1C (CDKN1C), bei denen nur das mütterliche Allel abgelesen wird.

> **Extranucleäre Vererbung und Effekte:** Cytoplasmatische Vererbung, Nicht-Mendel-Vererbung, oft Vererbung über die plasmareiche Eizelle (maternal), Mitochondrien-DNA, Plastiden-DNA, cytoplasmatische Effekte, Genomic Imprinting.
> **mt-DNA-Vererbung:** Beispiele: petit-Mutanten bei Hefen, Leber-Syndrom (Atrophie des Sehnervs) beim Menschen.
> **cp-DNA-Vererbung:** Beispiele: Farbvariegation von Zierpflanzen, Streptomycinresistenz von Grünalgen.
> **Maternale cytoplasmatische Effekte:** Phänotyp beruht auf mütterlichen cytoplasmatischen Stoffen in der Zygote.
> **Genomic Imprinting:** Phänotyp hängt von der väterlichen oder mütterlichen Herkunft eines autosomalen Gens ab.

8 Geschlechtsbestimmung

Klaus W. Wolf

8.1 Grundlagen der Geschlechtsbestimmung

Geschlechtsbestimmung und **Geschlechtsdifferenzierung** umfassen die primären Mechanismen, die nach der Befruchtung die Entwicklung der beiden phänotypisch unterschiedlichen Geschlechter einleiten.

Als **Geschlechtsbestimmung** bezeichnet man die primären Vorgänge, durch die das Geschlecht eines Organismus fixiert wird. Die nachfolgende Umsetzung der primären Signale in die charakteristischen Geschlechtsmerkmale bezeichnet man als **Geschlechtsdifferenzierung**. Wir kennen zwei verschiedene Formen der Geschlechtsbestimmung, die genotypische und die durch Umweltfaktoren gesteuerte. Bei der **genotypischen Geschlechtsbestimmung** spielen genetische Faktoren, meist auf den Sexchromosomen eines Individuums gelegen, die übergeordnete Rolle. Die genetische Basis der Geschlechtsbestimmung wurde um 1900 nach Beobachtungen an Spermatocyten der Feuerwanze *Pyrrhocoris apterus* erkannt: Die Tochterzellen der ersten meiotischen Teilung waren ungleich. Eine Zelle enthielt ein relativ großes Chromosom, schon damals X-Chromosom genannt, das der anderen Zelle fehlte. Man schloss daraus, dass zwei Klassen von Spermien in gleicher Menge gebildet wurden, und diese nach der Befruchtung für die Ausbildung der beiden Geschlechter verantwortlich sind.

Das Geschlecht eines Individuums wird bei der genotypischen Geschlechtsbestimmung **mit der Fertilisation** festgelegt, und das Geschlechterverhältnis liegt meist bei 1 : 1. Sekundäre Phänomene wie Embryonensterblichkeit können aber zu Abweichungen führen. Es überrascht, dass die Evolution auch bei einem scheinbar grundlegenden Vorgang wie der Geschlechtsbestimmung eine Vielzahl von verschiedenen Varianten hervorgebracht hat. Recht gut bekannt ist die genotypische Geschlechtsbestimmung bei der Taufliege *Drosophila*, dem Nematoden *Caenorhabditis elegans* sowie Säugern z. B. der Hausmaus und dem Menschen. Auch bei zweihäusigen Pflanzen wie Vertretern der Gattungen *Silene* und *Rumex* sind Geschlechtschromosomen im Karyotyp klar erkennbar.

Bei der **durch Umweltfaktoren gesteuerten Geschlechtsbestimmung** können die betroffenen Organismen durchaus Sexchromosomen besitzen. Ihre Wirkung wird aber durch äußere Faktoren wie Temperatur, Standort und äußere chemische Signale überstimmt. Auch hier gibt es eine Vielzahl von Mechanismen. In jedem Fall wird bei der durch Umweltfaktoren gesteuerten Geschlechtsbestimmung das Geschlecht eines Individuums erst **nach der Fertilisation** festgelegt. Das Geschlechterverhältnis kann schon primär deutlich vom Verhältnis 1 : 1 abweichen.

Bei der Geschlechtsbestimmung der **Säuger** unterscheidet man das **genetische Geschlecht**, das durch auf den Sexchromosomen liegende Gene bestimmt wird, vom **gonadalen Geschlecht**, das durch die Anwesenheit von männlichen oder weiblichen Gonaden definiert ist. Betrachtet man den Status der Sexualhormone eines Individuums, spricht man vom **hormonalen Geschlecht**. Schließlich gibt es das **phänotypische** oder **somatische Geschlecht**, das manchmal auch als **morphologisches Geschlecht** bezeichnet wird, und nach der Art der inneren Sexualgänge und der äußeren Genitalien definiert wird. Dazu kommen beim Menschen noch verhaltensbiologische und psychische Aspekte. Als **Geschlechteridentität** bezeichnet man das Geschlecht, dem sich das Individuum zugehörig fühlt, d. h. ein Individuum sieht sich selbst als Mann oder Frau. Die **Geschlechterrolle** eines Menschen ist das Geschlecht, dem er von der Gesellschaft zugeordnet wird. D. h. die Mitmenschen sehen ein Individuum als Mann oder Frau an. Schließlich ist die **sexuelle Orientierung** zu nennen. Man spricht von **Heterosexualität**, wenn sich ein Individuum in seinen sexuellen Aktivitäten zum entgegengesetzten Geschlecht hingezogen fühlt. **Homosexualität** liegt vor, wenn erotische Anziehung durch Mitglieder des eigenen Geschlechts ausgelöst wird. **Bisexualität** ist durch die erotische Anziehung zu Mitgliedern beider Geschlechter charakterisiert. Es gibt Individuen mit einem zweideutigen Reproduktionssystem. Hier spricht man von **Intersexualität**. Liegt eine Kombination von männlichen und weiblichen Gonaden vor (sogenannte Ovotestes), ist das Individuum ein **Hermaphrodit** (Zwitter).

> **Geschlechtsbestimmung:** Primäre Vorgänge zur Fixierung des Geschlechts, genotypisch oder phänotypisch.
> **Geschlechtsidentität:** Geschlecht, dem sich das Individuum zugehörig fühlt, nicht unbedingt identisch mit morphologischem Geschlecht.
> **Sexuelle Orientierung:** Bestimmt, durch welches Geschlecht man sexuell angezogen wird.
> → **Heterosexuell:** durch entgegengesetztes Geschlecht
> → **Homosexuell:** durch gleiches Geschlecht
> → **Bisexuell:** durch beide Geschlechter.

8.2 Grundlagen der genotypischen Geschlechtsbestimmung

Bei der **genotypischen Geschlechtsbestimmung** ist die Ausprägung des Geschlechts durch genetische Faktoren in Form bestimmter DNA-Sequenzen festgelegt. Genotypische Geschlechtsbestimmung ist bei der Mehrzahl der Organismen anzutreffen, und in der Regel tritt ein primäres Geschlechterverhältnis von 1 : 1 auf. Innerhalb der genotypischen Geschlechtsbestimmung hat die Evolution aber eine bemerkenswerte Vielfalt von Mechanismen hervorgebracht.

Das **genetische Geschlecht** eines Individuums wird durch die vorhandenen **Sexchromosomen** bestimmt, und ist die vorherrschende Form der Geschlechtsbestimmung bei Tieren und natürlich auch beim Menschen. Häufig liegt ein XX/XY-Geschlechtschromosomensystem vor (in diesem Fall ist das weibliche Geschlecht homomorph). Nach dieser allgemein üblichen Schreibweise listet man die Sexchromosomen beginnend mit dem weiblichen Geschlecht auf und trennt die beiden Geschlechter durch einen Schrägstrich.

Die beiden Gametentypen tragen verschiedene Sexfaktoren, die in der Meiose nach den Mendel-Regeln segregieren (Abb. 8.1). Bei der Fertilisation bleibt es aber nicht immer dem Zufall überlassen, ob ein X- oder ein Y-tragendes Spermium zum Zuge kommt. So ist beispielsweise im weiblichen Genitaltrakt des Menschen die Lebensdauer der X-tragenden Spermien länger als die der Y-tragenden Spermien. Abweichungen vom Geschlechterverhältnis 1:1 sind beim Menschen auch dadurch möglich, dass die Y-tragenden Spermien etwas schneller schwimmen als die X-tragenden Spermien und deshalb mit einer etwas größeren Wahrscheinlichkeit zur Fertilisation gelangen: auf 105 männliche kommen nur 100 weibliche Embryonen.

Bei den Säugetieren zeigt **das männliche** Geschlecht **Heterogametie**. In anderen Tiergruppen gibt es aber Beispiele für Heterogametie im **weiblichen** Geschlecht. Bei Sauropsiden (Vögel, Reptilien), Schmetterlingen, Köcherfliegen und einigen Dipteren ist das weibliche Geschlecht heterogamet. Zur besseren Beschreibung hat man hier die Bezeichnung Z und W für die Sexchromosomen eingeführt, und man spricht von einem ZW/ZZ-Geschlechtschromosomensystem. An Stelle dieser Bezeichnung ist in der Literatur aber auch die Schreibweise

	S1	S1
S1	S1S1	S1S1
S2	S1S2	S1S2

Abb. 8.1 **Punnet-Schema der Segregation zweier Sexfaktoren bei der genotypischen Geschlechtsbestimmung.**

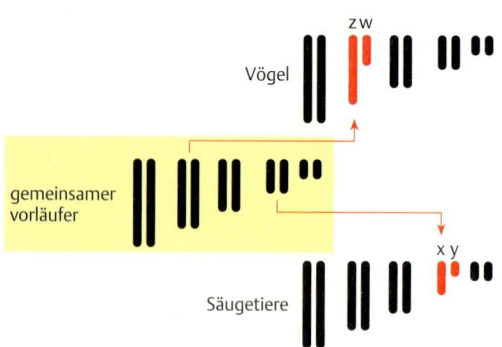

Abb. 8.2 Evolution der Sexchromosomenpaare bei Wirbeltieren. In Vögeln und in Säugetieren haben sich die Sexchromosomenpaare aus verschiedenen Autosomen eines gemeinsamen Vorläufers entwickelt. Parallel dazu ist bei den Vögeln weibliche und bei den Säugetieren männliche Heterogametie entstanden.

XY/XX zu finden. In allen Fällen liegen sogenannte **einfache Geschlechtschromosomensysteme** vor.

In der Karyotypevolution der Wirbeltiere sind bei der Entstehung der Sexchromosomen verschiedene Wege beschritten worden. Vergleichende Karyotypuntersuchungen haben ergeben, dass das Y-Chromosom der Säugetiere und das W-Chromosom der Vögel nicht homolog sind. In einem gemeinsamen Vorläufer – und dabei handelt es sich um ein primitives Reptil – sind verschiedene autosomale Chromosomenpaare herangezogen worden, aus denen sich die Sexchromosomen der Säuger und Vögel entwickelt haben (Abb. 8.2).

Die Y-Chromosomen sind in der Regel klein und arm an Genen. Sie werden als degeneriert bezeichnet. Im Extremfall kann das Y-Chromosom in der Karyotypevolution vollständig verloren gehen. Die Männchen haben dann mit dem X-Chromosom nur ein Sexchromosom. Zur Verdeutlichung beschreibt man diese Situation als X0 (X Null). Unter Anwendung der oben formulierten Regel für die Schreibweise ist die Bezeichnung XX/X0 für dieses Geschlechtschromosomensystem anzuwenden. Man findet es häufig bei Insekten wie Heuschrecken, Wanzen und Käfern. Es sind aber auch zwei Säugetiere mit einem XX/X0-Geschlechtschromosomensystem bekannt: *Ellobius lutescens* (Mull-Lemming) und *Tokudai osimensis* (Zwergratte).

Ausgehend von einem XX/X0-Geschlechtschromosomensystem kann aber wieder ein XX/XY-System entstehen. Möglich wird dies durch die **Translokation** (S. 376) zwischen dem X-Chromosom und einem Autosom (Abb. 8.3). Das fusionierte Chromosom agiert dann als X-Chromosom, und das homologe Autosom wird zum Y-Chromosom. Der Klarheit halber werden in einer solchen Situation das X-Chromosom als neo-X-Chromosom und das Y-Chromosom als neo-Y-Chromosom bezeichnet. Das Vorliegen einer solchen Chromosomensituation wird aus vergleichenden Karyotypuntersuchungen gefolgert.

Darüber hinaus gibt es auch sogenannte **komplexe Geschlechtschromosomensysteme**, die ebenfalls in Folge von Translokationsereignissen entstanden sind. Beim häufigsten unter den komplexen Geschlechtschromosomensystemen

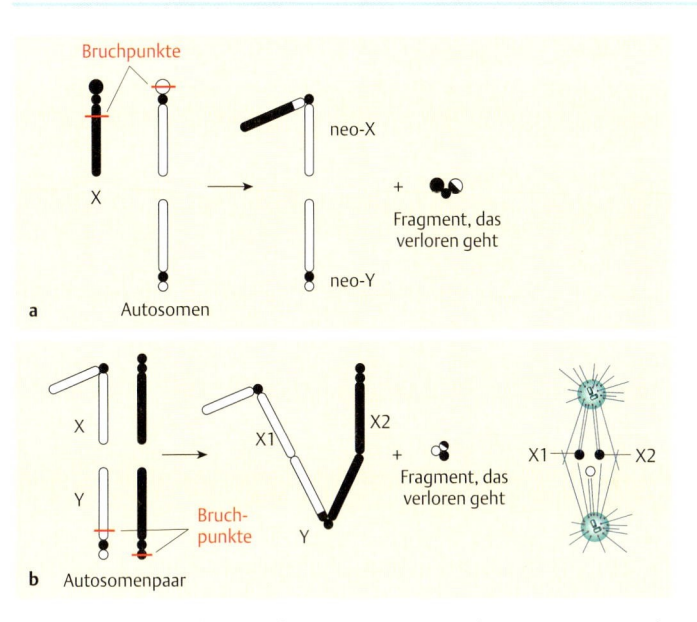

Abb. 8.3 neo-X- und neo-Y-Chromosomen. a Entstehung von neo-X- und neo-Y-Chromosomen in Männchen aus einem XX/X0-Karyotyp. Das einzige X-Chromosom fusioniert mit einem Autosom. Die Bruchpunkte sind eingetragen. Es bildet sich ein neo-X Chromosom, das aus autosomalen und X-chromosomalen Segmenten zusammengesetzt ist. Das unveränderte homologe Autosom wird zum neo-Y-Chromosom. **b** Entstehung eines komplexen Sexchromosomensystems vom Typ $X_1X_2X_1X_2/X_1X_2Y$. Ausgehend von einem XX/XY Geschlechtschromosomensysten und einer Translokation zwischen dem Y-Chromosom und einem Autosom entsteht hier ein verlängertes Y-Chromosom. Das ursprüngliche X-Chromosom ist nicht verändert und wird zum X_1-Chromosom. Das nicht involvierte Autosom wird zum X_2-Chromosom. Die Wanderung der beiden X-Chromosomen in eine und die des Y-Chromosoms in die andere Tochterzelle der ersten meiotischen Teilung stellt die geordnete Segregation dar.

liegen zwei X-Chromosomen vor ($X_1X_2X_1X_2/X_1X_2Y$). Hier geht man von einem XX/XY-Geschlechtschromosomensystem aus. Dann hat in der Karyotypevolution eine Translokation zwischen dem Y-Chromosom und einem Autosom stattgefunden (Abb. 8.**3b**). Das zweite X-Chromosom ist das homologe Autosom. Bei der Segregation in der Meiose wandern die beiden X-Chromosomen zum einen Spindelpol und das Y-Chromosom zum gegenüberliegenden Spindelpol (Abb. 8.**3b**). Analog zum XX/XY-Geschlechtschromosomensystem kann auch bei komplexen Geschlechtschromosomensystemen das Y-Chromosom verloren gehen, und dies erklärt dann die Entstehung eines $X_1X_2X_1X_2/X_1X_20$-Geschlechtschromosomensystems, das bei manchen Heuschrecken vorkommt.

8.3 Dosiskompensation

> Um die im weiblichen und männlichen Geschlecht unterschiedliche **Gendosis** bei den Sexchromosomen auszugleichen, hat die Evolution mehrere Mechanismen hervorgebracht. Bei Säugern und dem Nematoden *Caenorhabditis elegans* wird eines der beiden X-Chromosomen **transkriptionell inaktiviert**, während bei *Drosophila melanogaster* das einzige X-Chromosom im männlichen Geschlecht **transkriptionell hyperaktiv** ist.

In Organismen mit heteromorphen Geschlechtschromosomen wie dem Menschen und *Drosophila melanogaster* fehlen im Y-Chromosom die allermeisten der mehreren Tausend Gene, die der homologe Paarungspartner in der Meiose, das X-Chromosom, trägt. Vergleichende Studien lassen vermuten, dass X- und Y-Chromosomen ursprünglich gleich gebaut waren, und sich nur in wenigen für die Geschlechtsbestimmung verantwortlichen Genen unterschieden. In der **Karyotypevolution** sind die Y-Chromosomen in vielen verschiedenen Linien des Tierreichs unabhängig voneinander degeneriert. Für diese Degeneration eines homologen Chromosoms macht man die **Unterdrückung der homologen Rekombination** über weite Strecken von X- und Y-Chromosomen verantwortlich. Erst damit ist eine unabhängige Evolution der beiden Chromosomen möglich. Homologe Rekombination würde alle Unterschiede zwischen den beiden Chromosomen wieder auslöschen. Die beiden X-Chromosomen im homogameten Geschlecht führen weiterhin homologe Rekombination durch, während sie im heterogameten Geschlecht fehlt. Mehrere Faktoren wirken bei der Degeneration der Y-Chromosomen zusammen. Das Fehlen von homologer Rekombination verringert die Effektivität von natürlicher Selektion. Die Anhäufung von negativen Genen und damit auch deren Elimination aus dem Genpool bleibt aus. Ebenso fehlt die Anhäufung von vorteilhaften Genen. Weiterhin begünstigt die kleinere Zahl von Genen im Y-Chromosom das Auftreten von **genetischer Drift**.

Um die im weiblichen und männlichen Geschlecht unterschiedliche **Gendosis** bei den Sexchromosomen auszugleichen – der Vorgang wird als **Dosiskompensation** bezeichnet – sind verschiedene Wege beschritten worden. Bei dem Nematoden *Caenorhabditis elegans* und bei Säugetieren erfolgt die Dosiskompensation über die **transkriptionelle Inaktivierung** eines der X-Chromosomen des euploiden Karyotyps. Bei *Drosophila melanogaster* ist dagegen das einzige X-Chromosom im männlichen Geschlecht **hyperaktiv**.

Das inaktivierte X-Chromosom im weiblichen Geschlecht der Säugetiere ist cytologisch ohne größeren Aufwand erkennbar. Schon 1949 publizierten die beiden Forscher **Murray L. Barr** und **Ewart G. Bertram** die Beobachtung, dass die Zellkerne in Neuronen von weiblichen Katzen ein Chromatinkörperchen enthalten, das in Neuronen von männlichen Tieren fehlt. Man erkannte schnell, dass dieses Sexchromatin, wie es anfangs genannt wurde, auch in weiteren somati-

Tab. 8.1 **Barr-Körperchen: Beim Menschen beobachtete Karyotypen und ihr Verhältnis zur Anzahl der Barr-Körperchen.**

Anzahl der Barr-Körperchen	*weiblich*	*männlich*
0	45, X0	46, XY; 47, XYY
1	46, XX	47, XXY, 48, XXYY
2	47, XXX	48, XXXY; 49, XXXYY
3	48, XXXX	49, XXXXY
4	49, XXXXX	

schen Zelltypen von weiblichen Tieren zu finden ist. Das Sexchromatin wurde auch bei anderen Säugetieren, unter anderen beim Menschen entdeckt. Es handelt sich dabei um eines der beiden X-Chromosomen, das stark kondensiert und transkriptionsinaktiv ist.

Das Studium von Patienten mit aneuploiden Karyotypen zeigte, dass das Sexchromatin nicht notwendigerweise mit dem weiblichen Geschlecht assoziiert ist, und man führte daher nach einem der Entdecker den Ausdruck „**Barr-Körperchen**" ein. Patienten mit dem sogenannten Turner-Syndrom besitzen nur ein X-Chromosom (45, X0), bilden einen weiblichen Phänotyp aus, und die Zellen haben keine Barr-Körperchen. Patienten mit dem Klinefelter-Syndrom sind Männer. Sie haben ein überzähliges X-Chromosom (47, XXY), und die somatischen Zellen zeigen je ein Barr-Körperchen. Diese Reihe lässt sich fortsetzen (Tab. 8.**1**).

In Säugerzellen ist unabhängig von der Gesamtzahl der X-Chromosomen immer nur eines transkriptionsaktiv, daher entspricht die Zahl der beobachteten Barr-Körperchen pro Zelle immer der Zahl der X-Chromosomen minus eins. Auch biochemische Analysen bestätigen diesen Zusammenhang. Das Gen für das Enzym Glucose-6-phosphat-Dehydrogenase liegt auf dem X-Chromosom. Frauen mit doppelter Gendosis (46, XX) produzieren nicht mehr an Enzym als Männer (46, XY) mit der einfachen Gendosis.

Die Inaktivierung der X-Chromosomen bis auf Eines erfolgt in der frühen Embryonalentwicklung auf dem Stadium der **Blastula**. Im euploiden weiblichen Karyotyp bleibt es dem Zufall überlassen, ob das maternale oder paternale X-Chromosom inaktiviert wird. Ist die Entscheidung aber einmal gefallen, bleibt in den durch Zellteilung entstandenen Abkömmlingen dieser Zelle immer dasselbe X-Chromosom inaktiviert. Weibliche Säuger können also als genetische Mosaike bezüglich der maternalen oder paternalen Herkunft der aktiven X-Chromosomen beschrieben werden. Das inaktivierte X-Chromosom stellt sogenanntes **fakultatives Heterochromatin** dar: Die Inaktivierung ist vorübergehend und wird in der nächsten Generation wieder aufgehoben.

Es bleibt die Frage zu beantworten, warum sich Patienten mit Turner-Syndrom (45, X0) abnormal entwickeln, wenn deren einziges X-Chromosom transkriptionsaktiv ist. Turner-Patienten sind phänotypisch Frauen, besitzen aber

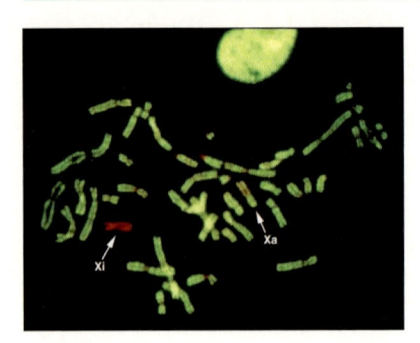

Abb. 8.4 Inaktivierung. Gespreitete Chromosomen aus einer weiblichen Zelllinie des Menschen wurden mit Antikörpern gegen acetyliertes Histon H4 „gefärbt" (rot). Als Gegenfärbung diente ein DNA-spezifischer Fluoreszenzfarbstoff (grün). Eines der beiden X-Chromosomen (Xi) ist hyperacetyliert und inaktiv, während das andere (Xa) transkriptionell aktiv bleibt. (Foto von Peter Jeppesen, Edinburgh.)

keine funktionsfähigen Ovarien. Diese bestehen hauptsächlich aus Bindegewebe und enthalten keine Keimzellen. Tatsächlich ist die **Inaktivierung** des X-Chromosoms **nicht komplett**. Einige wenige X-gebundene Gene entgehen der Inaktivierung. Dazu gehören ein Blutgruppengen, das Steroidsulfatasegen und ein Zelloberflächenproteingen. Diese Genprodukte wirken sich zwar nicht direkt auf den Phänotyp der Turner-Patienten aus, doch vermutet man weitere X-gebundene Gene, die die Fertilität betreffen und ebenfalls der Inaktivierung entgehen. Ein weiteres X-gebundenes Gen, das sogenannte **XIST** (*X-inactive specific transcript*), bleibt ebenfalls aktiv. Es produziert eine spezifische RNA, die das X-Chromosom überzieht und wahrscheinlich eine Rolle bei der **Steuerung der X-Inaktivierung** spielt. Einer der Schritte bei der Inaktivierung des X-Chromosoms in somatischen weiblichen Säugerzellen ist die **posttranslationale Modifikation** von Core-Histonen. Mithilfe von Antikörpern, die spezifisch an acetyliertes Histon H4 binden, konnte gezeigt werden, dass nur eines der X-Chromosomen **hyperacetyliert** ist (Abb. 8.4).

> **Dosiskompensation:** Ausgleich der Gendosis der im Weibchen und Männchen unterschiedlich verteilten Sexchromosomen. Durch Inaktivierung im euploiden Karyotyp (z. B. Barr-Körperchen beim Menschen) bzw. durch Hyperaktivität des in der Minderzahl befindlichen Chromosoms (z. B. bei *Drosophila melanogaster*).

8.4 Sexuelle Differenzierung in *Drosophila melanogaster*

> Eine Kaskade von Genaktivitäten steuert die **sexuelle Differenzierung** in *Drosophila melanogaster*.

Der primäre Faktor bei der sexuellen Differenzierung von *Drosophila melanogaster* liegt im Verhältnis zwischen der Zahl der autosomalen Chromosomensätze

Tab. 8.2 *Drosophila*: **Primäre Geschlechtsbestimmung bei der Taufliege.** Das Verhältnis zwischen Sexchromosomen und Autosomen reguliert über Zwischenstufen die Geschlechtsbestimmung; (+) = die Expression des folgenden Produkts wird stimuliert.

Verhältnis X : A	Genprodukt Sxl	Genprodukt tra	Genprodukt dsx	Geschlecht der Tiere
hoch	hoch (+)	hoch (+)	hoch (für Weibchen spezifische Form)	Weibchen
niedrig	niedrig	niedrig	hoch (für Männchen spezifische Form)	Männchen

und der der X-Chromosomen (Tab. 8.2). Das Verhältnis wird als **Geschlechtsindex** bezeichnet. Dieser Befund wurde aus der Analyse von aneuploiden Tieren abgeleitet. Normalerweise liegt bei *Drosophila melanogaster* ein XX/XY-Geschlechtschromosomensystem vor. In beiden Geschlechtern finden sich zwei Sätze von Autosomen (AA). Wenn beispielsweise durch meiotische Non-Disjunction ein X-Chromosom verloren geht (X0), entstehen männliche Tiere. Individuen mit drei X-Chromosomen (XXX) sind Weibchen. Daraus wurde abgeleitet, dass sich Individuen mit einem Geschlechtsindex (Zahl der X-Chromosomen im Verhältnis zu den autosomalen Chromosomensätzen) X : A ≤ 0,5 als Männchen entwickeln. Bei X : A ≥ 1 sind die Individuen Weibchen. Das Y-Chromosom spielt bei der primären Geschlechtsbestimmung keine Rolle. Es wird aber für den Ablauf einer normalen Spermatogenese benötigt. Bei Tieren mit einem intermediären Geschlechtsindex (z. B. 2X : 3A; X : A = 0,67) ist das primäre Signal nicht eindeutig. Es entwickeln sich sogenannte **Intersexe**. Obwohl genetisch einheitlich, besteht der Körper von Intersexen aus Arealen mit männlichem und weiblichem Gewebe. Im Gegensatz zu Vertebraten gibt es bei den Insekten keine Geschlechtshormone, die für die Ausbildung eines uniformen Phänotyps sorgen könnten.

Die Geschlechtsbestimmung erfolgt bei *Drosophila* auf dem Niveau der einzelnen Zelle. Geht in der frühen Embryonalentwicklung ein X-Chromosom verloren (mitotische Non-Disjunction), sind die Abkömmlinge dieser Zelle männlich. Sie entwickeln sich in diese Richtung auch in der Umgebung von weiblichen Zellen. Mitotische Non-Disjunction kann auch Zellen mit drei X-Chromosomen hervorbringen, die weiblich sind und sich in einer männlichen Umgebung befinden. Individuen, die aus einem Mosaik von männlichen und weiblichen Zellen bestehen, bezeichnet man als **Gynander** oder **gynandromorphe Individuen**.

Auf molekularer Ebene wird das primäre Signal durch das Verhältnis von Genprodukten von den Autosomen (Zähler, **Numerators**) und den X-Chromosomen vermittelt (Nenner, **Denominators**). Das Verhältnis zwischen Autosomen und Sexchromosomen wird in noch unverstandener Weise in jeder Zelle früh in der Entwicklung ermittelt, und das Schicksal der Zelle – männlich oder weiblich – ist dann festgelegt. Im Gegensatz zu den Säugetieren wird bei der Taufliege die Dosiskompensation nicht durch Inaktivierung eines der beiden X-Chromosomen im weiblichen Geschlecht, sondern durch verstärkte Transkription am einzigen X-Chromosom der Männchen erreicht. Die für die Geschlechtsbestimmung verantwortlichen Gene unterliegen aber nicht der Dosiskompensation. Eine Kaskade von biochemischen Reaktionen wird ausgelöst, die schließlich zu Weibchen führen. Sind nicht genügend Numerators in der Zelle vorhanden, erfolgt die Entwicklung zu Männchen. Am ersten Schritt der Geschlechtsbestimmung ist das Gen *sex-lethal* (*Sxl*) beteiligt. Es wird in beiden Geschlechtern exprimiert. Überwiegen die Numerators, wird es aber in größerer Menge transkribiert und die Transkripte in bestimmter Weise gespleißt, sodass ein aktives *Sxl*-Genprodukt gebildet wird. Das *Sxl*-Genprodukt aktiviert die Expression von funktionsfähigem *tra*-Genprodukt (*tra* = *transformer*). Dieses wiederum führt zur Bildung eines weibchenspezifischen *dsx*-Genprodukts (*dsx* = *doublesex*). Es handelt sich um ein Protein, das am C-terminalen Ende 30 für Weibchen spezifische Aminosäuren trägt. Die restlichen 400 Aminosäuren kommen auch im männchenspezifischen dsx vor. Bei einem Verhältnis X : A ≤ 0,5 wird das primäre Transkript von *Sxl* anders gespleißt, und ein nicht funktionsfähiges Genprodukt entsteht. Differentielles Spleißen ist unter diesen Bedingungen auch für die Entstehung eines nicht-funktionsfähigen *tra*-Genprodukts verantwortlich (S. 166). Der Grund für die Produktion von nicht-funktionsfähigen Genprodukten ist nicht klar. Das *dsx*-Genprodukt entsteht auch im männlichen Geschlecht in großer Menge, aber differentielles Spleißen führt zu einer Form von dsx, die am C-terminalen Ende der 400 konservierten Aminosäuren 140 männchenspezifische Aminosäuren besitzt. Dieses Molekül leitet die Entwicklung zu Männchen ein.

Geschlechtsindex: Verhältnis zwischen Zahl der Autosomen und der der Sexchromosomen; Beispiel: *Drosophila melanogaster*.
Gynander: Mosaiktiere aus männlichen und weiblichen Zellen; Beispiel: *Drosophila melanogaster*.

8.5 Sexuelle Differenzierung in *Caenorhabditis elegans*

Eine Kaskade von Genaktivitäten steuert die sexuelle Differenzierung bei dem Nematoden *Caenorhabditis elegans*.

Auch bei dem Nematoden *Caenorhabditis elegans* bestimmt das **Verhältnis** zwischen Sexchromosomen und Autosomen das Geschlecht. Der Hauptunterschied zur Taufliege liegt aber darin, dass bei einem **hohen Wert** für X:A **Hermaphroditen** entstehen. Diese kann man als sich selbst befruchtende Weibchen ansehen. Ein **niedriger Wert** im Verhältnis der Sexchromosomen zu den Autosomen führt zu **Männchen** (Tab. 8.**3**).

Tab. 8.3 *Caenorhabditis*: **Primäre Geschlechtsbestimmung.** Das Verhältnis zwischen Sexchromosomen und Autosomen reguliert über Zwischenstufen die Geschlechtsbestimmung; (−) = die Expression des folgenden Produkts wird gehemmt.

Verhältnis X : A	[Genprodukt xol-1]	[Genprodukte sdc-1 bis -3]	[Genprodukt her-1]	[Genprodukte tra-2 und -3]	[Genprodukte fem-1 bis -3]	[Genprodukt tra-1]	Geschlecht der Tiere
hoch (−)	niedrig	hoch (−)	niedrig	hoch (−)	niedrig	hoch	Hermaphrodit
niedrig	hoch (−)	niedrig	hoch (−)	niedrig	hoch (−)	niedrig	Männchen

8.6 Sexuelle Differenzierung in Säugetieren

Das primäre Signal bei der sexuellen Differenzierung in Säugern stellt die Herausbildung der Hoden dar. Die nachfolgenden Signale sind hormoneller Art.

8.6.1 Das primäre Signal

Unter den Säugetieren ist die Geschlechtsbestimmung beim Menschen und der Hausmaus (*Mus musculus*) recht gut untersucht. Die ersten experimentellen Befunde wurden allerdings am Kaninchen dokumentiert. Im Jahr 1947 wurde an im Embryonalstadium kastrierten Tieren gezeigt, dass nach diesem Eingriff unabhängig von der Geschlechtschromosomensituation, eine weibliche Entwicklung erfolgt. Dies bedeutet, dass die Hoden bei der Geschlechtsbestimmung eine entscheidende Rolle spielen. Es wurde bereits erwähnt, dass die männlichen Säugetiere heteromorphe Sexchromosomen besitzen. In der Regel liegt ein XY-Paar vor, das partiell Homologie besitzt, und in diesem Segment, der pseudoautosomalen Region, findet meiotische Paarung statt. Die das Geschlecht bestimmenden Faktoren liegen außerhalb der pseudoautomalen Region in einem Abschnitt des Y-Chromosoms, der nur Y-spezifische Sequenzen enthält. Unbeeinflusst von der Zahl der vorhandenen X-Chromosomen entwickelt sich beim Menschen (Tab. 8.1) und der Maus ein männlicher Phänotyp, wenn wenigstens ein Y-Chromosom vorhanden ist. Das Y-Chromosom trägt also einen dominanten Faktor, der zur Herausbildung der Hoden führt. Dieser wurde anfangs **Testis-determining Factor** genannt (**TDF** im Menschen und **Tdf** bei der Maus). Erst um 1990 lernte man das entsprechende Gen genauer kennen. Normalerweise findet nur in der pseudoautosomalen Region der Sexchromosomen Rekombination statt. Es können aber beim Crossover Fehler auftreten. Im seltenen Fall einer illegitimen Rekombination zwischen den Sexchromosomen außerhalb der pseudoautosomalen Region wird beim Menschen *TDF*, das unterhalb der pseudoautosomalen Region liegt, auf das X-Chromosom übertragen (Abb. 8.5). Wird bei der Fertilisa-

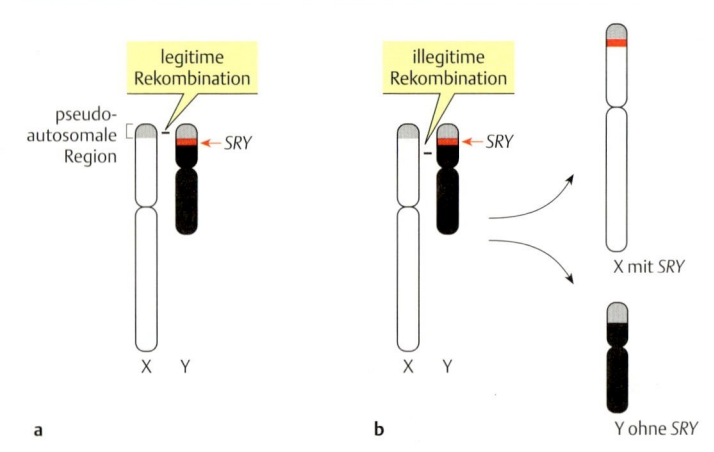

Abb. 8.5 Fehler beim Crossover führen zur Geschlechtsumkehr. a Normalerweise findet Rekombination zwischen X- und Y-Chromosom in der pseudoautosomalen Region statt. Dort sind die beiden Geschlechtschromosomen homolog und das Y-Chromosom behält das *SRY*-Gen. **b** Ist die Rekombination fehlerhaft und findet außerhalb der pseudoautosomalen Region statt, gerät das *SRY*-Gen auf das X-Chromosom und fehlt im Y-Chromosom.

tion ein weiteres X-Chromosom eingeführt, liegt formal ein weiblicher Karyotyp vor (46, XX). Die betroffenen Individuen zeigen aber einen männlichen Phänotyp. Gleichzeitig verliert bei einer fehlerhaften Rekombination der Sexchromosomen das Y-Chromosom sein *TDF*. Die betroffenen Individuen entwickeln sich trotz eines Y-Chromosoms als Frauen. Es hat also eine Geschlechtsumkehr (**sex reversal**) stattgefunden, und man bezeichnet heute das für die Geschlechtsdetermination entscheidende Gen beim Menschen als **SRY** (*Sry* bei der Maus). Das Gen ist nur in XY-Individuen im Zeitraum der Differenzierung der Gonaden aktiv.

8.6.2 Die sekundäre Entwicklung (Geschlechtsdifferenzierung)

Die anatomischen Merkmale der erwachsenen Säugetiere und anderer Wirbeltiere – Hoden, Samenleiter, Samenbläschen, Prostata und äußere Genitalien im männlichen Geschlecht und Ovarien, Eileiter, Uterus, Vagina und äußere Genitalien im weiblichen Geschlecht – unterscheiden sich deutlich. Diese Merkmale gehen aber auf gemeinsame Vorläufer im Embryo zurück. Die Gonaden entstehen bei den Säugetieren als Verdickungen des Coelomepithels in der Nähe der sich entwickelnden Niere (Mesonephros) und sind in beiden Geschlechtern anfangs nicht zu unterscheiden (**undifferenzierte Gonaden**, **bisexuelle Anlagen** der Geschlechtsorgane im Embryo). Die somatischen Zellen der Hoden und Ovarien entstehen aus den sogenannten Genitalleisten. In diese wandern aus anderen Teilen des Embryos Zellen ein, aus denen sich die Keimzellen entwickeln. Die

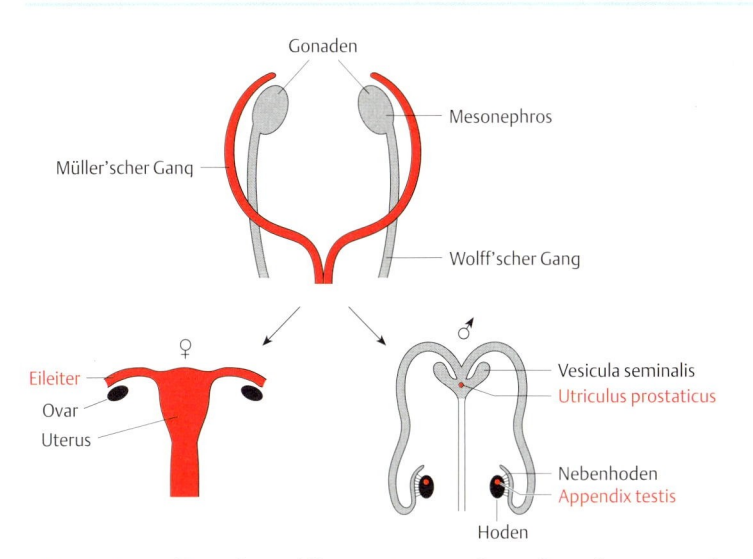

Abb. 8.**6 Entwicklung der undifferenzierten Gonaden in der Embryogenese der Säugetiere.** Die Müllerschen Gänge verkümmern beim männlichen Geschlecht zur Appendix testis und zum Utriculus prostaticus.

Expression von *SRY* führt in den undifferenzierten Gonaden zur Ausbildung von Sertolizellen (*Zoologie*). Diese veranlassen ohne weitere Aktivität des SRY eine Steroid produzierende Zelllinie der undifferenzierten Gonaden zur Umwandlung in Leydig-Zellen. Die weitere männliche Entwicklung wird auf hormonellem Weg eingeleitet. Diese **Hormone** werden summarisch **Androgene** genannt. Zwei Hormone, **Testosteron** und **5α-Dihydrotestosteron**, spielen eine entscheidende Rolle. Ersteres scheint für die Bildung der Nebenhoden, Vesicula seminalis und der Samenleiter aus den Wolff'schen Gängen (s. u.) verantwortlich zu sein. Letzteres kontrolliert offenbar die Bildung des Harnleiters, der Prostata, des Penis und des Skrotums. Fehlt wie in XX-Individuen das *SRY*-Genprodukt bilden sich Ovarien und die weibliche Entwicklung beginnt (Abb. 8.**6**), die durch Bildung weiblicher Hormone (Östrogen) unterstützt wird. Die oben erwähnten Säuger mit einem XX/X0 Geschlechtschromosomensystem, benötigen das *SRY*-Genprodukt nicht mehr. Der in diesen Fällen zum Tragen kommende alternative Mechanismus ist noch nicht geklärt.

Die Bedeutung von Hormonen bei der Geschlechtsdifferenzierung wird an einem Syndrom beim Menschen deutlich, bei dem durch eine Mutation der Rezeptor für Testosteron ausgefallen ist. Die betroffenen Individuen besitzen einen XY-Karyotyp und entwickeln dementsprechend Hoden, die Androgene ausschütten. Da der Testosteronrezeptor fehlt, können die Zellen des embryonalen Körpers nicht auf dieses Signal reagieren, und ein weiblicher Phänotyp entsteht. Die Individuen sind steril: Es liegen Hoden im Abdomen vor, Eileiter und Uterus fehlen.

Neben den Vorläufern der Gonaden werden auch die ausführenden Gänge bisexuell angelegt. Im undifferenzierten Embryo finden sich sowohl der **Wolffsche Gang** sowie der **Müllersche Gang**, der bei weiblicher Differenzierung zum **Eileiter** wird (Abb. 8.6). Auch Uterus, Cervix und der obere Teil der Vagina leiten sich davon ab. Die jeweils andere Anlage degeneriert. Im männlichen Geschlecht ist das sogenannte Anti-Müller-Hormon (Inhibin) für die Degeneration der Müllerschen Gänge verantwortlich.

Auch die äußeren Genitalien werden in der Embryonalentwicklung bisexuell angelegt. Auf hormonelle Signale hin wird bei männlicher Differenzierung aus dem bisexuellen Phallus und der Genitalfalte der Penis. Bei weiblicher Differenzierung entstehen daraus die Clitoris und die kleinen Schamlippen. Die sogenannte **Genitalschwellung** formt den Hodensack bei männlicher und die großen Schamlippen bei weiblicher Entwicklung.

> **TDF (testis-determining factor):** Codiert durch dominantes Gen auf Y-Chromosom; Beispiel: Mensch, führt zur Herausbildung von Hoden. Heute: Produkt des *SRY*-Gens.
> **Bisexuelle Anlagen:** Undifferenzierte Gonaden während der Embryonalentwicklung von Männchen und Weibchen bei Säugern.
> **Genitalleisten:** Somatische Zellen der Hoden oder Ovarien.
> **Wolffscher Gang:** Degeneriert im Weibchen, bildet Samenleiter.
> **Müllerscher Gang:** Degeneriert im Männchen, bildet Eileiter.
> **Phallus und Genitalfalte:** Penis oder Clitoris und kleine Schamlippen.
> **Genitalschwellung:** Ausbildung zum Hodensack bzw. zu den großen Schamlippen.

8.7 Haplodiploidie

Bei der **Haplodiploidie** liegt der entscheidende genetische Unterschied zwischen den Geschlechtern in einem haploiden Karyotyp bei den Männchen, während die Weibchen diploid sind.

Haplodiploidie bedeutet, dass Männchen haploid und Weibchen diploid sind. Diese Form der genotypischen Geschlechtsbestimmung findet sich bei sozialen Insekten (Hymenopteren wie Bienen, Ameisen), aber auch bei Coccoidea (Homoptera), bestimmten Zecken (Arachnida: Acari) und Käfern (Coleoptera: Scolytidae). Zwei Mechanismen der Entstehung werden unterschieden. Bei der sogenannten echten **Arrhenotoky** entwickeln sich die Männchen aus unbefruchteten und die Weibchen aus befruchteten Eiern. Bei der **Pseudoarrhenotoky** wird das Ei zwar befruchtet, aber eine Hälfte des Genoms wird während der Embryonalentwicklung eliminiert, in der Regel das männliche. Die zugrunde liegenden genetischen Mechanismen der **haplodiploiden Geschlechtsbestimmung** sind vielfältig und weitgehend unverstanden. In den meisten Fällen – und dies gilt für die Hymenopteren – besitzen die Männchen tatsächlich nur den haploiden Chromosomensatz, während die Weibchen diploid sind. Es gibt aber auch Fälle wie den Kaffeebohnenbohrer (*Hypothenemus hampei,* Fam. Scolytidae), wo zwar beide Geschlechter diploid sind, bei den Männchen aber ein Chromosomensatz inaktiviert ist (**funktionelle Haploidie**).

> **Haplodiploidie:** Weibchen diploid und Männchen haploid.
> **Echte Arrhenotoky:** Männchen aus unbefruchteten Eiern.
> **Pseudoarrhenotoky:** Eier zwar befruchtet, aber ein Genomteil, meist der männliche, degeneriert.
> **Funktionelle Haploidie:** ein Chromosomensatz inaktiviert.

8.8 Geschlechtsbestimmung bei Pflanzen

> Bei zweihäusigen Pflanzen wurden Geschlechtschromosomensysteme vergleichbar zu denen der Tiere gefunden. Die entsprechende Forschung ist aber noch nicht sehr weit fortgeschritten.

Die meisten Pflanzen sind **monözisch** (einhäusig). Auf einer individuellen Pflanze befinden sich die weiblichen und männlichen Blütenteile entweder in einer Blüte vereint oder räumlich getrennt voneinander. Nur ungefähr 5 % der Pflanzen sind **diözisch** (zweihäusig) und bilden getrennte männliche und weibliche Pflanzen mit entsprechenden Blüten. Diözische Pflanzen sind in ca. 75 % der Familien des Pflanzenreichs anzutreffen. Dazu gehören Moose wie *Marchantia polymorpha*, Gymnospermen wie *Ginkgo biloba*, einkeimblättrige Angiospermen wie *Asparagus officinalis* (Spargel) und zweikeimblättrige Angiospermen wie *Silene latifolia* (Weiße Lichtnelke).

Es lassen sich vier grundlegende Schritte in der **Evolution von Geschlechtschromosomen** bei diözischen Pflanzen erkennen (Abb. 8.**7**). Bei *Ecballium elaterium* (Spritzgurke) nimmt z. B. nur ein einziger Locus Einfluss auf die Geschlechtsbestimmung. Die Rekombination zwischen den homologen Chromosomen ist nicht vemindert, und im Grunde haben wir es noch mit einem Paar von **Autosomen** zu tun (Abb. 8.**7a**). Auf der nächsten evolutionären Stufe sind Sexchromosomen morphologisch zwar immer noch nicht erkennbar, aber ein Chromosomenpaar besitzt eine kurze Region („male-specific region" des Y-Chromosoms, MSY), in der die Rekombination unterdrückt ist (Abb. 8.**7b**). Man spricht hier auch von **Proto-Sexchromosomen**. Ein Beispiel dafür wäre Papaya (*Carica papaya*) (Abb. 8.**7b** und Abb. 8.**8**). Als Folge von Inversionen, Duplikationen

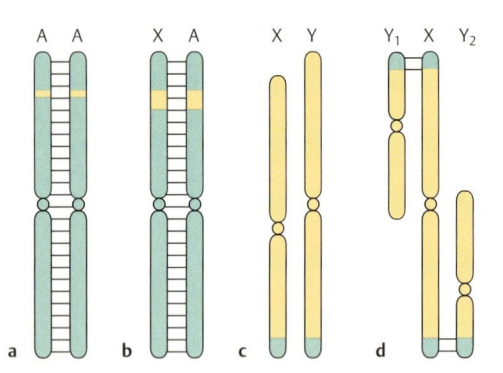

Abb. 8.7 **Geschlechtsbestimmung bei Pflanzen.** **a** Im einfachsten Fall beeinflusst nur eine kurze unterschiedliche Gensequenz das Geschlecht. **b** Diese Sequenz weitet sich aus, und wird auf dem Y-Chromosom als „male-specific region" des Y-Chromosoms (MSY) bezeichnet. **c** Als Folge von größeren Chromosomenumbauten entstehen morphologisch erkennbare Geschlechtschromosomen. **d** Weitere Chromosomenumbauten resultieren in einem komplexen Geschlechtschromosomensystem.

Abb. 8.8 **Papaya. a** Unterhalb und oberhalb der weiblichen gelben Blüte des zweihäusigen Papaya (*Carica papaya*) sieht man ganz junge Früchte. **b** Männliche Blüte. (Fotos von Klaus Wolf, Jamaika.)

und Deletionen besitzt *Silene latifolia* große **Geschlechtschromosomen**, die kaum mehr Rekombination aufweisen (Abb. 8.**7c**). Beim großen Sauerampfer (*Rumex acetosa*) ist möglicherweise durch eine Translokation eine komplexe Geschlechtschromosomensituation mit **zwei Y-Chromosomen** entstanden (Abb. 8.**7d**).

8.9 Geschlechtsbestimmung durch Umweltfaktoren

Bei der **phänotypischen** oder umweltbedingten **Geschlechtsbestimmung** spielen Umweltfaktoren wie Temperatur, Standort oder Populationsdichte eine entscheidende Rolle. Geschlechtsbestimmung über Umweltfaktoren findet man in **wirbellosen Tieren**, wurde aber auch bei Vertebraten (**Reptilien**) beobachtet.

Bei der Geschlechtsbestimmung durch **Umweltfaktoren**, auch **phänotypische Geschlechtsbestimmung** genannt, wird das Geschlecht des Individuums durch externe Faktoren wie Temperatur und Standort nach der Fertilisation kontrolliert. Phänotypische Geschlechtsbestimmung wurde bei Rotatorien, Nematoden, Polychaeten, Echiuriden, Krebsen, Actinopterygii und Schildkröten, Eidechsen, Krokodilen beobachtet. Bei Schildkröten, Eidechsen, Krokodilen findet man Familien, bei denen genotypische und phänotypische Geschlechtsbestimmung nebeneinander auftreten. Der entscheidende äußere Faktor ist die **Temperatur**, bei der sich die Eier entwickeln. Dabei zeigten sich drei verschiedene Muster, die aber nicht auf einzelne Gruppen beschränkt sind. Wir stoßen also auch bei der phänotypischen Geschlechtsbestimmung auf eine hohe Variabilität (Abb. 8.**9**):

– Eidechsen und Krokodile: Werden die Eier dieser Tiere konstant bei tieferen Temperaturen inkubiert, entstehen nur Weibchen. Höhere Inkubationstemperatur führt zu Männchen. Bei intermediären Temperaturen schlüpfen Tiere beiderlei Geschlecht. Wie das Beispiel eines in Nordamerika heimischen Alligators (*Alligator mississippiensis*) zeigt, wird die Inkubationstemperatur der Eier unter natürlichen Bedingungen durch deren Ablageort bestimmt. Auf erhöhtem harten Untergrund werden durchschnittlich mehr als 34 °C erreicht und es entwickeln sich fast 100 % Männchen. In der feuchten Marsch ist es kühler (durchschnittlich unter 30 °C) und es entstehen fast 100 % Weibchen. Nester in trockener Marsch sind intermediären Temperaturen ausgesetzt, und dies führt zu beiden Geschlechtern.
– Schildkröten: Hier führen hohe Inkubationstemperaturen der Eier zu Weibchen. Tiefere Temperaturen fördern die Entwicklung von Männchen. Bei *Emys orbicularis* entwickeln sich alle Tiere zu Männchen, wenn die Inkubationstemperatur der Eier unter 27,5 °C liegt. Dagegen entstehen 100 % Weibchen bei Temperaturen über 29,5 °C.
– Eidechsen, Krokodile und Schildkröten: Bei vielen Arten entstehen Weibchen bei höheren und tieferen Inkubationstemperaturen. Intermediäre Inkubationstemperaturen fördern die Entstehung von Männchen. Bei einer Schildkrötenart (*Chelydra serpentina*) führt die Inkubation der Eier bei 20 oder 30 °C zu 100 % Weibchen. Inkubationstemperaturen der Eier von 22 bis 28 °C führen zu Männchen.

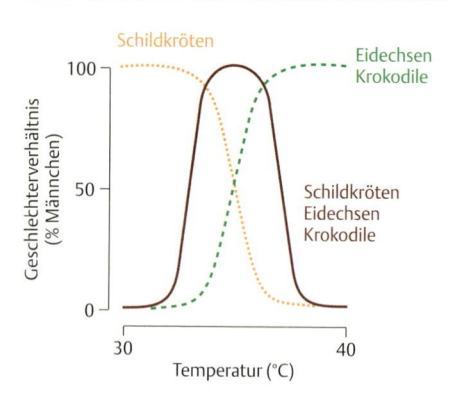

Abb. 8.9 Einfluss der Temperatur während der Embryogenese auf das Geschlechterverhältnis verschiedener „Reptilien".

Die für die Geschlechtsbestimmung entscheidende Temperatur muss nur in einem bestimmten Zeitfenster einwirken. Dann ist der sich entwickelnde Embryo sensitiv für den Temperatureinfluss. In der Regel fällt die sensitive Phase der Embryonalentwicklung mit der Zeitspanne zusammen, in der sich die Gonaden bilden. Hinsichtlich der molekularen Grundlagen nimmt man an, dass Promotoren von Genen, die die Enzyme zur Produktion bestimmter Steroidhormone kontrollieren, temperatursensitiv sind. Der adaptive Vorteil der phänotypischen Geschlechtsbestimmung mancher Schildkröten, Eidechsen und Krokodilen ist mit dem Biotop verknüpft. Es weist kleinräumige Zonen mit unterschiedlicher Temperatur auf. Dadurch öffnet sich die Möglichkeit, dass unter natürlichen Bedingungen Nachkommen beider Geschlechter entstehen, die sich in ihren physiologischen Charakteristika unterscheiden.

Temperatur ist nicht der einzige Faktor, der Einfluss auf die Geschlechtsbestimmung nimmt. Bei *Bonellia viridis* (Echiurida, eine artenarme Gruppe mariner Bodentiere) sind die Weibchen ungefähr 10 cm lang. Sie besitzen aber einen ausstülpbaren Mundteil, die Proboscis, die bis zu einem Meter lang sein kann (*Zoologie*). Landet eine Larve auf steinigem Untergrund, wird sie zu einem Weibchen. Gerät eine Larve dagegen auf die Proboscis eines Weibchens, wird sie aufgenommen, wandert in den Uterus des Weibchens und differenziert sich dort zu einem 1 bis 3 mm langem symbiontischen Männchen. Anfangs wurde spekuliert, dass der CO_2-Gehalt der Umgebung – hoch beim frei lebenden Weibchen und niedrig beim symbiontischen Männchen – eine entscheidende Rolle spielt. Es ist mittlerweile aber klar, dass Substanzen in der Proboscis, mit denen die Larve anfangs in Kontakt kommt, für die Vermännlichung verantwortlich sind. Der **Standort** ist also der für die Geschlechtsbestimmung entscheidende Umweltfaktor.

phänotypische Geschlechtsbestimmung: Geschlecht des Individuums wird durch externe Faktoren wie Temperatur und Standort nach der Fertilisation kontrolliert.

8.10 Endokrine Ökotoxine

Eine Reihe sowohl von natürlich vorkommenden als auch anthropogenen Substanzen steht im Verdacht in die sexuelle Differenzierung einzugreifen. Diese Substanzen bezeichet man summarisch als **endokrine Ökotoxine**.

In den letzten Jahren häuften sich Meldungen, dass Wildtiere mit abnormaler Geschlechtsentwicklung beobachtet wurden. Meist war eine Verweiblichung der Männchen eingetreten, und man vermutete, daß hauptsächlich die Verseuchung der Gewässer mit Pestizidrückständen dafür verantwortlich ist. Diese Vermutung bestätigte sich, als man Eier von Alligatoren mit phänotypischer Geschlechtsbestimmung aus dem Apopka-See (Florida, USA) unter Bedingungen untersuchte, die normalerweise zu 100 % Männchen führen. Nach Behandlung der Eier mit Dichlorodiphenylethanen in Konzentrationen, wie sie im See gefunden wurden, stellten sich die gleichen Symptome wie bei den frei lebenden Männchen ein. Man beobachtete Defekte im Bau der Gonaden und der Genitalien ebenso wie erniedrigte Testosteronspiegel. Bei einer Schildkröte aus dem Apopka-See wurden die Experimente wiederholt und ähnliche Befunde erzielt. Zweifel an relativ weit gehenden Folgen endokrin wirkender Toxine sind also bei „Reptilien" mit ihrer Geschlechtsbestimmung durch Umweltfaktoren nicht mehr zulässig.

Auch Säugetiere nehmen Pestizide und andere Chemikalien in Spuren über die Nahrung auf. Sind auch bei Vertretern dieser Klasse, bei denen die Geschlechtsbestimmung über die Sexchromosomen erfolgt und Umweltfaktoren keine große Rolle spielen sollten, solche Chemikalien wirksam? Tatsächlich zeigt eine Reihe von Pestiziden eine Affinität zum Östrogenrezeptor. Es ist aber noch offen, ob die Aufnahme solcher Substanzen auch bei Säugetieren und dem Menschen Folgen auf die Geschlechtsdifferenzierung hat. Man bezeichnete die potenziell aktiven Substanzen als **Umweltöstrogene**, **Ökoöstrogene** oder **Xenöstrogene**. Da nicht nur der Östrogenrezeptor betroffen sein kann, sondern das endokrine System an mehreren Stellen durch exogene Substanzen beeinflusst werden kann, wird in jüngerer Zeit in der deutschsprachigen Literatur der Begriff „**endokrine Ökotoxine**" für diese Substanzen verwendet.

Körpereigene Östrogene entfalten ihre Wirkung nach Bindung an ein **Rezeptorprotein**. Dieses befindet sich im Zellkern und besteht aus sechs funktionellen Domänen (A–F, Abb. 8.**10a**). Die Domäne C besitzt die Fähigkeit an die DNA zu binden. Nach Bindung des Hormons in Domäne E agiert das Rezeptorprotein als Transkriptionsfaktor und beeinflusst die Transkriptionsrate bestimmter Gene in rezeptiven Zellen. Abschnitte in den Domänen A, B und E wirken modulierend auf die Transkriptionsaktivität. In erwachsenen Nagetieren findet man den Östrogenrezeptor in sehr hohen Konzentrationen im Uterus und im Oviduct sowie in der Hypophyse, den Brustdrüsen, den Hoden, der Prostata und der Leber. Die Konzentration im Ovar ist niedrig. Endokrine Ökotoxine können an verschiedenen Stellen in das Hormonsystem eingreifen. Die Hypophyse ist der Angriffsort für z. B. Cadmium, Blei und polychlorierte Kohlenwasserstoffe. Die Gonaden reagieren z. B. auf die Abbauprodukte von Pestiziden auf der Basis von Phenylharnstoff.

Zu den schwachen Östrogenen in der Umwelt gehört auch eine Reihe von Verbindungen aus Pflanzen, die sogenannten **Phytoöstrogene**. Die Sojabohne ist z. B. reich an **Equol**. Selbst bei Aufnahme dieses pflanzlichen Nahrungsmittels in normaler Menge können im Blut Konzentrationen von Phytoöstrogenen auftreten, die die Konzentration der endogenen Östrogene um ein Vielfaches übersteigen. Neben den natürlichen endokrinen Ökotoxinen gibt es ein Reihe von Verbindungen, die **industriell synthetisiert** werden. An erster Stelle stehen **chlorierte organische Verbindungen** wie die Dichlorodiphenylethane (z. B. DDT und seine Derivate). Diese Pestizide sind in industrialisierten Ländern verboten, gelangen aber in Entwicklungsländern immer noch zum Einsatz. Die vielfach chlorierten Biphenyle (PCBs), von denen über 200 verschiedene Verbindungen synthetisiert werden, dienen als Kühlflüssigkeiten, Klebstoffe, Weichmacher in Kunststoffen, Isolatoren in Transformatoren, Zusätze zu Farbstoffen, feuerhemmende Substanzen und Wachse. Zu den endokrin am wirksamsten PCBs gehört das 4-Hydroxy-2,4,6-trichloro-biphenyl. Eine andere Gruppe von schwach an den Östrogenrezeptor bindenden Substanzen stellen die **Alkylphenole** dar. Sie entstehen beim Abbau von nichtionischen Detergenzien in Kläranlagen. Alkylphenole werden in großen Mengen in der Textil- und Papierindustrie als Detergenzien eingesetzt. Erst wenn der Alkylrest wenigstens drei Kohlenstoffatome enthält, zeigt sich bei diesen Verbindungen eine östrogene Wirkung. Bisphenol A ist ein Monomer, das bei der Herstellung einer Vielzahl von Kunstharzen eingesetzt wird. Man geht davon aus, dass Bisphenol A in Spuren aus der Auskleidung von Konservendosen und aus Kunstharzen, die in der Zahnheilkunde verwendet werden, herausdiffundiert. Damit ist es wahrscheinlich, dass es vom Menschen aufgenommen wird.

Ökotoxine: Substanzen, die in die sexuelle Differenzierung eingreifen.
Phytoöstrogen: Pflanzliche Ökotoxine, z. B. Equol aus der Sojabohne.
Von Menschen synthetisiert wie chlorierte Kohlenwasserstoffe (z. B. DDT), Alkylphenole.

8.10 Endokrine Ökotoxine

a Östrogenrezeptor

DNA-Bindung | Hormon-Bindung
A (1–38) | B (38–180) | C (180–263) | D (263–302) | E (302–553) | F (553–595)

b pflanzliche Ökotoxine: Equol

anthropogene Ökotoxine: o,p'-DDT, 4-Hydroxy-2',4',6'-Trichlorbiphenyl, Bisphenol A

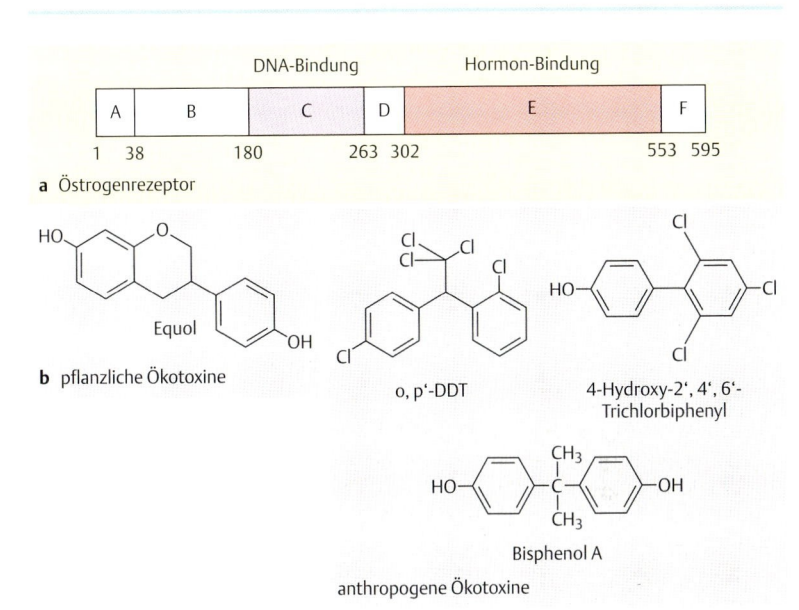

Abb. 8.**10** **Östrogenrezeptor. a** Im Östrogenrezeptor liegen sechs verschiedene Domänen, von denen jeweils eine die DNA und die Hormonbindung vermitteln. Die Grenzen der Domänen sind durch die Positionen von Aminosäuren im Protein angegeben. **b** Strukturformel von Substanzen, die eine Affinität zum Östrogenrezeptor zeigen: das Phytoöstrogen Equol aus der Sojabohne, vom Menschen synthetisierte Substanzen wie DDT, 4-Hydroxy-2',4',6'-Trichlorbiphenyl, Bisphenol A.

9 Rekombination

Jörg Soppa

9.1 Einleitung und Übersicht

Als Rekombination bezeichnet man Vorgänge, bei denen DNA-Stränge gespalten und neu verknüpft werden. Man unterscheidet drei Arten von Rekombination: **homologe Rekombination**, bei der die beteiligten DNA-Stränge identische Sequenzen aufweisen, **ortsspezifische Rekombination**, bei der Rekombinationsenzyme DNA-Motive erkennen, und die **Transposition/Retrotransposition** (illegitime Rekombination).

Rekombinationsenzyme sind an vielen verschiedenen biologischen Prozessen beteiligt wie Replikation, Reifung der Immunglobulingene, Meiose, Genregulation, Genomevolution. Rekombination wurde schon früh für die genetische Kartierung von Genomen eingesetzt, heute finden Rekombinationsenzyme eine breite Anwendung in der Biotechnologie einschließlich der gezielten Veränderung von Genomen.

Als Rekombination bezeichnet man die Neukombination von Erbmaterial. In einer sehr allgemeinen Interpretation gehört dazu auch die Verteilung des Genoms auf unterschiedliche Chromosomen, die unabhängig voneinander vererbt werden (S. 232). So gibt es $8{,}4 \cdot 10^6$ verschiedene Kombinationen, wie die 46 Chromosomen eines Menschen, von denen 23 von der Mutter und 23 vom Vater stammen, bei der Gametenbildung auf 23 Chromosomen einer Mutter-Vater-Mischung reduziert werden können. Diese Vielfalt bei der Neukombination von Erbmaterial ist in diesem Kapitel allerdings nicht gemeint, sondern es geht ausschließlich um Prozesse, bei denen die kovalenten Bindungen innerhalb von DNA-Molekülen geschnitten und neu verknüpft werden. Bei der Rekombination unterscheidet man **homologe Rekombination, ortsspezifische Rekombination** und **Transposition/Retrotransposition**.

Bei der **homologen Rekombination** zwischen zwei DNA-Molekülen werden längere Bereiche benötigt, die identisch oder fast identisch sind. Die Auswirkung homologer Rekombination hatte man schon lange vor der Aufklärung der DNA-Struktur als genetischem Material beobachtet. Mendel hatte noch mit sehr wenigen Markern gearbeitet, die unabhängig voneinander vererbt wurden. Später wurde festgestellt, dass viele Merkmale miteinander gekoppelt vererbt werden. Es wurden Kopplungsgruppen festgelegt, die der Anzahl der Chromosomen entsprachen. Hin und wieder wurde ein Kopplungsbruch beobachtet, der zu einer Neukombination eigentlich gekoppelter Merkmale führte. Die Häufigkeiten von

Kopplungsbrüchen zwischen verschiedenen Merkmalen wurden zur Aufstellung genetischer Karten verschiedener Arten benutzt (S. 277).

Der frühe genetische Zugang zu der meiotischen Rekombination führte lange zu der Auffassung, dass die Erzeugung neuer Kombinationen mütterlicher und väterlicher Merkmale, die auf einem Chromosom liegen und eigentlich gekoppelt sind, die biologische Bedeutung von Rekombination ist. Heute ist man dagegen der Auffassung, dass die homologe Rekombination in der Evolution sehr früh entwickelt wurde und die Meiose nur einem alten Prozess eine weitere und abgewandelte Bedeutung verliehen hat. Homologe Rekombination wird z. B. bei der **Reparatur von Doppelstrangbrüchen** benötigt, wie sie in Mikroorganismen entstehen, die großer Trockenheit ausgesetzt sind (S. 414). Von noch umfassenderer Bedeutung ist die Rolle der homologen Rekombination bei der **Replikation** (S. 332). In der Evolution ist die homologe Rekombination sehr wichtig, da sie für die Bildung neuer Arten unerlässlich ist (*Ökologie, Evolution*).

Die letzten Jahre haben große Fortschritte beim Verständnis der ortsspezifischen Rekombination gebracht. Man hat erkannt, dass die früher in verwirrender Vielfalt erscheinenden Phänomene von Rekombinasen katalysiert werden, die zu nur zwei Familien homologer Proteine gehören, den sogenannten **Tyrosin**- und **Serin-Rekombinasen**. Entdeckt wurden die Rekombinasen als Enzyme, die für die ortsspezifische Integration temperenter Phagen in das Bakteriengenom wichtig sind sowie für das spätere Ausschneiden, wenn der Prophage wieder in den lytischen Zyklus übergeht (S. 346). Inzwischen kennt man viele Beispiele dafür, dass Bakterien die Inversion eines Stückes ihres Genoms als **regulatorisches Prinzip** einsetzen (S. 348). Von ganz genereller Bedeutung ist die ortsspezifische Rekombination bei der **Replikation** der ringförmigen Chromosomen von Archaea und Bakteria (S. 349). Das Verständnis des Mechanismus der ortsspezifischen Rekombination hat dazu geführt, dass einige von Phagen abgeleitete Systeme heute in der Biotechnologie eine große Rolle spielen und angewendet werden, um das Genom zu verändern. (S. 368). Ob eine Fortentwicklung den Einsatz der Systeme beim Menschen (**somatische Gentherapie**) erlauben wird, ist Gegenstand aktueller Forschung.

Bei der Transposition/Retrotransposition werden DNA-Abschnitte an einen neuen Platz im Genom gebracht, wobei der Zielort kein bestimmtes (oder nur ein sehr kurzes) Sequenzmotiv enthält und die Integration daher an vielen verschiedenen Stellen erfolgen kann. Die Retrotransposition erfolgt über ein **RNA-Intermediat**. Wie erfolgreich diese Elemente sein können, hat die Sequenzierung des menschlichen Genoms ergeben. Mehr als 30 % des menschlichen Genoms bestehen aus einem einzigen autonomen Retrotransposon und einem abhängigen Retrotransposon, das von ersterem mitverbreitet wird (LINE1 und Alu, S. 356). Das Immunsystem höherer Eukaryoten einschließlich des Menschen ist ein Beispiel dafür, wie im Verlauf der Evolution eine Transposase durch den Wirt „gezähmt" wurde und zu einem vollständig neuen biologischen Zweck eingesetzt wurde. Man hat nämlich erkannt, dass sich das für die **V(D)J-Rekombina**-

tion bei der Reifung der Immunglobulingene entscheidende Enzym von einer Transposase ableitet und noch heute nach dem ursprünglichen Mechanismus arbeitet – nur genau reguliert und zum Wohle des Wirtes.

> **Homologe Rekombination:** Benötigt größere Abschnitte identischer Sequenz. Bedeutung: z. B. DNA-Reparatur bei der Replikation und nach Doppelstrangbrüchen, in der Meiose, bei der Artentstehung.
> **Ortsspezifische Rekombination:** Sequenzmotive auf zwei DNA-Molekülen oder an zwei Stellen eines Moleküls werden erkannt, von Rekombinasen geschnitten und neu verknüpft. Bedeutung: z. B. Spaltung von Chromosomendimeren, Integration/Excision von Phagen, Inversion von DNA-Abschnitten. Hohes Anwendungspotential in Forschung und evtl. Medizin.
> **Transposition/Retrotransposition:** Ein DNA-Abschnitt (Transposon/Retrotransposon) wird an neuer, beliebiger Stelle in ein Genom integriert. Bedeutung: „Selbstsüchtige DNA", aber auch Neukombinationsmöglichkeit des Wirtsgenoms. LINE1 und Alu1 bilden mehr als 30% des menschlichen Genoms.

9.2 Homologe Rekombination

> Der Austausch von DNA-Strängen zwischen zwei DNA-Molekülen identischer Sequenz wird als **homologe Rekombination** bezeichnet. Sie wird von allen Lebewesen benötigt, um die Replikation an vor Hindernissen **gestoppten Replikationsgabeln** wieder in Gang zu bringen und um **Doppelstrangbrüche** zu reparieren. In den letzten Jahren sind viele Rekombinationsenzyme identifiziert und der molekulare Mechanismus der Rekombination untersucht worden. Ein zentraler Schritt, die Identifizierung homologer Bereiche, wird von einem in allen Arten konservierten Protein katalysiert (in Bacteria, Archaea und Eukarya als **RecA**, **RadA** und **Rad51** bezeichnet).
> In der Evolution sind Rekombinationsenzyme für spezifische Prozesse weiterentwickelt worden, z. B. für die Neukombination von Genen in der **Meiose** oder für spezifische Arten der Genregulation, die eine Verlagerung von DNA im Genom erfordern. Auch die **Evolution von Genomen** und die Nutzung des **Genpools** einer Art durch Individuen ist auf die homologe Rekombination angewiesen.

9.2.1 Formaler Ablauf

Die Neukombination von Merkmalen durch einen „Kopplungsbruch" und getrennte Vererbung normalerweise gekoppelter Merkmale war zuerst durch genetische Versuche entdeckt worden. Nachdem die Struktur der DNA als genetisches Material aufgeklärt worden war, wurde die Frage untersucht, wie dieser

Austausch molekular erfolgt. Dabei wurden mit unterschiedlichen Isotopen markierte DNAs eingesetzt, ähnlich wie bei der Aufklärung des semikonservativen Replikationsmechanismus beschrieben (S. 91). Es wurde herausgefunden, dass die vorhandenen DNA-Moleküle gespalten und kreuzweise neu verknüpft werden. Der **Rekombinationsvorgang** ist formal in Abb. 9.1 dargestellt. In dieser und den folgenden Abbildungen sind die vier Einzelstränge der beiden beteiligten DNA-Moleküle mit vier unterschiedlichen Farben dargestellt, um die Vorgänge bei der Rekombination besser verfolgen zu können. Es ist zu beachten, dass der obere DNA-Doppelstrang entgegengesetzt zur üblichen Orientierung abgebildet ist, d. h. der obere Strang hat von links nach rechts die 3´→5´-Orientierung. Die Orientierung des unteren DNA-Doppelstrangs ist jedoch umgekehrt und der obere Strang hat die 5´→3´-Orientierung. So haben der untere Strang des oberen DNA-Moleküls und der obere Strang des unteren DNA-Moleküls dieselbe Orientierung, was bei der folgenden Darstellung des Mechanismus wichtig sein wird, da immer nur Bindungen zwischen gleich orientierten Strängen gespalten und kreuzweise neu verknüpft werden können.

Die beiden DNA-Moleküle müssen über mindestens mehrere hundert Nucleotide dieselbe oder fast dieselbe Sequenz haben, damit eine homologe Rekombination zwischen ihnen stattfinden kann. Tragen die DNA-Moleküle auf beiden Seiten der Rekombinationsstelle verschiedene Allele von Genen, die phänotypisch unterschieden werden können, so werden die Folgen des Rekombinationsereignisses auch in genetischen Versuchen sichtbar. In dem Beispiel in Abb. 9.1 trägt das obere DNA-Molekül die Allelkombination AB, während das untere die Kombination ab enthält. Durch die Rekombination entstehen die Neukombinationen Ab und aB, die in geeigneten Experimenten (z. B. Testkreuzungen) die Phänotypen der Nachkommen bestimmen. Da die Wahrscheinlichkeit einer Rekombination zwischen zwei Genen vom Abstand der Gene auf dem Chromosom abhängt, konnte die beobachtete **Rekombinationshäufigkeit** zwischen Markern zur Erstellung **genetischer Karten** eingesetzt werden (S. 277).

Es wurden im Laufe der Zeit sehr viele **unterschiedliche Modelle** aufgestellt, um den mechanistischen Ablauf der Rekombination zu beschreiben. Sie erklären jeweils die zu einer bestimmten Zeit mit einem bestimmten Organismus erzielten Ergebnisse. Die unterschiedlichen Modelle reflektieren reale Unterschiede, da der Ablauf der Rekombination nicht in allen Arten und in allen biologischen Prozessen identisch ist.

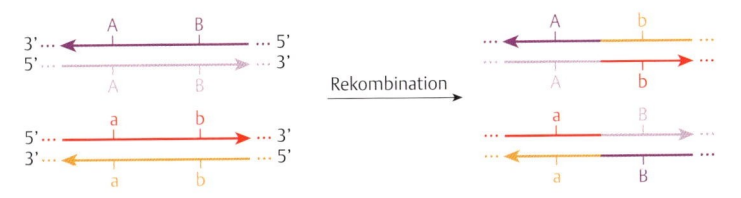

Abb. 9.1 **Schema der Rekombination mit genetischen Folgen.**

9 Rekombination

Robin Hollidays Modell, 1964 aufgestellt, um die Ergebnisse seiner Untersuchung der meiotischen Rekombination in Pilzen zu erklären, hat die Rekombinationsforschung über Jahrzehnte außerordentlich beeinflusst (Abb. 9.**2**). Das „**Holliday-Modell**" geht davon aus, dass der Ausgangspunkt für die Rekombination ein **Einzelstrangbruch** ist. Danach verdrängt der Strang mit dem freien 3´-Ende den gleichorientierten Strang des intakten DNA-Moleküls (**strand displacement**), sodass ein sogenannter D-loop (**displacement loop**) entsteht. Es kommt zur Spaltung des verdrängten intakten Stranges, dessen 3´-Ende über Kreuz mit dem intakten Strang des DNA-Moleküls hybridisiert, bei dem der erste Einzelstrangbruch aufgetreten war. Nun kommt es zur Verschiebung des Überkreuzungspunktes nach rechts, einem als **Branch Migration** bezeichneten Vorgang, wobei ein immer größerer Bereich mit dem jeweils anderen DNA-Molekül paart. Dabei entstehen **Heteroduplexbereiche**, die von Bedeutung sind, wenn die Sequenzen der beiden DNA-Moleküle nicht identisch sind (s. u.). Der Überkreuzungspunkt, an dem die beiden DNA-Moleküle zusammenhängen, wird „**Holliday-Struktur**" genannt. Die Holliday-Stuktur wird aufgelöst, indem je ein Einzelstrangbruch in zwei gleich orientierte DNA-Stränge eingeführt wird und diese kreuzweise wieder ligiert werden. Die Zeichnung suggeriert, dass dies die beiden sich überkreuzenden Stränge sein sollten, da die beiden anderen zu weit voneinander weg sind. Diese starke Vereinfachung, lässt aber z. B. den Doppelhelixcharakter der DNA (S. 9) außer Acht. Eine etwas andere Darstellung lässt besser erkennen, dass die „inneren" und die „äußeren" Stränge topologisch äquivalent sind. Dabei ist eine Holliday-Struktur zu sehen, bei der

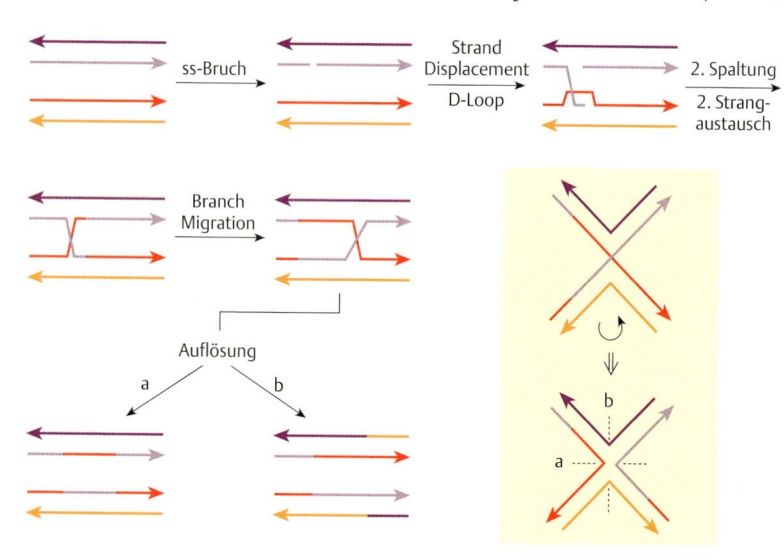

Abb. 9.**2 Das Holliday-Modell der homologen Rekombination.**

die vier Enden gegenüber der bisherigen Darstellung nach oben bzw. unten gedreht wurden. Die entstehende kreuzförmige DNA-Struktur konnte im elektronenmikroskopischen Bild experimentell bestätigt werden. Wird nun die angedeutete Rotation durchgeführt, entsteht ein Kreuz, bei dem die Stränge äquivalent sind. Es entstehen zwei unterschiedliche Rekombinationsprodukte, wenn die Einzelstränge der einen oder der anderen Orientierung für die Auflösung der Holliday-Struktur benutzt werden (a und b). In beiden Fällen entsteht ein Heteroduplexbereich, dessen Länge vom Ausmaß der Branch Migration abhängt, aber nur in einem Fall sind unterschiedliche Marker außerhalb des Rekombinationsbereiches ausgetauscht worden (a). Sequenzunterschiede im Heteroduplexbereich werden repariert (S. 404). Da die Richtung zufällig ist, kann es sein, dass nur eine der beiden ursprünglichen Varianten erhalten bleibt, und in solchen Fällen spricht man von **Genkonversion** (gene conversion).

Inzwischen weiß man, dass in den meisten Fällen kein Einzelstrangbruch, sondern ein **Doppelstrangbruch** (DSB, double strand break) eines DNA-Moleküls Ausgangspunkt für Rekombination ist. Doppelstrangbrüche entstehen nicht nur bei der Bestrahlung von Organismen mit **Röntgenstrahlung**, was experimentell ausgenutzt wird, sondern auch beim **Austrocknen** von Mikroorganismen, was in vielen Umwelten häufig passiert. Außerdem entstehen Doppelstrangbrüche bei der **Replikation**, wenn die Replikationsgabel über eine Läsion in einem Einzelstrang läuft (S. 333). Während der **Meiose** wird ein Enzym produziert, dass Doppelstrangbrüche in die DNA einführt, um die Rekombination auszulösen. Abb. 9.3 zeigt ein aktuelles Modell, in das noch weitere Erkenntnisse der letzten Jahre eingeflossen sind und das als **DSBR-Modell** (double strand break repair) bezeichnet wird. Ausgehend von einem Doppelstrangbruch in einem von zwei homologen DNA-Molekülen werden die entstandenen Einzelstränge verkürzt. Dabei werden die beiden Stränge mit 5´-Enden stärker verkürzt als die beiden Stränge mit 3´-Enden, sodass Einzelstrangüberhänge mit freien 3´-Enden entstehen. Es sei daran erinnert, dass DNA-Polymerasen eine Synthese nicht de novo beginnen, sondern Primer mit freiem 3´-OH brauchen, die sie verlängern können. Bei der Replikation dienen kurze RNA-Stücke als Primer (S. 97), bei der Rekombination die entstandenen **Einzelstrangüberhänge**. Einer der beiden Stränge verdrängt den gleich orientierten Strang des anderen DNA-Moleküls und es entsteht ein **D-Loop**. Der verdrängte Strang hybridisiert mit den Gegenstrangbruchstücken des defekten DNA-Moleküls. Beide freien 3´-Enden dienen nun als Primer für die DNA-Synthese, wobei die beiden Einzelstränge des intakten DNA-Moleküls als Matrizen dienen. Daher kommt es im Bereich der Neusynthese zur **Genkonversion**, falls die beiden DNA-Moleküle in diesem Bereich keine identische Sequenz hatten. Im Gegensatz zum ursprünglichen Holliday-Modell geht immer die Information des defekten DNA-Moleküls verloren, und es ist die des intakten Moleküls anschließend in beiden DNA-Molekülen zu finden. Wenn der fehlende Bereich synthetisiert worden ist, kommt es zur Ausbildung einer **zweiten Holliday-Struktur** und zur Ligation, sodass alle

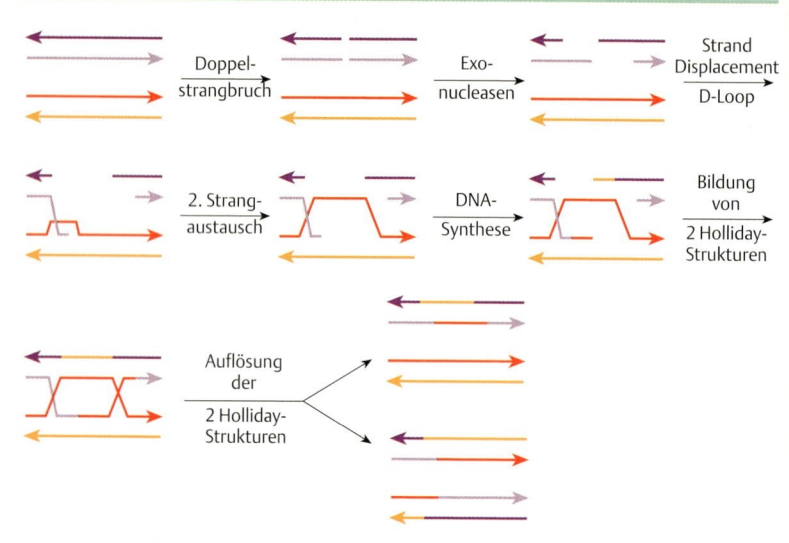

Abb. 9.3 Der DSBR-Mechanismus der homologen Rekombination.

vier Stränge wieder komplett sind. In Abhängigkeit von der Auflösung der Holliday-Strukturen können wieder zwei verschiedene Produkte entstehen: **Crossover-Produkte** oder **Non-Crossover-Produkte**.

Ein zweites aktuelles Modell ist das sogenannte „**SDSA-Modell**" (synthesis-dependent strand annealing, Abb. 9.**4**). Es geht ebenfalls von einem **Doppelstrangbruch** in einem von zwei identischen oder homologen DNA-Molekülen aus. Die ersten Schritte sind identisch zum DSBR-Modell: Es werden **Einzelstrangbereiche** mit freien 3´-Enden gebildet, ein Strang verdrängt den gleichorientierten Strang des anderen DNA-Moleküls, es wird ein D-Loop gebildet und das freie 3´-OH dient als Primer für die DNA-Synthese. Im Gegensatz zum DSBR-Modell wird die Verknüpfung der beiden DNA-Moleküle dadurch wieder aufgelöst, dass nach der DNA-Synthese der verlängerte Einzelstrang zu seinem ursprünglichen DNA-Molekül zurückkehrt. Durch die Verlängerung wird die durch den DNA-Schaden entstandene Lücke überbrückt und der Strang kann mit seinem Gegenstrang paaren, wobei zwei Einzelstranglücken verbleiben. Da zwei freie 3´-OH-Enden zur Verfügung stehen, können beide durch DNA-Synthese und Ligation geschlossen werden. Bei diesem Mechanismus kommt es in **keinem Fall** zu einem **Crossover**. Es kommt im Bereich der Reparatur aber auf jeden Fall zur **Genkonversion** in Richtung des zweiten DNA-Moleküls, falls die beiden Moleküle keine identischen Sequenzen haben.

Es gibt noch einige weitere Modelle, die hier nicht dargestellt werden. Ein Schlüsselschritt, der allen Modellen gemeinsam ist, ist die Verdrängung eines

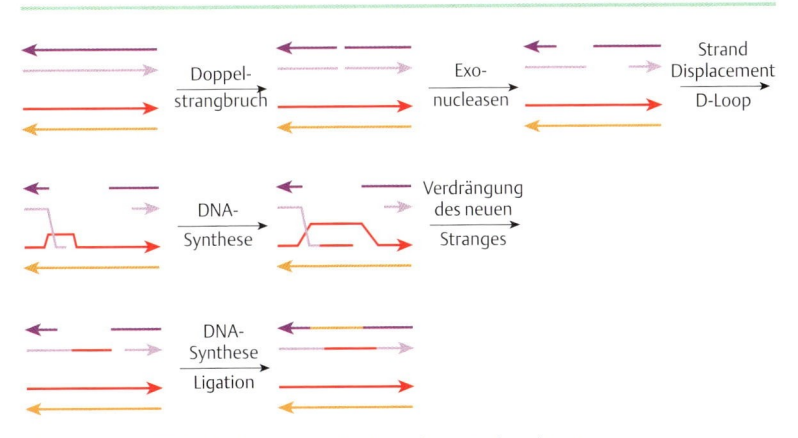

Abb. 9.4 **Der SDSA-Mechanismus der homologen Rekombination.**

Einzelstrangs aus einem DNA-Doppelstrang durch einen Einzelstrang eines anderen DNA-Moleküls. Dies führt zu einer (vorübergehenden) Verbindung der beiden DNA-Moleküle, die für die unterschiedlichen Funktionen der homologen Rekombination (s. u.) wichtig ist.

> **Homologe Rekombination:** Identische oder homologe DNA-Moleküle; kein identischer Ablauf in allen Arten, daher verschiedene Modelle; Neukombination jenseits der homologen Rekombinationsstelle möglich, aber nicht zwingend.
> **Holliday-Modell:** Einzelstrangbruch, Homologiesuche, Strand Displacement, D-Loop, Branch Migration, Holliday-Struktur, Auflösung → Crossover-Produkte oder Non-Crossover-Produkte.
> **DSBR-Modell:** Erkennen von Doppelstrangbrüchen, Prozessieren der Enden → Einzelstrang mit 3´-Ende, Homologiesuche, Strand Displacement, D-Loop, DNA-Synthese, Branch Migration, doppelte Holliday-Struktur, Auflösung → Crossover-Produkte oder Non-Crossover-Produkte.
> **SDSA-Modell:** Einzelstrang mit 3´-Ende, Homologiesuche, Strand Displacement, D-Loop, DNA-Synthese, erneute Strangverdrängung, Schließen von Lücken → ausschließlich Non-Crossover-Produkte.
> **Genkonversion:** Anpassen der Sequenz des reparierten Moleküls an die Sequenz des intakten Moleküls im Bereich der homologen Rekombination.

9.2.2 Biochemie der homologen Rekombination

In den letzten Jahren konnten auf dem Gebiet der Biochemie der homologen Rekombination große Fortschritte erzielt werden. Dazu zählen die Entdeckung einer ganzen Reihe neuer Proteine, die an der homologen Rekombination beteiligt sind, die Aufklärung der Strukuren beteiligter Proteine, die Charakterisierung

Homologe Rekombination bei Bakterien

Wie viele andere Prozesse ist auch der Mechanismus der **homologen Rekombination** bei dem Modellbakterium *Escherichia coli* am intensivsten untersucht worden. Eine wichtige Eingangsreaktion der homologen Rekombination ist die Einführung eines Doppelstrangbruchs in ein DNA-Molekül. Im Gegensatz zu eukaryotischen Arten (s. u.) ist bei *E. coli* kein Enzym gefunden worden, das einen Doppelstrangbruch in die DNA einführt. Daher geht man davon aus, dass die biologische Bedeutung der homologen Rekombination für *E. coli* in der **Reparatur von DNA-Schäden** besteht. Die DNA-Enden, die durch einen Doppelstrangbruch entstehen, werden durch einen Komplex aus drei Proteinen, den **RecBCD-Komplex**, erkannt. Der Komplex vereinigt verschiedene enzymatische Aktivitäten: Er kann den DNA-Doppelstrang entwinden und ist somit eine **Helicase**, und er kann DNA-Einzelstränge sowohl in 5´→3´- als auch in 3´→5´-Richtung abbauen und ist somit eine **Nuclease**. Der Rec-BCD-Komplex kann zudem ein Sequenzmotiv, GCTGGTGG, erkennen, das als **Chi-Motiv** (crossover hotspot instigator) bezeichnet wird.

Statistischerweise sollte ein Motiv aus acht Nucleotiden alle $4^8 = 65\,536$ Nucleotide in einem Genom vorkommen, und daher würden im $4{,}6 \cdot 10^6$ nt großen Genom von *E. coli* etwa 70 Chi-Stellen erwartet (genau genommen noch weniger, da das Chi-Motiv einen höheren GC-Gehalt hat als das *E. coli*-Genom). Tatsächlich befinden sich im *E. coli*-Genom etwa 1000 Chi-Stellen, das entspricht einer durchschnittlichen Häufigkeit von einer Chi-Stelle je 4600 nt. Erreicht der RecBCD-Komplex eine Chi-Stelle, wird das Motiv durch RecC erkannt, was zu einer Änderung der katalytischen Aktivitäten des Komplexes führt. Der nucleolytische Abbau in 3´→5´-Richtung wird eingestellt, während die 5´→3´-Nucleaseaktivität sogar noch verstärkt wird. Als Folge entsteht ein Einzelstrangüberhang mit einem freien 3´-OH, der als Ansatzpunkt für eine Polymerase dienen könnte, sofern er mit einem Matrizenstrang hybridisieren würde. Nun wird eine weitere Aktivität des RecBCD-Komplexes wichtig, nämlich die Wechselwirkung mit dem RecA-Protein. Das RecA-Protein kann an Einzelstrang-DNA binden, und die Affinität dieser Bindung wird durch den RecBCD-Komplex verstärkt. Durch In-vitro-Studien mit isolierten Proteinen wurde festgestellt, dass RecA allein nicht mit dem generellen Einzelstrang-Bindeprotein SSB (S. 96) konkurrieren kann, dass RecA aber in Anwesenheit katalytischer Mengen des RecBCD-Komplexes das SSB von Einzelstrang-DNA verdrängt. RecA interagiert mit sich selbst und bildet in Gegenwart von ssDNA und ATP Filamente aus, die hunderte von Nucleotiden bedecken können (Abb. 9.**5**, Abb. 9.**6**).

Die Polymerisierung von RecA auf der ssDNA erfolgt gut in 5´→3´-Richtung (und kaum in der Gegenrichtung), was garantiert, dass RecA die ssDNA bis

9.2 Homologe Rekombination

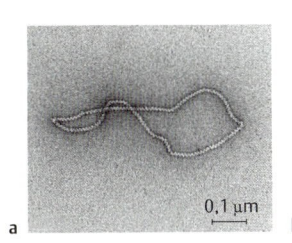

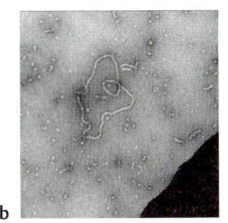

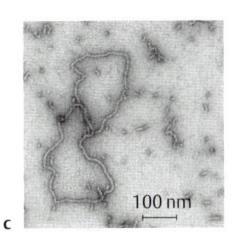

Abb. 9.**5 Elektronenmikroskopische Aufnahmen von Filamenten. a** RecA (Bakterien), **b** RadA (Archaea) und **c** Rad51 (Eukaryoten). (Fotos von Alicja und Andrzej Stasiak, Lausanne.)

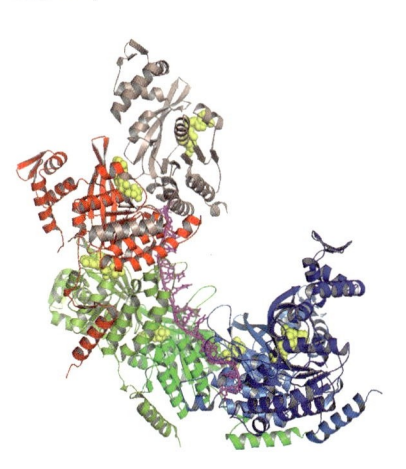

Abb. 9.**6 RecA-Filament.** Struktur eines Filamentes aus sechs RecA-Monomeren (in verschiedenen Farben) mit gebundener ssDNA (violett) und sechs Molekülen eines ATP-Analogs (gelb). (pdb:3CMU)

zum 3´-OH-Ende bedeckt. RecA-Filamente haben nicht nur eine Bindestelle für ssDNA, sondern zusätzlich eine zweite Bindestelle für Doppelstrang-DNA. RecA katalysiert die Suche von Sequenzen in der dsDNA, die zu der ssDNA homolog sind. Im Jahr 2008 wurden die Strukturen eines kurzen RecA-Filaments allein, zusammen mit ssDNA und mit ssDNA + dsDNA bestimmt (Abb. 9.**6**), was die Ableitung eines Modells zum Mechanismus der molekularen Suche erlaubt hat. Durch die Bindung an RecA wird die dsDNA gestreckt und unterwunden. Ein kurzer Bereich wird entwunden, sodass ein Einzelstrang der dsDNA mit der ssDNA wechselwirken kann. Dieser kurze offene Bereich wandert an der dsDNA entlang, bis eine Stelle gefunden wurde, bei der Basenpaarungen möglich sind. Ist ein homologer Bereich gefunden, katalysiert RecA die Verdrängung des gleichorientierten Einzelstrangs aus der dsDNA durch die ssDNA (**strand invasion**). RecA katalysiert damit die zentrale Reaktion der homologen Rekombination. Der nächste beteiligte Proteinkomplex besteht aus den beiden Proteinen RuvA und RuvB. Der **RuvAB-Komplex** erkennt die von RecA gebildete Struktur und kataly-

9 Rekombination

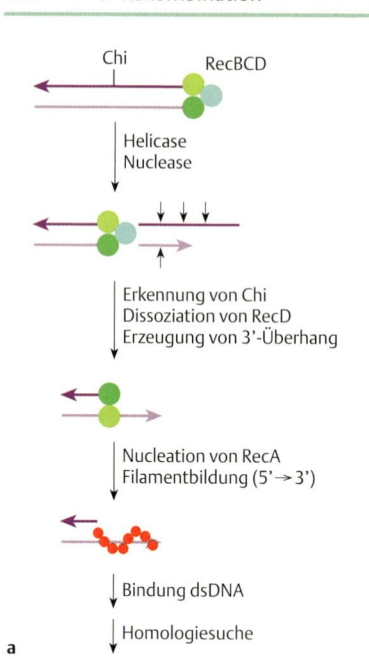

Abb. 9.7 Homologe Rekombination.
a Eingangsreaktionen bei *E. coli* mit beteiligten Enzymen; **b** Bindung von RuvAB an eine Holliday-Struktur der DNA.

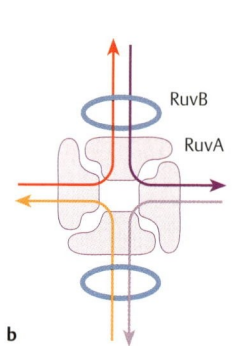

Tab. 9.1 Rekombinationsproteine von *E. coli* (nur RecBCD-Weg).

Rekombinationsschritt	Protein
Erzeugung von Doppelstrangbrüchen (DSBs)	keines bekannt
Erkennung und Prozessierung von DSBs	RecBCD-Komplex
Bindung von RecA, Ausbildung des präsynaptischen Komplexes	RecBCD-Komplex
Bindung von Einzel- und Doppelstrang, Auffinden homologer Bereiche, Strand Invasion	RecA (-Filament)
Holliday-Junction-Erkennung, Branch Migration	RuvAB-Komplex
Auflösung von Holliday-Junctions	RuvC

siert den weiteren Einzelstrangaustausch, was zur **Branch Migration**, der Verlagerung des Überkreuzungspunktes der beiden DNA-Moleküle, führt. Auch diese Reaktion wird wie die von RecA durch die Hydrolyse von ATP katalysiert. Der RuvAB-Komplex verdrängt auch RecA vom 3´-Ende der DNA, was dazu führt, dass das 3´-Ende als Primer für eine Polymerase (**PriA**) dienen und verlängert werden kann. Der letzte Schritt der homologen Rekombination, die Auflösung der Holliday-Strukturen, wird von einem **RuvC** genannten Protein katalysiert. Ein RuvC-Dimer bindet alle vier Einzelstränge der beiden DNA-Moleküle, spaltet zwei gleichorientierte Einzelstränge und ligiert sie kreuzweise wieder. In Abhängigkeit davon, welche Stränge geschnitten werden, entsteht das **Crossover-Produkt** oder das **Non-Crossover-Produkt** der homologen Rekombination (s. o.). Die von E. coli charakterisierten Enzyme der homologen Rekombination und ihre Aktivitäten sind in der Tab. 9.**1** und Abb. 9.**7** zusammengefasst.

E. coli besitzt noch einen zweiten Weg der homologen Rekombination, der für die Reparatur von Einzelstrangbereichen in DNA-Molekülen ohne Doppelstrangbruch zuständig ist. Das zentrale Protein ist wiederum RecA, das die Homologiesuche und die Einzelstrangverdrängung katalysiert. Daneben spielen andere Proteine als bei dem RecBCD-Weg eine Rolle, z. B. RecF, RecO und RecR, nach denen dieser Weg als **RecFOR-Weg** bezeichnet wird. Der prinzipielle Ablauf ist ähnlich zu dem RecBCD-Weg, nur dass keine Crossover-Produkte entstehen, sondern ausschließlich **Non-Crossover-Produkte** gebildet werden.

Die bioinformatische Analyse von mehr als 100 bakteriellen Genomen hat gezeigt, dass das zentrale Protein der homologen Rekombination, RecA, fast ubiquitär verbreitet ist und es nur sehr wenige Arten ohne RecA gibt. Homologe zu RecA sind auch bei Archaea und Eukarya weit verbreitet und werden dort **RadA** bzw. **Rad51** genannt (Abb. 9.**5**). Daraus hat man geschlossen, dass homologe Rekombination ein evolutionär sehr alter Prozess ist und schon in dem gemeinsamen Vorfahren der heutigen drei Domänen des Lebens vorhanden war. Auch RuvAB und RuvC (oder ein analoges Protein) sind bei Bacteria sehr weit verbreitet. Weniger weit verbreitet sind RecBCD und RecFOR, was zeigt, dass der mechanistische Ablauf der homologen Rekombination bei unterschiedlichen bakteriellen Arten leicht variieren kann.

Homologe Rekombination spielt bei Bakterien nicht nur bei der DNA-Reparatur eine Rolle, sondern auch, wenn **Fremd-DNA** durch Konjugation, Transduktion oder Transformation in die Zelle kommt (*Mikrobiologie*). Viele Arten haben dabei Mechanismen entwickelt, DNA der eigenen oder einer nahe verwandten Art von anderer DNA zu unterscheiden. Die **Chi-Stellen** von *E. coli* haben diese Zusatzfunktion, da artfremde DNA, die nicht die überdurchschnittliche Dichte des Chi-Motivs besitzt, vom RecBCD-Komplex abgebaut wird, während DNA von Artgenossen für die homologe Rekombination verwendet werden kann und so die genetische Vielfalt erhöht.

> **Doppelstrangbruch:** Nicht durch enzymatische Aktivität hervorgerufen, sondern als Schaden durch chemische/physikalische Prozesse.
> **RecBCD-Komplex:** Helicase, Nuclease, Chi-Stellen-Erkennung, RecA-Bindeprotein. Prozessierung von Enden von DNA-Molekülen nach Doppelstrangbruch, sodass überhängender Einzelstrang mit 3´-OH entsteht. Laden von RecA. Abbau von Fremd-DNA ohne Chi-Stellen.

> **RecA:** Filamentbildung auf ssDNA (von RecBCD katalysiert). Bindet auch dsDNA und sucht homologe Bereiche. Katalysiert in ATP-abhängiger Weise die Einzelstrangverdrängung (strand invasion). Nahezu ubiquitär in Bacteria, Archaea (RadA) und Eukarya (Rad51) verbreitet.
> **RuvAB:** Branch Migration, RecA-Ablösung vom 3´-Ende.
> **PriA:** Polymerase, Nutzung des freien 3´-Endes als Primer.
> **RuvC:** Auflösung von Holliday-Strukturen (Resolvase).
> **RecFOR-Weg:** Alternativer Weg der homologen Rekombination bei *E. coli*, viele Bakterien haben nur RecBCD, nur RecFOR oder keines von beiden.

Homologe Rekombination bei Eukaryoten

Der Mechanismus der **homologen Rekombination** bei **Eukaryoten** ist mit dem Modellorganismus Bäckerhefe (*Saccharomyces cerevisiae*) am intensivsten untersucht worden. Schon vor vielen Jahren wurden Mutanten isoliert, die nicht mehr zur homologen Rekombination fähig sind, und die entsprechenden Gene identifiziert. Viele der früh entdeckten Rekombinationsenzyme tragen die Bezeichnung „**rad**"-Proteine, da die entsprechenden Mutanten viel sensitiver gegenüber ionisierender Strahlung sind als der Wildtyp (**rad**iation sensitive). Diese Strahlungssensitivität war ein erster Anhaltspunkt dafür, dass auch bei Hefe eine der Hauptaufgaben der Rekombination die **Reparatur** von **DNA-Schäden** ist, z. B. nach Doppelstrangbrüchen oder während **Schwierigkeiten** bei der **Replikation**. Ein weiteres Indiz für diese Hauptfunktion der homologen Rekombination ist, dass im Gegensatz zu zwei Ausnahmen, der meiotischen Rekombination und des „Mating Type Switching" (S. 335 und S. 337), bei der mitotischen Rekombination bislang kein Enzym entdeckt worden ist, das Doppelstrangbrüche induziert.

In den letzten Jahren sind viele neue Proteine entdeckt worden, die an homologer Rekombination beteiligt sind und von denen hier nur ausgewählte Beispiele genannt werden (Abb. 9.8). Zunehmend tritt zu der Frage, wie die DNA während der homologen Rekombination enzymatisch prozessiert wird, die Untersuchung der Regulation des Prozesses und der Wechselwirkung mit anderen Prozessen wie alternativen Reparaturwegen, Zellzyklus, Signaltransduktion und Genregulation.

Der erste Schritt bei der homologen Rekombination ist die Erkennung eines Doppelstrangbruchs (DSB) und die Initiierung von intrazellulären Signalwegen. Dies wird auch als „**DNA damage checkpoint**" bezeichnet und hat zwei verschiedene Funktionen, erstens die Reparatur mit dem Zellzyklus zu verschalten und die Zellzyklusprogression zu stoppen, und zweitens die verstärkte Expression von DNA-Reparaturenzymen zu induzieren. Zu diesen Proteinen gehören ein trimerer Proteinkomplex, der einen Ring um die DNA bildet und Ähnlichkeit mit der Klammer bei der Replikation aufweist (S. 123). Dazu zählt auch eine Checkpoint-Kinase (**Tel1**), die ein weiteres Protein (**Sae2**) nach Detektion eines DSBs phosphoryliert, was Voraussetzung für die Signalweitergabe ist.

Wie auch bei *E. coli* müssen die Enden von DSBs prozessiert werden, um Einzelstrangbereiche mit freien 3´-Enden zu erzeugen, die von einer Polymerase verlängert werden können. An diesem Prozess ist bei Hefe der **MRX-Komplex** beteiligt, der nach den Anfangsbuchstaben der Namen der beteiligten unterschiedlichen Proteine benannt wurde (Mre11, Rad50, Xrs2). Der Proteinkomplex hat verschiedene Aktivitäten, zu denen die Bindung an DNA, eine Exonucleaseaktivität und die Bindung an weitere Proteine gehört. Die Resektion der DNA-Enden führt dazu, dass Einzelstrangbereiche entstehen, die typischerweise länger als 1000 nt sind. Die Einzelstrangbereiche können von dem generellen ssDNA-Bindeprotein gebunden werden, das in hoher Konzentration im Zellkern vorkommt und bei Eukaryoten wegen seiner Rolle in der Replikation Rpa (**replication protein A**) genannt wird. Dies ist analog wie im letzten Abschnitt für *E. coli* beschrieben, allerdings sind die Proteine nicht homolog.

Die zentrale Reaktion bei der homologen Rekombination ist die Bildung eines **Rad51-Proteinfilamentes** auf der ssDNA. Das Proteinfilament hat auch eine Bindestelle für dsDNA und katalysiert die Suche nach einem zu der gebundenen ssDNA homologen Bereich in der dsDNA. Wie bereits erwähnt, wird diese Aufgabe bei allen Organismen von homologen Proteinen katalysiert. Ähnlich wie bei Bakterien zeigen biochemische Versuche, dass Rad51 das Einzelstrangbindeprotein Rpa nicht von ssDNA verdrängen kann, sondern dass dazu weitere Proteine, sogenannte Mediatoren der homologen Rekombination, nötig sind. Ein Hefeprotein, das sowohl Rad51 als auch Rpa binden kann und in katalytischen Mengen zur Verdrängung von Rpa durch Rad51 führt, heißt **Rad52**. Es sind spezifische Interaktionen der Proteine beteiligt, da Rad52 z. B. nicht dazu führt, dass Rad51 das einzelstrangbindende Protein von *E. coli*, SSB, in demselben Assay von ssDNA verdrängt. Das eukaryotische Rad51-Protein ist zwar größer als das bakterielle RadA, die Wirkungsweise ist aber wohl konserviert. Ein wichtiges Protein, das mit Rad51 interagieren kann und bei weiteren Schritten wichtige Funktionen hat, ist **Rad54**. Es hat u. a. eine „Chromatin-Remodelling"-Aktivität, was daran erinnert, dass die DNA bei Eukaryoten in Nucleosomen verpackt ist und für viele Prozesse erst freigelegt werden muss (vgl. z. B. auch Replikation und Transkription). Rad54 kann auch Rad51 von der DNA verdrängen, was wichtig ist, um das 3´-Ende freizulegen und einen Ansatzpunkt für die Verlängerung des invasiven Stranges zu schaffen. Die Funktion könnte auch wichtig dafür sein, den verlängerten Einzelstrang wieder freizusetzen. Inzwischen ist klar, dass bei der mitotischen Rekombination kaum Crossover-Produkte entstehen, sondern vor allem **Non-Crossover-Produkte**. Die mitotische Rekombination ist also vor allem ein Mechanismus für eine lokale Reparatur und erhöht die genetische Variabilität nicht. Im Gegenteil, da im Bereich der Reparatur **Genkonversion** in Richtung des intakten Chromosoms stattfindet, gehen die u. U. anderen Sequenzen, die das defekte Schwesterchromosom an dieser Stelle hatte, verloren.

Früher war der wichtigste **experimentelle Zugang** für die Untersuchung der homologen Rekombination bei der Hefe die Isolierung von **Mutanten**, deren Charakterisierung und die Identifizierung der defekten Gene. Seit Jahren werden Mutanten vor allem gezielt hergestellt. Dazu zählen z. B. die Deletion von mehreren Genen oder die Deletion eines Gens und die gleichzeitige Überexpression eines anderen Gens. Die chromosomalen Gene können auch leicht durch Varianten mit Punktmutationen ersetzt werden, um den Einfluss einzelner Aminosäuren auf die Funktion in vivo zu untersuchen. Neue homologe Rekombinations-Proteine können auch durch die Interaktion mit bekannten homologen Rekombinations-Proteinen durch den Einsatz des sogenannten „Zweihybridsystems" identifiziert werden (S. 512). Als eine wichtige Technik hat sich die **Induktion eines Enzyms** erwiesen, das bei dem „Mating-Type-Switching" eine Rolle spielt (S. 337). Damit können zu einem beliebigen Zeitpunkt Doppelstrangbrüche hervorgerufen werden. Die homologe Rekombination läuft dann in der gesamten Population synchron ab, was es erlaubt, die Kinetik der Einzelreaktionen zu verfolgen. Daher weiß man z. B., dass die mitotische Rekombination bei der Hefe einen Zeitraum von ca. einer Stunde erfordert.

Die ausführliche Beschreibung der homologen Rekombination bei **weiteren Eukaryoten** würde über das Ziel dieses Buches hinausgehen. Die prinzipiellen Reaktionen sind dieselben, nur das bei höheren Eukaryoten noch mehr unterschiedliche Proteine an dem Ablauf und seiner Regulation beteiligt sind. Der Vergleich wird auch dadurch erschwert, dass homologe Proteine in Hefe, Pflanzen, Tieren und Mensch zumeist unterschiedliche Namen tragen, da sie unabhängig voneinander entdeckt wurden und die Homologie erst nachträglich erkannt wurde. Daher sollen nur einige Beispiele zum Vergleich der homologen Rekombination bei Hefe und vor allem Maus (und Mensch) aufgeführt werden. Es ist versucht worden, viele der Mutanten mit Mutationen in homologen Genen zu den *rad*-Genen der Hefe auch in anderen Arten zu generieren. Typischerweise ist der Phänotyp bei höheren Eukaryoten stärker als bei Hefe, und viele Mutationen

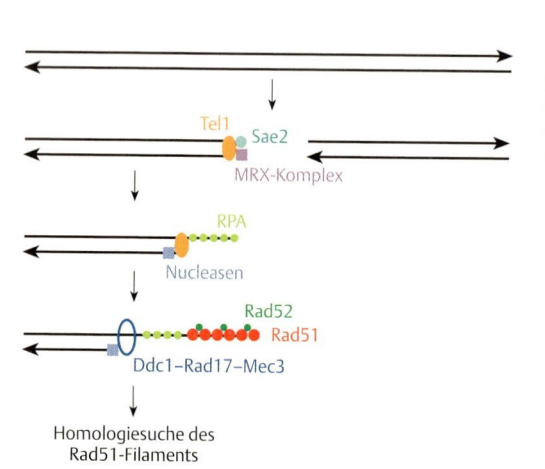

Abb. 9.8 Eingangsreaktionen der homologen Rekombination bei Hefe mit beteiligten Proteinen (Auswahl).

sind embryonal letal. Dies unterstreicht die essentielle Bedeutung, die die homologe Rekombination als DNA-Reparaturmechanismus auch bei höheren Eukaryoten hat. In einigen Fällen hat der Ausfall eines Proteins, das für die Hefe essentiell ist, bei höheren Eukaryoten keinen oder kaum einen Effekt. Ein Beispiel ist das Homologe zu Rad52. Das spricht dafür, dass dessen Funktion im Verlaufe der Evolution durch ein nichthomologes Protein übernommen wurde. Als ein solches Protein wurde **BRCA2** identifiziert, das es in Hefe nicht gibt. BRCA2 verschiedener Organismen interagiert sowohl mit dem jeweiligen Rad51-Homologen als auch mit Rpa und kann die Verdrängung von Rpa durch Rad51-Homologe katalysieren. BRCA2 hat anscheinend im Verlauf der Evolution immer mehr (bislang weitgehend unbekannte) Funktionen hinzugewonnen. So hat das BRCA2 von *Caenorhabditis elegans* eine Länge von 383 Aminosäuren, während das menschliche BRCA2 ein riesiges Protein von 3418 Aminosäuren ist. Es ist in Säugern essentiell, homozygote Mutanten von Mäusen sterben embryonal ab. Das *BRCA2*-Gen war als eines entdeckt worden, bei dessen Mutation ein erhöhtes Risiko für Brustkrebs und weitere Krebsarten besteht. Die schwere autosomal rezessive Erbkrankheit „**Fanconi-Anämie**" wird durch homozygote Mutationen in einigen unterschiedlichen Genen ausgelöst, u. a. *BRCA2*.

Die Verknüpfung von homologer Rekombination und Krebsentstehung verdeutlicht, wie wichtig vor allem die richtige Regulation dieses Prozesses ist. Einerseits ist homologe Rekombination sehr wichtig, um DNA-Schäden zu reparieren, andererseits können bei Organismen, die über repetitive Elemente verfügen, durch die sogenannte „**ektopische homologe Rekombination**", bei der der postsynaptische Komplex nicht aus zwei Schwesterchromatiden oder aus zwei Chromatiden eines homologen Chromosomenpaares gebildet wird, sondern durch nahezu identische Stellen in zwei unterschiedlichen Bereichen des Genoms, schwere genetische Schäden entstehen.

> **Rad51:** Homolog zu RecA und RadA; Rad51 bildet Filament auf ssDNA und sucht nach homologen Bereichen in dsDNA; Strand Displacement.
> **DNA Damage Checkpoint:** Stoppt Zellzyklus bei DNA-Schäden; reversible Phosphorylierung.
> **MRX-Komplex:** Prozessiert die Enden von Doppelstrangbrüchen.
> **Mediatoren der homologen Rekombination**: Binden an Rad51 und modifizieren die Aktivität.
> **BRCA2:** Mediator nur bei höheren Eukaryoten; zuerst gefunden als Produkt des „Brustkrebsgens", unterstreicht die Vernetzung von Reparatur, Replikation und Zellzyklus.

9.2.3 Homologe Rekombination in biologischen Prozessen

Die homologe Rekombination ist an der Reparatur zahlreicher DNA-Schäden, insbesondere von Doppelstrangbrüchen, beteiligt. Rekombinationsenzyme kommen bei allen Prokaryoten sowie bei Eukaryoten in allen Geweben vor. Diese bei Eukaryoten als „**mitotische Rekombination**" bezeichnete Rekombinationsreparatur führt nur sehr selten zu Crossover-Produkten und ist daher genetisch fast nie sichtbar. Diese allgemeine Rekombinationsreparatur läuft ab wie oben beschrieben. Nachfolgend werden einige weitere Beispiele von biologischen Prozessen skizziert, an denen Rekombinationsenzyme beteiligt sind.

Rekombination und Replikationsgabeln

Früher hat man biologische Prozesse wie Rekombination, Replikation, DNA-Reparatur und Zellzyklus für unabhängig voneinander gehalten und getrennt untersucht. Inzwischen ist deutlich geworden, wie intensiv die verschiedenen Vorgänge miteinander vernetzt sind. Es sind viele direkte Wechselwirkungen von Proteinen gefunden worden, die ursprünglich getrennten Bereichen zugerechnet wurden. Bei der Replikation kommt es oft zum Anhalten der Replikationsgabel aufgrund eines DNA-Schadens. Gründe können veränderte (oxidierte, alkylierte) Basen sein, ein kovalent an die DNA gebundenes Protein oder ein Einzelstrangbruch. Es gibt vielfältige Mechanismen, DNA-Schäden in doppelsträngiger DNA zu reparieren (S. 414). Erreicht jedoch eine Replikationsgabel einen Schaden, kann er entweder von den Reparatursystemen nicht mehr adressiert werden, oder er wird sogar verschlimmert. So wird ein Einzelstrangbruch im Template durch die Replikation zu einem Doppelstrangbruch in einem der beiden Tochterstränge (Abb. 9.**9**). Rekombinationsproteine haben essentielle Funktionen bei der Behebung der Schäden und der Wiederaufnahme der Replikation. DNA-Schäden sind so häufig, dass Rekombinationsenzyme während jeder Replikationsrunde benötigt werden. Es ist wahrscheinlich, dass die essentielle Rolle bei der Replikation zur Entstehung der Rekombinationsproteine in der Evolution geführt hat und die „klassischen Funktionen" später entstandene, abgeleitete Funktionen sind. Noch heute ist die Beteiligung an der Replikation die wohl grundlegendste biologische Funktion von Rekombinationsproteinen.

Ein Beweis für die Entstehung von replikationsbedingten Doppelstrangbrüchen und die essentielle Rolle von Rekombinationsenzymen für ihre Reparatur wurde mit bakteriellen Mutanten geführt. So findet man in RecBC-Mutanten die Entstehung von Doppelstrangbrüchen im Genom ausschließlich in replizierenden Zellen, nicht in ruhenden Zellen. Insgesamt schätzt man, dass ein bakterielles Genom während des aeroben Wachstums 3000–5000 Schäden im Verlauf eines Zellzyklus erfährt. Viele dieser Schäden sind auf Oxidationen zurückzuführen. Daher sind manche Mutanten mit Mutationen in Rekombinationsgenen, die unter aeroben Bedingungen letal sind, unter anaeroben Bedingungen lebensfähig.

Da die Schäden, die zum Stopp einer Replikationsgabel führen, sehr unterschiedlich sind, sind auch die Mechanismen zum Wiederingangsetzen der Replikation und die daran beteiligten Proteine vielfältig. Zudem sind oft unterschiedliche Mechanismen notwendig, wenn ein Schaden zum Abbruch der Leitstrangsynthese oder zum Abbruch der Folgestrangsynthese führt. Allen Mechanismen ist gemeinsam, dass es zur Re-Initiation der Replikation abseits des Replikationsursprungs kommen muss. Da die genomische DNA während eines Zellzyklus nur genau einmal repliziert werden darf, müssen strikte Regulationsmechanismen sicherstellen, dass eine vom Replikationsursprung unabhängige Initiation ausschließlich an gestoppten Replikationsgabeln erfolgt.

Drei Mechanismen zur **Wiederaufnahme der Replikation** nach dem Stopp der Replikationsgabel durch einen DNA-Schaden sollen kurz skizziert werden.

Abb. 9.**9a** zeigt die Schritte, die zur Wiederaufnahme der Replikation führen, nachdem eine Replikationsgabel auf einen Einzelstrangbruch gestoßen ist, der zu einem Doppelstrangbruch in der Leitstrangsynthese geführt hat. Bei einem solchen Ereignis wird die Kopplung der Synthese beider Stränge (S. 107, 123) aufgehoben und es geht die Folgestrangsynthese für ein oder wenige Okazaki-Fragmente weiter. Hierdurch entsteht ein neuer Doppelstrang, der über den Strangbruch im anderen Molekül hinausreicht. Nun kann über den **SDSA-Mechanismus** der Rekombinationsreparatur der Leitstrang über die Bruchstelle hinaus verlängert werden. Nach Verdrängung aus dem D-Loop kann der verlängerte Leitstrang an den Templatestrang jenseits der Bruchstelle binden und die Replikation weitergeführt werden. Der bislang noch nicht reparierte Einzelstrangbruch wird im weiteren Verlauf des Zellzyklus mittels der „normalen" DNA-Reparaturmechanismen (S. 414) geschlossen.

Abb. 9.**9b** zeigt zwei Möglichkeiten, wie eine durch ein Hindernis (modifizierte Base, kovalent gebundenes Protein) gestoppte Replikationsgabel die Replikation wieder aufnehmen kann. Durch **Rückwärtslaufen** (**regression**) entsteht ein Gebilde, bei dem die Enden der beiden neu synthetisierten Stränge „überhängen" und zu einem Doppelstrang hybridisieren. Solche DNA-Konfigurationen wurden schon lange im Elektronenmikroskop beobachtet und haben den Namen „**Hühnerfuß**" (**chicken foot**) erhalten. Sie entsprechen einer Holliday-Struktur, nur dass einer der vier beteiligten Doppelstränge kurz ist. Falls die Folgestrangsynthese vor dem Rückwärtslaufen der Replikationsgabel weitergegangen war, kann dieser als Template dienen und der Leitstrang verlängert werden. Läuft nun die Replikationsgabel wieder nach vorne, ist die defekte DNA-Stelle überbrückt worden und die normale Replikation kann wieder aufgenommen werden. Entfällt der erste Schritt in Abb. 9.**9b**, entsteht ein „chicken foot", bei dem eine Verlängerung des Leitstrangs nicht möglich ist. Durch das Rückwärtslaufen der Replikationsgabel ist aber der DNA-Schaden wieder frei zugänglich und kann von einem der zahlreichen DNA-Reparatursysteme (S. 404) repariert werden. Werden nun die überhängenden Enden der neu synthetisierten Stränge entfernt, entsteht eine Replikationsgabel, an der die Replikation wieder initiiert werden kann.

Wie erwähnt, gibt es weitere, ähnliche Mechanismen, bei denen Rekombinationsproteine beteiligt sind. Sie eint, dass es sich um nichtmutagene Mechanismen handelt, im Gegensatz zu alternativen Mechanismen wie der Induktion einer alternativen Polymerase.

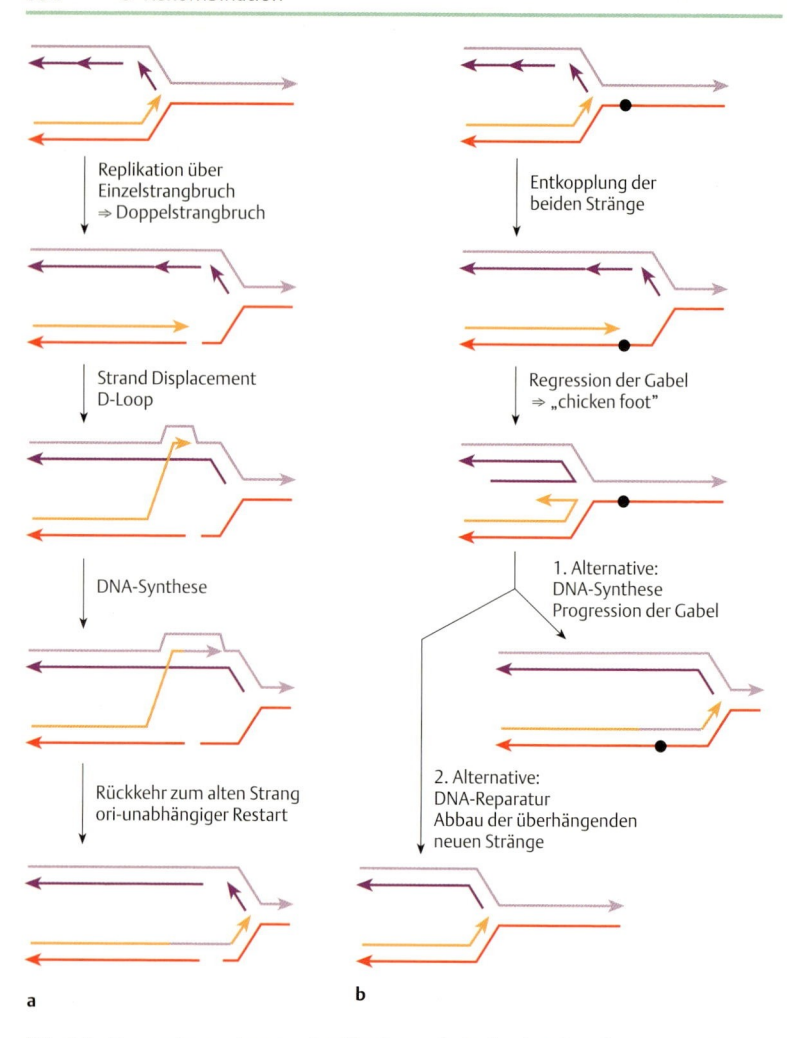

Abb. 9.**9 Reparatur gestoppter Replikationsgabeln durch Rekombination. a** SDSA-artiger Mechanismus; **b** zwei Mechanismen nach Rückwärtslaufen der Replikationsgabel.

Reparatur von Telomeren

Eukaryoten enthalten lineare Chromosomen (S. 67). Bei einem Doppelstrangbruch kann das Ende eines Chromosoms „verloren gehen". Das entstehende verkürzte Chromosom ist instabil, wenn es die Telomerwiederholungen nicht mehr enthält, die für die Integrität der Chromosomenenden essentiell sind (S. 14, 128). Ein Mechanismus für die Verlängerung verkürzter Chromosomenenden ist die Rekombination mit dem homologen, nicht verkürzten Chromosom. Der Mechanismus ist ähnlich wie in den bisherigen Fällen beschrieben. Das 3´-Ende eines verkürzten Chromosoms verdrängt in **Rad51**-abhängiger Weise den entsprechenden Strang im homologen Chromosom, und es kommt zur Ausbildung eines D-Loops. Da die nachfolgende Verlängerung des 3´-Endes durch eine Polymerase bis zum Ende des Templatechromosoms erfolgt, hat diese Form der Rekombination den Namen „**break-induced replication**" (**BIR**) erhalten. Es sind die oben beschriebenen eukaryotischen Rekombinationsproteine beteiligt.

Meiose

Die Rekombination in der Meiose wurde zuerst entdeckt und war namensgebend. Heute ist klar, dass die meiotische Rekombination ein Sonderfall ist, der eine vollkommen andere Funktion erfüllt als die bislang beschriebene Rekombinationsreparatur und sich von dieser in vielen Aspekten unterscheidet. Zu den Unterschieden zählen:
- die meiotische Rekombination gibt es nur bei Eukaryoten,
- sie ist viel häufiger als die mitotische Rekombination,
- sie findet nur in einem bestimmten Zelltyp, den Keimzellen, statt,
- sie findet nur zu einem bestimmten Zeitpunkt statt, der ersten meiotischen Teilung,
- es gibt ein Enzym, das Doppelstrangbrüche in der DNA erzeugt,
- es gibt regelmäßig Crossover-Produkte,
- es gibt einen spezifischen Kontrollpunkt, den Rekombinationskontrollpunkt.

Die erste meiotische Teilung unterscheidet sich von der Mitose und der zweiten meiotischen Teilung dadurch, dass nicht die Schwesterchromatiden der Chromosomen auf die Tochterzellen verteilt werden, sondern dass die jeweils zwei Homologen eines jeden Chromosomenpaares verteilt werden (S. 232). Dies muss mit einer sehr hohen Präzision erfolgen, da die Konsequenzen von Fehlern bei der Meiose viel größer sind als bei der Mitose. Fehler bei der Verteilung führen zu Aneuploidien bei den Nachkommen, die meistens nicht lebensfähig sind (S. 380, 246).

In der Prophase der ersten meiotischen Teilung paaren sich die beiden Homologen auf ihrer gesamten Länge und es kommt zur Ausbildung von **Crossovern**. Es wird angenommen, dass die sichere Identifizierung homologer Chromosomen der Ausgangspunkt für die „Umwidmung" der homologen Rekombination in der Evolution war. Später trat die Erzeugung von Crossover-Produkten und damit die

Neuverteilung („Rekombination") der Gene der väterlichen und mütterlichen Homologen hinzu. Bei der meiotischen Rekombination sind viele Proteine beteiligt, die auch an der mitotischen Rekombination beteiligt sind (S. 328). Hinzu kommen eine Reihe von Proteinen, die spezifisch für die Meiose sind (Tab. 9.2). In der Prophase der ersten meiotischen Teilung führt das meiosespezifische Protein **Spo11** Doppelstrangbrüche ein. Die Struktur von Spo11 und sein Reaktionsmechanismus zeigen, dass es sich um eine in der Evolution „umfunktionierte" Topoisomerase (S. 98) handelt. Es bildet sich ein kovalentes Intermediat mit der DNA. An der Prozessierung der DNA-Enden zur Erzeugung eines Einzelstranges mit freiem 3´-OH wirken viele Proteine mit, die auch bei der mitotischen Rekombination gebraucht werden. An der Suche nach identischen Sequenzen sind zwei Proteine der **Rad51**-Familie beteiligt, Rad51 sowie das meiosespezifische Protein **Dmc1**.

Es gibt Hinweise, dass zwei verschiedene Phasen der Rekombination existieren, eine, in der vor allem **Non-Crossover-Produkte** erzeugt werden und die der genauen Paarung der homologen Chromosomen dient, sowie eine Phase, in der vor allem **Crossover-Produkte** gebildet werden und die der Neukombination von Genen dient. Die Expression aller beteiligten Gene muss zeitlich und örtlich genau reguliert werden. Ebenso muss sichergestellt werden, dass die Rekombination vollständig abgeschlossen ist, bevor die Verteilung der homologen Chromosomen beginnt. Dafür ist ein meiosespezifischer **Rekombinationskontrollpunkt** zuständig. Die Proteine, die für die Regulation verantwortlich sind, haben eine doppelte Rolle: Sie sind in den molekularen Mechanismus der

Tab. 9.2 Rekombinationsproteine von *S. cerevisiae* (Auswahl).

Rekombinationsschritt	Protein
mitotische Rekombination	
Erzeugung von Doppelstrangbrüchen (DSBs)	keines bekannt
Erkennung von DSBs (DNA Damage Checkpoint)	Tel1, Sae2, Ddc1-Rad17-Mec3
Erkennung und Prozessierung von DSBs, Bindung von RecA, Ausbildung des präsynaptischen Komplexes	MRX-Komplex (Mre11-Rad50-Xrs2)
Bindung von Einzel- und Doppelstrang, Auffinden homologer Bereiche, Strand Invasion	Rad51 (-Filament)
„Mediatoren" der Rad51-Funktion	Rad52, Rad54, Rad55-Rad57
spezifische Proteine der meiotischen Rekombination	
Erzeugung von Doppelstrangbrüchen (DSBs)	Spo11
Recombination Checkpoint	Mek1, Red1, Hop1
Bindung von Einzel- und Doppelstrang, Auffinden homologer Bereiche, Strand Invasion	Dmc1 und Rad51 (-Filament)
„Mediatoren" der Rad51 Funktion	Hop2-Mnd1, Rdh54-Tid1

Rekombination eingebunden, und sie sind Ausgangspunkt eines Signalwegs, der die Rekombination mit dem Zellzyklus verknüpft. Die meiotische Rekombination verdeutlicht, wie der Mechanimus der Rekombination, der zur Reparatur von DNA entstand, unter Beibehaltung der meisten beteiligten Proteine durch das Hinzufügen von prozessspezifischen Proteinen und Veränderung der Regulation zu vollkommen unterschiedlichen und neuartigen biologischen Funktionen führt: der sicheren Erkennung homologer Chromosomen und zur ständigen Neukombination väterlicher und mütterlicher Gene, was die Evolution von Arten erheblich beschleunigt (Ökologie, Evolution).

Homologe Rekombination als Mechanismus der Genregulation

Bei einigen Arten ist entdeckt worden, dass sie den Mechanismus der homologen Rekombination für eine bestimmte Form der **Genregulation** adaptiert haben. Das Prinzip besteht darin, dass es eine Stelle im Genom gibt, die transkriptionell aktiv ist, sowie weitere Stellen, an denen sich „stille Kopien" des jeweiligen Gens befinden, die nicht identisch sind, aber zu einer Familie homologer Proteine gehören. Am besten ist das „**Mating Type Switching**" bei der Hefe untersucht worden (Abb. 9.**10**). Haploide Hefe besitzt entweder den **Paarungstyp a** oder den **Paarungstyp alpha** und kann zwischen beiden hin- und herschalten (Mikrobiologie). Der Paarungstyp wird von einem von zwei generellen Regulatoren bestimmt, die die Expression von hunderten Genen differentiell regulieren. Die beiden Proteine werden an den Loci *HMLalpha* und *HMRa* codiert, die

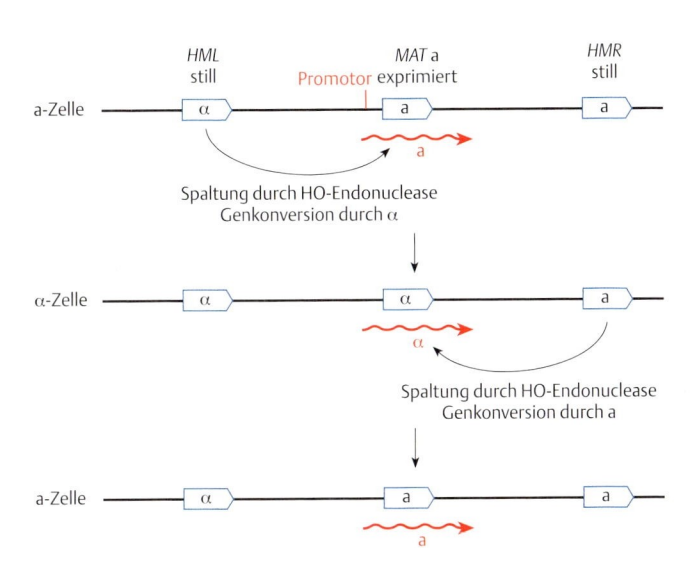

Abb. 9.**10 Mating Type Switching bei Hefe.**

aber beide nicht abgelesen werden. Dazwischen befindet sich der *MAT*-Locus, der exprimiert wird und entweder das alpha- oder das a-Gen enthält. Gegen Ende der G_1-Phase des Zellzyklus wird die sehr instabile **HO-Endonuclease** gebildet, die einen Doppelstrangbruch am *MAT*-Locus erzeugt. Dieser Doppelstrangbruch wird entweder mit der Information des *HMLalpha*- oder des *HMRa*-Locus durch homologe Rekombination „repariert". Es sind die bei der Rekombinationsreparatur besprochenen Proteine beteiligt (MRX-Komplex, Rad51, Rad52...). Der Mechanismus entspricht dem **SDSA-Modell**, sodass es zur **Genkonversion** kommt, wobei aufgrund des Mechanismus der *MAT*-Locus die Sequenz von a oder von alpha übernimmt. Das „Mating Type Switching" zeigt, wie durch das Hinzufügen von nur sehr wenigen neuen Enzymen, hier einer spezifischen Nuclease, die Rekombinationsenzyme eine vollkommen neue Rolle erhalten und zwischen verschiedenen Genen hin- und herschalten.

Diese Spezialisierung der Anwendung homologer Rekombination ist nicht von Eukaryoten erfunden worden, sondern wurde auch in einer Reihe von Bakterien entdeckt. Das Prinzip ist dasselbe, es gibt einen Locus, der exprimiert wird, und zwei oder mehrere nichtexprimierte, „stille" Gene. Durch **Genkonversion** können die Sequenzen der verschiedenen stillen Gene nacheinander an den exprimierten Locus gebracht werden, was es der Zelle erlaubt, zwischen verschiedenen alternativen Proteinen hin- und herzuschalten. Im Gegensatz zur „normalen" Regulation der Expression durch Transkriptionsfaktoren oder Translationsregulatoren (Kap. 11) ist dies keine quantitative Veränderung, sondern eine **qualitative Alles-oder-Nichts-Umschaltung**. Dies ist z. B. wichtig für Oberflächenstrukturen pathogener Bakterien, die dem Immunsystem des Wirtes alternativ ausschließlich entweder die eine oder die andere Struktur als Angriffsfläche bieten möchten. Der Vorgang wird daher auch als „Antigenvariation" bezeichnet. Gut untersucht ist das Beispiel des pathogenen Bakteriums **Neisseria gonorrhoeae**, das sechs verschiedene stille Gene für Pili besitzt und einen Locus, an dem die Gene alternativ exprimiert werden.

Der eukaryotische Parasit **Trypanosoma brucei**, der die Schlafkrankheit hervorruft, hat dieses Prinzip perfektioniert. *T. brucei* ist im Blut kontinuierlich dem Immunsystem ausgesetzt. Er entgeht dem Immunsystem, indem er ständig seine Oberflächenstruktur verändert (*Ökologie, Evolution, Zoologie*). Im Genom sind etwa 1000 Gene für das Oberflächenprotein VSG (variable surface glycoprotein) enthalten, die jedoch alle bis auf eines nicht exprimiert werden. Der Mechanismus des Schaltens zwischen den verschiedenen Genen ist weniger genau untersucht als bei Hefe, aber da eine Rad51-Mutante einen drastischen Defekt bei der VSG-Konversion aufweist, ist homologe Rekombination an dem Prozess beteiligt.

Genomevolution

Die homologe Rekombination spielt auch bei der **Evolution von Genomen** und der Weiterentwicklung von Arten eine Rolle. Bakterien besitzen unterschiedliche Mechanismen, um DNA auszutauschen (**Konjugation, Transduktion**; *Mikrobiologie*). Außerdem nehmen viele Arten über Transporter DNA aus der Umwelt auf. Sofern die DNA keinen Replikationsursprung besitzt, ist homologe Rekombination notwendig, um sie in das eigene Genom zu integrieren. Vor kurzem wurde experimentell nachgewiesen, dass dies in bakteriellen Populationen in natürlichen Umwelten noch heute ein wichtiger Evolutionsmechanismus ist (S. 362).

Da Archaea, Bacteria und Eukarya repetitive DNA-Elemente in ihrem Genom besitzen (S. 61 und S. 70), kann auch sogenannte „ektopische" Rekombination zwischen Genombereichen erfolgen, die nichthomolog sind. Erfolgt dies durch zwei Elemente auf einem DNA-Molekül, so kommt es zur **Inversion** oder zur **Deletion** der zwischen den Elementen liegenden DNA. Sind mehrere DNA-Moleküle beteiligt, kommt es zur **Integration** oder zur **Translokation**, S. 373). Die homologe Rekombination ist also auf verschiedene Weise an der Umgestaltung von Genomen beteiligt, selbst wenn man von der von Eukaryoten erfundenen meiotischen Rekombination absieht.

> **Homologe Rekombination (biologische Prozesse):**
> – **Reparatur gestoppter Replikationsgabeln:** Verschiedene Mechanismen; SDSA-ähnlich; Rücklaufen der Replikationsgabel → „chicken foot"; Synthese → Vorwärtslaufen; Reparatur + Nuclease
> – **Reparatur von Telomeren:** Nutzung des homologen Chromosoms; „Break-induced Replication".
> – **Rekombination in der Meiose:** Einführung von Doppelstrangbrüchen durch Spo11; spezifisch sind Zelltyp, Zeit, viele Crossover-Produkte, Benutzung „mitotischer" HR-Proteine, einige zusätzliche meiose-spezifische Proteine; Rekombinationskontrollpunkt.
> – **Genregulation durch Rekombination:** ein Expresssionslocus und mehrere/viele stille Loci; Schalten durch Genkonversion; Mating Type Switching bei Hefe; pathogene Bakterien; *Trypanosoma*.
> – **Genomevolution:** Genomplastizität durch ektopische homologe Rekombination; horizontaler Gentransfer.

9.3 Ortsspezifische Rekombination

Die **ortsspezifische Rekombination** erfordert Rekombinasen, die spezifische DNA-Motive erkennen und den Strangaustausch zwischen zwei Stellen katalysieren, was zur **Inversion**, **Deletion** oder **Integration** von DNA führen kann. Es gibt zwei große Familien von ortsspezifischen Rekombinasen, die **Tyrosin-Rekombinasen** und die **Serin-Rekombinasen**. Bei beiden entsteht ein Intermediat mit kovalent an die jeweils namensgebende Aminosäure gebundene DNA. Die Beteiligung weiterer Proteine kann die Richtung des eigentlich reversiblen Prozesses bestimmen. Ortsspezifische Rekombination ist an **Auflösung von Chromosomendimeren** während der Replikation, an der **Integration von Phagen ins Wirtsgenom** und an der Genregulation durch **Phasenvariation** beteiligt.

9.3.1 Formaler Ablauf

Ortsspezifische Rekombinasen haben jeweils **enzymspezifische Erkennungsmotive**. Die Rekombinasen binden zwei Motive und katalysieren die Spaltung der DNA an beiden Motiven sowie die kreuzweise Wiederverknüpfung. Die Motive sind nicht symmetrisch (im Gegensatz zu den Erkennungsmotiven der meisten Restriktionsenzyme, S. 482), und sie besitzen daher eine Richtung. Befinden sich zwei Erkennungsstellen auf einem DNA-Molekül, die unterschiedliche Richtungen aufweisen, so führt die **ortsspezifische Rekombination** zwischen ihnen zu einer **Inversion** des zwischen ihnen liegenden DNA-Bereichs (Abb. 9.**11a**). Befinden sich zwei Stellen mit derselben Richtung auf einem DNA-Molekül, so führt die ortsspezifische Rekombination zur **Deletion** des zwischen ihnen liegenden DNA-Bereichs (Abb. 9.**11b**). Findet die ortsspezifische Rekombination zwischen zwei Erkennungsmotiven statt, die sich auf unterschiedlichen DNA-Molekülen befinden, so kommt es zur Fusion beider Moleküle, die meist als **Integration** bezeichnet wird, da die beiden Moleküle typischerweise eine sehr unterschiedliche Größe aufweisen (Abb. 9.**11c**). Ein typisches biologisches Beispiel ist die Integration eines Phagengenoms in das Genom der Wirtszelle. Integration und Deletion sind gegenläufige Prozesse, die bei symmetrischen Systemen beide von derselben ortsspezifischen Rekombinase katalysiert werden. Bei den biologischen Beispielen (s. u.) werden Mechanismen beschrieben, wie die Richtung der Reaktion reguliert wird.

a Inversion

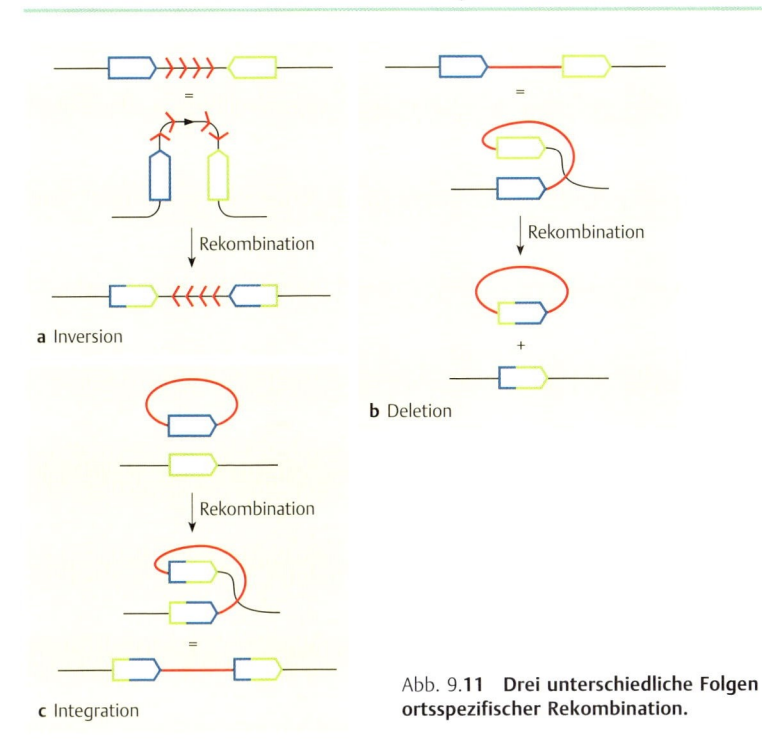

b Deletion

c Integration

Abb. 9.**11 Drei unterschiedliche Folgen ortsspezifischer Rekombination.**

Ortsspezifische Rekombination: Rekombinase bindet an zwei Wiederholungen eines nichtsymmetrischen DNA-Motivs, spaltet die DNA und verknüpft sie kreuzweise neu.
– **Inversion:** zwei Motive mit gegenläufiger Richtung auf einem DNA-Molekül.
– **Deletion:** zwei Motive mit identischer Richtung auf einem DNA-Molekül.
– **Integration:** zwei Motive auf zwei unterschiedlichen DNA-Molekülen.

9.3.2 Biochemie von zwei konservierten Proteinfamilien

Die ortsspezifische Rekombination wurde schon vor Jahrzehnten bei der Untersuchung der Vermehrungszyklen von temperenten Phagen entdeckt, die nach Infektion in das Genom der Wirtszelle integrieren, und es akkumulierte eine immer unübersichtlicher werdende Liste von Einzelbeispielen. Vor einigen Jahren wurde jedoch deutlich, dass sämtliche **ortsspezifischen Rekombinasen** zu einer von nur zwei Proteinfamilien gehören. Die beiden Proteinfamilien sind nicht homolog zueinander. Sie werden nach einer jeweils für den Mechanismus wichtigen Aminosäure im aktiven Zentrum als **Tyrosin-** bzw. als **Serin-Rekom-**

binasen bezeichnet. In beiden Fällen müssen beide DNA-Stränge an beiden Erkennungsmotiven gespalten werden. Insgesamt werden also vier Stränge gespalten, entsprechend ist die aktive Konformation in beiden Fällen ein Proteintetramer, das beide Motive gebunden hat. Da die Proteine in Lösung typicherweise als Dimere vorliegen, ist anzunehmen, dass zunächst Dimere an die beiden Erkennungsmotive binden und anschließend der aktive Komplex gebildet wird. In beiden Fällen wird die DNA nicht hydrolysiert, sondern es findet eine Transveresterung der Phosphatgruppe mit der jeweils namensgebenden Aminosäure, Tyrosin bzw. Serin, im aktiven Zentrum der Rekombinase statt. Die energiereiche Bindung bleibt also erhalten, sodass der Prozess **reversibel** ist. Dies ist ähnlich wie bei den Topoisomerasen (S. 98). Obwohl die Produkte der Rekombination gleich sind, sind der jeweilige enzymatische Mechanismus der beiden Proteinfamilien sowie die Struktur des aktiven Komplexes unterschiedlich.

Die Tyrosin-Rekombinasefamilie

Tyrosin-Rekombinasen sind in Bacteria und Archaea weit verbreitet und kommen auch bei einigen Eukaryoten vor. Die Proteinfamilie ist entsprechend groß – in Sequenzdatenbanken sind mehr als 1000 Mitglieder vertreten. Ein DNA-Erkennungsmotiv besteht aus zwei invertierten Monomerbindungsstellen, die durch einen Spacer von 6–8 Nucleotiden getrennt sind. Die Spacer sind unsymmetrisch und geben der Bindungsstelle daher eine Richtung. Die Spaltung erfolgt am 5´-Ende des Spacers. Der aktive Komplex ist ein Proteintetramer, an das zwei DNA-Stränge gebunden sind. Jedes Monomer bindet die DNA wie eine „Klammer" und wechselwirkt mit einer großen Furche und einer kleinen Furche auf beiden Seiten der DNA-Helix. Die Spaltung erfolgt durch einen nucleophilen Angriff des Tyrosins im aktiven Zentrum auf das Phosphat (Abb. 9.**12a**). Es entsteht ein kovalentes Intermediat zwischen Tyrosin und Phosphat, wobei das Phosphat am 3´-Ende einer Ribose gebunden ist und ein freies 5´-OH an der benachbarten Ribose vorliegt. Vermutlich wird die Katalyse durch weitere Aminosäuren im aktiven Zentrum unterstützt, die als Säure bzw. Base wirken. In der Nähe des Tyrosins gibt es hochkonservierte Arginine und Histidine, die diese Rolle spielen könnten.

Bei Tyrosin-Rekombinasen sind jeweils nur zwei der vier Monomere aktiv, sodass nur zwei der vier DNA-Stränge geschnitten werden (Abb. 9.**12b**). Danach erfolgt eine Isomerisierung, die dazu führt, dass die freien 3´-Enden in die Nähe des Tyrosinphosphat-Intermediats des „anderen" Stranges gelangen. Aufgrund der quadratischen planaren Anordnung des synaptischen Komplexes ist dazu nur eine relativ geringe Konformationsänderung der Proteine nötig. Das 3´-OH kann nun durch einen nucleophilen Angriff auf das Phosphat den DNA-Strang wieder schließen und das Tyrosin freisetzen.

Bis hierher ist die Reaktion zur Hälfte abgelaufen, und es wurde eine Holliday-Struktur in der DNA gebildet. Die beiden bislang aktiven Monomere werden nun

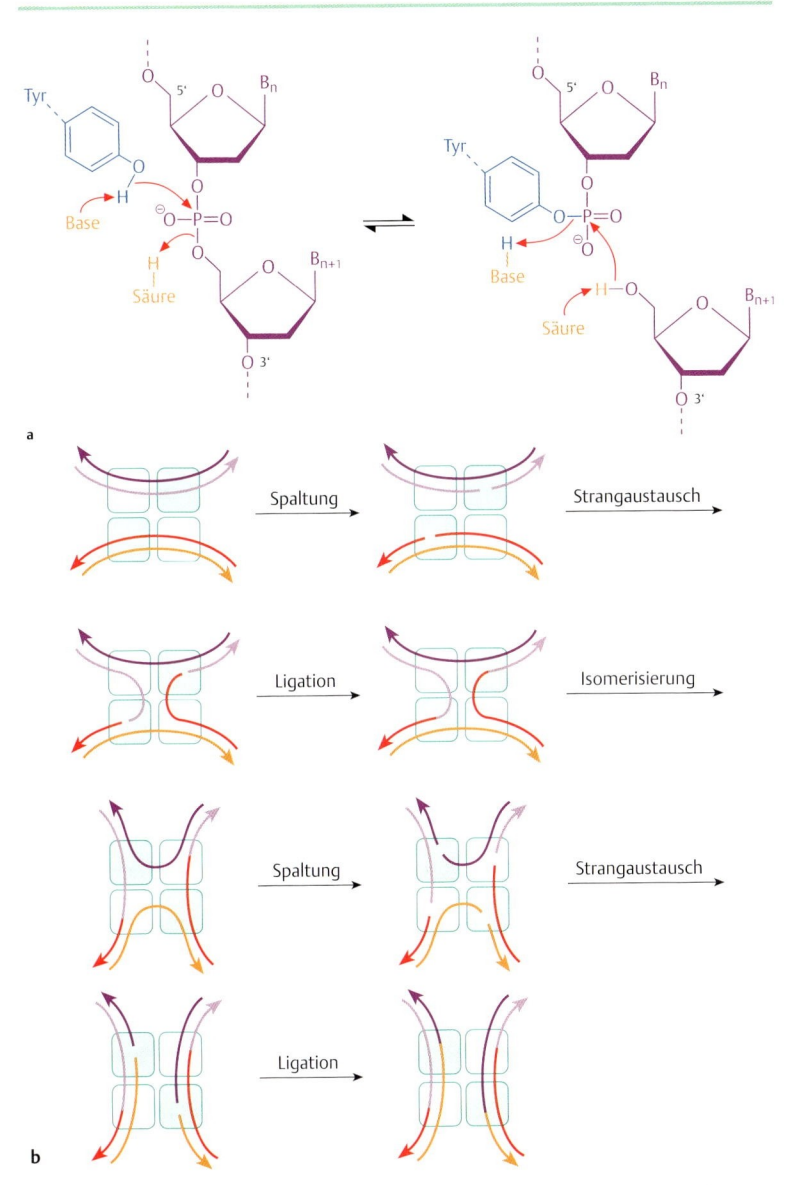

Abb. 9.12 **Tyrosin-Rekombinasen. a** Chemie der Spaltung; **b** Ablauf der Rekombination.

inaktiv und aktivieren die beiden anderen Monomere. Diese spalten die beiden bislang noch ungespaltenen DNA-Stränge und verbinden sie nach einer Isomerisierung kreuzweise miteinander (Abb. 9.**12b**).

Die Strukturen der Komplexe mehrerer Tyrosin-Rekombinasen mit DNA sind so ähnlich, dass vermutet wird, dass dieser Mechanismus verallgemeinert werden kann. Zu individuellen Unterschieden kann es durch die Wechselwirkung mit weiteren Proteinen kommen, die die Reaktivität und die Richtung der Reaktion regulieren (s. u.).

Die Serin-Rekombinasefamilie

Die **Serin-Rekombinasefamilie** ist kleiner und weniger einheitlich als die Familie der Tyrosin-Rekombinasen. Die Größe der Proteine reicht von 180 bis zu 800 Aminosäuren, was daran liegt, dass die Rekombinasedomäne, die in allen Vertretern der Familie konserviert ist, N-terminal und/oder C-terminal mit anderen Domänen fusioniert ist. Auch in diesem Fall besteht der aktive Komplex aus einem Proteintetramer und zwei gebundenen DNA-Strängen. Ansonsten gibt es allerdings große Unterschiede zwischen den beiden nichthomologen Proteinfamilien. Die Spaltung erfolgt ebenfalls durch einen nucleophilen Angriff einer Aminosäure im aktiven Zentrum auf ein Phosphat, allerdings ist es ein Serin. Es entsteht also ein Serylphosphat, das an das 5´-C-Atom einer Ribose gebunden ist, und ein freies 3´-OH an der benachbarten Ribose (Abb. 9.**13a**).

Bei den Serin-Rekombinasen sind alle vier Untereinheiten gleichzeitig aktiv, so dass ein **Doppelstrangbruch** verursacht wird. Die Spaltung geschieht jeweils um zwei Nucleotide versetzt, sodass kurze Überhänge entstehen, die für eine produktive Rekombination bei beiden Erkennungsmotiven identisch sein müssen. Jede Untereinheit hat Kontakt zu allen drei anderen Untereinheiten des Tetramers, wodurch eine koordinierte Spaltung aller vier DNA-Stränge erreicht wird (Abb. 9.**13b**).

Bei den Tyrosin-Rekombinasen interagieren die Untereinheiten nicht mit den diagonal liegenden Untereinheiten. Auch der Aufbau des aktiven Komplexes ist unterschiedlich: Bei Serin-Rekombinasen bildet das Proteintetramer das Zentrum des Komplexes, und die beiden DNA-Stränge liegen auf der Außenseite. Damit die kreuzweise Verknüpfung der beiden DNA-Moleküle erfolgen kann, muss bei Serin-Rekombinasen eine große Konformationsänderung stattfinden, die einer Rotation eines Dimers gegenüber dem anderen Dimer von 180° entspricht. Die Verknüpfung der DNA-Stränge geschieht durch nucleophilen Angriff der vier 3´-OH-Gruppen auf die vier Serylphosphate, wodurch die Serinreste wieder frei werden. Dieses Prinzip eint die Familie der Serin-Rekombinasen, aber auch hier gibt es individuelle Unterschiede durch Wechselwirkungen mit weiteren Proteinen oder durch spezifische Anforderungen an die Konformation des DNA-Substrates.

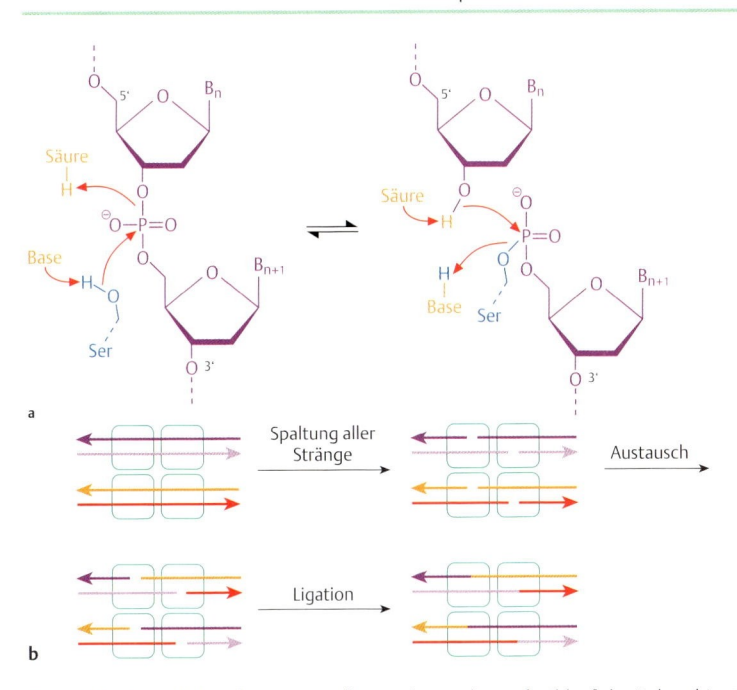

Abb. 9.13 **Serin-Rekombinasen.** a Chemie der Spaltung; b Ablauf der Rekombination.

> **Ortsspezifische Rekombinasen:** Die aktive Struktur ist ein Proteintetramer mit zwei gebundenen DNA-Erkennungsmotiven.
> - **Tyrosin-Rekombinasen:** Sehr weit verbreitete große Proteinfamilie; in zwei Schritten werden jeweils zwei DNA-Stränge gespalten und kreuzweise wieder verknüpft; kovalente Tyrosylphosphate als Intermediate und freie 5´-OHs; Holliday-Struktur nach der Halbreaktion.
> - **Serin-Rekombinasen:** Es werden alle vier DNA-Stränge gleichzeitig gespalten; versetzte Spaltung mit Überhang von zwei Nucleotiden; kovalente Serylphosphate und freie 3´-OHs; Protein im Zentrum und DNA außen; große Konformationsänderung der beiden Dimere gegeneinander.

9.3.3 Ortsspezifische Rekombination in biologischen Prozessen

Von den vielen Beispielen für **ortsspezifische Rekombination** werden nachfolgend einige ausgewählte Beispiele besprochen, die unterschiedliche Prinzipien illustrieren, wie ortsspezifische Rekombination in ihrer Richtung, in der Produktbildung sowie zeitlich und örtlich reguliert werden kann.

Integration und Ausschneiden von Phagen

Viele Phagen codieren ortsspezifische Rekombinasen, die für ihren Lebenszyklus wichtig sind. Ein einfaches Beispiel ist die **Cre-Rekombinase** des **Phagen P1**, die durch Rekombination an zwei DNA-Erkennungsmotiven, die **loxP-Stellen** genannt werden, die Zirkularisierung des Phagengenoms nach der Infektion einer Zelle katalysiert. Das Protein gehört zur **Tyrosin-Rekombinase-Familie**. Das Protein und DNA-Moleküle mit zwei loxP-Stellen sind ausreichend, um die Reaktion in vitro ablaufen zu lassen, und beide Richtungen werden katalysiert. Abb. 9.14 zeigt einen Komplex aus Protein und zwei DNA-Strängen. Es ist zu erkennen, dass die DNA-Stränge im Komplex in räumliche Nähe gebracht werden und nach dem Einzelstrangbruch geringe Konformationsänderungen für den Strangaustausch ausreichend sind. Aufgrund seiner Einfachheit und Robustheit wird das **Cre-Lox-System** heute vielfach als Werkzeug in der Molekulargenetik angewendet, um Genome von Pro- und Eukaryoten gezielt zu verändern (S. 368).

Eine andere **Tyrosin-Rekombinase** mit einem komplexeren Mechanismus ist die **Integrase** (**Int**) des **Phagen Lambda**. Nach Infektion einer Zelle kann der Phage einen **lytischen Lebenszyklus** einschlagen und die Zelle unter Bildung neuer Phagenpartikel zerstören, er kann sein Genom aber auch als **lysogener Phage** in das Genom der Wirtszelle integrieren. Dabei erfolgt die ortsspezifische Rekombination nur in einer Richtung, der Integration. Der **Prophage** wird nun mit dem Bakteriengenom repliziert und an die Nachkommen weitergegeben. Unter bestimmten Bedingungen schaltet Lambda vom lysogenen zum lytischen Ablauf um. Dazu muss das Phagengenom wieder aus dem Bakteriengenom ausgeschnitten werden. Auch das wird von der Integrase katalysiert, die nun aus-

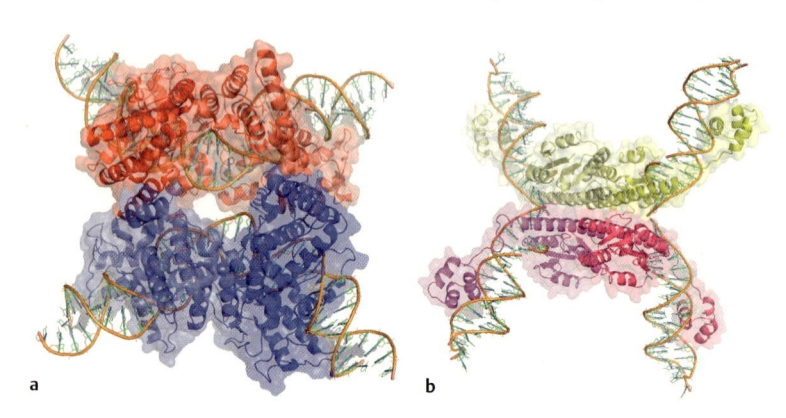

Abb. 9.14 Strukturen von Komplexen ortsspezifischer Rekombinasen mit DNA.
a die Tyrosin-Rekombinase Cre (ein Dimer blau, ein Dimer rot) mit LoxP-Stelle;
b die Serin-Rekombinase „γδ-Resolvase" (ein Dimer rot, ein Dimer gelb) mit DNA. (pdb:1NZB, 1ZR4)

schließlich in der zur Integration entgegengesetzten Richtung arbeitet. Die gezielte Katalyse der für den Phagen jeweils „benötigten" Richtung wird dadurch erreicht, dass ein Int-Tetramer allein die Rekombination nicht katalysieren kann, sondern zusätzliche Proteine für die Reaktion essentiell sind. Int erkennt dabei eine Stelle im Phagengenom, die **attP** genannt wird, und eine Stelle im Bakteriengenom, die **attB** genannt wird. Während attB eine klassische Bindestelle für ein Int-Dimer ist, ist attP komplexer aufgebaut (Abb. 9.**15**). Die Affinität für Int zur Rekombinationsstelle (R-R´) ist nur sehr gering, dagegen bindet Int über eine zusätzliche N-terminale Domäne hochaffin an weiter außen liegende Stellen (P1, P2, P´). Zwischen den Bindestellen für Int ist eine Bindestelle für das Bakterienprotein IHF (integration host factor), das bei der Bindung eine Biegung in die DNA einführt. Dadurch kommen die P-Stellen in die Nähe der R-Stellen, Int kann nun die niederaffinen R-Stellen besetzen und die Rekombination mit attB kann stattfinden, was zur Integration führt.

Nach der Integration ist der Prophage umgeben von zwei Stellen, die anders aufgebaut sind als beide vorherigen Stellen und die attR und attL genannt werden. Die Anwesenheit von IHF ist nicht ausreichend, um die Rekombination zwischen attR und attL zu ermöglichen, und daher bleibt der Prophage stabil integriert. Zur Deletion des Prophagen ist ein von ihm codiertes Protein notwendig, das Xis (excision) genannt wird. Wird die Expression von *xis* induziert, bindet Xis an Stellen in attR, was Voraussetzung für die Ausbildung eines produktiven Rekombinationskomplexes an attR-attL ist. Nach dem Ausschneiden verhindert die Bindung von Xis an attP, das die Rückreaktion stattfinden kann, daher ist die Rekombination bei Anwesenheit von Xis irreversibel.

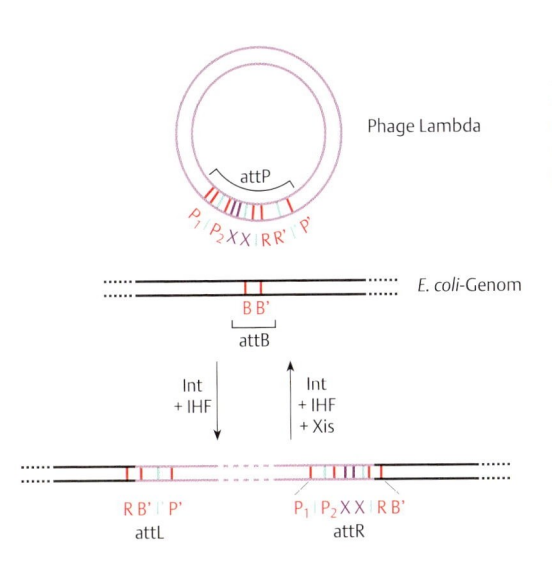

Abb. 9.**15 Integration des Phagen Lambda in das *E. coli*-Genom und späteres Xis-abhängiges Herausschneiden.**

Der Phage Lambda bietet ein Beispiel dafür, wie die ortsspezifische Rekombination durch die Beteiligung weiterer Proteine und den Aufbau von unsymmetrischen Rekombinationskomplexen in ihrem Ablauf und ihrer Richtung reguliert werden kann. Viele andere temperente Phagen benutzen ähnliche Mechanismen, um die Rekombination ihrem Lebenszyklus anzupassen und gezielt für die Integration ins oder die Deletion aus dem Wirtschromosom einzusetzen.

Phasenvariation

Mehrere Serin-Rekombinasen katalysieren die **Inversion** eines DNA-Segmentes im Chromosom von Bakterien. Der Mechanismus ist anders als bei der homologen Rekombination (S. 338) beschrieben, der biologische Sinn ist derselbe: die qualitative Umschaltung von einem Zustand zu einem anderen als Mittel der Genregulation. Am besten untersucht ist die **Hin-Rekombinase** von *Salmonella*, die es den Zellen erlaubt, zwischen zwei Flagellen hin- und herzuschalten, die aus unterschiedlichen Flagellinen aufgebaut sind. Das invertierbare DNA-Element zwischen den Erkennungsmotiven der Rekombinase enthält das *hin*-Gen für die Rekombinase sowie am Rand einen Promotor, der die Transkription des Bereiches jenseits des Inversionselementes steuert. In der Folge werden in der einen Richtung zwei Gene abgelesen: *fljB* codiert das Flagellin H2 und *fljA* codiert einen Repressor, der die Expression des Gens für das Flagellin H1 verhindert. Dadurch werden in dieser Orientierung Flagellen aus H2 gebildet. Wird das Element durch die Rekombinase Hin invertiert, wird kein H2 mehr gebildet; dafür ist die Produktion des Flagellins H1 nicht mehr reprimiert, und dieses wird nun für die Flagellensynthese verwendet. Da Flagellen antigene Oberflächenstrukturen sind, handelt es sich bei dieser **Phasenvariation** auch um eine **Antigenvariation**.

Die Hin-Rekombinase katalysiert die ortsspezifische Rekombination ausschließlich zwischen Erkennungsstellen, die auf einem DNA-Molekül (*in cis*) liegen, nicht zwischen Stellen auf verschiedenen Molekülen (*in trans*). Damit wird garantiert, dass Hin ausschließlich Inversionen katalysiert und nicht z. B. die Dimerbildung von zwei Chromosomen nach der Replikation. Wieder wird die Einschränkung der möglichen Reaktionen dadurch erreicht, dass ein weiteres Protein für die Ausbildung des Rekombinationskomplexes benötigt wird. Innerhalb des invertierbaren Elementes liegt eine Bindungsstelle für das bakterielle Protein **Fis** (**factor for inversion stimulation**). Für die Ausbildung des aktiven Rekombinationskomplexes ist eine Wechselwirkung von zwei Fis-Dimeren mit dem Hin-Tetramer nötig, das die Rekombination zwischen den beiden Erkennungsmotiven katalysiert.

Eine Variation des Themas ist bei dem **Phagen Mu** zu finden, bei dem die Inversion eines DNA-Elementes das Umschalten zwischen zwei Proteinen bewirkt, die für die Wirtserkennung nötig sind. Daher stellt eine Mu-Population eine Mischung von Phagen dar, die den einen bzw. den anderen von zwei möglichen Wirten befallen können. In diesem Fall liegt das Gen für die Rekombinase außerhalb des Inversionselementes, und die Inversion erfolgt mitten in dem Gen für das Schwanzfaserprotein. Das Protein besteht somit aus einem konstanten N-Terminus und einem von zwei möglichen C-Termini, die durch die Inversion ausgetauscht werden können. Wieder ist das Fis-Protein für die Ausbildung eines aktiven Rekombinationskomplexes nötig. In diesen und weiteren Fällen der Genregulation durch ein Inversionselement wird die Richtung und der Zeitpunkt des Schaltens nicht reguliert. Es handelt sich um ein stochastisches Schalten zwischen zwei Zuständen, das sicherstellt, dass in einer Population zwei verschiedene Arten von Zellen oder Phagen vorhanden sind, was die Wahrscheinlichkeit erhöht, dem Immunsystem zu entgehen, oder den Wirtsbereich erweitert.

Auflösung von Chromosomendimeren

Die am Weitesten verbreitete und daher allgemeinste biologische Funktion von ortsspezifischen Rekombinasen liegt darin, Chromosomendimere von Prokaryoten in Monomere zu spalten, die auf die Tochterzellen verteilt werden können. Wie beschrieben (S. 332), ist die homologe Rekombination ein integraler Bestandteil der Replikation. Dabei werden zumeist die Non-Crossover-Produkte gebildet, zu einem bestimmten Anteil aber auch Crossover-Produkte. Ein Crossover führt bei der Replikation (oder bei der DNA-Reparatur durch homologe Rekombination bei Doppelstrangbrüchen an schon replizierten Bereichen) zu der Bildung eines Chromosomendimers, dessen Verteilung auf die beiden Tochterzellen natürlich unmöglich ist (Abb. 9.**16**). Eine ortsspezifische Rekombinase spaltet das Dimer in zwei Monomere, die segregiert werden können.

Für das Überleben der Zellen ist es wichtig, dass die Rekombination ausschließlich in einer Richtung abläuft – der Spaltung von Dimeren – und es keinesfalls zu der Dimerbildung aus zwei Monomeren kommt. Dies wird garantiert, indem die Rekombination auf einen bestimmten Zeitpunkt des Zellzyklus und einen bestimmten Ort innerhalb der Zelle beschränkt wird. Dies geschieht wiederum dadurch, dass die Rekombinase allein die Rekombination nicht katalysieren kann, sondern die Wechselwirkung mit einem weiteren Protein nötig ist. Anders als bei den bislang vorgestellten Beispielen besteht die Rekombinase nicht aus einem Homotetramer, sondern ist ein Heterotetramer aus den beiden Proteinen **XerC** und **XerD**, die zu den Tyrosin-Rekombinasen gehören. Das DNA-Erkennungsmotiv, **dif** genannt, liegt im Bereich des Replikationsterminus (S. 109). Für eine erfolgreiche Rekombination ist die Wechselwirkung des XerCD-Tetramers mit dem Protein **FtsK** nötig. FtsK ist ein integrales Membranprotein, das am sich während der Zellteilung bildenden Septum lokalisiert ist, und ist eine **ATP-abhängige „DNA-Pumpe"**, die sicherstellt, dass bei einer normalen Teilung keine DNA im Bereich des Septums verbleibt. Bei Chromosomendimeren jedoch bleibt der Bereich der Termini (und damit auch dif) in der Zellmitte.

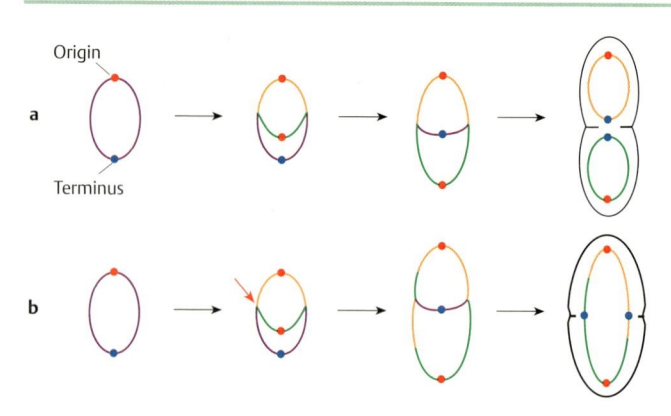

Abb. 9.16 Replikation eines Bakteriengenoms. a ohne und **b** mit Crossover-Rekombination; gelb und grün = neusynthetisierte DNA.

Die Wechselwirkung von FtsK mit XerCD aktiviert XerD, das ansonsten inaktiv ist. Ohne FtsK kann das XerCD-Tetramer zwar an dif binden und XerC kann einen Strang austauschen, aber ohne die XerD-Aktivität wird der zweite Strang nicht gespalten und es kommt zur Rückreaktion. Chromosomenmonomere können auf die beiden Zellhälften verteilt werden, bevor das Septum gebildet wird, daher kommt der XerCD-Komplex ausschließlich dann mit FtsK in Kontakt, wenn ein Chromosomendimer nicht verteilt werden kann und die beiden dif-Sequenzen in der Zellmitte verbleiben. Auf diese Art werden durch die Lokalisation eines „Hilfsproteins" Zeit, Ort und Richtung der ortsspezifischen Rekombination durch XerCD bestimmt.

> **Ortsspezifische Rekombination (biologische Prozesse):**
> - **Integration – Deletion von Phagen:** Rekombinase allein reicht nicht; Richtung reguliert durch zusätzliche Proteine des Wirts und des Phagen; Beispiel Lambda Int.
> - **Phasenvariation:** Genregulation durch Inversion; unreguliert; selten.
> - **Trennung von Chromosomendimeren:** Bei Prokaryoten weit verbreitet; XerCD (*E. coli*); örtlich und zeitlich reguliert durch Benötigung des Septumproteins FtsK.

9.4 Transposition und Retrotransposition

Transposons und Retrotransposons sind DNA-Elemente, die sich von einem Ort in einem Genom an einen anderen Ort bewegen können. Man unterscheidet **DNA-Transposons** und **Poly(A)-** sowie **LTR-Retrotransposons**, wobei der Transpositionsmechanismus der beiden letzteren durch ein RNA-Intermediat charakterisiert ist. Alle Arten von Pro- und Eukaryoten enthalten Transposons/Retrotransposons. Der Anteil am Genom und die relativen Verhältnisse sind sehr unterschiedlich. Auch das menschliche Genom besteht fast zur Hälfte aus transponierbaren Elementen – bis auf einen kleinen Teil sind sie jedoch nicht vollständig und daher nicht aktiv. Früher hat man Transposons/Retrotransposons ausschließlich als „selbstsüchtige DNA" angesehen, die eine Bürde für den Wirtsorganismus ist, inzwischen werden auch die Vorteile für die Genomevolution anerkannt.

Transponierbare Elemente sind dadurch gekennzeichnet, dass sie sich von einer Stelle im Genom an eine andere Stelle bewegen, wobei das unmittelbar oder mittelbar mit einer Erhöhung der Kopienzahl verknüpft sein kann. Die Enden der transponierbaren Elemente werden typischerweise basengenau erkannt, wobei der Integrationsort meist eine zufällige Stelle im Genom ist. Daher werden **Transposition/Retrotransposition** auch als **ortsunspezifische** oder als **illegitime Rekombination** bezeichnet. Transponierbare Elemente können – anders als Viren – ihren Wirtsorganismus nicht verlassen und gehen mit seinem Tod selbst zugrunde, daher haben sie im Verlauf der Evolution Formen des „Zusammenlebens" mit dem Wirt entwickelt. Es gibt vielfältige **Regulationsmechanismen**, die sicherstellen, dass die Transposition ein seltenes Ereignis ist. Dazu zählen einmal Regulationsmechanismen der **transponierbaren Elemente selbst**, Beispiele sind die Repression der eigenen Expression durch regulatorische Proteine oder antisense-RNAs, die Knüpfung der Transposition an die S-Phase des Wirts oder bestimmte Umweltbedingungen, oder die Transposition ausschließlich in nichttranskribierte Genombereiche des Wirtsgenoms. Zum anderen gibt es aber auch **Abwehrmechanismen von Wirtsgenomen**, Beispiele sind **Anti-Transpositionsproteine** oder kleine **regulatorische RNAs**, die mit der Transposition interferieren.

Man unterscheidet drei große Gruppen von transponierbaren Elementen: **DNA-Transposons, Poly(A)- und LTR-Retrotransposons** (auch virenähnliche Retrotransposons genannt). Die letzten beiden Gruppen sind durch RNA-Intermediate gekennzeichnet, die im Verlauf der Transposition auftreten. Alle prokaryotischen und eukaryotischen Arten enthalten transponierbare Elemente, wobei die Anteile stark variieren und typischerweise bei Prokaryoten mit ihrem hohen Genanteil des Genoms (S. 64) deutlich niedriger liegen. Bei Eukaryoten beträgt der Anteil bis zu 65 %, beim Menschen liegt er bei ca. 44 %. Auch die relativen Anteile von DNA-Transposons und Retrotransposons sind sehr unterschiedlich, so liegen die Anteile von DNA-Transposons in den Genomen von Bäckerhefe, Mensch, *Drosophila melanogaster*, Reis und *Trichonomas vaginalis* bei ca. 0 %, 10 %, 25 %, 85 % und 100 %.

Transposons können auch ihre Aktivität verlieren, so zeigt der Vergleich der Genome einiger Säugetiere, dass DNA-Transposons in ihren Genomen in den letzten 50 Millionen Jahren nicht mehr aktiv waren. Im Gegensatz dazu sind Poly(A)-Retrotransposons noch heute im menschlichen Genom aktiv. Früher hat man ausschließlich die destruktiven Folgen der Transposition betrachtet und Transposons/Retrotransposons als **„selbstsüchtige DNA"** (selfish DNA) bezeichnet. Durch Integration in aktive Gene können diese zerstört werden, was auch zur Entdeckung von Transposons führte, und es können menschliche Krankheiten hervorgerufen werden (S. 362). Heute sieht man auch die Vorteile, die Transposons/Retrotransposons für die Genomevolution haben, da sie die Plastizität der Genome erhöhen, zur Vervielfältigung von Genen und zum „Exon-Shuffling" beitragen oder sogar vom Wirt gezähmt und für eigene Zwecke eingesetzt werden (S. 363 und S. 359).

9.4.1 DNA-Transposons

DNA-Transposons wurden zuerst in den 40er Jahren des letzten Jahrhunderts als „springende Gene" in Mais entdeckt, die die Farbstoffsynthese in Maiskörnern beeinflussten und zu bunten Maiskolben führen. Auch ihre Entdeckung in Bakterien geschah durch die Charakterisierung von Mutanten, bei denen Gene durch DNA-Elemente inaktiviert wurden, die mehrfach im Genom vorhanden waren. DNA-Transposons sind durch **invertierte Wiederholungen** („inverted Repeats", ca. 10–40 nt) an ihren Enden und direkte Wiederholungen direkt daneben in der Wirts-DNA (ca. 2–10 nt) charakterisiert. Die Länge der Wiederholungen sind transposonspezifisch. **Unabhängige Transposons** enthalten ein Gen für eine Transposase, während **abhängige Transposons** nur die beiden Arten von Wiederholungen enthalten und für die Transposition auf eine *in trans* (S. 348) von einem kompatiblen unabhängigen Transposon codierte Transposase angewiesen sind. Transposons können auch mehrere bis viele **zusätzliche Gene** enthalten und komplizierter zusammengesetzt sein (s. u.). Es gibt zwei unterschiedliche Arten der Transposition, den **nichtreplikativen** (Cut-and-Paste) und den **replikativen Mechanismus**.

Bei dem **nichtreplikativen Mechanismus** (Abb. 9.**17**) bindet zunächst die Transposase als Homodimer oder Homotetramer an die beiden invertierten Wiederholungen, die Erkennungsmotive enthalten. Dann wird an jedem der beiden Transposonenden ein DNA-Strang hydrolysiert. Im Gegensatz zu den ortsspezifischen Rekombinasen (S. 342) wird kein kovalentes Intermediat ausgebildet. Transposasen gehören zu einer Proteinfamilie, die nach Aminosäuren im aktiven Zentrum „**DDE-Transposasen/Integrasen**" genannt werden (auch die Integrasen von Retroviren gehören dazu). Die Transposase katalysiert dann die Transveresterung der freigewordenen OH-Gruppe mit der Phosphatgruppe des Gegenstranges, wodurch an beiden Enden ein Doppelstrangbruch entsteht und das Transposon freigesetzt wird. Je nach Transposase entsteht dabei eine Haarnadelstruktur an den Enden des Transposons (Abb. 9.**17**) oder an den Enden der Wirts-DNA (Abb. 9.**22**). Im in der Abb. 9.**17** gezeigten Fall wird die Haarnadelstruktur durch die Transposase hydrolysiert, sodass wieder freie 3´-OH-Gruppen entstehen. Diese greifen, um einige Nucleotide versetzt und von der Transposase katalysiert, den Zielort im Wirtsgenom an, wobei keine oder nur eine geringe Sequenzspezifität besteht. Das Transposon ist nun an der neuen Stelle im Wirtsgenom integriert, wobei durch die versetzte Spaltung Einzelstranglücken entstehen. Deren Reparatur durch Wirtsenzyme führt zur Ausbildung der direkten Wiederholungen der Wirtssequenzen. Wird das Transposon an dieser Stelle wie-

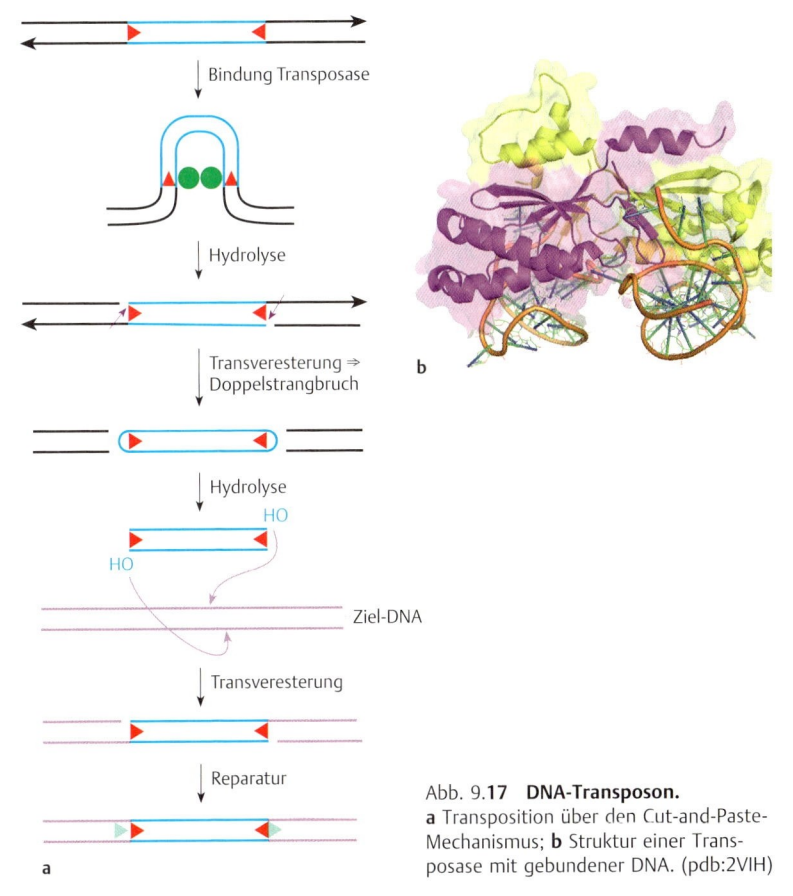

Abb. 9.**17 DNA-Transposon.**
a Transposition über den Cut-and-Paste-Mechanismus; **b** Struktur einer Transposase mit gebundener DNA. (pdb:2VIH)

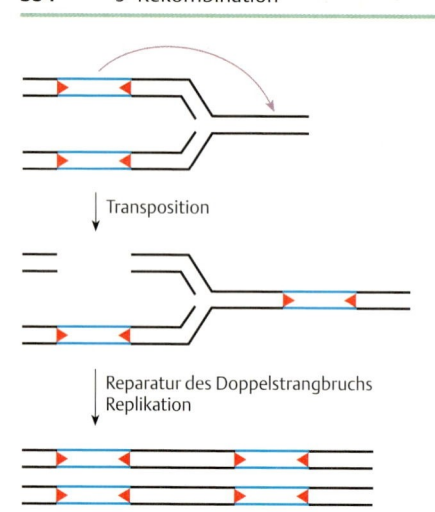

Abb. 9.18 **Erhöhung der Kopienzahl eines DNA-Transposons durch die Cut-and-Paste-Transposition.**

der herausgeschnitten, verbleiben diese Wiederholungen als „**Fußabdruck**", den das Transposon hinterlässt.

Auf den ersten Blick sieht es so aus, als ob dieser Mechanismus nicht zur Erhöhung der Kopienzahl führen könnte, sondern das Transposon sich nur an eine neue Stelle im Genom bewegt, wobei die alte Stelle auch noch durch einen Doppelstrangbruch zerstört zurückbleibt. Zwei Mechanismen können jedoch zur **Erhöhung der Kopienzahl** führen (Abb. 9.18). Dies sind erstens die Transposition von einem schon replizierten Bereich in einen noch nicht replizierten Bereich und zweitens die Reparatur des Doppelstrangbruchs durch homologe Rekombination (S. 332) mittels eines DNA-Moleküls, das das Transposon an der ursprünglichen Stelle noch besitzt.

Die **Vielfalt von Transposons** ist sehr groß (Abb. 9.19). **Unabhängige einfach aufgebaute** Transposons besitzen als einziges Gen das der Transposase und sind für die Transposition nicht auf Wirtselemente angewiesen (abgesehen von der ubiquitären DNA-Reparatur). Sie können daher in vielen verschiedenen Arten aktiv sein. Dies gilt für viele eukaryotische Transposons. Transposons dieser Art sind gut für die Anwendung geeignet (S. 366). **Abhängige Transposons** codieren nicht selbst für eine Transposase, sondern besitzen nur die Erkennungsstellen an den Enden. Sie können sehr klein sein, wie die **MITEs** (miniature inverted-repeat transposable elements), die nur 100–600 nt groß sind, und vielfach in Genomen vorkommen. **Zusammengesetzte Transposons** bestehen aus zwei einfachen Transposons (auch **Insertionselemente** genannt), die nahe beieinander liegen und zwischen denen einige weitere Gene liegen (Abb. 9.19c). Werden die außen liegenden invertierten Bereiche für die Transposition benutzt, werden beide Transposons sowie die dazwischenliegende DNA bewegt. Diese kann bei

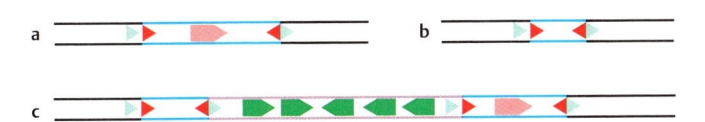

Abb. 9.**19 Möglichkeiten des Aufbaus von DNA-Transposons. a** Unabhängiges einfaches, **b** abhängiges, **c** zusammengesetztes Transposon.

bakteriellen Transposons z. B. Resistenzgene enthalten, so enthält das Transposon **Tn10** vier Gene, die eine Tetracyclinresistenz codieren. Zusammengesetzte Transposons können also zur Verbreitung von Resistenzen beitragen (z. B. nach Transposition auf Plasmide).

Der Mechanismus der **replikativen Transposition** beginnt ebenfalls mit dem Einführen von Einzelstrangbrüchen an den Transposonenden. Danach wird jedoch der Gegenstrang nicht gespalten, sondern die Transposase katalysiert den Angriff der freigewordenen 3´-OH-Gruppen auf die beiden Stränge des Zielortes, der wiederum um einige Nucleotide versetzt erfolgt. Dadurch entstehen freie 3´-OH-Gruppen der Wirts-DNA an der Transposongrenze (das Transposon ist nun mit einem Strang kovalent mit der Wirts-DNA der alten Stelle, mit dem anderen Strang mit der der neuen Stelle verbunden). Diese können als Ansatzpunkte für die Polymerisation dienen, sodass das Transposon beim replikativen Mechanismus auf jeden Fall verdoppelt wird.

Es gibt auch Phagen, die sich über den Mechanismus der Transposition vermehren, ein gut untersuchtes Beispiel ist der **Phage Mu** (vgl. Spezialliteratur). Bei Phagen ist die Transpositionsrate in ihrem lytischen Zyklus um ein Vielfaches höher als bei normalen DNA-Transposons, die verschiedene Mechanismen zur **Repression der Transposition** besitzen. Beispiele sind
- das Vorhandensein eines reprimierenden Proteins,
- die Expression von antisense-RNA, die die Translation der Transposase-mRNA inhibiert,
- die Inibition der Transposition bei DNA-Methylierung, sodass Transposition nur während der Replikation stattfindet, solange die DNA hemimethyliert ist,
- die Einbindung von Wirtsproteinen, sodass die Transposition an die Wachstumsphase oder den Stoffwechselzustand des Wirtes gekoppelt wird, oder
- die Interaktion mit Wirtsproteinen bei der Auswahl des Zielortes, sodass die Transposition ausschließlich in transkriptionell stillgelegte Bereiche eukaryotischer Genome erfolgt.

9.4.2 Poly(A)-Retrotransposons

Poly(A)-Retrotransposons wurden zunächst als hochrepetitive Elemente in eukaryotischen Genomen entdeckt und als **LINE** (**long interspersed nucleotide elements**) und **SINE** (**short interspersed nucleotide elements**) bezeichnet

(S. 71). Zusammen machen sie z. B. mehr als 30% des menschlichen Genoms aus. Erst nachträglich wurde erkannt, dass es sich um Retrotransposons handelt, und es wurde der Transpositionsmechanismus aufgeklärt. Abb. 9.**20** gibt einen Überblick über die verschiedenen Schritte eines Transpositionsereignisses am Beispiel des menschlichen **L1-Retrotransposons**. Ein vollständiges L1 ist etwa 6 kbp lang und besteht aus einem 5´-UTR, den codierenden Regionen für zwei Proteine (ORF1p und ORF2p), einem 3´-UTR und einer Poly(A)-Sequenz. Der erste Schritt besteht in der Transkription von L1 über einen internen Promotor. Die L1-mRNA wird in das Cytoplasma transportiert und dort translatiert. Eine Besonderheit ist, dass die beiden Proteine sofort an die mRNA binden, von der sie translatiert wurden, und daher im Gegensatz zu normalen Proteinen nur *in cis* wirken. Der Komplex aus den beiden Proteinen und der L1-mRNA wandert nun in den Zellkern. Das Protein **ORF2p** hat zwei verschiedene enzymatische Aktivitäten. Zunächst wirkt es als **Endonuclease** und spaltet am Zielort einen der beiden DNA-Stränge, wobei er ein kurzes T-reiches Erkennungsmotiv besitzt. Anschließend kommt es zur Hybridisierung des Poly(A)-Endes der L1-mRNA mit der T-reichen Sequenz des geschnittenen Zielorts. **ORF2p** wirkt nun als **reverse Transkriptase** und erstellt eine zunächst einzelsträngige DNA-Version von L1 („**target site primed reverse transcription**"). Die abschließenden Schritte bilden die Spaltung des zweiten Stranges (auch hier versetzt, sodass es zu direkten Wiederholungen von Wirtssequenzen neben dem Retrotransposon kommt), der Synthese des zweiten DNA-Stranges und der Ligation der Enden. Man schätzt, dass von den zigtausenden Kopien von L1 im menschlichen Genom nur noch etwa 100 Kopien aktiv sind (s. u.). Viele Kopien sind nicht vollständig und es fehlt ihnen der 5´-Bereich. Daher nimmt man an, dass in diesen Fällen die cDNA-Synthese nicht über die volle Länge der L1-mRNA erfolgte, sondern vorher abgebrochen wurde.

Die direkte Bindung von ORF1p und ORF2p an die eigene mRNA erklärt, warum – fast immer – nur die L1-mRNA an einen neuen Zielort im Genom eingebaut wird. Die Existenz von sogenannten „**prozessierten Pseudogenen**" im menschlichen Genom zeigt, dass dieser Vorgang im Verlauf der Evolution nicht immer hundertprozentig sicher war. Prozessierte Pseudogene sind Gene, die an anderer Stelle in vollständiger Form im Genom vorkommen, sie enthalten selbst aber keine Introns, sodass sie über ein RNA-Intermediat ins Genom gelangt sein müssen – vermutlich als seltener Fehler bei der L1-Transposition.

Die **SINEs**, von denen das häufigste Element des menschlichen Genoms „AluI" genannt wird, sind **abhängige Poly(A)-Retrotransposons**, die selbst nicht über die für die Transposition benötigten Proteine verfügen (analog zu den abhängigen DNA-Transposons, s. o.). Wie schafft es AluI, die *cis*-Wirkung der L1-Proteine zu unterlaufen und diese für die eigene Verbreitung einzusetzen? AluI ähnelt der RNA des „Signal Recognition Particles", das mit dem Ribosom wechselwirkt (*Biochemie, Zellbiologie*). Eine plausible Theorie ist daher, dass die AluI-mRNA nach der Transkription und dem Transport ins Cytoplasma über die Bindung an SRP-Proteine an das Ribosom bindet und dort „wartet". Wird irgendwann danach

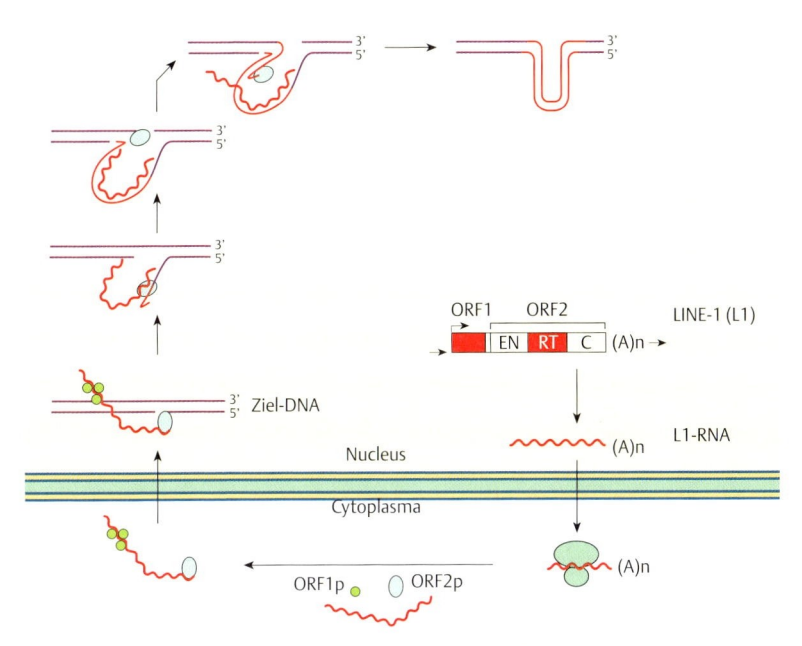

Abb. 9.20 Schritte bei der Transposition eines Poly(A)-Retrotransposons.
(Von Gerald G. Schumann, Langen.)

eine L1-mRNA translatiert, kann die AluI-mRNA mit der L1-mRNA um ORF2p konkurrieren.

Der Vergleich der Genome von Menschen und Schimpansen hat gezeigt, dass es in beiden Arten seit der Trennung vom gemeinsamen Vorfahren etwa 10 000 artspezifische Transpositionsereignisse gegeben hat, wobei es sich bei >95 % der Fälle um L1- und AluI-Retrotranspositionen gehandelt hat. Vergleiche der Genome von Menschen verschiedener Erdteile zeigen, dass die Retrotransposition im menschlichen Genom auch heute noch stattfindet, und man schätzt, dass etwa jeder fünfzigste Mensch eine neue, „persönliche" Retrotransposonkopie trägt. Es wurden inzwischen einige Fälle dokumentiert, bei denen die Retrotransposition in ein wichtiges Gen zu einer Krankheit geführt hat. In den letzten Jahren hat man entdeckt, dass der Mensch Abwehrmechanismen gegen die Retrotransposition besitzt, so setzt ein **APOBEC3** genanntes Protein die Retrotranspositionsfrequenz stark herab.

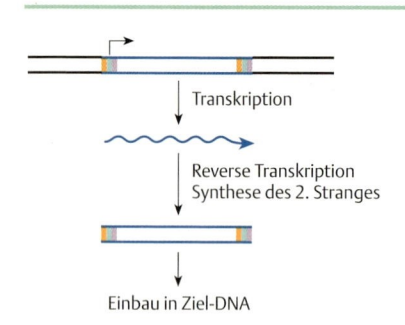

Abb. 9.21 Schritte bei der Transposition eines LTR-Retrotransposons.

9.4.3 LTR-Retrotransposons

LTR-Retrotransposons sind gekennzeichnet durch die namensgebenden langen Sequenzwiederholungen (LTR, long terminal repeats) an beiden Enden. Sie werden auch virusähnliche Retrotransposons genannt, da sie Ähnlichkeiten mit **Retroviren** aufweisen und angenommen wird, dass sich in der Evolution Retroviren aus Retrotransposons entwickelt haben. Abb. 9.21 zeigt schematisch entscheidende Schritte des Transpositionsmechanismus. Zuerst wird von einem im linken LTR gelegenen Promotor die Transkription des größten Teils des Retrotransposons gesteuert. Die RNA wird ins Cytoplasma transportiert und translatiert, wobei u. a. eine **reverse Transkriptase** gebildet wird. Diese schreibt die RNA in doppelsträngige cDNA um. Die langen Sequenzwiederholungen an den Transposonenden führen dazu, dass aus der RNA, die kürzer als das Transposon ist, eine cDNA vollständiger Länge synthetisiert werden kann. Der Mechanismus ist komplex, umfasst intermediäre Templatewechsel und ist am besten bei Retroviren untersucht worden (s. Spezialliteratur). Die doppelsträngige cDNA wird im Genom an einen neuen Zielort eingebaut mithilfe eines Mechanismus, der dem der DNA-Transposons ähnelt.

> **DNA-Transposons:** Abhängige, einfache unabhängige, zusammengesetzte Transposons; invertierte Wiederholungen an den Enden; begrenzt von direkten Wiederholungen; Transposase; Mechanismen: Rausschneiden und Einfügen im Gegensatz zu replikativ.
> **Poly(A)-Retrotransposons:** Hoher Anteil am Genom (Mensch >30 %); LINE1 (unabhängig) und AluI (abhängig); RNA-Intermediat; cis-Wirkung von ORF2p; target site primed reverse transcription; die meisten Kopien unvollständig und inaktiv; einige Kopien heute noch aktiv; Gegenwehr des Wirtsgenoms.
> **LTR-Retrotransposons:** Ähnlich zu und Vorläufer von Retroviren; Long terminal Repeats (LTR) an den Enden; unvollständiges RNA-Intermediat; cDNA-Synthese (Vervollständigung mithilfe von LTRs); Einbau.

9.5 Ein „gezähmtes Transposon" und das Immunsystem höherer Eukaryoten

Antikörper und T-Zellrezeptoren erkennen eine Vielzahl unterschiedlicher Strukturen. Diese **Diversität** wird u. a. dadurch erzeugt, dass die Gene aus mehreren Klassen von Segmenten bestehen, von denen es jeweils mehrere oder viele im Genom gibt und die während der Reifung von Immunzellen in variabler Kombination zu exprimierbaren Genen zusammengesetzt werden. Der erste Schritt der Prozessierung wird durch zwei Enzyme katalysiert, die von einer Transposase abstammen, die von höheren Eukaryoten „gezähmt" wurde und nun für ihre eigenen Zwecke eingesetzt wird.

Die Gene für Antikörper und T-Zellrezeptoren bestehen aus mehreren Segmenten, den V-(variable), D-(diversity), J-(joining)Segmenten, und einer konstanten Region. Die große Vielfalt der sogenannten variablen Regionen der Proteine entsteht u. a. dadurch, dass es im Genom viele V-, D- und J-Regionen gibt, die während der Reifung der B-Zellen und T-Zellen aus Vorläuferzellen in unterschiedlichen Kombinationen zu reifen, exprimierbaren Genen zusammengesetzt werden (S. 425, Abb. 11.3, *Zoologie*). Dazu werden die Bereiche zwischen einem V- und einem D-Segment bzw. zwischen einem D- und einem J-Segment deletiert. Da nicht alle Gene D-Segmente enthalten, wird der Vorgang als **V(D)J-Rekombination** bezeichnet. Die Proteine, die den ersten Schritt der Rekombination katalysieren, heißen Rag1 und Rag2 (recombination activating genes). Die *rag1*- und *rag2*-Gene werden nur in lymphoiden Zellen exprimiert, und ihre Inaktivierung führt dazu, dass die V(D)J-Rekombination unterbleibt. Werden sie mit gentechnischen Methoden in anderen Geweben exprimiert, kommt es dort zur V(D)J-Rekombination, was zeigt, dass alle weiteren benötigten Proteine noch an einem anderen Prozess beteiligt sind, der nicht auf die Reifung von B- und T-Zellen beschränkt ist.

Dabei handelt es sich um einen zur homologen Rekombination alternativen Mechanismus zur Reparatur von DNA-Doppelstrangbrüchen, der als **NHEJ-Mechanismus** bezeichnet wird (non-homologous end joining). Rag1 und Rag2 haben Erkennungsstellen an den Rändern der Gensegmente, die als **RSS** (recombination signal sequences) bezeichnet werden. Sie bestehen aus einem konservierten Heptamer und einem konservierten Nonamer, die einen Abstand von 12 bzw. von 23 Nucleotiden haben. Rag1/2 bilden einen Komplex mit zwei RSS, wobei immer eine Stelle einen 12-nt-Abstand und die zweite Stelle einen 23-nt-Abstand aufweist (**12/23-Regel**). Da auf der rechten Seite von V-Segmenten jeweils der eine Typ von RSS und an der linken Seite von D-Segmenten der andere Typ von RSS-lokalisiert ist, wird so die Spezifität der VD-Rekombination sichergestellt (und genauso der DJ-Rekombination).

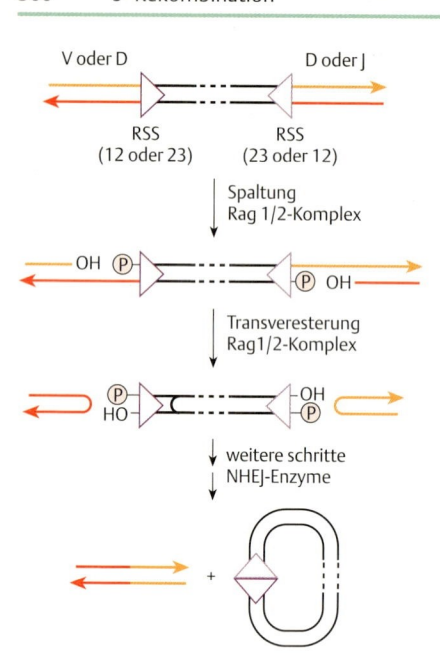

Abb. 9.22 DNA-Spaltung durch den Rag1/2-Komplex bei der V(D)J-Rekombination.

Es gibt verschiedene Anhaltspunkte, die zeigen, dass Rag1 und Rag2 von Transposasen abstammen, die von Eukaryoten „gezähmt" wurden und nun für die Erzeugung der Vielfalt von Antikörpern und T-Zellrezeptoren eingesetzt werden. Dazu zählen die Verteilung in Eukaryoten: Rag1/2 findet man in Haien und allen höher entwickelten Tieren, nicht in niederen Eukaryoten. In allen Arten liegen die *rag1*- und *rag2*-Gene direkt nebeneinander und enthalten keine Introns. Der Rag1/2-Komplex katalysiert nach der Bindung von zwei RSS die Einführung von zwei Doppelstrangbrüchen an den Rändern der RSS mittels eines Mechanismus, der von einigen Transposasen benutzt wird (Abb. 9.22). In biochemischen In-vitro-Versuchen kann der Rag1/2-Komplex unter bestimmten Bedingungen sogar Transpositionen katalysieren, was allerdings in vivo nicht erfolgt. Zu der „Zähmung" der Transposase, um sie für eine vollkommen neue Funktion einsetzen zu können, gehörte die Herabsetzung der Aktivität, die zelltypspezifische Expression, die zellzyklusspezifische Expression sowie die Ausbildung spezifischer Interaktionsflächen mit Enzymen des NHEJ-Reparaturweges, die die Öffnung der Haarnadelstrukturen und die Ligation der beiden codierenden Bereiche katalysieren. Die Variabilität der Antikörper wird durch spätere Prozesse weiter erhöht, auf die im Rahmen dieses Kapitels nicht eingegangen werden kann (class switch recombination, Hypermutation, *Zoologie*).

> **V(D)J-Rekombination:** Zusammenbau des variablen Teils von Genen für Antikörper und T-Zellrezeptoren aus verschiedenen Segmenten, von denen es jeweils mehrere bis viele im Genom gibt.
> **Rag1 und Rag2:** Katalysieren den ersten Schritt der VD- und DJ-Rekombination; Bindung an zwei RSS und spezifische Einführung von zwei Doppelstrangbrüchen; Mechanismus und andere Anhaltspunkte sprechen für evolutive Entwicklung aus Transposasen.

9.6 Rekombination und menschliche Krankheiten

Rekombinationsenzyme sind an vielen zentralen biologischen Prozessen wie Replikation, DNA-Reparatur, Meiose und Reifung von Lymphocyten beteiligt, deshalb ist ihr totaler Ausfall oft letal und können Mutationen zu Krankheiten des Menschen wie Krebs führen. Krebs kann auch durch Chromosomentranslokationen entstehen, die durch Fehler bei der Rekombination oder durch ektopische Rekombination verursacht werden. Nicht zuletzt können Transposition/Retrotransposition zur Inaktivierung von Genen führen, was entsprechende Krankheiten nach sich zieht.

Es gibt unterschiedliche Mechanismen, die Rekombinationsmechanismen mit menschlichen Krankheiten verknüpfen. Dies ist an verschiedenen Stellen schon erwähnt worden, soll aber nachfolgend stichwortartig noch einmal kurz zusammengefasst werden.

Ausfall/Mutation essentieller Funktionen. Homologe Rekombination ist für Replikation, DNA-Reparatur sowie spezialisierte Funktionen wie die Meiose und Reifung des Immunsystems essentiell. Der Ausfall vieler der beteiligten Proteine ist daher letal. Der Ausfall von Rag1/2 sowie anderer Proteine der V(D)J-Rekombination führt zu einem „Severe combined immune deficiencies" genannten Syndrom, das aufgrund des Fehlens der B- sowie der T-Zell-Aktivität zu frühen Infektionen insbesondere des Magen-Darm-Traktes und des Atmungsapparates führt. Mutationen von BCRA2, eines Mediators der homologen Rekombination, der mit Rad51 wechselwirkt, führen zur Entstehung von Brustkrebs. Auch weitere Krankheiten mit einer weit erhöhten Krebswahrscheinlichkeit wie das „Bloom's Syndrome" und die „Fanconi Anämie" werden durch Mutationen von Komponenten der homologen Rekombination ausgelöst.

„Unfälle" bei der Funktion von Rekombinationsenzymen. Beispiele sind Tumore des lymphatischen Gewebes, die auf chromosomalen Translokationen beruhen. Diese sehr seltenen Fälle beruhen anscheinend darauf, dass Rag1/2 aufgrund ihrer phylogenetischen Herkunft eine wenn auch sehr geringe Restaktivität als Transposase aufweisen.

„Folgeschäden" durch ektopische homologe Rekombination. Repetitive Elemente bieten Ansatzpunkte für homologe Rekombination zwischen nichthomologen Stellen des Genoms. Diese verursachen Deletionen, Inversionen und Translokationen, die jeweils unterschiedliche Krankheiten oder Krebs nach sich ziehen können.

Aktivität von Retrotransposons. Vor etwa 10 Jahren ist erstmals eine Krankheit auf die Inaktivierung eines wichtigen Gens durch eine Insertion des L1-Retrotransposons zurückgeführt worden. Seitdem wurden zahlreiche weitere Beispiele belegt.

Erhöhung der Chancen von Krebswucherungen. Bei vielen Tumoren wird eine erhöhte Expression eines zentralen Proteins der homologen Rekombination, Rad51, gefunden. Dies führt zu selektiven Vorteilen sowohl bei dem tumorspezifischen schnellen Wachstum der Zellen als auch gegenüber vielen gängigen Behandlungen von Tumoren.

9.7 Evolution durch Rekombination und Evolution der Rekombination

Die Verbreitung von Rekombinationsproteinen zeigt, dass die Rekombination ein evolutionär sehr alter Prozess ist. Sie ist für die Genomevolution und die Artentstehung unerlässlich, da sie an **horizontalem Gentransfer** und der **Neukombination** von Genen und Proteindomänen beteiligt ist. Die Analyse von Bakterienpopulationen zeigt, dass bei vielen Populationen noch heute Rekombination eine stärkere evolutive Kraft ist als Mutation.

In der Evolution sind viele neue biologische Prozesse durch Einbeziehung von Rekombinationsproteinen entstanden. Beispiele sind die Entwicklung meiotischer Rekombination und Genregulation durch Genkonversion aus einem Reparaturweg. Weitere Beispiele zeigen die „Zähmung" von Transposasen durch den Wirt und ihr Einsatz zur Entwicklung neuer Wirtsfunktionen.

9.7.1 Evolution durch Rekombination

Homologe Rekombination ist ein phylogenetisch sehr alter Prozess, wie die ubiquitäre Verbreitung sowohl des zentralen Rekombinationsproteins RecA/RadA/Rec51 als auch des Prozesses der Rekombination in allen Domänen des Lebens zeigt. Homologe Rekombination war sowohl für die Evolution einzelner Genome wichtig als auch für den **horizontalen Gentransfer** zwischen den Arten. Die Sequenzierung von inzwischen mehr als 500 Genomen – meist von Prokaryoten – hat gezeigt, dass horizontaler Gentransfer in der Evolution sehr massiv stattgefunden hat und das Vorhandensein von Genen in Genomen und insbesondere ihre Anordnung innerhalb der Genome nicht gut konserviert sind. Die Neukombination von Genen in einem Genom, die nicht vertikal von den Vorfahren ererbt wurden, sondern aus den Genpools mehrerer Arten stammen, erlaubt die Evolution vollkommen neuer Stoffwechselwege, also **qualitative** „**Evolutionssprünge**", durch die Selektion neuer Kombinationen vorhandener Gene, anstatt „nur" auf Einzelmutationen als Motor der Evolution angewiesen zu sein. Plakative Beispiele sind auch sogenannte Pathogenitätsinseln, die durch Übertragung und Integration in das Genom einer bislang nichtpathogenen Art dieser einen vollkommen neuen „Lebensstil" ermöglichen.

Es kann angenommen werden, dass in der Frühzeit der Evolution die Genome sowie auch die Gene kleiner waren. Schon vor Jahrzehnten wurde entdeckt, dass die Exons eukaryotischer Gene sehr oft einzelne Domänen von Proteinen codieren, die autonom falten können. Die Domänen mit einer bestimmten Eigenschaft (Bindung von ATP, Bindung von RNA, Hydrolyse einer Bindung) können Teile von Proteinen mit sehr unterschiedlicher biologischer Funktion sein, in denen sie mit jeweils verschiedenen weiteren Domänen kombiniert sind. Die Theorie des „**Domain-Swappings**" oder „**Exon-Shufflings**" postuliert, dass ein einmal in der Evolution „erfundenes" Gen für eine bestimmte Funktion im Laufe der Zeit durch vielfache Duplikation und Rekombination Teil von vielen zusammengesetzten Genen geworden sein kann und heute eben für eine Domäne von Proteinen codiert. Auch prokaryotische Proteine bestehen oft aus mehreren Domänen, die in verschiedenen Proteinen mit unterschiedlicher Funktion vorkommen. Allerdings haben die proteincodierenden Gene keine Introns, sodass bei der Neukombination von Genteilen, die für einzelne Proteindomänen codieren, zu neuen Genen das Leseraster bei der Rekombination erhalten bleiben muss. Dies war u. U. nicht immer so: Während man früher die Existenz von Introns innerhalb von Genen für eine späte Erfindung innerhalb der Evolution der Eukaryoten hielt, hält man es heute für möglich, dass auch Gene von Prokaryoten in der Frühgeschichte des Lebens Introns enthielten. Noch heute findet man bei Prokaryoten Introns in den Genen stabiler RNAs, und vor kurzem hat man Beispiele von tRNAs gefunden, die in zwei Hälften an verschiedenen Stellen im Genom codiert sind und nachträglich zu einem Molekül zusammengesetzt werden.

Der Vergleich vieler Genome hat gezeigt, dass die Rekombination in der Vergangenheit ein wichtiger Prozess bei der Entstehung prokaryotischer und eukaryotischer Arten war. In den letzten Jahren sind Methoden entwickelt worden, um zu untersuchen, ob Rekombination in heute lebenden Populationen von Prokaryoten ein noch immer wirkender Evolutionsfaktor ist. Eine Methode ist **MLST** (**Multi Locus Sequence Typing**) (Abb. 9.**23**): Zunächst werden viele Individuen einer Population isoliert und vermehrt. Anschließend wählt man ca. zehn Gene aus, die von den verschiedenen Klonen der Individuen amplifiziert werden, und sequenziert diese danach (S. 487). Wenn man von einer ursprünglichen theoretischen Population ausgeht, bei der alle Individuen unterschiedliche Sequenzen der zehn Gene aufweisen, dann hinterlassen Mutationen und Rekombinationen unterschiedliche „Spuren" in den Genomen der Nachkommen.

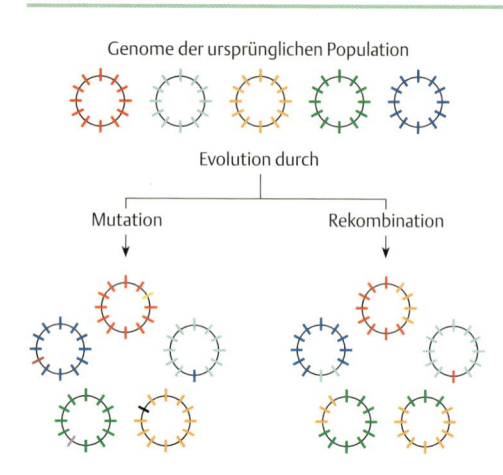

Abb. 9.**23** **Folgen der Evolution durch Mutation bzw. Rekombination: Grundlage für Multi Locus Sequence Typing (MLST).**

Eine **Mutation** führt typischerweise bei einem der zehn Gene zu einer neuartigen Sequenz, die in keinem anderen Individuum der Population vorkommt, während **Rekombination** die Sequenz von einem oder mehreren Genen des Individuums durch Sequenzen austauscht, die auch in anderen Individuen der Population vorkommen (Abb. 9.**23**).

MLST-Analysen sowohl von pathogenen Bakterienpopulationen, die aus Kranken isoliert wurden, als auch von Bakterienpopulationen aus verschiedenen Ökosystemen haben gezeigt, dass bei vielen Arten Rekombination häufiger vorkommt als Mutation. Dies zeigt, dass Rekombination auch heute noch ein wichtiger Mechanismus für die Evolution prokaryotischer Arten ist. Abschließend sei wiederholt, dass die meiotische Rekombination von Eukaryoten die Neukombination von Genen in jeder Generation zur Regel erhoben und damit enorm beschleunigt hat, was für die Evolution eukaryotischer Arten eine wichtige Rolle gespielt hat und noch spielt.

9.7.2 Evolution der Rekombination

In mehreren Abschnitten wurden schon Beispiele genannt, wie Rekombinationsmechanismen im Laufe der Evolution weiterentwickelt wurden und neue biologische Funktionen für Rekombinationsenzyme „erfunden" wurden. Die Enzyme der homologen Rekombination sind wahrscheinlich als „**Replikationshilfsenzyme**" entstanden. Was auch immer die frühere Funktion und die selektive Kraft für die Entstehung der Enzyme war – die andere Funktion war so ähnlich, dass sie als „Nebenfunktion" nahtlos mitentstand. Die Enzyme sind heute aber auch an vollkommen anderen biologischen Funktionen beteiligt, wie der Genregulation durch Umschalten zwischen verschiedenen Varianten oder der Erzeugung neuer Genkombinationen in der Meiose. Jeweils waren für den **Funktionswechsel** einige **zusätzliche Proteine** nötig. Dafür wurden typischerweise bereits vorhandene Enzyme des Nucleinsäurestoffwechsels „umgewidmet", z. B. ist das Meioseprotein **Spo11** aus einer Topoisomerase entstanden. Dasselbe Prinzip wird auch bei den anderen Formen der Rekombination beobachtet. Ortsspezifische Rekombinasen können – in Wechselwirkung mit weiteren Proteinen – ganz unterschiedliche biologische Funktionen erfüllen. Die **Tyrosin-Rekombinasen** sind selbst Beipiel für Proteinevolution und Benutzung einer Domäne für unterschiedliche Funktionen, da ihre katalytische Domäne ähnlich zu Topoisomerasen und Telomer-Resolvasen ist und alle drei wohl gemeinsame Wurzeln haben.

Ein anderes Beispiel ist das **Immunsystem** der Eukaryoten, das für die essentiellen Schritte der Gensynthese durch Kombination verschiedener Bausteine eine ursprüngliche Transposase in eine vollkommen andere biologische Funktion eingebunden hat. Es gibt weitere analoge Beispiele, so gibt es in Pflanzen Transkriptionsfaktoren, die an der **lichtabhängigen Genregulation** beteiligt sind und die in der Evolution durch „Zähmung" einer Transposase entstanden sind. Ein „jüngeres" Beispiel aus unserer eigenen Geschichte ist ein **SETMAR** genanntes Protein, das in einem Primatenvorläufer durch eine Transposition entstanden ist, die zur Fusion eines Gens einer Transposase der „marimer"-Familie mit einem Gen für eine SET-Domäne geführt hat. Die Analyse des menschlichen Genoms zeigt, dass es, je nach Stringenz der angewendeten Kriterien, zwischen 20 und mehreren hundert Gene enthält, die in der Evolution aus Transposongenen entstanden sind. Die „Umwidmung" einer Transposase hat für Arten nicht nur den Vorteil, ein zusätzliches Protein für eigene biologische Belange einsetzen zu können, sondern es werden auch alle Transposasebindestellen im Genom mit „übernommen", was den direkten Aufbau eines Regulationsnetzwerkes ermöglicht.

> **Evolution durch Rekombination:** Evolutionär sehr alt; Genomplastizität und Artentstehung; Exon-Shuffling; horizontaler Gentransfer, Multi Locus Sequence Typing (MLST).
> **Evolution der Rekombination:** Evolution neuer Funktionen aus einem Reparaturweg → z. B. Meiose, Genregulation durch Genkonversion; Proteinevolution → Divergieren zu unterschiedlichen Funktionen; „Zähmung" von Transposons und Einsetzen für Wirtsfunktionen.

9.8 Anwendung der Rekombination in Forschung, Biotechnologie und Gentherapie

Alle Arten der Rekombination werden auch für Forschung und Technologie angewendet. Schon lange bevor man die zugrundeliegenden Mechanismen kannte, wurden **Genomkarten** erstellt. Transposons können zur zufälligen Inaktivierung von Genen benutzt werden und damit zur Identifizierung von Genen, die an bestimmten biologischen Prozessen beteiligt sind. Homologe Rekombination wird zur Veränderung von Genomen eingesetzt, bei Prokaryoten zur basengenau planbaren Inaktivierung oder **Mutagenese** von Genombereichen. In den letzten Jahren finden ortsspezifische Rekombinasen eine immer weitere Anwendung, bis hin zur regulierbaren **konditionalen Deletion** von Genen in Mäusen und menschlichen Zelllinien. Bei verschiedenen Arten gibt es internationale Projekte, die die Inaktivierung jedes Gens des jeweiligen Genoms zum Ziel haben oder sogar schon erreicht haben. Die Anwendung für die **somatische Gentherapie** beim Menschen ist Gegenstand aktiver Forschung.

Die homologe Rekombination wurde schon angewendet, lange bevor der zugrundeliegende Mechanismus bekannt war oder bewiesen war, dass DNA das genetische Material darstellt. Von einer Reihe von Modellarten wurden **genetische Karten** durch das Kreuzen von Mutanten erstellt (S. 276). Dies gilt nicht nur für Eukaryoten, von denen z. B. *Drosophila melanogaster* in der ersten Hälfte des 20. Jahrhunderts intensiv erforscht wurde, sondern auch für Bakterien wie *E. coli* (Mikrobiologie).

Eine weitere frühe Anwendung war die **Transposonmutagenese**, die zur Identifizierung von Genen führt, die an einem bestimmten biologischen Prozess beteiligt sind. Dazu wird eine Population einer Art mit einer DNA transformiert, die ein Transposon enthält. Dieses inaktiviert idealerweise in jeder Einzelzelle ein Gen durch zufällige Integration; in der Gesamtpopulation ist jedes Gen des Genoms betroffen. Aus der Population werden Zellen selektiert, die eine bestimmte phänotypische Veränderung erfahren. In jeder dieser Zellen ist ein für den fraglichen biologischen Prozess essentielles Gen durch das Transposon unterbrochen worden. Da das Gen durch das Transposon gleichzeitig markiert wird, kann es mit molekulargenetischen Methoden leicht identifiziert werden. Die Methode wird auch in der Mausgenetik verwendet, wo Transposons zur Anwendung kommen, die aus verschiedenen anderen Arten isoliert wurden und so schöne Namen wie „Sleeping Beauty" (aus Lachs), Minos (aus *Drosophila*) oder piggyBac (aus einer Motte) tragen.

Nachdem die Voraussetzungen für homologe Rekombination aufgeklärt worden waren, wurde sie eingesetzt, um Genome bei Prokaryoten und Eukaryoten auf genau planbare Weise beliebig zu verändern. Die **Deletion von Genen**

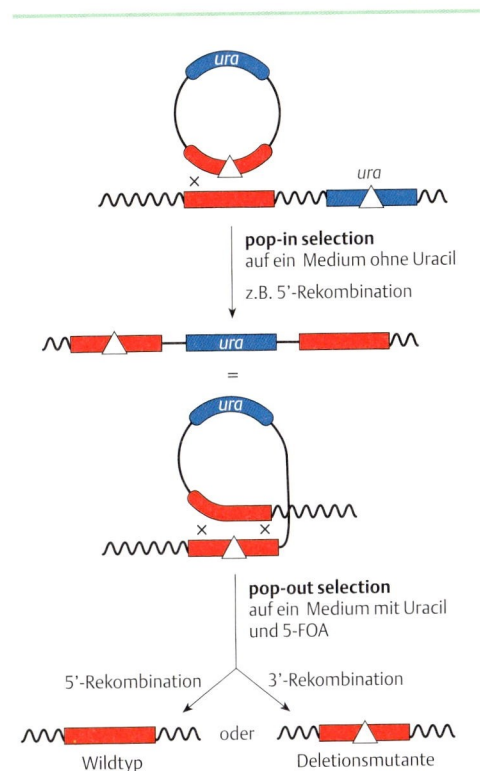

Abb. 9.**24** Schritte zur Deletion eines Gens unter Verwendung homologer Rekombination.

wird routinemäßig durchgeführt und ermöglicht durch den Vergleich von Wildtyp und Mutanten die Charakterisierung der biologischen Funktionen der codierten Genprodukte. Abb. 9.**24** zeigt die Strategie, mit der ein Gen im Genom durch eine in vitro konstruierte Variante ersetzt wird.

Bei einigen Modellarten gibt es **internationale Projekte**, die die jeweils einzelne Inaktivierung jedes Gens der entsprechenden Art zum Ziel haben. Dies gilt sowohl für Bakterien (*Bacillus subtilis*) wie für Eukaryoten (Hefe, *Caenorhabditis elegans*). Bei der Hefe wird zusätzlich bei der Deletion der Gene eine für jedes Gen spezifische DNA-Sequenz eingefügt, die als „Strichcode" für die Identifikation der Mutante verwendet werden kann. Dies ermöglicht es z. B., alle Mutanten zu mischen und in Selektionsversuchen die relative Fitness sämtlicher Mutanten mit **DNA-Mikroarrays** parallel zu quantifizieren. Es sollen auch sämtliche Gene der Maus inaktiviert werden, um so in dem dem Menschen nächsten Modellsystem möglichst viel über die Funktionen menschlicher Proteine zu lernen.

Die Veränderung der Genome diploider höherer Eukaryoten ist natürlich viel aufwändiger als bei Prokaryoten. Für die Generierung einer „**Knock-out-Maus**" werden zunächst Bereiche des Zielgens auf beide Seiten eines Resistenzgens kloniert und an eine Seite ein weiteres Selektionsgen fusioniert. Dieses DNA-Konstrukt wird zur Transformation von embryonalen Stammzellen der Maus verwendet, und es werden resistente Zellen selektiert, bei denen das Zielgen durch doppelt homologe Rekombination durch das Resistenzgen ersetzt werden sollte. Das zweite Selektionsgen sollte dabei nicht in das Genom integriert worden sein, da es jenseits der homologen Bereiche lag, so dass eine Selektion gegen die Anwesenheit dieses Gens zusätzliche Sicherheit gibt, dass das Resistenzgen an der gewünschten Stelle ins Genom integriert wurde. Embryonale Stammzellen werden dann von „Leihmüttern" ausgetragen, wobei zunächst chimäre Mäuse entstehen. Es sind weitere Paarungen nötig, um eine reine Linie der Maus zu erhalten, von der die Stammzellen stammten, und die den Genersatz homolog auf beiden Chromosomen trägt. Trotz des hohen Aufwands wird die Generierung von „Knock-out-Mäusen" heute routinemäßig in großer Zahl durchgeführt.

Die Deletion von Genen durch homologe Rekombination hat den großen Nachteil, dass sie für essentielle Gene natürlich nicht anwendbar ist. Deswegen sind in den letzten Jahren Methoden zur **konditionalen Deletion** von Genen entwickelt worden, die auf der Verwendung von ortsspezifischen Rekombinasen beruhen. In der Mausgenetik werden vor allem die **Cre-Rekombinase** (S. 346) des Phagen P1 und die **Flp-Rekombinase** von Hefe verwendet. Die Strategie besteht darin, die Erkennungsmotive der Rekombinase, LoxP bzw. FRT, auf beide Seiten des zu inaktivierenden Gens zu klonieren und dieses Konstrukt durch homologe Rekombination in das Genom zu bringen. Das Gen wird weiterhin exprimiert und das Genprodukt ist aktiv. Nun muss auch noch das Gen für die Rekombinase in das entsprechende Genom gebracht werden, dessen Expression durch einen regulierbaren Promotor gesteuert wird. Nach Induktion katalysiert die Rekombinase die ortsspezifische Rekombination, was zur Deletion der DNA zwischen den beiden Erkennungsstellen führt. Mit entsprechenden Promotoren kann daher die Deletion zu einem spezifischen Zeitpunkt in der Entwicklung, ausschließlich in einem bestimmten Gewebe oder nach Zugabe eines Induktors erfolgen.

Die Methoden, die in der Mausgenetik entwickelt wurden, sind prinzipiell natürlich auch auf menschliche Zellen anwendbar. Ein mittelfristiges Ziel ist die **somatische Gentherapie**, bei der man Gendefekte in Stammzellen von Patienten in vitro durch eine entsprechende Veränderung des Genoms korrigiert und Patienten mit ihren veränderten Stammzellen heilen kann. Noch gibt es viele Schwierigkeiten (Kultivierung von Stammzellen, Effizienz des DNA-Transfers, Effizienz der Genomänderung, Sicherheit des Verfahrens, d. h. keine zusätzliche Veränderung des Genoms), aber das Gebiet ist in schneller Entwicklung. Es wäre ein großer Fortschritt, wenn die heute verwendeten viralen Vektoren durch eine Methode ersetzt werden könnten, die eine höhere Genauigkeit und Sicherheit bietet.

Eine neue Entwicklung ist z. B., ein sequenzspezifisches DNA-Bindeprotein mit einer Nuclease zu koppeln und damit an einer einzigen Stelle im Genom in vivo einen Doppelstrangbruch zu erzeugen. Wird die Zelle gleichzeitig mit DNA transformiert, die homolog zu dem Bereich um die Spaltstelle ist, kommt es zur Genkonversion durch die Reparatur des Doppelstrangbruchs (S. 321). Die Methode erlaubt es, Punktmutationen in das Genom einzuführen, ohne weitere Veränderungen zu hinterlassen (kein Resistenzgen, keine Rekombinase-Motive), und erhöht die Effizienz der homologen Rekombination in humanen Zelllinien um fünf Größenordnungen.

Anwendung homologer Rekombination: Genomkartierung, Genomveränderungen, Gendeletionen.
Anwendung ortsspezifischer Rekombination: Konditionale Deletionen von Genen (gewebsspezifisch, entwicklungsspezifisch).
Anwendung von Transposons: Transposonmutagenese → Identifizierung von Genen.

10 Mutation und Reparatur

Thomas Langer

10.1 Welche Mutationen gibt es?

> **Mutationen** sind vererbbare Änderungen des Erbgutes. Aufgrund ihrer Auswirkungen auf die DNA-Struktur werden sie in drei Arten unterteilt: **Punktmutationen** beschränken sich auf einzelne oder wenige nebeneinander liegende Nucleotide. Bei **Chromosomenmutationen** werden größere Abschnitte eines Chromosoms verändert. Chromosomenabschnitte können fehlen, mehrfach vorhanden sein, in falscher Orientierung vorliegen oder auf ein anderes Chromosom übertragen sein. Eine Veränderung der Anzahl ganzer Chromosomen liegt bei einer **Genommutation** vor, der gesamte Chromosomensatz ist verändert; Ursache hierfür sind Fehler bei der Mitose bzw. Meiose.

Die Erbinformation aller lebenden Zellen ist in der DNA, bei einigen Viren auch in Form von RNA gespeichert. Für den einzelnen Organismus ist die Aufrechterhaltung der Sequenzabfolge und die korrekte Weitergabe des eigenen Erbmaterials an die Nachkommen ein zentraler Aspekt des individuellen Lebens. Für die Evolution war und ist aber eine Veränderlichkeit der Erbinformation von grundlegender Bedeutung. Solche Veränderungen werden als **Mutationen** bezeichnet, ihre Träger entsprechend als **Mutanten**. Mutationen führen zu einem neuen Genotyp (S. 254), der dem Träger Vor- oder Nachteile bringen kann. Vorteilhafte Mutationen erhöhen die Überlebenschance und werden an die Nachkommen weitergegeben. Nachteilige Mutationen können sich eher nicht durchsetzen. Mutationen, die zunächst weder von Vor- noch von Nachteil sind, werden häufig toleriert und bewirken eine Variabilität der Arten. Diese begünstigen aber letztendlich die Mutanten, die am besten an die Umwelt angepasst sind oder sich am schnellsten auf veränderte Umweltbedingungen einstellen können. Diese Zusammenhänge waren die Grundlage von Charles Darwins Evolutionstheorie („survival of the fittest", 📖 *Ökologie, Evolution*).

10.1.1 Punktmutationen

Sind nur ein Nucleotid oder wenige aufeinander folgende Nucleotide gegenüber dem Wildtyp verändert, spricht man von einer **Punktmutation** (Abb. 10.1).

Diese Veränderungen beruhen z. B. auf dem Austausch von Basen, einer **Substitution**. Wird bei einer Punktmutation eine Pyrimidinbase durch eine andere Pyrimidinbase ersetzt, handelt es sich um eine **Transition** (AT ↔ GC bzw. TA

10.1 Welche Mutationen gibt es?

Rasterschub-Mutationen

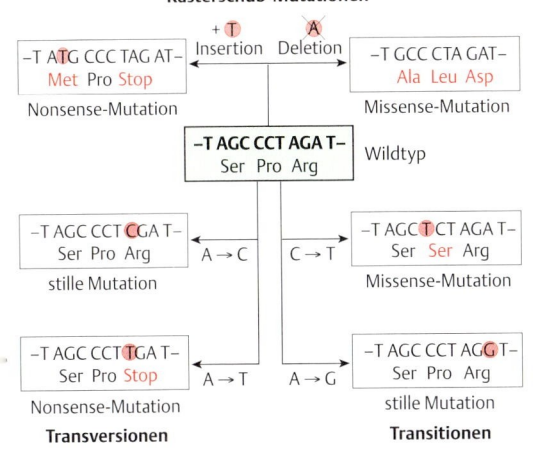

```
                    + T        A
                 Insertion   Deletion
-T ATG CCC TAG AT-                      -T GCC CTA GAT-
  Met Pro Stop                            Ala Leu Asp
Nonsense-Mutation                       Missense-Mutation

                 -T AGC CCT AGA T-
                    Ser Pro Arg         Wildtyp

-T AGC CCT CGA T-                       -T AGC TCT AGA T-
  Ser Pro Arg                             Ser Ser Arg
                    A → C     C → T
stille Mutation                         Missense-Mutation

-T AGC CCT TGA T-                       -T AGC CCT AGG T-
  Ser Pro Stop                            Ser Pro Arg
                    A → T     A → G
Nonsense-Mutation                       stille Mutation

   Transversionen                          Transitionen
```

Abb. 10.1 **Punktmutationen.** Gezeigt ist jeweils der Plus-Strang der DNA (entspricht in der Sequenz der mRNA) sowie die hieraus gebildete Aminosäureabfolge im Protein.

↔ CG). Erfolgt statt des Einbaus einer Purinbase ein Pyrimidin-Einbau wird dies als **Transversion** (AT ↔ TA, AT ↔ CG, GC ↔ CG und GC ↔ TA) bezeichnet. Die Konsequenzen einer solchen Substitution hängen davon ab, an welcher Stelle im Genom sich der Basenaustausch ereignet hat. Höhere Eukaryoten besitzen beträchtliche Anteile nichtcodierender DNA. Findet an diesen Stellen eine Punktmutation statt, hat dies für den betreffenden Organismus keine Folgen. Die Auswirkungen von Substitutionen innerhalb eines proteincodierenden Gens hängen davon ab, an welcher Stelle innerhalb eines Basentripletts die Substitution erfolgte. Der genetische Code ist degeneriert, d. h. viele Aminosäuren werden bei der Translation durch die beiden ersten Nucleotide eines Codons bereits eindeutig definiert (S. 179). Eine Substitution des dritten Nucleotids kann daher ohne Konsequenzen bleiben. Es wird geschätzt, dass etwa 95 % aller Substitutionen solche **stillen Mutationen** verursachen. Führt eine Substitution dazu, dass in ein Protein eine falsche Aminosäure eingebaut wird, bezeichnet man dies als eine **Missense-Mutation** (missense: Fehlsinn). Abhängig von der Art der ausgetauschten Aminosäure bzw. deren Funktion im resultierenden Protein zeigt eine Missense-Mutation unterschiedliche Auswirkungen. Ein Austausch z. B. von Aspartat gegen Glutamat an einer nicht an der Funktion unmittelbar beteiligten Stelle des Proteins kann unauffällig bleiben, während der Austausch einer Aminosäure mit geladener Seitenkette gegen eine mit hydrophober Seitenkette vermutlich strukturelle Änderungen nach sich ziehen wird. Ist eine Aminosäure im aktiven Zentrum ausgetauscht, führt dies in den meisten Fällen zu einem funktionslosen oder nur wenig aktiven Protein.

Eine Substitution kann auch dazu führen, dass an Stelle eines aminosäurecodierenden Codons ein Stoppcodon entsteht. Die resultierende mRNA codiert dann für ein verkürztes, meist unbrauchbares Protein. Eine solche Mutation wird als **Nonsense-Mutation** (nonsense: Unsinn) bezeichnet.

> Durch den Einbau einer ähnlichen Aminosäure entsteht häufig ein weniger stabiles, aber prinzipiell funktionsfähiges Protein. Ein solches Protein kann etwa durch Temperaturerhöhung, welche normalerweise zu keiner Veränderung führt, inaktiviert werden. Die Verwendung solcher **temperatursensitiver Mutationen** (**ts-Mutationen**) ist ein nützliches Hilfsmittel, um die Funktion eines Proteins zu untersuchen. Zellen werden zunächst bei einer Temperatur kultiviert, bei der das Protein noch funktioniert – man spricht hierbei von der **permissiven Temperatur**. Nach Temperaturerhöhung, also der Kultivierung bei **nichtpermissiver** oder **restriktiver Temperatur**, wird das Protein der ts-Mutante inaktiviert und die Auswirkung kann analysiert werden. Besonders nützlich sind ts-Mutanten bei der Analyse essenzieller Gene; solche Mutanten werden auch als **ts-Letalmutanten** oder als **konditional-letal** bezeichnet. Neben hitzelabilen ts-Mutanten gibt es auch kältelabile ts-Mutanten (cs-Mutanten). ◄

Neben der Substitution gibt es andere Formen der Punktmutation, die in der Regel stärkere Auswirkungen auf die Translation haben. Durch **Deletion** (Herausnehmen) oder **Insertion** (Einfügen) einzelner Nucleotide innerhalb eines proteincodierenden Gens kann das Leseraster (Leserahmen) auf der mRNA verschoben werden. Solche **Rasterschub-Mutationen** (frameshift mutations) können zu einer völlig andersartigen mRNA führen. Durch den Rasterschub können Stoppcodons entstehen oder vorhandene verschwinden, sodass die mRNA deutlich kürzer bzw. länger ist als die „normale".

Die Auswirkungen von Punktmutationen lassen sich besonders gut am Beispiel der **Globingene** des Menschen zeigen. Die hohe funktionelle Divergenz der Globingene hat sich im Laufe der Evolution durch zahlreiche Punktmutationen entwickelt. Auf der Basis von heute bekannten krankhaften Hämoglobindefekten konnten bereits mehr als 300 verschiedene Aminosäuresubstitutionen identifiziert werden. Die bekannteste Aminosäuresubstitution ist die Substitution von Adenin durch Thymin im 6. Codon (GAG zu GTG) in der β-Globinkette, die zum Austausch von Glutamin durch Valin führt. Das resultierende Krankheitsbild ist bei homozygoten Trägern als **Sichelzellenanämie** bekannt (S. 284, *Biochemie, Zellbiologie*). Andere krankmachende Mutationen innerhalb des β-Globin-Gens werden als **β-Thalassämien** bezeichnet. Bei dem Cranston-Hämoglobin liegt eine zu lange Proteinkette durch eine Insertion von zwei Nucleotiden in das Codon 145 vor. Aus dem ursprünglichen Stoppcodon UAA wird durch den Rasterschub ACU. Die Proteinsynthese endet erst nach dem Einbau von 11 zusätzlichen Aminosäuren, d. h. nach 157 Aminosäuren. Ein weiteres Beispiel für die fatalen Folgen einer Punktmutation ist die **Cystische Fibrose** (Mukoviszidose, *Biochemie*).

10.1.2 Chromosomenmutationen

Einen anderen Typ von Mutationen stellen die **Chromosomenmutationen** dar, auch als **Chromosomenaberrationen** oder **Chromosomenanomalien** bezeichnet. Chromosomenmutationen betreffen die Chromosomenstruktur, z. B. die Umstellung größerer Chromosomenabschnitte. Oft führen Chromosomenmutationen zum Tod. Ist nur ein Chromosom betroffen, bezeichnet man dies als intrachromosomale, wenn verschiedene Chromosomen betroffen sind, als interchromosomale Aberration. Es werden **Deletionen**, **Duplikationen**, **Inversionen** und **Translokationen** unterschieden (Abb. 10.**2**). Chromosomenmutationen können von Cytogenetikern häufig durch verschiedene Bänderungsverfahren bzw. durch Erstellung eines Karyogramms sichtbar gemacht werden (S. 44).

Für die **Benennung von Chromosomen- und Genommutationen** (s. u.) wurde eine eigene Nomenklatur nach cytologischen Merkmalen eingeführt (S. 33, 42). Bei der Angabe der Chromosomenausstattung wird zunächst die Gesamtzahl der Chromosomen angegeben, dann die Geschlechtschromosomen. Der normale Karyotyp des Menschen lautet z. B.: 46,XX (weiblich) und 46,XY (männlich). Die Angabe 48,XXX, +7 bedeutet, dass zwei zusätzliche Chromosomen, ein X-Chromosom und Chromosom 7, vorhanden sind (**doppelte Trisomie**). Der Verlust eines Chromosoms ist in der Regel letal. Eine Ausnahme ist das Turner-Syndrom mit dem Karyotyp 45,X0 (**Monosomie** X). 69,XXX und 69,XXY bedeuten, dass ein dreifacher Chromosomensatz vorliegt (**Triploidie**).

Zur Lokalisation von Mutationen auf den einzelnen Chromosomen wird die chromosomentypische Bänderung herangezogen. Ausgehend vom Centromer werden die Chromosomen in Regionen unterteilt. In diesen Regionen befinden sich Bänder und eventuell Subbänder (z. B. 7q3 = Chromosom 7, langer (q) Arm, Region 3; 7q33 = Chromosom 7, langer Arm, Region 3, Band 3; 7q33.2 = Chromosom 7, langer Arm, Region 3, Band 3, Subband 2).

Für Deletionen, Duplikationen, Inversionen, Insertionen und Translokationen werden die Abkürzungen del, dup, inv, ins und t verwendet. Es folgt die Bezeichnung des Chromosoms und – sofern bekannt – eine genauere Beschreibung. Für ein verkürztes Chromosom verwendet man auch das Minuszeichen. Z. B.: del(12) = Deletion in Chromosom 12; del(12) (q24.1 → qter) = Deletion in Chromosom 12, im langen Arm, von Region 2, Bande 4, Subbande 1 bis zum Telomer; 4p– = Chromosom 4 mit einem durch Deletion verkürzten kleinen (p) Arm; t(3;4) = reziproke Translokation zwischen den Chromosomen 3 und 4; t(3;4)(q26;q33) = reziproke Translokation zwischen den Chromosomen 3 und 4, die Bruchstelle im Chromosom 3 liegt im langen Arm in der Region 2 bei Bande 6; bei Chromosom 4 liegt die Bruchstelle ebenfalls im langen Arm aber in der Region 3, Bande 3.

Deletionen

Bei **Deletionen** gehen Bereiche eines Chromosoms verloren. Handelt es sich bei dem deletierten Bereich um ein Stück am Ende des Chromosoms, so spricht man von einer **terminalen Deletion**; sonst von einer **interkalaren Deletion** (Abb. 10.**2a**). Bei einer Deletion können zwei Bruchstücke entstehen, wobei das Bruchstück ohne Centromer bei der nächsten Zellteilung verloren geht. Nicht jede Deletion hat dramatische Konsequenzen auf die Überlebensfähigkeit des Individuums: Ein Verlust innerhalb des Heterochromatins (S. 32) wird oft tole-

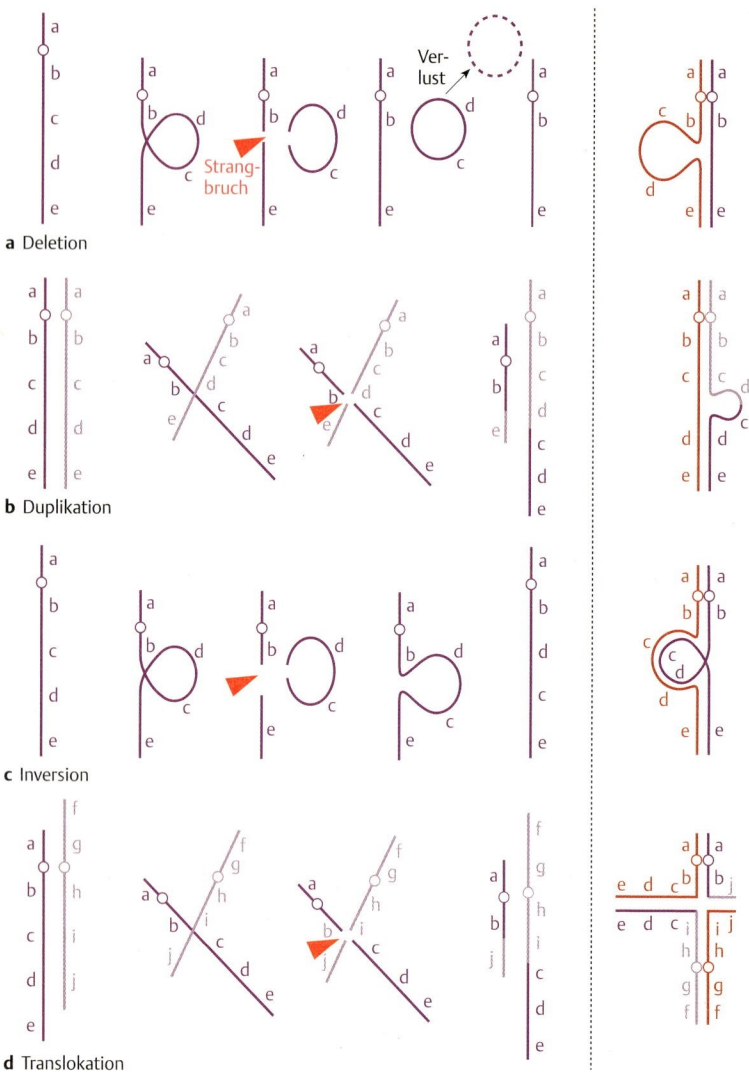

Abb. 10.2 **Chromosomenaberrationen.** Die Bruchereignisse sind jeweils markiert.
a Interkalare Deletion. **b** Interchromosomale Tandemduplikation zwischen homologen Chromosomen. **c** Umkehrung der Gen-Abfolge durch Inversion, gezeigt ist eine perizentrische Inversion. **d** Bei der Translokation wird ein Chromosomenabschnitt von einem Chromosom auf ein anderes Chromosom übertragen. Abgebildet ist eine reziproke Translokation. Die jeweils letzte Abbildung zeigt die Paarungskonfiguration mit dem unverändertem Chromosom. (Nach Hagemann, 1999.)

riert. Ebenso wirkt sich ein Defekt in einem rezessiven Gen nicht oder nur schwach aus, solange ein intaktes und dominantes Allel im homologen Chromosom vorhanden ist. Bei haploiden Zellen ist der Verlust von Genen meist letal. Auch wenn bei terminalen Deletionen keine codierenden Bereiche betroffen sind, haben solche Ereignisse dennoch schwerwiegende Folgen, da die Telomere (S. 127) verloren gehen. Wird bei einem heterozygoten Organismus ein dominantes Allel ausgeschaltet, können die Eigenschaften des rezessiven Gens ausgeprägt werden. Eine solche Merkmalsausprägung wird **Pseudodominanz** genannt.

Duplikation

Eine Duplikation ist die Verdopplung eines Chromosomenabschnitts. Liegen die duplizierten Abschnitte in umgekehrter Lage zueinander, handelt es sich um eine **Inversduplikation**, liegen sie in gleicher Orientierung hintereinander, um eine **Tandemduplikation**. Duplikationen können innerhalb eines Chromosoms (intrachromosomal) oder zwischen nichthomologen Chromosomen (interchromosomal) erfolgen (Abb. 10.2b). Duplikationen sind aus evolutionärer Sicht der wichtigste Mechanismus für die Entstehung von Allelen und neuen Genen. An dem Genduplikat können ohne negative Konsequenzen für die Funktion des Organismus Punktmutationen stattfinden, gegebenenfalls resultiert hieraus ein verbessertes oder gar neues, zusätzliches Protein. Auf diese Weise sind vermutlich die für viele Gene beschriebenen **Genfamilien** entstanden. Auch die zahlreichen repetitiven Bereiche im Genom höherer Eukaryoten wie die hochrepetitive Satelliten-DNA (S. 71) sind wohl aus wiederholten Duplikationen hervorgegangen. Die Erhöhung der Genkopienzahl kann die vermehrte Bildung von Transkriptionsprodukten zur Folge haben. Ein solches Beispiel sind etwa die rRNA-Gene. Sie sind in hoher Anzahl in den Genomen vorhanden und garantieren die ausreichende Bildung von Ribosomen.

Ein Beispiel für eine Genfamilie, die nicht nur in Säugetieren, sondern auch in Pflanzen vorkommt, ist die **Globingenfamilie**. Bei Säugetieren codieren die verschiedenen Globingene die grundlegenden Bestandteile des Hämoglobins und des Myoglobins (Zoologie). Das Vorhandensein vieler unterschiedlicher Globingene beim Menschen wird auf frühere Duplikationsereignisse zurückgeführt. Bei Pflanzen wird während der Symbiose mit stickstofffixierenden Bakterien Leghämoglobin gebildet (Botanik). Somit stellt die Globingenfamilie eine stammesgeschichtlich sehr alte Gengruppe dar, deren Vorläufer-Gen bereits vor der Aufspaltung von Organismen in Pflanzen und Tieren existiert haben muss.

Inversion

Bei einer Inversion wird die Abfolge der Gene auf einem bestimmten Chromosomenabschnitt umgekehrt. Man unterscheidet, je nachdem, ob das Centromer im invertierten Bereich liegt oder nicht, zwischen **perizentrischen** und **parazentrischen Inversionen** (Abb. 10.2c, S. 249). Die Folgen einer Inversion können ganz unterschiedlich sein, da eine Inversion keinen eigentlichen Verlust von Genmaterial darstellt. Inversionen können unauffällig bleiben. Eine veränderte Genwirkung kann allerdings möglich sein, wenn Gene durch die Inversion unter den Einfluss anderer Kontrollmechanismen gelangen (**Positionseffekt**). Inversionen verändern die Reihenfolge der Gene innerhalb einer Kopplungsgruppe. Homozygotische Inversionen bleiben cytologisch meist unauffällig, während heterozygotische Inversionsmutanten typische Inversionsschleifen ausbilden (Abb. 10.2c). Wenn in invertierten Chromosomenabschnitten Crossover-Ereignisse stattfinden, entstehen meist unfruchtbare Heterozygote (S. 251).

Translokationen

Unter einer **Translokation** versteht man die Übertragung eines Chromosomenabschnitts auf ein anderes – homologes oder nichthomologes – Chromosom. Erfolgt zwischen zwei Chromosomen eine gegenseitige Segmentübertragung,

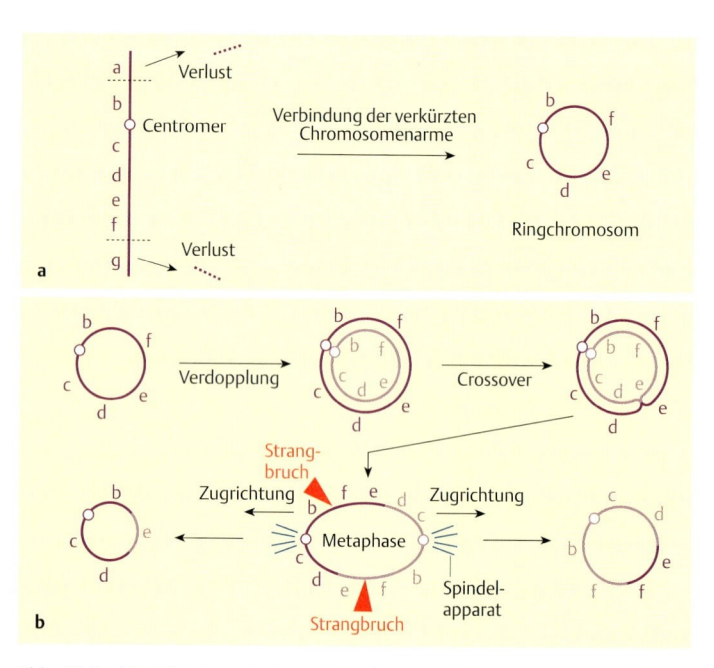

Abb. 10.3 **Ringchromosomen. a** Entstehung von Ringchromosomen. **b** Zunächst wird das Ringchromosom normal verdoppelt. Durch Crossover entsteht ein großes Ringchromosom mit zwei Centromeren. Während der Zellteilung wird dieses Chromosom häufig in zwei ungleich große Stücke zerrissen. Die Bruchstücke werden auf die Tochterzellen verteilt und bilden wieder Ringchromosomen. Aufgrund des Bruchs weisen die beiden Tochterchromosomen häufig Deletionen und Duplikationen auf. Ringchromosomen sind daher nicht sehr stabil.

wird dies als **reziproke Translokation** (interchanges) bezeichnet (Abb. 10.**2d**). Ähnlich wie bei Inversionen findet hier kein Verlust von Genmaterial statt. Translokationen verändern die Anzahl der Gene in einer Kopplungsgruppe. Homozygotische Translokationen bleiben cytologisch meist unauffällig, während heterozygotische Translokationsmutanten während der Meiose typische kreuzförmige Strukturen ausbilden (Abb. 10.**2d**). Ein Spezialfall, bei dem zwei akrozentrische Chromosomen zu einem metazentrischen Chromosom fusionieren, ist die **Robertson-Translokation** (S. 245). Als ein weiterer Sonderfall kann die Bildung von **Ringchromosomen** angesehen werden. Ein Ringchromosom entsteht, wenn beide Enden eines Chromosoms miteinander verschmelzen. In der Regel geht der Bildung eines Ringchromosoms eine Deletion voraus (Abb. 10.**3**).

Ein Beispiel beim Menschen ist die Translokation von einem Chromosomenabschnitt des kurzen Arms von Chromosom 5 auf den kurzen Arm von Chromosom 15, t(5p−;15p+). Liegen neben den beiden veränderten Chromosomen noch jeweils die beiden unveränderten homologen Chromosomen vor, bleibt diese Mutation unauffällig. Dies wird auch als **balancierte Translokation** bezeichnet: Die Menge des Genmaterials und der Genprodukte bleibt unverändert. Nachkommen des Trägers eines solchen Genotyps können sowohl das normale Chromosom 5 als auch das Chromosom 15 mit dem translozierten Chromosomenabschnitt von Chromosom 5 erhalten. Somit wäre ein Teil von Chromosom 5 drei Mal vorhanden, was auch als Trisomie 5p bezeichnet wird. In diesem Fall handelt es sich um eine **unbalancierte Translokation**. Solch ein Genotyp führt zu schweren Fehlbildungen.

Sind z. B. die Chromosomen 14 und 21 durch eine **Robertson-Translokation** miteinander verbunden, ist dies phänotypisch unauffällig, solange es sich um eine balancierte Translokation handelt. Die Nachkommen eines heterozygoten Trägers einer solchen Translokation können aber eine unbalancierte Trisomie 21 aufweisen. Das überzählige Chromosom 21 ist hier ein „Anhängsel" von Chromosom 14. In einem solchen Fall liegen zwar insgesamt nur 46 Chromosomen vor, die betroffenen Individuen entwickeln aber das Down-Syndrom.

Die **chronisch myeloische Leukämie** (**CML**), bei der es zur unkontrollierten Vermehrung granulopoetischer Zellen (*Zoologie*) vor allem im Knochenmark und im Blut kommt, kann auf eine reziproke Translokation zwischen den Chromosomen 9 und 22 zurückgeführt werden. Das hierbei veränderte Chromosom ist durch diese Translokation insgesamt verkürzt (22q−) und wird nach der Stadt, in der diese Veränderung erstmals beobachtet wurde, als Philadelphia-Chromosom bezeichnet. Durch die Translokation gelangt das *abl*-Gen in den Bereich des *bcr*-Gens (von **b**reakpoint **c**luster **r**egion), welches auf Chromosom 22 liegt. (Abb. 10.**4a**). Ausgehend vom *bcr*-Promotor entsteht ein **Fusionsprotein**, bei dem der N-terminale Bereich von Bcr, der C-terminale Bereich von Abl stammt. Abl ist eine Tyrosin-Kinase und in zahlreichen zellulären Funktionen, besonders in der Signaltransduktion, der Regulation des Zellzyklus und in der Anheftung an die extrazelluläre Matrix involviert. Unter normalen Bedingungen ist die Kinase-Aktivität sehr genau reguliert. Das Bcr-Abl-Fusionsprotein entzieht sich dieser Regulation und ist permanent aktiviert. Ursache hierfür ist die Dimerisierung über eine Coiled-coil-Domäne im Bcr-Anteil. Normalerweise ist c-Abl inaktiv und wird erst durch Phosphorylierung aktiviert. Durch die Dimerisierung wird die Ausbildung der autoinhibitorischen Konformation unterdrückt und eine gegenseitige Phosphorylierung und damit Aktivierung begünstigt (Abb. 10.**4c**).

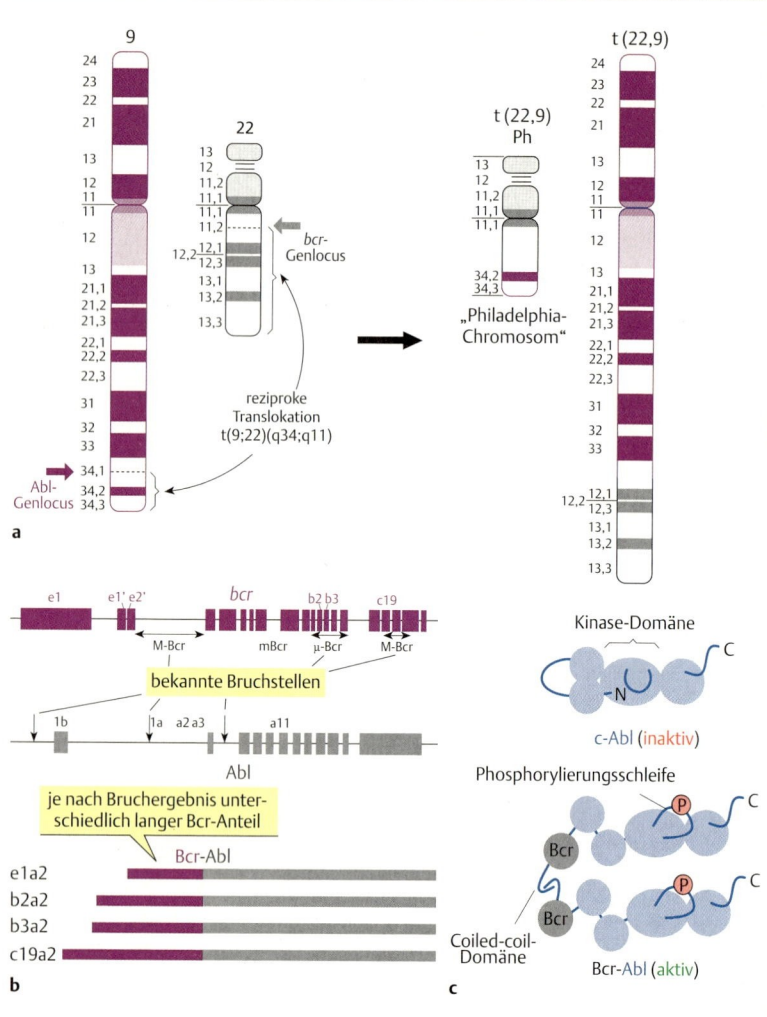

Abb. 10.4 Philadelphia-Chromosom. a Entstehung des Philadelphia-Chromosoms. In der terminalen Region im q-Arm von Chromosom 9 liegt das Gen für die Tyrosin-Kinase Abl, der normalen Form des viralen Onkogens *v-abl* des Abelson Mäuse-Leukämievirus. **b** Bisher sind mehrere Bruchstellen sowohl innerhalb des *abl-* auch innerhalb des *bcr*-Gens identifiziert worden. Die häufigsten Bruchstellen sind angedeutet. Innerhalb des *bcr*-Gens gibt es drei Bereiche, als major- (M-), minor- (m-) und micro- (µ-)*bcr*-Stellen bezeichnet, in denen das Bruchereignis stattfinden kann. Aufgrund alternativen Spleißens (S. 166, 458) entstehen mRNAs, welche zwar unterschiedliche Anteile des *bcr*-Gens, aber den gleichen Bereich des *abl*-Gens enthalten. **c** c-Abl- bzw. Bcr-Abl-Struktur.

Ein besonderer Fall liegt vor, wenn Teile vom Y-Chromosom auf ein anderes – meist das X-Chromosom – transloziert werden. Bei Säugetieren wird das männliche Geschlecht durch das Y-Chromosom determiniert. Für diese Funktion ist aber nur ein kleiner, im distalen Bereich des Y-Chromosoms gelegener Abschnitt notwendig. Dieser Bereich, der nur für ein Gen codiert, wird als *SRY*-Region bezeichnet (S. 306). Ist dieser Bereich auf das X-Chromosom transloziert (Genotyp 46, XX(Y+)), entwickelt sich hieraus ein zwar infertiles, aber ansonsten „richtiges" männliches Individuum (46,XX-Mann; Häufigkeit etwa 1:20 000). Umgekehrt kann eine Punktmutation in der *SRY*-Region bei dem Genotyp 46,XY anstatt eines männlichen einen weiblichen Phänotyp hervorrufen. Normalerweise wird eines der beiden X-Chromosomen inaktiviert. Vermutlich bewirkt die Inaktivierung des X-Chromosoms mit der translozierten SRY-Region bei einem 46,XX-männlichen Individuum die Ausbildung von Hermaphroditen (Zwitter), bei denen sowohl Testis- als auch Ovargewebe vorhanden ist. Die Inaktivierung des X-Chromosoms ist jedoch nicht absolut. Auch in dem inaktivierten X(Y+)-Chromosom werden noch geringe Mengen des SRY-Gens exprimiert: Zur Entwicklung eines männlichen Körpers zu wenig; für einen weiblichen Körper zu viel.

Weitere Chromosomenaberrationen

Aufgrund einer Duplikation oder einer Translokation kann ein Chromosom entstehen, welches zwei Centromere besitzt und deshalb als **dizentrisches Chromosom** bezeichnet wird. Gelegentlich kann es vorkommen, dass ein Chromosom während der Zellteilung nicht längs-, sonders quergeteilt wird. Hierbei entstehen zwei Chromosomen, die jeweils nur aus den langen oder den kurzen Armen bestehen. Man nennt sie **Isochromosomen**. Die Entstehung von Isochromosomen kann als eine besondere Form der reziproken Translokation angesehen werden.

10.1.3 Genommutationen

Als *Genommutationen* bezeichnet man Mutationen, bei denen der gesamte Chromosomensatz zahlenmäßig verändert vorliegt. Man spricht von **Euploidie**, wenn sich der Ploidiegrad einer Zelle ändert. Bei einer Reduzierung auf den einfachen Chromosomensatz spricht man von **Haploidisierung**, während eine Vermehrung des Chromosomensatzes als **Polyploidisierung** bezeichnet wird. Solche Veränderungen des gesamten Chromosomensatzes kommen bei Pflanzen häufig vor und werden auch im Rahmen von Züchtungen gezielt ausgelöst (*Botanik*). Im Gegensatz zu Pflanzen sind Genommutationen bei Tieren bzw. dem Menschen in der Regel letal. So weisen etwa 10–15 % aller menschlichen Fehlgeburten einen 69,XXX oder 69,XXY-Genotyp auf. Diese Mutationen führen zu schweren Fehlbildungen. Die häufigste Ursache für eine Triploidie ist die Befruchtung einer Eizelle durch zwei Spermien (**Dispermie**).

Eine Veränderung des Ploidiegrades aufgrund gestörter Zellfunktion ist dabei deutlich von solchen Veränderungen abzugrenzen, welche im Zuge entwicklungsphysiologischer Vorgänge regelmäßig stattfinden.

Auch das Fehlen oder zusätzliche Vorhandensein einzelner Chromosomen wird zu den Genommutationen gerechnet. Solch eine Veränderung, bei der die Anzahl einzelner Chromosomen verändert ist, wird als **Aneuploidie** oder auch als **numerische Chromosomenaberration** bezeichnet. Liegt ein Chromosom in erhöhter Stückzahl vor, spricht man von einer **Hyperploidie**, bei verminderter Stückzahl von **Hypoploidie**. Die Entstehung von aneuploiden Organismen basiert auf einer fehlerhaften Trennung (non-disjunction) der Chromosomen während der Mitose oder Meiose (S. 246). Der Verlust eines Chromosoms hat meistens drastischere Auswirkungen als das überzählige Vorhandensein eines Chromosoms. Den Verlust beider homologer Chromosomen bezeichnet man als **Nullisomie**. Ein solcher Verlust ist in der Regel letal. Auch bezüglich Aneuploidie sind Pflanzen allgemein toleranter als Tiere.

Aneuploide Organismen haben für die evolutive Ausbildung von Arten eine wichtige Rolle gespielt. Finden sich zwei Gameten mit jeweils dem gleichen zusätzlichen Chromosom, so entwickelt sich daraus ein Organismus, der weitgehend normal ist. In der darauf folgenden Meiose können die jeweils zusätzlich vorhandenen Chromosomen miteinander paaren. Ein hieraus entstandener Organismus repräsentiert eine neue Form, die sich durch weitere Mutationen, Rekombination und natürliche Selektion unabhängig von der ursprünglichen Art zu einer neuen Art weiterentwickeln kann.

Prinzipiell kann jedes Chromosom zusätzlich vorliegen und somit eine einfache Trisomie bedingen. Von einigen Pflanzen sind tatsächlich trisome Formen von jedem Chromosom bekannt. Zu diesen gehören etwa der Stechapfel (*Datura stramonium*), die Tomate *(Lycopersicon esculentum*) oder das Löwenmäulchen (*Antirrhinum majus*). Jede der trisomen Formen zeigt charakteristische Merkmale, z. B. unterschiedliche Fruchtformen. Anhand dieser typischen Merkmale kann bereits auf die vorliegende Trisomie geschlossen werden.

Beim Menschen sind nur bestimmte Trisomien überhaupt lebensfähig. Liegen Autosomen triploid vor, kommt es meist zu schwerwiegenden Fehlbildungen, während Aneuploidie bei den Geschlechtschromosomen weniger dramatisch ist. Die bekannteste Trisomie beim Mensch ist die **Trisomie 21** oder das **Down-Syndrom**. Betroffene Individuen zeigen mehr oder weniger starke geistige Retardierung und andere Symptome. Das Down-Syndrom kommt mit einer Häufigkeit von etwa 1:700 bei allen Geburten vor. Mit steigendem Alter der Mutter erhöht sich die Wahrscheinlichkeit für das Entstehen einer Trisomie 21. Für 40- bis 45-jährige Frauen liegt die Häufigkeit bereits bei etwa 1:50 (S. 502). Andere autosomale Trisomien sind das **Edwards-Syndrom** (Trisomie 18, Häufigkeit etwa 1:5 000) und das **Pätau-Syndrom** (Trisomie 13, Häufigkeit ca. 1:10 000). Auch Lebendgeburten der Trisomien 8, 9 und 14 sind bekannt. Andere autosomale Trisomien führen bereits in einer frühen Phase der Schwangerschaft zum Abort. In der Tat weisen etwa 60 % aller Fehlgeburten numerische Chromosomenanomalien auf (einschließlich Triploidien).

Ein oder mehrere überzählige X-Chromosomen führen beim männlichen Geschlecht zu dem **Klinefelter-Syndrom** (Häufigkeit etwa 1:600 bei neugeborenen Jungen). Etwa 80 % besitzen den Karyotyp 47,XXY. Auch die Karyotypen 48,XXXY, 48,XXYY sowie 49,XXXXY sind bekannt. Zudem gibt es zahlreiche Fälle sogenannter Mosaiktypen. Bei diesen Formen kam es während der ersten Zellteilungen nach der Befruchtung der Eizelle zu einer Fehlverteilung der Chromosomen. Somit bestehen die Personen aus einem Mosaik von Zellen unterschiedlichen Genotyps, etwa 47,XXY/46,XY. Männer mit einer solchen Mosaikstruktur können durchaus fertil sein, wenn Spermatocyten mit 46,XY-Genotyp vorliegen. Das Klinefelter-Syndrom äußert sich phänotypisch vor allem durch Hochwuchs und reduzierter Ausprägung der sekundären Geschlechtsmerkmale. Ein zusätzliches X-Chromosom im weiblichen Geschlecht (47,XXX) ist ebenso wie ein zusätzliches Y-Chromosom im männlichen Geschlecht (47,XYY) phänotypisch unauffällig. Beim **Turner-Syndrom** (45,X0) ist nur ein X-Chromosom vorhanden (Häufigkeit etwa 1:2500). Der 45,X0-Genotyp führt zu einem weiblichen Phänotyp, einhergehend mit Minderwuchs sowie der Entwicklung funktionsloser Ovarien. In seltenen Fällen kann dem Turner-Syndrom auch eine Mosaikstruktur der Zusammensetzung 45,X0/46,XY zugrunde liegen. Aufgrund des Y-Chromosoms resultiert ein männlicher Phänotyp („männliches Turner-Syndrom").

Mutation: Veränderung der Erbinformation, spontane Mutationen sind ungerichtet.
Mutante: Träger einer Mutation.
Punktmutation: Veränderung der Erbinformation betrifft nur ein oder wenige benachbarte Nucleotide in der DNA.
Substitution: Form der Punktmutation, Austausch einer Base.
Transition: Eine Substitution, bei der eine Pyrimidin- bzw. Purinbase gegen eine andere Pyrimidin- bzw. Purinbase ausgetauscht ist.
Transversion: Eine Substitution, bei der eine Pyrimidin- gegen eine Purinbase (oder umgekehrt) ausgetauscht wird.
Stille Mutation: Mutation, die sich phänotypisch nicht bemerkbar macht, beruht z. B. auf Substitution der dritten Base innerhalb eines Codons, Substitution hat aufgrund des degenerierten Codes keine Auswirkung auf Aminosäuresequenz.
Missense-Mutation: Missense = Fehlsinn, Substitution einer Base führt zum Aminosäureaustausch mit unterschiedlich schweren Auswirkungen auf die Proteinfunktion.
Temperatursensitive Mutante: Produziert ein funktionsfähiges, aber labiles Protein. Stabilität des Proteins abhängig von Temperatur, funktioniert bei **permissiver** Temperatur normal. Mutanter Phänotyp zeigt sich erst bei **restriktiver** Temperatur.
Nonsense-Mutante: Nonsense = Unsinn. Durch eine Punktmutation generiertes Stoppcodon, welches meist zur Synthese eines unbrauchbaren Proteins führt.
Rasterschub-Mutation: Rasterschub = frameshift, durch Deletion (Herausnahme) oder Insertion (Einfügen) eines Nucleotids verschiebt sich das Leseraster der mRNA.
Chromosomenmutation (Chromosomenaberration, Chromosomenanomalie): Veränderung der Struktur des Chromosoms durch **Deletion, Duplikation, Inversion** oder **Translokation**.
Chromosomale Deletion: Bereiche eines Chromosoms und damit Erbinformationen gehen verloren, **terminal** bei Verlust von Chromosomenendstücke; **interkalar** bei Verlust interner Chromosomenstücke. Es können Chromosomenfragmente entstehen, Fragment ohne Centromer geht verloren.

Pseudodominanz: Form der Merkmalsausprägung. Ein rezessives Merkmal in einem heterozygoten Organismus wird ausgeprägt, weil ein dominantes Allel ausgeschaltet ist.
Chromosomale Duplikation: Verdopplung eines Chromosomenabschnitts. **Inversduplikation**, wenn Abschnitte in umgekehrter Lage zueinander sind. **Tamdemduplikation**, wenn Abschnitte in gleicher Orientierung hintereinander liegen.
Chromosomale Inversion: Chromosomenabschnitt wird in umgekehrter Richtung in das Chromosom integriert. **Parazentrisch**, bei Inversion innerhalb eines Chromosomenarms, **perizentrisch**, wenn das Centromer im invertierten Bereich liegt.
Chromosomale Translokation: Übertragung eines Chromosomenabschnitts auf ein anderes Chromosom. Das andere Chromosom kann homolog oder nichthomolog sein. **Reziprok**, wenn Segmentübertragung gegenseitig erfolgt. Als Sonderfall Ausbildung eines **Ringchromosoms.**
Isochromosomen: Folge einer besonderen Form der reziproken Translokation, entstehen durch Querteilung der Chromatiden eines Chromosoms. Bestehen nur aus zwei langen oder zwei kurzen Armen.
Genommutation: Änderung der Erbinformation beruht auf zahlenmäßigen Änderungen des Chromosomensatzes.
Euploidie: Änderung des Ploidiegrades, d.h. der Anzahl von Chromosomensätzen in einer Zelle, **Haploidisierung** ist die Reduzierung auf einen Chromosomensatz, **Polyploidisierung** ist die Vermehrung der Chromosomensätze.
Aneuploidie: Veränderung der Anzahl einzelner Chromosomen innerhalb eines Chromosomensatzes, Hyperploidie, wenn Stückzahl erhöht, Hypoploidie, wenn Stückzahl erniedrigt. Entsteht durch Non-Disjunction während Mitose oder Meiose.

10.2 Häufigkeit und Richtung spontaner Mutationen

Mutationen geschehen meist an zufälligen Stellen im Genom, wobei die genaue Art der Veränderungen sowie deren Wirkungen nicht vorhersehbar sind. Spontane Mutationen sind **ungerichtet**, werden also nicht durch äußere Bedingungen zu bestimmten Eigenschaften hin gelenkt. Ein Nachweis dafür, dass Mutationen ungerichtet sind, ist das **Luria-Delbrück-Experiment.** Unter bestimmten Bedingungen können Bakterien eine Phase erhöhter Mutations-Vorkommen (hypermutable Phase) durchlaufen. Die Häufigkeit von Mutationen pro Organismus bzw. Genlokus und Zellteilung wird durch die **Mutationsrate** ausgedrückt. Diese ist, bezogen auf das gesamte Genom für unterschiedliche Organismen nahezu gleich, bezogen auf einzelne DNA-Bereiche gibt es jedoch auch innerhalb eines Organismus größere Unterschiede.

10.2.1 Spontane Mutationen sind ungerichtet

Alle Mutationen können ohne ersichtlichen Auslöser auftreten. Solche spontanen Mutationen sind ungerichtet, d. h. die Zelle hat keinen Einfluss auf ihre Wirkung. Meist wirken sich Mutationen negativ aus oder sind stille Mutationen. Mutationen, die einen selektiven Vorteil bringen, sind seltener. Ursache der Mutationen sind Fehler in der Replikation sowie Veränderungen in der DNA-Struktur (S. 387). Erst wenn diese Fehler von den Reparaturmechanismen (S. 404) nicht behoben und deshalb vererbt werden, manifestiert sich die Mutation. Ein bekanntes Experiment, welches belegt, dass spontane Mutationen **ungerichtet** sind, wurde 1943 von Salvador Luria und Max Delbrück durchgeführt (Abb. 10.5).

Der Test beruht auf eine gegen den T1-Phagen erworbene Resistenz. Auf T1-Phagen-haltigen Agarplatten wachsen nur Bakterien, die bereits resistent waren, bevor sie diesem Selektionsdruck ausgesetzt waren. Erfolgen die Mutationen zufällig und ungerichtet, können diese zu einem frühen oder zu einem späten Zeitpunkt nach der Aufteilung in Subkulturen auftreten. Je früher die Mutationen erfolgten (dargestellt durch unterschiedliche Farbintensität), umso stärker konnten sich Mutanten in den entsprechenden Subkulturen vermehren. Erfolgt die Mutation erst zu einem späteren Zeitpunkt, sind entsprechend weniger Mutanten in der Kultur erhalten. Diese Erwartungen wurden durch das Experiment auch bestätigt. Da die Zahl der Mutanten auf den Agarplatten aus den unter-

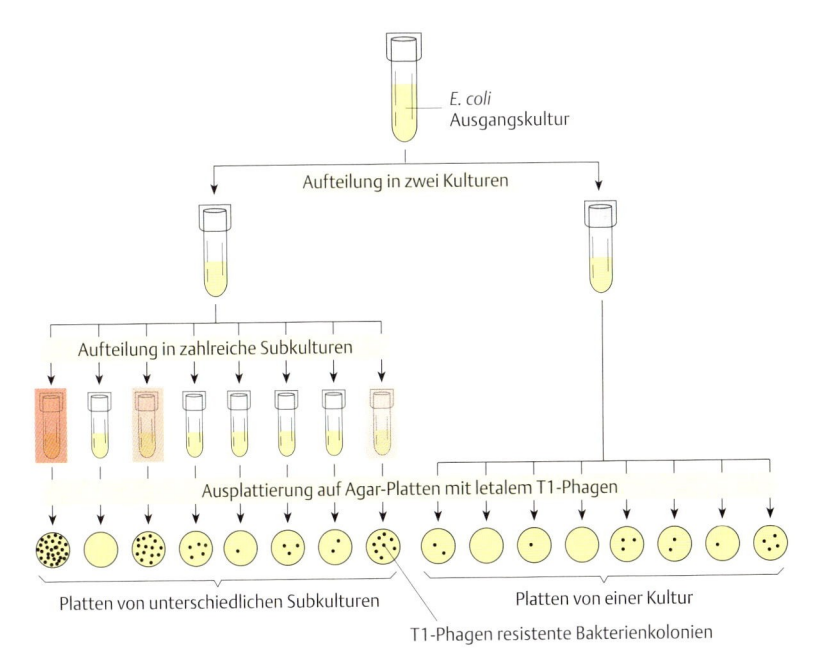

Abb. 10.5 **Luria-Delbrück-Experiment.**

schiedlichen Subkulturen im Gegensatz zu der Anzahl Mutanten auf den Platten der nichtunterteilen Kultur stark schwankt (fluktuiert), wird diese Methode zum Nachweis ungerichteter Mutationen auch **Fluktuationstest** genannt.

Mithilfe des 1953 von Esther und Joshua Lederberg entwickelten **Replika-Plattierungstests** kann ebenfalls gezeigt werden, dass Mutationen ungerichtet und spontan auftreten. Mit dieser Methode ließen sich z. B. streptomycinresistente Mutanten identifizieren, die nie zuvor mit Streptomycin in Berührung kamen (*Mikrobiologie*).

Was aber, wenn Mutationen – gemäß der Lamarckschen Vorstellung (*Ökologie, Evolution*) – doch **gerichtet** entstehen? Im Luria-Delbrück-Experiment kann ein solcher Vorgang nicht erkannt werden, da die Wildtyp-Zellen bereits abgetötet werden, bevor sie eine gerichtete Mutation ausprägen können. Um diese Möglichkeit zu überprüfen, untersuchten Cairns und Mitarbeiter 1988 das Entstehen von Mutationen in Bakterien unter Verwendung nichtletaler Selektionsmethoden. *E. coli*-Bakterien mit einer Mutation in dem *lacZ*-Gen, die somit zur Lactose-Verwertung nicht in der Lage sind (*lac*$^-$), werden in einem Lactose-freien Medium mit Glycerin als Kohlenstoffquelle angezogen und ab einem bestimmten Zeitpunkt auf Glycerin-freien Agarplatten ausplattiert. Hier wachsen die Bakterien kaum (stationäre Phase). Werden die Agarplatten mit Lactose-haltigem Medium überschichtet, wachsen Lactose-verwertende Bakterien zu sichtbaren Kolonien heran. Gemäß dem Luria-Delbrück-Experiment sollte die Zahl spontaner Mutanten mit der Zeit zunehmen, in der die Bakterien in stationärer Phase gehalten wurden. Es zeigte sich aber, dass eine längere Exposition in der stationären Phase vor dem Zusatz der Lactose nicht zu einer erhöhten Anzahl von Revertanten führte. Zudem wurden einige Zeit nach dem Lactosezusatz weitere Bakterienkolonien sichtbar. Dieser und ähnliche Versuche deuten darauf hin, dass unter bestimmten Bedingungen Mutationen auch gerichtet oder adaptiv sein können. Die Ursachen für diese **adaptiven Mutationen** sind noch völlig unklar. Eine Voraussetzung für adaptive Mutationen ist die Synthese von DNA. Etwa 0,5 bis 5 % des Genoms eines Bakteriums in der stationären Phase wird pro Tag durch neue DNA ersetzt; diese Grundbedingung ist also gegeben. Warum aber entstehen adaptive Mutationen erst, wenn diese benötigt werden, und warum unterbleiben schädliche Mutationen? Eine Möglichkeit ist, dass DNA-Reparatur-Enzyme die unter Mangelbedingungen neu gebildete DNA nur langsam korrigieren. Liegt die Mutation auf dem codogenen Strang, könnte ein mutiertes, aber verbessertes oder funktionsfähiges Protein synthetisiert werden. Erfolgt die Replikation der mutierten DNA vor der Reparatur, kann sich die Mutation manifestieren. Eine gerichtete Mutation könnte auch dadurch entstehen, dass von bestimmten Genen oder Genbereichen zusätzliche Kopien angefertigt werden. Das Original-Gen verbleibt zunächst im Genom. Befindet sich unter den Kopien ein Gen mit verbesserter Funktion, könnte dies der Zelle zum Überleben verhelfen und schließlich anstelle des Original-Gens in das Genom übernommen werden. Die Amplifizierung bestimmter DNA-Abschnitte ist bei Bakterien beobachtet worden. Ein anderes Modell geht von der Vorstellung aus, das „hungernde" Bakterien eine **hypermutable Phase** durchlaufen. Erfolgt in dieser Zeit eine passende Mutation, kann die Zelle weiter wachsen; ansonsten geht sie zu Grunde. Der hypermutable Zustand könnte auch auf einen Teil der Zellen beschränkt sein. Diese könnten dann, mit „letzter Kraft", ihre DNA in ein anderes Bakterium übertragen, welches keine hypermutable Phase durchlaufen hat. Die Empfängerzelle könnte somit von den Versuchen der altruistischen Zelle profitieren, ohne selber das Risiko einzugehen, letale Mutationen zu erhalten. Es gibt zwar einige Befunde, welche zu den erwähnten Modellen „passen", die realen Prozesse sind jedoch unbekannt.

10.2.2 Häufigkeit spontaner Mutationen

Als **Mutationsrate** wird die Wahrscheinlichkeit bezeichnet, mit der eine Mutation pro Generationszyklus stattfindet. Häufig wird sie auf einzelne Gene, Basenpaare oder aber auch auf das gesamte Genom bezogen. Die Zahlen zeigen einen interessanten Zusammenhang (Tab. 10.1). Die Mutationsraten wurden besonders bei Mikroorganismen, die wenig nichtcodierende DNA enthalten, untersucht: Die Mutationsrate pro Basenpaar wird mit steigender Genomgröße geringer. Auf das Genom bezogen, hat die Mutationsrate bei unterschiedlichen Organismen nahezu gleiche Werte (Tab. 10.1). Für hyperthermophile Organismen (s. u.) ergeben sich ähnliche Werte. Offenbar hat sich eine konstante Mutationsrate in dieser Höhe in der Evolution als optimal herausgestellt. Ähnliche Werte für die Mutationsrate pro Generation ergeben sich auch für höhere Eukaryoten, wenn nur der codierende DNA-Anteil („effektives" Genom) sowie die Anzahl der Zellteilungen bis zur Bildung der Keimzellen berücksichtigt werden. Im Gegensatz hierzu haben RNA-Viren Mutationsraten pro Genom und Replikation von etwa 1. Diese sind sehr viel höher als bei DNA-haltigen Organismen. Vermutlich unterliegen RNA-Viren einem anderen Selektionsdruck und entsprechend hat sich hier ebenfalls eine optimale Mutationsrate herausgebildet.

Bei höheren Eukaryoten hat sich gezeigt, dass die Mutationsrate in den somatischen Zellen (**somatische Mutationen**) höher ist als in Keimbahnzellen (**generative Mutationen**). Dies erscheint auch plausibel, da Veränderungen in den somatischen Zellen nicht auf die Nachkommen weitergegeben werden und deshalb die Reparatur hier eine untergeordnete Rolle spielt. Sie können aber zur Entstehung von Krebs beitragen.

Die Mutationsrate ist auch nicht an allen Stellen innerhalb des Genoms gleich hoch. Vielmehr gibt es bestimmte Bereiche, in denen aufgrund der DNA-Struktur bestimmte Mutationen begünstigt werden. Diese Regionen werden als **Hot Spots**

Tab. 10.1 **Mutationsraten bei verschiedenen Mikroorganismen** (aus Drake, Charlesworth, Charlesworth, Crow, 1998).

Organismus	Genomgröße (bp)	Mutationsrate pro Replikation bezogen auf bp	Mutationsrate pro Replikation bezogen auf gesamtes Genom
Bakteriophage M13	$6,4 \cdot 10^3$	$7,2 \cdot 10^{-7}$	0,0046
Bakteriophage λ	$4,9 \cdot 10^4$	$7,7 \cdot 10^{-8}$	0,0038
Bakteriophagen T2 und T4	$1,7 \cdot 10^5$	$2,4 \cdot 10^{-8}$	0,0040
Escherichia coli	$4,6 \cdot 10^6$	$5,4 \cdot 10^{-10}$	0,0025
Saccharomyces cerevisiae	$1,2 \cdot 10^7$	$2,2 \cdot 10^{-10}$	0,0027
Neurospora crassa	$4,2 \cdot 10^7$	$7,2 \cdot 10^{-11}$	0,0030

Tab. 10.2 Häufigkeit von Mutationen in lebenden Organismen. (Nach: Seyffert 1998, Hagemann 1999)

Organismus	betroffenes Gen und Merkmal	Anteil Mutanten pro Vermehrungszyklus
Bakteriophage T4	r^+ zu r^- (Lysehemmung)	$7 \cdot 10^{-5}$
	h^+ zu h^- (Wirtsspezifität)	$1 \cdot 10^{-8}$
Escherichia coli	lac^- zu lac^+ (Reversion Synthese β-Galactosidase)	$2 \cdot 10^{-7}$
	leu^- zu leu^+ (Leucinunabhängigkeit)	$2 \cdot 10^{-10}$
	try^- zu try^+ (Tryptophanunabhängigkeit)	$5 \cdot 10^{-10}$
	ara^+ zu ara^- (Unfähigkeit zur Arabinoseverwertung)	$2 \cdot 10^{-8}$
Drosophila melanogaster	y^+ zu y (gelbe Körperfarbe)	$1,2 \cdot 10^{-4}$
	e^+ zu e (dunkle Körperfarbe)	$2 \cdot 10^{-5}$
	bw^+ zu bw (braune Augenfarbe)	$3 \cdot 10^{-5}$
	w^+ zu w (weiße Augenfarbe)	$4 \cdot 10^{-5}$
	ey^+ zu ey (eyeless; augenlos)	$6 \cdot 10^{-5}$
Mus musculus	c^+ zu c (Albino)	$1,02 \cdot 10^{-5}$
	c zu c^+ (von Albino zu Wildtyp)	$2,7 \cdot 10^{-6}$
	b^+ zu b (braunes Fell)	$4 \cdot 10^{-6}$
Zea mays	*Sh* zu *sh* (*shrunken*; geschrumpfte Körner)	$1,2 \cdot 10^{-6}$
	C zu *c* (farblose Körner)	$2,3 \cdot 10^{-6}$
	Pr zu *pr* (Purpurfärbung)	$1,1 \cdot 10^{-5}$
	Su zu *su* (*sugary endosperm*; Zuckermais)	$2,4 \cdot 10^{-6}$
Mensch (autosomal dominante Mutationen)	Retinoblastom:	
	Japan	$8 \cdot 10^{-6}$
	Niederlande	$1,23 \cdot 10^{-5}$
	Dystrophia myotonica:	
	Nordirland	$8 \cdot 10^{-6}$
	Schweiz	$1,1 \cdot 10^{-5}$
	Neurofibromatose:	
	Moskau	$4,4–4,9 \cdot 10^{-5}$
	Michigan	$1 \cdot 10^{-4}$
	Hippel-Lindau-Syndrom:	$1,8 \cdot 10^{-7}$
X-chromosomal rezessive Mutationen	Hämophilie	$2,6 \cdot 10^{-5}$
	Muskeldystrophie Duchenne	$6,5 \cdot 10^{-5}$

bezeichnet. Beispiele sind Bereiche, die reich an desaminierbarem 5-Methylcytosin sind, oder kurze palindrome Sequenzen (S. 19) enthalten. In Tab. 10.2 sind einige Mutationshäufigkeiten für einzelne Gene aufgeführt. Nimmt man für die durchschnittliche Mutationshäufigkeit eines Gens den Wert 10^{-5} und als durchschnittliche Gengröße 10^3 bp an, so ergibt sich für die Mutationsrate pro bp und Generation ein Wert von 10^{-8}. In einer befruchteten, diploiden menschlichen Eizelle mit circa $6,4 \cdot 10^9$ bp finden sich demnach 64 neue Mutationen.

> **Luria-Delbrück-Experiment (Fluktuationstest):** Nachweis, dass Mutationen spontan und ungerichtet auftreten.
> **Mutationsrate:** Wahrscheinlichkeit für das Auftreten einer Mutation pro Generation.
> **Hot Spots:** DNA-Bereiche mit erhöhter Mutationsrate, beruhen auf DNA-Struktur, z. B. reich an 5-Methylcytosin oder kurzen palindromen Sequenzen.

10.3 Ursachen für Mutationen

> **Mutationen** haben verschiedene Ursachen, die chemischer bzw. physikalischer Natur sein können oder auf Fehler in der zellulären Replikationsmaschinerie beruhen. Bestimmte Chemikalien reagieren direkt mit der DNA oder lagern sich in die DNA-Struktur ein. Bei der Replikation kommt es dann an diesen Stellen zu dem Einbau falscher Nucleotide. DNA kann durch **Strahlung** direkt geschädigt werden. Bei den **dynamischen Mutationen** werden zusätzliche Mengen repetitiver Trinucleotid-Sequenzen eingebaut. Die Insertion von **Transposons** oder **viraler DNA** in ein Gen kann zu dessen Inaktivierung führen. Auch die Trennung der Chromosomen im Verlauf der Zellteilung verläuft nicht immer fehlerfrei.

Bei der DNA handelt es sich um ein komplexes Makromolekül. Verschiedene Bindungen können spontan hydrolysieren oder andere unkontrollierte Reaktionen treten auf. Unterschiedliche Umweltbedingungen können hierauf deutlichen Einfluss haben.

10.3.1 Zerfallsreaktionen von Nucleinsäuren

Vor allem hydrolytische Spaltungen oder Desaminierungen tragen zum Zerfall der DNA bei. Die Hydrolyse der N-glykosidischen Bindungen führt zum Verlust der entsprechenden Basen. Dabei sind **Depurinierungen** (Verlust von A oder G) weit häufiger als **Depyrimidierungen** (Verlust von T oder C). Depyrimidierungen machen etwa 5 % der Basenverluste aus. Eine Stelle in der DNA, an der keine Base am Zuckerrest vorhanden ist, wird als **AP-Stelle** bezeichnet (von **ap**yrimidinisch bzw. **ap**urinisch). Einen gewissen Schutz vor dem Basenverlust verleiht die Ausbildung der Doppelhelix.

RNA ist, trotz hoher einzelsträngiger Anteile, im Hinblick auf die spontane Hydrolyse der N-glykosidischen Bindungen stabiler. Die DNA unterscheidet sich von der RNA nur durch die 2′-OH-Gruppe der Ribose. Durch die Präsenz dieser OH-Gruppe können die Phosphorsäureester durch nucleophilen Angriff des Hydroxyl-Sauerstoffs auf das Phosphoratom sehr leicht gespalten werden (*Biochemie, Zellbiologie*). Das Resultat dieser Reaktionen bewirkt eine Zerstückelung des RNA-Strangs; RNA ist daher als Träger für Erbinformation nur sehr bedingt geeignet. Die meisten RNA-Viren haben daher Genome

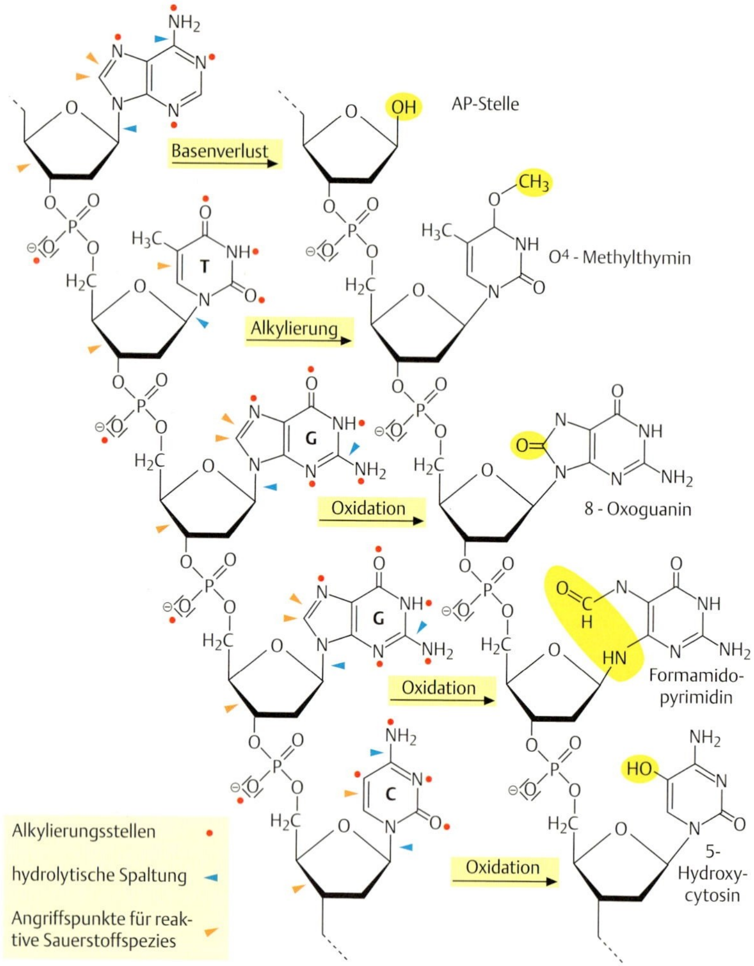

Abb. 10.6 Angriffspunkte in der DNA. O^4-Methylthymin bildet häufiger Fehlpaarungen mit Guanin als Thymin und führt somit zu Transitionen. Gegenüber 8-Oxoguanin kann im Verlauf der Replikation auch Adenin eingebaut werden; somit bewirkt 8-Oxoguanin Transversionen.

<50 kb oder segmentierte Genome (📖*Mikrobiologie*). Da bei der DNA die 2′-OH-Gruppen nicht vorhanden sind, sind die Phosphorsäureester-Bindungen bezüglich Hydrolyse sehr stabil: Eine grundlegende Voraussetzung für die Bildung sehr langer Moleküle. Die Abwesenheit der 2′-OH-Gruppe erhöht jedoch die Reaktionsbereitschaft der N-glykosi-

dischen Bindung zur Hydrolyse. Ein Basenverlust ist aber ein nicht so einschneidendes Ereignis wie ein Strangbruch: Ein Kompromiss, der sich in der Evolution bewährt hat.

An den Basen selbst können Aminogruppen hydrolysiert werden (**Desaminierungen**). Desaminierungen können auch durch Chemikalien herbeigeführt werden. Die mutagenen Konsequenzen hierbei sind die gleichen (s. u.).

Auch verschiedene Sauerstoffspezies können zu Schäden in der DNA-Struktur führen. Hauptverursacher dieser oxidativen DNA-Schäden sind **Hydroxid-Radikale**. Oxidative DNA-Schäden können sowohl die Basen, als auch die Desoxyribose betreffen. Am häufigsten ist hierbei die Reaktion mit der Base Guanin zu 8-Oxoguanin. Abb. 10.**6** zeigt mögliche Stellen und Beispiele, wie DNA verändert werden kann.

Hydroxid-Radikale entstammen aus **Wasserstoffperoxid**, dass in der Atmungskette als Nebenprodukt gebildet wird (*Biochemie*). Der größte Teil des Wasserstoffperoxids wird durch Katalase in Wasser und O_2 gespalten, doch ein geringer Anteil zerfällt unkontrolliert in Hydroxid-Radikale. Eine weitere nicht unwesentliche Quelle für Hydroxid-Radikale stellt die durch **ionisierende Strahlung** bewirkte Spaltung von Wassermolekülen dar.

Die DNA muss bei allen lebenden Zellen permanent repariert und ausgebessert werden, da sie sonst mit der Zeit zerfallen würde. Wie aber gelingt es Bakterien bei der Ausbildung von Sporen (*Mikrobiologie*) die DNA z. T. über mehrere Tausend Jahre zu konservieren? Sporen betreiben keinen aktiven Stoffwechsel und können somit anfallende DNA-Schäden nicht reparieren. Im Vergleich zu den vegetativen Zellen weisen Sporen einen deutlich reduzierten Wassergehalt auf. Während der Sporulation werden große Mengen von Dipicolinat und besondere, fest an die DNA-bindende Proteine, z. B. das SASP (small acid soluble protein) gebildet. Diese Substanzen „packen" die DNA ein und ersetzen dadurch die Wasserhülle. Hier liegt die DNA überwiegend in der A-Form an Stelle der sonst in der Zelle üblichen hydratisierten B-Form vor (S. 9). Den Wassermolekülen wird der Zugang zu der DNA erschwert; somit verringern sich die Hydrolyseraten. Die SASPs verringern beispielsweise die Rate der Depurinierung um etwa den Faktor 20. Während der Überdauerungsphase als Spore reichern sich Defekte in der DNA an. Das Ausmaß der DNA-Zerfallsprozesse bestimmt die Überlebensdauer der Sporen. Umweltbedingungen haben ebenfalls einen Einfluss auf die Überlebensdauer. Niedrige Temperaturen, Ausschluss von Sauerstoff sowie Abschirmung gegen schädliche Strahlungen verringern die Häufigkeit der Entstehung von DNA-Schäden. Kommt es zur Sporenkeimung, beginnen innerhalb von Minuten intensive Reparaturarbeiten an der DNA. Das Wissen um die chemische Reaktivität der DNA lässt Jurassic Park das sein, was es ist: Fiktion.

10.3.2 Einbau falscher Basen führt zu Fehlpaarungen

Die Verdopplung der DNA erfolgt durch die DNA-Polymerase. Dieses Enzym synthetisiert matrizenabhängig unter Verwendung der Nucleotide dATP, dGTP, dCTP und dTTP einen zum Matrizenstrang komplementären zweiten Strang. Gelegentlich kommt es vor, dass ein falsches Nucleotid eingebaut wird. Um die Auswirkungen solcher Fehler zu minimieren, besitzen die replikativen DNA-Polymerasen eine 3′-5′-Exonuclease-Aktivität, welche die falsche Base wieder entfernt

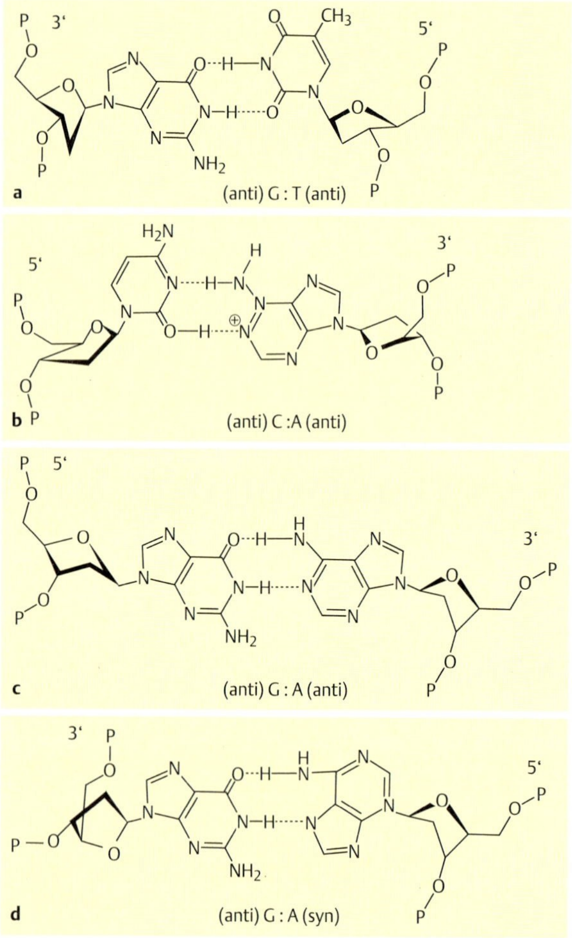

Abb. 10.7 Mismatch-Wobble-Basenpaarungen. Bei der *anti*-Konformation liegen die Basen neben der Ribose. Diese Konformation liegt auch bei den Standard Watson-Crick Basenpaarungen vor. Bei der *syn*-Konformation liegt die Base zum Ribosering orientiert vor. Bei Basenparungen mit *syn*-Konformation (mit der „Rückseite" der Base) handelt es sich um eine Hoogsteen-Basenpaarung. Zu beachten sind die Konformationsänderungen der Ribose. Aufgrund dieser Verdrehungen wird die Konformation der DNA-Helix insgesamt kaum gestört. (Nach Blackburn, Gait, 1990.)

(S. 101). Aber auch das Proofreading kann keine hundertprozentig genaue Synthese des neuen DNA-Strangs gewährleisten. Die an der falschen Stelle eingebauten Basen bilden **Fehlpaarungen** (**mismatches**) innerhalb der DNA-Doppelhelix. Bereits James Watson und Francis Crick haben 1953 auf den Einbau falscher Basen und die damit verbundenen Konsequenzen hingewiesen. Sie gingen davon aus, dass die Basen in verschiedenen tautomeren Strukturen (Keto-Enol-Tautomerie) vorliegen könnten, welche unterschiedliche Paarungseigenschaften aufweisen. So würde etwa Thymin in der unüblichen Enolform eher mit Guanin als mit Adenin paaren. In den letzten Jahren haben aber Strukturanalysen gezeigt, dass Fehlpaarungen sowohl aufgrund ungewöhnlicher Konformationen des Phosphorsäureester-Rückgrates als auch der Stellung der Basen zu den Pentoseringen zu Stande kommen. In Analogie zu den Verhältnissen bei der Translation, spricht man bei den Fehlpaarungen auch von **Wobble-Paarungen**. Daneben sind noch Hoogsteen-ähnliche Basenpaarungen (S. 10) möglich. Für Watson und Crick war es naheliegend, tautomere Formen als Ursache für Fehlpaarungen anzunehmen, da die tautomeren Formen sich ohne weiteres in die „normale" Struktur der Doppelhelix einpassen. Mismatch-Basenpaarungen sind weniger stabil als die normalen Watson-Crick-Basenpaarungen. Für einzelne Mismatch-Basenpaarungen sind unterschiedliche Strukturen möglich. Dies liegt daran, dass die eingenommene Konformation einer Mismatch-Basenpaarung ebenso wie die Stärke dieser Basenpaarung abhängig von den benachbarten Basenpaarungen ist (Abb. 10.**7**).

10.3.3 Reaktionen mit Nucleinsäuren – chemische Mutagenese

Experimentell können Mutationen z. B. durch Verwendung alkylierender Substanzen ausgelöst werden. Diese Substanzen übertragen Alkylreste auf die DNA. In Abb. 10.**8** sind einige alkylierende Verbindungen dargestellt (zu potenziellen Alkylierungsstellen s. Abb. 10.**6**). In Bezug auf die mutagene Wirkung wird bei diesen Substanzen zwischen zwei Mechanismen unterschieden: Bei der **direkten Mutationsauslösung** paaren die alkylierten Basen direkt mit einer „falschen" Base (z. B. 6-Methylguanin mit Thymin); bei der **indirekten Mutationsauslösung** entstehen die Mutationen nach Schädigung der DNA und anschließender fehlerhafter Reparatur.

Ethylmethansulfonat überträgt bevorzugt Ethylgruppen auf N^7 von Guanin, wodurch dieses mit Thymin paaren kann. Bei **Senfgas** handelt es sich um eine bifunktionelle Substanz, die zu Quervernetzungen sowohl innerhalb des DNA-Moleküls, als auch mit anderen Substanzen führen kann. **Nitrosoharnstoffe** und **Nitrosamine** besitzen als charakteristische Gruppe eine Nitrosogruppe. N-Nitrosoverbindungen entstehen aus sekundären Aminen und Nitrit. Solche Reaktionen können durch die Reduktion von Nitrat zu Nitrit durch Bakterien im Darm von Tieren ablaufen. N-Nitrosoverbindungen kommen auch in Lebensmitteln, vor allem in geräucherten und gepökelten Waren sowie im Tabakrauch vor. N-Nitrosoverbindungen besitzen aufgrund ihrer mutagenen Eigenschaften auch cancerogene (krebsauslösende) Wirkungen. Einige N-Nitrosoverbin-

R: CH₃: N-Nitrosodimethylamin (NDMA)

R: CH₂CH₃: N-Nitrosodiethylamin (NDEA)

Nitrosamine

Ethylmethansulfonat

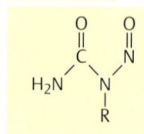

R: CH₃: N-Nitroso-N-methylharnstoff (NMH, MNU)

R: CH₂CH₃: N-Nitroso-N-ethylharnstoff (NEH, ENU)

Nitrosoharnstoffe

Bis(2-chlorethyl)-sulfid (Senfgas, Lost)

Abb. 10.**8** **Alkylierende Mutagene**.

Benz(a)pyren

Benz(a)pyren-Addukt

Aflatoxin B1

Aflatoxin B1-Addukt

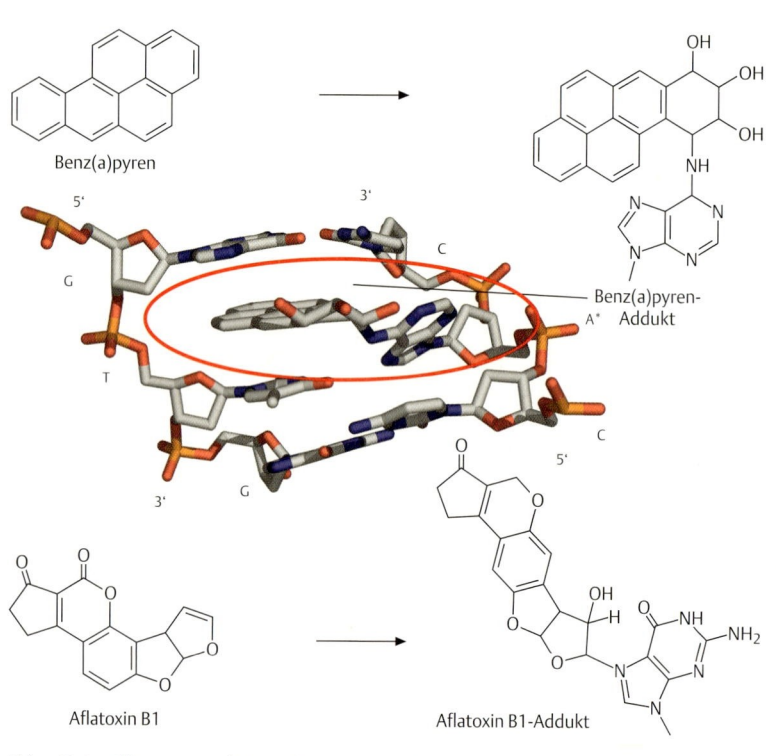

Abb. 10.**9** **Aflatoxin und Benz(a)pyren.** Beide Substanzen werden erst durch körpereigene Reaktionen, die mit der Bildung eines Epoxids beginnen, aktiviert. Struktur der DNA mit einem Benz(a)pyren-Additionsprodukt (pdb: 1JDG).

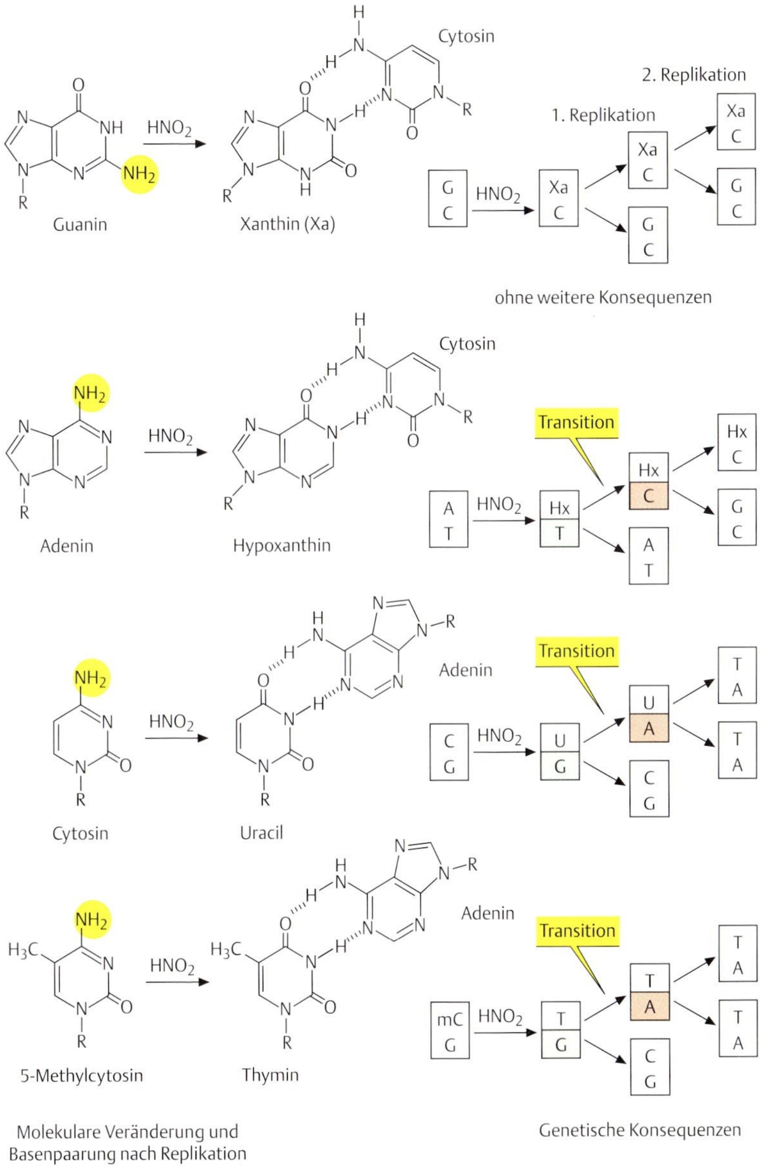

Abb. 10.**10** **Desaminierung von Basen**.

dungen werden experimentell zur Auslösung von Mutationen eingesetzt. ENU wird z. B. vor allem bei Mäusen zur Erzeugung von Mutationen verwendet.

Auch innerhalb einer lebenden Zelle laufen unkontrollierte Methylierungen ab. Die Methylgruppe stammt hierbei von dem normalerweise bei enzymatischen Reaktionen verwendeten Methylgruppen-Überträger **S-Adenosylmethionin** (**SAM**, 📖*Biochemie*). Die Hauptmethylierungsprodukte hierbei sind **3-Methyladenin** und **7-Methylguanin**. Eine unkontrollierte Bildung von 5-Methylcytosin findet jedoch kaum statt. Die Bildung von 5-Methylcytosin wird durch Enzyme katalysiert und hat wichtige Signalfunktion.

Einige mutagene und cancerogene Substanzen sind im Vergleich zu den Basen sehr groß. Die bekanntesten Beispiele hierfür sind die polyzyklischen aromatischen Kohlenwasserstoffverbindungen (**PAK**; auch: PAH von **p**olycyclic **a**romatic **h**ydrocarbons). PAK entstehen bei unvollständigen Verbrennungen (z. B. Tabakrauch) und werden durch modifizierende Enzyme (Cytochrom P_{450}-Hydroxylasen, 📖*Biochemie*) teilweise erst in die cancerogene Form überführt. Eine bekannte PAK ist das Benz(a)pyren (Abb. 10.9). Die von Schimmelpilzen, z. B. *Aspergillus flavus*, gebildeten Aflatoxine bilden ebenfalls Additionsprodukte mit Basen der DNA. Aflatoxin B1 (Abb. 10.9) gehört zu den stärksten cancerogenen Substanzen überhaupt und führt zu Leberkrebs. Die Additionsprodukte interkalieren (s. u.) in die Struktur der DNA und führen zu Störungen bei der Transkription und Replikation. Besonders sensitiv gegenüber diesen Basenmodifikationen ist DNA-Topoisomerase I, welche zwar den DNA-Strang noch spalten kann, dann aber inhibiert ist.

Andere mutagene Verbindungen wirken über **Desaminierungen** in den Basen. Zu diesen Substanzen gehört etwa die Salpetersäure (HNO_3). Aus Guanin, Adenin, Cytosin bzw. 5-Methylcytosin entstehen nach Desaminierung die Basen Xanthin, Hypoxanthin, Uracil bzw. Thymin. Durch Salpetersäure werden spezifisch Transitionen hervorgerufen (Abb. 10.10). Die Desaminierung von 5-Methylcytosin hat für die Zelle eine fatale Konsequenz: Das hierbei entstehende Produkt Thymin ist ein normaler Bestandteil der DNA und wird daher auch von den zellulären Reparaturmechanismen (s. u.) nicht erkannt. Etwa 5 % aller Cytosine bei Säugern sind methyliert. Dies kommt bevorzugt bei CG-Folgen vor; hier sind bis zu 90 % der Cytosinreste methyliert. Entsprechend des hohen Methylierungsgrades der CG-Folgen kommen hier öfter Desaminierungen als anderswo im Genom vor. CG-Folgen zeichnen sich durch erhöhte Mutationsraten aus und stellen daher **Hot Spots** dar.

10.3.4 Basenanaloga und interkalierende Substanzen

Unter **Basenanaloga** versteht man Substanzen, welche den Purin- oder Pyrimidinbasen strukturell ähnlich sind und an Stelle dieser auch in die DNA eingebaut werden. In die DNA eingebaut bilden Basenanaloga besonders leicht Fehlpaarungen mit anderen Basen. Dies hat zur Folge, dass mit hoher Wahrscheinlichkeit im

Abb. 10.11 Basenanaloga. Neben den normalen Basenpaarungen bilden die Basenanaloga wesentlich häufiger Wobble-Basenpaarungen aus, die Transitionen bewirken.

nächsten Replikationszyklus eine Mutation entsteht. Die bekanntesten Basenanaloga sind 5-Bromuracil und 2-Aminopurin. Bromuracil bildet häufiger als das strukturell ähnliche Thymin Wobble-Paarungen mit Guanin aus. 2-Aminopurin paart wie Adenosin mit Thymin; bildet aber öfters Wobble-Paarungen mit Cytosin aus (Abb. 10.**11**).

Interkalierende Substanzen lagern sich aufgrund ihrer planaren Struktur zwischen die Basenpaare der DNA-Struktur ein. Durch interkalierende Substanzen kommt es während der Transkription und Replikation zu Störungen; meist zum zusätzlichen Einbau oder Verlust von Nucleotiden (**Rasterschub-Mutationen**). Interkalierende Farbstoffe sind meist polyzyklische Verbindungen, etwa **Acridin-Farbstoffe**, **Proflavine** oder **Ethidiumbromid** (Abb. 10.**12**). Diese Farbstoffe werden häufig im Labor zur Färbung von DNA in Agarosegelen (S. 481) verwendet. Am verbreitetsten ist hierbei Ethidiumbromid; mit DNA bildet es einen

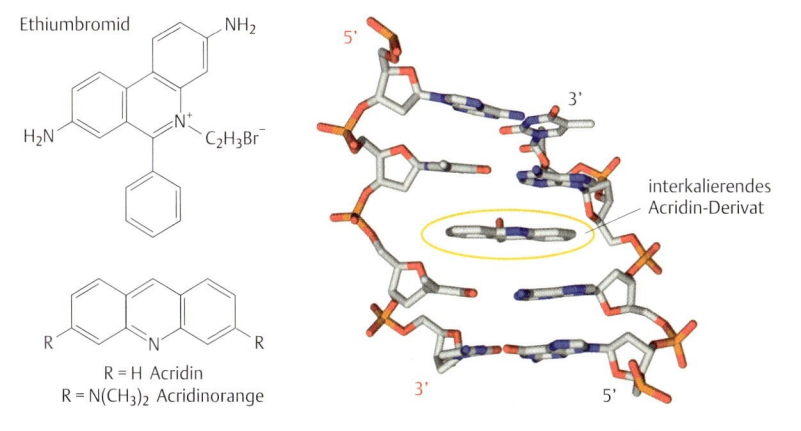

Abb. 10.12 Ethidiumbromid und Acridin. Interkalierende Substanzen schieben sich zwischen die Basenstapel der DNA (Interkalation) (pdb: 1G3X).

fluoreszierenden Komplex, der durch UV-Licht (252–366 nm) angeregt werden kann und Licht im orangeroten Bereich (590 nm) emittiert. Auch einzelsträngige DNA sowie RNA interagieren, wenn auch deutlich schwächer, mit Ethidiumbromid.

Einige interkalierende Substanzen reagieren kovalent mit der DNA und führen teilweise zu einer **Quervernetzung** der DNA-Stränge. Zu diesen Substanzen gehört etwa **Psoralen** oder das Antibiotikum/Antitumormittel **Mitomycin C**. Psoralen ist eine photoreaktive Substanz und bildet kovalente Bindungen zu Pyrimidinen der DNA erst nach Bestrahlung mit UVA (360 nm) aus. Durch die Quervernetzung wird die Replikation verhindert. Diese Substanzen haben stark cytotoxische Eigenschaften. Mitomycin C ist ein häufig verwendetes Antitumormittel; Psoralen wird zur Behandlung von Psoriasis (Schuppenflechte) eingesetzt.

Alle Substanzen, die mit DNA interagieren, reagieren oder diese in der Struktur verändern und so direkt oder indirekt zu Mutationen führen, haben in der Regel auch **cancerogene** Eigenschaften.

10.3.5 Strahleninduzierte Mutationen

Veränderungen in der DNA- oder Chromatinstruktur können auch durch **Strahlen** ausgelöst werden. Diese werden durch die ionisierende Wirkung **korpuskulärer** (α-, β-Teilchen, Neutronen) und **elektromagnetischer Strahlung** (Ultraviolett-, Röntgen-, γ-Strahlen) verursacht. Die Strahlungen unterscheiden sich durch ihre unterschiedliche Eindringtiefe in das Gewebe und die ausgelösten Schäden. Ionisierende Strahlen schädigen die DNA direkt, überwiegend aber geschieht dies durch Bildung von H- und OH-Radikalen aus der Radiolyse von Wasser. Diese reagieren mit der DNA und führen so zu Veränderungen. Zu den verursachten Schäden gehören neben den strukturellen Veränderungen (Abb. 10.**6**) auch Quervernetzungen zwischen Basen der beiden DNA-Einzelstränge und, besonders bei hoher Ionisierungsdichte, häufig irreparable DNA-Strangbrüche oder Chromosomenbrüche.

Mit der **Äquivalentdosis** (Einheit: Sievert, Sv) lassen sich die Auswirkungen unterschiedlicher Strahlungsarten auf biologisches Material vergleichen. Sie berücksichtigt die unterschiedliche Ionisationsfähigkeiten der verschiedenen Strahlungen (📖 *Biochemie*, Anhang A-1, Maße und Einheiten). Beispielsweise besitzen α-Strahlen bei gleicher Energiedosis (Einheit: Gray, Gy) einen 20fach höheren Absorptionsquerschnitt als Röntgen- oder β-Strahlen, d. h. α-Strahlen erzeugen auf dem Weg durch das Gewebe weit mehr Radikale (höhere Ionisierungsdichte) als etwa Röntgen- oder β-Strahlen. Im Gegensatz zu diesen Strahlen ist die Eindringtiefe von α-Strahlen in das Gewebe deutlich geringer (Tab. 10.**3**).

Die mutagene Wirkung von **Röntgenstrahlen** wurde 1927 von **Hermann J. Muller**, einem Mitarbeiter **Thomas H. Morgans**, erkannt. Muller untersuchte die Auswirkungen von Röntgenstrahlung auf die Erzeugung von Mutationen bei *Drosophila melanogaster*. Dabei wurden zwei grundlegende Erkenntnisse gewonnen,

Tab. 10.3 **Eindringtiefe verschiedener Strahlungsarten in biologisches Gewebe.**

Strahlenart	Eigenschaften	Eindringtiefe
Röntgenstrahlung	elektromagnetische Strahlung	wenige mm bis einige cm
γ-Strahlung	elektromagnetische Strahlung	viele cm
Neutronen	ungeladene Teilchen	viele cm
β-Strahlung (Elektronen)	negativ geladene Teilchen	einige mm
Protonen	positiv geladene Teilchen (Wasserstoffkerne)	viele cm
α-Strahlung	Heliumkerne	Bruchteile von mm
UV-Licht	elektromagnetische Strahlung	Bruchteile von mm

die zumindest für geringe Strahlungsmengen gelten. Zunächst fand sich eine lineare Beziehung zwischen der verabreichten Strahlungsdosis und dem Auftreten letaler Mutationen. Weiterhin konnte eine kumulative Wirkung der Röntgenstrahlungsdosis auf die Anzahl der Mutationen festgestellt werden (**Summeneffekt**). Dies bedeutet, dass eine Strahlungsmenge in einer einzigen Dosis genauso wirkt, wie die gleiche Strahlungsmenge in mehreren kleineren Strahlungsdosen.

Für elektromagnetische Wellen im Bereich von 245 bis 290 nm (UVB und UVC-Bereich, *Biochemie, Zellbiologie*) besitzt DNA ein Absorptionsmaximum. Durch die Absorption der UV-Strahlung werden **photochemische Reaktionen** in der DNA ausgelöst. Durch Quervernetzung benachbarter Pyrimidinbasen entstehen **Cyclobutandimere** (Thymin- oder Cytosindimere) und (**6–4**)-**Produkte** (Abb. 10.**13**). Cyclobutanderivate entstehen etwa doppelt bis drei Mal so häufig wie (6–4)-Photoprodukte. Beide Strukturen stören die helikale Struktur der DNA. Welches der beiden möglichen Produkte entsteht, hängt von den flankierenden Sequenzen und der Biegung der DNA ab, z. B. durch die Verpackung in Nucleosomen. Thymindimere machen etwa 80 % der UV-induzierten DNA-Schäden aus. Aufeinander folgende Pyrimidine, besonders Thymin, stellen somit **Hot Spots** für UV-induzierte Mutationen dar.

Die UV-Strahlung ist ein natürlicher Umweltfaktor unter dessen Einwirkung die Evolution stattgefunden hat. Entsprechend entwickelten sich wirkungsvolle Reparaturmechanismen (s. u.). Diese Reparatursysteme sind ständig aktiv und deren Bedeutung zeigt sich besonders drastisch, wenn sie defekt sind, z. B. bei dem Krankheitsbild **Xeroderma pigmentosum** (S. 409). Werden die UV-induzierten Schäden nicht korrigiert, entstehen bei der nächsten DNA-Replikation Mutationen. Da die quervernetzten Basen keine normalen Basenpaarungen ausbilden, erkennt die DNA-Polymerase nicht, um welches Nucleotid es sich gerade handelt. In solchen Fällen wird von der DNA-Polymerase meist ein Adenin gegenüber der ungewissen Base eingebaut: Thymindimere sind somit nicht muta-

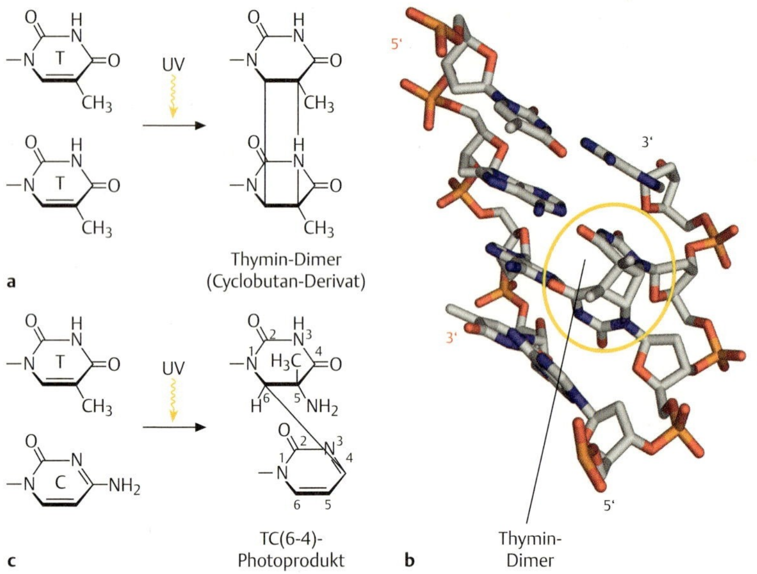

Abb. 10.13 **Quervernetzte Pyrimidin-Derivate** (pdb: 1N4E).

gen. Gegenüber einem Cytosindimer werden ebenfalls Adenine eingebaut; hieraus resultiert eine CC→TT-Transition. Bei den (6–4)-Produkten kann die 5'-gelegene Base normale Basenpaarungen ausbilden; die zweite Base (Cytosin) wird aber nicht mehr erkannt, folglich wird dieser gegenüber ein Adenin eingebaut. Die UV-Schäden zeigen, neben den mutagenen Folgen, noch andere Konsequenzen. Befinden sich etwa Thymindimere im Promotorbereich, so unterbindet dies die Bindung entsprechender Transkriptionsfaktoren und somit die Transkription (Kap. 4). Schließlich kann die RNA-Polymerase nicht über UV-induzierte DNA-Schäden hinweg transkribieren, was zur Inhibierung der Transkription führt.

10.3.6 Repetitive Trinucleotid-Sequenzen: Dynamische Mutationen

Wie jedes eukaryotische Genom enthält auch das menschliche Genom einen hohen Anteil an **repetitiven DNA-Sequenzen.** Bei diesen Sequenzwiederholungen handelt es sich um Wiederholungen kurzer Nucleotidabschnitte, meist Tri- oder Tetranucleotid-Abfolgen. Diese sind anfällig für Duplikationen; ab einer bestimmten Länge steigt die Wahrscheinlichkeit für weitere Verlängerungen deutlich an. Wegen dem schnellen Anstieg von repetitiven Sequenzen im Genom aufeinander folgender Generationen wird diese Art der Mutation als

Tab. 10.4 **Antizipation beim Menschen.** Erst ab einer bestimmten Länge äußern sich die repetitiven Sequenzabfolgen in bestimmten Krankheitsbildern. (Aus Hagemann, 1999.)

Krankheit	Lokalisation	Trinucleotid	normale Länge	volle Mutation
Chorea Huntington	4p16.3	$(CAG)_n$	9–35	37–100
Myotone Dystrophie	19q13	$(CTG)_n$	5–35	50–4000
Fragilität des Chromosoms 16	16q22	$(CCG)_n$	16–49	1000–2000
Fragiles X (Locus A)	Xq27.3	$(CGG)_n$	6–54	200–1000

dynamische Mutation bezeichnet. Dynamische Mutationen sind für eine Reihe von Krankheiten beim Menschen verantwortlich (Tab. 10.4), für die im Englischen der Ausdruck Triplet Repeat Syndromes gebräuchlich ist. Je länger die Sequenzwiederholungen sind, umso deutlicher und früher zeigt sich das Krankheitsbild. Die Humangenetiker haben dafür den Begriff der „**Antizipation**" eingeführt.

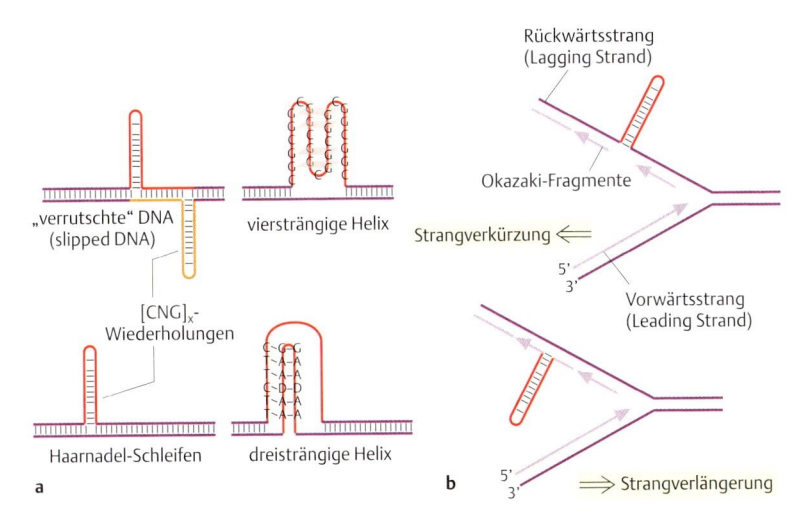

Abb. 10.14 **Repetitive Nucleotidabfolgen. a** Durch wiederholte Sequenzabfolgen werden ungewöhnliche DNA-Sekundärstrukturen ermöglicht. **b** Einfaches Modell zur Erklärung der Instabilität von repetitiven Nucleotidabfolgen im Verlauf der DNA-Replikation. Bei Ausbildung einer Haarnadelschleife im Rückwärtsstrang wird dieser Bereich nicht repliziert; es resultiert eine Verkürzung der Sequenzabfolgen in der neusynthetisierten DNA. Erfolgt die Ausbildung von Sekundärstrukturen in den Okazaki-Fragmenten resultiert dies in einer Expansion der Nucleotidabfolgen.

DNA mit Trinucleotid-Wiederholungen bildet ungewöhnliche Sekundärstrukturen aus, z. B. drei- und viersträngige DNA-Bereiche. Diese Sekundärstrukturen sind sehr stabil und können ab einer bestimmten Länge die Replikation stören. Es kommt zu Sequenzverlängerungen oder auch Deletionen (Abb. 10.14). Eine Verlängerung kann auch bei Reparaturvorgängen nach Strangbrüchen im Bereich der Sequenzwiederholungen erfolgen. Inwiefern diese Vorgänge auf der DNA-Ebene mit den entsprechenden Krankheitsbildern zusammenhängen, ist bisher völlig unbekannt.

10.3.7 Mutationen durch „entsprungene Gene"

Das Genom eines Organismus ist keine statische Struktur. Bestimmte DNA-Sequenzelemente verändern ihre Lage oder Kopienzahl innerhalb eines Genoms. Diese DNA-Sequenzelemente werden aufgrund ihrer Eigenschaft als **transponierbare Elemente** („**springende Gene**") bezeichnet. Es gibt zwei prinzipiell unterschiedliche Klassen: **DNA-Transposons** und **Retrotransposons**. Die DNA-Transposons, zu diesen gehören die bakteriellen **Insertionselemente** (**IS-Elemente**), können sich aus dem Genom ausschneiden und an einer anderen Stelle integrieren. Die Integration der meisten Retrotransposons erfolgt über illegitime (nichthomologe) Rekombination und wird von Transposasen katalysiert (S. 351).

Bei etwa jeder 20–25 menschlichen Geburt hat ein neues Transpositionsereignis stattgefunden, häufig ohne weitere Folgen. Erfolgt die Insertion eines transponierbaren Elements innerhalb eines Gens, so führt diese Mutation in der Regel zu einem Verlust der Genfunktion. Ein Beispiel hierfür ist eine Form der Hämophilie, ausgelöst durch die Insertion von L1 in das Gen für den Blutgerinnungsfaktor VIII. Die Insertion eines Transposons kann auch die Genexpression verändern. Beispielsweise enthält das Transposon *Ty1*, welches bei *Saccharomyces cerevisiae* vorkommt, als Enhancer wirkende Sequenzen. Integriert sich dieses Transposon in die 5′-regulatorische Region eines Gens, erhöht es dessen Expression. Manche Transposons unterdrücken die Transkription, z. B. wenn das Transposon zwischen Promotor und distalen Enhancer-Elementen eingebaut ist. Transposons werden häufig als „blinde Passagiere", als „Müll"(junk)-DNA oder gar als Genomparasiten bezeichnet, da diese nur ihre eigene Vermehrung betreiben (selfish DNA, S. 352).

Mutagene freie Radikale (S. 389) werden durch z. B. Ascorbinsäure (Vitamin C) abgefangen. Der Mensch und einige wenige Arten sind nicht in der Lage Ascorbinsäure zu bilden, da das Gen für die Gulonolacton-Oxidase, das für das Enzym des letzten Stoffwechselschrittes zur Ascorbinsäure-Synthese codiert, defekt ist. Die Inaktivierung ist vermutlich auf die Insertion eines Alu-Transposons (S. 356) in das Gen zurückzuführen.

10.3.8 Zielgerichtete Mutagenese

Mit den Methoden der klassischen Genetik (Züchtung und Selektion, Verwendung mutagener Substanzen; Einsatz von Strahlung) können zur gezielten Veränderung von Eigenschaften nur ungerichtete Mutationen ausgelöst werden, deren Wirkungen und Effekte, vor allem auf genetischer Ebene, nicht vorhersehbar sind. Zahlreiche Mutanten müssen erzeugt und anschließend auf die gewünschten Effekte hin aufwendig identifiziert werden. Wünschenswert sind daher Methoden mit denen **zielgerichtete Mutagenesen** (**site directed mutagenesis**) durchgeführt werden können. Sie werden aufgrund der Durchführung im Reagenzglas als **In-vitro-Mutagenesen** bezeichnet.

Mit der **Oligonucleotid-gesteuerten Mutagenese** kann gezielt ein Nucleotid verändert und damit der Austausch einer Aminosäure gegen eine andere in einem bestimmten Protein erreicht werden (Abb. 10.**15**). Das ist z. B. bei der Analyse einer Aminosäure im aktiven Zentrum eines Enzyms interessant.

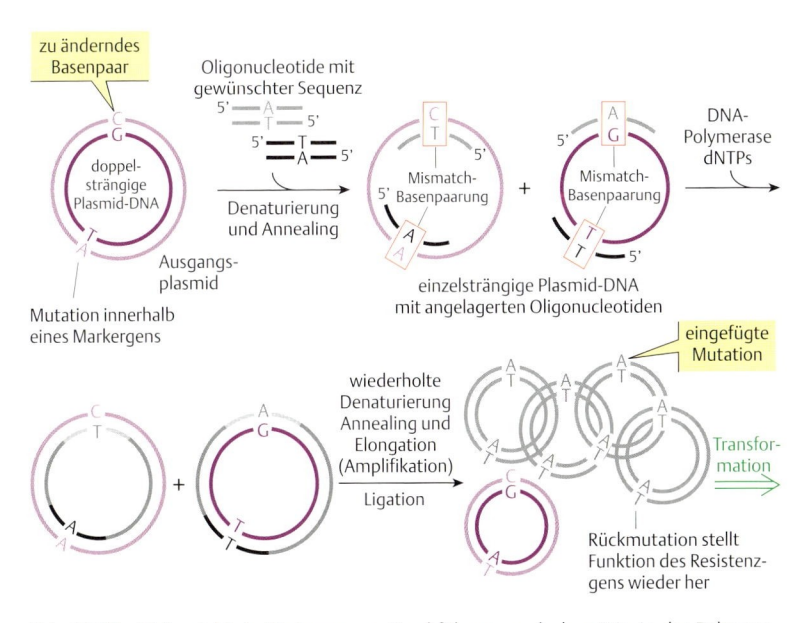

Abb. 10.15 Zielgerichtete Mutagenese. Durchführung nach dem Prinzip der Polymerase-Kettenreaktion (PCR). Nach Denaturierung des Vektors erfolgt die Anlagerung (annealing) der Oligonucleotide mit der geänderten Basenabfolge an die Vektor-DNA. Diese Strukturen dienen als Startpunkt für eine DNA-Replikation, bei der der ganze Vektor amplifiziert wird. Nach erfolgter PCR werden die neugebildeten DNA-Stränge mit einer Ligase verknüpft. Das Ausgangsplasmid wird nicht amplifiziert, ist jedoch noch vorhanden. Eine zweite, gleichzeitig durchgeführte Mutation innerhalb eines Markergens erleichtert die Selektion entsprechender Transformanten.

Das gebräuchlichste Verfahren zur Herstellung von **Deletions-** und **Insertionsmutanten** geht von einem Vektor mit dem darin enthaltenen Gen aus. Mit Restriktionsendonucleasen (S. 482) wird ein entsprechender Vektor geöffnet und ein bestimmter Abschnitt herausgeschnitten. Die einzusetzenden DNA-Abschnitte (Inserts) werden mit PCR hergestellt und enthalten die gleichen Erkennungssequenzen der Restriktionsenzyme, mit denen der Vektor geöffnet wurde. Mithilfe einer Ligase wird der DNA-Abschnitt in den Vektor eingebaut und der Vektor wieder geschlossen. Deletionen und Insertionen können auch mit verschiedenen PCR-Techniken bewerkstelligt werden (S. 484).

▶ Mithilfe geeigneter Vektoren können **transgene Tiere** generiert werden. Im einfachsten Fall wird hierzu der Vektor in eine befruchtete Eizelle, z. B. durch Mikroinjektion oder Elektroporation, eingebracht. Es kommt zu einer Integration an einer (nicht vorhersehbaren) Stelle in das Genom. Die befruchtete Eizelle wird anschließend in ein empfangsbereites Muttertier gebracht. Mit diesem Verfahren lassen sich zwar bestimmte Gene einbringen, nicht aber ausschalten. Eine weitaus effizientere Methode zum gezielten **Einbringen** (**knock-in**) bzw. **Ausschalten** (**knock-out**) bestimmter Gene verwendet **embryonale Stammzellen**. Bei diesem Verfahren ist die einzubringende DNA flankiert von Sequenzen, die mit dem Genort identisch sind. Selektionsmarker erleichtern die Identifizierung entsprechend transformierter Spezies. Als positiver Selektionsmarker wird z. B. ein Resistenzgen gegen Neomycin verwendet. Der entsprechende Vektor wird in eine embryonale Stammzelle eingebracht. Die gezielte Integration in das Genom erfolgt hier durch **homologe Rekombination**. Der Einbau an einer zufälligen Stelle im Genom kann durch die Verwendung eines negativen Selektionsmarkers, z. B. der α-Untereinheit des Diphterie-Toxins, verhindert werden. Nach positiver Selektion der transformierten embryonalen Stammzellen werden diese in eine Blastocyste injiziert. Aufgrund der pluripotenten Eigenschaften integrieren sich die embryonalen Stammzellen in die Blastocyste. Die entsprechende Blastocyste wird in eine pseudo-trächtige Maus eingepflanzt. Bei dem sich entwickelnden Tier handelt es sich um eine **Chimäre**, d.h. es stammt zu einem Teil von den Zellen der Blastocyste ab, zum anderen Teil aus den Zellen der transformierten embryonalen Stammzellen. Die Nachkommen dieser Tiere entsprechen dann entweder dem Wild-Typ oder aber dem gewünschten Genotyp. Durch „klassische" Kreuzungen (S. 267) werden dann entsprechend homozygote Tiere erzeugt (Abb. 10.**16**). Für die Entwicklung dieser Methoden erhielten Oliver Smithies, Mario R. Capecchi und Martin J. Evans 2007 den Nobelpreis für Medizin. ◀

a klassische Erzeugung transgener Tiere

b zielgerichtete Erzeugung transgener Tiere mit Hilfe embryonaler Stammzellen

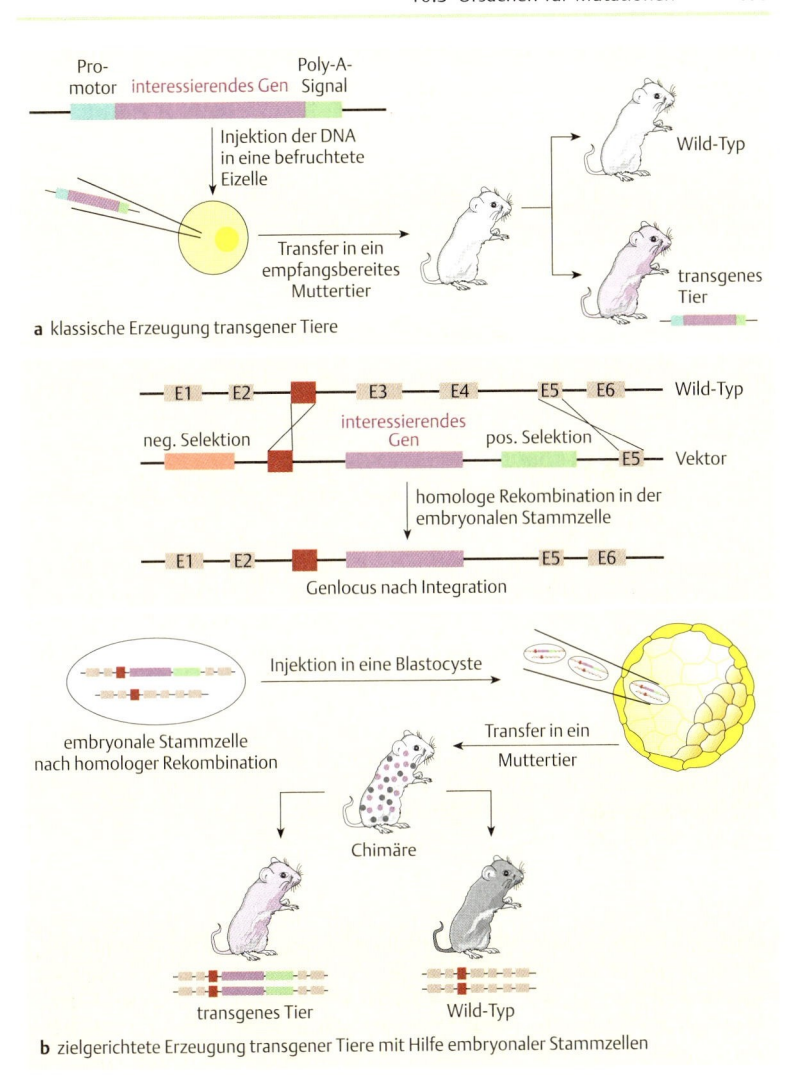

Abb. 10.**16 Erzeugung transgener Tiere. a** Undefinierte Integration in das Genom.
b Zielgerichtete Integration oder Deletion von DNA-Abschnitten durch Verwendung von Selektionsmarker und embryonalen Stammzellen.

AP-Stellen: DNA-Stellen, an denen die Base am Zuckerrest fehlt, AP steht für apyrimidinisch oder apurinisch, entstehen durch Hydrolyse der N-glykosidischen Bindungen. Depurinierung: Verlust von A oder G; Depyrimidierung: Verlust von T oder C.
Auslösung von Mutationen: Strukturelle Veränderungen der DNA durch Strahlung, Chemikalien oder Fehler bei der Replikation.
Mismatch: Basenfehlpaarung innerhalb der DNA, entsteht durch Einbau falscher Basen z. B. während der Replikation.
Basenanaloga: Substanzen, die den Purin- und Pyrimidinbasen strukturell ähnlich sind, werden anstelle von diesen in DNA eingebaut, bilden besonders leicht Fehlpaarungen aus. Beispiele: 5-Bromuracil und 2-Aminopurin.
Interkalierende Substanzen: Lagern sich zwischen den Basenpaaren in die DNA ein, bewirken damit eine Dehnung des DNA-Moleküls und so Replikationsfehler, z. B. polyzyklische Farbstoffe wie Acridin-Farbstoffe, Proflavine und Ethidiumbromid.
Äquivalentdosis: Maß für die Auswirkung einer bestimmten Strahlungsart auf biologisches Material, Angabe in Sievert. Berücksichtigt Ionisationsfähigkeit und Eindringtiefe einer Strahlungsart.
Dynamische Mutation: Anstieg der Kopienzahl repetitiver DNA-Sequenzen, meist Trinucleotidsequenzen, in aufeinander folgenden Generationen. Ursächlich für verschiedene Krankheiten. „**Antizipation**": in aufeinander folgenden Generationen tritt das Krankheitsbild immer früher in der Entwicklung auf.
Transposons: Bewegliche DNA-Elemente, die durch Insertion in Gene Mutationen auslösen.
Zielgerichtete Mutagenese: In-vitro-Verfahren zur Herstellung bestimmter Mutationen mit rekombinanter DNA und PCR-Methoden.

10.4 Reparatur von DNA-Schäden

Da Mutationen nicht vermieden werden können, haben sich unterschiedliche Mechanismen zur Beseitigung entsprechender Schäden entwickelt. Durch Strahlen induzierte Pyrimidin-Dimere werden durch **Photolyase** gespalten, **Methylierungen** von Purin-Basen werden ebenfalls wieder direkt rückgängig gemacht. Bei den anderen Reparaturmechanismen wird die schadhafte DNA-Stelle entfernt und neu synthetisiert. Hierzu gehören die **Basen-Excisions-Reparatur** und die **Nucleotid-Excisions-Reparatur**. Falsch während der Replikation eingebaute Basen werden durch **Mismatch-Reparatur** beseitigt. Durch **homologe Rekombination** können unterschiedliche DNA-Schäden repariert werden. Auch Einzel- und Doppelstrangbrüche können behoben werden. Massive DNA-Schäden initiieren die **SOS-Reparatur**, welche zwar fehlerhaft ist, aber die Integrität der DNA bewahrt.

Eine „durchschnittliche" menschliche Zelle erfährt täglich etwa 10^4 Basenverluste durch spontane Hydrolyse; hinzu kommen noch andere DNA-Schäden. Dennoch wird bei der Zellteilung nur ca. ein Nucleotid pro Genom ausgetauscht. Dies liegt an leistungsfähigen DNA-Reparatursystemen, welche ubiquitär verbreitet sind und im Verlauf der Evolution konserviert wurden. Der erste und wichtigste Schritt aller Reparaturmechanismen ist die Erkennung der fehlerhaften Stelle. Sie äußern sich meist durch außergewöhnliche DNA-Konformationen oder Verzerrungen. Nach Erkennung der DNA-Schäden werden die entsprechenden Reparaturenzyme an die Mutationsstelle rekrutiert. Viele beteiligte Proteine sind auch bei der Transkription oder der DNA-Replikation beteiligt; tatsächlich gibt es zahlreiche Überlappungen zwischen Transkription bzw. Replikation und DNA-Reparatur.

10.4.1 Direkte Reparatur modifizierter Basen

Viele Basenmodifikationen können direkt wieder rückgängig gemacht werden. Hierzu gehören **UV-Strahlenschäden** und **O^6-Guanin-Alkylierungen**. Pyrimidindimere werden durch **Photoreaktivierung** wieder gespalten; das hierfür notwendige Enzym ist die **Photolyase**. Dieses Enzym arbeitet für die Zellen sehr ökonomisch; da es Licht im Bereich von 350–500 nm Wellenlänge zur Aktivierung verwendet. Die Spaltung des Pyrimidindimers verläuft über einen radikalischen Mechanismus (Abb. 10.**17**).

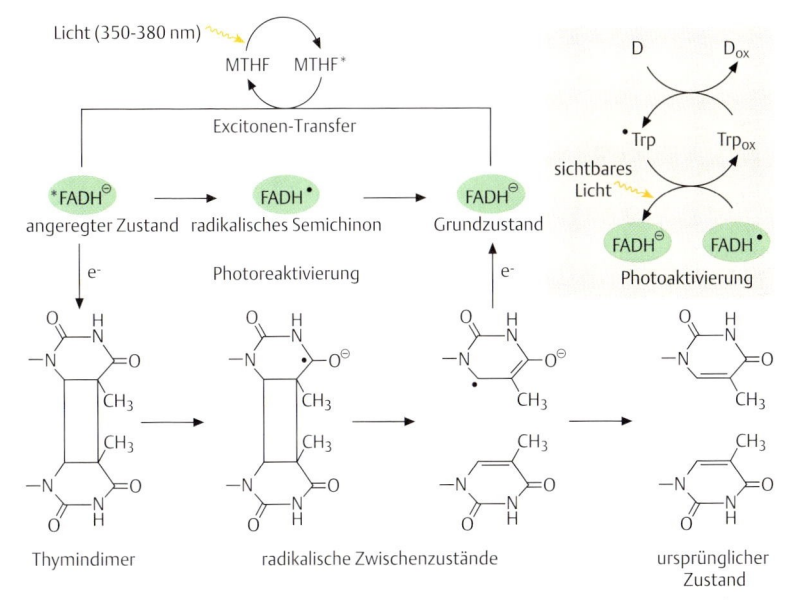

Abb. 10.**17 Photolyase.** Reaktionsschema der Photoreaktivierung eines Thymindimers durch lichtabhängige Photolyase.

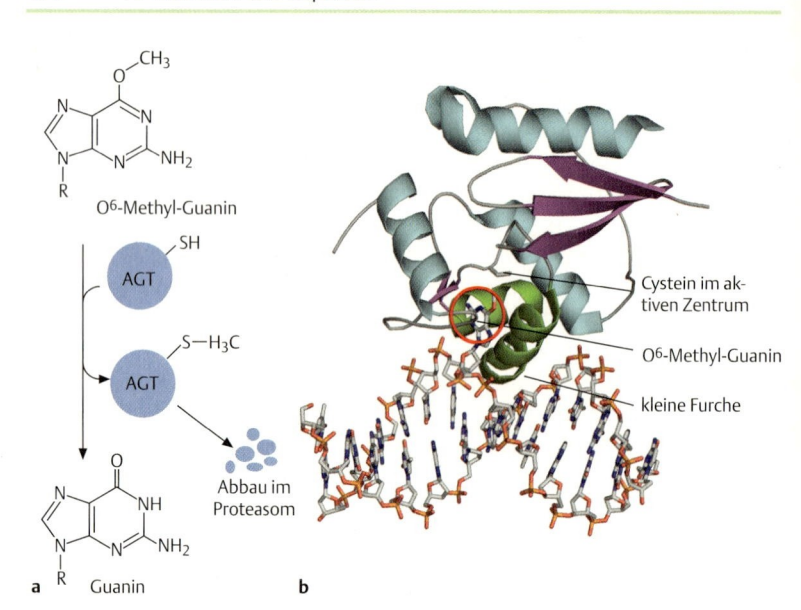

Abb. 10.18 AGT. a Reaktion **b** Struktur von AGT im Komplex mit DNA. Das Enzym bindet an die DNA und gleitet an dieser entlang, wobei diese nach modifizierten Basen „abgetastet" wird. Ist eine solche Base erkannt, bewirkt das Enzym ein Herausklappen der entsprechenden Base (base flipping) in das aktive Zentrum des Enzyms. Die Bindung von AGT an die DNA erfolgt über eine Helix-turn-Helix-Struktur (grün dargestellt) an die kleine Furche der DNA (pdb: 1T38).

Je nach Substrat (Cyclobutandimer, 6–4-Photoprodukte; einzelsträngige oder doppelsträngige DNA) gibt es unterschiedliche **Photolyasen**. Allen Enzymen ist gemeinsam, dass sie aus einer Polypeptidkette bestehen und **FADH** als Cofaktor benötigen. Neben FADH wird noch ein zweiter Cofaktor benötigt, der als „Antenne" zur Absorption von Licht benötigt wird und die Energie durch Excitonen-Transfer auf FAD überträgt. Dies ist **5,10-Methylen-THF-Polyglutamat** (**MTHF**) oder **8-Hydroxy-5-deaza-Flavin**. Für die Photoreaktivierung ist reduziertes FADH notwendig. Dieses wird durch eine zweite Lichtabhängige Reaktion aus FADH bzw. FADH• erzeugt. Diese Reaktion wird als **Photoaktivierung** bezeichnet (nicht zu verwechseln mit der Photo**re**aktivierung der DNA). Die Elektronenübertragung erfolgt von einem dem FADH benachbarten Tryptophanrest, welcher wiederum durch einen in der Umgebung befindlichen Elektronen-Donor (D) reduziert wird (Abb. 10.**17**).

Anhand der Aminosäureübereinstimmungen werden die Photolyasen in zwei Klassen eingeteilt. Die Aminosäuresequenz lässt keinen Schluss auf die Verwendung des zweiten Cofaktors zu. Interessanterweise gibt es beim Menschen keine aktiven Photolyasen, obwohl den Photolyasen-ähnliche Gene (*CYP*) im Genom vorhanden sind. Diese Proteine dienen als Blau-Licht-Rezeptor und sind bei der Regulation des circadianen Rhythmus beteiligt.

O^6-Alkyl-Guanin-DNA-Alkyltransferasen (**AGTs**) übertragen einen Alkylrest, bevorzugt Methylgruppen, von der Position O^6 des Guanins doppelsträngiger DNA auf einen Cysteinrest im aktiven Zentrum des Proteins (Abb. 10.**18**). Die Sequenz um dieses Cystein, (I/V)-P-**C**-H-R-(V/I), ist hochkonserviert. Auch **O^4-Methyl-Thymin** wird als Substrat erkannt. Nach der Alkylgruppenübertragung ist das Enzym irreversibel inaktiviert und wird im Proteasom degradiert. Bemerkenswert bei diesem Reparaturmechanismus ist der Energieaufwand der Zelle: Bildung und Abbau eines ca. 22 kDa großen Proteins pro entfernter Alkylgruppe.

10.4.2 Die Basen-Excisions-Reparatur

Oxidative Schäden oder Alkylierungen an den Basen werden durch die **Basen-Excisions-Reparatur** (**BER**) behoben. Schäden an den Basen sind die häufigsten Veränderungen an der DNA. Es gibt zahlreiche Proteine, die unterschiedliche DNA-Modifikationen erkennen. Die BER ist vermutlich früh in der Evolution entstanden. Strukturell und funktionell homologe Proteine gibt es sowohl bei Prokaryoten, Eukaryoten und Archaea. Dies beruht wohl darauf, dass die chemische Reaktivität der DNA und die hieraus hervorgehenden Änderungen bei allen Organismen gleich waren bzw. sind.

Die **Erkennung** und **Entfernung** der schadhaften Base bei der BER erfolgt durch jeweils spezifische **Glykosylasen**. Diese Enzyme hydrolysieren die N-glykosidische Bindung. Es gibt zwei unterschiedliche Klassen von Glykosylasen: Die **monofunktionalen DNA-Glycosylasen** erkennen und entfernen nur die modifizierte Base und hinterlassen eine AP-Stelle (S. 387). Nachfolgende Schritte werden von anderen Enzymen katalysiert. Im Gegensatz hierzu spalten die **bifunktionalen DNA-Glykosylasen** nach Entfernung der Base noch das DNA-Rückgrat. Die **Reparatur** der entstandenen Lücke kann auf zwei Arten erfolgen: Auffüllung und Ligation der kurzen DNA-Läsion (**Short Patch Pathway**) oder weitere Entfernung von Nucleotiden um die DNA-Läsion und anschließender DNA-Strang-Neusynthese (**Long Patch Pathway**). Der abschließende Schritt der BER ist die kovalente Verbindung der ersetzten Nucleotide mit der DNA durch DNA-Ligase. Manche Proteine sind spezifisch für einen Reparaturweg; andere Proteine kommen bei verschiedenen Reparaturmechanismen zum Einsatz.

Monofunktionale DNA-Glykosylasen sind z. B. **Uracil-DNA-Glykosylase** (**UDG**), welche Uracil aus der DNA entfernt oder **Thymin-DNA-Glykosylase** (**TDG**), welche U:G- und T:G-Fehlpaarungen erkennt und die Pyrimidin-Base entfernt. Eine bifunktionale DNA-Glycosylase ist **8-Oxoguanin-DNA-Glykosylase** (**OGG1**). Nach der Erkennung erfolgt ein Herausklappen der Base aus der DNA-Helix (base-flipping; S. 409) und die Hydrolyse der N-glykosidischen Bindung. In nachfolgenden Schritten wird die 3′-Phophosäurediester-Bindung an der AP-Stelle gespalten. Im Falle von OGG1 entsteht an der 3′-Seite ein α,β-ungesättigter Aldehyd und eine freie 5′-Phosphatgruppe. Die nach den DNA-Spaltungen unterschiedlichen Strukturen der 3′- bzw. 5′-Enden werden von verschiedenen Proteinen erkannt; dies ist vermutlich ausschlaggebend für den nachfolgend eingeschlagenen Reparaturweg. Bei dem Short Patch Pathway wird meist nur das entfernte Nucleotid

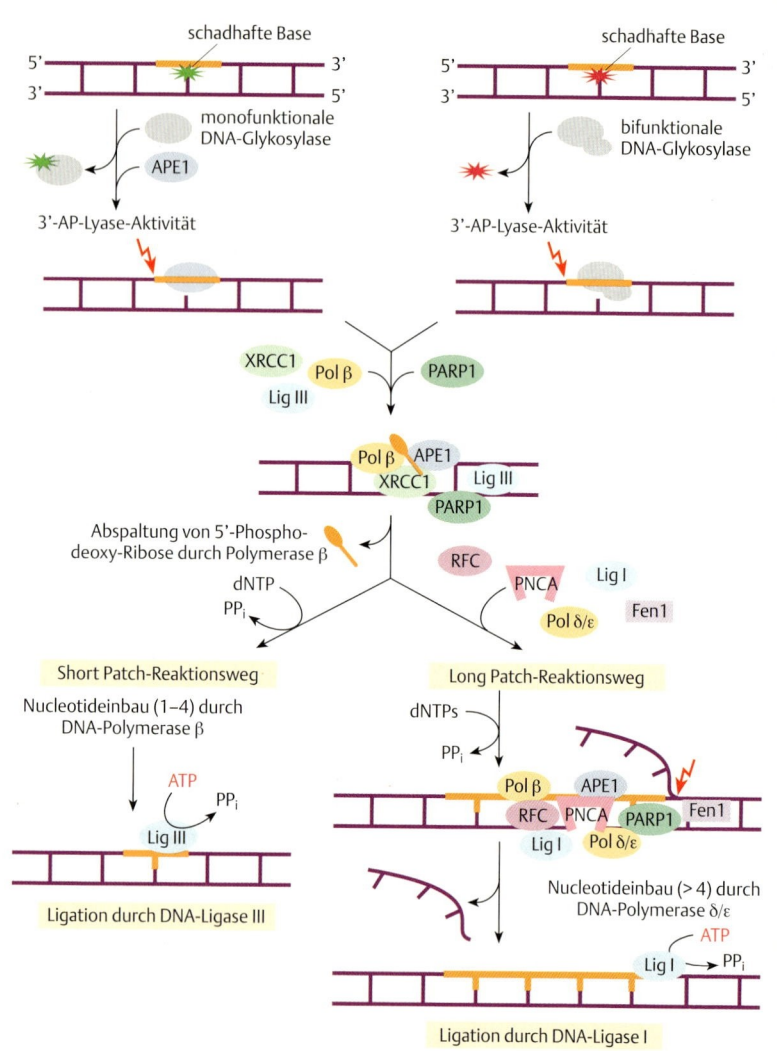

Abb. 10.19 Basen-Excisions-Reparatur. Im Falle der monofunktionalen DNA-Glykosylasen wird der DNA-Strang von der AP-Endonuclease 1 (APE-1) geöffnet. DNA-Strangbrüche werden von PARP-1 (poly-ADP-ribose-Polymerase 1) erkannt. Die Bindung an die DNA-Bruchstelle aktiviert PARP-1, welches zur Anknüpfung mehrerer ADP-Riboseeinheiten an PARP-1 selbst führt. Diese Modifikation dient als Erkennungssignal für weitere Reparaturenzyme. Die Abspaltung des 5′Phospho-deoxy-Riboserestes erfolgt durch DNA-Polymerase β. Ein wichtiges Protein im Verlauf der BER ist XRCC1. Dieses Protein hat selbst keine katalytische Aktivität, dient aber als Andockstelle (scaffold) für zahlreiche andere Proteine. Im Falle des Long Patch-Reaktionsweges werden für die Assemblierung der DNA-Polymerase δ noch die Proteine PCNA (proliferating cell nuclear antigen) und RFC (replication factor C) benötigt (S. 123) Die abschließende Ligation erfolgt durch DNA-Ligase I.

ersetzt. Die Reparatur erfolgt durch DNA-Polymerase β. Hingegen werden bei dem Long Patch Pathway mehrere Nucleotide aus der DNA entfernt und durch neue ersetzt. Diese Reaktionen werden durch DNA-Polymerase δ bzw. ε katalysiert. Der alte Strang wird hierbei verdrängt und ragt aus der Struktur heraus. Die heraushängende (flap) Struktur wird von der Nuclease Fen1 (Flap endonuclease 1) abgespalten (Abb. 10.**19**).

10.4.3 Die Nucleotid-Excisions-Reparatur

Der vermutlich wichtigste DNA-Reparaturmechanismus ist die ubiquitär vorkommende **Nucleotid-Excisions-Reparatur** (**NER**). Dieses Reparatursystem erkennt z. B. UV-induzierte Photoprodukte und andere Quervernetzungen oder große DNA-Addukte. Erkannt werden von dem Reparatursystem die durch die DNA-Läsionen hervorgerufenen **DNA-Helix-Verzerrungen**. Die NER verläuft bei Prokaryoten und Eukaryoten prinzipiell gleich: Nach Erkennung des Schadens folgt die Bindung der entsprechenden Reparaturenzyme. Im Verlauf der NER wird die DNA-Helix im Bereich des Schadens entwunden und der DNA-Strang mit der schadhaften Stelle ausgeschnitten. Die entstandene Lücke wird durch DNA-Polymerase aufgefüllt und anschließend durch DNA-Ligase kovalent mit dem alten Strang verknüpft.

Bei der NER wird zwischen zwei Reaktionswegen unterschieden: Der Reparatur inaktiver DNA, als **globale Genom-Reparatur** (GGR, Abb. 10.**20**) bezeichnet und der Reparatur aktiv transkribierter DNA (**Transkription-gekoppelte DNA-Reparatur**, TCR, Abb. 10.**21**). Im Vergleich zum globalen Genom-Reparaturmechanismus verläuft die Transkription-gekoppelte DNA-Reparatur schneller. Viele Reaktionen bzw. die beteiligten Proteine sind bei der TCR und GGR identisch. Insgesamt sind an der NER über 30 verschiedene Proteine beteiligt. Ausgelöst wird die TCR durch eine auf die schadhafte Stelle aufgefahrene RNA-Polymerase.

Bei Prokaryoten sind, obwohl die Reaktionen der NER vom Ablauf denen der Eukaryoten gleichen, deutlich weniger Proteine beteiligt. Ein Schaden in der DNA wird durch einen Komplex von UvrA und UvrB erkannt. Nach Bindung an die Schadensstelle erfolgt unter ATP-Verbrauch durch UvrA die Ablösung von UvrA. UvrB bleibt an der DNA gebunden. Dies wird von UvrC erkannt, einer Nuclease welche sowohl 5′- als auch 3′-wärts der Schadensstelle den DNA-Strang schneidet. Die Ablösung des ausgeschnittenen Oligonucleotids erfolgt unter ATP-Verbrauch durch die Helicase UvrD. Die entstandene Lücke wird durch DNA-Polymerase I aufgefüllt und der neugebildete DNA-Strang durch DNA-Ligase mit der DNA verknüpft. Die TCR wird durch Bindung von TRCF (transcription repair coupling factor) an die festgefahrene RNA-Polymerase initiiert. Es folgt die Ablösung der RNA-Polymerase und die Rekrutierung des UvrAB-Komplexes an die DNA.

Die Bedeutung der NER bzw. TCR für die Aufrechterhaltung der Integrität der DNA wird deutlich, wenn deren Ablauf gestört ist. Bei den rezessiv vererbten Krankheiten **Xeroderma pigmentosum** (**XP**), **Cockayne-Syndrom** (**CS**) und **Trichothiodystrophie** (**TTD**) sind unterschiedliche Gene der NER bzw. TCR mutiert. Patienten mit Xeroderma pigmentosum zeigen eine extrem hohe Empfindlichkeit gegenüber UV-Licht; die Haut ist trocken, stark pigmentiert und altert vorzeitig. Zudem haben XP-Patienten ein ca. 1000fach erhöhtes Hautkrebsrisiko. Je nach Subtyp der Krankheit sind die Ausprägungen

410 10 Mutation und Reparatur

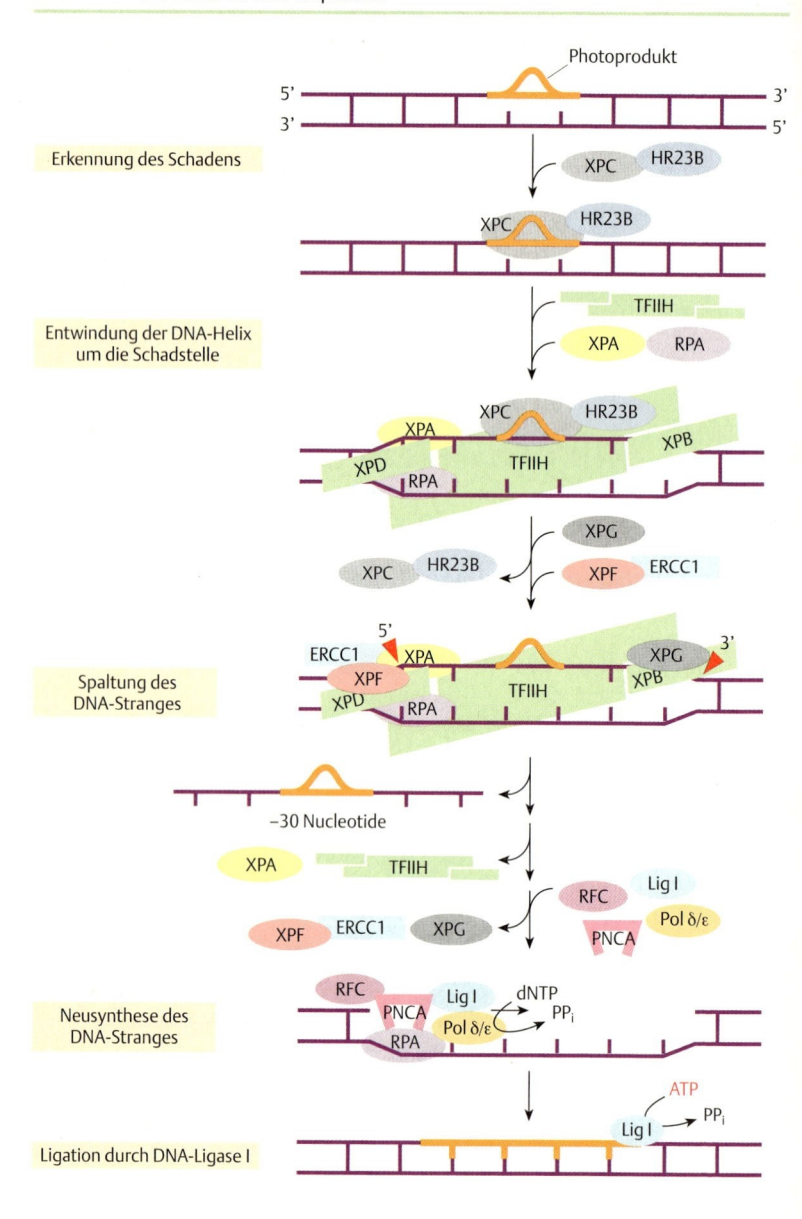

- Photoprodukt
- Erkennung des Schadens
- Entwindung der DNA-Helix um die Schadstelle
- Spaltung des DNA-Stranges
- −30 Nucleotide
- Neusynthese des DNA-Stranges
- Ligation durch DNA-Ligase I

10.4 Reparatur von DNA-Schäden

Abb. 10.**20 NER: globale Genom-Reparatur.** Die Erkennung des Schadens erfolgt durch das Protein XPC/HR23B. Es folgt eine teilweise Entwindung der DNA-Helix und die Bindung weiterer Reparaturproteine. TFIIH besteht aus neun Untereinheiten, darunter XPB und XPD welche 3'→5' bzw. 5'→3'-Helicase-Aktivität besitzen. RPA (replication protein A) ist ein DNA-Einzelstrang-bindendes Protein. Zusammen mit XPA dient es der Stabilisierung bzw. als Andockstelle für weitere Reparaturenzyme. Die Bindung von XPG verdrängt XPC/HR23B. XPG ist eine Endonuclease und spaltet 3'-wärts des Schadens; im Gegensatz hierzu spaltet ERCC1 (**e**xcision **r**epair **c**ross **c**omplementing)/XPF auf der 5'-Seite. Nach Freisetzung des Oligonucleotids mit der Schadensstelle erfolgt die Neusynthese der DNA.

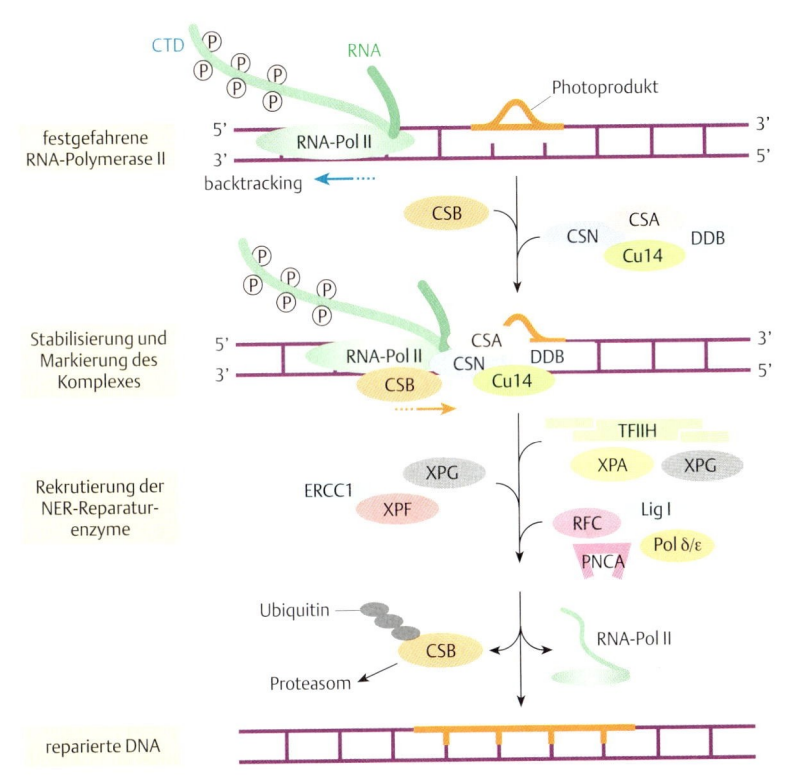

Abb. 10.**21 TCR: Transkriptions-gekoppelte Reparatur.** RNA-Polymerase II kann über eine DNA-Läsion nicht hinweglesen; es kommt teilweise zu einem Zurücklaufen von RNA-Polymerase II. An die festgefahrene RNA-Polymerase bindet ein Komplex aus CSA, CSN, DDB und Cul4 (eine Ubiquitin-Ligase). Diese Proteine markieren und stabilisieren den Komplex; zudem regulieren sie die Ubiquitin-Ligase-Aktivität von Cul4. CSB hat neben einer Funktion als Elongationsfaktor noch eine stabilisierende bzw. regulierende Funktion. Es folgt die Rekrutierung der Reparaturenzyme. Im Verlauf der Reparatur wird CSB ubiquitinyliert und anschließend im Proteasom degradiert. RNA-Polymerase verlässt ebenfalls den Reparaturkomplex. Deren weiteres Schicksal (Degradation oder Recycling) ist unbekannt.

unterschiedlich stark; auch neurologische Störungen kommen vor. Experimente mit isolierten Hautzellen (Fibroblasten) verschiedener XP-Patienten haben viel zur Aufklärung der DNA-Reparaturmechanismen beigetragen. Werden Fibroblasten von zwei XP-Patienten miteinander fusioniert und der DNA-Reparatureffekt bleibt, dann handelt es sich um einen Defekt in dem gleichen Gen; man spricht hierbei auch von **Komplementationsgruppen** bzw. **Subgruppen**. Handelt es sich um unterschiedliche Komplementationsgruppen, sind die resultierenden Zellen wieder zur normalen DNA-Reparatur in der Lage. Die Komplementationsgruppen wurden mit A, B, C etc., die zugrunde liegenden Gene bzw. entsprechenden Proteine mit XPA, XPB, XPC etc. bezeichnet (Abb. 10.20). Bei dem Cockayne-Syndrom sind zwei Subtypen bekannt, entsprechend CSA und CSB genannt (Abb. 10.21). Das Cockayne-Syndrom äußert sich vor allem durch körperliche und geistige Retardierung. Die Haut ist zwar sensitiv gegenüber UV-Licht, die für XP charakteristischen Hautänderungen treten aber nicht auf. Charakteristisch für TTD sind brüchige Haare, deren Schwefelgehalt deutlich vermindert ist. Bei TTD liegt eine Mutation in TTDA oder auch in XPB oder XPD vor. TTDA ist ebenfalls Bestandteil des basalen Transkriptionsfaktors TFIIH. Neurologische Störungen, betroffen ist vor allem das Gehirn, treten bei allen Krankheitsbildern je nach Mutation in unterschiedlichem Ausmaß auf. Da sich Nervenzellen nicht mehr teilen, reichern sich Mutationen mit der Zeit an und führen vermutlich so zu Störungen der Zellfunktion bzw. zum Absterben der Zelle.

Photoreaktivierung und NER ergänzen sich in ihrer Funktion. Unter bestimmten Bedingungen wirken beide Reparatursysteme zusammen. Unter anderem unterscheiden sie sich bezüglich der Bindung an unterschiedliche DNA-Strukturen. DNA liegt in den Zellen nicht als nacktes Molekül vor, sondern ist vielmehr mit zahlreichen Proteinen, meist mit Histonen in Form von Nucleosomen, assoziiert. Beispielsweise verläuft bei exponierter DNA, etwa im Bereich des Promotors, die Reparatur von UV-Strahlenschäden schneller durch Photolyase als durch NER. Bei Organismen, welche nur über eine der beiden Photolyasen oder überhaupt keine verfügen, werden die entsprechenden DNA-Schäden durch die NER beseitigt. Manche Gewebezellen exprimieren Photolyase, obwohl sie nie dem Licht ausgesetzt sind. Vermutlich dient hier die Photolyase zur Erkennung des DNA-Schadens und rekrutiert Enzyme des NER an die Schadensstelle.

10.4.4 Die Mismatch-Reparatur

Im Verlaufe der Replikation werden trotz Proofreading-Aktiviät der DNA-Polymerase gelegentlich falsche Basen eingebaut; es entsteht eine **Basen-Fehlpaarung** (**Mismatch**). Solche Fehler werden durch die **DNA-Mismatch-Reparatur** behoben. Zunächst muss die Fehlpaarung erkannt werden. Dies erfolgt bei Prokaryoten durch das Protein MutS (die Bezeichnng „mut" leitet sich von **Mutator** ab; Mutationen in diesen Genen führen zu erhöhten Mutationsraten).

MutS bindet an die DNA und sucht diese nach einer Fehlpaarung ab. Im Vergleich zu normalen Basenpaarungen sind Fehlpaarungen deutlich schwächer. Durch die Bindung von MutS wird die DNA gebogen und dieser Bereich für eine Interaktion mit dem Protein zugänglicher. Einige Aminosäuren von MutS „konkurrieren" hier mit der DNA um die Bindung an einer Base. Normale Basenpaarungen sind so stark, dass eine stabile Bindung

10.4 Reparatur von DNA-Schäden

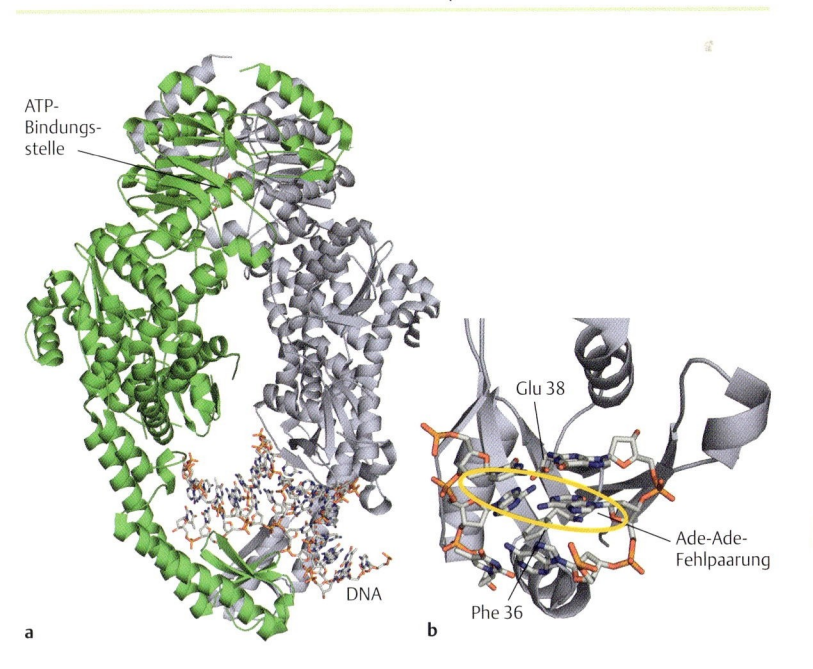

Abb. 10.**22 Mismatch-Erkennung durch MutS. a** MutS bindet als Dimer an DNA und umklammert diese. Das Absuchen nach Fehlpaarungen verläuft unter Verbrauch von ATP. **b** Nahansicht der Bindung der Fehlpaarung an MutS. In diesem Fall handelt es sich um eine A-A Fehlpaarung. Zwei für die Erkennung besonders wichtige Aminosäuren sind eingezeichnet. Glu 38 bildet direkt Wasserstoff-Brückenbindungen mit der Base aus; die Seitenkette von Phe 36 bindet über hydrophobe Wechselwirkungen an das Purinringsystem (pdb: 1OH6).

an das Protein nicht erfolgt. Der Mismatch ist gefunden und für die nachfolgende Reparatur markiert (Abb. 10.**7**).

MutS interagiert mit MutL, es folgt die Bindung von MutH. Durch die Bindung an MutS/MutL erfolgt die Aktivierung der Nuclease-Aktivität von MutH. Wie wird die „falsche" Sequenz von der „richtigen" Sequenz unterschieden? Bei γ-Proteobakterien beispielsweise wird Adenin in der Sequenz GATC von der Dam-Methylase methyliert. Unmittelbar nach der DNA-Replikation weist nur der Template-Strang diese Modifikation auf. Dies ist das Unterscheidungsmerkmal für MutH, welches nur den unmethylierten Strang schneidet. Eine solche Erkennungsstelle kann bis zu 1000 bp von der Fehlpaarung entfernt sein. Die Spaltung des DNA-Stranges kann 5′- oder 3′-wärts der Fehlpaarung liegen. An die Spaltung schließt sich die Bindung einer Helicase an, welche den Strang entfernt. Es folgt die Neusynthese des DNA-Strangs durch DNA-Polymerase II und anschließend die Verknüpfung mit der DNA durch DNA-Ligase. Die Mismatch-Reparatur läuft bei Eukaryoten in ähnlicher Weise ab.

10.4.5 Reparatur durch Rekombination

Nucleotidabschnitte zwischen homologen DNA-Bereichen können durch den Mechanismus der **homologen Rekombination** ausgetauscht werden (S. 318). Dieses Prinzip kommt auch bei der Reparatur von DNA zum Einsatz. Eine Voraussetzung für eine DNA-Reparatur durch homologe Rekombination ist das Vorhandensein einer intakten DNA-Doppelhelix, die als Vorlage für eine Neusynthese bzw. zum Austausch dient. Im Verlauf der homologen Rekombination wird zunächst einzelsträngige DNA gebildet, an die sich bei *E. coli* das Protein RecA bzw. bei Eukaryoten das homologe Protein Rad51 anlagert. Dieser Komplex bindet an die doppelsträngige DNA, welche nach homologen Abschnitten abgesucht wird. An diesen Stellen kommt es dann zum Strangaustausch und der eingedrungene Strang dient als Primer für eine DNA-Neusynthese. Für die weitere Reparatur gibt es unterschiedliche Möglichkeiten (Abb. 10.**23a**).

Die durch Rekombination behobenen DNA-Schäden haben unterschiedliche Ursachen. Eine Möglichkeit hierfür sind Fehler im Verlauf der DNA-Replikation. Durch Störungen in der DNA, z. B. durch UV-induzierte Pyrimidindimere, kommt es zum Ablösen des Replikationskomplexes. Die hierbei entstandene Replikationslücke kann durch Rekombination beseitigt werden. Da die DNA-Replikation schneller als die Transkription verläuft, können Replikationslücken beim Auffahren der Replikationsgabel auf eine RNA-Polymerase entstehen. Auch DNA-Doppelstrangbrüche werden durch Rekombination behoben (s.u).

10.4.6 Reparatur von Einzel- und Doppelstrangbrüchen

DNA-Einzel- oder **-Doppelstrangbrüche** werden meist durch **Röntgenstrahlen** oder **Chemikalien** verursacht. Doppelstrangbrüche können auch durch starke **Dehydrierung** hervorgerufen werden. Erkannt wird ein Einzelstrangbruch durch PARP-1. Aufgrund der Schädigung können 3'- bzw. 5'-Enden entstehen, welche durch DNA-Ligase nicht mehr verbunden werden können. Daher müssen die Enden soweit getrimmt werden, dass wieder eine 3'-OH-Gruppe sowie eine 5'-Phosphatgruppe vorliegt. Zur Generierung solcher Enden, hierbei kann es auch zur Abspaltung einzelner Nucleotide kommen, sind unterschiedliche Enzyme notwendig. Einige der beteiligten Enzyme sind auch an der BER beteiligt, z. B. AP1 oder Fen1. Der weitere Verlauf der Reparatur entspricht der BER (S. 407).

DNA-Doppelstrangbrüche stellen für Zellen die schwersten Schäden dar, da der sequentielle Informationsfluss der DNA verloren geht. Eine Reparatur von Doppelstrangbrüchen ist für Zellen absolut lebensnotwendig. Hierfür gibt es unterschiedliche Mechanismen. Liegt eine zweite, unbeschädigte Genkopie vor, kann der Doppelstrangbruch durch **homologe Rekombination** repariert werden.

Hierbei bleibt die genetische Information erhalten. Je nach Verlauf der Reparatur besteht die reparierte DNA aus Abschnitten unterschiedlicher Herkunft (Abb. 10.**23a**).

Bei der **nichthomologen-DNA-End-Verknüpfung** sind nur wenige oder gar keine überlappenden Sequenzen zwischen der zu verbindenden DNA notwendig. Zur Ligation eines Doppelstrangbruches müssen 3′-OH bzw. 5′-Phosphatgruppen vorliegen. Sind aufgrund der Schädigung andere Strukturen entstanden, so ist hier zunächst ein Prozessieren der DNA-Enden notwendig, wobei einige Nucleotide entfernt werden. Im Unterschied zur Reparatur durch homologe Rekombination kann durch die nichthomologe DNA-End-Verknüpfung die Nucleotidabfolge verändert werden. Die Reparatur ist nicht fehlerfrei; jedoch ist die lebenswichtige Integrität der DNA-Struktur wieder hergestellt (Abb. 10.**23b**).

In den 50er Jahren wurde ein Bakterium mit bemerkenswerter Resistenz gegenüber ionisierender Strahlung isoliert und entsprechend **Deinococcus radiodurans** genannt. *D. radiodurans* überlebt die etwa 500-fache Strahlendosis, welche für *E. coli* letal ist. Eine höhere Stabilität der DNA liegt nicht vor; auch bei *D. radiodurans* führt die Bestrahlung zur Genomfragmentierung. Eine Zerstückelung des Genoms in bis zu 10 kb große Abschnitte kann toleriert werden. Einzige Voraussetzung ist hierfür das Vorliegen von mindestens zwei Genom-Kopien, meist liegen in der Zelle jedoch mehrere Genom-Kopien vor. Bei *E. coli* ist eine Zerteilung des Genoms in ca. 500 kb Fragmente letal. Die Ursache der „Wiederbelebung" bei *D. radiodurans* liegt nicht in außergewöhnlichen Reparaturmechanismen; vielmehr wurden bestehende Mechanismen für diesen Zweck optimiert. Die 3′-OH-Enden der DNA-Fragmente werden prozessiert und lagern sich an homologe Bereiche noch vorhandener Doppelstrang-DNA unter Ausbildung einer D-Loop-Struktur an. Der entscheidende Unterschied zur normalen homologen Rekombination sind nun folgende umfassende Strangverlängerungen an beiden 3′-OH-Enden der entstandenen DNA-Fragmente durch DNA-Polymerase A. Die neusynthetisierten Bereiche können bis zu 20 kb umfassen. Hierdurch werden die Bruchstücke wieder „zusammengeflickt". Über RecA-vermittelte homologe Rekombination erfolgt die Herstellung der ursprünglichen Genomorganisation. Das reparierte Genom besteht aus einer Mischung „alter" und „neuer" DNA. Ähnlich hohe Strahlenresistenzen gibt es auch bei Archaea und Eukaryoten.

10.4.7 SOS-Reparatur

In vielen Prokaryoten wird bei schweren DNA-Schädigungen die **SOS-Antwort** (SOS-response) ausgelöst. Hierbei werden verschiedene Gene für die DNA-Reparatur und der DNA-Synthese aktiviert. Kernstück der SOS-Antwort ist das DNA-Einzelstrang-bindende Protein **RecA** (s.o) und das Repressor-Protein **LexA**. Das Auftreten **einzelsträngiger DNA** ist der eigentliche Auslöser der SOS-Antwort (Abb. 10.**24**).

Etwa 20 LexA-regulierte Proteine wurden durch Mutationsexperimente identifiziert. Bei diesen Genen wurde die neben dem Promotor liegende Konsensussequenz 5′-CTGX$_{10}$-CAG-3′ (X: beliebige Base) als Bindungsstelle für LexA identifiziert. Die LexA-Bindungsstelle wird auch als **SOS-** oder **LexA-Box** bezeichnet.

10 Mutation und Reparatur

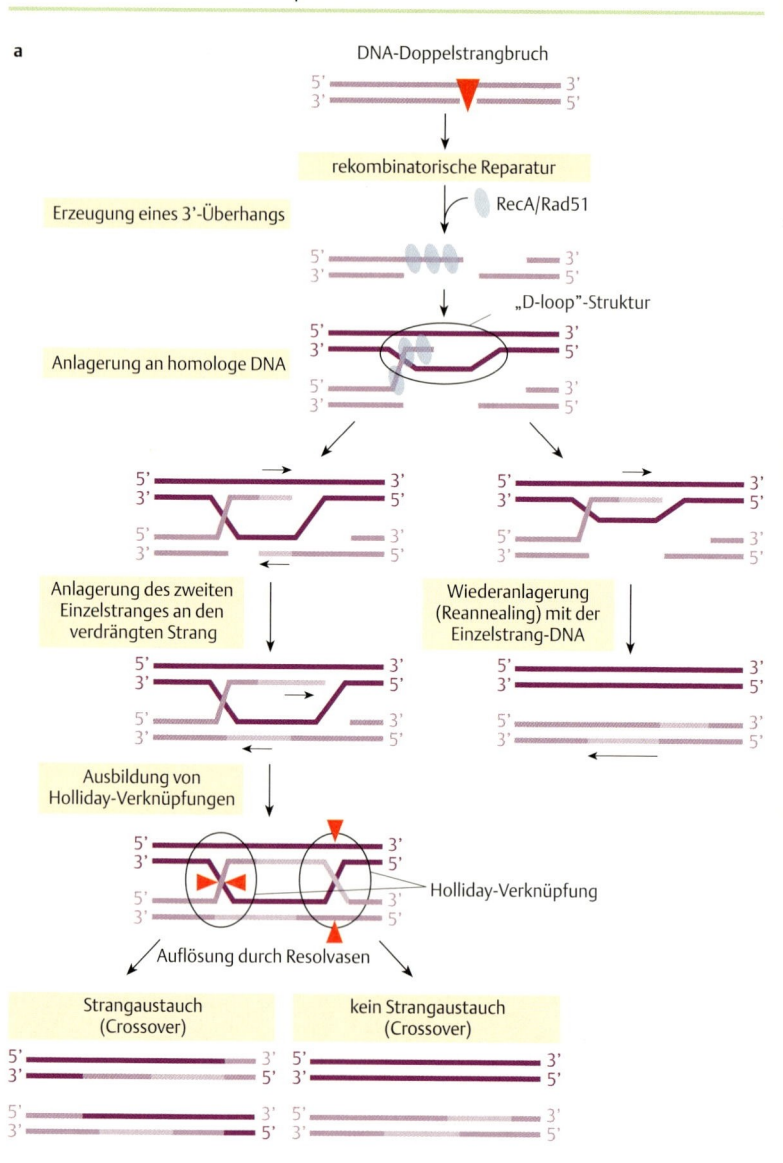

a

DNA-Doppelstrangbruch

rekombinatorische Reparatur

RecA/Rad51

Erzeugung eines 3'-Überhangs

„D-loop"-Struktur

Anlagerung an homologe DNA

Anlagerung des zweiten Einzelstranges an den verdrängten Strang

Wiederanlagerung (Reannealing) mit der Einzelstrang-DNA

Ausbildung von Holliday-Verknüpfungen

Holliday-Verknüpfung

Auflösung durch Resolvasen

Strangaustauch (Crossover)

kein Strangaustauch (Crossover)

b DNA-Doppelstrangbruch

nicht homologe DNA-End-Verknüpfung

Erkennung — Ku70/Ku80

räumliche Annäherung — DNA-PK

Prozessierung der DNA-Enden — Artemis

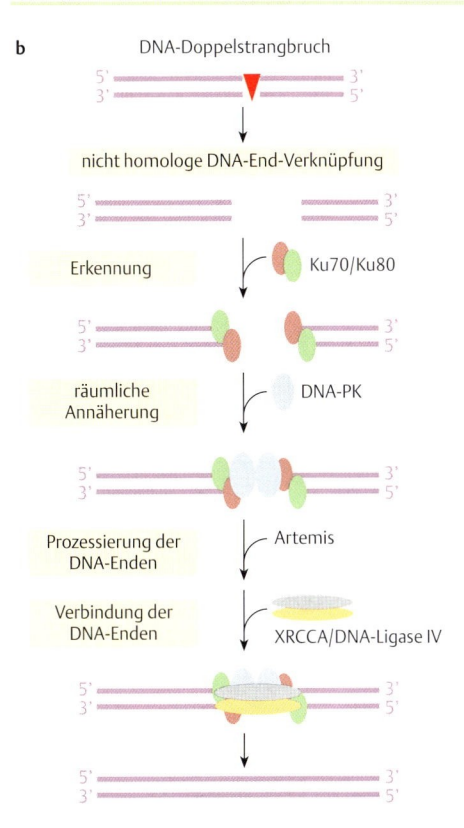

Verbindung der DNA-Enden — XRCCA/DNA-Ligase IV

Abb. 10.**23 DNA-Doppelstrangbruch-Reparatur. a** Durch Anlagerung des Einzelstrangs an die homologe DNA bildet sich eine D-loop-Struktur. Es folgt die Neusynthese von DNA. Bei Anlagerung des zweiten Einzelstrangs an den verdrängten Strang erfolgt auch hier eine DNA-Neusynthese. Im weiteren Verlauf sind die beiden DNA-Stränge durch Holliday-Strukturen (S. 320) miteinander verknüpft. Je nach Auflösung der Holliday-Strukturen kann es zu einem Strangaustausch kommen oder nicht. Alternativ kann von der D-loop-Struktur ausgehend nach erfolgter DNA-Neusynthese der nun verlängerte DNA-Strang wieder mit dem ursprünglichen DNA-Strang paaren (reannealing). **b** Die Strangenden werden durch das Heterodimer Ku70/Ku80 erkannt und in räumliche Nähe zueinander gebracht. Die DNA-abhängige Proteinkinase (DNA-PK) phosphoryliert und reguliert die Aktivität weiterer Reparaturenzyme, z. B. die Nuclease Artemis oder den für die abschließende Verknüpfung notwendigen Komplex XRCC4/DNA-Ligase IV.

10 Mutation und Reparatur

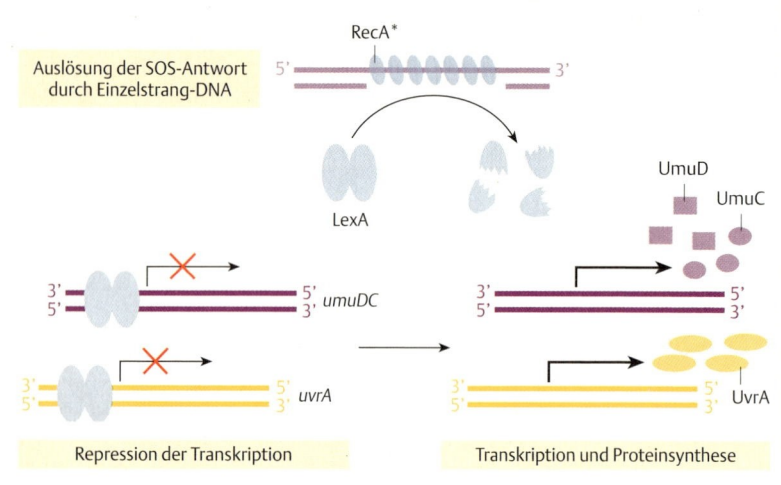

Abb. 10.24 SOS-Antwort bei *E. coli*. Einzelsträngige DNA bildet filamentartige Komplexe mit dem Protein RecA (in dieser Form als RecA* bezeichnet). RecA* besitzt eine Protease-Aktivität, die das Repressorprotein LexA spaltet und dadurch inaktiviert.

Durch Sequenzanalysen wurden insgesamt 69 Gene mit einer LexA-Box in *E. coli* identifiziert, von vielen dieser Genprodukte ist die Funktion noch unbekannt. Zu den LexA-regulierten Genen gehören z. B. *recA*, *uvrAB* (UvrA und UvrB sind beteiligt bei der NER, S. 409), *polB* (DNA-Polymerase II), *dinB* und *umuDC*. *umuDC* und *dinB* codieren für die DNA-Polymerasen IV bzw. V. Diese DNA-Polymerasen sind in der Lage über DNA-Läsionen, z. B. Thymindimere oder Benz(a)pyren-Addukte hinwegzulesen. Dieser Vorgang wird als **Transläsions-Synthese** (TLS) bezeichnet. Auch besitzen die DNA-Polymerase IV und V keine 3'-5'-Exonuclease Aktivität; die DNA-Synthese ist somit anfällig für Fehler.

> **Photoreaktivierung:** Beseitigung von Pyrimidindimeren, die durch UV-Strahlung entstanden sind, Reaktion wird durch die lichtaktivierte Photolyase katalysiert.
> **AGTs (O^6-Alkyl-Guanin-DNA-Methyltransferasen):** Beseitigen O^6-Guanin-Alkylierungen durch Übertragung einer Methylgruppe auf eigenen Cysteinrest. Protein wird bei Reaktion irreversibel inhibiert.
> **BER (Basen-Excisions-Reparatur):** Beseitigt kleinere Modifikationen an DNA-Basen durch Abspaltung der veränderten Basen mit spezifischen DNA-Glykosylasen. Zwei Möglichkeiten: Short Patch-Reaktionsweg, bei dem nur ein Nucleotid ersetzt wird und Long Patch-Reaktionsweg mit umfangreicher DNA-Neusynthese.
> **NER (Nucleotid-Excisions-Reparatur):** Erkennt unterschiedliche DNA-Schäden. Entfernung der Schadstelle und anschließende Neusynthese. Zwei Reaktionswege: Globale Genom-Reparatur für die Reparatur inaktiver DNA und Transkriptions-gekoppelte DNA-Reparatur bei aktiv transkribierter DNA.

Mismatch-Reparatur: Beseitigt Mismatches, die durch Einbau falscher Basen bei der DNA-Synthese entstehen. Erkennung des Mismatchs bei *E. coli* durch MutS. Unterscheidung der beiden DNA-Stränge aufgrund methylierter Adenine innerhalb von GATC-Sequenzen der „alten" DNA. Im weiteren Verlauf kommt es zu umfangreicher DNA-Neusynthese.
SOS-Reparatur: Aktivierung verschiedener Proteine bei schweren DNA-Schäden oder Replikationsschäden zur DNA-Reparatur und -Synthese. Verwendung von Polymerasen, die über DNA-Schäden hinweglesen können, dafür ohne Proofreading-Aktivität. Nicht fehlerfrei.

10.5 Suppression von Mutationen

Neben den unterschiedlichen Reparaturmechanismen besteht die Möglichkeit die Auswirkungen einer Mutation durch eine weitere Mutation, die an einer anderen Stelle erfolgt, abzumildern. Dieser Vorgang wird als **Suppression** bezeichnet. Im Unterschied hierzu wird die genaue Wiederherstellung des ursprünglichen Zustands durch eine Rückmutation als **Reversion** bezeichnet. Je nach dem Vorkommen der Suppressions-Mutation wird zwischen **intragenischer** und **intergenischer** Suppression unterschieden.

Den Auswirkungen einer Mutation kann auf zwei Wegen entgegengewirkt werden: Durch **Rückmutation**, wobei die genaue, ursprüngliche Nucleotidabfolge wiederhergestellt wird oder durch eine zweite Mutation, bei der der ursprüngliche Phänotyp wiederhergestellt wird. Der erste Fall wird als **Reversion** bezeichnet. Die Herstellung des ursprünglichen Phänotyps durch eine zweite Mutation wird **Suppression** oder Pseudoreversion genannt. Bei einer Suppression bleibt die ursprüngliche Mutation erhalten. Je nach dem Ort der Suppression wird zwischen **intragenischer** und **intergenischer** Suppression unterschieden. Bei einer intragenischen Mutation erfolgt die Suppressions-Mutation innerhalb des Gens. Die Mutation kann auch im selben Codon erfolgen, z. B.: 1. Mutation: TCG (Ser) → TGC (Cys); Suppression: TGC (Cys) → AGC (Ser). Obwohl hier die ursprüngliche Proteinsequenz und damit die Proteinfunktion wieder hergestellt ist, handelt es sich nicht um eine Reversion, da die ursprüngliche Mutation noch vorhanden ist. Ein weiteres Beispiel ist eine Rasterschubmutation, die durch die Insertion eines Nucleotids erfolgt ist. Die Suppression erfolgt hier durch den Verlust (Deletion) eines Nucleotids im selben Gen, sodass der ursprüngliche Leseraster wiederhergestellt ist.

Bei einer intergenischen Mutation erfolgt die zweite Mutation in einem zweiten Gen oder regulatorischen DNA-Abschnitt. Es gibt hierbei verschiedene Möglichkeiten:
– Die erste Mutation verringert die Stoffwechselaktivität eines Enzyms in einer Stoffwechselkette. Eine Suppression kann durch eine funktionserhöhende

Mutation in einem Enzym erfolgen, welches den Durchsatz durch die Stoffwechselkette erhöht. Eine verringerte Stoffwechselaktivität kann auch dadurch supprimiert werden, dass die Menge des Enzyms durch eine Mutation in den regulatorischen Gensequenzen erhöht wird.
- Aufgrund einer Mutation unterbleibt die Aufnahme über spezifische Transporter. Die Suppression erfolgt durch Änderungen der Spezifitäten anderer Transportsysteme.

Die Verwertung von Lactose erfolgt in *E. coli* durch zwei Proteine: β-Galactosidase, das Lactose in Galactose und Glucose spaltet, und dem *lacY*-Genprodukt, der membranständige Lactose-Transporter. Die Aufnahme von Maltose erfolgt über andere Proteine. Bei Verlust oder Mutation dieser Gene unterbleibt die Maltose-Aufnahme. Eine Suppression erfolgt durch konstitutive Expression eines mutierten *lacY*-Proteins – als *lacY*^{mal} bezeichnet –, das auch Maltose transportiert.

- Eine inaktivierende Mutation liegt innerhalb eines Exons; eine zweite Mutation an den Spleiß-Erkennungsstellen führt zu einem Auslassen des mutierten Exons (exon skipping) und zur Produktion eines zwar verkürzten, aber immer noch funktionsfähigen Proteins.
- Eine fehlerhafte Spleißerkennungssequenz führt zu einem Auslassen eines essentiellen Exons. Eine Suppression erfolgt durch Mutation in der U1snRNA, welches wieder ein korrektes Erkennen der Speißstelle ermöglicht.
- Die Suppression erfolgt im Gen der tRNA in der Anti-Codon-Schleife, sodass das falsche Codon wieder der ursprünglichen Aminosäure zugeordnet wird. Bsp.: 1. Mutation: TGG (Trp) → TAG (Stopp); Suppression in der Anti-Codon-Schleife: CCA → CTA. Diese tRNAs werden **Nonsense-Suppressor-tRNAs** genannt. Eine Insertion kann ebenfalls durch eine Insertion in der Anti-Codon-Schleife einer tRNA supprimiert werden. Diese Suppressionsmechanismen sind nur möglich, da der genetische Code degeneriert ist und ausreichend normale tRNAs für die normale Proteinbiosynthese zur Verfügung stehen.

Suppressionen, welche durch Mutationen an Komponenten des Translationsapparates beteiligt sind, z. B. tRNAs, ribosomale RNAs oder Translationsfaktoren, werden auch als **informationale Suppressionen** bezeichnet, da hier in den Informationsfluss von der DNA über RNA zum Protein eingegriffen wird. Solche Suppressionen kommen besonders häufig bei Nonsense- oder Rasterschubmutationen vor.

> **Suppression:** Mutation, die die Auswirkung einer Mutation an anderer Stelle aufhebt oder unterdrückt, wird auch als Pseudoreversion betrachtet, kann im selben Gen (**intragenisch**) oder in einem anderen Gen (**intergenisch**) auftreten.
> **Reversion:** Rückmutation, durch die die ursprüngliche Nucleotidabfolge wieder hergestellt wird.

11 Kontrolle der Genexpression und Systembiologie

Martina Jahn und Dieter Jahn

11.1 Ebenen der Genexpressionskontrolle

> Regulation sorgt für die korrekte Abfolge biologischer Prozesse für Wachstum, Vermehrung und Anpassung an die Umwelt. Reguliert wird der Informationstransfer vom Erbgut zu den Funktionsträgern der Zelle auf folgenden Ebenen: Genomstruktur, Signaltransduktion, Transkription, RNA-Prozessierung, RNA-Stabilität, RNA-Transport, Translation, Proteinfaltung, Proteinfunktion und Proteinabbau.

Die biochemischen Möglichkeiten eines Lebewesens sind in seiner Erbinformation festgelegt. Nicht jede Information wird zu jeder Zeit benötigt. So erfordert die Entwicklung eines mehrzelligen, eukaryotischen Organismus aus einer Ursprungszelle eine festgelegte Abfolge von Regulationsprozessen von der Ebene der Genomstruktur über die Genexpression bis hin zur Proteinfunktion. Gleiches gilt für prokaryotische Differenzierungsprozesse, wie z. B. die Sporenbildung. Während ihres ganzen Lebens müssen sich Lebewesen an sich verändernde Umweltbedingungen anpassen. Ob sich Nährstoffversorgung, Temperatur, pH-Wert oder Osmolarität ändern oder Sauerstoffmangel und Sauerstoffstress die Zellen treffen – immer wird ein hoch effizientes Anpassungsprogramm abgerufen, das das Überleben und die Konkurrenzfähigkeit des Organismus sichert. Dabei kommt Botenstoffen, die Signale aus der Umwelt an die zellulären Informationsträger und deren Regulatoren weitergeben, eine besondere Rolle zu. Sie können in ihrer chemischen Konstitution stark variieren, von Gasen, wie NO, bis hin zu komplexen Molekülen, wie dem Peptidhormon Insulin. In der Evolution haben unterschiedliche Genausstattungen und, damit eng verbunden, unterschiedliche Regulationsprinzipien die diversen Lebensformen hervorgebracht und darüber das Erschließen fast aller Teile dieser Erde als Lebensräume ermöglicht.

Die genetische Information eines jeden Organismus ist in der Nucleotidabfolge der DNA gespeichert. Ändert man diese Abfolge, d. h. die **DNA-Struktur** bzw. **Genomstruktur**, durch Prozesse, wie Mutation, Rekombination oder Transposition, so ändern sich auch die biochemischen Möglichkeiten des Lebewesens. Die nächste Stufe der Regulation greift bei der Genexpression (Abb. 11.**1**), die mit der Abschrift eines DNA-Abschnittes in RNA beginnt. Bei der **Transkriptionskontrolle** werden vielfältige Prinzipien umgesetzt. Diese reichen von der Zugänglichkeit der DNA über die Erkennung von Promotoren bis hin zum Transkriptionsprozess selbst, der ebenfalls streng kontrolliert wird. Häufig ist

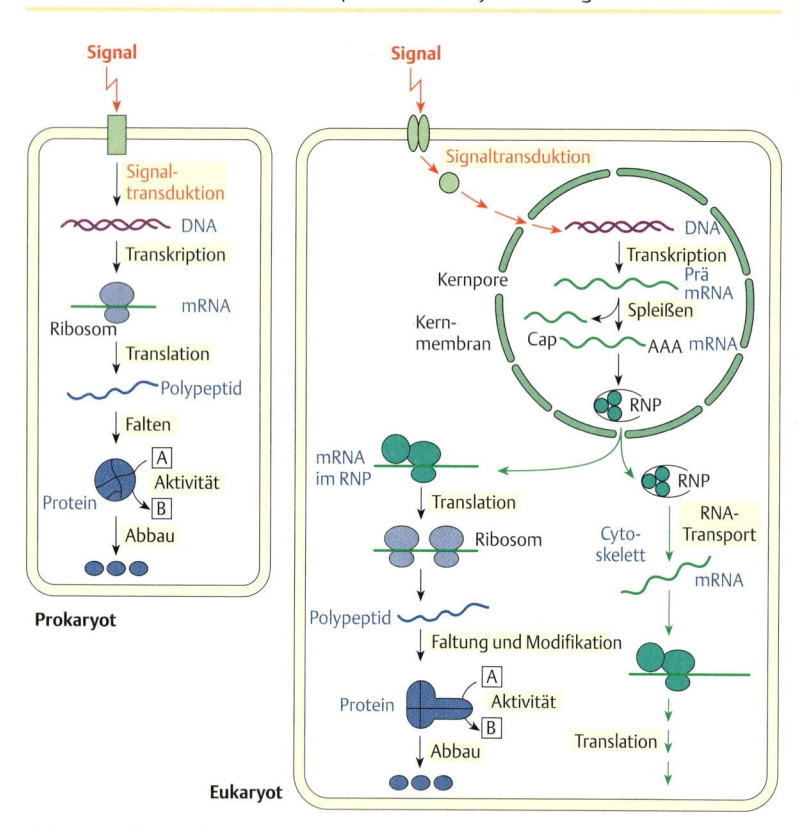

Abb. 11.1 Ebenen der Genexpressionskontrolle in Prokaryoten und Eukaryoten. Ein Signal wird über eine Signalübertragung bis zum Informationsträger, der DNA, geleitet und führt dort zu einer Veränderung der Transkription signalspezifischer Gene. Gebildete Abschriften der DNA in Form von RNA werden prozessiert, transportiert und schließlich im Fall von mRNA in Proteine übersetzt. Während der Translation gebildete Proteine werden gefaltet, transportiert und selbst durch Modifikation in ihrer Funktion kontrolliert. Schließlich werden RNAs und Proteine wieder abgebaut. Jeder dieser Schritte bietet die Möglichkeit, die Genexpression zu kontrollieren.

davor noch eine komplexe und streng regulierte Übertragung eines Signals geschaltet. Die gebildete RNA, oft eine mRNA, wird dann einer Prozessierung und einem Transport unterworfen. Hier greifen weitere Regulationsmechanismen. RNAs können selbst als Regulatoren fungieren, Teil von zellulären Komponenten wie dem Spleißosom, den Ribosomen oder von Transportmaschinerien werden oder als mRNAs in Proteine übersetzt werden. Die **Translation** am Ribosom bietet die nächste Ebene der Regulation. Das gebildete Polypeptid muss geregelt zum **Protein gefaltet** und zum Einsatzort **transportiert** werden. Schließlich können Proteine selbst in ihrer Funktion stark verändert werden.

Dies geschieht durch verschiedenste **chemische Modifikationen** und bietet die schnellste der möglichen Anpassungsreaktionen einer Zelle. Schließlich haben alle RNAs und Proteine eine geregelte **Lebenszeit** in einer Zelle. Regulierter **RNA-Abbau** und **Proteolyse** steuern diese Prozesse.

11.2 Genomstruktur und Genexpression

> Die Struktur des Erbgutes, also der DNA, muss stabil sein, um eine geordnete Weitergabe und Ausprägung der Eigenschaften eines Organismus zu garantieren. Gleichzeitig ist die **DNA-Struktur** Gegenstand von Regulationsprozessen. Durch gerichtete **Rekombination**, **Transposition** und **Mutation** wird dabei die DNA so verändert, dass eine neue Form der Genexpression oder ein anderes Genprodukt entsteht.

Die DNA beinhaltet sowohl die genetische Information über den Aufbau der RNA- und Protein-Genprodukte, als auch die zugehörigen Promotorstrukturen für deren Transkription sowie Informationen zum RNA-Transport, zur RNA-Stabilität und zur mRNA-Translation. Das bedeutet, dass eine Veränderung der DNA-Sequenz zu Veränderungen in den benannten Komponenten und Prozessen und damit in einer Zellfunktion führen kann. Dies wird für Regulationsprozesse genutzt. Diese gerichteten Regulationsprozesse sollte man von ungerichteten, zufälligen Veränderungen des Erbgutes unterscheiden, die meist repariert werden, aber auch zu bleibenden Veränderungen mit Konsequenzen für die Eigenschaften des Organismus führen können. Zufällige Veränderungen sind sicher eine Triebkraft der Evolution, tragen aber zum gerichteten Prozess der Regulation nicht bei. Trotzdem sind die gleichen genetischen Prozesse sowohl für die gerichteten als auch für die ungerichteten Veränderungen verantwortlich. Zu diesen gehören Mutation, Deletion, Integration, Inversion und Rekombination (Kap. 9 und Kap. 10).

11.2.1 Regulation der Genexpression über die Genomstruktur in Bakterien

Die **Endosporenbildung** in *Bacillus*-Spezies ist einer der komplexesten bekannten Differenzierungsprozesse in Bakterien (Abb. 11.**2**). Dabei laufen in der sporenbildenden Mutterzelle und der eigentlichen Spore zwei unterschiedliche genetische Programme ab. Diese werden zeitlich geordnet über eine Reihe von Sigmafaktoren gesteuert. Deren Bildung und Aktivierung wiederum unterliegen vielfältigen Regulationsmechanismen auf Gen- und Proteinebene. So ist das Gen für die Vorstufe des Mutterzellen-spezifischen Sigmafaktors SigK *prä-sigK* durch eine 42 kb lange DNA-Sequenz namens *skin*-Element in zwei Teile, *spoVCB* und *spoIIIC*, geteilt. Das *skin*-Element codiert die Rekombinase SpoVCA, die zum Zeit-

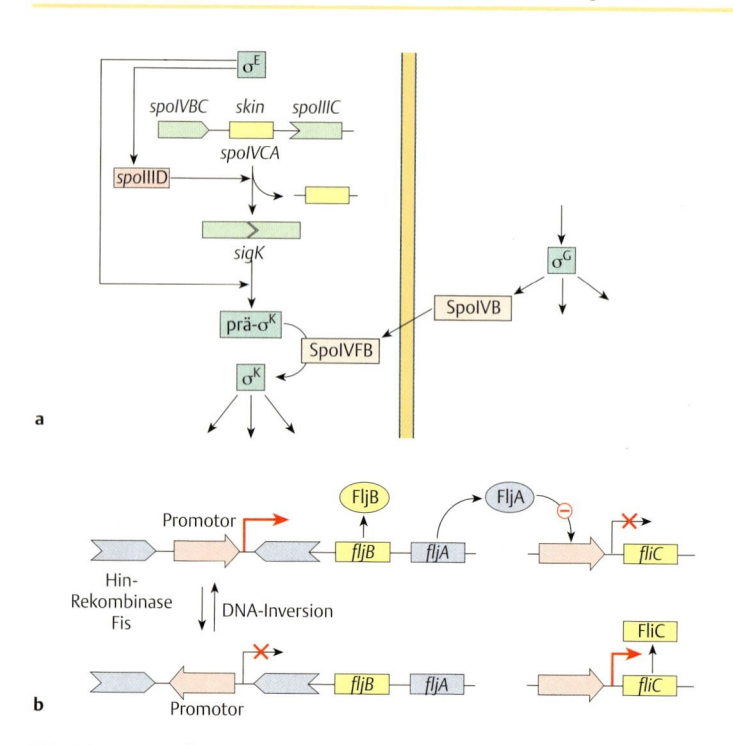

Abb. 11.2 Veränderte Genomstruktur zur Steuerung der Genexpression in Prokaryoten. a Während der Sporulation in *B. subtilis* wird das Gen für das Vorläuferprotein des Sigmafaktors K durch Deletion der Zwischensequenz *skin* erzeugt. **b** Bei der Phasenvariation von *S. enterica* wird durch Inversion ein Promotor im Genom umgedreht und so die Genexpression und darüber die Flagellenbildung verändert.

punkt der SigK-Aktivierung das *skin*-Element durch Rekombination entfernt. Diese **Deletion** führt zum intakten Gen *sigK* für den Vorläufer Sigmafaktor prä-SigK. Nach der Transkription und Translation wird das gebildete Vorläuferprotein wiederum durch eine Protease namens SpoIVFB, deren Bildung durch Signale aus der Spore gesteuert wird, in den aktiven SigK umgewandelt.

Salmonella enterica ist in der Lage, zwei strukturell komplett unterschiedliche Flagellen zu produzieren. Flagellen auf der Oberfläche dieser pathogenen Bakterien sind potente Antigene für das Immunsystem. Somit bietet diese **Phasenvariation** (flagellar phase variation) den Salmonellen eine Möglichkeit, kurzfristg der Immunantwort zu entkommen. Die Umschaltung vom FljB-Flagellentyp auf den FliC-Flagellentyp erfolgt durch eine ungewöhnliche **Inversion** des Promotors vor dem *fljBA*-Operon im Salmonellen-Genom. Zuerst treibt dieser Promotor die

Transkription des *fljBA*-Operons, wobei *fljB* ein Flagellin und *fljA* einen Repressor für das Gen des FliC-Flagellins codiert. Über zwei Rekombinationsstellen stromaufwärts und -abwärts des *fljBA*-Promotors wird durch die Hin-Rekombinase und das Rekombinations-Enhancer-Protein Fis (factor for inversion stimulation) die gesamte Promotorregion im Genom gedreht (S. 348). Durch diese Inversion entfällt die Transkription des *fljBA*-Operons und damit die Produktion des FljB-Flagellins und FljA-Repressors. Gleichzeitg wird der *fliC*-Promotor durch den nun fehlenden FljA-Repressor dereprimiert und so das neue Flagellin FliC gebildet.

11.2.2 Regulation der Genexpression über die Genomstruktur in Eukaryoten

Das **Immunsystem** muss in der Lage sein, eine sehr hohe Zahl unterschiedlicher Strukturen als eigen oder fremd zu unterscheiden. Dazu werden vielfältige Rezeptoren und Antikörper über vielfältige Wechselwirkungen kombiniert eingesetzt. Die dabei nötige **Vielzahl an Antikörpern** kann nicht über einzelne Gene im Genom festgeschrieben werden. Deshalb wird bei der Differenzierung einer Antikörper bildenden Zelle über Rekombination aus einer begrenzten Anzahl von Genabschnitten, den V-(variable), D-(diversity), J-(joining) Segmenten, jeweils ein Antikörpergen durch Deletion zusammengestellt (Abb. 11.**3**, S. 359), das durch Mutationen und Inversionen in den Segmenten zusätzlich variiert wird. Komplexe Transkriptionsregulationsprozesse in Kombination mit alternativem Spleißen erhöhen unter Nutzung fast aller Möglichkeiten der Genexpressionskontrolle weiter die Antikörpervielfalt.

> **Gerichtete Veränderung der Genomstruktur:** Die Struktur des Erbgutes kann durch Mutation, Deletion und Insertion gerichtet verändert werden, sodass die Genexpression und die daraus resultierenden RNAs und Proteine verändert werden.
> **Regulation durch Deletion:** In *Bacillus subtilis* wird über Deletion die Bildung des Sigmafaktors K gesteuert
> **Regulation durch Inversion:** In *Salmonella enterica* kann zwischen zwei Typen von Flagellen durch Inversion eines Promotors umgeschaltet werden.
> **Antikörpervielfalt:** Das Immunsystem kombiniert zur Erzeugung der Antikörpervielfalt die Prinzipien der Deletion, Mutation und Inversion. Dabei werden Genbausteine (V, D, J) über Rekombination zu einer Vielzahl neuer Gene zusammengestellt und weiter variiert. Transkriptionskontrolle und alternatives Spleißen erhöhen die erzeugte Variabilität.

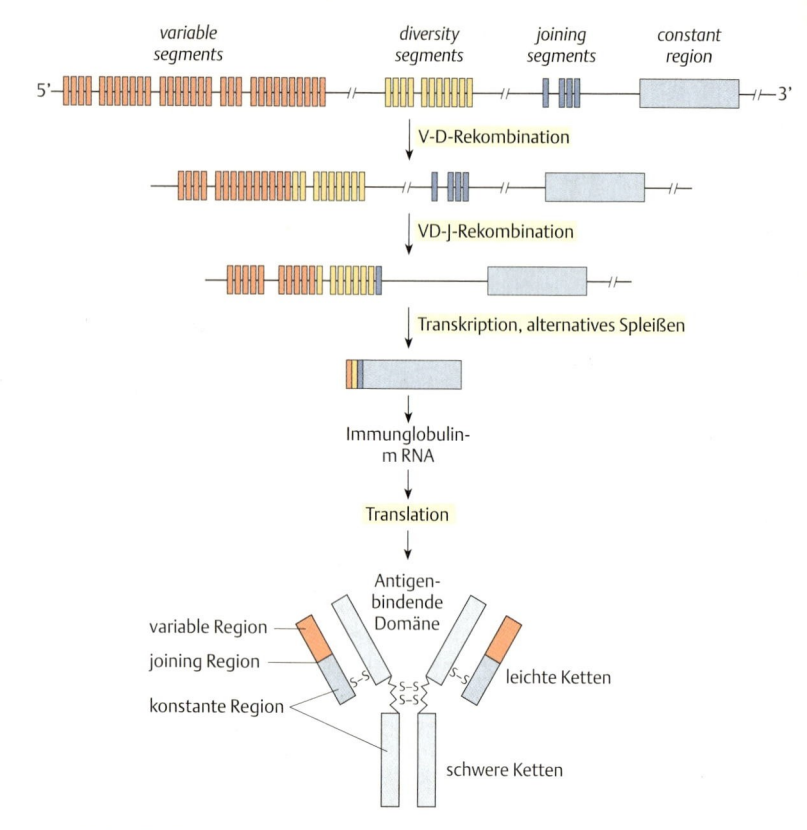

Abb. 11.3 **VDJ-Rekombination zur Erzeugung der Antikörpervielfalt des Immunsystems.**

11.3 Transkriptionskontrolle in Prokaryoten

In Prokaryoten werden meist kurze **Signaltransduktionskaskaden** zum eigentlichen Transkriptionsregulator genutzt. Die RNA-Polymerase kann in ihrer Promotorerkennung durch **alternative Sigmafaktoren** gesteuert werden. Typisch sind auch **Zweikomponenten-Regulationssysteme**, die mit einem Rezeptor das Signal aufnehmen und mittels Phosphorylierung auf einen Transkriptionsregulator übertragen. Bei den Transkriptionsregulatoren unterscheidet man **Aktivatoren** und **Repressoren**, deren Aktivität von kleinen Metaboliten gesteuert werden kann. Am Promotor selbst konkurrieren oder

> kooperieren mehrere Transkriptionsregulatoren für verschiedene zelluläre oder Umweltsignale. So können viele unterschiedliche Einflüsse zu einer jeweils angemessenen Transkriptionsantwort kontinuierlich integriert werden.

Die **Kontrolle der Transkription** verläuft in ihren Grundprinzipien in allen Lebewesen sehr ähnlich. Das Enzym **RNA-Polymerase** wird in seiner Promotorerkennung, Transkriptionsinitiation und Transkriptionseffizienz durch zusätzliche Regulatoren als Antwort auf intra- und extrazelluläre Einflüsse positiv und negativ beeinflusst. Die Unterschiede im Aufbau von prokaryotischen und eukaryotischen Zellen sowie die unterschiedlichen Lebensstrategien von einzelligen und multizellulären Organismen bedingen dabei erhebliche Unterschiede in Komplexität und Reaktivität.

Ein einzelliger Mikroorganismus ist, nur durch eine Cytoplasmamembran und eine Zellwand getrennt, den sich schnell ändernden Einflüssen seiner Umwelt ausgesetzt. Daher ist eine schnelle Anpassung an sich ändernde Temperatur, Nährstoffversorgung, Osmolarität und Sauerstoffversorgung überlebenswichtig. Grundvoraussetzung jeder Anpassungsreaktion ist die Wahrnehmung des Umweltreizes. Dazu besitzen Mikroorganismen vielfältige **Rezeptoren**. Um eine zelluläre Antwort auf den Umweltreiz auszulösen, wirkt der Rezeptor im einfachsten Fall selbst als **Regulator**.

Komplexer ist die Übertragung des Reizes vom Rezeptor über eine **Signaltransduktionskette** zu einem Regulator (Abb. 11.**4**). Der Regulator verändert die Physiologie der Zelle so, dass der Organismus effizienter unter den veränderten Umweltbedingungen leben kann. Dafür sind oft Proteine mit neuer enzymatischer oder struktureller Funktion nötig. Deren Bildung steuern aktivierte Regulatoren durch Kontrolle der Expression zugehöriger Gene.

Die Anpassung wird durch ein komplexes Netzwerk von Regulatoren garantiert. Die Notwendigkeit eines komplexen **Regulationsnetzwerkes** ergibt sich aus der einfachen Tatsache, dass viele Umweltreize gleichzeitig auf eine Zelle treffen. Das Netzwerk integriert durch das Zusammenspiel aller Regulationssysteme die Antworten auf diese vielfältigen Reize zu einer Gesamtantwort, die sich in einer kurzfristigen Verschiebung des zellulären Gleichgewichtszustandes äußert, bis eine neue Anpassungsreaktion erfolgt. Daraus wird ersichtlich, dass Anpassung ein permanenter Prozess ist, solange ein Organismus lebt.

Entsprechend der Vielfalt der von Mikroorganismen besiedelten Standorte dieser Erde, der dort herrschenden Umweltbedingungen und deren spezifischer Veränderungen, ist ein breites Spektrum von Anpassungsstrategien nötig. Die Variabilität und hohe Spezifität der Anpassung wird nicht durch eine unendliche Anzahl von Rezeptoren und Regulatoren erreicht, sondern durch die vielseitige Kombination strukturell verwandter Regulationssysteme. Eine begrenzte Anzahl von Grundrezeptor- und Regulatortypen wurde für unterschiedliche Zwecke, wie die Messung von Nitrat, Phosphat sowie der Zelldichte, im Laufe der Evolution

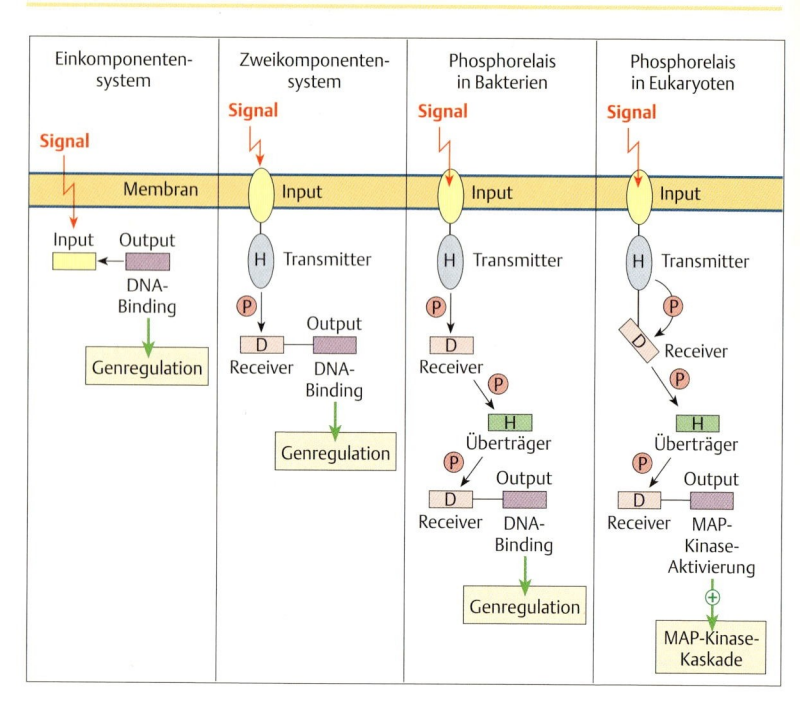

Abb. 11.4 Signaltransduktionsketten in Pro- und Eukaryoten. Prokaryoten nutzen oft einfache und dabei schnelle Signalaufnahme- und Übertragungssysteme, wie Ein- und Zweikomponentensysteme. In Differenzierungsprozessen, wie der Sporulation in Bacillen werden Phosphorelais benutzt, die auf Ebene der Signalweiterleitung schon weitere Signale verarbeiten können. Dies ist wiederum der Ausgangspunkt komplexer eukaryotischer Regulationsrelais. Ein solches wird z. B. von Hefe bei der Anpassung an hohe Osmolarität benutzt und durch einen nachgeschalteten MAP-Kinaseweg vervollständigt. Allen gemeinsam ist die Autophosphorylierung des Rezeptors an einem Histidinrest (H) nach Signalaufnahme sowie die Weitergabe des Phosphatrests an einen Aspartatrest (D) der Receiverdomäne eines Regulators oder eines Übertragermoleküls. Eukaryoten und wenige Prokaryoten nutzen auch Tyrosin-, Serin-, Cystein- und Threoninreste für Phosphorylierungsreaktionen.

vielfältig strukturell modifiziert. Auf diese Weise entstanden **Rezeptor/Regulator-Familien** (Tab. 11.**1**). Die Vielfalt wird durch organismusspezifische Kombination und Verwendung dieser Regulationssysteme erhöht.

Tab. 11.1 **Regulatoren der Genexpression in Bakterien (aus www.prodoric.de).**

Regulator	Gen	Funktion	regulierter Prozess
ArgR	argR	Repressor	reprimiert Gene des Argininstoffwechsels mit Arginin als Corepressor
Crp	crp	Aktivator	Verfügbarkeit von Glucose wird durch Phosphotransferasesystem gemessen, Glucosemangel führt zur cAMP-Bildung als Coaktivator von Crp, das über 200 Gene steuert
CysB	cysB	Aktivator	induziert Gene des Cysteinstoffwechsels mit O-Acetyl-L-Serin oder N-Acetyl-L-Serin als Coaktivator
Fnr	fnr	Regulator	misst Sauerstoff in der Zelle über Eisen-Schwefel-Zentrum; bei Sauerstoffmangel aktiviert und reprimiert er über 50 Gene des Energiestoffwechsels
Fur	fur	Repressor	Eisenregulator, bindet Eisen und reprimiert über 90 Gene der Eisenaufnahme und Verwertung
Lac-Repressor	lacI	Repressor	reprimiert Operon zur Lactoseverwertung, wird durch Allolactose als Induktor selbst inaktiviert
Lrp	lrp	Regulator	reguliert über 50 Gene positiv und negativ, die Präsenz von Leucin kann die Aktivität verändern
NarXL	narXL	Zweikomponenten-Regulator	misst Nitrat über Sensorkinase NarX und reguliert Gene der Nitratatmung durch NarL

11.3.1 Alternative Sigmafaktoren

Die RNA-Polymerase von *E. coli* besteht aus mehreren Untereinheiten, die zusammen das Holoenzym bilden (S. 136). Die sogenannte **σ-Untereinheit** bindet an den Promotor und ist nur für die Initiation notwendig. Starke Promotoren haben eine hohe Affinität für die σ-Untereinheit. In der Elongationsphase ist die σ-Untereinheit nicht mehr mit den anderen Untereinheiten assoziiert, der verbleibende Komplex heißt **Minimal-** oder **Core-Enzym**.

Alternative Sigmafaktoren verändern die Promotorspezifität der RNA-Polymerase in Abhängigkeit von dominierenden Umweltsignalen (S. 137, Tab. 11.1). **Anti-Sigmafaktoren** und **Anti-Anti-Sigmafaktoren** regulieren wiederum die Verfügbarkeit und darüber die Aktivität einzelner Sigmafaktoren, z. B. während der Anpassung an Stressbedingungen (Abb. 11.7) oder der Sporulation (*Mikrobiologie*) in *B. subtilis*.

11.3.2 Zweikomponenten-Regulationssysteme

Viele der regulatorischen Systeme, mit denen Mikroben Umweltsignale wahrnehmen, bestehen aus zwei Proteinen, einer oft membranlokalisierten, signalspezifischen **Sensorkinase** und einem intrazellulären **Antwortregulator**. Sie werden daher als **Zweikomponenten-Regulationssysteme** bezeichnet. Die Sensorkinase wirkt als Rezeptor, der das Umweltsignal wahrnimmt und darauf mit einer Autophosphorylierung an einem spezifischen Histidinrest auf der Proteinoberfläche reagiert (*Mikrobiologie*). Dazu wird ATP in ADP plus P_i gespalten. Die Phosphatgruppe der Sensorkinase wird dann anschließend auf einen Aspartatrest des zugehörigen Antwortregulators übertragen. Durch diese **Phosphorylierung** wird die Konformation des Regulators verändert und dieser so aktiviert. Der Regulator ist typischerweise ein **DNA-bindendes Protein**, das die Transkription von Genen reguliert, deren codierte Proteine in ihrer zellulären Konzentration verändert werden sollen. Für das Beenden der Antwort auf einen Umwelt-

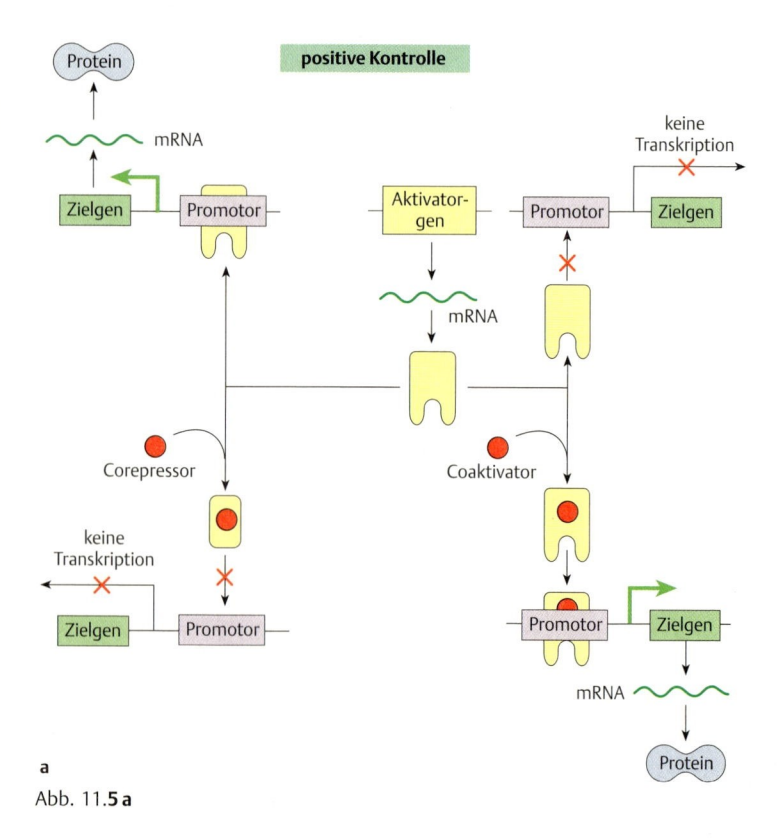

a

Abb. 11.5 a

reiz wird eine spezifische **Phosphatase** benötigt, welche die Phosphatgruppe wieder vom Antwortregulator entfernt. In manchen Fällen übernimmt diese Funktion die Sensorkinase selbst, in anderen Fällen ist ein drittes Protein dazu nötig (Abb. 11.**4**).

11.3.3 Repressoren und Aktivatoren – negative und positive Kontrolle

Der Transkriptionsprozess kann durch Regulatoren aktiviert oder reprimiert werden. Zugehörige Proteine nennt man entsprechend Aktivatoren oder Repressoren. Nun kann ein **Aktivator** unabhängig funktionieren oder er kann – selbst wiederum durch ein kleines Signalmolekül reguliert – durch einen **Corepressor** inaktiviert werden. Ist der Aktivator selbst inaktiv, benötigt er für seine Aktivität einen **Coaktivator** (Abb. 11.**5**). Umgekehrt zu dieser positiven Kontrolle funktioniert die negative Kontrolle mit **Repressoren**. Auch hier kann ein aktiver Regula-

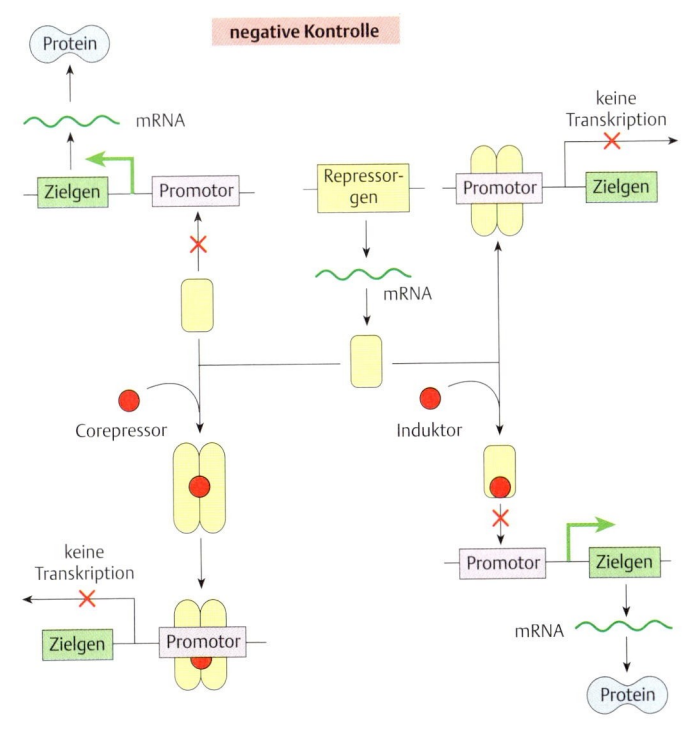

Abb. 11.**5 Positive (a) und negative (b) Kontrolle durch Aktivatoren und Repressoren.**

tor durch einen **Induktor** inaktiviert werden, was zu einer Derepression und damit zur Genexpression führt. Andererseits kann ein inaktiver Repressor erst durch einen **Corepressor** aktiv werden und die Transkription verhindern. In Prokaryoten binden Aktivatoren oft in definiertem Abstand zur RNA-Polymerase im Promotor, um die Bildung aktiver Transkriptionskomplexe zu vermitteln (Tab. 11.1). Repressoren wechselwirken oft mehrmals in der Region der RNA-Polymerase-Bindung im Promotor. Dabei wird die ganze DNA der Promotorregion in eine dreidimensionale Struktur gelegt, die eine RNA-Polymerase-Bindung an den Promotor verhindert.

11.3.4 Regulation des lac-Operons durch den Lac-Repressor und den Crp-Aktivator

Ein typisches Beispiel effizienter, abgestufter Genregulation in Bakterien ist die Kontrolle des *lacZYA*-**Operons** zur Lactoseverwertung (Abb. 11.6). *E. coli* zieht Glucose der Lactose als Energie- und Kohlenstoffquelle vor. Also wird in Anwesenheit von Glucose im Lebensraum sowie in Abwesenheit von Lactose keine Lactoseverwertung, also keine *lacZYA*-Expression, benötigt. Dies wird durch das Zusammenspiel des Lac-Repressors LacI mit dem Katabolitregulator Crp am *lac*-Promotor erreicht.

Das *lacZ*-Gen codiert für eine β-Galactosidase, die das β-Galactosid Lactose in die Monosaccharide Glucose und Galactose spaltet. Das *lacY*-Gen codiert für eine Permease, die den aktiven Transport von Lactose in die Zelle vermittelt. Das *lacA*-Gen codiert für eine Thiogalactosid-Transacetylase. Das Gen des Repressors LacI wird in die entgegengesetzte Richtung transkribiert. Man kann drei Expressionszustände des Operons unterscheiden, die – abhängig von der Anwesenheit von Lactose und Glucose – durch die Regulatoren LacI und cAMP-Crp vermittelt werden.

In Abwesenheit von Lactose (Abb. 11.6a) bindet der **LacI-Repressor** mehrfach an Operatorsequenzen im Promotor des *lacZYA*-Operons, die mit der RNA-Polymerase-Erkennungsstelle überlappen. Als **Operator** wird in der Genetik ein Abschnitt des Promotors bezeichnet, an den ein Regulatorprotein (Repressor oder Aktivator) binden kann und dadurch die Affinität des Promotors zur RNA-Polymerase verringert oder erhöht. Durch die Bindung von LacI wird eine DNA-Struktur erzeugt, die die Bindung der RNA-Polymerase und damit die Transkription des *lacZYA*-Operons verhindert.

In Anwesenheit von Lactose wird diese von der β-Galactosidase nicht nur gespalten, sondern zu einem geringen Anteil in einer Nebenreaktion auch in **Allolactose** umgewandelt. Allolactose ist der Induktor, der durch Bindung an den Repressor LacI dessen Proteinkonformation so ändert, dass dieser nicht mehr an die Operatorsequenz binden kann. Die Transkription des *lacZYA*-Operons kann nun mit geringer Rate erfolgen. Ob die Lactoseverwertungsmaschinerie auch wirklich benötigt wird, hängt von der An- oder Abwesenheit des von

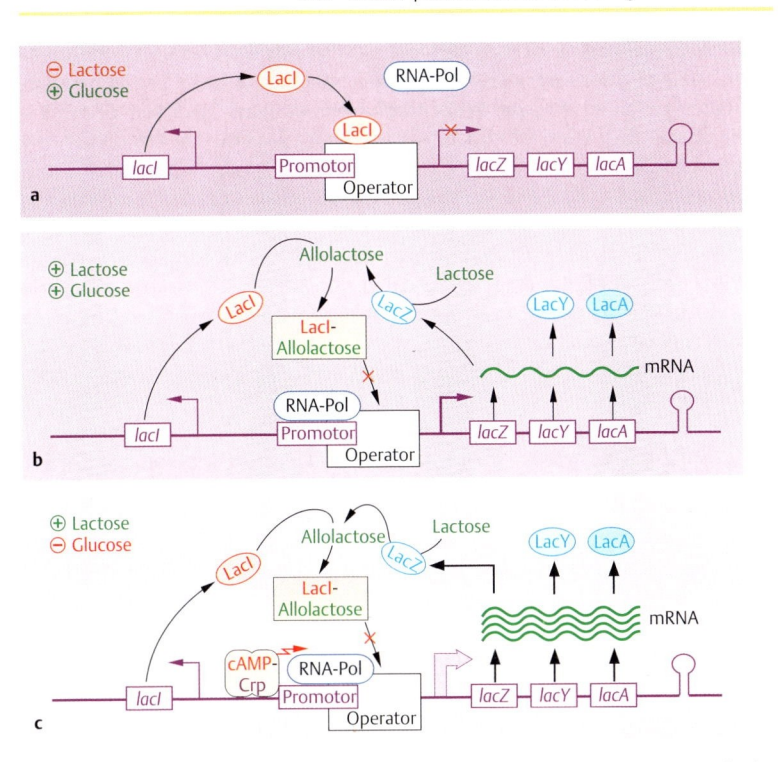

Abb. 11.**6** **Regulation des Lactose-Operons durch Lactose und Glucose mittels des Lac-Repressors LacI und des Katabolitregulators Crp.**

E. coli bevorzugten Substrats Glucose ab. Sind Glucose und Lactose gleichzeitig im Wachstumsmedium (Abb. 11.**6b**), bleibt es bei der niedrigen *lacZYA*-Operon-Expression. Herrscht aber Glucosemangel, wird eine **Katabolitantwort** ausgelöst, die zur Bildung von **cAMP-Crp** führt. Bei Anwesenheit von Lactose und damit von inaktiviertem Repressor LacI und bei gleichzeitiger Abwesenheit von Glucose (Abb. 11.**6c**) und damit aktiviertem Aktivator cAMP-Crp wird die Expression des *lacZYA*-Operons stark induziert. So wird die durch die Glucoseabwesenheit nun für *E. coli* sinnvolle Lactoseverwertung induziert.

11.3.5 Komplexe Regulation der Stationärphase und generellen Stressantwort

Wenn Nährstoffe im Habitat begrenzt sind, stellen Mikroorganismen ihr Wachstum ein und erreichen damit die Stationärphase. Mithilfe einer molekularen

Anpassungsreaktion bereiten sie sich auf eine Periode des Überlebens mit minimaler Energieversorgung bei gleichzeitiger Konfrontation mit diversen umweltbedingten Gefahren vor. Die **Stationärphasenmodulons** bewirken eine möglichst starke Reduktion des Metabolismus und sichern das Überleben von Mikroorganismen, indem sie zelluläre Strukturen vor Schädigung durch Hitze, Kälte, Osmolarität, pH und Sauerstoffstress schützen. Zusätzlich müssen die Detektionssysteme für neue Nährstoffe erhalten bleiben und eine mögliche weitere Wachstumsphase muss vorbereitet werden. Diese generelle Stressantwort auf Nährstoffmangel, Sauerstoffstress, Hitzeschock und Osmoschock wird über alternative Sigmafaktoren im Zusammenspiel mit einer Vielzahl von weiteren Regulatoren und regulatorischen RNAs vermittelt.

In *E. coli* kontrolliert der **alternative Sigmafaktor RpoS** die Stationärphasenanpassung. Es sind ca. 500 Gene bekannt, die unter direkter oder indirekter RpoS-Kontrolle stehen. Die Expression des *rpoS*-Gens wird auf den Ebenen der Transkription, Translation, Proteinstabilität und seiner Wirkung kontrolliert durch weitere Regulatoren und Signalstoffe. Diese stammen aus den Modulons der stringenten Kontrolle, der Katabolitregulation, des Sauerstoffstresses, des Hitzeschocks, des Phosphatregulons und des Osmoschocks und koordinieren über RpoS eine übergreifende Stressanpassungsreaktion (*Mikrobiologie*). RpoS wirkt meistens aktivierend und selten reprimierend auf die Transkription der Zielgene.

In *B. subtilis* ist der **alternative Sigmafaktor σ^B** für die generelle Stressantwort verantwortlich. Unter Bedingungen exponentiellen Wachstums wird der σ^B durch Bindung an den **Anti-Sigmafaktor RsbW** inaktiviert (Abb. 11.7). In Stresssituationen wird der Anti-Sigmafaktor RsbW wiederum vom **Anti-Anti-Sigmafaktor RsbV** gebunden. Dabei wird σ^B freigesetzt und induziert die Bildung von mehr als 100 Stressproteinen, darunter Chaperone, Katalasen und Proteinasen. Der kritische Punkt der Regulation, die Aktivität des Anti-Anti-Sigmafaktors RsbV, wird über dessen Phosphorylierung kontrolliert. Dabei gibt es wiederum zwei Wege. Der **Mangel an Kohlenstoffquellen, Sauerstoff und Phosphat** führt zu einer niedrigen ATP-Konzentration in der Zelle. RsbV verliert dabei, vermittelt über RsbP und RsbQ, seinen Phosphatrest. Dephosphorylierter RsbV kann den Anti-Sigmafaktor RsbW binden, σ^B wird freigesetzt und löst die Stressantwort aus. Ist wieder genug zelluläres ATP da, phosphoryliert RsbW den Anti-Anti-Sigmafaktor RsbV. RsbV verlässt den Komplex mit RsbW, und freies RsbW bindet wieder σ^B. Als **Antwort auf Säureschock, Hitzeschock, Ethanolstress und Osmoschock** wird der Phosphorylierungszustand von RsbV über ein ausgefeiltes Wechselspiel von RsbS, RsbT, RsbR mit RsbU kontrolliert. Dabei bildet RsbS mit RsbR und RsbT einen Komplex. Stressvermittelt löst RsbX diesen Komplex auf, sodass RsbT mit RsbU einen neuen Komplex bilden kann, der dann zur RsbV-Dephosphorylierung und damit zur σ^B-Freisetzung führt (Abb. 11.7). So wird durch ein Zusammenspiel von Sigma-, Anti-Sigma- und Anti-Anti-Sigmafaktoren mit einer durch Phosphorylierungen und Dephosphorylierungen

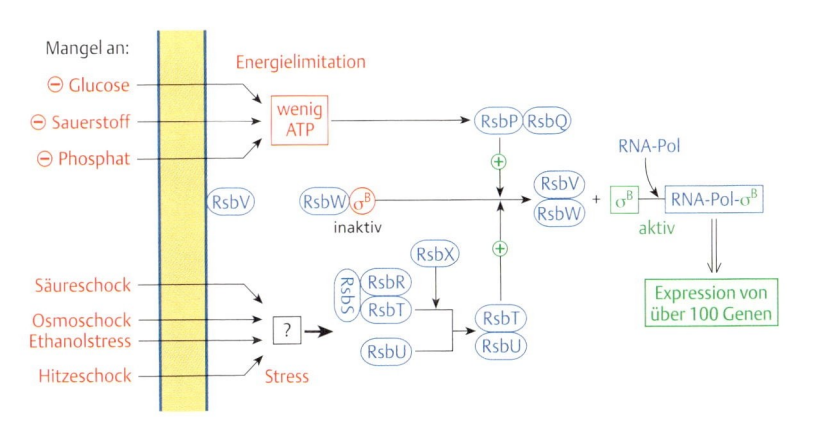

Abb. 11.7 **Die generelle Stressantwort vermittelt von den alternativen Sigmafaktoren σ^B in *B. subtilis*.**

gesteuerten Regulationskaskade ein für die jeweilige Stressantwort passendes Gleichgewicht eingestellt. Diese Prinzipien der Regulation finden wir bei mehreren komplexen prokaryotischen und eukaryotischen Prozessen realisiert.

Alternativer Sigmafaktor: Untereinheit der RNA-Polymerase, die die Promotorspezifität vermittelt. Dabei können Umweltsignale wie Stickstoffversorgung, Hitzeschock und Stress in Genregulation umgesetzt werden. Können wiederum über Anti-Sigmafaktoren und Anti-Anti-Sigmafaktoren reguliert werden.
Aktivator: Aktiviert allein oder mit einem kleinen Molekül, dem Coaktivator, Gene. Kann aber auch durch ein kleines Molekül, den Corepressor, inaktiviert werden. Typisches Beispiel ist cAMP-Crp.
Repressor: Unterdrückt die Transkription von Genen entweder allein oder mit einem Corepressormolekül. Kann durch einen Induktor inaktiviert werden. Typisches Beispiel ist der LacI-Repressor.
Promotorelemente: An diese binden die RNA-Polymerase und Regulatoren. Durch das konkurrierende oder kooperative Zusammenspiel verschiedener positiv und negativ regulierender Faktoren wird dabei eine angemessene Transkriptionsrate erzeugt.
Zweikomponenten-Regulationssysteme: Bestehen aus einer Sensorkinase, die das Umweltsignal aufnimmt und mittels Phosphorylierung an einen Antwortregulator weitergibt, der dann über Promotorerkennung Zielgene reguliert.
Stationärphasenregulation: Alternative Sigmafaktoren (RpoS, SigB) steuern allgemeine Stationärphasen- und Stressanpassung. Regulation der Bildung der Sigmafaktoren auf Ebene der Transkription, der Translation, der Proteinstabilität und eigentlichen transkriptionsregulierenden Wirkung.

11.4 Transkriptionskontrolle in Eukaryoten

Die grundlegende Biochemie der Transkription in Eukaryoten unterscheidet sich nur wenig von der in Bakterien. Allerdings ist die eukaryotische DNA in Chromatin verpackt. Das Entpacken und wieder Verpacken über enzymatische **Acetylierung** und **Methylierung** von Histonen sowie die **Chromatinremodellierung** ist entsprechend die erste Stufe der eukaryotischen Transkriptionsregulation. Dann wird die komplexe Transkriptionsmaschinerie aus **generellen Transkriptionsfaktoren** (GTF) und **Coaktivatoren** (TAFs, Mediatorkomplex) durch eine Kombination von **Transkriptionsfaktoren proximaler Promotorelemente** (Sp1, AP1, NF1, Oct1) durch vielfache Protein-Protein-Wechselwirkung unterstützt. Zusätzliche extra- und intrazelluläre Signale werden über **spezialisierte Transkriptionsfaktoren** (SREBP, HSF, NHR, p53, STAT, NF-κB) und zugehörige Promotorelemente in die Gesamtreaktion integriert. Auch die Vielfalt eukaryotischer Transkriptionsfaktoren wird durch Variation einiger Grundtypen erreicht. Komplexe Promotorelemente, die bis zu 10 kb vom proximalen Promotor entfernt liegen, orientierungsunabhängig wirken und Proteinkomplexe binden, nennt man bei positiver Wirkung auf die Transkription **Enhancer**, bei negativer Wirkung **Silencer**. Schließlich ist im Zellkern die Transkription und Prozessierung der entstehenden mRNA direkt über Proteinkontakte der beteiligten Komponenten gekoppelt.

Die **Transkription** ist der zentrale Schritt in der Regulation der Genexpression. Denn hier entscheidet sich, welches der vielen Gene eines Organismus mit welcher Effizienz transkribiert, also in eine RNA übersetzt wird und darüber der Zelle ein neuer biochemischer Akteur zur Verfügung gestellt wird. Umgekehrt werden bestimmte Proteine und RNAs nicht mehr benötigt, und die zugehörigen Gene müssen entsprechend herunterreguliert werden. Nun basiert Genregulation fast nie auf einer „Ja-oder-Nein"-Entscheidung, also auf dem kompletten Induzieren oder Abschalten eines Genes. Sondern es ist eher ein permanentes „Auf und Ab" der Transkriptionsstärke. Da oft mehrere positive und negative Signale gleichzeitig auf die Transkriptionsmaschinerie einwirken, kommt es zu einem sich ständig ändernden Gleichgewichtszustand, der sich auf die Transkriptionsrate auswirkt. Durch die Vielzahl der zu verarbeitenden Signale haben Eukaryoten hochkomplexe Promotoren mit einer Vielzahl verschiedener Regulatoren entwickelt. Über Konkurrenz und Kooperation der vielen Faktoren bei der Zusammensetzung des Transkriptionskomplexes wird am Ende eine Gesamtantwort auf alle auf die Transkription einwirkenden Signale erreicht. Diese Prozesse beinhalten Reaktionen vom Ablösen der Histone von der DNA im Promotorbereich bis hin zur Assoziation des Spleißingapparates für die gebildete mRNA.

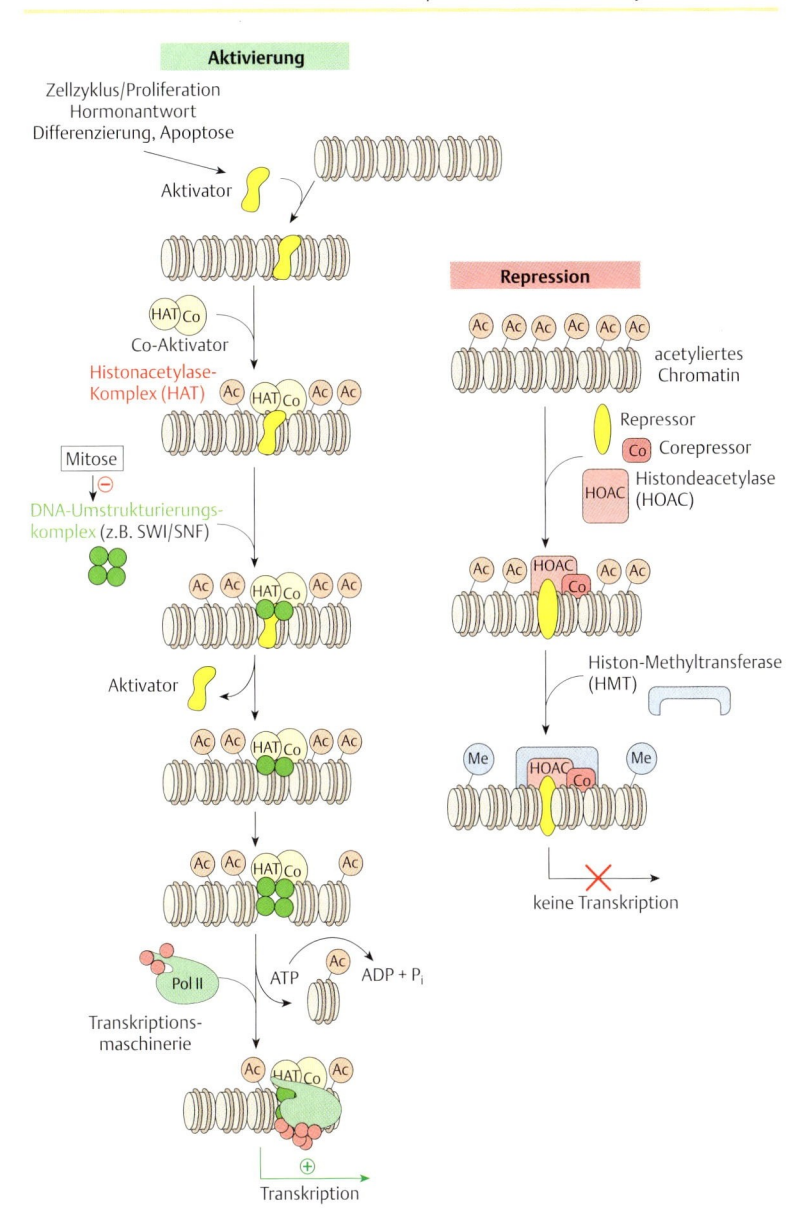

Abb. 11.8 **Steuerung der Genexpression durch Acetylierung und Methylierung von Histonen des Chromatins.**

11.4.1 Chromatinstruktur und Genregulation

Die DNA ist in Eukaryoten auf Histone gewickelt in Chromatin verpackt. Um Gene abzulesen, muss diese Struktur geöffnet werden. Dazu wird der **Histoncode** benutzt, die Möglichkeit durch Modifikation von Aminosäureresten der Histonproteine am Amino- (N) oder Carboxylende (C) deren Struktur und Zusammenhalt zu verändern. Für die Genregulation sind dabei besonders Acetylierungen und Methylierungen von Lysinresten am N-Terminus der Histone von Bedeutung (Abb. 11.**8**). **Acetylierung** von Histonen reduziert die positive Ladung der Aminosäurereste am N-Terminus und führt dazu, dass das Chromatin eine **offene Konformation** einnimmt, die eine Transkription erlaubt. Dazu erkennt primär ein Transkriptionsaktivator ein Promotorelement und rekrutiert einen Coaktivatorkomplex, der aus bis zu 10 verschiedenen Proteinen besteht und eine **Histonacetylase** (**HAT**) enthalten kann. Diese beginnt nun, die Histone in ihrer Nähe zu acetylieren und öffnet so das Chromatin für die Bildung des Transkriptionskomplexes. Dies kann durch aktive **Chromatinremodellierung** beschleunigt werden. Dazu bindet der SWI/SNF-Komplex mit bis zu 11 Untereinheiten an den vorgeformten Aktivatorkomplex, verdrängt unter ATP-Verbrauch über Bereiche des Promotors die Histone und erleichtert so der Transkriptionsmaschinerie den Zugang.

Bei der Repression verlaufen die Prozesse ähnlich. Ein Repressor rekrutiert einen Corepressor und darüber **Histondeacetylasen** (**HDACs**), die nun Histone deacetylieren und auf diese Weise einer geschlossenen, nicht zugänglichen Konformation zuführen. Verstärkt wird dieser Prozess durch zusätzlich angelagerte **Histon-Methyltransferasen** (**HMT**), die durch weitere **Methylierung** der Histone die Chromatinstruktur weiter versteifen und so **unzugänglich** machen.

11.4.2 Promotorelemente und Transkriptionsfaktoren

Die eukaryotischen RNA-Polymerasen I, II und III bestehen aus mehr als 20 Untereinheiten (S. 149). Sie binden DNA aber nur unspezifisch, erkennen also keine Promotoren. Sie werden durch **Transkriptionsfaktoren**, die selbst aus mehreren Untereinheiten bestehen können, an Promotoren dirigiert. Nun gibt es kein unendliches Repertoire an Transkriptionsfaktoren. Vielmehr wurden einige Grundstrukturen (Proteindomänen) zur DNA-Bindung und Protein-Protein-Wechselwirkung erfunden, variiert und frei kombiniert. Deshalb besitzen Transkriptionsregulatoren immer wieder auftauchende Proteindomänen zur DNA-Bindung und Dimerisation, nach denen man sie einteilt, wie Zinkfinger, Leucin-Reißverschluss, Helix-Turn-Helix, Helix-Loop-Helix oder Homeodomäne (Tab. 11.**2**, Abb. 11.**9**). Dabei unterscheidet man die **generellen Transkriptionsfaktoren** (**GTF**), die bei der RNA-Polymerase II, TFIIA, B, D, E, F, H und TBP (TATA box binding protein) heißen. Sie bilden zusammen den Präinitiationskomplex. Weitere **Coaktivatoren**, zu denen die **TAFs** (TATA binding protein associa-

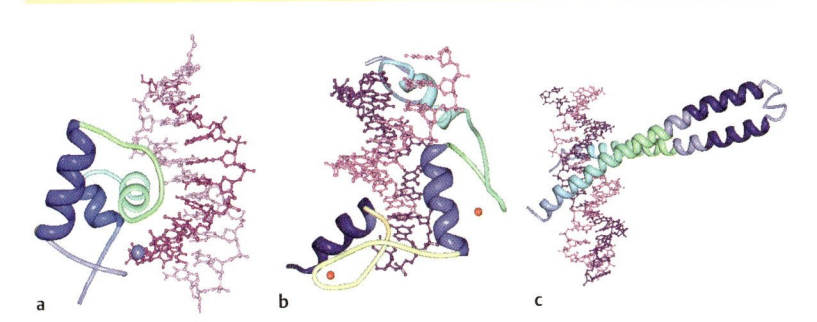

Abb. 11.9 **DNA-Bindungsdomänen von Transkriptionsfaktoren.** Gezeigt sind eine Helix-turn-Helix- **a**, eine Zinkfinger- **b** und **c** eine Leucinreißverschluss-Domäne (blau und grün) in Wechselwirkung mit DNA (lila).

ted factors), **Notch** (Tab. 11.4), der **Mediatorkomplex** sowie die zuvor besprochenen **HATs** (Histonacetylasen) und der Chromatin modellierende **SWI/SNF-Komplex** gehören, können beteiligt sein. TAFs sind besonders von Bedeutung bei Promotoren, die keine TATA-Box besitzen, um den Transkriptionsstart festzulegen. Dabei stellen TAFS, Notch und der Mediatorkomplex den Kontakt zwischen dem basalen Transkriptionsapparat und **speziellen Transkriptionsaktivatoren** her (S. 153). Diese Aktivatoren können die Transkriptionsaktivität des Komplexes auf äußere Signale hin massiv steigern.

11.4.3 Häufige Regulatoren proximaler Promotorelemente

Ein Teil dieser Aktivatoren bindet in der Nähe des Transkriptionsstartpunktes an **proximale Promotorelemente**. Eine Vielzahl von Genen wird generell über diese Regulatoren induziert. Dabei spielt ihre Kombination und die Anzahl sowie die Anordnung ihrer Bindungsstellen eine entscheidende Rolle. Über sie wird ein Transkriptionskomplex zusammengestellt, der gezielt auf diverse extra- und intrazelluläre Signale reagieren kann. Auch sogenannte Housekeeping-Gene, deren Produkte die Zelle am Laufen halten sollen und die deshalb eigentlich konstitutiv, also immer gleich, transkribiert werden sollen, werden so reguliert. Damit ist dieses Housekeeping-Konzept der nichtregulierten, dauernd gleichen Transkription eigentlich hinfällig.

Am proximalen Promotor wechselwirken TAFs mit **SP1** (specificity protein 1), das an die **GC-Box** (GGGCGG) mittels eines Cys2/His2-Zinkfingers bindet (Abb. 11.9 b). SP1 vermittelt eine Transkriptionsaktivierung oder Repression von über tausend Genen, die an Zellwachstum, Differenzierung, Apoptose, Angiogenese und Immunantwort beteiligt sind. Es interagiert mit anderen Transkriptionsfaktoren, wie Ets1, c-Myc, c-Jun oder STAT1. Es wechselwirkt aber auch mit Chromatin remodellierenden Proteinen und Histondeacetylasen. Dabei spielt der Phosphorylierungsgrad des Regulators eine entscheidende Rolle.

AP1 ist ein Aktivator, der eine Genaktivierung als Antwort auf Cytokine, Wachstumsfaktoren, Stress und Infektion vermittelt. AP1 ist ein durch **Leucin-Reißverschluss** (Abb. 11.9c) verbundenes Heterodimer aus Regulatoren des **c-Jun-** und **c-Fos**-Typs und wird durch Phosphorylierung der c-Jun-Untereinheit aktiviert. Der Regulator erkennt die AP1-Bindestelle TGACTCA. AP1 gehört zur strukturell verwandten **ATF-** (**Activating Transcription Factor**)-Familie mit 70 Mitgliedern.

Das **CAAT-Box** (C, Pu, Pu, CCAAT C/G A/G)-bindende Protein **CBF** gehört zur **Nuclear Factor 1** (**NF1**)-Familie. Diese wurde ursprünglich als Proteine der Virenreplikation entdeckt. Schnell wurde aber ihre Rolle als generelle Transkriptionsregulatoren klar. Heute kennt man vier verschiedene NF1-Typen bei Vertebraten. Ihre Struktur wird durch alternatives Spleißen weiter variiert, was zu einer Vielzahl unterschiedlicher Regulatoren mit diversen Funktionen bei der Reaktion auf Hormone, unterschiedliche Nahrung sowie in der Entwicklungsbiologie und bei der Krebsentstehung führt.

Oct1 gehört zur Familie der **POU-Domäne-Proteine** (benannt nach den Transkriptionsfaktoren **P**it, **O**ct1, **U**nc-86), bindet an die DNA-Sequenz ATGCAAAT und interagiert mit dem TBP. Das Protein ist involviert in der Regulation der Immunantwort und der Transkription vieler sogenannter Housekeeping-Gene. Weitere Mitglieder der bei Vertebraten 10 Mitglieder umfassenden Oct-Regulatorfamilie sind entscheidend an der Stammzellentwicklung (Oct4), Entwicklung des Gehirns und Nervensystems (Oct6), Steuerung des lymphatischen Systems (Oct2) und an der gewebespezifischen Genexpression (diverse Oct) beteiligt. Verschiedene Oct-Proteine bilden Heterodimere und nehmen so neue Funktionen wahr.

11.4.4 Spezialisierte Transkriptionsregulatoren und ihre Promotorelemente

Spezialisierte Transkriptionsregulatoren (Abb. 11.**10**, Tab. 11.**2**) vermitteln über definierte Promotorelemente spezifische Umweltreize an ihre Zielpromotoren und steuern zum Teil wohl definierte Regulons.

Die **SREBPs** (**sterol response element binding proteins**) sind eine Familie von Regulatoren, die den **Lipidstoffwechsel regulieren**, indem sie eine Vielzahl von Genen der Cholesterin-, Fettsäure-, Triacylglycerin- und Phospholipidbiosynthese kontrollieren. SREBP sind als nichtaktive Vorstufen in die Membranen des Endoplasmatischen Retikulums integriert. Lipidmangel führt zum proteolytischen Abspalten eines wasserlöslichen Teils, der in den Kern wandert und dort seine Zielgene reguliert. SREBPs haben eine basische **Helix-Loop-Helix-DNA-Bindungsdomäne** und dimerisieren mittels **Leucin-Reißverschluss** zur Bindung an *SREs* (*sterol response element*, TCACNCCAC).

Die Familie der **NHRs** (**nuclear hormone receptors**) vermittelt Genregulation als Antwort auf die Präsenz von verschiedenen Steroidhormonen (Östrogen, Progesteron, Glucocorticoide), Retinoinsäure und Tyroidhormonen. Alle Rezeptoren sind gleich aufgebaut. Sie haben eine **Cys4-Zinkfinger-DNA-Bindungsdomäne**, eine Ligandenbindungsdomäne und eine variable Region. Die Rezeptoren agieren als Dimere und können – in Abhängigkeit von gebundenem Liganden – immer in zwei unterschiedlichen Zuständen mit unterschiedlicher Aktivität vorliegen. **Heterodimere NHRs** bestehen aus zwei verschiedenen Proteinen, sind ausschließlich im Kern zu finden, wo sie ohne gebundenes Hormon die Transkription durch DNA-Bindung an ein *NRE* (*nuclear hormone receptor response element*) reprimieren. Sie stimulieren dazu die Histondeacetylierung. In Anwesenheit des Liganden entfällt die reprimierende Funktion der Hormonbindungsdomäne und kann sogar durch Wechselwirkung mit Mediatoren in eine aktivierende Funktion umgewandelt werden. Die cytoplasmatischen **homodimeren NHRs** liegen im inaktiven Zustand an Chaperone gebunden vor. Hormonbindung führt zur Konformationsänderung, sodass ein Kernlokalisationssignal aktiviert und so der Kernimport initiiert wird. Im Kern angekommen, regulieren die NHRs ihre Zielgene, indem sie Chromatinremodellierung und Histonacetylaseaktivitäten steuern und mit Mediatoren wechselwirken.

Hohe Temperaturen sind für viele Organismen, die nicht an diesen Zustand biochemisch angepasst sind, gefährlich. Bei hohen Temperaturen denaturieren Proteine, und andere zelluläre Komponenten verlieren ihre Funktion. Die Organismen können durch die Bildung von Hitzeschockproteinen gegensteuern, die zum Beispiel Chaperon- und andere Reparaturfunktionen wahrnehmen. Durch Hitze wird bei vielen Eukaryoten der **HSF** (**heat shock factor**) aktiviert, der über Bindung an *HRE* (*heat shock response element*) eine Hitzeschockantwort auslöst. Dabei wird das inaktive HSF-Monomer in ein DNA-bindungskompetentes Trimer umgewandelt und an diversen Serinresten phosphoryliert. Die DNA-Affinität wird offensichtlich auch über Acetylierungsreaktionen kontrolliert.

Der Regulator p53 ist zentral für die Kontrolle antiproliferatorischer Abwehrmechanismen einer Zelle nach Stress. Zum Stress gehören **DNA-schädigende** Einflüsse, wie **UV-Strahlung** und **Karzinogene**. Über p53 werden als Antwort auf die Zellschädigung ein Wachstumsstopp, eine Zellalterung und die Apoptose möglich. Man nennt deshalb p53 einen Tumorsuppressor. Das Protein liegt in gesunden Zellen in niedriger Konzentration vor, da **Mdm2** (murine double minute oncogene) dem p53-Protein Ubiquitin anhängt und es so einem proteolytischen Abbau zuführt. Die Aktivität von p53 wird weiterhin durch Phosphorylierung und Acetylierung reguliert. Der Regulator p53 bindet als Tetramer streng sequenzspezifisch (AGACATGCCT) und wechselwirkt mit Histonacetyltransferasen und vielen anderen Transkriptionsfaktoren. Eine Vielzahl von Genen, unter anderem für die Produktion von Cyclinen, wird kontrolliert. Mutationen, die die Funktion von p53, Mdm2 oder anderen wechselwirkenden Proteinen zerstören, lassen geschädigte Zellen weiter unkontrolliert wachsen. So hat man den Verdacht, dass bei fast der Hälfte humaner Tumoren die p53-vermittelte Antwort gestört ist.

Der **Nuclear Factor-kappa B** (NF-κB) wurde ursprünglich als Protein identifiziert, das an den Enhancer des Gens für die leichte Kette Kappa eines Antikörpers in B-Zellen bindet. Der Regulator besteht aus zwei Untereinheiten, p50 und p65, letzteres wird auch RelA (reticuloendotheliosis viral oncogene homolog A) genannt. Inzwischen weiß man, dass es eine ganze Familie von NF-κB-verwandten Proteinen gibt. In *Drosophila melanogaster* heißen diese **Dorsal**, **Dif** und **Relish**. In der Maus gibt es fünf namens **RelA**, **RelB**, **c-Rel**, **p50/p105** und **p52/p100**. Allen NF-κB-Proteinen ist die Rel-Homology-(**RH-**)**Domäne** gemein, die zur DNA-Bindung, Dimerisation und zum Kernimport dient. Die Regulatoren Relish, p50/p105 und p52/p100 besitzen zusätzlich eine Ankyrin-Protein-Protein-Interaktionsdomäne, die die RH-Domäne abdeckt und so das Protein inaktiv im Cytoplasma lagern lässt. Erst die proteolytische Abspaltung der **Ankyrin-Domäne** aktiviert diese Gruppe von Faktoren, lässt sie in den Kern wandern, DNA binden und die Transkription regulieren. Dabei wird durch diese Proteolyse aus p105 dann p50 und aus p100 entsprechend p52. Die anderen Mitglieder der Familie, RelA, RelB, c-Rel, Dif und Dorsal liegen an Inhibitoren gebunden im Cytoplasma vor. Durch Dissoziation der Inhibitoren (**IκB, inhibitor of NF-κB binding**) werden sie aktiviert, in den Kern transferiert und binden dort DNA. NF-κB-Proteine binden als Homo- und Heterodimere an eine konservierte DNA-Sequenz *(NF-κB site)*. Die inaktiven Vorläuferproteine der NF-κB und die NF-κB/IκB-Komplexe sind Sensoren für viele extrazelluläre Umweltreize, die sie dann in genetische Aktivität umsetzen. Interleukin 1 (IL1), Tumor-Nekrose-Faktor (TNF), aber auch Bakterien- und Pilzinfektionen und entwicklungsbiologische Signale werden über verschiedene Rezeptoren wahrgenommen und über multiple Signalwege bis zu den inaktiven Formen von NF-κB weitergeleitet. Dort können sie die proteolytische Spaltung der Vorläufermoleküle bewirken oder durch Phosphorylierung die IκBs inaktivieren. Im Kern interagieren sie in vielfältigster Weise mit der Transkriptionsmaschinerie. So sind neben vielen anderen auch Wechselwirkungen mit TBP, diversen TAFs und HDACs, NHRs, Notch, p53, Oct1, c-Jun, c-Fos, STAT und Sp1 beschrieben worden. Durch NF-κB regulierte Gene tragen zur Reaktion auf **Entzündung** und **Infektion**, zu **entwicklungsbiologischen Prozessen** und zur **Apoptose** bei. Entsprechend führen Defekte im NF-κB-System zu Krebs, Arthritis, chronischen Entzündungen, Asthma, neurodegenerativen Erkrankungen und Herzerkrankungen.

11.4.5 Enhancer und Silencer

Enhancer verstärken die Transkription von Genen, während Silencer sie reprimieren. Dabei funktionieren sie ähnlich wie proximale Promotorelemente durch Kontakt mit der Transkriptionsmaschinerie. Allerdings sind sie bis zu 10 000 Basenpaare stromabwärts oder stromaufwärts lokalisiert. Durch **Biegen**

Tab. 11.2 **Klassen eukaryotischer Transkriptionsfaktoren.**

Transkriptions-faktor-Klassen	Funktionsdomäne	in Mensch, Tier, Hefe	in Pflanzen	Beispiele
Basische Domänen-Regulatoren	Leucin-Reißverschluss	ja	ja	c-Jun, CREB, c-Fos, bZIP
	Helix-Loop-Helix	ja	ja	MyoD, C-Myc, AhR, daughterless, E12, E47
	NF-1	ja	nein	CBF
Zinkfingerdomänen-Regulatoren	Cys4-Zinkfinger	ja	ja	NHRs (Hormonrezeptoren)
	Cys2-His2-Zinkfinger	ja	ja	TFIIIA, SP1
	Cys6	ja	nein	Gal4
Helix-Turn-Helix-Regulatoren	Homeodomänen-Regulatoren	ja	ja	Hox, Knox,
	Hitzeschock-Faktoren	ja	ja	HSF1, HSF24
	Tryptophancluster	ja	ja	c-Myb, GL1, MYB
β-Scaffold-Faktoren	STAT	ja	nein	STAT2, STAT4
	p53 (RH-Domäne)	ja	nein	p53, RelA
	MADS-Box	ja	ja	MCM1, AGAMOUS, DEFICIENS, SRF
	TATA-Box-bindende Proteine	ja	ja	TBP
	HMG	Ja	nein	HMG Y, HMG SOX, TCF-1
andere Klassen	Copper fist proteins	ja, nur in Hefen	nein	ACE1, AMT1
	Pocket-Domäne	ja	nein	Rb, CBP
	E1A ähnlich	nein	nein	Adenovirus E1A, 12S
	AP2/EREBP-Familie	nein	ja	AP2, EREBP-1, ARF1 aus Pflanzen

der DNA gelangen sie in Kontakt mit dem Transkriptionskomplex. Deshalb funktionieren Enhancer **orientierungsunabhängig**. Die Enhancer setzen sich wie der proximale Promotor aus verschiedenen Promotorelementen für unterschiedliche Transkriptionsfaktoren zusammen. An den Enhancer können deshalb bis zu 25 Proteine binden und das **Enhanceosom** bilden. Dazu gehören DNA-biegende HMGs (High Mobility Group), ATF2 und c-Jun. **Silencer** sind ähnlich aufgebaut

11.4.6 Kopplung von Transkription und RNA-Prozessierung

Während der Elongationsphase wird parallel die Prozessierung der entstehenden mRNA vorbereitet (Abb. 11.**10**). Der **Cleavage and polyadenylation specificity factor CPSF** bindet dazu an die Transkriptionsmaschinerie. Er bindet das 3´-Ende der mRNA und bereitet dessen Polyadenylierung durch die Polyadenin-Polymerase vor. Der **Cleavage-stimulation factor** (**CstF**) wird ebenso zur Polyadenylierung benötigt. Die mRNA-**Guanyltransferase** (**GT**) und mRNA-**Methyltransferase** (**MT**) synthetisieren, an die Transkriptionsmaschinerie gebunden, die 6-Methylguanosinkappe (CAP) der gerade gebildeten mRNA. Der **positive Transcription elongation factor b** (**p-TEFb**) ist eine Cyclin-abhängige Kinase, die die RNA-Polymerase phosphoryliert, sodass über weitere Proteine der Capping-Enzymkomplex (GT, MT) und das Spleißosom gebunden werden können. Gleichzeitig werden Gegenspieler (DSIF, NELF) einer Transkriptionselongationsreaktion inhibiert. **Elongin** ist ein weiteres Protein, das ein Pausieren der Transkriptions-

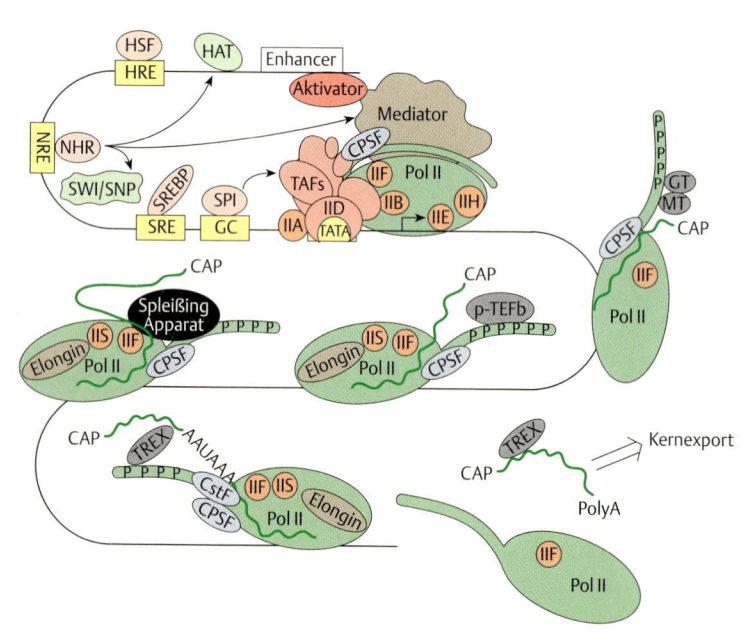

Abb. 11.**10** Promotorelemente und ihre Funktion bei der Bildung eines Tanskriptionskomplexes der RNA-Polymerase II, Transkriptionselongation mit gekoppelter RNA-Prozessierung.

maschinerie verhindert. Der **Transkriptions/Exportkomplex** (**TREX**) wird in Hefe vor der Transkriptionsmaschinerie und in Säugern vom Spleißosom gebunden und bereitet den mRNA-Export aus dem Kern vor.

11.4.7 Methylierung und Epigenetik

DNA-Methylierungen sind eine chemische Modifikation, zum Beispiel am Ringsystem der DNA-Basen. Sie können über **DNA-Methyltransferasen** enzymatisch gezielt eingeführt und anschließend wieder entfernt werden. Prinzipiell verändert Methylierung die chemischen Eigenschaften der DNA. Die Bindungsmöglichkeiten von Proteinen werden deutlich modifiziert. So können Promotoren verändert und zugehörige Gene anders reguliert werden. Zentrale zelluläre Prozesse, wie Imprinting, X-Chromosom-Inaktivierung (S. 300) und Krebsentstehung, werden mit DNA-Methylierung in Verbindung gebracht.

Man hatte vor Jahren das Phänomen des Vererbens, auch über Generationen hinweg, von kurzfristig erworbenen Eigenschaften (Phänotypen) festgestellt, ohne diesem eine genetische Veränderung auf Ebene der DNA-Sequenz zuordnen zu können. Man nannte diese Phänomene Epigenetik, nach dem griechischen „Epi", was „über" meint. Dabei werden **DNA-Methylierungsmuster** vererbt und beeinflussen die Entwicklung der Lebewesen. Weiterhin wurde die Bedeutung der **Histonmodifikation** und der Chromatinremodellierung für diese Prozesse gezeigt.

> **Histonacetylase**: Acetyliert Histone und verändert so die Struktur des Chromatins, sodass es für eine Transkription zugänglich wird.
> **Chromatinremodellierung:** Die Histone werden aktiv unter ATP-Verbrauch durch eine Proteinmaschinerie aus dem Promotorbereich entfernt und erleichtern so die Bildung des Transkriptionskomplexes.
> **Transkriptionsfaktoren des proximalen Promotors:** SP1, AP1, NF1, Oct1; deren Kombination und Anzahl am Promotor steuert Transkription.
> **Spezialisierte Transkriptionsfaktoren:** Vermitteln intra- und extrazelluläre Signale am Promotor durch Zusammenspiel mit dem Transkriptionskomplex.
> **Klassen von Transkriptionsfaktoren:** Transkriptionsregulatoren besitzen immer wieder auftauchende Proteindomänen zur DNA-Bindung und Dimerisation, nach denen man sie einteilt, wie Zinkfinger, Leucin-Reißverschluss, Helix-Turn-Helix, Helix-Loop-Helix oder Homeodomäne.
> **Enhancer:** Komplexes, die Transkription aktivierendes Promotorelement, das bis 10 kb vom proximalen Promotor liegen kann, orientierungsunabhängig wirkt, eine Vielzahl von Regulatoren binden kann und über Biegen der DNA mit dem Transkriptionskomplex in Kontakt tritt.
> **Silencer:** Wie Enhancer, wirkt negativ auf Transkription.

11.5 Signaltransduktion in Eukaryoten

Bedingt durch den komplexeren Zellaufbau und die damit verbundene Kompartimentierung sind Transkription und Translation räumlich getrennt. Weiterhin verlangen zelluläre Differenzierungsprozesse eine Kommunikation zwischen verschiedenen Zellen, auch über längere Distanzen hinweg, innerhalb eines Organismus, wofür primäre Botenstoffe in Form von **Hormonen** sorgen. Für die Vielzahl an Hormonen gibt es entsprechende Rezeptoren, die sie als Signale erkennen und die Botschaft innerhalb der Zelle weiterschicken. Diese unterscheiden sich in ihrer Chemie und Wirkung deutlich zwischen Tieren, Pilzen und Pflanzen. Rezeptoren können aber auch so unterschiedliche Umweltreize, wie Licht, Geruch, Kohlenstoffquellen oder Infektionen wahrnehmen. Fast immer erfolgt eine intrazelluläre Informationsweiterleitung über **Phosphorylierungskaskaden** oder sekundäre Botenstoffe (**Second Messenger**), wie cAMP, cGTP, Lipide, Calcium oder NO. Die Rezeptoren oder Teile von ihnen, können aber auch selbst regulieren und zum Beispiel die Transkription von Genen im Zellkern kontrollieren. Dabei ist Transkriptionskontrolle nur eine Ebene der Regulation. Ebenso werden Enzyme direkt, das Cytoskelett und darüber Transportprozesse oder Membranpotentiale kontrolliert. Signaltransduktion dient immer dazu, dem Organismus mittels Informationstransfer die optimale Biochemie für seine Lebenssituation einzustellen und so konkurrenzfähig zu überleben und sich zu vermehren.

Organismen müssen sich dauernd auf Veränderungen ihrer Umweltbedingungen einstellen. Dazu müssen Umweltreize aufgenommen und in eine Anpassungsreaktion molekular umgesetzt werden. Vielzeller mit differenzierter Arbeitsteilung müssen außerdem eine kontinuierliche Abstimmung zwischen ihren verschiedenen Zelltypen organisieren, um auch hier eine optimale Anpassung zu erlauben. Die dazu nötige Kommunikation zwischen eukaryotischen Zellen und innerhalb dieser Zellen zwischen den Kompartimenten benötigt ein komplexes Netzwerk von Botenstoffen, Rezeptoren, Signaltransduktionswegen und Regulatoren der Anpassung. Auch hier gilt, dass trotz fast unübersichtlicher Vielfalt der Signale, Rezeptoren und Signalübertragermoleküle nur einige wenige Grundtypen entwickelt und vielfältig variiert wurden.

11.5.1 Prinzipien der Signaltransduktion

Man kann ein Grundschema ableiten, in dem ein kleines Signalmolekül eine Botschaft übermittelt, indem es an einen zugehörigen Rezeptor auf seiner Zielzelle bindet. Das Signal kann dabei von einer Nachbarzelle oder weit entfernt aus einem anderen Teil des Körpers stammen. Die Bindung des Signalmoleküls verändert die Struktur dieses Rezeptors, sodass er ein intrazelluläres Signal auslöst.

11.5 Signaltransduktion in Eukaryoten

Tab. 11.3 Klassen von Rezeptoren mit Signaltransduktionswirkung.

Rezeptor	mögliche Signale	Wirkung	Signaltransduktion	Beispiele
Ladungskontrollierte Ionenkanäle (voltage-gated)	Membranpotentialänderung	Ionenfluss durch die Membran, Aktionspotential	neuronal	Kalium- und Natriumionenkanäle
Ligandenkontrollierte Ionenkanäle	Neurotransmitter, Neurohormone, cGMP	Ionenfluss durch die Membran, Aktionspotential	neuronal	Glutamat-, ATP, Acetylcholin-, Glycin-Rezeptoren
7 Transmembran-Helix (7TM), G-Protein-gekoppelte Rezeptoren	11-*cis*-Retinal/ Licht, Neurotransmitter, Aminosäuren, Lipide, Nucleoside, Nucleotide, Peptidhormone, Thrombin, Ca^{2+}, Geschmacksstoffe	Ionenfluss, Genregulation, Second Messenger	intrazellulär über trimere G-Proteine, Adenylatcyclase, Phospholipase C	Rhodopsin, Geschmacksrezeptoren und viele andere Neurorezeptoren, Hormonrezeptoren,
Rezeptor-Tyrosinkinase	Wachstumsfaktoren: Epidermal (EGF), Fibroblast (FGF), Transforming (TGFα) Growth Factors, Insulin, Neurotrophine	Tyrosin-Phosphorylierung, Genregulation	MAP-Kinaseweg, Ras, Phospholipase C	diverse Wachstumsfaktor-Rezeptoren, Insulinrezeptor
Cytokinrezeptor	Cytokine: Wachstumshormone (GH), Erythropoietin (EPO), Interleukine (IL)	Tyrosin-Phosphorylierung	JAK-STAT-Signalweg	IL-2-, IL-3-, IL-4-, Il-5-, IL-6-Rezeptoren, Interferon α, β, γ, GH- und EPO-Rezeptor
Rezeptor-Serin/ Threonin-Kinase	Knochenwachstumsfaktoren (BMP), Activine, Inhibine, Transforming growth factor β (TGFβ)	Serin/Threonin-Phosphorylierung, Transkriptionskontrolle, Mesodermentwicklung	Smad	BMP-Rezptoren, TGFβ-Rezeptor, Activin- und Inhibinrezeptoren
gebundene Tyrosinkinase (Tyrosine kinase linked)	MHC-Peptid-Komplex, Antigen	Tyrosinphosphorylierung, Genregulation, Wachstum und Differenzierung von T- und B-Lymphocyten		T-Zellrezeptor, B-Zellrezeptor

Tab. 11.4 (Fortsetzung)

Rezeptor	mögliche Signale	Wirkung	Signaltransduktion	Beispiele
Guanylat-Cyclase-Rezeptoren	Peptidhormone, bakterielles Enterotoxin	cGMP-Synthese, Blutdruckkontrolle, Augenentwicklung	cGMP-Signal	ANF-(atrialer natriuretischer Faktor-)Rezeptor
Gebundene Sphingomyelinase, Tumor-Nekrose-Faktor-Rezeptorfamilie	Tumor-Nekrose-Faktor (TNF), Nerve growth factor (NGF), Lymphotoxin α, Interleukin 1 (IL-1)	Ceramid-aktivierte Kinase, Genregulation, Cytotoxizität, Apoptose	cytoplasmatische Adapterproteine, MAP-Kinaseweg	TNF-Rezeptoren, IL-1-Rezeptor
Toll-like-Rezeptoren	Lipopolysaccharid (LPS), Flagellin, Lipopeptide, Porine, Virus-RNA	Reaktion gegen Infektion und Entzündung, Detoxifikation	cytoplasmatische Adapterproteine, Kinasen, Aktivierung von NF-κB	TLRs
Notch	Delta-Transmembranprotein	Entwicklungsbiologie von Tieren	proteolytische Domäne wandert in Kern und reguliert Gene	Notch, Lin-12
Hedgehog-Rezeptoren	Hedgehog, mit gebundenem Cholesterin	Entwicklungbiologie von Tieren, Neuralrohr, Spermatogenese	mit Wnt-Signalweg, Körperachsen und Zellpolaritäten	Patched Rezeptor, Smoothend Rezeptor
NHRs (nuclear hormone receptors)	Steroidhormone	Genregulation durch Steroidhormone	Rezeptor ist selbst Transkriptionsfaktor, nicht in der Membran	Östrogen-, Progesteron-, Glucocorticoidrezeptoren

Es gibt aber auch Signale, die die Membran durchdringen und sich intrazellulär ihre Zielmoleküle suchen. Das Signal wird dann intrazellulär durch Phosphorylierung über **Signaltransduktionsketten** weiter verbreitet. Die Produktion von **Second Messengern** ist eine weitere Alternative, um das Signal weiter zu leiten. Auf dem Weg durch die Zelle muss das Signal oft noch mit anderen Signalen koordiniert werden, sodass es Querverbindungen zwischen den einzelnen Signalübertragungswegen gibt. Manchmal muss das Signal verteilt werden, um verschiedene zelluläre Ziele zu erreichen, dann verzweigen sich die Wege der Übertragung. Schließlich gibt es unterschiedliche Ziele. So können Enzymaktivitäten verändert werden, das Cytoskelett für den zellulären Transport wird modifiziert oder Gene werden reguliert und dadurch die Komposition der Zelle entsprechend dem Signal verändert. Nun laufen entsprechend der Vielzahl der Signale auch zahlreiche eng miteinander verschaltete Signalübertragungswege parallel ab, die dann eine dauernde Adaption der Zelle an ihre Umgebung und an ihre Aufgaben in Abstimmung mit den restlichen Zellen des Organismus bewirken.

11.5.2 Sieben-Transmembranhelix-(7TM-)Rezeptoren und G-Protein-vermittelte Signalwege

Die 7TM-Proteine (*Biochemie, Zellbiologie*) stellen die größte Klasse bekannter Rezeptoren mit Signalübertragung dar. Da allein Geruchszellen 500 bis 1000 verschiedene dieser Rezeptoren benötigen, geht man von fast 2000 verschiedenen 7TM-Rezeptoren im Menschen aus. Ihr Name leitet sich von der Grundstruktur mit sieben Helices, die die Membran durchspannen, ab. Eine Vielzahl von Molekülen dient als Liganden dieser Rezeptoren. Darunter **biogene Amine**, **Aminosäuren**, **Peptide**, **Glycoproteine**, **Calciumionen**, **Pheromone**, **Nucleoside**, **Nucleotide**, **Phospholipide**, **Fettsäuren**, **vielfältige Duftstoffe** sowie bitter und süß schmeckende Substanzen. Interessant ist die Lichtwahrnehmung über 11-*cis*-Retinal, das als Ligand kovalent am Rezeptor gebunden vorliegt. Durch absorbierte Photonen kommt es zu *cis-trans*-Isomerisation am Retinal, diese führt zur Strukturveränderung des Rezeptors und damit zur Signalübertragung.

Ohne gebundenen Liganden ist der 7TM-Rezeptor im Ruhezustand. Er hat das **trimere G-Protein**, bestehend aus den **Untereinheiten α, β, γ**, in seiner GDP-gebundenen Form assoziiert. Dabei haben unterschiedliche Rezeptoren auch unterschiedliche G-Proteine gebunden. Bindet nun der Ligand an den Rezeptor und induziert dabei eine Konformationsänderung des Rezeptors, ändert sich auch die Bindung der GDP tragenden α-Untereinheit des trimeren G-Proteins zum Rezeptor und zur β- und γ-Untereinheit. Das GDP der α-Untereinheit wird mit GTP ausgetauscht. Nun ist die α-Untereinheit aktiv und trennt sich sowohl vom Rezeptor, als auch vom β/γ-Dimer. Beide, die freie α-Untereinheit mit gebundenem GTP wie auch das nun ebenso freie β/γ-Dimer, sind an der Signalweiterleitung und Signalverstärkung beteiligt. So aktiviert die freie α-Untereinheit mit gebundenem GTP die **Adenylat-Cyclase** zur Bildung des Second Messengers cAMP (S. 450), die cGMP-Phosphodiesterase, die wiederum den Second Messenger cGMP abbaut (S. 450), und die **Phospholipase C**, die an der Bildung des Second Messengers DAG (S. 451) beteiligt ist. Die Signalwege über das freie β/γ-Dimer sind komplex und gehen von einer Aktivierung durch direkten Kontakt mit einem Kaliumkanal, über eine Aktivierung der Adenylat-Cyclase und der Phospholipasen A2 und C bis zur Steuerung der Adrenalinwirkung über Kontakt mit βARK (beta-adrenergic-receptor kinase).

Bei ihren beschriebenen Aktivitäten bleiben alle Untereinheiten der trimeren G-Proteine immer membrangebunden. Durch eine Phosphataseaktivität der α-Untereinheit kann GTP wieder in GDP umgewandelt und anschließend der trimere, inaktive Komplex wieder zusammengesetzt werden.

11.5.3 Intrazelluläre Signalsubstanzen – Second Messenger

Second Messenger sind chemisch sehr unterschiedliche kleine Moleküle, die als Antwort auf das primäre Signal, meist von außerhalb der Zelle, intrazellulär enzymatisch synthetisiert werden und damit das Signal in der Zelle weiter verbreiten. Zu den Second Messengern gehören z. B. zyklische Nucleotide (cAMP, cGMP), von Lipiden abstammende Moleküle (von Phosphatidylinositol, Phosphatidylcholin, Sphingomyelin), Calcium und das Gas NO. Dabei können die Signalketten eng miteinander verwoben sein. So kontrolliert NO die Produktion von cGMP, und Inositoltriphosphat, aus einem Membranlipid stammend, steuert das Einströmen von Calciumionen ins Cytoplasma.

Zyklische Nucleotide: Im Menschen gibt es ca. 10 verschiedene **Adenylat-Cyclasen**, die aus ATP 3´,5´-zyklisches AMP (**cAMP**) synthetisieren. Ihre Aktivität wird unter anderem von 7TM-trimeren G-Protein-gekoppelten Rezeptoren gesteuert. Weitere Aktivatoren des Enzyms sind Ca^{2+}-Calmodulin oder Proteinkinase C. In Pflanzen sind Diterpene, wie Forskolin, an der Adenylat-Cyclasen-Aktivierung beteiligt. Das cAMP-Signal kann dann über **Proteinkinase A** auf **CREB** (cyclic nucleotide regulatory element-binding protein) übertragen werden, das als Transkriptionsregulator wirkt. Der Second Messenger wird durch wiederum gesteuerte cAMP-Diesterasen zu inaktivem 5´-AMP umgewandelt.

Guanylat-Cyclasen sind dimere Proteine, die den Adenylat-Cyclasen ähnlich sind. Sie bilden aus GTP 3´,5´-zyklisches GMP (**cGMP**). In Vertebraten gibt es zwei Typen dieses Enzyms, einer ist Bestandteil von Transmembranrezeptoren (Guanylat-Cyclase-Rezeptoren), der andere Typ ist löslich im Cytoplasma zu finden und wird durch NO oder CO reguliert. Beide Gase werden über einen Häm-Cofaktor wahrgenommen. Das gebildete cGMP wird zur Regulation von Ionenkanälen, zum Beispiel beim Sehprozess, genutzt. Weiterhin werden intrazelluläre Proteinkinasen wie Proteinkinase G stimuliert. Über folgende Signaltransduktionsketten werden so diverse Prozesse wie **Glykogenabbau**, **Blutdruck**, **Apoptose** und die **Relaxierung glatter Muskulatur** gesteuert. Viele regulierte cGMP-Phosphodiesterasen bauen cGMP zu 5´-GMP ab. Sie sind Angriffspunkt diverser Medikamente. So verstärkt Sildenafilcitrat (Viagra) den vasodilatorischen Effekt von cGMP, indem es die cGMP-Phosphodiesterase 5 (PDE5) im Corpus cavernosum inhibiert (*Zoologie*).

Von Lipiden stammende Signalmoleküle: Phosphatidylinositol-4,5-bisphosphat (**PIP$_2$**) ist eine der drei Ausgangssubstanzen für die Bildung Lipid-abstammender Second Messenger (*Biochemie, Zellbiologie*). Außerdem werden Phosphatidylcholin (**PC**) und **Sphingomyelin** durch **Phospholipasen**, **Lipidkinasen** und **Lipidphosphatasen** umgesetzt. Zum Beispiel schneidet Phospholipase C (**PLC**) die phosphorylierte Kopfgruppe von Phosphoglyceriden ab, z. B. von Inositol-1,4,5-triphosphat (**IP$_3$**), um Diacylglycerin (**DAG**) zu bilden. Eine entsprechende Sphingomyelinase produziert **Ceramide**. Phospholipase D erzeugt Phosphatidylsäure. Lipidkinasen phosphorylieren diverse Lipide. Dabei entstehen

Phosphatidylinositol-4-phosphat (**PIP**), Phosphatidylinositol-4,5-bisphosphat (**PIP**$_2$) und Phosphatidylinositol-3,4,5-triposphat (**PIP**$_3$). Lipidphosphatasen können ebenfalls zur DAG-Bildung führen.

Phospholipase A2 (PLA2) initiiert die Produktion einer ganzen Familie von Fettsäurederivaten, den **Eicosanoiden** (**Prostaglandine**, **Thrombaxane**, **Leukotriene**, **Lipoxine**). Prostaglandin-H-Synthetase (Cyclooxygenase) ist dabei das Zielenzym von antientzündlich wirkenden Arzneistoffen, wie **Aspirin** und **Ibuprofen**, die komplett die Bildung von Prostaglandinen, Thromboxanen und anderen Eicosanoiden verhindern. So werden Signalketten zur Blutgerinnung (Herzinfarkt), zum Schmerzempfinden bis hin zur Darmkrebsbildung unterbrochen.

Die meisten Lipid-abstammenden Second Messenger (DAG, Arachidonsäure, Lysophosphatidylcholin und mehr) bleiben in der Lipiddoppelschicht der Membran und erfüllen ihre biologische Funktion über eine Regulation der mehr als 10 Isoformen der **Proteinkinase C** (**PKC**). Die von den Proteinkinasen C abgedeckten Regulationsprozesse gehen von Genregulationsprozessen bis zur Zellbewegung. Rezeptoren für an der Membran aktivierte PKC leiten das Enzym ins Cytoplasma, in den Kern und ans Cytoskelett, wo es über vielfältige Phosphorylierungspartner seine Funktion ausübt.

Ceramide bleiben nach ihrer Bildung ebenfalls in der Membran und aktivieren dort Serin/Threonin-Kinasen (Tab. 11.**4** und S. 452). **IP**$_3$ und **Sphingosin-1-phosphat** nutzen unterschiedliche Mechanismen, um **Calciumionen** aus vesikulären Lagern ins Cytoplasma zu entlassen (s. u.). Alle wasserlöslichen von Lipid-abstammenden Second Messenger, wie Platelet-activating factor (PAF), Lysophosphatidsäure (LPA) und Eicosanoide, werden aus der Zelle ausgeschleust und binden dann an der Zielzelle an G-Protein-gekoppelte 7TM-Rezeptoren (Tab. 11.**4**, S. 449).

Calciumionen (**Ca^{2+}**) sind ein effektiver und weit verbreiteter Second Messenger in Eukaryoten. Die Funktionen von Ca^{2+} reichen von der Steuerung der synaptischen Übertragung bei der neuronalen Reizleitung über die Kontrolle der Fertilisation und Muskelkontraktion bis hin zur Beteiligung an der Cytokinese. Wenig ist bekannt über die Funktion von Ca^{2+} in Prokaryoten. Die Funktion in Eukaryoten wird möglich, indem die Ca^{2+}-Konzentration im Cytoplasma um den Faktor 10 000 niedriger gehalten wird als in der zellulären Umgebung. Dazu existieren ATP-abhängige Ca^{2+}-Pumpen, Signal-kontrollierte Ca^{2+}-Kanäle, IP$_3$-gesteuerte Kanäle und ladungskontrollierte Ionenkanäle in der Cytoplasmamembran, den ER-Membranen und z. B. den Membranen des Sarkoplasmatischen Retikulums. All diese Pumpen und Kanäle sorgen, gesteuert durch zelluläre Signale, für den gezielten Transport von Ca^{2+} aus dem bzw. in das Cytoplasma (*Zoologie*).

In den Kompartimenten sind z. B. **Calsequestrin** und **Calreticulin** typische Bindeproteine. Ziele der cytoplasmatischen Calciumionen sind, neben vielen anderen, die Ca^{2+}-aktivierten Kanäle für Kalium- and Chloridionen in Nervenzellen, **Troponin-C** und **Villin** im Cytoskelett von Muskelzellen und die **Protease Calpain**, die an der Zellmotilität, am Zellzyklus, aber auch an der Blutgerinnung, der Apoptose und Nekrose beteiligt ist. Zentral für die Ca^{2+}-Wirkung ist das Ca^{2+}-bindende **Calmodulin.** Es aktiviert eine Reihe von Proteinkinasesystemen, die an der Signalübertragung beteiligt sind. Dagegen werden bestimmte G-Protein- und IP_3-abhängige Wege inhibiert. Insgesamt sind die Konzentration und die Dauer der Ca^{2+}-Exposition des Cytoplasmas entscheidend für die ausgelösten Reaktionen.

NO ist ein freies Radikalgas, das durch Membranen und viele Zellstrukturen ohne Probleme hindurch diffundiert. So ist seine Wirkung als Second Messenger nicht von membranlokalisierten Transport- und Rezeptorsystemen abhängig. Es wird durch diverse NO-Synthasen aus L-Arginin und molekularem Sauerstoff (O_2) unter Bildung von Citrullin und NO erzeugt. Formen des Enzyms werden in Makrophagen, Leberzellen und Fibroblasten gebildet. Ca^{2+}-Calmodulin und Phosphorylierungen regulieren die NO-Synthase-Aktivität. Das Hauptziel der NO-Signalübertragung ist die lösliche **Guanylat-Cyclase**, an deren Hämfaktor das NO bindet. NO reagiert weiterhin mit Cysteinseitenketten von Proteinen, wie dem **NSF** (**N-e**thylmaleimide-**s**ensitive **f**actor), der den Transport durch Membranen reguliert. So wird der Blutdruck gesteuert und glatte Muskulatur entspannt.

11.5.4 Signaltransduktion durch pflanzliche Hormone

Tiere und Pflanzen haben, als eukaryotische Lebewesen, viele der grundlegenden zellulären Strukturen gemeinsam. Trotzdem unterscheidet sich ihre Lebensweise und damit verbundene Biochemie deutlich. So haben Pflanzen andere Signalübertragungsmoleküle, genannt Pflanzenhormone, entwickelt (Tab. 11.**5**). Die dadurch ausgelösten Signalwege sind nur teilweise in Tieren wieder zu finden. Dazu gehören der MAP-Kinaseweg (S. 455), das His/Asp-Phosphorelais (Abb. 11.**4**) und die Second Messenger Ca^{2+} mit Calmodulin und cGMP (s. o.). Es fehlen dagegen eine Vielzahl tierspezifische Wachstums-, Differenzierungs- und Umweltsignal-verarbeitende Rezeptoren und Signaltransduktionsketten.

11.5.5 Signalwege über Serin/Threonin-spezifische Proteinkinasen

Rezeptoren mit cytoplasmatischer Serin- oder Threonin-Kinaseaktivität verarbeiten Signale wie **Transforming Growth Factors-β** (**TGF-β**) und verwandte Polypeptide, z. B. **Knochenwachstumsfaktoren** (bone morphogenic proteins, BMPs). Für die Signalaufnahme lagern sich Typ-I- und Typ-II-Rezeptoren zusammen und phosphorylieren die cytoplasmatisch lokalisierten Regulatoren **Smad2** und **Smad3** (**s**ignal transducer, **m**others **a**gainst **d**ecapentaplegic homolog 2 und 3), die daraufhin einen Komplex mit Smad4 bilden und in den Kern einwandern. Smad 3 und 4 haben DNA-Bindungseigenschaften (GTCTAGAC) mittels einer ungewöhnlichen Cys3His1-Zinkfinger-ähnlichen Domäne. Auch hier wirken bei der positiven oder negativen Regulation der Transkription durch Smad posttran-

Tab. 11.5 Pflanzenhormone und Signaltransduktion.

Pflanzenhormon	Biosynthese aus	Wirkung	Rezeptoren, Signaltransduktion	Genregulatoren
Auxin, Indol-3-Essigsäure (IAA)	Tryptophan	Sprosswachstum, Zellstreckung, Leitbündeldifferenzierung, Seitenwurzelwachstum, weibliche Blütenbildung, Photo- und Geotropismus	PIN-Transporter, F-Box-Proteine TIR1-Rezeptor	AUX/IAA (indole-3-acetic acid-auxin response factors), ARFs (auxin-response-factors), wie MONOPTEROS (MP), BODENLOS (BDL)
Cytokinine	Adenin	Zellteilung, Deetiolierung, Chloroplastentwicklung, Wurzelwachstum, Keimung	His/Asp-Phosphorelais	ARR (Arabidopsis response regulator)
Gibbereline (GA), mindestens 10 verschiedene pro Pflanze	Diterpenoid aus Isoprenbausteinen	Sprosswachstum, Keimung, Abbau von ABA, Blühinduktion	H$^+$-abhängiger Transport, div. GA-Rezeptoren, Calcium/Calmodulin, cGMP	Kernrezeptor GID1, bindet GA-Repressoren, wie DELLA, Proteolyse, Genaktivierung, Interaktionen mit PIF (phytochrome interacting factor) = Licht
Abscisinsäure (ABA)	Farnesylbisphosphat, Neoxanthinspaltung	Samenruhe, Wasserhaushalt, Stressantwort	ABA-Rezeptoren, G-Protein-gekoppelt	FCA, RNA-bindendes Protein
Ethylen (Gas)	Methionin	Blattfall, Fruchtreifung	Dimere, Kupferionen-haltige Rezeptoren (ETR1/ERS1) MAP-Kinaseweg	EIN2 aktiviert Transkriptionsfaktor EIN3
Brassinosteroide (BRs) (kein klassisches Phytohormon)	Sterolbiosynthese	Sprosswachstum, Xylemdifferenzierung, Krankheitsabwehr, Stresstoleranz	Rezeptorkinase BR1, Corezeptor BAK1, Phosphorylierungskaskade	BES1 und BZR1 Transkriptionsfaktoren

skriptionelle Modifikationen, wie Phosphorylierungen und Sumolierungen (**S**mall **U**biquitin-like **Mo**difier, Anhängen eines kleinen Proteins) neben einer Vielzahl von Interaktionen zu bekannten Transkriptionsregulatoren.

11.5.6 Cytokinrezeptoren und der JAK-STAT-Signalweg

Cytokine sind zuckerhaltige Peptide, die Zellwachstum und Differenzierung regulieren. Dazu gehören Interferone (IF), Interleukine (IL), koloniestimulierende Faktoren (CSFs), Tumor-Nekrose-Faktoren (TNFs) und Chemokine. Ein zugehöriger Transkriptionsregulator heißt **STAT** (signal transducer and activator of transcription). Er liegt inaktiv als Monomer im Cytoplasma vor und reagiert auf diverse Interferone, Interleukine und die Hormone Erythropoietin und Prolaktin. Diese spielen eine zentrale Rolle als Signalmoleküle für Zellwachstum, Differenzierung und Apoptose. Das Cytokin wird von einem an der Membran lokalisierten Rezeptor erkannt und gebunden (Abb. 11.11). Die dadurch induzierte Konformationsänderung führt zur Aktivierung der assoziierten **Januskinase** (**JAK**, just another kinase). Diese phosphoryliert den inaktiven STAT-Regulator an einem Tyrosinrest. Hier führt die induzierte Konformationsänderung zur Dimerisierung über nun zugängliche **SH2-Domänen** (Src-homology 2). Dabei erkennen die SH2-Domänen jeweils das phosphorylierte Tyrosin des Gegenstückes. Durch die Dimerisierung wird ein Kernlokalisationssignal (NLS) aktiv und führt zum Kernimport des Regulators (Abb. 11.11). Im Kern erkennt der Regulator die DNA-Sequenz TT(N5)AA. Seine Aktivität wird weiterhin vielfach reguliert. Dabei spielen Acetylierungen, Sumolierungen und zusätzliche Serinphosphorylierungen eine bedeutende Rolle (Abb. 11.11). STAT wechselwirkt mit einer Vielzahl von Coaktivatoren, wie Histonacetylasen und weiteren Aktivatoren, um die Transkription zu steuern (Tab. 11.4).

11.5.7 Wachstumsfaktoren und Rezeptor-Tyrosinkinase

Es gibt 20 Familien von **Rezeptor-Tyrosinkinasen**. Für viele sind **Wachstumsfaktoren** die Liganden. Diese steuern Entwicklung und Differenzierung. Der **Epidermal growth factor** (**EGF**) stimuliert Proliferation und Differenzierung von Epithelzellen, **Platelet-derived growth factor** (**PDGF**) stimuliert das Wachstum glatter Muskelzellen, Gliazellen und Fibroblasten. Weitere Liganden sind Ephrin für eine Vielzahl entwicklungsbiologischer Prozesse (Rezeptor: EphR), der Hepatocytenwachstumsfaktor (Met-Rezeptor), Nervenwachstumsfaktor (Rezeptor: TrkA), aber auch das Matrixprotein Cadherin (**Ca**lcium dependent **ad**hesion molecules) für die Zelladhäsion (RET-Rezeptor) und das Hormon Insulin (Insulinrezeptor).

Bindet ein Ligand an die extrazelluläre Domäne eines zusammengelagerten Rezeptorpaares, dann phosphorylieren sich die beiden ebenso zusammengelagerten Tyrosinkinasedomänen im Cytoplasma gegenseitig und sind damit aktiv. Bindestellen für Adapterproteine mit **SH2-** (s. o.) und **PTB** (Phosphotyrosine binding)-Domänen werden zugänglich. Aktiviert werden dann Phospholipase C (S. 450), der Ras-Signalweg und darüber der MAP-Kinaseweg (S. 455).

1. STAT-Domänen

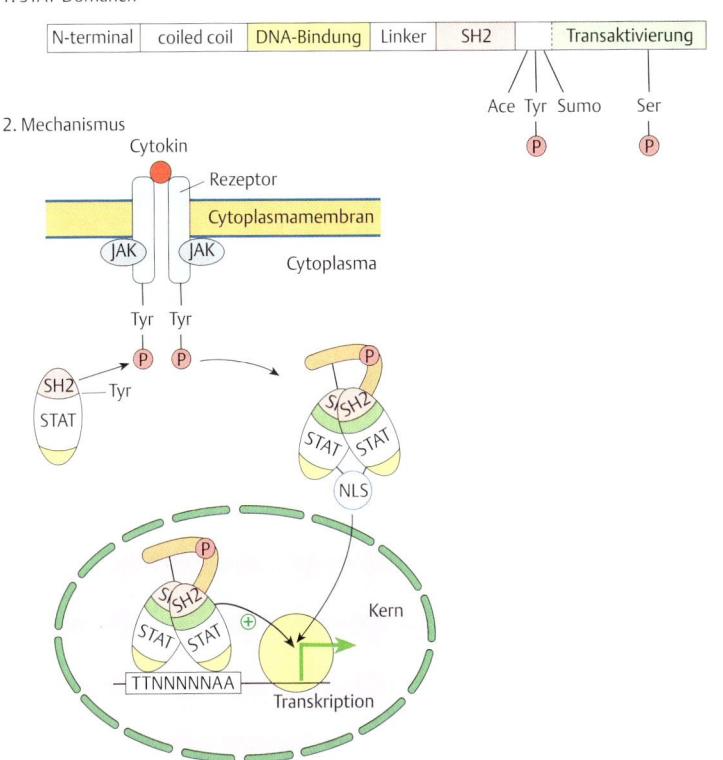

| N-terminal | coiled coil | DNA-Bindung | Linker | SH2 | | Transaktivierung |

Ace Tyr Sumo Ser
      P   P

2. Mechanismus

Abb. 11.11 **Der STAT-abhängige Signal- und Tanskriptionsregulationsweg.**

11.5.8 Von der Membran über Ras und MAP-Kinaseweg in den Zellkern

Das **Adapterprotein Grb2** (Growth factor receptor-bound protein 2) hat zwei verschiedene **SH** (**Src homology**)-**Domänen**. Über die SH2-Domäne wechselwirkt es mit an Tyrosin phosphorylierten Wachstumsfaktorrezeptoren. Über seine SH3-Domäne bindet es **SOS** (Son of Sevenless), einen **Guaninnucleotid-Austauschfaktor**. Der vorformierte Komplex von Grb2-SOS am Rezeptor zieht **Ras** (Rat sarcoma) an. SOS kann nun das von Ras gebundene GDP durch GTP ersetzen und so Ras aktivieren.

Durch Bindung von Raf-1, einer MAP-KKK (s. u.), wird der **MAP-Kinaseweg** aktiviert. Eine Kaskade von drei miteinander verschalteten Proteinkinasen, die sogenannten MAP-Kinasen (**M**itogen-**a**ctivated **p**rotein kinases), vermittelt für eine ganze Reihe von Umweltsignalen den Weg in den Kern zur Genregulation (Abb. 11.**12**). Die erste Kinase (MAP-Kinase-Kinase-Kinase, **MAP-KKK**) phosphoryliert nach ihrer Aktivierung die zweite Kinase (MAP-Kinase-Kinase, **MAP-KK**) an einem Serinrest. Diese zweite Kinase wiederum aktiviert nun die MAP-Kinase (**MAP-K**) durch Phosphorylierung an einem Tyrosin- und Serinrest. So aktivierte MAP-Kinase wandert in den Kern und phosphoryliert diverse Transkriptionsfaktoren, wie Elk1 (member of ETS oncogene family) und SAP1a, die einen trimeren Komplex mit dem Transkriptionsaktivator Serum Response Factor (SRF) bilden, der sich wiederum Ternary Complex Factor (TCF) nennt und das c-Fos-Protoonkogen-Gen aktiviert. Aber auch das CAAT-Box-bindende Protein (CBP) und die ATF (activating transcription factor)-Familienmitglieder ATF2 und c-Jun werden durch Phosphorylierung aktiviert (S. 440). Viele Wachstums- und Differenzierungsgene werden darüber kontrolliert.

11.5.9 Toll-like-Rezeptoren

Die **Toll-like-Rezeptoren** (TLR) sind eine kleine Familie von ca. 12 Rezeptoren in Säugern, die auf **Infektionen** verschiedener Art ansprechen. Sie erkennen Bestandteile von Bakterien, Pilzen und Viren. Dazu gehören Lipopolysaccharidbestandteile (LPS) und Porine aus der äußeren Membran der Gram-negativen Bakterien, Flagellin aus der Flagelle, Zymosan aus der Zellwand der Pilze oder doppelsträngige Virus-RNA. Die dimeren Rezeptoren signalisieren über komplexe **Adapter**- und **Kinase**kaskaden in den Kern, wo dann über NF-κB, Interleukingene und TNF eine komplexe, mit dem Immunsystem abgestimmte Antwort auf die Infektion organisiert wird (Abb. 11.**12**).

11.5 Signaltransduktion in Eukaryoten

MAP-Kinaseweg

Wachstumsfaktoren (BDNF, NGF, EGF, FGF, NT3/4, PGGE)

Tumor-Nekrosis-Faktor (TNF) Interleukin 1 (IL1)

Stress (Strahlung, Hitzeschock, ROS, LPS, Medikamente und mehr)

TOLL-like-Rezeptorweg

Infektion (LPS, Flagellin, Lipopeptide, Porine)

Membran

GTP bindende Proteine: Grb2, SOS, Ras$_{inaktiv}$, Ras$_{aktiv}$, Rac1/Cdc42

Rezeptor assoziierte Kinasen: TRAF2, Endosom, IRAK1, IRAK4, TRAF6, TRAF3

MAP KKK: Raf, PSK1/2, PAK1/2 MLK3, TAK1

MAP KK: MKK1/2, MKK 3,4,6,7, IKK NIK, IKK/TBK1

MAPK: Erk1/2, p38 JNK

Transkriptionsfaktoren: Elk1, Sap1A, Net, CBF, ATF2, c-Jun, NFκB, IRF3, IRF7

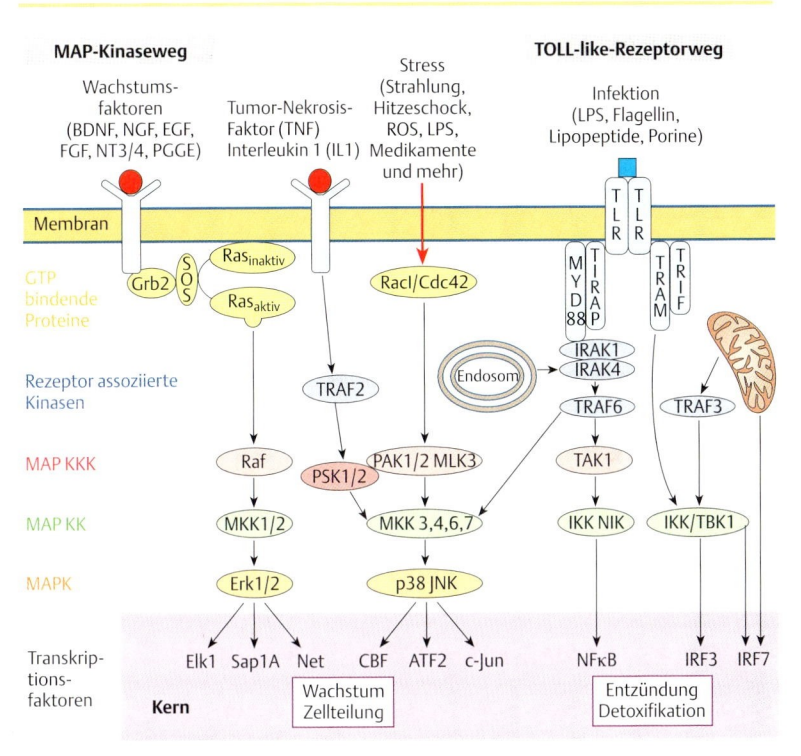

Kern — Wachstum Zellteilung — Entzündung Detoxifikation

Abb. 11.12 Quervernetzung der Signaltransduktionswege von Rezeptoren für Wachstumsfaktoren, Tumornekrosefaktor und Toll-like-Rezeptoren über den Ras-Signalweg, MAP-Kinaseweg und vielfältige Adaptoren bis zur Genregulation im Kern. Verwendete Abkürzungen: BDNF = Brain-derived neurotrophic factor; NGF = Nerve growth factor; EGF = Epidermal growth factor; FGF = Fibroblast growth factor; NT3 = Neurotrophin3; TRAF = TNF (Tumor necrosis factor) receptor associated protein; TRAK = Trafficking protein kinesin binding; IRAK = Interleukin 1 receptor associated kinase; Myd88 = Myeloid differentiation primary response gene 88, universelles Adapterprotein; TRIF = TIR (toll-interleukin 1 receptor) domain containing adaptor – inducing interferon β, Adapterprotein; TIRAP = toll interleukin 1 receptor (TIR) domain containing adapter protein; IKK = IκB kinase, NF-κB-Aktivierung; TBK1 = TANK-binding kinase 1, NF-κB-Aktivierung; ERK1 = extracellular signal-regulated kinase, entspricht MAP-Kinase 3; CBF = Caat-Box binding protein; ATF2 = Activating transcription factor 2; IRF = Interferon regulatory factor; Rac1 = Ras-related C3 botulinum toxin substrate 1; CDC42 = cell division cycle 42 Protein; p38 = p38 mitogen-activated protein kinase; TLR = Toll-like receptor; JNK = c-Jun N-terminal kinase; TAK1 = Mitogen-activated protein kinase kinase kinase 7, auch MAP3K7. Ras, Grb2, SOS, Elk1, Sap1A, c-Jun, NF-κB sind im Text erklärt.

11.6 Posttranskriptionelle Kontrolle der Genexpression

> Die strukturellen Unterschiede zwischen prokaryotischen und eukaryotischen Zellen sind die Ursache unterschiedlicher Kontrollmechanismen der Genexpression nach der Transkription und vor der Translation. Dabei dreht sich alles um die gebildete mRNA. Diese kann im Kern von Eukaryoten **alternativ gespleißt** werden, ihr **Transport** aus dem Kern und ihre **Stabilität** reguliert werden und unerwünschte RNAs erkannt und abgebaut werden. Die mRNA selbst beinhaltet die Information für alle diese Prozesse. In Prokaryoten wird die Kombination von Transkription und Translation im Cytoplasma für Regulationsprozesse, wie die **Attenuation**, genutzt. Auch hier enthalten die RNAs die Information für Stabilität und Translationseffizienz in Form von **RNA-Schaltern** und **RNA-Thermometern**. **Kleine RNAs** wiederum regulieren in Eukaryoten und Prokaryoten vielfältig transkriptionelle und posttranskriptionelle Prozesse.

Der gesamte Vorgang der Informationsübertragung nach Bildung der mRNA im Kern bis hin zur Bindung durch den Translationsapparat im Cytoplasma in Eukaryoten ist Gegenstand komplexer Kontrollprozesse. Das gleiche gilt für Prokaryoten, wo Transkription und Translation im Cytoplasma gekoppelt stattfinden. Beide Ausgangspositionen bieten den Zellen diverse Angriffspunkte zur Regulation (Abb. 11.**17**). So wird mRNA in Eukaryoten differentiell gespleißt und ihr Transport aus dem Kern reguliert. Ihre Stabilität und Translationseffizienz werden kontrolliert und mRNAs im Cytoplasma zwischengelagert, bis sie benötigt werden. In Prokaryoten macht man sich die gleichzeitig ablaufende Transkription und Translation im Cytoplasma zunutze für kombinierte Regulationsprozesse, wie die Attenuation. Auch hier enthalten RNAs Informationen über ihre Stabilität oder Translationseffizienz. Diese RNA-Strukturen werden als RNA-Schalter (riboswitches) und RNA-Thermometer bezeichnet. Schließlich wird der RNA-Stoffwechsel in allen Lebewesen selbst durch diverse kleine RNAs kontrolliert.

11.6.1 Alternatives Spleißen

Alternatives Spleißen ist nötig, um in Eukaryoten die für Entwicklung und Differenzierung nötige Proteinvielfalt zu erzeugen. So hat man festgestellt, dass das menschliche Genom viel weniger Gene enthält, als Proteine benötigt werden. Durch das alternative Spleißen einer prä-mRNA kann man eine Vielzahl verschiedener mRNAs und darüber hinaus auch an Proteinen erzeugen. Nun ist Spleißen ein Prozess, der über Ribonucleoproteinkomplexe (RNPs) katalysiert wird, die aus RNA und Protein bestehen und zum Spleißosom zusammengesetzt sind. Die Komponenten des Spleißosoms erkennen dazu Spleißstellen (splice sites). Das Nutzen oder Verhindern der Nutzung dieser Spleißstellen ist die

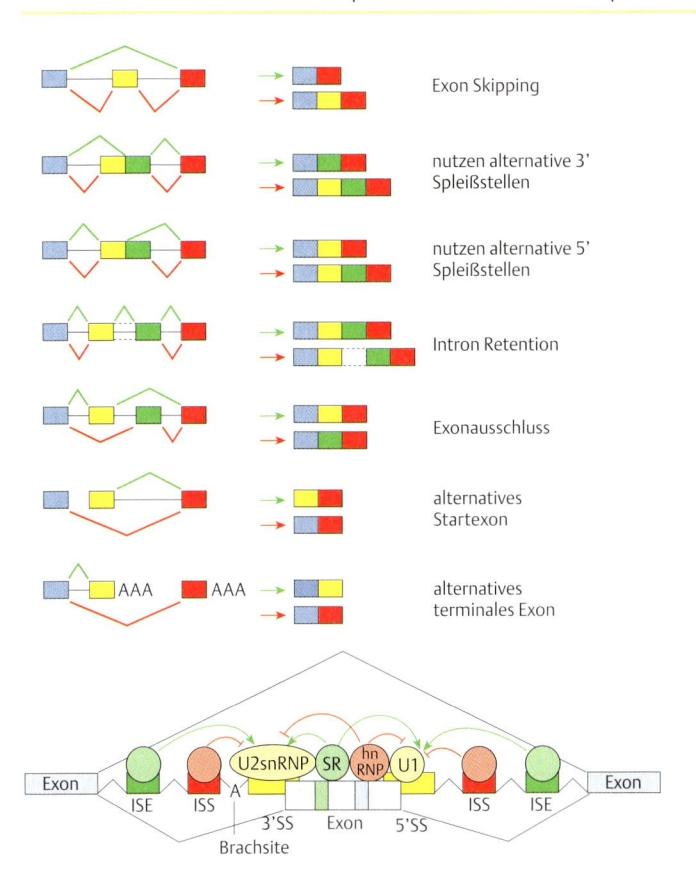

Abb. 11.13 Wege für alternatives Spleißen. Die gezeigten Formen können kombiniert werden, um noch mehr verschiedene mRNAs zu erzeugen. Die Exons sind als Kästen, die Introns als Linien gezeigt. Unten ist die Maschinerie für alternatives Spleißen aufgezeigt. Beim Spleißen interagieren trans-aktivierende Spleißingfaktoren (SR Protein = Serine/Arginine-rich proteins; hnRNP = heterogenous nuclear ribonucleoproteins; U2 snRNP; U1 snRNP; unbekannte Faktoren) mit cis-Elementen (ESE = exonic splicing enhancer; ESS = exonic splicing silencers; ISS = intronic splicing silencers; ISE = intronic splicing enhancer). Das Wechselspiel der positiv und negativ wirkenden Faktoren mit entsprechenden Enhancer- und Silencer-Sequenzen auf der mRNA bestimmt, welche Spleißstelle benutzt wird und welche nicht.

Grundlage des alternativen Spleißens. Das Spleißosom besteht aus fünf RNAs (U1, U2, U4, U5, U6) und über 100 Proteinen. Neben diesen Grundbausteinen gibt es noch eine Reihe regulatorisch wirkender Proteine. Spleißen erfolgt im

Verbund mit der Trankriptionsmaschinerie (Abb. 11.**10**). Wie bei der Transkription gibt es *cis*-Elemente auf der RNA, die entweder Enhancer- oder Silencer-Funktion haben können. Liegen die Enhancer oder Silencer in Introns, heißen sie ISE oder ISS, liegen sie in Exons entsprechend ESE oder ESS. Binden Proteine, wie das SR-Protein (serine/arginine rich protein), an die Enhancer, steigt die Chance der Nutzung dieser Spleißstelle. Umgekehrt, wenn hnRNP (heterologous nuclear ribonucleoproteins) an den Silencer bindet, wird die Chance der Blockade dieser Spleißstelle erhöht. Allerdings kennt man auch viele der beteiligten Komponenten noch nicht, sodass das aufgezeigte Schema sehr vereinfacht ist (Abb. 11.**13**).

11.6.2 MicroRNAs und RNAi in Eukaryoten

MicroRNAs (**miRNAs**) sind eine große Familie von kleinen, ungefähr 20 Nucleotiden langen, nichtcodierenden RNAs, die offensichtlich eine Schlüsselfunktion bei der posttranslationalen Regulation der Genexpression haben. Für den Menschen werden mindestens 1000 dieser miRNAs vorhergesagt, die ungefähr bei 30 % der Gene an der Expressionskontrolle beteiligt sein sollen. Bisher sind mehrere grundlegend verschiedene Mechanismen der miRNA-Wirkung bekannt. Sie verändern die Stabilität von mRNAs im Cytoplasma und steuern deren Translation. Sie greifen aber offensichtlich auch im Kern in Prozesse des mRNA-Spleißens, in die Chromatinstruktur und darüber in die Genexpression und DNA-Replikation ein. Die miRNAs werden im Genom als eigene Gene codiert oder sind Teile von Introns anderer Gene. Sie werden durch Transkription und wenn nötig durch Spleißen in eine **pri-miRNA** übersetzt, die eine definierte Haarnadelstruktur einnimmt (Abb. 11.**14**). Diese großenteils nun **doppelsträngige RNA** wird in zwei Schritten prozessiert. Noch im Kern schneidet die **RNase Drosha** die pri-miRNA und bildet die deutlich kürzere, ca. 70 Nucleotide lange **pre-miRNA**, die dann über Exportine ins Cytoplasma transportiert wird. Dort erfolgt der zweite Schritt der Prozessierung durch die **RNase Dicer**, die im Komplex mit dem TAR-binding protein (TRBP) arbeitet. Es bleibt ein ca. 20 Nucleotide langer RNA-Duplex übrig, der von Proteinen der Argonautenfamilie (**AGO 1** bis **4**) erkannt wird.

Nun kommt es zur Basenpaarung mit der Ziel-mRNA. Kommt es zur perfekten Paarung und zur Anlagerung von AGO2, wird der RNA-induced silencing complex (RISC) gebildet, der dann den mRNA-miRNA-Komplex schneidet und damit die mRNA zerstört. Dieser Prozess ist eng verwandt mit der RNA-Interferenz (s. u.). Binden andere AGO-Proteine (1–4) an einen RNA-RNA-Duplex mit nicht perfekt angelagerter miRNA, meist in der 3′-nichttranslatierten Region (3′UTR) der mRNA, kommt es zur Translationshemmung. Diese kann auf allen Ebenen der Translation, also der Initiation, Elongation oder Termination greifen (Abb. 11.**14**).

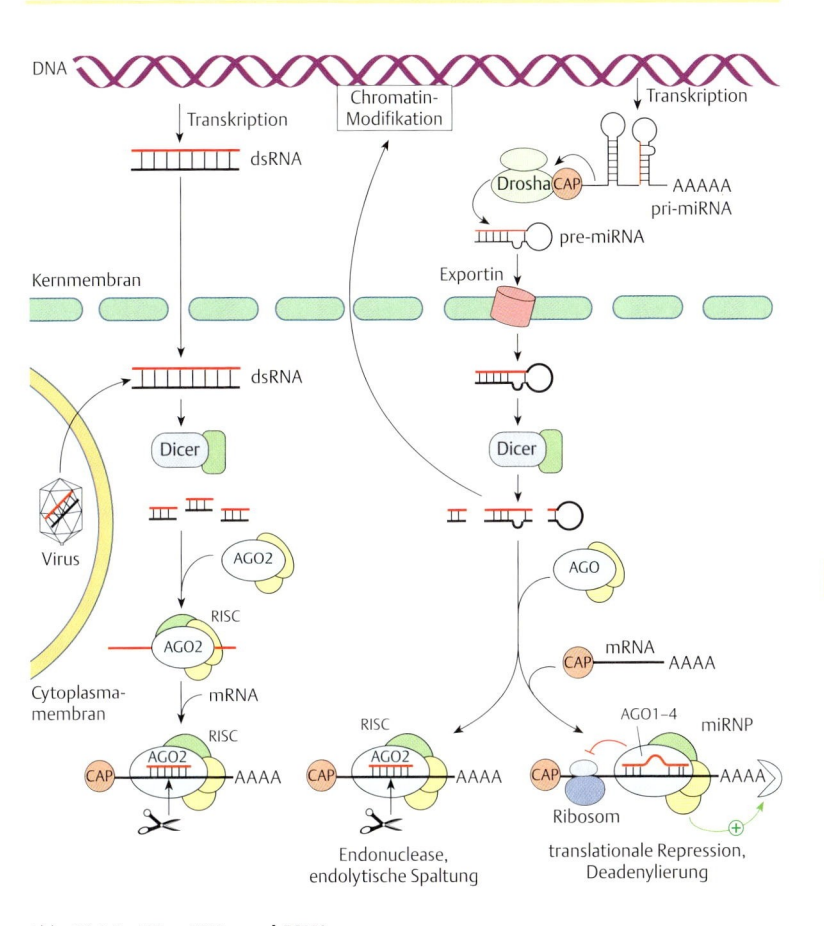

Abb. 11.**14** **MicroRNAs und RNAi**.

Große Teile des Prozesses der **RNA-Interferenz** (**RNAi**) sind eng verwandt mit der Funktion von miRNAs. Allerdings werden die small interfering RNAs (siRNAs) aus größeren doppelsträngigen RNA-Vorläufermolekülen, die entweder aus dem Kern nach Transkription oder aus doppelsträngigen RNA-Viren-Genomen stammen, durch den Dicer-Komplex erzeugt (Abb. 11.**14**). Der Abbau über den RISC-Komplex ist analog wie bei den miRNAs. Heute wird diese Strategie beim gezielten Ausschalten von Transkripten genutzt, indem man künstliche siRNAs in Zellen einschleust oder diese erzeugen lässt. So lässt sich analog zur Mutation die Funktion von Genen untersuchen.

11.6.3 RNA-abhängige Regulation in Bakterien

Attenuation in Bakterien

Die Transkription der Gene für die Enzyme der Tryptophanbiosynthese wird in *E. coli* durch den TrpR-Repressor gesteuert. In Anwesenheit von Tryptophan bindet TrpR die Aminosäure und verändert dabei seine Proteinkonformation so, dass er eine Operatorstelle im **Tryptophan-Operon**-Promotor erkennt und bindet (Abb. 11.**15**). Diese Operatorstelle überlappt mit der Bindungsstelle für die RNA-Polymerase, sodass durch TrpR-Bindung wiederum deren Bindung und damit die Transkriptionsinitiation verhindert wird. Im Gegensatz zu LacI, wo es durch Allolactose zur Ablösung des Repressors vom Promotor und somit zur Derepression des Lactose-Operons kommt, bewirkt Tryptophan die Aktivierung von TrpR und damit die Repression des Tryptophan-Operons.

Ein weiterer Mechanismus zur direkten Kontrolle der Expression des Tryptophan-Operons in Abhängigkeit von der zellulären Tryptophankonzentration nutzt das Prinzip der Attenuation. Stromabwärts des TrpR-Operators, zwischen Transkriptions- und Translationsstart, befindet sich eine **Leitsequenz** für das Tryptophan-Operon. Nach deren Transkription codiert die mRNA dieses Bereichs ein 14 Aminosäuren langes **Leitpeptid**, das zwei aufeinander folgende Tryptophanreste enthält. Über die Biosynthese dieses kurzen Leitpeptids wird die Tryptophankonzentration gemessen und die Transkription des gesamten Tryptophan-Operons gesteuert. Dies ist möglich, da in Bakterien Transkription und Translation gekoppelt im Cytoplasma stattfinden.

So fehlt bei **Tryptophanmangel** (Abb. 11.**15**a) die mit Tryptophan beladene tRNA zur Translation der beiden Tryptophan spezifischen Codons des Leitpeptids. Als Konsequenz kommt es zum Verharren der Ribosomen an einem der beiden Tryptophan spezifischen Codons der Leitpeptid-mRNA. Die gerade zuvor gebildete mRNA stromabwärts des Leitpeptid codierenden Bereichs bildet eine **haarnadelähnliche Sekundärstruktur**, die der RNA-Polymerase erlaubt, die Gene des Tryptophanbiosynthese-Operons zu transkribieren. Über die gebildeten biosynthetischen Enzyme wird der Tryptophanmangel ausgeglichen.

Ist **genügend Tryptophan** (Abb. 11.**15**b) in der Zelle, kann das Leitpeptid mit beiden Tryptophanresten zu Ende translatiert werden. Das Ribosom hält dann erst am Stoppcodon des Leitpeptids an. Dadurch wird eine andere **alternative Sekundärstruktur** der stromabwärts liegenden mRNA induziert. Diese mRNA-Struktur bewirkt die Dissoziation der RNA-Polymerase von der DNA und verhindert so die Transkription des Tryptophanbiosynthese-Operons. Da genug Tryptophan in der Zelle vorhanden ist, wird so dessen Biosynthese reduziert. Die egulierende RNA-Region, die die beiden unterschiedlichen Konformationen einnehmen kann, nennt man den **Attenuator**. Ähnliche Attenuatoren mit zugehörigen Leitsequenzen findet man auch vor Operons zur Biosynthese von anderen Aminosäuren.

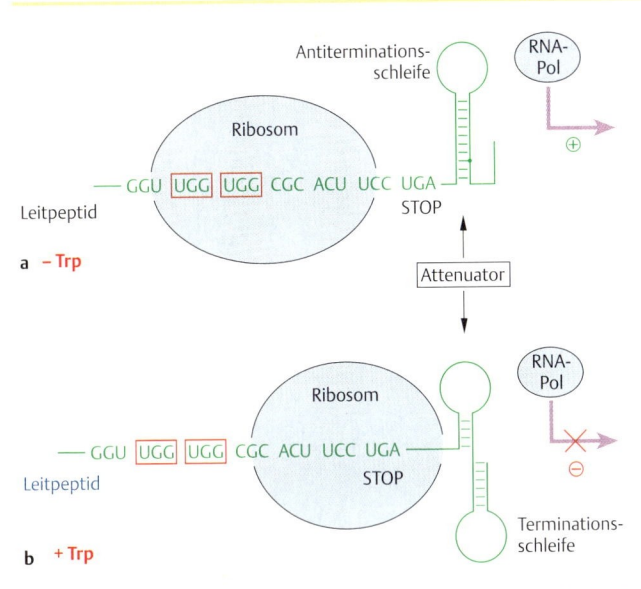

Abb. 11.15 **Regulation der bakteriellen Genexpression durch Attenuation am Beispiel des Tryptophan-Operons.**

RNA-Schalter (Riboswitches)

Die Bildung von Enzymen für die Biosynthese von Flavinmononucleotid (FMN), Thiaminpyrophosphat (TPP), Vitamin B_{12}, S-Adenosylmethionin (SAM), Queuosin (modifizierte Base in tRNA, S. 186), Adenin, Guanin, Lysin, Glycin und Glucosamin-6-phosphat werden auf Ebene der zugehörigen mRNAs reguliert. Der bakterielle Second Messenger zyklisches di-GMP wirkt auf seine Zielgene mittels **RNA-Schalter**. Dabei binden die Cofaktoren, Aminosäuren und Nucleotide direkt an den nichttranslatierten Bereich stromaufwärts des Startcodons der Translation der mRNA (5´UTR) betroffener Enzyme. Ähnlich wie bei der Attenuation wird dadurch die Struktur der mRNA in dieser Region drastisch verändert (Abb. 11.16). Dadurch kann einerseits die Translation, aber andererseits auch die Transkription der betroffenen mRNA deutlich verändert werden. So kann die Ribosomenbindestelle blockiert und damit die Translation verhindert werden. Einige RNA-Schalter entwickeln in Anwesenheit des zu bindenden Metaboliten Ribozymaktivität und zerstören sich selbst.

Die meisten RNA-Schalter wurden bisher für Bakterien beschrieben. Aber es gibt auch RNA-Schalter in Pflanzen und Pilzen. Eukaryotische RNA-Schalter verändern z. B. auch das Spleißen der mRNA. Für Archaea wurden sie bisher nur bioinformatisch vorhergesagt.

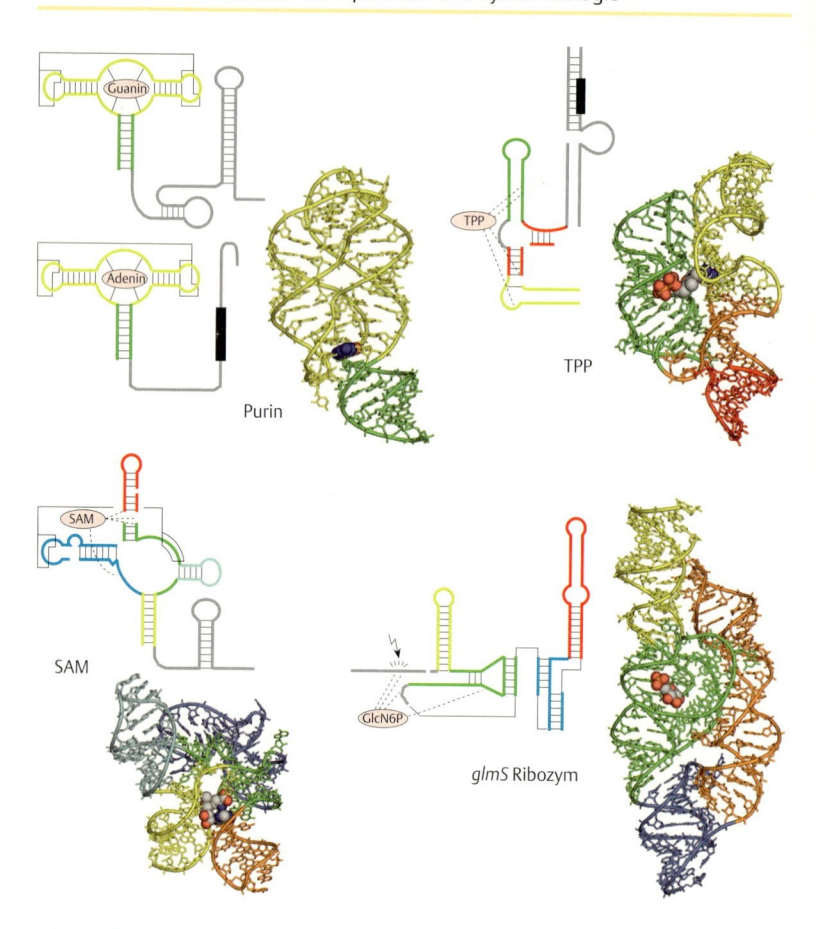

Abb. 11.16 RNA-Schalter. Sie steuern durch Bindung von Purinen, Thiaminpyrophosphat (TPP), S-Adenosylmethionin (SAM) und Zellwandbausteinen (glmS) die Bildung und Translation der bindenden mRNA.

Kleine RNAs in Bakterien

Kleine nichtcodierende RNAs mit regulierender Funktion wurden in allen bisher untersuchten Organismen gefunden. *E. coli* besitzt ungefähr 50 dieser RNAs. Mit DsrA und OxyS sind zwei regulierende RNAs in der RpoS-Kontrolle und der Sauerstoffstressantwort beteiligt (*Mikrobiologie*). Insgesamt unterscheidet man eine Klasse von kleinen regulierenden RNAs, die über das RNA-Chaperon Hfq wirken, von anderen, die ohne Hfq ihre Funktion ausüben.

11.6.4 Regulierte RNA-Stabilität

Die Halbwertszeiten von mRNAs schwanken von Minuten bis zu mehreren Tagen in Prokaryoten wie auch in eukaryotischen Zellen. Mit der **RNA-Stabilität** lässt sich die Konzentration von Proteinen in einer Zelle steuern. Elemente auf der RNA, meist in der 5´- oder 3´-nichttranslatierten Region, sorgen für RNA-Konformationen, die entweder vor abbauenden RNasen schützen oder diese sogar anlocken. Das wird über eine Reihe RNA-bindender Proteine gesteuert.

11.6.5 Gesteuerte mRNA-Lokalisation und Translation

In den letzten Jahren wurde klar, dass der Export der mRNA aus dem Zellkern und die zeitliche Steuerung der Translation wichtige Ansatzstellen für eine Regulation darstellen (Abb. 11.17). Die fertig prozessierte mRNA wird im Kern mit diversen Proteinen (z. B. Puf6, She2) in einen Ribonucleoproteinkomplex (RNP) verpackt. Dieser RNP wird ins Cytoplasma transportiert, und gebundene Proteine (Khd1, Puf6) verhindern dort die sofortige Translation der verpackten mRNA. Der RNP wird über She2 an das Cytoskelett angeheftet und zum Zielort in der Zelle transportiert. Dort kann der RNP durchaus gelagert werden, bis die mRNA und

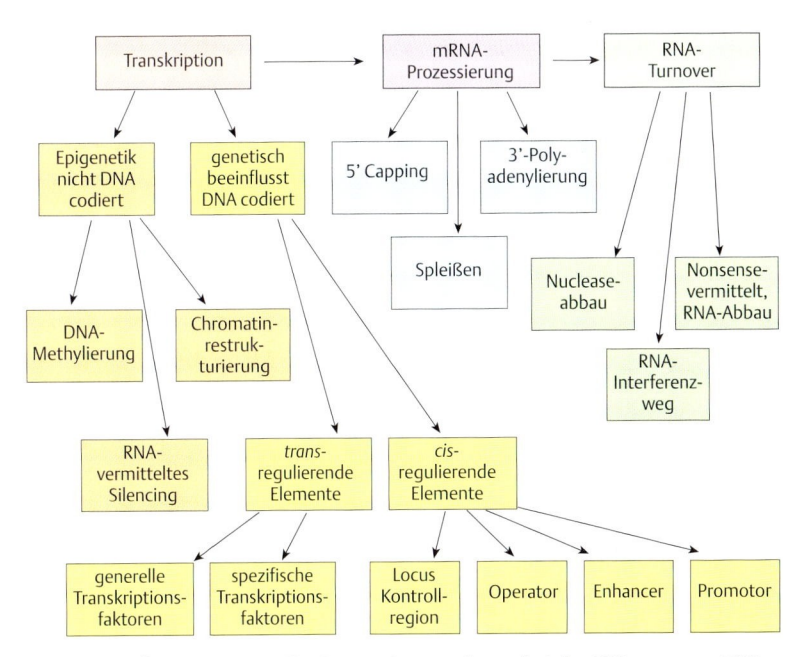

Abb. 11.17 Übersicht über alle Ebenen der Regulation bei der Bildung von mRNA.

ihr codiertes Protein benötigt werden. Auf äußere Signale hin werden Khd1 und Puf6 phosphoryliert und dadurch inaktiviert. Der RNP öffnet sich der Translationsmaschinerie, und das codierte Protein kann gebildet werden. So kann die Zelle über eingelagerte mRNA schnell und sehr effizient auf äußere Signale reagieren.

> **Alternatives Spleißen:** Erzeugen von Proteinvielfalt durch das Auslassen von Introns oder Eliminieren von Exons durch eine gesteuerte Spleißingmaschinerie.
> **MicroRNAs:** Kleine RNAs, die im Genom codiert werden und sich nach ihrer Prozessierung an mRNAs anlagern und über gebundene Proteine deren Abbau initiieren oder deren Translation verhindern.
> **RNAi (RNA interference):** Eine siRNA wird aus einer größeren doppelsträngigen Vorläufer-RNA herausgeschnitten, lagert sich an eine mRNA an, die dann durch den RISC-Komplex abgebaut wird. Diese Technik wird heute zur gezielten Inaktivierung von mRNAs genutzt.
> **Attenuation und RNA-Schalter:** RNA-abhängige auf Ebene der gekoppelten Transkription und Translation kontrollierte Aminosäure- und Vitaminproduktion. Dabei bindet ein RNA-Schalter als Struktur einer mRNA direkt Metaboliten.
> **Kleine regulierende RNAs:** Kleine, nichttranslatierte RNAs, wie OxyS und DsrA, die die Translation anderer mRNAs beeinflussen.

11.7 Translationskontrolle in Eukaryoten

> Die Translation wird auf einer Vielzahl von Ebenen durch intra- und extrazelluläre Signale gesteuert. Hauptziel der Regulation ist die Translationsinitiation mittels des Translationsfaktors **eIF4F**.

Während der **Translationsinitiation** (Abb. 11.**18**) wird zuerst die m^{7}G-Kappe (7-Methylguanosin-CAP) von dem eIF4F-Komplex und das Poly(A)-Ende vom Poly(A)-bindenden Protein (PABP) erkannt (S. 206). Der **eIF4F** besteht aus eIF4E, das die CAP-Struktur erkennt, aus eIF4A, das eine ATPase und RNA-Helicase-Aktivität besitzt, und aus eIF4G. Der Translationsinitiationsfaktor eIF4G ist ein Adapterprotein, das neben eIF4E und eIF4A auch das PABP erkennt und so die mRNA in eine Ringstruktur legt. Dann bindet der Adapter eIF4G auch an eIF3. Auch der ist ein Multiproteinkomplex mit 13 Untereinheiten, der die Assemblierung der 40S-ribosomalen Untereinheit an der mRNA steuert. Dazu ist der Kontakt zu eIF4G wichtig.

Bei der **Repression der Translation** (Abb. 11.**18**) binden Repressoren an die 3´-untranslatierte Region der mRNA neben dem Poly(A)-Schwanz. Sie rekrutieren das eIF4E-bindende Protein **eIF4E-BP**, stellen darüber Kontakt mit eIF4E selbst her und blockieren damit die Bindestelle von eIF4G. Diese Repressoren können bei gebildetem eIF4F-Komplex die Anlagerung der 60S-Untereinheit

11.7 Translationskontrolle in Eukaryoten

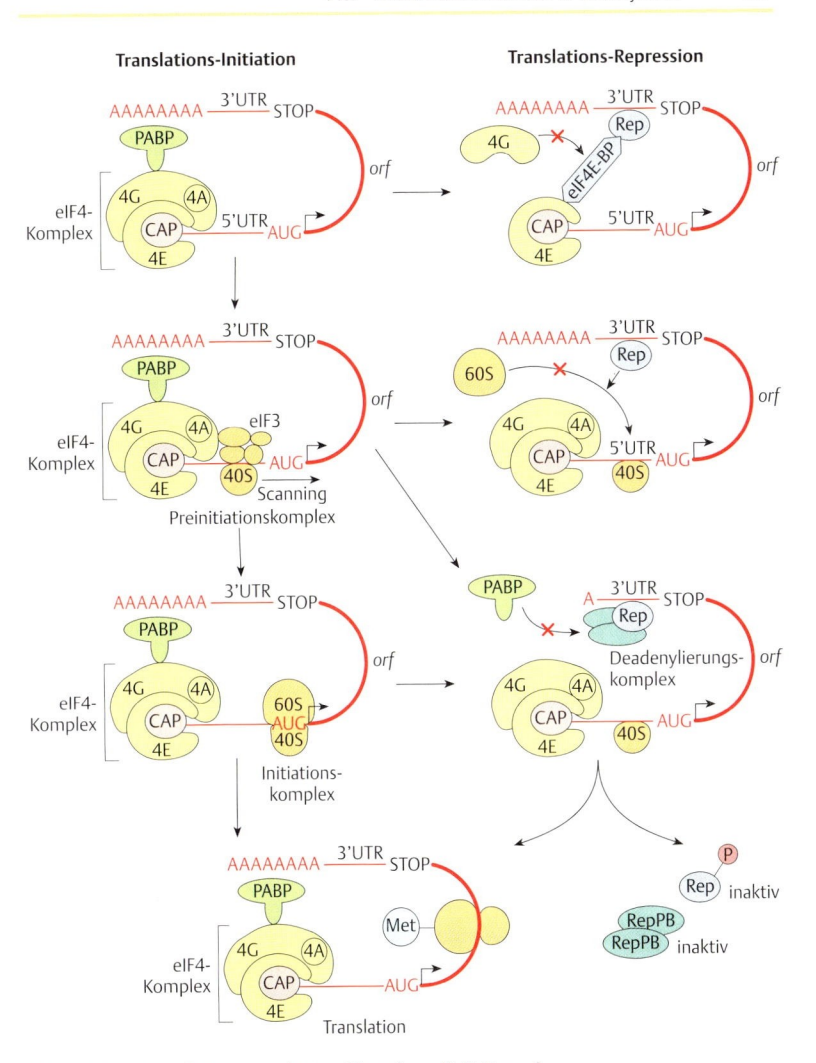

Abb. 11.18 Translationsregulation über den eIF4F-Komplex.

des Ribosoms verhindern. Weiterhin kann ein Deadenylierungskomplex von dem Repressor gebunden werden, der den Poly(A)-Schwanz abbaut und so die Bindung des PABP verhindert. Dieses wird aber zum Ringschluss der mRNA durch seinen Kontakt mit eIF4E benötigt. Der Repressor selbst kann durch Phosphorylierung inaktiviert werden.

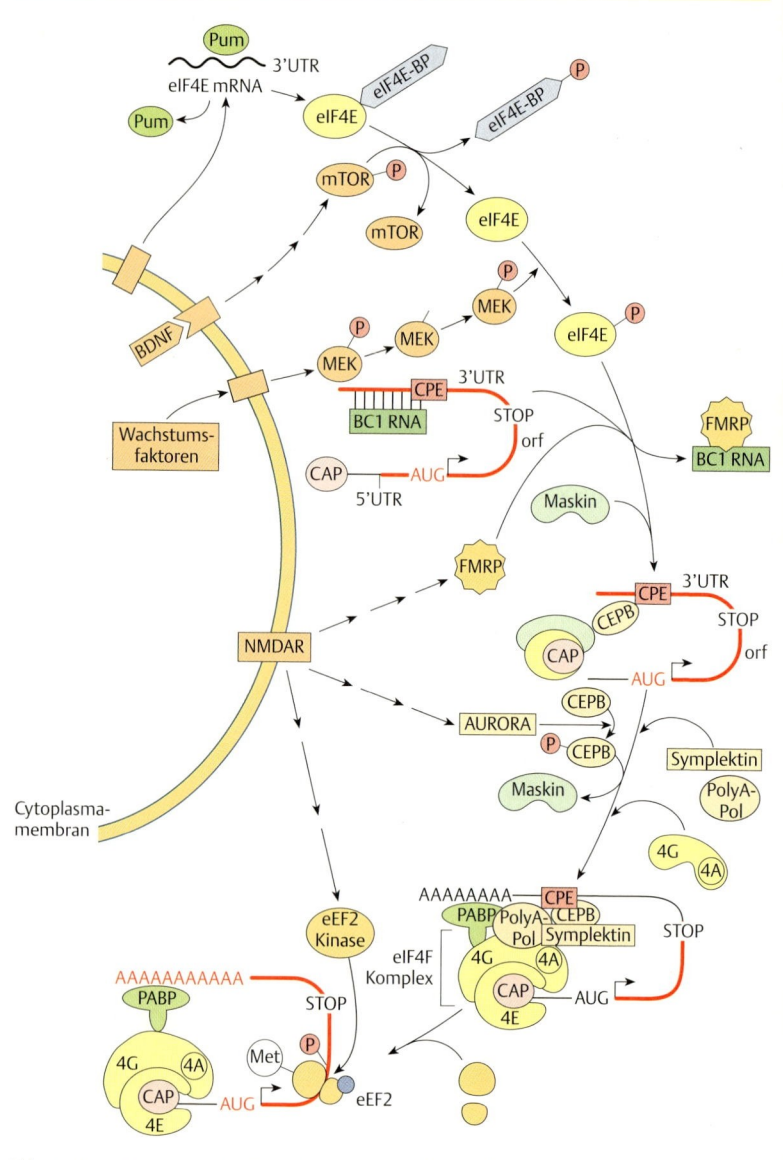

Abb. 11.**19 Steuerung der Translationskontrolle durch externe Signale.**

Die Signaltransduktionswege, die die einzelnen Schritte der Translation in allen ihren Stadien kontrollieren, sind hoch komplex (Abb. 11.**19**). Das Protein Pumilio (Pum) kann die Translation der eIF4EmRNA verhindern und so den Translationsprozess stoppen. BDNF (Brain-derived neurotrophic factor) kann über mTOR (mammalian Target Of Rapamycin) das eIF4E-BP durch Phosphorylierung inaktivieren. Wachstumsfaktoren können über den MAP-Kinaseweg eIF4E mittels Phosphorylierung ausschalten. Von NMDAR (N-Methyl-D-Aspartat Rezeptor) geht eine Vielzahl von Signalen aus. So kann durch Aktivierung von FMRP (FMR1, fragile X mental retardation 1) die kleine blockierende BC1-RNA von der mRNA abgelöst und die Translation wieder freigegeben werden. Das CEBP (cytoplasmic polyadenylation element binding protein) bindet an CPE (cytoplasmic polyadenylation element) und stimuliert die Polyadenylierung im Cytoplasma. Maskin kann über Bindung an CEPB und eIF4E die Translation hemmen, indem es die Bindung von eIF4G und eIF4A verhindert. NMDAR steuert nun über die Serin/Threonin-Kinase AURORA eine Phosphorylierung von CEBP und zerstört damit die Bindung an Maskin, das den Komplex verlassen muss. Nun können eIF4G und eIF4A sowie eine Poly(A)-Polymerase binden. Ein letzter Kontrollschritt, der über NMDAR gesteuert wird, ist die Phosphorylierung des Translationselongationsfaktors eEF2 über die eEF2-Kinase. Phosphorylierung inhibiert wiederum eEF2.

Translationskontrolle: Hauptsächlich wird die Bildung des trimeren Translationsfaktors eIF4F und seine Bindung an die mRNA sowie seine Wechselwirkung mit dem Poly-(A)-bindenden Protein reguliert.

11.8 Systembiologie

Systembiologie will komplexe biologische Prozesse in **mathematische Modelle** fassen und mit deren Hilfe Vorhersagen über das Verhalten von zum Beispiel regulatorischen Netzwerken zur Genexpression oder metabolischen Abläufen treffen. Um diese Modelle aufzustellen, muss für definierte Umweltbedingungen der zelluläre Informationsfluss ganzheitlich erfasst werden – von der im **Genom** gespeicherten Information über die Gesamtheit der abgelesenen RNA-Transkripte (**Transkriptom**), der translatierten Proteine (**Proteom**) bis hin zu den im Stoffwechsel gebildeten Metaboliten (**Metabolom**). Dazu werden schnelle Methoden der DNA-Sequenzierung, des **Transkriptomics** und **Metabolomics** mit moderner Bioinformatik verbunden. Gewonnene Daten werden gut aufbereitet in Datenbanken abgelegt und mittels Bioinformatik-Werkzeugen (Algorithmen, Software) zu Modellen verarbeitet. Vorhersagen mit diesen Modellen werden wieder experimentell überprüft und so die Modelle verbessert. Modelle für verschiedene Teilaspekte zellulärer Aktivität werden schließlich verbunden, um zelluläres Verhalten systematisch zu erfassen und berechenbar zu machen.

11.8.1 Systembiologie

Die moderne Physik und Chemie entstanden aus einer über Jahrhunderte beobachtenden und Fakten sammelnden Alchemie. Vor mehr als 100 Jahren haben Physiker, Chemiker und Mathematiker begonnen, die Gesetzmäßigkeiten physikalischer und chemischer Reaktionen in mathematische Modelle zu fassen. Dies macht heute das Verhalten auch von komplexen Materialien vorhersagbar. Beide berechenbare Disziplinen bilden heute die Grundlage der Ingenieurwissenschaften. Diese arbeitet routinemäßig beim Bau von Brücken und Flugzeugen mit berechneten Modellen, sodass langwieriges und kostspieliges Ausprobieren durch Simulationen erspart bleibt.

Auch die Biologie hat in den letzten Jahrhunderten zuerst Tiere, Pflanzen und Mikroorganismen gesammelt und beschrieben. Durch Methoden der Genetik, Molekularbiologie, Zellbiologie und Biochemie wurden molekulare Grundlagen des Lebens in den letzten Dekaden zugänglich. Nun steht der nächste Schritt, analog zu Physik und Chemie, an – die quantitative Erfassung zellulärer Prozesse durch **mathematische Modelle** und deren Nutzung für **Prognosen** über deren dynamisches Verhalten. Zwei wesentliche methodische Entwicklungen machen diese Ansätze experimentell zugänglich, erstens die rasante Entwicklung in der Genomforschung und zweitens eine leistungsstarke Bioinformatik.

Was bestimmt nun das Verhalten einer Zelle und wie kann man dieses ganzheitlich erfassen? Verändern sich die Umweltbedingungen für eine Zelle, dann kann sie zuerst schnell mit den vorhandenen Ressourcen an Enzymen und anderen Zellbestandteilen darauf reagieren. Für eine längerfristige, effiziente Anpassung wird aber ein genetisch determiniertes Programm abgerufen, also der zelluläre Informationstransfer eingeleitet. Dieser beginnt mit der Umweltreizaufnahme, geht über eine entsprechend induzierte Veränderung der Transkription, resultiert in neuen Funktionsträgern wie Proteinen und RNAs, deren Wirkung sich dann unter anderem in einem veränderten Stoffwechsel niederschlägt. Inzwischen kann man alle Transkripte einer Zelle für Organismen mit bekanntem Genom mittels DNA-Arrays erfassen und per Real-Time-PCR quantifizieren. Fast alle Proteine einer Zelle können die modernen Methoden des **Proteomics** ermitteln. Deren Wechselwirkungen werden mit Methoden des **Interaktomics** erfasst. Dies ist von Bedeutung, da in der Zelle alle Proteine und RNAs im Komplex mit anderen Proteinen funktionieren und so die Thermodynamik der katalysierten Einzelreaktion deutlich verschieben können. Durch Veränderung der Enzymkonzentrationen in Zellen verändern sich auch die Konzentrationen der von ihnen umgesetzten Metabolite. Diese werden durch **Metabolomics**-Methoden für die ganze Zelle erfasst.

Von zentraler Bedeutung für jede quantitative, mathematische Betrachtung biologischer Prozesse ist deren Dynamik, also deren permanente Änderung. Deshalb wurden Methoden zur Erfassung der im Fluss befindlichen Metabolite entwickelt, die sogenannte **Fluxomforschung**. Diese ganzheitliche Datenerfassung erzeugt eine Datenflut, die gut organisiert und wohl interpretiert in strukturierten Datenbanken niedergelegt werden muss. Zur Interpretation muss auf experimentelle Ergebnisse genetischer, biochemischer und zellbiologischer Untersuchungen, niedergelegt in der Literatur, automatisiert über entsprechend vernetzte Datenbanken zurückgegriffen werden. Bioinformatische Software-Werkzeuge sind dann schließlich der Schlüssel zu Modellen für die mathematische Erfassung biologischer Prozesse. Modelle dienen dann zu Vorhersagen über das Verhalten des ganzen Systems, wenn man eine Veränderung (**Perturbation**) in dieses einführt. Dies kann durch Mutation eines der beteiligten Gene oder durch Veränderung eines Umweltparameters wie Temperatur, Kohlenstoffquelle oder Osmolarität geschehen. Als nächstes werden die experimentellen Daten zum vorhergesagten Ablauf erhoben und mit der Vorhersage konfrontiert. Dabei entdeckte Abweichungen werden schließlich zur Verbesserung der Modelle genutzt. Das neue Modell wird dann wieder zur Vorhersage genutzt und das Spiel geht in eine neue Runde.

In der Entwicklung und Anwendung von Algorithmen für die Integration von experimentellen Daten und Modellierungen biologischer Teilnetzwerke zu Gesamtzellmodellen liegt die Herausforderung der Zukunft. Bis dahin helfen systembiologische Ansätze, zentrale experimentelle Fragestellungen zu formulieren, um zelluläre Prozesse ganzheitlicher zu verstehen.

11.8.2 Genome und Genomics

Systembiologie basiert auf dem rasanten Fortschritt der Genomforschung. Die Methoden zur **DNA-Sequenzierung** wurden in den letzten Jahren in ihrer Geschwindigkeit und damit in ihrer Effizienz mehrmals um Dimensionen gesteigert. Begonnen hatte alles mit zwei Methoden, der Maxam-Gilbert-Methode auf chemischer Basis und der Sanger-Methode auf genetischer Grundlage. Mit diesen Methoden dauerte es Jahre, ein bakterielles Genom komplett aufzuklären. Lange Jahre wurde die Kettenabbruchmethode nach Sanger optimiert bis hin zu Hochdurchsatz-Kapillarsequenzierautomaten. Dadurch reduzierte sich die Genomsequenzierung auf Wochen bis Monate. Dabei waren es oft die letzten wenigen Prozente der Genomsequenz, die die meiste Zeit kosteten. Dann machten Methoden der Nanotechnologie den nächsten Sprung hin zur Pyrosequenzierung möglich (S. 490). Mit dieser Technologie kann der größte Teil eines Genoms in wenigen Stunden aufgeklärt werden. Es bleibt trotzdem immer noch zeitaufwendige Handarbeit übrig, um Genomsequenzen komplett aufzuklären.

Die gewonnene Information ist soviel Wert wie ihre **automatisierte Auswertung**, die sogenannte **Annotation**. Dabei nutzt man bioinformatische Programme, um aus der bestimmten DNA-Sequenz die codierten RNAs und Proteine abzuleiten. Deren Basen- oder Aminosäureabfolge wird dann mit Datenbanken bekannter RNAs und Proteine verglichen und, wenn bekannt, wird ihnen eine Funktion zugewiesen. Diese Informationen beruhen auf den Ergebnissen von biochemischen, genetischen und zellbiologischen Experimenten. Trotz der schnell wachsenden Informationsdichte ist es oft nötig, automatische Genomannotationen manuell zu überprüfen und neu zu annotieren. Für dieses „Kurieren" der Genomsequenz werden Expertentreffen **„Jamborees"** einberufen. Annotierte Genome sind frei über das Internet weltweit zugänglich.

11.8.3 Transkriptom und Transkriptomics

Das Transkriptom einer Zelle ist die **Gesamtheit aller Transkripte**, die sich zum Analysezeitpunkt in der Zelle befinden. Man kann diese ganzheitlich mit DNA-Arrays erfassen (S. 494). Dazu muss das Genom des zu analysierenden Organismus oder eines nahen Verwandten bekannt sein. Nach dem annotierten Genom werden für jedes Gen kurze DNA-Stücke, sogenannte Oligonucleotide, komplementär zur abgelesenen RNA des jeweiligen Gens auf einem Träger (Chip, DNA-Array) synthetisiert. Diese dienen nun als Fänger für die zellulären RNA-Transkripte. Die Transkripte werden entweder selbst oder nach Umschreiben in cDNA mit fluoreszierenden Farbstoffen markiert. Nach ihrer Isolation und Markierung werden sie auf den DNA-Array aufgebracht. Die RNA-Transkripte hybridisieren mit den immobilisierten, synthetischen Fängermolekülen, und zwar mengenabhängig. Dabei wird umso mehr Fluoreszenzfarbstoff für ein Gen eingefangen, je mehr markiertes Transkript vorhanden ist, also je stärker das entsprechende Gen transkribiert wurde. Leider reagieren Transkripte unterschiedlich auf die experimentelle Aufbereitung. So können Transkriptkonzentrationen zwischen verschiedenen Bedingungen für die analysierten Zellen direkt verglichen werden, weil identische Transkripte in der Aufarbeitung sich gleich verhalten. Aber eine quantitative Auswertung, wie eine Aussage zu Transkripten pro Zelle, ist mit dieser Technik noch nicht möglich. Quantitative Daten sind aber wichtig für bioinformatische Modellierungen. Deshalb quantifiziert man die Transkription wichtiger regulierter Gene mittels Real-Time-PCR (S. 487).

11.8.4 Proteom, Proteomics und Interactomics

Das Proteom einer Zell ist die **Gesamtheit aller Proteine**, die sich zum Analysezeitpunkt in dieser befinden. Die Proteomforschung begann damit, dass man versuchte möglichst viele der zellulären Proteine mittels zweidimensionaler (2D)-Gelelektrophorese (*Biochemie, Zellbiologie*) zu trennen. Dabei nutzt man in einer Dimension die molekulare Masse und in der anderen die Ladung eines Proteins. So kann man bis zu 1000 verschiedene Proteine trennen. Nach der Trennung werden die Proteine aus der Gelmatrix gelöst und mittels einer Protease in kleinere Fragmente geschnitten. Die exakte Masse dieser Proteinstücke wird dann mittels Massenspektrometrie (MS) exakt bestimmt. Die Protease schneidet nur an bekannten Aminosäureabfolgen in den Proteinen. Kennt man das Genom, kann man aus den bekannten Genen mittels Bioinformatik die Proteine und deren Aminosäuresequenz ableiten. In so gewonnenen Aminosäuresequenzen für alle möglichen Proteine eines Organismus bestimmt man nun die Proteaseschnittstellen und kann damit auch alle möglichen Fragmente und ihre Massen vorhersagen. Diese Massen sind so einmalig, dass man ohne Probleme die durch Massenspektrometrie experimentell bestimmte Masse eines Proteinfragmentes der berechneten Masse eines Proteinfragmentes zuordnen kann. Da man von den berechneten Proteinfragmenten weiß, zu welchem Protein und Gen sie gehören, ist so das unbekannte Protein aus dem 2D-Gel identifiziert.

Inzwischen werden auch gelfreie Verfahren zur Proteintrennung benutzt, da eine ganze Reihe von Proteinen, wie Membranproteine, sich schwer über 2D-Gelelektrophorese trennen lassen. Kommerzielle Systeme mittels Protein-gekoppelter Farbstoffe erlauben inzwischen auch eine Quantifizierung der absoluten Mengen der analysierten Proteine und bieten so eine wichtige Grundlage für systembiologische Modellierungsansätze.

Proteine sind in lebenden Zellen wahrscheinlich in größere Proteinkomplexe eingebunden und agieren dort im Verbund mit anderen Proteinen. Deshalb ist es von Bedeutung, die jeweiligen Wechselwirkungspartner der einzelnen Proteine zu kennen. Die Techniken, die dies auf Gesamtzellebene versuchen, ordnet man der **Interaktomforschung** zu. Dazu gehören genetische Verfahren wie das Two-Hybrid-System (S. 512), immunologische wie die Immunpräzipitation oder biochemische, bei denen ein Bindungspartner auf einer Matrix immobilisiert wird und man darüber Bindungspartner aus Zellextrakten angelt.

11.8.5 Metabolom und Fluxom

Das Metabolom einer Zelle ist die **Gesamtheit aller Metabolite**, die sich zum Analysezeitpunkt in dieser befinden. Nach der Isolation aus dem Organismus von Interesse werden diese oder ihre chemisch modifizierten Derivate über Gaschromatographie (GC) oder Flüssigkeitschromatographie voneinander getrennt. Die Identifikation kann wieder über Massenspektrometrie oder über Kernspinresonanzspektroskopie (NMR) erfolgen. Aus dem Genom abgeleitete Proteine und deren Annotation geben einen Überblick über die vorhandenen bekannten Enzyme. Daraus lassen sich Karten für vorhandene Stoffwechselwege (**metabolic maps**, S. 518) ableiten und die identifizierten Metaboliten diesen zuordnen. Nun ändert sich die Konzentration von Metaboliten sehr schnell. Um dieser Dynamik Rechnung zu tragen, kann der Weg von Metaboliten durch den Stoffwechsel exakt verfolgt werden. Dazu wird einer Zelle ein Metabolit gegeben, der in seinem Kohlenstoffgerüst an definierter Position ein ^{13}**C-Isotop** trägt. Dieses kann nun durch Massenspektrometrie auf seinem Weg durch den Stoffwechsel verfolgt und damit die Dynamik des Zentralstoffwechsels erfasst werden.

11.8.6 Bioinformatische Modellbildung

Kann man Leben wirklich berechnen? Haben wir nicht noch zu viele Kenntnislücken dafür? Diese Fragen werden zu Recht oft an die Systembiologie gestellt. Wie zuvor beschrieben, muss der Ansatz von einfachen Modellen biologischer Teilprozesse über deren Integration hin zu anspruchsvolleren Modellen zur Berechnung komplexer Zusammenhänge gehen. Dabei stören Wissenslücken nur dann, wenn wesentliche Parameter, die den Gesamtprozess stark verändern, völlig unbekannt sind. Ingenieure sind gewohnt, technische Prozesse mit den entschei-

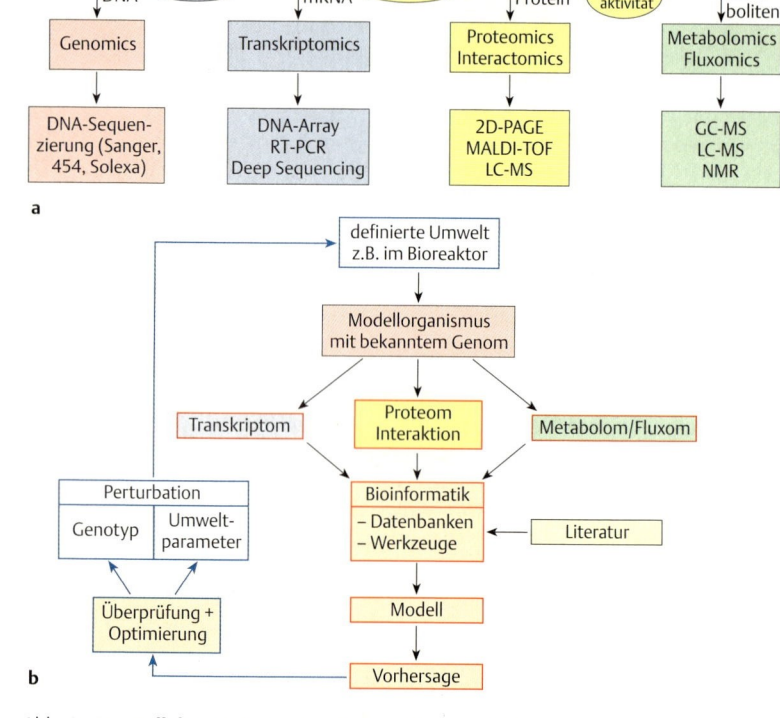

Abb. 11.20 **Zellulärer Informationsfluss und systembiologischer Ansatz.** Der Fluss der zellulären Information von den Genen über die Transkripte zu den Proteinen und deren mögliche katalytische Umsetzung von Metaboliten sowie Methoden zur ganzheitlichen Erfassung der Einzelprozesse ist gezeigt. Darunter werden die gewonnenen Daten zu systembiologischen Modellen verarbeitet, Vorhersagen getroffen über das Verhalten des Systems bei Veränderung und das Ganze experimentell überprüft. So wird iterativ das Modell optimiert.

denden Parametern zu modellieren, ohne dass wirklich alle Parameter bekannt sein müssen.

Man kann heute genregulatorische Netzwerke zum Beispiel für Bakterien berechnen. Dazu nimmt man die experimentell bestimmten Binderegionen einzelner Transkriptionsregulatoren und erzeugt daraus eine gewichtete Matrize. Diese nutzt man, um über Genomdaten ein Regulon zu definieren, also vorherzusagen, welche Gene alle durch den Regulator gesteuert werden. Diese Vorhersagen können durch typische Eigenschaften von bakteriellen Promotorsequenzen, zum Beispiel, dass sie meist in intergenen Bereichen liegen, eine typische Schmelztemperatur der DNA besitzen und oft in verwandten Organismen an gleicher Stelle im Genom sitzen, automatisch über Bioinformatik ergänzt werden (www.prodoric.de). Gewonnene Daten können dann per DNA-Array überprüft und die Modelle entsprechend optimiert werden. Das verbessert die Vorhersagen deutlich. Metabolische Netzwerke können nach der Vorhersage aus den Genomdaten mittels **Flux-Balance** oder **Elementarmodi-Berechnungen** erfasst und modelliert werden (www.brenda-enzymes.info). Inzwischen führt man schon genregulatorische und metabole Netzwerke zusammen.

> **Transkriptom und Transkriptomics:** Gesamtheit aller RNA-Transkripte in einer Zelle und die Methoden zu deren Messung, z. B. DNA-Arrays.
> **Proteom und Proteomics:** Gesamtheit aller Proteine in einer Zelle und die Methoden zu deren Messung, z. B. 2D-Gelelektrophorese und Massenspektrometrie.
> **Metabolom und Metabolomics:** Gesamtheit aller Metaboliten in einer Zelle und die Methoden zu deren Messung, z. B. Gaschromatographie, Flüssigkeitschromatographie und Massenspektrometrie plus NMR.
> **Fluxom:** Dynamische Veränderungen im Stoffwechsel; gemessen wird diese durch Fütterung und Umsatz ^{13}C markierter Startmetaboliten.
> **Systembiologisches Modell:** Erfasst mittels Bioinformatik biologische Prozesse und erlaubt Vorhersagen über deren Verhalten bei Veränderung. So können Regulationsprozesse über regulatorische Netzwerke und Stoffwechselwege über metabolische Netzwerke und deren dynamische Veränderung abgebildet werden. Vorhersagen werden experimentell verifiziert und dienen der Modelloptimierung.

12 Methoden der Molekularbiologie

Johannes Siemens, Jörg Soppa

12.1 Einleitung

> Der Molekularbiologe benutzt viele **Enzyme**, die in diversen Arten an biologischen Prozessen wie Replikation, Transkription oder Virenabwehr beteiligt sind. Sie werden seit inzwischen mehr als 30 Jahren eingesetzt, um **in vitro** DNA und RNA zu analysieren, zu produzieren, zu mutieren und in neuen Kombinationen zusammenzufügen („**rekombinante DNA**"). Heute sind hunderte unterschiedlicher Enzyme in hoher Reinheit kommerziell erhältlich, sie werden häufig in „Kits" zusammen mit den idealen Puffern für ihren Einsatz geliefert. Mit Methoden wie der **Transformation** können rekombinante DNA-Moleküle wieder in Zellen eingebracht und so **gentechnisch veränderte Organismen** erzeugt werden. Diese werden als „Zellfabriken" benutzt, um Biomoleküle zu produzieren, es werden gewünschte Eigenschaften hinzugefügt, vor allem aber werden sie in der Forschung eingesetzt, um Lebensvorgänge besser verstehen zu lernen. Die Genomsequenzierung und andere molekularbiologische Methoden erzeugen heute immer größere Datenmengen, sodass **In-silico**-Methoden (Datenbanken, Programme und Visualisierungswerkzeuge) für den Molekularbiologen immer wichtiger werden.

Dieses Kapitel ist kein Ersatz für ein Methodenbuch zur Durchführung molekularbiologischer Versuche. Es gibt viele sehr gute Bücher, die die praktische Durchführung der Methoden ausführlich beschreiben und als **Laborbücher** auf dem Arbeitsplatz liegen sollten. Ferner gibt es im Internet Methodensammlungen zur Molekularbiologie, die stetig aktualisiert werden und zum Teil auch frei zugänglich sind.

12.1.1 Entwicklung der Molekularbiologie

Die Basis der Molekularbiologie war die Grundlagenforschung, die verschiedene biologische Prozesse im molekularen Detail verstehen wollte, weshalb die beteiligten Enzyme entdeckt, gereinigt und charakterisiert wurden. Viele noch heute verwendete Enzyme wie DNA-Polymerasen und DNA-Ligasen wurden durch die Erforschung der Enzymatik der Replikation erstmals isoliert und charakterisiert. DNA-Polymerasen werden für die Sequenzierung von DNA benötigt (S. 489; Nobelpreis 1980 für Frederick Sanger, Walter Gilbert, Paul Berg), aber auch für die Markierung von Sonden für Hybridisierungen zum sensitiven Nachweis bestimmter DNAs oder RNAs (S. 492) sowie für die gezielte Erzeugung von

Punktmutanten in vitro (S. 486). Ein wichtiger Durchbruch war auch die Entdeckung von Restriktionsendonucleasen (S. 482). Die Spaltung von DNA an Erkennungssequenzen von Restriktionsenzymen sowie die Isolierung einzelner DNA-Moleküle und ihre kovalente Verknüpfung mit einer DNA-Ligase erlaubte erstmals die Neukombination genetischer Information in vitro (**rekombinante DNA**).

Ein weiterer Durchbruch war die Entwicklung der Polymerasekettenreaktion (PCR, polymerase chain reaction), mit der beliebige DNA-Fragmente vervielfältigt werden können (S. 484). Für die Entwicklung der PCR erhielt Kary Mullis 1993 den Nobelpreis.

Als weitere die Molekularbiologie tiefgreifend verändernde Entwicklungen sind die Miniaturisierung und Roboterisierung in Verbindung mit der Weiterentwicklung der Bioinformatik zu nennen (S. 469 u. S. 516).

12.1.2 Molekularbiologisches Arbeiten heute

Heutzutage sind hunderte von Enzymen für molekularbiologisches Arbeiten von verschiedenen Firmen und von verschiedenen Organismen kommerziell erhältlich: Restriktionsenzyme und diverse Polymerasen (DNA-Polymerasen, RNA-Polymerasen, Reverse Transkriptasen), DNA-Ligasen, RNA-Ligasen, Methylasen, Kinasen, Phosphatasen, DNasen, RNasen, Rekombinations-Enzyme usw. Da die meisten Enzyme nicht mehr aus dem Originalorganismus isoliert werden, sondern heterolog in *E. coli* produziert werden (S. 510), sind die Preise in den letzten drei Jahrzehnten erheblich gesunken. Die Herstellerfirmen stellen detaillierte Anleitungen für die jeweilige Nutzung der Enzyme zur Verfügung. Neben Enzymen sind auch zahlreiche Plasmide erhältlich, die für spezielle Anwendungen maßgeschneiderte Eigenschaften aufweisen. Es werden immer mehr nicht nur einzelne Komponenten, sondern Komplettpakete (**Kits**) angeboten, die sämtliche für die Durchführung des Experimentes benötigten Enzyme, Oligonucleotide, Puffer, Bakterienstämme sowie Positivkontrollen enthalten. Einerseits erleichtern diese Kits die Arbeit und die Herstellerfirmen stellen gute, kostenfreie Methodenbücher zur Verfügung, andererseits bergen sie die Gefahr, dass der Molekularbiologe nur noch einem von der Firma mitgelieferten Pipettierprotokoll folgt, ohne die Zusammensetzung der Lösungen zu kennen und den Ablauf der Reaktion wirklich zu verstehen.

Neben den Enzymen benötigt ein Molekularbiologe eine große Anzahl von **Geräten** für die Durchführung der Versuche. Manche Geräte sind für viele unterschiedliche Versuche einsetzbar (Pipetten zum Abmessen kleinster Volumina, Thermostaten zur Inkubation bei der für das jeweilige Enzym optimalen Temperatur, Zentrifugen zur Abtrennung ungelöster Stoffe, Elektrophoresegeräte für die Auftrennung von Nucleinsäuregemischen usw.). Andere Geräte sind speziell nur für eine Art von Experiment einsetzbar (PCR-Geräte, Sequenzierstationen, Real-Time-PCR-Geräte). Wie erwähnt, nimmt seit einigen Jahren zumindest in einigen Bereichen wie der Sequenzierung die Roboterisierung stark zu.

12.1.3 Sicherheit und gesetzliche Grundlagen

Die Diskussion um die Sicherheit hat die Molekularbiologie seit ihren Anfängen begleitet. Schon im Jahr 1975 organisierte der spätere Nobelpreisträger Paul Berg die nach dem Tagungsort benannte **Asilomar-Konferenz**, die der Diskussion möglicher Gefahren der neuen Technologie gewidmet war. Eine der Konsequenzen der frühen Sicherheitsdiskussionen war, dass für molekularbiologische Routineversuche Sicherheitsstämme von *E. coli* verwendet werden, die eine Reihe von Mutationen tragen und mit Wildtypstämmen außerhalb des Labors nicht konkurrieren können. Schon früh wurden in den verschiedenen Ländern Expertenkommissionen eingesetzt, die mögliche Gefahren abschätzen sollen und Sicherheitseinstufungen von Plasmiden, Stämmen und molekularbiologischen Versuchsansätzen vornehmen. In Deutschland berät die „**Zentrale Kommission für die Biologische Sicherheit**" Landes- und Bundesbehörden. Sie hat 1978 ihre Arbeit aufgenommen. Das **Gentechnikgesetz** (www.gesetze-im-internet.de/gentg) regelt gentechnische Verfahren einschließlich der molekularbiologischen Forschung, der Freisetzung gentechnisch veränderter Organismen und dem juristisch sogenannten „Inverkehrbringen" gentechnisch erzeugter Produkte.

Das Gentechnikgesetz wurde nötig, als die Firma Hoechst Mitte der achtziger Jahre des letzten Jahrhunderts im gleichnamigen Frankfurter Stadtteil Humaninsulin heterolog in *E. coli* produzieren wollte. Die zu diesem Zeitpunkt geltenden Regelungen waren nur für die Forschung verpflichtend und betrafen nicht die Produktion oder den Handel gentechnischer Produkte. Da es zahlreiche Einsprüche gegen den Antrag auf Genehmigung einer Produktionsanlage gab, war eine rechtliche Klärung vonnöten, und die zur Verfügung stehenden Gesetze wie das Bundes-Immissionsschutzgesetz erwiesen sich nur sehr bedingt als hilfreich. In dieser Situation wurde das Gentechnikgesetz geschaffen, das 1990 in Kraft trat. Einige Jahre später konnte die Anlage zur Produktion von Humaninsulin mit *E. coli* nach einer mehr als zehnjährigen Phase der rechtlichen Auseinandersetzung in Deutschland in Betrieb genommen werden.

Das Gentechnikgesetz regelt Versuche, bei denen „**gentechnisch veränderte Organismen**" (**GVOs**) erzeugt werden oder involviert sind. Damit fallen alle unter 12.3 beschriebenen In-vivo-Methoden der Molekularbiologie unter das Gentechnikgesetz. Die In-vitro-Methoden (S. 479) fallen als solche nicht unter das Gentechnikgesetz, jedoch sind in vielen Fällen GVOs Teil des Experiments, z. B. wenn Plasmide in *E. coli* oder einem anderen Wirt vermehrt werden. Gentechnische Versuche werden in vier Sicherheitsstufen eingestuft (📖 *Mikrobiologie*), die in einer Gesamtbeurteilung den „Spender der genetischen Information", den „Empfänger", den „Vektor" und das Versuchsdesign einbeziehen. Die Sicherheitsstufe „S1" enthält alle Versuche, die keine Gefährdung für Mensch, Tier und Umwelt beinhalten. Die Einstufung in die Stufe „S3" erfordert z. B., dass die Versuche in einem Unterdrucklabor durchgeführt werden und dass vor Betreten Kittel und Schuhe gewechselt werden müssen. Das Gentechnikgesetz ist mehrfach novelliert worden, die letzte Fassung stammt aus dem Jahr 2008 und war u. a. nötig, um EU-Richtlinien umzusetzen. EU-Richtlinien betreffen z. B. die Freisetzung genetisch veränderter Organismen (2001/18/EG) oder genetisch veränderte Lebens- und Futtermittel (1829/2003/EG). Ein wichtiger, von vielen Staaten ratifizierter Vertrag ist das „**Cartagena Protocol on Biosafety**" (www.cbd.int/biosafety/about.shtml), das weltweit das folgende Ziel verfolgt: „to contribute to ensuring an adequate level of protection in the field of the safe transfer, handling, and use of living modified organisms resulting from modern biotechnology" (*Botanik*).

Inzwischen werden gentechnische Verfahren in Forschung und biotechnischer Produktion seit mehr als 30 Jahren angewendet. Obwohl die ursprünglichen Befürchtungen nicht eingetroffen sind, ist die Anwendung der Gentechnik in einigen Bereichen wie dem Anbau gentechnisch veränderter Pflanzen („grüne Gentechnologie") zumindest in Deutschland immer noch heftig umstritten (s. Tagespresse). Die Auseinandersetzung wird teilweise sehr ideologisch und fernab von Sachargumenten geführt. Gute Kenntnisse über die Grundlagen der Genetik und genetische Prozesse (Kap. 1–11) sowie über molekularbiologische Methoden (12.2–12.3) tragen hoffentlich zur Versachlichung bei.

> **Beginn der Molekularbiologie:** Beginn der rekombinanten DNA-Technologie in den siebziger Jahren des 20. Jahrhunderts. Grundlagen waren die Verfügbarmachung von Restriktionsenzymen, DNA-Polymerasen, DNA-Ligasen, Plasmiden und *E. coli*-Stämmen.
> **Enzyme der Molekularbiologie:** Hunderte von Enzymen, die natürlicherweise am DNA- oder RNA-Stoffwechsel beteiligt sind, sind heute kommerziell erhältlich.
> **Komplettpakete (Kits):** Molekularbiologische Techniken werden heute oft in kombinierten Paketen mit allen notwendigen Enzymen, Puffern, Klonierungsvektoren, Bakterienstämmen, Reinigungssäulen, Kontroll-DNA usw. von vielen Herstellern angeboten.
> **Roboterisierung:** Automatisierung von molekularbiologischen Techniken (z. B. für Mikroarrays, Genomsequenzierungen).
> **Sicherheit und gesetzliche Grundlagen:** Gentechnikgesetz, EU-Richtlinien, Cartagena-Protokoll.

12.2 In-vitro–Methoden der Molekularbiologie

In-vitro-Methoden der Molekularbiologie beinhalten typischerweise die Behandlung von DNA und RNA mit **Enzymen**. Die Methoden dienen zur Spaltung und Ligation von Nucleinsäuren, der Amplifikation frei definierbarer DNA-Abschnitte (**PCR**) oder dem Nachweis spezifischer Sequenzen in Nucleinsäuregemischen. Die Weiterentwicklung von **Sequenzierungsmethoden** hat zur Ermittlung der Sequenz hunderter Genome geführt. Die Transkriptmengen aller Gene einer Art können mit **DNA-Mikroarrays** parallel bestimmt und so Transkriptome verglichen werden. Polymorphe **molekulare Marker** werden zur Identifizierung gewünschter Gene in der Pflanzenzüchtung wie auch zur

Identifizierung krankheitsrelevanter Allele von Genen des Menschen eingesetzt. Diese Möglichkeiten erlauben das massenhafte **genetische Screening**, was aus statistischen Gründen in der medizinischen Diagnostik nicht immer unproblematisch ist. **Genetische Fingerabdrücke** werden für Verwandtschaftsanalysen wie auch in der Kriminalistik eingesetzt. Die Analyse von **Populationsstrukturen** ermöglicht ein neues Verständnis von Evolutionsprozessen.

12.2.1 Reinigung von Nucleinsäuren

Voraussetzung für viele molekularbiologische Methoden ist die **Reinigung** von Nucleinsäuren (DNA oder RNA) aus Zellen oder Geweben. Die Nucleinsäuren müssen dabei von allen anderen Zellbestandteilen (z. B. Proteinen, Lipiden, Polysacchariden) getrennt werden. Grundlage vieler Methoden ist, dass Nucleinsäuren durch die Phosphatgruppen Polyanionen sind und eine hohe Dichte negativer Ladungen enthalten (S. 5), was sie z. B. in ihrer Löslichkeit oder der Bindungsstärke an Anionenaustauscher von anderen Zellbestandteilen unterscheidet. Der erste Schritt ist der **Zellaufschluss**, was typischerweise durch Inkubation von Zellen oder Geweben in Detergenz-haltigen, gepufferten Lösungen geschieht, wodurch alle Membranen solubilisiert werden. Danach können z. B. durch Ausschüttelung mit **organischen Lösungsmitteln** Proteine denaturiert und hydrophobe Moleküle (Lipide, denaturierte Proteine) entfernt werden, während Nucleinsäuren in der Wasserphase verbleiben. Anschließend werden die Bedingungen der Lösung so eingestellt, dass Nucleinsäuren ausfallen, während andere biologische Moleküle (z. B. Zucker) in Lösung bleiben. Heute wird allerdings meist die spezifische Bindung von Nucleinsäuren an **Säulenmaterial** ausgenutzt, das in Plastik-Einweghalterungen eingebettet ist. Nach Adsorbtion und einigen Waschschritten kann in kurzer Zeit hochreine Nucleinsäure von der Säule eluiert werden. Es gibt zahlreiche Modifikationen der grundsätzlichen Reinigungsprotokolle, die auf die spezifischen Schwierigkeiten bei bestimmten Organismen zugeschnitten sind. Z. B. enthalten Erde und verholzte Gewebe von Pflanzen Polyphenole, die mit den Standardprotokollen nicht abgetrennt werden und die viele Enzyme der Molekularbiologie inhibieren. Dagegen kann DNA aus „einfachen" Organismen mit vereinfachten Protokollen unter Einsatz von Haushaltsmitteln (Waschpulver, Salz) extrahiert werden. Entsprechende Vorschriften finden sich für den Biologieunterricht in Schulen.

Die **Reinigung von RNA** ist deutlich anspruchsvoller als die Reinigung von DNA, da RNasen (als Abwehrmechanismus gegen RNA-Viren) ubiquitär verbreitet sind und sich z. B. auch auf der menschlichen Haut befinden. Daher stellt die RNA-Isolierung und auch der Umgang mit RNA besondere Anforderungen und erfordert große Sorgfalt. So werden Handschuhe getragen und alle Lösungen werden vorbehandelt, um RNasen zu inaktivieren.

12.2.2 Gelelektrophorese

Für viele Fragestellungen werden Nucleinsäuren der Größe nach aufgetrennt. Dies geschieht typischerweise durch **Gelelektrophorese** (Abb. 12.1). Die durch die Phosphatgruppen negativ geladenen Nucleinsäuren wandern beim Anlegen einer Spannung zum Pluspol. Die Wanderungsgeschwindigkeit in einer Matrix (Gel) ist abhängig von der Größe der Nucleinsäuren und von der angelegten Spannung. Größere DNA- oder RNA-Moleküle werden in **Agarosegelen** aufgetrennt, während kleinere DNA-Moleküle in **Polyacrylamidgelen** aufgetrennt werden. Die Moleküle werden nach der Gelelektrophorese durch interkalierende Farbstoffe (S. 395) sichtbar gemacht, die bei Anregung durch UV-Licht fluoreszieren (Abb. 12.1b). Die Gelelektrophorese

– dient als analytisches Instrument, um den Erfolg von Reaktionen zu untersuchen, bei denen sich die Größe von Nucleinsäuren ändert (z. B. Spaltung mit Restriktionsenzymen, S. 482; Ligationen, S. 483) oder bei denen Nucleinsäuren synthetisiert werden (PCR, S. 484; Reverse Transkription, S. 491),
– ist ein präparatives Mittel, um aus einem Gemisch von Nucleinsäuremolekülen ein bestimmtes Molekül zu isolieren,
– ist integraler Bestandteil von DNA-Sequenzierungen (S. 487),
– dient zur Größenauftrennung als erster Schritt bei der Analyse von komplexen Nucleinsäuregemischen (Hybridisierungen, S. 492; molekulare Marker, S. 498; genetische Fingerabdrücke, S. 500).

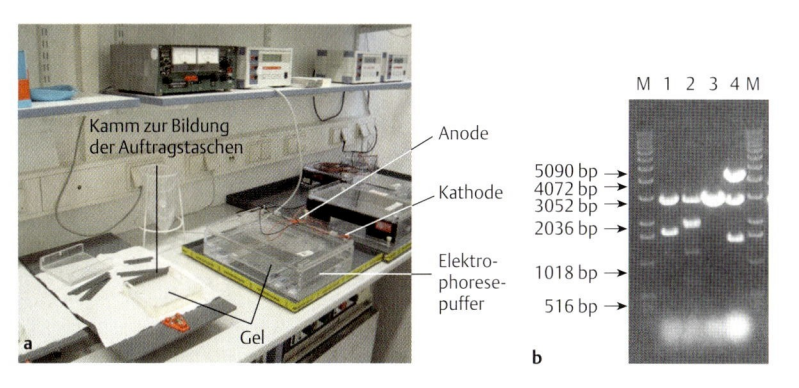

Abb. 12.1 **Gelelektrophorese**. a Elektrophoresekammer. b Mit Ethidiumbromid gefärbtes Gel. Die Größe der DNA-Moleküle lässt sich durch Vergleich von Markerfragmenten bekannter Größe abschätzen. Erst jetzt sieht ein Molekularbiologe den Erfolg oder Misserfolg seiner Arbeit, zuvor hat er meist in kleinen Gefäßen mit farblosen Flüssigkeiten gearbeitet, ohne dass er den Ablauf der Reaktionen beobachten konnte.

12.2.3 Einsatz von Restriktionsendonucleasen

Restriktionsendonucleasen wurden in der Evolution von Mikroorganismen zur Abwehr von fremder DNA entwickelt. Die verschiedenen Typen binden an spezifische Erkennungsmotive an doppelsträngiger DNA und hydrolysieren sie. **Typ I** schneidet die DNA weit entfernt von der Erkennungssequenz und besitzt zusätzlich eine Methyltransferase-Aktivität. **Typ III** schneidet die DNA etwa 20 Basenpaare von der Erkennungssequenz entfernt und besitzt auch eine Methyltransferase-Aktivität. Im Labor werden hauptsächlich Restriktionsenzyme vom **Typ II** verwendet, die DNA innerhalb der Erkennungssequenz schneiden. Sie methylieren die DNA nicht, stattdessen besitzen die jeweiligen Mikroorganismen eigenständige Methylasen, und beide Enzyme zusammen bilden Restriktions-/Modifikationssysteme.

Die Entdeckung der Restriktions-/Modifikationssysteme von Bakterien beruhte auf der Untersuchung von Bakteriophagen. Es wurde die zunächst seltsame Entdeckung gemacht, dass Phagen, die die Art A gut, die Art B aber schlecht infizieren können, nach einer Passage durch die Art B diese nun gut, dafür die Art A aber mit schlechter Effizienz infizieren können. Als Erklärung wurde gefunden, dass die Bakterien die eigene DNA an palindromischen Erkennungssequenzen modifizieren (methylieren) und zusätzlich Restriktionsenzyme enthalten, die nichtmodifizierte DNA an diesen Erkennungssequenzen spalten. Damit besitzen sie einen wirksamen Schutz gegenüber Phagen (und andere Fremd-DNA), wobei die Erkennungssequenzen artspezifisch sind.

Typ-II-Restriktionsenzyme erkennen typischerweise **Palindrome** (S. 19) aus vier bis acht Basenpaaren Länge. Sie spalten die beiden DNA-Stränge entweder genau gegenüberliegend und erzeugen dadurch Produkte mit glatten Enden, oder die beiden Stränge werden um ein bis vier Basen versetzt hydrolysiert und es entstehen Produkte mit einzelsträngigen Überhängen, sogenannte klebrige Enden:

vor der Spaltung:	Spaltung ⇒ glatte Enden	Spaltung ⇒ klebrige Enden
5′...GATATC...3′	5′...GAT ATC...3′	5′...G ATATC...3′
3′...CTATAG...5′	3′...CTA TAB...5′	3′...CTATA G...5′

Früher war man auf die natürlicherweise in der DNA vorkommenden Erkennungssequenzen angewiesen (eine Sequenz aus 6 Nucleotiden kommt in einer DNA gleichen GC-Gehalts statistischerweise alle $4^6 = 4096$ Basenpaare vor). Heute kann ein beliebiger DNA-Abschnitt basengenau durch eine PCR-Reaktion (S. 484) amplifiziert werden und für die Klonierung (s. u.) mit Erkennungsstellen für bestimmte Restriktionsenzyme versehen werden. In der Datenbank REBASE (http://rebase.neb.com/rebase/rebase.html) sind alle bekannten Restriktionsenzyme erfasst.

12.2.4 Ligation

Ligasen sind Enzyme, die während der Replikation die Okazaki-Fragmente verbinden (S. 102). Sie benötigen zwei DNA-Fragmente und katalysieren die Ausbildung einer kovalenten Verbindung zwischen einem 5′-Phosphat und einem 3′-OH. Die Reaktion wird durch die Ausbildung einer intermediären AMP-Verbindung (aus ATP oder NADH) erst mit dem Enzym, dann mit der 5′-Phosphatgruppe des Substrats energetisiert. Für eine Ligation werden zwei DNA-Fragmente mit zueinander passenden Enden benötigt, d. h. entweder DNA-Fragmente, die mit dem gleichen Restriktionsenzym gespalten wurden, oder DNA-Moleküle, die mit unterschiedlichen Enzymen gespalten wurden, die entweder jeweils glatte Enden erzeugen, oder die identische klebrige Enden erzeugen (z. B. G′ **ATAT**C und C′ **ATAT**G).

Die Möglichkeit, beliebige DNA-Fragmente zusammenzufügen, war Voraussetzung für die „**Klonierung**". Sie besteht aus der Ligation von einem oder mehreren DNA-Fragmenten mit einem Vektor (als „Vektoren" werden Plasmide oder Viren bezeichnet, die in einen Wirt eingebracht werden und sich dort vermehren können) und der Transformation (S. 505) von *E. coli* oder anderen Wirtszellen. Dies führt zu Klonen, mit denen der entstandene rekombinante Vektor vermehrt werden kann und die für verschiedene Zwecke eingesetzt werden (z. B. Sequenzierung, S. 487; Proteinproduktion, S. 510; Deletion von Genen, S. 513). Abb. 12.**2** zeigt einen häufig verwendeten Vektor. Herausgehoben ist die Polyklonierungsstelle (**multiple cloning site, mcs**), die viele Erkennungssequenzen für Restriktionsenzyme enthält, um das Klonieren beliebiger Gene zu ermöglichen. Bei einer typischen Ligation werden hintereinander zwei Reaktionen benötigt, die jeweils sehr unterschiedliche optimale Bedingungen haben:

– 1. die Ligation zwischen dem gewünschten DNA-Fragment und dem Vektor – eine bimolekulare Reaktion, die bei hohen DNA-Konzentrationen besonders effektiv ist – und
– 2. die anschließende Ligation der beiden Enden des entstandenen Moleküls zu einem Ring – eine monomolekulare Reaktion, die bei niedrigen DNA-Konzentrationen besonders effektiv ist.

Daher wählt man meist Kompromissbedingungen und es entstehen bei Ligationen Mischungen von Produkten. Nach einer Transformation werden dann Klone identifiziert, die das gewünschte rekombinante Plasmid enthalten. Es sind zahlreiche Modifikationen ausgearbeitet worden, die die Effizienz von Ligationen erhöhen, den Anteil der gewünschten Produkte steigern oder die Identifizierung der gewünschten Produkte erleichtern. Zusätzlich zu **DNA-Ligasen**, die seit Jahrzehnten eingesetzt werden, sind seit einigen Jahren **RNA-Ligasen** kommerziell erhältlich und gewinnen bei der Charakterisierung von RNAs eine immer größere Rolle.

12 Methoden der Molekularbiologie

```
                pUC sequencing                                                    PstI      HincII
                primer (–20), 17-mer          399  HindIII       Pael   SdaI    BveI   SalI        XbaI
                                                                                       XmiI              BamHI
5'  G TAA AAC GAC GGC CAG TGC CAA GCT TGC ATG CCT GCA GGT CGA CTC TAG AGG ATC
3'  C ATT TTG CTG CCG GTC ACG GTT CGA ACG TAC GGA CGT CCA GCT GAG ATC TCC TAG
LacZ ←   Val Val Ala Leu Ala Leu Ser Ala His Arg Cys Thr Ser Glu Leu Pro Asp

             Cfr9I                 Ecl136II
             Eco88I   Acc65I       Eco24I       EcoRI
             SmaI     KpnI         SacI         XapI     455
             CCC GGG TAC CGA GCT CGA ATT CGT AAT CAT GGT CAT ACG TGT TTC CTG 3'
             GGG CCC ATG GCT CGA GCT TAA GCA TTA GTA CCA GTA TCG ACA AAG GAC 5'
             Gly Pro  Val Ser Ser Ser Asn Thr Ile Met Thr Met
                                                                  pUC reverse sequencing
                                                                    primer (–26), 17-mer
```

a

b

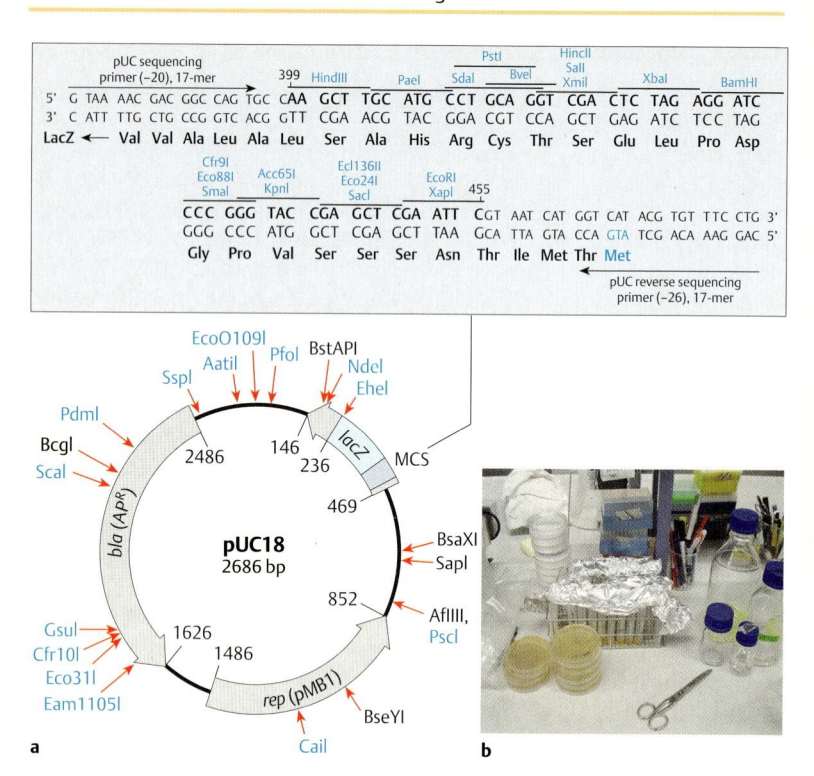

Abb. 12.2 Plasmidkarte eines häufig verwendeten Vektors (pUC18). a Das Plasmid enthält eine Polyklonierungstelle (MCS), einen Replikationsursprung (rep) und zwei Selektionsgene (AP^R und lacZ). Das lacZ-Gen codiert eine Galactosidase und erlaubt die Durchmusterung von Klonen auf Zellen, die Farbstoffe spalten können (Religation des Plasmides) oder nicht (Insertion eines Fragmentes). b Typischer Arbeitsplatz eines Molekularbiologen.

12.2.5 Polymerasekettenreaktion

Die **Polymerasekettenreaktion** (**PCR**, polymerase chain reaction) dient der Amplifikation beliebiger DNA-Sequenzen, die basengenau ausgewählt werden können. In einer PCR werden eine DNA-Vorlage (**Template**), eine DNA-Polymerase aus einem thermophilen Organismus, zwei Oligonucleotidprimer (forward und reverse primer; DNA-Polymerasen können Synthesen nicht de novo starten, S. 97) und die vier Desoxyribonucleotidtriphosphate (dNTPs) in einem entsprechenden Puffer eingesetzt. Eine PCR besteht aus dem vielfachen Durchlaufen eines Zyklus aus Inkubationen bei drei verschiedenen Temperaturen, die den folgenden Zwecken dienen:

- Inkubation bei ca. 95 °C. Dies dient dem **Aufschmelzen** von DNA-Doppelsträngen in die beiden Einzelstränge (S. 17).
- Inkubation bei ca. 40 °C–70 °C. Dieser Schritt dient der Anlagerung je eines Oligonucleotids an jeden der beiden Einzelstränge (**Annealing**). Die gewählte Temperatur hängt von der Länge der Oligonucleotide ab und sollte ca. 10 °C unter der Schmelztemperatur der Oligonucleotide liegen.
- Inkubation bei der optimalen Temperatur der DNA-Polymerase, meist bei 72 °C. Bei diesem Schritt werden, ausgehend von den 3′OH-Enden der Primer, Template-abhängig neue DNA-Stränge synthetisiert (**Polymerisation**).

Die ersten zwei Zyklen einer PCR sind in Abb. 12.**3** schematisch dargestellt. Der entscheidende Punkt ist, dass die Produkte „P2" eines jeden Zyklus gleichzeitig die Vorlagen für den nächsten Zyklus sind und in diesem verdoppelt werden, sodass die Menge „M" exponentiell nach der Formel $M_n = M_{n=0} \cdot 2^n$ (mit n = Zykluszahl) zunimmt. Nach 30 Zyklen wird somit die ursprüngliche Templatemenge um den Faktor $2^{30} = 10^9$ vermehrt. Dies gilt zumindest theoretisch. Da es nach einer exponentiellen Phase zu einer abnehmenden Konzentration von Oligonucleotiden und dNTPs und einer zunehmenden Produktkonzentration kommt, sinkt die Effizienz pro Schritt, bis Primer oder dNTPs aufgebraucht sind. Die exponentielle Amplifikation gilt nur für das Produkt „P2", das von den beiden Primern begrenzt ist. Das Produkt „P1" wird nur linear vervielfältigt und fällt damit nicht ins Gewicht.

Es stehen heute viele Polymerasen von thermophilen Bakterien (z. B. die *Taq*-Polymerase von *Thermus aquaticus*) und Archaea (z. B. die *Pfu*-Polymerase von *Pyrococcus furiosus*) zur Verfügung. Die PCR hat heute im molekularbiologischen Labor zahlreiche unterschiedliche Anwendungen, z. B. bei der Amplifikation von Genen für die Klonierung, dem qualitativen Nachweis von Sequenzen in Nucleinsäuregemischen, der Quantifizierung der Nucleinsäuremenge, dem Anlegen von Genombibliotheken, der Analyse der Sequenzvariabilität in einer Population oder der Erstellung „genetischer Fingerabdrücke". Für die verschiedenen Anwendungen sind viele Abwandlungen etabliert worden, von denen einige nachfolgend kurz beschrieben werden.

Häufig werden an die 5′-Enden von Primern zusätzliche Sequenzen „angehängt", die nicht mit dem ursprünglichen Template paaren, aber Teile der Produkte P2 bilden. Damit können **PCR-Fragmente** an ihren Enden **mit unterschiedlichen Funktionen versehen** werden. Dies können z. B. Erkennungsstellen für Restriktionsenzyme für die anschließende Klonierung sein (S. 483), Promotorsequenzen, die eine anschließende In-vitro-Transkription ermöglichen (S. 496), oder codierende Bereiche für Peptide, sodass das PCR-Produkt ein **Fusionsprotein** codiert, dass mittels **Affinitätschromatographie** leicht gereinigt werden kann.

Die Länge der DNA-Abschnitte, die in einer PCR-Reaktion amplifiziert werden können, ist auf wenige 1000 bp begrenzt, da die Prozessivität der Polymerasen in vitro ohne Klammer und Klammerlader (S. 108) nicht sehr hoch ist. Für die

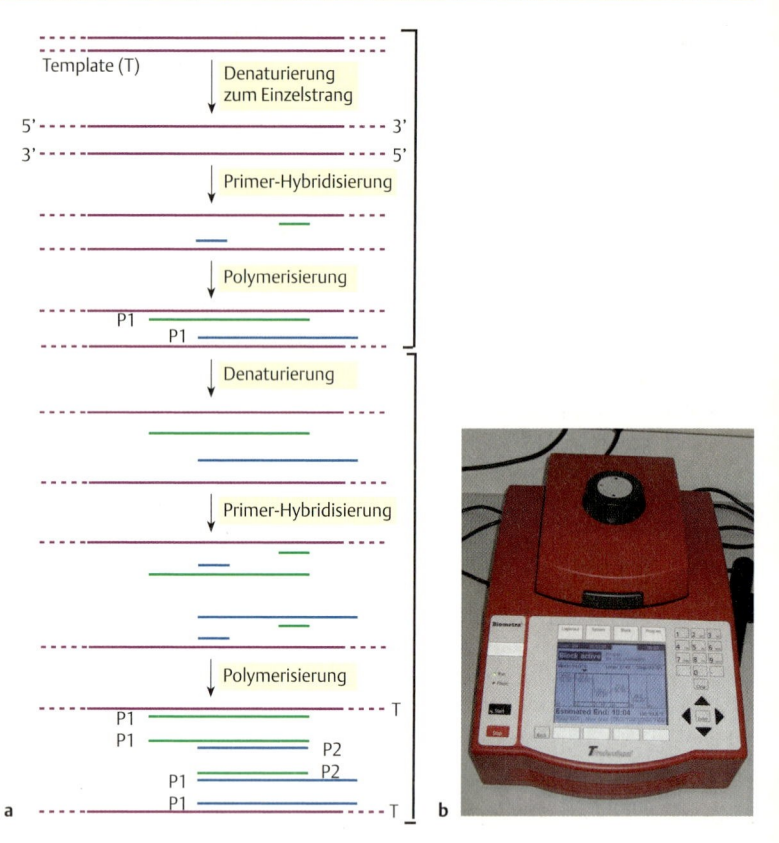

Abb. 12.3 **PCR. a** Schema der beiden ersten Zyklen einer PCR-Reaktion jeweils markiert durch die Klammern. **b** Eine typische PCR-Maschine.

Amplifikation längerer Bereiche bieten Firmen sogenannte „**Long-Range-PCR-Kits**" an, die Mischungen verschiedener Polymerasen enthalten. Aber auch dann liegt die Obergrenze der amplifizierbaren Fragmente bei ca. 50 kbp, weit unter dem, was bei der Replikation in vivo erfolgt.

Bei bestimmten, sehr suboptimalen Pufferbedingungen steigt die Fehlerrate der Polymerase stark an und die PCR kann eingesetzt werden, um eine Bibliothek von **Zufallsmutanten** eines Gens zu erzeugen. Werden Primer eingesetzt, die an einzelnen Nucleotiden nicht zum Template passen, ist es möglich, **ortsspezifische Mutationen** zu erzeugen, sodass sich in dem codierten Protein einzelne Aminosäuren vom Wildtypprotein unterscheiden.

Unter Anwendung spezialisierter PCR-Geräte kann nach jedem Zyklus einer PCR quantitativ bestimmt werden, wie viel PCR-Produkt entstanden ist (**Real-Time-PCR**). Die Grundlage ist die Integration einer Fluoreszenzanregungs- und -messeinheit in ein PCR-Gerät. Es gibt verschiedene Methoden, wie die Zunahme der PCR-Produktmenge zu einer Zunahme der Fluoreszenz führt. In der einfachsten Form wird ein Fluoreszenzfarbstoff in die PCR gegeben, der an doppelsträngige DNA bindet und in der gebundenen Form stärker fluoresziert als in Lösung. Mit der Real-Time-PCR können relative und bei der Anwendung von Eichkurven auch absolute Quantifizierungen von Zielsequenzen in Nucleinsäuregemischen durchgeführt werden.

Wird der PCR eine **Reverse Transkription** von RNA in DNA vorgeschaltet (S. 491), so können auch die **Transkripte** einzelner Gene in dem Gemisch aller Transkripte einer Zelle nachgewiesen werden. Die Kombination von Reverser Transkription und Real-Time-PCR ermöglicht die Quantifizierung von Transkripten und damit die Anwendung der sogenannten „qRT-PCR" für **Expressionsstudien**.

Heute ist es möglich, eine PCR auf einem Objektträger zu realisieren und damit Moleküle in histologischen Schnitten nachzuweisen (**In-situ-PCR**). Es gibt viele weitere Abwandlungen, die hier nicht beschrieben werden können.

> Die enorme Sensitivität der PCR hat nicht nur Vorteile, sondern birgt auch Gefahren, wie das **Phantom von Heilbronn** verdeutlichen kann. Dabei handelte es sich um einen Verbrecher, der im Verlauf von mehreren Jahren an vielen weit auseinander liegenden Tatorten durch **DNA-Fingerabdrücke** (S. 500) identifiziert wurde. Rätselhaft war nicht nur die Mobilität, sondern auch, dass der Täter vollkommen unterschiedliche Verbrechen beging, vom einfachen Einbruch in eine Gartenlaube bis zum brutalen Mord, und dass es trotz des Einsatzes von Sonderkommissionen an verschiedenen Orten nie gelang, ihn zu fassen – es blieb eben ein „Phantom". Das Rätsel wurde gelöst, als entdeckt wurde, dass die DNA-Spuren von den zur Spurensicherung verwendeten Wattestäbchen kamen und die Polizei die Spuren jeweils selbst mit zum Tatort gebracht hatte (sie hatte „sterile Wattestäbchen" gekauft, aber leider keine „DNA-freie"). Die DNA konnte zu einer – natürlich unschuldigen – Arbeiterin zurückverfolgt werden, die an der Verpackung der Wattestäbchen beteiligt war. Je sensitiver eine Methode ist, desto problematischer werden geringste Verunreinigungen. ◄

12.2.6 Sequenzierungsmethoden und Genomsequenzierung

Die Ermittlung der Abfolge der vier Basen (A, C, G, T) eines DNA-Stranges bezeichnet man als „Sequenzierung". Die in den letzten Jahrzehnten gebräuchlichste Sequenziermethode war die nach ihrem Entwickler benannte „Sanger-Sequenzierung". Die Grundlage der Sanger-Sequenzierung ist eine DNA-Polymerisation (Abb. 12.**4**), in die neben den vier natürlichen Substraten (dATP, dCTP, dGTP, dTTP) eine gewisse Menge eines fünften Nucleotidtriphosphats eingesetzt wird, dem die OH-Gruppe am 3′-C-Atom der Ribose fehlt (**2′, 3′-Didesoxy-**

12 Methoden der Molekularbiologie

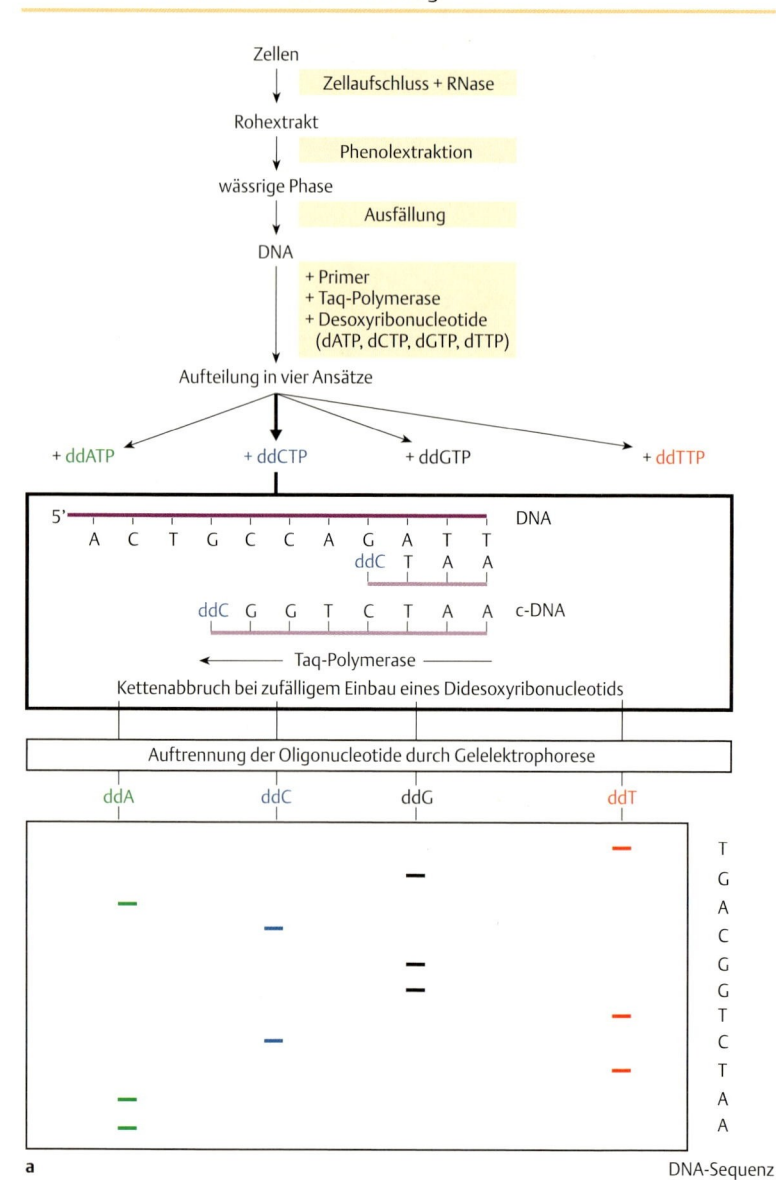

```
                    Zellen
                      │  ┌─────────────────────┐
                      │  │ Zellaufschluss + RNase │
                      ▼  └─────────────────────┘
                  Rohextrakt
                      │  ┌─────────────────────┐
                      │  │   Phenolextraktion   │
                      ▼  └─────────────────────┘
                wässrige Phase
                      │  ┌─────────────────────┐
                      │  │      Ausfällung      │
                      ▼  └─────────────────────┘
                     DNA
                      │  + Primer
                      │  + Taq-Polymerase
                      │  + Desoxyribonucleotide
                      │    (dATP, dCTP, dGTP, dTTP)
                      ▼
             Aufteilung in vier Ansätze
```

+ ddATP   + ddCTP   + ddGTP   + ddTTP

```
5'
 A  C  T  G  C  C  A  G  A  T  T      DNA
                   ddC T  A  A
              ddC G  G  T  C  T  A  A  c-DNA
         ◄────── Taq-Polymerase ──────
```

Kettenabbruch bei zufälligem Einbau eines Didesoxyribonucleotids

Auftrennung der Oligonucleotide durch Gelelektrophorese

ddA	ddC	ddG	ddT	
			—	T
		—		G
—				A
	—			C
		—		G
		—		G
			—	T
	—			C
			—	T
—				A
—				A

a   DNA-Sequenz

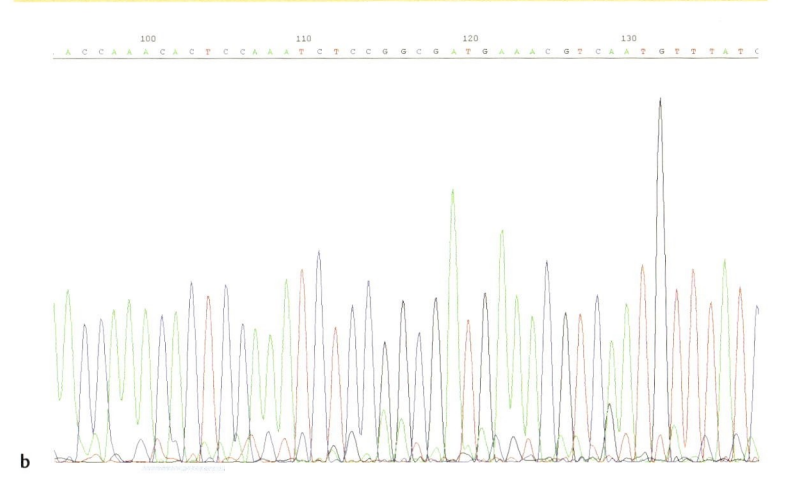

A C C A A A C A C T C C A A A T C T C C G G C G A T G A A A C G T C A A T G T T T A T C

Abb. 12.4 Sequenzierung. a DNA-Aufarbeitung und anschließende Sequenzierung nach Sanger. Die Fragmente aus den vier Reaktionsansätzen werden im Gel der Größe nach getrennt und dann von unten nach oben gelesen. **b** Chromatogramm einer Sequenzierreaktion, bei der die fluoreszenzmarkierten Fragmente automatisch ausgelesen wurden. Die einzelnen Nucleotide sind farblich markiert, die jeweilige Höhe der Kurvengipfel gibt eine Information über die Qualität der Sequenzinformation.

nucleotidtriphosphat, ddATP, ddCTP, ddTTP **oder** ddGTP). Die ddNTPs werden zwar von der Polymerase eingebaut, aber aufgrund der fehlenden OH-Gruppe kann keine weitere Verlängerung erfolgen, es kommt zum Kettenabbruch. Für eine Sequenzierung müssen also vier Polymerase-Reaktionen angesetzt werden, in denen das fünfte Nucleotid entweder ein ddATP, ein ddCTP, ein ddGTP oder ein ddTTP ist. Das ddNTP wird jeweils in viel geringerer Konzentration als das dNTP eingesetzt (z. B. 1:1000) und beide werden nach den Gesetzen der Statistik eingebaut. An allen Positionen, an denen z. B. ein „A" eingebaut werden muss, wird bei durchschnittlich einem von tausend Molekülen ein ddATP eingebaut. Die neu synthetisierten Fragmente dieser Reaktionen werden anschließend in einem Gel entsprechend ihrer Länge aufgetrennt. Alle Fragmente haben das gleiche 5′-Ende, das durch den Primer bestimmt wird. In den vier Spuren der jeweiligen Ansätze sind nur Fragmente, die mit dem jeweiligen fünften Nucleotid, z. B. „ddA", enden. Hangelt man sich nun die Leiter der Fragmentgrößen in den vier Spuren von unten nach oben entlang (von kleinen zu großen Fragmenten, die jeweils einen Größenunterschied von einer Base haben), so kann man die Sequenz lesen (Abb. 12.**4a**).

Bei gleicher prinzipieller Vorgehensweise wurde im Laufe der Jahre die „Sanger-Sequenzierung" verbessert. Die Einführung der thermostabilen DNA-Polymerasen führte zur Entwicklung des „**Cycle-Sequencings**". Dabei werden PCR-

Geräte eingesetzt und es werden z. B. 40 Sequenzierzyklen durchgeführt. Trotz der Verwendung von PCR-Geräten handelt es sich nicht um PCRs: Es wird nur *ein* Primer eingesetzt, und es findet keine Kettenreaktion statt. Das eingesetzte Template wird „nur" 40x sequenziert, doch schon diese Erhöhung der Sensitivität hat die Qualität der Sequenzierungen deutlich gesteigert. Eine weitere Verbesserung war die Einführung von ddNTPs, deren vier Basen mit vier verschiedenen Fluoreszenzfarbstoffen modifiziert sind, sodass man nicht mehr vier verschiedene Reaktionen durchführen muss, sondern nur noch eine Reaktion, die in einer Spur eines Gels aufgetrennt wird. Die Sequenz wird dann gelesen durch die zeitliche Abfolge, in der die mit den vier Fluoreszenzfarbstoffen versehenen Fragmente unterschiedlicher Länge einen Detektor passieren (Abb. 12.**4b**).

In den letzten Jahren sind eine Reihe prinzipiell anderer, sehr leistungsfähiger Sequenziermethoden entwickelt worden (**Pyrosequenzierung, „454-Sequenzierung"**). Typischerweise wird die Anzahl von Sequenzierreaktionen, die je Zeiteinheit durchgeführt werden können, bei den verschiedenen Methoden enorm gesteigert, wobei die Länge der lesbaren Sequenz je Reaktion z. T. sehr kurz ist. Die hohe Zahl von Sequenzreaktionen (z. B. > 100 000 je Versuch) ermöglicht vollkommen neue experimentelle Ansätze und hat die Sequenzierung zu einer quantitativen Methode gemacht, da von der Zahl der Sequenzierungen einer bestimmten Sequenz auf ihren Anteil an einer gemischten Nucleinsäurepopulation geschlossen werden kann. In Verbindung mit einer Reversen Transkription kann die Sequenzierung heute auch für Expressionsanalysen eingesetzt werden.

Vollständige Genome werden heute nach der sogenannten **„Shotgun-Methode"** (Schrotgewehr-Methode) sequenziert. Dabei wird isolierte genomische DNA zunächst mit physikalischen Methoden in kleine Stücke zerlegt. Da Millionen von Genommolekülen eingesetzt werden, führt das zu einer Bibliothek von überlappenden Fragmenten. Diese werden in einen Vektor kloniert (S. 483), und es werden viele Klone sequenziert (s. o.). Aus statistischen Gründen werden ca. achtmal soviele Klone sequenziert, wie es der Genomgröße entspricht. Für die Sequenzierung eines Bakteriengenoms durchschnittlicher Größe werden demnach ca. 70 000 Sequenzreaktionen benötigt, für die Sequenzierung eukaryotischer Genome entsprechend mehr. Im Computer werden dann alle Ergebnisse in eine Datenbank geladen, und es wird nach Überlappungen gesucht, mit denen immer längere Sequenzen in silico zusammengesetzt werden können. Idealerweise lässt sich auf diese Weise das gesamte Genom rekonstruieren. Insbesondere wenn Genome viele repetitive Sequenzen enthalten, wie bei höheren Eukaryoten, ist diese Aufgabe keinesfalls trivial. Nach der Erstellung der Genomsequenz erfolgt die nächste Phase, nämlich die **Annotation** der Sequenz, d. h. der Vorhersage der Zahl und Lage von Genen und ihrer Funktion.

Die Sequenzierung und Annotation des Genoms reicht natürlich nicht aus, einen Organismus zu „verstehen", obgleich viele Informationen über seinen Stoffwechsel, die Transportkapazität der Zellmembran oder Regulationswege abgeleitet werden können. Die Genomsequenzen haben deutlich gemacht, wie wichtig experimentelle Ansätze sind, die die Funktion von Genen aufklären (z. B. DNA-Mikroarrays, S. 494; Identifikationen von Wechselwirkungen, S. 512; Gendeletionen, S. 513; konditionale Depletierung von Proteinen, S. 513). Insbesondere die Aufklärung der Genomsequenz des Menschen, die 2001 veröffentlicht wurde, hat deutlich gemacht, wie wenig aus der reinen Sequenz zu lernen ist und wie wichtig experimentelle Funktionsstudien sind. Die verblüffende Erkenntnis, dass der Mensch ebenso viele „RNA-Gene" besitzt, die nicht in Protein übersetzt werden, wie proteincodierende Gene, war der Genomsequenz nicht zu entnehmen. Auch die Vielfalt der menschlichen Population und die Individualität von menschlichen Genomen war der ersten „gemischten" Genomsequenz nicht zu entnehmen. Dazu sind **Populationsanalysen** notwendig, die sich auf bestimmte Genombereiche konzentrieren, oder Genomsequenzen von mehreren menschlichen Individuen. Ein Anfang ist gemacht, die Genome von James Watson und Craig Venter sind 2008 veröffentlicht worden und sind für jeden zugänglich im Netz verfügbar (http://jimwatsonsequence.cshl.edu/cgi-perl/gbrowse/jwsequence/; http://huref.jcvi.org/). In einem ambitionierten „1000 Genome-Projekt" sollen in nächster Zeit die Genome von 1000 Menschen sequenziert werden, die möglichst repräsentativ für die verschiedenen Menschengruppen auf der Erde sein sollen.

12.2.7 Reverse Transkription

Die RNA-abhängigen DNA-Polymerasen der Retroviren (S. 117) wurden schon früh entdeckt. Die „**Reversen Transkriptasen**" mehrerer Viren sind kommerziell erhältlich, häufig werden z. B. die Enzyme der Viren AMV und MMLV angewendet. Mit den Reversen Transkriptasen hat der Molekularbiologe Werkzeuge, um in vitro RNA in DNA, sogenannte komplementäre DNA (**cDNA**), umzuwandeln. Dazu wird die als Vorlage verwendete RNA zusammen mit einem Primer, dNTPs und einer Reversen Transkriptase unter den für das jeweilige Enzym optimalen Bedingungen (Puffer, Temperatur, pH) inkubiert. Die Reverse Transkription ist insbesondere für die Arbeit mit höheren Eukaryoten wichtig, deren Gene von Introns unterbrochen sind und bei denen es aufgrund der Genomsequenz oft nicht einfach ist, die von einem Genombereich codierte Proteinsequenz vorherzusagen. Dies gilt umso mehr, als es **differenzielles Spleißen** gibt (S. 166) und von derselben Genomsequenz in unterschiedlichen Geweben oder unterschiedlichen Entwicklungsstadien u. U. verschiedene Proteine gebildet werden. Daher ist es informativer oder oft die einzige Möglichkeit, die RNA zu isolieren und die entsprechenden Transkripte in DNA umzuschreiben, die dann kloniert und sequenziert werden kann. Da prozessierte eukaryotische Transkripte einen Poly(A)-Schwanz am 3′-Ende enthalten (S. 168), können auch alle Transkripte einer Zelle mit einem Oligo-dT-Primer gleichzeitig in eine Mischung von cDNAs umgeschrieben werden, die idealerweise alle transkribierten Gene einer Art oder eines Gewebes repräsentieren (**cDNA-Bibliotheken**, S. 495). Eine weitere Anwendung von Reversen Transkriptasen ist die **Bestimmung der 5′-Enden** von Transkripten mit einer **Primer Extension** genannten Methode. Außerdem werden Reverse Transkriptasen benötigt, um sämtliche RNAs einer Zelle in eine Mischung fluoreszenzfarbstoffmarkierter cDNAs umzuschreiben. Die markierten cDNAs können für die vergleichende Analyse der Mengen aller Transkripte unter zwei verschiedenen Bedingungen verwendet werden (**DNA-Mikroarray-Analysen**, S. 494).

12.2.8 Hybridisierung

Die spezifische Basenpaarung ist nicht nur für die Vererbung der genetischen Information wichtig (S. 8), sondern auch Grundlage für eine Reihe molekularbiologischer Methoden. Die Bestimmung der Komplexität von Genomen durch die Analyse von Reassoziationskinetiken ist schon erwähnt worden (S. 17). Komplementäre Einzelstränge paaren sich gemäß ihrer Sequenz unter geeigneten Bedingungen, sie hybridisieren miteinander. Auch ein RNA-Molekül hybridisiert mit der komplementären DNA oder RNA, sodass alle Nucleinsäuren für analytische Techniken verwendet werden können. Bei Hybridisierungen wird oft eine bestimmte Sequenz markiert und als „Sonde" verwendet, um in komplexen Nucleinsäuregemischen nach der komplementären Sequenz zu suchen. Die älteste Hybridisierungsmethode wurde von Ed Southern entwickelt und nach ihm **Southern-Blot** genannt. Dazu wird genomische DNA isoliert (S. 480), mit Restriktionsenzymen gespalten (S. 482), die Bruchstücke werden mittels Agarosegelelektrophorese der Größe nach aufgetrennt (S. 481) und danach auf eine **Membran** übertragen. Diese wird dann mit einer **markierten Sonde** inkubiert. Die Markierung von DNA-Fragmenten für ihren Einsatz als Sonden kann mit einer Reihe unterschiedlicher Enzyme des Nucleinsäurestoffwechsels erfolgen (DNA-Polymerasen, RNA-Polymerasen, Kinasen, usw.). Die Markierung (früher häufig Radioaktivität, heute meist Basenanaloga) muss sehr sensitiv nachzuweisen sein. Die Sonde wird durch Erhitzen einzelsträngig gemacht und bindet unter geeigneten Bedingungen auf der Membran ausschließlich an Stellen, an denen sich der Gegenstrang befindet. Die Analyse liefert Informationen darüber, ob sich eine bestimmte Nucleinsäuresequenz (ein Gen) in dem untersuchten Genom befindet, wie oft sie in dem Genom vorkommt und wie groß die Fragmente sind, die die Sequenz enthalten (Abb. 12.**5**).

Eine entsprechende Analyse kann mit RNA durchgeführt werden und wird **Northern-Blot** genannt. In diesem Fall kann mit der Analyse festgestellt werden, ob ein bestimmtes Gen in den untersuchten Zellen unter den Versuchsbedingungen transkribiert wurde, wie groß das Transkript ist (bei Eukaryoten kann es lange untranslatierte Bereiche geben, bei Prokaryoten polycistronische Transkripte) und es können relative Vergleiche der Transkriptmengen unter unterschiedlichen Bedingungen vorgenommen werden.

Nachdem zwei Analysemethoden mit „Southern Blot" und „Northern Blot" benannt worden waren, wurde eine formal ähnliche Methode mit **„Western-Blot"** bezeichnet. Dabei spielt allerdings nicht die Komplementarität zweier Nucleinsäurestränge eine Rolle, sondern die hochaffine Bindung zwischen Antikörpern und Antigenen. Der Western Blot

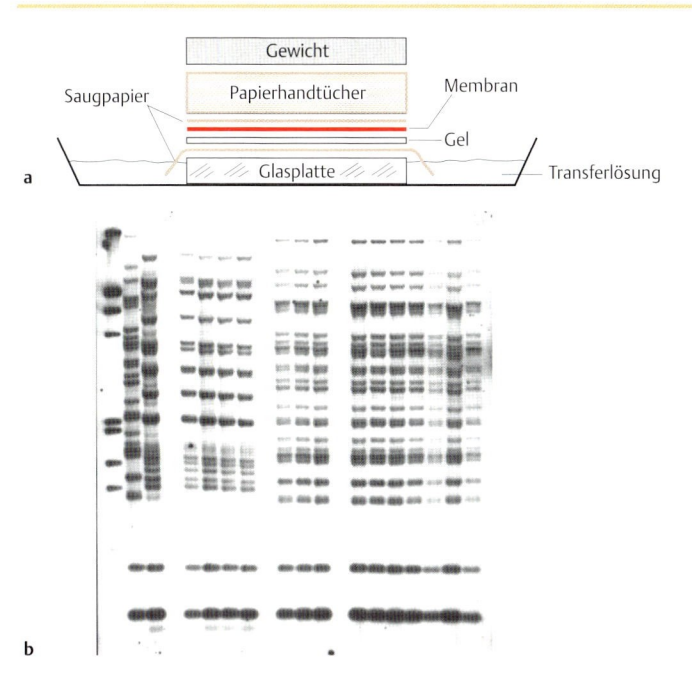

Abb. 12.5 **Southern Blot. a** Kapillarblot, mit dem Nucleinsäuren auf eine Membran übertragen werden (Blot). **b** Darstellung einer DNA/DNA-Hybridisierungsreaktion von genomischer DNA mit einem repetitiven Fragment zur Differenzierung von Pathogen-Isolaten.

dient zur Analyse, ob in komplexen Proteinmischungen ein bestimmtes Protein, gegen das ein spezifischer Antikörper vorliegen muss, vorhanden ist. Die Proteinmischung, z. B. sämtliche cytoplasmatischen Proteine einer Art, wird in einem denaturierenden Gel der Größe nach aufgetrennt und auf eine Membran übertragen. Die Membran wird mit einem Antikörper inkubiert, der nur dort bindet, wo sich sein Antigen befindet. Der erste Antikörper wird mit einem zweiten Antikörper nachgewiesen, der mit einer sensitiv nachzuweisenden Markierung versehen ist.

Eine weitere Anwendung von Hybridisierungstechniken sind sogenannte „**subtraktive Hybridisierungen**", die zum Ziel haben, alle Nucleinsäuren zu identifizieren, die nur in einer von zwei Proben vorhanden sind. Dies kann der Vergleich einer pathogenen und einer nahe verwandten nichtpathogenen Art sein, um Pathogenitätsfaktoren zu identifizieren, oder der Vergleich von zwei cDNA-Banken mit dem Ziel, alle Gene zu identifizieren, die nur unter spezifischen Bedingungen und nicht unter Vergleichsbedingungen transkribiert werden. Das Prinzip besteht jeweils darin, die Vergleichsnucleinsäure in hohem Konzentrationsüberschuss einzusetzen. Nach Aufschmelzen und Rehybridisierung werden alle Sequenzen der Zielnucleinsäure, die auch in der Vergleichsnucleinsäure vorkommen, durch deren Konzentrationsüberschuss abgesättigt (subtrahiert) und übrig bleiben Sequenzen, die spezifisch für die Zielnucleinsäure sind.

12.2.9 Mikroarray-Analysen

DNA-Mikroarray-Analysen haben zum Ziel, die Transkriptmengen aller Gene einer Art parallel zu bestimmen und damit das sogenannte **„Transkriptom"** zu analysieren. Auf einem DNA-Mikroarray sind typischerweise sämtliche Gene einer Art repräsentiert, meist durch genspezifische Oligonucleotide oder PCR-Produkte. Das bedeutet, dass ein DNA-Mikroarray für *E. coli* aus etwa 4600 Punkten besteht, einer für *Arabidopsis thaliana* aus etwa 24 000 Punkten und einer für den Menschen aus 30 000 Punkten (nur proteincodierende Gene). Ein DNA-Mikroarray wird produziert, indem ein Roboter kleinste Flüssigkeitsvolumina mit Lösungen der Gensequenzen auf eine feste Oberfläche aufbringt. Auf der Fläche eines Objektträgers (7,5 × 2,5 cm) können bis zu 10 000 Punkte aufgebracht werden. Entscheidend ist, dass die Position jedes Gens auf dem DNA-Mikroarray genau bekannt ist.

Eine alternative Methode zur Erzeugung von DNA-Mikroarrays ist die Synthese von Oligonucleotiden, die die Gene repräsentieren, auf einer festen Oberfläche. Es wird mit Methoden gearbeitet, die denen zur Erzeugung von Computer-Chips vergleichbar sind, und diese Mikroarrays werden daher auch als DNA-Chips bezeichnet. Es können wesentlich mehr unterschiedliche Sequenzen je Fläche erzeugt werden als bei herkömmlichen Methoden, allerdings ist die Länge der produzierbaren Oligonucleotide begrenzt, sodass pro Gen 40 Oligonucleotide (20 für Kontrollzwecke) eingesetzt werden müssen, um verlässliche Ergebnisse zu erzielen. Das Prinzip ist jedoch dasselbe wie oben beschrieben.

Der **Ablauf eines DNA-Mikroarray-Experimentes** ist in Abb. 12.**6** schematisch dargestellt. Es werden zwei Bedingungen verglichen (z. B. Bakterienkulturen mit unterschiedlichen Kohlenstoffquellen, Krebszelle ↔ gesunde Zelle). In beiden Fällen wird RNA isoliert, die mit einer Reversen Transkriptase in cDNA umgeschrieben wird und dabei mit zwei verschiedenen Fluoreszenzfarbstoffen markiert wird. Danach erfolgt eine kompetitive Hybridisierung der beiden cDNAs mit dem Mikroarray. Das Vorgehen ist in gewisser Hinsicht eine Umkehrung der oben beschriebenen Northern Blot-Analyse, bei der ein Gen als Sonde markiert und mit sämtlichen – unmarkierten – Transkripten inkubiert wurde. Die Hybridisierungssignale werden mit einem Laserscanner ausgewertet. Die Methode erlaubt die parallele relative Quantifizierung der Transkriptmengen aller Gene einer Zelle im Vergleich der beiden Bedingungen. Diese Art von Experimenten führt in kürzester Zeit zu einer großen Fülle an Daten, die in speziellen **Datenbanken** (S. 520) hinterlegt werden.

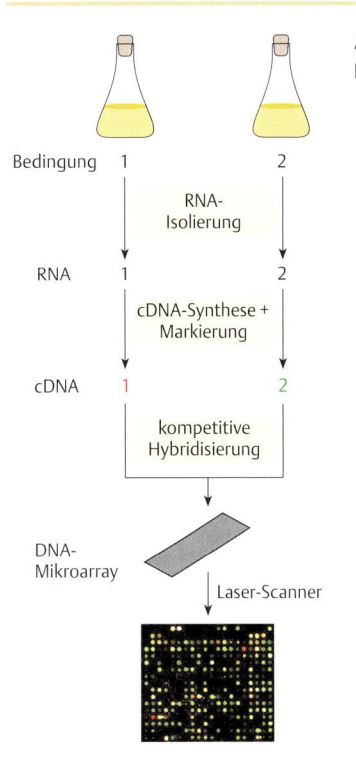

Abb. 12.6 Ablauf eines DNA-Mikroarray-Experimentes mit kompetitiver Hybridisierung.

12.2.10 Genom-, cDNA- und Umwelt-DNA-Bibliotheken

Für einige unterschiedliche Anwendungen werden sogenannte **Genbibliotheken** oder **Genbanken** generiert. Repräsentieren sie das gesamte Genom, wird von **Genombibliotheken** (-banken) gesprochen. Dazu wird genomische DNA in Fragmente zerlegt und diese in einen Vektor kloniert. Dies ist z.B für die Genomsequenzierung nötig (S. 490). Bei Prokaryoten werden Genombibliotheken außerdem verwendet, um mittels Hybridisierungen Klone zu identifizieren, die bestimmte Gene enthalten, die in dem jeweiligen Projekt wichtig sind. Nach subtraktiver Hybridisierung (S. 493) werden Teilbibliotheken angelegt, die sämtliche Fragmente enthalten, die in einem Testgenom, nicht jedoch in einem Referenzgenom vorhanden sind.

Bei Eukaryoten werden häufig keine Genombanken (Ausnahme: Genomsequenzierung), sondern **cDNA-Bibliotheken** angelegt. Dazu werden sämtliche mRNAs eines Zelltyps oder eines Gewebes in cDNAs umgeschrieben, die in Vektoren kloniert werden. Ziel ist es, die exprimierten Gene möglichst vollständig zu repräsentieren. Die Bibliotheken werden z. B. verwendet, um mit Hybridisierungsverfahren gesuchte Gene zu identifizieren.

Werden die Bibliotheken in Expressionsvektoren kloniert, kommt es zur heterologen Produktion der entsprechenden Genprodukte in *E. coli*. Die gesuchten Klone können dann auch über die Reaktion mit spezifischen Antikörpern oder über die enzymatische Aktivität der Genprodukte identifiziert werden. Eine biotechnologische Anwendung des letztgenannten Ansatzes ist z. B. die Identifizierung neuartiger Enzyme mit einer gewünschten enzymatischen Aktivität (z. B. Proteasen, Lipasen, Esterasen). Als Quelle dient DNA aus Umweltproben.

12.2.11 In-vitro-Transkription und In-vitro-Translation

Die meisten Vektoren, die heute zur Klonierung von DNA-Fragmenten genutzt werden, enthalten benachbart zu dem Klonierungsbereich **Promotoren für virale DNA-abhängige RNA-Polymerasen**. Gebräuchlich sind Promotoren der Viren SP6, T3 und T7. Die entsprechenden Polymerasen sind kommerziell erhältlich. Die viralen Promotoren unterscheiden sich von bakteriellen Promotoren, das ermöglicht es, in vitro eine einzige RNA-Species zu produzieren. Dazu werden ein entsprechendes Plasmid, die vier rNTPs und die Polymerase in einem entsprechenden Puffer benötigt (keine Primer). Da die Vektoren keine viralen Terminatoren enthalten, wird die Termination erreicht, indem das Plasmid vor der In-vitro-Transkription hinter dem zu transkribierenden Gen mit einem Restriktionsenzym gespalten wird, das glatte Enden erzeugen sollte („**Run-off-Transkription**"). Man kann die DNA für eine In-vitro-Transkription auch durch PCR herstellen, wenn durch einen Primer eine Promotorsequenz angehängt wird. Die in vitro synthetisierte RNA wird für verschiedene Anwendungen eingesetzt, z. B. als mRNA für eine In-vitro-Translation (s. u.) oder, falls sie während der In-vitro-Transkription markiert wird, als Sonde für die verschiedenen Hybridisierungsverfahren (S. 492). In vitro produzierte RNA kann auch in vivo verwendet werden, wenn sie in bestimmte Zelltypen wie Oocyten injiziert wird, in denen sie eine transiente Wirkung erzeugt, bis sie abgebaut wird. Dabei kann es sich um eine transiente Produktion eines Proteins handeln, aber auch um die transiente Blockierung der Bildung eines Proteins, wenn die produzierte RNA mit einer zellulären mRNA hybridisieren kann („gene silencing" durch Antisense-RNA).

Bei der Translation sind sehr viel mehr Faktoren involviert als bei der Transkription (Kap. 4 u. Kap. 5), z. B. Ribosomen, Aminoacyl-tRNAs, Translationsfaktoren, Aminoacyl-tRNA-Synthetasen. Daher sind **In-vitro-Translationssysteme** weniger definiert als In-vitro-Transkriptionssysteme. Typischerweise werden durch differentielle Zentrifugation von Zellextrakten verschiedene Fraktionen gewonnen, die zusammen alle benötigten Komponenten enthalten. Die Translation wird energetisiert, indem ein ATP-regenerierendes System zugegeben wird. Die Proteinsynthese wird durch die Zugabe von mRNA, die meist durch In-vitro-Transkription gewonnen wurde, gestartet. Einige Extrakte für die In-vitro-Translation sind kommerziell erhältlich, z. B. aus *E. coli* oder aus Weizenkeimen.

12.2.12 In-vitro-Evolution

Es sind einige Methoden entwickelt worden, um die Stärke der Evolution, durch Variation und Selektion beliebige Strukturen und Funktionen entwickeln zu können, auf die experimentelle Arbeit mit Molekülen in vitro zu übertragen. **SELEX** (Systematic evolution of ligands by exponential enrichment) hat zum Ziel, Moleküle zu identifizieren, die an ein beliebiges Biomolekül (Zielmolekül) hochaffin binden. Dazu wird eine Bibliothek von Molekülen (RNA, Peptide) mit Zufallssequenzen erzeugt, die typischerweise 10^{14}–10^{15} verschiedene Moleküle enthält. Diese werden mit dem Zielmolekül inkubiert, wobei ein sehr kleiner Anteil der Moleküle der Bibliothek an das Zielmolekül binden kann. Diese werden selektiert, indem das Zielmolekül samt Bindungspartnern isoliert wird. Um **hochaffine Bindungspartner** zu isolieren, ist eine Selektionsrunde nicht ausreichend. Typischerweise werden 6–8 Selektionsrunden durchgeführt, wobei der Selektionsdruck dadurch schrittweise erhöht wird, dass bei der Inkubation die Konzentrationen des Zielmoleküls und der Bibliotheksmoleküle erniedrigt werden, sodass zum Schluss nur noch hochaffine Bindungspartner zur Komplexbildung befähigt sind. Zwischen den einzelnen Selektionsschritten ist eine Amplifikation der jeweils selektierten Teilbibliothek notwendig. Mit dieser Methode können Moleküle selektiert werden, die eine genauso hohe Affinität zum Zielmolekül aufweisen, wie hochaffin bindende Antikörper haben würden.

12.2.13 Chemische DNA-Synthese

Schon lange ist die chemische Synthese von DNA und RNA möglich gewesen. Die dazu verwendeten Strategien der **chemischen Synthese** sind den Lehrbüchern der Chemie und der Fachliteratur zu entnehmen (Stichworte: Festphasensynthese, mehrere zueinander kompatible intermediäre Schutzgruppen, Phosphoramiditchemie). Für mögliche Anwendungen in der Molekularbiologie ist wichtig, dass nur relativ kurze Oligonucleotide synthetisiert werden konnten (bis ca. 100 nt, in der Praxis meist 20–50 nt). Diese finden heute vielfältige Anwendungen in der Molekularbiologie, z. B. für die Sequenzierung (S. 487), die PCR (S. 484), spezifische Mutagenese, reverse Transkription (S. 491), Hybridisierung (S. 492) sowie In-vivo-Methoden wie „gene silencing" (S. 508). Die chemische Synthese bietet den Vorteil, dass sie nicht auf die vier nativen Bausteine beschränkt ist, sondern durch nichtnative Bausteine eine spezifische Funktionalisierung stattfinden kann. Beispiele sind die Inkorporation von Elementen für den empfindlichen Nachweis oder die Affinitätsreinigung am 5′-Ende (Fluoreszenzfarbstoffe, Biotin usw.), die Verwendung nichtnativer Basen mit anderen Paarungseigenschaften (Inosin, fluorierte Derivate) oder die Veränderung des Rückgrats, sodass die Moleküle von Nucleasen kaum mehr gespalten werden können und z. B. als Medikamente im Körper länger persistieren (Phosphothioate).

Momentan ist eine weitere drastische Preisreduzierung bei chemisch synthetisierten Nucleinsäuren zu beobachten, sodass abzusehen ist, dass die Synthese ganzer Gene bald eine attraktive Alternative zur Klonierung werden wird. Vorteile sind z. B., dass für die heterologe Produktion (S. 510) der Codongebrauch an den des Wirtsorganismus angepasst werden kann, dass beliebig viele Mutationen an verschiedenen Stellen gleichzeitig eingeführt werden können oder dass die Lage von Erkennungsstellen für Restriktionsenzyme genau geplant werden kann.

12.2.14 Molekulare Marker (für die Züchtung und in der Medizin)

Als **molekulare Marker** werden Stellen im Genom eingesetzt, die in einer Population einen hohen Polymorphismus aufweisen. Sie werden typischerweise für die Charakterisierung höherer Eukaryoten verwendet. Der Polymorphismus kann sich beziehen auf die An-/Abwesenheit von Restriktionsschnittstellen an bestimmten Stellen des Genoms, auf die Länge von hochvariablen repetitiven Elementen (S. 72), auf einzelne Nucleotidunterschiede an einer bestimmten Stelle des Genoms („single nucleotide polymorphism") oder die Nucleotidsequenzen ausgewählter Gene. Die beiden homologen Chromosomen aller Chromosomenpaare eines diploiden Organismus können aufgrund von molekularen Markern unterschieden werden.

Die Unterscheidung erfolgt experimentell z. B. durch eine Southern Blot-Analyse mit einer spezifischen Sonde (S. 492). Bei einem „Restriktionsfragmentlängen-Polymorphismus" (RFLP, restriction fragment length polymorphism) liefert die Analyse zwei Hybridisierungssignale charakteristischer Größe. Anhand des molekularen Markers kann verfolgt werden, welches der beiden Chromosomen an die jeweiligen Nachkommen vererbt wird, und molekulare Marker können daher für Verwandtschaftsanalysen eingesetzt werden. Abb. 12.7 zeigt schematisch die Anwendung für einen **Vaterschaftstest**.

Wenn bei der Analyse nicht eine Sonde, sondern gleichzeitig eine Mischung von Sonden für verschiedene polymorphe Stellen im Genom eingesetzt wird, entsteht ein komplexes Hybridisierungsmuster, das einen höheren Informations-

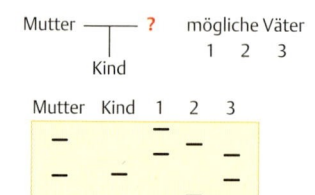

Abb. 12.7 **Vaterschaftstest.** Molekulare Marker werden in der Regel codominant vererbt. Wer ist also der biologische Vater von den drei möglichen Vätern?

gehalt besitzt und im Extremfall einen **„genetischen Fingerabdruck"** eines Individuums darstellt (S. 500). Eine heute häufig verwendete Alternative zur Hybridisierung ist die Anwendung von PCR. Auch in diesem Fall sind sowohl die Analyse eines polymorphen Locus als auch durch die Verwendung mehrerer bis vieler Primerpaare (**„Multiplex-PCR"**) die gleichzeitige Analyse vieler polymorpher Stellen möglich.

Eine weitere routinemäßige Anwendung molekularer Marker ist die Identifizierung von Genen in der Pflanzenzüchtung oder der Medizin. Während die Aufgabe in der Pflanzenzüchtung vor allem darin besteht, Gene zu identifizieren, die für vom Züchter positiv erachtete Eigenschaften codieren, wird in der Medizin vor allem versucht, Allele von Genen zu identifizieren, die an der Ausbildung von Krankheiten beteiligt sind. Das Prinzip ist in beiden Fällen dasselbe, es wird nach einem molekularen Marker gesucht, der mit einem bestimmten Phänotyp in statistischer Weise möglichst eng korreliert vererbt wird.

In der **Pflanzenzüchtung** müssen möglichst viele polymorphe molekulare Marker aufgefunden werden, was insbesondere ohne das Vorliegen der Genomsequenz nur empirisch erfolgen kann. Idealerweise sollte eine Sammlung von molekularen Markern erzeugt werden, die nicht nur für jedes Chromosom der Art charakteristisch sind, sondern es sollten für jedes Chromosom viele molekulare Marker vorliegen, die möglichst gleichmäßig verteilt sind. Es werden dann Züchtungsversuche über mehrere Generationen durchgeführt und parallel sowohl die Vererbung eines vom Züchter gewünschten phänotypischen Merkmals als auch die Vererbung der molekularen Marker analysiert. Findet man in der F2-Generation eine enge statistische **Kopplung** der Vererbung des gewünschten Phänotyps mit einem der molekularen Marker, liegt dieser Marker im Genom in der Nähe des – unbekannten – Gens, da zwischen ihnen in der Meiose keine/nur wenige Rekombinationen (S. 276) stattgefunden haben. Die Identifizierung des gesuchten Gens erforderte früher die Klonierung und Analyse der Genombereiche, die dem molekularen Marker benachbart waren. Heute kann man häufig die vorliegenden Genomsequenzen der Modellpflanzen, z. B. Ackerschmalwand (*Arabidopsis thaliana*) oder Reis (*Oryza indica*), heranziehen, sofern das Genom der untersuchten Art in diesem Bereich mit dem Genom einer Modellart colinear ist. Die Suche nach dem unbekannten Gen kann dann nach der Identifizierung eines gekoppelten Markers in silico in den entsprechenden Datenbanken erfolgen (S. 517).

Die Anwendung in der **Medizin** zur Identifizierung von krankheitsrelevanten Genen entspricht prinzipiell der in der Pflanzenzüchtung, nur können mit Menschen natürlich keine Züchtungsversuche unternommen werden, um die Korrelation der Vererbung von molekularen Markern und Phänotyp (Krankheit) zu analysieren. Mehrere alternative Ansätze werden verwendet, um molekulare Marker trotzdem erfolgreich einsetzen zu können. Eine Möglichkeit besteht darin, die Anzahl der untersuchten (kranken und gesunden) Individuen einer Population stark zu erhöhen und leistungsstarke statistische Auswertemethoden anzuwenden, um auch **schwache Koppelungen** entdecken und ihre Aussagekraft beurteilen zu können. Ein anderer Ansatz besteht darin, Populationen zu untersuchen, die eine reduzierte genetische Vielfalt und einen geringen Austausch mit der „Hauptpopulation" aufweisen (z. B. die Hutterer). Im Extremfall beschränkt sich die Analyse auf eine Familie, in der eine bestimmte Erbkrankheit häufig ist.

In vielen Fällen ist die Analyse noch viel komplizierter als bislang beschrieben wurde. Dazu zählen folgende Sachverhalte: 1. Es gibt oft nicht einen unbedingten Zusammenhang zwischen der Anwesenheit eines bestimmten Allels und dem Phänotyp bzw. Krankheitsbild (der Grad der Ausprägung wird als Expressivität bezeichnet und der Anteil von Allelträgern mit Phänotyp als Penetranz, S. 259). Beides kann von den übrigen Genen des Genoms, aber auch von den „Umweltbedingungen" abhängen (Ernährung, Bewegung, Rauchen usw.). 2. Viele Phänotypen und Krankheiten werden nicht nur durch ein Gen beeinflusst, sondern sind multifaktoriell bedingt.

12.2.15 Genetisches Screening und Genetischer Fingerabdruck

Trotz der oben beschriebenen Schwierigkeiten bei der Aufklärung genetischer Krankheiten sind in den letzten Jahren immer mehr Allele von Genen identifiziert worden, deren Anwesenheit direkt oder indirekt mit genetischen Krankheiten korreliert. Dazu gehören auch Krankheiten, die erst in höherem Alter auftreten und heute unheilbar sind (z. B. Veitstanz), und Krankheiten, bei denen bei Anwesenheit eines bestimmten Allels nur die Wahrscheinlichkeit, dass die Krankheit auftritt, mehr oder weniger stark gesteigert ist (Brustkrebs, Herz-/Kreislauferkrankungen). Es ist zu erwarten, dass in naher Zukunft viele weitere krankheitsassoziierte Gene identifiziert werden. Die Kenntnis der Gene eröffnet die Möglichkeit, in großem Ausmaß „**Screenings**" durchzuführen, um idealerweise die Anwesenheit der Allele vor Ausbruch der Krankheit zu entdecken und entsprechend behandeln zu können.

Die neuen Möglichkeiten der Molekularbiologie werfen viele ethische, gesellschaftliche und juristische Fragen auf, die hier allerdings nicht behandelt werden können. Dazu gehören z. B. Fragen nach dem Selbstbestimmungsrecht über das Wissen wie auch über das Nichtwissen über das eigene Genom (wer darf genetische Tests anfordern (Arbeitgeber, Versicherungen,...?)), nach der juristischen Regelung der möglichen Konsequenzen, die die Anwesenheit bestimmter Allele nach sich ziehen könnte, usw.

Die Durchführung genetischer Tests in großer Anzahl bringt statistische Schwierigkeiten mit sich, der sich die meisten Menschen einschließlich behandelnder Ärzte oft nicht bewusst sind. Häufig wird angenommen, dass Menschen, bei denen ein Test positiv ist, eine hohe Wahrscheinlichkeit besitzen, die entsprechende Krankheit zu haben oder zu bekommen, während Menschen, bei denen ein Test negativ war, sich frei von der genetischen Krankheit betrachten dürften. Dies gilt jedoch nicht unbedingt, da jeder – auch noch so sichere, sensitive und

spezifische Test – über eine bestimmte Wahrscheinlichkeit verfügt, dass nicht das richtige, sondern ein falsches Ergebnis erzielt wird. Die folgenden Wahrscheinlichkeiten sind für die Bewertung des Resultats eines Tests wichtig:
- die **Richtig-Positiven-Rate**, d. h. bei welchem Anteil der Betroffenen liefert der Test ein positives Ergebnis,
- die **Falsch-Negativen-Rate**, d. h. bei welchem Anteil der Betroffenen liefert der Test ein negatives Ergebnis,
- die **Richtig-Negativen-Rate**, d. h. bei welchem Anteil der Nichtbetroffenen liefert der Test ein negatives Ergebnis,
- die **Falsch-Positiven-Rate**, d. h. bei welchem Anteil der Nichtbetroffenen liefert der Test ein positives Ergebnis.

Natürlich sollten jeweils die „richtigen" Raten möglichst hoch und die „falschen" Raten möglichst niedrig liegen. Aber selbst wenn das gegeben ist, kommt man intuitiv oft zu sehr falschen **Interpretationen von Testergebnissen**, wenn das untersuchte Ereignis (z. B. eine Erbkrankheit) sehr selten ist. Dann liegt nämlich die absolute Zahl von Personen, die falsch-positiv getestet werden, weit über der Zahl der Personen, die richtig-positiv getestet werden, und ein positiver Testausgang hat einen geringen Vorhersagewert. Dies wird im nachstehenden Kasten am Beispiel des sogenannten Nackenfaltentests verdeutlicht, der bei Ultraschalluntersuchungen von schwangeren Frauen eingesetzt wird, um eine Prognose zu erhalten, ob der Embryo am Down-Syndrom erkrankt ist. Für zwanzigjährige Frauen sind von allen positiven Tests 99 % falsch, obwohl die Richtig-Positiven-Rate bei 80 % und die Falsch-Positiven-Rate bei 8 % liegen. Auch bei Tests, bei denen die Richtig-Positiven-Rate viel höher und die Falsch-Positiven-Rate viel geringer ist, ist das Problem entsprechend hoch, wenn die Krankheit sehr selten ist. Ein weiterer Aspekt ist, dass bei positivem Testausgang gewöhnlich weitere Analysen oder Behandlungen eingesetzt werden, die natürlich ihre eigenen Risiken bergen (z. B. die Amniocentese bei positivem Ausgang des Nackenfaltentests). Im Extremfall können Massenscreenings dazu führen, dass mehr Personen erkranken oder sterben, als es ohne Screening der Fall gewesen wäre. Der Einsatz von Massenscreenings ist daher auch unter Experten umstritten und es müssen die jeweiligen Wahrscheinlichkeiten für jeden Einzelfall betrachtet werden. Auch dann wird eine Beurteilung nicht unter allen Personen einheitlich ausfallen, da u. U. sehr unterschiedliche Risiken wie Tod bei Nichtdurchführung des Tests (bei wenigen Personen) und gesundheitliche Schäden bei Folgehandlungen nach falsch-positivem Ausgang des Tests (bei vielen Personen) abgewogen werden müssen.

> ▶ Am Beispiel des **Nackenfaltentests** soll die **Bedeutung von Testergebnissen** veranschaulicht werden. Durch die Messung der fetalen Nackendicke bei der Ultraschalluntersuchung in den ersten Schwangerschaftsmonaten werden Informationen darüber gewonnen, ob für den Fötus ein erhöhtes Risiko besteht, **Down-Syndrom** aufzuweisen.
> In einem fiktiven Beispiel haben in einer Praxis drei schwangere Frauen im Alter von

25, 35 und 45 Jahren ein positives Testergebnis. Welches Risiko besteht jeweils, dass ihr Embryo das Down-Syndrom aufweist? Zur Beantwortung der Frage sind die folgenden Informationen wichtig:

1. Wenn eine Frau mit einem Down-Syndrom-Kind schwanger ist, dann beträgt die Wahrscheinlichkeit für ein positives Resultat im Nackenfaltentest 80 % (**Richtig-Positiven-Rate**).
2. Damit beträgt die **Falsch-Negativen-Rate** 20 %.
3. Wenn eine Frau mit einem Kind schwanger ist, das kein Down-Syndrom zeigt, beträgt die Wahrscheinlichkeit für ein positives Testresultat 8 % (**Falsch-Positiven-Rate**).
4. Damit beträgt die **Richtig-Negativen-Rate** 92 %.
5. Die Wahrscheinlichkeit, dass eine Frau ein Kind mit Down-Syndrom bekommt, hängt sehr stark vom Alter der Frau ab. Sie beträgt z. B. bei 20jährigen Frauen ca. 0,1 %, bei 35jährigen Frauen ca. 0,3 % und bei 45jährigen Frauen 8 %.

Aus diesen Informationen kann jetzt der „**Positive Predictive Value**" (**PPV**) errechnet werden, der das Verhältnis der richtig-positiven Testergebnisse zu allen positiven Testergebnissen angibt. Das entspricht der Wahrscheinlichkeit für Krankheit bei einem positiven Testergebnis.

PPV = Richtig positiv/(richtig positiv + falsch positiv).

Um die verschiedenen Raten und die PPV für die drei Beispielfrauen besser erfassbar zu machen, sind die Wahrscheinlichkeiten in der nachstehenden Tabelle in die Anzahl von Frauen umgerechnet worden unter der Annahme, dass je 100 000 Frauen des jeweiligen Alters getestet worden wären.

Alter der Frau	25	35	45 Jahre
Embryo mit Down-Syndrom	100	300	8000
– davon im Test positiv (richtig positiv)	80	240	6400
– davon im Test negativ (falsch negativ)	20	60	1600
Embryo ohne Down-Syndrom	99 900	99 700	92 000
– davon im Test negativ (richtig negativ)	91 908	91 724	84 640
– davon im Test positiv (falsch positiv)	7992	7976	7360
– Positive Predictive Value" (PPV)	1 %	2,9 %	47 %

Es ist zu beachten, dass aufgrund der geringen Wahrscheinlichkeit, ein Kind mit Down-Syndrom zu bekommen, die Zahl der Frauen mit falsch-positivem Testausgang jeweils höher ist als die Zahl der Frauen mit richtig-positivem Testausgang. Der Vorhersagewert wird durch das Lebensalter der Frau (allgemein: der Wahrscheinlichkeit des Eintretens des Risikos) sehr beeinflusst (s. letzte Zeile der Tabelle). ◄

Wenn mehrere molekulare Marker (S. 498) gleichzeitig eingesetzt werden, ist das Ergebnis ein Muster von Hybridisierungssignalen oder PCR-Produkten, das für jeden Menschen individuell ist und als **genetischer Fingerabdruck** bezeichnet wird. Dieser wird z. B. in der **Kriminalistik** eingesetzt, um Täter aufgrund der am Tatort hinterlassenen DNA-Spuren (Haare, Hautschuppen, Sperma) zu überführen. Natürlich ist ein Einsatz auch in allen anderen Bereichen möglich, in denen es auf eine sehr sichere Identifizierung von Individuen ankommt.

Eine massenhafte Speicherung der genetischen Fingerabdrücke der Bevölkerung, wie es manchmal diskutiert wird und technisch problemlos umzusetzen wäre, unterliegt aber natürlich denselben statistischen Überlegungen, die oben anhand des „genetischen Screenens" erörtert worden sind. Die Falsch-Positiven-Rate bei genetischen Fingerabdrücken ist zwar extrem gering, sie kann dennoch bei massenhafter Speicherung genetischer Fingerabdrücke zu Schwierigkeiten führen. Bei einer Falsch-Positiven-Rate von 10^{-6} sollen zwei Fälle betrachtet werden. Erstens die Untersuchung von 10 000 Männern einer Kleinstadt als mögliche Verdächtige nach dem Missbrauch eines Kindes. Wird einer der Männer positiv getestet, ist die Wahrscheinlichkeit, dass er nicht der Täter war, nur sehr gering (1 %). Im zweiten angenommenen Fall wird eine am Tatort verbliebene DNA-Spur mit einer fiktiven DNA-Datenbank aller erwachsenen Bewohner Deutschlands verglichen (ca. $4 \cdot 10^7$ Personen). Statistischerweise werden 70 Personen als positiv ermittelt, von denen höchstens eine die Tat begangen hat (oder keine, falls der Täter nicht in der Datenbank vertreten ist).

12.2.16 Analyse von Populationsstrukturen

Die molekularen Methoden erweitern die Erkenntnismöglichkeiten für die Analyse von Populationen erheblich. Die Analyse von **Bakterien- und Archaeapopulation** in natürlichen Habitaten zur Aufklärung von heute wirkenden Evolutionsmechanismen bei prokaryotischen Arten mithilfe der neuentwickelten Methode „MLST" ist bereits in Kap. 9 beschrieben worden (S. 363). Eine andere Möglichkeit ist die Untersuchung der prokaryotischen Vielfalt in einem Biotop mit Sonden, die für phylogenetische Gruppen spezifisch sind (Arten, Gattungen, Domänen). Es sind dies typischerweise Oligonucleotide, die gegen verschieden stark konservierte Bereiche der 16S rRNA gerichtet sind und die mit einem Fluoreszenzfarbstoff markiert wurden. Eine weitere experimentelle Strategie ist die Isolierung der in einer Umweltprobe vorhandenen DNA, die Amplifikation der 16S rDNA mit Primern gegen hochkonservierte Regionen, die Klonierung der Mischung von PCR-Fragmenten und der Sequenzierung vieler Klone. Damit können die in einem Biotop vorhandenen Arten identifiziert werden, von denen typischerweise unter 1 % erfolgreich im Labor kultiviert werden können (*Mikro-Mikrobiologie*). Die neuen Verfahren der Hochdurchsatzsequenzierung gestatten es, aus der Umwelt DNA zu isolieren, daraus statistisch eine Bibliothek von $>10^5$ Klonen zu erzeugen und diese zu sequenzieren („**Metagenomics**"). Aus den dabei identifizierten Stoffwechselgenen können die in dem entsprechenden Biotop ablaufenden Stoffwechselwege vorhergesagt werden. Die neuen molekularbiologischen Methoden werden natürlich auch auf Populationen von Eukaryoten einschließlich des Menschen angewendet. Es ist zu vermuten, dass die Analyse menschlicher Populationen eine höhere Variabilität und Plastizität des menschlichen Genoms ergeben wird, als heute gemeinhin angenommen wird.

Gelelektrophorese: Größenauftrennung von Nucleinsäuren.
Ligation: Kovalente Verknüpfung von zwei DNA- oder RNA-Molekülen.
Restriktionsendonucleasen: Typ II (Restriktionsenzyme) binden an doppelsträngige DNA und schneiden DNA in spezifischen Sequenzabschnitten (Erkennungssequenz) oder eng benachbart davon.
Polymerasen: Enzyme, die anhand einer Matrize den Komplementärstrang synthetisieren. Es gibt DNA-abhängige DNA-Polymerasen, DNA-abhängige RNA-Polymerasen, RNA-abhängige DNA-Polymerasen (Reverse Transkriptasen) und RNA-abhängige RNA-Polymerasen.
Polymerasekettenreaktion (polymerase chain reaction, PCR): Methode zur spezifischen Amplifikation beliebiger DNA-Sequenzen. Exponentielle Vermehrung, daher sehr geringe Matrizenmengen nötig.
Real-Time-PCR: Variation der PCR, bei der die Produktmenge nach jedem Synthesezyklus quantifiziert wird.
RT-PCR (Reverse Transkriptions-PCR): Kombination von Reverser Transkription und PCR, dient zum qualitativen oder quantitativem Nachweis von RNA.
Sequenzierung: Bestimmung der Nucleotidabfolge der DNA.
Genomsequenzierung: Bestimmung der Gesamtsequenz eines Genoms, typischerweise nach statistischer Zerlegung genomischer DNA in überlappende Fragmente (shot-gun Verfahren).
Reverse Transkription: Synthese von **cDNA** aufgrund einer RNA-Matrize mit einer Reversen Transkriptase (RNA-abhängige DNA-Polymerase).
Hybridisierung: Die Reassoziation von Nucleinsäuredoppelsträngen (DNA-DNA, DNA-RNA, RNA-RNA) aus Einzelsträngen, oft einer markierten „Sonde" mit einem Nucleinsäuregemisch zur Identifzierung komplementärer Sequenzen.
Southern-Blot-Analyse: Auftrennung von DNA-Fragmenten nach Größe und Hybridisierung mit einer spezifischen Sequenz (Sonde).
Northern-Blot-Analyse: Auftrennung von RNA-Molekülen nach Größe und Hybridisierung mit einer spezifischen Sequenz (Sonde).
cDNA (komplementäre DNA): DNA, die mittels RNA-abhängiger DNA-Polymerasen (Reverser Transkriptasen) von RNA-Matrize erzeugt wurde.
DNA-Mikroarray-Analyse: Methode zum parallelen quantitativen Vergleich der Mengen aller Transkripte von Zellen/Geweben unter zwei verschiedenen Bedingungen.
Nucleinsäurebibliotheken: Große Anzahl von Plasmiden mit klonierten DNA-Sequenzen, die ein Genom (Genomb.), die Menge aller Transkripte (cDNA-B.), oder die Population eines Umweltstandortes (Umwelt-DNA-B.) repräsentieren.
In-vitro-Transkription: Synthese von RNA mit einer (oft viralen) RNA-Polymerase im zellfreien System.
In-vitro-Translation: Synthese von Protein im zellfreien System.
In-vitro-Evolution: Selektion von Molekülen mit spezifischen Eigenschaften aus einer großen Population von Molekülen (ca. 10^{14}) durch mehrere Selektionsrunden.
Chemische Nucleinsäure-Synthese: Chemische Synthese kurzer DNA- oder RNA-Moleküle (für Sequenzierung, PCR, Reverse Transkription, Mutagenese, Hybridisierung, Gene Silencing).

Molekulare Marker: In einer Population polymorphe Genombereiche, die für Verwandtschaftsanalysen oder zur Identifizierung von Genen eingesetzt werden können.
genetischer Fingerabdruck: Kombination vieler molekularer Marker, die ein für ein Individuum (nahezu) individuelles Muster ergeben.
Populationsanalysen: Analyse der Variabilität von Genomen von natürlichen Populationen von Pro- oder Eukaryoten, z. B. zur Aufklärung von Evolutionsmechanismen oder zur Entwicklung einer individuellen Medizin.

12.3 In-vivo-Methoden der Molekularbiologie

Alle In-vivo-Methoden der Molekularbiologie beruhen auf der Möglichkeit, DNA von außen in Zellen, Gewebe oder Organismen einzubringen. Dies wird als **Transformation** bezeichnet, wenn freie DNA verwendet wird und als **Infektion**, wenn die DNA in Phagenpartikel verpackt wurde. Es sind viele verschiedene Transformationsmethoden entwickelt worden, die jeweils für bestimmte Bakterien, Pilze, Pflanzen oder Tiere geeignet sind, z. B. die **Elektroporation**, die Verwendung einer **Particle Gun**, die Behandlung mit **Transfektionsreagenzien**, die **Mikroinjektion** oder die Verwendung des natürlichen Gentransfermechanismus von *Agrobacterium tumefaciens*. Um gentechnisch veränderte Organismen zu erhalten, muss es ein Regenerationsprotokoll ausgehend von Zellen oder Geweben geben. Kulturen gentechnisch veränderter Zellen werden für die **heterologe Produktion von Proteinen** eingesetzt, man kann die **intrazelluläre Lokalisation** und die **Wechselwirkung** von Proteinen untersuchen. Die **Deletion von Genen** oder die **konditionale Depletion von Proteinen** ermöglicht die Analyse von Genfunktionen in Archaea, Bakterien, Pflanzen und Tieren.

12.3.1 Transformation

Der Begriff „**Transformation**" (Umwandlung) wurde geprägt, als es gelang, einen avirulenten Bakterienstamm durch Zugabe abgetöteter Zellen eines virulenten Stammes in einen virulenten Stamm „umzuwandeln". Später wurde gezeigt, dass die Transformation durch die DNA des virulenten Stammes bewirkt wurde (S. 1). Heute wird daher jede Methode als „Transformation" bezeichnet, die dazu führt, dass DNA aus der Umgebung von Zellen in diese aufgenommen wird, unabhängig von der Methode und davon, ob es sich um prokaryotische oder eukaryotische Zellen handelt.

In der Zellbiologie wird derselbe Begriff für einen anderen Sachverhalt verwendet, nämlich für die Umwandlung einer gesunden Zelle in eine Tumorzelle. Es gibt in der Wissenschaft eine Reihe von Beispielen, bei denen dasselbe Wort in verschiedenen Wissenschaftsgebieten eine unterschiedliche Definition besitzt und auf unterschiedliche Sachverhalte angewendet wird. Die jeweils gemeinte Bedeutung erschließt sich jeweils eindeutig aus dem Zusammenhang.

Es gibt einige weitere Begriffe, die mit DNA-Übertragung zu tun haben, die jedoch jeweils andere Mechanismen beschreiben als die Aufnahme der DNA aus der umgebenden Lösung. Es sind dies **Konjugation** (DNA-Übertragung von einer Zelle in eine andere Zelle mithilfe spezifischer Strukturen und Proteine), **Infektion** (Übertragung von DNA aus einem Phagenpartikel in eine Zelle), **Transduktion** (Übertragung chromosomaler DNA eines Prokaryoten in eine andere Zelle über Phagenpartikel, in die die DNA „fehlverpackt" wurde) und **Transfektion** (Transformation freier Viren-DNA, aus der in der Zelle Viren-Partikel gebildet werden können). Allerdings werden die Begriffe häufig nicht streng getrennt.

Typischerweise ist die Effizienz der Transformation sehr gering, sodass nach einem Experiment nur ein kleiner Anteil der Population DNA aufgenommen hat. Die für die Transformation verwendete DNA enthält deshalb normalerweise ein Selektionsgen (z. B. Resistenz gegen ein Antibiotikum), das bewirkt, dass nach der Transformation ausschließlich Zellen wachsen können, die DNA aufgenommen haben.

Einige Bakterienarten nehmen natürlicherweise freie DNA-Moleküle aus der Umgebung auf, die dann in die genomische DNA integriert werden. Die meisten der für die Molekularbiologie wichtigen **Bakterien** besitzen allerdings keine natürliche Kompetenz, sodass verschiedene experimentelle, „künstliche" Verfahren entwickelt wurden, um DNA in die Zellen zu bringen. Die sogenannte **Calciumchlorid-Methode** besteht darin, die Zellen ein- oder mehrfach mit einer Calciumchloridlösung zu behandeln und zusammen mit DNA auf Eis zu inkubieren. Eine schnelle Erwärmung auf 42°C, bei der die Lipidmembran einen Phasenübergang erfährt, führt zu Transformation eines kleinen Anteils der Zellen, die anschließend selektiert werden können. Eine weitere weit verbreitete Transformation ist die **Elektroporation**, bei der Zellen und DNA einer sehr kurz andauernden Hochspannung ausgesetzt werden. Manche bakterielle Arten können weder mit diesen noch mit weiteren zur Verfügung stehenden Methoden transformiert werden. Trotzdem kann mit ihnen oft gentechnisch gearbeitet werden, indem eine verwandte Art mit einem Plasmid transformiert wird und dieses dann mittels Konjugation in die nichttransformierbare Art übertragen wird. Virale Vektoren werden bei Bakterien kaum noch verwendet (früher häufig), dagegen finden Plasmide mit viralen Verpackungssequenzen („**Cosmide**") weiterhin Anwendung, die in vitro in Phagenpartikel verpackt werden und zur Infektion von Zellen verwendet werden.

Einige einzellige **Hefen** wie *Saccharomyces cerevisiae* und *Schizosaccharomyces pombe* sind eukaryotische Modellorganismen, für die sehr viele molekularbiologische Methoden zur Verfügung stehen. Sie können leicht transformiert werden, indem sie mit DNA, Lithiumacetat und PEG (Polyethylenglycol) inkubiert und einem „Hitzeschock" (42°C) behandelt werden.

Bei anderen Pilzen stört eine massive Zellwand. Mycelien werden zuerst mechanisch zerkleinert und die Zellwand enzymatisch teilweise entfernt, wodurch Protoplasten entstehen. Damit diese nicht zerplatzen, müssen sie im weiteren Verlauf der Transformation osmotisch stabilisiert werden. Die Transformation erfolgt durch Inkubation der Protoplasten mit DNA. Danach erfolgt die Selektion transformierter Zellen auf Agarplatten, die zur osmotischen Stabilisierung eine hohe Zuckerkonzentration enthalten (z. B. 1 M Saccharose). Das Transformationsprotokoll muss für die jeweilige Art optimiert werden, und nicht alle Arten sind transformierbar.

Für die Transformation von „Pflanzen" werden Zellen, Gewebe oder ganze Pflanzen eingesetzt. Es wird unterschieden zwischen „**transienter Transformation**" und „**stabiler Transformation**". Bei der transienten Transformation gelangt die DNA zwar in die Zelle und wird exprimiert, sie wird jedoch nicht stabil in das Genom eingebaut, geht daher nach einiger Zeit wieder verloren und wird natürlich nicht vererbt. Die stabile Transformation bedeutet die Integration der DNA ins Genom. Wie Pilze haben auch Pflanzenzellen eine massive Zellwand. Eine klassische Transformationsmethode basiert auf der enzymatischen Protoplastisierung der Zellen, gefolgt von der Inkubation der **Protoplasten** mit DNA und mit PEG (Polyethylenglycol) und der Selektion transformierter Zellen. Eine weitere Methode, die auch **biolistische Methode** genannt wird, ist die Verwendung einer sogenannten **Genkanone** (Particle Gun). Die DNA wird an kleine Partikel adsorbiert, mit denen Gewebe von Pflanzen beschossen werden. Vorteile sind, dass die Zellen nicht vorbehandelt werden müssen, ganze Gewebe eingesetzt werden können und die Methode für viele Arten verwendet werden kann, ein Nachteil, dass oft mehrere DNA-Moleküle in eine Zelle gelangen. Sehr weit verbreitet ist die Verwendung des pflanzenpathogenen Bakteriums ***Agrobacterium tumefaciens*** (Botanik). *A. tumefaciens* induziert bei befallenen Pflanzen die Bildung von Tumoren (daher der Name) an den Wurzeln oder dem Wurzelhals. Die Aufklärung des Pathogenitätsmechanismus ergab, dass *A. tumefaciens* eigene DNA nebst einigen Proteinen in die Pflanzenzelle injiziert, woraufhin die DNA in den Zellkern transportiert und in das Pflanzengenom eingebaut wird. Diese eingeschleuste „T-DNA" codiert für Enzyme zur Synthese von Phytohormonen, welche die Wucherung hervorrufen. Die T-DNA ist nicht auf dem Bakterienchromosom lokalisiert, sondern auf einem Plasmid, das **Ti-Plasmid** (Tumor-induzierendes Plasmid) genannt wird. Die Randsequenzen (T-DNA-border) werden von einem Protein erkannt und definieren das DNA-Fragment, das in die Pflanze transferiert wird. Die ursprünglichen Bakteriengene zwischen den T-DNA-Randsequenzen können komplett entfernt (Entwaffnung von *Agrobacterium*) und durch gewünschte Sequenzen ersetzt werden. Alle für den Transfer nötigen Proteine werden durch die ***vir*-Gene** codiert, die natürlicherweise auch auf dem Ti-Plasmid liegen. Die Proteine wirken jedoch auch in *trans*, sodass die Gene auch auf einem anderen Plasmid lokalisiert sein können. Dieses in der Evolution entwickelte natürliche Gentransfersystem ist für die Transformation von vielen verschiedenen Pflanzenarten weiterentwickelt worden, auch solchen, die natürlicherweise nicht von *A. tumefaciens* befallen werden. Es können Zellen oder auch Gewebe transformiert werden. Obwohl die Methode eigentlich für die Konstruktion stabiler Transformanten prädestiniert ist, wird sie inzwischen auch für die transiente Transformation eingesetzt. Bei einer **Agroinfiltration** genannten Technik werden *Agrobacterium*-Kulturen mit Überdruck in das Gewebe von Pflanzen gespült. Eine weitere Methode ist die einfache Cokultivierung keimender Samen mit *A. tumefaciencs*.

Der Einsatz von Viren zur Transformation von Pflanzen ist aus verschiedenen Gründen nicht sehr weit verbreitet. Eine virusbasierte Methode findet jedoch Anwendung, nämlich die virusinduzierte Unterdrückung der Expression von Genen (**virus induced gene silencing**), um deren Funktion erforschen zu können. Man macht sich dabei zunutze, dass kurze RNAs, die mit mRNAs hybridisieren, zu deren Abbau führen.

Auch **bei tierischen Zellen** unterscheidet man zwischen **transienter Transformation** und **stabiler Transformation**, bei der die DNA in das Genom eingebaut wird. Die Transformation tierischer Zellen wird oft auch als **Transfektion** bezeichnet, obwohl dieser Begriff im strengen Sinn die Transformation mit viraler DNA bedeutet. Eine klassische Methode zur Transformation tierischer Zellen ist die Behandlung mit DNA und **Calciumphosphat**, die allerdings nicht mehr sehr verbreitet ist. Die DNA kann auch in **Liposomen** eingeschlossen werden, die mit der Zellmembran verschmelzen und die DNA ins Cytoplasma entlassen. Von vielen Firmen werden heute **Transfektionsreagenzien** angeboten, deren Zusammensetzung meist geheim gehalten wird (a „multicomponent formulation for the transfection of a wide range of eukaryotic cells") und mit denen sehr hohe Transformationsraten erreicht werden. Eine besondere Methode besteht in der Adsorbtion der DNA an **magnetische Partikel**, die mithilfe eines Magneten in die Zellen gebracht werden. Eine weitere physikalische Methode ist die **Elektroporation**, die nicht nur bei Zellsuspensionen eingesetzt werden kann, sondern mit besonderen Elektroden auch bei adherenten Zellen. Die Größe von eukaryotischen Zellen erlaubt die **Mikroinjektion**. Sie hat den Nachteil, dass die Zellen einzeln gehandhabt werden müssen und daher keine sehr großen Zellzahlen in ein Experiment eingesetzt werden können, bietet aber den Vorteil, dass beliebige Stoffmischungen (DNA, RNA, Proteine, Farbstoffe) in die Zellen injiziert werden können.

Von großer Bedeutung sind auch virale Systeme. Die Virus-vermittelte DNA-Übertragung nutzt die Fähigkeiten von Viren aus, in Zellen einzudringen und DNA ins Genom der Wirtszelle zu integrieren. **Baculoviren**, die in der Natur nur Insekten befallen, werden in der Zellkultur zur Infektion vieler unterschiedlicher Zellen verwendet. Baculoviren sind Doppelstrang-DNA-Viren und Genfähren der Wahl, wenn in Zellkulturen eukaryotische Proteine produziert werden sollen, die für ihre Funktion in bestimmter Weise posttranslational modifiziert werden müssen (📖 *Mikrobiologie*, 📖 *Biochemie, Zellbiologie*). Für Säugerzellen werden verschiedene virale Vektoren verwendet, z. B. **Retroviren** (die auf replizierende beschränkt sind) und **Adeno-** und **Lentiviren** (die auch postmitotische Zellen befallen). Viren, die als Vektoren verwendet werden sollen, sollen aus Sicherheitsgründen aber nicht mehr zu einem eigenständigen Vermehrungszyklus fähig sein, sondern ihnen fehlen u. a. die Gene, die für die Virushülle codieren. Die zu transferierende rekombinante DNA wird mithilfe von Helferzellen, die die entsprechenden Gene besitzen, in Viruspartikel verpackt, sodass „Viren" entstehen, die genau einmal eine eukaryotische Zelle befallen können. Vorteile von Virus-vermitteltem Gentransfer sind die hohe Effizienz stabiler Transformanten und die Unabhängigkeit von Zellkulturmethoden. Ein entsprechender rekombinanter Virus kann in die Blutbahn injiziert werden und seine Zielzellen im Körper eines Patienten über das Blut erreichen.

12.3.2 Regeneration vielzelliger Organismen

Nach einer stabilen Transformation möchte man für viele Fragestellungen nicht nur mit Kulturen transformierter Zellen oder Geweben arbeiten, sondern daraus vollständige gentechnisch veränderte vielzellige Organismen gewinnen. Bei Pilzen ist dies in der Regel kein Problem, da Pilze sehr regenerationsfähig sind und Einzelzellen wieder Mycelien bilden. Bei höheren Pflanzen ist dies schon deutlich schwieriger, und ein **Regenerationsprotokoll** ist oft nur für wenige Linien einer Art etabliert. Regenerierte Pflanzen aus Zellkulturen zeigen zudem oft phänotypische Abnormitäten und sind nicht selten steril (**somaklonale Variation**). Werden Pflanzen aus transformierten Geweben regeneriert, so erhält man chimäre Pflanzen, die weitergezüchtet werden müssen, um die gewünschten homozygot gentechnisch veränderten Pflanzen zu erhalten. Eine alternative Methode, die die Regeneration umgeht, ist mit *A. thaliana* und wenigen eng verwandten Pflanzen möglich. Dabei werden die blühenden Pflanzen mit *A. tumefaciens* behandelt, der die benötigten Plasmide enthält (s. o.), wodurch ca. 1 % der Samen transformiert werden, aus denen transgene Pflanzen gezüchtet werden können.

Die Regeneration ganzer Tiere aus einzelnen Zellen ist mit „normalen" Zellen nicht möglich, sondern es müssen Eizellen oder Zygoten verwendet werden. Das setzt voraus, dass zumindest kurzfristig die Eizelle/Zygote extra-korporal kultiviert werden kann. Diese Voraussetzung ist für viele Säugetiere (z. B. Rind, Ziege, Schaf, Maus, Ratte, Mensch) inzwischen gegeben. Als Transformationsmethode bietet sich die Mikroinjektion an. Eine transformierte Zelle wird dann in eine Blastocyste eines Tieres gegeben und in einer „Leihmutter" entwickelt sich ein chimäres Tier. Es sind weitere Kreuzungen dieser chimären Tiere notwendig, bis unter den Nachkommen Tiere identifiziert werden, die homozygot die gewünschte Genomveränderung enthalten. Auch wenn das Verfahren kompliziert und langwierig ist, ist es z. B. für Mäuse eine Routineanwendung geworden. Ein so ambitioniertes Projekt wie die Deletion jedes Mäusegens, zu dem ein homologes Gen im menschlichen Genom existiert, ist keine phantastische Fiktion für eine ferne Zukunft, sondern es ist inzwischen begonnen worden.

12.3.3 Heterologe Produktion von Proteinen

Für viele verschiedene Anwendungen ist es nötig, Proteine heterolog in einem geeigneten Wirt zu produzieren oder gezielt veränderte Varianten im homologen System zu produzieren. Die wohl gängigste Art für die **heterologe Produktion** ist das Bakterium *E. coli*, für das zahllose Expressionsvektoren existieren, in die das gewünschte Gen kloniert werden kann. Das gilt nicht nur für die Forschung, sondern auch für die Großtechnische Anwendung, so wird das menschliche Hormon „Insulin" seit 1990 mit *E. coli* produziert. Nicht nur menschliche Hormone, viele weitere Proteine sowie andere Stoffe werden heute mit Bakterien biotechnologisch hergestellt (Nahrungsergänzungsstoffe, Farbstoffe, Zusätze zu Futtermitteln, Bestandteile von Waschmitteln usw.).

Für viele Anwendungen können Bakterien allerdings nicht als Produktionsstämme herangezogen werden, z. B. wenn eukaryotische Proteine produziert werden sollen, die ein natives Muster an posttranslationalen Modifikationen enthalten. In diesen Fällen werden oft Insektenzellkulturen verwendet, die durch eine Infektion mit einem rekombinanten Baculovirus mit dem zu exprimierenden Gen versehen wurden. Der Trend geht in die Richtung, gentechnisch veränderte Pflanzen oder Tiere für die Produktion von menschlichen Proteinen mit medizinischem Anwendungspotential einzusetzen. Inzwischen gibt es Rinder, die menschliche Proteine im Serum haben und sogar Ziegen, die menschliche Proteine mit der Milch ausscheiden, was die Reinigung sehr erleichtert.

12.3.4 Expressionsanalysen mittels GFP

Das **„Grün-fluoreszierende Protein"** (**GFP**) der Qualle *Aequorea victoria* wird heute routinemäßig in sehr vielen Arten von Archaea, Bacteria und Eukarya verwendet. Es ist das bislang einzige Protein, dass für die Ausbildung eines Fluoreszenzsignals **keinerlei Substrat** benötigt (anders als z. B. Luciferin) und das sich autonom in seine native Struktur faltet. Unter aeroben Bedingungen werden drei Aminosäuren spontan zu einer fluoreszierenden Struktur umgesetzt. Fusionen von GFP mit anderen Proteinen erlaubt daher, die **intrazelluläre Lokalisation** dieser Proteine in der lebenden Zelle mit einem Fluoreszenzmikroskop zu bestimmen. Da die Analyse zerstörungsfrei mit lebenden Zellen erfolgt, können auch **dynamische Änderungen** der Lokalisation verfolgt werden. Die Analyse kann auch mit vielzelligen Organismen erfolgen, so zeigt die Abb. 12.**8** die Verteilung eines bestimmten Proteins in einer Pflanze. Eine weitere Anwendung von GFP-Fusionen ist die Verfolgung eines bestimmten Zelltyps (von dem ein

Kontrollpflanze transgene Pflanze,
Ökotyp Columbia die GFP exprimiert

weißes Auflicht

GFP-Fluoreszenz-induzierende Bestrahlung (UV)

Anregungsstrahlung UV Fluoreszenz gefiltert, um GFP zu sehen

Anregungsstrahlung UV Fluoreszenz gefiltert, um Chloroplasten (Chlorophyll) zu sehen

a

Durchlicht   übereinander gelagerte Fluoreszenzbilder inkl. Durchlichtbild

übereinander gelagerte Fluoreszenzbilder

b

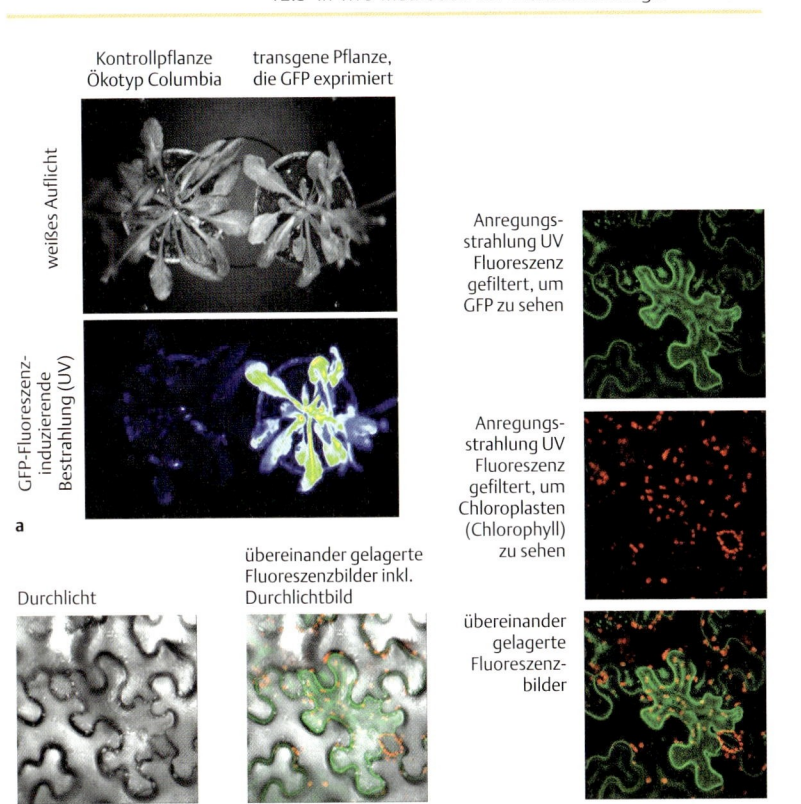

Abb. 12.**8** **Expressionsanalyse mit GFP-Fusionsproteinen. a** Mit längeren Belichtungen und einem empfindlichen Detektor kann man die GFP-Fluoreszenz nach UV-Anregung in ganzen Pflanzen mit einer FluorCAM (Bildgebungsfluorometer) erfassen (Fotos von My-Linh Du, Freie Universität Berlin). **b** Im mikroskopischen Bild, hier eine Epidermiszelle, kann man die zelluläre und subzelluläre Lokalisation eines Proteins aufdecken (Fotos von Tilbert Kosmehl, Freie Universität Berlin).

spezifisch dort produziertes Protein bekannt sein muss) in der Entwicklung eines eukaryotischen Organismus. Es wurden inzwischen eine Reihe von GFP-Mutanten isoliert, die z. B. ein anderes Emissionsmaximum haben und als „**Red Fluorescent Protein**" (**RFP**) und „**Yellow Fluorescent Protein**" (**YFP**) bezeichnet werden. Damit ist es möglich, die intrazelluläre Lokalisation von zwei bis drei unterschiedlichen Proteinen in einer Zelle gleichzeitig zu messen und festzustellen, ob sie sich in denselben Bereichen befinden (**Colokalisation**).

12.3.5 Analyse von Protein-Protein-Wechselwirkung

Es sind verschiedene Methoden entwickelt worden, um die Interaktionen von Proteinen in vivo zu untersuchen oder Wechselwirkungspartner von einem gegebenen Protein zu identifizieren. Das wahrscheinlich am häufigsten verwendete ist das sogenannte **Hefe-Zweihybridsystem** (Y2H, yeast two hybrid system). Grundlage des Systems ist, dass viele Transkriptionsregulatoren modular aufgebaut sind und aus einer **DNA-Bindedomäne** (BD) und einer **Aktivatordomäne** (AD, für die Wechselwirkung mit der RNA-Polymerase verantwortlich) bestehen, die sich unabhängig voneinander autonom falten. Dies ermöglicht es, die beiden Domänen eines Transkriptionsfaktors wie des meistens verwendeten Faktors „Gal4" (Regulator von Genen zum Galaktoseabbau) getrennt zu verwenden und durch entsprechende Klonierungen Gene für zwei Fusionsproteine zu erzeugen:
- 1. Eine Fusion von einem „Protein 1" („bait", Köderprotein) mit der BD-Domäne,
- 2. Eine Fusion von einem „Protein 2" („prey", Opferprotein) mit der AD-Domäne.

Zwei Plasmide mit den beiden Fusionsgenen werden benutzt, um Hefezellen zu transformieren, die kein natives *Gal4*-Gen mehr enthalten. Die beiden Gal4-Domänen kommen im Zellkern der Hefe nur dann in räumliche Nähe, wenn die beiden Proteine 1 und 2 einen Komplex bilden, woraufhin die Transkription von Reportergenen aktiviert wird, die im Promotorbereich eine Erkennungsstelle für die BD-Domäne haben. Verwendet man ein selektierbares Reportergen, können unter Selektionsbedingungen nur Zellen wachsen, bei denen die Proteine 1 und 2 wechselwirken. Nachteil der Verwendung von Gal4 ist, dass die Wechselwirkung der Proteine im **Zellkern** stattfinden muss. Daher wurde dasselbe Prinzip auf ein cytoplasmatisches Protein übertragen. Bei dem **Split-Ubiquitin-System** werden die N-terminale und die C-terminale Hälfte von Ubiquitin mit je einen von zwei Proteinen fusioniert, deren Interaktion in vivo untersucht werden soll. Inzwischen sind Zweihybridsysteme auch für weitere Arten entwickelt worden. Eine weitere Variante ist das, **Hefe-Dreihybridsystem**, mit dem auch Interaktionen von RNAs untersucht werden können. Alle diese Methoden erlauben auch die Identifizierung unbekannter Bindungspartner eines Zielproteins, indem als „Protein 2" kein spezifisches Protein eingesetzt wird, sondern eine Genombibliothek (S. 495), die sämtliche Proteine einer Art repräsentiert.

Eine weitere Methode zur Untersuchung von Protein-Protein-Wechselwirkungen ist der **Fluoreszenz-Resonanz-Energie-Transfer** (**FRET**, 📖 *Biochemie, Zellbiologie*). Darunter versteht man den strahlungslosen Übergang von Energie von einem Fluorophor auf einen zweiten. Findet FRET statt, so sendet das zweite Molekül Fluoreszenzlicht aus, wenn das erste Molekül angeregt wird. Voraussetzungen sind, dass das Emissionsspektrum des ersten und das Absorptionsspektrum des zweiten Fluorophors einen Überlappungsbereich haben und dass sich die beiden Moleküle in unmittelbarer Nähe befinden (die Effizienz des Energietransfers ist reziprok zur 6. Potenz des Abstandes). Zur Untersuchung der Wechselwirkung von zwei Proteinen müssen also molekularbiologisch Fusionen mit zwei unterschiedlichen, aufeinander abgestimmten Fluorophoren (z. B. Varianten des GFPs mit unterschiedlichen optischen Eigenschaften) erzeugt und in die Zelle eingebracht werden.

Eine genetische Methode zur Untersuchung von Wechselwirkungen in vivo ist die Selektion von sogenannten **„Second Site Suppressor"-Mutanten**. Dazu werden Mutanten des untersuchten Proteins erzeugt, die unter bestimmten Selektionsbedingungen nicht mehr wachsen. Danach werden Doppelmutanten selektiert, die unter diesen Bedingungen wieder wachsen können, und es wird ausgeschlossen, dass es sich um Rückmutationen zum Wildtyp handelt. Danach wird das zweite mutierte Gen identifiziert.

12.3.6 Deletion von Genen und konditionale Depletion von Proteinen

Die Sequenzierung von Genomen führt bestenfalls zur Identifizierung aller Gene einer Art. Bei vielen Genprodukten kann jedoch von der Primärstruktur nicht auf eine mögliche **Funktion** geschlossen werden. Eine gängige Möglichkeit, die Funktion zu ermitteln, besteht darin, das entsprechende Gen zu deletieren und die Auswirkung auf die Zelle zu untersuchen (Unterschiede im Wachstum, des Verhaltens, der Expression anderer Gene usw.). Um ein Gen zu deletieren, wird in vitro eine **Deletionsvariante** erzeugt, in der einfachsten Form wird der offene Leserahmen des Gens durch ein Selektionsgen ersetzt.

Das Konstrukt wird in einen Vektor kloniert, der keinen Replikationsursprung für die verwendete Art besitzt (**„suicide vector"**). Nachdem das generierte Plasmid durch Transformation in die Zellen eingebracht wurde, können Zellen selektiert werden, bei denen das native Gen durch **homologe Rekombination** durch die Deletionsvariante ersetzt wurde, weil nur diese das Selektionsgen vermehren und vererben. Durch komplexere Methoden kann das Genom so verändert werden, dass ein Gen eine interne Deletion enthält, ohne dass ein zusätzliches Selektionsgen im Genom verbleibt. Diese Vorgehensweise ist bei Archaea, Bakterien und niederen Eukaryoten Routine, bei höheren Eukaryoten ist der zielgenaue Ersatz von Genen durch homologe Rekombination deutlich schwieriger. Jedoch haben sich die Techniken zur Veränderung des Genoms höherer Eukaryoten in den letzten Jahren enorm verbessert, und es ist zu erwarten, dass sich diese Entwicklung fortsetzen wird.

Die Funktionen der wichtigsten Gene der Zellen sind durch die Methode der Gendeletion nicht zu untersuchen, da sie essentiell sind und ihr Ausfall **letal** ist. In solchen Fällen wird eine sogenannte **„konditionale Depletierung"** des Genprodukts durchgeführt, d. h. die Synthese des Proteins wird erst zu einem bestimmten Zeitpunkt unter bestimmten **Bedingungen** unterbunden. Dazu gibt es mehrere verschiedene experimentelle Strategien. Ein Ansatz besteht darin, das Gen im Chromosom durch eine Variante auszutauschen, deren Expression von einem regulierbaren Promotor gesteuert wird. In Anwesenheit eines **Induktors** wird das Gen abgelesen und die Zelle kann normal wachsen. Wird der Induktor jedoch entfernt, wird die Genexpression gestoppt, während das Protein weiterhin mit der normalen Rate abgebaut wird, sodass seine intrazelluläre Konzentration sinkt und die Auswirkungen charakterisiert werden können.

Induzierbare Promotoren nutzt man auch dazu, Gene spezifisch wieder zu eliminieren. Dazu werden Genkonstrukte erstellt, bei denen die Selektionsgene von Rekombinase-spezifischen Sequenzen flankiert werden. Induziert man nun die Expression einer **Rekombinase**, dann werden die Genkonstrukte zwischen den Rekombinase-spezifischen Sequenzen herausgeschnitten. Solche Organismen enthalten als Produkt der Gentechnologie nur noch das gewünschte Zielgen und zwei Rekombinationsfußabdrücke (**foot prints**).

Bei höheren Eukaryoten wird häufig ausgenutzt, dass kleine RNAs (silencing RNAs, **siRNAs**), die mit mRNAs hybridisieren, zu deren Abbau führen. Dieser Mechanismus wurde von Eukaryoten vermutlich ursprünglich als Abwehrmechanismus gegen RNA-Viren entwickelt (S. 461). Die Produktion essentieller Proteine kann transient gestoppt werden, indem siRNAs mittels einer der oben beschriebenen Transformationsmethoden in die Zellen gebracht werden. Alternativ können Gene für siRNAs (bzw. ihre Vorläufer) in einen Vektor hinter einen induzierbaren Promotor kloniert werden, sodass ihre Produktion in vivo durch die Zugabe eines Induktors gesteuert werden kann. Eine weitere Methode besteht darin, das entsprechende essentielle Gen konditional zu deletieren (S. 513).

Transformation: Aufnahme von DNA aus DNA-Lösungen in Zellen von Archaea, Bakterien, Pilzen, Pflanzen oder Tiere (diverse Verfahren, die oft auf bestimmte Arten beschränkt sind).
Transfektion: Im strengen Sinn Transformation von Zellen mit (rekombinanter) Virus-DNA, die die Information zur Bildung von Viruspartikeln enthält. Bei tierischen Zellen oft synonym zu Transformation verwendet.
Transduktion: Übertragung genomischer DNA von einer Zelle in eine andere durch ein Viruspartikel (in das sie fehlverpackt wurde).
Konjugation: Übertragung genetischen Materials von einer Donor- in eine Rezipientenzelle durch Zellkontakt über einen Pilus.
Infektion: Eindringen von DNA aus einem Viruspartikel in eine Zelle.
transiente Transformation: DNA wird in eine Zelle gebracht und wird dort transient exprimiert, ohne dass sie in das Genom der Zelle eingebaut und vererbt wird.
stabile Transformation: Transformation, bei der die DNA in das Genom der Zelle eingebaut und weitervererbt wird.

Transformationsmethoden: Techniken zur Transformation von Zellen, Geweben und Organismen, z. B. durch Behandlung mit Salzen oder Polyethylenglykol, durch Elektroporation, mit einer Particle Gun, mit Transfektionsreagenzien, durch Mikroinjektion, mit *Agrobacterium tumefaciens*, mit viralen Vektoren.

Protoplastentransformation: Die Zellwand von Pflanzen oder Pilzen wird enzymatisch abgebaut und die entstehenden „Protoplasten" werden transformiert.

***Agrobacterium*-vermittelter Gentransfer:** Transformation von pflanzlichen Zellen, Geweben oder von Pflanzen unter Ausnutzung des natürlichen Gentransfers von *Agrobacterium tumefaciens*.

Ti-Plasmid (Tumor-induzierendes Plasmid): Großes Plasmid von *Agrobacterium tumefaciens*. vir-Region: enthält essenzielle Gene für den Transformationsprozess, T-DNA: enthält flankiert von den T-DNA-border-Sequenzen die Gene, welche in die Pflanzen eingeschleust werden.

Virus-induced gene silencing (VIGS): Virus-vermittelte Stilllegung von Genen in infizierten Zellen, wodurch die Funktion der Gene aufgeklärt werden kann.

Regenerationsfähigkeit: Die Fähigkeit von Zellen oder Geweben zur Ausbildung von Geweben oder vollständigen Organismen.

Heterologe Proteinproduktion: Produktion von Proteinen in Zellen, in denen sie nativ nicht vorkommen; in geeigneten bakteriellen oder eukaryotischen Wirten.

Grün-fluoreszierendes Protein (GFP): Protein aus einer Qualle, das sich in vielen prokaryotischen und eukaryotischen Zellen unter aeroben Bedingungen spontan faltet und einen Fluorophor ausbildet.

Fluoreszenz-Resonanz-Energie-Transfer (FRET): Methode zur Analyse von Protein-Protein-Wechselwirkungen mittels Fusionsproteinen. Energie eines angeregten Fluoreszenz-Farbstoffes wird auf einen weiteren übertragen, wobei der Transfer von der Nähe der beiden Fluorophore abhängig ist.

Yeast-two-Hybrid System (Y2H, Hefe-Zwei-Hybrid-System): Methode zur Analyse von Protein-Protein-Wechselwirkungen und zur Suche nach Interaktionspartnern von Proteinen in der Hefe in vivo.

Split-Ubiquitin-System: Prinzip wie beim Y2H, aber im Cytoplasma.

Deletion von Genen: Gezielte Veränderung des Chromosoms. Ersatz eines nativen Gens durch eine in vitro erzeugte verkürzte und unfunktionelle Variante.

Konditionale Depletierung von Genprodukten: Abstoppen der Expression von Genen zu einer bestimmten Zeit unter bestimmten Bedingungen. Methoden sind die konditionale Repression der Transkription oder der Translation oder die konditionale Deletion. Zur Funktionsanalyse essentieller Gene geeignet.

siRNA: Kurze RNA, die in höheren Eukaryoten bei der Hybridisierung an eine mRNA deren Abbau hervorruft.

12.4 In-silico-Methoden der Molekularbiologie

In einer Reihe von **Datenbanken** findet der Molekularbiologe eine Fülle an biologischen Daten, z. B. Genomdaten, Daten zur Expression von mRNA oder Proteinen oder auch zum Gehalt an Metaboliten in Zellen oder Geweben. Sie erfordern den Umgang und die Auswertung von sehr **großen Datenmengen** zu erlernen. In der Regel erlauben die Benutzerschnittstellen der Datenbanken eine einfache Abfrage dieser Datenbestände oder sogar eine Visualisierung dieser Datenbestände durch entsprechende Werkzeuge ist bereits implementiert. Die spezifische Annotation von Genen über alle Organismen hinweg (Gene Ontology), ist dabei von entscheidender Bedeutung, um die Verknüpfung der Datenbestände von unterschiedlichen Organismen zu ermöglichen.

Die ersten großen Datenbanken, die das Ziel hatten, biologische Erkenntnisse überschaubar und beherrschbar zu machen, waren **Bibliotheken** von Büchern, während heute Literatursuche die Suche nach Zeitschriftenartikeln bedeutet. Heute erleichtern elektronische Suchwerkzeuge in **Literaturdatenbanken** diese Arbeit für Zeitschriften (z. B. PubMed, www.pubmed.gov) beziehungsweise für Bibliotheksverbünde (z. B. **Virtuelle Fachbibliothek Biologie**, http://www.vifabio.de/).

Die Molekularbiologie produziert mit ihren heutigen Techniken eine ungemeine Datenflut, die in Büchern oder Zeitschriftenartikeln nicht mehr sinnvoll publiziert werden kann und daher in spezialisierten elektronischen Datenbanken abgelegt wird. Beispiele sind Datenbanken von DNA-Sequenzen, Proteinsequenzen, Transkriptionsfaktoren, funktionellen Domänen, Proteinstrukturen, Genomen, oder DNA-Mikroarray Daten.

Im Folgenden werden die Seiten angesprochen, die für die **Modellpflanze** *Arabidopsis* von größerer Bedeutung sind. Analoge Seiten gibt es für andere Modellorganismen wie Reis, *Caenorhabditis*, *Drosophila*, Maus oder auch Mensch. Die meisten Werkzeuge oder Programme, die auf den *Arabidopsis*-Seiten hinterlegt sind, können auch für andere Organismen verwendet werden oder greifen auf Datenbanken für andere Organismen zurück. Nicht selten sind die Seiten untereinander eng verknüpft.

Arabidopsis thaliana (Ackerschmalwand, Mausohrenkresse) entwickelte sich seit den fünfziger Jahren des letzten Jahrhunderts zu einer Modellpflanze, weil sie eine kleine Pflanze mit geringem Flächenbedarf ist, ein sehr kleines Genom besitzt, innerhalb von sechs Wochen ihren Generationszyklus abschließt und eine Einzelpflanze bis zu 10 000 Nachkommen hat, sodass reine Linien leicht zu gewinnen sind (*Botanik*). Der Ausgangspunkt für die heutige wissenschaftliche Infrastruktur dieses Modellorganismus sind **Saatgutzentren** (**stock center**). Hier wurden zuerst Samen von verschiedenen Ökotypen eingelagert, die unterschiedliche Labore gesammelt hatten, später kamen Mutanten, Transformanten, molekularbiologische Werkzeuge (Vektoren) sowie Nucleinsäurebibliotheken hinzu. Inzwischen gibt es mehrere Saatgut-Sammlungen, die das Ziel haben, durch Insertion in ein Gen alle Gene von *Arabidopsis* zu zerstören und damit funktionell analysieren zu können. Heute sind zwei Zentren für diese Arbeit der Saatgut-Erhaltung und Verteilung sowie der Datensammlung geschaffen worden: das Nottingham Arabidopsis Stock Center (http://arabidopsis.info/) und Arabidopsis Biological Resource Center (http://www.biosci.ohio-state.edu/pcmb/Facilities/abrc/abrchome.htm). Die genannten Entwicklungen führten zur Auswahl von *Arabidopsis* für die Genomsequenzierung, die als Kooperation von über 40 Gruppen durchgeführt und 2000 fertiggestellt wurde. Um diese Informationen in sinnvoller Weise der Wissenschaft zugänglich zu machen, wurde die gesamte Sequenz in Datenbanken eingebracht (www.arabidopsis.org/).

Im Gegensatz zu der artspezifischen Genbank ist die **EMBL-Bank** (The European Molecular Biology Laboratorium (EMBL) Nucleotide Sequence Database, http://www.ebi.ac.uk/embl/) eine der Sammelstellen für Nucleotidsequenzen aller Organismen, die von Wissenschaftlern für ihre Publikationen oder auch von Patentinhabern hinterlegt werden müssen. Die EMBL-Bank wird in einer internationalen Kooperation mit den Genbanken der USA (NCBI, http://www.ncbi.nlm.nih.gov/) und Japans (DDBJ, http://www.ddbj.nig.ac.jp/) betrieben, die die Datenbanken täglich abgleichen. Alle drei sorgen für einen einheitlichen Bezeichnungscode und vermeiden Namensdopplungen. Auf dieses Datenbankmaterial greift ein NCBI-Blast (Basic Local Alignment Search Tool) zu, der Sequenzähnlichkeiten in allen Datenbanken sucht. Der Vergleich der Nucleotidsequenz ist die eine Form der Datenbankabfrage. Es ist aber auch möglich, diese Sequenzen in Aminosäuresequenzen übersetzen zu lassen und nach Ähnlichkeiten zu diesen in den Proteinsequenzdatenbanken zu suchen. Unter Umständen findet man dann zumindest eine Domäne im Protein, die einen Hinweis auf die Funktion des Proteins geben könnte. Eine der Datenbanken für Proteinstrukturen ist **SwissProt** (*Biochemie*, http://expasy.org/sprot/).

Für die Modellpflanze *Arabidopsis* werden alle diese Werkzeuge in einer Webseite integriert, die von The Arabidopsis Information Resource (**TAIR**, http://www.arabidopsis.org/) betrieben wird. Hier findet der Wissenschaftler die Informationen aufgearbeitet und in der Regel in intuitiv benutzbaren Web-Schnittstellen (Interface) dargestellt. Das *Arabidopsis*-Genom kann sowohl als farblich markierte Sequenz als auch als Landkarte verschiedener Gene oder auch für Fragmente (YAC, BAC, Cosmide) oder Chromosomen dargestellt werden. Für die meisten Gene gibt es Verknüpfungen zu Mutanten oder Transformanten dieser Gene, die in den Samenzentren eingelagert sind und abgerufen werden können. Alle diese Daten werden stetig aktualisiert und mit anderen Daten- und Werkzeugsammlungen verknüpft.

Das Werkzeug AraCyc (http://www.arabidopsis.org/tools/aracyc/) bietet ein Abbild des Stoffwechsels der Pflanze, wobei ein gut Teil des Grundstoffwechsels auf den Analysen des Hefe-Stoffwechsels beruht, der bei **KEGG** (Kyoto Encyclopedia of Genes and Genomes) abgelegt ist. KEGG ist ein Teil der Forschungsprojekte der Kanehisa Laboratories im Bioinformatikzentrum der Kyoto Universität und des Humangenomzentrums der Universität von Tokyo. AraCyc zeigt aber nicht nur die verschiedenen Stoffwechselwege einschließlich der Enzyme, der codierenden Gene unter den Strukturformeln der jeweiligen Metabolite, sondern ist auch in der Lage, Expressionsdaten einzulesen und diese auf den Stoffwechsel abzubilden. Auf diese Weise erhält der Wissenschaftler eine bunte Stoffwechselkarte, die ihm Veränderungen im Stoffwechsel anzeigen kann, wenn er die Expressionsdaten von *Arabidopsis* bei z. B. unterschiedlichen Stressbedingungen vergleicht (Abb. 12.**9**). Eine ähnliche Darstellung, die stärker formalisiert ist, erlaubt auch die Software beziehungsweise das Web-Interface (Java-Applet) **MapMan** (http://gabi.rzpd.de/projects/MapMan/).

Für den Vergleich von Genexpressionsdaten gibt es weitere Werkzeugsammlungen, z. B. den **Geninvestigator** (http://www.genevestigator.ethz.ch/), die die Analyse von sehr vielen Genexpressionsdaten von *Arabidopsis*, Gerste, Maus oder Mensch mit einer leicht zu bedienenden Weboberfläche (Java-Applet) erlauben. Die Schweizer Wissenschaftler haben die Daten von sehr vielen Experimenten in ihren Servern eingelesen und lassen sie jetzt von jedem Benutzer auslesen. Der Geninvestigator gliedert sich in verschiedene Unterprogramme auf und erlaubt die Abfrage der Expression eines Gens oder einer Gengruppe über den Verlauf der Entwicklung einer Pflanze oder aber unter verschiedenen Stressbedingungen für diese Pflanze. Auch **digitale Northern-Blots** sind mit dem Geninvestigator darstellbar. Diese Web-Seite ist ein besonders gutes Beispiel dafür, dass die meisten Werkzeuge für unterschiedliche Organismen verwendet werden können. Eine weitere Webseite, **AREX** (http://www.arexdb.org), bietet ein Werkzeug, das die Daten eines komplexen Experiments in Bilder, nämlich digitale In-situ-Hybridisierungen, umwandelt. Für den Aufbau der Website wurden gentechnisch veränderte Linien, die Markergene gewebespezifisch ablesen, analysiert. Junge Wurzeln dieser Linien wurden protoplastiert, danach die Einzelzellen aufgrund der Markergenexpression sortiert und anschließend mittels Mikroarrays die Genexpression der sortierten Zellpopulationen untersucht. Diese Analysen wurden für circa 10 unterschiedliche Linien durchgeführt, sodass in der Summe eine Genexpressionsanalyse der unterschiedlichen Gewebe einer jungen Wurzel von *Arabidopsis* zusammengetragen wurde. Auf der AREX-Webseite kann nun jeder Benutzer ein Gen seines Interesses eingeben und erhält die Expressionsdaten als eine schematische Darstellung der Wurzel in einem Farbcode dargestellt.

Abb. 12.**9 Stoffwechselkarten. a** Ausschnitt aus der Darstellung eines Stoffwechselweges mithilfe von AraCyc (http://www.arabidopsis.org/biocyc/index.jsp). **b** Darstellung eines Mikroarray-Experimentes mit der Software MapMan. Die jeweiligen Boxen repräsentieren Stoffwechselwege oder Stoffwechselcluster (http://mapman.mpimp-golm.mpg.de/). ▶

12.4 In-silico-Methoden der Molekularbiologie

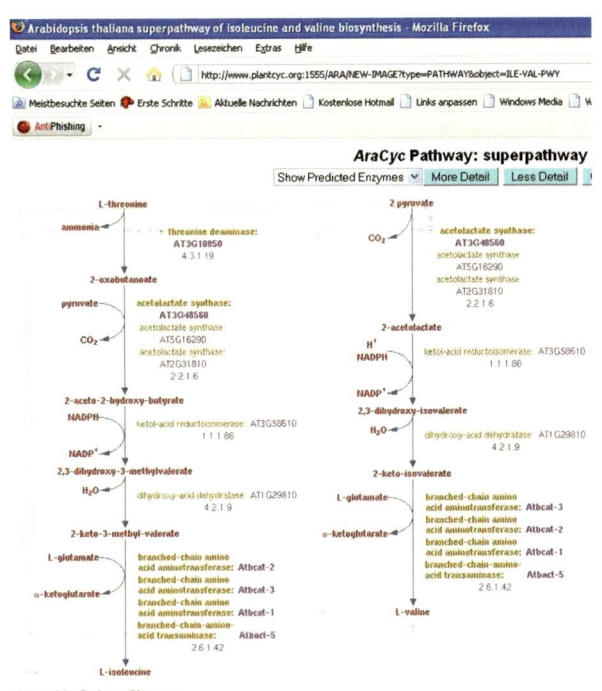

AraCyc Pathway: superpathway

Show Predicted Enzymes | More Detail | Less Detail

L-threonine
  ammonia → threonine deaminase: AT3G10050 4.3.1.19
2-oxobutanoate
  pyruvate, CO_2 → acetolactate synthase: AT3G48560
  acetolactate synthase: AT5G16290
  acetolactate synthase: AT2G31810 2.2.1.6
2-aceto-2-hydroxy-butyrate
  NADPH → ketol-acid reductoisomerase: AT3G58610 1.1.1.86
  NADP⁺
2,3-dihydroxy-3-methylvalerate
  H_2O → dihydroxy-acid dehydratase: AT1G29810 4.2.1.9
2-keto-3-methyl-valerate
  L-glutamate, α-ketoglutarate → branched-chain amino acid aminotransferase: Atbcat-2
  branched-chain amino acid aminotransferase: Atbcat-3
  branched-chain amino acid aminotransferase: Atbcat-1
  branched-chain-amino-acid transaminase: Atbact-5 2.6.1.42
L-isoleucine

2 pyruvate
  CO_2 → acetolactate synthase: AT3G48560
  acetolactate synthase: AT5G16290
  acetolactate synthase: AT2G31810 2.2.1.6
2-acetolactate
  H⁺, NADPH → ketol-acid reductoisomerase: AT3G58610 1.1.1.86
  NADP⁺
2,3-dihydroxy-isovalerate
  H_2O → dihydroxy-acid dehydratase: AT1G29810 4.2.1.9
2-keto-isovalerate
  L-glutamate, α-ketoglutarate → branched-chain amino acid aminotransferase: Atbcat-3
  branched-chain amino acid aminotransferase: Atbcat-2
  branched-chain amino acid aminotransferase: Atbcat-1
  branched-chain-amino-acid transaminase: Atbact-5 2.6.1.42
L-valine

Legend for Pathway Diagram

If an enzyme name is shown in bold, there is experimental evidence for this enzymatic activity.

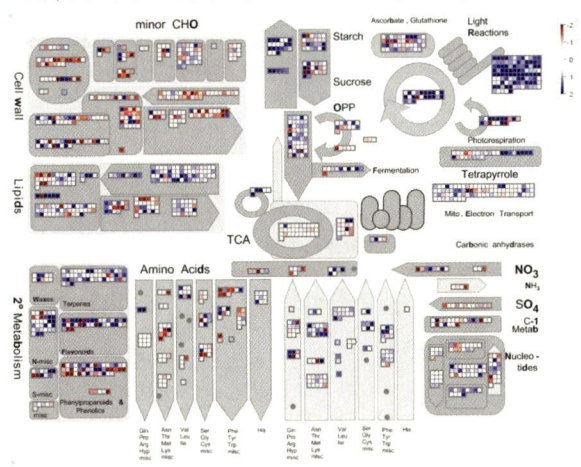

Genexpressionsdaten werden analog zu den Sequenzdaten in großen Datenbanken hinterlegt, wo das Experiment im Detail beschrieben wird (z. B. **Array-Express**, http://www.ebi.ac.uk/arrayexpress/). Für eine Publikation von Genexpressionsdaten ist die Hinterlegung in einer solchen Datenbank Voraussetzung. Zu einem Experiment gehörende Dateien stehen zum Download zur freien Verfügung und geeignete Programme für die Bearbeitung dieser Daten kann man ebenfalls herunterladen (z. B. Bioconductor) oder kaufen (z. B. Genespring, Affymetrix). Die kommerziellen Programme bieten dabei in aller Regel eine intuitiv benutzbare Oberfläche, während die freien Programme leicht weiterentwickelt und modifiziert werden können und deshalb oft die Basis von Web-basierten Werkzeugen sind.

Auf der Webseite von TAIR findet sich ein weiteres Werkzeug, das für die Analyse der Genexpression von Bedeutung sein kann. Der AFGCs Motif Finder sucht nach überrepräsentierten Oligonucleotiden (6-mer Oligos) in den Promotorregionen der analysierten Gene. Dieses Werkzeug erlaubt das Auffinden von spezifischen Promotoren in einer Gruppe von Genen, die bei dem beispielsweise untersuchten Stress besonders stark reguliert werden. Eine analoge Suche erlaubt auch Promomer aus der Werkzeugsammlung des **Botany Array Resource (BAR)** (http://bbc.botany.utoronto.ca/) der Universität von Toronto, einer weiteren freien Web-basierten Werkzeugsammlung für die funktionelle Genomik. Promomer ist auch verknüpft mit dem **Pantheon** der Washington State Universität, wo das Promotorwerkzeug **Athena** heißt (http://www.bioinformatics2.wsu.edu/cgi-bin/Athena/cgi/home.pl).

Um zum Abschluss den Bogen zu den eingangs erwähnten Bibliotheken zu spannen, soll als letztes das Projekt **Gene Ontology** (http://www.geneontology.org/) vorgestellt werden. Gene Ontology (GO) will ein kontrolliertes und definiertes Vokabular zur konsistenten Beschreibung von Genen und Genprodukten entwickeln, das zu jedem Organismus passt und in jeder Datenbank verwendet werden kann und soll. Das GO-Projekt entwickelt drei strukturierte kontrollierte Vokabulare (**Ontologien**), mit denen Genprodukte in Bezug zum assoziierten biologischen Prozess, zur zellulären Komponente und zur molekularen Funktion in einer Organismus-unabhängigen Art und Weise beschrieben werden können. Dieses Projekt entstand aus der Erkenntnis, dass Biologen einen Großteil ihrer Zeit Informationen suchen. Informationssuche aber wird behindert durch unterschiedliche Terminologien oder Einsortierung der Informationen in verschiedene Raster. Das Projekt begann 1998 als Kollaboration zwischen den Datenbanken von drei Modellorganismen FlyBase (*Drosophila,* http://flybase.bio.indiana.edu/), der *Saccharomyces* Genome Database (SGD, http://www.yeastgenome.org/) und der Mouse Genome Database (MGD, http://www.informatics.jax.org/). Inzwischen ist das GO-Konsortium enorm gewachsen und schließt sehr viele Datenbanken für Pflanzen, Tiere und Mikroorganismen ein. Das heißt auch, dass man das GO-Konsortium als Startpunkt für die Datenbanken zu seinem bevorzugten Organismus benutzen kann.

Die Systematik hat also auch die Molekularbiolgoie erfasst. Mit der **binominalen Nomenklatur** für alle Organismen hat Carl von Linné die Voraussetzung geschaffen, dass man über die gleichen Arten redete (*Ökologie, Evolution*). Genbanken, in denen seit Anfang des 20. Jahrhunderts Saatgut von Pflanzen oder Proben von Mikroben eingelagert wurden, schaffen die Voraussetzung, dass weltweit mit denselben Linien gearbeitet werden konnte. Sequenzdatenbanken und Expressionsdatenbanken sind die Voraussetzung einer Biologie, die molekulare Netzwerke analysieren will. In allen Fällen ist die Erfassung und Systematisierung und auch die Verknüpfung mit den Wissensdatenbanken (Bibliotheken) unabdingbare Notwendigkeit, damit die Information von der wissenschaftlichen Gemeinschaft sinnvoll genutzt werden kann.

> **Datenbanken:** Publikationsmethode der Molekularbiologie, die andere Veröffentlichungen ergänzt. Genomdaten, Daten zur Genexpression oder auch zum Gehalt an Metaboliten in Zellen oder Geweben sind in speziellen öffentlichen Datenbanken hinterlegt.
> **Gene Ontology (GO):** (http://www.geneontology.org/), will ein kontrolliertes und definiertes Vokabular zur konsistenten Beschreibung von Genen und Genprodukten entwickeln, das zu jedem Organismus passt und in jeder Datenbank verwendet werden kann und soll.
> **Genbanken:** Sammelstellen für Genfragmente aller Organismen. Es gibt eine Kooperation zwischen den Genbanken der USA (NCBI), Japans (DDBJ) und Europas (EMBL).
> **DDBJ (DNA Databank of Japan):** http://www.ddbj.nig.ac.jp/, eine der Sammelstellen für Genfragmente aller Organismen.
> **EMBL (The European Molecular Biology Laboratorium):** http://www.ebi.ac.uk/embl/, eine der Sammelstellen für Genfragmente aller Organismen.
> **NCBI (National Center for Biotechnology Information, USA):** http://www.ncbi.nlm.nih.gov/, eine der Sammelstellen für Genfragmente aller Organismen.
> **Genomdaten:** Die Gesamtsequenz eines Organismus sowie deren Organisation auf den Chromosomen, welche für viele Modellorganismen inzwischen in den Datenbanken zu finden sind.
> **KEGG (Kyoto Encyclopedia of Genes and Genomes):** Japanische Datenbank, enthält einen Großteil des Hefe-Stoffwechsels.
> **Blast (Basic Local Alignment Search Tool):** Suchalgorithmus der Sequenzähnlichkeiten (Homologien) in allen Sequenz-Datenbanken sucht.
> **Saatgutzentren (stock center):** Zentren zum Austausch von genetischem Material (Ökotypen, Transformanten, Vektoren, Plasmide, DNA-Bänke u. a.), die oft für Modellorganismen installiert wurden. Auch die Genbanken (Saatgutbanken oder Hinterlegungsstellen für Mikroorganismen) sind Teil dieses Austauschs.
> **Geninvestigator:** http://www.genevestigator.ethz.ch/, Beispiel für eine Werkzeugsammlung mit einer leicht zu bedienenden Weboberfläche (Java-Applet) für den Vergleich von Genexpressionsdaten von *Arabidopsis*, Gerste, Maus oder Mensch.

Bildquellen

Es sind alle Abbildungen gelistet, die nicht von den Autoren der jeweiligen Kapitel oder Abschnitte beigesteuert wurden. Die Zahlen in [ ] verweisen auf die unten aufgeführte Literatur.

1.12a	Dieter Kapp, Bielefeld.
1.13a	Manfred Rohde, Braunschweig
1.20a,b	Adrian Sumner, Edinburgh
1.23	Heinz Winking, Lübeck
1.24	Philippe Fournier, Saint-Christol-lez-Alès, Frankreich
1.26a	Eberhard Schleiermacher, Mainz
2.8	nach Seyffert [5]
3.14	nach Stillman [6]
3.17	nach Seyffert [5]
3.18a	nach Seyffert [5], b Helmut Zacharias, Langwedel
4.5b	nach Nudler [4]
4.7	nach Seyffert [5]
4.16	nach Seyffert [5]
6.3a,c	Frantisek Marec, Ceske Budejovice, Tschechien
6.5b	Heinz Winking, Lübeck
8.4	Peter Jeppesen, Edinburgh
9.5	Alicja und Andrzej Stasiak, Lausanne
9.20	Gerald G. Schumann, Langen
10.2	nach Hagemann [3]
10.7	nach Blackburn/Gait [1]
12.8a	My-Linh Du, Berlin; b Tilbert Kosmehl, Berlin
12.9a	http://www.arabidopsis.org/biocyc/index.jsp; b http://mapman.mpimp-golm.mpg.de

Tab. 3.2 nach Seyffert [5]
Tab. 10.1 aus Drake [2]
Tab. 10.2 nach Seyffert [5], Hagemann [3]
Tab. 10.4 nach Hagemann [3]

Titelliste

[1] Blackburn, G. M., Gaits, M. J. (1990). Nucleic acids in chemistry and biology. IRL-Press, Oxford.

[2] Drake, J. W., Charlesworth, B., Charlesworth, D., Crow, J. F. (1998). Rates of spontaneous mutation. Genetics, 148: 1667–86

[3] Hagemann, R. (1999). Allgemeine Genetik. 4. Aufl. Spektrum Akademischer Verlag, Heidelberg.

[4] Nudler, E (1999). Transcription elongation: structural basis and mechanisms. Journal of molecular biology. 288(1):1–12.

[5] Seyffert, W. (1998). Lehrbuch der Genetik. Spektrum Akademischer Verlag, Heidelberg.

[6] Stillmann, B. (1996). Cell Cycle Control of DNA Replication. Science 274, 1659–1663.

Sachverzeichnis

Farbige Seitenzahlen verweisen auf die Definitionen in Repetitorien, die dadurch als Glossar genutzt werden können.

A
AB0-Blutgruppensystem 255
Aberration 373
abortive Initiation 140
Abscisinsäure 453
Acanthamoeba polyphaga 51
ACE1 443
Acetylierung 221, 436
– Archaea 24, **25**
– Histon 438
achiasmatische Meiose 251, **253**
Ackerschmalwand
  s. *Arabidopsis thaliana*
Acridin-Farbstoff 395
Actinomycin 149
Adapter-Hypothese 177
ADAR (adenosine desaminase acting on RNA) 170
Adenin 6
Adenosin 6
Adenosindeaminasedefizienz 284
Adenoviridae, Genom 56
Adenovirus 115
– 12S 443
– E1A 443
– Genom 56
– Vektor 509
Adenylat-Cyclase 449f.
Adjacent Segregation 247
A-DNA 10, **15**
Aeropyrum pernix 112
Affinitätschromatographie 485
Ag-NOR-Färbung 39, 47
AGAMOUS 443
Agarosegel 481
AGO 460
Agrobacterium tumefaciens 50, 507
– Chromosom 60
– Genom 61
– Transformation **515**
Agroinfiltration 508
AhR 443
Akodon, Chromosomenzahl 43
akrozentrisch 33
Aktivator 431, **435**

ALBA 24
O^6-Alkyl-Guanin-DNA-Alkyltransferase (AGT) 407, **418**
Alkylphenol 314
Allel 255, **258**
– dominantes 255, **258**
– kodominantes 255, **258**
– rezessives 255, **258**
– unvollständig dominantes 257, **258**
Alligator mississippiensis 311
Allium cepa, Genom 12
Allolactose 432
Allopolyploidie 42, **47**
Alternate Segregation 249
alternatives Spleißen 69, 166, **173**, 458, **466**, 491
Altman, Richard 1
Alu-Element 73, 317
– Transposition 74
AluI 356
Amanita phalloides 149
α-Amanitin 149
amber-Codon 180
Amidierung 188
Aminoacyl-tRNA-Synthetase 185, **190**
– Klasse 186
– proofreading 187
2-Aminopurin 395
Aminosäure
– Modifikation 188
– Standard 180
Aminosäureakzeptor-Arm 182
Amniocentese 46
AMPA(α-Amino-3-hydroxy-5-methyl-4-isoxazol-propion-acid)-Rezeptor 170
Amplifikation 130
AMT1 443
Anaphase 120
– I 233, **244**
– II 232
Androgen 307
aneuploid 42
Aneuploidie 380, **382**
Anfinsen, Christian 214

Angelman-Syndrom 293
Ankyrin-Domäne 442
Annealing 18, 485
Annotation 471, 490
Anti-Anti-Sigmafaktor 429
– RsbV 434
Anti-Müller-Hormon 308
Anti-Shine-Dalgarno-Sequenz 199, **213**
Anti-Sigmafaktor 429
– RsbW 434
Anti-Transpositionsprotein 351
Antibiotikum **214**
– Resistenz 212
– Translation 212
Anticodon 177, **182**
Anticodon-Arm 182
Anticodon-Hypothese, erweiterte 189
Antigen 256
Antigenvariation 338
– Rekombination, ortsspezifische 348
Antikörper 204
– Vielfalt 425, **425**
– – Rekombination 360
Antirrhinum 270
Antirrhinum majus, Trisomie 380
antisense-RNA 4, 351, 355, 496
Antitermination 145, **148**
Antizipation 399
AP-Stelle 387, **404**
AP1 155, 414, 440
AP2 443
APOBEC1 (apoB mRNA-editing enzyme catalytic polypeptide 1) 171
APOBEC3 357
Apolipoprotein B 170
– RNA-Editing 170
Apoptose 444
Apoptose-Kaskade 126
Appendix testis 307
Äquationsteilung 242
Äquatorialebene 242
Äquivalentdosis 396, **404**
Aequorea victoria 510

Arabidopsis thaliana 126, 516
- Gendichte 87
- mt-DNA 79
AraCyc 517
Archaea
- Chromosom 63, **66**, 112
- - Organisation 23
- Histon 24
- Plasmid 63
- Zellzyklus 25
Archaeosin 186
AREX 518
ARF1 443
Argonautenfamilie 460
ArgR 429
ARR (Arabidopsis response regulator) 453
ArrayExpress 520
Arrhenotoky 308, **309**
ARS(autonomously replicating sequence)-Element 122
Artemis 417
Artentstehung, Rekombination 364
Ascorbinsäure 400
Ascospore 286
Ascus 287
Asilomar-Konferenz 478
Asparagus officinalis 309
Aspergillus flavus, Aflatoxin 394
Aspergillus niger, mt-DNA 79
Aspirin 451
asymmetrische Replikation 93
AT-Gehalt 8
aTBP 174
ATF (activating transcription factor) 440, 456
- ATF2 444, 456f.
Athena 520
atrialer natriuretischer Faktor 448
attB 347
Attenuation 141, **466**
Attenuator 462
attP 347
AURORA 469
Autophagie **228**
- Chaperon-unterstützte 225
Autophagosom 226, **228**
Autopolyploidie 42, **47**
Autosom 42, **47**

AUX/IAA (indole-3-acetic acid-auxin response factor) 453
Auxin 453
Avery, Oswald 1
Avocado-Sonnenflecken-Viroid (ASBV) 58
axiales Element 233

B

Bacillus subtilis 367
- Genom 61
- - Größe 12
backtracking 157
Bacteria
- Chromosom 50, 60, **66**, 105
- - Organisation 21
- Zellzyklus 22
Baculovirus 508
Bakteriocin-Plasmid 66, **67**
Bakteriophage s. a. Phage 53
- Genom 52
Bakteriophage λ
- Genom 52
- - Größe 12
- Infektionszyklus 54
- Mutationsrate 385
Bakteriophage M13
- Genom, Größe 12
- Mutationsrate 385
Bakteriophage MS2
- Genom 52
- Infektionszyklus 54
Bakteriophage Mu, Infektionszyklus 55
Bakteriophage ϖ6, Genom 52
Bakteriophage ϕX174
- Genom 52
- Genomsequenzierung 84
- Infektionszyklus 53
Bakteriophage X174 55
Bakteriophage T2 2
- Mutationsrate 385
Bakteriophage T4 55
- Genomgröße 12
- Infektionszyklus 53
Bakteriophage T7
- AT-, GC-Gehalt 9
- Genom 52
Baltimore, D. 115
Bar-Allel 261
Barr, Murray, L. 300
Barr-Körperchen 301
Base
- Fehlpaarung 391

- Modifikation 170, 185, **190**
Basenanalogon 394, **404**
Basen-Excisions-Reparatur (BER) 407, **418**
Basenpaarung 8
- komplementäre 89
Basic Local Alignment Search Tool (Blast) 517, **521**
B-Chromosom 49, **49**
BCRA2 361
B-DNA 10, **15**
BDNF (Brain-derived neurotrophic factor) 457, 469
Befruchtung 229
Bellevalia romana 92
Beneden van, E. 229
Benz(a)pyren 394
Berg, Paul 476
Bertram, Ewart, G. 300
beta-adrenergic-receptor kinase (βARK) 449
bidirektionale Replikation 95
Bindung, N-glykosidische 6
Biological Resource Center 517
Biotin 497
Birnavirus 115
Bisexualität 296, **296**
bisexuelle Anlage 306, **308**
Bisphenol 315
Bivalent 237, **244**
Blau-Licht-Rezeptor 406
Bloom's Syndrome 361
Blutgruppe, Antigen 256
BODENLOS 453
Bonellia viridis 312
Bornavirus 115
Borrelia burgdorferi
- Chromosom 60
- Genom 61
Botany Array Resource (BAR) 520
Boten-RNA s. mRNA
Boveri, T. 229
Branch Migration 320, 326
Brassica napus, mt-DNA 79
Brassinosteroid 453
BRCA2 331, **331**
BRE (TFB-response-element) 174
Break-induced Replication (BIR) 335
Brenner, S. 95
5-Bromuracil 395
Brustkrebs 331, 361

Buchnera aphidicola Cc, Gendichte 87
Buckelfliege (*Megaselia scalaris*) 31
Bufo bufo, Genomgröße 51
Bunyavirus 115
bZIP 443

C
Ca^{2+} 451
CAAT-Box 440
CAAT-Box-bindendes Protein (CBP) 456
Cadherin 454
Caedibacter 291
Caenorhabditis 32
Caenorhabditis elegans 367
– Chromosom 67
– Dosiskompensation 300
– Gendichte 87
– Genomgröße 12
– Geschlechtsbestimmung 304
– mt-DNA 79
Calicivirus 115
Calmodulin 452
Calpain 227, 452
Calreticulin 451
Calsequestrin 451
cAMP 449f.
cAMP-Crp 432f.
cancerogen, Mutation 391
Candida rhagii, mt-DNA 77
Cap-binding Complex (CBC) 161, 166
Capecchi, Mario, R. 402
Capping 159, 161, **173**
Capping-Enzym 162
Capsid 116
γ-Carboxylierung 221
carboxyterminale Domäne (CTD) 150, 157, 159, **173**
– Prozessierung 159
Cartagena-Protokoll 479, **479**
Caskey, Thomas 180
Caspase 227
Catenan 109, **111**, 124, 172
Cathepsin 227
C-Bänderung 47
CBF (Caat-Box binding protein) 155, 440, 443, 457
CBP 443
cc-Element 35
CCA-addierendes Enzym 184
CCAAT-Box 153

cdc(cell division cycle)-Gen 129
Cdc(cell division cycle)-Protein
– 6 122, 125
– 42 457
– 45 125
CDE (centromere DNA element) 34
CDK (cyclin dependent kinase) 125, **132**
cDNA 356, 358, 491, **504**
– Bibliothek 491, 495, **504**
CEBP (cytoplasmic polyadenylation element binding protein) 469
Cech, Thomas 161
Centimorgan 277
Centromer 30, **40**, 119
– Aufbau 34, 38
– Chromosomenmutation 373
– DNA-Replikation 124, 127
– Index 43, **47**
– α-Satellit 37
– Satelliten-DNA 71
– Sprosshefe 35f.
Centromerprotein (CENP) 37
Ceramid 451
Ceramid-aktivierte Kinase 448
c-Fos 440, 443, 456
cGMP 449f.
Chaperon 215, **227**
Chaperon-unterstützte Autophagie 225
Chaperonin 215
– Typ II 215
Chaperonin-Komplex (CCT) 218
Chargaff-Regel 8
Chase, Martha 2
Chelydra serpentina 311
Chemokin 454
Chi(crossover hotspot instigator)-Motiv 324, 327
Chi-Quadrat-Test 273
Chiasma 232, 240, **244**
– Ersatz 252
– Interferenz 240
Chicken Foot 333
Chimäre 402
Chlamydomonas reinhardtii
– mt-DNA 77
– Paarungstyp 291

Chloealtis conspersa, Schleifendomäne 239
Chloramphenicol 212
Chloroplasten-DNA (cp-DNA) 291
Cholinphosphat 62
Chorea Huntington 72
– Antizipation 399
Chromatide 30, 119, 229
Chromatin 26, **40**, 118
– Remodellierung 436, 438, **445**
– Schleife 239
Chromomer 44, **47**
Chromosom 1, 25, **40**, 229
– 10-nm-Faden 26
– 30-nm-Faden 28
– akrozentrisch 33
– Amniozentese 46
– Anzahl 42
– – Eukaryota 67
– Archaea 112
– Arm 33
– B- 49, **49**
– Bacteria 60, 105
– Bänderung 44
– Bouquet 233
– Chromatide 30
– Eukaryoten 118
– holokinetisch 32
– homologe 232
– Karyotyp 30
– metazentrisch 33
– monokinetisch 32
– Paarung 237
– Präparat 45
– Schleifendomäne 28
– Terminologie 33
– Tetrade 237
– Typ 33
– X- 43
– Y- 43
Chromosom 16, Fragilität, Antizipation 399
Chromosomenaberration 373, **381**
– numerische 380
Chromosomenanomalie 373, **381**
Chromosomenmutation 373, **381**
– Deletion 373
– Duplikation 375
– Inversion 375
– Meiose 244
– Nomenklatur 373
– Translokation 376
Chromosomensatz 30, 42

chronisch myeloische Leukämie 377
Chymotrypsin 222
Chymotrypsinogen 222
Ciechanover, Aaron 225
circadianer Rhythmus 406
cis-Element 134
cis-Spleißen 167
c-Jun 440, 443f., 456
Cleavage and Polyadenylation Specificity Factor (CPSF) 444
Cleavage-stimulation factor (CstF) 444
Clostridium botulinum, Toxin 60
C-Mitose 34, **40**
c-Myb 443
c-myc 15, 443
Co-Chaperon 215
Coaktivator 431, 436, 438
– Transkription 153, **173**
Cockayne-Syndrom 409
codierender Strang **135**
codogener Strang 133, **135**
Codon 177, **182**
– Startcodon 179
– Stoppcodon 179f.
Codon-Usage 179
Coenzym M 181
Cofaktor 156
Cohesin 119
Colchicin 33, 46
Concatemer 58
Copper fist protein 443
Core-Histon 26
Core-Promotor 138
Core-snRNP 166
Corepressor 431
Corona 31
Coronavirus 115
Correns, Carl 267
Corynebacterium diphtheriae 208
– Toxin 60
Cosmid 506
cp-DNA 50, 68, 81, **83**
– Gen 81
– *Oryza sativa* 79
– Vererbung 291, **294**
Cre-Lox-System 346
Cre-Rekombinase 346
– konditionale Deletion 368
CREB 443
c-Rel 442
Crenarchaeota, rRNA-Gen 197

CREST-Syndrom, Centromer 37
Crick, Francis C. 9, 89, 177, 189, 391
Crossover 232, 239, **244**, 335
– Interferenz 278
– mehrfaches 276
– Produkt 322, 327, 329, 336
Crp 429, 432
CsCl-Gradient 37
CTD-associated SR-like protein (CASP) 166
Cut-and-Paste, Transposition 352
Cuzin, F. 95
C-Wert 51, **51**, 119, 229
– Paradox 51, **51**
cyclic nucleotide regulatory element-binding protein (CREB) 450
Cyclin 125
Cyclobutandimer 397, 406
Cycloheximid 212
Cyclooxygenase 451
Cys2/His2-Zinkfinger 439
Cys4-Zinkfinger 441
CysB 429
Cystische Fibrose 284
– Punktmutation 372
Cytidin 6
Cytochrom P450-Hydroxylase 394
Cytogenetik 42
Cytokin, Rezeptor 447, 454
Cytokinese 119, 233
Cytokinin 453
cytoplasmatische Vererbung 289
cytoplasmatischer Effekt, maternaler 292, **294**
Cytosin 6
Cytosindimer 397

D

DAG (Diacylglycerin) 449, 451
Darwin, Charles 370
Datenbank 516, **521**
– REBASE 482
Datura stramonium, Trisomie 380
daughterless 443
Ddc1 336
DDE-Transposase/Integrase 352
DDT 314

– Resistenz 259
7-Deaza-guanosin 186
DEFICIENS 443
degradatives Plasmid 65, **66**
Degradosom 194
Degron 223, **227**
Deinococcus radiodurans, Strahlenresistenz 415
Delbrück, Max 383
Deletion
– Chromosomenmutation 373, **381**
– interkalare 373
– konditionale 368
– – Gentechnik 366
– Punktmutation 372
– Regulation **425**
– – Genomstruktur 424
– Rekombination
– – ektopische 339
– – ortsspezifische 340, **341**
– terminale 373
Delta-Transmembranprotein 448
Denaturierung 17, **21**
Denominator 303
Depletierung, konditionale 513, **515**
Depurinierung 387
Depyrimidierung 387
Desaminierung 170
Desoxyadenosin 6
Desoxycytidin 6
Desoxyguanosin 6
Desoxyribonucleinsäure s. DNA Desoxyribonucleotidtriphosphat (dNTP) 484
2'-Desoxyribose 5
Desoxythymidin 6
Deubiquitinierendes Enzym (DUB) 225
Diabetes mellitus 261
– Konkordanzrate 262
Diacylglycerin (DAG) 449, 451
Diakinese 233, 240, **244**
Dicer 460
Dichlorodiphenylethan 314
Dichtegradientenzentrifugation 37
Dif-Protein 442
dif-Sequenz 349f.
differentielles Splicen s. Spleißen, alternatives
differentielles Segment 239
5α-Dihydrotestosteron 307
Dihydrouridin 146, 185f.
– Schleife 182

diözisch 309
Diphthamid 208
Diphtherietoxin 208
Dipicolinat 389
diplo-X Eier 281
diploid 42, 50, 229
Diplont 42, 230
Diplotän 233, 240, **244**
Discriminator-Base 182
Diskordanz 262
Dispermie 379
displacement loop 320
Distamycin 11
Disulfidbrücke 222
D-Loop 120
Dmc1 336
DNA 1
– 10-nm-Faden 26
– 30-nm-Faden 28
– A- 9f., **15**
– A_{260} 16
– B- 9f., **15**
– Aufbau 5
– Chloroplasten- (cp-DNA) 291
– Chromosom 26
– Doppelhelix 8
– Eigenschaft 16f.
– extrachromosomale 60, **66**
– extragene 68
– hochrepetitive 71, **76**
– intergene 60, **66**
– junk- 400
– Kinetoplast- (kDNA) 171
– mitochondriale s. mt-DNA
– mittelrepetitive 73, **76**
– Nachweis 3
– promiskuitive 80, **82**
– Quadruplex 14
– Reinigung 480
– rekombinante 477
– repetitive 70, **76**, 398
– Schleifendomäne 28
– Schmelzkurve 17
– Schmelzpunkt 17
– selfish 352, 400
– Struktur 11
– Synthese, chemische 497
– Tripelhelix 9
– Z- 9
DNA-abhängige RNA-Polymerase 133
DNA-Array 472
DNA-Bindeprotein
– generelles **25**
– – Archaea 24
– – Bacteria 22

DNA-Bindungsdomäne 439
DNA-Chip 494
DNA Damage Checkpoint 328, **331**
DNA Databank of Japan (DDBJ) **521**
DNA-Endoreplikation 120
DNA-Fingerabdruck 487
DNA-Glykosylase 407
DNA-Helicase 96, **104**
DNA-Ligase 101f., **104**, 123
– Archaea 113
DNA-Methylierung 445
– Transpositionsinhibition 355
DNA-Methyltransferase 445
DNA-Mikroarray 367, 492, 494, **504**
DNA-Polymerase 100, **104**, 389, 476, **504**
– Archaea 113
– Bacteria 107
– Eukaryoten 123
– PCR 484
– Reparatur 101
– Replikation 101
DNA-Reparatur 404f.
– Nucleotid-Excisions-Reparatur (NER) 409
– Basen-Excisions-Reparatur (BER) 407
– Mismatch-Reparatur 412
– SOS-Reparatur 415
– Transkription-gekoppelte (TCR) 409
DNA-Reparaturenzym 328
DNA-Replikase **104**
DNA-Replikation
s. Replikation
DNA-Topoisomerase 98
DNA-Transposon 351f., **358**
– Mutation 400
DNA-Virus **58**, 115
DnaA 105f.
– Replikationskontrolle 110
DnaA-Box 106
DnaB 96, 106
DnaG 98, 106
DnaJ 215
DnaK 215
Domain-Swapping 363
Dominanz 255, **258**
– fehlende 271
– unvollständige 257, **258**, 270
Doppelhelix 9
– Furche 11
Doppelstrangbruch **327**

– Serin-Rekombinase 344
Dorsal 442
Dosiskompensation 300, **302**
Down-Syndrom 380
– Nackenfaltentest 501
Dps (DNA-binding protein of starved cells) 22
D-Replikation 120
Drift
– genetische, Y-Chromosom 300
– meiotische 272
Drosha 460
Drosha/DGCR8-Heterodimer 160
Drosophila, FlyBase 520
Drosophila melanogaster 12, 126, 239
– AT-, GC-Gehalt 9
– Chromosomenpaarung, somatische 233
– Chromosomentermino-logie 33
– Differenzierung, sexuelle 302
– Dosiskompensation 300, 303
– Gendichte 87
– Geschlechtsbestimmung 303
– Modellorganismus 265
– P-Element 75
– Vererbung, geschlechtsgebundene 280
Drosophila virilis 130
DSB (double strand break) 321
DSBR(double strand break repair)-Modell 321, **323**
D-Schleife 182
dsx (doublesex) 304
Duchenne-Muskeldystrophie 285
Duplikation, Chromosomenmutation 375, **382**
dynamische Mutation 399, **404**
Dystrophin-Gen 68, 164

E
E. coli s. *Escherichia coli*
E3L-Protein 13
E12-TF 443
E47-TF 443

Ecballium elaterium 309
Editosom 171
Edwards-Syndrom 380
eEF2-Kinase 208
EGF (Epidermal growth factor) 457
Eicosanoid 451
eIF-4 161
eIF4F 466
Eileiter 306
Einzelstrang-Bindeprotein (SSB) 96, 113
– generelles 324, 329
Einzelstrangbruch 320
ektopische homologe Rekombination 331
Elektroporation 402, 506, 508
Ellobius lutescens 298
Elongation
– Replikation 100
– – Archaea **114**
– – Bacteria 106, **111**
– – Eukaryoten 123, **131**
– Transkription
– – Archaea 175, **176**
– – Bacteria 141
– – Eukaryota 157
– Translation
– – Archaea 210
– – Bacteria 200
– – Eukaryota 208
Elongationsfaktor
– Transkription 143, 157, **173**, 175
– Translation 194, 200, 208, 210, **214**
Elongin 159, 444
Embryogenese, Gonade 307
embryonale Stammzelle 402
Emys orbicularis 311
endokrines Ökotoxin 313
Endomitose 129
Endonuclease, spleißende 184
Endoreplikation 130
Endosporenbildung, Regulation 423
Endosymbiontentheorie 77
Eneoptera surinamensis
– Kinetochor 31
– Meiose 236
Enhancer 134, **136**, 444, **445**, 460
env-Gen 57
Enzym, molekularbiologische Methode 477

Ephestia kuehniella 292
– Meiose 236
EphR 454
Ephrin 454
Epidermal growth factor (EGF) 454
Epigenetik 445
Episom 65, **66**, 109
Equol 314
Erbgang
– autosomal
– – dominanter 283, **286**
– – rezessiver 285, **286**
– heterosomal rezessiver 285, **286**
erbliches Merkmal 254, **258**
Erbse (*Pisum sativum*) 263
ERCC1/XPF 411
EREBP-1-TF 443
ERK1 (extracellular signal-regulated kinase) 457
Erythromycin 212
Erythropoietin (EPO) 447
Escherichia coli 2
– AT-, GC-Gehalt 9
– Genom 12
– K12 87
– – Genom 61
– – Replikon 126
– – Mutationsrate 385
– Rekombination, homologe 324
ESE (exonic splicing enhancer) 459f.
ESS (exonic splicing silencer) 459f.
Ethidiumbromid 20, 395, 481
Ethylen 453
Ethylmethansulfonat 391
Ets-1 155
EU-Biopatent-Richtlinie 86, **88**
Euchromatin 32, **40**, 118, 127
Eukaryota, Genomgröße 51
euploid 42
Euploidie 379, **382**
Euplotes crassus 180
European Molecular Biology Laboratorium (EMBL) 517
Euryarchaeota 113
– rRNA-Gen 197
Evans, Martin, J. 402
Evolution, In-vitro- 497, **504**
Evolutionstheorie 370
Exon 68, 161

– konstitutives 167
Exon Shuffling 69, **75**, 363
Exon Skipping 420
Exonuclease 329
– 3'→5' 101
– – Aktivität 389
– 5'→3' 101
Exosom 195, 197
Expressivität 500
extented anticodon-hypothesis 189
extrachromosomale DNA 60, **66**
extragene DNA 68
extranucleäre Vererbung 289, **294**

F
Fanconi Anämie 331, 361
Farbvariegation 291
F-Box-Protein 453
Fen1 414
Fertilisation 229
Fertilitätsplasmid 65, **66**
Feuerwanze (*Pyrrhocoris apterus*) 295
FGF (Fibroblast growth factor) 457
Filialgeneration 268
Filovirus 115
Fis (factor for inversion stimulation) 22, 139, 348, 425
Flagellin 448
– FliC, FliB 425
– H1, H2, Phasenvariation 348
Flap endonuclease 1 409
Flavivirus 115
Flemming, Walter 1
fljA 348
fljB 348
Flp-Rekombinase, konditionale Deletion 368
Fluktuationstest 384, **387**
Fluoreszenz-Resonanz-Energie-Transfer (FRET) 512, **515**
Flux-Balance 475
Fluxom **475**
fMet 188, **213**
fMet-tRNA^{fMet} 188, 199, 206
FMRP (fragile X mental retardation 1) 469
Fnr 429
Foldase 215
Folgestrang (lagging strand) 93, **94**

Sachverzeichnis

Formalgenetik 254
- Modellorganismus 263, **266**
- Organismus, haploider 286
- Schreibweise 257

Formamid 17
N-Formyl-Methionin (fMet) 188
Fortpflanzung, sexuelle 229
Fos-TF 158
F-Plasmid 50
Fragiles X-Syndrom, Antizipation 399
frame-shift 208
Franklin, Rosalind 9
FtsK 349
FtsZ-Protein, Archaea 64
Fur 429
F⁺-Zelle 65

G

G_0-Phase 121
G_1-Phase 119
G_2-Phase 114, 119
gag-Gen 57
Gal4 443, 512
β-Galactosidase 432
Gamet 230, 243
Gametophyt 230
Gap-Phase 119
G-Bänderung 44
GC-Box 153, 439
GC-Gehalt 8
Gelelektrophorese 481, **504**
- Anwendung 481
Gen 4, **4**, 254
- Bibliothek 495
- Duplikation 70
- Eukaryota 68, **75**
- Kopplung **280**
- Multigenfamilie 69
- plastidencodiertes 81
- springendes 352
- überlappendes 55, **59**
Genbank **521**
Gendichte 86, **88**
Gendosis 257, 300
Gene Ontology (GO) 520, **521**
Generationswechsel 230
generelles DNA-Bindeprotein
- Archaea 24, **25**
- Bacteria 22, **25**
genereller Transkriptionsfaktor 153, **173**, 436, 438

generelles Einzelstrang-Bindeprotein (SSB) 324, 329
Gene Silencing 496
- virus-induced 508, **515**
genetische Drift, Y-Chromosom 300
genetische Vielfalt 230
genetischer Code 179, **181**
- Degeneration 179, **182**
- mt-DNA 77
- Standard 179, **181**
genetischer Fingerabdruck 72, 499, 502, **505**
Genexpression 4, **4**, 133
- Regulation 421
- Regulationsebene 422
- Regulator, bakterieller 429
Gen-Expressivität 260, **263**
Genfamilie, Duplikation 375
Genfragment 70, **76**
Geninvestigator 518, **521**
Genitalfalte **308**
Genitalien 306
Genitalleiste 306, 308
Genitalschwellung 308, **308**
Genkanone 507
Genkarte 319, 366
- relative 277, **280**
Genkartierung 278
Genkonversion 321, **323**, 329, 338
Genlocus 254, **258**
Gen-Manifestation 260, **263**
Gen-Modifikation, umweltbedingte 261
Genom 50, **51**
- Bibliothek 495, **504**
- Eukaryota **75**
- Evolution, Rekombination 363
- Größe 51
- Kern 3, 50, 68
- Mitochondrium 3
- Plasmon 50
- Plastide 4
- prokaryotisches 60, **66**
- Virus 52
Genomic Imprinting 293, **294**
Genomik **87**
- analytische 83
- funktionelle 83, **87**
- strukturelle 83, **87**
- vergleichende 83, **87**
Genommutation 379, **382**
- Nomenklatur 373

Genomprojekt 84
Genom-Reparatur, globale (GGR) 409
Genomsequenzierung **504**
Genomstruktur, Regulation 421, **425**
Genotyp 254, **258**
- Umweltfaktor 261
Gen-Penetranz 260, **263**
Genrest 70, **76**
Gentechnik
- EU-Richtlinie 478
- Gesetz 478, **479**
- grüne 479
- Methode **476**
- Sicherheitsstufe 478
gentechnisch veränderter Organismus (GVO) 478
Gentherapie, somatische 317, 368
Gentransfer, horizontaler 75, 86, 362
Geschlecht
- genetisches 296f.
- gonadales 296
- hormonales 296
- somatisches (phänotypisches) 296
Geschlechteridentität 296
Geschlechterkamm 266
Geschlechterrolle 296
Geschlechtsbestimmung 295, **296**
- *Caenorhabditis elegans* 304
- *Drosophila melanogaster* 302
- genotypische 295
- haplodiploide 309
- Pflanze 309
- phänotypische 295, 311, **313**
- Säugetier 305
Geschlechtschromosom 30, 43
- Evolution
- – Pflanze 309
- – Säuger 298
- – Vögel 298
- Paarung, Meiose 239
- Vererbung 280
Geschlechtschromosomen-system
- einfaches 298
- komplexes 298
- XX/X0 298
- XX/XY 297, 303
- ZW/ZZ 298

Geschlechtsdifferenzierung 295
– Hormon 307
Geschlechtsidentität **296**
Geschlechtsindex 303, **304**
Gibberelin 453
Giemsa-Färbung 44, 47
Gilbert, Walter 476
Ginkgo biloba 309
GINS 113
GL1-TF 443
Glasknochenkrankheit 260
globale Genom-Reparatur (GGR) 409
Globin-Gen
– Evolution 372
– Familie 375
– Multigenfamilie 70
Glucose, *lacZYA*-Operon 432
Glutamat-Rezeptor, RNA-Editing 170
Glutathion-Peroxidase 180
N-glykosidische Bindung 6
Goldstein, Gideon 224
Gonade 306
Gonosom 43
– Paarung, Meiose 239
G-Quadruplex 14, **15**
Gray 396
Grb2 (Growth factor receptor-bound protein 2) 455
Griffith, Frederick 1
Grille (*Eneoptera surinamensis*) 31
gRNA (guide-RNA) 172, 195
GroEL/GroES 215, **227**
GrpE 215
Grün-fluoreszierendes Protein (GFP) 510, **515**
Grüner Knollenblätterpilz (*Amanita phalloides*) 149
G-Tetraplex 14, **15**
GTP-abhängige Translokation 208
GTPase 194f.
Guanin 6
Guanosin 6
Guanylat-Cyclase 450
Guanylat-Cyclase-Rezeptor 448
guide-RNA (gRNA) 172, 195
Guignard, J. U. 229
Gulonolacton-Oxidase 400
Gynander 303, **304**
gynandromorph 303
Gyrase 60, 99
– Bacteria 106
– Reverse 63

H
H1 26, 28
H2A 26
H2B 26
H3 26
H4 26
– Hyperacetylierung 302
H5 28
Haarnadelscheife 18, **21**
Haarnadelstruktur 60, 144
Haemophilus influenzae, Gendichte 87
hairpin loop 18, **21**
hairpin-binding factor (HBF) 169
Haldane, J. B. S. 278
Haloarcula marismortui, Genom 61
Halobacterium salinarum 24
Haloferax volcanii 112
Hammerkopf-Struktur 58
Hämoglobin 375
Hämophilie 285
Haplo-Diplont 230
Haplodiploidie 308, **309**
haploid 229
Haploidie, funktionelle 309, **309**
Haploidisierung 379, **382**
Haplont 42, 230
Harnstoff 17
HAT (Histonacetylase) 439
Haushalts-Protein, Halbwertszeit 223
Hausmaus (*Mus musculus*) 305
Hautpigmentierung, polygenes Merkmal 260
H-DNA 9, **15**
Hedgehog-Rezeptor 448
Hefe (*Saccharomyces cerevisiae*)
– Dreihybridsystem 512
– Plasmid 68
– Replikon 126
– Zweihybridsystem (Y2H) 330, 512, **515**
Helfervirus 57
Helical Twist 19
Helicase 96, 106, 324
– II 96
– Archaea 112
Helix-Loop-Helix 438
Helix-Turn-Helix 438
Hemizygote 255
Hepadnaviridae 115
– Genom 56
Hepatitis-B-Virus 57

– Genom 52
Hepatitis-δ-Virus 57
Hepatocytenwachstumsfaktor 454
Heritabilität 254, **258**
Hermaphrodit 296, 304
Herpesviridae 115
– Genom 56
Hershey, Alfred Day 2
Hershko, Avram 225
Hertwig, R. 121
HERV (human endogenous retrovirus) 75, **76**
Heterochromatin 32, **40**, 70, 118, 127
– fakultatives 301
Heteroduplexbereich 320
Heterogametie 297
Heterokaryon 287
heteromorph 43
Heteroplasmie 291
Heterosexualität **296**
Heterosom 43, **47**, 240
Heterozygote 376
Heterozygotie 255
Hfq-Chaperon 464
Hfr-Zelle 65
Hibernation 208
Hin-Rekombinase 348
Histidin-Kinase 223
Histon 26, **40**, 68, 159
– Acetylierung 436, 438
– Archaea 23
– Core-Histon 26
– Linker-Histon 28
– Methylierung 436, 438
– Modifikation, post-translationale 302
– Multigenfamilie 69
– Replacement-Histon-Subtyp 168
Histon-Acetyltransferase (HAT) 159, 438, 445
Histondeacetylase 438
Histone downstream Element (HDE) 169
Histon-Methyltransferase 438
Histonoktamer 26, 124
Hitzeschock 434
Hitzeschockprotein (Hsp) 215, **227**, 442
HMG (High Mobility Group) 444
– SOX 443
– Y 443
HMLalpha-Locus 338
HMRa-Locus 338

Sachverzeichnis

H-NS (histone-like nucleoid-structuring protein) 22
HO-Nuclease 338
Hoagland, Mahlon 177
hochrepetitive DNA-Sequenz 71, **76**
Hoden 305
Hoechst 33 258 11
Holdase 215
Holley, Robert 178
Holliday, Robin 320
Holliday-Modell 320, **323**
Holliday-Struktur 320f., 417
holokinetisch 32
Homeodomäne 438
Homo sapiens
– AT-, GC-Gehalt 9
– Gendichte 87
– Genomgröße 12
– mt-DNA 79
homologe Rekombination s. auch Rekombination, homologe 316, **318**
– Ablauf 318
– Antigenvariation 338
– Anwendung 366, **369**
– Deletion, konditionale 366
– DSBR-Modell 321
– ektopische 331
– *Escherichia coli* 324
– Evolution 339, **339**
– Fremd-DNA-Erkennung 327
– Genkarte 366
– Genregulation 337, **339**
– Gentherapie, somatische 368
– Holliday-Modell 320
– Mating Type Switching 337
– Mediator 329, **331**
– Meiose 335
– Modell 319, **323**
– Prozess, biologischer **339**
– RecFOR-Weg 327
– Reparatur 331
– Replikation, DNA-Schäden 332, **339**
– *Saccharomyces cerevisiae* 328, 336
– SDSA-Modell 322
– Telomerreparatur 335, **339**
homomorph 43, 297
Homoplasmie 291
Homosexualität 296, **296**
Homozygotie 255

Hoogsteen-Basenpaarung 391
Hoogsteen-Wasserstoffbrücke 9, **15**
Hop1 336
Hop2 336
horizontaler Gentransfer 75, 86, 362
Hormon 307
– Pflanze 453
Hot Spot 385, **387**
Housekeeping Gene 45
Hox-TF 443
HOX-Gen 85
HRE (heat shock response element) 442
HSF (heat shock factor) 442
HSF1 443
HSF24 443
Hsp (heat shock protein) 215
Hsp60 215
HU (heat unstable nucleoid protein) 22
Human Genome Organization 86
Humangenomprojekt 85f., **87**
Humaninsulin, heterologe Produktion 478
Hyacinthus romanus 92
Hybride 268
Hybridisierung 18, **21**, 492, **504**
– In-situ- 47, 518
– subtraktive 493
8-Hydroxy-5-deaza-Flavin 406
Hydroxylierung 221
Hyperacetylierung 302
Hypercholesterolämie 283
Hypervariabilität 72
Hypochromie 16, **20**
Hypoploidie 380

I

Ibuprofen 451
IHF (Integration Host Factor) 347
IKK (IκB kinase) 457
illegitime Rekombination 57, 351
Immunpräzipitation 473
Imprinting 445
In-situ-Hybridisierung 47, 518
In-situ-PCR 487
In-vitro-Evolution 497, **504**

In-vitro-Mutagenese 401
In-vitro-Transkription 496, **504**
In-vitro-Translation 198, 496, **504**
Inachis io, Recombination Nodule 238
inc-Gen 65
Inclusion Body 218
Indol-3-Essigsäure 453
Infektion 506, **514**
Infektionszyklus
– lysogener 54
– lytischer 53
Influenzavirus A-Virus, Genom 52
Inhibin 308
Initiation
– abortive 140
– Replikation 96
– – Archaea **114**
– – Bacteria 106, **111**
– – Eukaryoten 122, **131**
– Transkription
– – Archaea 174
– – Bacteria 136
– – Eukaryota 156
– Translation
– – Archaea 210
– – Bacteria 199
– – Eukaryota 205
Initiationsfaktor
– Transkription 161
– Translation 199, 205, 210, **213**
Initiationskomplex 199
Initiator(Inr)-Element 151
Initiator-tRNA 188, 199, 206
Initiatorprotein 96
Inkompatibilität 65, **67**
Inosin 186
Inositol-1,4,5-triphosphat (IP₃) 451
Insert 402
Insertion, Punktmutation 372
Insertionselement 354
Insulin 208, 421
– rekombinante Herstellung 218
Integrase (Int) 57, 346
Integration **350**
– Rekombination
– – ektopische 339
– – ortsspezifische 340, **341**
Interaktomforschung 473
interchromosomal 373
Interferenz, Crossover 279

Interferon 454
intergene DNA 60, **66**
Intergenic Spacer (IGS) 151
Interkalation 20
interkalierende Substanz 395, **404**
Interkinese 243, **244**
Interleukin 454
– 1 443
Interlocking 234, 237
intermediäres Element 152
internal ribosomal entry sites (IRES) 207
Interphase 119
Intersex 303
Intersexualität 296
Interzonalspindel 243
intrachromosomal 373
intrinsische Termination 141, **148**
Intron 68, 161, 184
– Gruppe 147, **173**
Inversduplikation 375
Inversion 249
– Chromosomenmutation 375, **382**
– parazentrische 250, **252**, 375
– perizentrische 250, **253**, 375
– Regulation **425**
– – Genomstruktur 424
– Rekombination
– – ektopische 339
– – ortsspezifische 340, **341**
Inversionsschleife 249
Inverted Repeat (IR) 18, **21**, 64, 352
invertierte terminale Repeats (ITR) 116
Inzucht 269
ionisierende Strahlung 389
IRAK (Interleukin 1 receptor associated kinase) 457
IRF (Interferon regulatory factor) 457
IS-Element 64, **66**
– Mutation 400
ISE (intronic splicing enhancer) 459f.
Isochromosom 379, **382**
Isohämagglutinin 256
Isoleucyl-tRNA-Synthetase 187
Isopropyl-thiogalactosid (IPTG) 141
ISS (intronic splicing silencer) 459f.

J
Jacob, F. 95
JAK (just another kinase) 454
Jamborees 472
Januskinase 454
JNK (c-Jun N-terminal kinase) 457
junk-DNA 400

K
Kaffeebohnenbohrer (*Hypothenemus hampei*) 309
Kappa-Partikel 292
5′-Kappe 57, 161
Kartierungseinheit 277
Karyokinese 129
Karyotyp 30, 42
– Mensch 30, 44
Katabolitantwort 433
Kern-Exportsignal 161
Kerngenom 50, 67f., **75**
– nc-DNA 3
Kern-Importsignal 161
Kernphasenwechsel 230
Kern-Plasma-Relation 121
Kernporenkomplex 195
Kernspindel 125
Kernspinresonanz-spektroskopie 473
Keto-Enol-Tautomerie 391
Kettenmultivalent 248
Khorana, Gobind 178
Kieferlippenspalte, Konkordanzrate 262
Kinetochor 30, **40**, 127
– Aufbau 30
– Mikrotubulus 32
Kinetochorplatte 31, **40**
Kinetoplast-DNA (kDNA) 171
Kit 477, **479**
Klammer 108, 113, 123, 485
Klammerlader 108, 123, 485
Klasse-I-Transposon 64
Klasse-II-Transposon 65
Klebsiella pneumoniae, *nif*-Gene 139
Kleeblattstruktur 182, **189**
Klenow-Fragment 107
Klinefelter-Syndrom 301, 380
Klon 483
Klonierung 483
Knochenwachstumsfaktor (BMP) 447
knock-in 402

knock-out 402
Knock-out-Maus 85, 368
Knox 443
Kodominanz 255, **258**
Kohlenwasserstoffver-bindung, polyzyklische aromatische (PAK) 394
Kollagen 222
koloniestimulierender Faktor (CSF) 454
Kompetenz, natürliche 506
konditionale Depletierung 513, **515**
Konduktor 285, **286**
Konjugation 506, **514**
– Rekombination, homologe 327
Konkordanz 262
Konsanguinität 285
Konsensussequenz 103, 109, **111**, 122
Konstriktion
– primäre 32
– sekundäre 38
Kontingenz-Gen 62
Kontrollpunkt, Zellzyklus 114, 124
Konturlänge, DNA 12
Kopplung 276
Kopplungsgruppe 276
Kornberg, A. 107
Kornberg-Enzym, Pol I 107
Kosambi, D. D. 278
Kosambi-Funktion 279
Kozak-Sequenz 206, **213**
Krallenfrosch (*Xenopus laevis*) 180
Kreuzung 257
– dihybride 273
– monohybride 268, **275**
– reziproke 268, **275**
– Rückkreuzung 269, **275**
Kynurenin 292
Kyoto Encyclopedia of Genes and Genomes (KEGG) 518, **521**

L
L1-Retrotransposon 356
L23-Protein 215
Lac-Repressor 429
Lactose 432
– Operon 432
lagging strand 93, **94**
Lambda (λ), Repressor 54
Lampenbürstenchromosom 48, **49**
Längenpolymorphismus 72

Lariat 161
laterales Element 237
leading strand 93, **94**
leaky scanning 206
Leber-Syndrom 80, 290
Lederberg, Esther 384
Lederberg, Joshua 384
Leghämoglobin 375
Leihmutter 509
Leitpeptid 462
Leitsequenz 462
Leitstrang (leading strand) 93, **94**
Lektin 46
Lentivirus, Vektor 509
Leptotän 233, **244**
Leseraster 61
– offenes (ORF) 135, 200, 210
Leserichtung, Replikation 90
Lesh-Nyhan-Syndrom 285
Letalfaktor 272
Leucin-Reißverschluss 438, 440
Leukämie, chronisch myeloische 377
Leukotrien 451
LexA-Protein 415
Leydig-Zelle 307
Ligase 98, 483
Ligation 483, **504**
Lilium longiflorum, Genomgröße 51
LINE (long interspersed nucleotide element) 74, **76**, 355
– 1 73, 317
Linker-DNA 26
Linker-Histon 26, 28
Linking Number 19
Lipidkinase 450
Lipidphosphatase 450
Lipopolysaccharid (LPS) 448
Liposom 508
Lipoxin 451
Literaturdatenbank 516
Lizenzfaktor 127, **132**
Long Patch Pathway 407
Long terminal Repeat (LTR) 358
loxP-Stelle 346
Lrp 429
LTR-Retrotransposon 351, 358, **358**
Luria, Salvador 383
Lycopersicon esculentum, Trisomie 380
Lyse 53

lysogener Infektionszyklus 54
Lysogenie 53
Lysophosphatidsäure (LPA) 451
Lysosom, Proteindegradation 225
lytischer Infektionszyklus 53

M
$m^{2,2,7}$G-Kappe 161
m_3G-Kappe 161
m^7G-Kappe 161, 466
MADS-Box 443
Mais (*Zea mays*) 9, 264
Makroautophagie 226
Makrochromosom 49
MAP-Kinaseweg 428, 452, 456
MapMan 518
Marchantia polymorpha 309
– mt-DNA 79
marimer-Familie 365
Marshall, Richard 180
Massenspektrometrie 472
Mastermolekül 80, **83**
maternale Vererbung 289
Mating Type Switching 328, 337
MAT-Locus 338
Matrix-associated Region (MAR) 29
Matrizenstrang 133
Matthaei, Heinrich 178
Maturase 82
Maus (*Mus musculus*), Replikon 126
Mausohrkresse s. *Arabidopsis thaliana*
Maxicircle 172
McClintock, Barbara 75
McKusick-Katalog 282
MCM-Protein (minichromosome maintenance protein) 113, 122, 125
– 1 443
Mdm2 (murine double minute oncogene) 442
Mec3 336
Mediator 155
Mediatorkomplex 439
Megaselia scalaris, Kinetochor 31
Mehlkäfer (*Tenebrio molitor*) 31
Mehlmotte (*Ephestia kuehniella*) 292

Meiocyte
– I 229, 233
– II 243
Meiose 124, 229, **232**
– abweichende **252**
– achiasmatische 251, **253**
– Anaphase I 242, **244**
– Chromosomensegregation 247
– Diakinese 240, **244**
– Diplotän 240, **244**
– Interkinese **244**
– Leptotän 233, **244**
– Metaphase I 242, **244**
– Non-Disjunction 303
– Pachytän 237, **244**
– Phase **232**, **243**
– Prometaphase I 242
– Prophase
– – I 233
– – II 233, 243, **244**
– Schema 234
– Telophase
– – I 243, **244**
– – II **244**
– Zygotän 237, **244**
Meiospore 230, 243, 287
meiotische Drift 272
meiotische Rekombination 335
Mek1 336
Membranprotein 218
Mendel, Gregor, J. 267
– Methode 268
– Spaltungsregel 271
– Unabhängigkeitsregel 273
– Uniformitätsregel 270
Mensch (*Homo sapiens*) 9
meristematische Zelle 121
Merkmal, erbliches 254, **258**
Meselson, M. 92
Meselson-Stahl-Experiment 91
Mesonephros, Gonade 306
Messenger-RNA s. mRNA
metabolic map 473
Metabolom 473, **475**
Metabolomics **475**
Metagenomic 503
Metagenomprojekt 85
Metaphase 119, 127
– I 229, 233, 242, **244**
– II 124, 232
metazentrisch 33, 43
Methanocaldococcus jannaschii
– Gendichte 87

- Genom 61
- Histongen 63
- Intron 63

Methanosarcina acetivorans
- Chromosom 63
- Gendichte 87
- Plasmid 63

Methanothermobacter thermoautotrophicus, Plasmid 63

Methode, molekularbiologische 476, **479**
- Enzym **479**
- in silico 516
- in vitro 480
- in vivo 505
- Laborbuch 476

3-Methyladenin 394
Methylase 111
5,10-Methylen-THF-Polyglutamat (MTHF) 406
7-Methylguanin 394
7-Methylguanosin-CAP 466
Methylierung 146, 221, 436
- DNA 445
- Histon 438
O^4-Methyl-Thymin 407
Methyltransferase 181
MF1 123
MHC-Peptid-Komplex 447
microRNA (miRNA) 160, 460, **466**
Miescher, Friedrich 1
Mikroarray 494
Mikroautophagie 225
Mikrochromosom 49, **49**
Mikroinjektion 402, 508
Mikronucleus 250
Mikrosatelliten-DNA 61, 72, **76**
Mimivirus 51f.
Minicircle 171
Minisatelliten-DNA 71, **76**
Minos 366
miRNA 160, 460, **466**
Mismatch 391, **404**
- Reparatur 412, **419**
Missense-Mutation 371, **381**
missense-Suppression 184
MITE (miniature inverted-repeat transposable element) 354
mitochondriale DNA s. mt-DNA 289
Mitochondriengenom 4, 50, 68, 77, **82**

- Größe 79
- Plasmid 80
Mitochondrium, Vererbung 80, **83**
Mitomycin C 396
Mitose 118, 229
mitotische Rekombination 332
mittelrepetitive DNA-Sequenz 73, **76**
MLST (Multi Locus Sequence Typing) 363
Mnd1 336
Modellorganismus 516
- *Arabidopsis thaliana* 516
- *Caenorhabditis* 516
- *Drosophila* 516
- Formalgenetik 263, **266**
- *Saccharomyces cerevisiae* 506
- *Schizosaccharomyces pombe* 506
modified wobble-hypothesis 189
Modifikation, posttranslationale 221, **227**
Modulon, Stationärphase 434
Molekularer Marker 498, **505**
- Medizin 499
- Pflanzenzüchtung 499
monocistronisch 62, 135, **136**
monohybride Kreuzung 268, **275**
monokinetisch 32
MONOPTEROS 453
Monosomie 247, 373
monözisch 309
Monro, Robin 178
Morgans, Thomas, H. 396
MPF (mitose promoting factor) 125f.
Mre11 329, 336
mRNA 133, 177
- monocistronische 62, 135, **136**
- Poly(A) 146
- polycistronische 62, 135, **136**, 210
- Prozessierung 146
- Sekundärstruktur 144
- Transport, Regulation 465
mRNA-Guanyltransferase (GT) 444

mRNA-Methyltransferase (MT) 444
MRX-Komplex 329, **331**, 336, 338
mt-DNA 50, 68, 77, **82**, 289
- *Arabidopsis thaliana* 79
- Gen 79
- Größe 79
- *Homo sapiens* 79
- Mutation 80
- Replikation 120
- Vererbung 291, **294**
mTOR (mammalian Target Of Rapamycin) 469
Mukoviszidose 284
Mull-Lemming (*Ellobius lutescens*) 298
Müller'scher Gang 308, **308**
Muller, Hermann, J. 396
Mullis, Karry 477
Multigenfamilie 69, **75**
- einfache 69, **75**
- komplexe 70, **75**
multiple cloning site (mcs) 483
Multivalent 245
Muntjak (*Muntiacus muntjac*), Chromosomenzahl 42
Mus musculus 126
- Gendichte 87
- Genomgröße 12
- Geschlechtsbestimmung 305
- mt-DNA 79
- Robertson-Translokation 245
- synaptonemaler Komplex 238
Mutagen, alkylierendes 392
Mutagenese 265, 401
- In-vitro- 401
- Oligonucleotid-gesteuerte 401
- spezifische 486
- zielgerichtete 401, **404**
Mutante 370, **381**
- letale 372
- konditional-letale 372
- temperatursensitive (ts) 372, **381**
Mutation 370, **381**
- Chromosomenmutation 373
- dynamische 399, **404**
- extranucleäre 80
- generative 385
- Genommutation 379

- Häufigkeit 383
- Missense 371, **381**
- Nonsense 372
- ortsspezifische 486
- Punktmutation 370
- Regulation, Genomstruktur 425
- Reparatur 404
- somatische 385
- spontane 383
- stille 371, **381**
- Strahlung 396
- Suppression 419
- temperatursensitive (ts) 372
- Ursache 387, **404**
Mutationsrate 385, **387**
MutH 413
MutS 412f.
MYB 443
Myc 158
Mycoplasma genitalium, Gendichte 87
Myd88 (Myeloid differentiation primary response gene 88) 457
MyoD 443
Myoglobin 375
Myotone Dystrophie, Antizipation 399

N
N^{10}-Formyl-THF 188
Nackenfaltentest 501
NADH-Dehydrogenase 82
- Plastide 82
Nanoarchaeum equitans
- Chromosom 63
- Gendichte 87
NarXL 429
National Center for Biotechnology Information (NCBI) **521**
NC2 156
Nebenhoden 307
Nedd8 (neural precursor cell expressed developmentally downregulated protein 8) 225
Neisseria gonorrhoeae
- Antigenvariation 338
- *opa*-Gen 61
NELF (negative elongation factor) 159
neo-X-Chromosom 298
neo-Y-Chromosom 298
Neurofibromatose 282

neuronales Zelladhäsionsmolekül (NCAM), alternatives Spleißen 167
Neurospora crassa
- Mutationsrate 385
- Tetradenanalyse 287
NF-κB 442
NGF (Nerve growth factor) 457
NHEJ (non-homologous end joining)-Mechanismus 359
NHR 443
Nicht-Histon-Protein 26, 29, 68
Nicht-Mendel-Vererbung 289
Nick-Translation 103
Nicking-closing-Enzyme 98
NifA-Box 139
Nirenberg, Marshall 178
Nitrosamin 391
Nitrosoharnstoff 391
NMDAR (N-Methyl-D-Aspartat Rezeptor) 469
NO 421, 452
Non-Crossover-Produkt 322, 327, 329, 336
Non-Disjunction 246, **252**, 281
- Meiose 303
- Mitose 303
Nonsense-Mutante **381**
Nonsense-Mutation 372
nonsense-Suppressor-tRNA 184, 420
Northern-Blot 492, **504**
- digitaler 518
Notch 439, 448
Nottingham Arabidopsis Stock Center 517
NRE (nuclear hormone receptor response element) 441
NSF (N-ethylmaleimide-sensitive factor) 452
N-terminale Regel, Proteinstabilität 223
Nuclear Factor 1 (NF1)-Familie 440
Nuclear Factor-kappa B (NF-κB) 442
nuclear hormone receptor (NHR) 440, 448
Nuclease 98, 324
Nucleinsäure 1, **4**
- A_{260} 16
- Baustein 5

- Doppelhelix 8
- Nachweis 1
- Reinigung 480
- Synthese, chemische 497
Nucleoid 22, 50, 60
nucleoläre RNA (small nucleolar RNA) 195
Nucleolus 150, 195
Nucleolus-Organisator-Region (NOR) 30, **39**, **40**, 195
Nucleosid 5, **7**
- Nomenklatur 6
Nucleosom **25**, 26, **40**, 124
Nucleotid 5, **7**
- Basenpaarung 8
- Nomenklatur 7
Nucleotid-Excisions-Reparatur (NER) 409, **418**
Nullisomie 380
nullo-X Eier 281
Numerator 303
numerische Chromosomenaberration 380
NusA 144

O
ochre-Codon 180
Oct-Regulatorfamilie 440
Oct1 155, 440
Oenothera biennis, Komplex-Heterozygotie 249
offenes Leseraster (ORF) 135, 200, 210
OGG1 (8-Oxoguanin-DNA-Glykosylase) 407
Okazaki-Fragment 93, **94**, 107, 113, 333, 483
- Bacteria 106
- Eukaryoten 123
- Virus 116
Ökotoxin 313, **314**
Oligonucleotid-gesteuerte Mutagenese 401
Ommatidium 261
onc-Gen 57
Ontologie 520
Oocyte 48, 243
opa-Gen 61
opal-Codon 180
Operator 432
Operon 62f., **66**
- *fljBA* 425
- *lacZYA* 432
- *rrn* 147
- rRNA, *E. coli* 139

– Tryptophan 462
ORC (origin recognition complex) 113, 122, 127
ORF (open reading frame) 83, 135, 200, 210
ORF1 356
ORF1p 356
ORF2 356
ORF2p 356
Organismus, gentechnisch veränderter (GVO) 478
Origin 96, **103**
– *oriC* 106
Origin Recognition Boxes 113
Orphan 84
Orthologie 47
Orthomyxoviridae 115
– Genom 56
ortsspezifische Rekombinase 345
– Serin-Rekombinase 344, **345**
– Tyrosin-Rekombinase 342, **345**
ortsspezifische Rekombination 316f., **318**, 340, **341**
– Anwendung **369**
– Cre-Lox-System 346
– Integration **350**
– Phage Lambda 346
– Phage Mu 348
– Phage P1 346
– Phasenvariation **350**
– Prozess, biologischer 345, **350**
– Replikation, prokaryotische, Dimerspaltung 349, **350**
ortsunspezifische Rekombination 351
Oryza sativa 499
– Chromosom 68
– cp-DNA 79
– Gendichte 87
Osmoschock 434
Osteogenesis imperfecta 259
Östrogen 307, 313
– Rezeptor 313
Ovar 306
Ovotestes 296
8-Oxoguanin-DNA-Glykosylase (OGG1) 407

P
P1-Prophage 50
p34^{cdc2} 125
p38 (p38 mitogen-activated protein kinase) 457
p50/p105 442
p52/p100 442
p53 442f.
Paarung, somatische 233
Paarungsdomäne, Chromosom 34
Paarungstyp, Hefe 337
PABP (Poly(A)-bindendes Protein) 206, 209, 466
Pachytän 233, 237, **244**
Palindrom 18, **21**, 144
Pan troglodytes, Gendichte 87
Pantheon 520
Papovaviridae 115
– Genom 56
Paralogie 47
Paramecium, mt-DNA 77
Paramyxovirus 115
Pararetrovirus 57, **59**
Parascaris 32
parazentrische Inversion 250, **252**, 375
Parentalgeneration 268
Particle Gun 507
Parvoviren 115
Parvoviridae 115
– Genom 56
– H1, Genom 52
Pätau-Syndrom 380
Patellina corrugata 129
PCNA (proliferating cells nuclear antigen) 113, 124
– Trimer 123
PCR (Polymerase chain reaction) 103
– In-situ- 487
– Long-Range- 486
– Multiplex- 499
– qRT- 487
– Real-Time- 487, **504**
– RT- **504**
P-Element 75
Penetranz 500
Penetranzrate **263**
Peptidyl-Prolyl-cis-trans-Isomerase (PPIase) 216, **227**
Peptidyl-Prolyl-Isomerase 159
Peptidyl-Transfer 201f.
Peptidyl-Transferase 192, **197**
Periplasma 218
Perithecium 287

perizentrische Inversion 250, **253**, 375
Pflanzenhormon 453
Pfu-Polymerase 485
Phage
– λ 115
– – Lebenszyklus
– – – lysogener 346
– – – lytischer 346
– – Protein Q 145
– – Rekombination, ortsspezifische 348
– Mu
– – Phasenvariation 348
– – Transposition 355
– P1 346, 368
– φX174 115
– T4 115
– – Gruppe I-Intron 147
– T7, RNA-Polymerase 139
– temperenter 53
– transponierbarer 65, **66**
– virulenter 53
Phagen-Display-System (PhD-System) 204
Phallus 307, **308**
Phänokopie 261, **263**
Phänotyp 254, **258**
Phasenvariation **350**
– Flagellum 424
– Rekombination, ortsspezifische 348
Phaseolus vulgaris 46
Phenylalanin-Hydroxylase 259
Phenylketonurie 259
Philadelphia-Chromosom 378
Phosphatase 431
Phosphatidylinositol-3,4,5-triposphat (PIP$_3$) 451
Phosphatidylinositol-4,5-diphosphat (PIP$_2$) 450f.
Phosphatidylinositol-4-phosphat (PIP) 451
N-Phospho-Histidin 221
Phospholipase 450
– C 449f.
Phosphorelais 428
Phosphorylierung 208, 222
O-Phospho-Serin 221
Phosphothioat 498
O-Phospho-Tyrosin 221
Photoaktivierung 406
photochemische Reaktion 397
Photolyase 405

Sachverzeichnis

Photoprodukt, 6-4- 397, 406
Photoreaktivierung 405, **418**
Phytohormon 507
Phytoöstrogen 314, **314**
Picornaviridae 115
– Genom 56
piggyBac 366
PIN-Transporter 453
Pisum sativum 119
– Modellorganismus 263
Pit-TF 440
Plasmid 20, 50, 65, **66**
– Bacteriocin- 66, **67**
– degradatives 65, **66**
– Eukaryota 68
– Fertilitäts- 65, **66**
– Inkompatibilität 65, **67**
– mitochondriales 80, **83**
– Replikation 109
– Resistenz- s. a.
– Resistenz- 65, **67**
– Virulenz- 66, **67**
Plasmodium falsiparum, mt-DNA 79
Plasmon 50, 77, **82**
Plastide
– Formalgenetik 291
– Genom 4
– Vererbung 82, **83**
Plastiden-DNA (ptDNA) 4
– Replikation 121
Plastom 50, 68, 77, 81, **83**
Platelet-activating Factor (PAF) 451
Platelet-derived growth factor (PDGF) 454
Pleiotropie 259, **263**
PNPase 194
Pockenvirus 115
– E3L-Protein 13
Pocket-Domäne 443
Pol α 100, 122f.-
Pol β 100, 123
Pol χ 101
Pol δ 101, 123
Pol 101
Pol γ 123
Pol I 100, 107
Pol II 100, 108
Pol III 100, 107
Pol IV 100, 108
Pol V 100, 108
pol-Gen 57
Poliovirus, Genom 52
Polkörperchen 243
Pollensterilität 80

Poly(A)-bindendes Protein (PABP) 206, 209, 466
Poly(A)-Polymerase 146
Poly(A)-Retrotransposon 351, 355, **358**
– abhängiges 356
– LINE 355
– SINE 355
Poly(A)-Schwanz 134, 146, 159, 168, 466, 491
Polyacrylamidgel 481
Polyadenylierung 57, 77, 146, 168, **173**
polycistronisch 62f., 135, **136**, 210
polyenergid 129, **132**
Polyethylenglycol (PEG) 507
Polygenie 259, **263**
Polyklonierungsstelle 483
Polykomplex 241
Polymerase s. a.
DNA-Polymerase 326, 329, 335, **504**
– III, Termination 169
Polymerasekettenreaktion (polymerase chain reaction, PCR) 103, 477, 484, **504**
– Fehler-anfällige 204
– Mutagenese 401
Polynucleotid 4
polyploid 50, 129, **132**
Polyploidisierung 379, **382**
Polyribosom 191
Polysom 191, **197**
polytän 130, **132**
polyzyklische aromatische Kohlenwasserstoffverbindung (PAK) 394
Populationsanalyse 491, 503, **505**
Positionseffekt 376
Positive Predictive Value (PPV) 502
positiver Transkriptions-Elongationsfaktor b (P-TEFb) 159, 444
Postreduktion 242
posttranslationale Modifikation **227**
POU-Domäneprotein 440
Poxviridae, Genom 56
Prä-Initiationskomplex 108, 156, **173**, 206
Prader-Willi-Syndrom 293
Präreduktion 242
pre-miRNA 160

pri-miRNA 160, 460
PriA 326, **328**
Pribnow-Schaller-Box 138
primäre Micro-RNA (pri-miRNA) 160, 460
Primärtranskript 146, **148**, 184
Primase 97f.
– Archaea 112
– Bacteria 106
– Eukaryoten 123
Primer 97, **103**
– Archaea 113
– Bacteria 106
– Eukaryoten 122
– PCR 484
– Viren 116
Primer Extension 491
Priming 97, **103**
Primosom 98, **104**, 106
Proboscis 312
Prodiamesa olivacea 131
Proflavin 395
Prometaphase I 242
promiskuitive DNA 80, **82**
Promotor 136, **147**, 429
– Element 432, **435**, 436
– – Bacteria 137
– – Eukaryota 151
– – proximales 439
– proximaler, Transkriptionsfaktor **445**
promoter proximal pausing 158
Promotor-Clearance 139, **148**, 157
Promotorkomplex 139
Proofreading 102, **104**, 133, 187, 391
Prophage 54, **59**, 346
Prophase I 124, 233
Prophase II 124, 233, 243, **244**
Prostaglandin 451
Prostata 306
Proteasehemmer 57
Proteasom 224f., **227**
Protein
– Biosynthese 177
– Degradation 224
– Faltung 214
– Grün-fluoreszierendes (GFP) 510, **515**
– Halbwertszeit 223
– Primärstruktur 214
– Produktion, heterologe 498, 510, **515**
– rekombinantes 218

- Sec-Weg 219
- SRP-Weg 219
- Tat-Weg 219
- Translokation 218
Protein-Disulfid-Isomerase (PDI) 219, 222, **227**
Proteinfaltung 421
Proteingerüst 29
Proteinkinase 125, 222
- A 450
- C (PKC) 451
Protein-Phosphatase 222
Proteinprimer 116
Protein Scaffold 29
Proteobakterium 413
Proteom 472, **475**
Proteomics **475**
Proto-Sexchromosom 309
Protoplast 507
- Transformation 507, **515**
Provirus 117
prozessiertes Pseudogen 70, **76**, 356
Prozessierung
- cotranskriptional 159
- RNA 134, **136**
Prozessivität 100, **104**, 123
Pseudoarrhenotoky 308, **309**
pseudoautosomale Region 239
Pseudodominanz 375, **382**
Pseudogen 69, **76**
- konventionelles 70, **76**
- prozessiertes 70, **76**, 356
Pseudo-Reversion 419
Pseudouridin 146, 186
Psoralen 396
Psoriasis 396
pUC18, Plasmidkarte 484
Puf6 465
Pulsfeldgelelektrophorese 41
Pumilio 469
Punktmutation 370, **381**
- Deletion 372
- Insertion 372
- Rasterschub 372
- Substitution 371
- Transversion 371
Punnett-Schema 257, **258**
Purinbase 7
- Nomenklatur 6
- Struktur 6
- Wasserstoffbrückenbindung 8
Puromycin 212
Pyrimidinbase 7

- Nomenklatur 6
- Struktur 5
- Wasserstoffbrückenbindung 8
Pyrococcus furiosus, Pfu-Polymerase 485
Pyrrhocoris apterus 32, 295
Pyrrolysin 180

Q
Q-Bänderung 46
Quadrivalent 247
Quadruplex-DNA 14
Queuosin 186
Quinacrin 47

R
Rac1 (Ras-related C3 botulinum toxin substrate 1) 457
Rad17 336
Rad50 329, 336
Rad51 325, 327, **331**, 335f., 338
- Filament 329
Rad52 329, 336, 338
Rad54 329, 336
Rad55 336
Rad57 336
RadA 325, 327, 362
Radikal, Mutagen 400
rad-Protein 328
Rag1 (recombination activating gene) 359, **361**
Rag2 (recombination activating gene) 359, **361**
Ras (Rat sarcoma) 456
Rasterschub (frame-shift) 200, 208
- Mutation 372, **381**
- - Substanz, interkalierende 395
Rattus norvegicus, Gendichte 87
Rb 443
R-Bänderung 45
Rdh54 336
Reaktionsnorm 261, **263**
Real-Time-PCR 472, **504**
Reassortment 117
REBASE 482
Rec51 362
RecA-Protein 54, 324, **328**, 362, 415
- Filament 325
RecBCD-Komplex 324, **327**
RecFOR-Weg 327, **328**
Recombination Nodule 239

Red Fluorescent Protein (RFP) 511
Red1 336
Redigieren, RNA 135
Reduktionsteilung 229, 243
12/23-Regel 359
Regenerationsprotokoll 509
Regression 333
Regulator 427
Regulon 62
Reis (*Oryza sativa*) 499
Rekombinante 276
Rekombinase 341
- ortsspezifische **345**
Rekombination 231, **232**, 316
- Anwendung 366
- Crossover-Produkt 322
- ektopische 331, 339
- Enzymevolution 364, **365**
- *Escherichia coli* 326
- Evolution 363, **365**
- Genkonversion 321
- homologe s. a. homologe Rekombination 316, **318**, **323**, 402, 414, 513
- Krankheitsentstehung 361
- Mating Type Switching 337
- meiotische 335, **339**
- mitotische 332
- Modell 319
- ortsspezifische s. a. ortsspezifische Rekombination 316f., **318**, 340
- - Phage Lambda 346
- ortsunspezifische (illegitime) 57, 351
- RecBCD-Weg 324, 326
- Reparatur 331
- Replikation, DNA-Schaden 332
- Retrotransposition 316–317, **318**, 351
- *Saccharomyces cerevisiae* 336
- Serin-Rekombinase 341
- Telomerreparatur 335
- Transposition 316f., **318**, 351
- Tyrosin-Rekombinase 341
- V(D)J- **318**, 359, **361**, 426
Rekombinationsanalyse 278
Rekombinationshäufigkeit 276, 319
Rekombinationsknoten 239

Sachverzeichnis

Rekombinationskontrollpunkt 336
RelA 442f.
RelB 442
Relish 442
Renaturierung 18
Renaturierungskinetik 70
Reoviridae 115
– Genom 56
Rep-Protein 96
repetitive DNA-Sequenz 70, **76**, 398
Replacement-Histon-Subtyp 169
Replika-Plattierungstest 384
Replikase 108, 123
Replikation 89f., **94**
– Archaea 112, **114**
– asymmetrische 93
– Bacteria 105, **111**
– bidirektionale 95
– break-induced (BIR) 335
– dispersive 91
– Elongation 100, **104**, 106, **114**, 123, **131**
– Eukaryoten 118, **131**
– Fehler 102
– Grundschema 89
– Initiation 96, **103**, 106, **114**, 122, **131**
– konservative 91, 117
– Kontrolle
– – Archaea 114, **114**
– – Bacteria 111, **111**
– – Eukaryoten 124
– Meiose 124
– Meselson-Stahl-Experiment 92
– Mitochondrien-DNA 120
– Plastiden-DNA 120
– Prokaryoten, ortsspezifische Rekombination 349
– Protein, Archaea **114**
– RNA-Virus 117
– Rückwärtsstrang 92
– semidiskontinuierliche 93, **94**
– semikonservative 91, **94**, 115
– – Nachweis 92
– simultane **94**, **94**
– symmetrische 92
– Termination 103, **104**, 109, 124, **131**
– Virus 115, **118**
– Vorwärtsstrang 92
Replikationsblase 96, 124

Replikationsgabel 92, **94**, 332
Replikationsterminus 22
Replikationsursprung 22, 60, **103**, 333
– Archaea 112, **114**
– Bacteria 106
– Eukaryoten 119, 122
– Virus 115
Replikon 95, **103**, 119
– Eukaryoten 122
Replikon-Modell 95
Replikondomäne 126, **132**
Replisom 22, 95, **104**, 123
Reportergen 512
Repressor 431, **435**
– λ 54
Resistenzplasmid 65, **67**
Resolvase 65
Restriktions-/Modifikationssystem 482
Restriktionsendonuclease 477, **504**
– Typ 482
Restriktionsfragmentlängen-Polymorphismus (RFLP) 498
Restriktionspunkt 125
Retikulocytenlysat 198
Retinal, 7TM-Rezeptor 449
Retinoblastom 282
Retroelement
– nicht virales 75
– virales 57, **59**
Retroposon 75
Retrotransposition 316f., **318**, 351
Retrotransposon 75
– L1- 356
– LTR- 351, 358, **358**
– Mutation 400
Retroviridae (Retroviren) 52, **59**, 115
– Evolution 358
– Genom 56f.
– Transposase 353
– Vektor 509
Reverse Gyrase 63
Reverse Transkriptase 52, 57, 117, 172, 356
reverse Transkription 73, 117, **118**, 487, 491, **504**
Reversion 419, **420**
Rezeptor 427
Rezeptor-Tyrosinkinase 454
Rezeptor/Regulator-Familie 428
rezessiv 255, **258**

reziproke Translokation 247, **252**, 376
RFC (replication factor C) 113, 123
Rhabdoviridae (Rhabdoviren) 115
– Genom 56
(RH)-Domäne 442
RhlB 194
Rhodobacter sphaeroides
– Chromosom 60
– Genom 61
Rhythmus, circadianer 406
Ribonucleinsäure s. RNA
Ribonucleoproteinkomplex 458
Ribose 5
Ribosom 177, 190, **197**
– 70S Ribosom 191, **197**
– 80S Ribosom 191, **197**
– Archaea 197
– Bacteria 194
– Bildung 194
– Eukaryota 195
– Peptidyl-Transferase 192
– Struktur 191f.
– tRNA-Bindungsstelle 192, **197**
– Untereinheit 191
ribosomales Initiatorelement (rInr) 151
ribosomale RNA (rRNA) 133, 190, **197**
Ribosomen-Display 204
Ribosomen-Reifungsfaktor 194
Ribosomen-Scanning 206, **213**
Ribosome Release Factor (RRF) 202
Ribozym 58, 193
Ribulose-1,5-bisphosphat-Carboxylase 82
Riesenchromosom 130
Riesenkern 129
Rifampicin 149
Ringchromosom 377
Ringmultivalent 247
RNA (Ribonucleinsäure) 1
– antisense 4, 351, 355, 496
– Baustein 6
– Doppelhelix 8
– Messenger- s. mRNA
– micro (miRNA) 160, 460, **466**
– monocistronische 135, **136**

Sachverzeichnis

- nucleoläre (small nucleolar RNA) 195
- Redigieren 135
- regulierende **466**
- Reinigung 480
- ribosomale (rRNA) 133, 190, **197**
- silencing 514
- Synthese 497
- Transfer (tRNA) 133, 177

RNA-abhängige DNA-Polymerase 52
RNA-abhängige RNA-Polymerase 52, 117
RNA-Chaperon 194f.
RNA-Editing 170, **173**
RNA-Helicase 194f.
RNA-induced silencing complex (RISC) 460
RNA-Interferenz (RNA interference, RNAi) 160, 461, **466**
RNA-Ligase 483
RNA-Polymerase 52, 133, **504**
- Archaea 174, **176**
- Bacteria 136, **147**
- DNA-abhängige 133
- Eukaryota 148, **173**
- Regulation 427
- Transkriptionsfaktor, Eukaryota 153

RNA-Polymerase I 149, 195
- Termination 169

RNA-Polymerase II 149, 153, 157
- Coaktivator 156
- Promotorelement 441
- Termination 169
- Transkriptionsaktivator 155

RNA-Polymerase III 149, 195
RNA-Primer 116
RNA-Prozessierung, Regulation 421
RNA-Schalter 463, **466**
RNA-Stabilität, Regulation 421, 465
RNA-Transport, Regulation 421
RNA-Virus **59**, 115
RNAi s. RNA-Interferenz
RNaseD 147
RNaseE 194
RNaseH 118, 123
RNaseP 147, 184
Roberts, Richard 190

Robertson, R. B. 245
Robertson-Translokation 245, **252**, 377
Roboterisierung 477, **479**
Rolling-Circle-Replikation 110, **118**, 120
- Virus 116

Rolling-Hairpin-Replikation 117, **118**
Röntgenstrahlung, mutagene Wirkung 396
Rose, Irwin 225
Rosette 29
Rossmann-Motiv 186
Rot-Grün-Blindheit 285
Rotaliella heterocaryotica 129
RPA (replication protein A) 113, 122, 329
RpoS, Stationärphasenanpassung 434
rrn-Operon 194
rRNA 133, 190, **197**
- Nucleolus-organisierende Region 39
- Prozessierung 146

rRNA-Gen 151
- 5S, Multigenfamilie 69

Rsb-Faktoren 434
RSS (recombination signal sequences) 359
Rubisco 82
Rückkreuzung 269, **275**
Rückmutation 419
Rückwärtsstrang 92
RuvAB-Komplex 325, **328**
RuvC 327, **328**

S

Saatgutzentrum 516, **521**
Saccharomyces, Genome Database 520
Saccharomyces cerevisiae 120, 164, 506
- AT-, GC-Gehalt 9
- Centromeraufbau 34
- Chromosom 67
- Gendichte 87
- Genomgröße 12
- mt-DNA 79
- Mutationsrate 385
- tRNA 183

S-Adenosylmethionin (SAM) 394
Sae2 328, 336
Saisondimorphismus 261

Salmonella, Phasenvariation 348
Salmonella enterica, Phasenvariation 424
Salpetersäure (HNO_3) 394
Samenbläschen 306
Samenleiter 306
Sanger, Frederick 476
SAT (sine acido thymonucleinico)-Region 39
α-Satellit 37
Satelliten-DNA 71, **76**
- hochrepetitive 375
- klassische 71, **76**
- Mikro- 72, **76**
- Mini- 71, **76**

Satelliten-RNA 57, **59**
Satellitenvirus 57, **59**
Sauerstoffstress 434
Säugetier
- Dosiskompensation 300
- Geschlechtsbestimmung 296, 305
- Geschlechtsdifferenzierung 306

scaffold 206
Scaffold 1 29
Scaffold-associated Region (SAR) 29, **40**
Schimpansengenomprojekt 85, **88**
Schistocerca gregaria
- Centromer 35
- Meiose 236

Schizophrenie, Konkordanzrate 262
Schizosaccharomyces pombe 506
- Centromer 34

Schleifendomäne 28, 239
Schmelzkurve 17
- Denaturierung 17
- Renaturierung 18

Schmelzpunkt (Tm) 17
Schuppenflechte 396
Schwesterchromatide 27, 233
Screening, genetisches 500
scRNA 4
SDSA (synthesis-dependent strand annealing)-Modell 322, **323**, 333, 338
Sec-Translocon 218, **227**
Sec-Weg 219
Second Messenger 450
Second Site Suppressor-Mutante 513

Segregation 242
- Adjacent 247
- Alternate 249
Selbstkomplementarität 58
Selbstspleißen 161
Selen 180
Selenocystein 180
Selenocystein-Insertions-Sequenz (SEICS) 181
Selenoprotein 180
SELEX (Systematic evolution of ligands by exponential enrichment) 497
selfish DNA 352, 400
semidiskontinuierliche Replikation 93, **94**
semikonservative Replikation 91, **94**, 115
- Nachweis 92
Senfgas 391
Sensorkinase 431
Separase 119, 124
Sequenzierung 487, **504**
- 454-Sequenzierung 490
- Cycle-Sequencing 489
- Pyrosequenzierung 490
- Sänger-Sequenzierung 487
- Shotgun-Methode 490
Serin-Rekombinase 317, 342, 344, **345**
- Phasenvariation 348
Sertolizelle 307
Serum Response Factor (SRF) 456
SET-Domäne 365
SETMAR 365
Severe combined immune deficiencies 361
Sex-Chromosom 43, 297
- Paarung 239
sexuelle Fortpflanzung 229
sexuelle Orientierung 296, **296**
SH (Src homology)-Domäne 455
SH2-Domäne 454
Shine-Dalgarno-Sequenz 199, 210, **213**
Short Patch Pathway 407
Shotgun-Methode 490
Shugoshin 124
Sichelzellenanämie 284
- Punktmutation 372
Sicherheitsstufe, Labor 478
Sievert 396
Sigmafaktor (σ) 136, **147**, 423

- alternativer 429, **435**
- - RpoS 434
- SigK 423
- Untereinheit 136
Signalerkennungs-Komplex (signal recognition particle, SRP) 218, **227**, 356
Signalpeptidase 219
Signaltransduktion 223, 421
- Pflanze 452
- Rezeptor 447
Signaltransduktionskette 427, 448
SII-EF 159
Silberimprägnierung 39
Silencer 134, **136**, 444, **445**, 460
silencing RNA 514
Silene latifolia 309
Simian Virus, Genom 12
Simple Sequenz 72
simultane Replikation 94, **94**
SINE (short interspersed nucleotide element) 73, **76**, 355
- AluI 356
single nucleotide polymorphism 498
siRNA (small interfering RNA) 160, 461, 514, **515**
Site directed Mutagenesis 401
skin-Element 423
Skrotum 307
Sleeping Beauty 366
sliding clamp-Modell 142
slippage 72
Sm-Protein 166
Smad 447, 452
small acid soluble protein (SASP) 389
small interfering RNA s. siRNA
small nucleolar ribonucleo-protein particle (snoRNP) 195
small nucleolar RNA (snoRNA) 195
Smithies, Oliver 402
snoRNA 195
snoRNP 195
snRNA (small nuclear RNA) 4
snRNP, Benennung 166
snurps 166
Solenoid 28, **40**
somaklonale Variation 509

somatische Paarung 233
somatische Zellgenetik 42
Sonde 18, 492
Sorangium cellulosum, Gendichte 87
Sordaria, Tetradenanalyse 287
Sorex araneus, Robertson-Translokation 245
SOS (Son of Sevenless) 455
SOS-Antwort 54, 415
SOS-Reparatur 108, **419**
Southern-Blot 492, **504**
Sp1 155, 439, 443
Spacer-Promotor 151
Spacer-Sequenz 146
Spacer-Terminator 151
Spaltungsregel 271, **276**
Spermatocyte 48
Sphingomyelin 450
Sphingosin-1-phosphat 451
Spindelapparat 32, 242
- achiasmatische Meiose 252
Spleißen 4, 68, 134, 159, **173**
- alternatives 69, 166, **173**, 458, **466**, 491
- Archaea 175, **176**
- Bacteria 147
- cis- 167
- Eukaryota 161
- trans- 167
spleißende Endonuclease 184
Spleißfaktor 166
Spleißosom 161, 164, **173**, 458
- Aufbau 166
Splicen, differentielles s. Spleißen, alternatives
Splicing Enhancer 167
Splicing Silencer 167
Split-Ubiquitin-System 512, **515**
Spo11 336, 365
Spore 389
- B-Form 10
- DNA 22
Sporophyt 230
SpoVCA 423
springendes Gen 352
Spritzgurke (*Ecballium elaterium*) 309
Sprosshefe (*Saccharomyces cerevisiae*) 9
SR-Protein 166f.

Sachverzeichnis

SREBP (sterol response element binding protein) 440
SRE (sterol response element) 440
SRF 155, 443
SRP-Weg 219
SRY-Gen 306, 379
SSB(single strand binding)-Protein 97, 324
Stacking Forces 9
Stacking Interactions 9
Stahl, F. W. 92
Stammbaumanalyse 282
Stammzelle 121
– embryonale 402
Standardaminosäure 180
Startcodon 179
STAT 443, 454
Stationärphasenregulation 434, **435**
Stem Loop 18, **21**
Stickstoff 92
Stoppcodon 180, 372
Strahlung
– α- 396
– β- 396
– elektromagnetische 396
– γ- 397
– ionisierende 389
– korpuskuläre 396
Strand Displacement 320
Strand Invasion 325
Strasburger, E. 229
Streptococcus pneumoniae, Transformation 1
Streptomyces anulatus 15
Streptomyces coelicolor
– Chromosom 60
– Genom 61
Streptomycin 212
– Resistenz 291
stringente Kontrolle 194, 434
Stringenz 18, **21**
Struktur-Heterozygotie 245
Sturtevant, Alfred H. 277
submetazentrisch 43
Substanz, interkalierende 395, **404**
Substitution, Punktmutation **381**
subtelozentrisch 43
Suizide Vector 513
Sulfolobus 112
– Plasmid 63
Sulfolobus acidocaldarius, Genom 61

Sulfolobus solfataricus 114
O-Sulfo-Tyrosin 221
Summeneffekt, Strahlungsdosis 397
SUMO (small ubiquitin-like modifier) 225
Sumolierung 453
Superbead 28
Supercoiling 13, 60
– Topoisomerase 98
Supergen 251
Superhelizität 19
Suppression **420**
– informationale 420
– intra-, intergenische 419
– missense- 184
Suppressor-tRNA 183, **189**
SWI/SNF-Komplex 438
SwissProt 517
Sxl (sex-lethal) 304
Synapsis 237
– vollständige 237
Synaptic Adjustment 245
synaptonemaler Komplex 233, 237
– Aufbau 237, **244**
– modifizierter 252
Syngamie 230
Synthesephase (S-Phase) 119
Systembiologie **475**

T

TΨC-Schleife 182
T1-Phage 383
Tabak-Mosaik-Virus (TMV) 184
– Genom 52
Tabaknekrosisvirus (TNV) 57
TAF (TATA binding protein associated factor) 439
Tandemduplikation 375
Taq-Polymerase 485
TAR-binding protein (TRBP) 460
Tat-Weg (twin-arginine-translocation) 219
TATA-Box 151, 174, 439
TATA-Box-bindendes Protein (TBP) 153, 443
– archaeales (aTBP) 174
Taufliege (*Drosophila melanogaster*) 9, 233, 265
– Replikon 126
Taylor, H. 92

TBK1 (TANK-binding kinase 1) 457
TBP 443
TBP-assoziierter Faktor (TAF) 153
TCF-1 443
TDF (testis-determining factor) 305, **308**
Tel1 328, 336
Telomer 71, 119, 127, **132**, 233, 237
– Chromosomenmutation 375
– DNA-Quadruplex 14
– Rekombinationsreparatur 335
Telomer-Resolvase 365
Telomerase 52, 72, 128, **132**
Telomestatin 15
Telophase I 233, 243, **244**
Telophase II 233, **244**
telozentrisch 43
Temperatur 372
– Geschlechtsbestimmung, phänotypische 311
temperent 53
Template 133, 484
Tenebrio molitor, Kinetochor 31
ter-Element 109
Termination
– intrinsische 141, **148**
– Replikation 103
– – Bacteria 109, **111**
– – Eukaryota 124, **131**
– ρ-abhängige 146, **148**
– ρ-unabhängige 141
– Transkription
– – Archaea 175, **176**
– – Bacteria 141
– – Eukaryota 169
– Translation
– – Archaea 210
– – Bacteria 202
– – Eukaryota 209
Terminationsfaktor
– Transkription 141, 169
– Translation 200, 202, 209f., **214**
Terminationsprotein 103
Terminator 103, **104**, 109
Terminus 109
ternärer Komplex 206
Ternary Complex Factor (TCF) 456
Testkreuzung 319
Testosteron 307
Tetracyclin 212

Tetrade 237
Tetradenanalyse 287, **287**
Tetrahymena
– mt-DNA 77
– Spleißen 161
– Telomer 127
Tetraploidie 42
TF s. Transkriptionsfaktor
TFB 174
TFBII response element (BRE) 153
TFE 174
TFIIIA 443
TFS 175
β-Thalassämie, Punktmutation 372
The European Molecular Biology Laboratorium (EMBL) **521**
Thermosom 215
Thermotoga maritima
– Genom 61
– – Größe 12
Thermus aquaticus, Taq-Polymerase 485
Thermus thermophilus, Ribosom 192
Thrombaxan 451
^{3}H-Thymidin 92
Thymin, Struktur 6
Thymin-DNA-Glykosylase (TDG) 407
Thymindimer 397
Tid1 336
Tiervirus 57
– Genomstruktur 56
Ti-Plasmid 50, 507, **515**
TIR1-Rezeptor 453
TIRAP (toll interleukin 1 receptor (TIR) domain containing adapter protein) 457
TLR (Toll-like receptor) 457
7TM-Protein 449
tmRNA 203
Tn10 355
Togavirus 115
Tokudai osimensis 298
Toll-like-Rezeptor 448, 456–457
Topoisomerase 20, 60, **104**, 106, 124, 336
– Typ I 98f.
– Typ II 29, 98f.
tra (transformer) 304
TRAF (TNF [Tumor-Nekrosis-Factor] receptor associated protein) 457

TRAK (Trafficking protein kinesin binding) 457
trans-Element 134
trans-Faktor 134
trans-Spleißen 167
Transamidase 188
Transduktion 506, **514**
– Rekombination, homologe 327
Transfektion 506, 508, **514**
Transfer-RNA s. tRNA
Transformation 483, 505, **514**
– Bakterium 506
– Griffith Experiment 1
– Methode 507, **515**
– Pflanze 507
– Pilz 506
– Rekombination, homologe 327
– stabile 507, **514**
– transiente 507, **514**
– Zelle, tierische 508
Transforming Growth Factor-β (TGF-β) 452
transgenes Tier 402
Transition, Punktmutation **381**
Transkriptase, reverse 52, 57, 117, 172, 356, 358
Transkription 4, 133, **135**, 177
– Antibiotikum 149
– Archaea 175
– Bacteria 136
– Coactivator 153
– Elongation 134, 141, 157, 175
– Eukaryota 148
– Fehlerrate 133
– In-vitro- 496, **504**
– Initiation 134, 136, 156, 174
– Regulation 421, 427
– reverse 73, 117, **118**, 487, 491, **504**
– Run-off-Transkription 496
– Termination 134, 141, 169, 175
Transkription-gekoppelte DNA-Reparatur (TCR) 409
Transkriptions-Terminationsfaktor (TTF) 169
Transkriptions/Exportkomplex (TREX) 444
Transkriptionsaktivator 151, 153, **173**

– spezieller 439
Transkriptionseinheit 254
Transkriptions-Elongationsfaktor b, positiver (P-TEFb) 159, 444
Transkriptionsfaktor (TF) **173**, 436, 438
– β-Scaffold-Faktor 443
– Archaea 174, **176**
– Bacteria 139
– DNA-Bindungsdomäne 439
– Domänen-Regulator, basischer 443
– Eukaryota 153
– genereller 153, **173**, 436, 438
– Helix-Turn-Helix-Regulator 443
– Klasse **445**
– spezieller 439f., **445**
– Zinkfingerdomänen-Regulator 443
Transkriptom 472, **475**
– Mikroarray-Analyse 494
Transkriptomics **475**
Transkriptosom 151, 159
Transläsions-Synthese 418
Translation 4, 177, **181**
– Aminoacyl-tRNA-Synthetase 186
– Archaea 210
– Bacteria 199
– Elongation 200, 208
– Eukaryota 205
– Fehlerquote 211
– In-vitro- 198, 496, **504**
– Initiation 199, 205, 210
– Modifikation, posttranslationale 221
– Regulation 421, 469
– – eukaryotische 466
– Ribosom 190
– Termination 202, 209
– tRNA 182, **189**
Translokation 244
– balancierte 377
– Chromosomenmutation 376, **382**
– GTP-abhängige 208
– heterozygotische 377
– homozygotische 377
– Rekombination, ektopische 339
– reziproke 247, **252**, 376
– Robertson 245, 377
– unbalancierte 377
Translokationskreuz 247

Transmembran-Helix 219
Transmembranprotein
– Delta- 448
transponierbarer Phage 65, **66**
transponierbares Element 351, 400
Transposase 64, 352f.
Transposition 316f., **318**, 351
– Mechanismus 352
Transposon 64, **66**, **404**
– abhängiges 352
– Anwendung **369**
– eukaryotisches 75, **76**
– Klasse-I- 64
– Klasse-II- 65
– komplexes 65, **66**
– prokaryotisches 64, **66**
– unabhängiges 352
– zusammengesetztes 64, **66**
Transposonmutagenese 366
transversale Faser 239
Transversion, Punktmutation 381
TRCF (Transcription Repair Coupling Factor) 409
Trichothiodystrophy 409
Triggerfaktor 215, **227**
Trimerotropis sparsa 49
Triplet Repeat Syndrom 399
Triploidie 42, 373, 379
Tripsacum dactyloides, mt-DNA 79
Trisomie 247, 373
– 13 380
– 18 380
– 21 380
Triticum aestivum 119
– Allopolyploidie 42
Trivalent 245
TrkA 454
tRNA 4, 133, 177, 182, **189**
– Aminoacyl-tRNA-Synthetase 185
– Modifikation 185
– Nonsense-Suppressor- 420
– Peptidyl-Transferase **197**
– Primärtranskript 184
– Prozessierung 184, **189**
– Struktur 182
– Suppressor 184, **189**
tRNA-Primer 117
tRNAfMet 188
tRNaseZ 184
Troponin-C 452

Trypanosoma brucei, VSG-Konversion 338
Trypanosomen, RNA-Editing 171
Tryptophan-Operon 462
Tschermak-Seysenegg, Eric von 267
ts-Letalmutante 372
Tumor-Nekrose-Faktor 443, 454
Tumorentstehung, homologe Rekombination 362
Turner-Syndrom 301, 381
Tus-Protein 109
Tympanoctomys barrerae, Chromosomenzahl 43
Tyrosin-Rekombinase 317, 341f., **345**, 365

U
UAS (upstream activator sequences) 138
Überspiralisierung 60
Ubiquitin 224, **227**, 442
Ubiquitin-aktivierendes Enzym (E1) 224
Ubiquitin-konjugierendes Enzym (E2) 224
Ubiquitin-Ligase (E4) 224
Ubiquitin-Protein-Ligase (E3) 224
Unabhängigkeitsregel 273, **276**
Unc-86 440
Uniformitätsregel 270, **275**
Univalent 239, 251
Unterreplikation 130
UP(upstream)-Element 138
upstream promoter element (UPE) 151
Uracil, Struktur 6
Uracil-DNA-Glykosylase (UDG) 407
Uridin 6, 186
Uterus 306
UTR (untranslated region) 135
Utriculus prostaticus 307
UV-Licht, mutagene Wirkung 397
UvrA 409, 418
UvrB 409, 418
UvrD 409

V
Vacciniavirus, Genom 52
Vagina 306
Vaterschaftstest 498

V(D)J-Rekombination 318, 359, **361**
VEGF (vascular endothelial growth factor) 15
Veitstanz 72
Vektor 483
Venter, Craig 491
Vererbung
– cytoplasmatische 289
– extranucleäre 289, **294**
– geschlechtsgebundene 280, **282**
– maternale 289
– X-Chromosom-gebundene 285
Vererbungslehre 267
Vererbungsregel **275**
– 1. Mendel-Regel 270, **275**
– 2. Mendel-Regel 271, **276**
– 3. Mendel-Regel 273, **276**
Very low Density Lipoprotein (VLDL) 170
Vesicula seminalis 307
Vicia faba 92
– Konstriktion, sekundäre 39
Villin 452
vir-Gen 507
Viroid 58, **59**
virulent 53
Virulenzplasmid 66, **67**
Virus
– Bakteriophage 53
– Genom **58**
– – Größe 51
– – Typ 52
– Pflanzenvirus 57
– Tiervirus 57
– – Genomstruktur 56
Virusoid 57, **59**
VNTR-Locus (variable nucleotide tandem repeats) 72
Vorwärtsstrang 92
Vries, Hugo de 267

W
Wachstumsphase, Bacteria 22
Wasserstoffbrücken-Bindung 8
Wasserstoffperoxid 389
Watson, James D. 9, 89, 177, 391, 491
Watson-Crick-Basenpaarung 8, **15**
Wechselfeldelektrophorese 41

Weizenkeimextrakt 198
Western Blot 492
Wilkins, Maurice 9
Winterschlaf 208
wobbeln 185
Wobble-Hypothese 189, **190**
– modifizierte 189
Wobble-Paarung 391
Wolff'scher Gang 307, **308**
Writhing Number 19
Wüstenheuschrecke (*Schistocerca gregaria*) 35

X

Xanthom 283
X-Chromosom 43
– -gebundene Vererbung 285
– Inaktivierung 301, 445
– Region, pseudoautosomale 239
Xenopus laevis
– Genom 12
– rRNA-Gen 152
XerC 349
XerD 349
Xeroderma pigmentosum 397, 409
Xis 347
XIST (X-inactive specific transcript) 302
XPB 411
XPC/hR23B 411
XPD 411
Xrn2 169
Xrs2 329, 336

Y

Yarrowia lipolytica, Chromosomen 41
Y-Chromosom 43
– -gebundene Vererbung 285
– Evolution 300
– Region, pseudoautosomale 239
Yeast-two-Hybrid System (Y2H) 512, **515**
Yellow Fluorescent Protein (YFP) 511
Y-Replikation 92

Z

Zamecnik, Paul 177
Z-DNA 13, **15**
Zea mays 12
– AT-, GC-Gehalt 9
– Modellorganismus 264
Zea mays ssp. *parviglumis*, mt-DNA 79
Zelladhäsionsmolekül, neuronales (NCAM), alternatives Spleißen 166
Zelle, meristematische 121
Zellgenetik, somatische 42
Zellzyklus 114, **114**, 119
– Archaea 25
– Bacteria 22
– Kontrollpunkt 124, **131**
zentrales Element 239
Zinkfinger 438
– Cys2/His2- 439
– Cys4- 441
Zuckmückenlarve (*Prodiamesa olivacea*) 131
Zufallsmutante 486
Zwei-Faktor-Kreuzung 273
Zweikomponenten-Regulationssystem 223, 430, **435**
Zwergratte (*Tokudai osimensis*) 298
Zwillingsforschung 262
Zygotän 233, 237, **244**
Zygote 42, 230
Zystische Fibrose 284
– Punktmutation 372

Alles was Sie wissen

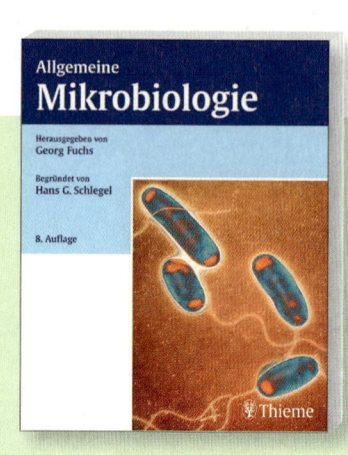

Allgemeine Mikrobiologie

Herausgegeben von Georg Fuchs
Begründet von Hans G. Schlegel
8. Auflage

- Dieses Lehrbuch vermittelt Ihnen die Grundlagen des allgemeinen Zellstoffwechsels und die speziellen Stoffwechselleistungen der einzelnen Mikroorganismen.
- Die Kapitel zu Ökologie, Symbiose und Antagonismus erschließen Ihnen die **zahlreichen Beziehungen der Mikroorganismen** untereinander und zu ihrer Umwelt.
- Sie lernen die wichtige Rolle der Mikroorganismen in der **aktuellen Forschung** sowie in modernen Verfahren der **Biotechnologie** kennen

Allgemeine Mikrobiologie
Fuchs
8. Aufl. 2006.
678 S., 498 Abb., kart.
ISBN 978 3 13 444608 1
54,95 € [D]
56,50 € [A]/91,20 CHF

Eintauchen in die faszinierende Welt der Mikroorganismen

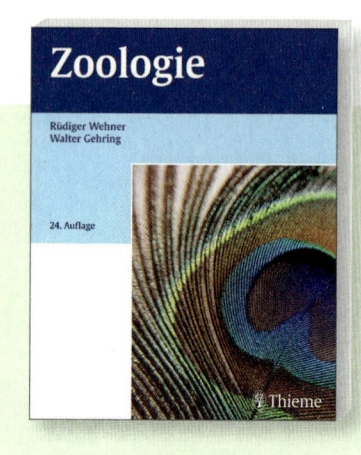

Zoologie

Rüdiger Wehner
Walter Gehring
24. Auflage

- **Das gesamte Spektrum der Zoologie in einem Band**: Molekular- und Zellbiologie, Physiologie, Neurobiologie, Ökologie, Genetik, Ethologie, Evolution, Tierstämme...
- **Aktuell**: Neueste Erkenntnisse und Entwicklungen auf allen Gebieten der Zoologie.
- **Ausbildungsorientiert**: Umfassende Informationen während des Grund und Hauptstudiums.
- **Verständlich und lernfreundlich**: vertiefendes Wissen, historische Entwicklungen und Forschungsbeispiele in grünen Plusboxen, methodische Details, Erklärungen und Ergänzungen in orangefarbenen Boxen

Zoologie
Wehner/Gehring
24. Aufl. 2007
920 S., 600 Abb., kart.
ISBN 978 3 13 367424 9
€ [D] 54,95
€ [A] 56,50/CHF 91,20

nüssen!

Allgemeine und molekulare Botanik
Elmar Weiler
Lutz Nover

Begründet von Wilhelm Nultsch

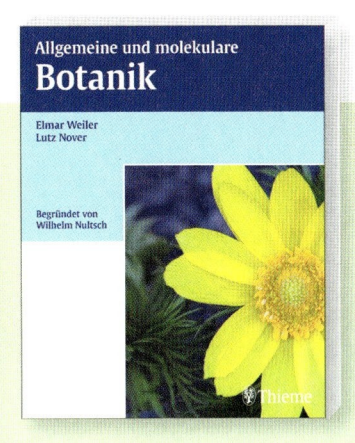

Dieses Buch vermittelt **die gesamte Breite der Botanik**, von der allgemeinen Botanik bis zu aktuellen molekularbiologischen Erkenntnissen.

- Verlässliche und fundierte Informationen
- Auf dem neuesten Wissensstand
- Von lehr- und forschungserfahrenen Dozenten
- Hervorragend didaktisch aufbereitet (z.B. orientierende Texte zum Beginn der Kapitel und Abschnitte, Boxen mit vielen vertiefenden Details und Ausblicken)
- Mehr als 900 hervorragende und detailreiche Abbildungen

Allgemeine und molekulare Botanik
Weiler/Nover

2008. 930 S., 900 Abb., kart.
ISBN 978 313 147661 6
€ [D] 54,95
€ [A] 56,50/CHF 91,20

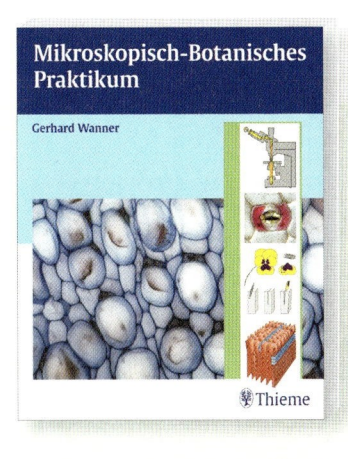

Mikroskopisch-Botanisches Praktikum
Gerhard Wanner

Präparieren - Erkennen - Zeichnen!

Sie erhalten anhand instruktiver, brillanter licht- und elektronenmikroskopischer Abbildungen sowie maßstabsgetreuer Schemazeichnungen einen vollständigen Einblick in die Struktur der pflanzlichen Zellen, Gewebe und Organe.

Mikroskopisch-Botanisches Praktikum
Wanner

2004. 256 S., 438 Abb., kart.
ISBN 978 313 440312 1
29,95 € [D]
30,80 € [A]/50,90 CHF

Die faszinierende Welt der Pflanzen!

Preisänderungen und Irrtümer vorbehalten. Schweizer Preise sind unverbindliche Preisempfehlungen.

Thieme

Lust auf mehr?

- Die **gesamte Genetik**: Allgemeine Genetik, Molekulare Genetik, Entwicklungsgenetik – kompakt, ausführlich und verständlich!
- Über **300 aussagekräftige vierfarbige Abbildungen** mit übersichtlichen Legenden veranschaulichen den Inhalt des Lehrbuchtextes und vertiefen das Verständnis
- Die **Entwicklungsgenetik** wurde um wichtige Modellorganismen (Zebrafisch, Arabidopsis, Maus) erweitert

Genetik
Janning/Knust
2. vollst. überarb. u. erw. Aufl. 2008.
576 S., 340 Abb., kart.
ISBN 978 3 13 128772 4
44,95 € [D]
46,30 € [A]/76,40 CHF

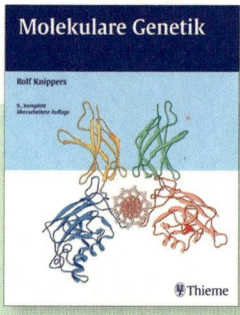

Molekulare Genetik
Knippers
9., kompl. überarb. Aufl. 2006.
567 S., 614 Abb., kart.
ISBN 978 3 13 477009 4
54,95 € [D]
56,50 € [A]/91,20 CHF

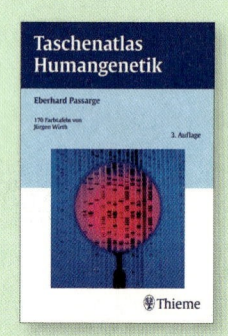

Taschenatlas Humangenetik
Passarge
3. vollst. überarb. Aufl. 2008.
400 S., 164 Farbtaf. von J. Wirth, kart.
ISBN 978 3 13 759503 8
34,95 € [D]
36,– € [A]/59,40 CHF

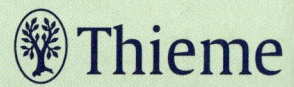

Die komplette Genetik auf dem neuesten Stand

Thieme